Smart Market

Lizenz zum Wissen.

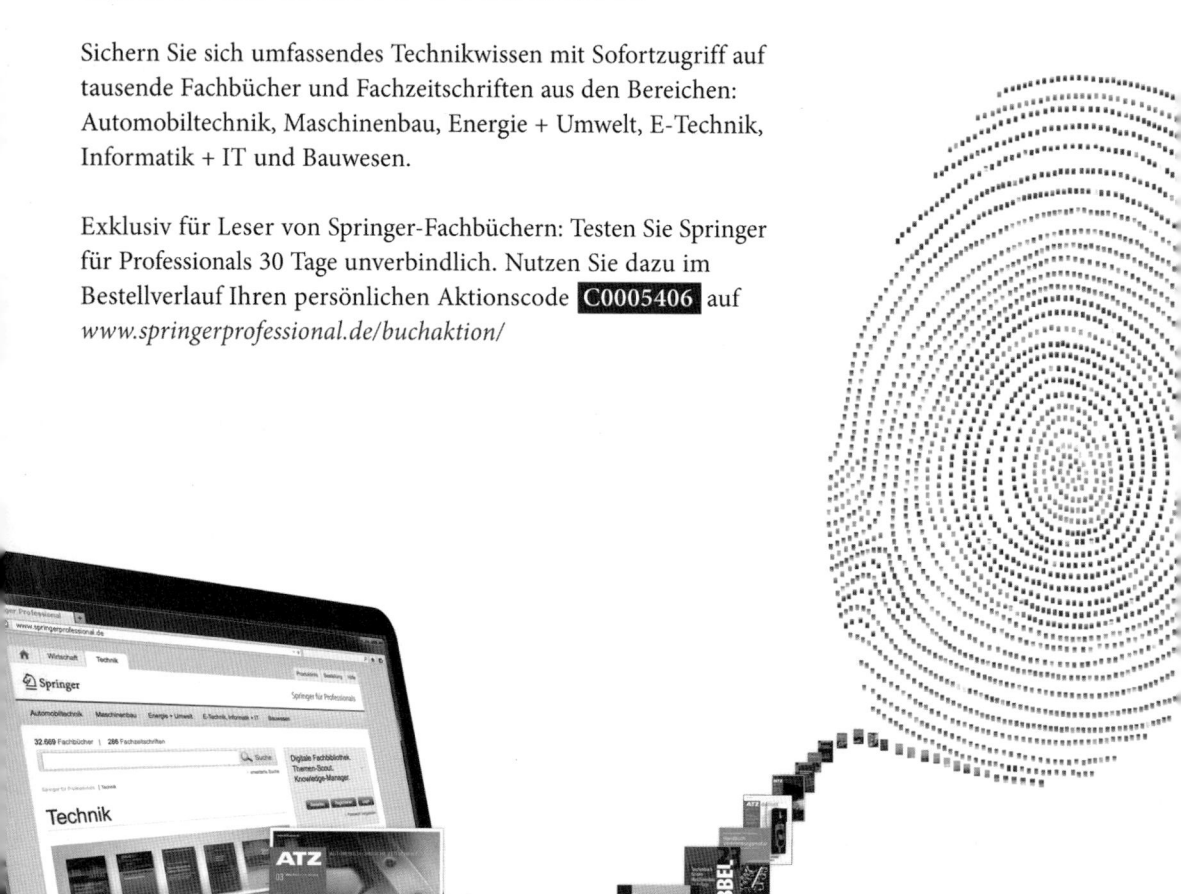

Sichern Sie sich umfassendes Technikwissen mit Sofortzugriff auf tausende Fachbücher und Fachzeitschriften aus den Bereichen: Automobiltechnik, Maschinenbau, Energie + Umwelt, E-Technik, Informatik + IT und Bauwesen.

Exklusiv für Leser von Springer-Fachbüchern: Testen Sie Springer für Professionals 30 Tage unverbindlich. Nutzen Sie dazu im Bestellverlauf Ihren persönlichen Aktionscode C0005406 auf *www.springerprofessional.de/buchaktion/*

Jetzt 30 Tage testen!

Springer für Professionals.
Digitale Fachbibliothek. Themen-Scout. Knowledge-Manager.

- Zugriff auf tausende von Fachbüchern und Fachzeitschriften
- Selektion, Komprimierung und Verknüpfung relevanter Themen durch Fachredaktionen
- Tools zur persönlichen Wissensorganisation und Vernetzung

www.entschieden-intelligenter.de

Springer für Professionals   ⌂ Springer

Christian Aichele • Oliver D. Doleski
(Hrsg.)

Smart Market

Vom Smart Grid zum intelligenten
Energiemarkt

Springer Vieweg

Herausgeber
Christian Aichele
Fachbereich Betriebswirtschaft
Hochschule Kaiserslautern
Zweibrücken
Deutschland

Oliver D. Doleski
Ottobrunn
Deutschland

ISBN 978-3-658-02777-3   ISBN 978-3-658-02778-0 (eBook)
DOI 10.1007/978-3-658-02778-0

Die Deutsche Nationalbibliothek verzeichnet diese Publikation in der Deutschen Nationalbibliografie; detaillierte bibliografische Daten sind im Internet über http://dnb.d-nb.de abrufbar.

Springer Vieweg
© Springer Fachmedien Wiesbaden 2014
Das Werk einschließlich aller seiner Teile ist urheberrechtlich geschützt. Jede Verwertung, die nicht ausdrücklich vom Urheberrechtsgesetz zugelassen ist, bedarf der vorherigen Zustimmung des Verlags. Das gilt insbesondere für Vervielfältigungen, Bearbeitungen, Übersetzungen, Mikroverfilmungen und die Einspeicherung und Verarbeitung in elektronischen Systemen.

Die Wiedergabe von Gebrauchsnamen, Handelsnamen, Warenbezeichnungen usw. in diesem Werk berechtigt auch ohne besondere Kennzeichnung nicht zu der Annahme, dass solche Namen im Sinne der Warenzeichen- und Markenschutz-Gesetzgebung als frei zu betrachten wären und daher von jedermann benutzt werden dürften.

Gedruckt auf säurefreiem und chlorfrei gebleichtem Papier

Springer Vieweg ist eine Marke von Springer DE. Springer DE ist Teil der Fachverlagsgruppe Springer Science+Business Media
www.springer-vieweg.de

Geleitwort von Jochen Homann, Präsident der Bundesnetzagentur

Wer sich mit dem Thema „Smart Grid" befasst und die Diskussionen in Deutschland und auch in Europa hierzu verfolgt, merkt schnell, dass – obwohl es sich sprachlich zunächst um ein Netzthema zu handeln scheint – unter diesem Schlagwort weit über die Netze hinausreichende Lösungsansätze verstanden werden. Im Prinzip sind diese alle auf ein Ziel gerichtet: Die angesichts des raschen Zubaus Erneuerbarer Energie notwendige Lösung von mannigfaltigen Integrationsproblemen dieser kaum nachfrageabhängig bereitstellbaren fluktuierenden Erzeugungsform. Allerdings sind auch diese Integrationsprobleme heterogen. Erneuerbare Energien müssen sowohl ins Netz als auch in den Markt integriert werden. Oftmals hängen die Lösungsstrategien zur Integration voneinander ab, stehen möglicherweise alternativ zueinander, ergänzen sich komplementär oder schließen einander aus. So lassen sich Netzprobleme rein technisch lösen oder sind primär wirtschaftlich getrieben. Und andere Integrationsfragen, die der Markt lösen könnte, benötigen hierfür Unterstützung auf der Netzseite, und sei es nur dadurch, dass die Netze entsprechende Marktinteraktionen nicht ausschließen. Smart Grid wurde in vielen Fachdiskussionen als eine Art Universalmetapher für Strategien verwendet, von denen angenommen wird, dass diese zur Erreichung des oben skizzierten Ziels erforderlich sein könnten.

Um die Smart Grid-Diskussion zu strukturieren, hat die Bundesnetzagentur im Dezember 2011 in ihrem Papier „Smart Grid und Smart Market – Eckpunktepapier der Bundesnetzagentur zu den Aspekten des sich verändernden Energieversorgungssystems"[1] Thesen vorgestellt, die zu Begriffsdefinitionen sowie einer Differenzierung der Diskussion beitragen sollen. Sie hat den Begriff des Smart Markets neben den des Smart Grids gestellt, um bereits mit der Verwendung der jeweiligen Begrifflichkeiten zu kennzeichnen, ob die Diskussion primär mit Netz- oder mit Marktfokus geführt wird, denn hinter den Begrifflichkeiten verbergen sich oft unausgesprochene Zuweisungen von Verantwortlichkeiten,

---

[1] Das Papier „Smart Grid und Smart Market – Eckpunktepapier der Bundesnetzagentur zu den Aspekten des sich verändernden Energieversorgungssystems" der Bundesnetzagentur ist im Internet abzurufen unter http://www.bundesnetzagentur.de/cln_1932/DE/Sachgebiete/ElektrizitaetundGas/Unternehmen_Institutionen/NetzentwicklungundSmartGrid/SmartGrid_SmartMarket/smartgrid_smartmarket-node.html.

Kostentragungspräferenzen und Implementierungsstrategien. Die klare Differenzierung zwischen Smart Grid und Smart Market ermöglicht eine transparente und konzentrierte Diskussion.

Bleibt zu fragen, welches die Kriterien sind, ein Thema unter dem Begriff des Smart Grids oder dem des Smart Markets zu behandeln. Der Ansatz der Bundesnetzagentur lautet: Netzkapazitätsfragen werden im Netz und Fragen im Zusammenhang mit Energiemengen im Markt behandelt. Die Abgrenzung entlang dieser Trennlinie verläuft analog zu den gesetzlichen Vorgaben für die Branche, den Netzbetrieb von der Erzeugung und der Belieferung mit Energie zu trennen. Bei Überschneidungsthemen, die „dazwischen" liegen, muss entschieden werden, ob diese „eher netzorientiert" oder „eher marktorientiert" realisiert werden sollten. Die Rahmenbedingungen müssen aber so gestaltet werden, dass sich für möglichst viele Aspekte der Energiezukunft ein Markt entwickeln kann, der jenseits einer Netzbetrachtung und der damit zusammenhängenden regulatorischen Eingriffe selbst für eine effiziente Lösung sorgt.

Auch wenn im Zuge der Betrachtungen zu Smart Grids gelegentlich die Frage aufgeworfen wird, ob nicht gerade die Liberalisierung und die Entflechtung von Netz und Markt problematisch vor dem Hintergrund der Integration Erneuerbarer Energie sind, ist die Bundesnetzagentur davon überzeugt, dass der Weg der Liberalisierung und der Regulierung des Monopolbereichs „Netz" richtig war und konsequent weiter fortgesetzt werden muss. Den enormen Herausforderungen beim Umbau der Stromversorgung kann nur zusammen mit innovativen Märkten begegnet werden und nicht durch Dominanz des monopolbasierten Umfelds des Netzbetriebs. Netzaspekte sollen aus Sicht der Bundesnetzagentur immer dann in den Hintergrund treten können, wenn sich Lösungen finden lassen, mit denen Netzprobleme durch Handeln im Markt vermieden oder auf ein Minimum begrenzt werden können, ohne dass es dazu regulatorischer Eingriffe bedarf.

Das Netz selbst muss zwar auch intelligenter werden. Deutschland mit etwa 850 Elektrizitätsnetzbetreibern wird aber nicht von heute auf morgen über intelligente Netze verfügen und ein einheitlicher „Intelligenzstandard" im Netz ist aufgrund der sehr heterogenen Netze und heterogenen Versorgungsaufgaben nicht effizient. Die jeweilige Vorgehensweise kann je Netzbetreiber sehr unterschiedlich sein und jeder Netzbetreiber muss eine eigene Strategie hin zu effizientem Netzbetrieb beschreiten können. Die Diskussion zu intelligenten Netzen wird zudem häufig darauf verkürzt, Smart Meter zum zentralen Baustein eines Smart Grids zu erheben. Daten, die für den sicheren Netzbetrieb benötigt werden, lassen sich jedoch auch ohne im Haushaltskundenbereich installierte Smart Meter erheben, z. B. indem auf Daten an Ortsnetzstationen zurückgegriffen wird und im Netz Messgeräte für die Erfassung netzspezifischer Daten installiert werden. Die hierzu erforderliche Anzahl an Messpunkten ist relativ gering. Eine Notwendigkeit für die flächendeckende Ausbringung von Smart Metern lässt sich aus den Notwendigkeiten eines Smart Grids jedoch nicht ableiten. Die mittels Smart Meter erhobenen Daten sind gegenwärtig vor allem Grundlage für Belieferung und Abrechnung. Sie können zukünftig verstärkt Grundlage für variable Tarife, für weitere Angebote, die zum energieeffizienten und energieeinsparenden Verhalten anregen sowie für Verbrauchsvisualisierungen sein. Die durch Smart Meter erfassten

Daten sind damit in der Hauptsache marktdienlich und nicht primär netzdienlich. Somit sind Smart Meter durchaus wichtig für den Aufbau eines Smart Markets – aber keine Voraussetzung für ein Smart Grid.

Bonn im Mai 2014 Jochen Homann

Geleitwort von Hildegard Müller, Vorsitzende der Hauptgeschäftsführung des Bundesverbandes der Energie- und Wasserwirtschaft (BDEW)

Die Energiewende und intelligente Netze

Die deutsche Energiewirtschaft unterstützt die politisch gesetzten Ziele der Energiewende von Anfang an. Unsere Branche geht davon aus, dass diese ambitionierten Ziele auch erreicht werden können, wenn wir das Machbare identifizieren, die Trends richtig beschreiben und insbesondere Politik den Rahmen richtig setzt. Dies ist auch dringend notwendig, um einerseits die anfallenden Kosten im Griff halten zu können und andererseits das Verhältnis zwischen Markt und Regulierung neu auszubalancieren. Der Koalitionsvertrag beschreibt die richtigen Herausforderungen und er beschreibt auch richtige Ansätze. Insgesamt fehlt aber noch Mut und Entschlossenheit bei der konkreten Umsetzung. Zentral ist bei einem so umfassenden Projekt auch die Gesamtsteuerung. Diese muss insbesondere bei der Koordination zwischen Bund und Ländern verbessert werden.

Im BDEW haben wir die Situation bei der Umsetzung der Energiewende analysiert und als Branche eine Gesamtstrategie beschlossen. Das grundlegende Ziel muss sein, wieder Planbarkeit und Verlässlichkeit in den Energiemarkt zu bringen. Im Zentrum stehen zwei grundlegende Säulen. Die erste Säule fußt auf einer grundlegenden Reform des EEG. Die zweite Säule umfasst die Einführung eines dezentralen Leistungsmarktes mit der Pflicht für Vertriebe, sich über Versorgungssicherheitsnachweise gesicherte Leistung einzukaufen.

Diese zwei zentralen Säulen werden von vier weiteren Elementen ergänzt. Das erste Element ist die schnellstmögliche Ablösung der Netzreserve durch eine Strategische Reserve mit einer Regionalkomponente. Die Nutzung der Optimierungspotenziale des Strom-Großhandelsmarktes muss als zweites Element angegangen werden. Das wichtige dritte Element ist die Weiterentwicklung der Anreizregulierung zu Gunsten eines intelligenten Netzausbaus sowie eine stärkere Leistungsorientierung der Netzentgelte. Die stärkere Einbettung der deutschen Energiewende in den europäischen Binnenmarkt bleibt als viertes Element eine Herkulesaufgabe.

Es ist klar, dass die einzelnen Elemente sorgsam aufeinander abgestimmt werden und sich auch zeitlich ineinander fügen müssen. Aus Sicht des BDEW ergibt sich eine Schrittfolge aus mindestens zwei Schritten.

Dabei geht es im ersten Schritt um eine deutlich stärkere Markt- und Systemintegration der Erneuerbaren Energien. Der BDEW hat auch Vorschläge vorgelegt, die eine bessere

Verzahnung des Ausbaus der Erneuerbaren Energien mit dem Netzausbau ermöglichen und vertritt die Auffassung, dass die Bereitstellung von Flexibilitäten und Systemdienstleistungen in Zukunft immer mehr Aufgabe der Erneuerbare-Energien-Anlagen werden muss. In einem zweiten Schritt sollten danach die Grundlagen für die Einführung einer fixen Marktprämie in einem wettbewerblichen Verfahren bestimmt werden.

Eine marktbasierte Strategische Reserve dient nach Vorstellungen der Energiewirtschaft als Übergang zur zweiten großen Säule einer Gesamtstrategie, dem dezentralen Leistungsmarkt. In einem solchen dezentralen Leistungsmarkt werden die Vertriebe verpflichtet, Versorgungssicherheitsnachweise in Höhe der Summe der bezogenen elektrischen Leistung zum Knappheitszeitpunkt vorzuhalten. Neben der geleisteten Arbeit, die als Backup zu fluktuierenden Erneuerbaren immer stärker abnimmt, würde die Vorhaltung gesicherter Leistung honoriert. Wichtig ist, dass der bisherige Großhandelsmarkt ein ganz zentrales Element des zukünftigen Marktdesigns sein wird. Er optimiert den Kraftwerkseinsatz nicht nur im Inland, sondern auch im europäischen Verbund.

Die Basis dieser Entwicklungen ist eine intelligente Netzinfrastruktur. Die Stromnetze müssen in Zukunft wesentlich andere Herausforderungen bewältigen als in der Vergangenheit. Anschluss und Einspeisung dezentraler Erzeugungsanlagen prägen zunehmend Management und Ausbau der Verteilnetze. Dieser Effekt wird sich in Zukunft noch weiter verstärken. Darüber hinaus sind durch die zunehmenden Tendenzen zur Deckung des Eigenbedarfs strukturelle Veränderungen der Stromentnahmen aus den Netzen zu erwarten. Die überregionalen Übertragungsnetze müssen ausgebaut werden, um die Verlagerung der Erzeugungsschwerpunkte, die Integration der Offshore-Windparks sowie die weitere Integration des europäischen Binnenmarkts für Elektrizität zu ermöglichen. Der Um- und Ausbau der Stromnetze ist auf lange Sicht die volkswirtschaftlich günstigste Option, um den weiteren Ausbau der Erneuerbaren Energien zu ermöglichen.

Um insbesondere auch die regionalen Verteilnetzbetreiber in die Lage zu versetzen, den notwendigen Aus- und Umbau der Netzinfrastruktur verlässlich planen und finanzieren zu können, ist eine Anpassung des Regulierungsrahmens zur unverzögerten Anerkennung von Investitionen zum Aufbau einer Smart Grid-Infrastruktur unerlässlich. Die bestehende Anreizregulierung muss zu einem System der Förderung innovativer und vorausschauender Investitionen fortentwickelt werden, um die Verteilnetze nachhaltig qualitativ und somit zu intelligenten Netzen um- und ausbauen zu können. Im Rahmen der Debatte um ein zukünftiges Marktdesign muss auch hinsichtlich der Netzentgelte eine zukunftsfähige Lösung gefunden werden. Während die Netzbetriebskosten primär fixe Kosten sind, liegt der Fokus des Entgeltsystems auf variablen Preisbestandteilen für Netzentnahmemengen.

Die Energiewirtschaft ist daher der Auffassung, dass eine zügige Umstellung auf eine stärkere Leistungsorientierung der Netzentgelte beim Endkunden erforderlich ist. Dadurch können sich die Netzentgelte insbesondere im Bereich der Niederspannung deutlich besser als heute an den Netzkosten orientieren, und „Entsolidarisierungseffekten" durch Eigenerzeugung kann begegnet werden. Bei der beschriebenen Neuordnung der Netzentgeltsystematik wird auf eine sachgerechte Lastenverteilung, die Vermeidung von Fehlanreizen, Umsetzbarkeit sowie Nachvollziehbarkeit und Transparenz zu achten sein. Der

Koalitionsvertrag enthält hierzu einige interessante Ansätze, die nun konkret umgesetzt werden müssen.

Die Umstellung der Energiewirtschaft auf Erneuerbare Energien muss einhergehen mit einer verbesserten Abstimmung von fluktuierender und regelbarer Erzeugung, Energiespeicherung, der Energieinfrastruktur und Möglichkeiten, die Nachfrage zu flexibilisieren. Mit intelligenten Netzen wird das Ziel verfolgt, fluktuierende Erzeugung und preisabhängige Nachfrage aufeinander abzustimmen und einen effizienten Aus- und Umbau des Netzes sowie eine hohe Versorgungsqualität zu erreichen. Zur Bewältigung dieser Herausforderungen hat der BDEW im Februar 2012 die Roadmap „Realisierung von Smart Grids in Deutschland" vorgelegt. Ein wesentliches Ergebnis dieser Roadmap ist, dass nun zügig Regelwerke und Prozesse zur Realisierung von Intelligenten Netzen entwickelt werden müssen. Eine Zusammenfassung der BDEW-Roadmap ist in diesem Buch beschrieben.

Mit dem neuen Marktdesign und der Roadmap zu den intelligenten Netzen hat der BDEW eine Gesamtstrategie zur Umsetzung der Energiewende vorgelegt. Es wird in der nächsten Zeit darauf ankommen, dass die politisch Verantwortlichen diese Schritte entschlossen mit der Energiewirtschaft gehen. Dann wird die Energiewende in Deutschland zum Erfolg geführt und kann zu einem internationalen Exportschlager werden. Ich wünsche Ihnen bei der weiteren Lektüre viele gute, neue Erkenntnisse zur Bedeutung der Smart Grids für das Gelingen der Energiewende.

Berlin im Mai 2014   Hildegard Müller

Geleitwort von Dieter Bischoff, stellvertretender Vorsitzender der Mittelstands- und Wirtschaftsvereinigung der CDU/CSU (MIT) und Vorsitzender der MIT-Kommission Energie und Umwelt

Wir haben uns in Deutschland ehrgeizige Ziele gesetzt: Unser Energiesystem soll in den kommenden Jahren umfassend auf die verstärkte Nutzung Erneuerbarer Energien umgestellt werden. Dabei soll deren Anteil an der gesamten Stromerzeugung bis zum Jahr 2020 auf bis zu 40 % ansteigen.

Damit steht die deutsche Versorgungswirtschaft vor einem epochalen Umbau ihrer gesamten Wertschöpfung – von der Erzeugung über die Verteilung bis hin zum Verbrauch von Energie. Mit diesen Veränderungen innerhalb des Energiesektors gehen enorme Herausforderungen einher, zu deren Bewältigung es innovativer Lösungen sowie einer gemeinsamen Kraftanstrengung von Energiewirtschaft, Politik und Gesellschaft gleichermaßen bedarf.

Der Erfolg aller Initiativen zum massiven Umbau unserer Energielandschaft hängt untrennbar sowohl von der gesellschaftlichen Akzeptanz als auch von der ökonomischen Umsetzbarkeit der Energiewende ab. Die geplanten Veränderungen müssen unter Berücksichtigung der drei konstituierenden Prinzipien Versorgungssicherheit, Umweltschutz und Wirtschaftlichkeit bzw. Wettbewerbsfähigkeit umgesetzt werden.

Wie sieht die energiewirtschaftliche Realität in den ersten Jahren nach der Energiewende aus? Die Verbraucherpreise für Energie steigen seit Jahren deutlich an. Und ein Ende dieser Tendenz ist (noch) nicht abzusehen! Die spürbar zunehmenden Belastungen aus der Ökostrom-Förderung aufseiten der privaten Haushalte sowie der kleinen und mittleren Gewerbebetriebe, die nicht von der EEG-Abgabe befreit sind, avancieren zu einer der wichtigsten Fragestellungen der deutschen Wirtschafts- und Ordnungspolitik. Der Kostenanstieg schadet mittlerweile nicht nur der Wettbewerbsfähigkeit von Industrie und Gewerbe, sondern der Energiewende insgesamt. Denn die Akzeptanz und der breite gesellschaftliche Konsens pro Energiewende werden durch die skizzierten Entwicklungen zunehmend gefährdet.

Die Folgen der Energiewende sind nicht allein prozessualer und technischer, sondern hauptsächlich ökonomischer Natur. Auf diese ökonomischen Fragestellungen müssen wir im Zusammenspiel mit intelligenten Netzen und Strukturen marktseitige Antworten und Lösungen finden. Auch im Energiesektor muss unbedingt dem marktwirtschaftlichen Prinzip Rechnung getragen werden. Der faire Wettbewerb unter den zahlreichen Akteuren auf den Energiemärkten stellt den effizientesten Mechanismus zur Verteilung von – witterungsabhängig mitunter beschränkt verfügbaren – Energiemengen dar. Alleine marktwirtschaftliche Steuerungsmechanismen können hier wirtschafts- und verbraucherfreundliche Energiepreise bewirken und damit die Wettbewerbsfähigkeit der heimischen Wirtschaft auch für die Zukunft sicherstellen.

Unsere MIT-Kommission Energie und Umwelt befasst sich seit der aufkommenden Energiewendediskussion des Jahres 2011 intensiv mit Fragen der Integration Erneuerbarer Energien in das Energiesystem der Zukunft und den damit verbundenen, umfassenden Veränderungen der deutschen Energiewirtschaft. Unser eindeutiges Petitum war und ist dabei stets, dass die energiewirtschaftlichen Strukturen und Prozesse in Deutschland wieder zu den Grundsätzen der sozialen Marktwirtschaft zurückfinden müssen. Wir wollen die Energiewende aus ökologischer Verantwortung heraus zum Erfolg führen. Daher müssen wir sie ökonomisch mittels geeigneter Marktmechanismen realisierbar gestalten. Planwirtschaft lehnen wir ab!

Das vorliegende Buch „Smart Market – Vom Smart Grid zum intelligenten Energiemarkt" gibt unter anderem Antworten auf Fragen, wie die Energiewende marktseitig unterstützt werden kann und muss. Darüber hinaus zeigen Autoren aus Wissenschaft und Praxis auf, wie ein intelligenter Energiemarkt unter marktwirtschaftlichen Gesichtspunkten funktioniert, wie die Akteure im geänderten Marktumfeld agieren und welche Geschäftsmodelle in Zukunft den Weg in Richtung mehr Markt im Energiesektor ebnen können.

Allen Lesern wünsche ich interessante Einblicke in das weite, neue Feld des intelligenten Energiemarktes und vor allem viel Freude bei der Lektüre.

Aachen im Mai 2014   Dieter Bischoff

Vorwort der Herausgeber

Mehr Markt wagen! – Die Ausgestaltung dieses Postulats liefert einen wichtigen Beitrag zum Gelingen der deutschen Energiewende. Die Bundesnetzagentur hat mit ihrem vielbeachteten Eckpunktepapier zu intelligenten Netzen und Märkten vom Dezember 2011 diesen Weg in Richtung mehr Markt in der Energiewirtschaft gewiesen. Die darin geforderte Differenzierung in eine Netz- und Marktsphäre trägt zu mehr Transparenz auf der Verbraucherseite bei und ermöglicht eine netzentlastende Verlagerung des Energieverbrauchs.

Als sich im Frühjahr 2012 die Arbeiten am ersten gemeinsamen Buchprojekt der beiden Herausgeber Christian Aichele und Oliver D. Doleski „Smart Meter Rollout – Praxisleitfaden zur Ausbringung intelligenter Zähler" bereits im vollen Gange befand, erschien Smart Market als neues Thema erstmals auf dem Radar der Energiewirtschaft. Nur wenige Wochen nach der initialen Veröffentlichung seitens der Bundesnetzagentur diskutierten zahlreiche Autoren des Rollout-Buchprojektes bereits intensiv über Inhalte und mögliche Konsequenzen eines wie auch immer ausgestalteten intelligenten Energiemarktes. Diese Diskussion war derart breitgefächert, nuancenreich und interessant, sodass die Herausgeber schnell zur Überzeugung gelangten, diese Anfang 2012 aufkeimende Diskussion um einen breiten Überblick unterschiedlicher Facetten dieser relevanten und hochaktuellen Thematik zu ergänzen. – Das Ergebnis dieser Überlegungen halten Sie nunmehr in Ihrer Hand.

Was liefert das vorliegende Buch?
Autoren aus Wissenschaft und Praxis geben im vorliegenden Herausgeberband umfassend Antworten auf die Frage, wie sich Smart Grid und Smart Market untereinander systematisch abgrenzen lassen und wie das Zusammenspiel dieser beiden Hemisphären des Energieversorgungssystems in der Praxis funktioniert. Das Buch beschäftigt sich mit den Akteuren im geänderten Marktumfeld ebenso wie mit den Komponenten sowie Anwendungen bzw. Produkten eines zukünftigen Smart Markets. Schließlich werden wesentliche Handlungsfelder für die Energiewirtschaft von morgen abgeleitet und konkrete Geschäftsmodelle vorgestellt.

Bei der Lektüre von „Smart Market – vom Smart Grid zum intelligenten Energiemarkt" werden Praktiker unter anderem Hilfestellung bei der Ausrichtung von Geschäftsaktivitäten im Zeitalter der Energiewende erhalten. Aber auch Theoretiker und Wissenschaftler sowie allgemein an der Thematik Smart Grid und Smart Market Interessierte werden das Buch mit Gewinn lesen können.

An wen richtet sich „Smart Market"?
Das vorliegende Buch wendet sich vornehmlich an Manager und Praktiker aus der Energiewirtschaft sowie Unternehmens- und IT-Berater mit energiewirtschaftlicher Ausrichtung. Ferner an Lehrende und Studenten der Energietechnik, Wirtschaftsinformatik und BWL sowie allgemein an all diejenigen Personen in Gesellschaft und Politik, die sich mit der Zukunft des Energiesektors beschäftigen.

Aufbau des Buches
Das Themenfeld des intelligenten Energiemengenmarktes umfasst vielfältige Inhalte und unterschiedliche Ausprägungen, die es im Sinne eines leichteren Verständnisses zunächst zu strukturieren gilt. Im Zuge der intensiven Beschäftigung mit der Thematik Smart Market kristallisierten sich schließlich vier Aspekte bzw. Strukturierungsmerkmale heraus:

- Akteure,
- Komponenten,
- Anwendungen und Instrumente sowie
- Geschäftsmodelle.

Das vorliegende Buch greift diese grundlegende Systematik auf und strukturiert die umfangreiche Thematik des Smart Markets in insgesamt fünf Hauptabschnitte. Im ersten Teil werden die prinzipielle Idee sowie die grundlegenden Aspekte des intelligenten Energiemengenmarktes eingeführt. Die folgenden Teile beschäftigen sich jeweils mit den vorgenannten vier Smart Market-Elementen. So beleuchtet der zweite Buchteil die Rolle und Funktion von Organisationen, Institutionen oder natürliche Personen, die als Akteure des Smart Markets entlang der energiewirtschaftlichen Wertschöpfung in unterschiedlichen Rollen und Funktionen in Erscheinung treten. Im dritten Abschnitt beleuchten die Autoren die unterschiedlichen Facetten möglicher Komponenten des Smart Markets, die die grundlegenden Bausteine des Smart Markets repräsentieren. Gegenstand des vierten Teils ist die eingehende Diskussion möglicher Anwendungen und Instrumente des Smart Markets, die im Marktkontext die unspezifischen Produkte des Smart Markets darstellen. Schließlich erfolgt im abschließenden fünften Buchteil die ausführliche Betrachtung markttauglicher, konkreter Geschäftsmodelle des Smart Markets. Nachfolgend werden die einzelnen Buchkapitel entsprechend ihrer thematischen Zuordnung zu den fünf Hauptteilen A bis E skizziert.

A. Idee und Konzept des intelligenten Energiemarktes

Zu Beginn des Buchteils A führen **Oliver D. Doleski** und **Christian Aichele** den Leser in die aktuelle Thematik Smart Market ein. In ihrem Kapitel „Idee des intelligenten Energiemarktkonzepts" beschreiben die beiden Autoren zunächst den Status quo „smarter

Themen" in der Energiewirtschaft, um anschließend die Fachdiskussion weiterführen zu können. Die Grundannahmen des im Dezember 2011 erschienenen Eckpunktepapiers der Bundesnetzagentur berücksichtigend, beschreiben Oliver D. Doleski und Christian Aichele die unterschiedlichen Facetten des zukünftigen Energieversorgungssystems im Kontext geänderter Umfeldparameter. Auf diese Beschreibung aufbauend wird sodann die grundlegende Systematik des Smart Market-Konzepts vorgestellt und eingeführt. Abgerundet wird das einleitende Kapitel schließlich mit der eingehenden Betrachtung der mit dem intelligenten Energiemarktkonzept verbundenen Nutzenaspekte. Die Einführung einer grundlegende Systematik zur Strukturierung des Erkenntnisobjekts sowie der Nachweis energiewirtschaftlicher Nützlichkeit des Smart Market-Konzepts ist insofern Anspruch dieses Einführungsteils.

Im Kapitel „Rechtsrahmen von Smart Grids und Smart Markets" vermittelt **Björn Heinlein** dem Leser eine überblicksartige Darstellung des Rechtsrahmens im Zusammenhang mit Smart Grids und Smart Markets. Der Autor zeigt, dass nicht ein bestimmtes, sämtliche Regelungen zu Smart Grids und/oder Smart Markets beinhaltendes Regelwerk existiert. Stattdessen offenbart sich bei näherem Hinsehen ein stark diversifiziertes Bild: Viele Smart Grids und/oder Smart Markets betreffende Regelungen sind über verschiedene Richtlinien, Gesetze und Verordnungen verteilt. Zum besseren Verständnis des Bedürfnisses für Regelungen zur Ausgestaltung von Smart Grids und Smart Markets beleuchtet Björn Heinlein zunächst die Entwicklung des nationalen Elektrizitätsmarktes inklusive des entsprechenden Rechtsrahmens. Anschließend erfolgt die terminologische Abgrenzung der Begrifflichkeiten „Smart Grid" einerseits und „Smart Market" andererseits, um über diesen Weg eine stringente Zuordnung von Regelungen zum einen oder zum anderen Bereich zu ermöglichen. Sodann erfolgt die Darstellung des Rechtsrahmens nach der Normhierarchie, d. h. danach, ob die entsprechenden Regelungen dem europäischen oder dem nationalen Recht zuzuordnen sind. Schließlich erfolgt im Kapitel eine Differenzierung nach dem Regelungsgehalt dergestalt, dass die Regelungen zu Smart Grids und Smart Markets jeweils eindeutig den Rechtsbereichen Energiewirtschaftsrecht/Regulierungsrecht oder Datenschutzrecht zugeordnet werden.

Hubertus Bardt geht im Kapitel „Ein wettbewerblicher Strommarkt für die Energiewende" auf eine grundlegende Herausforderung der Energiewende ein: Mit zunehmenden Anteilen Erneuerbarer Energien, die durch das EEG gefördert werden, spielt der Wettbewerb auf dem Strommarkt eine immer geringere Rolle. Dabei wird der Wettbewerb als entscheidendes Element angesehen, um die nötigen Innovationen und Effizienzfortschritte in der Energiewende zu realisieren. Daher steht die Förderung Erneuerbarer Energien vor neuen Herausforderungen; ebenso wird für die notwendigen konventionellen Kraftwerke die Einführung von Kapazitätsmechanismen diskutiert, die eine Finanzierung der Backup-Kapazitäten ermöglichen soll. Hubertus Bardt plädiert dafür, die bestehenden Energy-Only-Märkte so weiterzuentwickeln, dass Versorgungssicherheit einen Preis bekommt und eine individuelle Absicherung der Verbraucher in einem wettbewerblichen Rahmen möglich wird.

Der BDEW Bundesverband der Energie- und Wasserwirtschaft e. V. hat einen Fahrplan entwickelt, um mit den verschiedenen Akteuren der Energiewirtschaft den Umbau des Energiesystems zu intelligenten Energienetzen bis zum Jahr 2022 zu ermöglichen. In dem Kap. 4 „Smart Grids und Smart Markets – Roadmap der Energiewirtschaft" zeigt **Eric Ahlers** auf, dass drei Marktphasen und zehn Schritte identifiziert werden können. Zu den notwendigen Schritten zählen konkrete gesetzgeberische Maßnahmen für einen konsistenten rechtlichen und regulatorischen Rahmen. In einer Etablierungs- und Ausgestaltungsphase geht es darum, Infrastruktur und Prozesse anzupassen. Ziel ist es, dass in einer Realisierungs- und Marktphase Marktmodelle zur Flexibilisierung von Erzeugung und Verbrauch entstehen. In diesem mehrphasigen Prozess ist aus Sicht der Energiebranche ein Ausbau der Verteilnetze zu intelligenten Netzen im Rahmen der Energiewende realisierbar.

Mit dem zunehmendem Ausbau der Erneuerbaren Energien wird das System der Stromversorgung immer komplexer und die Organisation von Versorgungssicherheit technisch und wirtschaftlich aufwendiger. **Barbara Praetorius** beschreibt in ihrem Kapitel „Dezentrale Erzeugung, Wettbewerb und intelligente Netze im integrierten Strommarktmodell des VKU" das Optimierungsproblem der simultanen Abstimmung von Angebot und Nachfrage im gegenwärtigen Marktdesign als Risiko für die Versorgungssicherheit vor allem in der mittleren Frist, da Investitionen in Versorgungssicherheit ausreichende Planungsvorläufe und Planungssicherheit voraussetzen. Das betrifft die Bereitstellung sowohl von verlässlichen Stromerzeugungskapazitäten als auch von ausreichenden und smarten Netzstrukturen. Es wird erörtert, mit welchem Marktdesign eine effiziente, marktgetriebene Lösung des Optimierungsproblems ermöglicht werden kann. Eine effiziente Lösung setzt dabei intelligente Regelungstechniken voraus; Informations- und Kommunikationstechniken sind heute so weit entwickelt, dass dies theoretisch möglich ist. Allerdings müssen für effiziente marktwirtschaftliche Innovationsanreize auch die Rollen der Marktakteure und die Regularien für die verschiedenen Wertschöpfungsstufen und die Schnittstellen zwischen den Wertschöpfungsstufen an die Herausforderungen einer stärker dezentralen und fluktuierenden Stromeinspeisung angepasst werden. Der Beitrag thematisiert, welche Optionen für ein solches effizientes, intelligentes Strommarktdesign bestehen.

Im Kapitel „Der Smart Market als Aufgabe der Ordnungspolitik" befasst sich **Philipp Steinwärder** mit dem Smart Market als Aufgabe der Ordnungspolitik. Nach einem kurzen Überblick über einige Grundzüge der Ordnungspolitik und die Begrifflichkeiten wendet er sich den energiepolitischen Zielen, dem gegenwärtig bestehenden ordnungspolitischen Rahmen sowie dem Elektrizitätsmarkt zu. Im Mittelpunkt des Beitrages stehen die anstehenden Aufgaben der Ordnungspolitik. Den Smart Market zu gestalten bedeutet für den Verfasser, den Elektrizitätsmarkt der Zukunft zu gestalten. Bei diesem Vorhaben führen die bisher verfolgten Ansätze nach seiner Auffassung nur bedingt weiter. Stattdessen spricht er sich dafür aus, eine ordnungspolitische Konzeption, die sich nicht auf Teilbereiche, sondern das Energieversorgungssystem in seiner Gesamtheit bezieht, zu verfolgen. Angesichts des Umbruchs, in dem sich der Elektrizitätsmarkt gegenwärtig befindet, weist er außerdem darauf hin, dass der ordnungspolitische Rahmen für den Smart Market weder technische Innovationen noch die Entwicklung neuer Geschäftsmodelle behindern darf.

Die Energiewende bringt Veränderungen, der Elektrizitätsmarkt wird sich anpassen. Der Verein Smart Grid Schweiz (VSGS) untersuchte die Auswirkungen dieser Veränderungen auf Elektrizitätsnetze und den Elektrizitätsmarkt. **Oliver Krone** und **Maurus Bachmann** stellen in ihrem Beitrag fünf Thesen der Arbeitsgruppe „Smart Market" des VSGS vor, welche aus Sicht der Verteilnetzbetreiber die Chancen und Risiken des Smart Markets beschreiben. Die Autoren legen dar, dass sich grundlegende Änderungen im Marktmodell für die Elektrizitätsbranche abzeichnen. Ein Vergleich mit der Telekommunikationsbranche zeigt Parallelitäten auf und identifiziert Lernpotenzial.

Tahir Kapetanovic beschreibt in seinem Beitrag „Smartening the Grid – Rahmen und Erfahrungen in EU und Österreich" aus österreichischer Sicht, was die praktische Umsetzung von Smart Grids ausmacht. Die Sichtweisen der smarten Übertragungs- und Verteilnetze unterscheiden sich zwar, aber die wichtigsten Herausforderungen sind gemeinsam: Betriebs- und Versorgungssicherheit, Integration der volatilen Erzeugung und des Marktes, Dezentrale Erzeugung und Aktivierung der Netzbenutzer. In den bereits sehr smarten Übertragungsnetzen, richtet sich der Fokus auf smarte Prognose und Betriebsplanung, auf Weghandeln der Volatilität nahe an Echtzeit und auf Ausbau zu europäischen Super Grids. In den Verteilnetzen, die einen Boom an dezentraler Erzeugung und somit bidirektionalen Lastflüssen erleben, liegt der Fokus auf Anpassung des bisherigen Verteilnetzausbaus und -betriebes sowie technisch/wirtschaftlicher Optimierung der Konzepte für Spannungs- und Lastmanagement. Praktische Erfahrungen sind angeführt, aus Netzsicherheits- und Netzbetriebsplanungsinitiativen europäischer Übertragungsnetzbetreiber und aus österreichischen Verteilnetzen sowie Kriterien, die in der EU bei Bewertung und Förderung der Smart Grids-Projekten zur Anwendung kommen. Eine Entmystifizierung des Begriffes Smart Grids ist das zentrale Thema dieses Beitrags – Smart Grids als ein kontinuierlicher Entwicklungs- und Verbesserungsprozess zu intelligenten Elektrizitätsversorgungsnetzen der Zukunft, als Basis für die Geschäftsmodellveränderungen der Netzbetreiber mit Fokus auf Risikomanagement und Systembetrieb – in Kürze, als Kaizen der elektrischen Energieversorgung.

B. Akteure zwischen Netz und Markt

Die zunehmende dezentrale Erzeugung wird neue Marktakteure, sowohl auf der Netz- wie auf der Marktseite, hervorbringen. In diesem Kontext bedarf gerade die Schnittstelle zwischen Netz und Markt besonderer Betrachtung. Deutlich wird dies durch das BDEW-Ampelmodell. So interagieren die verantwortlichen Netzbetreiber beispielsweise in der gelben Ampelphase mit Marktteilnehmern nach Regeln, die zur Systemstabilität beitragen. Wie diese in Zukunft funktionieren kann und welche (neuen) Marktakteure hiervon profitieren können, zeigt das Kapitel „Netz- und Marktakteure im Smart Market" von **Axel Lauterborn** am Beispiel ausgewählter Akteure. Hierbei wird auf der Netzseite der Gateway Administrator als zukünftiger Akteur im Smart Market exemplarisch betrachtet. Für die Markseite wird die Rolle des Aggregators herausgegriffen und einer intensiveren Betrachtung unterzogen. Im Smart Market der Zukunft wird der Schnittstelle zwischen Netz und Markt eine besondere Rolle beizumessen sein. Dieser Aspekt und die Betrachtung des Zusammenspiels der verschiedenen Akteure runden das Kapitel ab.

Im Kapitel „Innovationsfähigkeit und Marktzutrittsschwellen des Smart Grids und Smart Markets" beschreibt **Felix Dembski** das Potenzial des Smart Grid als Katalysator für Innovationen der Energiewende. Der erste Abschnitt erörtert den Zusammenhang zwischen Innovation und den Marktzutrittsschwellen des Energiesystems. Im zweiten Teil wird Einsteigern in das Thema Smart Grid ein Überblick über die Vielfalt der existierenden sowie geplanten Regeln und Zuständigkeiten des Smart Grids gegeben, um im dritten Teil die Frage zu erörtern, ob das gewählte Modell ein Maximum an Innovation erwarten lässt bzw. inwieweit die gewählte Regelungssystematik und die Verteilung von Zuständigkeiten für mehr Innovation optimiert werden könnten.

Die Zahl der Akteure am Energiemarkt nimmt seit der Liberalisierung stetig zu. Dadurch steigen die notwendigen Interaktionen zwischen den Akteuren und die Art der Aufgaben ändert sich kontinuierlich. Gleichzeitig ändern sich durch die Energiewende die Erwartungen an die Akteure. Derzeit wird im Zuge der Einführung des Smart Metering der neue Marktakteur „Gateway Administrator" etabliert. **Benjamin Deppe** und **Gerald Hornfeck** beschreiben im Kapitel „Transformationsprozess der Marktakteure" den Veränderungsprozess vom aktuellen Rollensystem hin zu einem Zielsystem unter Berücksichtigung der Erwartungen der Stakeholder. Dabei liegt der Fokus des Beitrages auf dem Zähl- und Messwesen mit den Rollen Messstellenbetreiber, Messdienstleister und Gateway Administrator, welche als zentrale Schnittstelle zwischen Kunde und Energiewirtschaft die Aufgabe übernehmen, den Kunden als aktives Element in die Energieversorgung zu integrieren. Dabei wird aufgezeigt, wie sich die Aufgaben und Interaktionen im Zuge des Transformationsprozesses wandeln werden.

Christian Aichele und **Marius Schönberger** stellen den Endkunden im Kapitel „Die Rolle des Endkunden im Smart Market" in den Fokus ihrer Betrachtungen. Die Rolle und das Verhalten des Endkunden wird maßgeblich durch die anderen Akteure des Smart Markets gestaltet und beeinflusst. Der Endkunde muss aber seinen ihm zugestandenen Gestaltungsspielraum auch nutzen und selbst zu einem Treiber des Smart Markets werden. Ohne den Input des Endkunden und den damit verbundenen Anforderungen des Letztverbrauches und zukünftig vermehrt Prosumers an die neuen und tradierten Unternehmen der Energiewirtschaft wird der Smart Market keine ausreichende Dynamik in der Entwicklung zu einem freien und minimal limitiert reglementierten Markt aufbauen. Nur ein funktionierender Smart Market, der den Endkunden proaktiv involviert, wird einen massiven Netz- und Speicherausbau im Zuge der Zunahme des Anteils an fluktuierenden Erneuerbaren Energien verhindern können. Und nur damit bleibt Energie für den Endkunden bezahlbar.

Nach den spektakulären Insolvenzen von Teldafax und Flexstrom stellt sich – insbesondere für Energie-Vertriebsunternehmen – die Herausforderung, ein nachhaltiges Geschäftsmodell zu etablieren. **Ulrich Dalkmann** zeigt in seinem Kapitel „Ansätze im Smart Market für Energie-Vertriebsunternehmen" auf, dass Smart Markets hier besondere Perspektiven bieten. Ziel des Autors ist es, die Veränderungskräfte vom traditionellen Markt hin zum Smart Market zu benennen und exemplarisch drei Produktansätze aus der betrieblichen Praxis aufzuzeigen, zu klassifizieren und zu diskutieren. Insbesondere wird die Relevanz der Prozesse und der Informationssysteme für die jeweiligen Produkte herausgestellt. Ausgehend von der exemplarischen Betrachtung ermöglicht der Autor somit einen Ausblick auf das grundlegende Potenzial für derartige Produkte in der Zukunft. Die Analyse zeigt, dass gerade jetzt innovative Energievertriebe die besten Impulse für die Entwicklung zu Smart Markets liefern. Die IT der Unternehmen fungiert dabei als Enabler für smarte Lösungen.

C. Smart Market-Komponenten

Das Kapitel „Die Einbettung der Komponenten des Smart Markets" von **Ludwig Einhellig** beschäftigt sich detailliert mit den Komponenten und deren Integration in den Smart Market. Hierzu werden nach der Einführung in die energiewirtschaftlichen Hintergründe und regulatorischen Erfordernisse zunächst die Sichtweisen verschiedener Branchen auf Komponenten eines Smart Markets bzw. auch eines Smart Grids dargestellt sowie Möglichkeiten diskutiert, die Komponenten des Smart Markets voneinander schärfer abzugrenzen und ihnen eine dogmatische Struktur zu geben. Dies erfordert offensichtlich die Bildung einer zusätzlichen Perspektive für Telekommunikations- und Informationstechnologien, da diese Komponenten übergreifend „den Smart Market zusammenhalten". Der dritte und vierte Teil des Beitrages von Einhellig beschreibt detailliert die einzelnen Komponenten und beleuchtet sowohl die involvierten Akteure als auch die Bedeutung der jeweiligen Komponente für die Energiewende.

Im Kapitel „Effizienter Zugriff auf dezentrale Ressourcen – Voraussetzung für das Zusammenspiel von Smart Grids und Smart Markets" erläutert **Jochen Kreusel** die Herausforderungen, die durch die stark zunehmende Dezentralität in der elektrischen Energieversorgung verursacht werden. Die wirtschaftlich effiziente Integration dezentraler Betriebsmittel in die energietechnischen und -wirtschaftlichen Prozesse erfordert nach seiner Überzeugung im Wesentlichen drei Neuerungen: Zunächst plädiert er für eine für alle Marktteilnehmer zugängliche, sichere Kommunikationsinfrastruktur in Verbindung mit einem marktweiten Verzeichnisdienst, über den alle dezentralen Betriebsmittel erreichbar sind. Zweitens muss der Rechtsrahmen der Elektrizitätswirtschaft so ausgestaltet werden, dass er Anreize für Dienstleister gibt, welche die dezentralen Elemente möglichst effizient in die energiewirtschaftlichen Abläufe integrieren. Und drittens wird ein Prozess benötigt, mit dem künftig auch auf der Verteilungsebene mögliche Konflikte zwischen den Ergebnissen des Wettbewerbsmarktes und der zur Verfügung stehenden Netz-Infrastruktur frühzeitig identifiziert werden können, sodass die Marktteilnehmer noch ausreichend Zeit haben zu reagieren.

Carsten Hoppe beleuchtet in seinem Kapitel „Innovative IT-Ansätze als Erfolgsfaktor für die Gestaltung von Smart Markets" IT architektonische Herausforderungen für Smart

Markets von morgen, die sich einer neuen Konvergenz der Netze unterwerfen müssen. Er wagt die These, dass die isolierte Betrachtung energiewirtschaftlicher Anforderungen das Risiko von „stranded invests" im Bereich der IT-Infrastruktur birgt und zeigt Ansätze moderner Vernetzung jedweder Dienste-Anbieter und Service-Konsumenten in einem Smart Market IT-Konzept. Betrachtet werden dabei sowohl zugrundeliegende Teilnehmerstrukturen moderner Smart Markets als auch relevante IT-Architekturen zur Virtualisierung von Märkten und die dafür notwendigen Konzepte der Provider/Consumer Dienste-Vermittlung und -Verrechnung. Als Beispiel dient dabei unter anderem ein fiktiver Service-Integrator im Bereich der Elektromobilität, der solche Ansätze bereits heute lebt. Erfolgreiche IT-Architekturen innovativer Märkte zeichnen sich nach Meinung des Autors durch die Einfachheit der Vernetzung von Anbietern und Konsumenten aus (Dienste-Vermittlung) und bieten als begleitenden Service transparente Verrechnungsmethoden (Dienste-Verrechnung) zwischen den Marktteilnehmern, die Spielraum für moderne kommerzielle Anreizsysteme bieten, ohne die eine Energiewende nicht umsetzbar sein wird.

Im Kapitel „Die Logistik des Datenmanagements im Energiemarkt der Zukunft – Akteure, Objekte und Verteilungsmodelle" beleuchtet **Henrik Ostermann** die Datenobjekte, Akteure und Verteilungsmodelle näher und schafft einen Überblick über Datenszenarien. In einem Abstraktionsmodell werden die verschiedenen zukünftig notwendigen Schichten dargestellt und erläutert. Die Schichten Infrastruktur, Enabler und Smart Market (On-Top) liefern darin die Spielfläche zur Datenverteilung und -nutzung für alle Akteure in der Energiewirtschaft der Zukunft. Gerade in einem Markt, der aktuell einen Turnaround, weg von einem homogenen oligopolistischen geprägten Marktverständnis hin zu einem polypolistischen Markt, durchläuft, ist der Aufbau zukunftsfähiger und tragfähiger Modelle zur Datenverteilung notwendig. Die zukünftige atomisierte Marktstruktur mit sehr vielen Nachfragern und Anbietern erfordert einen effektiven und effizienten Umgang mit den Daten. Strukturen zur Bündelung, Kanalisierung und Steuerung der daraus resultierenden Datenflüsse sind notwendig. In der Folge erfolgt eine Beschreibung der zu unternehmenden Maßnahmen zur Ermöglichung eines Smart Markets durch die Erweiterung von vorhandenen und zu schaffenden Infrastrukturen. Im Fazit kommt der Autor im Wesentlichen zu der Erkenntnis, dass heute bereits bekannte Infrastrukturen und Technologie zunächst einen wichtigen Schritt hin zum Funktionieren eines Smart Markets darstellen. Da diese zum heutigen Zeitpunkt gar nicht oder nur teilweise im Einsatz sind, ist die Nutzung neuer Infrastrukturen und Technologien der erste Schritt für Energieversorger. In einem nächsten Schritt geht es darum, heute existierende Technologien entsprechend einzusetzen und auf die zukünftigen Aufgaben und Datenströme zu adaptieren.

Der Frage „Smart und sicher – geht das?" geht **Rudolf Sichler** in seinem Beitrag nach. Dabei betrachtet der Autor die Qualität der smarten Konzepte im Netz und im Markt durch die Brille der Informationssicherheit und identifiziert die daraus erwachsenden neuen und verstärkten Schwachstellen und Bedrohungen. Durch aktuelle Beispiele werden die abstrakten Begriffe und Risikomodelle konkretisiert und die bereits heute bestehende Bedrohungs- und Angriffslage verdeutlicht. Die vielfältigen Initiativen der Politik, der Behörden, der Standardisierungsorganisationen und der Verbände diesen Herausforderungen zu begegnen, werden ebenso skizziert, wie die Aktivitäten der Forschungs-Community. Sicherheit ist nicht zum Nulltarif zu haben, darüber besteht Konsens. Wie viel sie aber wirklich kostet und welcher Preis angemessen ist, wird ebenfalls behandelt. Das Fazit des Autors: „Wenn wir smart wollen – geht das nur sicher!".

Mit dem Postulat, dass alle Bereiche unseres Lebens smarter werden sollen beschäftigt sich **Jürgen Arnold** in seinem Beitrag „Vernetzte Ökosysteme – Smart Cities, Smart Grids und Smart Homes". Er geht zunächst der Frage nach, ob der Wandel von bestehenden Komponenten und Prozessen hin zu smarten Lösungsansätzen eine Spielerei im Smart Home mit persönlichem Nutzen darstellt, oder im großen Stile einen positiven betriebswirtschaftlichen oder sogar volkswirtschaftlichen Effekt zeigt. Intelligente Heizungssteuerungen, die Integration Erneuerbarer Energien, Verkehrsleitsysteme in Cities und deren Einfluss auf das Weltklima zeigen die außerordentlich große Spannweite des Themas. Der Autor leitet in seinem Kapitel her, dass erst durch den Einsatz von Informations- und Kommunikationstechnologien (IKT) eine Transformation der bestehenden Systeme möglich ist. Die Zauberworte heißen hier „Cyber-physische Systeme" und das „Internet der Dinge". Die notwendigen Technologien, Chancen, Risiken und Beispiele für vernetzte Einsatzgebiete erörtert Jürgen Arnold aus anwendungsorientierter Sicht.

Peter Heuell beschreibt im Kapitel „Smart Meter im intelligenten Markt" wie intelligente Stromzähler als Kommunikationsschnittstelle zwischen Verbraucher, Produzent und Versorger den Smart Market vorantreiben können und welche technischen Voraussetzungen sie dafür mitbringen müssen. Zunächst beschreibt der Autor verschiedene Kundenanreizsysteme im Wettbewerb – wie monatliche Rechnungen und variable Tarife –, die erst durch Smart Meter ermöglicht werden. Peter Heuell zeigt, wie der Kunde mit solchen Instrumenten seinen Stromverbrauch und die Kosten senken kann. Auf Seiten der Produzenten schaffen Smart Meter wiederum Anreize und Möglichkeiten, Strom ab- und zuzuschalten – etwa über das Regeln von Photovoltaikanlagen und virtuellen Kraftwerken. Schließlich wirft der Autor einen Blick auf die technischen Voraussetzungen für den Einsatz von Smart Metern. Peter Heuell zeigt, welche Rolle die IT-Infrastruktur spielt und weist darauf hin, dass diese rechtzeitig für die Praxis getestet werden müsse. Die Kernfragen des Textes „Ist der Smart Meter reif für den Smart Market?" beantwortet der Autor mit Ja. Er beschreibt dazu die geforderten Funktionen und deren technische Umsetzung und erklärt, dass die gemäß den Vorgaben der Technischen Richtlinien des BSI entwickelten Geräte alle beschriebenen Aufgaben im Smart Market erfüllen können. Neben den technischen Voraussetzungen sei allerdings nun der politische Wille gefordert, den Rollout voranzutreiben, um den Smart Market auch zum Erfolg zu führen.

D. Anwendungen und Instrumente

Klaus Lohnert und **Sebastian Kaczynski** beschäftigen sich in ihrem Beitrag „Informationstechnologie als Wegbereiter für Geschäftsprozesse im Smart Market" mit den wesentlichen Auswirkungen auf die Akteure einer Branche, die sich seit Jahren mitten im

Umbruch befindet. Beide Autoren stellen fest, dass es sich bei der vermehrten Substitution konventioneller Stromproduktion durch dezentrale, oft regenerative Produktionsanlagen und die damit verbundene Veränderung des klassischen EVU-Geschäftsmodells wohl um die größte Herausforderung in der 140-jährigen Branchengeschichte handeln dürfte. Lohnert und Kaczynski gehen der Frage nach, worin die Herausforderungen liegen und wie EVU diesen Veränderungen begegnen können. Antworten auf diese Fragestellungen mit besonderem Fokus auf die Bedeutung der Informationstechnologie als „Ermöglicher" neuer Geschäftsmodelle stehen demzufolge im Fokus des Kapitels. Die Autoren wagen darüber hinaus einen Blick in die Zukunft und skizzieren ein mögliches Geschäftsmodell in einem Smart Market. Anhand dessen zeigen sie auf, wie sich Prozesse verändern und welche neuen Technologien für die Umsetzung erforderlich sind. Sie beschreiben inwieweit heutige Systemarchitekturen von EVU durch den Wandel der Energiewende betroffen sind und welche Chancen dieser mit sich bringt.

Im Kapitel „Produkte des intelligenten Markts" beschreiben **Oliver Budde** und **Julius Golovatchev** die Konsequenzen sich verändernder Rahmenbedingungen für die Energiewirtschaft auf die Produktentwicklung von Smart Energy-Produkten und präsentieren einen entsprechenden Ansatz für ein ganzheitliches Produktlebenszyklusmanagement (PLM). Hierzu systematisieren die Autoren zunächst die Veränderungstreiber, die zu einer steigenden Komplexität bei Energieversorgern führen und erklären die Auswirkungen auf den Ebenen Strategie, Prozess, Architektur und IT. Aufbauend auf langjährige Beratungserfahrungen sowie den Erkenntnissen aus einer empirischen Studie erläutern die Autoren die Dimensionen eines ganzheitlichen PLMs zur Beherrschung der Komplexität von Smart Energy-Produkten. Damit gelingt es den Autoren, Energieversorgungsunternehmen praktische Handlungsanweisungen für die zukunftsfähige Ausrichtung ihres Produktmanagements zu geben.

Stefan Helnerus stellt in seinem Beitrag „Elektromobilität" die Bedeutung der Elektromobilität für die Smart Grids der Zukunft dar. Ausgehend von der Herleitung, warum der elektrische Antrieb die Mobilitätsmärkte nachhaltig verändern wird, beschreibt er zu erwartende Marktplätze und die daraus resultierenden Anforderungen an Marktteilnehmer und IT-Systeme. Dabei kommt er zu dem Schluss, dass der Halter und Fahrer eines Elektroautos vielerorts noch nicht mit den passenden Lösungen konfrontiert wird und dass sich die derzeitigen Ansätze für komfortables und sicheres Laden in vielen Städten wohl noch im Status der Diskussion befinden. Sein Fazit: im Zusammenspiel der Politik und der Wirtschaft liegt noch viel Potenzial, innovative Technik ist schon da.

E. Geschäftsmodelle für den Energiemarkt von morgen

Verkaufen Sie auch in Zukunft Ihren Kunden noch Kilowattstunden? – Mit dieser auf den ersten Blick ungewöhnlichen Frage leitet **Oliver D. Doleski** sein Kapitel „Entwicklung neuer Geschäftsmodelle für die Energiewirtschaft – das Integrierte Geschäftsmodell" ein. Damit fokussiert der Autor auf die Kernfrage, wie das Versorgungsgeschäft in der Zukunft aussehen könnte und welche Produkte oder Dienstleistungen im Energiesektor zukünftig wohl nachgefragt werden. Das klassische Versorgungsgeschäft läuft zusehends Gefahr, sich in der „smarten" Energiewelt von morgen mit einer Rand- oder Nischenexistenz abfinden zu müssen. Versorgungsunternehmen, die der akuten Bedrohung ihres heutigen Geschäftsmodells nicht tatenlos zusehen wollen, müssen sich auf die geänderten Umfeldbedingungen und zunehmend komplexeren Prozesse einstellen. Rechtzeitig zukunftsfähige Geschäftskonzepte zu etablieren sowie vorhandene Geschäftsmodelle situationsgerecht weiterzuentwickeln wird zur existenziellen Herausforderung. Tragfähige Modellansätze zur Geschäftsentwicklung sind gefragt. Der Autor vertritt die Ansicht, dass es zur Komplexitätsbeherrschung im modernen Energiegeschäft einer umfassenden Integration aller relevanten energiewirtschaftlichen Facetten sowie ganzheitlicher Betrachtung der vielfältigen Einflüsse und Anforderungen des normativen, strategischen sowie operativen Managements bedarf. Als konzeptioneller Bezugsrahmen bietet sich das anwendungsorientierte St. Galler Management-Konzept an. Es repräsentiert gewissermaßen die DNS des Integrierten Geschäftsmodells iOcTen, welches vor dem Hintergrund des Smart Markets von Oliver D. Doleski entworfen und detailliert wird.

Der Wandel des Energiesystems erfordert nicht nur neue Technologien, sondern auch innovative Geschäftsmodelle im Rahmen von Smart Markets. Hierfür gilt es, verlässliche politische Rahmenbedingungen zu schaffen. In ihrem Beitrag skizzieren **Hans-Gerd Servatius** und **Bernd Sörries** zunächst die Phasen beim Wandel von Energieunternehmen und erläutern dann die spezifischen Herausforderungen bei der Geschäftsmodell-Innovation im Energiesektor. Darauf aufbauend analysieren die Autoren, wie sich die Transaktionen der Marktteilnehmer durch die Integration Erneuerbarer Energien verändern und welche Konsequenzen daraus für die einzelnen Geschäftsmodelle und -prozesse entstehen. Um künftig die hohe Versorgungssicherheit zu gewährleisten, muss ein kommerzieller Markt für die Flexibilität von Energiemengen entstehen. Dieser Markt setzt dabei neue, zweiseitige Plattformen voraus. Sofern die etablierten Marktteilnehmer die damit verbundenen Chancen nicht nutzen, entstehen aus Sicht von Hans-Gerd Servatius und Bernd Sörries Anreize für den Markteintritt branchenfremder Unternehmen.

Der zweite Beitrag von **Ludwig Einhellig** in diesem Buch „Strategie und Handlungsempfehlungen basierend auf den Komponenten des Smart Markets" beleuchtet eine komponentenbasierte Sichtweise und gibt dem Leser Handlungsempfehlungen für die Anpassung bestehender Unternehmensstrukturen für (potenzielle) Akteure des Smart Markets an die Hand. Gegliedert nach den Komponenten des Smart Markets bewertet der Autor jeweils die Bedeutung der Einzelkomponenten für die Energiewende und entwickelt gezielt Handlungsempfehlungen und Strategien für die jeweiligen Hauptakteure.

Im Beitrag „Die Chancen neuer und etablierter Anbieter im Smart Market" werden Geschäftsfelder und -modelle in den verschiedenen Bereichen eines Smart Markets dargestellt und erörtert. **Helmut Edelmann** zeigt auf, dass die etablierten EVU und Stadtwerke einen Kulturwandel durchlaufen und eine ausgeprägte Innovationskultur entwickeln müssen, um aus ihrer guten Ausgangsposition im Smart Market heraus erfolgreich Geschäftsmodelle entwickeln zu können. Ansonsten besteht für sie die Gefahr – ähnlich wie im Bereich der dezentralen Erzeugung – die intelligenten Märkte an neue Anbieter zu verlieren. Für neue und für etablierte Anbieter gilt gleichermaßen, enger und fokussierter bei der Entwicklung neuer Geschäftsmodelle zusammenzuarbeiten. In einem Umfeld, in dem der Spielraum für Innovationen durch permanente Eingriffe in die Gesetzgebung und Regulierung limitiert werden, besteht für alle Marktteilnehmer nur die Chance, über konzertierte Aktionen gemeinsam neue Märkte und damit neue erfolgreich Geschäftsmodelle zu entwickeln. Konzertierte Aktionen unter Einbindung und Bündelung vielfältiger Interessen aus verschiedenen Branchen – auch zwischen Wettbewerbern („*Coopetition*") –, in denen die Beteiligten vermeintliche kurzfristige Nachteile zurückstellen müssen. Denn diesen vermeintlichen Nachteilen stehen langfristig größere Vorteile entgegen – nämlich die Entwicklung neuer, in der Energiewirtschaft dringend benötigter Wachstumsmöglichkeiten, die der Smart Market zweifelsohne bietet.

In der zurückliegenden Dekade hat das Internet unser Leben grundlegend verändert. Neben der privaten Lebenswelt trifft das insbesondere auf Industrien zu, die nahe am Endkunden positioniert sind. Die Energiewirtschaft war hiervon nur am Rande betroffen wie etwa durch Preisvergleichsportale im Stromvertrieb. Im Kapitel „Die Energiewirtschaft wird digital" beschreibt **Rolf Adam**, wie in den nächsten zehn Jahren bereits heute verfügbare Technologien Einzug in den Unternehmensalltag halten und tiefgreifenden Einfluss auf betriebliche Abläufe und Geschäftsmodelle nehmen werden. Er schließt den Beitrag mit einem Ausblick ab, welche Innovationen die nächste Welle an Veränderungen in der Energiewirtschaft anstoßen werden.

Nach Auffassung von **Eric Kallmeyer** stellt die Einführung von Messsystemen in Deutschland Messstellenbetreiber vor erhebliche operative Herausforderungen. Fraglich ist, inwieweit die dadurch flächendeckend zu erwartende Kommunikationsinfrastruktur für weitere Dienstleistungen genutzt werden kann. Multi-Utility könnte eine solche Dienstleistung sein, die Messstellenbetreibern, Submetering-Dienstleistern sowie Unternehmen des Wohnungsbaus bzw. der Wohnungsverwaltung und vor allem auch Letztverbrauchern einen Mehrwert bietet. Der Autor erörtert in seinem Beitrag, dass Unternehmen, die sich stärker mit dieser Option auseinandersetzen, sich dabei ein umfangreiches Set an verschiedenen Bedingungen berücksichtigen müssen. Das fängt bei den veränderten Normen des EnWG an und geht hin bis zum Datenschutz.

In Deutschland gibt es derzeit etwa 800 Genossenschaften im Bereich der Erneuerbaren Energien. Mit diesen Unternehmen betreiben Privatpersonen, Kommunen oder Unternehmen gemeinsam insbesondere Photovoltaik- oder Windenergieanlagen und Nahwärmenetze. Energiegenossenschaften ermöglichen eine breite Beteiligung der Bevölkerung vor Ort. Sie fördern zudem die regionale Wirtschaft. In ihrem Praxisbeitrag stellen **Eckhard Ott** und **Andreas Wieg** Energiegenossenschaften beispielhaft vor. Die Autoren gehen dabei insbesondere der Frage nach, welchen Einfluss diese Form der Bürgerbeteiligung auf die Akzeptanz der Energiewende hat.

Zum Schluss möchten wir uns bei allen an diesem Buch beteiligten Autoren bedanken. Das nunmehr vorliegende erste Grundlagenwerk zur jungen Thematik Smart Market im Energiesektor hätte ohne das hohe Engagement und profunde Wissen der beteiligten Autoren nicht realisiert werden können. Stellvertretend für die Gruppe der Autoren gilt unser Dank Herrn Ludwig Einhellig, der über seine Beitragsarbeit hinaus uns auch tatkräftig bei der Ansprache potenzieller Autoren in der Initiierungsphase zu diesem Buchprojekt half. Für die Unterstützung auf dem Weg von den ersten Versionen der Kapiteltexte bis zum fertigen Buch sei Marius Schönberger gedankt. Schließlich gilt unser Dank dem gesamten Team vom Springer Vieweg Verlag. Besonders haben wir uns über die wie immer stets engagierte und hoch professionelle Zusammenarbeit mit Herrn Reinhard Dapper sowie Frau Andrea Broßler vom Lektorat Informatik und Elektrotechnik gefreut.

Antworten auf die drängenden Fragen eines sich im Wandel befindlichen Energieversorgungssystems zu finden, ist fraglos ein ambitioniertes Ziel. Die Herausgeber und Autoren hoffen, mit dem nunmehr vorliegenden Buch die Debatte um die Zukunft der intelligenten Energieversorgung unterstützen sowie einen Beitrag zur Realisierung von Smart Market in Deutschland und Europa leisten zu können.

Ketsch im Juli 2014   Christian Aichele
Ottobrunn im Juli 2014   Oliver D. Doleski

Inhaltsverzeichnis

Teil I   Idee und Konzept des intelligenten Energiemarktes

1 **Idee des intelligenten Energiemarktkonzepts** 3
   Oliver D. Doleski und Christian Aichele

2 **Rechtsrahmen von Smart Grids und Smart Markets** 53
   Björn Heinlein

3 **Ein wettbewerblicher Strommarkt für die Energiewende** 81
   Hubertus Bardt

4 **Smart Grids und Smart Markets – Roadmap der Energiewirtschaft** 97
   Eric Ahlers

5 **Dezentrale Erzeugung, Wettbewerb und intelligente Netze im integrierten Strommarktmodell des VKU** 125
   Barbara Praetorius

6 **Der Smart Market als Aufgabe der Ordnungspolitik** 143
   Philipp Steinwärder

7 **Smart Market aus Sicht der Schweiz** 167
   Oliver Krone und Maurus Bachmann

8 **Smartening the Grid – Rahmen und Erfahrungen in EU und Österreich** 185
   Tahir Kapetanovic

Teil II   Akteure zwischen Netz und Markt

9 **Netz- und Marktakteure im Smart Market** 215
   Axel Lauterborn

10 Innovationsfähigkeit und Marktzutrittsschwellen des Smart Grids und Smart Markets 235
Felix Dembski

11 Transformationsprozess der Marktakteure 257
Benjamin Deppe und Gerald Hornfeck

12 Die Rolle des Endkunden im Smart Market 283
Christian Aichele und Marius Schönberger

13 Ansätze im Smart Market für Energie- Vertriebsunternehmen 319
Ulrich Dalkmann

Teil III Smart Market-Komponenten

14 Die Einbettung der Komponenten des Smart Markets 345
Ludwig Einhellig

15 Effizienter Zugriff auf dezentrale Ressourcen – Voraussetzung für das Zusammenspiel von Smart Grids und Smart Markets 383
Jochen Kreusel

16 Innovative IT-Ansätze als Erfolgsfaktor für die Gestaltung von Smart Markets 397
Carsten Hoppe

17 Die Logistik des Datenmanagements im Energiemarkt der Zukunft – Akteure, Objekte und Verteilungsmodelle 425
Henrik Ostermann

18 Smart und sicher – geht das? 463
Rudolf Sichler

19 Vernetzte Ökosysteme – Smart Cities, Smart Grids und Smart Homes 495
Jürgen Arnold

20 Smart Meter im intelligenten Markt 529
Peter Heuell

Teil IV Anwendungen und Instrumente

21 Informationstechnologie als Wegbereiter für Geschäftsprozesse im Smart Market 555
Klaus Lohnert und Sebastian Kaczynski

22 Produkte des intelligenten Markts 593
Oliver Budde und Julius Golovatchev

23 Elektromobilität 621
Stefan Helnerus

Teil V Geschäftsmodelle für den Energiemarkt von morgen

24 Entwicklung neuer Geschäftsmodelle für die Energiewirtschaft – das Integrierte Geschäftsmodell 643
Oliver D. Doleski

25 Innovative Geschäftsmodelle im Smart Market – Flexibilität von Energiemengen und neue Plattformen als Eckpfeiler 705
Hans-Gerd Servatius und Bernd Sörries

26 Strategie und Handlungsempfehlungen basierend auf den Komponenten des Smart Markets 729
Ludwig Einhellig

27 Die Chancen neuer und etablierter Anbieter im Smart Market 765
Helmut Edelmann

28 Die Energiewirtschaft wird digital 795
Rolf Adam

29 Multi-Utility – die Zukunft des Meterings? 811
Eric Kallmeyer

30 Please, in My Backyard – die Bedeutung von Energiegenossenschaften für die Energiewende 829
Eckhard Ott und Andreas Wieg

Sachverzeichnis 843

Mitarbeiterverzeichnis

Rolf Adam Director Industry Sales EMEAR Energy, Manufacturing & Transport, Cisco Systems GmbH, Hallbergmoos, Deutschland

Eric Ahlers Abteilungsleiter Kaufmännisches Regulierungsmanagement und Marktkommunikation, BDEW Bundesverband der Energie- und Wasserwirtschaft e.V., Berlin, Deutschland

Prof. Dr. Christian Aichele (Hrsg.), Studiengangleiter Information Management/Wirtschaftsinformatik, Hochschule Kaiserslautern, Fachbereich Betriebswirtschaft, Zweibrücken, Deutschland

Jürgen Arnold Chief Technologist & Strategist, Hewlett-Packard GmbH, Althengstett, Deutschland

Dr. Maurus Bachmann Geschäftsführer, Verein Smart Grid Schweiz, Ostermundigen, Schweiz

Dr. Hubertus Bardt Leiter des Kompetenzfelds Umwelt, Energie, Ressourcen, Institut der deutschen Wirtschaft Köln e.V., Köln, Deutschland

Dr. Oliver Budde Consultant, Platinion GmbH, Köln, Deutschland

Ulrich Dalkmann lekker Energie GmbH, Berlin, Deutschland

Felix Dembski LL.M., Bereichsleiter Intelligente Netze und Energie, BITKOM – Bundesverband Informationswirtschaft, Telekommunikation und neue Medien e.V., Berlin, Deutschland

Benjamin Deppe Abteilungsleiter Netzoptimierung, Energieversorgung Offenbach AG, Offenbach, Deutschland

Oliver D. Doleski (Hrsg.) Consultant, Ottobrunn, Deutschland

Dr. Helmut Edelmann Director Utilities, Ernst & Young GmbH, Düsseldorf, Deutschland

Ludwig Einhellig Senior Manager Energy & Resources, Deloitte & Touche GmbH, München, Deutschland

Dr. Julius Golovatchev Managing Consultant, Detecon International GmbH, Köln, Deutschland

Dr. Björn Heinlein Rechtsanwalt Partner, Clifford Chance, Frankfurt am Main, Deutschland

Stefan Helnerus RWE Effizienz GmbH, Dortmund, Deutschland

Dr. Peter Heuell Vorsitzender der Geschäftsführung, Landis+Gyr GmbH, Nürnberg, Deutschland

Carsten Hoppe Chief Solution Portfolio Strategist, SAP Deutschland AG & Co. KG, Walldorf, Deutschland

Gerald Hornfeck Geschäftsführer, Soluvia GmbH und Soluvia Metering GmbH, Offenbach am Main, Deutschland

Sebastian Kaczynski Business Consultant, SAP Deutschland AG & Co. KG, Walldorf, Deutschland

Eric Kallmeyer Geschäftsführer, Vattenfall Europe Metering GmbH, Bramfelder Hamburg, Deutschland

Dr. Tahir Kapetanovic Head of National Control Center, Austrian Power Grid AG, Wien, Österreich

Prof. Dr.-Ing. Jochen Kreusel Leiter des Konzernprogramms Smart Grids, ABB AG, Mannheim, Deutschland

Dr. Oliver Krone Präsident Verein Smart Grid Schweiz und Leiter Smart Grid Engineering, BKW FMB Energie AG, Nidau, Schweiz

Axel Lauterborn Leiter Organisation, RheinEnergie AG, Köln, Deutschland

Klaus Lohnert Chief Business Consultant Utilities, SAP Deutschland AG & Co. KG, Walldorf, Deutschland

Henrik Ostermann Business Development Manager, SAP Deutschland AG & Co. KG, Ratingen, Deutschland

Dr. Eckhard Ott Vorstandsvorsitzender, DGRV – Deutscher Genossenschafts- und Raiffeisenverband e. V., Berlin, Deutschland

Dr. Barbara Praetorius Bereichsleiterin Grundsatz, Strategie, Innovation, Verband kommunaler Unternehmen e.V., Berlin, Deutschland

Marius Schönberger Hochschule Kaiserslautern, Zweibrücken, Deutschland

Prof. Dr. Hans-Gerd Servatius Managing Partner, Competivation Consulting UG & Co. KG, Düsseldorf-Kaiserswerth, Deutschland

Rudolf Sichler Chief Information Officer, Pfalzwerke Aktiengesellschaft, Ludwigshafen, Deutschland

Dr. Bernd Sörries Sörries Consult, Mettmann, Deutschland

Dr. Philipp Steinwärder Inhaber, Steinwärder Unternehmensberatung, Hamburg, Deutschland

Dr. Andreas Wieg Abteilungsleiter Vorstandsstab, DGRV – Deutscher Genossenschafts- und Raiffeisenverband e. V., Berlin, Deutschland

Abkürzungsverzeichnis

3D	Dreidimensional
A	Ampere
A2A	Application to Application
AAL	Ambient Assisted Living
AbLaV	Verordnung über Vereinbarungen zu abschaltbaren Lasten
AC	Alternating current (Wechselstrom)
ADAC	Allgemeiner Deutsche Automobil-Club e. V.
ADMS	Advanced Distribution Management System
AEE	Agentur für Erneuerbare Energien e. V.
AEUV	Vertrag über die Arbeitsweise der Europäischen Union
a.F.	alte Fassung
AG	Aktiengesellschaft
AGFW	Energieeffizienzverband für Wärme, Kälte und KWK e. V. (ehemals Arbeitsgemeinschaft für Wärme und Heizkraftwirtschaft)
AISEC	Fraunhofer-Institut für Angewandte und Integrierte Sicherheit e. V.
AIT	Austrian Institute of Technology
ALM	Additive Layer Manufacturing
AMI	Advanced Metering Infrastructure
AMM	Advanced Metering Management
AMR	Automated Meter Reading
AR	Augmented Reality (erweiterte Realität)
ARegV	Anreizregulierungsverordnung
ARPU	Average Return per User
ASEW	Arbeitsgemeinschaft für sparsame Energie- und Wasserverwendung (ASEW) im Verband kommunaler Unternehmen (VKU)
B2B	Business-to-Business
B2C	Business-to-Customer
BBK	Bundesamt für Bevölkerungsschutz und Katastrophenhilfe
BDEW	BDEW Bundesverband der Energie- und Wasserwirtschaft e. V.
BDI	Bundesverband der deutschen Industrie e. V.

BDSG	Bundesdatenschutzgesetz
BEA	Berliner Energie Agentur
BEE	Bundesverband Erneuerbare Energie e. V.
BFE	Bundesamt für Energie, Schweiz
BfV	Bundesamt für Verfassungsschutz
BHKW	Blockheizkraftwerk
BIKO	Bilanzkoordinator
BITKOM	Bundesverband Informationswirtschaft, Telekommunikation und neue Medien e. V.
BKA	Bundeskriminalamt
BKV	Bilanzkreisverantwortlicher
BKW	BKW Energie AG (Energieversorgungsunternehmen aus der Schweiz)
B.KWK	Bundesverband Kraft-Wärme-Kopplung e. V.
BMS	Batteriemanagementsystem
BMU	Bundesministerium für Umwelt, Naturschutz und Reaktorsicherheit
BMWi	Bundesministerium für Wirtschaft und Technologie
BND	Bundesnachrichtendienst
bne	Bundesverband Neuer Energieanbieter e. V.
BNetzA	Bundesnetzagentur
BOS	Balance-of-System
BPI	Business Process Integration
BPL	Broadband-Over-Powerline (Breitband-Datenübertragung über das Stromnetz)
BPol	Bundespolizei
BSI	Bundesamt für Sicherheit in der Informationstechnik
BSR	Berliner Stadtreinigungsbetriebe
BTM²	Business Transformation Management Methodology
BWB	Berliner Wasserbetriebe
CAIS	Cyber Attack Information System
CC	Common Criteria for Information Technology Security Evaluation
CCP	Critical Peak Pricing
CCS	Combined Charging System
CDR	Call Data Recrods
CED	Customer Experience Design
CEM	Customer Experience Management
CeNSE	Central Nervous System for the Earth
CERT	Computer Emergency Response Team/Cyber Emergency Response Team
ČEZ	ČEZ AG (Energieversorgungsunternehmen aus Tschechien)
CLS	Controllable Local Systems
CO_2	Kohlenstoffdioxid, Kohlendioxid
CORESO	Regional Coordination Service Centre
CPS	Cyber-physisches System

CRM	Customer-Relationship-Management (Kundenbeziehungsmanagement)
CSCMP	Council of Supply Chain Management Professionals
ct/kWh	Cent je Kilowattstunde
Cyber-AZ	Nationales Cyber-Abwehrzentrum
DC	Direct current (Gleichstrom)
DCS	Digital Cellular System (zellulares Mobilfunksystem)
DEMS	Decentralized Energy Management System
dena	Deutsche Energie-Agentur GmbH
DER	Distributed Energy Resources
DHS	U.S. Departement of Homeland Security
DIN	Deutsche Institut für Normung e. V.
DKE	Deutsche Kommission Elektrotechnik Elektronik Informationstechnik im DIN und VDE
DSI	Demand Side Integration
DSL	Digital Subscriber Line (Digitaler Teilnehmeranschluss)
DM	Datenmanagement
DMS	Verteilungsnetz-Leitsystem
DNS	Desoxyribonukleinsäure
DSM	Demand Side Management
DSR	Demand Side Response (siehe auch Demand Response)
DSS	Decision Support-System
DR	Demand Response
DynDNS	Dynamic Domain Name Service
EAI	Enterprise Application Integration
EAL	Evaluation Assurance Level
EDF	Électricité de France
EDIFACT	United Nations Electronic Data Interchange For Administration, Commerce and Transport
EDR	Energie Data Records
EE	Erneuerbare Energie
EEBus	E-Energy-Bus
EEG	Gesetz für den Vorrang Erneuerbarer Energien (Erneuerbare-Energien-Gesetz)
EEGI	European Electricity Grid Initiative
EEX	European Energy Exchange AG
eG	eingetragene Genossenschaft
eHZ	Elektronischer Haushaltszähler
EIB	Europäischer Installations Bus
EichG	Eichgesetz
EichO	Eichordnung
EMP	Energy Management Panels
EMS	Energy Management System
EMT	Externe Marktteilnehmer
ENS	Energie-Managementsystem

EN	Europäische Norm
EnBW	Energie Baden-Württemberg AG (Energieversorgungsunternehmen)
ENISA	European Network and Information Security Agency
EnMS	Energiemanagementsystem
ENTSO-E	European Network of Transmission System Operators for Electricity
EnWG	Energiewirtschaftsgesetz
E.ON	E.ON AG (Energieversorgungsunternehmen)
ERP	Enterprise Resource Planning
ESB	Enterprise Service Bus
ETG	Energietechnischen Gesellschaft im VDE
ETL	Extract, Transform and Load
ETRM	Energy Trading and Risk Management
EU	Europäische Union
EU ETS	European Union Emission Trading System (EU-Emissionshandel)
EVCC	Electric Vehicle Communication Controller
EVU	Energieversorgungsunternehmen
EW	Energiewirtschaft
F&E	Forschung und Entwicklung
FEEI	Fachverband der Elektro- und Elektronikindustrie (Österreich)
FKVO	Fusionskontrollverordnung
FLIR	Fault Location, Isolation, Restoration
FNN	Forum Netztechnik/Netzbetrieb im VDE
FSS	First Set of Standards
FWR	Friedrich Wilhelm Raiffeisen Energie eG
G2H	Gas to Heat (Gas zu Wärme)
G2M	Gas to Mobility (Gas zu Mobilität)
G2P	Gas to Power (Gas zu Strom)
GABi Gas	Geschäftsprozesse zum Ausgleichs- und Regelenergiesystem Gas
GeLiGas	Geschäftsprozessen Lieferantenwechsel Gas
GIS	Geoinformationssystem
GM	Geschäftsmodell
GmbH	Gesellschaft mit beschränkter Haftung
GMI	Geschäftsmodell-Innovation
GMS	Erzeugungs-Managementsystem
GPKE	Geschäftsprozesse zur Kundenbelieferung mit Elektrizität
GPRS	General Packet Radio Service
GW	Gigawatt
GWA	Gateway Administrator (siehe auch SMGWA, Smart Meter Gateway Administrator)
GWB	Gesetz gegen Wettbewerbsbeschränkungen
GWh	Gigawattstunde
GWp	Gigawatt peak

gz	grundzuständig
HAN	Home Area Network
HANA (SAP HANA)	High Performance Analytic Appliance
HEMS	Home Energy Management System
HES	Head-End-System
HGÜ	Hochspannungs-Gleichstrom-Übertragung
IBM	International Business Machines Corporation (IT- und Beratungsunternehmen)
ICCB	In-Cable Control Box
ICS-CERT	Industrial Control Systems Cyber Emergency Response Team
ICT	Information and Communications Technology (Informations- und Kommunikationstechnologie)
IDEX-GE	Intercompany Data Exchange Extended – German Electricity
IEA	International Energy Agency
IEC	International Electrotechnical Commission
IED	Intelligent Electronic Device
IEEE	Institute of Electrical and Electronics Engineers
iEMD	integriertes Energiemarktdesign
IFA	Internationale Funkausstellung
IHD	Inhome-Display
IKT	Informations- und Kommunikationstechnologie
iMSys	intelligentes Messsystem
iOcTen	Integriertes Geschäftsmodell
iOS	Standard Betriebssystem für mobile Apple Endgeräte
IP	Internet Protocol (Internetprotokoll)
IPCC	Intergovernmental Panel on Climate Change
IPv4	Internet Protocol Version 4
IQE	Intelligent Quoting Engine
ISMS	Information Security Management System
ISO	International Organization for Standardization (Internationale Organisation für Normung)
IS-U (SAP IS-U)	Industry Solution Utilities (Branchensoftwarelösung für die Versorgungsindustrie)
IT	Information Technology (Informationstechnik)
IuK	Informations- und Kommunikationsindustrie
IWES	Fraunhofer-Institut für Windenergie und Energiesystemtechnik
iZ	intelligenter Zähler
KBA	Kraftfahrt-Bundesamt
Kfz	Kraftfahrzeug
KI	Künstliche Intelligenz
KIT	Karlsruher Institut für Technologie
KNA	Kosten-Nutzen-Analyse

KNX	KoNneX (Nachfolger von EIB)
kW	Kilowatt
kWh	Kilowattstunde
KWK	Kraft-Wärme-Kopplung
KWKG	Gesetz für die Erhaltung, die Modernisierung und den Ausbau der Kraft-Wärme-Kopplung (Kraft-Wärme-Kopplungsgesetz)
LAN	Local Area Network (lokales Netzwerk)
LF, Lief	Lieferant
Li-Ion	Lithium-Ionen
LoC	Lines of Code (Quellcode-Zeilen)
M2M	Machine-to-Machine
M2P	Mobility to Power (Mobilität zu Strom)
MaBis	Marktregeln für die Durchführung der Bilanzkreisabrechnung Strom
Mbit/s	Megabit pro Sekunde
MDL	Messdienstleister
MDM	Meter Data Management (Zählerdatenverwaltung)
MDUS	Meter Data Unification and Synchronization
MessZV	Messzugangsverordnung
MHz	Megahertz
MietRÄndG	Mietrechtsänderungsgesetz
MIQ	Maschinen-Intelligenz-Quotient
MSB	Messstellenbetreiber
MSCONS	Metered Services Consumption report message
MsysV	Messsystemverordnung
MUC	Multi Utility Communicator
MW	Megawatt
MWh	Megawattstunde
NC	Network Code
NIS	Netz- und Informationssicherheit
NPE	Nationale Plattform Elektromobilität
NSA	National Security Agency (Nationale Sicherheitsbehörde)
OData	Open Data Protocol
OLAP	Online Analytical Processing
OLTP	Online Transactional Processing
OMS	Open Metering Standard
OMS	Outage Management System
OPEC	Organization of the Petroleum Exporting Countries (Organisation erdölexportierender Länder)
open ECOSPhERE	Enabling open Markets with Grid & Customer-oriented Services for Plug-in Electric Vehicles
OT	Operational Technology

OTC	Over-the-Counter
P2G	Power to Gas (Strom zu Gas)
P2H	Power to Heat (Strom zu Wärme)
P2M	Power to Mobility (Strom zu Mobilität, Elektromobilität)
PC	Personal Computer (Einzelplatzrechner)
PFM	Portfoliomanagementsystem
PHP	Hypertext Preprocessor (Skriptsprache)
PJ	Petajoule
PKI	Public Key Infrastructure
PLC	Powerline Communication (Datenübertragung über das Stromnetz)
PLM	Product Lifecycle Management (Produktlebenszyklus-Management)
POI	Point-Of-Interest
PPC	Power Plus Communications AG
PSS	Process Support-System
PTB	Physikalisch-Technische Bundesanstalt
PTR	Peak-Time-Rebate
PV	Photovoltaik
QoS	Quality of Services
REMIT	Regulation on wholesale Energy Market Integrity and Transparency
RFID	Radio Frequency Identification (Identifizierung mit Hilfe elektromagnetischer Wellen)
RLM	Registrierende Lastgangmessung, Registrierende Leistungsmessung
ROI	Return on Investment
RTDP	Real-Time Data Platform
RTE	Real-time Enterprise
RWE	RWE AG (Energieversorgungsunternehmen)
SAP	Systeme, Anwendungen und Produkte (Unternehmenssoftwarehersteller)
SCADA	Supervisory Control and Data Acquisition
SCM	Supply-Chain-Management
SDL	Systemdienstleistung
SE	Societas Europaea, *lat.* (Europäische Aktiengesellschaft)
SECC	Supply Equipment Communication Controller
$(SG)^2$	Smart Grid Security Guidance
SGAM	Smart Grid Architecture Model
SGCC	State Grid Corporation of China
SGCG	Smart Grid Coordination Group
SID	Shared Information Dataset
SKE	Steinkohleneinheiten
SLP	Standardlastprofil
SMG, SMGW	Smart Meter Gateway
SMGA, SMGWA	Smart Meter Gateway Administrator

S/MIME	Secure/Multipurpose Internet Mail Extensions
SMS	Short Message Service (Kurznachrichtendienst)
SMTP	Simple Mail Transfer Protocol
SOA	Service Oriented Architecture
SOAP	Simple Object Access Protocol
StrEG	Stromeinspeisungsgesetz
StromNEV	Stromnetzentgeltverordnung
StromVG	Stromversorgungsgesetz, Schweiz
SWM	Stadtwerke München GmbH
SyM^2	Synchronous Modular Meter
TAF	Tarifanwendungsfall
TAN	Transaktionsnummer
TCO	Total Cost of Ownership
TKW	Telekommunikationswirtschaft
TR	Technische Richtlinie
TSC	Transmission System Operator Security Cooperation
TSO	Transmission System Operator (Übertragungsnetzbetreiber)
TW	Terawatt
TWh	Terawattstunden
TYNDP	Ten-Year Network Development Plan
UBA	Umweltbundesamt
UCTE	Union for the Co-ordination of Transmission of Electricity
UDP	User Datagram Protocol
UN	United Nations (Vereinte Nationen)
UNO	United Nations Organization (Organisation der Vereinten Nationen)
uPnP	Universal Plug and Play
ÜNB	Übertragungsnetzbetreiber
VDE	VDE Verband der Elektrotechnik Elektronik Informationstechnik e. V.
VEE	Visual Engineering Environment; Validation, Estimation and Editing
VEiN	Verteilte Einspeisung in Niederspannungsnetze
VfW	Verband für Wärmelieferung e. V.
VK	Virtuelles Kraftwerk
VKU	Verband kommunaler Unternehmen e. V.
VNB	Verteilnetzbetreiber
VO	Verordnung
VR	Virtual Reality (virtuelle Realität)
VSGS	Verein Smart Grid Schweiz
VVO	Var Volt Optimization
W3C	World Wide Web Consortium
WAN	Wide Area Network (Weitverkehrsnetz)
Wh/kg	Wattstunden pro Kilogramm
WiM	Wechselprozesse im Messwesen

WLAN	Wireless Local Area Network (Drahtloses lokales Netzwerk)
ZFH	Zentralstelle für Fernstudien an Fachhochschulen
ZKA	Zollkriminalamt
ZSG	Zählerstandsgang
ZVEI	Zentralverband Elektrotechnik- und Elektronikindustrie e. V.

Teil I
Idee und Konzept des intelligenten Energiemarktes

Idee des intelligenten Energiemarktkonzepts

Oliver D. Doleski und Christian Aichele

Intelligente Marktstrukturen für ein sich veränderndes Energieversorgungssystem

Zusammenfassung

Es begann mit einem Nuklearunfall im fernen Japan und endete hierzulande mit einer Zäsur, einem für den Energiesektor bis dahin kaum vorstellbaren Einschnitt. Unterlag die Versorgungsindustrie bis zum Frühjahr 2011 bereits umfangreichen Veränderungsprozessen, so gewannen diese im Zuge der sogenannten Energiewende nochmals deutlich an Fahrt. Kaum war die Energiewende politisch beschlossen, entbrannte in der Fachwelt eine ausgedehnte Debatte über die daraus resultierenden Konsequenzen. Schnell kristallisierte sich heraus, dass vor allem die effiziente Integration der Erneuerbaren Energien in das Versorgungssystem inklusive einer systemdienlichen Beeinflussung des Verbrauchsverhaltens nicht ausschließlich vom intelligenten Netz bewerkstelligt werden können.

Mehr Markt wagen! – Das Gelingen der Energiewende hängt in einer durch zunehmende Komplexität geprägten Energiewelt entscheidend vom optimalen Zusammenspiel der netztechnischen Basis mit innovativen, wettbewerblichen Strukturen ab. Die mitunter (zu) einseitig auf die Schaffung und Betriebsführung intelligenter Netze fokussierte Diskussion muss demnach eine entscheidende qualitative Erweiterung erfahren. So wird im modernen Energieversorgungssystem mehr und mehr dem kapazi-

O. D. Doleski (✉)
Finkenstraße 12b, 85521 Ottobrunn, Deutschland
E-Mail: doleski@t-online.de

C. Aichele
Fachhochschule Kaiserslautern, Fachbereich Betriebswirtschaft, Amerikastraße 1, 66482 Zweibrücken, Deutschland

tätsorientierten Netz die Idee eines intelligenten Marktes für Energiemengen zur Seite gestellt. Dazu bedarf es einer eindeutigen Differenzierung zwischen dem intelligenten Netz (Smart Grid) auf der einen und dem intelligenten Markt für Energiemengen (Smart Market) auf der anderen Seite.

Der Anfang ist gemacht. Mit ihrem vielbeachteten Eckpunktepapier zu intelligenten Netzen und Märkten hat die Bundesnetzagentur die Initiative ergriffen und den Weg eindeutig in Richtung mehr Markt in der Energiewirtschaft gewiesen. Nun ist es an der Zeit, zunächst den Status quo „smarter Themen" in der Energiewirtschaft festzustellen, um anschließend die Fachdiskussion weiterführen zu können: Wie erfolgt das Zusammenspiel von Netz und Markt in der modernen Energiewelt? Lässt sich eine grundlegende Systematik für Smart Market finden? Was leistet ein intelligenter Energiemengenmarkt in der Praxis? – Drei Fragen, mit denen sich das folgende Kapitel auseinandersetzt und deren Beantwortung insofern Anspruch ist.

1.1 Das Energieversorgungssystem im Kontext geänderter Umfeldparameter

Etwa Mitte der 1990er Jahre des vergangenen Jahrhunderts setzte in der deutschen und europäischen Energiewirtschaft ein epochaler Veränderungsprozess ein. Diese *Transformation* der Elektrizitäts- und Gasversorgungswirtschaft umfasste in ihrer ersten, initiativen Phase ein Bündel weitreichender Vorgaben und Maßnahmen zur Liberalisierung sowie Deregulierung der bis dahin in weiten Teilen monopolistisch strukturierten Energiewirtschaft.

Mit dem am gesamten Versorgungsmix deutlich wachsenden Anteil wetterabhängiger und regenerativer Energieträger erfuhren diese Veränderungen schließlich eine zusätzliche Dynamik. Spätestens mit der Verabschiedung des sogenannten dritten EU-Energiebinnenmarktpakets (3. EBMP) durch das Europäische Parlament Anfang 2009 trat der Energiesektor in eine zweite Veränderungsphase ein. Es kristallisierte sich zu diesem Zeitpunkt bereits heraus, dass der stark zunehmende Anteil volatiler *Erneuerbarer Energien* an der Bruttostromerzeugung Kraftwerks- und Netzbetreiber vor große technische sowie logistische Herausforderungen in Bezug auf Netzstabilität und Versorgungssicherheit stellen würde. Als eine Reaktion auf diese vielfältig geänderten Rahmenbedingungen wurde unter anderem der breite Einsatz moderner *Informations- und Kommunikationstechnologien (IKT)* forciert, um so den wachsenden Anforderungen und der gestiegenen Komplexität entlang der energiewirtschaftlichen Wertschöpfungskette besser begegnen zu können. In vielen Bereichen des Wirtschaftslebens – so auch im Energiesektor – wird der umfassende Einsatz von IKT-Systemen mit den Attributen intelligent oder *smart* versehen.

Im Frühjahr 2011 leitete die Havarie eines japanischen Kernkraftwerks in Deutschland die dritte und bislang letzte Phase tiefgreifender Veränderungen ein. Unter dem Eindruck dieses Ereignisses wurde schließlich von der deutschen Bundesregierung die sogenannte Energiewende beschlossen und eingeleitet. Mit dieser politischen Entscheidung hat die

Dynamik der Veränderungs- und Anpassungsprozesse innerhalb der Energiewirtschaft nochmals deutlich an Fahrt aufgenommen.

1.1.1 Das Umfeld determiniert die Handlungsoptionen

Die konkrete Ausgestaltung des zukünftigen Energieversorgungssystems ist maßgeblich von den jeweils herrschenden Rahmenbedingungen abhängig. Sie stecken den rechtlich-regulatorischen Rahmen des wirtschaftlichen Handelns innerhalb der Energiebranche ab, legen die prinzipiellen Handlungsoptionen und Freiheitsgrade aller Akteure des Energiesektors fest und determinieren in erheblichem Maße die praktische Ausgestaltung der energiewirtschaftlichen Wertschöpfung. Als besonders relevant für die weitere Gestaltung des zukünftigen Energieversorgungssystems haben sich bislang die Entwicklungstendenzen in Politik, Gesellschaft, Wirtschaft sowie Technologie erwiesen. Dementsprechend erfolgt die Betrachtung relevanter energiewirtschaftlicher Umfeldfaktoren bzw. Rahmenbedingungen auf den Folgeseiten strukturiert anhand sechs thematischer Cluster:

- Energiepolitik,
- Markt,
- Energieerzeugung,
- Energieverbrauch,
- Versorgungssicherheit,
- Netzausbau.

Die vorgeschlagene Systematik wird in Abschn. 1.4 nochmals aufgegriffen, um so als Orientierung stiftender, konsistenter Leitfaden dienen zu können. Angesichts der in Öffentlichkeit sowie Schrifttum seit Jahren intensiv geführten Auseinandersetzung mit den Rahmenbedingungen der Energiebranche, wird im Folgenden jedoch auf eine detaillierte Explikation aller Einzelaspekte bewusst verzichtet.

Energiepolitik
Wie kaum ein anderes Feld beeinflussen Politik und Gesellschaft das energiewirtschaftliche Geschehen. Der politische Wille zur umfassenden Umgestaltung der Energiewirtschaft basiert weitgehend auf einem gesamtgesellschaftlichen Konsens und geht fraglos weit über reine Absichtserklärungen hinaus. Die Suche nach dem „richtigen Weg" bei der Ausgestaltung zukünftiger Elektrizitätsversorgung hat gerade in Deutschland eine langjährige Tradition. In der Folge des Nuklearunfalls im japanischen Kernkraftwerk Fukushima Daiichi im Frühjahr 2011 und der daraus noch im gleichen Jahr resultierenden politischen Entscheidung, die friedliche Nutzung der Kernenergie in Deutschland bis Ende 2022 ausnahmslos zu beenden, wurde die Diskussion um die Energiezukunft jedoch abermals erheblich verstärkt und in den öffentlichen Fokus gerückt. Dieses auch unter dem Begriff *Energiewende* bekannte Phänomen, welches bei näherer Betrachtung jedoch mehr inhaltliche Substanz als „nur" den reinen Austausch der Kernenergie durch regenerative Energie-

träger umfasst, kann zweifelsohne als der wahre Treiber aller wesentlichen Veränderungen und Herausforderungen im Energiesektor seit 2011 gelten.

Markt
Der europäische Energiemarkt befindet sich im Umbruch. Klassische Marktstrukturen sind im Zuge von *Liberalisierung* und *Deregulierung* sowie zunehmender Heterogenität der Versorgungslandschaft mittlerweile weitgehend aufgebrochen worden. Gleichzeitig drängen neue Akteure in den Markt, die mittel- bis langfristig das angestammte Geschäft herkömmlicher Energieversorgungsunternehmen durch Übernahme von Marktanteilen gefährden.

Eingriffe von Politik und Regulierung erfolgen unter anderem mit der ordnungspolitischen Zielsetzung der systematischen *Stärkung des Wettbewerbs* im Energiesektor. Perspektivisch sollen innovative Marktstrukturen und neuartige Marktmechanismen ein optimales Umfeld zur Etablierung neuer Geschäftsmodelle zur effizienten Strom- und Gasversorgung schaffen.

Energieerzeugung
Eine der fundamentalsten Veränderungen im Energiesektor vollzieht sich insbesondere im Bereich der Energieerzeugung. Die Stromversorgung ist spätestens seit Proklamation der Energiewende ebenso von kleinteiligen Produktionsanlagen auf lokaler Ebene, wie auch weiterhin von zentralen Großenergieanlagen bzw. Zentralkraftwerken geprägt. Der massive Zuwachs unsteter, regenerativer Energieformen im *Energiemix* kann nicht ausschließlich mittels netzseitiger bzw. rein technischer Maßnahmen bewältigt werden. Die dringend gebotene vollständige *Integration* der Erneuerbaren Energien in das Energieversorgungssystem stellt eine der zentralen Herausforderungen für die moderne Energiewirtschaft dar.

Energieverbrauch
Das Energiekonzept der Bundesregierung aus dem Jahre 2010 formuliert als ein wesentliches Ziel deutscher Energiepolitik die beträchtliche *Reduktion* des Primärenergieverbrauchs bis zum Jahr 2020 gegenüber dem Basisjahr 2008 um 20 % sowie bis 2050 um insgesamt 50 %. Aus dieser angestrebten Senkung des Gesamtenergieverbrauchs resultiert, dass der Stromverbrauch gegenüber der Bezugsgröße 2008 um insgesamt 10 % bis 2020 sowie 25 % bis 2050 vermindert werden soll.[1]

Tatsächlich sinkt in Deutschland der prognostizierte Primärenergiebedarf seit Jahren. Allerdings kann diese Tendenz angesichts der – auch im Zuge der Energiewende – fortschreitenden Elektrifizierung zahlreicher Lebensbereiche perspektivisch nicht in gleichem Maße auf den Verbrauch elektrischer Energie projiziert werden. Entwicklungen wie die voranschreitende Automatisierung im gewerblichen wie häuslichen Umfeld, die zunehmende und zugleich intensivere Nutzung von Stromverbrauchen in weiten Bereichen des Gesellschaftslebens sowie die beginnende Substitution von Erdöl und Gas durch neue Mobilitätskonzepte (Elektromobilität) kann der Zielsetzung reduziertem Stromverbrauchs

---
[1] Vgl. BMWi und BMU (2010, S. 5).

entgegenstehen. Da sich infolgedessen der absolute Verbrauch elektrischer Energie im günstigsten Falle eher konstant entwickeln dürfte, kann die geforderte Senkung des Stromverbrauchs nur durch geeignete Maßnahmen zur Steigerung der *Energieeffizienz* auf Sicht realisiert werden.

Versorgungssicherheit
Neben Fragestellungen des mengenmäßigen Konsums von Strom bzw. dessen Reduzierung, stellt das temporäre Verbrauchsverhalten eine weitere wesentliche Herausforderung für die Stabilität des Energiesystems und damit für die *Versorgungssicherheit* im Allgemeinen dar. Im Zeitalter der Erneuerbaren Energien korrespondiert immer häufiger das Verbrauchs- bzw. auch Einspeiseverhalten von Energiekunden nicht mit dem zunehmend stark veränderlichen Energieangebot im Gesamtsystem. Die permanente Sicherstellung des Gleichgewichts zwischen Stromangebot- und Stromnachfrage ist jedoch die zwingende Voraussetzung dafür, dass die Elektrizitätsversorgung zu jedem Zeitpunkt sicher und stabil aufrechterhalten werden kann. Ein probates Mittel zur Sicherstellung dieses essentiellen Energiegleichgewichts stellt zweifelsohne die kundenseitige, systemdienliche Flexibilisierung des Verbrauchs dar.

Netzausbau
Eng mit der schrittweisen Substitution fossiler sowie nuklearer Energieträger zugunsten regenerativer Quellen und der damit einhergehenden Zunahme dezentraler Erzeugungsstrukturen sind signifikant gestiegene Anforderungen an die Versorgungsnetze aller Ebenen verbunden. Neben dem vermehrten Aufkommen zu bewältigender extremer Energieschwankungen erhöht die Umkehr der Energieflussrichtung zusätzlich das Austauschvolumen elektrischer Energie merklich. Dies geschieht immer dann, wenn witterungsbedingt die Einspeiseleistung der zahlreichen Mittel- und Kleinstenergieanlagen die zum gleichen Zeitpunkt im Netz nachgefragte Energiemenge übertrifft. Um den hier genannten Anforderungen langfristig gerecht werden zu können, ist ein qualitativer und quantitativer Ausbau der Übertragungs- sowie Verteilnetze geboten.

1.1.2 Leitfragen und Erkenntnisgewinn

Gegenstand des vorliegenden Kapitels ist die grundlegende Erörterung der Idee eines intelligenten Energiemarktkonzepts. Zur strukturierten Annäherung an diese, im Stromsektor neue wie spannende, Thematik werden zunächst nachfolgend angeführte vier *Leitfragen* formuliert:

- Welche Konsequenzen sind aus dem energiewirtschaftlichen Status quo zu ziehen?
- Wie erfolgt das Zusammenspiel von Netz und Markt in der modernen Energiewelt?
- Lässt sich eine grundlegende Systematik für ein intelligentes Energiemarktkonzept finden?
- Was leistet ein intelligenter Energiemengenmarkt?

Ausgehend von den vorgenannten Leitfragen wird auf den folgenden Seiten zunächst das Konzept des intelligenten Energiemengenmarktes eingeführt und eingehend beschrieben. Anschließend erfolgen die präzisierende Darlegung fundamentaler Elemente des Gesamtkonzepts sowie die eingehende Betrachtung möglicher Nutzenaspekte eines innovativen Marktes für Energiemengen.

Die eingangs skizzierten Rahmenbedingungen des Energieversorgungssystems und die Folgen der Energiewende des Jahres 2011 deuten bereits an, dass die mit den eminenten Veränderungen verbundenen großen Herausforderungen im Energiesektor nur mittels neuer Antworten sowie innovativer Ansätze nachhaltig bewältigt werden können. An dieser Stelle kann als wesentlicher *Erkenntnisgewinn* bereits festgehalten werden, dass die Versorgung mit Strom und Gas vor neuen Herausforderungen steht, die mit den herkömmlichen Lösungen und Strukturen der Vergangenheit auf Sicht nicht zu bewältigen sein dürften. Faktoren wie beispielsweise der zunehmende Anteil fluktuierender Energie an der Bruttostromproduktion, der Anstieg dezentraler, kleinteiliger Erzeugung, die erhöhte Rate zu- und abschaltbarer Lasten, die steigende Anzahl substanzieller Eingriffe zur Aufrechterhaltung der Systemstabilität sowie die Forderung nach erhöhter Energieeffizienz können nicht ausschließlich durch rein technische Eingriffe auf der Netzseite stabil beherrscht bzw. sichergestellt werden. – Neue, ergänzende Konzepte für die Energiewirtschaft der Zukunft sind mehr denn je gefragt.

1.2 Perspektive eines intelligenten Energiemarkts der Zukunft

Mit ihrem im Dezember 2011 erschienenen Eckpunktepapier „‚Smart Grid' und ‚Smart Market'. Eckpunktepapier der Bundesnetzagentur zu den Aspekten des sich verändernden Energieversorgungssystems" hat die Bundesnetzagentur (BNetzA) in die Debatte über die Zukunft der Energieversorgung in Deutschland richtungsweisend eingegriffen. Zahlreiche Reaktionen unmittelbar nach der Veröffentlichung dieses Papiers belegen das ausgesprochen große Interesse an der darin skizzierten Idee eines intelligenten, in zwei Hemisphären gegliederten Energieversorgungssystems.

Auf den Folgeseiten werden zunächst die unterschiedlichen Facetten des sich noch in einem frühen Stadium der wissenschaftlichen und praktischen Auseinandersetzung befindlichen Versorgungssystems eingehend beleuchtet, um darauf aufbauend später in Abschn. 1.3 die grundlegende Systematik sowie in Abschn. 1.4 den Nutzen des neuen Ansatzes darlegen zu können.

1.2.1 Hintergrund und Idee des Smart Markets

„Smarte" Themen erfreuen sich im Energiesektor seit einigen Jahren einer deutlich wachsenden Relevanz und Beliebtheit. Die beinahe inflationäre Nutzung von ursprünglich aus dem englischen Sprachraum entlehnter Wortschöpfungen wie z. B. Smart Energy, Smart

Grid, Smart Metering, Smart Home usw., mag als ein Indiz für diese Tendenz gelten. Bei eingehender, kritischer Beschäftigung mit Inhalt und praktischer Anwendung einiger dieser beliebten Schlagworte energiewirtschaftlicher Prägung fällt jedoch auf, dass mit ihnen mitunter durchaus unterschiedliche, situativ gefärbte Vorstellungen verbunden sind. Nicht selten werden sowohl in der betrieblichen Praxis als auch in der einschlägigen Fachliteratur Begriffe, die den gleichen Sachverhalt beschreiben, teils unterschiedlich, teils synonym genutzt. Eingedenk der genannten terminologischen Schwächen einiger Wortschöpfungen wird inzwischen in Schrifttum und Praxis einer eindeutigen, differenzierten Begriffsverwendung wachsende Aufmerksamkeit zuteil.

Eine Leitidee entsteht
Im Bewusstsein erwähnter Problematik inflationärer und mitunter nur wenig differenzierter Verwendung neuer Fachbegriffe in der Energiewirtschaft hat sich zuvorderst die Bundesnetzagentur in ihrem – bereits erwähnten – vielbeachteten Eckpunktepapier zunächst mit Verwendung und Inhalt des Begriffs *Smart Grid* befasst. Vor dem Hintergrund des bis zum Jahresende 2011 gültigen Stands der energiewirtschaftlichen Diskussion sowie der zu diesem Zeitpunkt soeben erst beschlossenen Energiewende wird in dem Papier dessen damalige Verwendung explizit kritisch hinterfragt.

Die Bundesnetzagentur gelangt zu dem Schluss, dass bei eingehender Betrachtung der Fachdiskussionen innerhalb der Energiewirtschaft Deutschlands sowie Europas die Ende 2011 gängige Nutzung des Terminus Smart Grid eklatante methodische Schwächen aufwies. So hatte Smart Grid in der praktischen Verwendung seinen ursprünglichen Netzfokus bereits über weite Strecken verloren. Tatsächlich wurden damals zahlreiche, fraglos deutlich über reine Netzaspekte hinausgehende, Konzepte und Fragestellungen unter den Begriff Smart Grid subsummiert. Smart Grid mutierte schließlich immer offensichtlicher zum universellen Begriff für Konzepte und Ansätze, die in irgendeiner Weise der Integration Erneuerbarer Energien in das Versorgungssystem dienen und zur Aufrechterhaltung der Systemstabilität beitragen. Demnach übernahm Smart Grid in der Energiewirtschaft mehr und mehr die Rolle einer umfassenden Metapher für alle denkbaren Ansätze zur Lösung aller Herausforderungen eines sich zusehends verändernden Energieversorgungssystems. „Die Diskussion geht munter durcheinander, vermischt Netz- und Marktthemen, ohne dies klar zu kennzeichnen, und führt dazu, dass oft sogar auf Fachebene aneinander vorbei geredet wird."[2] Kaum verwunderlich plädierten daher bereits im Jahre 2012 neben der Bundesnetzagentur schließlich auch weitere energiewirtschaftsnahe Verbände und Organisationen dafür, der bis dato üblichen Vermischung von Netz- und Marktthemen entgegenzuwirken.

Seit dem enormen Anstieg des Anteils regenerativ produzierter Elektrizität an der gesamten Stromproduktion Deutschlands und Europas, fällt deren Integration in das Versorgungssystem eine herausragende Bedeutung zu. Diese kann – wie in der Vergangenheit gezeigt – durchaus netzseitig bzw. rein technisch erfolgen. Jedoch keineswegs optimal oder

---
[2] Bundesnetzagentur (2011, S. 4).

gar wirtschaftlich. Findet beispielsweise der prinzipiell notwendige Ausbau der Stromnetze hypothetisch alleine unter dem Primat der technischen Machbarkeit der Aufnahme jeder produzierten Kilowattstunde (kWh) durch das Netz statt, so wäre der absolute Netzausbaubedarf exorbitant und somit faktisch kaum finanzierbar. Soll allerdings dieser gewaltige Ausbau der Netze deutlich gedämpft werden, müssen netztechnische Lösungen durch marktnahe Instrumente flankiert werden, die eine effiziente Glättung der Angebots- und Nachfragespitzen sowie die Vermeidung von Netzengpässen mittels geeigneter Marktmechanismen ermöglichen. Dieses Beispiel zeigt, dass es zur Steuerung des Energieaufkommens schließlich auch einer funktionierenden Marktseite bedarf.

Smart Market
Vor diesem Hintergrund hat die Bundesnetzagentur folgerichtig dem klassischen Netz die Idee eines neuen, intelligenten Marktdesigns gewissermaßen an die Seite gestellt. Um methodisch der im Eckpunktepapier kritisierten, „(…) allzu ausufernden Verwendung des Begriffs Smart Grid sprachlich Einhalt (…)"[3] bieten zu können, hat sie schließlich für alle marktorientierten Fragestellungen den Begriff *des Smart Markets* als neue Leitidee in die energiewirtschaftliche Diskussion eingeführt. Damit erfolgte gleichzeitig die implizite Festlegung, dass Smart Grid zusammen mit Smart Market jeweils gemeinsam die zwei Hemisphären des *intelligenten Energieversorgungssystems* bilden.

Mit der Smart Market-Idee sind unterschiedliche Zielsetzungen verbunden
„Die Formulierung von Zielen schafft Orientierung. Unter einem Ziel wird allgemein ein in der Zukunft liegender Zustand verstanden, der erstrebenswert und prinzipiell erreichbar ist."[4] Mit der Schaffung eines funktionsfähigen Smart Markets in die Energiebranche werden unterschiedliche Zielsetzungen verfolgt. Zu den gemeinhin bedeutendsten Zielen des Smart Markets zählen:

- Die energiewirtschaftliche Diskussion ist in einen regulierten und einen nicht-regulierten Bereich zu differenzieren, um auf diesem Weg der unzulässigen Vermischung von Netz- und Marktthemen innerhalb der Energiewirtschaft entgegenzuwirken (*Zielsetzung Differenzierung*).
- Alle Herausforderungen des Netzes sind thematisch im Grid und Fragen des Marktes im Market zu lösen (*Zielsetzung Fokussierung*).
- Je weniger Markt, umso weniger Wettbewerb! – Der Anteil marktnaher Mechanismen und unternehmerischer Verantwortung ist zulasten des regulierten Bereichs auszudehnen (*Zielsetzung Deregulierung*[5]).

---

[3] Bundesnetzagentur (2011, S. 4).
[4] Doleski und Liebezeit (2013, S. 214).
[5] *Deregulierung* ist Teil der Wirtschaftspolitik und umfasst alle Maßnahmen zur Aufhebung von Regulierungstatbeständen. Insgesamt dient die Deregulierung dazu, den staatlichen Einfluss auf Handlungen der Wirtschaftssubjekte zurückführen.

- Die Einführung des Smart Markets muss den Öffnungsprozess des Energiesektors unterstützen und insgesamt unbundling-konform erfolgen (*Zielsetzung Liberalisierung*[6]).
- Es muss Raum für neue, nicht netzfokussierte Angebote sowie Geschäftsmodelle geschaffen werden (*Zielsetzung Angebotsausweitung*).
- Der Smart Market muss ein geeignetes, energiemengenbasiertes Instrumentarium zur reibungslosen Integration der Erneuerbaren Energien in das Energieversorgungssystem bereitstellen (*Zielsetzung Integration Erneuerbarer Energien*).
- Mechanismen des Smart Markets müssen zur Sicherstellung des Gleichgewichts zwischen Stromangebot und Stromnachfrage beitragen (*Zielsetzung Energiegleichgewicht*).
- Mittels temporärer sowie mengenmäßiger Verlagerung bzw. Flexibilisierung des Stromverbrauchs hat der Smart Market zur Systemstabilität beizutragen (*Zielsetzung Systemstabilität*).
- Instrumente des Smart Markets müssen zur Glättung möglicher Angebots- und Nachfragespitzen im Stromnetz dergestalt beitragen, dass der Umfang des Netzausbaus insgesamt deutlich reduziert werden kann (*Zielsetzung angemessener Netzausbau*).

In der energiewirtschaftlichen Diskussion bis Anfang 2012 wurden ursprünglich einige der vorgenannten Ziele der Netzsphäre zugeordnet. Seit jedoch die Bundesnetzagentur die Idee des Smart Markets in die Fachwelt eingebracht hat, werden immer mehr ursprünglich dem Netz zugeordneter marktnahe Themenfelder zum neuen intelligenten Markt verlagert.

1.2.2 Definition Smart Market

Mit der Veröffentlichung ihres Eckpunktepapiers hat die Bundesnetzagentur dem langjährig etablierten Begriff Smart Grid einen vielversprechenden neuen Ansatz hinzugefügt: *Smart Market*.

Ausgehend von der Überzeugung, dass sich der Energiesektor Deutschlands spätestens mit Beginn der Energiewende in einem umfassenden Transformationsprozess befindet, wurde vom deutschen Regulierer zunächst der im Jahr 2011 gültige Status quo des Versorgungssystems analysiert und kritisch hinterfragt. Wie im vorstehenden Abschn. 1.2.1 bereits angedeutet, sind aus diesen anfänglichen Überlegungen im Wesentlichen zwei konstitutive Erkenntnisse hervorgegangen. Zum einen mangelt es an einer klaren Trennung zwischen regulierten und nicht-regulierten Aspekten innerhalb des intelligenten Energieversorgungssystems und zum anderen werden marktliche Ansätze und Methoden bislang kaum zur notwendigen Steuerung des Energieaufkommens herangezogen.

---

[6] *Liberalisierung* dient nach hiesigem Verständnis dem Abbau vorhandener Monopole über die systematische Beseitigung existierender Marktzutrittsbarrieren sowie der gleichzeitigen Anregung des Wettbewerbs.

Dem Leitmotiv nach einer verstärkten Nutzung wettbewerblicher Mechanismen und Strukturen im Energiesektor folgend, plädiert die Bundesnetzagentur folgerichtig für eine

- eindeutige Trennung zwischen *Kapazitätsaspekten des Netzes* auf der einen (Smart Grid) und *elektrizitätsmengenbasierter Fragestellungen des Energiemarktes* auf der anderen Seite (Smart Market) sowie
- der breiten Einführung marktlicher Lösungen und Methoden entlang der gesamten energiewirtschaftlichen Wertschöpfung.

Als Grundidee des Smart Markets, zu Deutsch des intelligenten Energiemarktes[7], mag somit die Einteilung des Versorgungssystems in zwei Bereiche oder Hemisphären sowie der verstärkte Einsatz marktlicher Ansätze für das Management von Energiemengen gelten. Vor diesem Hintergrund schlägt die Bundesnetzagentur nachfolgende *Begriffsdefinition* vor:

▶ „Smart Market ist der Bereich außerhalb des Netzes, in welchem Energiemengen oder daraus abgeleitete Dienstleistungen auf Grundlage der zur Verfügung stehenden Netzkapazität unter verschiedenen Marktpartnern gehandelt werden. Neben Produzenten und Verbrauchern sowie Prosumern könnten künftig sehr viele unterschiedliche Dienstleister in diesen Märkten aktiv sein (z. B. Energieeffizienzdienstleister, Aggregatoren etc.)."[8]

Demnach obliegen im marktorientierten Energieversorgungssystem alle Handlungsfelder außerhalb des Netzes dem intelligenten Energiemengenmarkt. „Dabei bildet die zur Verfügung stehende Netzkapazität des Smart Grids eine wesentliche Grundlage zur Erfüllung der im Smart Market gehandelten Dienstleistungen oder Energiemengen."[9] Insofern wird in der marktzentrierten, intelligenten Stromwirtschaft dem Netz nunmehr eine explizit dienende Rolle zugewiesen.

1.2.3 Intelligentes Netz vs. intelligenter Markt

Nach Auffassung der Bundesnetzagentur besteht das intelligente Energieversorgungssystem aus zwei tragenden Säulen. In Abschn. 1.2.1 wurde bereits angedeutet, dass es sich dabei einerseits um das intelligente Netz sowie andererseits um den intelligenten Markt für Energiemengen handelt.

Nachfolgend werden die Konzepte Smart Grid und Smart Market einander gegenübergestellt. Dabei dienen die folgenden drei Leitfragen als Strukturierungshilfe, um ein bes-

---

[7] Im energiewirtschaftlichen Kontext wird nachfolgend der exaktere Terminus „*Energiemengenmarkt*" als deutsche Entsprechung der Wortschöpfung Smart Market Verwendung finden.
[8] Bundesnetzagentur (2011, S. 12).
[9] Gabler Wirtschaftslexikon (2013), Smart Market.

seres Verständnis von den Gemeinsamkeiten, Unterschieden und Besonderheiten beider Konzepte zu erlangen:

1. Wie unterscheiden sich Smart Grid und Smart Market voneinander?
2. Welche Themen liegen zwischen Grid und Market?
3. Wie ist das Zusammenspiel zwischen Netz und Markt organisiert?

1.2.3.1 Abgrenzung zwischen Smart Grid und Smart Market

Die Energiezukunft hängt von vielen Parametern ab. Dazu zählt unter anderem die Fähigkeit relevanter Akteure des Energiesektors, stets mit adäquaten Lösungen auf die vielfältigen Herausforderungen situationsgerecht reagieren zu können. Es müssen jeweils Instrumente und Modelle zur Anwendung gebracht werden, die möglichst exakt zur Lösung einer definierten Aufgabenstellung beitragen oder mitunter sogar darüber hinausgehende neue Potenziale zu schöpfen in der Lage sind. Grundvoraussetzung zur Realisierung dieses Idealzustandes ist, dass bei der Suche nach Problemlösungen und neuen Geschäftsmodellen fokussiert vorgegangen wird. Die Akteure müssen ihr Tätigkeitsfeld genau kennen, um bestmöglich Erfolge effizient erzielen zu können. So wird bei der Suche nach geeigneten Angeboten und Methoden der virulenten Gefahr des „Verzettelns" von vornherein entgegengewirkt, indem beispielsweise Netz- und Marktaspekte klar voneinander abgegrenzt werden. Als Konsequenz dieser fokussierend wirkenden Unterscheidung zwischen Smart Grid und Smart Market erfolgt schließlich die Entwicklung eines Sets praxistauglicher Produkte und Dienstleistungen, die jeweils an die unterschiedlichen Belange von Netz und Markt optimal angepasst sind.

Infolge der festgestellten Notwendigkeit einer Differenzierung zwischen Smart Grid und Smart Market bedarf es zunächst einer grundlegenden Vorstellung davon, worin die wesentlichen Unterschiede zwischen beiden Bereichen in praxi tatsächlich bestehen. Gemeinhin werden unter dem Begriff „Smart Grid" Übertragungs- und Verteilnetze subsumiert, die mittels des umfassenden Einsatzes moderner Informations- und Kommunikationstechnik (IKT) „intelligent" geführt werden.

Während Smart Grid bekanntlich die regulierte Netzhemisphäre adressiert, umfasst der Smart Market alle Fragestellungen der nicht-regulierten Markthemisphäre innerhalb des Energieversorgungssystems. Wie Abb. 1.1 grafisch illustriert, können bereits auf Basis der beiden grundsätzlichen Zuordnungskriterien Hemisphäre (Markt oder Netz) sowie Steuerungsmechanismus (Regulierung oder Markt) die Glieder der energiewirtschaftlichen Wertschöpfungskette den beiden Hemisphären sicher zugeordnet werden. So werden Übertragung und Verteilung dem Netz, die übrigen Bereiche Erzeugung, Handel, Vertrieb, Messung und Kunde dem Markt zugeordnet.

Die grundsätzliche Unterscheidung in einen regulierten Netz- sowie einen nicht-regulierten Marktbereich bzw. in eine Netzsphäre und eine Markssphäre bedarf einer weiterführenden Ausdifferenzierung. Neben *Sphäre* als globalem Differenzierungskriterium lassen sich aus der direkten Gegenüberstellung von Smart Grid und Smart Market weitere konkretisierende Unterscheidungsmerkmale ableiten.

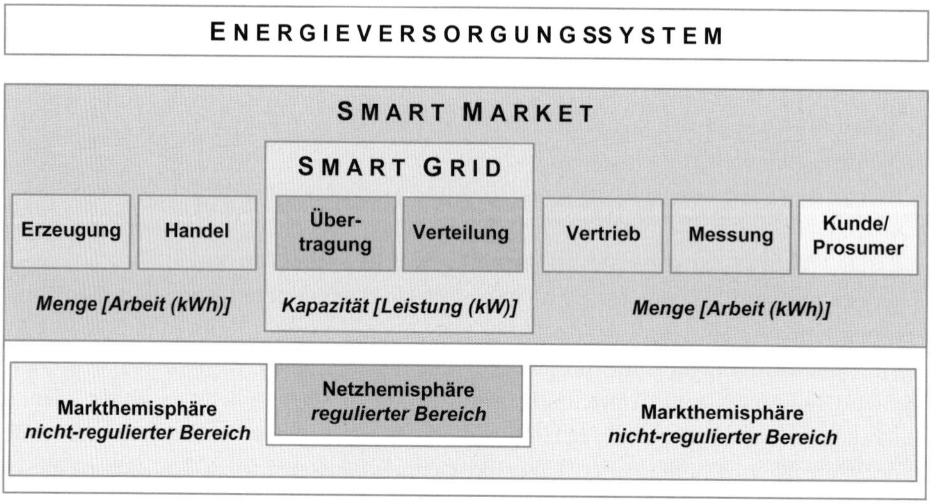

Abb. 1.1 Abgrenzung zwischen Smart Grid und Smart Market

„Kerngedanke der Abgrenzung von Netzsphäre und Marktsphäre ist die Unterscheidung, ob es im Kern um „Netzkapazitäten" („kW") oder um „Energiemengen" („kWh") geht."[10] Demzufolge werden alle Fragen netzseitiger Transportkapazitäten dem Grid und sämtliche Energiemengenthemen dem Market zugeordnet. Während demnach Transportkapazitäten zum Verantwortungsbereich des Netzes zählen, ist der Markt ausschließlich mit Fragen der Strommenge betraut.

Smart Grid und Smart Market lassen sich des Weiteren auch in Bezug auf deren jeweilige *Aufgaben* voneinander abgrenzen. So steht der Aufgabenstellung Netzkapazitätsbereitstellung durch das Grid der Energiemengenaustausch des Markets gegenüber. Diesen beiden Bereichen sind jedoch nicht einzig die genannten gegensätzlichen Aufgaben zugeordnet, sondern auch unterschiedliche *Funktionen*. Während das Netz die Funktion des Energietransportes innerhalb der energiewirtschaftlichen Wertschöpfung innehat, fokussiert der Markt den Energiehandel.

Schließlich unterscheiden sich die beiden Hemisphären nicht zuletzt auch in ihren individuellen Zielsetzungen. *Hauptziel* des Smart Grids ist die Erhöhung der Netzkapazität. Demgegenüber zielt der Smart Market primär auf Verbrauchsoptimierung und Verbrauchsverlagerung ab.

Zu den prominentesten *Akteuren* des Netzes zählen die für das Lastmanagement zuständigen Übertragungs- sowie Verteilnetzbetreiber. Diesen stehen marktseitig eine deutlich inhomogenere Gruppe unterschiedlicher Marktakteure gegenüber, die sich im Allgemeinen dem weiten Feld der Verbrauchssteuerung widmen.

Diese Aufzählung möglicher Differenzierungskriterien zwischen dem älteren Konzept des intelligenten Netzes einerseits und dem des neueren intelligenten Marktes anderer-

---

[10] Bundesnetzagentur (2011, S. 6).

1 Idee des intelligenten Energiemarktkonzepts

Tab. 1.1 Abgrenzung von Smart Grid und Smart Market. (Quelle: Eigene Recherchen)

	Smart grid	Smart market
Sphären	Netzsphäre [Energie- bzw. Elektrizitätsnetze]	Marktsphäre [Energiemärkte]
Basiskriterium	Kapazität [Leistung (kW)]	Menge [Arbeit (kWh)]
Aufgabe	Netzkapazitätsbereitstellung	Energiemengenaustausch
Funktion	Energietransport	Energiehandel
Steuerungsmechanismus	Regulierung	Markt
Hauptziel	Erhöhung der Netzkapazität	Verbrauchsoptimierung
Akteure	Netzbetreiber	Marktakteure
Primäraufgabe der Akteure	Lastmanagement	Verbrauchssteuerung
Instrumente	Netzsteuerung, Management von Netzkapazitäten	Preisinduzierte Erzeugungs- und Lastverlagerung
Energiespeicher	Netzspeicher	Marktspeicher
Rolle	Netz als Enabler (Ermöglicher)	Markt als Innovator

seits erhebt keineswegs den Anspruch auf Vollständigkeit. Zweifelsohne lassen sich noch weitere Abgrenzungsmerkmale identifizieren. Jedoch sind die vorgenannten Aspekte in Anzahl und Inhalt bereits völlig ausreichend, um so die beiden Bereiche Netz und Markt systematisch und vor allem zweifelfrei voneinander abgrenzen zu können. Abschließend fasst Tab. 1.1 die wesentlichen Differenzierungskriterien zusammen.

1.2.3.2 Grauzone zwischen Netz und Markt: Hybrider Bereich

Anhand des soeben vorgestellten Sets geeigneter Abgrenzungskriterien erfolgt die transparente Differenzierung zwischen Netz- und Marktthemen im Energiesektor. Den Akteuren des Energiesektors wird über die oben genannten Differenzierungskriterien ein probates Mittel zur Einschätzung an die Hand gegeben, zu welcher der beiden Hemisphären ein spezifisches Thema zu zählen ist. Aber was geschieht im Falle von Themen, die gewissermaßen zwischen Grid und Market liegen und sich so einer eindeutigen Zuordnung zu einer der beiden Bereiche entziehen?

Themen, die weder der Netz- noch der Markthemisphäre zweifelsfrei zugeordnet werden können, bilden den *Hybrid-* bzw. *Übergangsbereich* der Versorgungswirtschaft. Diese Hybridthemen vereinen in sich stets sowohl Charakteristika des Grids als auch des Markets. Allgemein stellt die Beherrschung von Fragestellungen der Grauzone zwischen den Hemisphären spezielle Anforderungen an die Energiewirtschaft. Diese konkretisieren sich z. B. beim Versuch einer korrekten Zuordnung von Prozessen an der Schnittstelle von Netz und Markt zu den situativ jeweils „richtigen" Akteuren.

Nach Auffassung der Bundesnetzagentur sind für alle Fragestellungen, die an der Grenze zwischen dem Netz und Markt verortet sind, *hybride Lösungsansätze* zu finden sowie anschließend zu etablieren.[11] Der Prozess der Suche nach diesen hybriden Ansätzen läuft angesichts der noch verhältnismäßig jungen Smart Market-Diskussion soeben in der Fachwelt erst an. In diesem Kontext vorstellbar erscheinen die nachfolgend exemplarisch aufgeführten Überschneidungsthemen:

- Aktivitäten zum Ausgleich von Schwankungen zwischen Einspeisung und Entnahme elektrischer Energie (Bilanzungleichgewicht) durch den Bezug oder die Lieferung von Regelenergie.
- Nutzung von Stromspeichern situationsabhängig entweder als Netz- oder Marktspeicher.
- Messwerte (Daten) besitzen per se einen hybriden Charakter. „‚Netzseitig' sind die gemessenen Daten wichtig für Netzlastprognose, Netznutzungsabrechnung und für die Bilanzierung des Netzbetreibers. (…) ‚Marktseitig' sind die Daten wichtig für die Prognose und Beschaffungsplanung der Lieferanten, Endkundenabrechnung und zukünftige Energiedienstleistungen."[12]
- Gleichzeitige diskriminierungsfreie Bereitstellung vielfältiger Daten sowohl für Netzbetreiber als auch für Marktakteure durch die Funktion „Datendrehscheibe".

1.2.3.3 Zusammenspiel von Netz- und Markthemisphäre

Die beiden Bereiche Smart Grid und Smart Market sind im gleichen Wirtschaftssektor verortet. Sie sind voneinander in vielfältiger Weise abhängig, beeinflussen sich gegenseitig und stehen so in einem natürlichen Spannungsfeld zueinander. Weder Smart Grid noch Smart Market können angesichts verstärkt volatiler Stromerzeugung, zunehmender Dezentralität sowie geforderter Energieeffizienz für sich isoliert ein zukunftssicheres, intelligentes Versorgungssystem schaffen.

Das Netz dient dem Markt

Das kapazitätsorientierte Smart Grid und der energiemengenbasierte Smart Market bilden zusammen das intelligente Energieversorgungssystem. Darin stellt das Netz dem Markt die benötigte Transportkapazität zur Verfügung, um marktgetrieben Energiemengen überhaupt verschieben zu können. Somit determiniert die vom Übertragungs- sowie Verteilnetz jeweils bereitgestellte Leistung das Angebot des intelligenten Energiemengenmarktes. Das intelligente Netz fungiert folglich sowohl als *Begrenzer* wie auch als *Enabler* für den Smart Market. In der Rolle des Ermöglichers nimmt das Netz gegenüber dem Markt somit insgesamt eine dienende Rolle ein. Nach Auffassung der Bundesnetzagentur „(…) sollte daher der „Smart Market" als begrifflicher Überbau zum „Smart Grid" benutzt werden."[13]

---

[11] Vgl. Bundesnetzagentur (2011, S. 4).
[12] Herzig und Einhellig (2012, S. 15 f).
[13] Bundesnetzagentur (2011, S. 47).

Wechselwirkungen zwischen Grid und Market
Während das intelligente Netz den Stromtransport sicherstellt, erfolgt auf der Marktseite vornehmlich der Handel mit Energiemengen sowie Flexibilitäten und Dienstleistungen. Dies geschieht allerdings nicht unabhängig voneinander. Tatsächlich herrschen zwischen beiden Hemisphären starke Interdependenzen, die nachfolgend exemplarisch vor dem Hintergrund des enormen Zuwachses der Erneuerbaren Energien skizziert werden: Die unstete Erzeugung regenerativer Energie auf Seiten des Marktes erfordert während Peakphasen die Übertragungs- und Verteilnetze mithin an deren Belastungsgrenze zu betreiben. Der Markt beeinflusst so direkt die Betriebsführung des Netzes. Werden diese Kapazitätsgrenzen des Netzes erreicht, erfolgen zwangsläufig netzseitige Eingriffe gegenüber der Marktseite. Diese Eingriffe beeinflussen die Möglichkeiten der Akteure des Smart Markets, Energiemengen sowie Flexibilitäten „ungestört" zu handeln. Erzeugung und Verbrauch werden in Zeiten des Engpasses demnach durch die tatsächlich verfügbare Netzkapazität gelenkt.

Die Idee der Kapazitätsampel
Das bisweilen komplizierte Zusammenspiel zwischen Markt und Netz lässt sich in Anlehnung an eine Verkehrsampel mit Hilfe von drei Netzbetriebszuständen „grün", „gelb" und „rot" anschaulich darstellen. Dieses *Ampelkonzept* ermöglicht es, die Interaktionen und gegenseitigen Abhängigkeiten zwischen den Akteuren der Markt- und Netzhemisphäre modellhaft zu beschreiben. Im Kontext der ausgeprägten Interdependenzen zwischen den beiden Hemisphären Market und Grid sichert die Kapazitätsampel unter Berücksichtigung des jeweils situativ geltenden Systemzustandes die entflechtungskonforme Zuordnung von Zuständigkeiten.

„Ziel des Ampelkonzeptes ist es, die Arbeitsteilung zwischen reguliertem und nicht-reguliertem Bereich bei der Steuerung/Regelung von Einspeisern und Verbrauchern zu definieren, sodass die jederzeitige Systemstabilität und ein freier Markt für intelligente Produkte sichergestellt werden. Die für die Systemstabilität verantwortlichen Netzbetreiber ermitteln den aktuellen und den prognostizierten Zustand ihrer Netzgebiete (…) und informieren hierüber die berechtigten Marktteilnehmer automatisiert und kontinuierlich. Diese nutzen die Informationen, um ihre Geschäftsmodelle optimal abzuwickeln bzw. um neue „intelligente" Produkte anzubieten."[14]

Die *„grüne Phase"* ist durch ein stabiles Energiegleichgewicht im Versorgungssystem mit ebenso stabilen Netzzuständen charakterisiert. In diesem Umfeld können die Marktakteure ihre Pläne ohne Einschränkung umsetzen. Der intelligente Energiemengenmarkt ist in vollem Umfang funktionsfähig und kann so seinen Beitrag zur effizienten Integration der volatilen Erneuerbaren Energien leisten.

Anders sehen die Rahmenbedingungen in der *„roten Phase"* aus. In diesem Szenario reichen die verfügbaren Netzkapazitäten nicht aus, die marktseitige Nachfrage voll zu befriedigen. Die Systemstabilität ist akut gefährdet, sodass der zuständige Netzbetreiber

---

[14] BDEW (2013, S. 15).

unverzüglich regelnd in das Netz- und Marktgeschehen eingreifen muss. Dabei kommen Maßnahmen gemäß den Regelungen des § 13 Abs. 2 EnWG so zur Anwendung, dass Stromeinspeisungen unterbrochen, Stromtransite eingeschränkt sowie verbrauchsseitige Stromabnahmen zwangsweise reduziert werden.[15]

Von besonderer Relevanz für das Zusammenspiel von Markt und Netz ist schließlich die *„gelbe Phase"*. In dieser Übergangsphase zeichnen sich Engpässe in den Übertragungs- und Verteilnetzen ab, die allerdings im Gegensatz zur „roten Phase" durch Maßnahmen des Smart Markets und ohne netzseitige Zwangsmaßnahmen beherrscht werden können. Dazu fragen Netzbetreiber über den Smart Market bei den Netznutzern Verlagerungsmöglichkeiten im Bereich des Verbrauchs und/oder der Erzeugung an.

„Ausgehend vom Ampelkonzept müssen Regelwerke für Flexibilitätsmärkte entwickelt werden, die den Rahmen für Prozesse, Bilanzierung und Abrechnung etc. bilden. Die funktionalen Schnittstellen zwischen Markt und Netz müssen ausgestaltet werden. Es müssen Schwellenwerte definiert werden, wann jeweils die grüne/gelbe/rote Phase beginnt. Ebenso sollte definiert werden, bis zu welcher Spannungsebene welche Mechanismen sinnvoll sind."[16]

1.3 Konzeptionelle Grundlagen des Smart Markets

Bei eingehender Beschäftigung mit dem Smart Market-Konzept fällt die thematische Breite des Gesamtkonzepts bei gleichzeitiger konzeptioneller Tiefe der zahlreichen Einzelaspekte auf. Um sich diesem Umfang strukturiert nähern und dabei die gebotene Übersicht wahren zu können, schlagen die Autoren im folgenden Abschnitt eine grundlegende Systematik des Untersuchungsgegenstands Smart Market vor.

1.3.1 Die grundlegende Systematik des Smart Markets

Das Erkenntnisobjekt Smart Market besteht aus zahlreichen Facetten und vielfältigen Inhalten, die einerseits zum leichteren Verständnis sowie andererseits zur besseren Anwendbarkeit in der energiewirtschaftlichen Praxis einer strukturierten Betrachtung zu unterziehen sind. Es bedarf folgerichtig einer *grundlegenden Systematik*, welche den umfangreichen und mitunter unübersichtlich erscheinenden Themenkomplex des intelligenten Energiemengenmarktes in verständliche sowie gut handhabbare *logische Einheiten* untergliedert.

Mit der Einführung einer allgemeingültigen Strukturierung der Thematik Smart Market sind einige wesentliche Vorteile verbunden. So unterstützt diese Maßnahme Anwender und Entscheider unmittelbar bei ihrer praktischen Umsetzung von Konzepten innovativen Energiemengen-Managements, hilft allgemein bei der Ableitung konkreter Handlungs-

---

[15] Bundesministerium der Justiz (2012, S. 31).
[16] BDEW (2013, S. 4 f).

Akteure	Anwendungen/ Instrumente	Geschäftsmodelle des Smart Market
▸ Aggregatoren ▸ Energiemanager ▸ Letztverbraucher ▸ Produzenten	▸ Contracting ▸ Demand Response ▸ Elektromobilität ▸ Energieeffizienz-dienstleistungen ▸ Pooling ▸ Smart Cities ▸ Smart Home ▸ Virtuelle Kraftwerke ▸ Variable Tarife	Energiemanagement Energie-dienstleistungen Lokale Marktplätze Virtuelle Kraftwerke
Komponenten ▸ Smart Meter ▸ Infrastruktur ▸ regionale Marktplätze ▸ Technologien		
Elemente des Smart Market (unspezifisch)		konkreter Anwendungsfall

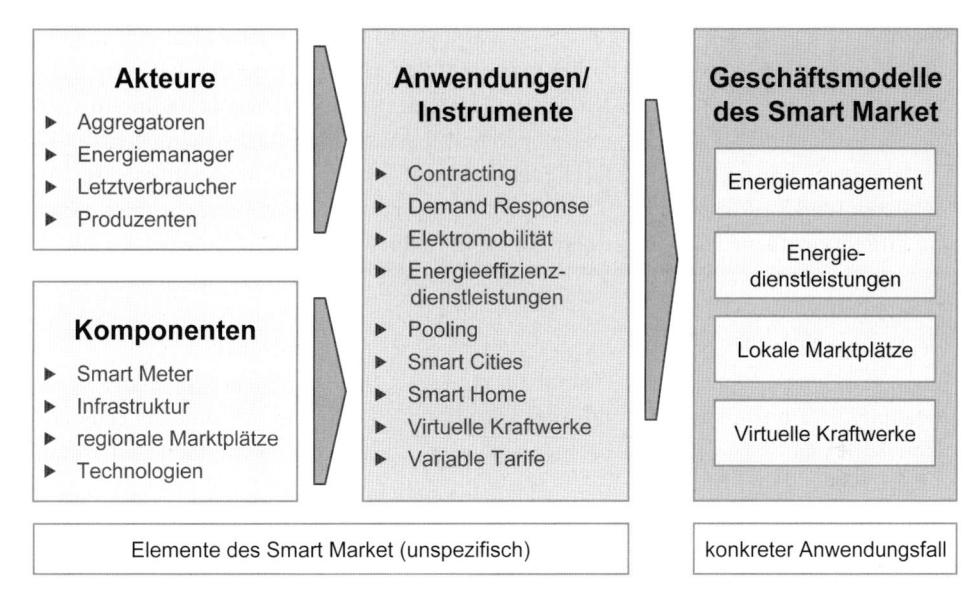

Abb. 1.2 Elemente des Smart Markets

empfehlungen für die Versorgungsindustrie und fokussiert die verstärkt Raum einnehmende Diskussion um innovative Smart Market-Geschäftsmodelle auf markttaugliche Ansätze.

Nach Auffassung der Autoren bietet es sich an, dass Smart Market-Gesamtkonzept in vier, jeweils eng miteinander verzahnte, Einzelelemente oder *Module* wie folgt zu untergliedern:

1. Akteure,
2. Komponenten,
3. Anwendungen und Instrumente sowie
4. Geschäftsmodelle.

„Akteure", „Komponenten" sowie „Anwendungen und Instrumente" repräsentieren im Gesamtkonzept die unspezifischen, generischen Elemente des Smart Marlet-Konzepts; wohingegen „Geschäftsmodelle" konkrete Anwendungsfälle im Sinne markttauglicher Kombinationen der vorgenannten drei Elemente darstellen. Sowohl dieser grundsätzliche Zusammenhang als auch exemplarisch ausgewählte Inhalte jeder der vier Elemente werden mittels Abb. 1.2 im Sinne eines besseren Verständnisses grafisch illustriert.

Die genannten vier Elemente lassen sich im Wesentlichen wie folgt untereinander abgrenzen:

Akteure

Unter *Akteuren* im allgemeinen-betriebswirtschaftlichen Kontext werden handelnde Organisationen, Institutionen oder natürliche Personen verstanden, die am ökonomischen Prozess der Leistungserbringung maßgeblich beteiligt sind. Im Falle der Energiewirtschaft handelt es sich folgerichtig um Marktteilnehmer, die entlang der energiewirtschaftlichen Wertschöpfung in unterschiedlichen Rollen und Funktionen aktiv in Erscheinung treten und ihre Produkte oder Dienstleistungen aller Art anbieten.

Komponenten

Die *Komponenten* des Smart Markets repräsentieren die grundlegenden Bausteine des Smart Markets. Auf Basis dieser Grundbausteine oder Urelemente entstehen durch Ausgestaltung und prozessuale Komposition sowohl die „Anwendungen und Instrumente" als auch die marktbezogenen Geschäftsmodelle des intelligenten Energiemengenmarktes.

Anwendungen und Instrumente

Die *Anwendungen und Instrumente* stellen gewissermaßen die „fertigen", allerdings im Marktkontext noch unspezifischen *Produkte* des Smart Markets dar. Bei den Anwendungen und Instrumenten handelt es sich um funktionale Kombinationen aus Akteuren und den von diesen zur Leistungserbringung eingesetzten Komponenten.

Geschäftsmodelle

Im Gegensatz zu den Anwendungen und Instrumenten handelt es sich bei *Geschäftsmodellen* um deren markttaugliche, konkrete Umsetzung. Dabei erfolgt die Integration aller, für den wettbewerblichen Erfolg relevanten, Einzelaspekte derart, dass die so entwickelten Geschäftsmodelle erfolgreiche Lösungen für das Management von Energiemengen sowie der Steigerung der Energieeffizienz ermöglichen. Demzufolge handelt es sich bei Geschäftsmodellen des Smart Markets im Kern um situativ angepasste Businesspläne zur praktischen Realisierung des intelligenten Energiemarktkonzepts. Primäre Zielsetzung dieser Geschäftsmodelle ist stets die nachhaltige Sicherung der zukünftigen Elektrizitätsversorgung.

Systematik und Präzision sichert den Smart Market-Erfolg

Die vier vorgenannten Module tragen bereits zur Strukturierung und damit zu einem erleichterten Zugang zum Themenkomplex Smart Market bei. Dieser funktionalen Differenzierung fehlt jedoch die für die Umsetzung auf der Managementebene bedeutende prozessuale Komponente, die insbesondere im Rahmen von operativen Projekten zur Etablierung und dem späteren Betrieb von Smart Market-Strukturen von großem Interesse ist. Demnach bedarf es geeigneter Methoden- und Maßnahmenbündel zur praktischen Umsetzung von Smart Market-Initiativen aller Art und zwar über die beschriebene reine Funktionalstruktur hinweg.

Die Autoren sind davon überzeugt, dass Smart Market-Initiativen nur dann langfristig erfolgreich verlaufen, wenn im Zusammenhang mit der Etablierung eines intelligenten

Energiemengenmarktes gleichzeitig auch Konzepte und Ansätze zum Einsatz gelangen, die sich bereits in zahlreichen Branchen und schwierigen Projektumfeldern zuvor bewährt haben und auf die Fragestellungen des Smart Markets übertragbar sind. Besonders hervorzuheben sind dabei Methoden, die im Kern auf *Systematik* und *Präzision* setzen. Eine bestmögliche Zielerreichung kann angenommen werden, wenn „(…) planerische, ausführende, überwachende und steuernde Instrumente, Methoden und Verfahren (…)"[17] eingesetzt werden. Nur so können die mitunter erheblichen Fehlermöglichkeiten, die zwangsläufig in qualitäts- und kostenwirtschaftlichen Risiken münden, identifiziert und im Idealfalle sogar ausgeschlossen werden.

Da der Fokus systematischer Präzisierung eher im methodischen, anspruchsvollen „handwerklichen" Managementbereich verortet ist, wirkt Systematik und Präzision lediglich indirekt auf den Erfolg des übergeordneten Smart Market-Gesamtkonzepts. Gleichwohl leisten die inhärenten komplexitäts- und risikoreduzierenden Methoden wertvolle Hilfestellung bei der Realisierung praktischer Projekte z. B. zur Etablierung intelligenter energiemengenbasierter Geschäftsmodelle oder zur Durchführung von Rollouts technischer Lösungen und Instrumente des Smart Markets.

„Die in der allgemeinen Projekt-Praxis häufig artikulierte Erfahrung, man habe keine Zeit für bürokratischen Overkill und eine überbestimmte Planung – es würde ja schließlich doch immer anders kommen – deutet auf eine wenig differenzierende Sichtweise hin. Die folgende Methodenauswahl versteht sich nämlich als „Gutzeit" der vorsorgenden Projektführung, um „Schlechtzeit" der reparierenden Schadensbegrenzung zu minimieren."[18] In diesem Sinne haben sich Methoden wie beispielsweise Konzeptwettbewerbe, Stage-Gate-Vorgehen, Qualitätsoptimierung im Allgemeinen als geeignet erwiesen, umfassende Projektvorhaben in der Praxis zu begleiten und schließlich zum erfolgreichen Abschluss zu führen.[19] Die Übertragung auf Projekte zur umfassenden Realisierung von Smart Market-Initiativen ist insofern zulässig, da sich die Herausforderungen komplexer Projekte im Kern ähneln.

1.3.2 Akteure

Mit der Entstehung intelligenter Energiemengenmärkte geht fraglos eine qualitative und quantitative Ausweitung der Anzahl, Aufgabenstellung sowie Struktur der Marktteilnehmer innerhalb der Versorgungswirtschaft einher. Bislang bekannte Marktrollen werden angepasst oder sogar gänzlich neu erfunden. In diesbezüglichen Fachdiskussionen kristallisiert sich nur wenige Jahre nach der Veröffentlichung des richtungsweisenden Eckpunktepapiers der Bundesnetzagentur heraus, dass im Zuge der Realisierung von Smart Market

---

[17] Kaiser (2013, S. 270).
[18] Kaiser (2013, S. 271).
[19] Zur detaillierten Methoden-Diskussion siehe insbesondere Kaiser (2013, S. 272 ff.).

einzelne Akteure bereits damit beginnen, sich auf lukrative Teilaspekte des Managements von Energiemengen zu spezialisieren.

„Alle Akteure, die Energiemengen bereitstellen oder abnehmen, sind ebenso Teilnehmer im Smart Market wie Dienstleister, die Energiemengen und Energieflüsse zu weitergehenden Dienstleistungen veredeln."[20] Von diesen Teilnehmern des Energiemengenmarktes ist die Gruppe der reinen Netzakteure zu unterscheiden. Während Marktakteure in erste Linie Energie erzeugen, Energiemengen handeln sowie Angebots- und Nachfrageflexibilität ermöglichen, liegt der Fokus der Netzakteure vor allem auf Fragen der System- bzw. Netzstabilität, der Versorgungssicherheit und schließlich einer ausreichenden Kapazitätsbereitstellung im Netz.

Zielkonflikt zwischen Markt- und Netzakteuren

Die getroffene Unterscheidung in Netz- und Marktakteure ist keineswegs von rein akademischem Interesse. Vielmehr eröffnet diese systematische Differenzierung die Möglichkeit, reale *Zielkonflikte* zwischen Markt- und Netzakteuren im Smart Market frühzeitig zu antizipieren, diese besser zu verstehen, geeignete Korrekturmaßnahmen zu konzipieren und schlussendlich umsetzen zu können. „Jeder Akteur verfolgt gemäß seiner Rolle bestimmte Ziele. Je nach Ausrichtung ergibt dies verschiedene Handlungen, die auch im Widerspruch stehen können. So wird beispielsweise ein Stromproduzent (Einzelkraftwerk oder Schwarmkraftwerk) mit dem Ziel „Netzregelung, Netzstützung" anders agieren als ein Stromproduzent mit dem Ziel „Optimierung am Energiemarkt" oder ein Verbraucher mit dem Ziel „Stromsparen"."[21] Infolgedessen drängt sich die Feststellung auf, dass zwischen beiden Akteursgruppen natürliche Zielkonflikte bestehen, die sich letztendlich sogar auf das energiewirtschaftliche Tagesgeschäft auswirken.

Im Umfeld intelligenter Netze und Märkte streben die einzelnen Akteure durchaus eine isolierte Optimierung ihrer individuellen Nutzenfunktionen an. Sie verfolgen dabei bisweilen untereinander völlig konträre *Partikularinteressen*, die angesichts der häufig unübersichtlichen Gemengelage im Energiesektor durchaus zu einem spürbaren, isolierten Nutzenzuwachs Einzelner führen kann. Dieser – nicht dem Pareto-Optimum entsprechende – Zustand ist häufig nur zulasten Dritter realisierbar. In der Konsequenz können diese unterschiedlichen Partikularinteressen der Akteure des Energiemarktes schließlich sogar zu erheblichen *Verdrängungsentwicklungen* der Marktpartner untereinander führen. Infolge dieser Verdrängungsmechanismen und da der Nutzenzuwachs Einzelner zulasten anderer Akteure in funktionierenden Märkten über kurz oder lang instabile Strukturen induziert, kann als wesentliches Charakteristikum von Smart Grid und Smart Market eine permanente Verschiebung der Einflusssphären und Marktanteile der teilnehmenden Akteure festgehalten werden.

Um im dynamischen Wettbewerbsumfeld des Smart Markets die Aktivitäten der unterschiedlichen Akteure nachvollziehen und bis zu einem gewissen Grad sogar vorhersehen

---

[20] Bundesnetzagentur (2011, S. 12).
[21] Verein Smart Grid Schweiz VSGS (2013, S. 16).

zu können, müssen die Nutzenbelange der relevanten Wirtschaftssubjekte initial zunächst verstanden werden. Aus Sicht eines im Smart Market ökonomisch aktiven Unternehmens stellt sich als zentrale Frage, welche Absichten der relevante Wettbewerber verfolgt und welche individuellen Handlungsoptionen diesem wahrscheinlich bei seinen Aktivitäten zur Verfügung stehen. Nur so eröffnet sich für Entscheider der Energiewirtschaft die Möglichkeit, die eigenen Managemententscheidungen vor dem Hintergrund einer weitgehend stabilen Vorstellung des Wettbewerbsumfeldes treffen zu können.

Akteure des Smart Markets, des Smart Grids sowie Mischformen
Mittels der hier eingeführten Differenzierung der Marktteilnehmer des gesamten Energiesektors in die beiden Hauptgruppen Netz- und Marktakteure werden diese nachfolgend dem Smart Market, Smart Grid sowie dem Hybridbereich direkt zugeordnet.[22]

Akteure des Smart Markets:

- Aggregatoren
- Contractoren
- Energie(effizienz)dienstleister
- Energiemanager
- Erzeugungs- und Versorgungsgenossenschaften
- Händler
- Handwerker
- Hersteller von Haushaltsgeräten
- Letztverbraucher/Endkunde
- Lieferanten
- Messstellenbetreiber (MSB)
- Multi-Service-Provider
- Poolkoordinatoren/Poolbetreiber
- Produzenten/Erzeuger
- Prosumer
- Strombörse EEX

Akteure zwischen Market und Grid (Hybrid- oder Mischformen):

- Energieversorger unter „De-Minimis-Grenze"
- Speicherbetreiber
  - Marktspeicher
  - Netzspeicher
- Technologieanbieter

---

[22] Auswahl jeweils in alphabetischer Reihung.

Akteure des Smart Grids:

- Netzbetreiber
  - Übertragungsnetzbetreiber (ÜNB)
  - Verteilnetzbetreiber (VNB)
- Netzgenossenschaften

1.3.3 Komponenten

Im Smart Market repräsentieren die Komponenten die *Grundbausteine*, aus denen die konkreten Anwendungen und markttauglichen Geschäftsmodelle des intelligenten Energiemengenmarktes abgeleitet werden. Zu den bedeutendsten Komponenten des Smart Markets zählen unter anderem die folgenden Elemente:

- Smart Meter (intelligente Zähler)
- Infrastruktur
  - Netz in der Rolle des Enablers
  - Erzeugung
  - Smart Appliances (intelligente Geräte)
- Regionale Marktplätze
- Physische (Markt-)Speicher
- Technologien
  - Datendrehscheibe
  - Plattformen
  - Informations- und Kommunikationstechnologien (IKT).

Angesichts der konstitutiven Bedeutung der genannten Grundbausteine für die Entwicklung von Smart Market-Produkten bis hin zur Ausgestaltung konkreter, umfassender Geschäftsmodelle folgt eine komprimierte Einzelbetrachtung ausgewählter Komponenten.

Smart Meter (intelligente Zähler)
Unter Smart Metern oder intelligenten Zählern werden im Allgemeinen alle Arten von Verbrauchsmessgeräten zur digitalen, fernauslesbaren Erfassung des Energiemengenverbrauchs subsumiert. Sie sind zweifelsohne von großer Bedeutung für die Energieversorgung der Zukunft.[23]

Bei kritischer Betrachtung dieser Bedeutung moderner Smart Meter für das gesamte Energiesystem der Zukunft zeigt sich allerdings ein differenziertes, zweigeteiltes Bild. Die neue, intelligente Generation von Messsystemen – vor allem wenn diese im Haushaltskundenbereich zum Einsatz kommt – ist für den sicheren Netzbetrieb de facto nicht zwingend erforderlich, da heutige Netze bereits über eine ausreichend dimensionierte, leistungsfä-

---

[23] Vgl. Aichele und Doleski (2013, S. 4 ff.).

hige Mess- und Regeltechnik inklusive der dafür erforderlichen Sensorik verfügen. Infolgedessen sind, bezogen auf Fragen der reinen Netzdienlichkeit, diese intelligenten Messgeräte nicht die Grundvoraussetzung für die Umgestaltung der Netzinfrastruktur in Richtung eines Smart Grids. Allerdings schafft der Einsatz von Smart Metern gleichwohl die Grundlage für einen Großteil innovativer Lösungen und Angebote des zukünftigen Smart Market. Sind bislang die mit Hilfe dieser Verbrauchsmessgeräte erfassten Daten häufig lediglich die Basis für die Abrechnung des individuellen Energiemengenverbrauchs, so wird sich das Einsatzspektrum dieser Systeme in den kommenden Jahren erheblich ausweiten. So werden die mittels Smart Meter erhobenen Daten immer ausgeprägter „(…) Grundlage für variable Tarife, für weitere Angebote, die zum energieeffizienten und energiesparenden Verhalten anregen, sowie für Verbrauchsvisualisierungen sein. Zusätzlich werden sie einmal die Basis für weitergehende Energiedienstleistungen darstellen. Die durch Smart Meter erfassten Daten sind damit in der Hauptsache marktdienlich und nicht primär netzdienlich. Somit sind Smart Meter durchaus wichtig für den Aufbau eines Smart Markets."[24] Kurz gesagt, entwickeln sich die bekannten konventionellen Energiemengenmärkte mittels des Einsatzes von Smart Metern mittelfristig zu Smart Markets. Für die Netze gilt jedoch dieser Zusammenhang nicht. Die heutigen Verteilnetze werden durch den Einsatz intelligenter Zähler mitnichten zu Smart Grids.

Infrastruktur
Die Infrastruktur des Smart Markets besteht hauptsächlich aus den drei Aspekten Netz inklusive dessen gesamter Peripherie, den auf die unterschiedlichen Energieträger ausgerichteten Erzeugungsanlagen sowie der Gesamtheit aller intelligenten Geräte, die als Smart Appliances die Gestaltungsmöglichkeiten des zukünftigen Energiesystems erheblich beeinflussen werden.

Das zentrale Infrastrukturelement des Smart Markets ist fraglos das *Netz*, welches die essentielle Grundlage für ein funktionierendes Energiemengen-Management sowie aller damit verbundenen Produkte und Dienstleistungen darstellt. Schließlich ist es gerade die vom Netz dem Markt zur Verfügung gestellte Kapazität, welche das gesamte Angebot auf den modernen Energiemengenmärkten determiniert. Demzufolge fällt der optimalen Funktionsweise des Netzes im Smart Market eine herausragende Bedeutung zu. Um dieses Optimum im Tagesgeschäft zu jeder Zeit tatsächlich sicherstellen zu können schlägt die Bundesnetzagentur das in Abschn. 1.2.3.3 vorgestellte Ampelsystem zur permanenten Beurteilung des Zusammenwirkens von Netz- und Marktthemisphäre bzw. des jeweils gültigen Status quo des Netzes vor. Es kann die drei Zustände „grün", „gelb" und „rot" einnehmen und diesen Netzbetriebszuständen jeweils entsprechende, genau definierte Maßnahmen auslösen.[25]

Neben dem Netz stellt die eigentliche *Erzeugung* elektrischer Energie – bisweilen auch als *Upstream* bezeichnet – den zweiten zentralen Infrastrukturbereich des Smart Markets

---

[24] Bundesnetzagentur (2011, S. 9).
[25] Vgl. Bundesnetzagentur (2011, S. 13).

dar. Zu dieser bedeutsamen Komponentengruppe zählen alle Einzelmodule des Erzeugungssystems, wie z. B. konventionelle Kraftwerke, Biomassekraftwerke, Photovoltaikanlagen, Wasserkraftanlagen, Windkraftanlagen, BHKW und Wärmepumpen.

Als dritte Gruppe der Infrastrukturbausteine innerhalb des Smart Markets ist das Technologiefeld der auch als *Smart Appliances* bezeichneten intelligenten Geräte zu nennen. „Mit ‚Smart Appliances' werden hier Geräte in Haushalt, Gebäuden und Kleingewerbe bezeichnet, die über eine Möglichkeit der intelligenten Steuerung und eine Kommunikationsbindung verfügen."[26] Werden diese intelligenten Geräte sinnvoll in ein kundenseitiges Gesamtverbrauchssystem integriert, so ermöglichen diese Lösungen ein weitgehend automatisiertes Energiemanagement und unterstützen so unter anderem indirekt die Ziele nach einer umfassenden Integration Erneuerbarer Energien in den Markt sowie die Sicherstellung von Versorgungssicherheit und Systemstabilität im Energiesystem von morgen.

Regionale Marktplätze
Zweifelsohne wird das Geschehen im Energiesektor immer deutlicher von der zunehmenden Volatilität des Elektrizitätsangebots und der damit gleichzeitig eng verknüpften Anforderung an eine gesteigerte Flexibilität aller Marktakteure dominiert. Angesichts dieser Rahmenbedingungen eröffnet vor allem die Schaffung regionaler Märkte einen praktikablen Weg zum effizienten Ausgleich von regional erzeugter Energie und regionalem Verbrauch. Der erforderliche Abgleich zwischen den jeweiligen Ein- und Ausspeisemengen könnte im Smart Market unter anderem mittels lokaler bzw. virtueller Bilanzkreise, die dann den lokalen Marktplatz bilden, erfolgen.[27]

Physische (Markt-)Speicher
Stromspeicher nehmen im Energieversorgungssystem der Zukunft eine Zwitterstellung ein. Sie können in Abhängigkeit von der ihnen zugewiesenen Funktion sowie ihres Anschlusspunktes an das Netz sowohl als *Netzspeicher* (Smart Grid) im Sinne eines Instruments zur Netzregelung als auch als *Marktspeicher* (Smart Market), die ihrerseits gewissermaßen „Billigstrom" in „Hochpreisstrom" überführen können, fungieren.

Diese zwei unterschiedlichen Funktionen von Speichersystemen sollen anhand eines einfachen Beispiels zweier Speicherbetreiber illustriert werden: Der erste Betreiber beabsichtigt die Nutzung seiner Speicherkapazität mit dem Ziel, mittels von ihm betriebener Batterien am Strommarkt Gewinn zu erzielen (Marktspeicher). Daher wird er in Zeiten niedrigen Strompreises Elektrizität zum Laden seiner Batterien einkaufen. Sobald der Strompreis jedoch wieder ansteigt, wird er den zuvor gespeicherten Strom zu einem über dem Einkaufspreis liegenden Betrag verkaufen und seine Batterien entladen. Sein primär auf die Nutzung marktinduzierter Preisdifferenzen ausgelegtes erwerbswirtschaftliches Handeln kann jedoch in Abhängigkeit von der lokalen Situation und Witterung das Stromnetz im Einzelfall sowohl belasten als auch entlasten. Im Falle des zweiten Betreibers

---

[26] Appelrath et al. (2012, S. 128).
[27] Vgl. Bundesnetzagentur (2011, S. 36).

ist die Motivationslage anders gelagert. Dieser nutzt seine Speichermedien, um das Stromnetz aktiv zu entlasten und so vorrangig dem Ziel der Netzstabilisierung und -entlastung zu dienen (Netzspeicher). So lädt er seine Batterien erst in dem Moment, wenn die dezentrale Produktion von Elektrizität deutlich über dem dezentralen Verbrauch liegt und vor allem die Versorgungsqualität bzw. Spannungshaltung insgesamt gefährdet ist. Sobald sich die Situation entspannt, entlädt er unabhängig vom Marktpreis unmittelbar wieder seine Batterien, um so erneut Kapazität für die nächste Produktionsspitze zu schaffen. Infolgedessen stellt der Speicher für den zweiten Betreiber in erster Linie einen Kostenfaktor dar, der es allerdings erlaubt, die Kosten für einen noch umfangreicheren Netzausbau einzudämmen.[28]

Technologien
Ohne die im Energiesektor auf breiter Front begonnene Einführung *innovativer Technologien* als weitere wesentliche Komponente des Smart Markets wäre die schrittweise Umgestaltung des gesamten Energieversorgungssystems nicht denkbar. Besonders hervorzuheben ist in diesem Zusammenhang der Beitrag der unterschiedlichen Facetten und Lösungsansätze moderner Informations- und Kommunikationstechnologien (IKT), die als Querschnittsebene das intelligente Netz mit dem Smart Market performant zu verbinden in der Lage ist.[29] Darüber hinaus liegt der besondere Wert des Einsatzes der IKT in deren herausragender Fähigkeit, die zunehmende Komplexität in allen Marktprozessen und umfangreichen Systemen mittels leistungsfähiger Lösungsalgorithmen usw. insgesamt beherrschbar zu machen. Ohne Zweifel beeinflusst gerade die konsequente Einführung moderner Informations- und Kommunikationstechnologien als „Digitalisierung der Energiewirtschaft" in besonderer Weise die Geschäftsmöglichkeiten sowie Betriebsprozesse im Smart Market.

Die Komponente Technologie umfasst eine Vielzahl unterschiedlicher Systeme und Einzelaspekte. Für die Belange des Smart Marktes ist insbesondere die Etablierung einer sogenannten *Datendrehscheibe* samt deren, die eigentlichen operativen Funktionen und Services bereitstellenden, technischen *Plattformen* von besonderem Interesse. Der Begriff der Datendrehscheibe ist bislang nicht eindeutig festgelegt und nicht zuletzt im besonderen Maße von der konkreten Ausgestaltung der dieses System jeweils betreibenden Marktrolle abhängig. Mit diesem Terminus werden im Allgemeinen sowohl technische Einzellösungen als auch umfassende Betreibermodelle umschrieben. Dabei ist vor allem die Fragestellung von organisatorischem Interesse, welcher der bereits bestehenden oder alternativ neu zu entwerfenden Marktrollen die Verantwortung für diese essentielle, zentrale Form der Datenverarbeitung im Smart Market zukünftig zufallen sollte. Inhaltlich wird unter einer Datendrehscheibe ein System verstanden, welches die technischen Voraussetzungen dafür schafft, unterschiedliche Akteure, Funktionen, Lösungen usw. mittels der systematischen

---

[28] Vgl. Verein Smart Grid Schweiz VSGS (2013, S. 16).
[29] Vgl. Herzig und Einhellig (2012, S. 43).

Bereitstellung relevanter Daten in ein neues übergreifendes Marktdesign einzubinden.[30] Insgesamt ermöglicht so der Smart Market „(…) den Handel der „Intelligenten Kilowattstunde" über eine internetbasierte Plattform, auf der beliebige Geschäftspartner bilateral Geschäfte abschließen können."[31]

1.3.4 Anwendungen und Instrumente

Unter *Anwendungen und Instrumente* werden im Kontext von Smart Market konkrete Produkte und Services des intelligenten Energiemengenmarktes verstanden. Sie skizzieren eine Auswahl idealtypischer Kombinationen aus potenziellen Akteuren und den von diesen im Zuge der Leistungserbringung eingesetzten Komponenten. Im Gegensatz zu den deutlich umfassenderen Geschäftsmodellen handelt es sich bei diesen Elementen um Konstrukte ohne direkten Marktbezug. Demzufolge fehlt diesem Elementtyp die für den ökonomischen Erfolg eines Marktteilnehmers essentielle situative Berücksichtigung der marktnahen Parameter Umfeld, Markt, Kunden usw.

Es wurde bereits an anderer Stelle zuvor hergeleitet, dass zur Beherrschung des zunehmenden Anteils volatiler Einspeisung von Elektrizität in das Stromnetz bei gleichzeitig geforderter Sicherstellung der Versorgungssicherheit auf gewohnt hohem Niveau primär netztechnische Lösungsansätze alleine nicht mehr ausreichen. Es bedarf folgerichtig neuer Anwendungen und Instrumente für einen auch in Zukunft funktionierenden, intelligenten Energiemengenmarkt, von denen nachfolgend lediglich die bekanntesten Ansätze aufgeführt werden:[32]

- Demand Response (DR),
- Demand Side Management (DSM),
- Elektromobilität (eMobility),
- Energieeffizienzdienstleistungen,
- Ereignisbasierte Stromspeicher,
- Pooling,
- Smart Cities,
- Smart Home,
- Trading (Energiehandel),
- Virtuelle Kraftwerke,
- Variable Tarife.

Obgleich die Thematik Anwendungen und Instrumente in diesem Buch in einem eigenen Teil IV explizit betrachtet wird, erfolgt dennoch zur besseren Übersicht und Orientierung nachfolgend eine kurze Beschreibung ausgewählter Einzelaspekte.

---

[30] Vgl. Bundesnetzagentur (2011, S. 43 f.).
[31] Pöppe (2011, S. 84).
[32] Auswahl jeweils in alphabetischer Reihung.

Demand Response (DR)
Unter *Demand Response (DR)* wird die zeitliche *Verlagerung* des individuellen Energieverbrauchs auf Basis der jeweils tatsächlich verfügbaren Energiemengen verstanden. Dabei antworten (response) die Verbraucher durch angepassten Energiemengenbedarf (demand) auf die zu einem bestimmten Zeitpunkt bestehende Verfügbarkeit elektrischer Energie im Versorgungsnetz. Folglich ist nicht die aktive Steuerung von Abnehmern, sondern ausschließlich die Verhaltensbeeinflussung sowie das entsprechende Antwortverhalten von Gewerbe- und Haushaltskunden durch Preissignale Gegenstand von DR. „Dies bedeutet, dass der Verbraucher auf bestimmte Preissignale reagiert und sein Verbrauchs- bzw. auch sein Einspeiseverhalten dementsprechend anpasst. Eine korrespondierende Tarifierung durch den Vertrieb kann zu einem besseren Abgleich von Erzeugung und Verbrauch, aber auch zu einer optimierten kapazitären Ausnutzung der Energieversorgungsnetze (Lastverschiebung) sowie gegebenenfalls zu einer Reduktion des Energieverbrauches führen. Entsprechende Potenziale bieten sich hier sowohl im Haushalts- als auch im Industriekundenbereich."[33]

Demand Side Management (DSM)
Die beiden Begriffe Demand Response (DR) und Demand Side Management (DSM) werden in Fachpublikation bisweilen synonym bzw. nicht ausreichend trennscharf unter dem gemeinsamen Oberbegriff *Demand Side Integration* verwendet. Dieser Sichtweise wird an dieser Stelle nicht gefolgt. Während Demand Response die *Beeinflussung* der zeitlichen Energienachfrage mittels flexibler Tarife umfasst, wirkt *Demand Side Management* mit Hilfe fester *Steuerungssignale* aktiv und direkt auf die relevanten Prozesse aller angeschlossenen Verbrauchsanlagen ein. Im Kern kann der Unterschied zwischen beiden Anwendungen des Smart Markets durch das Wortpaar *Beeinflussung* (passiv) und *Steuerung* (aktiv) charakterisiert werden.

Demzufolge beschreibt DSM eine technische Lösung zur direkten Beeinflussung des zeitlichen Fortgangs abgenommener elektrischer Leistung – mit anderen Worten des realen Lastgangs – von Verbrauchsanlagen aller Art. Im Kontext der Zielsetzung eines optimierten Verbrauchs- und Einspeiseverhaltens kann DSM schließlich auch so weit gehen, dass neben der Drosselung einzelner Verbraucher sogar ein kompletter Lastabwurf einzelner Anlagen erfolgen kann.

Elektromobilität (eMobility)
Die Bundesnetzagentur ordnet die *Elektromobilität* der Marktsphäre zu, da der Ladevorgang von Elektrofahrzeugen primär durch die Parameter Strompreis und die individuellen Mobilitätsanforderungen der Kunden beeinflusst wird. Sowohl Auf- als auch Entladung von Elektrofahrzeugen erfolgt mittels preis- und verfügbarkeitsinduzierter Steuerungssignale durch Lieferanten oder weiterer Akteure des Smart Markets, die allerdings insbesondere den Mobilitätsansprüchen der betroffenen Kunden Rechnung tragen müssen.

---

[33] Müller und Schweinsberg (2012, S. 8).

Elektromobilität unterstützt die Anforderungen des Smart Markets in zweifacher Hinsicht. Einerseits können die in den Elektrofahrzeugen verbauten Speichermedien als unterbrechbare Verbrauchseinrichtungen das Lastprofil im Zeitablauf optimieren (Leistungsglättung). Dies geschieht, indem sie die Ladevorgänge an die tatsächliche Verfügbarkeit elektrischer Energie im Netz anpassen bzw. diese zum Zwecke der Netzentlastung unterbrechen. Andererseits können diese Batterien perspektivisch auch als rückspeisefähiges Speichersystem zur Eigennutzung durch die Fahrzeugbesitzer sowie zur Vermarktung durch sogenannte Aggregatoren zum Einsatz kommen.[34]

Obgleich die Elektromobilität eine Anwendung des Smart Markets darstellt, ist sie jedoch in besonderem Maße auf die Smart Grid-Infrastruktur angewiesen. Das Netz muss so ausgelegt sein, dass es immerhin mehrere Millionen Elektrofahrzeuge gleichzeitig „verkraften" kann und möglichst jeder Ladevorgang preis- und verfügbarkeitsgetrieben dergestalt erfolgt, dass die Fahrzeuge hauptsächlich in Phasen günstigen Stroms aufgeladen werden.

Energieeffizienzdienstleistungen
Dienstleistungen zur Steigerung der *Energieeffizienz* (Energieeffizienzdienstleistungen) werden in den kommenden Jahren fraglos an Bedeutung gewinnen. Zur Gruppe dieser Dienstleistungen zählen Technologien, Produkte sowie Services, die zur nachhaltigen Reduzierung des Energieverbrauchs sowie Verbesserung der Endenergieeffizienz führen.

Das Standardgeschäft heutiger Energieversorgungsunternehmen ist angesichts der umfassenden, vielfältigen Veränderungen innerhalb der Energiewirtschaft mittelfristig mehr oder weniger stark bedroht. Klassische Versorger müssen sich vom reinen Energielieferanten zum kompetenten Lösungsanbieter entwickeln. Um die zu erwartenden Verluste aus dem herkömmlichen Energiegeschäft zumindest in Teilen kompensieren zu können, ist eine systematische Entwicklung und Vermarktung eines innovativen Angebots zukunftsträchtiger Energieeffizienzdienstleistungen zu empfehlen. Dabei unterteilt sich das Angebotsspektrum zum einen in Maßnahmen zur direkten Senkung des Verbrauchs von Energie beim Endkunden selbst und zum anderen um die effiziente Bereitstellung von Nutzenergie.[35]

Ereignisbasierte Stromspeicher
Physische Stromspeicher, die mittels innovativer Energiemanagementsysteme in die dezentrale Versorgung voll integriert sind und deren Steuerung gleichzeitig mittels einer leistungsstarken Software auf Basis eines ausgewählten Sets an Einflussfaktoren erfolgt, werden hier als *Ereignisbasierte Stromspeicher* bezeichnet. Zu den diese Speichersysteme im Wesentlichen beeinflussenden Einflussfaktoren zählen neben den essentiellen Zustandsdaten des Speichers selbst insbesondere der aktuelle Energie-Marktpreis, die im

---
[34] Vgl. Bundesnetzagentur (2011, S. 46).
[35] Vgl. Keser (2012, S. 36 f.).

Netz verfügbare Energiemenge, Wetterdaten der relevanten Region, Netzzustandsdaten sowie unterschiedliche Prognosedaten.

Im Zuge der Energiewendediskussion wurden bereits erste Prototypen und marktfähige Mikro-Speichersysteme erfolgreich konzipiert und entwickelt. In Forschungsprojekten wie beispielsweise SolVer (Speicheroptimierung in lokalen Verteilnetzen) wurden und werden die Möglichkeiten erprobt, wie IT-gemanagte Lithium-Ionen-Akkumulatoren (Lithium-Ionen-Batteriespeicher) in das neue Energieversorgungssystem – bestehend aus Smart Grid und Smart Market – integriert werden können. Flankiert wird die Suche nach möglichen Anwendungen moderner Speichermedien in Verteilnetzen von weiteren Aktivitäten zur praktischen Erprobung leistungsstarker Online-Handelsplattformen für Speicherdienstleistungen, um so die Speicherkapazität auf der lokalen Ebene zu erhöhen, die Stabilität des Versorgungsnetzes zu verbessern sowie den Umfang des notwendigen Netzausbaus insgesamt reduzieren zu können.[36]

Pooling
Beim *Pooling* zumeist kleiner Lasten werden einzelne Verbrauchs- und/oder Erzeugungskapazitäten vieler kleinerer Marktpartner des Smart Markets mit dem Ziel einer optimierten Steuerung und Vermarktung durch sogenannte Aggregatoren zu größeren Tranchen zusammengefasst.

Smart Cities
Wir leben im Zeitalter des Anthropozän – dem Menschenzeitalter. Einer Epoche, in der sich der Mensch zur alles bestimmenden Spezies auf der Erde entwickelte und nahezu alle globalen Prozesse durch sein Handeln zumindest tangiert sowie die wesentlichen globalen Trends unserer Zeit entscheidend mitbestimmt.

Angesichts der Megatrends Globalisierung, Urbanisierung, demografischer sowie Klimawandel steigen seit Jahren die Herausforderungen gerade auch für die Städte der Zukunft immens an. Der angemessene und vor allem nachhaltige Umgang mit den in aller Regel nur beschränkt zur Verfügung stehenden Ressourcen zählt zu den zentralen Herausforderungen unserer Tage. Die weitere Entwicklung urbaner Strukturen wird entscheidend von den technischen Möglichkeiten der Informations- und Kommunikationstechnik (IKT) sowie der mit diesen Technologien einhergehenden Fähigkeit zur effizienten Steuerung der Versorgungs- und Entsorgungsnetze abhängen.

Im Kontext von Smart Market liegt der Fokus des Konzepts *Smart City*, zu Deutsch intelligente Stadt, auf dem effizienten Umgang mit der Ressource Energie in urbanen Ansiedlungen. Transparente Prozesse, intelligente Steuerungen sowie integrierte Informationsflüsse ermöglichen einen energieoptimalen Betrieb der gesamten städtischen Infrastruktur sowie der angeschlossenen technischen Systeme. Zahlreiche Instrumente des Smart Markets tragen unmittelbar dazu bei, dass sich herkömmliche Städte schrittweise zu

---

[36] Vgl. SolVer (2013, S. 4).

vernetzten, energieoptimierten und nachhaltigen Räumen urbanen menschlichen Lebens weiterentwickeln.

Smart Home
Marktnahe Anwendungen um das intelligente Haus, das *Smart Home*, können in den Folgejahren einen beachtlichen Beitrag zur Steigerung von Verbrauchstransparenz, Energieeffizienz und Netzstabilität durch Glättung von Verbrauchsspitzen leisten. „Der Kunde wird mittels Hausautomatisierung künftig in die Lage versetzt, Verbräuche, die nicht die Lebensgewohnheiten beeinträchtigen, in Niedrigtarifzeiten zu verlagern."[37]

Mittels des auf die Belange im Haushaltskundenbereich adaptierten Einsatzes von, ursprünglich aus dem Industrie- und Gewerbeumfeld entlehnten, Maßnahmen des Energiemanagements kann auch der Endkunde in den Smart Market eingebunden werden. Dieses „Energiemanagement im Kleinen" umfasst vor allem weitgehend automatisierte Hausinstallationen zur Gerätesteuerung, die eine dynamische Anpassung der jeweiligen Energienutzung an die tatsächliche Versorgungssituation mit Hilfe von Preissignalen ermöglicht.[38]

Virtuelle Kraftwerke
Der Anteil kleinteiliger, dezentraler Erzeugungsstrukturen hat in den letzten Jahren einen signifikanten Zuwachs innerhalb der deutschen Energiewirtschaft erfahren. Mit diesem numerischen Zuwachs dezentraler Anlagen innerhalb des Energieversorgungssystems geht allerdings eine deutliche Zunahme der Steuerungskomplexität bei gleichzeitig zunehmenden Erzeugungsschwankungen durch den vermehrten Einsatz regenerativer Energieträger auf der lokalen Verteilnetzebene einher. Um diese mit der zunehmenden Dezentralität der Energiewirtschaft verbundene Problematik beherrschen zu können, bedarf es idealtypisch auch eines dezentralen Lösungsansatzes.

Hier bietet sich als besonders aussichtsreicher Ansatz das Konzept des *virtuellen Kraftwerks* als innovativer Zusammenschluss kleiner bis mittlerer Erzeugungsanlagen sowie den dazugehörigen Steuerungssystemen an. Im Falle virtueller Kraftwerke „(…) werden zentrale und dezentrale Erzeugungstechnologien nach Möglichkeit so miteinander vernetzt, dass Schwankungen in der Stromproduktion geglättet werden und Engpässe bzw. Spannungsprobleme in Verteilnetz-Segmenten gar nicht erst entstehen. Durch die aktive Beteiligung der Verbraucher wird intelligentes Lastmanagement ermöglicht."[39] Mittels virtueller Kraftwerke kann innerhalb des Smart Markets die systemimmanente Flexibilität dezentraler Erzeugungsanlagen dergestalt gebündelt und damit genutzt werden, dass sowohl die erforderliche Integration der Erneuerbaren Energien in den Gesamtenergiemix unterstützt wird als auch ein Beitrag zum marktseitigen Ausgleich von Verbrauchsspitzen und -senken geleistet wird.

---

[37] Bühner et al. (2012, S. 3).
[38] Vgl. Bundesnetzagentur (2011, S. 40).
[39] BDEW (2013, S. 10).

Variable Tarife

Variable Tarife zählen zu den grundlegenden Instrumenten des Smart Markets. „Sie sind der entscheidende Anreiz bei der Laststeuerung. Zeitvariable Tarife können eingesetzt werden, um eine langfristige Lastgangmodifikation (Glättung von Lastspitzen, Ausgleich der Lastverteilung usw.) zu erzielen. Lastvariable Tarife bieten demgegenüber den Vorteil, dass sie jederzeit an die aktuelle Produktions- und Verbrauchssituation angepasst werden können."[40] Mit anderen Worten ermöglichen variable Stromtarife mit Hilfe von Preissignalen eine, an der tatsächlichen Verfügbarkeit elektrischer Energie orientierte, Anpassung des kundenseitigen Verbrauchsverhaltens.

1.3.5 Geschäftsmodelle

Die zentrale Herausforderung des Smart Markets ist die Entwicklung tragfähiger Geschäftsmodelle, die allesamt der zentralen Zielsetzung des Energiemengenmarktes, nämlich dem marktbasierten Ausgleich von Stromangebot und -nachfrage sowie der Steigerung der Energieeffizienz dienen. Bevor jedoch konkrete Geschäftsmodelle des Smart Markets entworfen werden können, ist allerdings in einem initialen Schritt zunächst zu explizieren, welche Methoden und konkreten Inhalte die konstitutiven Bestandteile von Geschäftsmodell-Konzepten ausmachen.

In der betriebswirtschaftlichen Fachliteratur existieren bislang zahlreiche, mitunter höchst unterschiedliche Definitionen des allgemeinen Geschäftsmodell-Begriffs. Es herrscht somit im Schrifttum keine einheitliche Vorstellung davon, welche konkreten Inhalte von Geschäftsmodellen abgedeckt werden müssen und welche nicht. Bezogen auf den Untersuchungsgegenstand Energiemengenmarkt bzw. Smart Market mangelt es – nur wenige Jahre nach der Veröffentlichung des Eckpunktepapiers der Bundesnetzagentur – verständlicherweise noch an einer allgemein anerkannten Festlegung. Daher wird im Kap. 24 dieses Buches eine auf die besonderen Belange des energiewirtschaftlichen Smart Market ausgerichtete Definition des Terminus Geschäftsmodell hergeleitet und wie folgt vorgeschlagen:

▶ „Ein **Geschäftsmodell** im Smart Market stellt ein angewandtes **Geschäftskonzept** dar, welches alle relevanten, wertschöpfenden Abläufe, Funktionen und Interaktionen zum Zwecke der kundenseitigen Nutzenstiftung sowie unternehmerischen Erlösgenerierung vereinfacht beschreibt. Als ganzheitliches, aggregiertes Abbild der Realität im intelligenten Energiemengenmarkt erlaubt ein Geschäftsmodell die zur Komplexitätsbeherrschung erforderliche Integration ökonomischer und energiewirtschaftlicher Facetten in eine transparente Architektur. Neben normativen und strategischen Einflussparametern werden umfassend operative Aspekte im Modell berücksichtigt. Die Ganzheitlichkeit des universellen Modellansatzes wird mittels strukturierter, überschneidungsfreier Modellkompo-

---

[40] Heuell (2013, S. 66).

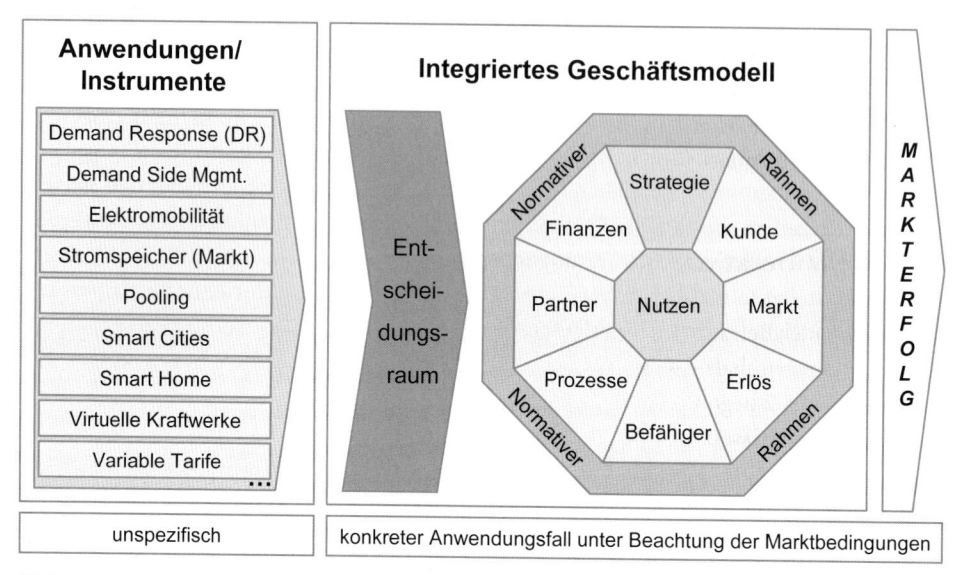

Abb. 1.3 Zusammenhang zwischen Anwendungen und Geschäftsmodellen im Smart Market

nenten sichergestellt."[41] Ein Geschäftsmodell beschreibt demnach die Vorgehensweise zur Etablierung neuer Produkte und Dienstleistungen im Smart Market unter Berücksichtigung einer definierten Unternehmesstrategie und den Unternehmenszielen.[42]

Die im vorangestellten Abschn. 1.3.4 bereits erörterten Anwendungen und Instrumente repräsentieren im intelligenten Energiemengenmarkt die basalen Produkte und Dienstleistungen, auf denen die umfassenden Geschäftsmodelle des Smart Markets aufbauen. Der wesentliche Unterschied zwischen den Anwendungen und Instrumenten auf der einen und den Geschäftsmodellen auf der anderen Seite lässt sich demnach im expliziten Marktbezug des letztgenannten Konzepts verorten. Während demnach Anwendungen eine von der konkreten Markt- und Unternehmenssituation losgelöste Idee oder Vorstellung möglicher Handlungsoptionen repräsentieren, berücksichtigen Geschäftsmodelle bereits umfassend essentielle ökonomische Rahmenparameter wie beispielsweise Umfeld, Markt, Kunde, Erfolgsfaktoren, Ressourcen. Da als gesicherte Erkenntnis mithin gilt, dass sich „Im künftigen Markt (…) die neuen Dienstleistungen nur durchsetzen können, wenn sie auf wirtschaftlichen Geschäftsmodellen basieren und ebenso zur Wirtschaftlichkeit ihrer Nutzer beitragen."[43], steht die herausragende Bedeutung und damit Notwendigkeit der Überführung von Anwendungen in markttaugliche Geschäftsmodelle außer Frage.

Der Ablauf und die Zusammenhänge, wie aus den unspezifischen Anwendungen und Instrumenten markttaugliche Modelle zur Generierung von Umsatz im Smart Market erwachsen, wird durch Abb. 1.3 ergänzend veranschaulicht. Anwendungen und Instrumen-

---

[41] Abschn. 24.2.2.
[42] Vgl. Aichele und Schönberger (2014), Kap. 3.
[43] Bühner et al. (2012, S. 5).

te bilden dabei ein Set unspezifischer Potenzialthemen des Energiemengenmarktes, die durch die systematische Anwendung des, auf der anwendungsorientierten Theorie des *St. Galler Management-Konzepts* beruhenden, *Integrierten Geschäftsmodells* zu marktfähigen Lösungen transformiert werden.[44]

1.4 Mehr Markt wagen – was leistet der Smart Market?

Bei eingehender Betrachtung des federführend von der Bundesnetzagentur im Jahre 2011 in die energiewirtschaftliche Diskussion neu eingeführten Begriffs Smart Market erscheint die in Abschn. 1.2 begonnene kritische Erörterung der inhaltlichen Substanz dieser Wortschöpfung angemessen. Soll das Konzept des intelligenten Energiemengenmarktes vollumfänglich auf breite Akzeptanz in der Zielbranche Energiewirtschaft stoßen, so muss zunächst der Nachweis gelingen, dass der Begriff Smart Market auch konzeptionellen Tiefgang besitzt und folglich deutlich mehr als alter Wein in neuen Schläuchen ist.

Zum Nachweis von Tragfähigkeit und Sinnhaftigkeit des Smart Market-Konzepts werden auf den Folgeseiten dieses Abschnitts dessen wesentliche Vorzüge identifiziert und eingehend betrachtet. Demnach erfolgt die „Beweisführung" von Sinn und Zweck eines intelligenten Energiemengenmarktes mittels der Feststellung und Analyse aller wesentlichen – wie auch immer gearteten – Nutzenaspekte des Smart Markets. Sollten dabei signifikante Nutzengrößen nachvollziehbar mit dem Smart Market-Konzept verbunden werden können, so ist die eingangs gestellte Sinnfrage bezogen auf diese Wortschöpfung zweifelsfrei beantwortet und die Einführung dieses neuen Begriffs samt des dahinterstehenden Konzepts objektiv gerechtfertigt.

Die nachfolgende Diskussion möglicher Nutzenaspekte bzw. Vorzüge, die mit der Etablierung eines Smart Markets im Energiesektor verbunden sind, erfolgt synonym zur in Abschn. 1.1 bereits eingeführten Strukturierung in sechs thematischen Clustern. Diese Vorgehensweise ist keineswegs Ergebnis einer zufälligen Auswahl denkbarer Ordnungskriterien. Vielmehr handelt es sich hierbei um die Adaption der in diesem Kapitel bereits eingeführten generischen Handlungsfelder der Energiewirtschaft, um so dem Leser einen geeigneten Bezugs- und Orientierungsrahmen bei der Begründung möglicher Nutzen eines Smart Markets anzubieten.

1.4.1 Nutzenperspektive Energiepolitik

Ausgangspunkt beim Nachweis energiepolitischer Nützlichkeit des Smart Market-Konzepts ist die Fragestellung, ob und inwiefern ein intelligenter Energiemengenmarkt einen signifikanten Beitrag zur Bewältigung der zentralen Zukunftsfragen der Energieversorgung von morgen leistet.

---

[44] Das Integrierte Geschäftsmodell wird im Kap. 24 entwickelt und detailliert vorgestellt.

Grundlegende Nutzenerwägungen
Ein wesentlicher Verdienst des Smart Markets offenbart sich in dessen unmittelbarem Beitrag bei der Realisierung der grundsätzlichen energiepolitischen Forderungen des *Energiewirtschaftsgesetzes (EnWG)*. Im § 1 Absatz (1) EnWG – der gewissermaßen als Präambel dieses Gesetzes fungiert – wird „(…) eine möglichst sichere, preisgünstige, verbraucherfreundliche, effiziente und umweltverträgliche leitungsgebundene Versorgung der Allgemeinheit mit Elektrizität (…)"[45] als dem primären Zweck deutscher Energiepolitik präjudiziert. Dieser Zielsetzung dient ein konsequent umgesetzter intelligenter Energiemengenmarkt infolge der diesem Konzept inhärenten Marktmechanismen und Lösungsansätzen in besonderer Weise. So trägt der abgestimmte Einsatz innovativer Methoden, Produkte und Dienstleistungen des Smart Markets zur Einhaltung des gesetzlich festgeschriebenen Postulats einer nachhaltigen Sicherstellung von Verbrauchsverlagerung, Versorgungssicherheit und Energieeffizienz erheblich bei.[46]

Unterstützung der Energiewende
Darüber hinaus spielt der intelligente Energiemengenmarkt eine bedeutende Rolle bei der Umsetzung der *Energiewende*. Er hat perspektivisch einen bedeutsamen Anteil an deren Gesamterfolg und infolgedessen an einem der zentralen Anliegen deutscher Energiepolitik schlechthin. Mit der notwendigen Integration des substanziell wachsenden Anteils fluktuierender, stochastischer Energieträger am gesamten Stromaufkommen sind ohne Frage Lösungen zu deren effizienten Marktintegration mehr denn je gefragt. Aufgrund der konstatierten Fähigkeit einer umfassenden Integration volatiler Erneuerbarer Energien in die Versorgungslandschaft fällt einem funktionierenden Smart Market folgerichtig eine energiepolitische Schlüsselfunktion zu: Smart Market ist der Schlüssel zum Erfolg der Energiewende.

Differenzierung in klare Verantwortungsbereiche: Trennung zwischen Wettbewerb und Regulierung
Die Bundesnetzagentur hat in ihrem grundlegenden Eckpunktepapier bekanntlich festgestellt, dass Netz- und Marktthemen in der energiewirtschaftlichen Diskussion bis Ende 2011 miteinander unzulässig vermengt erörtert wurden.[47] Es fehlte bis zur Einführung des Smart Market-Konzepts an der methodisch gebotenen *konzeptionellen Differenzierung* zwischen vom Netz für den Energietransport bereitzustellenden Netzkapazitäten einerseits und vom Markt zu kontrahierenden Energiemengen andererseits. Dank Smart Market werden – in Übereinstimmung mit den ordnungspolitischen Grundsätzen der Liberalisierung – seither die Verantwortungsbereiche zwischen Markt und Netz eindeutig und vor allem *unbundling-konform differenziert*. Demnach wird mit der Etablierung des Smart

---

[45] Bundesministerium der Justiz (2012, S. 7).
[46] Die Richtigkeit dieser Feststellung wird im Zusammenhang mit den Aspekten Markt, Erzeugung und Versorgungssicherheit im Detail belegt.
[47] Vgl. Bundesnetzagentur (2011, S. 4).

Market-Konzepts der ursprünglichen Vermischung von Netz- und Marktthemen innerhalb der Energiewirtschaft entgegengewirkt.

Mit der Entflechtung von Energietransport auf der einen und Energieerzeugung und Vertrieb auf der anderen Seite geht im Kontext von Smart Market die Erkenntnis einher, dass den Betreibern von Elektrizitätsnetzen genau genommen nicht die zentrale Rolle bei der Sicherung der Energiezukunft Deutschlands und Europas zufällt. Vielmehr wird angesichts der Verantwortungsbereiche beider Hemisphären offenkundig, dass dem Netz eine marktdienliche Rolle in der Energieversorgung von morgen zufällt, während der Energiemengenmarkt für den essentiellen Ausgleich von Erzeugung (Angebot) und Verbrauch (Nachfrage) unter Berücksichtigung der Netzkapazität sorgt.

Deregulierung: Rückführung von Regulierungstatbeständen
Je weniger Markt, umso weniger Wettbewerb! – Wächst der Anteil des regulierten Netzes am gesamten Energieversorgungssystem, so nimmt auch der Anteil staatlicher Vorgaben innerhalb der Versorgungswirtschaft zu. In einem solchen Szenario schrumpft innerhalb der Energiebranche unmittelbar der Raum unternehmerischer Verantwortung. Zur optimalen Abstimmung von Energieerzeugung und -verbrauch ist jedoch gerade die Stärkung marktlicher Anreizsysteme und Steuerungsmechanismen geboten. Dies kann allerdings nur gelingen, wenn zuvor der staatliche bzw. regulatorische Einfluss auf Handlungen beteiligter Wirtschaftssubjekte auf das notwendige Mindestmaß zurückgeführt wird (*Deregulierung*). Nur so wird Raum für mehr unternehmerische Verantwortung geschaffen.

Mit der Einführung eines intelligenten Energiemengenmarktes wurde die strukturelle Voraussetzung dafür geschaffen, dass der Anteil marktnaher Mechanismen zulasten des regulierten Bereichs ausgedehnt werden kann. Erst die Aussicht auf die Existenz eines funktionierenden Smart Markets versetzt die Wirtschaftspolitik in die Lage, Maßnahmen zur Aufhebung von Regulierungstatbeständen in der Stromwirtschaft in großem Stil zu verfolgen.[48] Schließlich muss nach erfolgter Deregulierung an die Stelle zuvor regulierter Tatbestände alternativ ein funktionierender Marktmechanismus treten. Dies geschieht dergestalt, dass – unter Berücksichtigung der vielfältigen Zusammenhänge zwischen Netz und Markt – dem regulierten Bereich nunmehr lediglich die reinen Netzthemen zugeordnet werden. Gleichzeitig werden alle markttauglichen Aspekte der intelligenten Energieversorgung dem deregulierten Markt zugesprochen. Somit ermöglicht die klare Differenzierung zwischen Netz und Markt eine systematische Ausweitung der Hemisphäre wettbewerblichen zulasten staatlich-regulierten Handelns in der Energiewirtschaft.

---

[48] An dieser Stelle sei der Vollständigkeit halber auf die dieser Feststellung inhärente „Henne-Ei-Problematik" hingewiesen. Es wird jedoch darauf verzichtet zu explizieren, ob der Smart Market Ergebnis der Deregulierung ist oder alternativ die Voraussetzung dafür schafft, dass Deregulierung in die Praxis überhaupt umgesetzt werden kann.

Liberalisierung: Beitrag des Smart Markets zur Entflechtung
Die klassische Versorgungsstruktur war in der Vergangenheit dadurch charakterisiert, dass innerhalb eines bestimmten Versorgungsgebiets der jeweils zuständige Netzbetreiber auch gleichzeitig die Rolle des Energielieferanten innehatte. Dieser Zustand blieb bis zur Entflechtung des überwiegenden Teils der Energieversorger bestehen.[49]

Mit der *Liberalisierung* wird insbesondere das Ziel des Abbaus gegebenenfalls vorhandener Monopole über die systematische Beseitigung existierender Marktzutrittsbarrieren sowie der gleichzeitigen Anregung des Wettbewerbs verfolgt. Die Trennung in Smart Grid und Smart Market entspricht diesen Grundsätzen, also dem prinzipiellen Bestreben der weiteren Öffnung des Energiesektors, in besonderer Weise. Infolge der Trennung von Markt und Netz werden die Verantwortungsbereiche *unbundling-konform* klar voneinander getrennt. So werden Energiemengen von Marktakteuren und nicht vom Netzbetreiber kontrahiert. Lediglich der Energietransport liegt in den Händen der Betreiber von Übertragungs- und Verteilnetzen.

1.4.2 Nutzenperspektive Markt

Diejenigen Vorzüge des Smart Markets, die auf allgemeine Marktthemen Bezug nehmen, werden unter der Nutzenperspektive Markt subsummiert und nachfolgend dargelegt.

Fokussierung
„Der Kerngedanke des nun vorliegenden Eckpunktepapiers der BNetzA ist die Trennung des regulierten vom nicht-regulierten Bereich durch die Begrifflichkeiten „Smart Grid" und „Smart Market"."[50] Diese Trennung erlaubt unter anderem auch eine differenzierte Analyse relevanter Handlungsfelder, Abläufe, Schnittstellen sowie Interdependenzen des regulierten Netzes einerseits sowie der nicht-regulierten Marktsphäre andererseits.

Ein wesentlicher Nutzen dieser konsequenten Unterscheidung zwischen Netz und Markt liegt zweifelsohne in der Option zur Entwicklung und Implementierung neuer, tragfähiger Ansätze und Geschäftsmodelle in allen Bereichen des Energieversorgungssystems. Dank der thematischen *Fokussierung* entstehen spezifische, praxistaugliche Lösungen, die auf die verschiedenartigen Belange der Netz- sowie Marktthemisphäre optimal zugeschnitten werden können. Herausforderungen des Netzes werden im Grid sowie Fragen des Marktes im Market gelöst.

Schaffung neuer, regionaler Marktplätze
Mehr Markt! – Das Smart Market-Konzept schafft in der Energiewirtschaft ein optimales Umfeld für die umfassende Etablierung innovativer Marktstrukturen und neuartiger Marktmechanismen. So entstehen im intelligenten Energiemengenmarkt *regionale* oder

---

[49] Vgl. Aichele (2012, S. 3).
[50] BDEW (2012, S. 6).

lokale Marktplätze, bei denen mittels unbundling-konformer Anreize die regional erzeugte Elektrizität schließlich auch direkt vor Ort unter Beachtung möglicher Netzengpässe verbraucht wird. Dieser unmittelbare Abgleich von Stromerzeugung und -verbrauch auf der lokalen Ebene könnte im Smart Market technisch unter anderem über lokale oder virtuelle Bilanzkreise erfolgen, die unabhängig von den räumlichen Grenzen der Verteilnetze die regionalen Marktplätze definieren.[51]

Angebotsausweitung: Smart Market als Innovator
Der Smart Market ist von Natur aus innovativ. Er weitet das verfügbare Angebot von Produkten und Dienstleistungen im Energiesektor signifikant aus. Diese *Angebotsausweitung* geht weit über den reinen Verkauf von Energiemengen sowie der Bereitstellung von Lösungen rund um den flexiblen Strombezug hinaus. Vielmehr tragen die Instrumente des Smart Markets beispielsweise zur Steigerung von Energieeffizienz und Systemstabilität aktiv bei.

Perspektivisch fungiert der Smart Market als wesentlicher *Innovator* der Versorgungswirtschaft von morgen. Er bietet „(…) den Marktteilnehmern großen Gestaltungsspielraum durch vorgegebene Produktschablonen, die nach individuellen Bedürfnissen ausgestaltet werden können."[52], wodurch er eine strukturierte Entwicklung fortschrittlicher Use Cases und Geschäftsmodelle im Umfeld moderner Energiemengenmärkte ermöglicht. Die große Attraktivität des Smart Markets resultiert – nur wenige Jahre nach dessen Einführung in die Energiewirtschaft durch die Bundesnetzagentur – insbesondere aus dessen, an eine „grüne Wiese" erinnernden, frühen Reifestadiums mit den damit für alle Marktakteure unmittelbar verbundenen individuellen Chancen, Herausforderungen und Freiheitsgraden. Somit schafft der Smart Market kurz gesagt Raum für neue, nicht netzfokussierte Lösungen.

Einführung neuer Marktrollen
Dank Smart Market werden im Energiesektor gänzlich *neue Rollen* geschaffen bzw. bereits etablierte an die nunmehr geltenden neuen Rahmenbedingungen angepasst. Progressive Akteure treten erstmalig in Erscheinung und konkurrieren so mit den bisherigen Platzhirschen der Energiewirtschaft. Dieser Prozess vollzieht sich vor dem Hintergrund der ordnungspolitischen Zielsetzung der Entflechtung und Liberalisierung moderner Energiemengenmärkte. Er ist insofern politisch gewollt.

Fraglos folgt im Kontext dieser marktwirtschaftlichen Zielsetzung ein deutlicher Anstieg des Wettbewerbs dergestalt, dass im Zuge des Wandels in Richtung zu einem nachhaltigen, innovativen Energieversorgungssystem traditionelle Versorgungsunternehmen in allen energiewirtschaftlichen Wertschöpfungsstufen auf neue Wettbewerber treffen.[53] In der Konsequenz resultiert aus der systematischen *Wettbewerbsausweitung* ein beson-

---

[51] Vgl. Bundesnetzagentur (2011, S. 36).
[52] Pöppe (2011, S. 86).
[53] Vgl. Servatius (2012, S. 18).

ders agiles Marktumfeld mit insgesamt sinkenden Eintrittsbarrieren für Newcomer und Branchenfremde. „Um neuen Gruppen eine aktive Teilnahme am Energiehandelsplatz zu ermöglichen, hält der Smart Market die Zugangsbarrieren bewusst niedrig. Somit können auch kleine Energiemengen am Marktplatz in Erscheinung treten, was wiederum anderen Akteuren neue Möglichkeiten der Wertschöpfung eröffnet, beispielsweise durch Aggregation kleinerer Geschäfte zu neuen Produkten."[54] Infolgedessen geht mit der Etablierung intelligenter Energiemengenmärkte eine signifikante Verbesserung der allgemeinen Marktchancen für neue Marktteilnehmer einher. Der Smart Market eröffnet dank seines umfassenden Sets unterschiedlicher Instrumente und Anwendungen kleineren Energieproduzenten die Möglichkeit der erleichterten Teilhabe am wichtigen Energiemengenmarkt.

Die Nützlichkeit sowie Praxistauglichkeit des Smart Markets wird nachfolgend am Beispiel der neuen Marktrolle des *Aggregators* exemplarisch veranschaulicht. Aggregatoren können im Smart Market viele kleine Erzeugungseinheiten steuern sowie gleichzeitig die individuellen Lastkurven vieler gewerblicher Letztverbraucher sowie Haushaltskunden zu einem optimierten Gesamtverbrauch bündeln. Gerade kleine, lokale Betreiber von Energieerzeugungsanlagen sehen sich häufig mit einer Situation konfrontiert, in der sie ihre dezentral zur Verfügung gestellte Energie nicht optimal in das Versorgungssystem integrieren können. An dieser Stelle tritt der Aggregator in Erscheinung, indem dieser die einzelnen, schwierig kommerzialisierbaren Energiemengen und Flexibilitäten vieler Kleinerzeuger zu einem ökonomisch effizienten Gesamtportfolio bündelt und anschließend mittels geeigneter Plattformlösungen vermarktet.[55] Somit ist eng mit dem Konzept des Smart Markets die Entstehung einer nutzenstiftenden neuen Marktrolle verbunden, die den umfangreichen Anforderungen der Energiewirtschaft von morgen in besonderer Weise entspricht und einen signifikanten Beitrag zum Gelingen der Energiewende leistet.

1.4.3 Nutzenperspektive Energieerzeugung

„Das Marktgeschehen in der zukünftigen Energiewelt wird auf einer volatileren Versorgungssituation aufbauen, bei der alle Akteure flexibler reagieren müssen."[56] Trotz dieses verhältnismäßig knapp gehaltenen Statements der Bundesnetzagentur ist dennoch die Essenz der erzeugungsseitigen Herausforderungen dieser Tage damit bereits hinlänglich skizziert. Diesen Standpunkt aufgreifend drängt sich die Frage auf, welchen Nutzen der Smart Market in Bezug auf die in Zukunft weiter ansteigende Komplexität bei der Erzeugung und dem Management von Strommengen schafft.

---

[54] Pöppe (2011, S. 84).
[55] Vgl. Müller und Schweinsberg (2012, S. 11).
[56] Bundesnetzagentur (2011, S. 36).

Integration der Erneuerbaren Energien in das Energieversorgungssystem
Es steht außer Frage, dass der enorme Anstieg des Anteils Erneuerbarer Energien insbesondere in den Jahren nach 2010 die Elektrizitätswirtschaft vor epochale Herausforderungen stellt. Vor diesem Hintergrund ist es für den Erfolg der Energiewende perspektivisch essentiell, dass die regenerativen Energieformen in die Versorgungslandschaft optimal integriert werden. „Neben einer aktiven Reaktion von Verbrauchern auf Marktsignale (...) muss auch die Erzeugungsseite künftig zunehmend auf Marktsignale und Netzerfordernisse reagieren."[57]

Der Smart Market liefert mit seinen energiemengenbasierten Lösungen das geeignete Instrumentarium zur *Integration der Erneuerbaren Energien* in das Energieversorgungssystem. Die volatile, wetterabhängige Energieproduktion aus regenerativen Erzeugungsanlagen kann nicht mit Hilfe ausschließlich auf die Netzhemisphäre beschränkte Eingriffe beherrscht werden. Es bedarf in diesem Zusammenhang einer ergänzenden intelligenten Steuerung sowohl der Erzeugung als auch des Verbrauchs von Energiemengen mittels Marktsignalen. Dazu bietet der Smart Market eine Reihe geeigneter Anwendungen und Geschäftsmodelle, die zielgerichtet zu jedem Zeitpunkt die im Energiesystem verfügbaren sowie nachgefragten Strommengen zum Ausgleich bringen können. Exemplarisch sind diesbezüglich unter anderem der Einsatz geeigneter Handelsplattformen, regionaler Marktplätze, physischer (Markt-)Speicher usw. vorstellbar. Damit sichert der intelligente Energiemengenmarkt eine optimale Integration der Erneuerbaren Energien in das Energiesystem und sorgt damit für die Netzdienlichkeit aller Anlagen regenerativer Elektrizitätserzeugung. „Dies gilt vor allem für die Bereiche Spannungshaltung durch Blindleistungsbereitstellung, frequenzabhängige Wirkleistungsreduktion, Ermöglichung von Primärregelung sowie die Möglichkeit zur Abschaltung oder stärkeren Leistungsreduktion im Falle von temporärem Überangebot."[58]

Dezentrale Erzeugungsstruktur: Veränderungen in der Wertschöpfung flankieren
Die umfassende Veränderung der deutschen Energieerzeugungsstruktur hat spätestens unter dem Eindruck des Nuklearunfalls im japanischen Kernkraftwerk Fukushima Daiichi im Jahre 2011 deutlich an Fahrt aufgenommen. Wenige Jahre nach diesem Ereignis ist die Elektrizitätsproduktion in Deutschland strukturell zweigeteilt. Einerseits wird Strom mit Hilfe einer Vielzahl kleinteiliger dezentraler Energieerzeugungsanlagen wie Blockheizkraftwerke (BHKW), Photovoltaik-Anlagen, Biomassekraftwerke (BMKW), Wärmepumpen usw. erzeugt. Andererseits wird ein Großteil der deutschen Bruttostromerzeugung immer noch mittels des Einsatzes zentraler Großenergieanlagen gedeckt. Allerdings nimmt der Anteil der auf fossilen und nuklearen Energieträgern beruhenden Stromerzeugung großtechnischer Energieerzeugungsanlagen sukzessive ab.

Die konstatierte Strukturveränderung – schrittweise weg von der zentralen hin zur dezentralen, kleinteiligen Energieerzeugung – wird von geeigneten Marktmechanismen des Smart Markets flankiert und ermöglicht. Bei der Realisierung einer *dezentralen Ener-*

---

[57] Bundesnetzagentur (2011, S. 10).
[58] Bundesnetzagentur (2011, S. 10).

gieerzeugung sind marktnahe Strukturen und Instrumente gefordert, mit deren Hilfe ein Großteil der lokal produzierten Energiemenge schließlich auch regional verbraucht werden kann. Dazu eignen sich insbesondere all diejenigen Lösungsansätze des intelligenten Energiemengenmarktes, die auf der Erzeugungsseite eine effiziente, variable Regelung von Energiemengen zulassen.

Aggregation zu Erzeugungsportfolien
Wie bereits im Zusammenhang mit der Einführung neuer Marktrollen am Beispiel des Akteurs Aggregator dargelegt, schafft der Smart Market ideale Voraussetzungen für die Bündelung vieler einzelner, kleiner Einspeisungen im Energiemengenmarkt. Dank Smart Market können an die jeweilige Marktsituation situativ angepasste, verkäufliche Erzeugungsportfolien mit dem Ziel der Nivellierung von Erzeugungsschwankungen regenerativer Energieformen gebildet werden. Dies erfolgt dergestalt, dass die von einer größeren Anzahl einzelner Stromproduzenten angebotenen Einspeisungen und Flexibilitäten aufeinander abgestimmt der Verbraucherseite dargeboten werden.

Auch wenn im Kontext der Betrachtungen der Nutzenperspektive an dieser Stelle primär alle Aspekte der Energieerzeugung im Mittelpunkt stehen, sei dennoch festgestellt, dass die Aggregation zu Erzeugungsportfolien im intelligenten Energiemengenmarkt keineswegs isoliert nur aus der Perspektive der Angebotsseite gesteuert wird. Tatsächlich erfolgt die optimale Energiemengenbereitstellung nicht zuletzt auch unter Berücksichtigung der zu einem Gesamtabnahmeportfolio aggregierten Flexibilitätsangebote einer größeren Anzahl von Verbrauchern. So ist sichergestellt, dass den Angebotsbündeln stets auch eine adäquate Nachfrage gegenübersteht.

1.4.4 Nutzenperspektive Energieverbrauch

Neben den dargelegten erzeugungsseitigen Vorzügen des Smart Markets existieren ebenso auf der Verbrauchsseite eine Reihe von Nutzenaspekten, die nachfolgend näher beleuchtet werden.

Der mündige Verbraucher
Im Hinblick auf die Frage nach der Nützlichkeit des Smart Markets im Bereich des Energieverbrauchs kann zunächst festgehalten werden, dass der Energiemarkt moderner Prägung einen wesentlichen Beitrag zur Mitnahme der Verbraucher in die neue Energiewelt des *erzeugungsorientieren Verbrauchs* leistet. Er schafft mittels geeigneter Informationsangebote (Plattformen) sowie umfassender Transparenz bezüglich Aufgaben und vor allem Angebote relevanter Marktakteure die Grundstrukturen, die den *mündigen Verbraucher* als reales Phänomen des Smart Markets ermöglichen. Diese Edukation der Letztverbraucher mündet mittel- bis langfristig in deren aktiven Einbindung in das zukünftige Energieversorgungssystem. Versteht der Anschlussnutzer die wesentlichen – mit seinem individuellen Verbrauchsverhalten einhergehenden – Zusammenhänge und kann er gleichzeitig

für sich einen monetären Nutzen aus seiner Partizipation ableiten, so wird er im Idealfall seinen Verbrauch im Rahmen seiner Möglichkeiten zeitlich und mengenmäßig markt- bzw. systemdienlich gestalten.

Schaffung von Verbrauchs- und Angebotstransparenz
Transparenz im Smart Market umfasst zum einen die zeitnahe Kenntnis des individuellen Verbrauchsverhaltens aufseiten des Energiekunden, die auch als *Verbrauchstransparenz* bezeichnet wird, und zum anderen das umfassende Wissen über Angebote und Möglichkeiten auf dem Energiemengenmarkt, die sogenannte *Angebotstransparenz*.

Mit Hilfe der Smart Market-Komponenten Smart Meter und/oder geeigneter Informationsplattformen erhält der Verbraucher einen genauen, aktuellen Einblick in sein eigenes Verbrauchsverhalten. „Mittels des Einsatzes intelligenter Stromzähler können den Energieversorgern die aktuellen Verbrauchswerte der Endkunden übermittelt werden, die den Kunden wiederum in Form von kundenbezogenen Lastgängen angezeigt werden können, um ihnen das eigene Verbrauchsverhalten aufzuzeigen und dieses transparent zu machen."[59] Aus dem umfassenden Wissen um das individuelle Verbrauchsverhalten kann beim gewerblichen sowie privaten Energiekunden ein bewussterer Umgang mit der begrenzten Ressource Energie resultieren. Diese Hypothese basiert auf der Überzeugung, dass die Energiepreise „(…) in Deutschland auch in den kommenden Jahren weiter deutlich steigen. Steigende Energiepreise treiben kundenseitig die Nachfrage nach größerer Verbrauchs- und Kostentransparenz sowie den Einsatz innovativer Lösungen mit deutlichem Einsparpotenzial an."[60] Demnach kann *Verbrauchstransparenz* direkt energiebewusstes Handeln evozieren und damit zur Verbesserung der Energieeffizienz insgesamt beitragen. Der besondere Nutzen des Smart Markets liegt infolgedessen bei der verbesserten Visualisierung des Energiemengenverbrauchs auf Ebene des Endkunden sowie dem daraus resultierenden bewussteren Umgang mit Energie.

„Die steigende Erwartungshaltung des Marktes an die Flexibilität und Anpassungsfähigkeit des Verbrauchers kann nur in Zusammenhang mit ehrlich gemeinter Transparenz und dem Bemühen um Klarheit und Übersichtlichkeit zu Erfolgen führen."[61] Genau an dieser Stelle setzt das Konzept des Smart Markets nutzenstiftend an, indem es die Grundlage für einen transparenten und übersichtlichen Energiemengenmarkt schafft. Dank der Bereitstellung und des Zusammenspiels unterschiedlicher marktnaher Produkte und Dienstleistungen ermöglicht der Smart Market insbesondere den Letztverbrauchern

- einen guten Überblick über die Angebote und Leistungen der unterschiedlichen Marktakteure,
- eine valide Vorstellung denkbarer technischer Lösungen inklusive deren Einsatzspektren,

---

[59] Aichele (2013, S. 317).
[60] Doleski (2012, S. 120).
[61] Bundesnetzagentur (2011, S. 39).

- ein umfassendes Wissen über den Nutzen sowie den aktuellen Status variabler Tarife sowie
- der Kenntnis aller wesentlichen Vorteile des erzeugungsorientierten Verbrauchs.

Mit anderen Worten sorgt der funktionierende intelligente Energiemengenmarkt für die notwendige *Angebotstransparenz* in Bezug auf Angebote und Möglichkeiten im relevanten Marktsegment.

Lastverschiebung: Flexibilisierung des Verbrauchs
Aus dem zuvor diskutierten Nutzenaspekt der Verbrauchs- und Angebotstransparenz wird perspektivisch eine systemdienliche *Flexibilisierung des Verbrauchs* als weiterer, mit der Etablierung des Smart Market-Konzepts ursächlich verbundener, Vorzug für die Energiewirtschaft erwachsen. Dank der Bereitstellung innovativer Lösungen um den intelligenten, flexiblen Energiemengenaustausch eröffnet der Smart Market insgesamt die Möglichkeit, den Endkunden auf Sicht stärker denn je am Versorgungsgeschehen der Zukunft direkt zu beteiligen.

„Diese neuen Möglichkeiten sind eng verknüpft mit dem Begriff „Demand Response". Dies bedeutet, dass der Verbraucher auf bestimmte Preissignale reagiert und sein Verbrauchs- bzw. auch sein Einspeiseverhalten dementsprechend anpasst. Eine korrespondierende Tarifierung durch den Vertrieb kann zu einem besseren Abgleich von Erzeugung und Verbrauch, aber auch zu einer optimierten kapazitären Ausnutzung der Energieversorgungsnetze (Lastverschiebung) sowie gegebenenfalls zu einer Reduktion des Energieverbrauches führen. Entsprechende Potenziale bieten sich hier sowohl im Haushalts- als auch im Industriekundenbereich."[62] Dabei stellt Demand Response (DR) nicht die einzige mögliche Alternative effizienter *Lastverschiebung* dar. Neben dieser, primär auf der preisinduzierten Beeinflussung des zeitlichen und mengenmäßigen Stromkonsums basierenden, Lösung besteht im intelligenten Energiemengenmarkt alternativ z. B. die Möglichkeit der aktiven Beeinflussung des Stromverbrauchs mittels *Demand Side Management* (DSM). Sowohl DR als auch DSM ist in Bezug auf Verbrauchssteuerung und -verlagerung eines gemeinsam: Beide Anwendungen tragen perspektivisch zur Systemstabilität im intelligenten Energieversorgungssystem unter Verwendung der marktnahen Parameter Preis und Menge bei.

1.4.5 Nutzenperspektive Versorgungssicherheit

Versorgungssicherheit im Bereich der Elektrizitätswirtschaft resultiert in besonderem Maße vom Status der beiden Parameter Systemstabilität und Energiegleichgewicht. Moderne Industriegesellschaften sind darauf angewiesen, dass ein grundlegendes Gleichgewicht zwischen der Angebots- sowie Nachfrageseite zu jedem Zeitpunkt besteht. Nur so

---

[62] Müller und Schweinsberg (2012, S. 8).

ist unter anderem die für alle Netznutzer unentbehrliche Frequenzstabilität gewährleistet. Der hohen ökonomischen und gesellschaftlichen Bedeutung sicherer Energiebereitstellung entsprechend, zählt die nachhaltige Sicherung der Stromversorgung zu den zentralen Zielsetzungen sowohl der deutschen als auch der europäischen Energiepolitik gleichermaßen.

Energiegleichgewicht
Der Smart Market trägt entscheidend zur Schaffung sowie Aufrechterhaltung des Gleichgewichts zwischen Stromproduktion und Stromverbrauch (*Energiegleichgewicht*) bei. Dazu werden die vermehrt auftretenden Ungleichgewichte zwischen der immer deutlicher von Wettereinflüssen dominierten Angebotsseite einerseits und dem Energieverbrauch andererseits permanent ausgeglichen. Dies geschieht mit Hilfe des Einsatzes geeigneter, energiemengenbasierter Lösungen des Smart Markets, die zu jedem Zeitpunkt die Nachfrage nach Elektrizität mit der jeweils tatsächlich verfügbaren Erzeugungsmenge in Einklang bringen. Diese (optimistische) Annahme erfolgt vor dem Hintergrund, dass angesichts steigender Strompreise auf Sicht fraglos auch die Preissensibilität der Verbraucher weiter ansteigen dürfte. In diesem Kontext können schließlich Marktsignale das Nachfrageverhalten günstig bzw. systemdienlich beeinflussen, weil die Verbraucher ein verstärktes Eigeninteresse an kostenoptimalen Lösungen entwickeln.

Im Smart Market wird also „die Nachfrage an die Erzeugung angepasst. In Zeiten, in denen wenig Strom aus erneuerbaren Quellen erzeugt wird – d. h. Strom knapp und teuer ist – soll die Nachfrage sinken. Wird im Überfluss erzeugt, soll mehr Strom nachgefragt werden."[63] Demzufolge besteht ein wesentlicher Nutzen des Smart Markets in dessen Eigenschaft, ein Bündel an Produkten und Dienstleistungen vorzuhalten, welches vor dem Hintergrund des energiewirtschaftlichen Paradigmenwechsels von der verbrauchsorientierten Energieerzeugung hin zum erzeugungsorientierten Energieverbrauch einen signifikanten Beitrag zur Sicherung des Energiegleichgewichts leistet.

Systemstabilität zu jeder Zeit!
Im sich verändernden Energieversorgungssystem fällt, neben der kontinuierlichen Sicherstellung des Energiegleichgewichts, insbesondere auch der Gewährleistung umfassender *Systemstabilität* eine tragende Rolle zu. Obgleich die Aufrechterhaltung der Systemstabilität auf den ersten Blick einen reinen Netzfokus besitzt, ist jedoch an dieser Stelle auch der Smart Market explizit gefordert, einen wesentlichen Beitrag zur Sicherstellung dieser Stabilität zu leisten. Zu den bekanntesten Maßnahmen zur Aufrechterhaltung der Systemstabilität zählen einerseits die netzorientierten Infrastrukturmaßnahmen des Smart Grids wie z. B. die Netzautomatisierung, die Einführung intelligenter Messsysteme usw. Andererseits wird Stabilität nicht zuletzt auch durch die Einführung marktnaher Lösungen des Smart Markets, wie beispielsweise Energiespeicher, Elektromobilität, Demand Response (DR) und Demand Side Management (DSM), gewährleistet. Der Nutzen des Smart Markets

---

[63] Heuell (2013, S. 66).

liegt in Bezug auf die Absicherung der Systemstabilität vor allem in dessen Fähigkeit, zur temporären und mengenmäßigen Verlagerung bzw. Flexibilisierung des Stromverbrauchs aktiv beizutragen.

Bekanntlich nimmt die Volatilität der Stromerzeugung in Deutschland im postfossilen Zeitalter der Erneuerbaren Energien deutlich zu. „Vor allem die breitflächige Nutzung von Photovoltaikanlagen ist eine Herausforderung für die Stabilität der Verteilnetze, da Probleme bei der Spannungshaltung auftreten."[64] Dieser fraglos netzbelastenden Komponente heutiger Elektrizitätsversorgung steht jedoch gleichzeitig die zunehmende Flexibilität als ein maßgeblicher Schlüssel zur Stabilität auf der Verbrauchsseite gegenüber. So leistet der wachsende Anteil von zu- und abschaltbaren Lasten einen wesentlichen Beitrag zur Wahrung der Systemstabilität. Die praktische Umsetzung des Zusammenwirkens von Netz und Markt erfolgt mittels der bereits in Abschn. 1.2.3.3 erörterten Netzampel, welche die vielfältigen Interaktionen zwischen der Netz- und Marktthemisphäre anhand dreier Zustände – „grün", „gelb" und „rot" – steuert.[65]

1.4.6 Nutzenperspektive Netzausbau

Mit dem massiven Ausbau der Erneuerbaren Energien, dem gleichzeitigen Ausstieg aus der friedlichen Nutzung der Kernenergie und einer zunehmend dezentralen Erzeugungsstruktur steigt gerade in Deutschland zwangsläufig auch das Volumen des Elektrizitätsaustauschs über die Netze erheblich an. Um die für diesen Austausch benötigte Kapazität zu jedem Zeitpunkt bereithalten zu können, steigt in der Folge der absolute Netzausbaubedarf ebenfalls merklich an.

„Je nach Wetterlage und Lastsituation werden extreme Belastungssituationen für das Netz auftreten. Zweifelsohne ist es nicht wirtschaftlich, die Netze für alle möglichen, wenig wahrscheinlichen, nur kurzzeitig vorkommenden Bedingungen mit hohem Investitionsaufwand auszulegen."[66] Soll also ein exorbitanter, an Szenarien extremer Energieschwankungen ausgelegter Netzausbau vermieden werden, bedarf es Lösungen zur effizienten Glättung möglicher Angebots- und Nachfragespitzen sowie zur Vermeidung von Netzengpässen. Hier setzen die vielfältigen Lösungen des Smart Markets, die zeitlich unkritische Lasten weitgehend automatisiert in Netzschwachzeiten verlagern können und so zur Flexibilisierung des Stromverbrauchs beitragen, nutzenstiftend an. Mittels geeigneter Produkte und Dienstleistungen des intelligenten Energiemengenmarktes wird perspektivisch die vorhandene Kapazität konventioneller Stromtrassen durch die netzdienliche Verlagerung von Stromerzeugung und Stromverbrauch optimal ausgenutzt. Treten demnach Erzeugungs- und/oder Nachfragepeaks aufgrund des Einsatzes von Lösungen des Smart Markets nicht oder nur noch selten auf, so kann der Umfang des Netzausbaus insgesamt

---

[64] BDEW (2013, S. 45).
[65] Vgl. Bundesnetzagentur (2011, S. 13 f.).
[66] Bühner et al. (2012, S. 2).

deutlich gedämpft werden. Die Bundesnetzagentur stellt in diesem Zusammenhang allerdings auch fest, dass auf konventionellen Netzausbau selbstverständlich nicht gänzlich verzichtet werden kann; ohne Smart Market wäre jedoch der tatsächliche Zubaubedarf auf allen Stromnetzebenen erheblich größer.[67]

1.5 Fazit: Die Energiezukunft dank Smart Market voranbringen

Die Energiebranche befindet sich bekanntlich in einem umfassenden Transformationsprozess. Eine andauernde Entwicklung, die mit der Liberalisierung des Strommarktes im Frühjahr 1998 sukzessive einsetzte und sich spätestens im Zuge der Energiewende des Jahres 2011 zu einer weit über die Versorgungsbranche hinausreichende, gesamtgesellschaftliche Herausforderung entwickelte. Das Momentum der Veränderung im Energiesektor nimmt allenthalben zu. Herkömmliche monopolistische Marktstrukturen existieren vielerorts nicht mehr oder befinden sich im Zuge von Liberalisierung und Deregulierung im Wandel. Neue Akteure beginnen in den angestammten Markt klassischer Energieversorgungsunternehmen zu drängen und von diesen Marktanteile zu übernehmen. Im Bereich der Energieerzeugung nimmt die Zahl dezentraler, kleinteiliger Produktionsanlagen stetig zu, während gleichzeitig immer mehr Großenergieanlagen wegen zu geringer Auslastung nicht mehr wirtschaftlich betrieben werden können. Schließlich nimmt der Anteil der unsteten Erneuerbaren Energien an der Bruttostromerzeugung seit Jahren merklich zu, sodass in Phasen mit großen, witterungsbedingten Produktionsschwankungen die Stabilität des Energiesystems gefährdet ist.

Diese exemplarische und keineswegs vollständige Beschreibung des Status quo der deutschen Energiewirtschaft unterstreicht die Notwendigkeit, das Versorgungssystem insgesamt zukunftsfähig umzugestalten. Dabei liegt der Schlüssel zu einer erfolgreichen Umgestaltung der Energiewirtschaft nicht allein in der Konzentration auf technische Fragestellungen. Aspekte wie der Netzausbau, die Netzsteuerung sowie das Management von Netzkapazitäten sind essentiell, müssen allerdings um marktnahe Instrumente und Geschäftsmodelle ergänzt werden. Allein der abgestimmte Einsatz von Infrastrukturmaßnahmen einerseits und marktorientierten Methoden andererseits ermöglicht die zwingend erforderliche Sicherstellung von Verbrauchsverlagerung, Versorgungssicherheit und Energieeffizienz.

„Die Elektrizitätsversorgung der Zukunft ist intelligent! – So oder so ähnlich lautet seit Jahren der überwiegende Tenor energiewirtschaftlicher Diskussionen."[68] In diesem Kontext brachte zum Jahresende 2011 die Bundesnetzagentur in die energiewirtschaftliche Debatte den neuen Begriff Smart Market ein. Etymologisch umfasst dieser Terminus allgemein alle Fragestellungen um intelligente Marktstrukturen und -mechanismen der Stromwirtschaft. Während Smart Grid die regulierte Netzhemisphäre adressiert, umfasst

---

[67] Vgl. Bundesnetzagentur (2011, S. 7).
[68] Doleski (2011, S. 47).

der neue Smart Market folglich alle Aspekte der nicht-regulierten Marktthemisphäre. Gemeinsam bilden Smart Market und Smart Grid das intelligente Energieversorgungssystem.

Alle Angebote des Smart Markets basieren auf dem Vorhandensein stets ausreichend verfügbarer Transportkapazität auf allen Netzebenen. Folglich wirkt das Netz gegenüber dem Markt in zweifacher Weise. In Abhängigkeit vom jeweils geltenden Netzbetriebszustand fungieren Übertragungs- und Verteilnetze entweder als Befähiger bzw. Enabler oder als Begrenzer für energiemengenbasierte Produkte und Dienstleistungen des Smart Markets. In der Rolle des Ermöglichers nimmt das Netz gegenüber dem Markt eine dienende Rolle ein.

Im modernen Versorgungssystem stellt das Smart Grid die benötigte Netzkapazität bereit, während der Smart Market vornehmlich den Handel mit Energiemengen betreibt sowie Flexibilitäten und Dienstleistungen anbietet. Beide Funktionen beeinflussen sich gegenseitig und sind voneinander abhängig. Das Zusammenspiel beider Seiten erfolgt auf Basis eines strukturierten Regelungsmechanismus. Dabei erfolgt die entflechtungskonforme Zuordnung von Zuständigkeiten zwischen Markt und Netz modellhaft mittels einer Kapazitätsampel, die einen der drei Netzbetriebszustände „grün", „gelb" und „rot" annehmen kann. Entsprechend des im Netz jeweils herrschenden Systemzustandes erfolgt dann die Zusammenarbeit zwischen reguliertem und nicht-reguliertem Bereich.

Lässt sich eine grundlegende Systematik für ein intelligentes Energiemarktkonzept finden? Die Autoren bejahen diese Frage und schlagen vor, den Themenkomplex Smart Market in insgesamt vier eng miteinander verzahnte Module zu differenzieren. In Abhängigkeit von deren Funktion und Anwendung innerhalb des Smart Market-Konzepts werden diese Module zwei Gruppen zugeordnet: einerseits generische Einzelbausteine und andererseits ganzheitliche Geschäftsmodelle. Zur Gruppe der unspezifischen, generischen Elemente zählen die drei Strukturmerkmale „Akteure", „Komponenten" sowie „Anwendungen und Instrumente". Im Gegensatz dazu verbirgt sich hinter dem Element „Geschäftsmodelle" die Kombination der vorgenannten drei Elemente im Kontext wettbewerblicher Realitäten.

Mit dem Smart Market-Begriff sind schließlich eine Reihe relevanter Nutzenaspekte sowohl direkt als auch indirekt verbunden. Insofern erweist sich das von der Bundesnetzagentur in die Energiewirtschaft eingeführte Konzept des intelligenten Energiemengenmarktes als konzeptionell tragfähig und nutzenstiftend.

Zu den wichtigsten Vorzügen und Leistungen des Smart Markets zählen:

- Unterstützung bei der Einhaltung des gesetzlich festgeschriebenen *energiepolitischen Postulats* der Sicherstellung von Verbrauchsverlagerung, Versorgungssicherheit und Energieeffizienz.
- Trägt wegen seiner Fähigkeit zur Integration eines wachsenden Anteils fluktuierender Energie am gesamten Stromproduktionsmix zum Gelingen der *Energiewende* bei.
- Vermeidung der Vermischung von Netz- und Marktthemen innerhalb der Energiewirtschaft durch klare, unbundling-konforme Trennung zwischen Markt und Netz (*Differenzierung*).

- Stärkung des Wettbewerbs durch Ausdehnung des Anteils marktnaher Mechanismen zulasten des regulierten Bereichs infolge der Aufhebung von Regulierungstatbeständen (*Deregulierung*).
- Der Smart Market trägt zur weiteren, unbundling-konformen Öffnung des Energiesektors unter anderem durch die Beseitigung existierender Marktzutrittsbarrieren bei (*Liberalisierung*).
- Dank der Unterscheidung zwischen Netz und Markt entstehen spezifische, praxistaugliche Lösungen, die jeweils auf die beiden Hemisphären optimal zugeschnitten sind (*Fokussierung*).
- Der intelligente Energiemengenmarkt ermöglicht die Entwicklung *regionaler Marktplätze*, bei denen die lokal erzeugte Elektrizität schließlich auch direkt vor Ort verbraucht wird.
- Durch den grundsätzlich innovativen Charakter des Smart Markets wird das verfügbare Angebot von Produkten und Dienstleistungen im Energiesektor erheblich ausgeweitet (*Innovatorenrolle*).
- Im Smart Market-Umfeld werden gänzlich neue *Marktrollen* geschaffen bzw. bereits etablierte an die nunmehr geltenden, neuen Rahmenbedingungen angepasst.
- Der Smart Market liefert mit seinen energiemengenbasierten Lösungen das geeignete Instrumentarium zur *Integration der Erneuerbaren Energien* in das Energieversorgungssystem.
- Mechanismen und Instrumente des Smart Markets tragen zur effizienten, variablen Regelung von Energiemengen bei und ermöglichen so *dezentrale Energieerzeugung* im großen Stil.
- Der intelligente Energiemengenmarkt schafft ideale Voraussetzungen für die Bündelung vieler einzelner, kleiner Einspeisungen (*Aggregation zu Erzeugungsportfolien*).
- Eine besondere Leistung des Smart Markets liegt in dessen Fähigkeit, die Energiekunden durch geeignete Informationsangebote zu *mündigen Verbrauchern* zu entwickeln.
- Dank der Bereitstellung und des Zusammenspiels unterschiedlicher marktnaher Produkte und Dienstleistungen schafft der Smart Market *Verbrauchs-* sowie *Angebotstransparenz*.
- Der Smart Market ermöglicht perspektivisch die systemdienliche *Flexibilisierung des Verbrauchs* mittels innovativer Lösungen um den intelligenten, flexiblen Energiemengenaustausch.
- Mit Hilfe des Einsatzes energiemengenbasierter Lösungen trägt der Smart Market – angesichts erzeugungsseitiger Schwankungen – zur Aufrechterhaltung des *Energiegleichgewichts* bei.
- Der vom intelligenten Energiemengenmarkt bereitgestellte wachsende Anteil von zu- und abschaltbaren Lasten leistet einen wesentlichen Beitrag zur Wahrung der *Systemstabilität*.
- Erzeugungs- und/oder Nachfragepeaks treten aufgrund des Einsatzes von Lösungen des Smart Markets nicht oder nur selten auf. Der Umfang des *Netzausbaus* wird somit deutlich gedämpft.

Literatur

Aichele, C.: Architektur und Modelle des AMI für den Smart Meter Rollout. In: Aichele, C., Doleski, O.D. (Hrsg.): Smart Meter Rollout – Praxisleitfaden zur Ausbringung intelligenter Zähler, S. 293–319. Springer, Wiesbaden (2013)

Aichele, C.: Smart Energy. In: Aichele, C. (Hrsg.): Smart Energy – Von der reaktiven Kundenverwaltung zum proaktiven Kundenmanagement, S. 1–20. Springer, Wiesbaden (2012)

Aichele, C., Doleski, O.D.: Einführung in den Smart Meter Rollout. In: Aichele, C., Doleski, O.D. (Hrsg.): Smart Meter Rollout – Praxisleitfaden zur Ausbringung intelligenter Zähler, S. 3–42. Springer, Wiesbaden (2013)

Aichele, C., Schönberger, M.: App4U, Mehrwerte durch Apps im B2B und B2C. Springer, Wiesbaden (2014)

Appelrath, H.-J., et al.: Future Energy Grid – Migrationspfade ins Internet der Energie, acatech Studie, Februar 2012

BDEW: BDEW-Roadmap – Realistische Schritte zur Umsetzung von Smart Grids in Deutschland, Berlin, Februar 2013

BDEW: Smart Grids – Das Zusammenwirken von Netz und Markt, Diskussionspapier, Berlin, März 2012

Bundesministerium der Justiz: Energiewirtschaftsgesetz vom 7. Juli 2005 (BGBl. I S. 1970, 3621), das durch Artikel 1 u. 2 des Gesetzes vom 20. Dezember 2012 (BGBl. I S. 2730) geändert worden ist (Energiewirtschaftsgesetz – EnWG), Berlin, 2012

Bundesministerium für Wirtschaft und Technologie (BMWi) und Bundesministerium für Umwelt, Naturschutz und Reaktorsicherheit (BMU): Energiekonzept für eine umweltschonende, zuverlässige und bezahlbare Energieversorgung, Berlin, September 2010

Bundesnetzagentur: „Smart Grid" und „Smart Market". Eckpunktepapier der Bundesnetzagentur zu den Aspekten des sich verändernden Energieversorgungssystems, Bonn, Dezember 2011

Bühner, V., et al.: Neue Dienstleistungen und Geschäftsmodelle für Smart Distribution und Smart Markets, VDE-Kongress 2012. VDE-Verlag, Berlin (2012)

Doleski, O.D., Liebezeit, M.: Rolloutlogistik: Vom Einkauf bis zum angebundenen Zähler. In: Aichele, C., Doleski, O.D. (Hrsg.): Smart Meter Rollout – Praxisleitfaden zur Ausbringung intelligenter Zähler, S. 209–267. Springer, Wiesbaden (2013)

Doleski, O.D.: Geschäftsprozesse der liberalisierten Energiewirtschaft. In: Aichele, C. (Hrsg.): Smart Energy – Von der reaktiven Kundenverwaltung zum proaktiven Kundenmanagement, S. 115–150. Springer, Wiesbaden (2012)

Doleski, O.D.: Handlungsbedarf versus Abwartetaktik: Quo vadis, Smart Grid? Energiewirtschaftliche Tagesfragen (et), 61. Jg., Nr. 9/2011, S. 47–49

Gabler, W.: Smart Market. http://wirtschaftslexikon.gabler.de/Archiv/596505794/smart-market-v2.html. Zugegriffen: 03. Nov. 2013

Herzig, A., Einhellig, L. (Hrsg.): Smart Grid vs. Smart Market – Wie funktioniert die deutsche Energiewende? Deloitte & Touche GmbH, München, (2012)

Heuell, P.: Kein Smart Market ohne Smart Meter – Anforderungen an die intelligente Messtechnik. Magazin für die Energiewirtschaft (ew), Jg. 112, Heft 1-2, Januar 2013, S. 66–68

Kaiser, T.: Rollout-Erfolge durch systematische Präzision. In: Aichele, C., Doleski, O.D. (Hrsg.): Smart Meter Rollout – Praxisleitfaden zur Ausbringung intelligenter Zähler, S. 269–290. Springer, Wiesbaden (2013)

Keser, M.: Effizienzdienstleistungen – (k)ein Geschäft für Stadtwerke? Zeitschrift für Energie, Markt, Wettbewerb (emw), Nr. 6, Dezember 2012, S. 36–40

Müller, C., Schweinsberg, A.: Vom Smart Grid zum Smart Market – Chancen einer plattformbasierten Interaktion, WIK Wissenschaftliches Institut für Infrastruktur und Kommunikationsdienste, Diskussionsbeitrag Nr. 364, Bad Honnef, Januar 2012

Pöppe, M.: Smart Market – Konzept und Nutzen, energy2.0 Kompendium 2012, Dezember 2011, S. 84–87

Servatius, H.-G.: Wandel zu einem nachhaltigen Energiesystem mit neuen Geschäftsmodellen. In: Servatius, H.-G. et al. (Hrsg.): Smart Energy. Wandel zu einem nachhaltigen Energiesystem, S. 3–43. Springer, Berlin (2012)

SolVer: Intelligentes Netzmanagement – Speicheroptimierung in lokalen Verteilnetzen, energy2.0week, Ausgabe 21, 15.10.2013, S. 4. Zugegriffen: 15. Okt. 2013

Verein Smart Grid Schweiz VSGS: Weissbuch Smart Grid, Ostermundigen CH, Februar 2013

Rechtsrahmen von Smart Grids und Smart Markets

2

Björn Heinlein

Überblicksartige Darstellung der einschlägigen Normen

Zusammenfassung

Im Folgenden soll eine überblicksartige Darstellung des Rechtsrahmens im Zusammenhang mit Smart Grids und Smart Markets gegeben werden. Dabei ist darauf hinzuweisen, dass es nicht ein bestimmtes, sämtliche Regelungen zu Smart Grids und/oder Smart Markets beinhaltendes Regelwerk gibt. Stattdessen zeigt sich ein stark diversifiziertes Bild: Viele Smart Grids und/oder Smart Markets betreffende Regelungen sind über verschiedene Richtlinien, Gesetze und Verordnungen verteilt.

Zum besseren Verständnis des Bedürfnisses für Regelungen zur Ausgestaltung von Smart Grids und Smart Markets ist zunächst die Entwicklung des nationalen Elektrizitätsmarktes und des entsprechenden Rechtsrahmens zu beleuchten.

Im Anschluss daran soll zunächst eine Bestimmung der Begrifflichkeiten „Smart Grid" einerseits und „Smart Market" andererseits erfolgen. Eine solche Abgrenzung hilft beim Verständnis und der Zuordnung von Regelungen zu dem einen bzw. dem anderen Bereich.

Sodann soll bei der Darstellung des Rechtsrahmens nach der Normhierarchie unterschieden werden, d. h. danach, ob die entsprechenden Regelungen dem europäischen Recht oder dem nationalen Recht zuzuordnen sind. Bei letzterem ist ferner zu beleuchten, ob es sich um gesetzliche oder untergesetzliche Normen handelt oder gar lediglich

---

B. Heinlein (✉)
Clifford Chance, Mainzer Landstraße 46,
60325 Frankfurt am Main, Deutschland

um Regelungen im Rahmen von Festlegungen o. Ä. wie z. B. durch die Bundesnetzagentur (BNetzA).

Schließlich ist nach dem Regelungsgehalt zu differenzieren. So können Regelungen zu Smart Grids und Smart Markets im Wesentlichen den folgenden Rechtsbereichen zugeordnet werden:

- Energiewirtschaftsrecht/Regulierungsrecht;
- Datenschutzrecht.

Neben diesen beiden Rechtsbereichen sind selbstverständlich eine Vielzahl weiterer Materien im Zusammenhang mit Smart Grids und Smart Markets einschlägig. Tatsächlich kommen – je nach Ausgestaltung eines etwaigen Smart Grid- oder Smart Markets-Projekts – eine Fülle weiterer rechtlicher Themen in Betracht. Nur beispielsweise seien hier Eichrecht, IT-Recht, IP-Recht usw. genannt.

Auf sämtliche dieser Rechtsmaterien kann und soll an dieser Stelle nicht eingegangen werden. Vielmehr soll sich im Wesentlichen auf die Darstellung der energiewirtschaftsrechtlichen Regelungen beschränkt werden.

2.1 Entwicklung des Elektrizitätsmarkts und des Rechtsrahmens

2.1.1 Geschlossene Märkte

Bevor sich im Nachgang der Bedeutung der Begriffe „Smart Grids" und „Smart Market" zugewandt werden soll, ist zunächst darzustellen, welche rechtlichen und tatsächlichen Entwicklungen zur Notwendigkeit der Einführung entsprechender Regelungen geführt haben.

Die *Energiewirtschaft*, gemeint ist in diesem Zusammenhang die leitungsgebundene Versorgung mit elektrischer Energie, befindet sich in den letzten Jahren sowohl rechtlich als auch tatsächlich in stetem Wandel. Bis zur bundes- und europaweiten *Liberalisierung* der Energiemärkte Ende der neunziger Jahre des 20. Jahrhunderts galt in der Bundesrepublik Deutschland das Prinzip der *geschlossenen Versorgungsgebiete*.[1] Aufgrund der Befürchtung, Wettbewerb auf den Energiemärkten könne zu volkswirtschaftlichen Nachteilen führen, wurde eben dieser Wettbewerb durch gesetzliche Festschreibung von Monopolstellungen der Energieversorgungsunternehmen ausgeschlossen. Es entsprach der Auffassung des Gesetzgebers, dass dies die beste Gewähr für die Sicherheit und Preiswürdigkeit der Versorgung böte. Mithin wurde – zur Verhinderung „volkswirtschaftlich schädlicher Wettbewerbsauswirkungen" – das Prinzip monopolistischer Strukturen seit 1935 durch das EnWG 1935 normativ geregelt. Laut Präambel diente das Gesetz den Leitzielen einer

---

[1] Vgl. Burmeister (2006, S. 69–117).

möglichst sicheren und kostengünstigen Energieversorgung. Flankiert wurde dies durch das sog. Energiekartellrecht. Im Mittelpunkt der energiekartellrechtlichen Regelungen standen die §§ 103 und 103a GWB[2] a. F. § 103 GWB a. F. erklärte die §§ 1, 15 und 18 GWB a. F. für die in § 103 Abs. 1 Nr. 1–4 GWB a. F. erwähnten Verträge für unanwendbar.[3] Bei Demarkationsverträgen (§ 103 Abs. 1 Nr. 1 GWB a. F.) handelte es sich um Verträge, bei denen sich ein Energieversorgungsunternehmen oder eine Gebietskörperschaft verpflichtete, in einem bestimmten Gebiet die Versorgung zu unterlassen. In den damaligen *Konzessionsverträgen* (§ 103 Abs. 1 Nr. 2 GWB a. F.) räumten Gebietskörperschaften einem Energieversorgungsunternehmen das Exklusivrecht ein, auf oder unter öffentlichen Straßen oder Wegen die Leitungen für die Versorgung zu verlegen und/oder zu betreiben. Hierdurch wurde jedes andere Energieversorgungsunternehmen von der Versorgungstätigkeit auf dem jeweiligen Gemeindegebiet ausgeschlossen, da eine solche Betätigung in Ermangelung eines Netznutzungsrechts ohne Versorgungsleitungen schlichtweg unmöglich war. Die Kombination der beiden Vertragsarten sicherte dem Energieversorgungsunternehmen den Absatzmarkt unter Ausschluss jeglicher Konkurrenz anderer Energieversorgungsunternehmen.[4]

Nicht zuletzt aufgrund dieser rechtlichen Rahmenbedingungen entwickelte sich ein zentraler *Strommarkt*. Die großen Energieversorgungsunternehmen waren sämtlich vertikal integriert und verfügten über Erzeugungseinheiten, Übertragungs- und Verteilnetze sowie „Vertriebseinheiten". Die Erzeugung elektrischer Energie erfolgte im Wesentlichen in großen, „zentralen" Stein-, Braunkohle-, Erdgas- und Atomkraftwerken. Die erzeugte elektrische Energie wurde von dort mittels Übertragungsnetzen zu den Verbrauchsschwerpunkten geleitet. Die Infrastruktur wurde deshalb daraufhin ausgerichtet, dass die elektrische Energie „von oben nach unten" transportiert wird, wenn sie gebraucht wird.

2.1.2 Liberalisierung

Es dauerte letztlich bis zum Ende der neunziger Jahre des letzten Jahrhunderts, dass nach national wie international langjährigen Diskussionen die rechtlichen Rahmenbedingungen der Energiewirtschaft eine grundlegende Änderung erfuhren. Zur Umsetzung der Vorgaben der Richtlinie 96/92/EG des Europäischen Parlaments und des Rates vom 19. Dezember 1996 betreffend gemeinsame Vorschriften für den Elektrizitätsbinnenmarkt („Stromrichtlinie 1996") trat in Deutschland am 29. April 1998 das „Gesetz zur Neurege-

---

[2] Vgl. Gesetz gegen Wettbewerbsbeschränkungen vom 27. Juli 1957 (BGBl. I S. 1081).
[3] Vgl. zur Systematik der §§ 1, 15, 18, 103 und 103a GWB a.F.u. a.; Beckert (1997, S. 28); Steinberg und Britz (1995, S. 19 f.).
[4] Darüber hinaus waren Vereinbarungen von Preisbindungen zu Gunsten der Verbraucher gem. § 103 Abs. 1 Nr. 3 GWB a.F. von den oben erwähnten kartellrechtlichen Regelungen genauso freigestellt wie sog. „Verbundverträge", die dem Aufbau und der Unterhaltung des Verbundsystems dienten.

lung des Energiewirtschaftsrechts"[5] in Kraft. Das Artikelgesetz beinhaltete insbesondere die Ablösung des EnWG 1935 durch das EnWG 1998 (Art. 1) sowie die Anordnung der Unanwendbarkeit der kartellrechtlichen Bereichsausnahmen der §§ 103 ff. GWB a. F. für die Elektrizitäts- und Gaswirtschaft (Art. 2). Damit wurde erstmals seit 1935 eine umfassende Reform des Rechtsrahmens für die Strom- und Gaswirtschaft erschaffen. Zusätzlich wurde mit der 6. GWB-Novelle[6] in § 19 Abs. 4 Nr. 4 GWB eine spezielle Missbrauchsregelung für den Zugang zu Netzen oder anderen Infrastruktureinrichtungen eingeführt.

Mit der Einführung des verhandelten Zugangs zum Elektrizitätsversorgungsnetz erfolgte eine erste *Öffnung der Elektrizitätsversorgungsnetze* zur Ermöglichung von Wettbewerb um Endkunden. Allerdings blieb der Wettbewerb, insbesondere auf dem europäischen (und nationalen) Gasmarkt, hinter den Erwartungen zurück, sodass mit dem zweiten und dem dritten *Energie-Binnenmarktpaket* weitere europarechtliche Vorgaben gemacht wurden. Diese bewirkten, dass am 13. Juli 2005 das Zweite Gesetz zur Neuregelung des Energiewirtschaftsrechts[7] in Kraft trat. Artikel 1 des insgesamt aus fünf Artikeln bestehenden Gesetzes enthielt eine gänzliche Neufassung des Energiewirtschaftsgesetzes („EnWG"). Durch Art. 2 des Gesetzes über Maßnahmen zur Beschleunigung des Netzausbaus Elektrizitätsnetze vom 28. Juli 2011[8] wurde das EnWG mittlerweile erneut geändert und dadurch u. a. die Vorgaben des sog. *„Dritten Binnenmarktpakets"* umgesetzt.

Bereits dieser vollständige *Paradigmenwechsel* von abgeschotteten Märkten hin zu umfassendem Wettbewerb führte zu einem „Umbau" der Versorgungslandschaft. Neue, teilweise kleinere Unternehmen betraten den Erzeugungssektor und traten in den Wettbewerb mit den etablierten Erzeugern. Teilweise handelte es sich dabei um kleinere Erzeugungsanlagen. Ebenso gingen viele energieintensive Verbraucher dazu über, sich selbst im Wege der sog. „Eigenerzeugung" zu versorgen. Diese Anlagen waren häufig „dezentral", d. h. näher am unmittelbaren Verbrauchsschwerpunkt gelegen.

2.1.3 Förderung Erneuerbare Energien

Fast noch größere Auswirkungen auf die Stromlandschaft als die Marktliberalisierung selbst hatte und hat aber der Ausbau der Erzeugung elektrischer Energie durch Nutzung Erneuerbarer Energien. Diese Förderung hatte bereits, wenn auch eher verhalten, mit dem *Stromeinspeisungsgesetz* („StrEG") vom 7. Dezember 1990[9] begonnen. Wirklich Fahrt nahm die Förderung aber mit der Einführung des Gesetzes für den Vorrang Erneuerbarer Energien (*Erneuerbare-Energien-Gesetz* – „EEG") auf, dessen, aus heutiger Sicht, sehr be-

---

[5] Vgl. BGBl. I S. 2785, 2817.
[6] Vgl. Neufassung des Gesetzes gegen Wettbewerbsbeschränkungen vom 26. August 1998 (BGBl. I S. 2546).
[7] Vgl. BGBl. I S. 1970.
[8] Vgl. BGBl. I S. 1690.
[9] Vgl. BGBl. I S. 2633.

scheidenes Ziel es ausweislich seines § 1 war, den Anteil an Erneuerbaren Energien am gesamten Energieverbrauch bis zum Jahr 2010 mindestens zu verdoppeln. Wesensmerkmale des EEG waren – und sind – die Regelungen zum vorrangigen Netzanschluss von sog. EEG-Anlagen und zur vorrangigen Abnahme der dort erzeugten elektrischen Energie sowie die Festsetzung von gesicherten Einspeisetarifen für einen Zeitraum von 20 Jahren. Das EEG wurde in der Zwischenzeit mehrfach novelliert. Das derzeitige „*EEG 2012*" sieht mittlerweile in § 1 Abs. 2 vor, dass der Anteil Erneuerbarer Energien an der Stromversorgung „spätestens bis zum Jahr 2050" 80 % betragen soll. Spätestens im Jahr 2030 sollen es bereits 50 % sein.

Vorstehende Förderung der Erneuerbaren Energien hat zu einer nahezu kompletten Änderung der Erzeugungslandschaft geführt. Ein großer Anteil der elektrischen Energie wird nicht mehr zentral in (grund- und mittellastfähigen) konventionellen Großkraftwerken erzeugt, sondern eben in kleineren, dezentralen Einheiten und dargebotsabhängig. Die Folge ist, dass sich auch die Rolle der Verteilnetze geändert hat bzw. ändert. Statt wie bislang im Bedarfsfall, d. h. bei entsprechenden Verbrauch im Netzgebiet, die elektrische Energie aus den vorgelagerten Netzen zu empfangen und weiterzuleiten, wird nunmehr vermehrt unmittelbar in diese Netze eingespeist. Dabei richtet sich die Einspeisung weitgehend aber nicht mehr am Bedarf der Abnehmer, sondern nach den Wetter- und Witterungsverhältnissen.

Es sind dies die Gründe für das Bedürfnis für Regelungen zum Umgang mit diesen geänderten Umständen. Insbesondere muss der Stromnetzbetreiber, vor allem der Verteilnetzbetreiber in die Lage versetzt werden, die dargebotsabhängige und damit schwankende Einspeisung in sein Netz sowie die fluktuierenden Entnahmen auszuregeln. Hierfür bedarf es zunehmend verschiedenster Daten, z. B. zu Einspeisungen, Entnahmen und Zuständen von Anlagen.[10]

2.2 Abgrenzung Smart Grids von Smart Markets

Wie ausgeführt sind es die rechtlichen und tatsächlichen Änderungen des Elektrizitätsmarktes, die Folgeänderungen erforderlich machen. Die geänderte Rolle insbesondere von Verteilnetzen erfordert eine Anpassung des diesbezüglichen Rechtsrahmens. Die Verteilnetze bzw. deren Betreiber müssen in die Lage versetzt werden, intelligenter auf verschiedene Lastsituationen eingehen zu können. Statt lediglich auf Situationen reagieren zu können, müssen sie eher aktiv agieren können. Aber auch außerhalb des Netzbetriebs bestehen Möglichkeiten, Einfluss auf das Verhalten von Netznutzern zu nehmen und so (positiv) auf die Netzauslastung einwirken zu können.

Wie eingangs erwähnt existiert aber kein zentrales Regelwerk zu Smart Grids und Smart Markets. Auch Legaldefinitionen sucht man derzeit vergebens. Nicht zuletzt wegen der diversen tatsächlichen Ausgestaltungen von Smart Grids, es gibt schließlich nicht „das"

---

[10] Vgl. BT-Drs. 17/6072, S. 126; Graßmann und Kreibich (2012, S. 116).

Smart Grid, ist auch die Begriffsbildung bei weitem noch nicht abgeschlossen.[11] Stattdessen befinden sich diverse Regelungen zu den Bereichen Smart Grids und Smart Markets in vielen unterschiedlichen Regelwerken. Zur Identifizierung bzw. Auffinden einschlägiger Normen bedarf es zunächst der Klärung der sich hinter den Begrifflichkeiten Smart Grids einerseits und Smart Markets andererseits befindlichen Bedeutungen.

2.2.1 Smart Grids

In Ermangelung einer Legaldefinition des Begriffs „Smart Grid" ist in der jüngeren Vergangenheit verschiedentlich versucht worden, eine Begriffsbestimmung vorzunehmen:
Laut Wikipedia umfasst ein Smart Grid bzw. ein Intelligentes Stromnetz

▶ „(…) die kommunikative Vernetzung und Steuerung von Stromerzeugern, Speichern, elektrischen Verbrauchern und Netzbetriebsmitteln in Energieübertragungs- und -verteilungsnetzen der Elektrizitätsversorgung. Diese ermöglicht eine Optimierung und Überwachung der miteinander verbundenen Bestandteile. Ziel ist die Sicherstellung der Energieversorgung auf Basis eines effizienten und zuverlässigen Systembetriebs."[12]

Die Definition des Bundesverbands der deutschen Energie- und Wasserwirtschaft (BDEW) lautet:

▶ Ein Smart Grid ist ein Energienetzwerk, das das Verbrauchs- und Einspeiseverhalten aller Marktteilnehmer, die mit ihm verbunden sind, integriert. Es sichert ein ökonomisch effizientes, nachhaltiges Versorgungssystem mit niedrigen Verlusten und hoher Verfügbarkeit.[13]

Nach dem VDE/DKE umfasst der Begriff „Smart Grid" (Intelligentes Energieversorgungssystem)

▶ die Vernetzung und Steuerung von intelligenten Erzeugern, Speichern, Verbrauchern und Netzbetriebsmitteln in Energieübertragungs- und -verteilungsnetzen mit Hilfe von Informations- und Kommunikationstechnik (IKT). Ziel ist auf Basis eines transparenten energie- und kosteneffizienten sowie sicheren und zuverlässigen Systembetriebs eine nachhaltige und umweltverträgliche Sicherstellung der Energieversorgung sicherzustellen.[14]

Allen Definitionen gemeinsam ist die Annahme eines Netzwerkgedankens bzw. der Vernetzung von Netznutzern (einspeise- und ausspeiseseitig) durch ein mittels Kommuni-

---

[11] Vgl. auch Angenendt et al. (2011, S. 117).
[12] Wikipedia (2013), Intelligentes Stromnetz.
[13] BDEW (2013, S. 12).
[14] Vgl. VDE/DKE (2010, S. 13).

kationstechnik intelligent gemachtes Energieversorgungsnetz. Wenn auch wenig bemerkenswert, so kann doch festgehalten werden, dass insbesondere in regulatorischer Sicht Regelungen zum Smart Grid in Regelwerken betreffend Netzregulierung zu suchen sind.

Dies steht im Einklang mit der Sichtweise der BNetzA. Nach Ansicht der BNetzA wird das konventionelle Elektrizitätsnetz zu einem Smart Grid,

> (…) wenn es durch Kommunikations-, Mess-, Steuer-, Regel- und Automatisierungstechnik sowie IT-Komponenten aufgerüstet wird. Im Ergebnis bedeutet ‚smart', dass Netzzustände in ‚Echtzeit' erfasst werden können und Möglichkeiten zur Steuerung und Regelung der Netze bestehen, sodass die bestehende Netzkapazität tatsächlich voll genutzt werden kann.[15]

2.2.2 Smart Markets

In Abgrenzung zu intelligenten Netzen kann festgehalten werden, dass es sich bei „Smart Markets" offensichtlich um einen Bereich außerhalb des Netzes handeln muss. Mit Blick auf die Wertschöpfungskette im Elektrizitätsbereich verbleiben mithin die Bereiche Erzeugung, Handel und Vertrieb. Es sind dies die (vermeintlich) wettbewerblich ausgestalteten Bereiche, die außerhalb der energierechtlichen Regulierung liegen.

Dem entsprechen im Wesentlichen die von der BNetzA aufgestellten Thesen zum Begriff „Smart Market":

> These: Smart Market ist der Bereich außerhalb des Netzes, in welchem Energiemengen oder daraus abgeleitete Dienstleistungen auf Grundlage der zur Verfügung stehenden Netzkapazität unter verschiedenen Marktpartnern gehandelt werden. Neben Produzenten und Verbrauchern sowie Prosumern können künftig sehr viele unterschiedliche Dienstleister in diesen Märkten aktiv sein (z. B. Energieeffizienzdienstleister, Aggregatoren etc.).
> These: Nicht netzdienliche Komponenten (Smart Market-Komponenten) werden nicht durch das Netz finanziert.
> Die Abgrenzung Smart Grid/Smart Market beruht hauptsächlich auf der Frage, ob es sich um Energiemengen oder -flüsse (Marktsphäre) oder Kapazitäten (Netzsphäre) handelt. Nicht die zu integrierenden Strommengen, die künftig zunehmend regenerativ erzeugt werden sollen, sind der primäre Gegenstand von Smart Grid-Betrachtungen, vielmehr behandelt das Smart Grid die aus diesen Mengen und deren zeitlichem Anfall resultierenden Kapazitätsansprüche, da das Kerngeschäft der Netzbetreiber auf die Bereitstellung, Maximierung und Optimierung von Netzkapazitäten gerichtet ist.
> Alle Akteure, die Energiemengen bereitstellen oder abnehmen, sind ebenso Teilnehmer im Smart Market wie Dienstleister, die Energiemengen und Energieflüsse zu weitergehenden Dienstleistungen veredeln (…)[16]

Dem folgend kann festgehalten werden, dass unter den Begriff Smart Grids solche Sachverhalte zu fassen sind, die unmittelbar das Netz bzw. den Betrieb desselben inklusive sei-

---

[15] Bundesnetzagentur (2011, S. 11).
[16] Bundesnetzagentur (2011, S. 12).

ner Bestandteile, d. h. vor allem im hiesigen Zusammenhang die Smart Meter, betreffen. Entsprechend beziehen sich Normen in Bezug auf Smart Grids auf (den Betrieb von) Netze(n). Regelungen, die zwar Auswirkungen auf das Netz haben, aber nicht auf den Betrieb des Netzes gerichtet sind, sondern vielmehr auf Erzeugung und/oder Abnahme abzielen, betreffen hingegen Smart Markets.

2.3 Überblick einschlägiger Rechtsnormen

Nachfolgend sollen zunächst sämtliche wesentlichen Regularien, die das Themenfeld Smart Grids und Smart Markets betreffen, aufgelistet werden. Aufgrund des Vorrangs des EU-Gemeinschaftsrechts werden zunächst die EU-Regelungen aufgeführt. Daran schließt sich die Auflistung nationaler Gesetzesvorgaben an. Abschließend werden Regelungen ohne Gesetzescharakter, die sich ebenfalls mit diesem Themenfeld befassen, genannt.

Nicht auf sämtliche der aufgeführten Regelwerke wird im Nachgang jedoch im Detail eingegangen. Es erfolgt stattdessen eine weitgehende Beschränkung auf energierechtliche Normen. Auch erfolgt keine dezidierte Auseinandersetzung mit Regelungen ohne Gesetzescharakter, wie z. B. Empfehlungen der EU-Kommission oder Empfehlungen, Positions- oder Konsultationspapiere der BNetzA.

2.3.1 EU-Ebene

- Richtlinie 2009/72/EG des europäischen Parlaments und des Rates vom 13. Juli 2009 über gemeinsame Vorschriften für den Elektrizitätsbinnenmarkt und zur Aufhebung der Richtlinie 2003/54/EG („Stromrichtlinie")
- Richtlinie 2012/27/EU des europäischen Parlaments und des Rates vom 25. Oktober 2012 zur Energieeffizienz, zur Änderung der Richtlinien 2009/125/EG und 2010/30/EU und zur Aufhebung der Richtlinien 2004/8/EG und 2006/32/EG („Energieeffizienz-Richtlinie")
- Richtlinie 2004/22/EG des europäischen Parlaments und des Rates vom 31. März 2004 über Messgeräte („Messgeräte-Richtlinie")
- Richtlinie 95/46/EG des Europäischen Parlaments und des Rates vom 24. Oktober 1995 zum Schutz natürlicher Personen bei der Verarbeitung personenbezogener Daten und zum freien Datenverkehr („Datenschutzrichtlinie")

2.3.2 Nationale Gesetze/Verordnungen

- Gesetz über die Elektrizitäts- und Gasversorgung (Energiewirtschaftsgesetz – „EnWG") vom 7. Juli 2005 (BGBl. I S. 1970), zuletzt geändert durch Artikel 2 Zweites Gesetz über Maßnahmen zur Beschleunigung des Netzausbaus Elektrizitätsnetze vom 23. Juli 2013 (BGBl. I S. 2543)

- Gesetz für den Vorrang Erneuerbarer Energien (Erneuerbare-Energien-Gesetz – „EEG") vom 25. Oktober 2008 (BGBl. I S. 2074), zuletzt geändert durch Artikel 5 des Gesetzes vom 20. Dezember 2012 (BGBl. I S. 2730)
- Gesetz über das Mess- und Eichwesen (Eichgesetz – „EichG") vom 23. März 1992 (BGBl. I S. 711), zuletzt geändert durch Artikel 1 des Gesetzes vom 7. März 2011 (BGBl. I S. 338)
- Bundesdatenschutzgesetz („BDSG") vom 14. Januar 2003 (BGBl. I S. 66), zuletzt geändert durch Art. 1 des Gesetzes vom 14. August 2009 (BGBl. I. S. 2814)
- Verordnung über Rahmenbedingungen für den Messstellenbetrieb und die Messung im Bereich der leitungsgebundenen Elektrizitäts- und Gasversorgung (Messzugangsverordnung – „MessZV") vom 17. Oktober 2008, BGBl. I S. 2006, zuletzt geändert durch Art. 14 des Gesetzes vom 25. Juli 2013 (BGBl. I S. 2722)
- Verordnung über den Zugang zu Elektrizitätsversorgungsnetzen (Stromnetzzugangsverordnung – „StromNZV") vom 25. Juli 2005 (BGBl. I S. 2243), zuletzt geändert durch Art. 5 der Verordnung vom 14. August 2013 (BGBl. I S. 3250)
- Verordnung über die Entgelte für den Zugang zu Elektrizitätsversorgungsnetzen (Stromnetzentgeltverordnung – „StromNEV") vom 25. Juli 2005 (BGBl. I S. 2225), zuletzt geändert durch Art. 1 und 2 der Verordnung vom 14. August 2013 (BGBl. I S. 3250)
- Verordnung über die Anreizregulierung der Energieversorgungsnetze (Anreizregulierungsverordnung – „ARegV") vom 29. Oktober 2007 (BGBl. I S. 2529), zuletzt geändert durch Art. 4 der Verordnung vom 14. August 2013 (BGBl. I S. 3250)
- Eichordnung vom 12. August 1988 (BGBl. I S. 1657), zuletzt geändert durch Art. 1 der Verordnung vom 6. Juni 2011 (BGBl. I S. 1035)

2.4 Regelungen auf europäischer Ebene

2.4.1 Europarechtliche Grundlagen

Vor der Darstellung der einschlägigen Richtlinien ist darzulegen, welcher Regelungsgehalt diesen im allgemeinen Normgefüge zukommt und insbesondere, welche Wirkung sie auf nationaler Ebene entfalten können.

2.4.2 Das Verhältnis von EU-Richtlinien zum nationalen Recht

Gemäß Art. 288 Abs. 3 des Vertrags über die Arbeitsweise der Europäischen Union („AEUV")[17] ist eine Richtlinie für jeden Mitgliedstaat, an den sie gerichtet ist, nur hinsichtlich des zu erreichenden Zieles verbindlich, nicht aber bezüglich der Form und Mittel,

---

[17] Amtsblatt der Europäischen Union, C 115/47 v. 09.05.2008.

die zu dessen Erreichung notwendig sind.[18] Des Weiteren ist es den Mitgliedsstaaten erlaubt, den von der Richtlinie gebotenen Zustand auch jenseits des Anwendungsbereiches der Richtlinie herzustellen (sog. „überschießende Umsetzung").[19] Sinn und Zweck dieser Wahlfreiheit ist es, den Mitgliedsstaaten einen Betätigungsspielraum zu belassen, wodurch es ihnen ermöglicht wird, nationalen Besonderheiten Rechnung zu tragen.[20]

Dieser Gestaltungsspielraum ist zwar nicht grenzenlos, denn generell trifft die Mitgliedsstaaten die Pflicht zur hinreichend bestimmten, klaren und transparenten Umsetzung. Erst mit Umsetzung in nationales Recht entfalten dann die nationalen Normen Rechtswirkung. Deshalb sind die Mitgliedsstaaten gemäß Art. 288 Abs. 3 AEUV und Art. 4 Abs. 4 des Vertrags über die Europäische Union („EUV")[21] zur Umsetzung innerhalb der in der Richtlinie genannten Frist verpflichtet.[22] Eine unmittelbare Wirksamkeit ist von der Grundkonzeption der Richtlinie daher nicht möglich.

Allerdings beinhaltet diese Pflicht zur Umsetzung nicht, den Wortlaut der Richtlinie zu übernehmen, solange sich in der nationalen Formulierung die Rechtsgehalte der Richtlinie inhaltsgleich wiederfinden.[23] Dementsprechend gilt also der Grundsatz der Kongruenz, d. h. je offener und unbestimmter die Richtlinienbestimmungen gefasst sind, desto offener und unbestimmter kann auch das nationale Recht ausfallen.[24]

2.4.3 Richtlinienkonforme Auslegung

Ein weiteres Merkmal der europäischen Richtlinie ist, dass mit der nationalen Umsetzung das Gebot der richtlinienkonformen Auslegung[25] nicht endet, sondern das nationale Umsetzungsrecht weiterhin im Licht der Richtlinie zu betrachten ist.[26] Daher müssen nationale Gesetze, die auf der Umsetzung einer EU-Richtlinie beruhen, sich wiederum am Regelungsgehalt der Richtlinie, die es umzusetzen gilt, messen lassen. Anders gewendet bedeutet dies: wenn eine EU-Richtlinie ausdrücklich bestimmte Vorgaben in Bezug auf Smart Grids bzw. Smart Markets machen oder bestimmte technische Mindeststandards fordern würde und der deutsche Gesetzgeber hinter diesen Anforderungen zurückbliebe, so müssten die nationalen Vorgaben möglicherweise korrigiert werden.

Daher ist nachfolgend zu prüfen, welche Vorgaben der EU-Gesetzgeber im Wege der oben genannten Richtlinien getroffen hat.

---

[18] Vgl. Grabitz und Hilf (2009, Art. 249, Rdn. 133).
[19] Vgl. Oppermann, (S. 183).
[20] Vgl. Grabitz und Hilf (2009, Art. 249 EGV, Rdn. 152).
[21] Vgl. Amtsblatt der Europäischen Union, C 115/13 v. 09.05.2008.
[22] Vgl. Oppermann, (S. 182).
[23] Vgl. Grabitz und Hilf (2009, Art. 249 EGV, Rdn. 140).
[24] Vgl. Grabitz und Hilf (2009, Art. 249 EGV, Rdn. 140).
[25] EuGH, Rs. C-91/92, Paola Faccini Dori/Recreb Srl.
[26] Vgl. Streinz, S. 161; ebenso der BGH, BGHZ 138, 55.

2.4.4 Europäische Richtlinien

2.4.4.1 Richtlinie 2012/27/EU des europäischen Parlaments und des Rates vom 25. Oktober 2012 zur Energieeffizienz, zur Änderung der Richtlinien 2009/125/EG und 2010/30/EU und zur Aufhebung der Richtlinien 2004/8/EG und 2006/32/EG („Energieeffizienz-Richtlinie")

Die *Energieeffizienz-Richtlinie*, deren Gegenstand ausweislich ihres Art. 1 die Schaffung eines gemeinsamen Rahmens für Maßnahmen zur Förderung von Energieeffizienz in der Union ist, um sicherzustellen, dass das übergeordnete Energieeffizienzziel der Union von 20 % bis 2020 erreicht wird, und um weitere Energieeffizienzverbesserungen für die Zeit danach vorzubereiten, beinhaltet die Richtlinie zahlreiche Energieeffizienzmaßnahmen. Darunter befinden sich auch Regelungen in Bezug auf Smart Grids, insbesondere „Smart Meter". Dies lässt sich bereits aus den Erwägungsgründen absehen. Diese beziehen sich zum einen auf intelligente(re) Zähler:

> (26) Bei der Konzipierung von Maßnahmen zur Verbesserung der Energieeffizienz sollten Effizienzsteigerungen und Einsparungen infolge des breiten Einsatzes kostenwirksamer technologischer Innovationen wie z. B. intelligenter Zähler berücksichtigt werden. Dort, wo intelligente Zähler installiert wurden, sollten sie von den Unternehmen nicht für ungerechtfertigte Nachforderungen genutzt werden.
> (32) Die Verbrauchserfassungs- und Abrechnungsvorschriften der Richtlinien 2006/32/EG, 2009/72/EG und 2009/73/EG haben sich nur begrenzt auf die Energieeinsparungen ausgewirkt. In großen Teilen der Union hatten diese Bestimmungen nicht zur Folge, dass die Verbraucher so häufig neueste Informationen über ihren Energieverbrauch oder auf dem tatsächlichen Verbrauch beruhende Abrechnungen erhalten, wie Untersuchungen zufolge erforderlich wäre, damit sie ihren Energieverbrauch regulieren können. In Bezug auf Raumheizung und Warmwasserversorgung in Gebäuden mit mehreren Wohnungen gab die mangelnde Klarheit der betreffenden Bestimmungen darüber hinaus Anlass zu zahlreichen Beschwerden von Bürgern.
> (33) Um die Rechte der Endkunden in Bezug auf den Zugang zu Erfassungs- und Abrechnungsinformationen über ihren individuellen Energieverbrauch zu stärken, ist es in Anbetracht der Chancen, die mit dem Prozess der Einführung intelligenter Verbrauchserfassungssysteme und intelligenter Zähler in den Mitgliedstaaten verbunden sind, wichtig, dass die Anforderungen des Unionsrechts in diesem Bereich klarer formuliert sind. Dies dürfte zur Reduzierung der Kosten beitragen, die mit der Einführung intelligenter, mit Funktionen für größere Einsparungen ausgestatteter Verbrauchserfassungssysteme verbunden sind. Die Einführung intelligenter Verbrauchserfassungssysteme ermöglicht häufige Abrechnungen auf der Grundlage des tatsächlichen Verbrauchs. Es ist jedoch auch erforderlich, die Vorschriften für den Zugang zu Informationen und für eine gerechte und genaue Abrechnung auf der Grundlage des tatsächlichen Verbrauchs in den Fällen zu präzisieren, in denen intelligente Zähler nicht bis 2020 verfügbar sind; dies gilt auch für Erfassung und Abrechnung des individuellen Wärme-, Kälte- und Warmwasserverbrauchs in Gebäuden mit mehreren Wohnungen, die über ein Fernwärme- bzw. Fernkältenetz oder über ein in diesen Gebäuden vorhandenes eigenes gemeinsames Heizungs- bzw. Kühlsystem versorgt werden.

Neben diesen Erwägungsgründen in Bezug auf intelligente Zähler verhält sich die Energieeffizienzrichtlinie aber auch zum Thema Laststeuerung:

> (44) Die Laststeuerung ist ein wichtiges Instrument zur Verbesserung der Energieeffizienz, da sie den Verbrauchern oder von ihnen benannten Dritten erheblich mehr Möglichkeiten einräumt, aufgrund von Verbrauchs- und Abrechnungsinformationen tätig zu werden; sie liefert somit einen Mechanismus, um den Verbrauch zu verringern oder zu verlagern, was zu Energieeinsparungen sowohl beim Endverbrauch als auch – durch bessere Nutzung der Netze und Erzeugungskapazitäten – bei der Energieerzeugung, -übertragung bzw. -fernleitung und -verteilung führt.
>
> (45) Die Laststeuerung kann auf der Reaktion der Endkunden auf Preissignale oder auf Gebäudeautomatisierung beruhen. Die Bedingungen für die Laststeuerung und der Zugang hierzu sollten verbessert werden, auch für kleine Endverbraucher. Um der fortlaufenden Realisierung intelligenter Netze Rechnung zu tragen, sollten daher die Mitgliedstaaten dafür Sorge tragen, dass die nationalen Energieregulierungsbehörden in der Lage sind sicherzustellen, dass die Netztarife und Netzregelungen Anreize für Verbesserungen bei der Energieeffizienz bieten und eine dynamische Tarifierung im Hinblick auf Laststeuerungsmaßnahmen seitens der Endkunden unterstützen. Es sollte weiterhin auf Marktintegration und gleiche Markteintrittschancen für nachfrageseitige Ressourcen (Versorgungs und Verbraucherlasten) parallel zur Erzeugung hingewirkt werden. Darüber hinaus sollten die Mitgliedstaaten sicherstellen, dass die nationalen Energieregulierungsbehörden einen integrierten Ansatz verfolgen, der potenzielle Einsparungen in den Bereichen Energieversorgung und Endverbrauch umfasst.

Eingang haben diese Erwägungsgründe sodann in verschiedenen Artikeln der Energieeffizienz-Richtlinie gefunden. In Bezug auf die intelligenten Zähler ist hier insbesondere Art. 9 von Bedeutung, der die Verpflichtung der Mitgliedstaaten zur Prüfung der Wirtschaftlichkeit von intelligenten Zählern beinhaltet. Danach sollen alle Endkunden in den Bereichen Strom, Erdgas, Fernwärme, Fernkälte und Warmbrauchwasser individuelle Zähler zu wettbewerbsfähigen Preisen erhalten, die den tatsächlichen Energieverbrauch des Endkunden genau widerspiegeln und Informationen über die tatsächliche Nutzungszeit bereitstellen. Diese Verpflichtung steht aber unter dem Vorbehalt der Verhältnismäßigkeit, denn ausweislich Art. 9 Absatz 1 der Energieeffizienz-Richtlinie gilt die Verpflichtung für die Mitgliedstaaten nur, soweit es technisch machbar, finanziell vertretbar und im Vergleich zu den potenziellen Energieeinsparungen verhältnismäßig ist.

Für den Fall, dass keine Smart Meter eingebaut werden, sieht die Energieeffizienz-Richtlinie in Art. 10 und flankiert mit umfangreichen Regelungen in Anhang VI Abschn. 1.1 eine möglichst genaue Information der Verbraucher über den tatsächlichen Verbrauch vor.

Zum Thema Laststeuerung, also eher einem dem Begriff „Smart Market" zuzuordnenden Bereich, ist vor allem auf die Regelungen des Art. 15 hinzuweisen. Dort heißt es in Absatz 1 unter anderem:

> Insbesondere gewährleisten die Mitgliedstaaten, dass die nationalen Energieregulierungsbehörden durch die Erarbeitung von Netztarifen und Netzregulierung im Rahmen der Richtlinie 2009/72/EG und unter Berücksichtigung der Kosten und des Nutzens der einzelnen Maßnahmen Anreize für die Netzbetreiber vorsehen, damit sie für die Netznutzer Systemdienste bereitstellen, mit denen diese im Rahmen der fortlaufenden Realisierung intelligenter Netze Maßnahmen zur Verbesserung der Energieeffizienz umsetzen können.

In Absatz 4 werden die Mitgliedsstaaten ferner verpflichtet sicherzustellen,

> (...) dass Anreize in Übertragungs- und Verteilungstarifen, die sich nachteilig auf die Gesamteffizienz (auch die Energieeffizienz) der Stromerzeugung, -übertragung, -verteilung und -lieferung auswirken oder die die Teilnahme an der Laststeuerung (Demand Response) sowie den Zugang zum Markt für Ausgleichsdienste und zur Erbringung von Hilfsdiensten verhindern könnten, beseitigt werden. Die Mitgliedstaaten stellen sicher, dass Netzbetreiber Anreize erhalten, um bezüglich Auslegung und Betrieb der Infrastruktur Effizienzverbesserungen zu erzielen, und dass – im Rahmen der Richtlinie 2009/72/EG – es die Tarife gestatten, dass die Versorger die Einbeziehung der Verbraucher in die Systemeffizienz verbessern, wozu auch eine von nationalen Gegebenheiten abhängige Laststeuerung zählt.

Diese Regelungen werden durch Anhang XI „Energieeffizienzkriterien für die Regulierung von Energienetzen und für Stromnetztarife" umfangreich ergänzt.

2.4.4.2 Richtlinie 2009/72/EU des Europäischen Parlaments und des Rates vom 13. Juli 2009 über gemeinsame Vorschriften für den Elektrizitätsbinnenmarkt und zur Aufhebung der Richtlinie 2003/54/EG („Stromrichtlinie")

Auch die sogenannte Stromrichtlinie, gemeinsam mit der „Gasrichtlinie" (Richtlinie 2009/73/EU) und den Verordnungen (EG) Nr. 713/2009, (EG) Nr. 714/2009 und (EG) Nr. 715/2009 Bestandteil des sogenannten „Dritten EU-Energiepakets" beinhaltet Regelungen bzw. Vorgaben in Bezug auf Smart Grids, beschränkt sich dabei aber im Wesentlichen ebenfalls auf Aussagen zu „intelligenten Messsystemen". So heißt es bereits im Erwägungsgrund (55):

> Die Einführung intelligenter Messsysteme sollte nach wirtschaftlichen Erwägungen erfolgen können. Führen diese Erwägungen zu dem Schluss, dass die Einführung solcher Messsysteme nur im Falle von Verbrauchern mit einem bestimmten Mindeststromverbrauch wirtschaftlich vernünftig und kostengünstig ist, sollten die Mitgliedstaaten dies bei der Einführung intelligenter Messsysteme berücksichtigen können.

Vor allem aber ist auf Art. 3 Absatz (11) der Stromrichtlinie hinzuweisen, wonach die Mitgliedsstaaten bzw. die Regulierungsbehörden zur Förderung der Energieeffizienz empfehlen sollen, dass

> (...) die Elektrizitätsunternehmen den Stromverbrauch optimieren, indem sie beispielsweise Energiemanagementdienstleistungen anbieten, neuartige Preismodelle entwickeln oder gegebenenfalls intelligente Messsysteme oder intelligente Netze einführen.

Diese Regelung ist zum einen bemerkenswert, weil sie offensichtlich nicht lediglich eine netzseitige Betrachtung vornimmt, sondern auch den Bereich außerhalb des Netzes einbezieht, der sich auf die Energiemengen, d. h. auf Smart Markets, bezieht. Zum anderen ist hervorzuheben, dass sich netzseitig nicht lediglich – wie ansonsten fast ausschließlich – allein auf intelligente Messsysteme beschränkt wird, sondern explizit auch „intelligente Netze" erwähnt werden.

Neben vorerwähnten Regelungen bestimmt Ziffer 2 des Anhangs 1 zur Stromrichtlinie, die Mitgliedstaaten haben zu gewährleisten,

> (...) dass intelligente Messsysteme eingeführt werden, durch die die aktive Beteiligung der Verbraucher am Stromversorgungsmarkt unterstützt wird. Die Einführung dieser Messsysteme kann einer wirtschaftlichen Bewertung unterliegen, bei der alle langfristigen Kosten und Vorteile für den Markt und die einzelnen Verbraucher geprüft werden sowie untersucht wird, welche Art des intelligenten Messens wirtschaftlich vertretbar und kostengünstig ist und in welchem zeitlichen Rahmen die Einführung praktisch möglich ist.
> Entsprechende Bewertungen finden bis 3. September 2012 statt.
> Anhand dieser Bewertung erstellen die Mitgliedstaaten oder eine von ihnen benannte zuständige Behörde einen Zeitplan mit einem Planungsziel von 10 Jahren für die Einführung der intelligenten Messsysteme. Wird die Einführung intelligenter Zähler positiv bewertet, so werden mindestens 80 Prozent der Verbraucher bis 2020 mit intelligenten Messsystemen ausgestattet.
> Die Mitgliedstaaten oder die von ihnen benannten zuständigen Behörden sorgen für die Interoperabilität der Messsysteme, die in ihrem Hoheitsgebiet eingesetzt werden, und tragen der Anwendung der entsprechenden Normen und bewährten Verfahren sowie der großen Bedeutung, die dem Ausbau des Elektrizitätsbinnenmarkts zukommt, gebührend Rechnung.

Nach dieser Norm sind die Mitgliedstaaten somit grundsätzlich verpflichtet, intelligente Messsysteme einzuführen. Dabei lässt sich jedoch dem Wortlaut der Richtlinie entnehmen, dass der EU-Gesetzgeber nicht die Einführung intelligenter Messsysteme um jeden Preis intendiert. Vielmehr kann die Einführung einer wirtschaftlichen Bewertung unterliegen, bei der Kosten und Vorteile für die beteiligten Akteure sowie die wirtschaftliche Vertretbarkeit und Kostengünstigkeit berücksichtigt werden können.[27] Die Regelungen zur Kostengünstigkeit bzw. zu deren Ermittlung sind nunmehr durch die Energieeffizienz-Richtlinie konkretisiert worden.[28]

Die Richtlinie verhält sich ferner nicht zu der Frage, was überhaupt unter einem „intelligenten Messsystem" bzw. einem „intelligenten Zähler" oder einem „intelligenten Netz" zu verstehen ist. Sie gibt jedoch vor, dass die Messsysteme „die aktive Beteiligung der Verbraucher am Stromversorgungsmarkt unterstütz[en]" sollen.

2.4.4.3 Richtlinie 2004/22/EG des Europäischen Parlamentes und des Rates vom 31. März 2004 über Messgeräte („Messgeräterichtlinie")

Auch die Messgeräte-Richtlinie, auch kurz „MID" (von Measuring Instruments Directive) genannt, ist im Zusammenhang mit Smart Grids, genauer: für deren Bestandteil – die Smart Meter, von Bedeutung. Sie enthält grundlegende Anforderungen an Messgeräte,

---

[27] Vgl. auch Erwägungsgrund Ziffer 55 der Richtlinie.
[28] Vgl. zur Energieeffizienz-Richtlinie oben unter 1.4.4.1.

u. a. auch an Elektrizitätszähler für Wirkverbrauch (vgl. Art. 1 der Richtlinie). Konkrete Smart Metering-spezifische Vorgaben enthält die Richtlinie jedoch nicht.

2.5 Nationale Gesetze/Verordnungen

Aus energiewirtschaftsrechtlicher Sicht ist (auch) für den Rechtsrahmen von Smart Grids und Smart Markets das Gesetz über die Elektrizitäts- und Gasversorgung (Energiewirtschaftsgesetz – „EnWG") von maßgeblicher Bedeutung und verdient eine intensive Betrachtung. Neben gesetzlichen Regelungen im EnWG, die von unmittelbarer und besonderer Bedeutung für Smart Grids und Smart Markets sind, enthält das EnWG darüber hinaus zahlreiche Ermächtigungsgrundlagen zum Erlass von Rechtsverordnungen, die sich wiederum zu intelligenten Netzen und Märkten verhalten sollen. Von diesen Ermächtigungsgrundlagen hat der Verordnungsgeber mehrfach Gebrauch gemacht, sodass die entsprechenden Verordnungen ebenfalls dargestellt werden müssen. Darüber hinaus kann ein kurzer Ausblick erfolgen auf Verordnungen, die zwar noch nicht erlassen wurden, mit deren Erlass aber in naher Zukunft zu rechnen ist.

Neben dem EnWG sind weitere Normen im Gesetzesrang zu erwähnen. Hierzu gehören u. a. das, sicherlich auch im Fokus der breiteren Öffentlichkeit stehende, Gesetz für den Vorrang Erneuerbarer Energien (Erneuerbare-Energien-Gesetz – „EEG"), aber auch das Gesetz zur Errichtung eines Sondervermögens „Energie- und Klimafonds" („EKFG") sowie weitere Regelungen.

2.5.1 Energiewirtschaftsgesetz – EnWG

Das Gesetz über die Elektrizitäts- und Gasversorgung (*Energiewirtschaftsgesetz –* „EnWG") vom 7. Juli 2005[29] zuletzt geändert durch Art. 2 Zweites Gesetz über Maßnahmen zur Beschleunigung des Netzausbaus Elektrizitätsnetze vom 23. Juli 2013[30] gliedert sich in 10 Teile. Besonderer Bedeutung im hiesigen Kontext kommt zunächst Teil 2 (§§ 6 ff. EnWG) zu, der den wichtigen Bereich der Entflechtung des Netzbetriebes aus bisher vertikal integrierten EVU (*Unbundling*), seit der Gesetzesänderung von 2011 einschließlich der – hier weniger einschlägigen – besonderen Entflechtungsvorgaben für Transportnetzbetreiber im Sinne des § 3 Nr. 31 c EnWG, beschreibt. Die Regelungen zur Entflechtung in Teil 2 des EnWG stellen mit den Regelungen zu Netzanschluss und Netznutzung einschließlich der Regelungen zu den Netzentgelten das Herzstück der Energierechtsreform bzw. des Energierechts dar. Ebenfalls von zentraler Bedeutung ist in Bezug auf Smart Grids und Smart Markets Teil 3 des Gesetzes, der u. a. in Abschn. 1 eine Regelung zur Steuerung unterbrechbarer Verbrauchseinrichtungen (§ 14 a) und in Abschn. 3 zunächst die gesetz-

---

[29] BGBl. I S. 1970, ber. S. 3621.
[30] BGBl. I. S. 2543.

lichen Anknüpfungspunkte für die mögliche Finanzierung von netzseitigen Investitionen im Wege der Netzentgelte (§§ 21, 21 a EnWG) sowie in den §§ 21 b – i EnWG detaillierte Regelungen zum Messstellenbetrieb und zu Messsystemen enthält. Teil 4 beinhaltet in § 40 EnWG Vorgaben zur Schaffung von tariflichen Anreizen zur Energieeinsparung.

2.5.1.1 Entflechtung, §§ 6 ff. EnWG

Die §§ 6 ff. EnWG verfolgen den Zweck, neben erhöhter Transparenz dazu beizutragen, dass Ausgestaltung und Abwicklung des Netzbetriebs in diskriminierungsfreier Weise geschehen und sie keine Grundlage für mögliche verdeckte Quersubventionen zwischen den Tätigkeiten des Netzbetriebsbereichs und denen der anderen Geschäftsbereiche des vertikal integrierten Unternehmens bieten.[31]

Dieses Ziel soll durch eine Summe verschiedener Entflechtungsmaßnahmen erreicht werden, die zur Unabhängigkeit der Geschäftsbereiche des Netzbetriebs von den anderen Tätigkeitsbereichen der Energieversorgung, die dem Wettbewerb zugänglich sind, führen. Die Unabhängigkeit von sonstigen Interessen im vertikal integrierten Unternehmen soll den Netzbetreibern den nötigen unternehmerischen Freiraum gewährleisten, ihr Geschäft ausschließlich an netzeigenen Interessen auszurichten und damit allen Netznutzern gleichermaßen einen diskriminierungsfreien Zugang zum Netz zu verschaffen.[32] Um einen wirksamen und fairen Wettbewerb zu etablieren, ist ein umfassendes Unbundling vorgesehen, das die

- informatorische (§ 6 a EnWG),
- buchhalterische (§ 6 b EnWG)
- rechtliche (§ 7 EnWG) und
- operationelle (§ 7 a EnWG)

Entflechtung durchsetzt.

Im Zusammenhang mit den Smart Grids und insbesondere den davon umfassten Smart Meters ist vor allem die Einhaltung des informatorischen Unbundling relevant, speziell dann, wenn seitens des Netzbetreibers Daten erhoben und verschiedenen Akteuren zugänglich gemacht werden sollen.

§ 6 a EnWG bestimmt:

(1) Unbeschadet gesetzlicher Verpflichtungen zur Offenbarung von Informationen haben vertikal integrierte EVU, Transportnetzeigentümer, Netzbetreiber, Speicheranlagenbetreiber sowie Betreiber von LNG-Anlagen sicherzustellen, dass die Vertraulichkeit wirtschaftlich sensibler Informationen, von denen sie in Ausübung ihrer Geschäftstätigkeit als Transport-

---

[31] Gesetzentwurf der Bundesregierung „Entwurf eines Zweiten Gesetzes zur Neuregelung des Energiewirtschaftsrechts", BT-Drs. 15/3917, S. 51.

[32] Gesetzentwurf der Bundesregierung „Entwurf eines Zweiten Gesetzes zur Neuregelung des Energiewirtschaftsrechts", BT-Drs. 15/3917, S. 51.

netzeigentümer, Netzbetreiber, Speicheranlagenbetreiber sowie Betreiber von LNG-Anlagen Kenntnis erlangen, gewahrt wird.
(2) Legen das vertikal integrierte Energieversorgungsunternehmen, Transportnetzeigentümer, Netzbetreiber, ein Speicheranlagenbetreiber oder ein Betreiber von LNG-Anlagen über die eigenen Tätigkeiten Informationen offen, die wirtschaftliche Vorteile bringen können, so stellen sie sicher, dass dies in nicht diskriminierender Weise erfolgt. Sie stellen insbesondere sicher, dass wirtschaftlich sensible Informationen gegenüber anderen Teilen des Unternehmens vertraulich behandelt werden.

§ 6 a EnWG gilt für alle vertikal integrierten Energieversorgungsunternehmen – dies sind u. a. im Elektrizitätsbereich tätige Unternehmen oder Gruppen von Unternehmen, die gem. § 3 Abs. 2 FKVO miteinander verbunden sind, wobei die betreffenden Unternehmen oder die betreffenden Gruppen im Elektrizitätsbereich mindestens eine der Funktionen Übertragung oder Verteilung und mindestens eine der Funktionen Erzeugung oder Vertrieb wahrnehmen – und Netzbetreiber, unabhängig von der Zahl der angeschlossenen Kunden. Eine „de minimis"-Regelung wie bei der rechtlichen und operationellen Entflechtung findet sich nicht.

Welche Informationen als „wirtschaftlich sensibel" in diesem Sinne anzusehen sind, konkretisiert das EnWG nicht. Mit Blick auf den Sinn und Zweck der Entflechtung dürfte der Begriff „wirtschaftlich sensible Informationen" aber diejenigen Informationen umfassen, die ein Diskriminierungspotenzial enthalten, und deren Weitergabe den Wettbewerb auf den vor- oder nachgelagerten Wettbewerbsmärkten beeinträchtigen kann.[33]

Die sensiblen Informationen müssen in Ausübung der Geschäftstätigkeit des Netzbetreibers erlangt werden. In Abgrenzung zu § 6 a Abs. 2 EnWG handelt es sich also nicht um vorhandene oder eigene Daten, sondern um Daten Dritter, die im Geschäftsbetrieb erlangt werden müssen.[34] Die Kenntniserlangung in diesem Sinne setzt voraus, dass ein sachlicher, räumlicher und zeitlicher Zusammenhang mit der Netzbetreibertätigkeit oder der Tätigkeit für den Netzbetreiber besteht.[35] Dieses Merkmal ist beispielsweise bei der Messung des Verbrauchs eines Kunden durch den Netzbetreiber, der grundsätzlich auch für Messstellenbetrieb und Messung verantwortlich ist, gegeben.

§ 6 a Abs. 1 EnWG verbietet EVU bzw. Netzbetreibern nicht, wirtschaftlich sensible Informationen zu erhalten, was im Übrigen auch schwerlich möglich wäre. Stattdessen verpflichtet die Norm den Netzbetreiber dazu sicherzustellen, dass die Vertraulichkeit dieser Daten gewahrt bleibt.

Die Verpflichtung zur Wahrung der Vertraulichkeit bedeutet, dass bestimmte Daten nicht nur Dritten nicht zur Kenntnis gebracht, sondern vor allem auch, dass sie nicht innerhalb des vertikal integrierten EVU anderen Geschäftsbereichen oder anderen Konzerngesellschaften zugänglich gemacht werden dürfen. In diesem Zusammenhang ist ins-

---

[33] Vgl. BR-Drs. 613/04, Gesetzesentwurf der Bundesregierung, Begründung zu § 9 EnWG.
[34] Setz, § 9 EnWG Rdn. 30.
[35] Setz, § 9 EnWG Rdn. 34.

besondere dafür Sorge zu tragen, dass auch der eigene Vertrieb, der von diesen Informationen profitieren könnte, keinen Zugang zu diesen Daten hat.[36]

Die Weitergabe wirtschaftlich sensibler Informationen wäre jedoch dann zulässig, wenn der Netzkunde in die diskriminierungsfreie Offenbarung der ihn betreffenden Informationen eingewilligt hat.[37] Dies gilt allerdings nur, soweit es sich nicht um eine vorherige, pauschale Einwilligung, etwa in AGB, handelt, die die Offenbarung nur an ein bestimmtes Unternehmen zulässt. Eine pauschale Einwilligung wäre nur denkbar, wenn sich diese auf die Weitergabe der entsprechenden Informationen auf alle – also auch auf konzernfremde – Vertriebsgesellschaften bezieht, sodass auf Anfrage einer – auch dritten – Vertriebsgesellschaft die Daten aufgrund der Einwilligung an diese weitergegeben werden können.

Zudem ist auch § 6 a Abs. 2 EnWG zu beachten. Diese Norm bestimmt, dass, sofern das vertikal integrierte EVU oder der Netzbetreiber über die eigene Tätigkeit als Netzbetreiber potenziell wirtschaftlich vorteilhafte Informationen offen legen, dies in nichtdiskriminierender Weise zu erfolgen hat. Dies bedeutet insbesondere, dass in dem Fall, in dem die Schwestergesellschaft Vertrieb eine bestimmte Information im Sinne des § 6 a Abs. 2 EnWG erhalten hat, diese Information auch an andere Vertriebsgesellschaften zu geben ist.[38]

2.5.1.2 Steuerung von unterbrechbaren Verbrauchseinrichtungen (§ 14 a EnWG)

§ 14 a EnWG lautet:

> Betreiber von Elektrizitätsverteilernetzen haben denjenigen Lieferanten und Letztverbraucher im Bereich der Niederspannung, mit denen sie Netznutzungsverträge abgeschlossen haben, ein reduziertes Netzentgelt zu berechnen, wenn ihnen im Gegenzug die Steuerung von vollständig unterbrechbaren Verbrauchseinrichtungen, die über einen separaten Zählpunkt verfügen, zum Zweck der Netzentlastung gestattet wird. Als unterbrechbare Verbrauchseinrichtung im Sinne von Satz 1 gelten auch Elektromobile. Die Steuerung muss für die in Satz 1 genannten Letztverbraucher und Lieferanten zumutbar sein und kann direkt durch den Netzbetreiber oder indirekt durch Dritte auf Geheiß des Netzbetreibers erfolgen; Näheres regelt eine Rechtsverordnung nach § 21i Absatz 1 Nummer 9.

Adressaten dieser Regelung sind zum einen Betreiber von Elektrizitätsverteilernetzen, zum anderen Lieferanten und Letztverbraucher im Bereich der Niederspannung mit vollständig unterbrechbaren Verbrauchseinrichtungen, die über einen separaten Zählpunkt verfügen.

Verteilnetzbetreiber haben Lieferanten/Letztverbrauchern, mit denen sie Netznutzungsverträge geschlossen haben, ein reduziertes Netzentgelt zu berechnen, wenn Steue-

---

[36] Büdenbender und Rosin (S. 176).
[37] Gemeinsame Auslegungsgrundsätze der Regulierungsbehörden des Bundes und der Länder zu den Entflechtungsbestimmungen in §§ 6–10 EnWG vom 01.03.2006, S. 25.
[38] Vgl. Büdenbender und Rosin, S. 180.

rung von vollständig unterbrechbaren Verbraucheinrichtungen mit separatem Zählpunkt zum Zweck der Netzentlastung gestattet und die Steuerung für Letztverbraucher/Lieferanten zumutbar ist.

Nach der Gesetzesbegründung[39] schafft diese Vorschrift erste Voraussetzungen für eine sogenannte intelligente Netzsteuerung. Unterbrechbare Verbrauchseinrichtungen fanden sich bereits bisher im Markt, allerdings wurde ihr Potenzial, zur Netzentlastung beizutragen und Netzspitzen zu vermeiden, bisher nach Ansicht des Gesetzgebers nicht oder wenig genutzt. Diese Vorschrift soll Abhilfe schaffen. Dabei beschränkt sich die Vorschrift nicht allein darauf, dass Umfeld für altbekannte Verbrauchseinrichtungen zu verbessern. Vielmehr werden auch Elektromobile explizit in den Regelungsbereich mit aufgenommen. Gerade in der Elektromobilität wird ein erhebliches Potenzial gesehen, wenn beispielsweise eine ganze Flotte von Elektromobilen im selben Netz gleichzeitig geladen werden und somit das entsprechende Netz hierdurch gesteuert werden kann.[40]

Verträge nach dieser Vorschrift dienen der Netzentlastung; im Falle des Eintritts einer Gefährdungslage oder eines Störfalles wäre die Unterbrechung dieser Verträge ein Mittel nach § 14 Abs. 1 i. V. m. § 13 Abs. 1 EnWG, auf welches der Verteilnetzbetreiber zur Spannungshaltung zurückgreifen kann.

Hinzuweisen ist darauf, dass es sich bei der Verordnung über Vereinbarungen zu abschaltbaren Lasten (Verordnung zu abschaltbaren Lasten – AbLaV)[41] vom 28. Dezember 2012 nicht um eine Verordnung auf Grundlage von § 14 a i. V. m. § 21 i Abs. 1 Nr. 9 EnWG handelt. Vielmehr basiert die AbLaV auf § 13 Absatz 4a Satz 5 bis 8 und Absatz 4b des EnWG und richtet sich allein an Betreiber von Übertragungsnetzen im Sinne des § 3 Nr. 10 EnWG.

2.5.1.3 Anerkennung von (Investitions-)Kosten in der Entgeltregulierung

Von besonderer Bedeutung für den Ausbau bzw. den Aufbau von Smart Grid-Strukturen einschließlich eines umfassenden Smart Meter-Rollout wird offensichtlich deren Finanzierung sein. Keiner der Betroffenen, vor allem kein Netzbetreiber, wird bzw. kann in derlei Strukturen investieren, ohne die entsprechenden Kosten zuzüglich einer angemessenen Marge erstattet zu bekommen. Dabei ist hinsichtlich der Kosten zwischen Kosten für die Forschung und Entwicklung („F&E") in diesem Bereich auf der einen und Kosten für den tatsächlichen Ausbau bzw. Rollout zu unterscheiden. Für den Netzbetreiber, dem – soweit nicht anderweitig vereinbart – gemäß § 21 b Abs. (1) EnWG der Messstellenbetrieb obliegt, kommt – die eher theoretische Möglichkeit der freiwilligen Kostenübernahme durch den Netznutzer oder einen Dritten ausblendend[42] – insofern lediglich eine Finanzierung im Rahmen der Netzentgeltregulierung in Betracht. Die wesentlichen Vorgaben hierzu enthalten die §§ 21, 21 a EnWG sowie die auf Grundlage der relevanten Ermächtigungs-

---

[39] BR-Drs. 343/11, S. 185.
[40] BT-Drs. 17/6072, S. 138.
[41] BGBl. I S. 2998
[42] Vgl. hierzu auch Windoffer und Groß (2012, S. 491, 498).

grundlagen ergangene Verordnung über die Anreizregulierung der Energieversorgungsnetze (*Anreizregulierungsverordnung* – „ARegV")[43] vom 29. Oktober 2007 sowie die Verordnung über die Entgelte für den Zugang zu Elektrizitätsversorgungsnetzen (*Stromnetzentgeltverordnung* – „StromNEV")[44] vom 25. Juli 2005.

Sämtliche Verteilnetzbetreiber, mit Ausnahme der Betreiber sog. „Geschlossener Verteilernetze" (§ 110 EnWG), unterliegen der *ex-ante*-Entgeltregulierung. §§ 21 und 21a EnWG normieren die rechtlichen Grundsätze, die in der ARegV und der StromNEV detailliert werden. Ausweislich § 21 Abs. 1 EnWG müssen Entgelte angemessen, diskriminierungsfrei und transparent sein. Außerdem dürfen sie nicht ungünstiger sein als sie von einem Netzbetreiber innerhalb des vertikal integrierten Unternehmens oder gegenüber verbundenen oder assoziierten Unternehmen verlangt werden. Zur Ermittlung der Entgelte sieht das EnWG zwei unterschiedliche Bestimmungsmethoden vor: Zum einen die rein kostenorientierte Ermittlung und zum anderen die sogenannte Anreizregulierung. Zur Einführung der ex-ante Entgeltregulierung, zuvor gab es lediglich eine ex-post Aufsicht, wurde unter dem EnWG von 2005 eine rein kostenorientierte Entgeltregulierung gewählt. Diese wurde mittlerweile durch die sogenannte Anreizregulierung, welche die Vorgabe von Erlösobergrenzen vorsieht, abgelöst. Dabei ist Ausgangspunkt für die Bestimmung der Erlösobergrenzen nach wie vor eine Ermittlung der Kostenbasis des jeweiligen Netzbetreibers (§ 6 Abs. 1 ARegV). Grundsätzlich gilt gemäß § 4 Abs. 1 StromNEV diesbezüglich, dass bilanzielle und kalkulatorische Kosten eines Netzbetriebs nur insoweit angesetzt werden können, wenn sie dem Vergleich mit den Kosten eines *„effizienten und vergleichbaren Netzbetreibers entsprechen"*. Die Entgeltregulierung und mithin auch die ARegV sollen letztlich Effizienzsteigerungen und Kostensenkungen bewirken. Das System zielt vorrangig auf einen effizienten, kostengünstigen Betrieb bestehender Netze. Der Bau von ineffizienten, „goldenen" Netzen auf Kosten der Netznutzer soll unterbunden werden. Dies hat indes auch zur Folge, dass Innovationen und diesbezügliche Investitionen grundsätzlich, da im Vergleich zu anderen Netzbetreibern gegebenenfalls nicht effizient und kostengünstig, im Regime der Anreizregulierung nicht anerkennungsfähig sind. Dies wiederum hat selbstverständlich einen erheblichen Einfluss auf das Verhalten insbesondere der betroffenen Netzbetreiber. Denn diese werden kaum bereit sein, in innovative Techniken zu investieren, wenn sie Gefahr laufen, diese Kosten nicht über die Netzentgelte zurück verdienen zu können.

Hingewiesen sei in diesem Zusammenhang ferner darauf, dass maßgeblich für die Anerkennung der Kosten des Smart Metering § 5 Abs. 1 S. 3 ARegV ist. Danach wird die Differenz zwischen den für das Kalenderjahr bei effizienter Leistungserbringung entstehenden Kosten des Messstellenbetriebs oder der Messung und den in der Erlösobergrenze diesbezüglich enthaltenen Ansätzen u. a. dann in das sogenannte Regulierungskonto einbezogen, soweit diese Differenz durch Maßnahmen nach § 21 b Abs. 3 a und 3 b EnWG verursacht wird. Damit wird festgelegt, dass der Netzbetreiber die entstehenden Kosten für

---

[43] BGBl. I S. 2529.
[44] BGBl. I S. 2225.

den verpflichtenden Einbau von intelligenten Zählern im Regulierungskonto der Anreizregulierung verbuchen kann. Dabei hat der Netzbetreiber den Nachweis zu führen, dass es sich bei den Mehrkosten nur um die Differenz zur bereits genehmigten Erlösobergrenze handelt. Hierbei ist darüber hinaus ein Nachweis der Kosteneffizienz erforderlich.

Hinsichtlich sogenannter F&E-Kosten ist anzumerken, dass Überlegungen des BMWi, u. a. für Investitionen in Forschung & Entwicklung die Gewährung eines Zuschlags auf die Erlösobergrenze im Rahmen einer Einführung eines neuen § 25a ARegV sowie eine Erweiterung des Instruments der „Investitionsmaßnahmen" auf die Hochspannungsebene einzuführen, bislang nicht Eingang in die ARegV gefunden hat.

2.5.1.4 Messwesen (§§ 21 b bis i EnWG)

Von ganz besonderer Bedeutung im Zusammenhang mit Smart Grids bzw. einem ihrer wesentlichen Bestandteilen, den Smart Meter, sind die Regelungen zu Messstellen und Messsystemen, die zum einen im EnWG und zum anderen in der Verordnung über Rahmenbedingungen für den Messstellenbetrieb und die Messung im Bereich der leitungsgebundenen Elektrizitäts- und Gasversorgung (*Messzugangsverordnung* – „MessZV")[45] vom 17. Oktober 2008 enthalten sind.

Betrachtet man die Historie des Messwesens, so war die Messung elektrischer Energie lange Zeit selbstverständlich Aufgabe des Netzbetreibers. Im Zusammenhang mit der Liberalisierung des Strommarktes setzte sich dann aber der Wunsch und die Ansicht durch, auch das Messwesen zu liberalisieren. So beinhaltete bereits das EnWG 2005 die Aussage, dass der Messstellenbetrieb dem Netzbetreiber obliegt, „soweit nicht eine andere Vereinbarung" getroffen wird. Bereits daraus folgte eine zumindest theoretische Öffnung des Marktes, konnten doch auch andere Unternehmen die Messung übernehmen. Ein weiterer Schritt wurde in 2008 mit Einführung u. a. der MessZV gemacht. Vor allem aber mit dem Gesetz zur Neuregelung energiewirtschaftsrechtlicher Vorschriften vom 26.07.2011[46] vom 04. August 2011 erfolgte dann aber eine erhebliche und umfangreiche Änderung des Rechtsrahmens des Messwesens.

Folge der verschiedenen gesetzlichen Änderungen sind zunächst eine Reihe von „neuen" Begrifflichkeiten, die im Folgenden kurz dargestellt werden:

Zunächst ist zwischen den handelnden Personen zu unterscheiden. Neben dem Netzbetreiber sind dies der Messstellenbetreiber und der Messdienstleister.

Während der *Messstellenbetreiber* in § 3 Nr. 26 a EnWG legal definiert wird, als derjenige, der „die Aufgabe des Messstellenbetriebs wahrnimmt", fehlt eine solche Begriffsbestimmung für den *Messdienstleister*. Aus § 9 Abs. 2 MessZV ergibt sich jedoch, dass es sich hierbei um eine Person handelt, die anstatt des Messstellenbetreibers die Tätigkeit der Messung durchführt.

Ferner ist sachlich zwischen Messeinrichtungen, Messstellen und Messsystemen zu unterscheiden:

---

[45] BGBl. I S. (2006).
[46] BGBl. I S. 1554.

Die *Messeinrichtung* ist, obwohl im EnWG mehrfach verwandt, selbst nicht unmittelbar legal definiert. Insbesondere aus der Definition der Messung in § 3 Nr. 26 c EnWG, wonach dies u. a. die *„Ab- und Auslegung der Messeinrichtung"* ist, ergibt sich aber, dass es sich hierbei um den eigentlichen „Zähler" handeln muss.

Auch der Begriff der *Messstelle* ist energierechtlich nicht gesetzlich bestimmt worden. Die Begriffsbestimmung des Messstellenbetreibers als denjenigen, der „die Aufgabe des Messstellenbetriebs wahrnimmt" (§ 3 Nr. 26 a EnWG), hilft dabei erkennbar nur wenig. Aus § 3 Nr. 26 b EnWG, wonach Messstellenbetrieb *„der Einbau, der Betrieb und die Wartung von Messeinrichtungen"* ist, kann aber zunächst darauf geschlossen werden, dass Messeinrichtung und Messstelle etwas unterschiedliches sein müssen. Denn der Betrieb einer Messstelle setzt das Vorliegen einer Messeinrichtung voraus, wird aber nicht damit gleich gesetzt. Aus dem Wortbestandteil „Stelle" sowie der Definition des Messstellenbetriebs ergibt sich mithin, dass es eher um die Beschreibung einer Örtlichkeit geht.

Einzig der Begriff des *Messsystems* hat, wenn auch nicht im Katalog der Begriffsbestimmungen in § 3 EnWG, sondern in § 21 d EnWG eine Legaldefinition erfahren. Dort heißt es:

> (1) Ein Messsystem im Sinne dieses Gesetzes ist eine in ein Kommunikationsnetz eingebundene Messeinrichtung zur Erfassung elektrischer Energie, das den tatsächlichen Energieverbrauch und die tatsächliche Nutzungszeit widerspiegelt.
> (2) Nähere Anforderungen an Funktionalität und Ausstattung von Messsystemen werden in einer Verordnung nach § 21i Absatz 1 Nummer 3 festgeschrieben.

Offensichtlich handelt es sich bei einem Messsystem also um eine Messeinrichtung. Die Besonderheit liegt aber darin, dass das Messsystem i) in ein *Kommunikationsnetz* eingebunden ist und ii) den tatsächlichen Energieverbrauch und die tatsächliche Nutzungszeit widerspiegelt.

In Bezug auf Einbau, Betrieb und Wartung der Messeinrichtungen inklusive Messsystemen sowie auf die allgemeinen Anforderungen zur Erfassung elektrischer Energie durch Messsysteme im Besonderen enthalten die § 21 b ff. EnWG eine Reihe von grundsätzlichen Vorgaben. Selbiges gilt für die Erhebung, Verarbeitung und Nutzung entsprechender, im Wege der Messung gewonnener personenbezogener Daten. Allerdings ist anzumerken, dass der Detaillierungsgrad der gesetzlichen Regelungen bei weitem nicht ausreicht und auch nicht ausreichen kann. Es bleibt daher abzuwarten, ob und wann von den erheblichen Ermächtigungsgrundlagen zum Erlass von konkretisierenden Rechtsverordnungen Gebrauch gemacht wird. Bislang ist hiervon lediglich durch Erlass der MessZV Gebrauch gemacht worden, die die Voraussetzungen und Bedingungen des Messstellenbetriebs und der Messung von Energie (§ 1 MessZV) näher ausgestaltet.

Von besonderer Bedeutung in Bezug auf den Ausbau von Smart Grids bzw. den Rollout von Smart Meter ist selbstverständlich § 21 c EnWG. Dieser lautet:

> (1) Messstellenbetreiber haben
> a) in Gebäuden, die neu an das Energieversorgungsnetz angeschlossen werden oder einer größeren Renovierung im Sinne des Artikels 2 Absatz 10 Buchstabe b der Richtlinie 2010/31/

EU des Europäischen Parlaments und des Rates vom 19. Mai 2010 über die Gesamtenergieeffizienz von Gebäuden (Neufassung) (ABl. L 153 vom 18.6.2010, S. 13, L 155 vom 22.6.2010, S. 61) unterzogen werden,
b) bei Letztverbrauchern mit einem Jahresverbrauch größer 6 000 Kilowattstunden,
c) bei Anlagenbetreibern nach dem Erneuerbare-Energien-Gesetz oder dem Kraft-Wärme-Koppelungsgesetz bei Neuanlagen mit einer installierten Leistung von mehr als 7 Kilowatt jeweils Messsysteme einzubauen, die den Anforderungen nach § 21 d und § 21 e genügen, soweit dies technisch möglich ist,
d) in allen übrigen Gebäuden Messsysteme einzubauen, die den Anforderungen nach § 21 d und § 21 e genügen, soweit dies technisch möglich und wirtschaftlich vertretbar ist.
(2) Technisch möglich ist ein Einbau, wenn Messsysteme, die den gesetzlichen Anforderungen genügen, am Markt verfügbar sind. Wirtschaftlich vertretbar ist ein Einbau, wenn dem Anschlussnutzer für Einbau und Betrieb keine Mehrkosten entstehen oder wenn eine wirtschaftliche Bewertung des Bundesministeriums für Wirtschaft und Technologie, die alle langfristigen, gesamtwirtschaftlichen und individuellen Kosten und Vorteile prüft, und eine Rechtsverordnung im Sinne von § 21 i Absatz 1 Nummer 8 ihn anordnet.

§ 21 c Abs. 1 EnWG regelt somit Ausnahmen von dem Grundsatz, dass dem Messstellenbetreiber ein Bestimmungsrecht hinsichtlich der Art der zu betreibenden Messeinrichtung zukommt (§ 21 b Abs. 4 EnWG i. V. m. § 8 Abs. 1 S. 1 MessZV). Dieser Grundsatz wird insofern durchbrochen, als dass § 21 Abs. 1 EnWG den Messstellenbetreiber grundsätzlich verpflichtet, Zähler mit bestimmten Mindestanforderungen einzubauen bzw. anzubieten.

2.5.1.5 Last-/zeitvariable Tarife, § 40 EnWG

Weniger im Zusammenhang mit Smart Grids, dafür aber hinsichtlich Smart Markets von Interesse ist § 40 Abs. 5 EnWG, wonach Lieferanten, soweit technisch machbar und wirtschaftlich zumutbar, verpflichtet sind,

> (...) für Letztverbraucher von Elektrizität einen Tarif anzubieten, der einen Anreiz zu Energieeinsparung oder Steuerung des Energieverbrauchs setzt. Tarife im Sinne von Satz 1 sind insbesondere lastvariable oder tageszeitabhängige Tarife. Lieferanten haben daneben stets mindestens einen Tarif anzubieten, für den die Datenaufzeichnung und -übermittlung auf die Mitteilung der innerhalb eines bestimmten Zeitraums verbrauchten Gesamtstrommenge begrenzt bleibt.

Die Regelung zielt erkennbar auf das Verbrauchsverhalten der Letztverbraucher, dies sind gemäß § 3 Nr. 25 EnWG „natürliche oder juristische Personen, die Energie für den eigenen Verbrauch kaufen", ab. Durch eine geeignete Tarifierung sollen diese u. a. dazu bewogen werden, ihr Verbrauchsverhalten „netzstützend" auszurichten. In Betracht käme hier beispielsweise eine *variable Tarifierung*, d. h. eine kWh Strom kostet nicht in jedem Zeitpunkt dasselbe, sondern ist z. B. zu Verbrauchsspitzen teurer als in Lasttälern. Zuzugestehen ist allerdings, dass eine Ausweitung der Tariflandschaft in mannigfacher Hinsicht, vor allem administrativer, zu einer erheblichen Komplexitätssteigerung führen dürfte.

2.5.2 Erneuerbare-Energien-Gesetz

Das EEG enthält mit § 6 EEG sowie § 11 EEG zwei Regelungen zur „intelligenten" Einflussnahme auf den Netzzustand, die sich allerdings beide letztlich an der Anlagenbetreiber und mithin an Personen außerhalb des Netzes richten. Die Regelungen können mithin durchaus als Smart Market-Regelungen bezeichnet werden.

§ 6 Abs. 1 EEG lautet:

> Anlagenbetreiberinnen und Anlagenbetreiber sowie Betreiberinnen und Betreiber von KWK-Anlagen müssen ihre Anlagen mit einer installierten Leistung von mehr als 100 Kilowatt mit technischen Einrichtungen ausstatten, mit denen der Netzbetreiber jederzeit
> 1. die Einspeiseleistung bei Netzüberlastung ferngesteuert reduzieren kann und
> 2. die jeweilige Ist-Einspeisung abrufen kann.

Die Regelung gibt mithin dem Netzbetreiber eine Möglichkeit, bei Vorliegen einer Netzüberlastung quasi aus der Ferne mittels Fernmeldetechnik Einfluss auf den Betrieb einer EE-Anlage zu nehmen, um dadurch den Zusammenbruch oder aber zumindest gefährliche Netzsituationen zu vermeiden.

Flankiert wird die Regelung insbesondere von § 11 EEG:

> (1) Netzbetreiber sind unbeschadet ihrer Pflicht nach § 9 ausnahmsweise berechtigt, an ihr Netz unmittelbar oder mittelbar angeschlossene Anlagen und KWK-Anlagen, die mit einer Einrichtung zur ferngesteuerten Reduzierung der Einspeiseleistung bei Netzüberlastung im Sinne von § 6 Absatz 1 Nummer 1, Absatz 2 Nummer 1 oder 2 Buchstabe a ausgestattet sind, zu regeln, soweit
> 1. andernfalls im jeweiligen Netzbereich einschließlich des vorgelagerten Netzes ein Netzengpass entstünde,
> 2. der Vorrang für Strom aus erneuerbaren Energien, Grubengas und Kraft-Wärme-Kopplung gewahrt wird, soweit nicht sonstige Anlagen zur Stromerzeugung am Netz bleiben müssen, um die Sicherheit und Zuverlässigkeit des Elektrizitätsversorgungssystems zu gewährleisten, und
> 3. sie die verfügbaren Daten über die Ist-Einspeisung in der jeweiligen Netzregion abgerufen haben.
> Bei der Regelung der Anlagen nach Satz 1 sind Anlagen im Sinne des § 6 Absatz 2 erst nachrangig gegenüber den übrigen Anlagen zu regeln. Im Übrigen müssen die Netzbetreiber sicherstellen, dass insgesamt die größtmögliche Strommenge aus erneuerbaren Energien und Kraft-Wärme-Kopplung abgenommen wird.
> (2) Netzbetreiber sind verpflichtet, Betreiberinnen und Betreiber von Anlagen nach § 6 Absatz 1 spätestens am Vortag, ansonsten unverzüglich über den zu erwartenden Zeitpunkt, den Umfang und die Dauer der Regelung zu unterrichten, sofern die Durchführung der Maßnahme vorhersehbar ist.
> (3) Die Netzbetreiber müssen die von Maßnahmen nach Absatz 1 Betroffenen unverzüglich über die tatsächlichen Zeitpunkte, den jeweiligen Umfang, die Dauer und die Gründe der Regelung unterrichten und auf Verlangen innerhalb von vier Wochen Nachweise über die Erforderlichkeit der Maßnahme vorlegen. Die Nachweise müssen eine sachkundige dritte Person in die Lage versetzen, ohne weitere Informationen die Erforderlichkeit der Maßnahme vollständig nachvollziehen zu können; zu diesem Zweck sind im Fall eines Verlangens nach

Satz 1 letzter Halbsatz insbesondere die nach Absatz 1 Satz 1 Nummer 3 erhobenen Daten vorzulegen. Die Netzbetreiber können abweichend von Satz 1 Anlagenbetreiberinnen und Anlagenbetreiber von Anlagen nach § 6 Absatz 2 in Verbindung mit Absatz 3 nur einmal jährlich über die Maßnahmen nach Absatz 1 unterrichten, solange die Gesamtdauer dieser Maßnahmen 15 Stunden pro Anlage im Kalenderjahr nicht überschritten hat; diese Unterrichtung muss bis zum 31. Januar des Folgejahres erfolgen. § 13 Absatz 5 Satz 3 des Energiewirtschaftsgesetzes bleibt unberührt.

Diese Regelung, die dem Netzbetreiber die Möglichkeit gibt, in die Fahrweise von EE-Anlagen einzugreifen, korrespondiert mit der Regelung des § 6 Abs. 1 EEG, der die Anlagenbetreiber zum Einbau entsprechender Technik verpflichtet.

2.5.3 Eichgesetz/Eichordnung

Nach § 2 Abs. 1 EichG müssen Messgeräte, die im geschäftlichen Verkehr verwendet werden, zugelassen und geeicht sein. Einzelheiten zur Zulassung von Messgeräten für Elektrizität ergeben sich aus Anlage 20 zur EichO, die in Teil 1 Ziffer 2 („EG-Anforderungen") bezüglich der messgerätespezifischen Anforderungen auf Anhang MI-003 der Richtlinie 2004/22/EG (Messgeräte-Richtlinie) verweist. Auch enthält die Anlage in Teil 2 („Innerstaatliche Anforderungen") eine Reihe von Vorgaben, die bei der Zulassung relevant sind. Hierzu gehören bestimmte Aufschriften auf den Zählern (Teil 2 Ziffer 2) oder einzuhaltende Fehlergrenzen (Teil 2 Ziffer 3).

Detailliertere Anforderungen an Elektrizitätszähler für Wirkverbrauch ergeben sich aus Anhang MI-003 der *Messgeräte-Richtlinie*. Dieser enthält spezifische Anforderungen insbesondere an die Genauigkeit, die Nennbetriebsbedingungen, zu Fehlergrenzen, Störgrößen und zur Inbetriebnahme.

Auch die Physikalisch-Technische Bundesanstalt (PTB), die nach § 13 EichG die Zulassung für Stromzäher erteilt, hat mit den „Anforderungen an elektronische und softwaregesteuerte Messgeräte und Zusatzeinrichtungen für Elektrizität, Gas, Wasser und Wärme" (PTB-A 50.7) Bestimmungen erlassen, die bei der Zulassung zu berücksichtigen sind (vgl. §§ 14 a ff. EichO).

Literatur

Angenendt, N., Boesche, K.V., Franz, O.H.: Der energierechtliche Rahmen einer Implementierung von Smart Grids. In: Recht der Energiewirtschaft, Heft 4–5/2011, S. 117 ff.
BDEW: BDEW-Roadmap – Realistische Schritte zur Umsetzung von Smart Grids in Deutschland, Berlin, Februar 2013
Beckert, Z.: Abgeänderter Richtlinienvorschlag zum Binnenmarkt für Elektrizität. Inhalt, Kompetenz und rechtliche Folgen für das deutsche Energierecht, S. 28. Lang, Berlin (1997)
Büdenbender und Rosin: Energierechtsreform 2005, Einführung – Normtexte – Materialien, B and 1, Essen 2005

Bundesdatenschutzgesetz („BDSG") vom 14. Januar 2003 (BGBl. I S. 66), zuletzt geändert durch Artikel 1 des Gesetzes vom 14. August 2009 (BGBl. I. S. 2814)

Bundesnetzagentur für Elektrizität, Gas, Telekommunikation, Post und Eisenbahnen (BNetzA): „Smart Grid" und „Smart Market", Eckpunktepapier der Bundesnetzagentur zu den Aspekten des sich verändernden Energieversorgungssystems, Bonn. http://www.bundesnetzagentur.de/SharedDocs/Downloads/DE/Sachgebiete/Energie/Unternehmen_Institutionen/NetzzugangUnd-Messwesen/SmartGridEckpunktepapier/SmartGridPapierpdf.pdf?_blob=publicationFile&v=2 (2011). Zugegriffen: 6. Dez. 2013

Burmeister, T.: Netznutzung und Bilanzkreissystem. In: Horstmann, K.-P., Cieslarczyk, M. (Hrsg.): Energiehandel – Ein-Praxishandbuch, S. 69–117. Carl Heymann, Köln (2006)

Eichordnung vom 12. August 1988 (BGBl. I S. 1657), zuletzt geändert durch Artikel 1 der Verordnung vom 6. Juni 2011 (BGBl. I S. 1035)

Gesetz über die Elektrizitäts- und Gasversorgung (Energiewirtschaftsgesetz – EnWG) vom 7. Juli 2005 (Bundesgesetzblatt, Teil I, S. 1970, ber. S. 3621), zuletzt geändert durch Gesetz vom 4. Oktober 2013 (Bundesgesetzblatt, Teil I, S. 3746)

Gesetz für den Vorrang Erneuerbarer Energien (Erneuerbare-Energien-Gesetz – EEG) vom 25. Oktober 2008 (Bundesgesetzblatt, Teil I, S. 2074), zuletzt geändert durch Gesetz vom 20. Dezember 2012 (Bundesgesetzblatt, Teil I, S. 2730)

Gesetz über das Mess- und Eichwesen (Eichgesetz – „EichG") vom 23. März 1992 (BGBl. I S. 711), zuletzt geändert durch Artikel 1 des Gesetzes vom 7. März 2011 (BGBl. I S. 338)

Gesetzentwurf der Bundesregierung: Entwurf eines Zweiten Gesetzes zur Neuregelung des Energiewirtschaftsrechts, BT-Drs. 15/3917. http://dipbt.bundestag.de/dip21/btd/15/039/1503917.pdf (2004). Zugegriffen: 6. Dez. 2013

Gesetzentwurf der Bundesregierung: Entwurf eines Gesetzes zur Neuregelung energiewirtschaftsrechtlicher Vorschriften, BT-Drs-17/6072. http://dip21.bundestag.de/dip21/btd/17/060/1706072.pdf (2011). Zugegriffen: 6. Dez. 2013

Grabitz und Hilf: Das Recht der Europäischen Union, Kommentar, B and III, Stand: Oktober 2009, Art. 249, Rdn. 133

Graßmann, N., Kreibich, C.: Energierechtliche Rahmenbedingungen für Smart Grids. In: Köhler-Schulte (Hrsg.): Smart Grids – Die Energieinfrastruktur im Umbruch. KS-Energy-Verlag, Berlin (2012)

Oppermann: Europarecht, 4. Aufl. München (2009)

Richtlinie 95/46/EG des Europäischen Parlaments und des Rates vom 24. Oktober 1995 zum Schutz natürlicher Personen bei der Verarbeitung personenbezogener Daten und zum freien Datenverkehr („Datenschutzrichtlinie")

Richtlinie 2004/22/EG des europäischen Parlaments und des Rates vom 31. März 2004 über Messgeräte („Messgeräte-Richtlinie")

Richtlinie 2009/72/EG des europäischen Parlaments und des Rates vom 13. Juli 2009 über gemeinsame Vorschriften für den Elektrizitätsbinnenmarkt und zur Aufhebung der Richtlinie 2003/54/EG („Stromrichtlinie")

Richtlinie 2012/27/EU des europäischen Parlaments und des Rates vom 25. Oktober 2012 zur Energieeffizienz, zur Änderung der Richtlinien 2009/125/EG und 2010/30/EU und zur Aufhebung der Richtlinien 2004/8/EG und 2006/32/EG („Energieeffizienz-Richtlinie")

Setz, N.: § 9 EnWG Rdn. 30. In: Säcker, F. J. (Hrsg.): Berliner Kommentar zum Energierecht, B and 1, 2. Aufl. Heidelberg (2010)

Setz, N.: § 9 EnWG Rdn. 34. In: Säcker, F. J. (Hrsg.): Berliner Kommentar zum Energierecht, B and 1, 2. Aufl. Heidelberg (2010)

Steinberg, R., Britz, G.: Der Energieliefer- und -erzeugungsmarkt nach nationalem und europäischen Recht, Frankfurter Schriften zum Umweltrecht 8, Nomos Verlagsgesellschaft 1995, S. 19 f.

Streinz: Europarecht, 8. Aufl. Heidelberg (2008)

VDE/DKE: Die deutsche Normungsroadmap – E-Energy/Smart Grids, Stand 28.03.2010, Version: 1.0

Verordnung über Rahmenbedingungen für den Messstellenbetrieb und die Messung im Bereich der leitungsgebundenen Elektrizitäts- und Gasversorgung (Messzugangsverordnung – „MessZV") vom 17. Oktober 2008, BGBl. I S. 2006, zuletzt geändert durch Artikel 14 des Gesetzes vom 25. Juli 2013 (BGBl. I S. 2722)

Verordnung über den Zugang zu Elektrizitätsversorgungsnetzen (Stromnetzzugangsverordnung – „StromNZV") vom 25. Juli 2005 (BGBl. I S. 2243), zuletzt geändert durch Artikel 5 der Verordnung vom 14. August 2013 (BGBl. I S. 3250)

Verordnung über die Entgelte für den Zugang zu Elektrizitätsversorgungsnetzen (Stromnetzentgeltverordnung – „StromNEV") vom 25. Juli 2005 (BGBl. I S. 2225), zuletzt geändert durch Artikel 1 und 2 der Verordnung vom 14. August 2013 (BGBl. I S. 3250)

Verordnung über die Anreizregulierung der Energieversorgungsnetze (Anreizregulierungsverordnung – „ARegV") vom 29. Oktober 2007 (BGBl. I S. 2529), zuletzt geändert durch Artikel 4 der Verordnung vom 14. August 2013 (BGBl. I S. 3250)

Wikipedia: Intelligentes Stromnetz, http://de.wikipedia.org/wiki/Smart_Grid. Zugegriffen: 04. Dez. 2013

Windoffer und Groß: Rechtliche Herausforderungen des „Smart Grid", Verwaltungsarchiv (VerwArch) 2012, S. 491, 498

Ein wettbewerblicher Strommarkt für die Energiewende

3

Hubertus Bardt

Die Energiewende kann nur im Wettbewerb gelingen

Zusammenfassung

Die Energiewende stellt die Stromerzeugungsstrukturen vor neue Herausforderungen. Insbesondere muss die bisherige Förderung Erneuerbarer Energien grundlegend reformiert werden, um die emissionsfreien Technologien möglichst schnell in den Markt integrieren zu können. Ohne eine solche Reform droht der Wettbewerb auf dem Strommarkt zunehmend zurückgedrängt zu werden. Ohne Wettbewerb werden aber die Innovationen und Effizienzsteigerungen nicht möglich sein, die für eine erfolgreiche Energiewende notwendig sind.

Neben der Förderung Erneuerbarer Energien muss auch der bisherige Strommarkt weiterentwickelt werden. Dabei ist zentral, dass es eine Bepreisung von Versorgungssicherheit geben muss, mit der die notwendigen Backup-Kapazitäten finanziert werden können.

Das Modell eines integrierten VOLL-Optionsmarktes baut auf den bestehenden Strukturen eines Energy-Only-Marktes auf und bietet den Rahmen für eine schrittweise und evolutorische Weiterentwicklung. Gleichzeitig wird damit ein Ordnungsrahmen vorgeschlagen, der erneuerbare und fossile Kraftwerke in gleicher Weise umfassen soll. Für erneuerbare Technologien wird eine temporäre Förderung mit der Versteigerung eines Zuschlags zum Marktergebnis vorgeschlagen.

H. Bardt (✉)
Institut der deutschen Wirtschaft Köln e. V., Konrad-Adenauer-Ufer 21,
50668 Köln, Deutschland

C. Aichele, O. D. Doleski (Hrsg.), *Smart Market*,
DOI 10.1007/978-3-658-02778-0_3, © Springer Fachmedien Wiesbaden 2014

3.1 Die Energiewende braucht Wettbewerb

Die *Energiewende* ist der grundlegende ordnungspolitische Eingriff in die Energieversorgung und insbesondere in die Stromerzeugung. Damit wird in eine bestehende Struktur eingegriffen, die in den letzten Jahrzehnten nach wechselnden und sich widersprechenden Leitbildern organisiert war. Dies gilt insbesondere für die wechselnde Rolle des Wettbewerbs in der Stromwirtschaft. Hier sind verschiedene Phasen zu unterscheiden:[1]

- **Gründung im Wettbewerb**
  Die ersten Jahre des Aufbaus von Anlangen zur Stromerzeugung und der Nutzung von Strom in elektrischen Geräten war geprägt von privatwirtschaftlicher Initiative. Der Absatz elektrischer Anlagen konnte nur gelingen, wenn eine entsprechende Stromversorgung vorhanden war. So wurden auf private Initiative hin erste lokale Strukturen eines Stromsystems geschaffen.
- **Ausbau im Monopol**
  Erst ab Ende des 19. Jahrhunderts wurden erste kommunale Unternehmen zur Stromerzeugung geschaffen. Mit der Entwicklung großtechnischer Anlagen und weiträumiger Übertragungsmöglichkeiten entstand eine zentral strukturierte Stromversorgung, die einem starken staatlichen Einfluss unterlag. Charakteristisch waren staatliche Eigentümerstrukturen, regionale Gebietsmonopole und eine staatliche Preisregulierung, die dem Prinzip einer Kosten-Plus-Regulierung folgte. So konnten die Kosten der Stromerzeugung einschließlich einer als angemessen angesehenen Rendite an die Verbraucher weitergegeben werden. Der Wettbewerb um Kunden konnte nicht stattfinden und die damit verbundenen Effizienzverbesserungen konnten aufgrund der fehlenden Anreize nicht realisiert werden.
- **Liberalisierung und Öffnung für den Wettbewerb**
  Nach mehreren vergeblichen Versuchen der Öffnung der europäischen Strommärkte kam es Ende der 1990er Jahre zu einer umfangreichen Marktöffnung. In Deutschland wurde diese mit der Novelle des Energiewirtschaftsgesetzes von 1998 sowie in weiteren Liberalisierungsschritten umgesetzt. Charakteristisch für die wettbewerbliche Marktordnung ist die Privatisierung der wichtigsten Unternehmen, die Auflösung der Gebietsmonopole und damit die Ermöglichung von Wettbewerb um die Endverbraucher, die Einrichtung einer Strombörse für Wettbewerb auf der Erzeugungsebene und die Öffnung sowie Regulierung des Stromnetzes als natürliches Monopol.
- **Energiewende**
  Mit der Energiewende wurden verschiedene Grundlagen der Stromwirtschaft neu definiert. Dazu gehören insbesondere die technologischen Vorgaben zum Abbau der Kernenergie sowie die Ziele zum Ausbau Erneuerbarer Energien. Neben dem Ordnungsrecht ist das Erneuerbare Energien Gesetz (EEG) das zentrale Element des Umbaus des Energieangebots. Damit werden mit der Technologiewahl nicht nur wesentliche

---

[1] Vgl. Bardt (2005, S. 5 f.) sowie Gröner (1975, S. 45 ff.).

Parameter dem Wettbewerb entzogen. Auch der für eine Marktordnung entscheidende Preismechanismus für Strom wird durch die zunehmende Förderung gestört. In der Folge kommt es zu einer Zurückdrängung des Wettbewerbs als Ordnungsprinzip am Strommarkt.

Mit der Energiewende ist eine Zäsur für die Energie- und insbesondere Stromversorgung in Deutschland verbunden. Folgende Kernelemente machen die Energiewende aus:

- Abschalten der bestehenden Kernkraftwerke nach einem festgelegten Zeitplan bis Ende 2022.
- Ausbau der Erneuerbaren Energien auf mindestens 80 % bis 2050 sowie entsprechende Zwischenziele für jedes Jahrzehnt.
- Mit der veränderten und dezentraleren Produktionsstruktur von Strom sind auch neue Anforderungen an Speichermöglichkeiten, Stromnetze sowie die Flexibilisierung der Nachfrage verbunden.
- Eine Erhöhung der Energieeffizienz in der Stromnutzung wird angestrebt, um eine Verbrauchssenkung erreichen zu können und die Ausbauziele damit schneller zu realisieren.

Die Energiewende verschiebt die Relationen im *energiewirtschaftlichen Zieldreieck* aus Wirtschaftlichkeit, Versorgungssicherheit und Umweltverträglichkeit. Mit dem Ausbau Erneuerbarer Energien wird insbesondere das Ziel der *Umweltverträglichkeit* verfolgt. Mit der Technologieförderung sollen Möglichkeiten zur Reduktion von Treibhausgasemissionen entwickelt und implementiert werden. Insofern zielt die Energiewende primär auf eine Verbesserung der Umweltbilanz des Energiesystems ab.[2]

Aber auch die beiden anderen Ziele des Zieldreiecks müssen im Rahmen der Energiewende beachtet und nicht als vernachlässigbare Nebenbedingungen angesehen werden. Die Sicherung der Stromversorgung muss auch weiterhin sichergestellt werden. Stromausfälle sind mit erheblichen potenziellen Schäden verbunden. Aber auch kürzere Stromschwankungen bedeuten für Industrieprozesse, dass Produktion ausfällt, halbfertige Teile vernichtet werden müssen, Anlagen stillstehen oder schlimmstenfalls beschädigt werden. Für unterschiedliche Nachfrager ist *Versorgungssicherheit* unterschiedlich wichtig. Aber auch wenn das Anspruchsniveau nicht einheitlich ist, ist eine generell hohe Versorgungssicherheit ein wichtiges Ziel der Energiepolitik.

Die Wirtschaftlichkeit der Stromversorgung ist mindestens ebenso stark bedroht, wie die Versorgungssicherheit. Mit dem Abschalten bestehender Kernkraftwerke werden existierende Stromerzeugungskapazitäten mit niedrigen variablen Kosten aus dem Markt genommen. Gleichzeitig werden mit den Erneuerbaren Energien besonders teure Technologien mit Hilfe der staatlich vorgeschriebenen Förderung nach dem EEG installiert. Unter dem Strich sind die staatlichen Belastungen auf dem Strompreis über die letzten Jahre

---

[2] Vgl. Bardt (2010) sowie IW Köln (2010).

deutlich angestiegen. Daraus ergeben sich Mehrbelastungen für private Haushalte, aber auch Zusatzkosten und daraus resultierende Wettbewerbsprobleme für Unternehmen mit hohem Energieverbrauch. Eine Energiewende, welche die wirtschaftlichen Möglichkeiten der Verbraucher überschreitet, müsste letztlich als gescheitert angesehen werden.[3]

Die Energiewende stellt das Stromsystem vor umfangreiche Herausforderungen, die sich in zwei generelle Aufgaben zusammenfassen lassen. Zum einen sind Innovationen zwingend, die beispielsweise die Preise für Erneuerbare Energien senken, ihre Steuerbarkeit erhöhen und Speicher- bzw. Ausgleichsmöglichkeiten verbessern. Zum anderen wird eine möglichst hohe Effizienz benötigt, um die Ziele der Energiewende zu angemessenen Preisen zu ermöglichen. Eine übertuerte Energiewende ist nicht tragbar.

Innovationen und Effizienz können nur in wettbewerblichen Strukturen erreicht werden. Wettbewerb um die besten Ideen und die günstigsten Lösungen bietet die Anreize für Verbesserungen, die für eine erfolgreiche Energiewende notwendig sind. Ohne Wettbewerb lassen sich zwar technologische Lösungen konzipieren. Für effiziente und innovative Schritte zur Erreichung der Ziele der Energiewende sind wettbewerbliche Strukturen jedoch zwingend notwendig. Eine erfolgreiche Energiewende wird es nur im Wettbewerb geben.

3.2 Wettbewerbsferne Elemente nehmen zu

Wettbewerb ist erst seit anderthalb Jahrzehnten ein prägendes Ordnungsprinzip im Strommarkt. Nach Jahrzehnten des Monopols und der staatlichen Preisregulierung war die *Marktöffnung* nach 1998 eine grundlegende Veränderung der Rahmenbedingungen für alle Marktteilnehmer. Zum ersten Mal war für Industrie- und Haushaltskunden die Möglichkeit zur Wahl des Anbieters gegeben; zum ersten Mal mussten sich die Versorger systematisch dem Wettbewerb stellen.

Für die Verbraucher hat sich der Wettbewerb positiv ausgewirkt. So kam es mit Beginn der *Liberalisierung* zu einem Preisrückgang von 1 bis 1,2 Cent zwischen 1999 und 2000 (siehe Abb. 3.1). In der Rest-EU war dieser Effekt in dieser Form so nicht zu verzeichnen. Erst 2005 wurde das alte Preisniveau (ohne Steuern) wieder erreicht. Der einen Effizienzfortschritt induzierende Wettbewerbsdruck, der sich in dem Preisrückgang zeigt, war von erheblichem Vorteil für die Verbraucher, auch wenn Abgabensteigerungen die Kostenvorteile schnell wieder zunichte gemacht haben.

Trotz der positiven Erfahrungen mit einem nach wettbewerblichen Ordnungsprinzipien gestalteten Strommarkt dominieren seit einigen Jahren Entwicklungen, die den Wettbewerb um Strom einschränken. Gerade die Energiewende droht den Wettbewerb zu schwächen, obgleich die effizienzsteigernde und innovationsfördernde Wirkung des Wettbewerbs für eine erfolgreiche Energiewende dringend notwendig ist.[4]

---

[3] Vgl. Bardt und Kempermann (2013).
[4] Vgl. Bardt (2012).

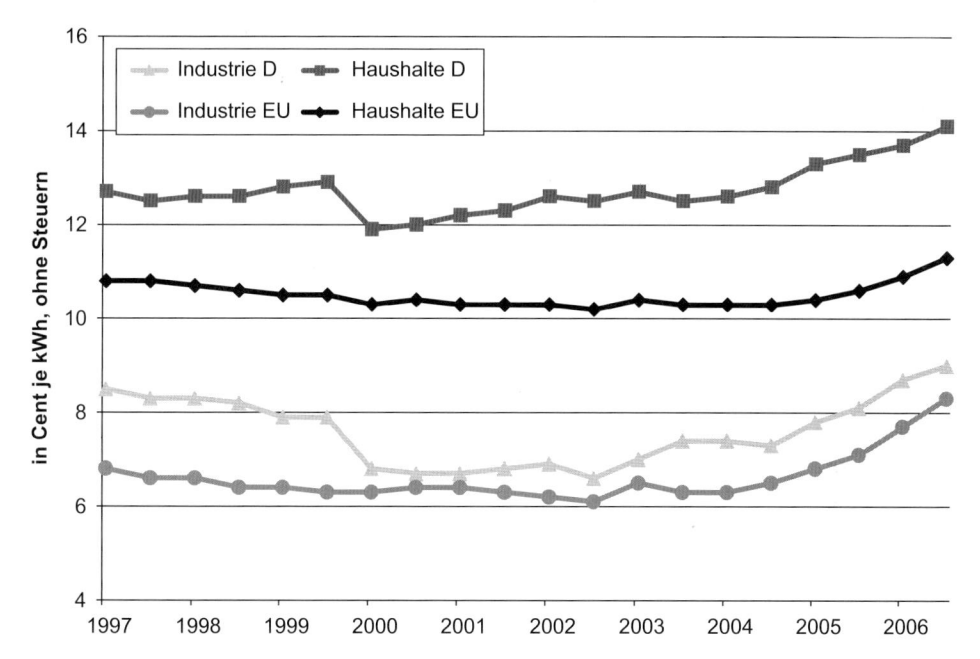

Abb. 3.1 Sinkende Strompreise mit der Marktöffnung 1997 bis 2006. (Strompreis ohne Steuern in Cent je kWh; Quelle: Eurostat)

Dabei wird der in den letzten Jahren gewachsene Wettbewerb auf unterschiedlichen Ebenen und mit unterschiedlichen spezifischen Hintergründen und Motiven eingeschränkt. Der wesentliche Treiber dieser Entwicklung ist die zentralstaatlich eingeleitete Energiewende. Dabei wird mit ordnungsrechtlichen Mitteln, aber insbesondere auch mit Subventionszahlungen und Abnahmegarantien Einfluss auf die Marktergebnisse genommen. Damit sollen insbesondere bestimmte Technologien aus dem Markt genommen und neue in die Stromerzeugung integriert werden, auch wenn die Marktsignale dies nicht als effizient anzeigen.

Die zunehmenden Beschränkungen des Wettbewerbs betreffen die verschiedenen Elemente der Stromerzeugung in Deutschland. Sowohl konventionelle fossile und kerntechnische Anlagen, aber auch und insbesondere die Erneuerbaren Energien sind Einschränkungen des Wettbewerbs ausgesetzt. Neben dem Erzeugungsmarkt der Kraftwerke drohen auch auf der Verteilebene zum Endverbraucher Wettbewerbsbeschränkungen. Aber auch angrenzende Märkte, insbesondere aufgrund der Preissteuerung auf dem Markt für Kohlendioxid-Emissionsrechte, werden immer wieder durch neue Regulierungsvorschläge bedroht.

Die dominierende Beschränkung des Wettbewerbs liegt in der heutigen Förderung Erneuerbarer Energien. Diese werden im Rahmen des EEG vor allem auf zwei Wegen gefördert:

- **Einspeisevergütung**: Für jede Kilowattstunde Strom wird von den Netzbetreibern eine staatlich definierte feste Vergütung gezahlt, die teilweise deutlich über dem schwankenden Marktpreis für Strom liegt. Die Vergütung nimmt keine Rücksicht darauf, welchen Wert der Strom zum Zeitpunkt der Einspeisung hat, ob er also zur Versorgung benötigt wird oder ob gerade Strom im Überfluss vorhanden ist. Der eingespeiste Strom wird von den Netzbetreibern am Spotmarkt verkauft. Die Differenz aus Einspeisevergütung und Verkaufserlös wird im Rahmen der EEG-Umlage auf die Stromverbraucher umgelegt.
- **Einspeisevorrang**: Strom, der aus Erneuerbaren Energien erzeugt und nach dem EEG gefördert wird, muss vorrangig in das Netz eingespeist werden. Dies bedeutet, dass im Fall einer Überproduktion zunächst konventionelle Quellen abgeschaltet werden müssen. Für die geförderten Anlagen leiten sich daraus Entschädigungsregelungen ab. Der Einspeisevorrang steht in engem Zusammenhang zur Einspeisevergütung. Wenn nur ein Marktpreis zu zahlen wäre, würden die Erneuerbaren Energien nicht zu den garantierten Sätzen eingekauft werden. In einem Marktsystem könnten Solar- und Windanalagen mit sehr niedrigen variablen Kosten kurzfristig zu Grenzkosten von Null anbieten und sich damit am Markt durchsetzen. Dies würde einen Einspeisevorrang obsolet werden lassen.

Mit *Einspeisevorrang* und staatlich festgelegter *Einspeisevergütung* wird der Markt der Stromerzeugung in zwei Teile geteilt:

- In einem Angebotsbereich müssen die Erzeuger auf Preissignale reagieren und in einem Umfeld mit schwankenden Preisen einen für die Finanzierung der Erzeugungsanlagen auskömmlichen Umsatz erzielen. Sie sind dem Absatz- und dem Preisrisiko ausgesetzt. Der Marktpreis kann hier die Rolle spielen, eine knappheitsgerechte Nutzung der jeweils effizientesten Anlagen zu ermöglichen.
- Für den anderen Teil des Angebots spielen Preissignale keine Rolle. Knappheitspreise können keine zusätzliche Nutzung oder Abschaltung von Anlagen signalisieren. Die Erzeuger haben kein Absatzrisiko und kein Preisrisiko. Hier sind die Preise staatlich administriert, die Mengen passen sich entsprechend an.

Während der erste Teil des Angebots nach marktwirtschaftlichen und wettbewerblichen Ordnungsprinzipien organisiert ist, findet im zweiten Teil des Angebots kein Wettbewerb statt; hier dominieren planwirtschaftliche Ordnungselemente.

In den letzten Jahren ist der Anteil der wettbewerblichen Stromproduktion laufend gesunken, da der staatlich geförderte Anteil der wettbewerbsfernen Stromproduktion stetig angestiegen ist (siehe Abb. 3.2). So ist der Anteil Erneuerbarer Energien an der Stromerzeugung zwischen 2001 und 2012 von 6,6 % auf 22,6 % angestiegen. Der über das EEG geförderte Anteil liegt aber niedriger und kommt auf 17,4 %. Damit wird jede sechste Kilowattstunde Strom schon heute nach wettbewerbsfremden Kriterien erzeugt.

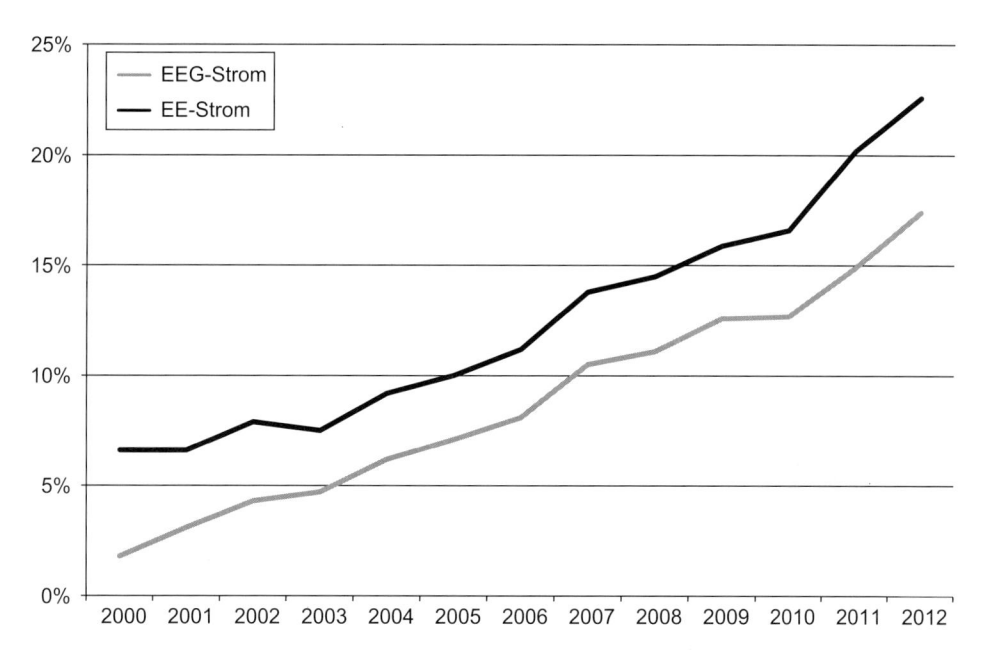

Abb. 3.2 Anteil Erneuerbarer Energien an der Stromerzeugung 2001 bis 2012 in Prozent. (Quelle: BDEW 2013; AG Energiebilanzen 2013; IW Köln 2010)

Dieser Anteil wird in den nächsten Jahren deutlich ansteigen, wenn es nicht zu veränderten Rahmenbedingungen kommt. Die zukünftigen Marktanteile Erneuerbarer Energien sind über politische Zielsetzungen definiert worden und sollen 2050 einen Anteil von mindestens 80 % erreichen. Selbst wenn sich der Anteil der Erneuerbaren Energien erhöht, der ohne staatliche Unterstützung am Markt platziert werden kann, wird der Anteil geförderten Stroms an der Stromerzeugung auf Sicht deutlich ansteigen. Dabei hängt der Anteil der staatlich garantierten Produktion neben den planwirtschaftlich gesetzten Zielen auch von den Kostenentwicklungen für erneuerbaren und konventionellen Strom ab. Sollten konventionelle Quellen deutlich teurer und Erneuerbare Energien systematisch günstiger werden, kann sich eine höhere Marktfinanzierung der Erneuerbaren Energien ergeben. Dafür ist jedoch eine Voraussetzung, dass die Erneuerbaren Energien steuerbar werden und somit angeboten werden können, wenn die Preise entsprechend hoch sind. Wenn hingegen beispielsweise Photovoltaikstrom regelmäßig zur Mittagszeit die Stromerzeugung dominiert, sinken die Kosten so weit, dass kaum ein positives Marktergebnis erzielt werden kann. Dann wäre eine Marktfinanzierung der Erneuerbaren Energien noch schwieriger. Ohne eine Veränderung des Fördersystems wird es nicht mehr zu einer mehrheitlich wettbewerblichen Stromerzeugung kommen. Vielmehr werden staatlich definierte Vergütungen für die Stromerzeugung und daraus abgeleitete Umlagen für die Endverbraucher die Erzeugung dominieren.

Aber auch der verbleibende Markt für wettbewerblich erzeugten Strom ist in seiner Funktionsfähigkeit bedroht, da auch hier immer häufiger wettbewerbswidrige Ordnungselemente zum Zuge kommen. Ein vielfach diskutiertes Problem der verbleibenden und als

Back-up benötigten fossilen Kraftwerke liegt in der geringer werdenden Einsatzzeit, die nur dann zur Finanzierung der Investitionen ausreicht, wenn entsprechend hohe Preise in den relativ wenigen Einsatzstunden erzielt werden können. Auch hier werden Förderinstrumente diskutiert, die letztlich zumindest auf eine staatliche Definition der notwendigen Kapazitätsmengen hinauslaufen.

Im schlechtesten Fall drohen sowohl für die Erneuerbaren Energien als auch für den konventionellen Kraftwerkspark die Rückkehr zur Welt ähnlich der einer kostenbasierten Preisregulierung, bei der Kosten erstattet und nicht Marktpreise erwirtschaftet werden.

Schon heute werden prinzipiell wettbewerbliche Märkte auf der Erzeugungsebene und darüber hinaus durch zahlreiche staatliche Eingriffe beeinflusst (oder zumindest in entsprechenden Vorschlägen diskutiert), die den Wettbewerb begrenzen und als Teilschritte einer schleichenden Transformation hin zu einer stärker planwirtschaftlichen Stromwirtschaft interpretiert werden können:

- **Abschaltverbot**: Für bestimmte Kraftwerke, die für die Netzstabilität als unverzichtbar eingeschätzt werden, kann ein *Abschaltverbot* ausgesprochen werden, wodurch entsprechende Ausgleichszahlungen ausgelöst werden. Die Beschränkung des Marktaustritts stellt aber einen tiefen Eingriff in die unternehmerischen Entscheidungskompetenzen und zudem ein nicht unerhebliches Investitionsrisiko dar.
- **Zubaupflicht**: Als Gegenstück zum Abschaltverbot wurde vereinzelt auch eine *Zubaupflicht* für Kraftwerke vorgeschlagen. Eine solche Investitionsverpflichtung würde ebenfalls den Wettbewerb außer Kraft setzen.
- **Sicherung von Reserve durch Bundesnetzagentur**: Die Bundesnetzagentur sichert durch vertragliche Vereinbarungen bestimmte *Reservekapazitäten*, um die Versorgungssicherheit zu gewährleisten. Damit wird jedoch die Entscheidung über das Ausmaß der Versorgungssicherheit und deren Sicherstellung weitgehend in behördliche Verantwortung übertragen.
- **Preisregulierung auf Verteilebene**: Auch der wettbewerblich strukturierte Markt auf Verteilebene wird durch Vorschläge einer *Preisregulierung* bedroht, die auf eine kostenbasierte Regulierung hinauslaufen, statt Marktpreise wirken und Knappheiten anzeigen zu lassen.
- **Verstaatlichungen**: Vorschläge zur *Verstaatlichung* gibt es sowohl für Netzbetreiber als auch für Stromerzeuger. Damit würde der Wettbewerb, der auf Privateigentum und entsprechenden Einkommensinteressen basiert, erheblich geschwächt. Auf kleinerer Ebene findet dies in Form der Re-Kommunalisierung statt.
- **Eingriffe in den Emissionshandel**: Auch für den *Emissionshandel* werden Eingriffe diskutiert, insbesondere die (temporäre) Reduktion des Zertifikateangebots oder die Einführung von Mindestpreisen. Über die damit verbundenen Preiswirkungen hätte dies auch Auswirkungen auf das Marktergebnis im Strommarkt.

Auch wenn der Wettbewerb in der Stromwirtschaft als Leitprinzip in den letzten Jahren wirken konnte, droht eine schrittweise Zurückdrängung marktwirtschaftlicher Elemente und eine zunehmende staatliche Planung der Stromwirtschaft.

3.3 Der Markt muss sich verändern

Mit der Energiewende stellt sich die Frage nach der Regelungslogik in der Energieversorgung und insbesondere in der Stromversorgung neu. Da die Ausweitung der Erneuerbaren Energien ein politisch gewünschtes Ziel und kein spontanes Marktergebnis ist, bekommen staatliche Regelungsansätze zusätzliche Bedeutung. Dabei besteht jedoch die Gefahr, dass bewährte marktwirtschaftliche und wettbewerbliche Prinzipien auf dem Strommarkt nicht mehr ausreichend berücksichtigt werden. Zudem muss generell die Frage gestellt werden, ob ein Anteil Erneuerbarer Energien von mindestens 80 % in 2050 überhaupt langfristig ein sinnvolles Ziel darstellt. Eine derartig detaillierte Technologieförderung durch Definition eines Marktergebnisses greift deutlich stärker in den Wettbewerb ein als das eigentliche Ziel der Senkung von Treibhausgasemissionen, die über den Emissionshandel gesteuert werden. Eine zusätzliche Technologieförderung kann daher nur eine temporäre Maßnahme darstellen.

Die Erneuerbaren Energien haben den Nischenbereich verlassen. Schon heute wird rund ein Viertel des Stromverbrauchs durch Erneuerbare Energien gedeckt. Zunehmend prägen sie das Stromversorgungssystem. Dies basiert bisher auf der Grundlage des EEG, das eine Anschlusspflicht für Anlagen sowie die Abnahmepflicht für erneuerbaren Strom durch die Übertragungsnetzbetreiber und die Vergütung des Stroms nach zuvor festgesetzten Tarifen, abhängig von Anlagentyp und Baujahr, vorsieht.

Während zunächst die Förderung der regenerativen Stromerzeugung, vor allem Technologieentwicklung und Kostenreduktion im Vordergrund standen, müssen zukünftig *Koordinations-* und *Integrationsaspekte* an Bedeutung gewinnen. Dabei wird davon ausgegangen, dass die politischen Ziele (Minderung der Treibhausgasemissionen im Vergleich zu 1990 um 40 % bis 2020 sowie Ausbau der EE-Stromerzeugung auf min. 35 % bis 2020 sowie 80 % bis 2050) weiterhin verfolgt werden. Unklar ist jedoch, ob diese Ziele tatsächlich aufrechterhalten werden sollen und können, wenn es nicht zu einem internationalen Ansatz der Klimapolitik, also ein wirklich globales Klimaschutzabkommen kommt. Eine Neuordnung dieser Ziele würde nicht ohne Konsequenzen für die energiepolitische Orientierung bleiben.

Statt einer Flut unkoordinierter Einzelmaßnahmen wird ein grundlegendes energiepolitisches *Gesamtkonzept* notwendig sein. Dieses besteht aus zwei Elementen: Zum einen muss die Förderung der Erneuerbaren Energien mit stärkerem Blick auf Effizienz und Integration reformiert werden. Zum anderen ist es gleichzeitig notwendig die existierenden Regeln des Strommarktes weiterzuentwickeln und damit an ein sich grundlegend veränderndes Stromversorgungssystem der Zukunft anzupassen (siehe Abb. 3.3). Beide Reformen müssen mit klarem Blick auf die notwendige Konvergenz der Marktstrukturen konzipiert werden.

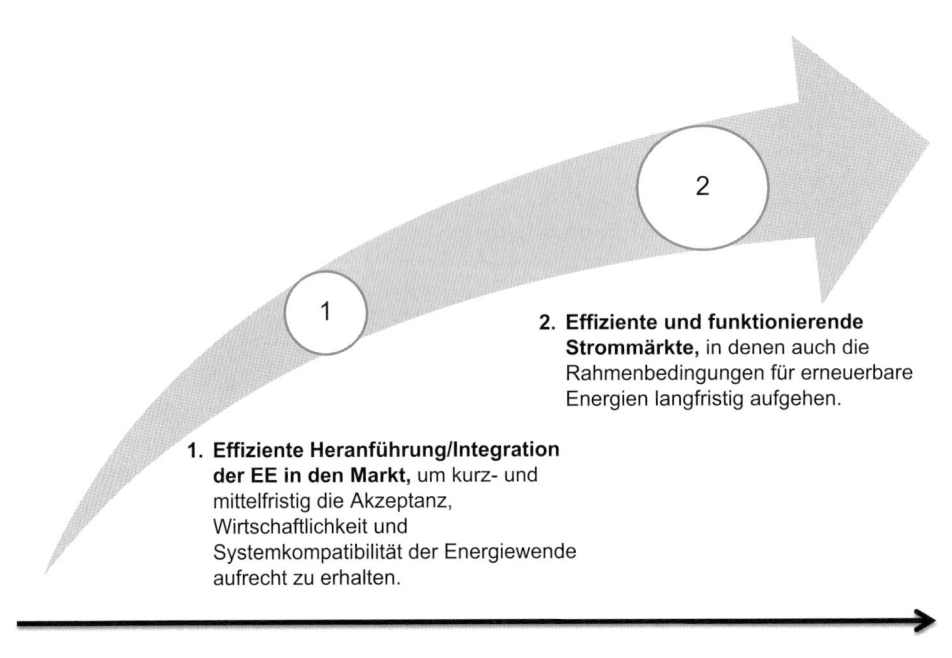

1. **Effiziente Heranführung/Integration der EE in den Markt,** um kurz- und mittelfristig die Akzeptanz, Wirtschaftlichkeit und Systemkompatibilität der Energiewende aufrecht zu erhalten.

2. **Effiziente und funktionierende Strommärkte,** in denen auch die Rahmenbedingungen für erneuerbare Energien langfristig aufgehen.

Abb. 3.3 Reformelemente im Strommarkt

3.4 Ziele für ein Marktdesign

Die Veränderung eines bestehenden Marktes ist kein Selbstzweck. Eingriffe können immer unerwünschte Nebenwirkungen mit sich bringen und zu Störungen führen, die erneute Eingriffe nach sich ziehen. Die Einführung des EEG ist hierfür ein gutes Beispiel. Wenn tatsächlich ein Veränderungsbedarf für den Strommarkt konstatiert wird, muss die daraus abgeleitete Reform nach klaren Prinzipien erfolgen, die eine Kalkulierbarkeit weiterer Veränderungen ermöglichen. Für die Gestaltung des zukünftigen Ordnungsrahmens des Strommarktes erscheinen folgende Anforderungen und Prinzipien vordringlich:

1. **Langfristigkeit**: Die Konzeption für ein Marktdesign muss langfristig angelegt sein. Investitionen in energiewirtschaftliche Anlagen haben eine Laufzeit von mehreren Jahrzehnten. Die Entwicklung der zukünftigen Marktprinzipien sollte eine Perspektive von 20 Jahren und mehr weisen. Damit muss eine klare Orientierung für Marktteilnehmer mit langfristigen Investitionen gesetzt werden – ob als Erzeuger von fossil oder erneuerbar produziertem Strom auf der Angebotsseite oder als Industrieverbraucher auf der Nachfrageseite. Eine solche Orientierung muss auch über Legislaturperioden und Regierungskonstellationen verlässlich sein. Anhand der langfristigen Ordnungsvorstellungen müssen auch die Reformschritte im Transformationsprozess der Energiewende abgeleitet werden.

2. **Wettbewerb**: Der zukünftige Strommarkt muss in seinen wesentlichen Elementen wettbewerblich organisiert sein, dies gilt für alle Anbieter und Technologien, aber auch für den Veränderungsprozess selbst. Auch dieser kann nur begrenzt zentral gesteuert werden. Ordnungspolitik muss Prozesspolitik ersetzen, mit der in laufende Marktgeschehen eingegriffen wird, um bestimmte Ergebnisse zu erzielen.
3. **Einheitlichkeit**: Die Prinzipien des zukünftigen Regelsystems sollen einheitlich für alle Anbieter gelten. Auf Dauer kann es keine Spaltung der Marktregeln für erneuerbare und konventionelle Anlagen geben.
4. **Technologieneutralität**: Das Marktumfeld darf keine dauerhafte Differenzierung für spezifische Technologien vorsehen. Für eine Übergangszeit werden Sonderregeln oder Förderungen insbesondere Erneuerbarer Energien notwendig sein. Aber auch innerhalb dieser sollten Differenzierungen auf das Notwendige begrenzt werden. Zudem sind diese Förderungen degressiv zu gestalten und die Sonderregeln mit einer klaren Exit-Strategie zu versehen.
5. **CO_2-Markt**: Der europäische Markt für Treibhausgas-Emissionsrechte bleibt der zentrale Mechanismus zur Integration der Kosten von Kohlendioxid-Emissionen in die Stromerzeugung. Damit werden politisch definierte Emissionsziele erreicht und Kosten in das Entscheidungskalkül der Investoren eingepreist. Weitere Förderungen sind damit auf Dauer nicht notwendig und sollten vermieden werden.
6. **Kapazitätssicherung**: Der zukünftige ordnungspolitische Ansatz muss Finanzierungsmöglichkeiten für notwendige Kapazitäten eröffnen, um die Versorgungssicherheit der Stromverbraucher sicherzustellen. Dies kann über die Nutzung einer Zahlungsbereitschaft für Versorgungssicherheit realisiert werden. Verbraucher ohne eine solche Zahlungsbereitschaft können für ein niedrigeres Niveau an Versorgungssicherheit optieren, was den Kapazitätsbedarf in den Spitzenzeiten senken und damit die Versorgungssicherheit erhöhen kann.
7. **Nachfrageflexibilisierung**: Zur Stabilisierung des Ausgleichs von Stromerzeugung und Stromverbrauch ist nicht nur Flexibilität bei der Stromproduktion und gegebenenfalls Speicherung notwendig, sondern fraglos auch im Bereich der Nachfrage. Die Flexibilisierung der Nachfrage bzw. Demand Side Management müssen in zukünftige Marktmodelle integrierbar sein.
8. **Europäisierung**: Ohne einen europäischen Strombinnenmarkt können wichtige Effizienzvorteile und Wettbewerbswirkungen nicht realisiert werden. Zukünftige Marktmodelle dürfen einem Strombinnenmarkt nicht entgegenstehen, sondern müssen europafähig sein.
9. **Evolution**: Weiterentwicklungen des Strommarktes müssen auf dem bestehenden wettbewerblichen Energy-Only-Markt aufbauen. Nur so können Strukturbrüche vermieden und Transformationsrisiken minimiert werden. Eine schrittweise evolutorische Weiterentwicklung sollte marktnah erfolgen und gegebenenfalls revidierbar sein. Das Wissen und die Erfahrungen der Marktteilnehmer sind dabei als Veränderungsquelle mindestens ebenso wichtig wie externe Expertise.

3.5 Der VOLL-Optionsmarkt-Ansatz

Ein zur Bewältigung der zukünftigen Herausforderungen angepasstes *Strommarktmodell* muss bei den bestehenden Strukturen ansetzen. Der *Energy-Only-Markt* erfüllt seine Steuerungsfunktion bei der Zuschaltung der jeweils preisgünstigsten Kraftwerke zur Deckung des aktuellen Strombedarfs. Diese Funktion wird auch in Zukunft von essentieller Bedeutung sein.

Dabei stellt sich die Frage, ob der Energy-Only-Markt durch die zunehmende Einspeisung von Strom aus erneuerbaren Quellen diese Funktion weiter erfüllen kann. Für zwei der wichtigsten Erneuerbaren Energien, Sonne und Wind, ist es typisch, dass praktisch keine variablen Kosten anfallen, wie sie bei fossilen Kraftwerken durch den Brennstoffeinsatz entstehen. Dies bedeutet, dass die Stromerzeuger ihr Produkt kurzfristig zu Grenzkosten von nahezu Null anbieten können. In sonnen- oder windreichen Stunden kann der komplette Strombedarf aus grenzkostenfreien Kraftwerken gedeckt werden. In diesen Phasen kommt es zu Strompreisen von Null – bei Überangeboten auch zu negativen Strompreisen. Wenn dies die zukünftige Standardsituation ist und gleichzeitig der Strompreis in den verbleibenden Stunden nach oben gedeckelt ist, können weder Betreiber fossiler Anlagen noch Erzeuger von Erneuerbaren Energien die langfristig notwendigen Umsätze erzielen, um ihre Investitionen in die Anlagen zu refinanzieren. In einem solchen Fall wäre ein reiner Energy-Only-Markt nicht mehr ausreichend, um die notwendigen Investitionen in Erzeugungskapazitäten zu alloziieren, ohne das eine eigene Leistungsvergütung in das Marktsystem integriert ist.

Heute wird Versorgungssicherheit bzw. die Netzstabilität als öffentliches Gut behandelt. Ein Ausfall aufgrund fehlender Erzeugungskapazitäten (oder aufgrund fehlender Leitungskapazitäten, die aber hier nicht weiter beleuchtet werden sollen) betrifft alle Stromverbraucher einer Region gleichermaßen. Eine besondere Bepreisung des Gutes Versorgungssicherheit gibt es heute nicht. Sie wird mit dem Kauf des Stroms quasi unterstellt und in der Regel kostenlos mitgeliefert. Damit werden auch keine Zahlungsströme generiert, die explizit auf die Steigerung des Sicherheitsniveaus zielen. Die fehlende Ausschließbarkeit vom Gut Versorgungssicherheit kann jedoch behoben werden. Damit würde aus dem bisherigen kostenlosen öffentlichen Gut ein privates Gut, das – zumindest in bestimmten Zeiten – auch kostenpflichtig wäre. Einzelne Verbraucher könnten sich damit ein höheres Niveau an Versorgungssicherheit einkaufen. Sofern darauf verzichtet wird, nimmt der Verbraucher das höhere Risiko auf sich, bei Kapazitätsengpässen notfalls abgeschaltet zu werden, um den Ausfall der abgesicherten Verbraucher zu vermeiden. Voraussetzung dafür ist aber natürlich die zunehmende technische Fähigkeit, einzelne Verbraucher gezielt vom Netz zu nehmen bzw. die von ihnen in Anspruch genommene Leistung wirksam zu begrenzen.

Der Energy-Only-Markt hat sich im Wesentlichen bewährt. Aufgrund der unklaren Entwicklungen der Zukunft erscheint ein theoretisch durchdachter Großentwurf für eine einmalige und grundlegende Umgestaltung des Strommarkts weniger sinnvoll als eine schrittweise Weiterentwicklung der bewährten Strukturen. Dazu ist es vor allem notwendig, das Preissignal für Versorgungssicherheit expliziter zu machen und die Verbindlichkeit derartiger Angebote zu erhöhen.

Aufbauend auf dem Energy-Only-Markt und den bereits bestehenden Derivatemärkten sollte daher ein erweiterter *Optionsmarkt* entwickelt und als Kernelement der Bepreisung von Versorgungssicherheit aufgebaut werden.[5] Futures und Optionen auf Strom gibt es heute bereits. Zukünftig sollten Optionen an der Börse stärker als bisher in hochaufgelösten Zeiten angeboten und gehandelt werden können. Zudem sollten sie mit einer Verpflichtung zur Produktionsbereitschaft der Anlagen und entsprechend hohen Kompensationszahlungen im Falle eines Ausfalls versehen sein. Solche Optionen sollen den Wert, den Versorgungssicherheit hat (Value of Lost Load), stärker offenlegen und werden daher im Folgenden als *VOLL-Optionen* bezeichnet. Der heutige Optionsmarkt wird zu einem VOLL-Optionsmarkt für Strom aus gesicherter Leistung und für Versorgungssicherheit weiterentwickelt. Ein solcher Optionsmarkt, der von den Nachfragern umfassend genutzt wird, kann als zentrales Element einer marktgerechten Kapazitätssicherung etabliert werden.

Der Strommarkt in und nach der Energiewende sollte sich in drei wesentliche Teile gliedern:

a. **VOLL-Optionsmarkt:** Auf dem *Optionsmarkt* bieten Betreiber von Stromerzeugungsanlagen die Option auf sichere Lieferungen aus gesicherter Leistung an. Dabei kann nicht der gesamte Strom beispielsweise eines Kohlekraftwerks am Optionsmarkt angeboten werden, da auch hier ein gewisses Ausfallrisiko besteht. Daher ist eine Sicherheitskapazität zurückzubehalten, die nicht angeboten werden darf. Aus der Summe der Sicherheitskapazitäten der verschiedenen Kraftwerke entsteht eine geringe Backup-Kapazität, die bei ungeplanten Ausfällen einzelner Elemente zum Einsatz kommt. Optionen können angeboten werden von allen, die in Engpasssituationen sicher Leistung verfügbar haben und damit Strom produzieren können oder Last abwerfen und somit zu einem Ausgleich beitragen können. Dies sind fossile Kraftwerke, Speicher, aber auch erneuerbare Anlagen. Biomasse beispielsweise ist regelbar, virtuelle Kraftwerke unter Einschluss von Sonne oder Wind können einen Beitrag leisten, in größeren Vermarktungsverbünden könnten Sonnen- und Windkraftanlagen in der kürzeren Frist auch mit höherer Sicherheit Leistung als gesichert anbieten, wobei eine größere Sicherheitskapazität aufgrund der höheren Ausfallwahrscheinlichkeit zurückzuhalten ist. Mit technischem Fortschritt und einer verbesserten Speicher- und Steuerbarkeit Erneuerbarer Energien kann auch die Optionsmarktfähigkeit dieser Anlagen steigen. Ebenfalls beteiligen können sich Nachfrager, die Last abwerfen können.

Aufgrund des prinzipiellen Ausfallrisikos kann ein Kraftwerk alleine keine sichere Leistung anbieten. Aufgrund der Sicherheitskapazität besteht aber eine Art Pooling, sodass auch ein einzelnes Kraftwerk über diesen Weg anbieten kann. Im Falle von unplanmäßiger Nicht-Lieferung muss eine ex ante definierte Pönale gezahlt werden. Unter-

---

[5] Vgl. Bardt und Chrischilles (2014).

schiedliche Schadensersatzniveaus können gegebenenfalls eine weitere Differenzierung auf dem Optionsmarkt mit sich bringen, mit dem unterschiedliche Wertigkeiten von Versorgungssicherheit handelbar gemacht werden.

Die Nachfrager kaufen sich mit einer VOLL-Option die Sicherheit der zukünftigen Stromversorgung zu einem bestimmten Zeitpunkt. Dabei müssen sie heute den Strom noch nicht einkaufen. Auf dem Optionsmarkt wird Versorgungssicherheit gehandelt, ohne dass die tatsächlich benötigte Strommenge wie am Futuresmarkt fest kontrahiert werden muss. Die Optionen können auf den Futuresmärkten eingesetzt und in eine tatsächliche Stromlieferung umgesetzt werden.

b. **VOLL-Futuresmarkt:** Auf dem *Futuresmarkt* wird Strom aus gesicherter Leistung gehandelt. Dabei gelten dieselben Zugangsregeln für Anbieter wie auf dem Optionsmarkt, sodass eine Versorgungssicherheit über die Sicherheitskapazität und die Beschränkung des Zugangs auf Anlagen mit gesicherter Leistung hergestellt werden kann. Die Futures sind verknüpft mit einer physischen Lieferverpflichtung. Maßnahmen der Nachfrageflexibilisierung können diese nur einlösen, wenn die entsprechenden Unternehmen selbst entsprechende Lieferungen kontrahiert haben und diese für bestimmte Zeiträume im Engpassfall abzutreten bereit sind. Dies ist Voraussetzung für ihre Integration in den Options- und Futuresmarkt.

Die Nachfrager kaufen Arbeit aus der gesicherten Leistung auf, die sie durch ungesicherte Arbeit am Spotmarkt ergänzen können. Dazu lösen Sie entweder zuvor gekaufte Optionen ein oder kaufen direkt am Futuresmarkt. Damit erhalten sie nicht nur die Versorgungssicherheit wie am Optionsmarkt, sondern ebenfalls die feste Kontrahierung der Strommengen.

Der VOLL-Futuresmarkt ist in dem hier vorgeschlagenen Ansatz mit einer physischen Lieferverpflichtung und an die gesicherte Leistung geknüpfte Zugangsvoraussetzungen verbunden. Ein Terminmarkt mit Strom aus ungesicherter Leistung und einem damit verbundenen Ausfallrisiko kann sich ebenfalls entwickeln, wenn hierfür eine hinreichend große Nachfrage bei den Stromverbrauchern besteht. Dies entspricht dem Gesamtansatz, der offen für evolutorische Veränderungen ist und sich nach den Bedürfnissen der Marktteilnehmer richten muss. Eine Ausübung von Optionen auf Strom aus gesicherter Leistung ähnelt dann der Nutzung von Leistungszertifikaten.[6] Diese dienen als Differenzierungsmerkmal für die Bestimmung der in einer Engpasssituation abzuschaltenden Verbraucher in einem Markt für Strom aus beliebigen Quellen unabhängig von der Sicherheit der installierten Leistung.

c. **Spotmarkt**: Auf dem *Spotmarkt* findet weiterhin keine Differenzierung zwischen Strom aus gesicherter und ungesicherter Leistung statt. Hier werden sowohl verbleibende Strommengen aus Kraftwerken mit gesicherter Leistung als auch Strom aus fluktuierenden Kraftwerken angeboten. Dazu können auch Strommengen aus nicht genutzten und nicht mehr einlösbaren Optionen gehören, sowie ein Teil des Stroms aus den zurückgehaltenen Sicherheitskapazitäten. Nur ein Teil dieser Sicherheitskapazität muss

---

[6] Vgl. enervis und BET (2013).

weiterhin stillgelegt bleiben, um im Falle von kurzfristigen Ausfällen und Netzschwankungen zugeschaltet zu werden. Ansonsten wird die Versorgungssicherheit in Engpasssituationen über das gezielte Abschalten von Verbrauchern hergestellt, die sich nicht mit Optionen bzw. Futures für Strom aus gesicherter Leistung eingedeckt haben. Soweit steuerbare Kraftwerke mit positiven Grenzkosten auf dem Spotmarkt eingesetzt werden, ergibt sich auch hier ein positiver Preis für Strom.

Auf dem VOLL-Optionsmarkt wird (für bestimmte Zeitpakete) eine Art ex ante Versicherung gehandelt. So wird sichergestellt, dass Strom zu einem späteren Zeitpunkt auch tatsächlich gekauft und geliefert werden kann. Damit kann Versorgungssicherheit bezogen werden, unabhängig vom konkreten Strombezug. Der klassische Terminmarkt dient der Steuerung von Einkaufs- und Absatzrisiken über die Zeit. Ein Optionsmarkt mit verpflichtender physischer Lieferung macht die Sicherheit explizit handelbar. Ein Optionsmarkt ermöglicht den Kauf von Sicherheit, bei Futuresgeschäften aus gesicherter Leistung ist dies inkludiert. Damit wird durch den Optionsmarkt differenziert zwischen einem Preis für Sicherheit und einer Preisdifferenz für Lieferungen aus gesicherter (oder bei einem additiven ungesicherten Futuresmarkt auch aus ungesicherter) Leistung im Zeitablauf. Wenn Versorgungssicherheit auf diese Weise explizit gehandelt und bepreist wird, kann sie auch finanziert werden und bekommt einen Wert. Für die Bereitstellung von Sicherheit wird bezahlt, auch wenn die eigentliche Arbeit dann gar nicht genutzt wird. Für diese Option bekommen die Bereitsteller von Sicherheit, also von Kapazitäten mit gesicherter Leistung, eine Vergütung.

Für die Realisierung eines solchen Konzepts müssen die technischen Voraussetzungen weiter entwickelt werden. Insbesondere gilt dies für die Steuerungsmöglichkeit der Nachfrage. Es ist zentral, dass im Engpassfall einzelne Verbraucher abgeworfen werden können, die keinen Strom aus gesicherter Leistung kontrahiert haben. Dies ist bei industriellen Verbrauchern weiterentwickelt als in Privathaushalten. Dort ist – wenn Smart Grids die zentralen Abschaltmöglichkeiten schaffen – auch eine Kombination aus gesicherter und ungesicherter Leistung in Paketverträgen denkbar. Darin können Versorger einen Teil des Strom aus gesicherter Leistung beziehen und auch nur diese Leistung als sicher versprechen, darüber hinaus könnte im Falle des Engpasses keine Lieferung erfolgen. Dies erfordert aber eine detaillierte Steuerungsmöglichkeit der Haushaltselektrik. Sofern eine Abschaltoption für den einzelnen Haushalt, aber keine differenzierte Verbrauchssteuerung für Haushalte besteht, können Privatverbraucher wählen zwischen teureren Tarifen mit der Versorgung aus gesicherter Leistung und billigeren Angeboten, in denen sich das Ausfallrisiko konzentriert. Sofern Haushaltskunden differenziert behandelt werden können, können solche mit geringerem Sicherheitsbedürfnis und größeren Abschaltmöglichkeiten günstigere Pakete verlangen, die von Intermediären aus gesichertem und ungesichertem Strom geschnürt werden können.

Literatur

AG Energiebilanzen: Bruttostromerzeugung in Deutschland von 1990 bis 2012, Berlin. http://www.ag-energiebilanzen.de/viewpage.php?idpage=65 (02. August 2013). Zugegriffen: 15. Nov. 2013

Bardt, H.: Regulierungen im Strommarkt – Umweltschutz und Wettbewerb, IW Positionen, Beiträge zur Ordnungspolitik, Nr. 17, Köln, 2005

Bardt, H.: Energieversorgung in Deutschland – wirtschaftlich, sicher und umweltverträglich, IW Positionen, Nr. 45, Köln, 2010

Bardt, H.: Stromerzeugung zwischen Markt und Regulierung. In: Weltenergierat Deutschland (Hrsg.): Energie für Deutschland 2012, S. 7–24. Berlin (2012)

Bardt, H., Chrischilles, E.: Marktwirtschaftliche Stromerzeugung in der Energiewende – Ein integriertes Optionsmarktmodell für erneuerbare und fossile Energiequellen, IW Positionen, Beiträge zur Ordnungspolitik, Köln, 2014

Bardt, H., Kempermann, H.: Folgen der Energiewende für die deutsche Industrie, IW Positionen, Beiträge zur Ordnungspolitik, Nr. 58; Köln, 2013

BDEW: Erneuerbare Energien und das EEG: Zahlen, Fakten, Grafiken (2013), Berlin, Januar 2013

enervis und BET: Ein zukunftsfähiges Energiemarktdesign für Deutschland, Berlin, März 2013

Gröner. H: Die Ordnung der deutschen Elektrizitätswirtschaft. Baden-Baden (1975)

IW Köln – Institut der deutschen Wirtschaft Köln: Energie für das Industrieland Deutschland. -Stellungnahme zum Energiekonzept der Bundesregierung, Köln, September 2010

Smart Grids und Smart Markets – Roadmap der Energiewirtschaft

Eric Ahlers

Die höchsten Türme fangen beim Fundament an.
Thomas Alva Edison.

Zusammenfassung

Der BDEW Bundesverband der Energie- und Wasserwirtschaft e. V. hat einen Fahrplan entwickelt, um den Umbau des Energiesystems zu intelligenten Energienetzen bis zum Jahr 2022 zu ermöglichen. In der BDEW-Roadmap „Realistische Schritte zur Umsetzung von Smart Grids in Deutschland" werden drei Marktphasen identifiziert und zehn konkrete Schritte vorgeschlagen. (BDEW Bundesverband der Energie- und Wasserwirtschaft e. V. BDEW-Roadmap Realistische Schritte zur Umsetzung von Smart Grids in Deutschland, Berlin; 11. Februar 2013. https://www.bdew.de/internet.nsf/id/F8B8CCE3B35FF53BC1257B0F0038D328/$file/BDEW-Roadmap_Smart_Grids.pdf (2013a). Zugegriffen: 23. Nov. 2013.)

Der mit der Energiewende beschlossene Ausbau der Erneuerbaren Energien bedeutet eine zunehmende Dezentralität bei der Stromerzeugung. Dies hat zur Folge, dass die Verteilnetze ausgebaut werden müssen, da mehr als 90 % des erneuerbar erzeugten Stroms über die Verteilnetze eingespeist wird. Die heutigen Verteilnetze müssen für diese neuen Aufgaben aufgerüstet werden. Dies stellt die Energienetzbetreiber vor enorme Herausforderungen. Damit die Verteilnetze intelligent für die Erneuerbaren Energien ausgebaut werden können, hat der BDEW einen Fahrplan entwickelt, wie dies bis zum Jahr 2022 realistisch erfolgen kann.

E. Ahlers (✉)
BDEW Bundesverband der Energie- und Wasserwirtschaft e.V.,
Reinhardtstr. 32, 10117 Berlin, Deutschland

Zu den notwendigen Schritten, die in der „Roadmap" beschrieben werden, zählen unter anderem die Entwicklung eines konsistenten rechtlichen und regulatorischen Rahmens, die Förderung von Forschung und Entwicklung, die Erstellung von Standards und Normen sowie stringente Regelungen zur Abgrenzung und Interaktion von Markt und Netz. Diese vier Maßnahmen sollten bis Ende 2014 umgesetzt werden. Sie sind die Voraussetzung dafür, dass intelligente Netze etabliert werden und die weitere Verbreitung der neuen Technologien erfolgen kann. In einer Etablierungs- und Ausgestaltungsphase geht es darum, Infrastruktur und Prozesse anzupassen. Dies bedeutet, die Sensorik im Netz zu verbessern, intelligente Messsysteme sinnvoll einzusetzen, die Automatisierung der Netze zu steigern und Speicher, Elektromobilität und Hybridnetze über Marktmechanismen in das Energiesystem zu integrieren. Diese Entwicklungen sind die Voraussetzung für neue Produkte, die in einer Realisierungs- und Marktphase zur Flexibilisierung von Erzeugung und Verbrauch entstehen. Mit der Roadmap wird beschrieben, dass der Aufbau intelligenter Netze den Abbau regulatorischer Hemmnisse erfordert. Es sind Anforderungen zu erfüllen, damit nachhaltig in neue Technologien investiert werden kann. In einem mehrphasigen Prozess ist aus Sicht der Energiebranche ein Ausbau unter den skizzierten Voraussetzungen bis 2022 realisierbar.

Insbesondere Verteilnetzbetreiber brauchen Anreize und Sicherheit für Investitionen in intelligente Technologien. Der regulatorische Rahmen muss allerdings auch in Zeiten der Energiewende einen kosteneffizienten Netzbetrieb sicherstellen. Daher muss die Anreizregulierung flexibler und moderner gestaltet werden. Hierzu gehört, dass der Zeitverzug zwischen Investitionen und Erlöswirksamkeit auf Verteilnetzebene beseitigt wird, um die Rentabilität von Ersatz- und Erweiterungsinvestitionen zu gewährleisten. Ansonsten fehlt den Netzbetreibern das Vertrauen, dass sich Investitionen in effiziente Netztechnologien lohnen und die kurzen Abschreibungszyklen bei Investitionen in Informations- und Kommunikations-Technologien (IKT) angemessen berücksichtigt werden.

Gemeinsam mit der Industrie und der IKT-Branche gilt es, die in der Roadmap beschriebenen Schritte konsequent umzusetzen. Die Politik muss die dafür notwendigen Rahmenbedingungen schaffen. Dieses Kapitel fasst im Wesentlichen die Roadmap des BDEW inhaltlich zusammen und führt aus, zu welchen der dort vorgeschlagenen Schritte bereits konkrete Vorschläge, Analysen und Empfehlungen vorliegen.

4.1 Was ist ein Intelligentes Netz

Der Begriff „*Intelligentes Netz*" wird sehr unterschiedlich verwandt. Der BDEW verwendet den Begriff dahingehend, dass ein Intelligentes Netz ein Energienetzwerk ist, das Verbrauchs- und Einspeiseverhalten aller Marktteilnehmer, die mit ihm verbunden sind, integriert. Es stellt ein ökonomisch effizientes, nachhaltiges Versorgungssystem mit dem

Ziel niedriger Verluste und hoher Verfügbarkeit dar. Zentral ist das Zusammenwirken von Markt und Netz.[1]

Kurzfristig sind *Smart Grids* insbesondere auf den Strommarkt ausgerichtet und werden auch von der Europäischen Kommission als solche näher analysiert.[2] Viele Experten gehen davon aus, dass mittel- und langfristig darüber hinaus eine Kopplung der Strom-, Gas-, Wärme- und Verkehrsnetze zu sog. *Hybridnetzen* ein hohes Potenzial bietet, um Energie zu speichern.[3]

Für die Entwicklung des Rechtsrahmens ist es von großer Bedeutung, dass zwischen dem regulierten und nicht regulierten Bereich unterschieden wird. Die Bundesnetzagentur differenziert hier in die Bereiche „*Smart Grid*" (regulierter Bereich) und „*Smart Market*" (nicht regulierter Bereich). Als Leitgedanken für die zukünftige Regulierung identifiziert die Behörde die „Netzkapazität" und die „Energiemenge" als Unterscheidungskriterien zwischen Netz und Markt.[4]

4.2 Schritte zur Realisierung von Intelligenten Netzen

Die Realisierung von Intelligenten Netzen wird sowohl von dem europäischen Branchenverband EURELECTRIC als auch vom Bundesverband der deutschen Energie- und Wasserwirtschaft – BDEW in einer „Roadmap" beschrieben, die einem 10-Schritte-Schema folgt.[5] Das kommende Jahrzehnt wird jeweils in drei Phasen unterteilt: Die Aufbau- und Pionierphase (2012 bis 2014), die Etablierungs- und Ausgestaltungsphase (2014 bis 2018) sowie die Realisierungs- und Marktphase (2018 bis 2022). Inhaltlich werden zehn Schritte unterschieden, die zur erfolgreichen Implementierung von Smart Grids führen (siehe Abb. 4.1).

Wichtige Grundlagen für Smart Grids werden durch die Abgrenzung von Markt und Netz sowie Regelungen zur Interaktion durch die Entwicklung eines konsistenten rechtlichen und regulatorischen Rahmens, Forschung und Entwicklung sowie die Erstellung von Standards und Normen geschaffen. Darauf aufbauend kann zum einen die Weiterentwicklung der Infrastruktur erfolgen (Sensorik, intelligente Messsysteme, Netzautomatisierung, Energieinformationsnetz). Zum anderen können die Netznutzer (Erzeuger, Speicher, Verbraucher) im künftigen Energiemarkt neue Produkte anbieten und nachfragen. Die zehn Schritte stellen eine Clusterung dar. Eine starre Trennung ist aufgrund der vielseitigen Wechselwirkungen kaum möglich. Die Roadmap des BDEW beschreibt eine evolutionäre Entwicklung von Smart Grids in Deutschland, basierend auf der zunehmenden Durch-

---

[1] Vgl. BDEW (2013a, S. 12).
[2] Vgl. CEC (2010, S. 6).
[3] Vgl. acatech (2013, S. 11).
[4] Vgl. BNetzA (2011, S. 6 ff.).
[5] Vgl. EURELECTRIC (2011, S. 4).

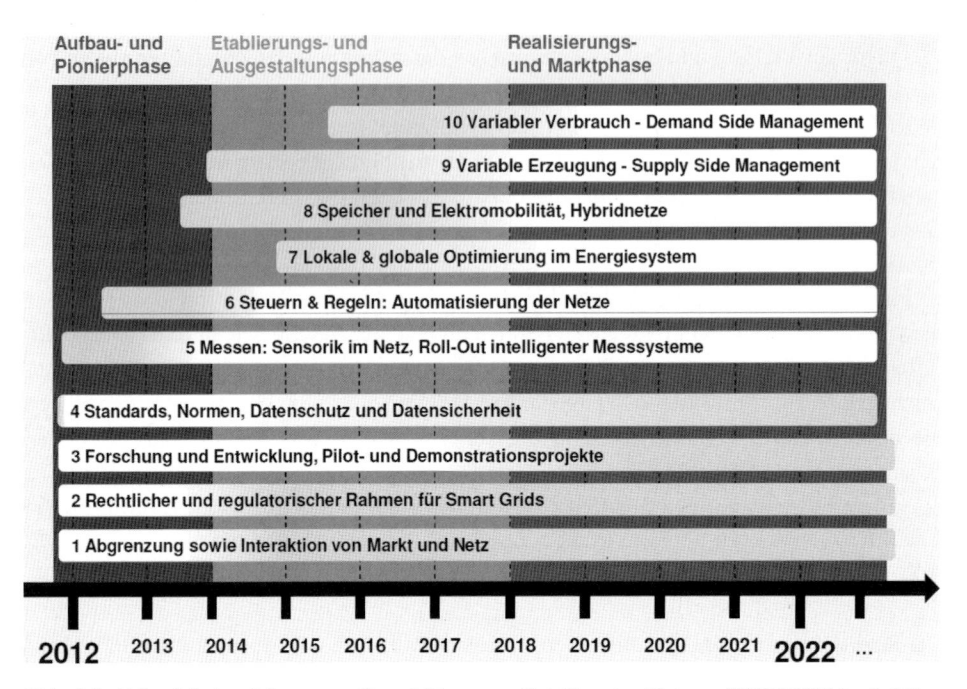

Abb. 4.1 Zehn Schritte Schema zur Entwicklung von Intelligenten Netzen. (BDEW 2013a, S. 13)

dringung von neuen und innovativen Technologien im Verteilnetz. Für die Übertragungsnetze liegt der Fokus auf einer Verbesserung und Erweiterung bestehender intelligenter Strukturen.

4.2.1 Schritt 1: Abgrenzung sowie Interaktion von Markt und Netz

Das Energierecht sieht eine Trennung zwischen dem regulierten Netzbereich und dem wettbewerblich organisierten Marktbereich vor. Bisherige Modellprojekte (z. B. E-Energy) haben gezeigt, dass eine Systemoptimierung im Rahmen von intelligenten Netzen die Komplexität der bestehenden Rahmenbedingungen bewältigen muss.[6] Die Studie der Deutschen Akademie der Technikwissenschaften „Future Energy Grid" aus dem Jahr 2012 weist auf die aktuelle Situation in Deutschland hin und führt aus, dass das Zusammenwirken der bestehenden gesetzlichen Regelungen zu keinem optimalen Ergebnis aus Gesamtsicht führt. In einer Projektion wird aufgezeigt, dass eine nicht ausreichende Abstimmung der Regelungen im Energierecht zu einer „Komplexitätsfalle" führt, die die Entwicklung von intelligenten Netzen massiv behindert. Hierbei spielen die Entflechtungsvorgaben eine große Rolle.[7]

---

[6] Vgl. Picot und Neumann (2009).
[7] Vgl. acatech (2012, S. 66 und 69).

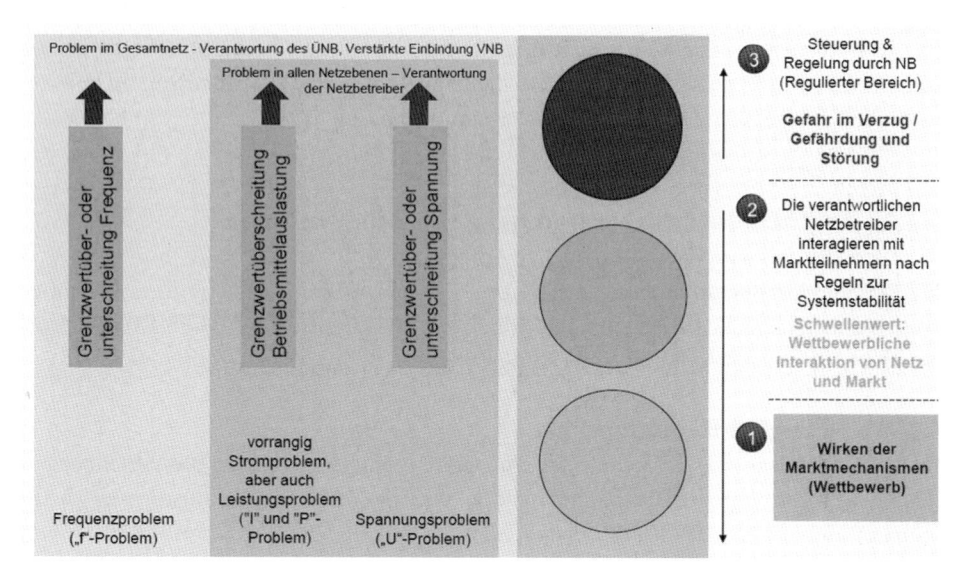

Abb. 4.2 Ampelkonzept. (BDEW 2013a, S. 17)

Das Zusammenwirken der marktrelevanten Rollen (Lieferanten, Händler, Erzeuger, Speicherbetreiber etc.) und der rechtlich regulierten Rollen (Netzbetreiber, Messstellenbetreiber etc.) kann anhand eines *Ampelkonzepts* weiterentwickelt werden (vgl. Abb. 4.2). Die für die Systemstabilität verantwortlichen Netzbetreiber ermitteln in diesem Konzept den aktuellen und den prognostizierten Zustand ihrer Netzgebiete und unterteilen diesen in drei Ampelphasen: „grün", „gelb", „rot". Die Netzbetreiber informieren die berechtigten Marktteilnehmer hierüber automatisiert und kontinuierlich. Diese nutzen die Informationen für ihre Geschäftsmodelle und neue „intelligente" Produkte. Für die Netzzustände „grün" und „rot" sind bereits heute Instrumente im EnWG sowie EEG verankert. Die Ausgestaltung der gelben Phase im Verteilnetz ist bisher nicht ausreichend rechtlich geregelt. Dabei kann insbesondere die gelbe Phase helfen, den Netzausbau zu optimieren.[8] In der gelben Phase werden Systemengpässe in Verteil- und Übertragungsnetzen „bewirtschaftet" und behoben. Zur Beherrschung der gelben Phase ist die koordinierte Bereitstellung systemsichernder Dienstleistungen eine wichtige Aufgabe, um lokal entlastende Maßnahmen zu ermöglichen. Der Netzbetreiber greift auf vertraglich zugesicherte Flexibilität zu (Erzeuger, Lasten, Speicher etc.). Hierbei ist eine Einbindung der Bilanzkreisverantwortlichen erforderlich. Im bisherigen Marktmodell fehlt es noch an Regelungen für die Umlage der entstehenden Kosten. Im Ergebnis könnten Netznutzer in dem beschriebenen System ihr Verhalten anpassen und von der Beteiligung an der Sicherung der Systemstabilität profitieren. Zwangseingriffe gegenüber den Netznutzern werden in der gelben Phase nicht notwendig. Die detaillierten Netzgrenzwerte und Stellgrößen, insbesondere zur „gelben

---

[8] Vgl. dena (2012, S. 9 f.).

Phase", sind noch zu entwickeln und z. B. im Rahmen von Pilot-/Demonstrationsprojekten zu erproben. Der BDEW hat im Jahr 2013 damit begonnen, das Ampelkonzept zu konkretisieren (Prozesse, Bilanzierung und Abrechnung).[9]

4.2.2 Schritt 2: Rechtlicher und regulatorischer Rahmen

Mit der Novellierung des Energiewirtschaftsgesetzes im Sommer 2011 sind erste wichtige Weichenstellungen zur Realisierung von Smart Grids in Deutschland vorgenommen worden, die in den nächsten Jahren konkretisiert werden.

4.2.2.1 Energieinformationsnetz

Durch den starken Ausbau dezentraler erneuerbarer Energien müssen die Verteilnetzbetreiber die Übertragungsnetzbetreiber bei der Wahrung der Systemverantwortung (Spannungshaltung, System-/Betriebsführung, Versorgungswiederaufbau, Durchführung von Einspeisemanagement und Unterfrequenzlastabwurf) unterstützen. Im BDEW entwickeln die Netzbetreiber Lösungsansätze für den gegenseitigen Informations- und Datenaustausch. Darauf aufbauend wird ein Branchenkonzept unter Berücksichtigung der Erzeuger und Lieferanten erarbeitet. Zur Konkretisierung der Vorgaben des Gesetzgebers aus dem EnWG[10] führt die Bundesnetzagentur (BNetzA) auf Basis der Branchenempfehlungen des BDEW eine erste Festlegung zur Erbringung von Systemdienstleistungen durch Betreiber von Erzeugungsanlagen und Speichern mit einer Nennleistung von ≥ 10 Megawatt (MW) durch.[11] Weitere Festlegungen der Bundesbehörde sind geplant.

4.2.2.2 Verordnung zur Integration von zu- und abschaltbaren Lasten

Insbesondere die bei Industriekunden vorhandenen zu- und abschaltbaren Lasten können künftig stärker als heute einen Beitrag zur Wahrung der Systemstabilität leisten, wenngleich die Einschätzungen über den Umfang und die Kosten des künftig zusätzlich mobilisierbaren Potenzials weit auseinandergehen. Bereits am 1. Januar 2013 ist die Verordnung zu abschaltbaren Lasten (AbLaV) im Strombereich in Kraft getreten. Mit der Verordnung werden die Übertragungsnetzbetreiber zur Ausschreibung abschaltbarer Lasten und zur Annahme eingegangener Angebote zum Erwerb von Abschaltleistung bis zu einer Gesamtabschaltleistung von 3.000 MW verpflichtet. Die damit verbundenen Kosten werden in Form einer neuen Umlage auf die Verteilnetzbetreiber, Vertriebe und Letztverbraucher verteilt. Aus Sicht des BDEW stellen die neuen Regelungen der Verordnung einen teuren

---

[9] Vgl. BDEW (2013i).

[10] Gemäß Paragraph 12 Abs. 4 EnWG sind die Betreiber von Erzeugungsanlagen, Verteilnetzbetreiber (VNB), Elektrizitätslieferanten sowie gewerbliche und industrielle Letztverbraucher verpflichtet, den Übertragungsnetzbetreibern (ÜNB) die Informationen bereitzustellen, die für einen sicheren und zuverlässigen Netzbetrieb notwendig sind.

[11] BNetzA (2013).

Sonderweg im Vergleich zu den etablierten Instrumenten des Regelleistungsmarktes und der Möglichkeiten des *Redispatchs* dar. Das Ziel der Verordnung, die Versorgungssicherheit im Strombereich signifikant zu erhöhen, könnte insofern verfehlt werden, als die Verordnung minderqualitative Eingriffsmöglichkeiten schafft und möglicherweise zu einer Schwächung des Regelleistungsmarktes führt. Insbesondere vor dem Hintergrund der beträchtlichen Gesamtkosten ist daher zukünftig zu prüfen, wie effektiv die abschaltbaren Lasten eingesetzt werden können und welche Verbesserung sie für die Systemsicherheit bringen.

4.2.2.3 Verordnung für unterbrechbare Verbrauchseinrichtungen in der Niederspannung

Mit der EnWG-Novelle 2011 wurde der Paragraph 14a „Steuerung von unterbrechbaren Verbrauchseinrichtungen in Niederspannung" eingeführt. Er soll eine Flexibilisierung der Netznutzung von Verbrauchseinrichtungen in Niederspannung ermöglichen. Die Gewährung reduzierter Netzentgelte soll Anreize für Letztverbraucher schaffen und ein flexibles Verbrauchs- bzw. Abschaltpotenzial zur Verfügung stellen. Der Paragraph 14a EnWG stellt einen ersten Schritt auf dem Weg zu einem gesetzlichen Rahmen intelligenter Energieversorgung im Strombereich dar. Einzelheiten zur Steuerung unterbrechbarer Verbrauchseinrichtungen können in einer Rechtsverordnung nach Paragraph 21i Absatz 1 Nummer. 9 EnWG geregelt werden. Ziel der Regelung ist es, durch die Flexibilisierung die Netznutzung intelligent zu steuern und einen Beitrag zu leisten, zusätzlichen Netzausbaubedarf zu vermeiden oder zu vermindern. Der BDEW hat in seinem Positionspapier „Vorschläge zur Ausgestaltung einer Verordnung zur Steuerung von unterbrechbaren Verbrauchseinrichtungen in Niederspannung" vom 28. März 2013 die wichtigsten Eckpunkte, die in einer möglichen Verordnung beachtet werden sollten, aufgeführt. Dazu gehört die Festlegung von technischen Anforderungen an Verbrauchseinrichtungen, die Klärung der Verantwortlichkeiten der einzelnen Akteure und die Kriterien für die diskriminierungsfreie Behandlung der Verbrauchseinrichtungen beim Angebot reduzierter Netzentgelte und bei der Durchführung von Schaltmaßnahmen.

Basis für die Ausgestaltung eines Regelwerks für intelligente Verbrauchs- und Erzeugungssteuerung soll nach Ansicht des BDEW das „*Ampelkonzept*" sein (s. o.). Anhand einer konkreten Netznutzungskonstellation in Niederspannung wird durch den BDEW aufgezeigt, welche Regelungen für ein funktionierendes „Smart Grid" erforderlich sind, damit ein optimaler Beitrag zur Vermeidung von Netzausbau geleistet wird und gleichzeitig die unterschiedlichen Netznutzungswünsche der Verbraucher erfüllt werden können. In seinem Positionspapier vom 10. Mai 2013 weist der BDEW auf die grundsätzlichen Anforderungen an ein Smart Grid und an den Prozess zu dessen Einführung hin.[12]

---

[12] Vgl. BDEW (2013c).

4.2.2.4 Netzentgeltsystematik im Verteilnetz

Die *Netzentgeltsystematik* im Verteilnetz basiert auf der Annahme, dass die durch die Leistung verursachten Kosten in etwa den abgerechneten Arbeitsentgelten entsprechen. Wenn in Zukunft – durch eine zunehmende Eigenerzeugung und eine dezentrale Erzeugung – die aus dem Verteilnetz entnommenen Kilowattstunden abnehmen, ist diese Annahme zunehmend nicht mehr vertretbar. Darüber hinaus nimmt die Bedeutung der zeitliche Entnahme als zu steuernde Größe in Smart Grids weiter zu. Schließlich ist mit der Verbreitung von intelligenten Messsystemen und intelligenten Zählern eine Leistungsmessung bei vielen Kleinkunden möglich. Alternativ bieten sich für Kunden ohne Leistungsmessung auch ein- oder mehrstufige Kapazitätsentgelte an.

Grundsätzlich können zwei Formen der Ausdifferenzierung von Netzentgelten unterschieden werden: Sonderentgelte und variable Netzentgelte. Variable Netzentgelte schwanken mit der Auslastung der Netze (Ausschreibung von Kapazität, Auktionierung von Flexibilität, kein Real-Time-Pricing). Bei den variablen Netzentgelten ist zu beachten, dass kurzfristige, lokale Entgeltvariationen auf absehbare Zeit mit erheblichen Transaktionskosten verbunden sind und für den Kunden wenig Transparenz bringen. Besonders gravierend für den Netzbetreiber ist, dass variable Netzentgelte keinen sicher verfügbaren Zugriff auf vom Verteilnetzbetreiber benötigte Flexibilität garantieren. Dagegen sind Sonderentgelte feste, reduzierte Entgelte, die dem Netzbetreiber eine definierte Steuerung von Flexibilität ermöglichen. Für beide Varianten gilt: Verteilnetzbetreiber benötigen aufgrund lokal und zeitlich begrenzter Engpässe im Netz auch Flexibilität in lokal und zeitlich begrenztem Maße. Eine neue Netzentgeltsystematik wird in den nächsten Jahren zu entwickeln sein, um diese Themen zu adressieren.

4.2.2.5 Einführung intelligenter Messsysteme

Die Einführung von intelligenten Messsystemen kann bei einer positiven Kosten-Nutzen-Relation einen wichtigen Beitrag für den Aufbau einer intelligenten Energieversorgung in Deutschland leisten.[13] Ob eine positive Kosten-Nutzen-Relation erreicht werden kann, hängt sehr stark von den zugrundeliegenden Annahmen ab. Daher kommen die bisher in Europa vorgenommenen Kosten-Nutzen-Analysen zu sehr unterschiedlichen Ergebnissen.[14]

Bei der Einführung der Messsysteme in Deutschland können erhebliche Kosten vermieden werden, wenn die Messsysteme in die bestehenden Marktprozesse integriert werden und ein hohes Maß an Rechtssicherheit hinsichtlich der Verantwortlichkeiten, Marktrollen sowie der Finanzierung besteht. Das Bundeswirtschaftsministerium (BMWi) plant für das Jahr 2014 ein Verordnungspaket „Intelligente Netze" bestehend aus den fünf Verordnungen *„Messsystem-VO", „Datenschutz-VO", „Variable Tarife-VO", „Lastmanagement-VO"* sowie *„Rollout-VO"*. Daneben müssen Regelwerke mit technischen Spezifikationen ausgestaltet werden. Um die Einführung intelligenter Messsysteme und einen reibungs-

---

[13] Vgl. BMWi (2013b).
[14] Vgl. CEC (2013, S. 65).

losen Betrieb zu erleichtern, sind angemessene Übergangsregelungen für Investitionen in moderne Messsysteme notwendig. Im Vorfeld sind bestehende Konflikte und Unklarheiten mit den Regelungen im Erneuerbare-Energien-Gesetz (EEG) und im Kraft-Wärme-Kopplungsgesetz (KWKG) aufzulösen, eine eindeutige Regelung für den Anschluss von Messeinrichtungen für Gas zu entwickeln sowie die zeitverzugsfreie Berücksichtigung der dem Netzbetreiber entstehenden Kosten zu gewährleisten.

4.2.2.6 Einführung variabler Tarife

Gemäß Paragraph 40 Absatz 5 EnWG haben Energieversorgungsunternehmen – in ihrer Funktion als Stromlieferant –, soweit technisch machbar und wirtschaftlich zumutbar, für Stromkunden einen Tarif anzubieten, der einen Anreiz zu Energieeinsparung oder Steuerung des Energieverbrauchs setzt. Tarife in diesem Sinne sind insbesondere *lastvariable* oder *tageszeitabhängige Tarife*. Zeitabhängige Tarife geben einen Anreiz zur Anpassung des Verbrauchsverhaltens. Ob dieser vom Kunden angenommen wird, ist jedoch nicht sicher. Hingegen können lastvariable Tarife bei einer geeigneten vertraglichen Ausgestaltung Flexibilität garantieren. Da mit der Einführung zeitvariabler Tarife für Stromkunden in bestimmten Zeiten ein finanzieller Anreiz zur Lastverlagerung geschaffen werden soll, müssen sich die zu erwartenden Laständerungen gleichzeitig auch in entsprechend angepassten Lastprofilen als Grundlage für Strombeschaffung und Bilanzierung widerspiegeln, d. h. der Lieferant muss die Lastverlagerung des Kunden in seinem Beschaffungsportfolio abbilden können. Bisher fehlen Regelungen, um Änderungen im Verbrauchsverhalten der Stromkunden aufgrund neuer Tarife gleichzeitig auch auf die Bewirtschaftung des Beschaffungsportfolios der Lieferanten sowie das Bilanzierungsverfahren zu übertragen. Mit einer zunehmenden Durchsetzung von Smart Metern im Markt sind die Voraussetzungen für die Umsetzung einer zukunftsorientierten Lösung geschaffen. Diese Kunden könnten hinsichtlich der Netznutzung als SLP-Kunde abgerechnet und hinsichtlich der Bilanzierung als RLM-Kunde behandelt, d. h. mit dem Lastgang in den Bilanzkreis des Lieferanten eingestellt werden. Der BDEW hält diese Form der Umsetzung für zukunftsorientiert, da sie es Lieferanten erlaubt, individuelle zeit- und lastvariable Tarife anzubieten. Auf diese Weise könnten auch deutlich größere Marktpreissignale bei der Tarifgestaltung berücksichtigt werden.

4.2.2.7 Anreizregulierung

Den stark gestiegenen Anforderungen an die Investitionstätigkeit der Netzbetreiber wird die jetzige *Anreizregulierung* in vielen Fällen nicht gerecht. Selbst für effiziente Netzbetreiber bestehen in bestimmten Fällen keine wirtschaftlichen Anreize, Ersatz- oder Erweiterungsinvestitionen durchzuführen. Verteilnetzbetreiber mit besonders hohem Ausbau- oder Modernisierungsbedarf werden im Wesentlichen auf Grund des zeitverzögerten Kapitalrückflusses nicht in die Lage versetzt, Investitionen rentabel vorzunehmen. Soweit Verbrauchs- und Laststruktur im entsprechenden Netzgebiet dies erfordern, muss eine Sensorik zur Erfassung der Netzsituation aufgebaut werden, um eine intelligente Netznutzung und -steuerung zu ermöglichen. Verbunden ist hiermit eine entsprechende IT-Infrastruktur zur Verarbeitung der Informationen. Weitere Investitionen in Höhe von zweistelligen Milliardenbeträgen können für den rechtlich vorgegebenen Rollout von intelligenten Messsystemen und Zählern notwendig werden, ohne dass bisher eine Kostenanerkennung geklärt ist. Um dieses Investitionshemmnis zu beseitigen, schlägt der BDEW vor, die bestehende Anreizregulierung um eine Lösung des Zeitverzugs im Verteilnetz zu erweitern. Im internationalen Umfeld sind in modernen Regulierungssystemen solche Verfahren üblich.[15]

Zur Umsetzung der *Energiewende* ist ein stärkeres Engagement der Netzbetreiber in den Forschungsbereichen Netztechnik und Systemführung sowie in der praktischen Technologieerprobung in Demonstrationsvorhaben erforderlich. Dies sollte in enger Kooperation mit Anlagenherstellern als Hauptträger von Innovationen und technischem Fortschritt erfolgen. Vor diesem Hintergrund wurde die Anreizregulierungsverordnung im Jahr 2013 geändert. Durch die Änderungen können Netzbetreiber unter bestimmten Voraussetzungen einen Teil ihrer Aufwendungen für Forschung, Entwicklung und Demonstration als dauerhaft nicht beeinflussbare Kosten anerkennen lassen.

Im letzten BNetzA-Effizienzvergleich der Strom-Verteilnetze wurde ein Strukturmerkmal „installierte dezentrale Erzeugungsleistung" berücksichtigt. Somit können zukünftig virtuelle Kraftwerke gut abgebildet werden, denn zusätzliche Aufwendungen für die Integration von dezentralen Erzeugungsanlagen führen nun nicht zwangsläufig zu einem schlechteren Effizienzwert. Positiv ist zu bewerten, dass seit 2011 im Erweiterungsfaktor auch Veränderungen bei den dezentralen Einspeisungen betrachtet werden. Aus Sicht der Anlagenbetreiber können durch das Anbieten von Blindleistungsregelung oder das Vorhalten von unterbrechbaren Verbrauchseinrichtungen zur Reduzierung der Netzentgelte neue Geschäftsmodelle entstehen. Dem Netzbetreiber fehlt bisher der Anreiz zur Umsetzung solcher Maßnahmen. Bei der Weiterentwicklung wird daher zu klären sein, wie durch das dezentrale Vorhalten von Systemdienstleistungen Netzausbau im Verteilnetz vermieden werden kann und wie die regulatorische Berücksichtigung erfolgt.

4.2.2.8 Erneuerbare Energien Gesetz (EEG)

Das *Erneuerbare Energien Gesetz (EEG)* hat zu einem enormen Ausbau der Erneuerbaren Energien in Deutschland geführt. Im Jahr 2013 wurden schon über 25 % des Bruttostromverbrauchs aus Erneuerbaren Energien gedeckt. Nach einer Aufbauphase rücken neue Herausforderungen in den Vordergrund: Prognostizierbarkeit, Kostenanstieg, notwendiger Netzausbau, Systemsicherheit, wirtschaftliche Grundlagen konventioneller Erzeugungsanlagen, administrativer Aufwand des EEG etc.

Aus Sicht der meisten Energieexperten ist daher eine grundlegende Reform des EEG im Jahr 2014 von höchster Priorität. Die Energiewirtschaft hat im Jahr 2013 detaillierte Reformvorschläge in einem Gesamtkonzept veröffentlicht.[16] Kern der notwendigen Reform ist die Markt- und Systemintegration der Erneuerbaren Energien. Für das Gelingen der

---

[15] Vgl. Brunekreeft et al. (2011).
[16] Vgl. BDEW (2013d).

Energiewende und den Aufbau von intelligenten Netzen ist es erforderlich, dass Anlagen zur Stromerzeugung aus Erneuerbaren Energien im Wettbewerb Systemdienstleistungen erbringen. Dazu gehört eine verpflichtende Ausrüstung der EE-Anlagen mit technischen Komponenten u. a. zur Leistungsregelung, zur Fernsteuerbarkeit und zur Bereitstellung von Blindleistung und Kurzschlussstrom.

Zur Marktintegration der Erneuerbaren Energien kann auf bestehenden Strukturen des Marktprämienmodells und auf bereits eingeleitete Veränderungen aufgebaut werden. Die Netzkosten könnten reduziert werden, wenn die Entschädigungszahlungen bei Netzengpässen neugefasst werden und die Netzbetreiber das Netz nicht mehr auf jede Spitzeneinspeisung auslegen müssen. Eine Begrenzung auf 97 % der Einspeiseleistung von EE-Anlagen führt zu erheblichen Kostensenkungen.[17]

Die Energiebranche hat ein Zielmodell entwickelt, das die verpflichtende Direktvermarktung von Strom aus neuen EE-Anlagen vorsieht. Zum Zielmodell gehört auch die wettbewerbliche Ermittlung der Förderhöhe zum Beispiel im Rahmen einer Auktion und in Verbindung mit einem definierten Zubaupfad für Erneuerbare Energien. Das Ziel ist es, durch eine Umstellung auf eine ex ante fixierte Marktprämie die Übernahme von Marktrisiken durch die Erneuerbaren Energien Schritt für Schritt zu erhöhen.[18]

4.2.3 Schritt 3: Forschung und Entwicklung, Pilot- und Demonstrationsprojekte

Energienetze sind ein heterogenes Forschungsfeld, das zugleich enge Wechselbeziehungen zu angrenzenden Forschungsbereichen aufweist. Speziell im Bereich der IKT gilt es, aus Sicht der Energiewirtschaft eine effektive Adaption der bereits vorhandenen Technologien vorzunehmen.

In den letzten Jahren sind sowohl auf europäischer Ebene als auch in Deutschland auf Bundes- und Landesebene erhebliche Anstrengungen im Bereich *Forschung und Entwicklung (F&E)* unternommen worden. Um eine bestmögliche Vernetzung der verschiedenen Projekte zu erreichen, schlägt die Energiewirtschaft eine einheitliche F&E-Strategie für Energienetze vor. Die Forschungs- und Entwicklungsvorhaben sollen auch einer Effizienz- und Erfolgskontrolle nach standardisierten Verfahren unterliegen. Das Bundeswirtschaftsministerium hat im Rahmen der Netzplattform begonnen, eine Themenklassifizierung für Stromnetztechnologien zu entwickeln. Mögliche Klassen sind: „Grundlagenforschung", „Komponentenentwicklung", „Systemverhalten und -integration" sowie „Pilot- und Demonstrationsprojekte". Als Hemmschuh für ein Engagement der Energienetzbetreiber erweisen sich die regulatorischen Rahmenbedingungen. Daher wurden im Jahr 2013 Änderungen an der Anreizregulierung vorgenommen, die es für Netzbetreiber attraktiver machen sollen, sich an F&E-Vorhaben zu beteiligen.

---

[17] Vgl. BDEW (2013e, S. 17).
[18] Vgl. BDEW (2013e).

Künftig werden die Energiesysteme Strom, Gas, Wärme und Verkehr stärker interagieren, sodass eine intensivere, optimierte und abgestimmte Nutzung der bereits vorhandenen Infrastrukturen erfolgen kann. F&E-Vorhaben zum Thema „Intelligente Netze" sollten sich daher auf folgende Themen konzentrieren: Sensorik und Aktorik, End-to-End-Informationssicherheit und Systemzuverlässigkeit, energiewirtschaftliche Prozesse, gesellschaftliche Akzeptanz von Smart Grids, Flexibilitätspotenziale, Energiespeicher- und -umwandlungsprozesse, Elektromobilität, Geschäftsmodelle, energiewirtschaftliche und regulatorische Rahmenbedingungen.

Damit sich gerade kleinere und mittlere Energieversorgungsunternehmen an Forschungs- und Entwicklungsvorhaben beteiligen, hat der BDEW einen Förderleitfaden entwickelt.[19] Der Leitfaden gibt einen Überblick über die Fördermöglichkeiten in Deutschland und zeigt die notwendigen Schritte von typischen Antragsverfahren auf.

4.2.4 Schritt 4: Standards, Normen, Datenschutz und Datensicherheit

Standards und Normen werden durch verschiedene Organisationen und Institutionen entwickelt. Die Vorbereitung zur Einführung von Messsystemen in Deutschland zeigt, dass rechtliche Rahmenbedingungen, die Arbeit der Aufsichtsbehörden, die technischen Spezifikationen sowie die Standards und Normen durch die technischen Regelsetzer im Detail aufeinander abgestimmt werden müssen. Sinnvoll ist eine Abstimmung der Einzelaktivitäten in drei Schritten: In einem ersten Schritt sollten in enger Konsultation mit den energiewirtschaftlichen Experten die rechtlichen Rahmenbedingungen gefasst werden. In einem zweiten Schritt sind standardisierte Prozessbeschreibungen und Datenformate zu entwickeln. Im dritten Schritt sind die Normen über die anerkannten nationalen und internationalen Normungsgremien zu entwickeln.

Zum Datenschutz bestehen häufig unterschiedliche Ansichten hinsichtlich notwendiger Anforderungen. Daher ist es wichtig, dass die unterschiedlichen Sichtweisen der verschiedenen Stakeholder (Unternehmen, Verbraucherschützer und Kunden) bei der Entwicklung einer bereichsspezifischen Verordnung zum Datenschutz aufgenommen werden können.

Für Energienetze und Erzeugungsanlagen bestehen schon umfangreiche Maßnahmen zur Absicherung der Systeme gegen Gefahren. Um die Vielzahl der Lösungen aufeinander abzustimmen, ist die Entwicklung eines branchenspezifischen Sicherheitskatalogs notwendig, in dem die Anforderungen transparent und widerspruchsfrei verbindlich geregelt sind.

---

[19] Vgl. BDEW (2013j).

4.3 Etablierungs- und Ausgestaltungsphase

4.3.1 Schritt 5: Messen, Sensorik im Netz; Rollout intelligenter Messsysteme

Im Jahr 2012 haben der Bundesverband der Energie- und Wasserwirtschaft (BDEW) und der Zentralverband Elektrotechnik- und Elektronikindustrie (ZVEI) gemeinsam die Potenziale zum Aufbau intelligenter Energienetze identifiziert und Empfehlungen zur Umsetzung im Verteilnetzbereich vorgelegt. In der Analyse „Smart Grids in Deutschland" wurde untersucht, welche Technologien zum Einstieg in das intelligente Netz verfügbar sind und welches Potenzial diese zur Lösung der Herausforderungen in den Verteilnetzen mitbringen.[20] Festgestellt wurde, dass eine systemoptimierende Netz-, Einspeise- und Verbrauchssteuerung eine Verbesserung der Informationsbasis für alle Akteure im Energiesystem voraussetzt.

Um eine hohe Versorgungsqualität der Netze in Deutschland zu gewährleisten, muss perspektivisch die Kenntnis über den aktuellen Netzzustand verbessert werden. Erst auf Basis dieser Informationen wird eine sinnvolle Steuerung von Lasten, das normgerechte Einhalten des Spannungsbandes oder eine Auslastungsbewertung der Netzsegmente möglich. Die umfassende Kenntnis über die wichtigen Systemparameter (Spannung, Stromstärke und Frequenz) wird benötigt, um den aktiven Komponenten (regel-/steuerbare Einspeiser und Lasten) und den aktiven Netzelementen systemstabilisierende Vorgaben zu geben. Neben der Sensorik kann in kritischen Netzbereichen auch ein Temperatur-Monitoring Auskunft über die tatsächliche Belastung der Kabelstrecken geben.

Entsprechend der Europäischen Energie-Binnenmarktrichtlinien Strom und Gas aus dem Jahr 2009 müssen die europäischen Mitgliedsstaaten gewährleisten, dass *intelligente Messsysteme* eingeführt werden. Nach einer möglichen *Kosten-Nutzen-Bewertung* sollen Verbraucher bis zum Jahr 2020 mit intelligenten Messsystemen ausgestattet werden.[21] Eine entsprechende *Kosten-Nutzen-Analyse* wurde am 30. Juli 2013 durch die Gutachter Ernst & Young im Auftrag des Bundesministeriums für Wirtschaft und Technologie in Berlin vorgestellt.[22]

Die Studie empfiehlt die Ausweitung der Pflichteinbaufälle für intelligente Messsysteme bei EEG- und KWK-Anlagen, um die *Netzdienlichkeit* intelligenter Messsysteme auszuschöpfen. Zusätzlich sind auch unterbrechbare Verbrauchseinrichtungen (gemäß Paragraph 14a EnWG) in den Pflichteinbau einzubeziehen, da sie erheblich zur Nachfrageflexibilisierung beitragen. Von einer weitergehenden Ausdehnung der Pflichteinbaufälle für intelligente Messsysteme über die schon gesetzlich vorgesehenen Fälle sollte nach Ansicht der Gutachter abgesehen werden. Kunden mit einem Jahresverbrauch von weniger als

---

[20] Vgl. BDEW und ZVEI (2012, S. 13).
[21] Vgl. EU (2009, Anhang I, Abs. 2., S. 9).
[22] Vgl. BMWi (2013a).

6.000 kWh können über Stromeinsparungen und Lastverlagerungen nicht derart profitieren, dass eine verpflichtende Einführung von intelligenten Messsystemen wirtschaftlich wäre. Die Analyse dient als Basis für weitere im Jahr 2014 geplante Rechtsverordnungen (vgl. Abschn. 4.3.2).

Sowohl die Gutachter der Kosten-Nutzen-Analyse als auch der BDEW sprechen sich für eine Informationskampagne der Bundesregierung aus, die die Einführung der intelligenten Messsysteme begleitet. Die Informationskampagne soll die Akzeptanz der Endverbraucher für die Kosten und die neue Technologie erhöhen und über den Nutzen aufklären. Vor der Einführung von intelligenten Messsystemen muss eine klare Zuordnung der Verantwortlichkeiten und Pflichten hinsichtlich der Datenkommunikation und der Marktprozesse z. B. hinsichtlich der Aufgabe „*Gateway Administration*" erfolgen. Die Bundesregierung hat in dem Referentenentwurf zur Messsystemverordnung vom 13. März 2013 eine erste Aufgabendefinition vorgenommen, die aus Sicht der Energiebranche weiter präzisiert werden muss.[23]

Nach einer rechtlichen und regulatorischen Klärung der Rahmenbedingungen wird von der Energiewirtschaft aufgrund der hohen Komplexität die Einführung eines Testbetriebs von Messsystemen zur Vorbereitung des Pflichteinbaus empfohlen.[24] Zu dieser Empfehlung kommt auch die Kosten-Nutzen-Analyse von Ernst & Young. Das Bundesministerium für Wirtschaft und Technologie wird ein Förderprogramm „Schaufenster Intelligente Energie" auf den Weg bringen. Neben weiteren Forschungsschwerpunkten sollen die möglichen Einsatzbereiche schutzprofilgeschützter intelligenter Messsysteme vor einem großflächigen Praxiseinsatz erprobt und die Marktvorbereitung untersucht werden.[25]

4.3.2 Schritt 6: Steuern & Regeln, Automatisierung der Netze

Die Übertragungsnetze in Deutschland weisen heute bereits einen hohen *Automatisierungsgrad* auf. Zudem wird in die Erweiterung der Automatisierung investiert. Wenn zukünftig in Verteilnetzen gesteuert und geregelt werden soll, muss eine technologische Aufrüstung erfolgen. Wesentliche Gründe für Investitionen in die Verteilnetzautomatisierung sind die Integration dezentraler Energieerzeugungsanlagen sowie die Aufrechterhaltung der hohen Netzzuverlässigkeit trotz der zunehmend komplexeren Lastflüsse. Darüber hinaus hilft die Aufrüstung bei der Verbesserung der Wartung sowie einer schnelleren Störungsanalyse und Fehlerortung. Eine Netzautomatisierung wird künftig durch das Zusammenwirken verschiedener Technologien ermöglicht, welche unterschiedliche Funktionen erfüllen. Neben der Kommunikations- und Dateninfrastruktur sowie der intelligenten Ortsnetzstation sind dies die Netzleittechnik und Technologien zur Spannungshaltung wie regelbare Ortsnetztransformatoren und steuerbare, blindleistungsfähige Wechselrichter.

---

[23] Vgl. BDEW (2013f).
[24] Vgl. BDEW (2013g).
[25] Vgl. BMWi (2013b).

Durch den Einsatz einer intelligenten Regelung im Zusammenspiel von neueren Wechselrichtern und einer intelligenten Ortsnetzstation kann lokal unter bestimmten Prämissen eine verbesserte Auslastung der bestehenden Verteilnetzinfrastruktur um 20 bis 25 % erzielt werden.[26]

Eine *Wirtschaftlichkeitsbetrachtung* beschränkt auf den Einsatz einzelner Technologien ist nicht sinnvoll. Oft ergeben sich die Effizienzpotenziale erst aus der Kombination neuer Technologien und den damit verbundenen Automatisierungsmöglichkeiten. Dabei ist zu beachten, dass Verteilnetzautomatisierung nicht flächendeckend notwendig ist. Sie muss in Abhängigkeit von den Herausforderungen im jeweiligen Verteilnetz installiert werden. Um eine Einschätzung über mögliche Kosten und Nutzen treffen zu können, ist eine differenzierte Analyse notwendig. Dabei sollte die Langfristigkeit von Investitionen in Betriebsmittel und die Abhängigkeit von technologischen Entwicklungen berücksichtigt werden.

4.3.3 Schritt 7: Lokale & globale Optimierung im Energiesystem

Mit der fortschreitenden Nutzung dezentraler Erneuerbarer Energien im Verteilnetz entwickelt sich ein bidirektionaler Energiefluss zwischen Übertragungsnetz, Verteilnetz und den Anschlussnehmern. Daher ist eine kontinuierliche Koordinierung zwischen Übertragungs- und Verteilnetzen zur Sicherung der Systemstabilität unter Berücksichtigung von Erzeugern und Lieferanten (primär technische Optimierung) genau so notwendig, wie neue Konzepte für den zukünftigen Energiehandel (wirtschaftliche Optimierung).

4.3.3.1 Koordinierung zwischen Übertragungs- und Verteilnetzen

Die Herausforderungen der Energiesysteme der Zukunft können besonders effizient durch die informations- und kommunikationstechnische Verknüpfung der Teilnehmer beherrscht werden. Die grundlegende Idee dabei ist die Nutzung von Reserven und Verschiebungspotenzialen bei Betreibern von Netzen, Erzeugungs- bzw. Verbrauchsanlagen zur Bereitstellung von Systemdienstleistungen und zur Optimierung der Energielogistik.

Zwischen den europäischen und deutschen Übertragungsnetzen sowie den Verteilnetzen existieren Wechselwirkungen, die mit dem Ausbau der Erneuerbaren Energien zunehmen (vgl. Abb. 4.3). Maßnahmen und Aktionen im Smart Grid, insbesondere jene, die Verantwortungs- oder Systemgrenzen überschreiten, müssen daher sinnvoll mit allen beteiligten Akteuren koordiniert werden. Dies gilt für marktbasierte und netzrelevante Maßnahmen, die vom überlagerten Netzbetreiber angefordert und vom unterlagerten Netzbetreiber ausgeführt werden. Die Dimensionierung, Lokalisierung und der Abruf von Maßnahmen kann dabei netzseitig nur durch den direkt betroffenen Netzbetreiber erfolgen und wird über eine informative und operative Kaskade kommuniziert und umgesetzt.[27]

---

[26] Vgl. BDEW und ZVEI (2012, S. 18).
[27] Vgl. BDEW und VKU (2012).

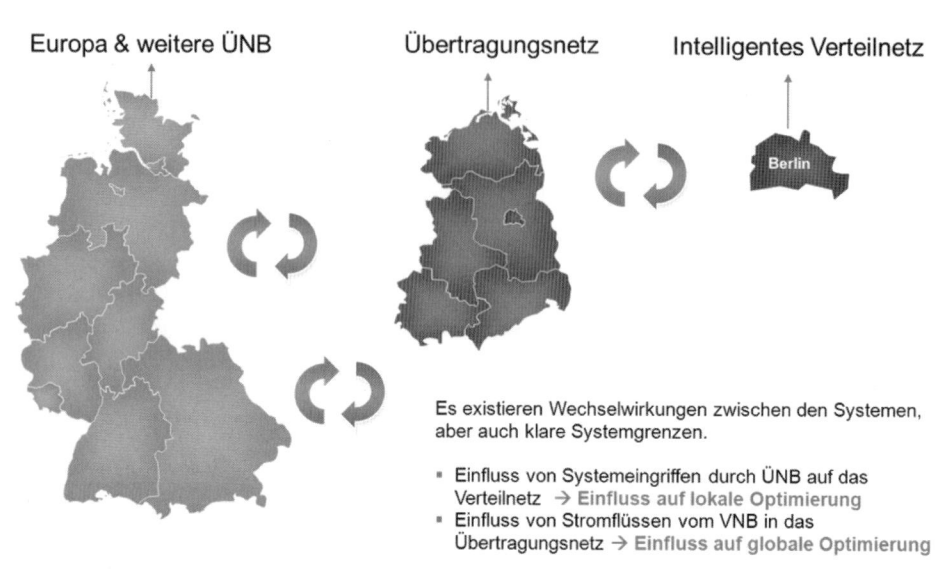

Abb. 4.3 Wechselwirkungen zwischen lokalen und zentralen Marktteilnehmern. (BDEW 2013a, S. 47)

Die *Komplexität* eines zentralen Systems mit einer zu hohen Komponentenzahl kann in definierte Netz-Cluster reduziert werden. Es können die Cluster-Kategorien „*Verteilnetz-Zellen*" (Ortsnetze), „*Verteilnetz-Systemzellen*" (lokal/dezentral), „*Übertragungsnetz-Systemzellen*" (global/zentral) und „*Systemzellen*" (Verbundnetz) gebildet werden. Eine solche *Netz-Clusterung* mit verteilter Netzführung stellt weder das Verbundsystem noch das wettbewerbliche Marktdesign und die einheitliche Preiszone für Deutschland und Österreich in Frage. Der Netzcluster-Ansatz hat nicht das Ziel, eine Vielzahl kleiner autonomer Netzinseln zu generieren, die sich dauerhaft selbst versorgen. Auch die BNetzA sieht die Gefahr sinkender Versorgungsqualität und -sicherheit.[28]

Die künftige Energieversorgungssicherheit basiert auf der Vernetzung der Netzzellen zu einem Gesamtsystem, in dem die ÜNB die Systemverantwortung tragen und der europaweit integrierte Großhandelsmarkt möglichst ungestört funktioniert. Bei der Systemführung werden die ÜNB hierbei in Zukunft stärker als heute durch die Verteilnetzbetreiber unterstützt. Das Netzcluster-Modell muss für die weitere Entwicklung konkretisiert werden. Insbesondere das Zusammenwirken von Verteilnetz und Markt sind näher auszugestalten. Dabei ist sicherzustellen, dass das wettbewerbliche Marktdesign nicht beeinträchtigt und die Praktikabilität gewährleistet wird. Erste Überlegungen für das Verteilnetz, die die Aggregationsebene und die Verzahnung mit dem Netzausbau konkretisieren, liegen bereits vor.[29]

---

[28] Vgl. BNetzA (2011, S. 34).
[29] Vgl. BDEW (2013h).

4.3.3.2 Entwicklung des zukünftigen Energiemarktes (wirtschaftliche Optimierung)

Die EU verfolgt das Ziel der Vollendung des *Binnenmarktes* bis 2014 auf Basis eines wettbewerblich ausgerichteten Marktdesigns. Der Energiehandel basiert auf dem Grundgedanken, dass in der einheitlichen Preiszone von Deutschland und Österreich durch einen wettbewerblichen Ausgleich von Angebot und Nachfrage eine optimale (effiziente) Allokation erreicht wird. Dieses Prinzip muss nach Auffassung des BDEW aus ordnungspolitischen Gründen beibehalten werden. Ergänzend hierzu wird eine regionale Komponente im Energiemarkt benötigt, die die verfügbaren systemsicherheitsrelevanten Dienstleistungen dezentraler Erzeugungs- und Verbrauchsanlagen erschließt und die Verfügbarkeit langfristig sichert.

Ziel sollte es sein, die Effizienz des Smart Grids und des Großhandelsmarktes zu nutzen (lokale und globale Optimierung im Markt). So müssen beispielsweise Lieferanten und Verteilnetzbetreiber die Möglichkeit haben, in der gelben Ampelphase zusammenzuwirken. Hierfür sollten regionale Marktplätze für flexible Leistung geschaffen werden, die sich in die Preisbildung am Großhandelsmarkt eingliedern und diesen nicht beeinflussen. In der gelben Ampelphase fragen VNB Flexibilität zu einer bestimmten Zeit an einem bestimmten Ort im Netz nach; nur so kann einem Engpass gezielt Abhilfe geschaffen werden. Lieferanten oder Aggregatoren bündeln dezentrale Erzeugung und dezentralen Verbrauch. Sie bilden – basierend auf Verträgen – einen Pool von positiven oder negativen Lasten (Ein- und Ausspeisung) und bieten aus diesem Flexibilität am Großhandelsmarkt und an den regionalen Marktplätzen für netzrelevante Maßnahmen an. Das Angebot des Handels mit regionaler Flexibilität tritt hierbei nicht in Konkurrenz zum Großhandel, da die Vergütung nicht über den Arbeitspreis, sondern durch ein von der Bundesnetzagentur akzeptiertes Anreizsystem erfolgt. Wie ein Markt für dezentrale „Versorgungssicherheitsnachweise" organisiert werden kann, zeigt der BDEW mit seinem Vorschlag zur Weiterentwicklung der marktlichen Strukturen auf.[30]

4.3.4 Schritt 8: Speicher und Elektromobilität, Hybridnetze

Für den zeitgleichen Ausgleich zwischen Dargebot und Verbrauch von Energie und zur Stabilisierung der Energieversorgung durch Dienstleistungen im Energienetzwerk sind in den nächsten Jahren tragfähige Konzepte zu entwickeln. Wichtige Elemente sind Speicher, Elektromobilität und Hybridnetze.

4.3.4.1 Energiespeicher

Energiespeicher werden langfristig ein funktionales, sinnvolles Element des Energieversorgungssystems sein. Experten gehen davon aus, dass bei einem Anteil Erneuerbarer Energien von 80 % in einem volkswirtschaftlich günstigsten Stromsystem zusätzlich zu den heute

---

[30] Vgl. BDEW (2013d).

vorhandenen Speichern etwa 14 GW bzw. 70 GWh (5 h) an Kurzzeitspeichern und ca. 18 TW bzw. 7,5 TWh (17 Tage) an Langzeitspeichern benötigt werden.[31]

Grundsätzlich ist zwischen Lastverlagerungsspeicherung durch funktionale Energiespeicher (Umwandlung der Energie und Nutzung in der Zielanwendung wie bei Druckluft, Kälte/Wärme etc.) und direkter Stromspeicherung, bei der die elektrische Energie nach dem Speichervorgang wieder als Strom in das Energiesystem bzw. lokale Netz zurückgespeist wird (Batterien, Pumpspeicherwerke), zu unterscheiden. Diese zukünftigen Speicheraufgaben können von verschiedenen Speichertechnologien realisiert werden, die sich hinsichtlich der Speicherdauer (Kurz-, Stunden-, Tages- oder Saisonspeicher), der Positionierung (zentral oder dezentral) und dem Verhältnis der Leistung zu gespeicherter Energiemenge (Leistungs- oder Energiespeicher) unterscheiden.

Die Wirtschaftlichkeit und die bestmögliche technische Anwendung der Speichertechnologien hängen von der notwendigen Speicherkapazität im Verhältnis zur installierten Leistung sowie dem Anschluss an die jeweilige Netzebene ab. Batterien eigenen sich gut für die Speicherung von Strom aus Photovoltaikanlagen. Windkraftanlagen könnten zukünftig mit Wärmenetzen kombiniert werden. Alle verfügbaren Speicherarten sollten weiter analysiert werden, um zukünftig eine Interaktion in einem spartenübergreifenden Markt zu realisieren. Um den Ausbau von Stromspeichern nicht zu gefährden, ist die Schaffung geeigneter regulatorischer Rahmenbedingungen erforderlich. Aufgrund der derzeitigen Marktsituation ist der Bau und Betrieb von Speichern in absehbarer Zeit nicht wirtschaftlich. Bei der regulatorischen Ausgestaltung ist der Begriff „Energiespeicher" klar und umfänglich zu definieren. Hierdurch soll erreicht werden, dass Speichersysteme, die insbesondere stabilisierend auf das Energieversorgungsnetz wirken, durch entsprechende Regelungen unterstützt werden.

4.3.4.2 Elektromobilität

Die *Elektromobilität* kann als ein Baustein im Smart Grid dazu beitragen, regenerativ erzeugten Strom besser zu integrieren und eine nachhaltige Energieversorgung zu unterstützen. Die Batterien der Elektrofahrzeuge stellen bei einer Marktdurchdringung ein beachtliches Speicherpotenzial dar. Mit ihrer Hilfe kann Strom aus Wind und Sonne dann gespeichert werden, wenn er nicht anderweitig gebraucht bzw. direkt vor Ort verbraucht werden kann (z. B. durch Eigenverbrauch des Photovoltaikstroms). Im Regierungsprogramm Elektromobilität vom Mai 2011 sind für das Jahr 2030 sechs Millionen Elektrofahrzeuge als Ziel vorgesehen. Die mögliche Leistungsaufnahme der Batterien dieser Fahrzeuge wird im zweiten Bericht der Nationalen Plattform Elektromobilität vom Mai 2011 mit neun Gigawatt angegeben. Zum Vergleich: Die installierte Leistung aller Pumpspeicherwerke in Deutschland liegt momentan bei knapp sieben Gigawatt und wird in 2030 voraussichtlich etwa acht Gigawatt betragen.[32] Eine wesentliche Voraussetzung für die Nutzung dieses

---

[31] Vgl. VDE (2012a, S. 141).

[32] In dem Rechenbeispiel wird davon ausgegangen, dass 30 % der Fahrzeuge an das Netz angeschlossen sind, bei einer mittleren Batteriegröße von 15 kWh und einer durchschnittlichen Lade-/Entladeleistung von 3,7 kW.

Speicherpotenzials der Elektrofahrzeuge ist eine intelligente technische Netzeinbindung (inkl. kompatible Kommunikationsschnittstellen) und Ladesteuerung sowie eine Bilanzierung der Ein- bzw. Ausspeisung. Von den energierechtlichen und regulatorischen Rahmenbedingungen sowie den Marktprozessen wird es abhängen, ob eine Nachfrage entsteht und Automobilhersteller rückspeisefähige Fahrzeuge mit bidirektionalem Umrichter anbieten.

Im Regierungsprogramm Elektromobilität vom Mai 2011 wurden *F&E-Leuchttürme* definiert. Ein Schwerpunkt ist der Leuchtturm IKT und Infrastruktur. Darin wird momentan u. a. intensiv an den IKT-Schnittstellen zum Energiesystem und der optimalen Netzintegration der Ladeinfrastruktur in das Stromnetz geforscht.

Sollten Elektromobile im Vergleich zu stationären Speichern wegen geringerer Anschlussleistung, hoher Dezentralität und geringer Verfügbarkeit in Zukunft eine eingeschränktere Bedeutung als Speicher haben, so werden sie doch eine wichtige Funktion als zusätzliche flexible Verbraucher haben. Die Anwendung Erneuerbarer Energien im Mobilitätssektor wird über das Jahr 2022 hinaus deutlich zunehmen und ein Kernelement von Hybridnetzen darstellen.

Mit der EnWG-Novelle 2011 wurde im Paragraphen 14a die Steuerung von unterbrechbaren Verbrauchseinrichtungen in Niederspannung rechtlich gefasst. Die Regelung soll eine Flexibilisierung der Netznutzung von Verbrauchseinrichtungen in Niederspannung ermöglichen und in einer nachgelagerten Verordnung konkretisiert werden. Die Gewährung reduzierter Netzentgelte soll Anreize für Letztverbraucher schaffen, ein flexibles Verbrauchs- bzw. Abschaltpotenzial zur Verfügung zu stellen.

Der BDEW hat die Arbeiten an Regelungen für eine Flexibilisierung der Stromnetznutzung und eine intelligente Verbrauchssteuerung in einer Ausarbeitung konkretisiert. Anhand einer konkreten Netznutzungskonstellation in der Niederspannung wird aufgezeigt, welche Regelungen für ein funktionierendes „Smart Grid" erforderlich sind, damit ein optimaler Beitrag zur Vermeidung von Netzausbau geleistet wird und gleichzeitig die unterschiedlichen Netznutzungswünsche der Verbraucher erfüllt werden können. In der Ausarbeitung wurde angenommen, dass an einem Versorgungsstrang in der Niederspannung fünf Schnellladestationen für Elektromobile angeschlossen werden sollen und gleichzeitig Nachtspeicherheizungen betrieben werden.[33] Die Analyse zeigt auf, dass für eine Umsetzung der gesetzlichen Vorgaben Übergangslösungen erforderlich sind, die insbesondere auf feste Sperrzeiten oder ähnliche, bereits heute verfügbare, Steuerungsverfahren zurückgreifen. Mit zunehmender Verfügbarkeit sowohl detaillierterer Netzzustandsanalysen als auch komplexerer Steuerungseinrichtungen (insbesondere von Messsystemen gemäß Paragraph 21d EnWG) sind dann auch zeitnahe Steuerungen möglich.

4.3.4.3 Hybridnetze
Künftig werden die Energiesysteme Strom, Gas, Wärme und Verkehr mehr und mehr verschmelzen, sodass eine intensivere, optimierte und abgestimmte Nutzung der bereits vor-

---
[33] Vgl. BDEW (2013i).

handenen Infrastrukturen erfolgen kann (Nutzung vorhandener Freiheitsgrade). Überall dort, wo eine Verknüpfung der Infrastrukturen erfolgt, kann von einer domänenübergreifenden Prozesskopplung gesprochen werden. Es bestehen folgende technische Möglichkeiten der einfachen Kopplung:

- Strom zu Gas (Power to Gas, P2G),
- Strom zu Wärme (Power to Heat, P2H),
- Strom zu Mobilität (Power to Mobility, P2M): Elektromobilität,
- (Bio-)Gas zu Strom (Gas to Power, G2P),
- (Bio-)Gas zu Wärme (Gas to Heat, G2H),
- (Bio-)Gas zu Mobilität (Gas to Mobility, G2M),
- Mobilität zu Strom (Mobility to Power, M2P): Batterie.

Diese einfachen Kopplungen können wechselseitig miteinander kombiniert werden. Zu beachten ist, dass mit jedweder Verknüpfung Wirkungsgradverluste einhergehen, die sich in der Wirtschaftlichkeit der Lösungen niederschlagen. Eine beliebige Netzkopplung ist vor diesem Hintergrund ausgeschlossen. Losgelöst von der Schaffung notwendiger regulatorischer Rahmenbedingungen und der Förderung von Forschung und Entwicklung bleiben Fragen der technischen Umsetzung, die in den nächsten Jahren angegangen werden sollten.

Erste Untersuchungen zeigen, dass ein struktureller Ordnungsrahmen für das Themenfeld *Hybridnetze* noch entwickelt werden muss. In einer Studie aus dem Jahr 2013 der Deutschen Akademie der Technischen Wissenschaften wird beschrieben, wie virtuelle Kopplungsprozesse und notwendige IKT-Funktionalitäten als Grundlage für die technische Umsetzung von Hybridnetzen dienen können. Es werden technische Lücken identifiziert und Herausforderungen sowie Forschungsfragen für Hybridnetze abgeleitet.[34]

4.4 Realisierungs- und Marktphase

Variable Energieerzeugung und variabler Energieverbrauch werden künftig flächendeckend durch neue Produkte der Akteure im Energieendkundenmarkt gewährleistet und sind zentrale Pfeiler der intelligenten Energieversorgung. Insbesondere Energielieferanten/Aggregatoren werden für eine optimierte *Energielogistik* sorgen: Viele der Produkte werden Dienstleistungen in Form von sogenannten *Energiemanagementsystemen* sein, welche dem Kunden die Möglichkeit bieten, Nutzen aus systemorientiertem Verhalten zu ziehen. So können die Kunden durch gezielte Steuerung und Regelung ihres Energieverbrauchs Kosten reduzieren und durch die Steuerung ihrer Energieerzeugung Erlöse erhöhen. Ein Energiemanagementsystem der Lieferanten, welches an den intelligenten Messsystemen

---

[34] Vgl. acatech (2013).

der Kunden angeschlossen ist, gewährleistet die nötigen Informationen. Es zeigt auf, wann eine Anpassung von Energieerzeugung und -verbrauch einen Mehrnutzen bietet. Zudem reduziert es Komplexität, gibt eine Übersicht über variable Tarife und bietet den Kunden eine einfache Entscheidungsgrundlage.

Durch die Ausweitung des *Regelenergiemarktes* auf die Verteilnetz-Ebene und die Einführung effizienter Prozesse zum Handel mit Lastflexibilitäten kann der notwendige Verteilnetzausbau auf das notwendige Maß reduziert werden. Die Netzbetreiber wägen dann Netzausbau und marktgesteuerte Lastverlagerung ab.

4.4.1 Schritt 9: Variable Erzeugung – Supply Side Management

Bei einer hohen Anzahl dezentraler Erzeugungsanlagen steigt die Bedeutung systemübergreifender Ansätze zur Integration fluktuierender Stromerzeugung (insbesondere aus Windenergie- und Photovoltaikanlagen). Während die technische Integration vor allem Fragen der Netzintegration und der Bereitstellung von Systemdienstleistungen betrifft, muss eine ökonomische Integration der Erneuerbaren Energien in den Strommarkt vor allem durch eine langfristig freie Vermarktung gewährleistet werden.[35]

4.4.1.1 Virtuelle Kraftwerke

KWK-Anlagen, Wärmepumpen und weitere Flexibilitätsoptionen wie Elektro-Heizungen, Elektromobile etc. haben in *virtuellen Kraftwerken* gebündelt hohes Potenzial, einen signifikanten Beitrag zum Ausgleich der großen Gradienten der *Residuallast* zu leisten. Dabei liegt der volkswirtschaftliche Mehrwert beim Betrieb virtueller Kraftwerke vor allem darin, künftig einen Großteil der bislang noch nicht genutzten Flexibilität dezentraler und zentraler Erzeugungsanlagen zusammenzufassen und für die Deckung der Residuallast zu erschließen. Die Rahmenbedingungen und die damit einhergehende Attraktivität der entsprechenden Geschäftsmodelle von virtuellen Kraftwerken werden der Schlüssel für den zukünftigen Erfolg in der Erzeugung sein (Direktvermarktung, Regelenergie, Bilanzkreismanagement, Netz- und Systemdienstleistungen auf Basis gebündelter Erzeugungseinheiten). Die notwendige Bündelung erfolgt hierbei durch Lieferanten und Aggregatoren.

Virtuelle Kraftwerke können in Zukunft marktseitig dazu beitragen, auftretende Engpässe, Spannungsbandverletzungen etc. im Verteilnetz wirtschaftlich sinnvoll zu beheben. Bedingung ist hierbei, dass mehrere Einzelanlagen des virtuellen Kraftwerks in derselben Netzgruppe des betroffenen Verteilnetzbetreibers angeschlossen sind. Im Idealfall lassen sich eingespeiste Leistungen derart verschieben, dass Engpässe behoben und gleichzeitig die Summenleistung in der Bilanzierung nicht verändert wird. Darüber hinaus ist die

---

[35] Vgl. BDEW (2013d).

Ausgestaltung der rechtlichen und regulatorischen Rahmenbedingungen Grundvoraussetzung.[36]

Der Ausgleich der Residuallast erfolgt heute und in Zukunft zuverlässig und effizient durch die Vorhaltung von Regelleistung. Virtuelle Kraftwerke können sich durch den Zusammenschluss (*Pooling*) kleiner Erzeugungsanlagen am Markt für Regelleistung auf der Übertragungsnetzebene beteiligen und zu dessen Vergrößerung sowie Flexibilisierung beitragen, sofern sie den Präqualifikationsbedingungen entsprechen. Die notwendigen Präqualifikationsverfahren für die Vorhaltung und Erbringung von Regelenergie für jede Einzelanlage sichern eine verlässliche Verfügbarkeit des Teilnehmers am Regelenergiemarkt.

4.4.1.2 Variable Erzeugung des konventionellen Kraftwerksparks

Nach den Szenarien der Bundesregierung wird die installierte Kapazität zur Stromerzeugung aus Erneuerbaren Energien von heute etwa 54 GW bis zum Jahr 2030 auf mindestens 120 GW ansteigen. Wie Auswertungen realer Einspeisedaten zeigen, kann die Einspeisung aus Photovoltaik- bzw. Windkraftanlagen zeitweise sehr gering sein, während hohe Einspeise-Leistungen von mehr als 50 % der installierten Erneuerbaren-Kapazitäten nur an fünf bis zehn Prozent der Jahresstunden erbracht werden. Zur Gewährleistung der Versorgungssicherheit wird daher die Flexibilität *konventioneller Kraftwerke* benötigt. Diese werden künftig als Backup-Systeme für Zeiten unzureichender Erzeugung regenerativen Stroms vorgehalten und eine gegenüber der heutigen Situation um durchschnittlich 40 % geringere Auslastung aufweisen. Da bereits in 2020 signifikant hohe Lastsprünge zu erwarten sind, sollten zügig entsprechende rechtliche Rahmenbedingungen geschaffen werden.[37]

4.4.2 Schritt 10 Variabler Verbrauch – Demand Side Integration

Demand Side Integration ist der Überbegriff für *Demand Side Management (DSM)* und *Demand Side Response (DSR)*. Demand Side Management umfasst die direkte Beeinflussung des Energieverbrauchs auf der Verbraucherseite. Dabei kann der Energieverbrauch zu einem bestimmten Zeitpunkt erhöht oder reduziert werden. Hierfür sind entweder im Vorfeld vertragliche Vereinbarungen bezüglich der Bereitstellung von Flexibilität getroffen worden oder es muss bei Gefahr im Verzug im Sinne der *Systemstabilität* unmittelbar eingegriffen werden. Demand Side Response umfasst die Reaktion des Verbrauchers auf ein Anreizsignal, welches meist monetärer Art ist, wie ein entsprechender zeitabhängiger Tarif z. B. mit Hoch-, Mittel- und Niedrigtarifzeiten. Der Kunde kann seinen Energiebezug so optimieren, dass er seinen Energiebedarf in die günstigeren Tarifzeiten legt.[38]

---

[36] Vgl. BDEW (2013h).
[37] Vgl. BDEW (2013d).
[38] Vgl. VDE (2012b).

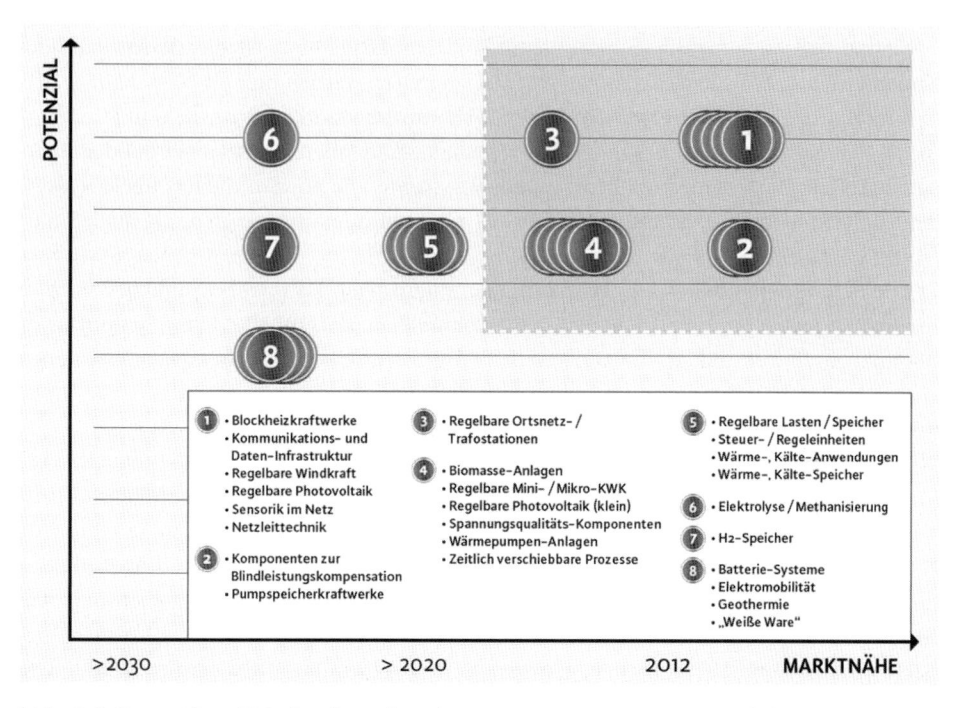

4 Smart Grids und Smart Markets – Roadmap der Energiewirtschaft

Abb. 4.4 Potenzial und Marktnähe technischer Komponenten im Smart Grid. (BDEW und ZVEI 2012, S. 10)

4.4.2.1 Demand Side Integration (DSI)

Die Zweiteilung in DSM und DSR spielt insbesondere in der gelben Ampelphase eine Rolle. Hier werden in Abhängigkeit von der Reaktionszeit zwei Mechanismen unterschieden. Falls Engpässe prognostiziert werden können, besteht die Möglichkeit, dass Lieferanten auf Basis der Informationen der Netzbetreiber Anreize für Flexibilität setzen (DSR). Falls dies nicht möglich ist, muss kurzfristig Abhilfe geschaffen werden (DSM).

Eine vom BDEW vorgenommene Abschätzung der Potenziale technischer Komponenten im Smart Grid ergab ein hohes Potenzial für regelbare Lasten im Verteilnetz (vgl. Abb. 4.4). Wichtig ist zwischen Industrie, Gewerbe und Haushalten als Kundengruppen zu differenzieren. So ist das kurzfristig erschließbare Lastverschiebungspotenzial in Haushalten niedriger als das in Gewerbe und Industrie. In einem ersten Schritt sollte folglich industrielles Lastmanagement im Fokus stehen. Damit ist auch die Ausgestaltung der Verordnung für zu- und abschaltbare Lasten prioritär.

Für eine valide Einschätzung der *Lastverschiebungspotenziale* ist entscheidend, auch den demografischen Wandel und die Entwicklung neuer Technologien (z. B. Elektromobilität) zu betrachten. Durch Entwicklungen wie die Einführung von Elektroautos wird es künftig ein deutlich höheres koordinierbares Lastverschiebungspotenzial geben. Um dieses Potenzial zu heben, werden Lieferanten oder – als neue Marktrolle ausgestaltet – sogenannte Aggregatoren Demand Side Management-Produkte generieren, die das Bündeln von Lasten ermöglichen.

Grundvoraussetzung für funktionierendes Lastmanagement ist die Bereitschaft des Kunden, sich am Markt aktiv zu beteiligen. Lieferanten werden hier als (Geschäfts-)Partner der Kunden Lösungen entwickeln, die die Handhabbarkeit der Prozesse und ihre Komplexität vereinfachen und besonders im Haushaltskundenbereich Komfort bei der Energienutzung sicherstellen. Energiemanagementsysteme, die an die intelligenten Messsysteme angebunden sind, ermöglichen neben einem optimierten Energiebezug auch Smart Home-Lösungen (effizienter Energieeinsatz).

Die Schwierigkeit bei der Entwicklung der zukünftigen Rahmenbedingungen wird es sein, einen stabilen gesetzlichen Rahmens vorzugeben, der auf der einen Seite Systemstabilität garantiert und auf der anderen Seite die Offenheit des Marktes gegenüber neuen Technologien, Verfahren und Prozessen für intelligente Produkte unterstützt.

4.4.2.2 Vom Arbeits- zum Leistungspreis

Viele Experten in der Energiewirtschaft gehen davon aus, dass die Bedeutung von *Leistungspreisen* zunimmt. In der Roadmap des BDEW wird aufgezeigt, dass im intelligenten Netz Kapazitäten bereitgestellt werden können, die von Großhändlern und Energielieferanten in Produkten mit reinen Leistungspreiselementen vermarktet werden können. Am Großhandelsmarkt könnten virtuelle Kraftwerke und Energiesenken über leistungsbasierte Produkte und Verfügbarkeitsprämien vermarktet werden. Den Kunden werden von den Lieferanten dynamische *Flatrates* (Produkte mit variabler Leistungsverfügbarkeit) auf Basis der beschafften Kapazitäten angeboten. Die Produktpalette kann auch Lösungen der Hausautomatisierung und Sicherheitsdienstleistungen sowie Teilautarkieansätze enthalten. Zu den rechtlichen Rahmenbedingungen für dieses neue Marktdesign liegt seit dem Jahr 2013 ein umfassendes Konzept der Energiewirtschaft vor.[39]

4.5 Fazit

Die zunehmende Dezentralisierung der Energieerzeugung und die Ziele im Bereich der Energieeffizienz und der Energieeinsparung machen Anpassungen im Bereich der Infrastrukturen (intelligenter Netzaus- und -umbau) aber auch in den Marktprozessen und der Marktkommunikation notwendig. Die Geschäftsmodelle der Energiewirtschaft wandeln sich. Um eine sichere, preiswerte und umweltfreundliche Energieversorgung auch künftig zu gewährleisten, muss es das Ziel sein, verteilte Energieerzeugung und verteilten Energieverbrauch zu bündeln und aufeinander abzustimmen. Hierfür werden intelligente Netze und regionale Marktplätze für flexible Leistung und Flexibilität benötigt. Dies bedeutet auch, dass eine verstärkte Interaktion von Marktakteuren und regulierten Netzbetreibern erforderlich ist. Um diese kontinuierliche Interaktion im Einklang mit den geltenden Entflechtungsvorschriften zwischen „Netz" und „Markt" auszugestalten, ist das sogenannte „*Ampelkonzept*" kurzfristig weiter auszugestalten und rechtlich zu verankern. Dieses un-

---

[39] Vgl. BDEW (2013d).

terscheidet Verantwortlichkeiten in Abhängigkeit von Systemzuständen und schafft einen Markt, der einen volkswirtschaftlich sinnvollen Netzaus- und -umbau ermöglicht.

Die große Herausforderung der nächsten Jahre wird es sein, die rechtlichen, regulatorischen und energiewirtschaftlichen Rahmenbedingungen in Rahmen des Ampelkonzepts auszugestalten und volkswirtschaftlich sinnvoll aufeinander abzustimmen. Mit der BDEW-Roadmap „Realistische Schritte zur Umsetzung von Smart Grids in Deutschland" liegt ein Konzept vor, welche Akteure welche Aufgaben in welchem Zeitrahmen zu bewältigen haben.

Literatur

acatech (Hrsg.): Future Energy Grid – Migrationspfade ins Internet der Energie (acatech Studie). Springer, Berlin (2012)

acatech (Hrsg.): Hybridnetze für die Energiewende-Forschungsfragen aus Sicht der IKT (acatech Materialien). http://www.acatech.de/de/publikationen/publikationssuche/detail/artikel/hybridnetze-fuer-die-energiewende-forschungsfragen-aus-sicht-der-ikt.html (17. Januar 2013). Zugegriffen: 23. Nov. 2013

BDEW Bundesverband der Energie- und Wasserwirtschaft e.V.: BDEW-Roadmap Realistische Schritte zur Umsetzung von Smart Grids in Deutschland, Berlin, 11. Februar 2013. https://www.bdew.de/internet.nsf/id/F8B8CCE3B35FF53BC1257B0F0038D328/$file/BDEW-Roadmap_Smart_Grids.pdf (2013a). Zugegriffen: 23. Nov. 2013

BDEW Bundesverband der Energie- und Wasserwirtschaft e.V.: Positionspapier „Vorschläge zur Ausgestaltung einer Verordnung zur Steuerung von unterbrechbaren Verbrauchseinrichtungen in Niederspannung" vom 28. März 2013. https://www.bdew.de/internet.nsf/id/7868A4205B5FD9CAC1257B48004E8AA6/$file/2013-03-28_BDEW-PosPapier_VO-Unterbrechb-VerbrEinrichtg_Par14aEnWG.pdf (2013b). Zugegriffen: 04. Aug. 2013

BDEW Bundesverband der Energie- und Wasserwirtschaft e.V.: Positionspapier Paragraph 14a EnWG: Konzept zur Ausgestaltung der „gelben Ampelphase" anhand eines Fallbeispiels vom 10. Mai 2013. https://www.bdew.de/internet.nsf/id/B95EE406725DCF83C1257B7400366A7E/$file/2013-05-10_BDEW-Positionspapier_Par14aEnWG_Ausgestaltung-gelbe-Phase.pdf (2013c). Zugegriffen: 03. Juli 2013

BDEW Bundesverband der Energie- und Wasserwirtschaft e.V.: Positionspapier „Der Weg zu neuen marktlichen Strukten für das Gelingen der Energiewende"-Handlungsoptionen für die Politik, Berlin, 18. September 2013. https://www.bdew.de/internet.nsf/res/CA1144956D744329C1257BEF002F1536/$file/PG-Marktdesign_Abschlusspapier_final_180913.pdf (2013d). Zugegriffen: 26. Sept. 2013

BDEW Bundesverband der Energie- und Wasserwirtschaft e.V.: Positionspapier „Vorschläge für eine grundlegende Reform des EEG", Berlin, 18. September 2013. https://www.bdew.de/internet.nsf/res/1C1C742B522CA0CEC1257BEF002F1485/$file/Anlage_2_Positionspapier_Vorschl%C3%A4ge%20f%C3%BCr%20eine%20grundlegende%20Reform%20des%20EEG_final_180913.pdf (2013e). Zugegriffen: 02. Nov. 2013

BDEW Bundesverband der Energie- und Wasserwirtschaft e.V. (Hrsg.): Stellungnahme zum Referentenentwurf der Verordnung über technische Mindestanforderungen an den Einsatz intelligenter Messsysteme (Messsystemverordnung), Berlin, 30. Oktober 2013. https://www.bdew.de/internet.nsf/id/E04F1DC72C782642C1257C1B004FE964/$file/20131030_BDEW-Stellungnahme%20Messsystemverordnung.pdf (2013f). Zugegriffen: 23. Nov. 2013

BDEW Bundesverband der Energie- und Wasserwirtschaft e.V. (Hrsg.): Positionspapier Empfehlung für einen Testbetrieb von Messsystemen, Vorbereitung des Pflichteinbaus von Messsystemen nach Paragraph 21c EnWG durch eine Testphase, Berlin, 30. Oktober 2013. https://www.bdew.de/internet.nsf/id/15141FA7532999B8C1257C1B005007B2/$file/BDEW_Positionspapier_Testbetrieb%20f%C3%BCr%20Messsysteme_final.pdf (2013g). Zugegriffen: 23. Nov. 2013

BDEW Bundesverband der Energie- und Wasserwirtschaft e.V.: Positionspapier Paragraph 14a EnWG: Konkretisierung der Aggregationsebene und Verzahnung mit Netzausbau vom 05. September 2013. https://www.bdew.de/internet.nsf/id/45C9F0467F50B9DEC1257BE200300131/$file/20130905_BDEW_Par14aEnWG_Aggregationsebene_Netzausbau.pdf (2013h). Zugegriffen: 03. Okt. 2013

BDEW Bundesverband der Energie- und Wasserwirtschaft e.V.: Positionspapier Paragraph 14a EnWG: Konzept zur Ausgestaltung der „gelben Ampelphase" anhand eines Fallbeispiels – Grundlage: Fallbeispiel und Aufgabenstellung aus der 16. Sitzung der BMWi-Arbeitsgruppe „Intelligente Netze und Zähler" vom 26. März 2013, Berlin, 10. Mai 2013. http://www.bdew.de/internet.nsf/id/B95EE406725DCF83C1257B7400366A7E/$file/2013-05-10_BDEW-Positionspapier_Par14aEnWG_Ausgestaltung-gelbe-Phase.pdf (2013i). Zugegriffen: 23. Nov. 2013

BDEW Bundesverband der Energie- und Wasserwirtschaft e.V. (Hrsg.): BDEW -Förderleitfaden, Fördermöglichkeiten für die Umsetzung der Energiewende, Berlin 2013 (2013j)

BDEW Bundesverband der Energie- und Wasserwirtschaft e.V. und VKU-Verband kommunaler Unternehmen e.V. (Hrsg.): Praxisleitfaden für unterstützende Maßnahmen von Stromnetzbetreibern, Kommunikations- und Anwendungsleitfaden zur Umsetzung der Systemverantwortung gemäß Paragraphen 13 Absatz 2, 14 Absatz 1 und 14 Absatz. 1c EnWG, Berlin. https://www.bdew.de/internet.nsf/id/20121012-bdew-extra-bdew-vku-praxisleitfaden-zur-zusammenarbeit-von-stromnetzbetreibern-in-kritische/$file/20121012_BDEW-VKU%20Praxis-Leitfaden_fuer_unterstuetzende_Ma%DFnahmen_von_Stromnetzbetreibern.pdf?open (12. Oktober 2012). Zugegriffen: 01. Sept. 2013

BDEW Bundesverband der Energie- und Wasserwirtschaft e.V. und ZVEI-Zentralverband Elektrotechnik- und Elektronikindustrie e.V. (Hrsg.): Smart Grids in Deutschland, Handlungsfelder für Verteilnetzbetreiber auf dem Weg zu intelligenten Netzen, Berlin. https://www.bdew.de/internet.nsf/res/86B8189509AE3126C12579CE0035F374/$file/120327%20BDEW%20ZVEI%20Smart-Grid-Broschuere%20final.pdf (März 2012). Zugegriffen: 14. Sept. 2012

Bundesministerium für Wirtschaft und Technologie (Hrsg.): BMWi: Kosten-Nutzen-Analyse für einen flächendeckenden Einsatz intelligenter Zähler, Endbericht Juli 2013. http://www.bmwi.de/DE/Mediathek/publikationen,did=586064.html (2013a). Zugegriffen: 01. Aug. 2013

Bundesministerium für Wirtschaft und Technologie (Hrsg.): Projektbeschreibung „Schaufenster Intelligente Energie", Berlin,12. September 2013. http://www.bmwi.de/BMWi/Redaktion/PDF/S-T/schaufenster-intelligenteenergie,property=pdf,bereich=bmwi2012,sprache=de,rwb=true.pdf (2013b). Zugegriffen: 01. Okt. 2013

Bundesnetzagentur: „Smart Grid" und „Smart Market". Eckpunktepapier der Bundesnetzagentur zu den Aspekten des sich verändernden Energieversorgungssystems, Bonn (2011)

Bundesnetzagentur (Hrsg.): Einleitung eines Festlegungsverfahrens zu Datenaustauschprozessen im Rahmen des Energieinformationsnetzes (Strom, BK6-13-200) vom 17.10.2013. http://www.bundesnetzagentur.de/DE/Service-Funktionen/Beschlusskammern/1BK-Geschaefts-zeichen-Datenbank/BK6-GZ/2013/BK6-13-200/Verfahrenseroeffnung_bf.pdf?__blob=publication File & v=2. Zugegriffen: 03. Nov. 2013

Brundekreeft, G., et al.: Innovative Regulierung für Intelligente Netze (IRIN), Abschlussbericht, Kurzfassung. http://www.bremer-energie-institut.de/download/IRIN/pub/IRIN-AbschlussberichtKF.pdf (September 2011). Zugegriffen: 23. Nov. 2013

Commission of the European Communities CEC (Hrsg.): Smart Grid projects in Europe: Lessons learned and current developments 2012 update, Joint Research Center EU Commission. http://ses.jrc.ec.europa.eu/sites/ses.jrc.ec.europa.eu/files/documents/ld-na-25815-en-n_final_online_version_april_15_smart_grid_projects_in_europe__lessons_learned_and_current_developments_-2012_update.pdf (2013). Zugegriffen: 23. Nov. 2013

Commission of the European Communities CEC (Hrsg.): EU Commission Task Force for Smart Grids, Expert Group 1: Functionalities of smart Grids and smart meters, Final Deliverable. http://ec.europa.eu/energy/gas_electricity/smartgrids/doc/expert_group1.pdf (December 2010). Zugegriffen: 23. Nov. 2013

Deutsche Energie-Agentur GmBH (Hrsg.): dena Verteilnetzstudie – Ausbau- und Innovationsbedarf der Stromverteilnetze in Deutschland bis 2030. http://www.dena.de/fileadmin/user_upload/Projekte/Energiesysteme/Dokumente/denaVNS_Abschlussbericht.pdf (2012). Zugegriffen: 15. Nov. 2013

Picot, A., Neumann, K.-H. (Hrsg.): E-Energy, Wandel und Chance durch das Internet der Energie. Springer, Heidelberg (2009)

EURELECTRIC (Hrsg.): 10 Steps to Smart Grids EURELECTRIC DSOs' Ten-Year Roadmap for Smart Grid Deployment in the EU. http://www.eurelectric.org/media/26140/broch.10steps_lr-2011-030-0304-01-e.pdf (2011). Zugegriffen: 15. Sept. 2013

EU: RICHTLINIE 2009/72/EG DES EUROPÄISCHEN PARLAMENTS UND DES RATES vom 13. Juli 2009 über gemeinsame Vorschriften für den Elektrizitätsbinnenmarkt und zur Aufhebung der Richtlinie 2003/54/EG, 2006

VDE Verband der Elektrotechnik Elektronik Informationstechnik e.V. (Hrsg.): Energiespeicher für die Energiewende, Speicherbedarf und Auswirkungen auf das Übertragungsnetz für Szenarien bis 2050. Juni 2012, Frankfurt a. M. (2012a)

VDE Verband der Elektrotechnik Elektronik Informationstechnik e.V. (Hrsg.): Ein notwendiger Baustein: Demand Side Integration, Lastverschiebungspotenziale in Deutschland. Juni 2012, Frankfurt a. M. (2012b)

Dezentrale Erzeugung, Wettbewerb und intelligente Netze im integrierten Strommarktmodell des VKU

Barbara Praetorius

Zusammenfassung

Mit zunehmendem Ausbau der Erneuerbaren Energien wird das System der Stromversorgung immer komplexer und die Organisation von Versorgungssicherheit technisch und wirtschaftlich aufwändiger. Das Optimierungsproblem der simultanen Abstimmung von Angebot und Nachfrage im gegenwärtigen Marktdesign ist in der mittleren Frist ein Risiko für die Versorgungssicherheit, da Investitionen in Versorgungssicherheit ausreichende Planungsvorläufe und Planungssicherheit voraussetzen. Das betrifft die Bereitstellung sowohl von verlässlichen Stromerzeugungskapazitäten als auch von angepassten Netzstrukturen. Derzeit wird erörtert, mit welchem Marktdesign eine effiziente Lösung des Optimierungsproblems ermöglicht werden kann. Effizienz setzt dabei sowohl wettbewerbliche Strukturen als auch den Einsatz von intelligenten Regelungstechniken voraus, denn die Informations- und Kommunikationstechniken sind heute so weit entwickelt, dass eine Echtzeitregelung möglich ist. Allerdings müssen für effiziente marktwirtschaftliche Innovationsanreize die Aufgaben der Akteure neu definiert und das Regelwerk für die verschiedenen Wertschöpfungsstufen und deren Schnittstellen an die Herausforderungen der stärker dezentralen und fluktuierenden Stromeinspeisung angepasst werden. Der Beitrag fasst die Ergebnisse eines Gutachtens im Auftrag des Verbands kommunaler Unternehmen (VKU) zusammen, das ein integriertes dezentrales Strommarktdesign als Lösungsoption vorschlägt.

B. Praetorius (✉)
Verband kommunaler Unternehmen e.V., Invalidenstraße 91,
10115 Berlin, Deutschland

5.1 Einleitung

Mit dem Energiekonzept 2010 (und seinen Modifikationen in 2011) hat Deutschland den Weg in eine umfassende Energiewende festgelegt. Die klimapolitischen Langfristziele für 2050 sind gesellschaftlich grundsätzlich akzeptiert: Senkung der Treibhausgasemissionen um mindestens 80 %, Erhöhung des Anteils der Erneuerbaren Energien am Bruttostromverbrauch auf mindestens 80 %, Senkung des Primärenergieverbrauchs um 50 %. Gleichzeitig behalten die übergeordneten Werte des energiewirtschaftlichen Zieldreiecks ihre Gültigkeit und Notwendigkeit für die gesamtwirtschaftliche und gesellschaftliche Stabilität in Deutschland. Diese auch im deutschen Energiewirtschaftsgesetz niedergelegten Ziele umfassen neben den umwelt- und klimapolitischen Prämissen die Versorgungssicherheit, verbunden mit Preiswürdigkeit. Aus der Perspektive der Nachhaltigkeit müssen darunter auch die *Wirtschaftlichkeit*, die *Wirtschaftsverträglichkeit* und vor allem auch die *Sozialverträglichkeit* unserer Elektrizitätsversorgung gefasst werden.

Der Ausbau der Erneuerbaren Energien hat in den letzten Jahren stärker stattgefunden als allgemein vorhergesagt. Zugleich hängt der Netzausbau nach. Hieraus ergeben sich erhebliche Herausforderungen für das Elektrizitätssystem insgesamt. Da die Erneuerbaren Energien fluktuierend einspeisen, werden für windstille und sonnenarme Tage sichere, ausreichend flexible und möglichst treibhausgasarme Erzeugungskapazitäten zur Gewährleistung der Versorgungssicherheit benötigt. Diese Leistung muss langfristig steuerbar und vor allem jederzeit verfügbar sein. Zwar bestehen im Jahre 2013 noch deutliche technische Überkapazitäten im deutschen Stromerzeugungsmarkt, diese schmelzen jedoch in den kommenden Jahren aus wirtschaftlichen und alterungsbedingten Gründen aller Wahrscheinlichkeit nach bis spätestens 2020 soweit ab, dass bis dahin ein Ausgleich geschaffen werden muss. Es besteht daher kurzfristig die Notwendigkeit, die vorhandenen Kapazitäten am Netz zu halten, und mittelfristig der Bedarf an Investitionen in neue gesicherte Leistung, und die Frage rückt in den Vordergrund, wie die Versorgungssicherheit in einem von Erneuerbaren Energien dominierten Energiemix aufrechterhalten werden kann.

Besonders problematisch ist zurzeit die wirtschaftliche Lage der erforderlichen „konventionellen" Anlagen, denn ausgerechnet die zum Ausgleich der wetterabhängigen Wind- und Solarstromeinspeisung benötigten hocheffizienten, flexiblen Gaskraftwerke werden aufgrund wirtschaftlicher Risiken möglicherweise nicht in ausreichender Zahl gebaut. Selbst Bestandskraftwerke stehen teilweise bereits heute vor der Stilllegung, weil sie wegen der dynamischen Zunahme der Stromerzeugung aus Erneuerbaren Energien nicht mehr auf ausreichende Jahreslaufleistungen kommen. Schließlich kann die Netzinfrastruktur mit dem Ausbau der Erneuerbaren Energien derzeit faktisch nicht Schritt halten, was auch mit den Regulierungsbedingungen für die Stromnetze zusammenhängt.

Zur Bewältigung der technischen Veränderungen gegenüber dem historischen Stromsystem müssen auch die regulatorischen und marktlichen Mechanismen für die Elektrizitätswirtschaft weiterentwickelt werden. In der heutigen Welt der funktional und organisatorisch entflochtenen Strombranche betrifft dies nicht nur die Erzeugung, sondern auch den Vertrieb mit allen Stromhändlern und -lieferanten, die Netzbetreiber und auch die industriellen, gewerblichen und privaten Stromverbraucher.

Kommunalwirtschaftliche Energieversorgungsunternehmen sind in Deutschland wichtige Akteure der Stromwirtschaft. Rund 1.000 Stadtwerke betreiben Verteilnetze oder beliefern Endkunden mit Strom; ein Drittel bis die Hälfte von ihnen ist in größerem oder kleinerem Umfang auch in der Stromerzeugung aktiv. Nicht zuletzt betreiben kommunalwirtschaftliche Energieversorgungsunternehmen ihre lokalen Kraftwerke überwiegend als hoch effiziente Kraft-Wärme-Kopplungs-Anlagen (KWK-Anlagen) oder moderne Gaskraftwerke, wie die jährliche Erzeugungsabfrage des Verbands kommunaler Unternehmen zeigt. Damit tragen sie entscheidend dazu bei, dass im Jahr 2020 entsprechend der politischen und gesetzlichen Zielsetzung mindestens ein Viertel des in Deutschland erzeugten Stroms aus KWK-Anlagen stammt. Sie sind Betreiber der Verteilnetze, in die fast 100 % des Stroms aus Erneuerbaren Energien eingespeist werden, sie versorgen jeden zweiten Endkunden in Deutschland mit Strom sowie Wärme und investieren in Erneuerbare Energien. Sie haben deshalb das Potenzial, wichtige Akteure im Transformationsprozess des Energiesystems zu sein.

Zwar sind kommunalwirtschaftliche Energieversorgungsunternehmen weit überwiegend privatwirtschaftlich organisiert und entsprechenden betriebswirtschaftlichen Grundsätzen des wirtschaftlichen Betriebs ihrer Geschäfte verpflichtet, zumeist in der Form der Gesellschaft mit beschränkter Haftung (GmbH). Aufgrund ihrer Eigentumsstruktur und ihrer kommunalpolitisch besetzten Kontrollorganen müssen sie jedoch zumindest teilweise – oder zusätzlich – anderen Ziel- oder Gewinnfunktionen folgen als rein privatwirtschaftliche, vielleicht sogar börsennotierte Energieversorgungsunternehmen. Hieraus ergeben sich Chancen und Risiken zugleich; in jedem Fall sind sie als Beauftragte der kommunalen Institutionen der Daseinsvorsorge und damit der grundlegenden Infrastrukturen gesellschaftlichen Handelns viel direkter mit den Belangen der Bürger und der Wirtschaft vor Ort befasst und vertraut und haben so einen potenziell besseren Zugang zu lokalen Akteuren und Bürgern, die für das Gelingen oder Scheitern der Energiewende entscheidend sein können.

Allerdings leiden kommunale Energieversorger wie alle Stromerzeuger unter den veränderten Rahmenbedingungen und der mangelnden Wirtschaftlichkeit konventioneller Anlagen. Die jährliche Abfrage unter den Mitgliedsunternehmen des Verbands kommunaler Unternehmen vom Frühjahr 2013[1] zeigt, dass die Auslastung der kommunalwirtschaftlichen, mit klimafreundlichem Erdgas betriebenen Kraftwerke allein zwischen 2010 und 2012 um 24,4 % gesunken ist. Mit 2.519 Jahresstunden liegt sie heute im Durchschnitt unter der Wirtschaftlichkeitsschwelle. Damit stellt sich ausgerechnet für flexible, mit klimafreundlichem Erdgas betriebene Kraftwerke zeitnah die Frage nach der Rechtfertigung eines weiteren Betriebs, zumal bei negativen Ergebnissen die Eigentümer und damit die Kommunen direkt betroffen sind; diese haften zwar bei einer GmbH nur mit der – ver-

---

[1] Vgl. VKU (2013a).

gleichsweise geringen – Gesellschaftereinlage, sie müssen sich jedoch damit befassen, ob die Defizite aus dem kommunalen Haushalt ausgeglichen werden können bzw. sollen.

Eine andere Umfrage des VKU im Vorfeld der Bundestagswahlen 2013, an der sich 220 kommunale Unternehmen beteiligten, zielte auf die energiewirtschaftlichen Rahmenbedingungen und deren Einfluss auf ihr Investitionsverhalten.[2] Die Ergebnisse zeigen, dass die Rahmenbedingungen für Investitionen in neue Erzeugungsanlagen vor allem im Bereich der konventionellen Erzeugung sehr kritisch beurteilt werden. Knapp 67 % der Unternehmen, die sich an der Umfrage beteiligten, halten die Rahmenbedingungen nicht für ausreichend, um in neue Erzeugungsanlagen zu investieren. 73 % der Betreiber von konventionellen Erzeugungsanlagen geben an, dass sich die Wirtschaftlichkeit ihrer Anlagen seit 2011 verschlechtert hat. 55 % der Unternehmen geben an, dass sie ihre Pläne für neue konventionelle Kraftwerke aufgegeben bzw. zurückgestellt haben.

Ganz anders ist das Bild bei den *Erneuerbaren Energien*. Fast 90 % der Teilnehmer der Umfrage erzeugen Strom in Erneuerbaren-Energien-Anlagen. 39 % haben ihre Investitionsplanungen gegenüber 2011 nicht geändert, weitere 30 % wollen sogar mehr investieren als noch 2011 geplant. Stadtwerke beteiligen sich also aktiv an der Energiewende vor Ort.

Kritisch beurteilt werden hingegen die Rahmenbedingungen für den notwendigen Um- und Ausbau der *Verteilnetze*: 71 % der Unternehmen sind der Ansicht, dass die derzeitigen Investitionsbedingungen in der Regulierung dafür nicht ausreichen. Als größtes Hemmnis für den Netzausbau sehen 51 % der Unternehmen den Zeitverzug für die Kostenanerkennung in der *Anreizregulierung*.

Zusammenfassend besteht die aktuelle Herausforderung darin, geeignete Rahmenbedingungen zu schaffen, die auch mittelfristig eine verlässliche Elektrizitätsversorgung gewährleisten können. Technisch ist dies darstellbar, das zeigen zahlreiche Modellversuche und Szenarien unter Einsatz intelligenter Regelungstechniken. Entscheidend für eine gesellschaftlich akzeptable und bezahlbare Energiewende sind deshalb die Erreichung einer maximalen wirtschaftlichen Effizienz des Systems und die ausgewogene gesellschaftliche Verteilung der Kosten und der Nutzen der Energiewende. Diese Kriterien stehen im Mittelpunkt der nachfolgenden Darstellung verschiedener Kapazitätsmechanismen, bevor genauer auf den Vorschlag des VKU eingegangen wird.[3]

5.2 Kapazitätsmechanismen in der Diskussion

Zur Bewältigung der geschilderten Herausforderungen müssen die regulatorischen und *marktlichen Mechanismen* für die Elektrizitätswirtschaft, aber auch für angrenzende Energiemärkte wie den Wärme- und den Erdgasmarkt weiterentwickelt werden, sodass sowohl

---

[2] Vgl. VKU (2013b).

[3] Die nachfolgenden Ausführungen stützen sich in weiten Teilen auf die Analysen, die im Auftrag des VKU von Enervis und BET durchgeführt wurden (Enervis/BET 2013).

die Bereitstellung von Strom aus Erneuerbaren Energien als auch die Bereithaltung von Leistung für Zeiten ohne Wind und Sonne wirtschaftlich gewährleistet werden können.

Derzeit werden verschiedene Vorschläge zur Ausgestaltung von *Kapazitätsmechanismen* diskutiert.[4] Das gemeinsame Ziel ist die Generierung von zusätzlichen Einnahmen für die Bereitstellung gesicherter Stromerzeugungsleistung. Das gilt auch für das *integrierte Energiemarktdesign*, das von den Beratungsunternehmen Enervis und BET im Auftrag des VKU und im engen Austausch mit rund 50 Stadtwerken erarbeitet und im März 2013 vorgelegt wurde.[5]

In der Diskussion stehen zurzeit dabei vor allem zwei Grundtypen. Dies sind *erstens* Modelle, die auf eine partielle Lösung des Anreizproblems ausgerichtet sind. Hierzu zählen zum einen selektive Mechanismen, die z. B. primär neue Anlagen adressieren,[6] zum anderen solche, die den vermuteten Bedarf an Reservekraftwerken in den Mittelpunkt stellen und dafür eine nebenmarktliche Lösung vorschlagen wie die strategische Reserve des Bundesverbands der Energie- und Wasserwirtschaft BDEW.[7] *Zweitens* handelt es sich um Vorschläge für einen vollständigen oder vollumfänglichen Kapazitätsmarkt, bei dem entweder Kapazitätsauktionen durch eine zentrale oder regulierte Instanz durchgeführt werden,[8] oder solche Modelle, bei denen Angebot und Nachfrage nach gesicherter Leistung weitgehend marktlich, d. h. ohne einen zentralen Nachfrager, organisiert werden. Die Nachfrage nach Leistung geht dabei von Marktakteuren aus und ist in diesem Sinne „dezentral" organisiert.[9]

Aus energiewirtschaftlicher Perspektive können *zentrale* Mechanismen volks- bzw. energiewirtschaftliche *Ineffizienzen* aufweisen, die insbesondere langfristig wirksam werden und daher für ein Marktdesign mit einem Zeithorizont bis 2050 große Relevanz haben. Die bisher diskutierten zentralen Kapazitätsmechanismen legen einen Fokus auf die Bereitstellung von gesicherter Leistung durch Erzeugungskapazitäten, insbesondere in großen Einheiten. Es besteht die Gefahr, dass eine regulatorische Definition des Produkts „gesicherte Leistung" und der Teilnahmebedingungen an dem zentralen Kapazitätsmechanismus viele der im Markt vorhandenen dezentralen Optionen zur Bereitstellung gesicherter Leistung oder zur nachfrageseitigen Freisetzung von Leistungsbedarf aufgrund ihrer Kleinteiligkeit und der schwierigen Standardisierung per se ausschließt.

Das heißt nicht, dass in zentral organisierte Kapazitätsmärkte nachfrageseitige Flexibilitäten grundsätzlich nicht integrierbar sind. Um die Integration dieser Maßnahmen zu ermöglichen, wird in diesen Modellen meist eine Teilung der Kapazitätsmärkte in mehrere Marktsegmente vorgeschlagen. Dabei werden in einem Marktsegment Ausschreibungen mit langer Verpflichtungsdauer und Vorlaufzeit durchgeführt. Diese Marktsegmente sind

---

[4] Vgl. Wassermann und Renn 2013 für eine knappe Zusammenfassung.
[5] Vgl. Enervis/BET (2013).
[6] Vgl. Matthes et al. (2012).
[7] Vgl. Nicolosi (2012).
[8] Vgl. Consentec (2012).
[9] Vgl. beispielsweise Cremer (2013); Erdmann (2012); Enervis/BET (2013).

regelmäßig auf zentrale Großkraftwerke zugeschnitten bzw. erschweren dezentralen und lastseitigen Optionen den Marktzutritt. Insbesondere der regulatorische Zuschnitt der Ausschreibungsbedingungen und die Definition der Produkte führt in zentralen Mechanismen leicht zu Hemmnissen für die Erschließung flexibler, dezentraler und atypischer Potenziale zur Bereitstellung oder Freisetzung gesicherter Leistung. Innovationspotenziale und damit verbundene kosteneffiziente Lösungen werden dann nicht oder nicht im eigentlich effizienten Umfang genutzt.

In einem *dezentralen Marktmodell* können die Marktakteure diese Optionen individuell bewerten, kombinieren und erschließen. Die damit verbundenen Effizienz- und Innovationsvorteile kommen perspektivisch auch dem Endkunden zu Gute und stellen bei langfristiger Betrachtung, d. h. unter Einbezug der *dynamischen Effizienz*, eine Stärke eines dezentralen Modells dar.

Zusätzlich betrachten nur die wenigsten Modelle das *Gesamtbild*. Denn betroffen von den Herausforderungen sind einerseits der wettbewerbliche Systemteil der Erzeugung, des Stromhandels und des Letztvertriebs, aber auch der regulierte Netzbereich, denn für ein effizientes Gesamtsystem muss auch die Netzinfrastruktur betrachtet werden. Schließlich sind auch die Stromverbraucher als Akteure gefragt, vor allem im Bereich der Effizienz und der zeitlichen Struktur des Verbrauchs.

Dieser Ansatz verlagert die Perspektive der Kapazitätssicherung auf die Ebene der Stromverbraucher und privatisiert die in den anderen Modellen als öffentliches Gut angesehene Leistungssicherung.

Vor diesem Hintergrund haben die Beratungsunternehmen Enervis und BET im Auftrag des VKU einen Vorschlag für ein dezentral aufgestelltes, über alle Wertschöpfungsstufen *integriertes Energiemarktdesign (iEMD)* entwickelt. Ein ähnlich gelagerter Vorschlag wurde fast zeitgleich und vollständig unabhängig von Cremer entwickelt.[10] Die Grundzüge dieses Vorschlages werden in dem vorliegenden Beitrag erläutert.

5.3   Das integrierte Energiemarktmodell des VKU

Leitbilder des *integrierten Energiemarktdesigns* sind Markt und Wettbewerb. Regulatorische Eingriffe sollten auf ein Minimum beschränkt werden. Im iEMD tritt der Staat nicht als zentraler Verwalter der Energieversorgung auf, sondern als Gestalter der ordnungspolitischen Rahmenbedingungen. Der Staat soll es im Sinne der sozialen und ökologischen Marktwirtschaft den Unternehmen ermöglichen, die politischen Zielvorgaben zu angemessenen wirtschaftlichen Bedingungen zu erfüllen.

Die *Nachfrage nach gesicherter Leistung* wird auf Seiten der Marktakteure, insbesondere bei den Stromverbrauchern und ihren direkten Agenten (Vertriebe/Beschaffer) angesiedelt. Die Einbindung der Verbraucher soll dabei ein hohes Maß an Verursachungsgerechtigkeit ermöglichen. Der Umfang der notwendigen Leistungsvorhaltung wird (vereinfacht)

---

[10] Vgl. Cremer (2013).

durch die Hochlastphasen bestimmt, daher skalieren sich die Kosten der Leistungsvorhaltung mit der Höchstlast des Systems. Der notwendige Umfang und die Kosten der Vorhaltung von gesicherter Leistung ergeben sich daher kausal aus der Bezugsentscheidung der Stromverbraucher, im Speziellen in welchem Umfang ihr Verbrauch zu Hochlastphasen erfolgt. Zusätzliche Nachfrage in Hochlastphasen verursacht zusätzliche Leistungsvorhaltung, eine Nachfragereduktion in Hochlastphasen reduziert die Leistungsvorhaltung. Die Stromverbraucher (gegebenenfalls über ihre Agenten) sollten daher möglichst direkt und verursachungsgemäß die *Kosten der Leistungsvorhaltung* tragen.

In einem solchen Modell werden die Kosten der Leistungsbreitstellung preiswirksam und es ist daher einzelwirtschaftlich rational, dass alle Verbraucher, die ihren Bedarf an gesicherter Leistung zu (Opportunitäts-)Kosten reduzieren können, die unterhalb der Kosten der Vorhaltung gesicherter Leistung liegen, dies tun. Ein solches Modell setzt starke Anreize für die nachfrageseitige Freisetzung von Leistung und stellt eine optimale Anreizstruktur für Nachfrageflexibilität dar. Die volkswirtschaftlichen Anreize zur Optimierung der Leistungsvorhaltung werden in betriebswirtschaftliche Anreize für die Marktteilnehmer und insbesondere die Verbraucher transformiert.

Bei dem Vorschlag der VKU-Gutachter handelt es sich um einen umfassenden Kapazitätsmarkt, der sowohl die Sicherung von Bestandskraftwerken als auch neue Kraftwerke und lastseitige Maßnahmen anreizen soll. Dies erscheint langfristig sinnvoll, da selektive Mechanismen zu Marktverzerrungen führen.[11] Eine selektive Förderung kann Optionen ausschließen, die potenziell effizient sind; beispielsweise schließt die Förderung von Neuanlagen kosteneffiziente Maßnahmen im Bestand aus und umgekehrt. Dem stehen die potenziellen Vorteile einer Reduktion von Verteilungseffekten bei selektiven Mechanismen gegenüber. In einer langfristigen Perspektive sollten Allokationseffekte jedoch stärker gewichtet werden als Verteilungseffekte, die sich insbesondere auf die Einführungsphase beziehen und gegebenenfalls durch spezifische Mechanismen kompensiert werden können. Die Handlungsempfehlungen der VKU-Gutachter für die einzelnen Handlungsfelder werden im Folgenden zusammenfassend dargestellt.[12]

5.3.1 Versorgungssicherheit

Das Modell von Enervis und BET sieht vor, dass Kraftwerke ein *Entgelt für die Bereitstellung von gesicherter Leistung* erhalten. Der Preis für Leistung ergibt sich aus dem Handel mit sogenannten *Leistungszertifikaten*, die an einem hierfür einzurichtenden Marktplatz veräußert werden. Der Erwerb von Zertifikaten sichert den eigenen Strombedarf in der gewünschten Höhe ab und berechtigt dazu, bei Stromknappheit vorrangig versorgt zu werden.

---

[11] Vgl. Consentec (2012).
[12] Vgl. Enervis/BET (2013).

Versorgungssicherheit setzt voraus, dass genügend Erzeugungskapazitäten am Netz sind, um den Bedarf an elektrischer Leistung abzusichern. Dies ist solange gewährleistet, wie vom Strommarkt ausreichende Anreize ausgehen, damit die zur Abdeckung des Bedarfs erforderlichen Kraftwerke errichtet und betrieben werden.

Der heutige Strommarkt vergütet mit dem *Energy-Only-Konzept* ausschließlich die *Bereitstellung von elektrischer Arbeit*. Er sendet damit nicht genügend wirksame Knappheitssignale, um den zur Versorgungssicherheit benötigten Zubau von Kapazitäten zu bewirken. Gerade für die Errichtung von Kraftwerken, die flexibel und planbar Strom erzeugen können, wie z. B. moderne Gaskraftwerke oder KWK-Anlagen mit Wärmespeichern, gehen vom heutigen Strommarkt keine nennenswerten Anreize aus. Auch Bestandskraftwerke geraten wirtschaftlich derzeit immer mehr unter Druck und stehen teilweise vor der Stilllegung. Dies ist auch darauf zurückzuführen, dass vor allem Gaskraftwerke infolge des steigenden Anteils von Wind- und Photovoltaikstrom ihre angebotene Stromproduktion aufgrund des *Merit-Order-Effektes* an der EEX immer seltener verkaufen. Aufgrund des niedrigen Strompreises am Großhandelsmarkt können sie bei abnehmender Auslastung keine ausreichenden Erlöse erzielen. Das Ausscheiden älterer und umweltineffizienter Kraftwerke aus dem Markt sowie die Stilllegung der letzten Atomkraftwerke werden ab den frühen 2020er Jahren zu einem spürbar größeren Bedarf an Ersatzkapazitäten führen. Zur Erhaltung der Versorgungssicherheit werden neue, hocheffiziente Erzeugungsanlagen benötigt. Ein Markt für gesicherte Kraftwerksleistung kann entsprechende Investitionsanreize liefern.

Wenn eine Stromknappheit droht, z. B. weil Windräder stillstehen, müssen konventionelle Kraftwerke und KWK-Anlagen, die – gegebenenfalls in Kombination mit Wärme- oder Kältespeichern – flexibel und planbar Strom erzeugen können, gesichert zur Verfügung stehen. Dieser essenzielle Beitrag zur Versorgungssicherheit wird bislang vom Markt nicht honoriert. Einnahmen werden im heutigen Energiesystem nur über die im Bedarfsfall erzeugte elektrische Arbeit generiert. Die Sicherheit, jederzeit mit Strom versorgt zu werden (Versorgungssicherheit), die im heutigen System unentgeltlich gewährt wird, muss daher einen Gegenwert erhalten, damit bestehende Kraftwerke am Netz bleiben und weiterhin in gesicherte Kraftwerksleistung investiert wird.

Dies lässt sich im iEMD dadurch gewährleisten, dass eine Belieferung in Knappheitssituationen künftig voraussetzt, dass der entsprechende Kunde vorab – in der Regel über seinen Lieferanten – gesicherte Leistung eingekauft hat. Der Bedarf an gesicherter Leistung orientiert sich an der erforderlichen Maximallast von derzeit 80 bis 85 GW innerhalb eines Jahres. Um gesicherte Leistung in ein einheitliches, handelbares Produkt zu überführen, wird sie in „*Leistungszertifikaten*" verbrieft. Mit dem Verkauf der Zertifikate verpflichten sich die Kraftwerksbetreiber, dem Kunden die entsprechende Leistung im Knappheitsfall zur Verfügung zu stellen.

Sind Verbraucher technisch in der Lage, ihren Bedarf an gesicherter Leistung abzusenken, indem sie ihren Stromverbrauch in den Knappheitszeiträumen reduzieren, benötigen sie bzw. ihre Lieferanten weniger Leistungszertifikate und sparen dadurch Kosten. So könnten Industriekunden, die ihren Stromverbrauch steuern können, schon heute von dieser Möglichkeit Gebrauch machen. Für den Großteil der privaten Stromverbraucher wird jedoch vorläufig eine Vollversorgung mit Leistungszertifikaten erforderlich sein.

Sowohl auf der Angebotsseite als auch auf der Nachfrageseite kann es zu *Fehleinschätzungen* kommen. Beispielsweise wenn Kraftwerksbetreiber die mit dem Verkauf von Leistungszertifikaten eingegangenen Verpflichtungen nicht einhalten können. Denkbar ist aber auch, dass Verbraucher mehr gesicherte Leistung in Anspruch nehmen müssen, als sie durch den Kauf von Zertifikaten abgesichert haben. Zum Ausgleich dieser Ungleichgewichte könnten die *Regelleistungsreserven*, die den Übertragungsnetzbetreibern bereits heute zur Verfügung stehen, genutzt werden. Für den Fall, dass die Abweichungen höher als die Regelleistungsreserven sind, wird eine zusätzliche Reserve benötigt. Hierfür werden separate Verträge mit einzelnen Kraftwerken geschlossen. Diese stehen dem Leistungsmarkt nicht zur Verfügung, sondern dienen als eine Art Sicherheitsnetz. Dadurch wäre gewährleistet, dass es bei Lieferengpässen am Leistungsmarkt nicht zu Stromausfällen kommt. Für den Bezug von Leistung aus der Zusatzreserve muss ein Preis gezahlt werden, der wie eine Pönale wirkt, also hoch genug ist, um einen Missbrauch des Sicherheitsnetzes – und eine damit einhergehende Spekulation – zu unterbinden. Die Nachweisführung und Pönalisierung erfolgt durch den jeweiligen Bilanzkreisverantwortlichen. Hierfür wird das bestehende Strombilanzkreissystem durch ein *Leistungsbilanzkreissystem* ergänzt.

Durch die Einführung des Leistungsmarktes wird die Bedeutung der Vertriebe deutlich zunehmen. Zum einen prognostizieren Vertriebe (z. B. in Zusammenarbeit mit dem Handel) den Leistungsbedarf ihrer Kunden. Zum anderen agieren sie als Nachfrager für Leistungszertifikate. Dabei werden die Vertriebe ihre Risiken (z. B. für Vollversorgungsverträge oder einzelne Tranchen) am Großhandelsmarkt auf Termin absichern. So wird gewährleistet, dass ein liquider Terminmarkt entsteht. Eine kontinuierliche Bewirtschaftung/Optimierung des Leistungsportfolios ist unumgänglich. Wenn Kunden wechseln oder hinzukommen, muss der kumulierte Leistungsbedarf entsprechend angepasst werden. Die Kosten für die Leistungszertifikate werden in das Endkundenprodukt eingepreist.

Durch entsprechende technische Einrichtungen auf der Verbraucherseite (z. B. *Smart Meter*), wird die Produktgestaltung zwischen Vertrieben und Endkunden zunehmend freier. Der Kunde könnte sich beispielsweise dafür entscheiden, auf eine Vollversorgung zu verzichten und damit zugleich seine Energiekosten zu reduzieren. Perspektivisch können also neue, attraktive Endkundenprodukte generiert werden.

Ein Leistungsmarkt gewährleistet umfassende Versorgungssicherheit. Er liefert stabile und planbare Preissignale für die Bereitstellung von elektrischer Leistung, die bei drohender Stromknappheit jederzeit abrufbar ist. Welche Optionen für die Leistungsvorhaltung genutzt werden, wird nicht marktfern durch einen Regulierer, sondern durch die Marktakteure in einem transparenten Wettbewerb bestimmt. Neben thermischen Kraftwerken (z. B. Gaskraftwerke und KWK-Anlagen) kommen auch steuerbare Erneuerbare Energien, wie Biomasse, Geothermie und Wasserkraft sowie Stromspeicher als Anbieter gesicherter Leistung in Betracht. Darüber hinaus kann gesicherte Leistung sowohl von Bestands- als auch von Neuanlagen zur Verfügung gestellt werden. Der Wettbewerb sorgt dafür, dass nur die kosteneffizientesten Optionen genutzt werden.

Da der Bedarf an gesicherter Leistung durch die Nachfrageseite am besten eingeschätzt werden kann, ist sichergestellt, dass nur so viel gesicherte Kraftwerksleistung eingekauft wird, wie zur Abwendung von Lieferengpässen erforderlich ist. Auch unter diesem Gesichtspunkt ist ein Leistungsmarkt effizienter als ein reguliertes System. Zudem besteht für die Nachfrageseite der Anreiz, durch eine Flexibilisierung des Verbrauchs den Bedarf an gesicherter Leistung zu reduzieren und dadurch Kosteneinsparungen zu realisieren.

Im Ergebnis wird die volkswirtschaftlich optimale Menge an gesicherter Leistung vorgehalten. Sowohl auf der Angebots- als auch auf der Nachfrageseite werden die kosteneffizientesten Optionen genutzt, um den Bedarf des Energiesystems an gesicherter Leistung zu erfüllen oder zu reduzieren.

Die Einrichtung eines Marktes für gesicherte Kraftwerksleistung wird vom Aufwand her als beherrschbar eingeschätzt, da er auf bewährte Mechanismen aufbaut.

5.3.2 Mengensteuerung und wettbewerbliche Preisbildung durch ein Auktionsmodell für Erneuerbare Energien

Das EEG hat den Ausbau der Erneuerbaren Energien mit großem Erfolg vorangebracht. Ihr Anteil an der Stromversorgung erreichte im Jahr 2013 einen Wert von 25 %.[13] Bei Fortsetzung der hohen Ausbaudynamik könnte der Anteil bis 2020 bereits auf 45 bis 50 % steigen und damit weit über den 2010 gesetzten politischen Zielen liegen. Vor diesem Hintergrund müssen die Erneuerbaren Energien sukzessive mehr zur Funktionsfähigkeit des Gesamtsystems beitragen. Das EEG in seiner jetzigen Ausprägung (und auch die derzeitige Systematik der Netzentgelte) entbindet sie von dieser Verantwortung jedoch weitestgehend. Insbesondere der vorrangige Einspeise- und Vergütungsanspruch führt dazu, dass Strom aus Erneuerbaren Energien ohne Berücksichtigung der Nachfragesituation in den Markt gebracht wird.

Das 2012 eingeführte *Marktprämienmodell* hat an dieser Situation kaum etwas geändert. Die Betreiber erhalten zwar eine Marktprämie für jede erzeugte Kilowattstunde EEG-Strom anstelle der EEG-Vergütung, mit dem Ziel, dass die Anlagenbetreiber an den Markt herangeführt werden. Ziel ist es auch, die Prognose des erneuerbar erzeugten Stroms zu verbessern. Der Ansatz geht in die richtige Richtung, trägt jedoch bisher nicht zu einer vollumfänglichen Marktintegration Erneuerbarer Energien bei.

Hinzu kommt ein erheblicher Anstieg der Strompreise für Haushaltskunden und nicht privilegierte Wirtschaftsunternehmen. Die Gründe hierfür sind unter anderem die im EEG angelegte 20-jährige Festvergütung in Verbindung mit einem weiter fortschreitenden Erneuerbare-Energien-Ausbau sowie die für eine wachsende Anzahl von Unternehmen politisch begründete Reduzierung der *EEG-Umlage*. Die dadurch ausgelösten gesellschaftlichen Diskussionen über sozial- und wirtschaftsverträgliche Energiepreise können das Image der Erneuerbaren Energien und die Umsetzung der Klimaschutzziele beeinträch-

---

[13] Vgl. AGEB (2013).

tigen. Schon in den vergangenen Jahren hat sich die EEG-Umlage in erheblichem Maße strompreiserhöhend ausgewirkt. Seit 2010 hat sie sich von 2,047 Cent auf 6,24 Cent je Kilowattstunde in 2014 fast verdreifacht. Der Anteil der EEG-Umlage am Haushaltsstrompreis beträgt inzwischen rund ein Fünftel.

Allerdings darf bei aller Kritik am gegenwärtigen Förderregime nicht übersehen werden, dass erneuerbare Erzeugungstechnologien ohne Förderung in der Regel derzeit noch nicht wirtschaftlich sind. Vom Strommarkt selbst gehen keine ausreichenden Anreize für Investitionen in Erneuerbare Energien aus, um die Ziele zu erreichen, zumal der europäische Handel mit Emissionszertifikaten für Kohlendioxid absehbar keine ausreichenden Investitionsimpulse für emissionsarme bzw. emissionsfreie Energieträger geben wird, um die politischen Ausbauziele ohne weitere Nachsteuerung erreichen zu können. Die Gutachter schlagen deshalb vor, die Fördermittel mittelfristig im Rahmen einer technologiespezifischen Ausschreibung zu vergeben, um die Kosten der Förderung zu minimieren.

Der Vorschlag sieht vor, dass eine staatliche oder eine vom Staat beauftragte Stelle mit ausreichend zeitlichem Vorlauf für die einzelnen zukünftigen Jahre die förderbaren Erzeugungskapazitäten auf Basis Erneuerbarer Energien bekannt gibt, aufgeschlüsselt nach Technologien und gegebenenfalls auch Regionen. Die Mengen können auf Basis der Ausbauziele des Bundes ermittelt werden; erforderlich ist dafür auch eine Abstimmung der individuellen Ausbauziele auf der Ebene der Bundesländer. Auf diese Mengen können sich Investoren bewerben; sie geben dazu im Rahmen einer Auktion bekannt, zu welchem Förderbetrag sie welche Menge an erneuerbarer Stromerzeugungskapazität errichten und betreiben würden. Zum Zuge kommen die Projekte, die zu den geringsten Förderkosten anbieten können. Die Förderung wird als Investitionskostenzuschuss gewährt, der über die Finanzierungs- bzw. Abschreibungsdauer der Anlage gestreckt wird.

Ein weiterer Unterschied zum gegenwärtigen EEG liegt darin, dass die Errichtung der Anlage subventioniert wird, nicht die Stromerzeugung selbst. Verzichtet wird in dem Modell auch auf die aktuellen Abnahme- und Vergütungsansprüche gegen den Netzbetreiber. Stattdessen wird der erzeugte Strom von den Anlagenbetreibern selbst am Strommarkt verkauft.

Steuerbare, verlässlich liefernde Erneuerbare-Energien-Anlagen können sich alternativ auch an den Regelenergiemärkten und am Leistungsmarkt beteiligen. Der Förderbedarf, den ein Unternehmen im Rahmen der Auktion angibt, ist umso geringer, je höher die Stromerlöse sind, mit denen das Unternehmen rechnet. Dadurch setzen sich in den Ausschreibungen Anlagenkonzepte durch, die durch Effizienz und Flexibilität ihre Erlöse auf dem Strommarkt maximieren, gegebenenfalls Zusatzerlöse auf den Regelenergiemärkten und dem Leistungsmarkt generieren und somit einen energiewirtschaftlich hohen Wertbeitrag leisten.

Der Vorteil des Modells liegt aus rein ökonomischer Sicht darin, dass die Vermarktung des Stroms aus Erneuerbaren Energien grenzkostenbasiert erfolgt und nicht – wie gegenwärtig im Marktprämienmodell – durch einen Vermarktungszuschuss verzerrt wird. Das Prognoserisiko wird den Anlagenbetreibern übergeben. Anlagenbetreiber, die den Aufwand für diese Anforderungen vermeiden wollen, bieten externen Dienstleistern die

Möglichkeit, durch die Bündelung von Kleinanlagen effiziente Vermarktungskonzepte zu realisieren oder Kooperationen einzugehen. Zusätzlich erhoffen sich die Gutachter von dem Modell, dass die Betreiber von Erneuerbaren Energien auf Preissignale reagieren, was heute nicht der Fall ist („invest, produce and forget"). Die Gutachter machen zugleich explizit darauf aufmerksam, dass das Auktionsmodell nur für Neuanlagen gilt und aus Vertrauensschutzgründen auch nur für diese gelten kann.

5.3.3 Anpassung der Regulierung für intelligente Netze und Netzausbau

Der dritte Baustein des integrierten Energiemarktmodells ist die Schaffung geeigneter Bedingungen für den passenden *Netzausbau*.[14] Das betrifft nicht nur die Übertragungsnetze, sondern insbesondere auch die Verteilnetze. Denn die Verteilnetze müssen den steigenden Anteil der Erneuerbaren Energien integrieren und den Ausgleich bzw. die Ausregelung von zunehmender Volatilität der Erzeugung mit entsprechen steilen Lastgradienten organisieren. Erst mit einem entsprechenden Um- und Ausbau der Verteilnetze kann sichergestellt werden, dass der Strom aus Erneuerbaren Energien in großem Umfang aufgenommen, verteilt und bei Bedarf über Verknüpfungspunkte zum Übertragungsnetz auch großräumig transportiert werden kann.

Voraussetzung dafür ist ein Um- und Ausbau der Verteilnetze hin zu einer *intelligenten Infrastruktur*, die einen optimalen Ausgleich zwischen Erzeugung, Verbrauch und Speicherung bereits auf der Verteilnetzebene ermöglicht. Durch eine intelligente Steuerung und bessere Abstimmung von Erzeugung und Verbrauch können zukünftig Lastspitzen bzw. Überspeisungen vermieden werden. Die intelligenten Netze bilden die Grundlage für die effiziente, diskriminierungsfreie Einbindung einer Vielzahl von dezentralen Erzeugern als *„virtuelle Kraftwerke"* über alle Größenklassen hinweg. Dies wirkt sich insbesondere für die Verteilnetze aus, da – abgesehen von den Windparks – der Anschluss der zukünftigen dezentralen Erzeuger nahezu vollständig auf der Ebene der Verteilnetze stattfinden wird. Intelligente Netze sind auch die Voraussetzung für den Einsatz von *Energiemanagementsystemen* im Bereich der Vermeidung von Regelleistung durch eine verbesserte Koordination von Erzeugung und Verbrauch. Durch ein intelligentes Netzmanagement können des Weiteren *Speichermöglichkeiten* – wie beispielsweise Kühlhäuser oder Elektrofahrzeuge – zum Ausgleich der Lastschwankungen der dezentralen, virtuellen Kraftwerke berücksichtigt werden. Durch die Kombination von intelligenten Zählern mit einer intelligenten Steuerung von Groß-, Mittel- und Kleinverbrauchern sowie hinterlegten last- und zeitvariablen Tarifen ergeben sich neue Möglichkeiten, neben den virtuellen Kraftwerken auch virtuelle Speicher zu schaffen und sinnvoll in die Netzsteuerung einzubinden.

---

[14] Vgl. nachfolgend Enervis/BET (2013) sowie Nolde et al. (2013).

Die Deutsche Energieagentur (dena) ermittelte in der sogenannten *dena-Verteilnetzstudie*[15] den Ausbau- und Investitionsbedarf der Stromverteilnetze auf Nieder-, Mittel- und Hochspannungsebene bis zum Jahre 2030. Dabei wurden zwei Ausbauszenarien untersucht, einerseits das sogenannte Ausbauszenario B des Netzentwicklungsplans Strom 2012 der Bundesnetzagentur, andererseits ein – deutlich ungünstigeres – Szenario auf Basis der damaligen Ausbaupläne der Bundesländer. Die Studie kommt aber selbst für das Ausbauszenario B auf einen deutlichen Erweiterungsbedarf bei den Stromverteilnetzen in Höhe von 27,5 Mrd. EUR. Auf ähnliche Werte (25 Mrd. EUR) kommt auch der VKU in einer internen Schätzung; weitere sieben Milliarden Euro werden dem VKU zufolge für die Entwicklung von intelligenten Netzen, also Smart Grids, benötigt.

Der qualitative Um- und Ausbau der Netze ist die volkswirtschaftlich günstigste Option, um die schwankende Einspeisung aus Erneuerbaren Energien in das Netz zu integrieren. Der Investitionsbedarf im Stromnetz beläuft sich – nach Hochrechnungen für das VKU-Gutachten – auf ca. 45 Mrd. EUR bis 2050. Davon entfallen rund 30 Mrd. EUR auf die Übertragungsnetzebene und rund 15 Mrd. EUR auf die Verteilnetzebene. Hier sind häufig die Spannungsverhältnisse der bestimmende Faktor. Im Vergleich dazu liegen die kumulierten Systemkosten ohne Anpassungen des Netzes nach Schätzungen der Gutachter mit 120 bis 150 Mrd. EUR deutlich darüber.

Um diesen Umbau zu ermöglichen, muss nach Einschätzung der dena-Verteilnetzstudie auch die *Anreizregulierung* angepasst werden.[16] Die dena weist insbesondere darauf hin, dass die interne Kapitalverzinsung in der Anreizregulierung nicht ausreicht, weil die Rückflüsse aus Altanlagen und die erwartbaren künftigen Rückflüsse nicht ausreichen, um die Neuinvestitionen zu refinanzieren. Auch der Erweiterungsfaktor wird kritisiert, weil der spezifische Investitionsbedarf der Netzbetreiber individuell sehr unterschiedlich sei und derzeit nicht geeignet im Erweiterungsfaktor berücksichtigt werde.

Auch der VKU schlägt vor, dass das bestehende System der Anreizregulierung von der reinen Kostenbetrachtung bzw. Kostensenkung zu einem System der *Förderung innovativer Investitionen* fortentwickelt werden müsse. Eine angemessene Refinanzierung sei gerade für die Verteilnetzebene erforderlich, da mit Ausnahme der großen Offshore-Windparks der Anschluss der Erneuerbaren Energien auf der Ebene der Verteilnetze stattfindet. Darüber hinaus fordert der VKU, dass der investitionshemmende Zeitverzug bei der Anerkennung von Investitionen in der Anreizregulierung – insbesondere in der Nieder- und Mittelspannungsebene – schnellstmöglich beseitigt werden müsse, da ein Großteil der erforderlichen Investitionen in die Verteilnetzebene bereits bis 2020 erforderlich seien. In der Übertragungsnetzebene wird dies über das Instrument der Investitionsbudgets sichergestellt. Die betreffenden Investitionsmaßnahmen müssen jedoch detailliert begründet und deren Vorteilhaftigkeit auch mit dem Vergleich zu Alternativen belegt werden. Dieser Aufwand ist für die Vielzahl der kleinteiligeren Maßnahmen in der Mittel- und Niederspannungsebene nicht vertretbar. Deshalb fordert der Verband einen formalisierten und

---

[15] Vgl. dena (2012).
[16] Vgl. dena (2012).

einfachen Prozess zur Anerkennung der Maßnahmen, beispielsweise über die Definition von Clustern effizienter Maßnahmen.

Die Notwendigkeit zur Anpassung des Regulierungsrahmens hat auch der Bundesrat in seiner Sitzung am 5. Juli 2013 durch einen Entschließungsantrag bekräftigt, indem er die Bundesregierung auffordert, die Investitionsbedingungen für alle Netzebenen substanziell zu verbessern.

Aber auch die Netzentgeltsystematik steht zunehmend in der Diskussion; dieser Aspekt wurde allerdings im VKU-Gutachten ausgeklammert und in einen weiteren Prozess mit gutachterlicher Unterstützung delegiert, der bis zum Abschluss des Manuskripts noch nicht beendet wurde.

5.3.4 Zur gegenwärtigen Rolle des Emissionshandels in Europa

Der *europäische Emissionshandel* wurde 2005 eingeführt mit dem Ziel, den mit der Verbrennung fossiler Energieträger wie Kohle und Erdgas verbundenen Emissionen von Klimagasen (insbesondere Kohlendioxid, CO_2) mit einem Preis zu belegen und so einen Anreiz zu ihrer Vermeidung zu geben. Theoretisch ist der Emissionshandel ein Instrument, um die Gesamtmenge der zulässigen Klimagasemissionen verbindlich festlegen zu können und eine effiziente Koordination der zulässigen Emissionen und der Emissionsvermeidung zu erreichen.

Aufgrund der zu großen Gesamtmenge und der wirtschaftsdämpfenden Effekte der Wirtschafts- und Finanzkrise in Europa ist das aktuelle Preisniveau jedoch dauerhaft so niedrig, dass es keinen Anreiz dafür liefert, in CO_2-vermeidende Technologien – beispielsweise in Erneuerbare Energien oder in emissionsarme, hoch effiziente Gaskraftwerke – zu investieren. Auch aufgrund dieser mangelnden Lenkungswirkung kam es im Jahr 2013 zur sogenannten „Energiewende paradox": zwar schritt der Ausbau der Erneuerbaren Energien fort (auf 25 %), gleichzeitig sank allerdings im fossilen Bereich die Auslastung der Gaskraftwerke, während die Braunkohlekraftwerke aufgrund der Preisstruktur an der Strombörse vermehrt produzieren konnten.

Theoretische Lösungen des Problems liegen in der Erhöhung des Reduktionsziels oder in der Verknappung der Menge der Zertifikate. Dadurch könnten die CO_2-Preise auf ein Niveau steigen, das Investitionen in Emissionsvermeidungsmaßnahmen wieder attraktiv macht. Politisch ist ein solcher Schritt jedoch mittelfristig eher unwahrscheinlich, wie die Entscheidung zum sogenannten *Backloading* – der lediglich zeitweisen Herausnahme von Zertifikaten aus dem Markt – vom Dezember 2013 zeigt. Insofern muss bei der Diskussion des künftigen Energiemarktdesigns zumindest mittelfristig von niedrigen und wenig Anreiz zur Emissionsminderung bietenden Preisen für Emissionszertifikate ausgegangen werden. Maßnahmen zur Unterstützung CO_2-armer Techniken müssen deshalb an anderer Stelle ansetzen. Dieser Gedanke liegt auch einzelnen Vorschlägen für selektive Kapazitätsmärkte zugrunde; in der Regel sind dies Vorschläge für Emissions- oder Effizienzstandards oder vergleichbare technische Voraussetzungen für die Zulassung von Anlagen zum jeweils vorgeschlagenen Kapazitätsmechanismus.

5.4 Der integrierte Ansatz in der Diskussion

Die politisch eingeleitete *Transformation des Energiesystems* kann strukturiert und effizient erfolgen, wenn sie in geeigneten Schritten und einem passenden ordnungsrechtlichen Rahmen stattfindet. Dieser muss rechtzeitig geplant und implementiert werden, damit Wettbewerb und Regulierung auf den unterschiedlichen Märkten ihre kostenmindernde Wirkung entfalten können. Der Vorschlag der Gutachter des VKU, die Weiterentwicklung mithilfe einen integrierten Ansatzes effizient zu gestalten, ist vor diesem Hintergrund überzeugend, da er den Ausbau Erneuerbarer Energien genauso berücksichtigt wie die Bereitstellung von Versorgungssicherheit über konventionelle Back-up-Kraftwerke und die Anpassung der Netzinfrastrukturen sowie deren Wechselwirkungen. Mit dem Vorschlag der kommunalen Energiewirtschaft wurde die energiepolitische Diskussion um ein Modell erweitert, dass dezentral an der Ebene der Verbraucher und der Vertriebe ansetzt und einen ordnungspolitischen Kontrapunkt zu anderen zentralen Modellen darstellt. Das iEMD stützt sich dabei auf die bewährten Strukturen des *Energy-Only-Marktes*, der letztlich lediglich um einen Leistungsmarkt für Versorgungssicherheit sowie ein den Ausbau der Erneuerbaren Energien ermöglichendes marktnahes Förderkonzept ergänzt wird, flankiert durch einen optimierten Netzausbau.

Im vorgeschlagenen Modell agieren konventionelle Kraftwerke und erneuerbare Stromerzeuger an denselben Märkten. Zunächst sind dies der Energy-Only-Markt und die Regelenergiemärkte. Aber auch der Leistungsmarkt, der im iEMD den Zweck hat, die Bereitstellung gesicherter Kraftwerksleistung im benötigten Umfang anzureizen, steht sowohl den konventionellen als auch den Erneuerbaren Erzeugern offen. Welche Optionen sich für die Leistungsvorhaltung (konventionelle Kraftwerke, EE-Anlagen, KWK-Anlagen oder Speicher) durchsetzen, ergibt sich im Wettbewerb der Konzeptvorschläge. Somit wird in absehbarer Zeit eine vollumfängliche System- und Marktintegration Erneuerbarer Energien erreicht. Darüber hinaus ist der Leistungsmarkt der Signalgeber für Flexibilitätsmaßnahmen auf der Nachfrageseite. Stromverbraucher erhalten einen Anreiz, den Bedarf an gesicherter Leistung zu reduzieren, indem sie Wege finden, ihren Stromverbrauch in Knappheitssituationen kostenoptimal anzupassen. Auch das Gebotsverhalten am Strommarkt folgt den Gesetzen des Marktes und ist nicht durch Marktprämien oder ähnliche Zuschüsse verzerrt. Erneuerbare-Energien-Anlagen sind in gleicher Weise wie alle anderen Erzeuger zur Fahrplanerfüllung verpflichtet und werden im Interesse des Gesamtsystems kontinuierlich an der Verbesserung ihrer Flexibilität, z. B. in Bezug auf die Qualität von Prognosen, arbeiten. Durch die Teilnahme an den genannten Märkten entsteht für alle Beteiligten – Kraftwerksbetreiber, Betreiber von Erneuerbare-Energien-Anlagen, Stromvertriebe, Energiedienstleister und Verbraucher – ein Anreiz, durch effiziente und flexible Konzepte ihre Erlöse zu optimieren und Kosten zu reduzieren. Auch die im Rahmen des

Ausschreibungssystems geförderten Erneuerbare-Energien-Anlagen haben diesen Anreiz. Wenn sie ihre Erlöse am Strommarkt erhöhen, reduziert sich ihr Förderbedarf. Damit verbessern sich ihre Chancen, in der Ausschreibung den Zuschlag zu erhalten. Mit den Anpassungen des Regulierungsrahmens für die Netzinfrastruktur wird ein effizienter und nachhaltiger Netzum- und Netzausbau gefördert. Hiermit wird die physikalische Grundlage geschaffen, den EE-Strom in das Energieversorgungssystem zu integrieren.

Gemeinsam ist allen Elementen des iEMD, dass Anreize für ein flexibles und effizientes und damit systemstützendes Verhalten aller Marktakteure geschaffen werden. Das im iEMD des VKU vorgesehene Ausschreibungsmodell integriert die Erneuerbaren Energien optimal in diese Strukturen. Der erforderliche regulatorische Aufwand wird für die Marktteilnehmer auf ein vertretbares Maß beschränkt.

In der politischen und wissenschaftlichen Diskussion des Modells wurden die Vor- und Nachteile im Vergleich mit anderen Modellen intensiv diskutiert.[17] Kritisch diskutiert werden dabei *erstens* die jeweiligen Komplexitätsgrade und damit die administrativen Kosten, aber auch die Markteintrittsbarrieren der einzelnen Mechanismen, und *zweitens* die Verlässlichkeit der Mechanismen im Hinblick auf die erforderlichen Investitionen und die Versorgungssicherheit. Dem VKU-Modell wird dabei prognostiziert, dass es aufgrund seiner Dezentralität hochkomplex werden dürfte, weil auf die zentrale Koordination verzichtet wird und es nicht verpflichtend ist. Zudem wird gefragt, wie in einem solchen System die Anreize für den Bau neuer Kraftwerke entstehen, da Stromkunden aufgrund von EU-Vorgaben das Recht haben, ihren Stromversorger jährlich zu wechseln. Bezweifelt wird auch, ob der Markt für Leistungszertifikate ausreichende Signale für den Neubau von Kraftwerken mit langen Amortisationszeiten geben kann. Einem Investor, der ein Kraftwerk bauen möchte, genügt das möglicherweise nicht, denn der Zeitraum für die Refinanzierung seines Investments ist deutlich länger. Wolter und Zander weisen jedoch in einem späteren Beitrag nach der Veröffentlichung des Gutachtens darauf hin, dass es durchaus Investoren gebe, die dieses Risiko eingehen würden, wenn die Marktspielregeln konstant bleiben und die Entwicklung des Marktes und der Erlöse belastbar abgeschätzt werden kann.[18] Kritisch sehen sie hingegen den Vorschlag, den Leistungsbedarf durch eine zentrale Stelle ermitteln und ausschreiben zu lassen, um Planungssicherheit zu erlangen. Denn dies würde einerseits eine Stärkung des planwirtschaftlichen Elements bedeuten und damit das Potenzial an Kreativität und Flexibilität nicht ausreichend mobilisieren. Andererseits sind derart zentral geplante Versorgungssysteme regelmäßig eher überdimensioniert, weil die planende Stelle nicht in die Situation einer Unterversorgung geraten will. Diese Überversorgung ist im Übrigen das Phänomen, mit dem der europäische Strommarkt 1998 in den Wettbewerb startete – auch mit dem Ziel, Effizienzen zu erschließen und Überkapazitäten abzubauen. Vergleichbar sollten weitere Zweifel an der Gesamteffizienz eines dezentralen Systems eingeordnet werden. Auch wenn tatsächlich das theoretische Risiko besteht, dass es zu Überkapazitäten kommt, wenn sich einzelne Verbraucher oder

---

[17] Zum Beispiel Agora (2013).
[18] Vgl. Wolter und Zander (2013).

Vertriebe für die individuelle Höchstlast absichern, da die Höchstlast des Gesamtsystems niedriger ist als die Summe der individuellen Höchstlasten, ist das Risiko der Ineffizienzen durch zentrale Planung auch nicht von der Hand zu weisen. An dieser Stelle verweisen Wolter und Zander darauf, dass bereits heute von den Übertragungsnetzbetreibern eine Prognose der Höchstlast erstellt wird, die als Orientierung dienen kann.[19] Insgesamt liefert der integrierte, dezentrale Ansatz des VKU-Gutachtens deshalb einen wertvollen Impuls für die energie- und ordnungspolitische Debatte zum künftigen Energiemarktdesign.

Literatur

AGEB: Daten und Fakten. AG Energiebilanzen. http://www.ag-energiebilanzen.de (2013). Zugegriffen: 30. Dez. 2013

Agora: Kapazitätsmarkt oder strategische Reserve: Was ist der nächste Schritt? Eine Übersicht über die in der Diskussion befindlichen Modelle zur Gewährleistung der Versorgungssicherheit in Deutschland, Agora Energiewende, Berlin, 2013

Consentec: Versorgungssicherheit effizient gestalten – Erforderlichkeit, mögliche Ausgestaltung und Bewertung von Kapazitätsmechanismen in Deutschland, Studie im Auftrag der EnBW AG, Februar 2012

Cremer, C.: Vorschlag für ein Marktdesign der privatisierten Leistungsversorgung, Energiewirtschaftliche Tagesfragen (et), Vol. 63, (1), 2013, S. 40–43

dena: Ausbau- und Innovationsbedarf der Stromverteilnetze in Deutschland bis 2030 (Dena – Verteilnetzstudie), Endbericht, Berlin, Dezember 2012

Enervis/BET: Ein zukunftsfähiges Energiemarktdesign für Deutschland. Studie im Auftrag des VKU, Berlin/Aachen, 2013

Erdmann, G.: Kapazitäts-Mechanismus für konventionelle und intermittierende Elektrizität, Impulse, August 2012

Matthes, F., et al.: Fokussierte Kapazitätsmärkte. Ein neues Marktdesign für den Übergang zu einem neuen Energiesystem, Studie für die Umweltstiftung WWF Deutschland, Öko-Institut, LBD, Raue, Berlin. http://www.oeko.de/oekodoc/1586/2012-442-de.pdf (2012). Zugegriffen: 30. Dez. 2013

Nicolosi, M.: Notwendigkeit von Kapazitätsmechanismen, im Auftrag des BDEW, Endbericht, 2012

Nolde, et al.: Die Energiewende erfordert einen smarten Verteilnetzausbau. Energiewirtschaftliche Tagesfragen (et), 63. Jg., Heft 12, 2013, S. 87–90

VKU: VKU-Erzeugungsabfrage 2013. www.vku.de (2013a). Zugegriffen: 30. Dez. 2013

VKU: VKU-Kurzumfrage 2013. www.vku.de (2013b). Zugegriffen: 30. Dez. 2013

Wassermann, S., Renn, O.: Offene Fragen der Energiewende: Aufbau und Design von Kapazitätsmärkten. GAIA 22, Heft 4, 2013, S. 237–241

Wolter, H., Zander, W.: Strom marktdesign: Wir sollten möglichst schnell Konsens erzielen. BWK Nr.6/2013, 2013, S. 33–36

[19] Vgl. Wolter und Zander (2013).

Der Smart Market als Aufgabe der Ordnungspolitik

6

Philipp Steinwärder

Gestaltung der Rahmenbedingungen für den Elektrizitätsmarkt der Zukunft

Zusammenfassung

Den Smart Market zu gestalten bedeutet, den Elektrizitätsmarkt der Zukunft zu gestalten. Aus ordnungspolitischer Sicht unterscheidet sich der Elektrizitätsmarkt nicht grundsätzlich von anderen Märkten. Es handelt sich jedoch um einen Markt, der sich technisch und wirtschaftlich im Umbruch befindet. Welche Strukturen sich im Zuge dieses Umbruchs herausbilden werden, ist erst in Umrissen erkennbar.

Der Gesetzgeber hat die Aufgabe, die gesellschaftspolitischen Ziele, die er mit der Energiepolitik verfolgt und die Rahmenbedingungen, die für Unternehmer und Verbraucher auf dem Elektrizitätsmarkt der Zukunft gelten sollen, festzulegen. In einer Zeit des Umbruchs hat er dabei besonders darauf zu achten, dass die Rahmenbedingungen weder technische Innovationen noch die Entwicklung neuer Geschäftsmodelle behindern. Dagegen würde der Gesetzgeber gegen die Grundsätze der Ordnungspolitik verstoßen, wenn er ohne eine sachliche Rechtfertigung regulierend in den Markt eingriffe und den Betroffenen etwa bestimmte technische Lösungen oder Geschäftsmodelle vorgäbe.

Aus ordnungspolitischer Sicht ist es geboten, dass sich der Smart Market wirtschaftlich selbst trägt. Das ist der Fall, wenn Elektrizitätserzeuger, Netzbetreiber, Händler

---

P. Steinwärder (✉)
Steinwärder Unternehmensberatung, Neuer Wall 40,
20354 Hamburg, Deutschland

und Dienstleister im Tagesgeschäft üblicherweise auskömmliche Erträge erwirtschaften können, ohne darauf angewiesen zu sein, dass der Staat in den Markt eingreift und einzelnen Gruppen wirtschaftliche Vorteile gewährt.

Eine schlüssige ordnungspolitische Konzeption für den Smart Market kann sich nicht auf Teilbereiche beschränken, sondern muss sich auf das Energieversorgungssystem in seiner Gesamtheit beziehen. Mit den bestehenden Regelungen hat der Gesetzgeber dagegen noch keinen übergreifenden Ansatz verfolgt. Sie müssen daher überarbeitet und ergänzt werden, um einen tragfähigen ordnungspolitischen Rahmen für den Elektrizitätsmarkt der Zukunft bilden zu können.

6.1 Einleitung

Mit der Wende in der Energiepolitik, die in der Bundesrepublik Deutschland seit dem Frühjahr 2011 vorangetrieben wird, ist zuerst einmal gemeint, dass die Elektrizitätserzeugung aus Kernkraft und fossilen Brennstoffen zunehmend auf erneuerbare Energieträger umgestellt werden soll.[1] Es zeichnet sich bereits deutlich ab, dass sich die Energiemärkte dadurch erheblich verändern werden.[2] Diese Veränderungen werden sich in vielfältiger Weise auf alle Beteiligten auswirken. Die Energiemärkte der Zukunft zu gestalten, stellt deshalb eine Aufgabe der Ordnungspolitik dar.

6.2 Wirtschafts- und Ordnungspolitik

Die Ordnungspolitik bildet einen wesentlichen Teil der Wirtschaftspolitik. Unter der Wirtschaftspolitik werden im Allgemeinen alle Maßnahmen des Staates verstanden, mit denen er die Wirtschaft nach seinen Zielen ordnen und steuern möchte.[3]

6.2.1 Gegenstand der Ordnungspolitik

Mit der *Ordnungspolitik* wird die Wirtschaftsordnung gestaltet. Sie dient dazu, die Rahmenbedingungen für die Wirtschaftsabläufe und damit das wirtschaftliche Handeln von Unternehmern und Verbrauchern festzulegen.[4] Die modernen, stark diversifizierten Volkswirtschaften in den in ihrer Entwicklung weit fortgeschrittenen Gesellschaften mit ihrer hochgradig arbeitsteiligen Wirtschaftsweise sind ohne eine wirksame Ordnungspolitik nicht denkbar.

---

[1] Vgl. Bundesregierung (2011a, S. 1 ff.).
[2] Vgl. Bundesministerium für Wirtschaft und Technologie/Bundesministerium für Umwelt, Naturschutz und Reaktorsicherheit (2012, S. 101 ff.).
[3] Vgl. Thieme (2005, S. 339).
[4] Vgl. Thieme (2005, S. 339).

In der *sozialen Marktwirtschaft* bleibt es sowohl Unternehmern als auch Verbrauchern grundsätzlich selbst überlassen, ob und wie sie unter den jeweils bestehenden Rahmenbedingungen wirtschaftlich handeln. Die Ordnungspolitik hat deshalb nicht zuletzt die Aufgabe, die Voraussetzungen dafür zu schaffen und zu erhalten, dass Unternehmer und Verbraucher selbstbestimmt und eigenverantwortlich an den Wirtschaftsabläufen teilnehmen können. Eingriffe des Staates in die Wirtschaftsabläufe sollen dagegen nur erfolgen, wenn und soweit sich der Markt über Angebot und Nachfrage nicht mehr selbst zufriedenstellend steuern kann und deshalb gesellschaftspolitisch unerwünschte Wirkungen zeitigt.[5]

6.2.2 Ordnungspolitische Ausnahmebereiche

Eingriffe des Staates in die Wirtschaftsabläufe sind unter anderem gerechtfertigt, wenn der Wettbewerb auf dem Markt versagt. Das ist der Fall, wenn der Wettbewerb als Mittel zur Steuerung des Marktes nicht zu besseren, sondern zu schlechteren Ergebnissen in den Wirtschaftsabläufen führt.[6] Das gilt insbesondere für natürliche *Monopole*. Ein Markt ist durch ein natürliches Monopol gekennzeichnet, wenn ein einzelner Unternehmer ein Wirtschaftsgut langfristig zu geringeren Kosten als mehrere, im Wettbewerb miteinander stehende Unternehmer erstellen und deshalb günstiger als unter Wettbewerbsbedingungen auf dem Markt anbieten kann.[7]

In der Energiewirtschaft ist der Betrieb der *Elektrizitätsversorgungsnetze* wegen der bestehenden Kostenstrukturen auf allen Netzebenen (Höchst-, Hoch-, Mittel- und Niederspannungsebene) und allen Umspannungsebenen (Umspannung zwischen Höchst- und Hochspannung, Hoch- und Mittelspannung sowie Mittel- und Niederspannung) als natürliches Monopol anzusehen.[8] In den Teilen des Elektrizitätsmarktes, die dem Betrieb der Elektrizitätsversorgungsnetze vor- und nachgelagert sind, bestehen dagegen keine natürlichen Monopole.

6.3 Smart Grid und Smart Market

Die Begriffe „Smart Grid" und „Smart Market" wurden in der Vergangenheit auch in Fachkreisen häufig uneinheitlich verwendet.[9] Die Bundesnetzagentur für Elektrizität, Gas, Telekommunikation, Post und Eisenbahnen („Bundesnetzagentur") hat deshalb Begriffsbestimmungen vorgeschlagen. Ein *Smart Grid* ist danach ein Elektrizitätsversorgungsnetz, das mit Mess-, Steuerungs- und Regelungstechnik sowie mit Informations- und Telekom-

---

[5] Thieme (2005, S. 339).
[6] Eickhof (2005, S. 341 (342)).
[7] Vgl. Monopolkommission (2008, Tz. 112).
[8] Vgl. Monopolkommission (2008, Tz. 137).
[9] Vgl. Bundesnetzagentur (2011, S. 4 f.).

munikationstechnik aufgerüstet wird, um dessen Regel- und Auslastbarkeit zu erhöhen. Wirtschaftlich dient die Aufrüstung zu Smart Grids dazu, den Ausbaubedarf, der in den mit herkömmlicher Technik ausgestatteten Elektrizitätsversorgungsnetzen infolge der Wende in der Energiepolitik sonst entstehen würde, zu dämpfen.[10]

In Abgrenzung zum Smart Grid bezeichnet die Bundesnetzagentur den Bereich außerhalb der Elektrizitätsversorgungsnetze als *Smart Market*, in dem Energiemengen und Lastflüsse, die von den zur Verfügung stehenden Elektrizitätsversorgungsnetzen aufgenommen und abgegeben werden können sowie gegebenenfalls Dienstleistungen zur Energieveredelung gehandelt werden. Die Entwicklung eines Smart Markets dient dazu, durch Erzeugungs- und Lastverlagerungen die durchschnittliche Auslastung der Elektrizitätsversorgungsnetze zu erhöhen und damit die Wirtschaftlichkeit ihres Betriebs zu verbessern. Zusammen mit der Dämpfung des Ausbaubedarfs durch die Aufrüstung der Elektrizitätsversorgungsnetze zu Smart Grids soll die Entwicklung eines Smart Markets dazu beitragen, die Wende in der Energiepolitik volkswirtschaftlich optimal zu gestalten.[11] Letztlich ist mit dem Smart Market also der Elektrizitätsmarkt der Zukunft gemeint.

Die Begriffsbestimmungen, die die Bundesnetzagentur vorgeschlagen hat, werden in diesem Beitrag übernommen. Die Grundgedanken, auf denen das Konzept des Smart Markets beruht, werden in diesem Buch bereits an anderer Stelle erläutert (vgl. Kap. 1). Sie sollen hier deshalb nicht noch einmal betrachtet werden.

6.4 Ordnungspolitische Ausgangslage

Die Ausgangslage ergibt sich aus den energiepolitischen Zielen der Europäischen Union und der Bundesrepublik Deutschland, dem ordnungspolitischen Rahmen, der sich aus den geltenden Rechtsvorschriften und anderen Maßnahmen der zuständigen Stellen zusammensetzt sowie dem Zustand, in dem sich der Elektrizitätsmarkt gegenwärtig befindet.

6.4.1 Energiepolitische Ziele

Die *Energiepolitik* bildet eine Gemengelage aus Wirtschafts- und Umweltpolitik, in die teilweise auch weitere Politikfelder wie die Wissenschafts- oder die Sozialpolitik hineinspielen. Ordnungspolitische Gesichtspunkte spielen dabei nur eine beschränkte Rolle.

6.4.1.1 Europäische Union
Die grundsätzlichen Ziele für die Energiepolitik der Europäischen Union werden durch Art. 194 Abs. 1 des Vertrages über die Arbeitsweise der Europäischen Union, der am 1. Dezember 2009 in Kraft getreten ist, vorgegeben. Danach hat sie in der Energiepolitik „im

---

[10] Vgl. Bundesnetzagentur (2011, S. 11 f.).
[11] Vgl. Bundesnetzagentur (2011, S. 12 ff.).

Geiste der Solidarität zwischen den Mitgliedstaaten im Rahmen der Verwirklichung oder des Funktionierens des Binnenmarkts und unter Berücksichtigung der Notwendigkeit der Erhaltung und Verbesserung der Umwelt" die folgenden Ziele zu verfolgen: die „Sicherstellung des Funktionierens des Energiemarkts", die „Gewährleistung der Energieversorgungssicherheit" in der Europäischen Union, die „Förderung der Energieeffizienz und von Energieeinsparungen sowie (der) Entwicklung neuer und erneuerbarer Energiequellen" sowie die „Förderung der Interkonnektion der Energienetze". Mit der „Interkonnektion" ist die Zusammenschaltung der Elektrizitätsversorgungsnetze über Kuppelstellen gemeint. Die einzelnen Ziele, die in dieser Liste aufgeführt sind, lassen sich auch unter den Begriffen „Versorgungssicherheit", „Wettbewerbsfähigkeit" und „Nachhaltigkeit" zusammenfassen.[12]

Der Europäische Rat hat bereits am 8./9. März 2007 „ehrgeizige energie- und klimaschutzpolitische Ziele" verabschiedet.[13] Danach soll der Ausstoß von Treibhausgasen in den Mitgliedstaaten der Europäischen Union bis 2020 im Vergleich zu 1990 um 20 % sinken, 20 % weniger Energie als seinerzeit vorhergesagt verbraucht und der Anteil der Erneuerbaren Energien am Gesamtverbrauch auf 20 % gesteigert werden.[14] Am 29./30. Oktober 2009 hat er sich darüber hinaus das Ziel zu Eigen gemacht, den Ausstoß von Treibhausgasen bis 2050 gegenüber dem Stand von 1990 um 80 % bis 95 % zu verringern.[15] Diese Ziele stehen nicht im Widerspruch zu dem erst später in Kraft getretenen Vertrag über die Arbeitsweise der Europäischen Union. Mit der Umsetzung der nunmehr als *Dekarbonisierung* bezeichneten Ziele befasst sich die Europäische Kommission im „Energiefahrplan 2050".[16]

6.4.1.2 Bundesrepublik Deutschland
Anders als auf der Ebene der Europäischen Union sind auf der Ebene der Bundesrepublik Deutschland die übergeordneten Ziele der Energiepolitik nicht gesetzlich oder gar verfassungsmäßig verankert. Sie ergeben sich deshalb im Wesentlichen aus den einschlägigen Beschlüssen der Bundesregierung, insbesondere dem Energiekonzept vom 28. September 2010 und den Eckpunkten zur Energiewende vom 6. Juni 2011. Mit dem *Energiekonzept* hat die Bundesregierung allgemeine „Leitlinien für eine umweltschonende, zuverlässige und bezahlbare Energieversorgung" und „den Weg in das Zeitalter der erneuerbaren Energien" beschrieben.[17] In den Eckpunkten zur Energiewende hat sie sich festgelegt, sämtliche Kernkraftwerke bis zum 31. Dezember 2022 stillzulegen und Maßnahmen beschlossen, um die Umgestaltung des Energieversorgungssystems zu beschleunigen.[18]

---

[12] Vgl. Europäische Kommission (2010, S. 2).
[13] Europäische Kommission (2010, S. 3).
[14] Vgl. Rat der Europäischen Union (2007, S. 10 ff.), Anlage 1.
[15] Vgl. Rat der Europäischen Union (2009, S. 3).
[16] Vgl. Europäische Kommission (2011, S. 1 ff.).
[17] Vgl. Bundesregierung (2010, S. 3 f.).
[18] Vgl. Bundesregierung (2011a, S. 1 ff.).

Im Einzelnen enthalten das Energiekonzept und die Eckpunkte zur Energiewende eine umfangreiche Liste verschiedenster Ziele,[19] die zunächst einmal gleichrangig nebeneinander stehen.[20] Sie umfasst zwölf übergeordnete quantitative Ziele, die auch in dem Bericht über die Umsetzung des Energiekonzeptes und der in den Eckpunkten zur Energiewende beschlossenen Maßnahmen behandelt werden[21] und zahlreiche weitere, teilweise nur schwer voneinander abgrenzbare Ziele, die nicht mit Zahlen hinterlegt sind. Die Monopolkommission spricht deshalb von einer „diffuse(n) Vielfalt von Zielen und Instrumenten".[22]

Die Expertenkommission aus Energiewissenschaftlern, die die Bundesregierung berufen hat, um die zuständigen Bundesministerien bei der regelmäßigen Berichterstattung über die Umsetzung des Energiekonzeptes und der in den Eckpunkten zur Energiewende beschlossenen Maßnahmen zu unterstützen und zu begleiten,[23] hat die energiepolitischen Ziele der Bundesregierung in eine Rangfolge gegliedert und zwei Oberziele, denen sie eine Mehrzahl von Unterzielen nachordnet, herausgearbeitet: Die Verringerung des Ausstoßes an Treibhausgasen und der Ausstieg aus der Elektrizitätserzeugung aus Kernkraft bilden demnach die beiden Oberziele der Bundesregierung.[24] Die Unterziele, die sich einerseits aus dem Energiekonzept und den Eckpunkten zur Energiewende, andererseits jedoch aus verschiedenen Gesetzen und Verordnungen sowie sonstigen Beschlüssen der Bundesregierung ergeben, sollen jeweils dazu beitragen, die beiden Oberziele erreichen zu können.[25] Ob die Bundesregierung ihre energiepolitischen Ziele in derselben Weise wie die Expertenkommission gewichten würde, mag hier dahingestellt bleiben. Besondere Ziele, die sich ausdrücklich auf die künftige Gestaltung der Energiemärkte beziehen, hat sie sich bisher jedenfalls nicht gesetzt. Das gilt nicht nur für die beiden Oberziele, sondern auch für die Unterziele, die an dieser Stelle deshalb nicht im Einzelnen aufgeführt und näher erörtert zu werden brauchen.

Für die künftige Gestaltung der Energiemärkte ist jedoch von Bedeutung, dass sich aus dem Energiekonzept ein allgemeines energiepolitisches *Zieldreieck* ergibt.[26] Es setzt sich aus Sicherheit, Wirtschaftlichkeit und Umweltverträglichkeit zusammen. Mit der *Sicherheit* sind dort sowohl die Versorgungssicherheit als auch die Begrenzung technischer Unfallgefahren, mit der *Wirtschaftlichkeit* sowohl die Bezahlbarkeit der Energiepreise als auch die volkswirtschaftlich optimale Ausgestaltung des Energieversorgungssystems gemeint.[27]

---

[19] Vgl. Expertenkommission zum Monitoring-Prozess „Energie der Zukunft" (2011, Tz. 12) und Monopolkommission (2014, Tz. 182).
[20] Vgl. Expertenkommission zum Monitoring-Prozess „Energie der Zukunft", (2011, Tz. 12).
[21] Vgl. Bundesministerium für Wirtschaft und Technologie/Bundesministerium für Umwelt, Naturschutz und Reaktorsicherheit (2012, S. 16).
[22] Vgl. Monopolkommission (2014, Tz. 177) (Überschrift).
[23] Vgl. Bundesregierung (2011b, S. 1 ff.).
[24] Vgl. Expertenkommission zum Monitoring-Prozess „Energie der Zukunft" (2011, Tz. 15).
[25] Vgl. Expertenkommission zum Monitoring-Prozess „Energie der Zukunft" (2011, Tz. 16 f.).
[26] Vgl. Bundesregierung (2010, S. 4).
[27] Vgl. Expertenkommission zum Monitoring-Prozess „Energie der Zukunft" (2011, Tz. 19).

Die Expertenkommission weist zu Recht darauf hin, dass es sich dabei jedoch vorrangig um Beurteilungsmaßstäbe für die den Oberzielen nachgeordneten Unterziele und die zur Umsetzung der Ziele getroffenen Maßnahmen handelt.[28]

6.4.1.3 Ergebnis

Es zeigt sich, dass die Europäische Union und die Bundesrepublik Deutschland in den grundsätzlichen Zielen ihrer Energiepolitik mit der Ausnahme des Ausstiegs aus der Kernkraft weitgehend übereinstimmen. Ordnungspolitische Fragen spielen dabei jedoch lediglich eine untergeordnete Rolle. Zwar bilden die Versorgungssicherheit, die Wirtschaftlichkeit und Wettbewerbsfähigkeit sowie die Umweltverträglichkeit wichtige Gesichtspunkte, die angemessen zu berücksichtigen sind, wenn die Energiemärkte der Zukunft gestaltet werden sollen. Klare ordnungspolitische Ziele oder nähere Vorgaben für die Gesetzgebung und sonstige politische Maßnahmen lassen sich daraus jedoch nicht ableiten. Dafür sind bereits die schlagwortartigen Begriffe, mit denen die Ziele beschrieben werden, zu unbestimmt. Außerdem kann erst im Zuge der politischen Willensbildung im Einzelfall geklärt werden, wie diese Gesichtspunkte zu gewichten und gegeneinander abzuwägen sind.

6.4.2 Ordnungspolitischer Rahmen

Das energiepolitische Zieldreieck spiegelt sich in unterschiedlicher Ausprägung in den wichtigsten Gesetzen wider, mit denen die Energiemärkte in der Bundesrepublik Deutschland bisher geregelt werden. Die Gesetze dienen dabei auch der Umsetzung von Richtlinien der Europäischen Union.

Gemäß § 1 Abs. 1 des *Energiewirtschaftsgesetzes* wird mit ihm bezweckt, „eine möglichst sichere, preisgünstige, verbraucherfreundliche, effiziente und umweltverträgliche leitungsgebundene Versorgung der Allgemeinheit mit Elektrizität (…), die zunehmend auf erneuerbaren Energien beruht", zu gewährleisten. Gemäß § 1 Abs. 2 des Energiewirtschaftsgesetzes dient die Regulierung der Elektrizitätsversorgungsnetze „den Zielen der Sicherstellung eines wirksamen und unverfälschten Wettbewerbs bei der Versorgung mit Elektrizität (…) und der Sicherung eines langfristig angelegten leistungsfähigen und zuverlässigen Betriebs von Energieversorgungsnetzen." Das Energiewirtschaftsgesetz dient damit im Wesentlichen ordnungspolitischen Zielen.

In dem Treibhausgas-Emissionshandelsgesetz, dem Erneuerbare-Energien-Gesetz und dem Kraft-Wärme-Kopplungsgesetz treten dagegen die umweltpolitischen Ziele deutlicher hervor. Das *Treibhausgas-Emissionshandelsgesetz* schafft die Grundlagen für den Handel mit Berechtigungen zum Ausstoß von Treibhausgasen in dem gemeinschaftlichen Emissionshandelssystem der Europäischen Union. Damit soll es gemäß § 1 des Treibhausgas-Emissionshandelsgesetzes durch „eine kosteneffiziente Verringerung von Treibhausgasen zum weltweiten Klimaschutz" beitragen. Ordnungspolitische Mittel werden hier eingesetzt, um umweltpolitische Ziele zu erreichen.

---

[28] Vgl. Expertenkommission zum Monitoring-Prozess „Energie der Zukunft" (2011, Tz. 19).

Das *Erneuerbare Energien Gesetz* regelt den Anschluss von Anlagen zur Elektrizitätserzeugung aus erneuerbaren Energieträgern an die Elektrizitätsversorgungsnetze sowie die vorrangige Abnahme und die Vergütung der aus erneuerbaren Energieträgern erzeugten Elektrizität durch die Betreiber der Elektrizitätsversorgungsnetze. Für die Vergütung gelten feste Sätze. Die Regelungen dienen gemäß § 1 Abs. 2 des Erneuerbare-Energien-Gesetzes dem Ziel, den Anteil der erneuerbaren Energieträger an der Elektrizitätserzeugung bis 2020 auf mindestens 35 %, bis 2030 auf mindestens 50 %, bis 2040 auf mindestens 65 % und bis 2050 auf mindestens 80 % zu erhöhen. Dabei handelt es sich um umweltpolitische Ziele, die durch Eingriffe des Staates in die Wirtschaftsabläufe erreicht werden sollen. Die Regelungen in dem Erneuerbare-Energien-Gesetz sind deshalb nicht ordnungspolitisch begründet.

In ähnlicher Weise wie das Erneuerbare-Energien-Gesetz regelt das *Kraft-Wärme-Kopplungsgesetz* den Anschluss von Kraft-Wärme-Kopplungsanlagen an die Elektrizitätsversorgungsnetze sowie die vorrangige Abnahme und Zuschläge auf die Vergütung der in den Anlagen erzeugten Elektrizität durch die Betreiber der Elektrizitätsversorgungsnetze. Für die Zuschläge gelten wiederum feste Sätze. Die Regelungen dienen gemäß § 1 des Kraft-Wärme-Kopplungsgesetzes dem Ziel, den Anteil der Elektrizitätserzeugung in Kraft-Wärme-Kopplungsanlagen bis 2020 auf 25 % zu erhöhen. Sie sind ebenfalls umwelt- und nicht ordnungspolitisch begründet.

6.4.3 Elektrizitätsmarkt

Die wirtschaftlichen Verhältnisse haben sich seit der Öffnung des Elektrizitätsmarktes 1998 erheblich verändert.

6.4.3.1 Marktgefüge

Das Gefüge des Elektrizitätsmarktes wird heute durch Erzeuger (Betreiber von Anlagen zur Elektrizitätserzeugung), Netzbetreiber (Betreiber von Übertragungs- und Verteilnetzen), Groß- und Einzelhändler sowie sonstige Dienstleister bestimmt. Als Großhandel werden sowohl Geschäfte mit Einzelhändlern, die Elektrizität zum Weitervertrieb an Dritte, als auch Geschäfte mit Großabnehmern, die Elektrizität zum eigenen Verbrauch beschaffen, angesehen. Der Einzelhandel umfasst den Vertrieb von Elektrizität an sämtliche Letztabnehmer, die nicht als Großabnehmer gelten. Zu den sonstigen Dienstleistern zählen beispielsweise Messstellenbetreiber, Abrechnungsdienstleister oder Betreiber von Börsen und ähnlichen Handelsplattformen.

Von wenigen Ausnahmen abgesehen, muss der Betrieb von Elektrizitätsversorgungsnetzen (Übertragungs- und Verteilnetzen) und Speichern nach den *Entflechtungsvorschriften* der §§ 6 ff. des Energiewirtschaftsgesetzes getrennt von der Gewinnung, der Erzeugung und dem Vertrieb (Groß- und Einzelhandel) von Elektrizität geführt werden. Im Übrigen kann jedes Unternehmen zugleich auch auf mehreren Geschäftsfeldern tätig sein. Das ist vielfach auch der Fall.

Der Betrieb der Elektrizitätsversorgungsnetze wird gemäß §§ 11 ff. des Energiewirtschaftsgesetzes durch die Bundesnetzagentur reguliert. Die Regulierung umfasst insbesondere die Anschlüsse an die Elektrizitätsversorgungsnetze, die Einspeisung und die Entnahme von Elektrizität sowie die dafür geforderten Entgelte.

6.4.3.2 Wirtschaftliche Verhältnisse

Anders als auf anderen Märkten werden die wirtschaftlichen Verhältnisse auf dem Elektrizitätsmarkt nicht nur durch die Kosten und Preise, sondern erheblich auch durch Steuern, Abgaben und Umlagen beeinflusst.

Die Preise für Elektrizität, die dem Letztabnehmer berechnet werden, setzen sich aus drei Bestandteilen zusammen: Den ersten Bestandteil bilden die Vergütungen für Erzeugung, Vertrieb und sonstige Dienstleistungen, deren Preise sich weitgehend ungehindert am Markt bilden. Den zweiten Bestandteil bilden die durch die Bundesnetzagentur regulierten Entgelte für die Netznutzung. Den dritten Bestandteil bilden die Steuern, Abgaben und Umlagen. Bei den Umlagen, die nach Maßgabe der gesetzlichen Vorschriften von den Netzbetreibern ermittelt werden, handelt es sich um die Umlage von Belastungen durch die Elektrizitätserzeugung aus erneuerbaren Energieträgern gemäß §§ 34 ff. des Erneuerbare-Energien-Gesetzes („EEG-Umlage"), die Umlage von Belastungen durch die Elektrizitätserzeugung in Kraft-Wärme-Kopplungsanlagen gemäß § 9 des Kraft-Wärme-Kopplungsgesetzes („KWK-Umlage"), die Umlage von Belastungen aus Sonderformen der Netznutzung gemäß § 19 der Stromnetzentgeltverordnung (Ausgleichsregelung für energieintensive und Eisenbahnunternehmen – „§ 19-Umlage") und die Umlage von Belastungen aus Entschädigungen wegen Störungen und Verzögerungen bei der Anbindung von Windkraftanlagen auf See („Offshore") an die Elektrizitätsversorgungsnetze gemäß § 17f des Erneuerbare-Energien-Gesetzes („Offshore-Haftungsumlage"). Ab dem 1. Januar 2014 wird dort noch die Umlage von Belastungen aus der Vergütung von Abschaltleistungen gemäß § 18 der *Verordnung zu abschaltbaren Lasten* („Umlage für abschaltbare Lasten") hinzutreten. Energieintensive Betriebe und Eisenbahnen können von der EEG-Umlage allerdings zum großen Teil befreit werden. Bei den Abgaben handelt es sich um Konzessionsabgaben, die die Betreiber von Elektrizitätsversorgungsnetzen den Gemeinden und Landkreisen dafür zu entrichten haben, dass sie öffentliche Verkehrswege für das Verlegen und den Betrieb von Leitungen mitbenutzen dürfen. Die Bemessung und die zulässige Höhe der Konzessionsabgaben sind in § 2 der *Konzessionsabgabenverordnung* festgelegt. Bei den Steuern handelt es sich um die *Stromsteuer* auf den Elektrizitätsverbrauch gemäß § 5 des *Stromsteuergesetzes* und die Umsatzsteuer auf Umsätze aus Lieferungen und Leistungen gemäß §§ 1 ff. des *Umsatzsteuergesetzes*. Die Umlagen, die Abgaben und die Stromsteuer können die Versorger vollen Umfangs auf ihre Kunden abwälzen. Aus diesem Grunde sind die Preise für die Letztabnehmer nach Berechnungen des BDEW Bundesverbandes der Energie- und Wasserwirtschaft e. V. in den vergangenen Jahren erheblich gestiegen.

Während die durchschnittlichen Preise für Erzeugung, Vertrieb und sonstige Dienstleistungen einschließlich der regulierten Entgelte für die Netznutzung von 1998 bis 2000/2001 zunächst sanken, stiegen sie für die Industrie bis 2008 deutlich an, um danach wieder zu sinken. Im ersten Halbjahr 2013 lagen sie etwa 15 % unter dem Wert von 1998. Für die privaten Haushalte stiegen die durchschnittlichen Preise bis 2009 ebenfalls deutlich an und verharren seither in einer Größenordnung, die etwa 10 % über dem Wert von 1998 liegt. Die Belastung mit Steuern, Abgaben und Umlagen ist dagegen fortlaufend gestiegen. Für 2013 rechnet der BDEW in der Industrie bei einem Anschluss an das Mittelspannungsnetz und einer Abnahme zwischen 160 und 20.000 MWh mit durchschnittlichen Preisen von 14,87 ct/kWh, davon 7,61 ct/kWh für Erzeugung, Vertrieb, sonstige Dienstleistungen und Netznutzung sowie 7,26 ct/kWh für die Steuern, Abgaben und Umlagen (Stromsteuer, Konzessionsabgaben, EEG-Umlage, KWK-Umlage, § 19-Umlage, Offshore-Haftungsumlage). In den privaten Haushalten rechnet er bei einer Abnahme von 3.500 kWh mit durchschnittlichen Preisen von 28,73 ct/kWh, davon 14,32 ct/kWh für Erzeugung, Vertrieb, sonstige Dienstleistungen und Netznutzung sowie 14,41 ct/kWh für die Steuern, Abgaben und Umlagen (Umsatzsteuer, Stromsteuer, Konzessionsabgaben, EEG-Umlage, KWK-Umlage, § 19-Umlage, Offshore-Haftungsumlage). Sowohl bei der Industrie, soweit sie nicht von der EEG-Umlage befreit ist, als auch den privaten Haushalten entfällt der größte Anteil an den Steuern, Abgaben und Umlagen auf die EEG-Umlage von knapp 5,28 ct/kWh.[29] 2014 wird die EEG-Umlage um rund 18,25 % auf 6,24 ct/kWh steigen.[30]

Die Verpflichtung der Netzbetreiber, die aus erneuerbaren Energieträgern und in Kraft-Wärme-Kopplungsanlagen erzeugte Elektrizität vorrangig abzunehmen, die festen Vergütungen für die Abnahme von Elektrizität aus erneuerbaren Energieträgern und die festen Zuschläge auf die Vergütungen für die Abnahme von in Kraft-Wärme-Kopplungsanlagen erzeugte Elektrizität wirken sich auf den Wettbewerb auf dem Elektrizitätsmarkt aus. Sowohl die Betreiber von Anlagen zur Elektrizitätserzeugung aus erneuerbaren Energieträgern als auch die Betreiber von Kraft-Wärme-Kopplungsanlagen können im Gegensatz zu den Betreibern sonstiger Kraftwerke weitgehend sicher sein, dass die Netzbetreiber die von ihnen erzeugte Elektrizität vollen Umfangs abnehmen. Für die Betreiber von Anlagen zur Elektrizitätserzeugung aus erneuerbaren Energieträgern ergeben sich daraus im Zusammenhang mit der *festen Einspeisevergütung* langfristig planbare Umsatzerlöse und ein im Vergleich zu anderen geschäftlichen Vorhaben ungewöhnlich hohes Maß an Gewissheit, die für die Errichtung der Anlagen getätigten Investitionen amortisieren zu können. Für die Betreiber von Kraft-Wärme-Kopplungsanlagen treten dieselben Wirkungen in einem geringeren Maße ein, weil nur die Zuschläge auf die Einspeisevergütungen festgelegt sind, während die Einspeisevergütungen selbst schwanken können. Die vorteilhaften Bedingungen drücken sich nicht zuletzt in einem erheblichen Zubau von Anlagen zur Elektrizitätserzeugung aus erneuerbaren Energieträgern aus. So waren Mitte 2013 auf dem Festland („Onshore") und vor den Küsten in der Nord- und Ostsee („Offshore") insgesamt bereits 23.401 Windkraftanlagen mit einer Leistung von 32.421 MW in Betrieb.[31] Hinzu kamen Ende 2012 mehr als 1,28 Mio. Photovoltaikanlagen zur Elektrizitätserzeugung aus

---

[29] Vgl. BDEW (2013a, S. 6, 14).
[30] Vgl. 50Hertz Transmission GmbH/Amprion GmbH/TenneT TSO GmbH/TransnetBW GmbH, (2013).
[31] Vgl. Deutsche WindGuard GmbH (2013, S. 1).

6 Der Smart Market als Aufgabe der Ordnungspolitik

Sonneneinstrahlung mit einer Nennleistung von rund 32.400 MW[32], rund 7.500 Biogasanlagen mit einer elektrischen Leistung von rund 3.200 MW[33], rund 540 Biomassekraftwerke und -heizkraftwerke mit einer elektrischen Leistung von rund 1.560 MW[34] sowie in geringerer Zahl Anlagen zur Aufbereitung von Biogas zu Biomethan für die Wärme- und Elektrizitätserzeugung sowie Anlagen zur Elektrizitätserzeugung aus pflanzlichen Ölen.[35]

Die bevorzugte Behandlung der Anlagen zur Elektrizitätserzeugung aus erneuerbaren Energieträgern und der Kraft-Wärme-Kopplungsanlagen wirkt sich zwangsläufig zum Nachteil der Betreiber aller übrigen Kraftwerke aus. Das gilt insbesondere für die Betreiber von Kraftwerken, die mit fossilen Brennstoffen (Braunkohle, Steinkohle, Erdöl, Erdgas) befeuert werden. Der Elektrizitätsverbrauch in der Bundesrepublik Deutschland ist seit 2006/2007 – bei deutlichen Schwankungen in und nach der Weltwirtschaftskrise 2008/2009 – leicht rückläufig.[36] Die insgesamt deutlich zunehmende Leistung der Anlagen zur Elektrizitätserzeugung aus erneuerbaren Energieträgern und der Kraft-Wärme-Kopplungsanlagen führt zusammen mit der vorrangigen Abnahme der dort erzeugten Elektrizität dazu, dass die Auslastung der übrigen Kraftwerke sinkt. Dies wirkt sich auf die unterschiedlichen Kraftwerke nicht gleichermaßen aus, sondern hängt davon ab, zu welchen Kosten sie arbeiten und zu welchen Preisen die Betreiber dementsprechend Elektrizität anbieten können. An der Börse der *European Energy Exchange AG* („EEX") wird der Preis für Elektrizität in einem Verfahren, in dem die von den Betreibern der Kraftwerke jeweils angebotenen Mengen und Preise aufsteigend sortiert und der Nachfrage gegenübergestellt werden, gebildet. Dabei werden alle Angebote, die benötigt werden, um die Nachfrage zu decken, berücksichtigt. Der Börsenpreis ergibt sich sodann aus dem Angebot mit dem höchsten Preis, das in diesem Verfahren noch berücksichtigt wird („*Merit-Order*"). Dieser Preis gilt für sämtliche Geschäfte, die an der Börse abgeschlossen werden („*Market Cearing Price*"). Mit diesem Verfahren ist die Erwartung verbunden, dass die Betreiber der Kraftwerke zu Grenzkosten anbieten, weil sie trotzdem einen Preis oberhalb ihrer Grenzkosten und damit einen Deckungsbeitrag erzielen können, wenn nur ein anderer Betreiber zu einem höheren Preis anbietet. Außerdem bildet der Börsenpreis auch den Maßstab für außerbörsliche Geschäfte („*Over-the-counter trading*"), weil sonst eine der beiden Seiten besserstehen würde, wenn sie an der EEX handelte.[37]

Durch das Verfahren an der EEX lässt sich für jeden Zeitraum bestimmen, mit welchen Kraftwerken die Nachfrage nach Elektrizität zu den günstigsten Preisen gedeckt werden kann.[38] Infolgedessen werden Kraftwerke, die teurer arbeiten, aus dem Markt verdrängt. Das betrifft gegenwärtig vor allem Kraftwerke, die mit Erdgas betrieben werden. Während die Kosten für die Elektrizitätserzeugung aus Steinkohle und Erdgas 2010 etwa in der-

---

[32] Vgl. Bundesverband Solarwirtschaft e. V. (2013, S. 2).
[33] Vgl. DBFZ (2013, S. 17).
[34] Vgl. DBFZ (2013, S. 84).
[35] Vgl. DBFZ (2013, S. 60 ff., 105 ff.).
[36] Vgl. BDEW (2012).
[37] Vgl. von Roon und Huck (2010, S. 1 f.).
[38] Vgl. von Roon und Huck (2010, S. 1).

selben Höhe lagen, haben sie sich seither deutlich auseinander bewegt. Die durchschnittlichen Kosten für die Elektrizitätserzeugung aus Erdgas waren Ende 2012 mehr als doppelt so hoch wie aus Steinkohle.[39] Das ist im Wesentlichen auf die Entwicklung der Preise für die Brennstoffe und die Emissionsberechtigungen im Sinne der §§ 7 ff. des Treibhausgas-Emissionshandelsgesetzes (*„Emissionszertifikate"* oder *„CO_2-Zertifikate"*) zurückzuführen. Während sich die Preise für Steinkohle seit 2010 insgesamt kaum erhöht haben, sind die Preise für Erdgas seither um etwa 40 % gestiegen.[40] Außerdem sind die Preise für Emissionszertifikate, die die Betreiber von Steinkohlekraftwerken wegen des höheren Ausstoßes von Kohlenstoffdioxid stärker als die Betreiber von Gaskraftwerken belasten, von 2011 bis Mitte 2013 um etwa zwei Drittel gefallen.[41] Diese Entwicklung wird noch durch den Umstand verschärft, dass Elektrizität, die aus Windkraft und Sonneneinstrahlung erzeugt wird, tageszeitlich und wetterbedingt zu einem Überangebot mit preisdämpfender Wirkung an der EEX führen kann, wenn die Anbieter wegen des Überangebots nahezu jeden Preis hinzunehmen bereit sind („Merit-Order Effect").[42] Infolgedessen ist die Auslastung der mit Erdgas betriebenen Kraftwerke von 2010 bis 2013 um rund ein Viertel gesunken. Dagegen verharrt sie bei den Kraftwerken, die mit Steinkohle betrieben wird, auf einem gleichmäßig hohen Niveau. Dasselbe gilt für die Kraftwerke, die mit Braunkohle und, in wenigen Fällen, mit Erdöl betrieben werden. Die Betreiber der mit Erdgas betriebenen Kraftwerke sehen sich deshalb zunehmenden Schwierigkeiten, ausreichende Umsatzerlöse und eine angemessene Kapitalverzinsung zu erwirtschaften, ausgesetzt.[43]

Wenn die Preise für Brennstoffe und Emissionszertifikate nicht nur unerheblich steigen oder die preisdämpfende Wirkung der Abnahme von Elektrizität, die aus Windkraft und Sonneneinstrahlung bzw. allgemein aus erneuerbaren Energieträgern und in Kraft-Wärme-Kopplungsanlagen erzeugt wird, anhalten sollte, könnte es auch für die Betreiber von Kraftwerken, die mit Braunkohle, Steinkohle und Erdöl betrieben werden, künftig schwieriger werden, auskömmliche Ergebnisse zu erwirtschaften. Das könnte auch dazu führen, dass Kraftwerke stillgelegt werden.[44] Darüber hinaus zeigt sich dem BDEW zufolge bereits jetzt eine „stark zunehmende Investitionsunsicherheit" bei Neubauvorhaben von Kraftwerken.[45]

Anders als bei den Betreibern von Kraftwerken sind bei den Betreibern von Elektrizitätsversorgungsnetzen, den Groß- und Einzelhändlern sowie den sonstigen Dienstleistern bislang keine strukturbedingten Schwierigkeiten, auf dem Elektrizitätsmarkt erfolgreich zu wirtschaften, bekannt geworden. Insbesondere werden die durch die Bundesnetzagentur regulierten Entgelte für den Netzzugang gemäß §§ 21 f. des Energiewirtschaftsgesetzes unter anderem unter Berücksichtigung der Kosten für die Betriebsführung und einer angemessenen Kapitalverzinsung gebildet.

---

[39] Vgl. BDEW (2013b, S. 24).
[40] Vgl. BDEW (2013b, S. 21 f.).
[41] Vgl. BDEW (2013b, S. 23).
[42] Vgl. BDEW (2013b, S. 26).
[43] Vgl. BDEW (2013b, S. 20 f.).
[44] Vgl. BDEW (2013b, S. 14).
[45] Vgl. BDEW (2013b, S. 4).

6.5 Veränderungen des Elektrizitätsmarktes

Mit aller Vorsicht, die bei der Beschreibung noch nicht abgeschlossener Entwicklungen geboten ist, lassen sich die wichtigsten Veränderungen, denen der Elektrizitätsmarkt im Zuge der Wende in der Energiepolitik unterliegt, in den folgenden Punkten zusammenfassen:

- Insgesamt wird die Elektrizitätserzeugung ungleichmäßiger. Die Elektrizitätserzeugung aus Windkraft und Sonneneinstrahlung unterliegt andauernden, teils jahreszeitlich, teils tageszeitlich und teils wetterbedingten Schwankungen. Dementsprechend schwanken auch die Einspeisungen in die Elektrizitätsversorgungsnetze (*„fluktuierende Leistung"*) mit der Folge, dass der Bedarf an Lastregelungen zunimmt.
- Die Energiemengen, die die Elektrizitätsversorgungsnetze aufnehmen müssen, werden zunehmen:
  - Die Erzeugung und der Verbrauch von Elektrizität werden räumlich stärker als bisher auseinanderfallen. Anlagen zur Elektrizitätserzeugung aus erneuerbaren Energieträgern werden weit überwiegend im ländlichen Raum angesiedelt sein, während der größte Teil der Elektrizität in den Städten und den Ballungsräumen verbraucht wird. Hinzu kommt, dass Windkraftanlagen überwiegend in Nord- und Ostdeutschland sowie vor den Küsten in der Nord- und Ostsee („Offshore") errichtet werden.[46] Dagegen befinden sich die Verbrauchsschwerpunkte in den großen Ballungsräumen in West- und Süddeutschland.
  - Wenn die Entwicklung von Speichertechniken voranschreitet und Elektrizität künftig zunehmend gespeichert werden kann, werden die Erzeugung und der Verbrauch anders als bisher auch zeitlich auseinanderfallen. Energiemengen, die von Speichern aufgenommen und abgegeben werden, müssen in der Regel mehrfach in den Elektrizitätsversorgungsnetzen übertragen werden.[47]
  - Wenn der Handel mit Elektrizität zwischen den Mitgliedstaaten der Europäischen Union zunimmt, dürfte auch der Transit durch die Bundesrepublik Deutschland aufgrund ihrer geographischen Lage in der Mitte des Kontinents zunehmen.
- Durch die zunehmende Zahl der kleineren Anlagen zur Elektrizitätserzeugung und künftig gegebenenfalls zur Energiespeicherung wird sich die Richtung des Lastflusses auf den Mittel- und Niederspannungsebenen der Elektrizitätsversorgungsnetze häufig ändern. Die Elektrizitätsversorgungsnetze müssen technisch entsprechend ausgelegt werden.[48]
- Anders als in der Vergangenheit wird das Energieversorgungssystem nicht mehr durch eine beschränkte Zahl großer Kraftwerke, sondern eine große Zahl kleinerer Anlagen zur Elektrizitätserzeugung und gegebenenfalls zur Energiespeicherung gekennzeichnet sein.

---

[46] Vgl. Deutsche WindGuard GmbH (2013, S. 7).
[47] Vgl. Bundesnetzagentur (2011, S. 7).
[48] Vgl. Bundesnetzagentur (2011, S. 17).

- Durch die zunehmende Zahl der kleineren Anlagen zur Elektrizitätserzeugung wird sich auch das Gefüge des Marktes erheblich verändern:
  - Der Markt wird mehr Elektrizitätserzeuger aufweisen und dadurch wirtschaftlich dezentraler als bisher gegliedert sein.
  - Wenn nicht nur die Zahl der Elektrizitätserzeuger, sondern auch die Zahl der Händler und sonstigen Dienstleister zunimmt, könnte sich der Markt auch räumlich möglicherweise stärker auffächern und insgesamt ein kleinteiligeres Erscheinungsbild als bisher bieten.
- Durch die Entwicklung neuer Geschäftsmodelle und Dienstleistungen erweitert sich der Markt entsprechend. Er wird dadurch nicht nur größer, sondern auch vielgestaltiger und möglicherweise komplexer.
- Die Rollen im Markt verändern sich. Ein Teil der Unternehmer und Verbraucher wird nicht mehr ausschließlich als Anbieter oder Nachfrager von Elektrizität auftreten, sondern beide Rollen einnehmen und als Betreiber kleinerer Anlagen zur Elektrizitätserzeugung oder Energiespeicherung zeitweise Elektrizität anbieten, zeitweise aber auch nachfragen.[49]

Im Vergleich zu dem bestehenden Elektrizitätsmarkt dürfte der Smart Market damit durch veränderte technische Anforderungen, eine größere Zahl an Teilnehmern und unterschiedlichen Geschäftsmodellen sowie zusätzliche Dienstleistungen geprägt sein.

6.6 Anstehende Aufgaben der Ordnungspolitik

Aus der Betrachtung der Ausgangslage und den laufenden Veränderungen des Elektrizitätsmarktes ergeben sich die anstehenden Aufgaben der *Ordnungspolitik*. Im Wesentlichen handelt es sich darum, den Smart Market in der Energiewirtschaft mit den Mitteln der Ordnungspolitik zu gestalten.

Aus ordnungspolitischer Sicht unterscheidet sich der Smart Market in der Energiewirtschaft nicht grundsätzlich von anderen Märkten. Die anstehenden Aufgaben sind weder neu- noch andersartig. Die Herausforderungen bestehen vielmehr darin, einen Markt zu gestalten, der sich technisch und wirtschaftlich im Umbruch befindet und unter diesen Umständen angemessene Entscheidungen zu treffen. Angesichts der laufenden Entwicklungen und der teilweise unübersichtlichen Gemengelage aus den Zielen, den Bedürfnissen und den Belangen der in unterschiedlichster Weise betroffenen Gruppen dürfen diese Herausforderungen jedoch keinesfalls unterschätzt werden.

---

[49] Vgl. Bundesnetzagentur (2011, S. 39).

6.6.1 Ziele

Um die anstehenden Aufgaben bewältigen zu können, müssen sich die politisch verantwortlichen Stellen zuallererst möglichst klare Ziele setzen. Für die Gesetzgebung in den Bereichen der Energiewirtschaft und der Luftreinhaltung ist gemäß Art. 74 Abs. 1 des *Grundgesetzes* hauptsächlich, jedoch nicht ausschließlich, der Bund zuständig („konkurrierende Gesetzgebung"). Damit sind vor allem die Bundesregierung, der Bundestag und der Bundesrat für die Energiepolitik verantwortlich. Die Länder können eine eigene Energiepolitik betreiben, wenn und soweit sie dadurch nicht gegen die Gesetze und Verordnungen des Bundes verstoßen.

Die Forderung, klare Ziele zu setzen, lässt sich leicht erheben, im politischen Alltag häufig jedoch nur schwer umsetzen. Die politische Willensbildung ist ein grundsätzlich offener Geschehensablauf, auf den Interessengruppen und andere Betroffene in vielfältiger Weise Einfluss nehmen und dabei ihre eigenen Belange vertreten können. Politische Entscheidungen sind deshalb häufig durch Kompromisse gekennzeichnet, die unterschiedliche Interessen berücksichtigen und nicht zuletzt dazu dienen sollen, die betroffenen Gruppen einzubinden und – soweit wie möglich – zufriedenzustellen. Daher kann im politischen Alltag nicht immer gewährleistet werden, dass die Ziele, die mit einer Entscheidung verfolgt werden, eindeutig sind. Vielmehr kann es stets dazu kommen, dass im Wege des Kompromisses miteinander konkurrierende Ziele aufgegriffen werden, die später zu Zielkonflikten führen können. Das lässt sich kaum vermeiden, im politischen Alltag aber aushalten. Dafür ist es jedoch erforderlich, dass die Ziele zumindest widerspruchsfrei sind. Wenn eines von mehreren Zielen erreicht wird, darf es also nicht ausgeschlossen sein, auch die anderen Ziele zu erreichen.

Um unvermeidbare Zielkonflikte sachgerecht lösen und beurteilen zu können, ob und inwiefern die Ziele jeweils erreicht sind, müssen sie in eine Rangfolge gebracht werden. Die Rangfolge muss sich dabei nach ihrer Bedeutung richten.[50] Die Bedeutung wird sich im Zweifel nicht objektiv, sondern nur politisch ermessen lassen. Die Ziele, die am Beginn der Rangfolge stehen („Oberziele"), bilden die Ziele im engeren Sinne. Nur sie allein können ausschlaggebend sein, wenn die Frage, ob und inwiefern die Ziele erreicht sind, beantwortet werden soll. Wenn mehrere Oberziele festgelegt werden, ist es daher hilfreich, möglichst weitgehend auf Gleichrangigkeit zu verzichten. Dadurch wird die Messbarkeit des Erfolges erleichtert. Die nachrangigen Ziele („Unterziele") sind dagegen nur Mittel zum Zweck. Sie bestimmen, auf welche Art und Weise die Oberziele erreicht werden sollen.[51] Außerdem lassen sich Zielkonflikte anhand der Rangfolge sachgerecht lösen, indem die Frage beantwortet wird, welches Vorgehen am besten dazu beiträgt, die jeweils vorrangigen Ziele zu erreichen.

Das allgemeine energiepolitische Zieldreieck aus Sicherheit, Wirtschaftlichkeit und Umweltverträglichkeit ändert nichts daran, wie die maßgeblichen Ziele festgelegt werden

---

[50] Vgl. Expertenkommission zum Monitoring-Prozess „Energie der Zukunft" (2011, Tz. 12).
[51] Vgl. Expertenkommission zum Monitoring-Prozess „Energie der Zukunft" (2011, Tz. 12).

sollten. Es bildet, wie die Expertenkommission zu Recht hervorhebt, nur einen Beurteilungsmaßstab für Unterziele und Maßnahmen.[52] Ebenso zutreffend weist sie darauf hin, dass zwischen Sicherheit, Wirtschaftlichkeit und Umweltverträglichkeit sowohl *Zielkonflikte* als auch *Synergien* auftreten können und spricht sich dafür aus, die drei Ziele langfristig in einem ausgewogenen Verhältnis zu halten.[53] Ob sie sich in einem ausgewogenen Verhältnis befinden und wie im Einzelfall über die Gewichtung zu entscheiden ist, bedarf wiederum einer politischen Abwägung. Das allgemeine energiepolitische Zieldreieck lässt sich deshalb unabhängig davon, welche Ober- und Unterziele verfolgt werden sollen, anwenden. Es wirkt sich nicht auf die Festlegung der Ziele aus.

Bei der Festlegung der Ziele sind die politischen Entscheidungsträger jedoch nicht vollkommen frei, sondern haben die einschlägigen Verordnungen, Richtlinien und Entscheidungen der Europäischen Union sowie die völkerrechtlichen Verträge, die die Bundesrepublik Deutschland geschlossen hat, zu beachten. Zu den völkerrechtlichen Verträgen zählt etwa das *Kyoto-Protokoll* zum Klimaschutz. Darüber hinaus kann es angezeigt erscheinen, auch unverbindliche Empfehlungen, Stellungnahmen oder Mitteilungen der *Europäischen Kommission* zu berücksichtigen, wenn energiepolitische Ziele festgelegt werden sollen.

6.6.2 Umsetzung der Ziele

Die Umsetzung der Ziele sollte sich an den Grundsätzen der *sozialen Marktwirtschaft* ausrichten. Der Gesetzgeber sollte deshalb die Rahmenbedingungen für die Wirtschaftsabläufe festlegen und auf Eingriffe in die Wirtschaftsabläufe soweit wie möglich verzichten. Nicht zuletzt infolge der Wende in der Energiepolitik befindet sich die gesamte Energiewirtschaft derzeit in einem durchgreifenden Wandel. Wie die Energiemärkte künftig aussehen werden, zeichnet sich bisher erst in Umrissen ab. Deshalb ist es ordnungspolitisch zunächst einmal vorrangig, diesen Wandel zu ermöglichen, zu fördern und zu gestalten. Weil sich der Wandel nicht auf einzelne Teilbereiche der Energiewirtschaft beschränkt, muss sich eine schlüssige ordnungspolitische Konzeption auf das Energieversorgungssystem in seiner Gesamtheit beziehen.

Bisher hat der Gesetzgeber mit dem Erneuerbare-Energien-Gesetz und dem Kraft-Wärme-Kopplungsgesetz Regelungen, mit denen er die Elektrizitätserzeugung aus bestimmten Energieträgern (Biomasse, Erdwärme, Sonneneinstrahlung, Wasser- und Windkraft) und in bestimmten Anlagen (Kraft-Wärme-Kopplungsanlagen) fördert, getroffen. Die Förderung wirkt sich zwar auch auf den Bau und den Betrieb anderer Kraftwerke, den Ausbau und den Betrieb der Elektrizitätsversorgungsnetze sowie die Preise an der EEX aus. Mit dem Erneuerbare-Energien-Gesetz und dem Kraft-Wärme-Kopplungsgesetz hat der Gesetzgeber jedoch keinen übergreifenden Ansatz verfolgt. Um den Wandel in der Energiewirtschaft erfolgreich zu gestalten, müssen die Regelungen für die einzelnen Teil-

---

[52] Vgl. Expertenkommission zum Monitoring-Prozess „Energie der Zukunft" (2011, Tz. 19).
[53] Vgl. Expertenkommission zum Monitoring-Prozess „Energie der Zukunft" (2011, Tz. 19).

bereiche zusammengeführt, aufeinander abgestimmt und auf die übergeordneten Ziele, die der Gesetzgeber verfolgt, ausgerichtet werden. Das wird mit den bisherigen Gesetzen weder bezweckt noch erreicht. Eine schlüssige ordnungspolitische Konzeption für die Zukunft des *Energieversorgungssystems* muss deshalb umfassend und integrativ angelegt sein. Abgesehen von den erforderlichen Übergangsregelungen sollte die Elektrizitätserzeugung aus erneuerbaren Energieträgern vollständig in den Markt einbezogen und genauso wie die Elektrizitätserzeugung aus fossilen Brennstoffen der Wechselwirkung von Angebot und Nachfrage ausgesetzt werden. Wenn die Wende in der Energiepolitik zum Erfolg geführt werden soll, kann die Elektrizitätserzeugung aus erneuerbaren Energieträgern nicht als reine Ergänzung des herkömmlichen Energieversorgungssystems betrachtet werden, sondern muss auch aus ordnungspolitischer Sicht künftig im Mittelpunkt des gesamten Energieversorgungssystems stehen.

In einer Zeit, in der sich die Energiewirtschaft erheblich verändert, ist es ordnungspolitisch besonders wichtig, dass die Rahmenbedingungen, die der Gesetzgeber festlegt, weder technische Innovationen noch die Entwicklung neuer Geschäftsmodelle be- oder sogar verhindern. Vor der Öffnung des Elektrizitätsmarktes im Jahre 1998 war die Leistung, die der Versorger dem Abnehmer erbrachte, in der Regel nur durch sehr wenige Merkmale beschrieben: den Netzanschluss, die Leistung des Netzanschlusses (Kapazität), die Stromart, die Spannung und die Frequenz. Versorgt wurde im Rahmen der zur Verfügung stehenden Kapazität. Seither sind bereits weitere Merkmale hinzugekommen, wie etwa das Angebot von Elektrizität aus erneuerbaren Energieträgern („grüner Strom"). Hinzu treten beispielsweise auf unterschiedliche Gruppen von Kunden zugeschnittene Vertragsbedingungen. Diese Entwicklung dürfte sich fortsetzen, wie gegenwärtig etwa die fachöffentliche Debatte über „*Kapazitätsmechanismen*" bzw. „Versorgungssicherheitsverträge" belegt. In diesem Falle wäre davon auszugehen, dass die Leistungen der Elektrizitätsversorger und Netzbetreiber zunehmend durch zusätzliche Merkmale beschrieben sowie gegebenenfalls mit zusätzlichen Dienstleistungen veredelt werden. Bei den zusätzlichen Merkmalen kann es sich einerseits um Leistungsversprechen und Rechte des Elektrizitätsversorgers oder des Netzbetreibers, andererseits aber auch um Pflichten des Kunden handeln. Dabei wäre etwa an die Zusage des Elektrizitätsversorgers, in bestimmten Zeiträumen bestimmte (Mindest-) Mengen an Elektrizität zur Abnahme vorzuhalten („Kapazitätsmechanismus") sowie an Rechte des Netzbetreibers, wie etwa die Lastregelung im Wege der Fernsteuerung von technischen Anlagen des Kunden („Demand Side Management"), zu denken. Auf Seiten des Kunden käme beispielsweise die Verpflichtung in Betracht, die Elektrizitätsabnahme von sich aus zu drosseln, wenn die Nachfrage nach Elektrizität hoch ist oder die Stabilität des Elektrizitätsversorgungsnetzes in Gefahr gerät („*Demand Response*"). Darüber hinaus ist eine Fülle weiterer Merkmale, mit denen die Leistungen im Einzelnen beschrieben werden, denkbar. Dasselbe gilt für zusätzliche Dienstleistungen, mit denen die Elektrizität gegebenenfalls weiter veredelt wird. Auf jeden Fall ist damit zu rechnen, dass die Leistungen der Elektrizitätsversorger und Netzbetreiber künftig vielfach eine größere Zahl an *Merkmalen* und deshalb zwangsläufig auch ein höheres Maß an *Komplexität* als bisher aufweisen werden. Damit wird auch der Elektrizitätsmarkt selbst im Zuge seiner Entwicklung zu einem *Smart Market* in die Breite wachsen, vielgestaltiger und voraussichtlich komplexer werden. Weil der Gesetzgeber die weitere Entwicklung und die Möglichkeiten, die sich den Elektrizitätserzeugern, den Netzbetreibern und den Dienstleistern, aber auch den Elektrizitätsverbrauchern technisch und wirtschaftlich künftig bieten werden, nicht in allen Einzelheiten mit einer hinreichenden Gewissheit vorhersehen kann, sollte er sie in erster Linie dem Angebot und der Nachfrage auf dem Markt überlassen.

Das höhere Maß an Vielgestaltigkeit und Komplexität, das den Smart Market von dem Elektrizitätsmarkt in seiner gegenwärtigen Verfassung unterscheiden dürfte, wird nicht zuletzt auf eine umfangreiche und vielfältige Zusammenarbeit unter den auf dem Markt tätigen Unternehmen zurückzuführen sein. Die Zusammenarbeit zwischen verschiedenen Unternehmen wird gewöhnlich durch technische Standards und Normen erleichtert. Der Entwicklung des Smart Markets dürften deshalb Rahmenbedingungen, die unter anderem die technische Standardisierung und Normung anregen, zugutekommen. Der Gesetz- und der Verordnungsgeber nehmen sich dieser Aufgabe ohnehin an. So arbeitet das Bundesministerium für Wirtschaft und Technologie derzeit bereits an einem *Verordnungspaket „Intelligente Netze"*, das im Wesentlichen die Einführung von Zählern, die über die Energieverbrauchsmessung hinausgehende technische Eigenschaften aufweisen und mittels Telekommunikation Messwerte übertragen können („Smart Meter"), regeln wird. Die Verordnungen werden unter anderem Vorschriften enthalten, die Richtlinien für das ordnungsmäßige Zusammenwirken technischer Anlagen („*Interoperabilität*") betreffen.[54]

Im Rahmen einer ordnungspolitischen Konzeption für das Energieversorgungssystem sollte sich der Gesetzgeber auch der Frage zuwenden, wie die mangelnde Wirtschaftlichkeit des Betriebs von Kraftwerken gelöst werden kann. Die Wirtschaftlichkeit von Anlagen, die dem Erneuerbare-Energien-Gesetz und dem Kraft-Wärme-Kopplungsgesetz unterfallen, wird durch den Einspeisevorrang und die festen Einspeisevergütungen bzw. Zuschläge sichergestellt. Bei den gegenwärtigen Börsenpreisen an der EEX können im Übrigen insbesondere die Betreiber von älteren Kraftwerken, die bereits weitgehend abgeschrieben sind und entsprechend geringe Kapitalkosten verursachen, Gewinne erwirtschaften. Investitionen in den Bau neuer Kraftwerke oder die Modernisierung bestehender Kraftwerke, die aus den Anwendungsbereichen des Erneuerbare-Energien-Gesetzes und des Kraft-Wärme-Kopplungsgesetz herausfallen, werden dem BDEW zufolge jedoch wirtschaftlich zunehmend schwieriger.[55] Mittel- und langfristig birgt das Gefahren für die technische und wirtschaftliche Stabilität des Energieversorgungssystems. Aus ordnungspolitischer Sicht sollte sich ein Markt an sich wirtschaftlich selbst tragen. Die Preise, die auf dem Markt erzielt werden, müssen grundsätzlich hoch genug sein, um auch Investitionen refinanzieren zu können. Ordnungspolitisch wäre es als Fehlentwicklung zu betrachten, wenn der wirtschaftliche Erfolg von Investitionen letztlich von staatlichen Eingriffen in den Markt abhinge.

---

[54] Vgl. Bundesministerium für Wirtschaft und Technologie (2013, S. 16 ff.).
[55] Vgl. BDEW (2013b, S. 4, 14).

Daneben steht der Gesetzgeber vor der Herausforderung, dem Anstieg der Steuern, Abgaben und Umlagen auf den Elektrizitätsverbrauch wirksam zu begegnen. Wie die ausführliche Berichterstattung in der Presse und im Rundfunk belegt, wird der Anstieg inzwischen auch in der breiten Öffentlichkeit vielfach mit Sorge verfolgt. Überdies hat die Höhe des Anstiegs die Erwartungen in der Vergangenheit häufig übertroffen. Das deutet darauf hin, dass der Gesetz- bzw. der Verordnungsgeber die Anreize, die er für den Ausbau der Elektrizitätserzeugung aus erneuerbaren Energieträgern und in Kraft-Wärme-Kopplungsanlagen gesetzt hat, in der Vergangenheit zuweilen unterschätzt sowie die unmittelbaren und mittelbaren Folgewirkungen nicht immer vollen Umfangs vorhergesehen hat. Unter dieser Voraussetzung erscheint der Anstieg der Steuern, Abgaben und Umlagen auf den Elektrizitätsverbrauch zu einem nicht unerheblichen Teile als Folge einer Fehlregulierung, die es ordnungspolitisch zu überprüfen und zu beheben gilt.

Der starke Anstieg der Umlagen auf den Elektrizitätsverbrauch, der bisher zu beobachten ist, zeigt auch in anderer Hinsicht die Gefahr von Fehlregulierungen auf. Durch das Erneuerbare-Energien-Gesetz und das Kraft-Wärme-Kopplungsgesetz nimmt der Staat den Betreibern von Anlagen zur Elektrizitätserzeugung aus Erneuerbaren Energien und von Kraft-Wärme-Kopplungsanlagen das unternehmerische Wagnis zu einem großen Teil ab, wälzt die wirtschaftlichen Folgen dieser Maßnahme über die Umlagen anschließend jedoch auf die Letztverbraucher von Elektrizität ab. Diese können weder auf die Investitionen noch die sonstigen Geschäftstätigkeiten der Betreiber Einfluss nehmen. In der sozialen Marktwirtschaft ist die unternehmerische Freiheit an sich stets mit einem unternehmerischen Wagnis verbunden: Wer eine Entscheidung trifft, hat auch die wirtschaftlichen Folgen, die sich daraus ergeben, zu tragen. Dieser Zusammenhang geht bei der Elektrizitätserzeugung aus erneuerbaren Energieträgern und in Kraft-Wärme-Kopplungsanlagen größtenteils verloren. Das kann als Anreiz für Entscheidungen wirken, die wirtschaftlich letztlich nicht sinnvoll sind und deshalb unter anderen Umständen nicht getroffen worden wären. In diesem Falle wäre ein solcher Anreiz ordnungspolitisch als verfehlt zu begreifen.

Ordnungspolitische Ansätze schließen dabei selbstverständlich nicht aus, Ziele, die keinen wirtschaftlichen Bezug aufweisen, zu verfolgen und zu verwirklichen. Das gilt insbesondere für das umweltpolitische Ziel, den Ausstoß von Treibhausgasen zu verringern. Ordnungspolitische Ansätze betreffen hier vor allem die Art und Weise, in der das Ziel verfolgt wird. So kann etwa das fachöffentlich erörterte „*Quotenmodell*" durchaus geeignet sein, dem Ziel, den Ausstoß von Treibhausgasen zu verringern, mit Mitteln der Ordnungspolitik näherzukommen. In einem „Quotenmodell" müsste die Elektrizität, die die Elektrizitätsversorger vertreiben, zu einem festgelegten Anteil aus erneuerbaren Energieträgern erzeugt worden sein.

Mittel der Ordnungspolitik sind dagegen nicht tauglich und Eingriffe des Staates in die Wirtschaftsabläufe notwendig, wenn die Ausnahmebereiche betroffen sind. In der Energiewirtschaft gilt das für die Elektrizitätsversorgungsnetze. Weil der Betrieb der Elektrizitätsversorgungsnetze als natürliches Monopol anzusehen ist, muss er dauerhaft durch die Bundesnetzagentur reguliert werden.

6.6.3 Maßnahmen

Schließlich müssen sich auch die Maßnahmen, die zur Umsetzung der Ziele in der Energiepolitik getroffen werden, in die ordnungspolitische Konzeption einfügen. Dafür gelten keine besonderen Anforderungen. Genauso wie auf anderen politischen Handlungsfeldern sollten sie den Grundsätzen der sozialen Marktwirtschaft entsprechen. Eingriffe in die Wirtschaftsabläufe sollten sich auf das Maß, in dem sich der Markt nicht selbst über Angebot und Nachfrage zufriedenstellend steuern kann, beschränken. Außerdem sollte jede Maßnahme selbstverständlich erwarten lassen, wirksam zu sein, also einen nachvollziehbaren Beitrag dazu zu leisten, das angestrebte Ziel zu erreichen.

Dafür verdient jedoch ein anderer Punkt größere Aufmerksamkeit: Wenn der Smart Market in der Energiewirtschaft erfolgreich gestaltet werden soll, müssen die Zahl und der Umfang der Maßnahmen politisch, aber auch verwaltungsmäßig beherrschbar bleiben. Sie müssen mit einem vertretbaren Aufwand abgewickelt werden können. In dem Bericht über die Umsetzung des Energiekonzeptes und der in den Eckpunkten zur Energiewende beschlossenen Maßnahmen werden 166 als „wichtig" gekennzeichnete energiepolitische Maßnahmen aufgeführt.[56] Die Expertenkommission hat zu Recht darauf hingewiesen, dass eine solche Fülle an Maßnahmen nicht zielführend ist, weil angesichts dessen die Wechselwirkungen nicht untersucht werden können.[57] Dieser Hinweis gilt letztlich jedoch nicht nur für die Wechselwirkungen zwischen den verschiedenen Maßnahmen. Auch im Übrigen muss die Umsetzung der Maßnahmen fortlaufend beobachtet und ausgewertet werden, um Fehlentwicklungen rechtzeitig erkennen und ihnen entgegensteuern zu können.

6.7 Schlussbemerkung

Als Aufgabe der Ordnungspolitik unterscheidet sich die Gestaltung des Smart Markets in der Energiewirtschaft nicht grundsätzlich von der Gestaltung anderer Märkte. Die Herausforderung des Gesetzgebers besteht darin, einen Markt zu gestalten, der sich technisch und wirtschaftlich im Umbruch befindet. Dabei muss er sich auch mit den laufenden Entwicklungen wie etwa dem Anstieg der Steuern, Abgaben und Umlagen auf den Elektrizitätsverbrauch, die die Wende in der Energiepolitik oder deren Akzeptanz in der Öffentlichkeit gefährden können, befassen. Mit möglichst klaren Zielen und einem schlüssigen ordnungspolitischen Konzept zur Umsetzung der Ziele lassen sich die anstehenden Aufgaben voraussichtlich am besten erfüllen. Der Erfolg ist damit allein aber noch nicht gewährleistet. Dafür müssen auch angemessene Entscheidungen getroffen werden. Welche Entscheidung im Einzelfall als angemessen anzusehen ist, hängt dabei nicht nur von dem zugrunde liegenden Sachverhalt, sondern auch von dessen politischer Beurteilung ab.

---

[56] Bundesministerium für Wirtschaft und Technologie/Bundesministerium für Umwelt, Naturschutz und Reaktorsicherheit, (2012, S. 108 ff.).
[57] Expertenkommission zum Monitoring-Prozess „Energie der Zukunft", (2011, Tz. 17).

Literatur

50Hertz Transmission GmbH/Amprion GmbH/TenneT TSO GmbH/TransnetBW GmbH:: „EEG-Umlage 2014 beträgt 6,240 Cent pro Kilowattstunde, Pressemitteilung vom 15. Oktober 2013. http://www.eeg-kwk.net/de/file/20131115_Gemeinsame_PM_Mittelfristprognose_EEG.PDF. Zugegriffen: 6. Dez. 2013

BDEW Bundesverband der Energie- und Wasserwirtschaft e.V.: BDEW-Strompreisanalyse 2013, Haushalte und Industrie, Berlin 2013. https://www.bdew.de/internet.nsf/id/123176ABDD9ECE5DC1257AA20040E368/$file/13%2005%2027%20BDEW_Strompreisanalyse_Mai%202013.pdf (2013a). Zugegriffen: 6. Dez. 2013

BDEW Bundesverband der Energie- und Wasserwirtschaft e.V.: Energie-Info, Kraftwerksplanungen und ökonomische Rahmenbedingungen für Kraftwerke in Deutschland, Kommentierte Auswertung der BDEW-Kraftwerksliste 2013, Berlin 2013. http://www.bdew.de/internet.nsf/id/A4D4CB545BE8063DC1257BF30028C62B/$file/Anlage_1_Energie_Info_BDEW_Kraftwerksliste_2013_kommentiert_Presse.pdf (2013b). Zugegriffen: 6. Dez. 2013

BDEW Bundesverband der Energie- und Wasserwirtschaft e.V.: Energiedaten, Grafik 9.1: Brutto-Stromverbrauch in Deutschland, Stand: Dezember 2012, Berlin. http://www.bdew.de/internet.nsf/id/DE_Energiedaten (2012). Zugegriffen: 29. Nov. 2013

Bundesministerium für Wirtschaft und Technologie: „Smart Metering in Deutschland – Auf dem Weg zum maßgeschneiderten ‚Rollout' intelligenter Messsysteme", in: Bundesministerium für Wirtschaft und Technologie: „Schlaglichter der Wirtschaftspolitik", Monatsbericht November 2013, Berlin, S. 16 ff. (2013)

Bundesministerium für Wirtschaft und Technologie (BMWi); Bundesministerium für Umwelt, Naturschutz und Reaktorsicherheit (BMU): Erster Monitoring-Bericht „Energie der Zukunft", Berlin. http://www.bmwi.de/BMWi/Redaktion/PDF/Publikationen/erster-monitoring-bericht-energie-der-zukunft,property=pdf,bereich=bmwi2012,sprache=de,rwb=true.pdf (2012). Zugegriffen: 6. Dez. 2013

Bundesnetzagentur für Elektrizität, Gas, Telekommunikation, Post und Eisenbahnen (BNetzA): „Smart Grid" und „Smart Market", Eckpunktepapier der Bundesnetzagentur zu den Aspekten des sich verändernden Energieversorgungssystems, Bonn. http://www.bundesnetzagentur.de/SharedDocs/Downloads/DE/Sachgebiete/Energie/Unternehmen_Institutionen/NetzzugangUndMesswesen/SmartGridEckpunktepapier/SmartGridPapierpdf.pdf?__blob=publicationFile&v=2 (2011). Zugegriffen: 6. Dez. 2013

Bundesregierung: Der Weg zur Energie der Zukunft – sicher, bezahlbar und umweltfreundlich, Eckpunktepapier zur Energiewende vom 6. Juni 2011. http://www.bmu.de/themen/klima-energie/energiewende/beschluesse-und-massnahmen/der-weg-zur-energie-der-zukunft-sicher-bezahlbar-und-umweltfreundlich/ (2011a). Zugegriffen: 6. Dez. 2013

Bundesregierung: Monitoring-Prozess „Energie der Zukunft" vom 19. Oktober 2011. http://www.bmwi.de/BMWi/Redaktion/PDF/M-O/monitoring-prozess-energie-der-zukunft,property=pdf,bereich=bmwi2012,sprache=de,rwb=true.pdf (2011b). Zugegriffen: 6. Dez. 2013

Bundesregierung: Energiekonzept für eine umweltschonende, zuverlässige und bezahlbare Energieversorgung vom 28. September 2010. http://www.bundesregierung.de/Content/DE/_Anlagen/2012/02/energiekonzept-final.pdf?__blob=publicationFile. Zugegriffen: 6. Dez. 2013

Bundesverband Solarwirtschaft e.V. (BSW-Solar): Statistische Zahlen der deutschen Solarstrombranche (Photovoltaik), Berlin. http://www.solarwirtschaft.de/fileadmin/media/pdf/2013_2_BSW_Solar_Faktenblatt_Photovoltaik.pdf (2013). Zugegriffen: 6. Dez. 2013

DBFZ Deutsches Biomasseforschungszentrum gemeinnützige GmbH: Stromerzeugung aus Biomasse, 03MAP250, Zwischenbericht, Leipzig. http://www.erneuerbare-energien.de/fileadmin/Daten_EE/Dokumente__PDFs_/biomassemonitoring_zwischenbericht_bf.pdf (2013). Zugegriffen: 6. Dez. 2013

Deutsche WindGuard GmbH: Status des Windenergieausbaus in Deutschland, Statistik im Auftrag des Bundesverbandes WindEnergie e.V. und des Fachverbandes Power Systems im Verband Deutscher Maschinen- und Anlagenbau e.V., Varel. http://www.wind-energie.de/sites/default/files/attachments/page/statistiken/fact-sheet-statistik-we-2012-12-31.pdf (2013). Zugegriffen: 6. Dez. 2013

Eickhof, N.: Ordnungspolitische Ausnahmebereiche und Ausnahmeregelungen. In: Hasse/Schneider/Weigelt (2005)

Europider/Wei: Mitteilung der Kommission an das Europäische Parlament, den Rat, den Europäischen Wirtschafts- und Sozialausschuss und den Ausschuss der Regionen, „Energie 2020 – Eine Strategie für wettbewerbsfähige, nachhaltige und sichere Energie", KOM (2010) 639 endgültig/2, vom 15. Dezember 2010. http://eur-lex.europa.eu/LexUriServ/LexUriServ.do?uri=COM:2010:0639:REV1:DE:PDF. Zugegriffen: 6. Dez. 2013

Europid Dezpa.: Mitteilung der Kommission an das Europäische Parlament, den Rat, den Europäischen Wirtschafts- und Sozialausschuss und den Ausschuss der Regionen, „Energiefahrplan 2050", KOM (2011) 885 endgültig, vom 15. Dezember 2011. http://eur-lex.europa.eu/LexUriServ/LexUriServ.do?uri=COM:2011:0885:FIN:DE:PDF. Zugegriffen: 6. Dez. 2013

Expertenkommission zum Monitoring-Prozess „Energie der Zukunft" (Löschel, Andreas/Erdmann, Georg/Staiß, Frithjof/Ziesing, Hans-Joachim): Stellungnahme zum ersten Monitoring-Bericht der Bundesregierung für das Berichtsjahr 2011, Berlin/Mannheim/Stuttgart. http://www.bmwi.de/BMWi/Redaktilon/PDF/M-O/monotoringbericht-stellungnahme-kurz,property=pdf,bereich=bmwi2012,sprache=de,rwb=true.pdf (2012). Zugegriffen: 6. Dez. 2013

Monopolkommission: Sondergutachten 49, „Strom und Gas 2007: Wettbewerbsdefizite und zögerliche Regulierung". Nomos Verlagsgesellschaft mbH & Co, KG, Baden-Baden (2008)

Monopolkommission: Sondergutachten 65, „Energie 2013: Wettbewerb in Zeiten der Energiewende". Nomos Verlagsgesellschaft mbH & Co, KG, Baden-Baden (2014)

Rat der Europäischen Union: Übermittlungsvermerk des Vorsitzes für die Delegationen, Betr.: Europäischer Rat (Brüssel), 8./9. März 2007, Schlussfolgerungen des Vorsitzes, überarbeitete Fassung vom 2. Mai 2007 (Dok. 7224/1/07). http://register.consilium.europa.eu/doc/srv?l=DE&t=PDF&gc=true&sc=false&f=ST%207224%202007%20REV%201. Zugegriffen: 6. Dez. 2013

Rat der Europäischen Union: Übermittlungsvermerk des Vorsitzes für die Delegationen, Betr.: Tagung des Europäischen Rates, 29./30. Oktober 2009, Schlussfolgerungen des Vorsitzes, überarbeitete Fassung vom 1. Dezember 2009 (Dok. 15265/1/09 REV 1). http://register.consilium.europa.eu/pdf/de/09/st15/st15265-re01.de09.pdf. Zugegriffen: 6. Dez. 2013

Thieme, H.-J.: Ordnungspolitik – Prozesspolitik. In: Hasse/Schneider/Weigelt, (2005)

von Roon, S., Huck, M.: Merit Order des Kraftwerksparks, Forschungsstelle für Energiewirtschaft e.V., München. http://www.ffe.de/download/wissen/20100607_Merit_Order.pdf (2010). Zugegriffen: 6. Dez. 2013

Rechtsvorschriften

Gesetz für den Vorrang Erneuerbarer Energien (Erneuerbare-Energien-Gesetz – EEG) vom 25. Oktober 2008 (Bundesgesetzblatt, Teil I, S. 2074), zuletzt geändert durch Gesetz vom 20. Dezember 2012 (Bundesgesetzblatt, Teil I, S. 2730)

Gesetz für die Erhaltung, die Modernisierung und den Ausbau der Kraft-Wärme-Kopplung (Kraft-Wärme-Kopplungsgesetz) vom 19. März 2002 (Bundesgesetzblatt, Teil I, S. 1092), zuletzt geändert durch Gesetz vom 7. August 2013 (Bundesgesetzblatt, Teil I, S. 3154)

Gesetz über den Handel mit Berechtigungen zur Emission von Treibhausgasen (Treibhausgas-Emissionshandelsgesetz – TEHG) vom 21. Juli 2011 (Bundesgesetzblatt, Teil I, S. 1475), zuletzt geändert durch Gesetz vom 7. August 2013 (Bundesgesetzblatt, Teil I, S. 3154)

Gesetz über die Elektrizitäts- und Gasversorgung (Energiewirtschaftsgesetz – EnWG) vom 7. Juli 2005 (Bundesgesetzblatt, Teil I, S. 1970, ber. S. 3621), zuletzt geändert durch Gesetz vom 4. Oktober 2013 (Bundesgesetzblatt, Teil I, S. 3746)

Grundgesetz für die Bundesrepublik Deutschland vom 23. Mai 1949 (Bundesgesetzblatt, S. 1), zuletzt geändert durch Gesetz vom 11. Juli 2012 (Bundesgesetzblatt, Teil I, S. 1478)

Protokoll, vonKvom11. Dezember 1997 zum Rahmenübereinkommen der Vereinten Nationen über Klimaänderungen (Kyoto-Protokoll) (Bundesgesetzblatt 2002, Teil II, S. 966)

Stromsteuergesetz vom 24. März 1999 (Bundesgesetzblatt, Teil I, S. 378; ber. 2000, Teil I, S. 147), zuletzt geändert durch Gesetz vom 5. Dezember 2012 (Bundesgesetzblatt, Teil I, S. 2436, ber. S. 2725)

Verordnung über die Entgelte für den Zugang zu Elektrizitätsversorgungsnetzen (Stromnetzentgeltverordnung – StromNEV) vom 25. Juli 2005 (Bundesgesetzblatt, Teil I, S. 2225), zuletzt geändert durch Verordnung vom 14. August 2013 (Bundesgesetzblatt, Teil I, S. 3250)

Verordnung über Konzessionsabgaben für Strom und Gas (Konzessionsabgabenverordnung – KAV) vom 9. Januar 1992 (Bundesgesetzblatt, Teil I, S. 12, ber. S. 407), zuletzt geändert durch Verordnung vom 1. November 2006 (Bundesgesetzblatt, Teil I, S. 2477)

Verordnung über Vereinbarungen zu abschaltbaren Lasten (Verordnung zu abschaltbaren Lasten) vom 28. Dezember 2012 (Bundesgesetzblatt, Teil I, S. 2998)

Vertrag über die Arbeitsweise der Europäischen Union vom 13. Dezember 2007 (Bundesgesetzblatt 2008, Teil II, S. 1038), zuletzt geändert durch Vertrag vom 9. Dezember 2011 (Bundesgesetzblatt 2013, Teil II, S. 586)

Smart Market aus Sicht der Schweiz

Oliver Krone und Maurus Bachmann

Der neue Energiemarkt aus Sicht des Verteilnetzbetreibers – Modell Schweiz

Zusammenfassung

Die Energiewende bringt Veränderungen, der Elektrizitätsmarkt wird sich anpassen. Der Verein Smart Grid Schweiz untersuchte die Auswirkungen dieser Veränderungen auf Elektrizitätsnetze und den Elektrizitätsmarkt. Seine Arbeitsgruppe „Smart Market" entwickelte fünf Thesen, welche aus Sicht der Verteilnetzbetreiber die Chancen und Risiken des Smart Markets beschreiben. Grundlegende Änderungen im Marktmodell für die Elektrizitätsbranche zeichnen sich ab, ein Vergleich mit der Telekommunikationsbranche zeigt Parallelitäten auf und identifiziert Lernpotenzial.

7.1 Einleitung

Der Schweizer Bundesrat spricht in seiner Energiestrategie 2050 von einer eigentlichen Energiewende. Dabei ist jetzt schon klar, dass die zukünftigen Stromversorgungsnetze intelligenter werden, sie werden zu Smart Grids. Wie diese Smart Grids im Detail aussehen werden und welche Chancen sie bieten, lässt sich erst erahnen. Klar ist auch, dass die Smart Grids die Basis für *Smart Markets* bilden werden.

O. Krone (✉)
BKW FMB Energie AG, Dr. Schneider-Straße 14, 2560 Nidau, Schweiz

M. Bachmann
Verein Smart Grid Schweiz, Obere Zollgasse 73, 3072 Ostermundigen, Schweiz

Der *Verein Smart Grid Schweiz (VSGS)* bündelt die Aktivitäten von 13 größeren Schweizer Elektrizitätsunternehmen im Bereich Smart Grid. Ziel des Vereins ist es, die Einführung des Smart Grids (intelligentes Stromnetz) voranzutreiben und die Realisierung zu unterstützen. Dazu wurde Anfang 2013 das Weissbuch „Smart Grid" veröffentlicht.[1] Es soll helfen, eine gemeinsame Basis sowohl in Bezug auf Begrifflichkeiten als auch im Verständnis von Auswirkungen und notwendigen Maßnahmen im Zusammenhang mit den aktuellen Entwicklungen zu legen.

Die Arbeitsgruppe „Smart Market" des VSGS stellte sich der Aufgabe, Verständnis für den Smart Market, den neuen Elektrizitätsmarkt, zu schaffen. Dabei wird die Position der Verteilnetzbetreiber eingenommen. Naturgemäß bedeutet dies, dass Chancen des freien Marktes den Herausforderungen der regulierten Netzinfrastruktur gegenüberstehen. Das Marktmodell muss bewirken, dass sich ein Optimum zwischen Infrastruktur- und Energiekosten unter Berücksichtigung der Versorgungssicherheit einstellen kann.

Das vorliegende Kapitel basiert auf den Arbeiten des VSGS, seinem Weissbuch sowie den Resultaten der genannten Arbeitsgruppe „Smart Market" und wird von den Autoren ergänzt durch weiterführende Überlegungen.

Abschnitt 7.2 beschreibt die Ausgangslage, die Energiestrategie 2050 der Schweiz. „Energiewende" und „Marktliberalisierung" bringen Veränderungen in das Elektrizitätssystem. Die Auswirkungen dieser Veränderungen auf die Elektrizitätsnetze werden in Abschn. 7.3 beschrieben. Wir unterscheiden die drei wesentlichen Treiber „dezentrale Einspeisung", „erhöhte Energieeffizienz" und „veränderliche Produktion". Zur Beherrschung der veränderlichen Produktion genügen reine Netzaspekte nicht mehr. Es braucht neue Instrumente, Smart Markets. In Abschn. 7.4 beschreiben wir ausgehend von den heutigen Marktmechanismen zukünftige Möglichkeiten und Erweiterungen. Die traditionelle, hauptsächlich lineare Wertschöpfungskette wird vernetzter. Mit der Erweiterung der Marktmechanismen werden neue Marktplayer auftauchen. Abschnitt 7.5 gibt Beispiele aus der Schweiz dazu. Damit die neuen Mechanismen, die neuen Rollen und Akteuren zusammen eine sinnvolle Gesamtlösung ergeben, müssen Elektrizitätsnetze und Elektrizitätsmärkte aufeinander abgestimmt bleiben. Wie dies gemacht werden kann wird in Abschn. 7.6 anhand von fünf Thesen aufgezeigt. Zur laufenden Entwicklung in der Elektrizitätsbranche sehen wir Parallelen aus der Telekommunikationsbranche. Abschnitt 7.7 beschreibt diese und zeigt auf, wie von der Telekommunikationsbranche gelernt werden kann. Abschnitt 7.8 schließlich vervollständigt das Kapitel mit dem Fazit.

7.2　Energiestrategie 2050 der Schweiz

Bundesrat und Parlament der Schweiz haben im Jahr 2011 den schrittweisen Ausstieg aus der Kernenergie beschlossen. Die bestehenden fünf Kernkraftwerke sollen am Ende ihrer sicherheitstechnischen Betriebsdauer stillgelegt und nicht durch neue Kernkraftwerke ersetzt werden. Dieser Entscheid sowie weitere Veränderungen im Energieumfeld wie

---

[1] Vgl. Verein Smart Grid Schweiz VSGS (2013).

Strommarktliberalisierung oder dezentrale Stromproduktion bedingen den Umbau des *Schweizer Energiesystems*. Dazu hat der Bundesrat die *Energiestrategie 2050* erarbeitet.[2]

Gemäß dem am 18. April 2012 beschlossenen ersten Maßnahmenpaket soll die Stromproduktion aus Erneuerbaren Energien um einen Drittel, das heißt um 23 TWh jährlich, erhöht werden. Der Stromverbrauch ist ab 2020 zu stabilisieren. Photovoltaikanlagen bis 10 kW Leistung sollen neu mit einer Direkt-Investitionshilfe (Einmalvergütung) und einer Eigenverbrauchsregelung unterstützt werden.

In den Unterlagen zur Vernehmlassung vom 28. September 2012 sind die erwähnten Maßnahmen näher beschrieben. Unter anderem wird darin präzisiert, dass die *Eigenverbrauchsregelung* nicht nur im Einspeisevergütungssystem, sondern generell für alle Produktionsanlagen eingeführt werden soll. Zudem soll Stromsparen durch verschiedene Maßnahmen inklusive marktwirtschaftliche Anreize, innovative Tarifmodelle und strengere Vorschriften gefördert werden. Die Energieversorger sollen verpflichtet werden, über die Tarifgestaltung Anreize fürs Stromsparen zu geben. Dabei ist zurzeit unklar, ob dies Netzbetreiber oder Energielieferanten sein sollen.

Im Bereich *Netze* brauche es eine Erneuerung und einen Ausbau der Hochspannungs- und Verteilnetze und gleichzeitig eine Aufwertung in Richtung Smart Grids zur Steuerung der zunehmenden dezentralen Stromeinspeisung und direkter Interaktion zwischen Verbrauchern, Netz und Stromproduktion, d. h. insbesondere auch des Verbrauches (Förderung des Eigenverbrauches). Fragen zu den anrechenbaren Kosten des Netzaus- und Umbaus sowie der intelligenten Stromzähler (Smart Meter) seien zu klären, um Investitionssicherheit zu schaffen. Eine Beschleunigung der Bewilligungsverfahren wird gemäß dieser Konkretisierung angestrebt.

Die Vernehmlassung dauerte vom 28. September 2012 bis 31. Januar 2013. Es gingen 459 Stellungnahmen ein. Die Energiestrategie 2050 sowie das etappierte Vorgehen stießen dabei mehrheitlich auf Zustimmung. Zur Umsetzung des ersten Maßnahmenpakets der Energiestrategie 2050 sind eine Totalrevision des Energiegesetzes sowie Anpassungen in weiteren neun Bundesgesetzen nötig. Die Inkraftsetzung der Gesetzesänderungen ist frühestens auf Anfang 2015 möglich.

Am 4. September 2013 hat der Bundesrat die Botschaft zum ersten Maßnahmenpaket der Energiestrategie 2050 verabschiedet und dem Parlament zur Beratung überwiesen. Ziel ist der etappenweise Umbau der Schweizer Energieversorgung bis 2050, der insbesondere durch die Senkung des Energieverbrauchs und den zeitgerechten und wirtschaftlich tragbaren Ausbau der Erneuerbaren Energien erreicht werden soll. Der Bundesrat setzt auf die konsequente Nutzung der vorhandenen Energieeffizienzpotenziale und auf eine ausgewogene Ausschöpfung der vorhandenen Potenziale der Wasserkraft und der neuen erneuerbaren Energien. In einer zweiten Etappe der Energiestrategie 2050 will der Bundesrat das bestehende Fördersystem durch ein Lenkungssystem ablösen.

Das Bundesgesetz über die Stromversorgung vom 23. März 2007 (StromVG) bezweckt, die Voraussetzungen für eine sichere Elektrizitätsversorgung sowie einen wettbewerbs-

---

[2] Vgl. Bundesamt für Energie (2013).

orientierten Elektrizitätsmarkt zu schaffen. Es verpflichtet die Netzbetreiber sowohl Endverbrauchern als auch alle Elektrizitätserzeuger an das Elektrizitätsnetz anzuschließen. Die Verteilnetzbetreiber sind verpflichtet, den festen Endverbrauchern und den Endverbrauchern, die auf den freien Netzzugang verzichten, jederzeit die gewünschte Menge an Elektrizität mit der erforderlichen Qualität und zu angemessenen Tarifen zu liefern. Die Stromversorgungsverordnung vom 14. März 2008 regelt die erste Phase der Strommarktöffnung, in welcher feste Endverbraucher keinen Anspruch auf Netzzugang nach StromVG haben. Netzbetreiber sind explizit für Messwesen und Informationsprozesse verantwortlich.

7.3   Auswirkungen auf die Elektrizitätsnetze

Der VSGS hat sich in seinem 2013 veröffentlichten Weissbuch „Smart Grid" bereits intensiv mit den Auswirkungen der *Energiewende* auf die Netze beschäftigt.[3] Im Folgenden wird ein Teil daraus wiedergegeben. Netzbetreiber müssen auf die zu erwartenden Entwicklungen von Energieverbrauch und Energieproduktion vorbereitet sein. Dies gilt sowohl für die installierte Leistung als auch für die Gesamtenergie. Um die Elektrizitätsversorgung weiterhin sicherzustellen, muss geprüft werden, ob ein Ausbau der Verteilnetze mit Hilfe von neuen, smarten Funktionalitäten zur Bewältigung der Veränderungen notwendig ist. Es besteht die starke Vermutung, dass es sinnvoll und notwendig ist, die Stromnetze zu Smart Grids auszubauen. *Intelligentere Stromnetze* sind einerseits nötig, um die anstehenden Herausforderungen zu meistern und bringen andererseits neue Geschäftsmöglichkeiten.

Oft wird mit „Smart Grid" die Gesamtheit der zu erwartenden Veränderungen von Stromnetzen bezeichnet. Dazu gehören zusätzliche *Sensoren* zur Erfassung des Netzzustandes und zusätzliche *Steuerelemente* zur Steuerung und Regelung des Netzes. Die Sensoren und Steuerelemente sind mit einer *Kommunikationsinfrastruktur* und meist mit einer Steuerlogik (*Leitsystem*) verbunden. Diese Komponenten werden vermehrt auch auf Netzebenen mit tieferen Spannungen eingesetzt. Das intelligente Zusammenspiel all dieser Infrastrukturelemente soll den optimalen und effizienten Umgang mit komplexen Situationen in Stromnetzen ermöglichen.

Der Begriff „Smart Grid" wird oft noch breiter verwendet. In einem Stromnetz muss jederzeit die zugeführte und abgeführte Energie gleich sein, damit die Versorgungsqualität gewährleistet werden kann. Um dies weiterhin sicherstellen zu können, muss das Zusammenspiel von Stromproduktion, Stromverbrauch und Stromspeicherung intelligenter werden. Verschiedene Ideen sind vorhanden. So könnte der Stromverbrauch an die vorhandene Stromproduktion angepasst werden, entweder mit festen Steuersignalen (*Demand Side Management*) oder alternativ mit Hilfe einer flexibleren Tarifstruktur (*Demand Response*). Die (dezentrale) Stromproduktion selber könnte lokale Netzzustände berücksichtigen und bei einem Stromüberangebot die Produktionsmenge reduzieren oder steuerbare Verbrau-

---

[3] Vgl. Verein Smart Grid Schweiz VSGS (2013).

cher zuschalten. Schließlich ist denkbar, dass *Stromspeicher* soweit entwickelt werden, dass sie zum Ausgleich von Produktion und Verbrauch Energie aus Strom speichern und wieder als Strom ins Netz zurück speisen können. Batteriespeicher von Elektromobilen könnten für eine Kombination dieser Funktionen genutzt werden.

Mit intelligenteren Netzen und intelligenteren Prozessen werden auch neue *Akteure* mit neuen Rollen im Markt auftauchen. Eine Spezialisierung einzelner Akteure auf Teilaspekte ist denkbar. Oft werden auch diese neuen Akteure und Rollen als Teil des „Smart Grid" bezeichnet. Eine Übersicht über relevante neue Akteure folgt in Abschn. 7.5.

Die beschriebene umfassende Definition von „Smart Grid" hilft zu verstehen, welche Veränderungen in Zukunft möglich sind. Sie ist aber eher verwirrend, wenn es darum geht, die verschiedenen Aspekte konkret zu besprechen: Von welchem Smart Grid-Teil wird gerade gesprochen?

Die Bundesnetzagentur hat in ihrem Eckpunktepapier „,Smart Grid' und ,Smart Market'" vom Dezember 2011 unterschieden zwischen Netz- und Marktfokus.[4] „Die klare Differenzierung zwischen Smart Grid und Smart Market ermöglicht eine transparente und konzentrierte Diskussion. (…) Der Ansatz lautet: Netzkapazitätsfragen werden im Grid und Fragen im Zusammenhang mit Energiemengen im Markt behandelt. Für Themen, die dazwischen liegen, müssen hybride Lösungsansätze gesucht werden."[5] Sie bilden eine spezielle Herausforderung für das *Unbundling* von Energiemarkt und Energienetz.

Für die erwarteten Auswirkungen auf die Elektrizitätsnetze gibt es verschiedene Ursachen. Wir unterscheiden drei Themenbereiche, die als Treiber für Veränderungen in den Verteilnetzen wirken:

- Dezentrale Einspeisung,
- Erhöhte Energieeffizienz,
- Veränderliche Produktion.

Diese Themenbereiche werden im Folgenden detaillierter ausgeführt (Abb. 7.1).

Treiber 1 – Dezentrale Einspeisung
Die Energiewende bringt in Ergänzung zu zentralen Kraftwerken vermehrt *dezentrale Stromeinspeisung* mit sich. Diese Einspeisung kann sowohl von eher stochastischer Natur (Photovoltaik, Windkraft), als auch von eher kontinuierlicher Natur (Blockheizkraftwerk) sein. Verstärkte dezentrale Einspeisung erfordert die Anpassung der Stromnetze, insbesondere der für die Ausspeisung konzipierten Netzebenen fünf bis sieben (Verteilnetze). Die Anpassungen reichen von konventionellen Netzverstärkungen (erhöhte Übertragungskapazität auf Leitungen und Transformatoren) bis zu intelligenter Steuerung der

---
[4] Vgl. Bundesnetzagentur (2011).
[5] Bundesnetzagentur (2011, S. 4).

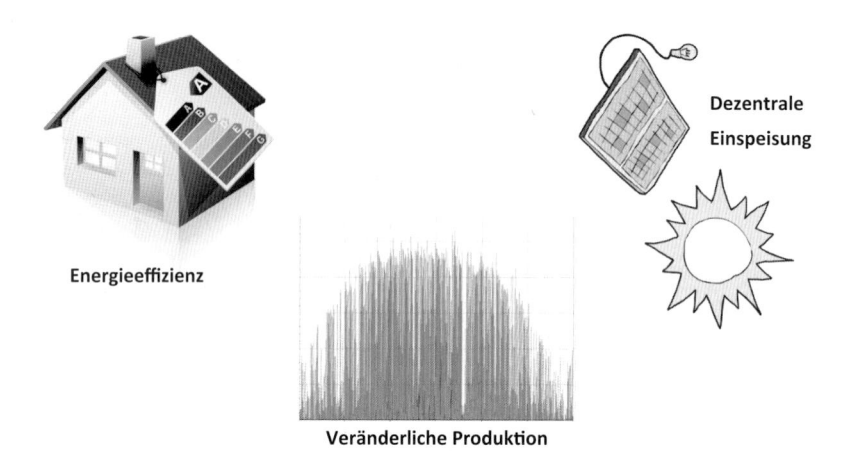

Abb. 7.1 Relevante Treiber für Veränderungen in elektrischen Verteilnetzen. (Verein Smart Grid Schweiz VSGS 2013, S. 13)

Verteilnetze. Zur Beherrschung der dezentralen Einspeisung sind *Smart Grids* im engeren Sinne notwendig.[6]

Treiber 2– Erhöhte Energieeffizienz
Um die Herausforderungen der Energiewende bewältigen zu können, soll der Stromverbrauch reduziert, die Energieeffizienz erhöht werden. Der Verbraucher muss aktiv werden. Dazu braucht es effizientere, Strom sparende Endgeräte. Eine intelligente Steuerung (Smart Home) kann zusätzlich unterstützen. Damit der Verbraucher überhaupt aktiv werden kann, braucht er Informationen über seinen Stromverbrauch. *Smart Meter* sind ein mögliches Hilfsmittel dazu.[7]

Treiber 3– Veränderliche Produktion
Die Energiewende bringt eine weitere Veränderung mit sich. Die Stromproduktion ist vermehrt von fluktuierender, stochastischer Natur. Dies gilt sowohl für die dezentrale als auch für die zentrale Produktion. In Stromnetzen muss Stromproduktion und Stromkonsum (inkl. Verlusten und Stromspeicherung) jederzeit im Gleichgewicht sein. Fluktuiert nun die Stromproduktion stärker und stochastischer, so wird das kontinuierliche Sicherstellen dieses Gleichgewichts komplexer. Das Konzept der sehr genauen Prognose wird immer schwieriger umzusetzen. Zur Beherrschung der veränderlichen Produktion genügen reine Netzaspekte nicht mehr. *Smart Markets* sind notwendig. Es braucht neue Instrumente wie z. B. flexible Tarife, Demand Response oder Energiespeicher. Sowohl Stromproduzenten wie auch Stromverbraucher müssen intelligent agieren.[8]

---

[6] Vgl. VSGS (2013, S. 14).
[7] Vgl. VSGS (2013, S. 14 f.).
[8] Vgl. VSGS (2013, S. 15).

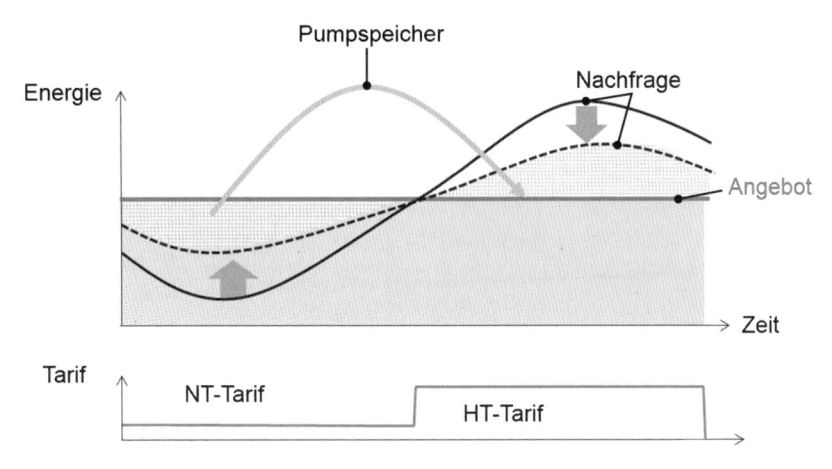

Abb. 7.2 Beispiel Stromnachfrage und Stromangebot aus Bandenergie

7.4 Marktmechanismen heute und morgen

Strom wird im heutigen schweizerischen Energiesystem überwiegend in zentralen *Großkraftwerken* wie Kernkraftwerken oder Laufwasserkraftwerken erzeugt. Das Stromangebot (die Produktion) folgt dabei der Stromnachfrage (dem Verbrauch). Typischerweise ist der Stromverbrauch während des Tages höher als während der Nacht. Der Höchstwert wird um die Mittagszeit, der Tiefstwert in der Nacht erreicht (siehe Abb. 7.2).

Stromproduktion und Stromverbrauch müssen aus Gründen der Netzstabilität immer im Gleichgewicht sein. Dies wird heute mit Hilfe verschiedener Möglichkeiten erreicht:

- **Ausgleich Tagesschwankungen mittels Preissignalen**
  Mittels unterschiedlicher Preistarife während der Tages- und Nachtzeit wird versucht, die Stromnachfrage dem Stromangebot anzunähern (gestrichelte Kurve in der Abb. 7.2). Verbraucher mit Speichern werden so gesteuert, dass sie während der Nacht (Niedertarif, NT), wenn wenig Energie verbraucht wird, aufgeladen werden. Waschmaschinen können während der Mittagszeit blockiert werden, sodass nicht während der Mittagsspitze (Hochtarif, HT) gewaschen wird. Die Endgeräte können die Tarifinformationen nicht selbstständig abrufen. Sie werden zentral ein- und ausgeschaltet mittels einer sogenannten Rundsteueranlage.
- **Ausgleich Tagesschwankungen mit Energie aus Pumpspeicherkraftwerken**
  Mittels Pumpspeicherkraftwerken wird die Überschussenergie der Nacht (Bereich überhalb der gestrichelten Kurve in der Abb. 7.2) in den Tag verschoben (Bereich unterhalb der gestrichelten Kurve). Dadurch wird die Stromproduktion besser auf den Stromverbrauch abgestimmt.
- **Ausgleich saisonaler Schwankungen mit Pumpspeicherkraftwerken**
  Neben tageszeitlichen Unterschieden gibt es auch saisonale Unterschiede. Diese werden ebenfalls mittels Speicherkraftwerken ausgeglichen, gegebenenfalls unterstützt durch saisonale Stromtarife.

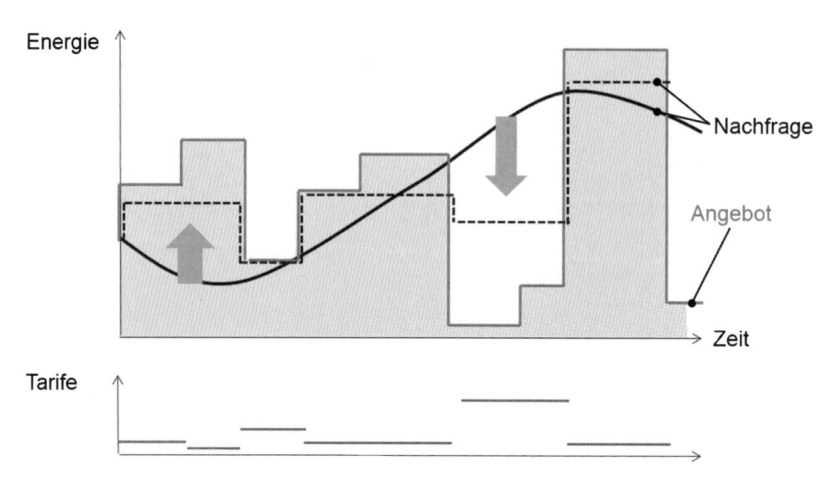

Abb. 7.3 Beispiel für Stromnachfrage und Stromangebot. (Urheberrecht beim VSGS)

- **Ausgleich von Minutenschwankungen (Systemdienstleistung)**
  Zur kurzfristigen Aufrechterhaltung des Gleichgewichtes zwischen Produktion und Verbrauch werden Regelkraftwerke eingesetzt. Diese stellen als Systemdienstleistung (SDL) Primär-, Sekundär- und Tertiärregelenergie bereit. Der Markt der SDL-Lieferanten ist heute begrenzt auf wenige zentrale Anlagenbetreiber.

Zukünftig drohen Stromnachfrage (Verbrauch) und Stromangebot (Produktion) durch die Zunahme aus volatiler Einspeisung aus Erneuerbaren Energien zunehmend aus dem Gleichgewicht zu geraten (siehe Abb. 7.3). Die Nachfrage (Kurve) muss somit künftig dem Stromangebot (volatile Kurve) viel differenzierter folgen (gestrichelte Kurve).

Es braucht zusätzliche Mittel zur Anpassung von Verbrauch und Produktion (orange /graue Pfeile):

- **Energieeffizienz**
  Um die Steigerung des Stromverbrauchs zu limitieren, sind umfangreiche Energieeffizienzmaßnahmen nötig wie z. B. Wärmedämmungsmaßnahmen an Gebäuden. Transparente Verbrauchsanzeigen beim Endkunden (sogenannte Feedbacktechnologien) können diese Maßnahmen unterstützen.
- **Variable Tarife**
  Der Stromverbrauch soll stärker mit variablen, angebots- und nachfrageabhängigen Tarifen beeinflusst werden. Die Tarifstruktur über den Tag verteilt wird komplexer (siehe Abb. 7.3). Stromverbrauch und Stromproduktion werden sich einander annähern (gestrichelte Kurve). Das Angebot kann mittels Prognosetechniken vorausgesagt werden.
- **Tägliche Stromspeicherung**
  Der Zyklus für Pumpspeicherkraftwerke wird viel kürzer werden. Die Kraftwerke werden intensiver in beide Richtungen genutzt und werden so an Bedeutung gewinnen. Aus technischer Sicht bilden Pumpspeicherkraftwerke eine der effizientesten Metho-

7 Smart Market aus Sicht der Schweiz

Traditionelle Wertschöpfungskette
- Linear
- Produktion folgt Verbrauch

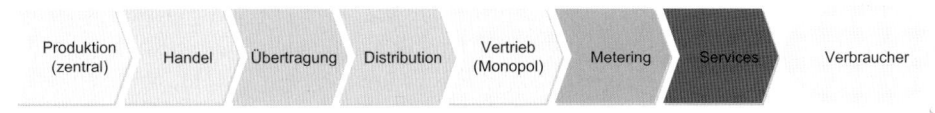

Produktion (zentral) → Handel → Übertragung → Distribution → Vertrieb (Monopol) → Metering → Services → Verbraucher

Abb. 7.4 Traditionelle Wertschöpfungskette. (Urheberrecht beim VSGS)

den, Strom zu speichern. Auf Grund der aktuellen Preisentwicklung (Price Spread) ist ihr Einsatz allerdings zunehmend mit betriebswirtschaftlichen Risiken verbunden.

- **Saisonale Stromspeicherung**
  Saisonale Unterschiede können ebenso durch Speicherkraftwerke ausgeglichen werden. Dabei muss geprüft werden, ob die vorhandenen Speicherkapazitäten ausreichen.
- **Kraftwerkspooling, Demand Side Management, Regelenergie**
  Der heutige Ausgleich mittels Regelenergie – Primär-, Sekundär- und Tertiärregelenergie – wird in Zukunft massiv an Bedeutung gewinnen. Bei einem Überangebot an Energie kann die Produktion gedrosselt (Regelkraftwerke, Solar- und Windanlagen) oder der Verbrauch erhöht werden (Speicher aufladen: Kühlhäuser, Wärmepumpen, Batterien usw.). Bei einem Unterangebot kann die Produktion erhöht (Regelkraftwerke, Wärmekraftkopplungsanlagen, Speicher entladen) oder der Verbrauch gedrosselt werden (Speicher nicht aufladen).
- **Einführung eines Leistungs- resp. Kapazitätsmarktes**
  Zur Sicherstellung von genügend Reservekapazitäten könnte ein Leistungs- oder Kapazitätsmarkt etabliert werden.

All diese Möglichkeiten setzen eine *umfassende Vernetzung* und *automatische Steuerung* von mobilen und immobilen Verbrauchern voraus. Es ergeben sich neue Anforderungen an das elektrische Energiesystem, welche auch die Wertschöpfungsketten beeinflussen werden.

Die *traditionelle Wertschöpfungskette* eines klassischen Elektrizitätsversorgungsunternehmens (EVU) ist linear, von der (zentralen) Produktion bis zum Verbraucher (Abb. 7.4).

Nicht alle EVUs in der Schweiz verfügen über alle Stufen der Wertschöpfung. Die EVUs können dabei in 3 Kategorien eingeteilt werden:

1. die produktionsbasierten Unternehmen (Produktion und Handel), die
2. Verteiler (Distribution und Vertrieb), sie haben Endkunden aber keine eigene Produktion oder einen unbedeutenden Anteil, und die
3. vertikalintegrierten Unternehmen, die in der gesamten Wertschöpfungskette aktiv sind.

Die einzelnen Bereiche der Wertschöpfungsstufen haben folgende Aufgabe:

Produktion
Unter der Wertschöpfungsstufe Produktion werden Anlagen subsumiert, die Strom aus konventionellen oder erneuerbaren Energiequellen erzeugen und in das Stromnetz einspeisen. Im heutigen Schweizer Marktmodell sind es hauptsächlich große Kraftwerke die zentral Strom produzieren. Entweder ist das EVU Kraftwerkbesitzer und -betreiber oder die Produktion wird auf verschiedene Partner verteilt. Die Stufe Produktion bewirtschaftet ein Produktionsportfolio mit eigenen Kraftwerken, Partnerwerken oder gepachteten Kraftwerken.

Handel
Unter dieser Wertschöpfungsstufe werden alle Aktivitäten im Zusammenhang mit der Bewirtschaftung der Produktions- und Vertriebsportfolios zusammengefasst. Der Handel stellt als Energiedrehscheibe die Vernetzung sämtlicher Energieflüsse innerhalb der Wertschöpfungskette sicher. In der Regel sichert der Handel die Positionen (Kauf der fehlenden Energie und Verkauf des Überschusses) einige Jahre im Voraus. Der Handel ist auch zuständig für die Bilanzgruppe (Produktion und Vertrieb). Der Handel erstellt die Prognose, optimiert die Bilanzgruppe im Intraday-Markt (d. h. am gleichen Tag), optimiert die Ausgleichsenergie, oder verkauft Systemdienstleistungen aus den flexiblen Kraftwerken des Portfolios.

Übertragung
Diese Stufe dient der Übertragung des produzierten Stroms über die oberen Netzebenen 3 und 4 (Netzebenen 1 und 2 sind bei swissgrid).

Distribution
Unter dieser Wertschöpfungsstufe sind alle Aktivitäten des Verteilnetzbetreibers subsumiert, d. h. auf den unteren Netzebenen 5 bis 7. Hauptziel ist die Versorgungssicherheit in dem Versorgungsgebiet zu gewährleisten.

Vertrieb
Unter dieser Wertschöpfungsstufe sind alle Aktivitäten, die direkt mit dem Endkunden zu tun haben, zusammengefasst. Der Vertrieb gewährleistet den direkten Kontakt zum Kunden insbesondere Kundendienst, Produkt- und Preiskommunikation sowie Abrechnung.

Metering
Auf dieser Stufe wird der Stromverbrauch mit einem Stromzähler gemessen. Hierzu werden Messstellen betrieben, die auch für die Abrechnung des Verbrauchs beim Kunden dienen.

Services
Um die Netzstabilität zu gewährleisen werden verschiedenste Systemdienstleistungen benötigt, beispielsweise Tertiärregelenergie. Darüber hinaus können dem Kunden Energiedienstleistungen wie Energieeffizienzberatungen angeboten werden.

7 Smart Market aus Sicht der Schweiz

Mögliche zukünftige Wertschöpfungsketten
- Parallel und vernetzt
- Verbrauch folgt Produktion

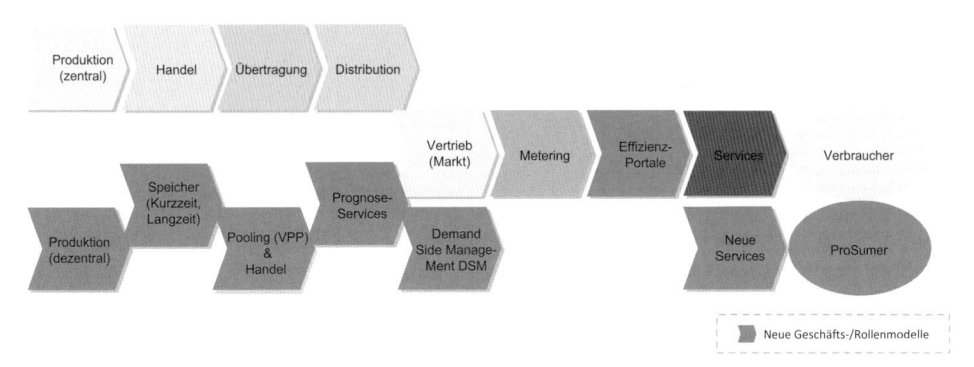

Abb. 7.5 Mögliche zukünftige Wertschöpfungsketten. (Urheberrecht beim VSGS)

Verbraucher

Der Verbraucher ist der Endkunde der Wertschöpfungskette, der den Strom für sich selbst verbraucht. Unterschiedliche Kundentypen wie Haushalt, Gewerbe, Industrie usw. haben unterschiedliche Bedürfnisse.

Durch die zuvor erwähnte Veränderung des Energiesystems werden neue, parallele und vernetzte Wertschöpfungsketten mit neuen Marktakteuren entstehen (siehe Abb. 7.5).

Neben den klassischen Elementen der beschriebenen linearen Wertschöpfungskette wird es neue Anbieter geben, die z. B. dezentrale Produktionsanlagen bauen, bewirtschaften oder im Verbund betreiben (*Pooling*), oder Anbieter von Stromspeicherlösungen, Prognoseservices für Wind- und Photovoltaikanlagen bis hin zu Anbietern, die kleine Verbraucher zusammenschalten und gemeinsam steuern werden. Denkbar ist auch ein Leistungsmarkt (Kapazitätsmarkt), über den derjenige, der gesicherte Stromerzeugung (Kraftwerke, Speicher) anbietet, zukünftig ein Entgelt für die Bereitstellung erhält. Die verschiedenen Treiber schaffen Platz und Möglichkeiten für neue Märkte und Player.

7.5 Neue Marktplayer, Beispiele aus der Schweiz

Die verschiedenen Treiber schaffen Platz und Möglichkeiten für neue Märkte und Akteure. Die folgende Abb. 7.6 zeigt einige Beispiele ohne Anspruch auf Vollständigkeit.

Im Folgenden wird eine Übersicht über die wichtigsten Initiativen in der Schweiz gegeben. Die Initiativen gliedern sich in relativ weitreichende Pilotprojekte bis hin zu ersten, kommerziellen Umsetzungen.

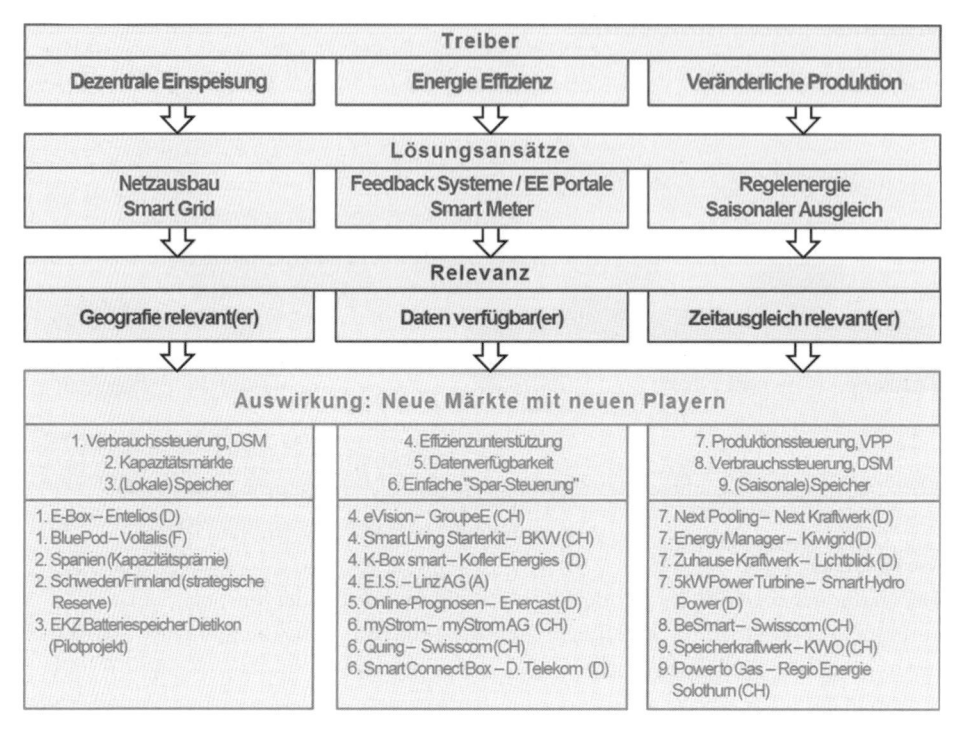

Treiber		
Dezentrale Einspeisung	Energie Effizienz	Veränderliche Produktion

Lösungsansätze		
Netzausbau Smart Grid	Feedback Systeme / EE Portale Smart Meter	Regelenergie Saisonaler Ausgleich

Relevanz		
Geografie relevant(er)	Daten verfügbar(er)	Zeitausgleich relevant(er)

Auswirkung: Neue Märkte mit neuen Playern		
1. Verbrauchssteuerung, DSM 2. Kapazitätsmärkte 3. (Lokale) Speicher	4. Effizienzunterstützung 5. Datenverfügbarkeit 6. Einfache "Spar-Steuerung"	7. Produktionssteuerung, VPP 8. Verbrauchssteuerung, DSM 9. (Saisonale) Speicher
1. E-Box – Entelios (D) 1. BluePod – Voltalis (F) 2. Spanien (Kapazitätsprämie) 2. Schweden/Finnland (strategische Reserve) 3. EKZ Batteriespeicher Dietikon (Pilotprojekt)	4. eVision – GroupeE (CH) 4. Smart Living Starterkit – BKW (CH) 4. K-Box smart – Kofler Energies (D) 4. E.I.S. – Linz AG (A) 5. Online-Prognosen – Enercast (D) 6. myStrom – myStrom AG (CH) 6. Quing – Swisscom (CH) 6. Smart Connect Box – D. Telekom (D)	7. Next Pooling – Next Kraftwerk (D) 7. Energy Manager – Kiwigrid (D) 7. Zuhause Kraftwerk – Lichtblick (D) 7. 5kW Power Turbine – Smart Hydro Power (D) 8. BeSmart – Swisscom (CH) 9. Speicherkraftwerk – KWO (CH) 9. Power to Gas – Regio Energie Solothurn (CH)

Abb. 7.6 Neue Player im Smart Market. (Urheberrecht beim VSGS)

- **Pilotprojekt VEiN**[9]
  VEiN steht für *Verteilte Einspeisung in Niederspannungsnetzen* und ist ein Pilotprojekt, das von verschiedenen EVUs in der Schweiz durchgeführt wird. Ziel ist es, die Auswirkungen von dezentralen Erzeugungsanlagen auf ein Niederspannungsnetz zu untersuchen. Für das Projekt wurde eigens ein Leitsystem entwickelt, um damit die Spannungen und Ströme (mittels Power Quality Messungen) zu überwachen und die dezentralen Erzeugungsanlagen zu steuern. Es sollen Erfahrungen gesammelt werden zu den Grenzen der dezentralen Einspeisung, zum Einfluss von unterschiedlichen Schaltzuständen im Niederspannungsnetz und eventuell zu einer (Teil)-Abtrennung bis hin zu einem Inselbetrieb.

- **Pilotprojekt FlexLast**[10]
  In dem vom Bundesamt für Energie geförderten und von BKW, Migros, IBM und swissgrid durchgeführten Projekt „*FlexLast*" sollen Kühlhäuser, die flexibel gesteuert werden, zur Stabilität des Stromnetzes beitragen. Um den Ausgleich zwischen Energieerzeugung und -verbrauch zu optimieren, wurden Verfahren entwickelt, die Daten über Temperatur- und Stromverbrauch der Kühlhäuser sowie Stromnetzdaten nutzen. So laufen bei

---

[9] Weiterführende Informationen unter http://www.vein-grid.ch/.
[10] Weiterführende Informationen unter http://www.bkw.ch/flexlast.html.

einem Überangebot von Erneuerbaren Energien die Klimaanlagen in den Kühllagern auf Hochtouren, während sie gedrosselt oder vollständig abgeschaltet werden, wenn keine Erneuerbaren Energien verfügbar sind. Dies alles geschieht unter Berücksichtigung einer optimalen Kühlung für die leicht verderbliche Ware in den Kühlhäusern.

- **Pilotprojekt iSMART**[11]
Der Verein inergie ist eine Zusammenarbeit der BKW, der Schweizerischen Post AG, der IBM Schweiz AG, der Swisscom AG und der Gemeinde Ittigen im Kanton Bern. Mit dem Projekt *iSMART* stellt er 270 Pilotkunden die folgenden smarten Produkte zur Verfügung:
  1. Das Produkt „VISU", welches den aktuellen Stromverbrauch in viertelstündlicher Auflösung über ein Web Interface visualisiert.
  2. Das Produkt „SMART", welches die Funktionen des Produkts VISU erweitert und zusätzlich die zwei Tarifstufen Hochtarif und Niedertarif visualisiert. Kunden können somit ihr Verbrauchsverhalten aktiv steuern und Lasten von dem teuren zum günstigeren Tarif verlagern.
  3. Mit dem Produkt „FLEX" wird die klassische Rundsteuerung durch eine moderne Softwaresteuerung ersetzt. Dadurch wird es möglich, die Ladezeiten der Boiler über den Zeitraum von 24 h flexibel zu gestalten und gezielt dann zu laden, wenn beispielsweise durch hohe Wind- oder Solarstromproduktion die Strompreise verhältnismäßig niedrig sind.

- **Kommerzielles Vorhaben BeSmart**[12]
Swisscom Energy Solutions konzentriert sich auf das Bereitstellen von Systemdienstleistungen, im Speziellen von Regelenergie. Diese werden der nationalen Netzgesellschaft und Betreiberin des nationalen Übertragungsnetzes swissgrid verkauft. Ziel ist das Anbinden von Haushalten zur Steuerung von Wärmeboilern oder Wärmepumpen. Die Installation der selbst entwickelten Steuereinheit ist für den Endkunden kostenlos. Als Mehrwert erhält er die Möglichkeit, seine Heizung zu überwachen und wird bei allfälligen Fehlfunktionen alarmiert.

- **Kommerzielles Vorhaben Smart Living Starter Kit**[13]
Das *„Smart Living Starter Kit"* der BKW zeigt den Stromverbrauch an und errechnet im Hintergrund automatisch die Energieeffizienz des Kunden. Die Daten können über ein Web Interface abgerufen werden. Als nächster Schritt sollen weitere intelligente Module angeboten werden beispielsweise zur Identifikation der größten Verbraucher oder zur Steuerung weiterer elektrischer Geräte in Richtung eines „Smart Homes".

- **Kommerzielles Vorhaben e-vison Groupe-E**[14]
Als Smart Metering Anwendung bietet die Groupe E das Produkt „*e-vision*" an. Mit dieser Online-Anwendung kann der Stromverbrauch visualisiert werden. Die Daten

---

[11] Weiterführende Informationen unter http://inergie.ch/thematik/projekte-2/projekte/.
[12] Weiterführende Informationen unter https://be-smart.ch/.
[13] Weiterführende Informationen unter http://www.bkw.ch/smart-living-starterkit.html.
[14] Weiterführende Informationen unter http://www.groupe-e.ch/de/e-vision.

können – wie bei den vorangegangenen Beispielen auch – auf dem PC, Tablet oder Smartphone angesehen werden. Sie sollen zum Stromsparen animieren.

7.6 Neue Player treffen auf alte Regeln: 5 Thesen

Neben den klassischen Elementen der beschriebenen linearen Wertschöpfungskette wird es neue Anbieter geben, die z. B. dezentrale Produktionsanlagen bauen, bewirtschaften oder im Verbund betreiben, oder Anbieter von Stromspeicherlösungen, Prognoseservices für Wind- und Photovoltaikanlagen bis hin zu Anbietern, die kleine Verbraucher zusammenschalten und gemeinsam steuern werden. Jeder Akteur verfolgt gemäß seiner Rolle bestimmte Ziele. Je nach Ausrichtung ergibt dies unterschiedliche Handlungen, die auch im Widerspruch stehen können. So wird beispielsweise ein Stromproduzent (Einzelkraftwerk oder Schwarmkraftwerk) mit dem Ziel „Netzregelung, Netzstützung" anders agieren als ein Stromproduzent mit dem Ziel „Optimierung am Energiemarkt" oder ein Verbraucher mit dem Ziel „Stromsparen".

Die unterschiedlichen Ziele sollen am Beispiel zweier Batteriebetreiber erläutert werden. Der erste Betreiber will die Batterien nutzen, um am Strommarkt Gewinn zu erzielen. Er wird bei tiefem Preis Strom einkaufen und die Batterie aufladen. Bei hohem Preis wird er Strom verkaufen und die Batterie entladen. Die Preisdifferenzen sind die Basis für sein Handeln. Dabei wird je nach lokaler Situation das Stromnetz belastet oder entlastet werden. Ist lokal viel Stromproduktion mit Photovoltaik vorhanden, so hängt die Auswirkung auf das Stromnetz – Belastung oder Entlastung – noch vom lokalen Wetter ab. Der zweite Batteriebetreiber will seine Batterie nutzen, um das (lokale) Stromnetz zu entlasten. Er wird die Batterie aufladen, wenn die dezentrale Stromproduktion viel größer ist als der lokale Stromverbrauch, sodass die Versorgungsqualität (Spannungshaltung) gefährdet ist. Die Batterie wird er dann wieder entladen, um Kapazität für die nächste Produktionsspitze zu schaffen. Die Batterie ist dabei ein Kostenfaktor, der es erlaubt, andere Kosten wie Netzausbau einzusparen. Im Sinne Versorgungssicherheit und Netzstabilität muss zumindest in kritischen Situationen die Nutzung der Batterie mit dem Ziel der Netzstabilisierung und -entlastung Vorrang haben.

Der neue Energiemarkt bringt auch neue Chancen für die beteiligten Akteure. Damit diese optimal genutzt werden können, müssen die (potenziellen) Konflikte gelöst werden. Es besteht ein Spannungsfeld zwischen Markt- und Planwirtschaft. Der Markt soll zugunsten der Energiewende genutzt werden. Zur Sicherstellung der Versorgungssicherheit muss aber auch der freie Markt die für das Elektrizitätsnetz geltenden physikalischen Gesetze berücksichtigen.

Es besteht ein Zusammenhang zwischen den Kosten für die Infrastruktur und der Freiheit des Smart Markets. Größere *Marktfreiheit* bedingt eine stärker ausgebaute Infrastruktur und damit höhere Infrastrukturkosten (siehe Abb. 7.7). Gleichzeitig wird vom Markt eine Effizienzsteigerung und damit tiefere Kosten für Energiebeschaffung, -transport und -nutzung erwartet. Zunehmende Marktfreiheit reduziert die Energiekosten. Zwischen zu-

Abb. 7.7 Kosten des Gesamtsystems hängen vom Marktmodell ab. (Urheberrecht beim VSGS)

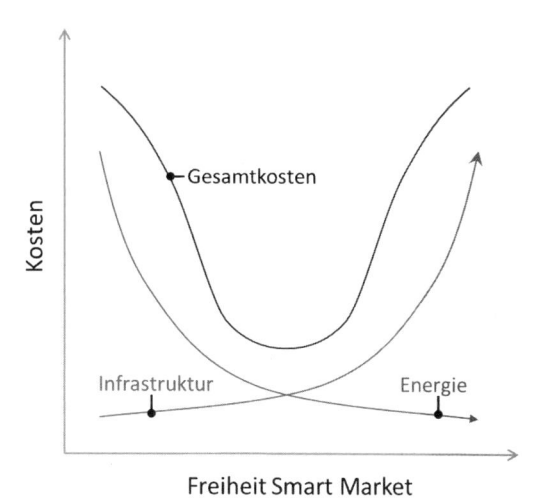

nehmenden Infrastrukturkosten und abnehmenden Energiekosten besteht ein *Optimum* für die Gesamtkosten. Diesen Punkt gilt es zu finden. Dabei ist zu beachten, dass der regulierte Bereich (Infrastruktur) und das freie Marktgeschehen gut zusammen spielen. Und genau dafür braucht es die neuen Marktregeln.

Aus den bisherigen Betrachtungen, den Chancen und Konflikten, haben wir aus Sicht der Verteilnetzbetreiber fünf Thesen erarbeitet:

These 1: Elektrizitätsmarkt orientiert sich an Netzkapazitäten
Der Smart Market ist ein *integrierter Elektrizitätsmarkt* zur Unterstützung der Energiewende. Die Energiewende bringt verstärkt Stromproduktion aus Erneuerbaren Energien. Damit wird die Stromproduktion dezentraler und stochastischer. Der Austausch von elektrischer Energie geschieht über die Elektrizitätsnetze. Die *Kapazität* der heutigen Netze ist limitiert. Darum müssen die Netzkapazitäten in den Elektrizitätsmarkt integriert werden.

These 2: Erweitertes Netzkapazitätsmanagement ist nötig
Optimales, effizientes Management (Planung, Bau, Betrieb) der zweckmäßigen *Netzkapazität* ist notwendig zur Unterstützung des Smart Markets. Intelligentes, IT-gestütztes Management von zeitlichen und örtlichen Grenzen der Netzkapazitäten kann günstiger sein als ein praktisch unbegrenzter Ausbau der Netzkapazität. Dies gilt insbesondere in kritischen Situationen. *Intelligentes Management* erlaubt kleinere Reserven der Netzkapazität.

These 3: Netzkapazitätsmanagement ist prioritär
Der Verteilnetzbetreiber ist gemäß der gesetzlichen Bestimmungen für den sicheren und zuverlässigen Betrieb des Verteilnetzes und die Qualität der Stromversorgung verantwortlich. Drohen Kapazitätsengpässe im Netz, welche zu Netzinstabilitäten oder Ausfällen führen könnten, muss das Netzkapazitätsmanagement *Vorrang* haben und andere Aktivitäten übersteuern können.

Tab. 7.1 Vergleich von Elektrizitäts- und Telekommunikationsbranchen in der Schweiz

Elektrizitätsbranche	Telekommunikationsbranche
Zum Teil geografisch geprägte Bilanzgruppen. Noch ortsabhängig	Ortsunabhängig. Routing/Number Portabilität
ca. 20 große EVUs und 750 kleinere EVUs. Viele mit weniger als 1000 Kunden	Drei große Anbieter
Tarifierung dezentral am Zähler. Im Wesentlichen zwei Tarife für Haushaltskunden (HT, NT)	Zentral über Biling. Unterschiedliche Preispläne. Prepaid-/Postpaid-Angebote
Netznutzung über Energiemenge abgerechnet	„Netznutzung" über „Anschlussleistung", d. h. zur Verfügung gestellte Bandbreite abgerechnet
Energie (kWh)	Datenmenge MB
Leistung (kW)	Bandbreite MB/s
Volumenabhängige Abrechnung	Flatrate, volumenunabhängig

These 4: Neue Produkte zur Beeinflussung des Bedarfs an Netzkapazität sind nötig

Neben den oben beschriebenen Maßnahmen zur Sicherstellung der vorhandenen Netzkapazität sollen auch *Produkte* ermöglicht werden, die den Bedarf an Netzkapazität beeinflussen. Lastmanagement ist ein solches wichtiges Produkt. Es soll zuerst durch Marktmechanismen (finanzielle Anreize, Netzprodukte zur Glättung der Last usw.) und erst dann durch die Steuerung des Verbrauchs und die Einschränkung der Produktion eingreifen. Ein *Lastmanagement-Markt* wird sich im Netzgebiet durch spezifische Netzprodukte konkretisieren. Es werden heute schon Netzprodukte angeboten (z. B. sperrbare Zeit). Analog zu Systemdienstleistungen sind Dienstleistungen für die lokale Netzstabilität möglich.

These 5: Der Smart Market braucht klare Spielregeln

Um den Smart Market als optimale Unterstützung für die Energiewende aufbauen zu können, müssen die Chancen genutzt und die potenziellen Konflikte gelöst werden. Dazu braucht es klare *Regeln* für die unterschiedlichen Akteure. Der Einsatz von Speichern ist wie oben beschrieben ein Beispiel dazu.

7.7 Die Branche im Umbruch – Eine Analogie

Mit der wie im vorgehenden Abschnitt beschriebenen Einführung eines „Smart Market", stellt sich die Frage, ob nicht grundlegende Änderungen im Marktmodell für die Elektrizitätsbranche notwendig sind. Eine mögliche Orientierung könnte die Telekommunikationsbranche geben (siehe Tab. 7.1):

1. Es ist davon auszugehen, dass das Management des heutigen Modells der Bilanzgruppen mit der zweiten Marktöffnung in der Schweiz (volle Marktliberalisierung) wesentlich komplizierter wird, da der örtliche Zusammenhang der Bilanzgruppe mit der

Abb. 7.8 N:M-Geflecht bei voller Marktliberalisierung. (Urheberrecht beim VSGS)

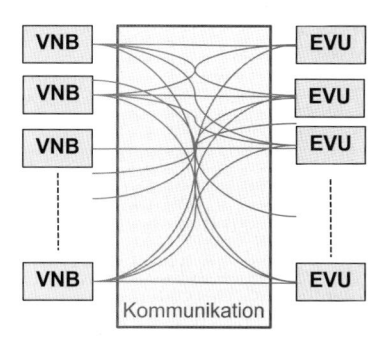

Energieproduktion aufgebrochen wird. Ein Verteilnetzbetreiber muss in der Zukunft jeden möglichen Lieferanten kennen, es entsteht ein N:M-Geflecht zum Management der Energiedaten (siehe Abb. 7.8). Um die Energiemengen trotzdem noch effizient zwischen den verschiedenen Marktplayern zuteilen zu können, werden neue Mechanismen benötigt, wie man sie z. B. aus der Telekommunikationsindustrie bereits seit einiger Zeit kennt (z. B. „Number Portability").

2. Eine Konsolidierung des Marktes in der Schweiz ist wahrscheinlich, mindestens aber eine engere Zusammenarbeit über Partnerschaften. Die Komplexität des sich abzeichnenden Smart Markets ist für kleine EVU nicht mehr beherrschbar, hier ergeben sich interessanteste Kooperations- und Dienstleistungsmöglichkeiten.
3. Ein großer Hemmschuh für die Flexibilisierung des Energiemarktes ist die starre Tarifierung. Nicht nur die Anzahl der Tarife ist stark begrenzt, auch deren Implementierung, da heute dezentral an jedem Zähler die Tarife abgebildet sind. Man stelle sich als Analogie zur Telekommunikationsindustrie vor, dass bei jeder Tarifanpassung das Mobiltelefon des Benutzers angepasst werden müsste! Hier bietet sich ein ähnliches Modell wie für die Telekommunikationsbranche an: Verbrauchsdaten werden in Form vom Energie Data Records, EDR (analog Call Data Records, CDR) gesammelt, die Tarifierung geschieht dann zentral, mit einem individuellen Preisplan, mittels einer Billing-Engine.
4. Im Zusammenhang mit der zunehmenden dezentralen Einspeisung stellt sich die Frage, wie eine Ent-Sozialisierung der Kosten für den Netzbetrieb verhindert werden kann. Die Netzinfrastruktur bleibt richtigerweise ein Monopol (es ist volkswirtschaftlich schlicht nicht sinnvoll einen Infrastrukturwettbewerb einzuführen), aber das heutige Ausspeisemodell in dem für das Einspeisen von Erneuerbaren Energien keine Netznutzungsentgelte zu entrichten sind, in Kombination mit einer neu zu definierenden Eigenverbrauchsregelung, fordert eine fundamentale Überarbeitung des heute gültigen Modells zur Finanzierung der Netze. Auch hier könnte mit der Einführung eines Leistungstarifes die Telekommunikationsbranche als Inspiration dienen („Anschlussleistung" ist die zur Verfügung gestellte Bandbreite, unabhängig von der übertragenen Datenmenge).

7.8 Fazit

Die Energiestrategie 2050 sowie die Marktöffnung haben Auswirkungen auf den Elektrizitätsmarkt. Vermehrt wird Stromproduktion aus neuen Erneuerbaren Energien zu integrieren sein. Diese Integration bringt wegen der dezentralen Einspeisung und der zeitlichen Veränderlichkeit neue Herausforderungen an die Verteilnetze. Dazu kommen verstärkte Aktivitäten von neuen Market Playern. Die Wertschöpfungskette ist nicht mehr einfach linear, sondern vernetzt.

Der Elektrizitätsmarkt basiert auf den Elektrizitätsnetzen. Darum ist Management der Kapazität dieser Netze wichtig. Zumindest in kritischen Situationen muss das Aufrechterhalten dieser Kapazität und damit der Versorgungssicherheit Priorität haben. Es wird sogar Sinn machen, den Bedarf an Netzkapazität zu beeinflussen, beispielsweise mittels Lastmanagement oder anderer Produkte. Um der zunehmenden Komplexität des Marktes gerecht zu werden, braucht es klare Spielregeln.

Diese Überlegungen, die Auswirkungen und die notwendigen Maßnahmen aus Sicht der Verteilnetzbetreiber, wurden in fünf Thesen zusammengefasst:

- Elektrizitätsmarkt orientiert sich an Netzkapazitäten,
- Erweitertes Netzkapazitätsmanagement ist nötig,
- Netzkapazitätsmanagement ist prioritär,
- Neue Produkte zur Beeinflussung des Bedarfs an Netzkapazität sind nötig,
- Der Smart Market braucht klare Spielregeln.

Smart Market wurde als der Elektrizitätsmarkt, ausgestaltet zur Unterstützung der Energiewende, definiert. Aus Sicht der Verteilnetzbetreiber braucht es dazu mehr Netzkapazitätsmanagement als bisher. Und dazu braucht es die richtigen Spielregeln. Nur dann können Investitionen weiterhin optimal eingesetzt werden.

Literatur

Bundesnetzagentur: „Smart Grid" und „Smart Market". Eckpunktepapier der Bundesnetzagentur zu den Aspekten des sich verändernden Energieversorgungssystems, Bonn, Dezember 2011

Bundesamt für Energie BFE: Energiestrategie 2050. http://www.bfe.admin.ch/ (2013). Zugegriffen: 19. Jan. 2014

Verein Smart Grid Schweiz VSGS: Weissbuch Smart Grid, Ostermundigen CH. http://www.smart-grid-schweiz.ch/media/files/Weissbuch_Smart_Grid.pdf (Februar 2013). Zugegriffen: 19. Jan. 2014

Smartening the Grid – Rahmen und Erfahrungen in EU und Österreich

8

Tahir Kapetanovic

Smart Grids als Kaizen (Verfahren aus der japanischen Fertigungstechnik, bedeutet konsequentes Innovationsmanagement oder einfach kontinuierliche Verbesserung; vgl. Gabler Wirtschaftslexikon 2013, Kaizen) der elektrischen Energieversorgungsnetze und –systeme.

Zusammenfassung

In diesem Beitrag wird beschrieben, was die praktische Umsetzung von Smart Grids ausmacht. Die Aufgabenschwerpunkte der smarten Übertragungs- und Verteilernetze unterscheiden sich, aber die Herausforderungen sind gleich: Betriebs- und Versorgungssicherheit, Integration der volatilen Erzeugung und des Marktes, dezentrale Erzeugung und Aktivierung der Netzkunden. In den bereits smarten Übertragungsnetzen richtet sich der Fokus auf smartere Prognose und Betriebsplanung, auf Ausgleich der Volatilität durch Markthandel nahe an Echtzeit und auf Ausbau zu europäischen Supergrids. In den Verteilernetzen, die einen Boom an dezentraler Erzeugung und somit bidirektionalen Lastflüssen erleben, liegt der Fokus auf smarteren Verteilernetzausbau und Verteilernetzbetrieb und auf technisch/wirtschaftlicher Optimierung des Spannungs- und Lastmanagements. Praktische Erfahrungen sind erwähnt, aus Sicherheitsinitiativen europäischer Übertragungsnetzbetreiber (*Transmission System Operators, TSOs*) und aus österreichischen Verteilernetzen. Die Kriterien für die Bewertung der

---

Der Autor präsentiert seine persönlichen Meinungen und Ansichten.

T. Kapetanovic (✉)
Austrian Power Grid AG, Am Johannesberg 9, 1100 Wien, Österreich

Smart Grids-Projekte in der EU sind erläutert. Eine Entmystifizierung des Begriffes Smart Grid, als ein kontinuierlicher Entwicklungs- und Verbesserungsprozess zu intelligenten Elektrizitätsversorgungsnetzen der Zukunft ist das zentrale Thema – Smart Grids als *Kaizen* der elektrischen Energieversorgungsnetze und -systeme.

8.1 Ein Anfang ohne Ende

Kaum ein anderes Thema ist in der Energiewirtschaft heute so präsent wie Smart Grids. Dabei bedeutet kaum ein anderer Begriff im Energiesektor für die verschiedenen Akteure so viel Unterschiedliches.

Die EU Technologieplattform für Smart Grids definiert im Jahr 2005, als erste Institution überhaupt, Smart Grids als elektrische Energieversorgungsnetze, die auf intelligente Weise alle Aktivitäten der angeschlossenen Netzkunden (Erzeuger, Verbraucher und derer, die Energie sowohl erzeugen als auch verbrauchen) integrieren, um effiziente, nachhaltige, wirtschaftliche und sichere Versorgung mit elektrischer Energie zu ermöglichen.[1]

Mit dieser Definition ist es fürs erste getan, jedoch umfasst sie ein breites und noch immer wenig bestimmtes Themenspektrum. – Warum ist das so? Für ein besseres Verständnis dessen, sind die Ideenauslöser der Smart Grids wichtig: die Neugestaltung der elektrischen Energieversorgungsnetze, sodass sie die Erreichung der *2020 Ziele der EU* aktiv unterstützen: 20 % niedrigere CO_2 Emissionen, 20 % mehr Erneuerbare Energien und 20 % höhere Energieeffizienz in der EU im Jahr 2020, bezogen auf das Jahr 2005.[2]

Elektrische Energieversorgungsnetze erzeugen selbst keine Energie und verbrauchen sie, außer durch Verluste, auch nicht. Ein Beitrag der Smart Grids zur Erreichung dieser Ziele muss jedoch im Wirkungsbereich der Netze – d. h. in der Übertragung und Verteilung elektrischer Energie – realisiert werden: Durch bedarfsgerechte Netzplanung und -ausbau, Netzbetrieb und Instandhaltung auf die Art, dass ein technisch-wirtschaftliches Optimum für die Netzkunden stets gewährleistet ist und dass für die künftigen Bedürfnisse und Prioritäten im Sinne der *2020 Ziele der EU* vorgesorgt wird. Folglich kann man den Begriff Smart Grid als einen Prozess der kontinuierlichen Weiterentwicklung und Verbesserung – ein *Kaizen*[3] im Elektrizitätsnetzgeschäft – klarstellen.

Solche breiten und ganzheitlichen Konzepte bleiben oft praxisfern und in der Umsetzung auf der Strecke. In diesem Beitrag sind daher diejenigen Aspekte angesprochen, die für eine effektive und praktische Realisierung der Smart Grids relevant sind.

---

[1] Vgl. Kapetanovic und Botting (2010, S. 6).
[2] Vgl. EU-Kommission (2005).
[3] Vgl. Gabler Wirtschaftslexikon 2013, Kaizen.

Tab. 8.1 Smartness am Beispiel des Smartphones

	Herkömmliches Telefongerät	Smartphone
Anwendung	Gespräch zwischen A und B	Internet, Navigation, Geldverkehr, Gespräche, …
Nutzen	Kommunikation	„Fenster zur Welt", allgegenwärtig unterstützend, …
Mehrwert	Kein besonderer	Hoch, dient als Plattform für hochwertige Dienste
Mensch	Anwender	„Anwender als kreativer Entdecker"
Umwelt	Unauffällig	Wiederverwertbar
Gesellschaft	Unauffällig	Täglicher Begleiter
Zukunft	Unauffällig	Versprechend, noch vielseitig unbekannt

8.2 Smartness der elektrischen Energieversorgungsnetze

Ein Grund für die Vielfalt der Interpretationen liegt in der Bandbreite der Bedeutungen des englischen Wortes *smart*: Etwas Feines und Hochentwickeltes, das elegant ist und sogar mitdenken kann, gleichzeitig aber auch etwas Simples und etwas wodurch mit weniger Ressourcen ein gleichwertiges oder noch besseres Ergebnis erreicht wird.

Zur Erläuterung, was die elektrischen Energieversorgungsnetze smart macht, ist ein Vergleich zwischen smarten und herkömmlichen Produkten hilfreich. Exemplarisch angeführt ist dies in der Tab. 8.1, für das Beispiel Smartphone, das heute ein wichtiger Bestandteil unseres Lebens in der modernen, technologieorientierten Gesellschaft ist.

Smartness bedeutet also: Anwendungsvielfalt, -komfort und -spaß; erweiterten Nutzen und breiteren Anwenderhorizont; Mehrwert für die Anwender und ihr Umfeld; Aktive und passive Umweltentlastung; breite Präsenz und Verwendung in der Gesellschaft; Zukunftsorientierung.

Die Voraussetzung für Smartness ist allerdings, dass die Grundfunktionen vorhanden sind. Bezogen auf die elektrischen Energieversorgungsnetze bedeuten zwar diese Grundfunktionen nur Übertragung und Verteilung elektrischer Energie, aber wegen steigender Anforderungen sind diese Grundfunktionen bereits heute nur mit smarten Ansätzen realisierbar – Smart Grids sind eben die heutigen elektrischen Energieversorgungsnetze, auf ihrem Evolutionsweg in die Zukunft!

Die Anforderungen an Smart Grids lassen sich am besten im Rahmen des Elektrizitätsmarktes und der *2020 Ziele der EU*, wie in der Abb. 8.1, darstellen.

Aktive Netzkunden beteiligen sich an verbrauchsseitigen Maßnahmen (*Demand Response*), tragen so zum Spitzenlast- und -energiemanagement bei, partizipieren in lokalem Energieaustausch und virtuellen Kraftwerken, verwenden Smart Metering-Technologien und Lösungen für effektivere Marktteilnahme und schnelleren Anbieterwechsel. Die Aktivierung der Netzkunden wirkt sich direkt auf die Verteilernetze aus, als auch indirekt aber stark auf die Entwicklung und Betriebsführung der Übertragungsnetze.

Abb. 8.1 Anforderungen an Smart Grids

Dezentrale Erzeugung – angeschlossen an ein Mittel- oder Niederspannungsverteilernetz und somit verbrauchsnah[4] – verursacht bidirektionale Lastflüsse in Verteilernetzen, wo sie früher nicht existierten und beeinflusst Spannung und Netzverluste. Dezentrale Erzeugung wirkt sich direkt auf die Verteilernetze an die sie angeschlossen ist aus, hat aber auch Einfluss auf geänderte Lastflüsse, Ausgleich- und Regelenergiebedarf in Übertragungsnetzen. Ein weiterer Effekt besonders der dezentralen Photovoltaikerzeugung ist die Umstellung der Tageslastkurve, wie in der Abb. 8.2 schematisch dargestellt. Durch diese Umstellung sinken oder überhaupt verschwinden die Preisdifferenzen zwischen Spitzen- und Grundlastpreis. Das führt zu atypischen Lastflüssen im Übertragungsnetz, z. B. durch Pumpeinsatz der Pumpspeicherkraftwerke zu früheren Spitzenlastzeiten.

Windkraftintegration hat von allen Anforderungen an Smart Grids am stärksten an Bedeutung gewonnen und dieser Trend setzt sich weiter fort. Das ist so wegen der Volatilität, die auch bei der besten Prognosequalität zu Abweichungen und somit zu erhöhtem Ausgleichbedarf führt und wegen schnell wachsender Windkraftkapazitäten und der Bedeutung der aus Windkraft erzeugten elektrischen Energie. In der Abb. 8.3 sind die Prognosen über die installierte Leistung und erzeugte elektrische Energie aus Windkraft in der EU dargestellt, basierend auf Analysen der European Wind Energy Association (EWEA), Eurelectric und European Network of Transmission System Operators – Electricity (ENTSO-E).

Marktintegration hat von allen Anforderungen an Smart Grids die stärkste Wechselwirkungen mit Bereichen, die nicht direkt den elektrischen Energieversorgungsnetzen zugeordnet sind und eine zentrale Rolle für die künftige Entwicklung der Übertragungsnetze: Koordination und Management der Übertragungskapazitäten, Ausgleichs- und Regelenergiemarktintegration, zentrale Betriebskoordination vs. dezentrale Störungsprävention und -management, Reserve und Speicher. Heute und in kommenden Jahren steht Marktinte-

---

[4] Vgl. EIWOG (2013).

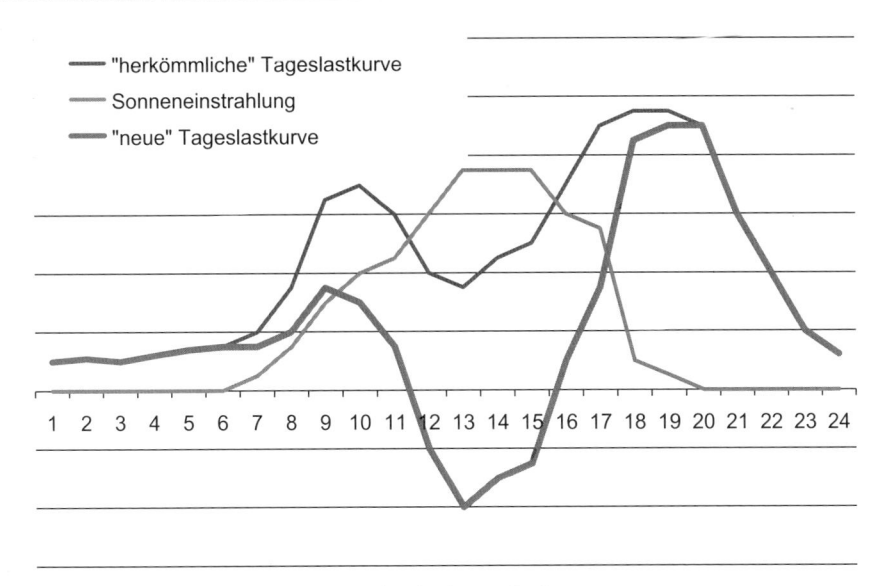

Abb. 8.2 Umstellung der Tageslastkurve durch Photovoltaikerzeugung

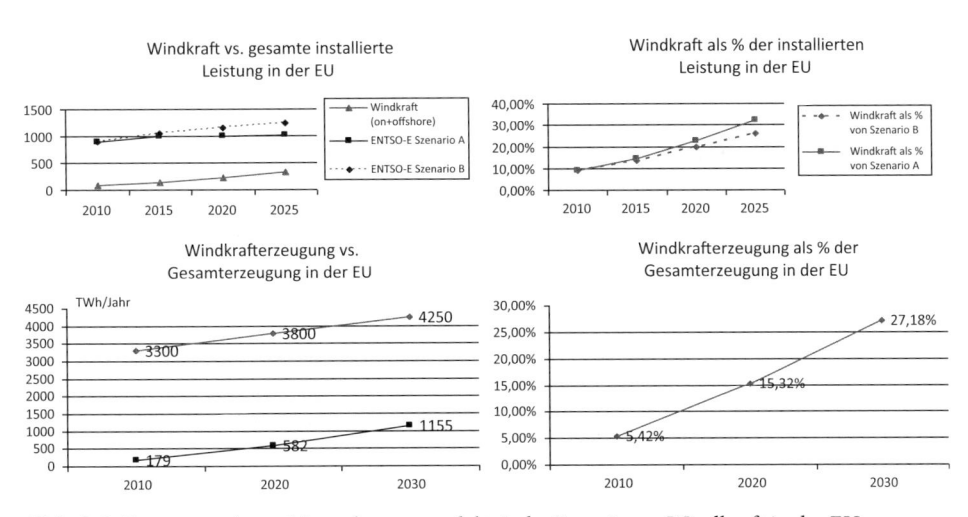

Abb. 8.3 Erzeugungskapazität und erzeugte elektrische Energie aus Windkraft in der EU

gration im Zeichen des Dritten Binnenmarktpakets und Netzkodizes gem. Artikel 8 der VO (EG) 714/2009. Dort sind Vorgaben enthalten, die eine noch höhere Smartness der Übertragungsnetze fordern.

Versorgungssicherheit, in Monopolzeiten Aufgabe der Regierungen und vertikal integrierten Energieversorgungsunternehmen, ist heute nur dann gewährleistet, wenn alle Akteure in der Elektrizitätsversorgungskette ihre Aufgaben erfüllen und ein effektives Risikomanagement im eigenen Bereich umsetzen. Dies umfasst Risikomanagement der volatilen Erzeugung, Risikomanagement der Primärenergiepreise und erneuerbaren Förderungen, sowie Management der regulatorischen Risiken im Elektrizitätsversorgungsnetzgeschäft. Smarte Ansätze für die Versorgungssicherheit sind ein Teil des gesamten, großen Gebildes.

Betriebssicherheit ist von allen Anforderungen an Smart Grids die wichtigste und fundamentale Voraussetzung für die Gesamtsystemfunktion – unterbrechungsfreie Versorgung mit elektrischer Energie. Betriebssicherheit bedeutet die Fähigkeit des elektrischen Energieversorgungssystems, störungsfreien Betrieb – *Normalzustand* – zu erhalten bzw. ihn nach Störungen wiederherzustellen. Volatilität der Erzeugung, sich schnell verändernde Lastflüsse in Folge von Handelsaktivitäten und Erzeugungseinsatz nahe an Echtzeit, sind die Rahmenbedingungen, in denen die Betriebssicherheit gewährleistet werden muss.

Die Lösungsansätze für diese Anforderungen sind in der Folge erläutert, mit Beispielen und Erfahrungen aus der Praxis, die für die heutigen und künftige Smart Grids relevant sind.

8.2.1 Risikomanagement im operativen Übertragungsnetzbetrieb

Die Übertragungsnetze sind bereits seit vielen Jahrzehnten smart: Übertragung ist durch *bidirektionale Lastflüsse* und eine Vielfalt an aktiven Netzbenutzern charakterisiert, deren Verhalten unterschiedlich ist. Windkraft- und Marktintegration passieren auch vorwiegend in den Übertragungsnetzen. Schließlich sind auch für die Versorgungssicherheit der überregionale Energieaustausch und -ausgleich sowie Frequenzqualität, die die Übertragungsnetze gewährleisten, entscheidend.

Betriebssicherheit ist bei stark ansteigender *Volatilität* und dem damit verbundenem Risiko nur mit geeigneten *Hedginginstrumenten* zu gewährleisten: i) Einer kurzfristig-adaptiven Netzsicherheitsprognose einerseits und ii) einem Ausgleich der Volatilität durch Markthandel nahe an Echtzeit andererseits.

In Anbetracht der stets steigenden dezentralen Erzeugung, des lokalen und regionalen Energieaustauschs, der Volatilität, der Schlüsselrolle des Übertragungsnetzes im überregionalen Ausgleich sowie für die Funktion des gesamten Elektrizitätsversorgungssystems, verändert sich das *Geschäftsmodell der Übertragungsnetzbetreiber* immer mehr in Richtung des Risikomanagements bzw. eines Versicherungsunternehmens für alle angeschlossenen Netzkunden – einer Versicherung, die das Risiko der Versorgungsunterbrechung minimiert.

Eine Diskussion über diese *Geschäftsmodellumwandlung* – obwohl sie auch eine wichtige Komponente der künftigen Smartness der Übertragungsnetze ist – würde den Rahmen dieses Beitrags sprengen. Eine genauere Betrachtung der zwei erwähnten Hedginginstrumente für die Gewährleistung der Betriebssicherheit ist aber wichtig, da bereits heute von zentraler Bedeutung.

8.2.1.1 Operative Netzbetriebsplanung im volatilen Umfeld

Vor der Liberalisierung und Energiewende, die einen rasanten Anstieg an volatiler Erzeugung gebracht haben, war operative Betriebsplanung eine weniger dynamische Tätigkeit. Entscheidende Faktoren wie Lufttemperatur am selben Wochentag heute und im Vorjahr, Verbrauch und Erzeugung an diesem Tag, sowie Einbeziehung geringer Berechnungsreserven für die Abweichungen waren ausreichend, um den Betrieb gut zu planen, sowohl im Netz als auch den Kraftwerkseinsatz.

Mit Marktöffnung, Entflechtung und Elektrizitätshandel über die Grenzen der Übertragungsnetze hinaus, ist der *erste Volatilitätsschub* angetreten. Dabei waren die physikalischen Lastflüsse anhand von Preisdifferenzen zwischen einzelnen Preiszonen noch gut prognostizierbar. Mit dem Ersatz von expliziten durch die impliziten Auktionen konnten die vorhandenen Leitungskapazitäten besser ausgenutzt werden.

Mit Anstieg der geförderten volatilen Erzeugung – vorwiegend aus Wind- und Solarkraft mit Photovoltaik – kam es zum *zweiten Volatilitätsschub*, der die Prognosegüte verschlechterte. Die Preisbildung wurde zunehmend durch das Wetter (Wind) und die Sonneneinstrahlung (Tag/Nacht) bestimmt. Es existieren kaum mehr frühere typische Lastflussmuster und Situationen im Netz.

Die operative Betriebsplanung über einen Tag hinaus verliert heute im Übertragungsnetz immer mehr an Bedeutung, die Bedeutung der *Intraday-Betrachtung* steigt dagegen stark an. Das wird durch den zunehmenden Einfluss aus den EU-Regionen mit hoher Windkrafterzeugung weiter verstärkt.[5]

Um den operativen Übertragungsnetzbetrieb heute effektiv zu planen und Störungen vorzubeugen, sind smarte Ansätze erforderlich:

- *Netzsicherheitsrechnung* – mit Simulation aller relevanten Betriebsmittelausfälle um Netzsicherheitsverletzungen zu identifizieren – muss auf echtem physikalischen Grundlastfall aufbauen, einschließlich Betriebsmittelschaltzustände, Knoteneinspeisungen und -abnahmen, Kraftwerksfahrpläne und aktuelle Abschaltungen;
- Ein *Blick über den eigenen Tellerrand*, d. h. über die Grenzen des eigenen Übertragungsnetzes hinaus ist entscheidend bei der Herstellung des Grundlastfalls – ein dafür erforderliches, gemeinsames Übertragungsnetzmodell, *Common Grid Model* muss mit allen relevanten Übertragungsnetzbetreibern gemeinsam gebildet werden, so wie es in der ENTSO-E Synchronzone Kontinentaleuropa bereits heute der Fall ist;[6]
- Die *Netzsicherheitsrechnung für den Folgetag* muss stets, während dieses Folgetages, angepasst werden – d. h. Intraday operative Netzbetriebsplanung ist unabdingbar und soll kurzfristig immer systematisch nach vordefiniertem Zyklus erfolgen, um so nah wie möglich an die erforderliche Betriebsveränderungen und Maßnahmen zu kommen;
- Die *Maßnahmen für den sicheren Übertragungsnetzbetrieb* – sowohl netztechnische als auch Kraftwerkseinsatz/Redispatch – müssen mit relevanten Übertragungsnetzbetreibern gemeinsam koordiniert werden – ein virtueller Betriebsplanungsaustauschraum ist mittels Telefon- und Videokonferenz realisiert, in dem die Diensthabenden Netzbetriebsplaner ihre Entscheidungen optimieren, um allfällige negative Auswirkungen auf den sicheren koordinierten Übertragungsnetzbetrieb zu vermeiden;[7]
- *Berechnung und Management der Leitungskapazitäten* für den Markt und Handel muss auf Basis des gemeinsamen Übertragungsnetzmodells erfolgen und die relevanten Übertragungsnetzbetreiber einbeziehen;

---

[5] Vgl. ENTSO-E (2013a).
[6] Vgl. ENTSO-E (2013a).
[7] Vgl. TSC (2013).

- Die *Abschaltplanung* – für Wartung, Instandhaltung und Netzausbau – über die nationalen Übertragungsnetzgrenzen hinaus, muss auch mit relevanten Netzbetreibern koordiniert werden.

Die smarte Betriebsplanung nach diesen Ansätzen ist bereits heute durch die *TSO Security Cooperation (TSC)* Sicherheitsinitiative realisiert, in der zwölf (ab 2014 voraussichtlich dreizehn) Übertragungsnetzbetreiber aus Zentraleuropa und Skandinavien gemeinsam die operative Netzbetriebsplanung koordinieren.[8] Eine weitere Sicherheitsinitiative der europäischen Übertragungsnetzbetreiber ist *CORESO*, in der die Vorschau und Maßnahmenvorschläge für die kurzfristig bevorstehenden Betriebssituationen für fünf TSOs zentral erstellt werden.[9]

Die Kooperation von *TSC* und *CORESO* ist ein entscheidender Faktor für die künftige Smartness der Übertragungsnetze Europas und baut auf komplementären Vorteilen dezentraler und zentraler Ansätze auf. Mit weiterem Ausbau der redundanten Systeme und Lösungen, Austausch von Echtzeitnetzansichten und aktuellen Informationen, wird die operative Übertragungsnetzbetriebsplanung für ganz Europa noch smarter, die Risiken im operativen Betrieb bereits in der Planungsphase identifiziert und ihre Auswirkungen minimiert.

Bei dieser Entwicklung kommt es zur Verschiebung der Entscheidungsfindung von Echtzeitbetrieb in die kurzfristige Intraday-Betriebsplanungsphase. Dadurch werden die Qualität und ökonomische Effizienz der eingesetzten Maßnahmen besser.

Smartness des Übertragungsnetzbetriebes liegt folglich zu einem großen Teil in smarter Betriebsplanung, mit kurzfristig adaptiver Netzsicherheitsprognose und mit Einsatz moderner IT-Lösungen, die in Zukunft auch hybride, heuristisch/algorithmische, entscheidungsunterstützende Anwendungen umfassen werden.

8.2.1.2 Ausgleich der Volatilität durch Markthandel nahe an Echtzeit

Auch die bestmögliche Betriebsplanung und Windkraftprognose können nicht für alle denkbaren Fälle und Netzsituationen vorsorgen – eine Prognoseabweichung ist die Konsequenz. Mit steigenden Anteilen der volatilen Erzeugung und der Volatilität insgesamt, steigen auch die Bedeutung und der Einfluss dieser Abweichungen.

Mit voranschreitender *Liberalisierung* der europäischen Elektrizitätsmärkte um die Jahrtausendwende stieg auch der physikalische Stromhandel an. In Kontinentaleuropa war der Fokus vorerst auf *Day-Ahead* Zeitfenster. Sowohl innerhalb der einzelnen Übertragungsnetze und Regelzonen, als auch über die Regelzonengrenzen hinaus, wurden die Geschäfte der Marktteilnehmer für den Folgetag vorbereitet, die expliziten Auktionen[10] der grenzüberschreitenden Leitungskapazitäten durchgeführt und in der Folge die Ge-

---

[8] Vgl. TSC (2013).
[9] Vgl. CORESO (2013).
[10] Vgl. Nordpool Spot (2011).

schäfte – nach Nominierung, d. h. nach einer verbindlichen Inanspruchnahme durch die Marktteilnehmer – ab der ersten Stunde des Folgetages abgewickelt.

In Nordeuropa, wo vier skandinavische TSOs bereits eine längere Marktgeschichte hinter sich hatten – die erste organisierte Strommarktstrukturen wurden z. B. in Norwegen bereits in den 1970er Jahren umgesetzt – ist der physikalische Stromhandel für den Folgetag für alle vier Regelzonen gemeinsam in einem Marktsystem organisiert, in dem auch die grenzüberschreitende Kapazitätsallokation in Form von impliziten Auktionen[11] stattfindet. Dabei wurde ein *Intradayhandel* eingeführt, dessen Bedeutung zugenommen hat. Im Nordeuropa ist *Intradayhandel* heute bis kurz vor Echtzeit möglich, wodurch wesentliche Voraussetzungen für gestiegene Smartness des Marktes geschafft wurden:

- Eine kurzfristige Reaktion der Marktteilnehmer auf Prognoseabweichungen und Volatilität im Markt, wodurch sich Nutzen und Wohlfahrt für alle Akteure verbessern – wohl unter der Voraussetzung, dass der Markt transparent ist, einwandfrei funktioniert und richtige Signale an die Marktteilnehmer rasch weitergegeben werden;
- Ein Beitrag zum physikalischen Ausgleich im elektrischen Energieversorgungssystem, wodurch weniger Regel- und Ausgleichsenergie benötigt wird. Dadurch wurde auch ein Ausgleich der Volatilität durch Markthandel nahe an Echtzeit ermöglicht.

Die Voraussetzung für dieses, sowohl für das elektrische Energieversorgungssystem als auch für den Markt vorteilhafte System ist die Struktur der skandinavischen Übertragungsnetze: Die ausgeprägten Nord-Süd-Verbindungen, mit Querverbindungen im Süden, bilden eine, verglichen mit Kontinentaleuropa, einfachere und weniger vermaschte Übertragungsnetzstruktur. Die notwendigen Zeit und die Ressourcen für die Netzsicherheitsanalyse sind geringer und erlauben Markthandel sehr nahe an Echtzeit.

In Kontinentaleuropa dagegen, wo ein höherer Vermaschungsgrad und größere Dichte der Übertragungsnetzleitungen vorhanden sind, ist die erforderliche Zeit für eine koordinierte Netzsicherheitsanalyse länger und die Ressourcen aufwändiger. Die Erfahrungen der erwähnten Sicherheitsinitiativen der europäischen Übertragungsnetzbetreiber[12] zeigen, dass eine verbindliche Zusage für die Intradaygeschäfte heute nicht kurzfristiger als einige Stunden vor Echtzeit möglich ist: Einerseits müssen kurzfristigen Änderungen in das *Common Grid Model*[13] eingepflegt und stets aktuell gehalten werden; andererseits benötigt die Software durch die das *Common Grid Model* umgesetzt und berechnet wird, für die Netzsicherheitsrechnung mit Simulationen von Tausenden von Ausfällen, sowie die Koordination der Maßnahmen um die Netzsicherheit im Verbundnetzbetrieb Kontinentaleuropas aufrecht zu erhalten, entsprechende Zeit. Auch in der Zukunft mit fortschrittlichsten Werkzeugen und Prozessen wird diese Zeit im Kontinentaleuropa kaum kürzer als eine Stunde vor Echtzeit sein können.

---

[11] Vgl. Nordpool Spot (2011).
[12] Vgl. dazu TSC (2013) und CORESO (2013).
[13] Vgl. Austrian Power Grid AG (2013).

Ausgleich der Volatilität durch Markthandel nahe an Echtzeit wird in Kontinentaleuropa an Bedeutung gewinnen und einen Beitrag zur Smartness der Übertragungsnetze und des Marktes leisten. Wegen der Komplexität und des Vermaschungsgrades der kontinentaleuropäischen Übertragungsnetze, wird dieser Markthandel kaum so nahe an Echtzeit möglich sein wie in Skandinavien und muss daher mit zusätzlichen Maßnahmen ergänzt werden: sowohl mit den bisher angewandten netztechnischen und Kraftwerksredispatch-Maßnahmen, als auch – künftig – mit *must-run Kraftwerken*, für Engpassmanagement und Systemstabilitätsgewährleistung. Dies ist im künftigen EU Rechtsrahmen für die Betriebssicherheit, *Operational Security Network Code*[14] vorgesehen. Für *must-run Kraftwerke* wird es weiter entscheidend sein, dass sie mit kurzen Vorlaufzeiten für den operativen Übertragungsnetzbetrieb verfügbar sind.

8.2.1.3 Supergrids als überlagerte Übertragungsnetze

Supergrid ist ein weiterer Begriff, der in Zusammenhang mit smarten Übertragungsnetzen verwendet wird. Unter Supergrids[15] werden die *übergeordneten Übertragungsnetze* verstanden, ausgeführt als Gleichstrom- oder Drehstromübertragungssysteme, die große Mengen an erzeugter elektrischer Energie aus entfernten Windkraft- und Solarkrafterzeugungsanlagen zu den Verbraucherzentren übertragen und damit einen optimalen Ausgleich schaffen sollen. Die Idee der Supergrids ist interessant, denn derartige weiträumige Fernübertragungssysteme würden einen wichtigen Beitrag zur Integration Erneuerbarer Energien in Europa ermöglichen.

Supergrids sind noch nicht in praktischer Anwendung. Die Gründe dafür sind sehr lange Genehmigungsverfahren für neue Leitungen, hohe Investitionskosten verbunden mit zahlreichen Risiken sowie – wenn das Konzept auf Verbindung der nordeuropäischen Windkrafterzeugung mit Solarerzeugung aus Nordafrika angewandt wird – geopolitische Risiken in Ländern außerhalb der EU.

Technisch sind für Supergrids mehrere Varianten denkbar:

- *Erhöhung der Drehstromübertragungsspannung* von heute 380 kV, auf 500 kV, 750 kV oder sogar 1 MV, so wie sie in Russland, Kanada oder China zu finden ist. Bei solch hohen Spannungen ist eine fernere und leistungsstärkere Übertragung technisch und ökonomisch möglich. Allerdings ist die Spannungserhöhung im erforderlichen Ausmaß mit erheblichen Steigerungen des Platzbedarfs für die neuen Leitungstrassen verbunden. Dabei können durch diese neuen Höchstspannungs-Fernübertragungsleitungen, die bestehenden europäischen 220/380-kV-Übertragungsnetze nicht rückgebaut werden, weil sie die nationalen und regionalen Übertragungsaufgaben weiterhin erfüllen müssen. In Anbetracht der bereits heute langen und zähen Genehmigungsverfahren für die Übertragungsleitungen ist eine Spannungserhöhung, wie sie für solche Supergrids erforderlich wäre, in der EU heute und in naher Zukunft unrealistisch.

---

[14] Vgl. ENTSO-E (2013b).

[15] Vgl. Friends of the Supergrid (2013).

- Ein *überlagertes Drehstromübertragungsnetz* mit niedrigerer Frequenz, z. B. 16⅔ Hz, um dadurch niedrigere Reaktanzen und Verluste und somit längere Übertragungsentfernungen zu ermöglichen. Erfahrungen mit Übertragungsnetzen niedriger Frequenz sind vorhanden aus Bahn-Stromnetzen. Dabei handelt es sich um Wechsel- und nicht Drehstromübertragung, d. h. kein 3-Phasenübertragungssystem. Die Probleme bei Einsatz dieser Technologie sind, ähnlich wie bei der Spannungserhöhung, durch lange Genehmigungsverfahren zu erwarten; Aus diesem Grund ist auch diese Technologie weniger aussichtsreich für die europäischen Supergrids.
- *Hochspannungs-Gleichstrom-Übertragung (HGÜ)* Systeme sind bereits heute erprobte und im Einsatz befindliche Lösungen weltweit und in Europa bei Überseekabel zwischen Skandinavien, Großbritannien bzw. Länder am Mittelmeer und Kontinentaleuropa. HGÜ-Systeme für Übernahme und Übertragung der erzeugten Energiemengen aus Windkraft in der Nordsee zu den Konsumzentren auf dem Kontinent befinden sich in Planung mehrerer europäischen Übertragungsnetzbetreiber, z. B. in Deutschland.[16] Dabei stehen zwei technische Lösungsansätze zur Verfügung: strom- und spannungsgeführte HGÜ-Systeme, deren Vor- und Nachteile in der Abb. 8.4 kurz und schematisch, ohne technische Details dargestellt sind.

Die stromgeführten HGÜ-Systeme basieren auf *Thyristortechnologie* und sind seit etwa 70 Jahren im Einsatz. Es existieren zahlreiche praktische Erfahrungen. Die Übertragungsströme und -spannungen sind höher als bei spannungsgeführter HGÜ.[17] Die wichtigsten Nachteile von stromgeführten HGÜ Systemen sind, dass sie einerseits externe Spannung (aus dem Drehstromnetz) für die Kommutierung benötigen und andererseits nur Punkt-zu-Punkt Verbindungen und keine vermaschten Netzstrukturen erlauben.[18]

Die spannungsgeführten HGÜ-Systeme basieren auf *Transistortechnologie*, sind erst kürzere Zeit im Einsatz und es sind weniger Erfahrungen vorhanden. Ihr Vorteil ist eine – wenn auch teurere und mit einigen noch nicht in der Praxis vollständig gelösten Fragen verknüpfte – Vermaschungsmöglichkeit.[19] Diese ist für die langfristige Nutzung der HGÜ-Systeme wichtig, weil dadurch Flexibilität und Anpassung an künftige Lastentwicklungen und -verschiebungen in Europa möglich sind. Darüber hinaus benötigen die spannungsgeführten HGÜ-Systeme keine externe Spannung für die Kommutierung.

Keine dieser Technologievarianten ist für das künftige überlagerte Übertragungsnetz Europas ideal. Von den verfügbaren Lösungen sind aber die spannungsgeführten HGÜ Systeme die aussichtsreichste Option und einige Konsortien beschäftigen sich bereits heute mit Fragestellungen und Vorbereitungsarbeiten für die europäischen Supergrids auf dieser Basis.[20]

---

[16] Vgl. Bundesnetzagentur (2012).
[17] Vgl. IEEE (2012).
[18] Vgl. Feng Wang et al. (2011).
[19] Vgl. IEEE (2012).
[20] Vgl. Desertec Foundation (2013).

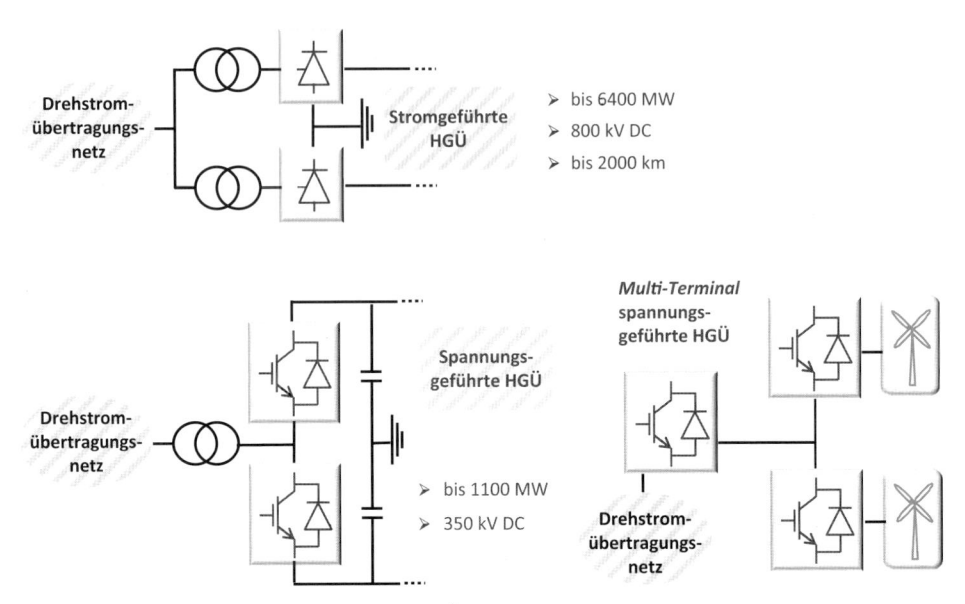

Abb. 8.4 Technische Lösungsansätze für HGÜ-Systeme

8.2.2 Windkraftintegration

Integration der Erzeugung aus Windkraft erfordert sowohl den Netzausbau in Übertragungs- und Verteilernetzen als auch betriebliche Vorkehrungen und Maßnahmen wegen Volatilität und Prognoseungenauigkeit des Windes.

Für die Übertragungsnetze ist die Windkraftintegration überhaupt eine der größten Herausforderungen der Gegenwart. Erfolgreiche Windkraftintegration auf Basis kombinierter Netz- und Marktmaßnahmen ist entscheidend für die noch höhere Smartness in Übertragungsnetzen der Zukunft. Darüber hinaus wird die Frage der Gleichbehandlung der geförderten Windkrafterzeugung mit anderen Erzeugungstechnologien immer wichtiger.

8.2.2.1 Systemdienstleistungen und Anreize

Frequenzleistungsregelung, Ausgleichs- und Regelenergiebereitstellung gehören zu den wichtigsten Systemdienstleistungen im Übertragungsnetz. Der Ausgleich erfolgt auf zwei Ebenen:

a. *Bilanzgruppenverantwortliche* bilanzieren ihre Bilanzgruppenmitglieder und haben dabei Anreize aus dem Markt und Regulierungssystem, dieses Bilanzieren so gut wie möglich zu gestalten, um Ausgleichsenergiebedarf – und somit Kosten – zu minimieren;
b. *Übertragungsnetzbetreiber und Regelzonenführer* sorgen dafür, dass die physikalische Bilanz aller in der Regelzone tätigen Bilanzgruppen immer erhalten bleibt und verwenden dafür die Ausgleichs- und Regelenergiemarktprodukte.

In den meisten EU-Mitgliedsstaaten existieren noch kaum Anreize zur Minimierung der Ausgleichsenergie für die Windkrafterzeugung, die vergleichbare Wirkung hätten wie oben in a) für die herkömmlichen Bilanzgruppen. Daher ist die Windkrafterzeugung noch immer in erster Linie durch den Anreiz von höchstmöglicher Einspeisung in das Netz getrieben, ungeachtet aktueller Netzsicherheitssituation.

Weil die heutigen EU Rechts- und Regulierungsrahmen für die geförderte Erzeugung – insbesondere Windkraft – noch immer ungeeignet und zwischen den Mitgliedsstaaten nicht harmonisiert sind, müssen für den sicheren Betrieb europäischer Übertragungsnetze immer öfter und immer mehr Maßnahmen herangezogen werden – z. B. Einsatz von Kohlekraftwerken mit hohen CO_2 Emissionen für das Engpassmanagement –, durch die die ursprüngliche Motivation der Windkrafterzeugung (CO_2-Reduktion) zunichte gemacht wird.

Durch Engpassmanagement steigen auch die Kosten für die Kunden, die im ungünstigsten Fall dreimal zahlen müssen: i) für die elektrische Energie, ii) für die Förderung der Erzeugung dieser Energie aus Windkraft und iii) für die Engpassmanagement- und Redispatchkosten.

Eine mögliche Lösung, die aber eine gemeinsame Initiative im Rechts- und Regulierungsrahmen für die Windkrafterzeugung bedarf, ist von Kapetanovic et al.[21] beschrieben und in der Abb. 8.5 schematisch dargestellt.

Wie in Abb. 8.5 dargestellt, wenn der Strommarktpreis unter ein definiertes Niveau sinkt (oder evtl. negativ wird), werden die geförderten Einspeisetarife über dem Marktpreis nicht ausbezahlt. Dadurch würde ein Anreiz zur Sicherung der Speichermöglichkeiten entstehen, sei es durch eigene Kapazitäten (z. B. Pumpspeicherwasserkraft, Batterien, Umwandlung von Wasser zu Wasserstoff, usw.) oder durch Verträge mit Betreibern solcher Kapazitäten.

Im Hinblick auf die weitere massive Steigerung der Windkrafterzeugung wird es für ein derartiges oder ähnliches Anreizsystem in der nahen Zukunft kaum Alternativen geben, um die Sicherheit und Gesamtfunktion des elektrischen Energieversorgungssystems Europas weiter zu erhalten.

8.2.2.2 Nichtdiskriminierende Behandlung aller Erzeugungsarten

Ein System ähnlich wie in Abschn. 8.2.2.1 geschildert, würde auch zur nichtdiskriminierenden Behandlung der Windkrafterzeugung mit anderen Erzeugungstechnologien führen. Wenn die Preise niedrig sind und/oder bestimmte Erzeugungsanlagen aus netztechnischer Sicht nicht ins Netz einspeisen können, dann werden diese Anlagen nicht betrieben, bzw. müssen sich am Engpassmanagement und Redispatch beteiligen. Dieses Grundprinzip wäre durch die beschriebene Lösung auch auf die Windkrafterzeugung anwendbar. Dadurch wird zur CO_2-Reduktion, der Wirtschaftlichkeit und der Kostenmilderung für die Stromkunden beigetragen.

---

[21] Siehe dazu Kapetanovic et al. (2008).

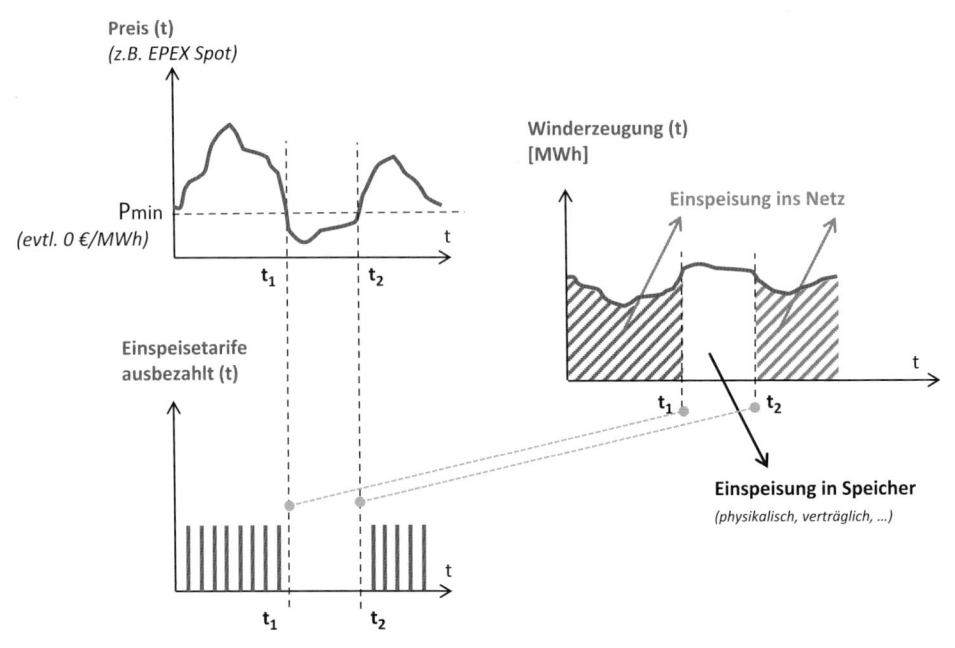

Abb. 8.5 Anreize für die marktorientierte Windkraftintegration

8.2.2.3 Systemstabilität

Für den sicheren Betrieb des elektrischen Energieversorgungssystems ist die Erhaltung der *Frequenz-, Winkel- und Spannungsstabilität* unabdingbar. Um Stabilitätsstörungen durch Kraftwerksausfälle zu überstehen und den Synchronbetrieb aufrecht zu erhalten, ist die ausreichende Systemträgheit entscheidend – die schweren, rotierenden Massen der *Synchrongeneratoren* gewährleisten diese Systemträgheit.

Mit massivem Ausbau und erhöhter Beteiligung der Windkraft und Solarkraft aus Photovoltaikerzeugung am gesamten Erzeugungsmix, sinkt die Systemträgheit. Auch die heute angewandten Windkraft-Synchrongeneratoren haben keine schweren gewickelten Rotoren wie die konventionellen Synchrongeneratoren, sondern sind mit Permanentmagneten ausgeführt, haben eine geringe rotierende Masse und somit auch geringe Trägheit.

Mit weiter ansteigendem Anteil der Windkraft am gesamteuropäischen Erzeugungsmix wird es notwendig, dass sich die Windkrafterzeugung an der Erbringung der erforderlichen Systemträgheit beteiligt, sei es technisch durch koordinierten Einsatz mittels Leistungselektronik und Informationstechnologie (dieser Ansatz ist komplex und erfordert eine breite und umfangreiche Koordination in Echtzeit) oder vertraglich über die *must-run Kraftwerke*, wie im *Operational Security Network Code*[22] vorgesehen.

---

[22] Vgl. ENTSO-E (2013b).

8.2.2.4 Engpassmanagement

Auch nach der Realisierung einer marktbasierten Windkraftintegration wie im Abschn. 8.2.2.1 beschrieben, bleibt Engpassmanagement durch das Kraftwerksredispatch weiterhin erforderlich – wenn auch in kleinerem Ausmaß – um die residuale Volatilität und verbleibende Prognoseungenauigkeit der Windkrafterzeugung zu kompensieren. Die Beteiligung der Windkrafterzeugung – nach dem Kostenverursacherprinzip – wird auch bei diesem Engpassmanagement künftig unabdingbar, wenn eine nachhaltige und zweckdienliche Windkraftintegration erreicht werden soll und dabei negative Auswirkungen auf die Kleinkunden (u. A. weitere Kostensteigerungen) und Wirtschaft Europas zu vermeiden.

8.2.3 Bidirektionale Lastflüsse als Treiber der smarten Verteilernetze

Die Smartness in Verteilernetzen bedeutet einen Paradigmenwechsel, von *build-to-forget* – wie das vergleichsweise statische und gut planbare Umfeld der Verteilernetze der Vergangenheit oft bezeichnet wurde – zur neuen Drehscheibe der lokalen Stromversorgung und Endkunden-Aktivierung, mit einer Vielfalt an neuen Akteuren, Rollen und Aufgaben. Diese Smartness ist getrieben vor allem durch den rasanten Anstieg an dezentraler Erzeugung der vergangenen Jahre.

8.2.3.1 Dezentrale Erzeugung und Spannungsregelung

In der Vergangenheit waren die Lastflüsse im Verteilernetz vorwiegend vom Übertragungsnetz über den Netztransformator in Richtung Netzkunden. Bei adäquater Betriebsführung und bedarfsgerechtem Verteilernetzausbau war, in Zeiten ohne Störungen, der zeitliche Spannungsverlauf unauffällig, die Spannungsvolatilität gering, mit Spannungsabsenkung bei steigender Entfernung entlang des Netzzweigs. Diese Verhältnisse sind schematisch dargestellt in der Abb. 8.6a).

Mit dezentraler Erzeugung entstehen bidirektionale Lastflüsse, die zeitliche Spannungsvolatilität steigt und der Spannungsverlauf entlang des Netzzweiges verändert sich. Diese Situation ist schematisch in der Abb. 8.6b) dargestellt. Dabei sind drei Faktoren entscheidend:

- Anschlusspunkt der dezentralen Erzeugungsanlagen – nahe dem Anfang oder Ende des Netzzweigs;
- *Primärenergie und Art der dezentralen Erzeugung* – vorwiegend bandförmig wie z. B. bei Biomasse-KWK-Anlagen, abhängig von dem Tageslicht wie bei Photovoltaikerzeugung, oder stochastisch wie bei der Windkraft;
- Aktuelle dezentrale Erzeugung vs. aktuelle Verbrauchsleistung im jeweiligen Netzzweig bzw. Teil des Verteilernetzes.

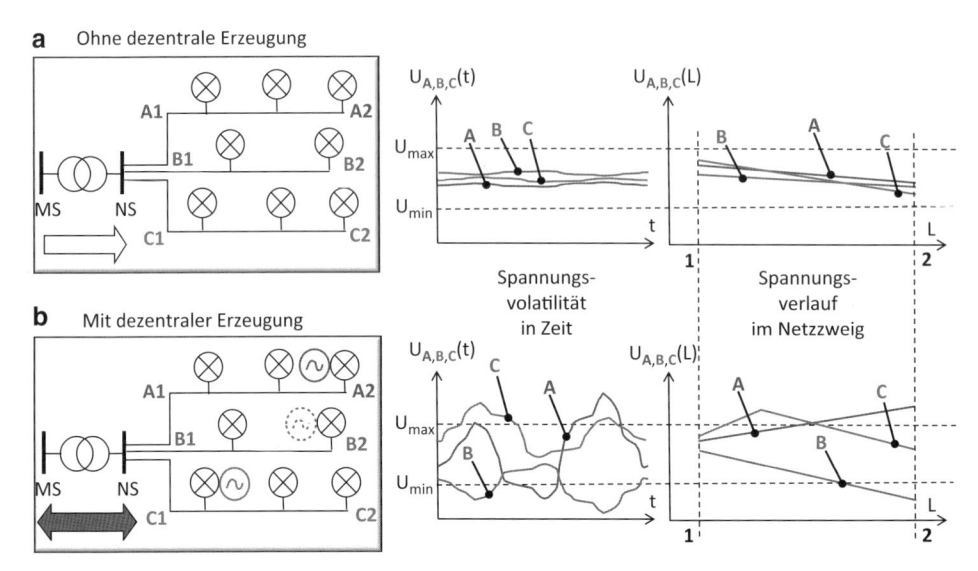

Abb. 8.6 Spannung im Verteilernetz ohne und mit dezentraler Erzeugung

Bei Einspeisung durch die dezentrale Erzeugungsanlage am Netzwzweigende würde die Spannung tendenziell und ohne Gegenmaßnahmen ansteigen, fallweise auch über den Grenzwert, wie z. B. für den Netzzweig **A** in Abb. 8.6b) dargestellt. Wenn die Einspeisung aus dezentraler Erzeugungsanlage am Ende des Netzzweigs ausfällt oder nicht verfügbar ist, würde die Spannung gegen Ende des Zweigs sinken, gegebenenfalls auch unter den Grenzwert, wie z. B. im Netzzweig **B**. Im Netzzweig **C** könnte es zu einem Anstieg und danach Senkung der Spannung entlang des Zweiges kommen, abhängig vom Anschlusspunkt.

Spannungsregelung ist daher unabdingbar, um Versorgungsqualität und eine sichere Betriebsweise in Verteilernetzen mit dezentraler Erzeugung und mit bidirektionalen Lastflüssen zu gewährleisten.

Eine mögliche Maßnahme ist die Regelung im Netztransformator eines ganzen Netzteiles, wie in der Abb. 8.7 dargestellt.

Der Vorteil hier ist, dass ein relativ großer Teil des Verteilernetzes erfasst werden kann. Der Nachteil ist, dass in Verteilernetzen mit unterschiedlichen Anschlussstrukturen der dezentralen Erzeugung – so wie dies in Abb. 8.7 für die drei Netzzweige dargestellt ist – die Verbesserung der Spannungssituation nur in einigen der Netzzweige wirksam wird, in anderen mit unterschiedlichen Anschlusspunktentfernungen käme es sogar zu Verschlechterungen.

Eine weitere Maßnahme könnten Längsregler in jeweiligem Netzzweig sein, wie in Abb. 8.8 dargestellt.

In diesem Fall ist die Spannungsregelung selektiver und die Spannungsveränderungsrichtung wäre im jeweiligen Netzzweig dem Bedarf entsprechend. Allerdings wäre diese Lösung ungewöhnlich, bisher in Verteilernetzen weniger bis kaum vorhanden und teuer

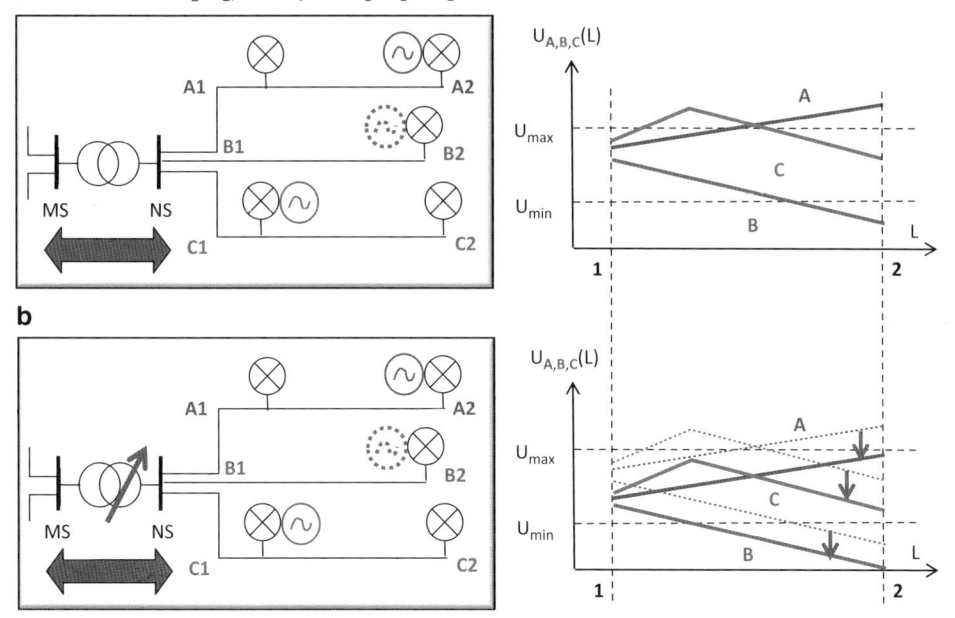

8 Smartening the Grid – Rahmen und Erfahrungen in EU und Österreich

a Dezentrale Erzeugung, ohne Spannungsregelung

b

Dezentrale Erzeugung, Netztransformatorregelung für gesamten Netzteil (mehrere Zweige)

Abb. 8.7 Spannungsregelung mit Netztransformator des ganzen Netzteiles

a Dezentrale Erzeugung, ohne Spannungsregelung

b

Dezentrale Erzeugung, Längsregler im Netzzweig

Abb. 8.8 Spannungsregelung mit Längsregler im Netzzweig

wegen der Kosten der Längsregler. Die Flexibilität bei geänderter Anschlusssituation der dezentralen Erzeugung bleibt auch gering.

Eine weitere Maßnahme wäre Spannungsregelung direkt bei der dezentralen Erzeugungsanlage, sozusagen an der Quelle. Realisiert werden kann das z. B. in den Wechselrichtern der Photovoltaikanlagen, durch leistungselektronische Vorrichtungen bei Windkraftanlagen oder dezentralen KWK-Anlagen oder auch als Spannungs-Blindleistungsregelung durch Erregung in Synchrongeneratoren der kleinen Wasserkraftwerke. Die schematische Darstellung ist in der Abb. 8.9 enthalten.

In diesem Fall ist die Spannungsregelung in allen Netzzweigen selektiv und geeignet, um die Spannungsabläufe jeder Betriebssituation anzupassen und Grenzwertüberschreitungen zu vermeiden.

Welche der Maßnahmen im jeweiligen Verteilernetzteil oder -zweig angewandt wird, hängt von mehreren Faktoren ab:

- Aktuelle und zu erwartende Entwicklung der Primärenergieträger und Technologie der dezentralen Erzeugungsanlagen im jeweiligen Verteilernetz(teil);
- Eine vollverbindliche und deterministische Planung ist dabei nicht möglich, aber durch fundierte Informationen und Korrelationsanalysen zwischen den anzuwendenden Fördersystemen für die dezentrale Erzeugung, die verfügbaren Primärenergieträger vor Ort, die regionale Netzanschlusssituation und Netzlaststruktur, können die wahrscheinlichsten Szenarien als Basis für die Maßnahmenauswahl erstellt werden;
- Rechtsgrundlagen und regulatorische Rahmenbedingungen, einschließlich Pflichten der Verteilernetzbetreiber und Netzkunden;
- Relevanz für und Auswirkungen auf das Übertragungsnetz.

Es existiert keine eindeutig beste Lösung für Spannungsregelung in Verteilernetzen – vielmehr wird in jedem Verteilernetz eine Kombination aus mehreren Maßnahmen einzusetzen sein, die die angeführten Einflussfaktoren bestens berücksichtigt und eine technisch-wirtschaftlich optimierte Lösung bietet – eine richtige und smarte Lösung für die smarten Verteilernetze der Zukunft. Eine Information über relevante Projekte und Erfahrungen der österreichischen Verteilernetzbetreiber ist in der österreichischen Plattform für Smart Grids enthalten.[23]

8.2.3.2 Verluste und Speicher

So wie bei der Spannung, sind auch die Verluste in Verteilernetzen mit dezentraler Erzeugung von gleichen Einflussfaktoren abhängig: Anschlusspunkt, Art der dezentralen Erzeugung und aktuelle Erzeugung vs. Last. Zwei Situationen sind zu unterscheiden:

- Einspeisung aus dezentralen Erzeugungsanlagen am Ende eines Netzzweigs mit vielen Lasten wird in Starklastzeiten die Verluste reduzieren, in Schwachlastzeiten dagegen können durch starke Einspeisung erhöhte Verluste antreten;

---

[23] Vgl. FEEI (2013).

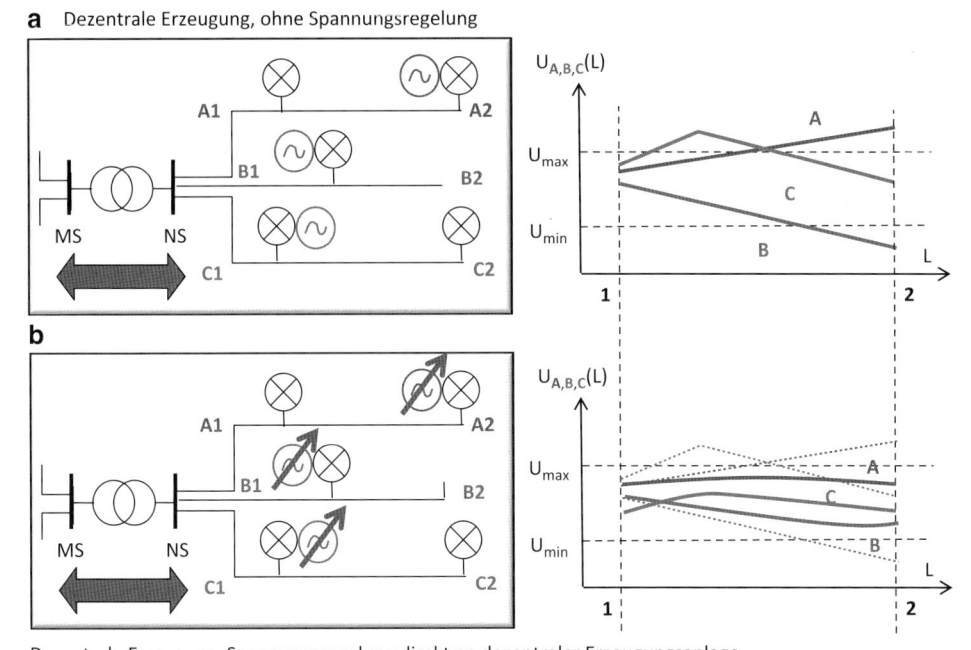

a Dezentrale Erzeugung, ohne Spannungsregelung

b

Dezentrale Erzeugung, Spannungsregelung direkt an dezentraler Erzeugungsanlage

Abb. 8.9 Spannungsregelung direkt an dezentraler Erzeugungsanlage

- Einspeisung aus dezentralen Erzeugungsanlagen am Ende eines Netzzweigs ohne oder insgesamt mit geringer Last wird tendenziell zur Verluststeigerung führen.

Netzzweigverstärkung, Netzertüchtigung und bedarfsgerechte Planung und Ausbau sind generell die geeigneten Maßnahmen für Verlustreduktion.

Speichermöglichkeiten und -kapazitäten nahe der dezentralen Erzeugungsanlage (z. B. Pumpspeicherwasserkraft, Batteriespeicher, direkte Anwendung elektrischer Energie für Elektrolyse des Wassers usw.) tragen zu einem besseren Verlustmanagement und Spannungsmanagement bei. Die Voraussetzung dafür ist die Steuerbarkeit bzw. Netzsituationsabhängige Einsatzmöglichkeit, z. B. zum Speichern der erzeugten Energie in den Schwachlastzeiten und zum Einspeisen ins Netz bei Starklast.

Die Voraussetzung für die Entwicklung und Umsetzung der Speicherkapazitäten sind die dafür erforderlichen Rahmenbedingungen: Einerseits müssen Anreize für die Betreiber der dezentralen Erzeugungsanlagen geschaffen werden, Speicherkapazitäten gleichzeitig mit Inbetriebnahme der Erzeugungsanlagen vorzusehen. Andererseits müssen auch Anreize für den Verteilernetzbetreiber vorhanden sein, um entsprechende Lösungen für die dynamische Speichereinsatzkoordination im Betrieb zu implementieren und aktiv einzusetzen.

Auch im Fall von Verlusten und Speicher gilt: Es existieren keine eindeutig beste Lösungen, sondern vielmehr werden hier die konkrete Verteilernetzsituation, Rechts- und

Regulierungsrahmen, sowie die aktuelle und künftig zu erwartende dezentrale Erzeugung maßgeblich für die Maßnahmenauswahl.

8.3   Die Rolle von Smart Metering

Smart Metering ist der Sammelbegriff für die elektronischen Zähl- und Messgeräte, die die bisherigen elektromechanischen Stromzähler ersetzen sollen. Smart Metering wird oft nicht nur im engen Zusammenhang mit Smart Grids erwähnt, sondern auch – irrtümlich – mit Smart Grids identifiziert.

Durch eine vollständige und kundenorientierte Umsetzung von Smart Metering können zwar Vorteile für die Netzkunden und Netzbetreiber generiert werden, dadurch entstehen aber keine Vorteile und Effekte der Smart Grids wie sie in den bisherigen Kapitel beschrieben sind. Smart Metering bedeutet folglich nicht Smart Grids, es kann aber einige Smart Grids Anwendungen unterstützen.

Mit Smart Metering soll künftig keine manuelle Ablesung der Zähler mehr erforderlich sein. Die Übertragung der Messwerte erfolgt direkt zum Netzbetreiber. Der Netzbetreiber, der Netzkunde oder andere Akteure können auf Basis der Messwerte zusätzliche Dienstleistungen wie z. B. Spitzenlastmanagement, Haushaltsenergiemanagement usw. anbieten. Dadurch wird aus dem herkömmlichen Zähl- und Messwesen Smart Metering. Die Ziele dabei sind: mehr Transparenz, Verständlichkeit und leichtere Kontrolle der Energiekosten für die Endkunden.

Der rechtliche Rahmen für Smart Metering in der EU ist in der Richtlinie 2009/72/EG für Strom, bzw. 2009/73/EG für Gas gegeben. Die Zusammenhänge mit Energieeffizienz behandelt die Energieeffizienzrichtlinie 2006/32/EG. Unter der Voraussetzung einer positiven wirtschaftlichen Bewertung gem. Anhang der Richtlinie 2009/72/EG (Strom), muss im jeweiligen EU Mitgliedsstaat die Einführung von Smart Metering bis 2020 definiert werden.

Für Österreich wurde die Wirtschaftlichkeit von Smart Metering (für Strom und Gas) in der Studie der E-Control im Jahr 2010 geprüft und als positiv befunden.[24] Auf dieser Basis wurde daraufhin die Einführung von Smart Metering in Österreich durch die entsprechenden Verordnungen beschlossen.[25] Die wesentlichen Merkmale und Funktionen, die durch Smart Metering unterstützt werden, sind in der Abb. 8.10 dargestellt.

Fernmanagement des Netzanschlusses, Blindlast- und Spannungsmanagement, sowie *Spannungsqualitätsmonitoring* sind für die Verteilernetzbetreiber von großer Bedeutung. Netzanschlussfernmanagement – insbesondere Fernabschaltung der Stromkunden bei Stromdiebstahl oder unbezahlten Stromrechnungen – war wichtige Motivation für die flächendeckende Einführung von elektronischen Stromzählern in Italien, dem überhaupt ersten EU-Land, in dem die elektronischen Zähler flächendeckend eingesetzt wurden.

---

[24] Vgl. PWC Österreich (2010).
[25] Vgl. E-Control (2011).

Vorwiegend Netzbetreibervorteile

- Fernmanagement des Netzanschlusses
- Blindlast und Spannungsmanagement
- Spannungsqualitätsmonitoring

Unterstützt durch Smart Metering

Aktivierung der Endkunden

- Integration von Mikroerzeugung
- Lastprofile und Ausgleichsenergie
- Lokaler Energieaustausch
- Demand Response und Energieeffizienz
- Spitzenlast- und Energiemanagement
- Hub für Home Automation

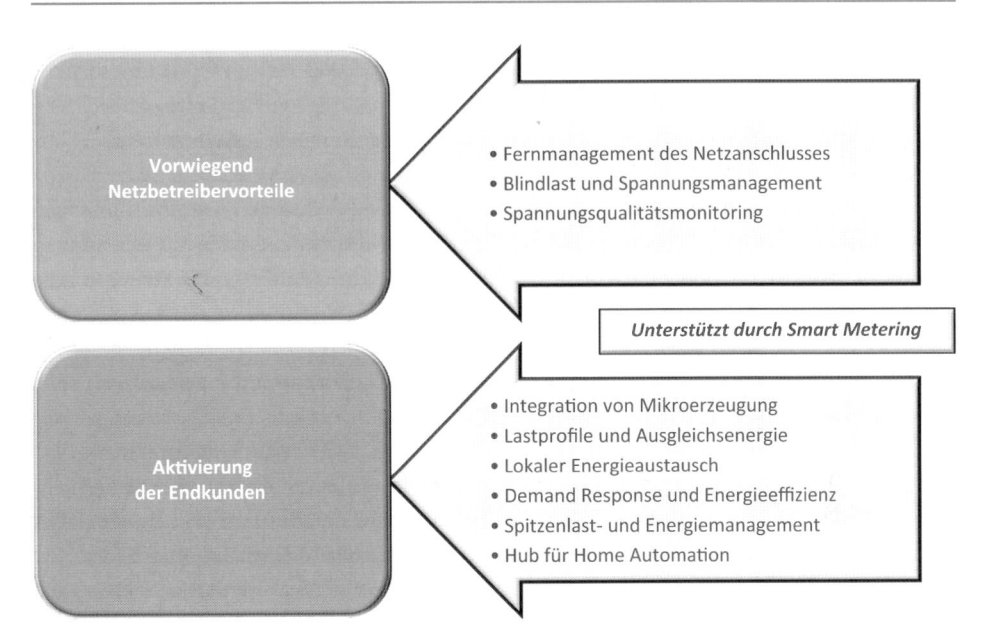

Abb. 8.10 Funktionen und Anwendungen von Smart Metering

Spannungsmanagement und Spannungsqualitätsmonitoring nahe am Netzkundenanschluss ermöglichen es dem Verteilernetzbetreiber, seine Ressourcen sowie Netzausbau und -betrieb besser zu optimieren und zu planen.

Für die *Aktivierung der Netzkunden* – eine der Schlüsselanforderungen der Smart Grids – sind die weiteren Funktionen die Smart Metering unterstützt relevant:

- Bei *Mikroerzeugung* aus Windkraft, Solargenerie bzw. aus Mikro-KWK-Anlagen ermöglicht Smart Metering eine effektive Zusammenführung zu virtuellen Kraftwerken und somit Kundenteilnahme an Systemdienstleistungs-, Ausgleichs- und Regelenergiemärkten; Für den Netzbetreiber bietet Smart Metering hier, unter Voraussetzung der ausreichenden Datenübertragungskapazität und -geschwindigkeit, die Möglichkeit zur besseren betrieblichen Optimierung und Betriebsführung von Pools von Mikroerzeugungsanlagen.
- Bei *Ersatz der Lastprofile durch tatsächlich gemessene Kundeneinspeisung/-abnahmemengen* nahe an Echtzeit ist eine realitätstreue und gerechte Abrechnung möglich und lokaler Energieaustausch bzw. Ausgleichsenergiemarktteilnahme wird unterstützt; Allerdings, da in den meisten heutigen Zähl- und Messwesenssystemen die Endkunden durch Lastprofile abgerechnet werden, die einen Durchschnitt über alle Stromkunden darstellen, werden mit Smart Metering nicht nur Vorteile, sondern für einige Kunden auch Nachteile entstehen. Dies ist relevant wenn Ausgleich der Kundenabweichungen und Aufkommen für die dadurch entstandene Ausgleichsenergiekosten dem Vertei-

lernetzbetreiber übertragen sind, weil sich mit Smart Metering dem Netzbetreiber die Möglichkeit bietet, alle Netzkunden genau nach ihrem Verbrauch in Zeit zu verrechnen.
- *Lokaler Energieaustausch* in Kombination mit *Demand Response*, ermöglicht verbesserte Effizienz und Effektivität.
- Durch Zugang zu echten und zeitnahen Verbrauchsdaten können die angeschlossenen Netzkunden aktiv an *Spitzenlast- und Energiemanagement*-Produkten und -Systemen unterschiedlicher Anbieter teilnehmen, wodurch sie direkt zu eigenen Einsparungen beitragen.
- Smart Metering kann auch als *Hub für Home Automation* nützlich werden und somit eine Integration und Management der Energieverbrauchsanwendungen im Haushalt unterstützen.

Für die Endkundenaktivierung und für die Effizienz und Effektivität der Verteilernetzführung, bietet Smart Metering einen hohen potenziellen Nutzen. Die Voraussetzungen dafür, dass diese Potenziale auch realisiert werden, sind in der österreichischen Smart Metering Studie[26] zusammengefasst:

- *Flächendeckende Einführung von Smart Metering*, in abgestimmter und koordinierter Weise mit relevanten Akteuren: Netzbetreiber, Marktteilnehmer/Bilanzgruppenverantwortlichen, Kundenvertretungsorganisationen;
- *Definition und konsequente Anwendung der einheitlichen und offenen Standards* für die Technologie und Datenformate der digitalen Zähl- und Messgeräte – wegen nicht vorhandener Standards unter den Herstellern (mit solchen Standards kann noch mehrere Jahre nicht gerechnet werden) ist es entscheidend, dass auf der nationalen Ebene die wesentlichen technischen und organisatorischen Details abgestimmt und als Rechtsgrundlage festgelegt werden, noch bevor mit einem Smart Metering Rollout begonnen wird;
- Wenn neben Strom- auch *Gas-Smart Metering Rollout* stattfinden soll, ist mit dem Strom-Rollout zu beginnen, damit Gas-Smart Metering auf die Kommunikationsarchitektur und Lösungen der Strom-Smart Metering aufbauen kann und Doppelstrukturen vermieden werden;
- Die *Übergangszeiten* von elektromechanischen Zählern zu elektronischen Smart Meter sollen so kurz wie möglich gehalten werden, um die Notwendigkeit der parallelen alten und neuen Zählersysteme zu minimieren und somit die Kosten zu reduzieren;
- Die Einführung/Rollout von Smart Metering muss einen sehr *hohen Grad* erreichen, z. B. mindestens 95 % oder höher, um aus den Potenzialen und positiven Effekten auszuschöpfen.
- Zur *Beteiligung der Endkunden* und zur Ermöglichung der Kundenaktivierung überhaupt sind rechtzeitig und gut organisiert unterschiedliche Dienstleistungen, Darstellung des Energieverbrauchs über Webportale, ausreichend oft stattfindende Ver-

---

[26] Vgl. PWC Österreich (2010).

brauchsinformation, sowie andere Informationsdienstleistungen vorzusehen, da sonst die kundenrelevanten Effekte ausbleiben.

Smart Metering ist nicht Smart Grids, aber es bietet eine Reihe von Vorteilen und Nutzen, wenn die Voraussetzungen erfüllt sind und eine flächendeckende Einführung effektiv und effizient, in kurzer Zeit realisiert wird.

8.4 Bewertungskriterien für Smart Grids-Projekte in der EU

Nach eingehenden Erläuterungen über Smart Grids Grundlagen, nach Beschreibung der Smartness in Übertragungs- und Verteilernetzen, sowie nach Darstellung der Bedeutung von Smart Metering, werden nun die Rahmenbedingungen und Kriterien erläutert, die für eine effektive Umsetzung von Smart Grids-Projekten entwickelt wurden.

Investitionen in die elektrischen Energieversorgungsnetze Europas sind heute wieder auf höherem Niveau als zur Jahrtausendwende, als der Marktliberalisierungsprozess begonnen hat. Die Tendenz ist weiter steigend, wegen massivem Ausbau erneuerbarer und volatilen Erzeugung, Marktaktivitäten und -integration.

Veränderungen in der Betriebsführung der Netze sind heute schneller und umfangreicher als je zuvor. Das wird sich in den kommenden Jahren weiter intensivieren, um einen sicheren Netzbetrieb und Versorgungssicherheit mit elektrischer Energie zu allen Zeiten und in allen Situationen zu gewährleisten.

Die Smart Grids Task Force der EU-Kommission und ihre Expert Group 3, definiert die Kriterien für die Bewertung der Smart Grids Projekte.[27] Der Ausgangspunkt dabei sind die Prioritäten aus dem *Strategic Deployment Document* für Smart Grids[28], die als *high-level Smart Grids Services*, d. h. übergreifende Grunddienstleistungen der Smart Grids dastehen:

a. Integration von Netzkunden mit neuen Anforderungen;
b. Effizienzsteigerung im täglichen Netzbetrieb;
c. Gewährleistung der Netzsicherheit, Systemführung und Versorgungsqualität;
d. Bessere Planung der künftigen Netzinvestitionen;
e. Bessere Marktfunktion und Netzkundendienstleistungen;
f. Aktives Endkunden-Energieverbrauchsmanagement.

Zu jeder dieser Grunddienstleistungen gehören konkrete Netzfunktionen und zwar: i) Die *Grundfunktionen*, die in jedem Übertragungs- und Verteilernetz erforderlich sind (z. B. Spannungshaltung und Blindlastmanagement im Rahmen der Grunddienstleistung c) oben); ii) Die *Zusatzfunktionen*, die die Netze smarter machen (z. B. die spezifischen Verträge zwischen Netzbetreiber und Netzkunden für eine optimierte Spannungshaltung

---

[27] Vgl. EU-Kommission (2011).
[28] Vgl. Kapetanovic und Botting (2010).

und Blindlastmanagement, im Rahmen der Grunddienstleistung c) oben); iii) Die *neuen Funktionen* (z. B. Spannungsregelung bei Dezentraler Erzeugung, wie im Abschn. 8.2.3.1 beschrieben, im Rahmen der Grunddienstleistung c) oben).

Um Smart Grid-Projekte nach ihrer Smartness zu bewerten ist es wichtig, die Grunddienstleistungen und die zugehörigen Netzfunktionen im Zusammenhang mit Vorteilen und Nutzen zu betrachten. Die besten Smart Grid-Projekte werden die höchste Anzahl aus diesen Vorteilen und Nutzen ergeben:

1. Verbesserte *Nachhaltigkeit*, z. B. quantifizierbare Reduktion der CO_2 Emissionen;
2. Adäquate *Netzkapazität*, z. B. optimiertes Kapital- und Asset-Management;
3. Adäquater *Netzanschluss und Netzzugang* für alle Netzkunden, z. B. kurze Zeiten für den Anschluss eines neuen Netzkunden;
4. *Versorgungssicherheit und -qualität*, z. B. Dauer und Häufigkeit der Versorgungsunterbrechungen per Netzkunden;
5. *Effizienz und Dienstleistungen*, z. B. Verfügbarkeit der Netzelemente;
6. *Elektrizitätsmarktunterstützung*, z. B. Optimierung der grenzüberschreitenden Leitungskapazität unter Erhaltung der Betriebs- und Versorgungssicherheit;
7. Koordinierte *Netzentwicklung*, z. B. *ENTSO-E Ten Years Network Development Plan*;
8. *Kundenbewusstseinsbildung* und *Kundenteilnahme*, z. B. *Demand Side Response;*
9. Gut informierte *Kundenentscheidungen*, auf Basis von rechtzeitigen und verständlichen Verbrauchsinformationen an Netzkunden;
10. *Markt für neue Dienstleistungen*, z. B. grenzüberschreitende Ausgleichs- und Regelenergiemärkte;
11. *Realitätsnahe Netzkundenrechnungen*, z. B. durch Anpassung des Marktdesigns und der Netztarife an die Art und Weise, wie die Netzkunden die Netze wirklich benutzen.

Die Anwendung des Bewertungsschemas der EU-Kommission und ihrer Expert Group 3[29] auf Basis angeführter Smart Grids Grunddienstleistungen und Netzfunktionen ist einfach und erfolgt in drei Schritten:

1. Die Netzfunktionen die im jeweiligen Smart Grid-Projekt zu realisieren sind, sind zu bewerten im Hinblick auf ihren Beitrag zu Vorteilen und Kriterien; Dabei soll 0 für keinen oder sehr niedrigen Beitrag und 1 für den höchstmöglichen Beitrag, in die Bewertungstabelle der EU-Kommission und ihrer Expert Group 3[30] eingetragen werden; Für die Fälle zwischen diesen Extremwerten soll ein Wert zwischen 0 und 1 verwendet werden; Dadurch kann für jedes Projekt eine gewichtete Summe im Hinblick auf die Netzfunktionen vs. Vorteile und Kriterien gerechnet werden;
2. Die gewichteten Summen aus Punkt 1. sollen für alle zu evaluierenden Smart Grids Projekte gerechnet werden;

---

[29] Vgl. EU-Kommission (2011).
[30] Vgl. EU-Kommission (2011).

3. Es sollen die Smart Grids Projekte für die Implementierung und Förderung gewählt werden, die den höchsten gewichteten Wert und somit Smartness im Hinblick auf die definierten Vorteile und Nutzen, aufweisen.

Die Bedeutung von diesem Bewertungsschema ergibt sich aus dem Gesamtumfeld von Smart Grids. Während es für Produkte und Systeme wie Smartphones, einen weltweiten Markt gibt, in dem die Kunden durch ihre Entscheidungen direkt auf die Entwicklung in gewünschter Richtung Einfluss nehmen, ist das in solcher Direktform für Smart Grids nicht möglich: Die elektrischen Energieversorgungsnetze sind natürliche Monopole und die praktische Umsetzung von Smart Grids passiert im regulierten Umfeld. Die Smart Grids Funktionen sind in der Regel durch die Tarifierungssysteme finanziert und bedürfen keiner gesonderten Unterstützung per se. Allerdings müssen zahlreiche neue Anwendungen, die für Smart Grids entscheidend sind, eingeführt und getestet werden und bedürfen finanzieller Unterstützung und Förderung.

Um dabei Wiederholungen und Redundanzen zu vermeiden und ein Optimum sowohl in der EU als auch in den Mitgliedsstaaten zu erzielen, ist es erforderlich, die Smart Grid-Projekte nach einheitlichen Kriterien und Merkmalen zu bewerten. Das Bewertungsschema der EU-Kommission und ihrer Expert Group 3 bietet die geeigneten Werkzeuge dafür.[31]

Eine Vereinheitlichung der Smart Grids-Projektbewertung und Implementierungsbeurteilungen in der EU und in einzelnen Mitgliedsstaaten ist eine der größten Herausforderungen und – besonders wegen unzureichender technischer Standards und Normen – eine der wichtigsten Voraussetzungen dafür, dass aus Smart Grids eine erfolgreiche Evolution elektrischer Energieversorgungsnetzen wird.

8.5 Zusammenfassung

Smart Grids stehen für keine einzelne Technologie oder technische Lösung – sie sind das große Gesamte an Maßnahmen, Implementierungen und Lösungen, die dazu dienen, aus heutigen elektrischen Energieversorgungsnetzen die intelligenten Übertragungs- und Verteilernetze der Zukunft zu entwickeln. Diese Entwicklung ist keine einfache und auch keine, die ein definiertes Ende hat, sondern vielmehr ein kontinuierlicher Verbesserungsprozess der elektrischen Energieübertragung und -verteilung.

In diesem Beitrag ist beschrieben, was die praktische Umsetzung von Smart Grids ausmacht. Dabei wurden die Aufgabenschwerpunkte der smarten Übertragungs- und Verteilernetze beachtet, die sich zwar unterscheiden, aber ihre Herausforderungen sind gleich. Die praktischen Erfahrungen und Smart Grid-Projekte in Europa und Österreich sind erwähnt, die Rolle des Smart Metering beschrieben und die Kriterien für die Bewertung und Förderung der Smart Grid-Projekte erläutert.

---

[31] Vgl. EU-Kommission (2011).

Eine Entmystifizierung des Begriffes Smart Grids, als ein kontinuierlicher Entwicklungs- und Verbesserungsprozess zu intelligenten Elektrizitätsversorgungsnetzen der Zukunft ist das zentrale Thema – Smart Grids als *Kaizen* der elektrischen Energieversorgungsnetze und -systeme.

Literatur

Austrian Power Grid AG: Netzregelung. http://www.apg.at/de/markt/netzregelung (2013). Zugegriffen: 30. Dez. 2013

Bundesnetzagentur: Bestätigung Netzentwicklungsplan Strom 2012, Bonn. http://nvonb.bundesnetzagentur.de/netzausbau/Bestaetigung_Netzentwicklungsplan_Strom_2012.pdf (November 2012). Zugegriffen: 30. Dez. 2013

Desertec Foundation. www.desertec.com (2013). Zugegriffen: 30. Dez. 2013

E-Control: Verordnung der E-Control, mit der die Anforderungen an intelligente Messgeräte bestimmt werden. http://www.e-control.at/portal/page/portal/medienbibliothek/strom/dokumente/pdfs/IMA-VO_BGBL_2011_II_339.pdf (25. Oktober 2011). Zugegriffen: 30. Dez. 2013

ElWOG: Bundesgesetz, mit dem die Organisation auf dem Gebiet der Elektrizitätswirtschaft neu geregelt wird (Elektrizitätswirtschafts- und -organisationsgesetz 2010 – ElWOG 2010), idF 13.09.2013. http://www.e-control.at/portal/page/portal/medienbibliothek/recht/dokumente/pdfs/ElWOG-2010-Fassung-vom-13-09-2013.pdf. Zugegriffen: 30. Dez. 2013

European Network of Transmission System Operators for Electricity ENTSO-E Regional Group Continental Europe. https://www.entsoe.eu/about-entso-e/system-operations/regional-groups/continental-europe/ (2013a). Zugegriffen: 30. Dez. 2013

European Network of Transmission System Operators for Electricity ENTSO-E: Operational Security Network Code. http://networkcodes.entsoe.eu/wp-content/uploads/2013/08/130924-AS-NC-OS_2nd_Edition_final.pdf (September 2013b). Zugegriffen: 30. Dez. 2013

EU-Kommission: Smart Grids Task Force, Expert Group 3, Roles and Responsibilities of Actors involved in Smart Grids Deployment. http://ec.europa.eu/energy/gas_electricity/smartgrids/doc/expert_group3.pdf (04. April 2011). Zugegriffen: 30. Dez. 2013

EU-Kommission: 2020 Ziele der europäischen Energiepolitik, (April 2005)

FEEI – Fachverband der Elektro- und Elektronikindustrie: Smart Grids Austria. Die österreichische Technologie Plattform zum Thema Smart Grids. http://www.smartgrids.at/ (2013). Zugegriffen: 30. Dez. 2013

Feng, W., et al.: An overview introduction of VSC-HVDC: state-of-art and potential applications in electric power systems. CIGRE, Bologna. http://publications.lib.chalmers.se/records/fulltext/179408/local_179408.pdf (2011). Zugegriffen: 30. Dez. 2013

Friends of the Supergrid. http://www.friendsofthesupergrid.eu/ (2013). Zugegriffen: 30. Dez. 2013

Gabler Wirtschaftslexikon: Kaizen. http://wirtschaftslexikon.gabler.de/Definition/kaizen.html (2013). Zugegriffen: 30. Dez. 2013

IEEE: HVDC Projects Listing. http://www.ece.uidaho.edu/hvdcfacts/Projects/HVDCProjectsListingMarch2012-planned.pdf (2012). Zugegriffen: 30. Dez. 2013

Kapetanovic, T., Botting, D.: (als Redakteure der EU Technologieplattform für Smart Grids): Smart-Grids – Strategic Deployment Document for the Europe's Electricity Networks of the Future (April 2010)

Kapetanovic, T., et al.: Provision of ancillary services by dispersed generation and demand side response – needs, barriers and solutions, Artikel C6-107, CIGRE Session 2008, Paris

Nordpool Spot: Explicit and implicit capacity auction. http://www.nordpoolspot.com/Global/Download%20Center/how-does-it-work_explicit-and-implicit-capacity-auction.pdf (2011). Zugegriffen: 30. Dez. 2013

PWC Österreich im Auftrag von E-Control: Studie zur Analyse der Kosten-Nutzen einer österreichweiten Einführung von Smart Metering. http://www.e-control.at/portal/page/portal/medienbibliothek/strom/dokumente/pdfs/pwc-austria-smart-metering-e-control-06-2010.pdf (Juni 2010). Zugegriffen: 30. Dez. 2013

Regional Coordination Service Centre (CORESO). http://www.coreso.eu/ (2013). Zugegriffen: 30. Dez. 2013

Transmission System Operator Security Cooperation (TSC): http://www.tso-security-cooperation.net/en/index.htm (2013). Zugegriffen: 30. Dez. 2013

Teil II
Akteure zwischen Netz und Markt

Netz- und Marktakteure im Smart Market

9

Axel Lauterborn

Zusammenfassung

Die zunehmende dezentrale Erzeugung wird neue Marktakteure, sowohl auf der Netz- wie auf der Marktseite, mit sich bringen. Aber gerade die Schnittstelle zwischen Netz und Markt bedarf einer besonderen Betrachtung. Deutlich wird dies durch das BDEW-Ampelmodell. In der gelben Ampelphase heißt es: „die verantwortlichen Netzbetreiber interagieren mit Marktteilnehmern nach Regeln zur Systemstabilität." (BDEW, BDEW-Roadmap – Realistische Schritte zur Umsetzung von Smart Grids in Deutschland, Berlin, Februar 2013, S. 18; Abb. 9.3) Wie dieses in Zukunft funktionieren kann und welche (neuen) Marktakteure hiervon profitieren können, zeigt dieses Kapitel am Beispiel einiger der Akteure. Hierbei wird auf der Netzseite der Gateway Administrator als zukünftiger Akteur im Smart Market näher betrachtet. Für die Markseite wird die Rolle des Aggregators herausgegriffen und einer intensiveren Betrachtung unterzogen. Im Smart Market der Zukunft wird der Schnittstelle zwischen Netz und Markt eine besondere Rolle beizumessen sein. Dieser Aspekt und das Zusammenspiel der verschiedenen Akteure rundet das Kapitel ab.

A. Lauterborn (✉)
Leiter Organisation, RheinEnergie AG, Parkgürtel 24,
50823 Köln, Deutschland

9.1 Einführung

Die Struktur des Energiemarktes in Deutschland hat sich mit der Liberalisierung erstmalig stark geändert. Marktrollen wurden entflochten, neue Prozesse zwischen diesen Marktrollen mussten entwickelt werden, um die Markttransaktionen zwischen diesen effizient abzuwickeln, IT-Systeme mussten umfänglich angepasst werden.

Durch die Regulierung waren die Unternehmen gezwungen, ein neues Verständnis für Ihre Rolle am Markt zu entwickeln. Neben einer neuen strategischen, organisatorischen und prozessualen Ausrichtung wurden hohe Aufwendungen in die IT-technische Umsetzung der neuen Prozesse investiert, um den Anforderungen an den starken Anstieg im Datenaustausch gerecht zu werden.

Gleichzeitig wurden die Prozesse komplexer und damit auch teurer. Verstärkte Effizienzbemühungen in der Energieversorgung waren die Folge.

War die Umsetzung der Liberalisierung des Messwesens durch neue Vorgaben für die Wechselprozesse im Messwesen (WiM) und das Inkrafttreten der Messzugangsverordnung (MessZV) mit den neuen Marktrollen Messstellenbetreiber (MSB) und Messdienstleister (MDL) ebenfalls ein Resultat der Regulierung, so stellen die Vorgaben bzgl. der Ausbringung von Smart Meter erstmalig einen Schritt in eine weitere Dimension im Wandel der Energieversorgung dar.

Die Dezentralisierung der Energieversorgung mit Ihren Auswirkungen auf alle Marktrollen der Energiewirtschaft stellt diese vor völlig neue Herausforderungen, in deren Folge erneut eine strategische Neuausrichtung notwendig sein wird. Es werden sich völlig neue Rollen und Marktplayer am Markt etablieren. Inwieweit dies die traditionellen Energieversorger sein werden, gilt es abzuwarten.

Es scheint sich jedoch schon jetzt abzuzeichnen, dass auch andere Branchen zukünftig die eine oder andere Rolle in der Energieversorgung wahrnehmen werden. Nur Unternehmen, die flexibel und mit Initiative bei Prozess- und Systemoptimierungen agieren, werden aktuelle und zukünftige Herausforderungen im Energiesektor erfolgreich bestehen.

Wenn in diesem Kapitel über den Begriff Smart Market gesprochen wird, so ist damit der Markt für alle Dienstleistungen gemeint, die einerseits auf der Netz- und der Marktseite entstehen und die andererseits für die verschiedenen potenziellen Kundengruppen relevant sein können.

Dieses Kapitel soll somit einen Überblick über diese Akteure geben, deren potenzielle Zielgruppen aufzeigen und letztendlich notwendige Entscheidungen in den Unternehmen auf dem Weg in einen Smart Market aufzeigen.

9.2 Akteure des Smart Markets und Smart Grids – Übersicht

Die Anschlussleistung der heute in Deutschland installierten EE-Anlagen beträgt etwa 64 Gigawatt (GW). Prognosen deuten darauf hin, dass bei unveränderten Marktverhältnissen mit einem Anstieg auf etwa 147 GW bis 2030 zu rechnen ist.[1] Jedoch schwanken die

---

[1] Vgl. Wenzel und Nitsch (2010, S. 30 Tab. 3.2).

9 Netz- und Marktakteure im Smart Market

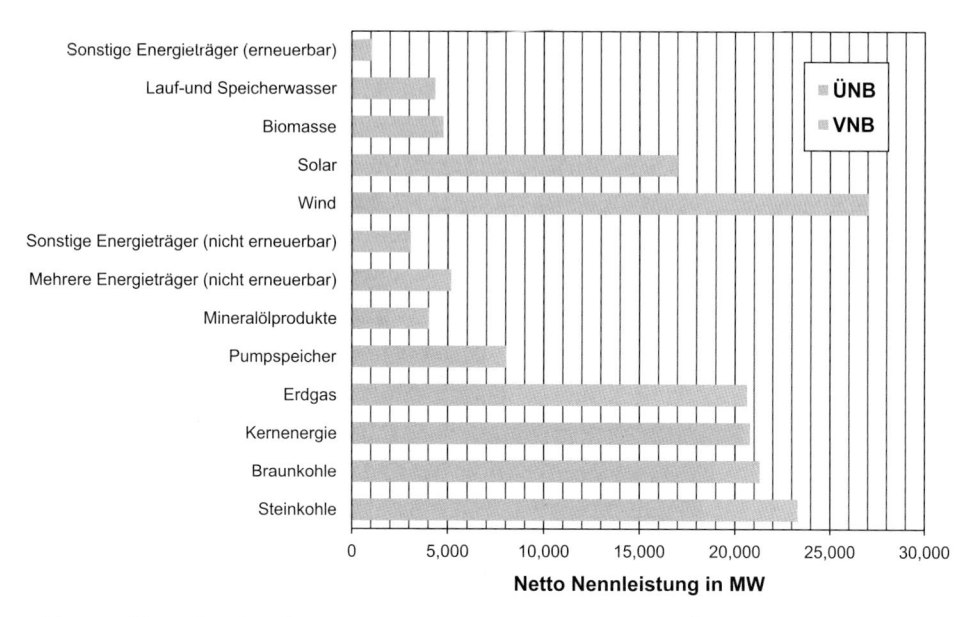

Abb. 9.1 Übersicht über die Einspeisung Erneuerbarer Energien in Übertragungs- und Verteilnetze. (BNetzA/BMWi)

tatsächlichen Einspeisemengen enorm, sowohl pro Tag als auch pro Monat und Jahr. Diese Volatilität in den Netzen muss ausgeglichen werden, um eine sichere und stabile Energieversorgung zu gewährleisten. Für die Übertragungsnetzbetreiber, aber insbesondere für die Verteilnetzbetreiber stellt sich hierbei die Frage, inwieweit weitere Investitionen in die Netze (Kupfer) sinnvoll ist oder ob mehr „Intelligenz" in den Netzen, in Form eines intelligenten Lastflussmanagements, die sinnvollere Lösung ist. Insbesondere die Verteilnetzbetreiber werden hier in Zukunft besonders betroffen sein, da ein wesentlicher Teil der Erneuerbaren Energien bereits heute aber auch zukünftig in die Verteilnetze eingespeist werden (Abb. 9.1).

Auch auf der Marktseite bieten sich durch die Volatilität in der Einspeisung und der damit bedingten Volatilität in den Energiepreisen Chancen und Risiken, die es zu bewerten gilt und die gegebenenfalls in Geschäftsmodelle umzusetzen sind.

Das interessanteste, bisher aber eher weniger betrachtete Aktionsfeld findet sich an der Schnittstelle zwischen Netz- und Marktseite. Am deutlichsten wird dies bei näherer Betrachtung des sogenannten *Ampelkonzepts* des BDEW. In der gelben Ampelphase heißt es: „die verantwortlichen Netzbetreiber interagieren mit Marktteilnehmern nach Regeln zur Systemstabilität."[2]

Nach Auffassung des Verfassers wird gerade die unbundlingkonforme Ausgestaltung dieser Schnittstelle völlig neue Akteure auf den Plan bringen, die hierfür durch ihr bereits heute vorhandenes Know-how in der Echtzeitdatenverwaltung und dem Handling großer Datenmengen prädestiniert sind und dadurch diesbezüglich Wettbewerbsvorteile mitbringen.

---

[2] BDEW (2013, S. 18 Abb. 9.3).

Tab. 9.1 Übersicht wesentlicher Akteure des Smart Market und Smart Grid (Auswahl jeweils in alphabetischer Reihung)

	Akteure des Smart Markets	Akteure zwischen Market und Grid (Hybridformen)	Akteure des Smart Grids
Etablierte Akteure	Contractoren, Letztverbraucher, Lieferanten, Messstellenbetreiber (MSB),	Energieversorger unter „De-Minimis-Grenze", Technologieanbieter	Übertragungsnetzbetreiber (ÜNB), Verteilnetzbetreiber (VNB), Messstellenbetreiber in ihrer gesetzlichen Rolle
Neuere Akteure	Aggregatoren, Energiedienstleister, Energiemanager, Erzeugungs- und Versorgungs-Genossenschaften, Multi-Service-Provider, Poolkoordinatoren, Prosumer, Messstellenbetreiber (MSB) als Dienstleister	Lastmanager z. B. in Form von: Speicherbetreibern (Markt- oder Netzspeicher), Betreiber von Demand-Side Management Systemen, Betreiber virtueller Kraftwerke	Netzgenossenschaften, Gateway Administratoren

Eine erste Übersicht über bereits heute etablierte Akteure und zukünftige Akteure zeigt Tab. 9.1.

Insbesondere dem Aggregator als Vermarkter kumulierter Kleinenergiemengen wird eine besondere Rolle als Akteur auf der Marktseite beigemessen.

Von besonderer Bedeutung als Enabler zukünftiger Geschäftsmodelle ist der Betreiber eines Meter Data Management Systems und der damit eng verbundenen Rolle des Gateway Administrators. Ohne die sehr zeitnahe Bereitstellung wesentlicher Daten aus dem Netz inkl. deren anwendungsgerechten Aufbereitung werden viele zukünftige Geschäftsmodelle nicht funktional sein.

An der Schnittstelle zwischen Netz- und Markseite kommt dem Lastmanager eine besondere Rolle zu, er wird zustandsabhängig der Netz- oder der Marktseite Energielasten bzw. Energiemengen in kürzester Zeit zur Verfügung stellen. Auf die einzelnen Rollen wird in den weiteren Artikeln einzugehen sein.

9.3 Das Ampelmodell – Konsequenzen aus der Teilnahme am Smart Market

Eine übersichtliche und einfach strukturierte Übersicht über die notwendigen Aktionen und Akteure im zukünftigen Energiesystem bietet das *Ampelkonzept* des BDEW. Das Zusammenwirken aller marktrelevanten Rollen (Lieferanten, Händler, Erzeuger, Speicherbetreiber etc.) und der gesetzlich regulierten Rollen (Netzbetreiber, Messstellenbetreiber etc.) wird anhand eines einfachen Ampelkonzeptes dargestellt.

> Es ist ein verständliches Grundschema, mit dem die zum Teil komplexen und vielfältigen Wechselwirkungen und Abhängigkeiten zwischen allen Marktteilnehmern, also den Netznutzern und systemverantwortlichen Netzbetreibern, beschrieben werden können. Ziel des Ampelkonzeptes ist es, die Arbeitsteilung zwischen reguliertem und nicht-reguliertem Bereich bei der Steuerung/Regelung von Einspeisern und Verbrauchern zu definieren, sodass die jederzeitige Systemstabilität und ein freier Markt für intelligente Produkte sichergestellt werden. Die für die Systemstabilität verantwortlichen Netzbetreiber ermitteln den aktuellen und den prognostizierten Zustand ihrer Netzgebiete (drei Ampelphasen: „grün", „gelb", „rot") und informieren hierüber die berechtigten Marktteilnehmer automatisiert und kontinuierlich. Diese nutzen die Informationen, um ihre Geschäftsmodelle optimal abzuwickeln bzw. um neue „intelligente" Produkte anzubieten.[3]

In der „*gelben Phase*" sollen die Potenziale intelligenter Netze genutzt werden, in dem notwendiger Netzausbau durch intelligente Systeme kompensiert wird. Wenn es zukünftig durch den weiteren Ausbau Erneuerbarer Energie verstärkt „gelbe Phasen" geben wird, ist zu klären, wer in diesen gelben Phasen mit wem in welcher Zeit kommuniziert. Da in der gelben Phase die Netzkapazitäten, die Energieangebote und die Lastbedarfe in Einklang gebracht werden müssen, stellt die gelbe Phase in Zukunft gleichzeitig auch die wichtigste Phase dar. Daher sind klare, verlässliche und eindeutige Aufgabenzuweisungen und Regeln an und für die Marktteilnehmer erforderlich. Nur so wird das notwendige Investitionsklima geschaffen.

Eine wesentliche Frage ist, wer in Zukunft die Schnittstelle zwischen Netz und Markt besetzen wird. Grundsätzlich kommen hierfür die bisher bekannten Player aus dem Umfeld der Energieversorgung in Frage. Zur Abbildung der hierfür notwendigen *Geschäftsmodelle* ist jedoch ein massives Umdenken notwendig, teilweise müssen bisher erfolgreich gelebte Geschäftsmodelle in Frage gestellt oder sogar eigene Geschäftsmodelle angegriffen werden. Erschwert wird dieser Umstand noch dadurch, dass das bisherige Geschäftsmodell der Energieversorgung zunehmend unter Druck gerät und vorhandene Ressourcen, personeller wie auch monetärer Art, in die Erhöhung der Effizienz allokiert werden. Die Herausforderung der nächsten Jahre besteht darin, das bisherige Geschäft so effizient wie möglich abzuwickeln, um aus den Erlösen neue Geschäftsmodelle zu finanzieren. Wesentliche hierbei zu klärende Fragen sind:

---

[3] BDEW (2013, S. 15).

- Welches sind die Geschäftsmodelle mit den höchsten Ertragschancen?
- Wie passen die einzelnen Geschäftsmodelle zu den Stärken und Schwächen des jeweiligen Unternehmens?

Eine Blaupause, die für alle Energieversorger gilt, kann und wird es nicht geben, zu unterschiedlich sind hier doch die jeweiligen Voraussetzungen, mit denen die einzelnen Energieversorger an den Start gehen.

9.4 Betrachtung ausgewählter Akteure

Bei der weiteren Betrachtung der Akteure im Markt sollen jeweils exemplarisch ein Akteur aus dem Umfeld des Smart Grids, des Smart Markts und ein Akteur der zwischen Smart Market und Smart Grid agiert betrachtet werden. Aufseiten des Smart Grids ist dies der Smart Meter Gateway Administrator, aufseiten des Smart Markets der Aggregator und in der Rolle zwischen Smart Market und Smart Grid der „Lastmanager mit verschiedenen Geschäftsmodellen. Eine besondere Rolle werden in Zukunft Batteriespeicher einnehmen. In dem dazugehörigen Kapitel wird aufgezeigt werden, dass der gesteuerte Betrieb von Batteriespeichern allen Marktteilnehmern einen erheblichen Nutzen bringen kann. Aufgrund der derzeit noch hohen Preise für Batteriespeicher wird sich ein wirtschaftlicher Betrieb von Batteriespeicher jedoch erst in vier bis sieben Jahren abbilden lassen.

9.4.1 Mitwirkungsmöglichkeiten für den Endkunden im Smart Market

Insgesamt ist davon auszugehen, dass der Letztverbraucher zukünftig eine viel aktivere Rolle im Energiesystem einnehmen wird. Sein Verhalten wird primär von den ihm vorgegebenen ökonomischen Anreizen und einem für ihn attraktiven Produktangebot und der darin verankerten Tarifstruktur abhängen. Er hat dadurch die Möglichkeit, seinen Energieverbrauch zu reduzieren und/oder ihn in tariflich günstigere Perioden zu verlagern. Damit profitiert er von Kosteneinsparungen und kann zu einer steigenden Effizienz des Gesamtsystems beitragen. Durch IKT-basierte Endverbraucheranwendungen (z. B. Smart Meter) und den damit möglichen Transparenzprodukten kann der Verbraucher dem Vertrieb sehr viel differenziertere Informationen über sein Nutzerverhalten liefern. Er tritt damit in ein reziprokes Verhältnis zum Energielieferanten und bietet diesem – soweit durch Datenschutzbedingungen legitimiert – Informationen zur Kommerzialisierung neuer Produkte und Dienstleistungen. Mithin sind diese Perspektiven eng gekoppelt an die zukünftigen Möglichkeiten des Vertriebs.[4]

Je nach Verbrauchsvolumen, Verbrauchsverhalten bzw. Rolle im zukünftigen Energiesystem (Einspeiser, Prosumer oder Verbrauchen) sind hier unterschiedlichste Geschäftsmo-

---

[4] Müller und Schweinsberg (2012, S. 8).

9 Netz- und Marktakteure im Smart Market

Tab. 9.2 Geschäftsmodelle Kundenebene

Privatkunden	Geschäfts- und Großkunden	Prosumer
Geschäftsmodell	Geschäftsmodell	Geschäftsmodell
Zeit- und lastvariable Tarife	Zeit- und lastvariable Tarife	Zeit- und lastvariable Tarife
Speicherbetreiber (gesteuert)	Demand Side Management (Produktionssteuerung)	Demand Side Management
Batterie	Speicherbetreiber (gesteuert)	Virtuelle Kraftwerke
Power to heat	Batterie	Speicherbetreiber (gesteuert)
	Power to heat	Batterie
		Power to heat

delle denkbar, in denen der Endkunde auch jeweils unterschiedliche Rollen einnehmen kann.

Alle Geschäftsmodelle haben ein gemeinsames Ziel: Durch die Zurverfügungstellung von Flexibilitäten seitens des Verbrauchers oder des Einspeisers können zukünftig Volatilitäten im Netz ausgeglichen werden, um einen notwendigen Netzausbau zu reduzieren bzw. Preisvolatilitäten zu nutzen und um zusätzliche Erlöse erzielen zu können. Der Endkunde oder Prosumer ist in diese Geschäftsmodelle durch Beteiligung am Gewinn einzubinden. Im Gegenzug gewährt dieser auch einen Eingriff in sein Verbrauchsverhalten gegebenenfalls sogar in die Produktionsprozesse (*Demand Side Management*).

Alle Geschäftsmodelle (siehe Tab. 9.2) haben auch einen gemeinsamen Enabler: Intelligenz im Netz oder anders ausgedrückt, Informationen über aktuelle Netzzustände, aktuelle Einspeisungen und Abnahmemengen, welche in Datenplattformen aggregiert werden und dort durch hoch performante IT Systeme in Echtzeit in entsprechende Aktionen umgesetzt werden.

9.4.2 Netzbetreiber

Der Leitgedanke 3 „Die Energiezukunft erfordert mehr Verantwortung im Markt und den Zuwachs von verhandelten Lösungen. Das Netz sollte eine eher dienende Rolle einnehmen und ist von im Wettbewerb stehenden Aktivitäten so weit als möglich zu trennen" zeigt auf, dass der Netzbetreiber seine Rolle neutral und entsprechend den Vorschriften des Unbundling wahrzunehmen hat. Dies eröffnet Netzbetreibern Perspektiven für eine intelligente Steuerung, um ein effizientes Netz bereitzustellen. In diesem Sinne ist der Netzbetreiber ein Enabler des Marktes.[5]

Zu klären ist daher die Frage: Warum kommt dem *Verteilnetzbetreiber* in Zukunft eine so zentrale Rolle zu? Zum einen wird der *Netzbetreiber* in Echtzeit Daten über den Zustand des Netzes benötigen. Hierzu zählen Ein- und Auspeisemengen, die er in Zukunft

---

[5] BDEW (2012, S. 7).

Sachverhalt		Rolloutszenario Plus
Pflichteinbaufälle	Stromverbrauch > 6.000 kWh/a	Einbau eines intelligenten Messsystems für Strom - Altpflichteinbaufälle (ab Aug. 2011) sind bis 2018 mit einem intelligenten Messsystem auszustatten
	Stromverbrauch < = 6.000 kWh/a	Einbau eines intelligenten Zählers beim Turnuswechsel
	Neubau und Grundrenovierungen	Einbau eines intelligenten Messsystems für Strom - Altpflichteinbaufälle (ab Aug. 2011) sind bis 2018 mit einem intelligenten Messsystem auszustatten
	EEG und KWKG > 7 kW_{el}	Einbau eines intelligenten Messsystems - Altpflichteinbaufälle (ab Aug. 2011) sind bis 2018 mit einem intelligenten Messsystem auszustatten
	EEG und KWKG < 7 kW und > 0,25 kW	Einbau eines intelligenten Messsystems
	EEG <= 0,25 kW und KWKG <=0,25 kW_{el}	Einau eines intelligenten Zählers beim Turnuswechsel
	Verbrauchseinrichtungen i.S.d. § 14a EnWG Lastmanagement (Wärmepumpen, Elektromobile etc.)	Einbau eines intelligenten Messsystems für Strom - Altpflichteinbaufälle (ab Aug. 2011) sind bis 2018 mit einem intelligenten Messsystem auszustatten
	Intelligente Zähler Gas	§ 21f EnWG-Zähler, die sicher mit einem Messsystem, das den Anforderungen von § 21d und § 21e EnWG genügt, verbunden werden können

Abb. 9.2 Charakteristika des Rolloutszenario Plus I

über intelligente Messsysteme erhalten wir, aber auch Wetterdaten und Wetterprognosen in Echtzeit. Die durch Ernst & Young im Auftrag der Bundesrepublik erstellte *Kosten-Nutzen-Analyse* gibt hierzu den Ausweg vor (siehe Abb. 9.2 und 9.3). Abnehmer mit größeren Verbräuchen und nahezu alle Einspeiser sind mit einem intelligenten Messsystem auszustatten.

Inwieweit diese Daten ausreichen, um die notwendige Transparenz in Netz zu erhalten bzw. dieses zu steuern, bleibt abzuwarten. Gegebenenfalls sind weitere intelligente Messsysteme an zentralen Knotenpunkten im Netz zu installieren. Durch die Verpflichtung zur Ausbringung intelligenter Messsysteme wird der Netzbetreiber gleichzeitig auch dazu verpflichtet, ein Meter Data Management System aufzubauen bzw. sich eines Dritten zu bedienen, der ein solches System als Dienstleister vorhält. Als zentrale Datenplattform wird ein MDM-System zukünftig Schnittstellen zu den wesentlichen energiewirtschaftlichem Systemen (Netzabrechnung, Netzsteuerung (Scada), Handelssysteme, Kundenportale etc.) aufweisen müssen.

Der Aufbau und der Betrieb dieser Systeme wird äußerst komplex und kostenintensiv sein, es ist abzusehen, dass nicht alle ~900 Netzbetreiber in der Lage sein werden, solche Datenplattformen zu betreiben. Erste Dienstleister (Abb. 9.4), insbesondere außerhalb der Branche, bieten inzwischen entsprechende Systeme an (T-Systems, Smart Optimo etc.). Hier muss seitens der Energieversorger die verbleibende Zeit bis zum verbindlichen Rollout genutzt werden, um eine Make or Buy-Entscheidung zu treffen. Auch sollte frühzeitig über Kooperationen als Kompromiss zur Make-Entscheidung nachgedacht werden. Eine Kooperation auf vertikaler oder horizontaler Ebene und die Möglichkeit eines ge-

Sachverhalt	Rolloutszenario Plus
Pflichtquoten Strom — Austausch Altbestand konventionelle Zähler beim Turnuswechsel	Bestand an konventionellen Zählern, die bei Beginn des Rollouts älter als 16 Jahre sind, sind bis 2022 durch intelligente Zähler oder Messsysteme auszutauschen
	Mindestens 1/16 des Bestandes an konventionellen Zählern, die bei Beginn des Rollouts älter als 16 Jahre sind, sind bis 2022 jährlich mit intelligenten Zählern oder Messsystemen auszustatten

Abb. 9.3 Charakteristika des Rolloutszenario Plus II

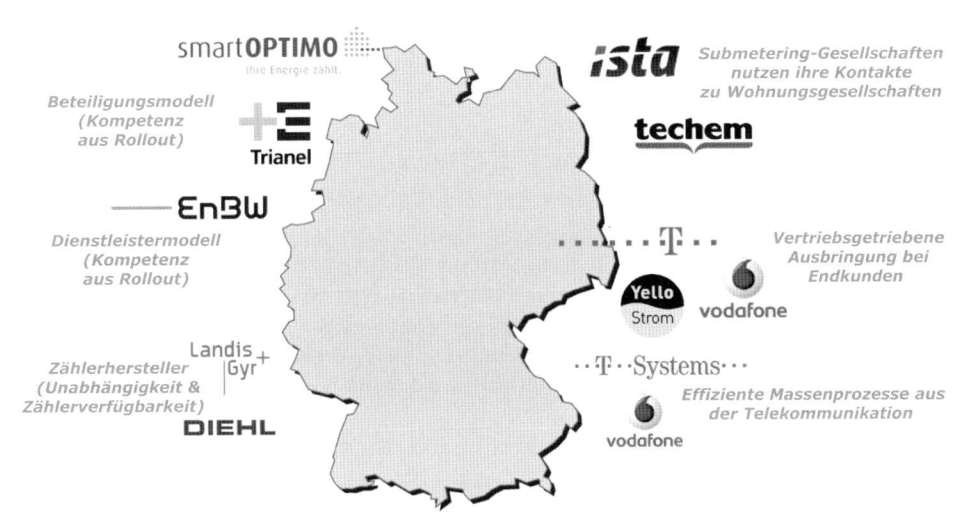

Abb. 9.4 Im Markt für Smart Meter-Dienstleistungen positionieren sich bereits die Wettbewerber

meinsamen Betriebes eines MDM-Systems kann wesentlich zur Kostensenkung beitragen und kann helfen, die Eigenständigkeit zu bewahren und zusätzliche Geschäftsfelder zu erschließen.

Bei oberflächlicher Betrachtung der Aufgaben, die ein Gateway Administrator zukünftig abzuwickeln hat, kommt man sehr schnell zu der Auffassung, dass die Aufgaben sehr nah beim Messstellenbetreiber liegen und von daher zukünftig auch vom Messstellenbetreiber übernommen werden können/müssen.

So ist der Gateway Administrator aufgrund der Festlegungen des Bundesamts für Sicherheit in der Informationstechnik (BSI) der einzige, der aktiv auf das Gateway zugreifen und somit folgende Aufgaben zu erfüllen hat:

- Initialisierung von Messsystemen (nicht Installation!)
- Verwaltung der Auslese- und Tarifprofile

- Authentifizierung und Autorisierung der Marktteilnehmer
- Softwareverteilung[6]

Durch die oben aufgeführten Aufgaben und die damit verbundenen Prozesse, sind der SMGW-Admin und der Messstellenbetreiber (MSB) eng miteinander verknüpft. Daher sollten SMGW-Admin und MSB idealerweise eine „Einheit" bilden. Aufgrund der Vorgaben des BSI sind zur Wahrnehmung der Rolle des Gateway Administrators die Voraussetzung einer Zertifizierung zu erfüllen. Nachfolgende Tab. 9.3 zeigt die mit der Zertifizierung geschätzten verbundenen Aufwendungen.

Im Fazit bedeutet dies: Der Betrieb eines Gateway Administrations-Systems erfordert den Aufbau und die Vorhaltung von komplexem Know-how und geeigneter Ressourcen.

Aufgrund der sinnvollen systemtechnischen Verknüpfung mit einem Meter Data Management System und der damit verbundenen Komplexität ist mit hohen Systemkosten zu rechnen. Eine frühzeitige unternehmerische Positionierung ist oberstes Gebot.

9.4.3 Aggregatoren

Der Smart Market ermöglicht den Kunden die Vermarktung eigener Einspeisungen und Flexibilitäten. Insbesondere die seitens der Kunden zur Verfügung gestellte Flexibilität spielt eine große Rolle für die Optimierung volatil gespeister Verteilnetze. Marktpartner sind in diesem Fall die so genannten Aggregatoren, die aus den Einspeisungen kleiner Leistungsmengen und aus Flexibilitätsangeboten von einer Vielzahl von Kunden verkäufliche Portfolien bilden. Dabei ist sicherzustellen, dass die einheitliche Preiszone nicht beeinträchtigt wird.[7]

Die Koordinierung von Erzeugung, Handel und Verbrauch erfolgt durch den *Poolkoordinator* bzw. *Aggregator* oder im Falle steuerbarer Erzeuger und Verbraucher durch den *Energiemanager*. Bereits heute sind auf dem deutschen und internationalen Markt eine Vielzahl von Aggregatoren zu finden, die sich in Ihrer Mehrzahl nicht aus den etablierten Energieversorgern gebildet haben (Tab. 9.4).

Insgesamt ist der Markt für Aggregatoren für den Betrachter noch sehr unübersichtlich. So muss zum einen differenziert werden zwischen Aggregatoren auf der Einspeiseseite und Aggregatoren auf der Abnahmeseite sowie Aggregatoren, die sowohl auf der Einspeise- als auch auf der Abnahmeseite Energiemengen kumulieren und Flexibiläten zur Verfügung stellen. Zum anderen kann nach der technologischen Basis auf der Erzeugungsseite eine Differenzierung vorgenommen werden.

---

[6] Aktuell (Stand 07.2014) ist die Zuordnung der Aufgaben noch in Diskussion. Offen ist noch, ob der Netzbetreiber oder der Messstellenbetreiber die gesetzliche Rolle für diese Aufgabe übernehmen soll. Endgültig wird hierüber in der MessZV entschieden.
[7] BDEW (2012, S. 20).

Tab. 9.3 Einmaliger und wiederkehrender Aufwand zur Einhaltung der Sicherheitsanforderungen eines Gateway Administrators

Aufwandsposten	Geschätzte Kosten
Erstmalige Zertifizierung	300–400 T€
Wiederkehrende Audits (wahrscheinlich Jährlich)	100–200 T€ jährlich
Vorhaltung hoher physischer Sicherheit des Rechenzentrums	In Abhängigkeit der vorhandenen physischen Sicherheit
1–2 Kapazitäten für die Zertifizierung	100–200 T€ jährlich
Zertifizierung für Public Key Infrastructure (PKI)	Kann zugekauft werden, da eigener Betrieb nicht notwendig

Tab. 9.4 Anbieter im Aggregatoren-Umfeld (Übersicht)

Aggregatoren	Systemanbieter	Selbst am Markt als Aggregator tätig
Entelios	X	X
Next	X	X
Kisters	X	
General Electric (Enervista Energy Aggregator)	X	
Siemens	X	
Schneider Elektric	X	
IBM	X	
EnerNoc	X	X
ComVerge	X	X
Kofler Energies		X

Nachfolgende Aufzählung gibt eine Übersicht über Aggregationspotenziale:
Erzeugung:

- Virtuelle Kraftwerke in Form von:
  - Mikro-KWK Anlagen
  - BHK-Anlagen
  - Photovoltaikanlagen
  - Windenergieanlagen
  - Biogasanlagen

Hybrid (Erzeugung und Abnahme)

- Speicher
  - Batterien
  - Power to Gas

Abnahmeseite:

- Demand Side Management/Demand Response
  - im Privatkundenbereich (eher geringes Potenzial)
  - im Gewerbekundenbereich (höheres Potenzial)
- Power to Heat

Auf der Abnahmeseite werden Lasten aggregiert, hier wird von Demand Side Management bzw. Demand Response gesprochen. Diese Begriffe werden häufig synonym genutzt, obwohl sie unterschiedliche begriffliche Inhalte haben.

Demand Response (DR), der für Programme entwickelt wurde, um beim Endnutzer eine Reaktion zur kurzfristigen Senkung der Energienachfrage in Reaktion auf ein Signal zu bewegen. Diese Reaktion wird durch ein Preis-Signal von der Strombörse oder durch den Netzbetreiber ausgelöst. Typischerweise liegen Demand Response-Maßnahmen im Bereich von ein bis vier Stunden und beinhalten das Ausschalten oder Dimmen der Beleuchtung, Klimaanlagen oder sonstiger Verbrauchseinrichtungen beim Privatkunden oder das Abschalten eines Teils eines Herstellungsprozesses bei einem Gewerbekunden. Alternativ kann Demand Response genutzt werden, um bei erhöhtem Angebot von Energie (durch dezentrale Erzeugung) durch zusätzlichen Verbrauch das Stromnetz zu entlasten. Demand Response bezeichnet somit lediglich die Reaktion des Verbrauchers auf preisliche Anreizprogramme.

Dagegen bezeichnet Demand Side Management alle Maßnahmen, die dazu dienen, die Last auf der Verbraucherseite zu beeinflussen.

Die Betrachtung des Potenzials für Demand Response ist an seine exakte Definition gebunden (Abb. 9.5). So gibt es nicht nur erhebliche Unterschiede zwischen positiver und negativer Netzrückkopplung (entsprechend Ab- und Zuschalten von Verbrauchern), sondern auch große Unterschiede in der Dauer, über welche die Verbraucher ohne Generierung zusätzlicher Kosten geschaltet werden können.

Eine Grundvoraussetzung haben alle Aggregationsformen, sie benötigen als Grundlage ihrer Funktion eine Software, die dezentrale Energieerzeugungsanlagen, Speicher und steuerbare Verbraucher über eine gemeinsame Leitwarte vernetzt, koordiniert und kontrolliert und dies alles in Echtzeit. Dabei kann mit der aggregierten Energiemenge, sei es auf der Erzeugungsseite oder der Abnahmeseite, an verschiedenen Energiemärkten teilgenommen werden. Anlagenbetreibern, Industriebetrieben, Stadtwerken, Stromversorgern, Energiehändlern oder Netzbetreibern werden so Möglichkeiten der Vermarktung bzw. Vermeidung von Investitionen geboten. Damit ersetzt die Bereitstellung von Energie zukünftig einen wesentlichen Teil der Wertschöpfung bei Energieversorgern bzw. Netzbetreibern.

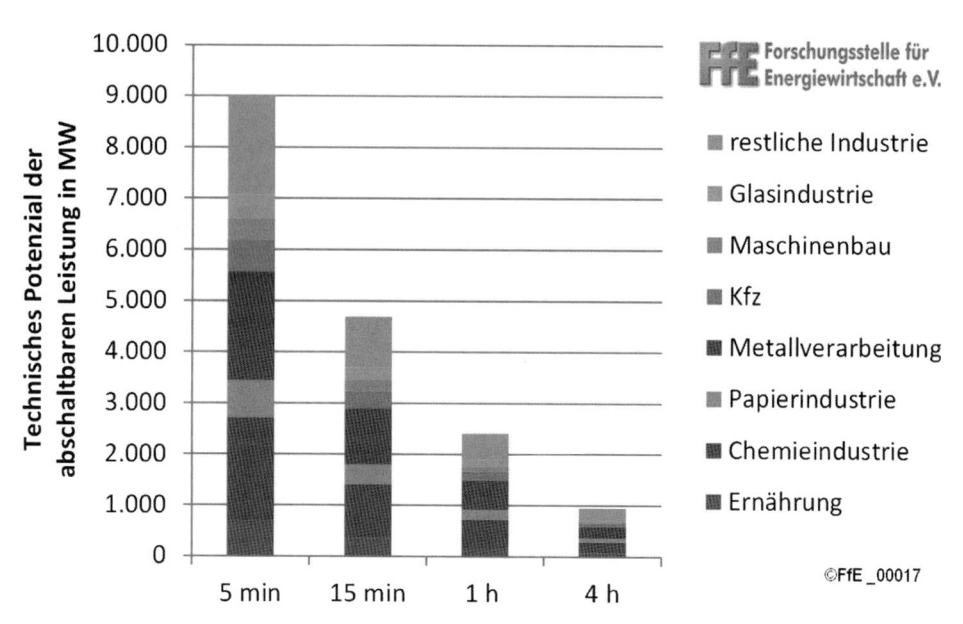

Abb. 9.5 Demand Response in der Industrie – Status und Potenziale in Deutschland. (FfE Forschungsstelle für Energiewirtschaft e. V)

9.4.4 Batteriespeicher

Dieses Kapitel widmet sich den zukünftigen Potenzialen von Batterien und Batteriebetreibern. Derzeit sind die Preise von Speichern für einen wirtschaftlichen Betrieb noch deutlich zu hoch. Der zunehmende Bedarf an Batteriespeichern, neue Speichertechnologien und in den vergangenen Jahren aufgebaute Produktionsüberkapazitäten führen zu einem schnellen Preisrückgang, der schon in den kommenden Jahren dazu führen wird, dass ein wirtschaftlicher Betrieb von Batteriespeichern in wenigen Jahren möglich sein wird.

Laut einer Studie von McKinsey wird der Preis von Lithium-Ionen Akkus bis zum Jahr 2020 auf 200 $ je kWh sinken.[8] Kosten derzeit Hochvolt-Batterien für Elektrofahrzeuge zwischen 500 und 700 $/kWh, so wird sich laut einer Studie von McKinsey der Preis für Batterien bis 2025 sogar auf unter 163 $/kWh entwickeln. Diese Entwicklung wird für einige Branchen maßgebliche Auswirkungen haben, das Thema Elektromobilität wird einen deutlichen Schub erhalten, aber auch für die Betreiber von Photovoltaikanlagen wird der Betrieb von Batterien zur Erhöhung des Eigenbedarfs wirtschaftlich.

Hier ist es wichtig, dass Energieversorger frühzeitig Geschäftsmodelle entwickeln, um eine wesentliche Rolle in diesem Markt zu spielen. Deutlich wird dies, wenn man sich das Ladeverhalten von Batterien in Zusammenhang mit Photovoltaikanlagen betrachtet.

---

[8] Vgl. Autokiste (2012).

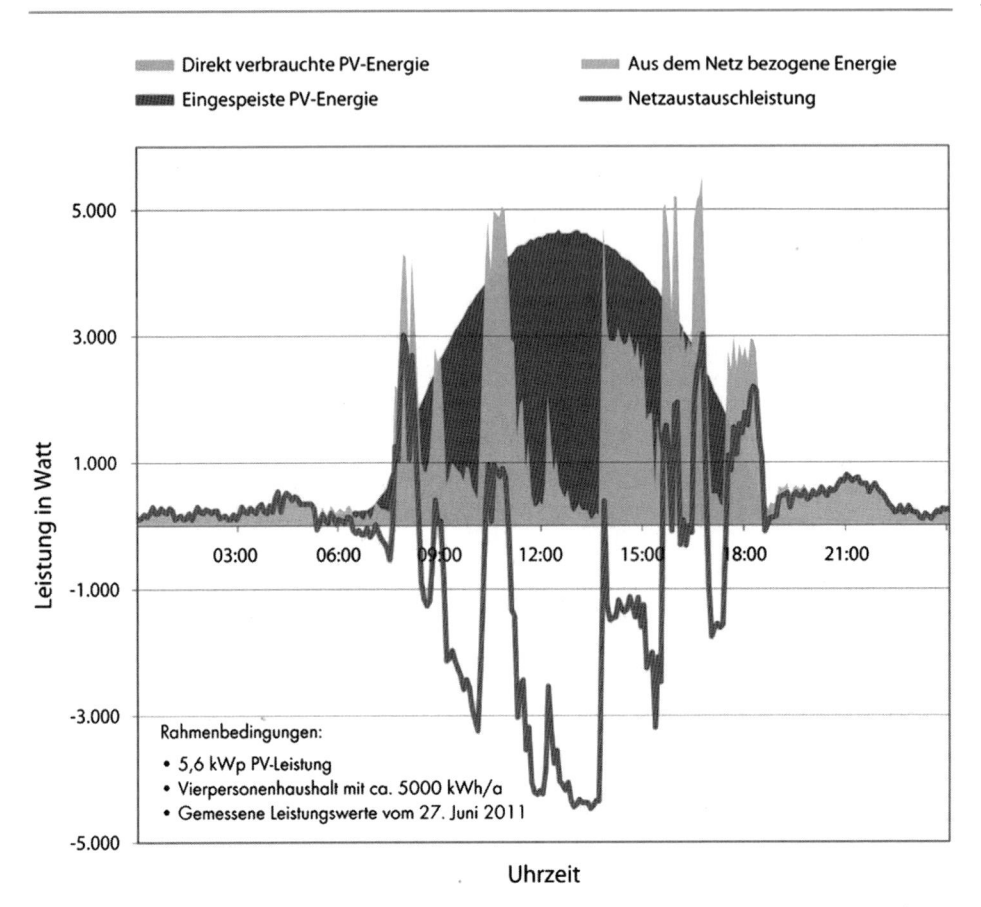

Abb. 9.6 Reale Erzeugungs- und Verbrauchswerte eines Vierpersonenhaushalts mit 5,6 kWp-Anlage: Die Netzaustauschleistung schwankt in beide Richtungen. (Kever 2012)

SMA Feldtest bestätigt Netzentlastung

Bestätigt wird diese Einschätzung auch durch einen Feldtest von SMA[9], in dem die Betriebsdaten von zehn PV-Anlagen mit netzgekoppelten Speichern über zwölf Monate erfasst wurden. Da sich die Wirkung des Speichersystems einfach herausrechnen lässt, stehen auch die entsprechenden Vergleichswerte zur Verfügung. Das Ergebnis: Bei keiner Anlage und an keinem einzigen Tag zeigen die aufgezeichneten Leistungsdaten eine höhere, vom Speicher verursachte Dynamik in der Netzaustauschleistung, im Gegenteil. Bei gleichbleibenden Maximalwerten sind die mittleren Änderungsraten der Netzaustauschleistung in allen Fällen deutlich gesunken. Beim System mit der kleinsten PV-Peakleistung verringerte sie sich um rund 26 % – wohlgemerkt, trotz der auf Eigenverbrauchsmaximierung ausgelegten Betriebsführung der Speicher. Abb. 9.6 und 9.7 zeigen beispielhaft die Erzeugungs- und Verbrauchsdaten eines Vierpersonen-Testhaushalts mit einer 5,6 kWp-Anlage, zunächst ohne und dann mit Speichersystem.[10]

---

[9] SMA Solar Technology AG, Niestetal.
[10] Kever (2012).

9 Netz- und Marktakteure im Smart Market

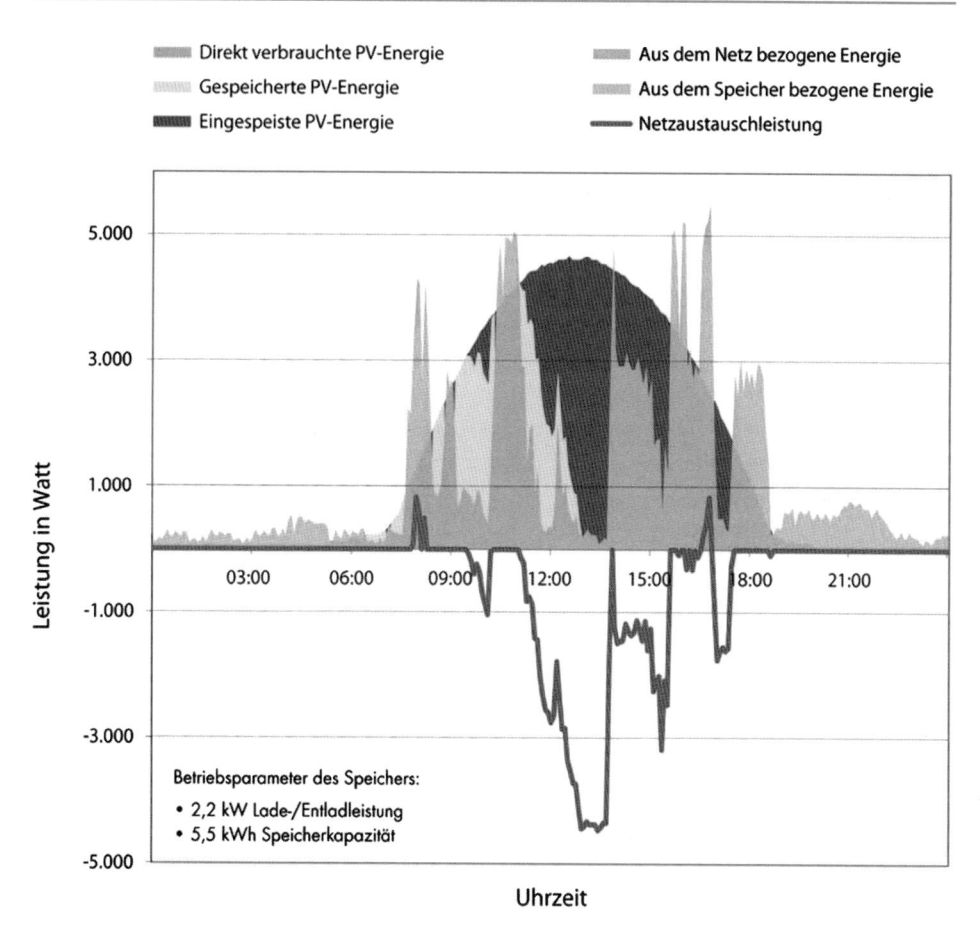

Abb. 9.7 Die gleiche Situation mit Speichersystem zur Eigenverbrauchsoptimierung: Die Menge der ins Netz gespeisten PV-Energie nimmt deutlich ab, zu einer erhöhten Netzbelastung kommt es nicht. (Kever 2012)

Abgesehen von der deutlich verringerten Einspeisung aufgrund der Solarstrom-Zwischenspeicherung ist gut zu erkennen, dass die größten Schwankungen in der Netzaustauschleistung hauptsächlich durch die Aktivierung leistungsstarker Verbraucher verursacht werden und keineswegs durch das 2,2 kW Speichersystem. Dennoch nimmt die Dynamik der Netzaustauschleistung insgesamt ab, was sich ja auch in den erwähnten Jahresmittelwerten widerspiegelt.[11]

Zusätzliche Netzentlastung durch intelligente Speicher

Mit einer Betriebsführung, die den Schwerpunkt ganz bewusst auf die Netzentlastung legt, lässt sich dieser positive Effekt aber noch deutlich steigern. Denkbar ist zum Beispiel eine Orientierung an der Funktionsweise des sogenannten „Peak Shaving": Erzeugungsspitzen, die nicht zeitgleich von entsprechenden Lasten ausgeglichen werden, nimmt das Speichersystem auf, sodass eine definierte Einspeiseleistung nicht überschritten wird. Im umgekehr-

---
[11] Kever (2012).

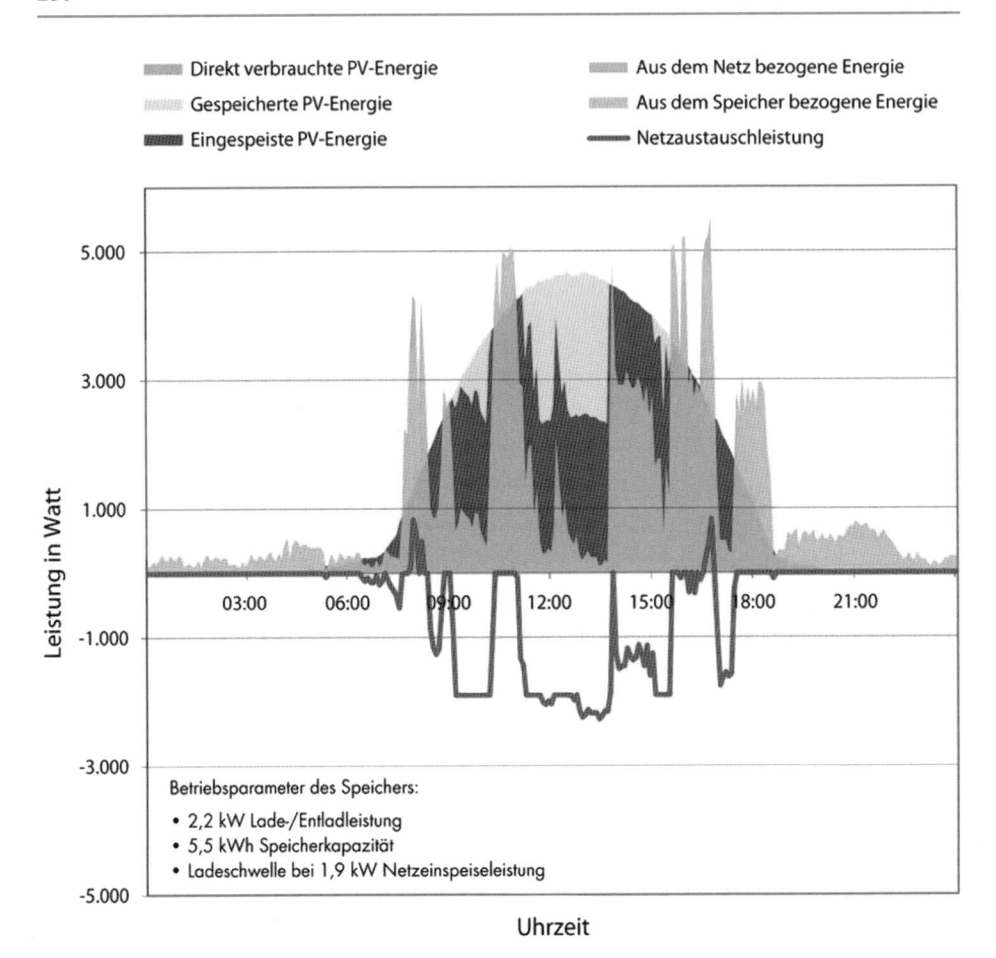

▪ Direkt verbrauchte PV-Energie   ▪ Aus dem Netz bezogene Energie
▪ Gespeicherte PV-Energie   ▪ Aus dem Speicher bezogene Energie
▪ Eingespeiste PV-Energie   — Netzaustauschleistung

Betriebsparameter des Speichers:
- 2,2 kW Lade-/Entladleistung
- 5,5 kWh Speicherkapazität
- Ladeschwelle bei 1,9 kW Netzeinspeiseleistung

Abb. 9.8 Variante mit simuliertem Speichermodell zur maximalen Netzentlastung: Trotz gleicher Werte für Speicherkapazität und -leistung sinken Maximalwert und Dynamik der Netzaustauschleistung. (Kever 2012)

ten Fall begrenzt der Speicher den Leistungsbezug aus dem Netz, indem er gegebenenfalls zusätzliche Leistung zur Verfügung stellt. (Abb. 9.8) zeigt diese Betriebsweise auf Basis der realen Erzeugungs- und Verbrauchswerte aus dem SMA Feldtest. Die Batterie wird jetzt erst beim Überschreiten von 1,9 kW Einspeiseleistung geladen und kann dafür über den gesamten Erzeugungszeitraum Erzeugungsspitzen zwischenspeichern. Bei identischer Eigenverbrauchssteigerung gegenüber dem herkömmlichen Speichersystem sorgt diese einfache Zusatzregel für eine deutlich reduzierte Dynamik der Netzaustauschleistung und wesentlich kleinere Maximalwerte.

Die Grafik verdeutlicht das enorme Entlastungspotenzial von intelligenten, lokalen Speichersystemen. Voraussetzung ist jedoch eine zuverlässige PV-Erzeugungsprognose, damit die Batterie auch bei einem unregelmäßigen Einstrahlungsverlauf vollständig geladen werden kann. Fast ebenso bedeutsam sind jedoch Informationen über das zu erwartende Lastprofil des Haushalts und die zeitlich genaue Erfassung der Verbrauchsleistung. Denn jeder zeitgleich zur PV-Erzeugung stattfindende Verbrauch reduziert die Netzaustauschleistung und damit auch den Speicherbedarf. Und die hohe zeitliche Auflösung der Leistungsmessung ist entscheidend für die Ausregelung von schnell taktenden Verbrauchern wie etwa Elektroherden.[12]

Fazit
Speicher sind derzeit noch zu teuer. Die momentan prognostizierte Preisentwicklung zeigt jedoch auf, dass sich Speicher in wenigen Jahren wirtschaftlich betreiben lassen. Als „Hybrid-Lösung", die sowohl Energie speichern wie auch abgeben kann, wird Ihnen eine besondere Rolle zuzumessen sein. Hier müssen Netzbetreiber/Energieversorger frühzeitig Geschäftsmodelle entwickeln, die das Aggregieren von Speicherkapazitäten zum Ziel haben. Werden Speicher, genau wie Photovoltaikanlagen, von Speicherherstellern direkt an den Kunden verkauft, werden Speicher zukünftig eher netzschädlich sein, da sie die für die Netzstabilität notwendigen Netz-Prognosen qualitativ eher verschlechtern werden. Für die Energievertriebe bedeuten Batteriespeicher einen weiteren Absatzrückgang, da der Eigenverbrauchsanteil von Prosumern deutlich erhöht werden kann. Die Absatzmengen werden dadurch weiter reduziert werden.

Es bieten sich Contracting Modelle (inkl. Betrieb und Wartung) an, bei denen Batteriespeicher zu virtuellen Kraftwerken zusammengeschaltet werden. Mit den notwendigen, hochperformanten IT-Systemen im Hintergrund können so je nach Netzzustand und Marktsituation Investitionen im Netz vermieden und Gewinne am Markt erzielt werden. Auch hier muss frühzeitig geklärt werden, wer die Rolle des Aggregators einnimmt. Für den Netzbetreiber dürfte dies aufgrund der aktuellen Gesetzgebung schwierig, wenn nicht gar unmöglich sein, da Netzbetreiber keine Energie einkaufen können, um damit zu handeln. Aber auch Energievertriebe müssen Ihre Dienste diskriminierungsfrei anbieten. Das heißt Energiemengen, die sie für den örtlichen Netzbetreiber gespeichert haben (um in der gelben Ampelphase Lasten aus dem Netz zu nehmen), müssten allen Vertrieben diskriminierungsfrei zu Vermarktung angeboten werden.

Es liegt daher nahe, dass diese Rolle durch neue Unternehmen wahrgenommen wird, die die zukünftig notwendigen Leistungen allen Marktteilnehmern diskriminierungsfrei anbieten können. Aus Sicht des Verfassers könnten/müssten das aber auch Ausgründungen von Energieversorgern sein. Wie bei allen vorgenannten Themen der Aggregation lassen sich hiermit zukünftig Umsatzrückgänge in den traditionellen Geschäftsfeldern der Energieversorger kompensieren und die für Energieversorger so bedeutsame Schnittstelle zum Kunden erhalten.

9.4.5 Energiemanager

Der Smart Market ermöglicht den Kunden die Vermarktung eigener Einspeisungen und Flexibilitäten. Insbesondere die seitens der Kunden zur Verfügung gestellte Flexibilität spielt eine große Rolle für die Optimierung volatil gespeister Verteilnetze. Marktpartner sind in diesem Fall die so genannten Aggregatoren, die aus den Einspeisungen kleiner Leistungsmengen

---
[12] Kever (2012).

und aus Flexibilitätsangeboten von einer Vielzahl von Kunden verkäufliche Portfolien bilden. Dabei ist sicherzustellen, dass die einheitliche Preiszone nicht beeinträchtigt wird.[13]

Die Koordinierung von Erzeugung, Handel und Verbrauch erfolgt durch den Poolkoordinator bzw. Aggregator oder im Falle steuerbarer Erzeuger und Verbraucher durch den Energiemanager. Der Energiemanager greift selbst aktiv in die Versorgung ein! Darin unterscheidet er sich vom Aggregator bzw. Poolkoordinator.

Viele größere Unternehmen beschäftigen bereits heute eigene Energiemanager, die professionell die Kosten für den Energieeinsatz senken und hier die Schnittstelle mit dem Energieversorger bilden. Zur Bewältigung dieser Aufgabe benötigen die Energiemanager Daten über Verbräuche einzelner Liegenschaften, Produktionsstätten oder auch einzelner Maschinen, Räume, etc. Die Notwendigkeit für ein professionelles Energiemanagement wird gesetzlich noch gestützt durch die ISO 50001.

> Die ISO 50001 ist eine weltweit gültige Norm, die Organisationen beim Aufbau eines systematischen Energiemanagements unterstützen soll; sie kann auch zum Nachweis eines mit der Norm übereinstimmenden Energiemanagementsystems durch eine Zertifizierung dienen. Sie wurde im Juni 2011 von der Internationalen Organisation für Normung (ISO) veröffentlicht. In Deutschland wurde am 24. April 2012 die DIN EN 16001 zurückgezogen und durch die im Dezember 2012 als DIN EN ISO 50001 veröffentlichte Norm ersetzt. Die Einführung eines Energiemanagementsystems ist grundsätzlich freiwillig; es gibt keine gesetzliche Zertifizierungspflicht. Allerdings ist eine Zertifizierung nach DIN EN ISO 50001 (oder ein registriertes Umweltmanagementsystem nach EMAS-Verordnung) in Deutschland Voraussetzung für die teilweise Befreiung besonders energieintensiver Unternehmen von der EEG-Umlage und zukünftig auch für die Entlastung von Unternehmen der produzierenden Gewerbe von der Strom- und Energiesteuer.[14]

Insbesondere sehr energieintensive Unternehmen haben somit ein erhebliches Interesse professionelles Energiemanagement zu betreiben, aber auch Wohnungsbaugesellschaften oder Städte und Gemeinden zeigen ein immer größeres Interesse an Energiemanagementsystemen bzw. sogenannten Gewerbekundenportalen. Während Energiemanagementsysteme die Möglichkeit zum aktiven Lastmanagement ermöglichen, schaffen Gewerbekundenportale „lediglich" Transparenz über den Verbrauch einzelner Gebäude bzw. Verbraucher. Je nach Notwendigkeit und Anwendung haben beide Systeme ihren spezifischen Nutzen.

Seitens der Energieversorger ergeben sich hier neue Geschäftsmodelle indem sie diese Systeme an ihre Endkunden (Industrie- und Gewerbekunden, Wohnungswirtschaft, Städte und Kommunen) vertreiben und hiermit Kundenbindung generieren oder indem sie diese Systeme für ihre Endkunden selbst betreiben. Letzteres dürfte bei größeren Industrie- und Gewerbekunden eher schwierig werden, da die Energieversorger hierdurch zum einen in einen Interessenskonflikt geraten (Energiemengenabsatz versus Energieeinsparung beim

---

[13] BDEW (2012, S. 20).
[14] Wikipedia (2013), ISO 50001.

Kunden) und zum anderen diese Kundenklientel oftmals bereits eigene Energiemanager beschäftigt.

Grundsätzlich können die Hersteller von Energiemanagementsystemen und Gewerbekundenportalen auch direkt an die Endkunden der Energieversorger herantreten. Nicht zuletzt aufgrund der oft langen Entscheidungs- und Handlungswege bei Energieversorgern ist dies bereits heute vielfach zu beobachten. Hier droht ein weiteres potenzielles Geschäftsfeld für den Energieversorger von morgen, „in die Hände" der sogenannten Intermediäre zu fallen. Gleichzeitig besteht damit die Gefahr, dass diese Intermediäre die für Energieversorger so wichtige Kundenschnittstelle besetzen.

9.5 Zusammenspiel der Akteure

Bei der Recherche zu diesem Kapitel war auffallend, wie unübersichtlich der zukünftige Markt für notwendige Leistungen und damit der zukünftigen Netz- und Marktakteure im Smart Market derzeit ist. Doch wie schafft man Transparenz über die vielfältigen Marktangebote unter den Akteuren sowohl für den Endkunden wie auch für den Energieversorger selbst?

Als Energiemanager für den Kunden kommt dem Netzbetreiber/Energieversorger hier eine wesentliche Rolle zu. Es gilt Wege zu finden, den gesetzlichen Anforderungen des Unbundling gerecht zu werden, aber gleichzeitig Leistungen für die Netz- und Marktseite aufzubauen und wirtschaftlich zu betreiben. Die Informations- und Kommunikationstechnologie (IKT) hat hierbei den entscheidensten Einfluss auf die Vernetzungsmöglichkeiten aller Akteure des Smart Markets untereinander.

Doch welche Systeme werden hier in Zukunft führend sein, sind es die Meter Data Management Systeme, die über enorme Mengen an Verbrauchsdaten verfügen und über eine direkte bidirektionale Verbindung zum Kunden und zur Kundenanlage verfügen? Oder eher Energiemanagementsysteme die bereits heute Lastmanagement betreiben?

Aus Sicht des Verfassers werden hoch integrale Systemwelten aufgebaut werden müssen, die sowohl Meter Data Management Systeme wie auch Systeme zur Steuerung des Lastmanagements (Energiemanagementsysteme) umfassen und die Schnittstellen zu Handelssystemen, Scada Systemen (Netzleitstellen) und Energietransparenzsystemen aufweisen. Auf der Kundenseite verfügen diese Systemwelten Hardware-Schnittstellen zu Erzeugungs- und Verbrauchseinheiten. Der Aufbau und Betrieb dieser Datendrehscheibe wird sehr kostenintensiv und vor allem komplex. Netzbetreiber und Energieversorger müssen bereits heute die Entscheidung treffen, ob Sie der Betreiber einer solchen Datendrehscheibe in Zukunft sein wollen. Aufgrund der bereits erwähnten Kostenintensität und der Komplexität scheint es ratsam, dies in horizontaler oder vertikaler Kooperation mit anderen Netzbetreibern/Energieversorgern bzw. Systemherstellern aufzubauen und zu betreiben.

Die Zeit hierfür ist jetzt. Weiteres Abwarten wird den Intermediären Marktvorteile verschaffen, die im Nachhinein nur schwer wieder aufzuholen sind. Aufgrund der Netz- und Marktdienlichkeit der zukünftigen (System-)leistungen und Geschäftsmodelle und der gesetzlichen Anforderungen aus dem Unbundling scheint eine organisatorische Ansiedlung in einem Shared Service-Bereich außerhalb der bisherigen Unternehmensgrenzen am sinnvollsten zu sein.

Literatur

Autokiste: McKinsey, Batteriepreise sinken bis 2020 auf ein Drittel. http://www.autokiste.de/psg/1206/10168.htm (Juni 2012). Zugegriffen: 08. Jan. 2014

BDEW: BDEW-Roadmap – Realistische Schritte zur Umsetzung von Smart Grids in Deutschland, Berlin (Februar 2013)

BDEW: Smart Grids – Das Zusammenwirken von Netz und Markt, Diskussionspapier, Berlin (März 2012)

Kever, F.: Dezentrale Batteriespeicher als Lösung. Sunny. Der SMA Corporate Blog, http://www.sma-sunny.com/2012/06/15/dezentrale-batteriespeicher-als-loesung/ (Juni 2012). Zugegriffen: 02. Dez. 2013

Müller, C., Schweinsberg, A.: Vom Smart Grid zum Smart Market – Chancen einer plattformbasierten Interaktion, WIK Wissenschaftliches Institut für Infrastruktur und Kommunikationsdienste, Diskussionsbeitrag Nr. 364, Bad Honnef (Januar 2012)

Wenzel, B., Nitsch, J.: Langfristszenarien und Strategien für den Ausbau der Erneuerbaren Energien in Deutschland bei Berücksichtigung der Entwicklung in Europa und global (FKZ 03MAP146), Deutsches Zentrum für Luft- und Raumfahrt (DLR), Institut für Technische Thermodynamik, Fraunhofer Institut für Windenergie und Energiesystemtechnik (IWES), Ingenieurbüro für neue Energien (IFNE), Stuttgart, Kassel und Teltow (Dezember 2010)

Wikipedia: ISO 50001. http://de.wikipedia.org/wiki/ISO_50001. Zugegriffen: 02. Dez. 2013

10 Innovationsfähigkeit und Marktzutrittsschwellen des Smart Grids und Smart Markets

Felix Dembski

Der Rahmen für neue Energiewendetechnologien

Zusammenfassung

Diese Kapitel beschreibt das Potenzial des Smart Grids als Katalysator für Innovationen der Energiewende. Der erste Abschnitt erörtert den Zusammenhang zwischen Innovationsfähigkeit und Marktzutrittsschwellen bei klimafreundlichen Technologien. Der zweite Abschnitt soll Einsteigern in das Thema Smart Grid einen Überblick über die relevanten einzuhaltenden Vorschriften und zuständigen Stellen vermitteln. Ein Großteil des Wissens rund um das Thema Smart Grid ist bislang bei den Personen gebündelt, die in den letzten Jahren an der Erarbeitung der relevanten Vorschriften beteiligt waren. Der zweite Abschnitt dieses Kapitels soll auch Neueinsteigern einen ersten Überblick verschaffen. Der dritte Abschnitt behandelt knapp die Frage, in wieweit die gewählte Regelungssystematik und die Verteilung von Zuständigkeiten für mehr Innovation optimiert werden könnten.

10.1 Smart Grids als Grundlage für klimafreundliche Innovationen

Warum haben Energiewendetechnologien es so schwer sich am Markt zu behaupten? Warum lassen die notwendigen Innovationen auf sich warten, die zu einer sicheren, nachhaltigen und bezahlbaren Energieversorgung notwendig wären? Ließe sich dieser Prozess beschleunigen und welche Rolle können Smart Grids dabei spielen? In diesem ersten Ab-

F. Dembski (✉)
BITKOM – Bundesverband Informationswirtschaft, Telekommunikation und neue Medien e. V., Albrechtstraße 10 A, 10117 Berlin, Deutschland

schnitt soll kurz dargestellt werden, welchen Hürden sich neue Technologien gegenüber sehen, die den Zielen der Energiewende dienen.

10.1.1 Carbon Lock-In

Kaum eine Technologie der Energiewende konnte bislang im Wettbewerb bestehen. Das Zusammenspiel neuer und etablierter Technologien des Energiesystems lässt sich am besten beschreiben anhand des Begriffes „*Carbon Lock-In*".[1] Gemeint ist damit eine Volkswirtschaft, in der die günstige Bereitstellung von Energie aus fossilen Brennstoffen tief verankert ist hinsichtlich der Bedürfnisse ihrer Bürger, der vorgehaltenen Infrastruktur, den Anforderungen an Mobilität usw.

Technologien, die auf der Verbrennung fossiler Brennstoffe basieren, können daher mit erheblichen Vorteilen rechnen. Andere Technologien sind dagegen häufig inkompatibel mit der vorhandenen Infrastruktur und verfehlen regelmäßig die Erwartungen der Verbraucher. Das Auto mit Verbrennungsmotor ist das Paradebeispiel einer Technologie, die hervorragend mit dem System des Carbon Lock-In harmoniert. Es befriedigt die Erwartungen des Einzelnen nach Mobilität, Komfort und Individualität. Es ist Gebrauchsgegenstand und kann zugleich Status ausdrücken. Bei der Nutzung des Autos kann jeder auf die hervorragende öffentlich finanzierte Infrastruktur des Straßensystems zurückgreifen. Daneben steht ihm die privat finanzierte Infrastruktur der Tankstellen zur Verfügung.

Mobilitätstechnologien der Energiewende wie Elektrofahrzeuge können dagegen an vielen Fronten mit ihren fossilen Konkurrenten nicht mithalten. Aufgrund ihres hohen Preises kommen sie bislang nicht für den Massenmarkt in Frage. Sinnvoll ist höchstens eine Verwendung im Flottenverbund, etwa im Zuge des *Car-Sharings*. Sie sind daher bislang kaum geeignet individuelle Mobilitätsbedürfnisse zu befriedigen. Zugleich bauen Sie auf den etablierten Plattformen der Hersteller auf. Sie eignen sich daher wenig, die Individualität ihres Käufers auszudrücken. Ihr hoher Preis drückt auch keinen besonderen Status des Inhabers aus. Ihnen fehlt ferner die Reichweite, die heute von Kraftfahrzeugen (Kfz) erwartet wird und sie können bislang nicht auf eine hinreichende Ladeinfrastruktur zurückgreifen. Die Erwartungshaltung des Verbrauchers an eine neue Technologie, nämlich dass sie das Leben einfacher und angenehmer macht, können Elektromobile daher bislang nicht befriedigen.

Diese scheinbar zufällige *Inkompatibilität* mit vorhandenen Infrastrukturen und Erwartungen haftet fast allen vergleichsweise neuen Energiewendetechnologien an, seien es Elektromobile, Photovoltaik- oder Windkraftanlagen. Im nachfolgenden Abschnitt wird kurz dargestellt, dass diese Inkompatibilität neuer Technologien kein Zufall ist.

---

[1] Vgl. Unruh (2000).

10.1.2 Technologisches Regime und Innovation

Es besteht eine unüberschaubare Vielfalt an Theorien zu technologischen Innovationen.[2] An dieser Stelle sollen einige Theorien kurz beschrieben werden, die bei dem Verständnis der Rolle des Smart Grids besonders hilfreich sein können.

Die Theorie der *induzierten Innovation* fokussiert sich auf die Effekte, die die relativen Preise der Produktionsfaktoren bestimmter Güter einnehmen.[3] Erhöht sich der Preis eines der verschiedenen Produktionsfaktoren, etwa die Kosten für Arbeit, so kann der resultierende Verlust an Wettbewerbsfähigkeit vor allem durch technologische Innovationen wieder wettgemacht werden. Ein Smart Grid, das gegenüber Verbrauchern die einzelnen Komponenten des Strompreises besser abbildet und durch Preissignale entsprechenden Handlungsdruck erkennen lässt, könnte daher helfen, neue Technologien hervorzubringen. Allerdings zeigt der bisher gescheiterte Versuch, durch den EU-Zertifikatehandel European Union Emission Trading System (EU ETS) Innovation zu erzeugen, dass neue Technologien häufig nicht allein durch korrigierte Preise das Licht der Welt erblicken.

Andere Modelle fokussieren sich deutlich stärker auf die Interaktion von neuen Technologien mit den vorgefundenen Märkten, Institutionen und Erwartungen der Verbraucher. Diese Modelle zeigen eine sogenannte Pfadabhängigkeit und das Phänomen der „*Increasing Returns*".[4] Jede Verwendung einer neuen Technologie erzeugt ein positives Feedback, die es wahrscheinlicher macht, dass sie erneut verwendet wird. Der Grund sind nicht allein Lern- und Skaleneffekte. Sondern je mehr Nutzer eine bestimmte Technologie verwenden, desto zuversichtlicher werden andere potenzielle Nutzer und Produzenten, dass die Technologie auch in Zukunft Verwendung findet. Sie können ihre Erwartungen und Allokations-Entscheidungen entsprechend anpassen. Die Unsicherheit über die Verwendung in der Zukunft nimmt sukzessive ab. Dies führt im besten Fall zu Netzwerkeffekten, bei denen für alle Verbraucher der Nutzen steigt, je mehr eine bestimmte Technologie verwendet wird. Das beste Beispiel hierfür ist etwa die Verwendung von Mobiltelefonen, bei der jeder neue Nutzer das Netzwerk der für alle Nutzer erreichbaren Anschlüsse erhöht. Er erhöht damit nicht nur seinen Nutzen durch die Teilnahme am Netzwerk, sondern auch den Nutzen der bereits teilnehmenden Kunden, indem er für diese erreichbar wird.

Solche Theorien der Pfad-Abhängigkeit lassen erkennen, wie es zu einem technologischen „Lock-In" kommen kann. Diejenige Technologie, die am weitesten verbreitet ist, muss nicht die beste technologische Lösung darstellen. Sobald aber alle Nutzer sich an dieses dominante Design gewöhnt haben, wird es fast unmöglich, alternative Technologien in den Markt zu bringen. Das beste Beispiel für einen solchen lock-in stellt das QWERTZ-Keyboard Design dar. Mit dem bis heute verwendeten Design sollten ursprünglich mechanische Schreibmaschinen davor bewahrt werden, dass ihre Typenhebel durch zu hohe

---

[2] Eine exzellente Übersicht findet sich bei Foxon (2003) auf den sich dieser Abschnitt vielfach bezieht.

[3] Vgl. Hayami und Ruttan (1970).

[4] Arthur (1989).

Anschlagsgeschwindigkeit verhaken. Obwohl dieser Zweck seit langem entfallen ist, bleibt das gewählte Design erhalten. Dies ist längst unabhängig von der Frage, ob dieses Design das schnellste, angenehmste oder akkurateste Schreiben erlaubt.[5]

Andere Theorien stellen die Bedeutung von *Lerneffekten* in den Vordergrund.[6] Zwischen Grundlagenforschung und Marktdurchdringung liegt eine lange Kette von Feedback zwischen Forschern, Entwicklern, Produzenten und letztendlich Verbrauchern. Lernen durch Produzieren, Lernen durch Benutzen und Lernen durch Interagieren zwischen Produzent und Verbraucher führen zu einer Ansammlung von Wissen über eine neue Technologie. Dieses akkumulierte Wissen führt zu einer Verbesserung der Technologie selbst, sowie zu sinkenden Stückpreisen.

Beide Theorien, Pfad-Abhängigkeit und Lerneffekte lassen erkennen, dass Innovation niemals völlig losgelöst von bislang vorherrschenden Technologien und Regularien ist. Diese Summe der bereits vorhandenen technischen Lösungen, Gesetzen und Verordnungen, sowie Erwartungshaltungen kann beschrieben werden als das aktuelle *technologische Regime*.[7] Dieses technologische Regime beeinflusst stetig den Prozess der alltäglichen Problemlösung bei der Entwicklung neuer Technologien. Völlig neuartige Erfindungen, die losgelöst vom technologischen Regime „im Labor" entstehen, sind daher höchst selten. In der Realität entwickeln sich Innovationen sukzessive entlang einer bestimmten Entwicklungskurve in kleinen Schritten („technological trajectories").[8] Auch dies kann zu einem technologischen lock-in führen, wenn eine neue Technologie auf diesem Weg weitgehend vom Design des technologischen Regimes beeinflusst ist. Hierbei ist erneut die Verwendung des QWERTZ-Keyboard Layouts auf allen elektronischen Eingabegeräten das beste Beispiel.

Dies erklärt, weshalb es klimafreundlichen Technologien so schwer fällt, mit ihren fossilen Konkurrenten im Wettbewerb zu bestehen. Sie erfüllen zwar theoretisch dieselbe Funktion, sind aber regelmäßig mit dem aktuellen technologischen Regime inkompatibel. Solaranlagen produzieren Strom nicht unbedingt wenn er benötigt oder erwartet wird. Die besten Windstandorte finden sich nicht unbedingt dort, wo die Netze hierfür ausgelegt sind. Elektromobile haben nicht die notwendige Reichweite und energetische Gebäudesanierungen entsprechen nicht den Erwartungen an ein Stadtbild und an akzeptable Mietpreise. Die vorhandenen Regularien und Infrastrukturen bedeuten dabei nicht nur erhebliche Sunk Costs, sondern sie nehmen auch kontinuierlich Einfluss auf die Entwicklung neuer Technologien.

Es scheint zwar nicht ausgeschlossen, dass die Technologien der Energiewende eines Tages in der Lage sind, sowohl bei den Kosten als auch bei der Bedürfnisbefriedigung der Verbraucher konkurrenzfähig zu werden. Die hierfür notwendigen Lerneffekte sind je-

---

[5] Vgl. Liebowitz und Margolis (1990).
[6] Vgl. Foxon (2003, S. 10 f).
[7] Vgl. Nelson und Winter (1977).
[8] Dosi (1982).

doch selbst so kostenintensiv, dass es sehr schwierig ist, hierfür die notwendigen Mittel auf den Finanzmärkten einzuwerben.[9] Dort werden bevorzugt inkrementelle Verbesserungen von etablierten Energietechnologien finanziert, die sich deutlich kurzfristiger und mit höherer Sicherheit refinanzieren lassen.

An dieser Stelle erscheint daher ein regulatorisches Eingreifen zugunsten bestimmter politisch gewollter Technologien geboten. In Deutschland hat man sich daher entschieden, für die Technologien zur Produktion von Strom aus Erneuerbaren Quellen ein System des künstlichen Marktzutritts zu etablieren. Die Pflichten des Netzanschlusses, der Abnahme und gesetzlichen Vergütung nach dem EEG sollen die Finanzierung dieser Lerneffekte realisieren. Sie haben bislang zu beträchtlichen Kostenreduktionen bei den Stückpreisen geführt.[10] Auch scheint sich in den Patentstatistiken ein deutlicher Trend zu mehr Innovationen in diesem Bereich zu zeigen.[11] In vielerlei Hinsicht bleiben sie aber inkompatibel mit dem technologischen Regime. Sie machen erheblichen Netzausbau notwendig.[12] Sie sind nicht in der Lage, Leistung längere Zeit im Voraus zuzusichern. Die notwendigen Belastungen beim Strompreis und die selektiven Entlastungen werden jeweils als international wettbewerbsverzerrend betrachtet.[13] Es besteht daher die Gefahr, dass sich langsam zwei technologische (Energie-)Regime entwickeln, die ihre Unvereinbarkeit immer mehr verfestigen.

10.1.3 Innovation in Nischen und das Smart Grid

Die am dringendsten benötigten technologischen Innovationen sind daher weniger solche auf der Erzeugerseite von Strom aus Erneuerbaren Energien. Dort sind durch das EEG bereits stabile Entwicklungspfade etabliert worden, die die weiteren notwendigen Kostenreduktionen erwarten lassen. Benötigt werden heute solche Technologien, die das technologische Regime der fossilen Erzeugung und die Erneuerbaren miteinander vereinbar machen können. Solche Technologien sind heute kaum vorhanden, etwa kostengünstige Speicher, oder Maschinen und Haushaltsgeräte, die sich lastadaptiv verhalten könnten. Ein regulatorischer Eingriff zur Erzwingung des Marktzutritts wie durch das EEG bei den Erzeugungsanlagen scheint hier kaum möglich. Auch wären solche Technologien bislang meist inkompatibel mit beiden technologischen Regimen: Lastadaptives Verhalten wird nicht belohnt. EEG-Anlagen haben einen Anspruch auf Netzausbau, sodass Netzbetreiber

---

[9] Vgl. Stern (2007, S. 398).
[10] Etwa Vergütung Photovoltaik kleine Dachanlage: 57,4 Cent gemäß § 8 EEG 2000 und 19,50 Cent gemäß § 32 EEG 2012.
[11] Vgl. Dechezlepretre und Martin (2010, S. 32).
[12] Vgl. Dena Verteilnetzstudie S. 6 ff.
[13] Siehe Beschluss zur Eröffnung des Beihilfeverfahrens durch die Europäische Kommission IP/13/1283.

knappe Netzkapazitäten nicht bewirtschaften müssen. Es bestehen keine Anreize zum Verbrauch von lokal erzeugtem Strom aus Erneuerbaren Energien, etc.

Eine Möglichkeit, wie neue Technologien mit den Technologien des vorherrschenden technologischen Regimes wettbewerbsfähig werden können, ist die Besetzung von Nischen. Eine Nische ist dabei ein Bereich, in dem die Bedürfnisse von Nutzern nicht durch die Technologien des vorherrschenden technologischen Regimes abgedeckt werden. Gelingt es einer neuen Technologie, diese Nische zu besetzen, ist sie zunächst vom Wettbewerb durch die etablierten Technologien geschützt. Im besten Fall können dann durch höhere Preise die Lernprozesse finanziert werden, die es der neuen Technologie erlaubt, irgendwann die alte Technologie auf ihrem Heimatmarkt herauszufordern.[14] Ein Beispiel hierfür wäre das Mobiltelefon, welches von einer Spezialanwendung im Geschäftsleben zum Dreh- und Angelpunkt bei der Organisation der sozialen Interaktion von Jedermann geworden ist. Wichtig ist hierfür an erster Stelle, dass solche Nischen einfach zugänglich sind. Dafür müssen vor allem jenseits des vorherrschenden technologischen Regimes die Marktzutrittsschwellen niedrig sein.

Der Smart Market kann solche Nischen für neue Technologien zugänglich machen. Hierbei besteht Anlass zur Hoffnung, dass Nischen am ehesten durch neue Produkte besetzt werden können, die informationsbasiert sind. Damit solche Nischen gefunden und besetzt werden können, müssen die notwendigen Informationen bereitgestellt und die notwendigen Preissignale erzeugt werden.

Der Energiemarkt verspricht dabei erhebliche Potenziale aufgrund verändertem Verhaltens, dass auf Informationen, respektive Informationsvorsprüngen beruht. Energiepreise schwanken etwa im Großhandel über den Tag deutlich. An Sonntagen im Sommer des Jahres 2013 tendierten sie immer wieder gegen Null.[15] Teurer Netzausbau kann gegebenenfalls durch koordinierte Inanspruchnahme von Netzkapazitäten gemindert werden.[16] Allerdings fehlen bislang die Informationen, Preissignale und Infrastrukturen, um hierauf zu reagieren.

Diejenigen Lasten zu identifizieren, die durch Information, Flexibilität und Koordination solche unterschiedlichen Marktzustände monetarisieren können, ist ein unternehmerisches Entdeckungsverfahren. In welcher Nische genügen die vorhandenen Marktsignale bereits aus, um durch eine Verhaltensänderung einen handfesten wettbewerblichen Vorteil zu erlangen? Welche Lasten können grundsätzlich mobilisiert werden? Diese Nischen zu finden muss die Aufgabe von Unternehmern und Erfindern sein, nicht Ministerien oder Netzbetreibern. Ihnen dies zu ermöglichen, ist die zentrale Aufgabe des Smart Grids sowie des Smart Markets.

Grundvoraussetzung für solche Entdeckungsverfahren sind die Bereitstellung von umfangreichen Informationen zu einem Systemzustand und die möglichst einfache Teil-

---

[14] Vgl. Kemp et al. (1998).
[15] Historische Daten verfügbar unter www.eex.com.
[16] Vgl. EWE (2012, S. 4).

nahme am Markt für informationsbasierte Energiedienstleistungen. Entscheidend ist an dieser Stelle möglichst keine Geschäftsmodelle vorweg zu nehmen, sondern Entdeckungsverfahren für Nischenanwendungen zu erlauben. Es ist nämlich nicht absehbar, inwieweit die Lasten einer großen Volkswirtschaft in der Lage sein werden, sich auf die fluktuierende Einspeisung der Erneuerbaren zuzubewegen. Es kann nicht ausgeschlossen werden, dass Deutschland in Zukunft 300 GW installierte Leistung Erneuerbare zur Deckung der durchschnittlichen täglichen Last von 80 GW benötigt und zugleich 80 GW installierte Leistung aus fossiler Energie für Tage mit dunkler Flaute vorgehalten werden müssen. Es kann auch nicht ausgeschlossen werden, dass die Verteilung der dezentral erzeugten Energie ein Netz benötigt, das faktisch zu einer Kupferplatte ausgebaut wurde. Entscheidend für eine effiziente Energiewende ist allein die Frage, wie weit dieses Maximalszenario durch technologische Innovation unterschritten werden kann. Genau das herauszufinden ist die Aufgabe von informationsbasierten Energiedienstleistungen.

Die primäre Aufgabe des Smart Grids sollte daher nicht verstanden werden als reines Hilfsmittel zur Wahrung der Netzstabilität oder bloßes Instrument zur Vermeidung von Netzausbau. Das Smart Grid sollte vielmehr interessierten Nutzern und Unternehmen die Informationen bereitstellen und diejenigen Interaktionen ermöglichen, aus denen die notwendigen Innovationen für eine gelungene Energiewende entstehen können.

Denn letztlich sind viele Probleme der Energiewende informationsbasiert: Wann ist mit welcher Einspeisung aus Erneuerbaren wo zu rechnen? Wer ist in der Lage sich wie weit auf ein volatiles Dargebot einzustellen? Welche Netzkapazitäten müssen für wen in einem solchen System dauerhaft vorgehalten werden? Was sind die realen Preise des Stromverbrauchs? Wo können Erneuerbare möglichst günstig für das Gesamtsystem ans Netz angeschlossen werden? Die Antworten auf diese Fragen lassen sich nur durch einen umfangreichen Datenaustausch zwischen den interessierten Akteuren verhandeln.

Wenn das Smart Grid-Hilfsmittel für die Entdeckung von Nischen für informationsbasierte Energiedienstleistungen sein soll, muss eine Teilnahme möglichst einfach sein. Obwohl das Smart Grid erst langsam Gestalt annimmt, wird bereits jetzt deutlich, dass ein erheblicher Aufwand notwendig sein wird, um die notwendigen Regularien zur Teilnahme einzuhalten. Im nachfolgenden zweiten Teil wird versucht die wesentlichen einzuhaltenden Regularien und beteiligten Institutionen zur Teilnahme am Smart Grid (erstmals) darzustellen. Im dritten Teil wird dann die Frage gestellt, ob die so aufgebauten Marktzutrittsschwellen die erhofften Innovationsschübe erwarten lassen und/oder welche Maßnahmen die Hebung kreativer Potenziale von Netznutzern noch einfacher gestalten könnten.

10.2 Einzuhaltende Vorschriften bei der Teilnahme am Smart Grid

In diesem zweiten Abschnitt werden die wesentlichen sich abzeichnenden Vorschriften des Smart Grids dargestellt. Zusätzlich werden am Ende jedes Abschnitts die beteiligten Stellen aufgeführt. Ziel dieses Abschnitts ist nicht die juristisch vollständige Darstellung der gesamten Regelungsmaterie. Er soll neuen Teilnehmern des Smart Grids vielmehr eine erste Orientierung zwischen der Vielzahl an Gesetzen, Verordnungen, Normen, Gremien und Behörden erlauben und die Komplexität der aktuellen Governancestrukturen aufzeigen.

10.2.1 Zugangsgeräte: Die Messsystemverordnung (Entwurf)

Den ersten Schritt zur Ausgestaltung des Smart Grids stellen die Regularien für die Messeinrichtungen und Zugangsgeräte dar. Aufgrund der Kritikalität der Anwendungen des Smart Grids, müssen die eingesetzten Geräte der Technischen Richtlinie und dem Schutzprofil des Bundesamtes für Sicherheit in der Informationstechnik (BSI) für Intelligente Messsysteme entsprechen.[17] Dort sind die technischen Anforderungen und die grundlegende Systemarchitektur festgelegt. Damit diese verbindlich gelten, müssen sie durch eine Verordnung für zwingend einzuhaltend erklärt werden. Zurzeit des Abfassens dieses Kapitels lag eine solche Verordnung lediglich als abgestimmter Entwurf vor (Messsystemverordnung (Entwurf), MsysV-E). Der nachfolgende Abschnitt erläutert die einzuhaltenden Vorschriften und das Systemdesign anhand dieses Entwurfes. Hierbei besteht die Gefahr, dass der Entwurf im parlamentarischen Verfahren noch verändert wird. Im Wesentlichen enthält der Verordnungsentwurf aber nur die Grundsätze, die im Schutzprofil und der Technischen Richtlinie festgelegt wurden. Diese Grundsätze sollen hier anhand der Formulierungen des Verordnungsentwurfes erläutert werden, weil dieser sprachlich einfacher zugänglich ist. Die meisten dargestellten Vorschriften finden sich in irgendeiner Form auch in der Technischen Richtlinie und dem Schutzprofil des BSI.

Im Entwurf der *Messsystemverordnung* (MsysV-E) sind gemäß § 21i Abs. 1 Nr. 3 EnWG die Anforderungen an Messsysteme gemäß § 21e EnWG genauer ausgestaltet. Die MsysV unterscheidet zwischen einer „*Messeinrichtung*", d. h. dem eigentlichen Zähler und dem „*Smart Meter Gateway*", d. h. dem Gerät zur Kommunikation mit dem Smart Grid, § 2 Nr. 1 und 5 MsysV-E. Bisher verwendete Digitale Zähler, die auch „Intelligente Zähler" genannt wurden, sind daher lediglich eine „Messeinrichtung" im Sinne der Vorschrift, auch wenn sie über ein Kommunikationsmodul verfügten. Die Kommunikation übernimmt zukünftig ausschließlich das Smart Meter Gateway. Messeinrichtung und Smart Meter Gateway bilden zusammen das „intelligente Messsystem", oder schlicht „*Messsystem*", § 3 MsysV (Referentenentwurf).

Die etwas sperrige Verteilung von Funktionen auf die einzelnen Komponenten des Messsystems und die manchmal künstlich wirkende Trennung zwischen Zähler und Kommunikationseinheit hat ihren Ursprung im Europarecht. Die Richtlinie 2004/22/EG über Messgeräte („MID-Richtlinie") regelt die Vorschriften über Verbrauchszähler abschließend, Art. 7, Art. 8 Abs. 1 RL 2004/22/EG. Daher kann ein nationales Gesetz nicht ohne weiteres neue Anforderungen an einen Stromzähler aufstellen. Anders sieht es dagegen

---

[17] Vgl. BSI TR-03109, BSI-CC-PP-0073, BSI-CC-PP-0077.

aus, wenn der Zähler lediglich Messwerte an eine Kommunikationseinheit übermittelt. An diese Kommunikationseinheit können dann sehr wohl nationalstaatliche Anforderungen gestellt werden. Dieser juristische Kunstgriff erklärt die auf den ersten Blick seltsame Unterscheidung zwischen Zähler und Gateway.

Das intelligente Messsystem ist dabei grundsätzlich als Universalgerät gedacht, dass mehrere Smart Grid-Funktionen abdecken muss. Hierzu gehört zunächst die Messwertverarbeitung zu Abrechnungszwecken, bei Bedarf auch im 15-Minuten-Takt („Zählerstandsgangmessung", § 3 Abs. 1 Nr. 1 a), b)). Dies gilt nicht nur für den Verbrauch, sondern das Gateway muss entsprechend auch die aktuelle und historische Einspeisung aus EEG- und KWK-Anlagen erfassen und abrufbar machen, § 3 Abs. 1 Nr. b), c). Darüber hinaus müssen Netzzustandsdaten gemessen und „zeitnah" übertragen werden können, § 3 Abs. 1 d). Den Verbrauch des Letztverbrauchers muss es entsprechend § 3 Abs. 1 Nr. 2 umfangreich visualisieren können. Das Gateway muss ferner über eine sichere und leistungsfähige Fernkommunikationsanbindung verfügen. Hierbei muss vor allem dem Smart Meter Gateway Administrator über eine eigene Schnittstelle ein Zugriff auf das SMGW vermittelt werden können, § 3 Abs. 1 Nr. 3. Dieser alternative Zugriff erfolgt aufgrund der Tatsache, dass unterschiedliche Akteure andere Anforderungen an die Leistungsfähigkeit der Fernkommunikation haben. Die zeitkritische Einwirkung auf eine EEG-Anlage sollte gegebenenfalls nicht über dieselbe Schnittstelle abgewickelt werden müssen wie beliebige Mehrwertdienstleistungen. Es genügt dabei jedoch eine Ausgestaltung als rein logische Schnittstelle, das Gerät muss also nicht zwei physische Anschlüsse bereitstellen.

Das Messsystem muss ferner eine interne und externe Tarifierung ermöglichen, § 3 Abs. 1 Nr. 3 b). Dies bedeutet gemäß § 2 Nr. 8 die Zuordnung der gemessenen elektrischen Energie oder Volumenmengen zu bestimmten Tarifstufen. Hierauf basierend kann dann nach variablen Tarifen abgerechnet werden. Hierbei muss das Messsystem neben den Daten aus dem (Strom-)Messsystem auch Messdaten von Gas-, Wasser- und Wärmezählern sowie Heizwärmemessgeräten ermöglichen, § 3 Nr. 3 c). Es soll daher universell die Erfassung von Messwerten abwickeln können und weitere Erzeugungsanlagen, Anzeigen und lokale Systeme sicher anbinden können, § 3 Abs. 1 Nr. 4.

Das Smart Meter Gateway (SMGW) selbst muss offen für weitere Anwendungen und Dienste sein. Hierzu können etwa Anwendungen im Bereich der Heimautomatisierung gehören. Zugleich muss es aber die Priorisierung von Anwendungen erlauben. Vorsorglich wird gleich festgelegt, dass in die Zuständigkeit der Netzbetreiber fallende Messungen und Schaltungen stets Priorität eingeräumt werden muss, § 3 Abs. 1 Nr. 4a). Zugleich ist das SMGW nicht durch den Nutzer, sondern allein durch den Smart Meter Gateway Administrator konfigurierbar und muss Updates empfangen können, § 3 Abs. 1 Nr. 4b), c). Zur besonderen Rolle des Smart Meter Gateway Administrator s. u.

An dieser Stelle wird deutlich, dass das Intelligente Messsystem aufgrund dieser Verordnung als Universalgerät ausgestaltet werden muss. Hierzu stellt § 3 Abs. 2 eindeutig fest, dass schlankere Versionen dieses Geräts mit eingeschränktem Funktionsumfang nur dort verwendet werden dürfen, wo nicht ein Pflichteinbau gemäß § 21c Abs. 1 EnWG erfolgt. Es kann aber davon ausgegangen werden, dass die ersten Jahre des Smart Grids von den verpflichteten Nutzern geprägt werden und die Zahl der Geräte mit geringerem Funktionsumfang niedrig bleibt.

Die Mindestanforderungen hinsichtlich Datenschutz, Datensicherheit und Interoperabilität sowohl des SMGW selbst, als auch seiner Einbindung in ein Kommunikationsnetz regeln die §§ 4 und 5. Der Begriff *Datenschutz* ist hierbei eher als technischer denn als rechtlicher Datenschutz zu verstehen. Der wesentliche Datenschutz bei der Marktkommunikation und in anderen Bereichen ist in anderen Verordnungen und Gesetzen geregelt (s. hierzu Kap. 2). Grundsätzlich müssen Datenschutz, Datensicherheit und Interoperabilität dem Stand der Technik entsprechen. Es wird jeweils gemäß §§ 4 Abs. 2 und 5 Abs. 2 vermutet, dass dies der Fall ist, solange die Schutzprofile und Technischen Richtlinien des BSI in ihrer aktuellen Form eingehalten werden (hierzu s. o.). Das Gesetz arbeitet hier mit der im Technikrecht häufig angewandten *dynamischen Verweisung*. Sobald Schutzprofile und Technische Richtlinie ergänzt werden, müssen auch die bereits verbauten Geräte angepasst werden. Dies führt dazu, dass Intelligente Messsysteme gegebenenfalls kontinuierlich weiter entwickelt werden müssen. Das komplexe Verfahren regelt § 9 (s. hierzu unten).

Alle Geräte müssen gemäß § 6 vom Bundesamt für Sicherheit in der Informationstechnik zertifiziert werden. Geprüft wird, ob sie den aktuellen Stand der Technik nach § 4 Abs. 2 einhalten. Ein Intelligentes Messsystem mit SMGW in Eigenbau soll damit ausgeschlossen werden. Diesem Zweck dient auch die besondere neue Rolle des Smart Meter Gateway Administrators in § 7. Der Smart Meter Gateway Administrator hat die faktische Hoheit und Letztverantwortung beim Betrieb des SMGW. Hier wird deutlich, dass der Anschlussnutzer zwar gegebenenfalls Mehrdienstleistungen auf dem SMGW in Anspruch nehmen kann. Aufgrund der Tatsache, dass das SMGW aber Teil einer kritischen Infrastruktur werden wird, soll dennoch eine besonders fachkundige und zuverlässige Instanz die Letztverantwortung beim Betreib des SMGW tragen. Diese Funktion fällt dem Smart Meter Gateway Administrator zu. Dieser ist gemäß § 2 Nr. 6 zugleich der verantwortliche Messstellenbetreiber, oder aber von diesem beauftragt. Der Smart Meter Gateway Administrator wacht darüber, dass allein zertifizierte SMGW verwendet werden und muss den zuverlässigen Betrieb des Messsystems gewährleisten und sicherstellen, § 7 Abs. 1. Ihn trifft die Pflicht zur Installation, Inbetriebnahme, Konfiguration, Administration, Überwachung und Wartung des SMGW. Er selbst muss sein Information Security Management System vom BSI auditieren und sich ebenfalls zertifizieren lassen, § 7 Abs. 4.

Die zentrale Vorschrift für das Entstehen neuer informationsbasierter Energiedienstleistungen findet sich in § 7 Abs. 1 Satz 2. „Soweit es technisch möglich und wirtschaftlich zumutbar ist, ermöglicht der Smart Meter Gateway Administrator auch die Durchführung von weiteren Anwendungen (…)". Neue Anwendungen müssen entsprechend zunächst vom SMGW-Administrator genehmigt werden. Dies schützt zum einen das Netz, zum anderen schränkt es aber die Nutzer ein, die Möglichkeiten des SMGW einmal mit eigenen Programmen zu testen. Der SMGW-Admin soll aber nicht Anwendungen nach Belieben verweigern können, sondern nur insoweit, als sie technisch unmöglich oder wirtschaftlich unzumutbar sind. Obwohl hier nicht gesagt ist, wem sie wirtschaftlich unzumutbar sein sollen, ist wohl die Unzumutbarkeit für den SMGW-Admin gemeint. Der SMGW-Admin ist gemäß § 2 Nr. 6 zugleich Messstellenbetreiber oder für diesen tätig. Gemäß § 21 Abs. 1 EnWG grundzuständiger Messstellenbetreiber ist der Netzbetreiber. Obwohl auch wettbewerbliche Messstellenbetreiber existieren, hieße dies faktisch, dass zunächst im Smart Grid der Netzbetreiber über die Genehmigung neuer Anwendungen auf dem SMGW entscheidet. Hier besteht ein erhebliches Nadelöhr für neue Anwendungen. Zwar ist davon auszugehen, dass der Netzbetreiber nach allgemeinen Entflechtungsgrundsätzen verpflichtet sein wird den SMGW-Admin von anderen Geschäftsbereichen getrennt zu halten und Anwendungen diskriminierungsfrei zuzulassen. Jedoch erscheint es problematisch ihm ein Recht zur Blockade von Anwendungen unter Berufung auf den wenig trennscharfen Begriff „wirtschaftlich zumutbar" zuzugestehen. Hinzu kommt, dass – zumindest nach heutigem Stand – angesichts von über 800 Verteilnetzbetreibern eine deutschlandweite Zulassung von Anwendungen prohibitiv aufwendig wäre. Dies scheint jedoch bereits erkannt, sodass in der Kosten-Nutzen-Analyse von Ernst & Young bereits die Szenarien mit nur 70 und nur 10 Messstellenbetreibern berechnet wurden.[18]

Im Übrigen wird angeordnet, dass das BSI die Wurzelzertifikate der kryptografischen PKI-Infrastruktur innehat, § 10 MsysV, und die BNetzA eine Festlegungskompetenz bezüglich bestimmter technischer Parameter haben soll, § 11 MsysV. Die Festlegungen können vor allem die Leistungsfähigkeit von Gerät und Anbindung, bestimmte zu übermittelnde Daten und den Eigenstromverbrauch regeln.

In der Gesamtschau werden bereits an die Zugangsgeräte zum Smart Grid aufgrund der MsysV-E erhebliche rechtliche Anforderungen hinsichtlich Aufbau und Funktionsumfang gestellt. Dies kann zum einen dazu führen, dass ein Marktzutritt zunächst teurer ausfällt, als er für die gewollte Funktion notwendig wäre. Derjenige Nutzer, der lediglich eine Solaranlage anbinden möchte hat gegebenenfalls kein Interesse an einer Visualisierung von Verbrauchsdaten, der Einbindung von Gaszählern oder beliebigen Mehrwertdiensten. Auf der anderen Seite jedoch führt ein Rollout aufgrund von Pflichteinbaufällen gemäß § 21c EnWG zu einer weiten Verbreitung von echten Universalgeräten. Laut der Kosten-Nutzen-Analyse von Ernst & Young sollen dies bis zum Jahr 2022 immerhin 11,9 Mio. Geräte sein.[19] Dies könnte dazu führen, dass deutlich mehr Anschlussnutzer bereit sind, den vollen Funktionsumfang ihres Intelligenten Messsystems auszuprobieren, als bei Geräten, die allein für bestimmte Smart Grid- oder Smart Metering-Funktionen konzipiert worden wären.

Eine hohe Schwelle stellt sicher die Pflicht zur Genehmigung von zusätzlichen Anwendungen durch den SMGW-Administrator dar. Ungeklärt scheint auch, wie solche Anwen-

---

[18] Vgl. Ernst & Young (2013), Tab. 73, S. 183.
[19] Vgl. Ernst & Young (2013), Tab. 68, S. 177.

Tab. 10.1 Datenschutz-Anforderungen Smart Meter. (Quelle: Eigene Recherchen)

Beteiligte Stelle	Materie	Form	Norm
BNetzA	Weiterentwicklung Schutzprofile und Technische Richtlinien („im Einvernehmen mit")	Schutzprofil und TR	§ 9 Abs. 1 MsysV-E
	Anforderungen zur	Festlegungen	§ 11 MsysV-E
	Gewährleistung der Fernsteuerbarkeit von Anlagen		
	Gewährleistung der Übermittlung von Einspeisedaten		
	Zeitnahen Übermittlung von Netzzustandsdaten		
	Zuverlässigkeit und Leistungsfähigkeit der Kommunikationstechnik		
	Regelung des maximalen Eigenstromverbrauchs		
	Übermittlung von Stammdaten		
	Durchführung von Rahmenverträgen		
BSI	Weiterentwicklung Schutzprofile und Technische Richtlinien und deren Bekanntgabe	Schutzprofil und TR	§ 9 Abs. 1 und 4 MsysV-E
	Inhaber der Wurzelzertifikate für die PKI-Infrastruktur	PKI-Infrastruktur	§ 10 MsysV-E
PTB	Weiterentwicklung Schutzprofile und Technische Richtlinien („im Einvernehmen mit")	Schutzprofil und TR	§ 9 Abs. 1 MsysV-E
Bundesdatenschutzbeauftragter	Weiterentwicklung Schutzprofile und Technische Richtlinien (Anhörung)	Schutzprofil und TR	§ 9 Abs. 1 MsysV-E
Ausschuss Gateway-Standardisierung unter Vorsitz des BMWi	Weiterentwicklung Schutzprofile und Technische Richtlinien (Anhörung im Anschluss an Anhörung des Bundesdatenschutzbeauftragten)	Schutzprofil und TR	§ 9 Abs. 1 und Abs. 2 MsysV-E
BMWi	Weiterentwicklung Schutzprofile und Technische Richtlinien (Zustimmung erforderlich)	Schutzprofil und TR	§ 9 Abs. 3

dungen Dritter mit den eigenen Zertifizierungspflichten des SMGW-Admin gegenüber dem BSI zusammenspielen sollen. Ist eine Drittanbieter-Applikation zugleich ein Update der Software des SMGW-Admin und müsste entsprechend nach-zertifiziert werden? Diese Frage scheint ungeklärt (Tab. 10.1).

Tab. 10.2 Vorgaben Netzentgelt für netzdienliches Lastmanagement. (Quelle: Eigene Recherchen)

Beteiligte Stelle	Materie	Form	Norm
Bundesregierung	Reduziertes Netzentgelt für netzdienliches Lastmanagement	Verordnung	§§ 14a, 21i Nr. 9 EnWG
Netzbetreiber	Berechnung reduziertes Netzentgelt, Abwicklung	Keine besondere, ggf. Standardverträge	§ 14a

10.2.2 Netzdienliches Demand Side Management – § 14a EnWG

Auf einem effektiven *Demand Side Management* (DSM) beruhen viele Hoffnungen der Energiewende. Einen ersten Einstieg bietet die Verordnungsermächtigung des § 14a EnWG. Die entsprechende Verordnung liegt zu diesem Zeitpunkt noch nicht vor, sollte aber im Jahr 2014 verabschiedet werden. Der § 14a ist kein Einstieg in ein universelles Demand Side Management. Gedeckt von der Ermächtigung ist allein netzdienliches Demand Side Management. Andere Formen, wie gezielte Reaktionen auf schwankende Spotmarktpreise, variable Tarife, Anreize zum gezielten Verbrauch erneuerbaren Stroms zu Zeiten hoher Einspeisung, etc. sind explizit nicht erfasst. Beachtet werden sollte auch, dass die Möglichkeiten des Netzbetreibers sich netzdienliches Verhalten zu erkaufen, begrenzt sind. Die Ermächtigungsgrundlage sieht explizit vor, dass für diese Form des DSM allein ein reduziertes Netzentgelt berechnet werden darf. Der Spielraum eines finanziellen Anreizes ist daher begrenzt. Dies gilt vor allem, solange nach der aktuellen OLG-Rechtsprechung[20] ein reduziertes Netzentgelt niemals eine völlige Befreiung bedeuten darf (Tab. 10.2).

10.2.3 Datenschutz und Marktkommunikation

Eine Ermächtigung zum Datenschutz bei der *Marktkommunikation* findet sich in §§ 21i Abs. 1 Nr. 4, 21g und 21e Abs. 3 EnWG. Die Verordnung liegt bislang nicht vor. Der Datenschutz ist das zentrale Element für die Akzeptanz von Smart Grids (s. hierzu Kap. 18).

Neben einer Verordnung werden jedoch weitere nicht unmittelbar verbindliche Vorschriften den Datenschutz prägen. Beachtung finden sollte zum einen die Orientierungshilfe datenschutzgerechtes Smart Metering des Düsseldorfer Kreises der Datenschutzbeauftragten[21] sowie die Methodologie des Data Protection Impact Assessment der Expert Group 2, der EU Smart Grid Taskforce.[22] Sie können vor allem innerhalb von Unternehmen erste Anhaltspunkte zu Datenschutzfragen des Smart Grids liefern, auch wenn sie nicht verbindlich sind.

---

[20] OLG Düsseldorf Az. VI-3 Kart 14/12 [V].
[21] Vgl. Düsseldorfer Kreis (2012).
[22] Vgl. EU Smart Grid Task Force, EG2.

Weil die Verordnung spezifisch die Regeln der Marktkommunikation betreffen wird, sollte beachtet werden, wie (zumindest bislang) diese Regeln zustande kommen. Obgleich eine Vielfalt der Marktkommunikationsregeln denkbar wären, wird im Smart Grid an erster Stelle mit dem Netz als einem regulierten natürlichen Monopol kommuniziert. Um hier zu einer Interoperabilität unter den Netzbetreibern zu gelangen, legt die BNetzA Regeln zur Kommunikation der Marktakteure untereinander fest. Bislang waren dies die GPKE[23], WiM[24] und MaBis[25]. Diese Vorgaben werden durch die Verbände der Energiewirtschaft, insbesondere den Bundesverband der Energie- und Wasserwirtschaft (BDEW) und den Verband der kommunalen Unternehmen (VKU) entwickelt und letztlich von der BNetzA nur für verbindlich erklärt.[26] Wenn also der Bedarf nach einer neuen Kommunikationsform oder einem neuen Prozess besteht, wäre dieses Anliegen bisher zunächst im BDEW zu entwickeln und dann von der von BNetzA für verbindlich zu erklären (Tab. 10.3).

10.2.4 Anreizregulierung Smart Grid/Smart Market

Die *Anreizregulierung* nimmt bisher nur im neu geschaffenen § 25a ARegV Bezug auf intelligente Komponenten im Netz. Hier geregelt sind lediglich Forschungsaufwendungen im Bereich Smart Grid, nicht aber Aufwendungen für den alltäglichen Betrieb eines Stromnetzes. Für Anbieter neuer Technologien bedeutet dies vor allem Unsicherheit, ob Netzbetreiber die Kosten einer neuen Technologie aus den regulierten Netzentgelten bezahlen dürfen oder nicht.[27] Zu dieser Abgrenzung zwischen Smart Grid und Smart Market siehe im Detail in Abschn. 1.2.3.1. In der Praxis bedeuten diese Unsicherheit und der lange Verzug bei der Kostenanerkennung nach Wahrnehmung der ITK-Branche, dass Netzbetreiber versuchen Probleme der Energiewende mit konventionellem Netzausbau zu begegnen. Es erscheint daher eine Präzisierung des Konzeptes von Smart Grid und Smart Market notwendig. Nur so können Netzbetreiber einfacher in neue Technologien investieren und Anbieter dieser Technologien den Netzbetreibern belastbare Business-Cases vorrechnen.

10.2.5 Regelungen des EnWG

Die *Regelungen des Energiewirtschaftsgesetzes* sind jederzeit zu beachten. Sie können im Rahmen dieses Aufsatzes nicht in vollem Umfang behandelt werden. Hier sollen daher zwei wichtige Hinweise genügen. Zum einen finden sich fast alle Vorschriften zum zu-

---

[23] Vgl. BK6-06-009.
[24] Vgl. BK6-09-034.
[25] Vgl. BK6-07-002.
[26] Projektgruppe edi@energy unter Projektführung des BDEW http://www.edi-energy.de/; BDEW-Projektgruppe „Umsetzung Bilanzkreisabrechnung Strom".
[27] Vgl. BNetzA (2011, S. 26).

Tab. 10.3 Datenschutz in der Marktkommunikation. (Quelle: Eigene Recherchen)

Beteiligte Stelle	Materie	Form	Norm
Bundesregierung	Verordnung zu Datenschutz und Marktkommunikation	Verordnung	§ 21 g, 21i Abs. 1 Nr. 4 EnWG
BNetzA	Verbindlichkeit von Regeln zur Marktkommunikation	Festlegung	§ 1 Abs. 1 EnWG, § 27 StromNZV (GPKE),
			§ 21b Abs. 4 EnWG, § 13 Messzugangsverordnung (WiM)
			§ 27 StromNZV (MaBis)
BDEW	Regeln der Kommunikation der Marktteilnehmer	Keine besondere	Keine
Expert Group 2 der EU Task Force Smart Grid	Data Protection Impact Assessment Template für Unternehmen[a]	„Template", unter Mitwirkung der Art. 29 Working Party	Keine
Düsseldorfer Kreis	Orientierungshilfe datenschutzgerechtes Smart Metering	„Handreichung" für Datenschutzbeauftragte im Unternehmen	Keine

[a] siehe EU Task Force for the implementation of Smart Grids into the European Internal Market

künftigen Smart Grid in den §§ 21b ff. EnWG, wobei meist die Regelungssystematik einer Verordnungsermächtigung gewählt wurde. Die meisten dieser Verordnungen liegen noch nicht vor. Die Ausnahme bildet die Änderung der Stromnetzzugangsverordnung, nach deren § 12 Abs. 4 Netzbetreiber die viertelstündliche Messung Bilanzierung und Abrechnung des Stromverbrauchs im Zuge der Zählerstandsgangmessung ermöglichen müssen.

Zum zweiten ist für Teilnehmer am Smart Grid vor allem die Anzeigepflicht gemäß § 5 EnWG relevant. Demnach muss jeder, der Haushaltskunden mit Energie beliefert, dies bei der BNetzA anzeigen. Hierbei sind die personelle, technische und wirtschaftliche Leistungsfähigkeit sowie die Zuverlässigkeit der Geschäftsleitung nachzuweisen. Gelingt dies nicht, oder fällt dies während des Betriebes weg, kann die BNetzA den Betrieb jederzeit untersagen. Dies schränkt die durch ITK zukünftig gewonnene Flexibilität von dezentralen Anlagen deutlich ein. Es wird also nicht genügen, technisch in der Lage zu sein, etwa mit Mini-BHKW und Solardach seine eigene Nachbarschaft zu versorgen und dies gegenüber den Nachbarn abzurechnen. Wer ITK-gestützt Energie liefert, ist Stand heute Energielieferant nach § 5 EnWG und muss sich wie ein echter Versorger behandeln lassen. Die Ausnahmen für die Belieferung ausschließlich innerhalb einer Kundenanlage oder eines geschlossenen Verteilnetzes nach dem zweiten Halbsatz werden dort kaum einen Unterschied machen. Beim Markteintritt sollte daher diese Schwelle stets beachtet werden. Informationen austauschen dürfen viele Akteure des Smart Grids und Smart Market. Tat-

Tab. 10.4 Anforderungen an Energielieferanten. (Quelle: Eigene Recherchen)

Beteiligte Stelle	Materie	Form	Norm
BNetzA	Überwachung der Eignung der Lieferanten	Anzeigepflicht, unterschiedliche Handlungsformen BNetzA möglich	§ 5 EnWG
Bundesregierung/ BMWi	Verordnungen zur Regelung der Materie Smart Grid	Verordnung, regelmäßig mit Zustimmung Bundestag, teilweise Bundesrat	§§ 21b ff. EnWG

sächlich Energie liefern nur die Lieferanten nach § 5 EnWG. Um den Status des Lieferanten zu erhalten, sind dann Nachweispflichten einzuhalten (Tab. 10.4).

10.3 Telekommunikationsrecht

Ob und wie der Transport der Daten des Smart Grids in die Regelungssystematik des *Telekommunikationsrechts* eingepasst werden muss, zeichnet sich bislang nicht ab. Im Entwurf für die Messsystemverordnung (s. o.) ist in § 11 eine Festlegungskompetenz für die BNetzA vorgesehen, Anforderungen an die Telekommunikationsanbindung des Smart Meter Gateways zu definieren. Wohl erst wenn dies geschehen ist, lässt sich abschätzen, ob bereits kommerziell verfügbare Leistungen der Telekommunikationsanbieter diese abdecken. Wenn dies nicht der Fall ist, stellt sich die Frage, ob hier ein regulatorischer Eingriff geboten sein könnte. In einer solchen Diskussion werden zwei Aspekte maßgeblich sein: Erstens die Frage nach der Kosteneffizienz dedizierter TK-Infrastrukturen für das Smart Grid. Zweitens, ob der Grundsatz der Netzneutralität bei der gemeinsamen Nutzung von IP-Netzen mit anderen Services es verbietet, eine bevorzugte Behandlung von Daten des Smart Grids zu fordern (Tab. 10.5).

10.4 Normung

10.4.1 Normung DKE/M490

Auf technischer Ebene sind die vor allem zurzeit in der Entwicklung befindlichen *Normen* zu beachten. Die Normungsbemühungen für das Smart Grid beruhen auf dem *Europäischen Normungsmandat* M/490[28]. Hierin werden die europäischen Normungsgremien CEN, CENELEC und ETSI beauftragt, einen Rahmen zu entwickeln, der es wiederum nationalen Normungsgremien erlaubt, die notwendigen Normen zu entwickeln und wei-

---

[28] Vgl. Europäische Kommission M/490 Ref. Ares(2011)233514 – 02/03/2011.

Tab. 10.5 Anforderungen an TK-Anbindungen. (Quelle: Eigene Recherchen)

Beteiligte Stelle	Materie	Form	Norm
BNetzA	Anforderungen an die TK-Anbindung des SMGW (im Detail s. o.)	Festlegungen	§ 11 MsysV-E
Bundesregierung	Netzneutralität	Verordnung mit Zustimmung Bundestag und Bundesrat	§ 41a TKG

ter zu entwickeln.[29] Auf nationaler Ebene findet die Normung durch Arbeitskreise innerhalb der „*Deutsche Kommission Elektrotechnik Elektronik Informationstechnik im DIN und VDE*" (DKE) statt. Der DKE ist dabei zugleich ein Organ des Deutschen Instituts für Normung DIN, als auch ein Geschäftsbereich des Verbandes Elektronik Informationstechnik (VDE). Die dort erarbeiteten Normen gelten für die Smart Grids wie die aus anderen Sektoren bekannten DIN-Normen. Die Gremien arbeiten weitgehend mit einer Use-Case Systematik, bei der zunächst möglichst viele Anwendungsfälle gesammelt werden. Nach einer Katalogisierung dieser Use Cases wird dann in einem zweiten Schritt versucht, technische Normen zu entwickeln, mit denen die gesammelten Anwendungsfälle nach einer einheitlichen Systematik abgedeckt werden können. Neue, noch unbekannte Anwendungen können wo notwendig also zuerst als neue Use Cases in diese Normungsgremien eingebracht werden. Die mit der Normung von Smart Grids befassten Arbeitskreise im DKE beginnen jeweils mit dem Kürzel STD_1911. Hervorzuheben sind als thematische Gruppen hierbei die Gremien:

- DKE/UK STD_1911.1 Netzintegration Lastmanagement und Dezentrale Energieerzeugung
- DKE/UK STD_1911.2 Inhouse Automation
- DKE/UK STD_1911.3 Verteilnetzautomatisierung (ITG/DKE)
- DKE/UK STD_1911.4 Koordinierung Smart Metering
- DKE/UK STD_1911.5 Netzintegration Elektromobilität
- DKE/UK STD_1911.10 Internationale Normung SMART GRID
- DKE/UK STD_1911.11 IT-Sicherheit

Bei Erstellung dieses Kapitels hatte noch keines dieser Normungsgremien einen zu beachtenden Standard erstellt. Der Stand der Arbeiten wurde bislang in sogenannten Normungsroadmaps veröffentlicht.[30]

---

[29] Vgl. Europäische Kommission M/490 Ref. Ares(2011)233514 – 02/03/2011, S. 6.
[30] Siehe zuletzt VDE/DKE Normungsroadmap E-Energy/Smart Grids 2.0 (2013), S. 26 ff.

10.4.2 Technische Regeln des Netzbetriebs

Von dem Normungsmandat M490 zu unterscheiden sind die Technischen Regeln zum Betrieb von Energienetzen. Diese werden im Forum Netztechnik/Netzbetrieb im VDE (FNN) entwickelt und dienen der Definition des einzuhaltenden Standes der Technik.[31]

10.5 Eichrecht

Für Akteure der ITK-Branche regelmäßig befremdlich ist die Notwendigkeit im Energiesektor, das Eichrecht zu beachten. Aufgrund der Tatsache, dass im Energiebereich Messdaten erhoben und verarbeitet werden, unterfallen die hierfür verwendeten Geräte gemäß § 2 Abs. 1 EichG dem Eichrecht. Das Energiewirtschaftsgesetz weist immer wieder auf die Tatsache hin, dass neben den energie- auch die eichrechtlichen Vorschriften gewahrt sein müssen.[32] Für das Smart Grid betrifft dies an erster Stelle die Verarbeitung von Daten im Smart Meter Gateway. Zu diesem Zweck hat die Physikalisch-Technische Bundesanstalt (PTB) ihre Anforderungen an das Gateway im Entwurf des Anforderungskatalogs PTB-A 50.8 niedergelegt.[33] Ein Gerät wird dann zugelassen, wenn es den dort genannten Anforderungen entspricht. Ein anders konzipiertes Zugangsgerät kann zwar auch zugelassen werden, wenn die gleiche Messsicherheit auf andere Weise gewährleistet ist. Dann werden aber gemäß § 16 Abs. 3 Eichordnung eigene Anforderungen für diese spezifische Bauart bei der Zulassung festgelegt.

Der Anforderungskatalog an die Zulassung von Zugangsgeräten ist äußerst umfangreich. Damit ist – wie auch durch die MsysV, bzw. die TR 3109 und das BSI-Schutzprofil weitgehend ausgeschlossen, dass einfache Geräte, Computer oder Smartphones als Zugangsgeräte zum Smart Grid dienen könnten. Die einzige Ausnahme besteht nach heutigem Stand darin, dass solche nicht-geeichten Geräte als reine Anzeige- und Navigationsdisplays für den Inhalt des SMGs dienen können (Tab. 10.6).[34]

10.6 Sicherheitskatalog § 11 Abs. 1a EnWG

Ein weiteres Instrumentarium des Gesetzgebers ist der Katalog an Sicherheitsanforderungen für den angemessenen Schutz gegen Bedrohungen für Telekommunikations- und elektronische Datenverarbeitungssysteme beim Betrieb von Energieversorgungsnetzen nach § 11 Abs. 1a EnWG. Wer ein Energieversorgungsnetz betreibt, der ist nach § 11 Abs. 1 EnWG verpflichtet, dieses auch sicher zu betreiben. Teil dieses sicheren Betriebs ist dann auch die Einhaltung eines Sicherheitskataloges der BNetzA nach § 11 Abs. 1a EnWG. Der sichere Betrieb wird nach Satz 3 also vermutet, wenn der Katalog der BNetzA eingehalten

---

[31] Siehe hierzu http://www.vde.com/de/fnn/.
[32] Vgl. §§ 21b, 21e, 21i EnWG.
[33] Siehe PTB 2011
[34] Vgl. PTB-A 50.8 Entwurf 3.0 v. 23.10.2013 Ziffer 5.3.

Tab. 10.6 Eichrechtliche Anforderungen an Smart Meter und Smart Meter Gateways. (Quelle: Eigene Recherchen)

Beteiligte Stelle	Materie	Form	Norm
Physikalisch-Technische Bundesanstalt	Festlegung der eichrechtlichen Anforderungen an das SMGW in der PTB 50.8	PTB-Anforderung	§ 2 EichG, § 21e Abs. 1 Satz 1 EnWG
BSI	Möglicherweise: Prüfung der eichrechtlichen Vorschriften bei der erstmaligen Zertifizierung eines SMGW	Zertifizierung nach Schutzprofil	–

Tab. 10.7 Sicherheitsanforderungen an Energieversorgungsnetze. (Quelle: Eigene Recherchen)

Beteiligte Stelle	Materie	Form	Norm
BNetzA	Sicherheitsanforderungen beim Betrieb eines Energieversorgungsnetzes	„Katalog" mit Vermutungswirkung für einen sicheren Betrieb	§ 11 Abs. 1a EnWG
	Dokumentation der Einhaltung der Sicherheitsanforderungen	Festlegung der BNetzA (bei Bedarf)	§§ 11 Abs. 1a a. E., 29 Abs. 1 EnWG
BSI	Sicherheitsanforderungen beim Betrieb eines Energieversorgungsnetzes	Stellt „Benehmen her", d. h. stimmt zu	§ 11 Abs. 1a Satz 2 EnWG

und dies dokumentiert wird. Hierbei zeichnet sich nach dem ersten zur Konsultation gestellten Entwurf der BNetzA ab, dass für die Betreiber eine Systematik gewählt wurde, die sich am Konzept des BSI IT-Grundschutzes orientiert.[35] Die zukünftige Interaktion von neuen Anbietern informationsbasierter Energiedienstleistungen muss also grundsätzlich mit den ergriffenen Sicherheitsmaßnahmen kompatibel sein (Tab. 10.7).

10.7 Ausblick: Auf dem Weg zu Plug and Play und einem One-Stop-Shop

Die Vielzahl der oben dargestellten Regularien und beteiligten Stellen lässt einen erheblichen (juristischen) Beratungsaufwand bei der Teilnahme am Smart Grid erwarten. Im ersten Abschnitt wurde dargestellt, dass das Smart Grid an erster Stelle Entdeckungsverfahren für neue Technologien ermöglichen soll. Erste Voraussetzung hierfür ist, dass die Teilnahme am Smart Grid für neue Akteure *einfach* ist. In der aktuellen Phase des Aufbaus des Smart Grids kann hiervon bislang keine Rede sein. Hinzu kommt, dass die benötigten Preissignale bislang nicht bestehen. Weder in den Netzentgelten, noch in der EEG-Um-

---

[35] Vgl. BSI Standards 100-1 bis 100-4.

lage, noch in den Einkaufspreisen, die den Verbrauchern berechnet werden, noch in den auf Stromverbrauch erhobenen Steuern sind bislang Anreize für ein bestimmtes Verhalten enthalten. Die Frage, welche Leistungen in den Bereich Smart Grid und welche in den Bereich Smart Market fallen, muss weiter präzisiert werden.

Mittelfristig sollte es daher das Ziel sein, die Kompetenzen für das Smart Grid bei einer Anlaufstelle zu bündeln. Nur so können die effektiven Governancestrukturen für den Betrieb des oder der Smart Grids geschaffen werden. Ein neuer Akteur, der bislang in den Regeln zur Marktkommunikation nicht vorkommt, müsste heute einen langen Weg gehen, um mit den anderen Akteuren des Energiesystems zu kommunizieren. Er müsste wohl zunächst Mitglied im Bundesverband der Energie- und Wasserwirtschaft werden, dort seine Aufnahme in die Regeln zur Marktkommunikation gegen potenzielle Wettbewerber erstreiten und dann hoffen, dass die BNetzA diese für verbindlich erklärt. In einem dynamischen Smart Grid sollte dieser Prozess einfacher funktionieren können. Mittelfristig scheint es daher notwendig, einen One-stop-shop für regulatorische Fragen zu etablieren. Diesen könnten neue und alte Akteure des Smart Grids dann gleichberechtigt in Anspruch nehmen.

Auf technischer Ebene sollte versucht werden, schnellstmöglich ein Standardisierungsniveau zu erreichen, das Plug-and-Play-Lösungen erlaubt. Das Smart Grid besteht letztlich aus drei verschiedenen Netzen. Zum einen dem Stromnetz zur physischen Übertragung von Elektrizität. Hinzu treten verschiedene physikalische Telekommunikationsnetze zum reinen Transport der anfallenden Daten. Ein drittes Netz wird dagegen ein rein logisches Informationsnetz sein. Gemeint sind die Netzwerkstrukturen, die dadurch entstehen, dass die Daten des Smart Grids verarbeitet, gespeichert und miteinander verknüpft werden. Ähnlich wie das World Wide Web das dominante logische Informationsnetz des Internet darstellt, werden auch im Smart Grid vernetzte Strukturen entstehen, die allein auf der Verarbeitung und Verknüpfung von Daten bestehen. Anlagenregister, State Estimation Services, Wetter-Vorhersagetools, Strombörsenhandel, Regelenergiemärkte, etc. basieren an erster Stelle auf der Speicherung, Verknüpfung und Bereitstellung von Informationen. Für diesen Teil des Smart Grids, der zunächst ohne physische Interaktion mit dem Stromnetz auskommt, sollte schnellstmöglich ein Level der Standardisierung erreicht werden, der es jedermann erlaubt mit diesen Stellen und anderen Akteuren im Smart Grid in Austausch zu treten.

Als Fazit kann also festgehalten werden: Das Smart Grid hat enormes Potenzial, die Nischen aufzuzeigen, in denen sich neue Technologien der Energiewende etablieren können. Gemeint sind damit vor allem Technologien, die durch die Verarbeitung von Informationen die Erneuerbaren Energien stärker an das vorhandene technologische Regime heranführen und umgekehrt. Wichtig ist es hierfür, dass eine Teilnahme am Smart Grid – zumindest bei der reinen Verarbeitung von Informationen – einfach ist. Dies zeichnet sich aufgrund der Vielzahl der beteiligten Stellen, der fehlenden Preissignale und der unvollständigen Normung leider bislang nicht ab.

Literatur

Arthur, W.B.: Competing technologies, increasing returns, and lock-in by historical events. The Economic Journal, Vol. 99, No. 394, 1989, S. 116–131

Bundesamt für Sicherheit in der Informationstechnik BSI: IT-Grundschutz-Standards 100-1 bis 100-4. https://www.bsi.bund.de/DE/Publikationen/BSI_Standard/it_grundschutzstandards.html. Zugegriffen: 26. Dez. 2013

Bundesnetzagentur: „Smart Grid" und „Smart Market". Eckpunktepapier der Bundesnetzagentur zu den Aspekten des sich verändernden Energieversorgungssystems, Bonn (Dezember 2011)

Dechezleprêtre, A., Martin, R.: Low carbon innovation in the UK: Evidence from patent data, Report for the UK Committee on Climate Change. http://www.lse.ac.uk/GranthamInstitute/publications/Policy/docs/PP-low-carbon-innovation-UK.pdf (2010). Zugegriffen: 26. Dez. 2013

Deutsche Energie Agentur: dena-Verteilnetzstudie. Ausbau- und Innovationsbedarf der Stromverteilnetze in Deutschland bis 2030, Berlin. http://www.dena.de/fileadmin/user_upload/Projekte/Energiesysteme/Dokumente/denaVNS_Abschlussbericht.pdf (2012). Zugegriffen: 26. Dez. 2013

DKE: Deutsche Normungsroadmap „E-Energy/Smart Grids 2.0". http://www.dke.de/de/infocenter/seiten/artikeldetails.aspx?eslshopitemid=3ed62ad3-e1a5-4a52-bdf8-431a2b09f1f2 (2013). Zugegriffen: 26. Dez. 2013

Dosi, G.: Technological paradigms and technological trajectories. Research Policy, Vol. 11, (1), 1982, S. 147–162

Ernst & Young: Kosten-Nutzen-Analyse für einen flächendeckenden Einsatz von intelligenten Zählern, Studie im Auftrag des Bundesministeriums für Wirtschaft und Technologie (2013)

Europid-Analys, Auftrag „Intelligente Netze" M490 DE: Auftrag an die Europäischen Normungsorganisationen zur Erstellung von Normen zur Unterstützung der Einführung intelligenter Stromnetze in Europa – Ref. Ares (2011) 233514. http://ec.europa.eu/energy/gas_electricity/smartgrids/doc/2011_03_01_mandate_m490_de.pdf (2011). Zugegriffen: 26. Dez. 2013

European Task Force for the implementation of Smart Grids into the European Internal Market, Expert Group 2: Data Protection Impact Assessment. http://ec.europa.eu/energy/gas_electricity/smartgrids/taskforce_en.htm. noch nicht veröffentlicht. Zugegriffen: 26. Dez. 2013

EWE, A.G.: Positionspapier „Mit neuen Rahmenbedingungen die Energiewende erfolgreich fortsetzen". http://www.ewe.com/de/_media/download/20130926_EWE_Positionspapier_Energiemarktreform.pdf (2012). Zugegriffen: 26. Dez. 2013

Foxon, T.J.: Inducing Innovation for a low-carbon future: drivers, barriers and policies. The Carbon Trust, London (2003)

Hayami, Y., Ruttan, V.W.: Factor prices and technical change in agricultural development: The United States and Japan, 1880–1960. The Journal of Political Economy, Vol. 78, (5), 1970, S. 1115–1141

Kemp, R., Schot, J.W., Hoogma, R.: Regime shifts to sustainability through processes of niche formation: the approach of strategic niche management. Technology Analysis and Strategic Management, Vol. 10, (2), 1998, S. 175–196

Konferenz der Datenschutzbeauftragten des Bundes und der Länder und Düsseldorfer Kreis: Orientierungshilfe datenschutzgerechtes Smart Metering. http://www.datenschutz.hessen.de/download.php?download_ID=254 (2012). Zugegriffen: 26. Dez. 2013

Liebowitz, S.J., Margolis, S.E.: The fable of the keys. Journal of Law and Economics, Vol. 33, (1), 1990, S. 1–25, 1990. http://www.jstor.org/stable/725509. Zugegriffen: 26. Dez. 2013

Nelson, R., Winter, S.: In search of a useful theory of innovation. Research Policy, Vol. 6, (1), 1977, S. 36–76

Physikalisch-Technische Bundesanstalt, PTB: Eichrechtliche Anforderungen an Smart Meter Gateways – PTB 50.8 (Entwurf), unveröffentlicht

Stern, N.: The Economics of Climate Change. The Stern Review. Cambridge University Press, Cambridge (2007)

Unruh, G.C.: Understanding carbon lock-in. Energy Policy, Vol. 28, (12), 2000, S. 817–830.

Transformationsprozess der Marktakteure

11

Benjamin Deppe und Gerald Hornfeck

„Nichts ist so beständig wie der Wandel." (Heraklit ca. 500 v. Chr.)

Zusammenfassung

Die Zahl der am Energiemarkt beteiligten Marktrollen ist seit der Liberalisierung von der reinen Zweierbeziehung Energieversorger/Kunde auf nunmehr sieben Marktakteure angewachsen. Diese Marktrollen sind mit Ausnahme des neu entstandenen Gateway Administrators aus der historischen Energielandschaft überführt worden und stehen im Zuge der Energiewende vor sich schnell ändernden Rahmenbedingungen und wandelnden Aufgaben.

Diese stetige Veränderung und der sich daraus ableitende Transformationsprozess der Marktakteure ist Inhalt dieses Kapitels. Dabei wird der Fokus auf die Rollen Messstellenbetreiber; Messdienstleister und Gateway Administrator im Spannungsfeld zwischen Smart Grid und Smart Market gelegt. Es wird aufgezeigt, wie sich die Anforderungen vom Status quo hin zu dem im Kontext der Energiewende beschreibbaren Zielsystem wandeln und welche Veränderungen sowohl in den Unternehmen als auch im ordnungspolitischen Rahmen zur Erreichung des Zielsystems erfolgen müssen.

B. Deppe (✉)
Energieversorgung Offenbach AG, Andréstrasse 71,
63067 Offenbach, Deutschland

G. Hornfeck
Soluvia GmbH und Soluvia Metering GmbH, Andréstraße 71,
63067 Offenbach am Main, Deutschland

11.1 Beschreibung der Ausgangslage

Mit Inkrafttreten des Gesetzes zur Neuregelung des Energiewirtschaftsgesetzes (EnWG)[1] im Jahr 1998 wurde der Energiemarkt liberalisiert und ein bis heute anhaltender Veränderungsprozess angestoßen. Dieser Veränderungsprozess hat durch die *Energiewende* in Deutschland an Dynamik gewonnen und einen umfassenden *Transformationsprozess* für alle beteiligten Marktakteure initiiert. Zunächst waren die Bereiche Vertrieb, Erzeugung und das natürliche Monopol des Netzes davon betroffen. Der Vertrieb und die Erzeugung stehen seit der Liberalisierung 1998 im Wettbewerb. Durch die politische Forderung zur Reduktion der CO_2-Emissionen, den massiven Ausbau der erneuerbaren Erzeugung, den Ausbau des Kraft-Wärme-Kopplungs-Anteils (KWK) im Stromsektor sowie Ziele zur Senkung des Strom- und Wärmeverbrauchs wird der Transformationsprozess weiter forciert und firmiert seit dem ersten Beschluss zum Atomausstieg unter dem Begriff Energiewende. In den Fokus der breiten Öffentlichkeit gelangte die Energiewende nach dem Unfall im japanischen Atomkraftwerk Fukushima.

Mitte der ersten Dekade des 21. Jahrhunderts gewann der Klimaschutz maßgeblichen Einfluss auf die Gestaltung der Energiemärkte und floss unter anderem durch die Formulierung der europäischen Klimaschutzziele – welche häufig als *20-20-20-Ziele* beschrieben sind – in den ordnungspolitischen Rahmen ein. Diese im Jahr 2007 beschlossenen 20-20-20-Ziele fordern bis zum Jahr 2020 eine Reduktion der Treibhausgasemission um 20 % einen Anteil von 20 % erneuerbarer Erzeuger sowie eine Steigerung der Energieeffizienz um 20 %.[2]

Die europäischen Klimaschutzziele finden unter anderem Eingang in die Elektrizitätsbinnenmarktrichtlinie 2009/72/EG. Darin wird zur Steigerung der Energieeffizienz die Einführung von intelligenten Messsystemen gefordert. Den Letztverbrauchern soll die aktive Beteiligung am Stromversorgungsmarkt ermöglicht und Informationen bereitgestellt werden, mit denen die Letztverbraucher ihren Stromverbrauch selbstständig steuern und regulieren können.[3] Eine weitere Detaillierung zur Umsetzung der Klimaschutzziele findet sich in der *Energieeffizienzrichtlinie* 2012/27/EU. Darin wird unter dem Vorbehalt der technischen und wirtschaftlichen Machbarkeit gefordert, Letztverbraucher mit intelligenten Zählern auszustatten, welche den tatsächlichen Energieverbrauch und die tatsächliche Nutzungszeit widerspiegeln. Diese Forderung bezieht sich neben Strom- und Gas- auch auf Wasser- und Wärmezähler.[4]

---

[1] In dem vorliegenden Kapitel wird das EnWG Stand 2008 grundsätzlich mit dem EnWG Stand 2011 verglichen. Änderungen im Bereich des Zähl- und Messwesens § 21b – § 21i im Zuge der EnWG Anpassungen 2012 und 2013 sind im Text explizit beschrieben.
[2] Vgl. Europäische Kommission (2007, S. 5 ff.).
[3] Vgl. 2009/72/EG.
[4] Siehe 2012/27/EG Artikel 9.

11 Transformationsprozess der Marktakteure

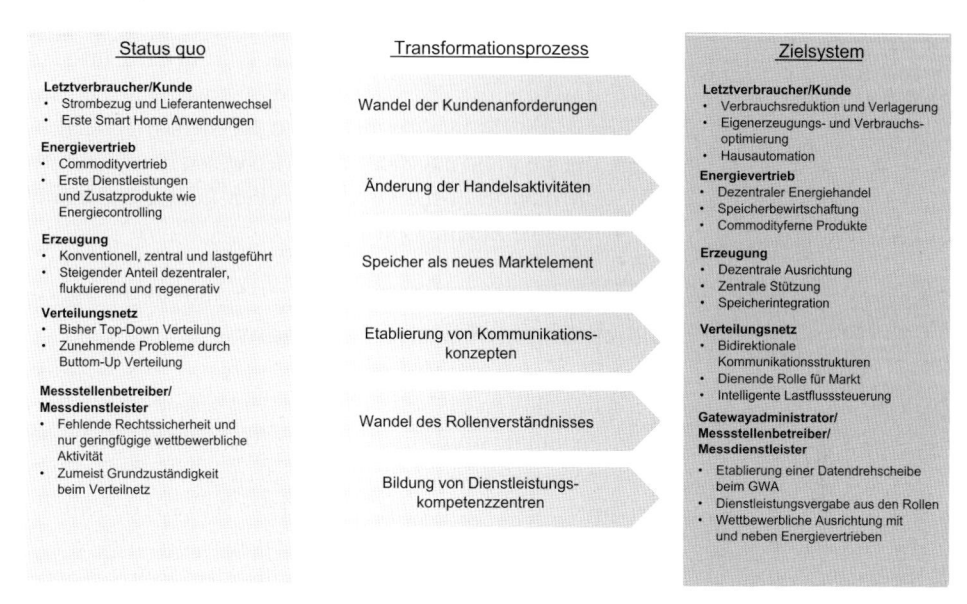

Status quo	Transformationsprozess	Zielsystem
Letztverbraucher/Kunde • Strombezug und Lieferantenwechsel • Erste Smart Home Anwendungen	Wandel der Kundenanforderungen	**Letztverbraucher/Kunde** • Verbrauchsreduktion und Verlagerung • Eigenerzeugungs- und Verbrauchsoptimierung • Hausautomation
Energievertrieb • Commodityvertrieb • Erste Dienstleistungen und Zusatzprodukte wie Energiecontrolling	Änderung der Handelsaktivitäten	**Energievertrieb** • Dezentraler Energiehandel • Speicherbewirtschaftung • Commodityferne Produkte
Erzeugung • Konventionell, zentral und lastgeführt • Steigender Anteil dezentraler, fluktuierend und regenerativ	Speicher als neues Marktelement	**Erzeugung** • Dezentrale Ausrichtung • Zentrale Stützung • Speicherintegration
Verteilungsnetz • Bisher Top-Down Verteilung • Zunehmende Probleme durch Buttom-Up Verteilung	Etablierung von Kommunikationskonzepten	**Verteilungsnetz** • Bidirektionale Kommunikationsstrukturen • Dienende Rolle für Markt • Intelligente Lastflusssteuerung
Messstellenbetreiber/ Messdienstleister • Fehlende Rechtssicherheit und nur geringfügige wettbewerbliche Aktivität • Zumeist Grundzuständigkeit beim Verteilnetz	Wandel des Rollenverständnisses Bildung von Dienstleistungskompetenzzentren	**Gatewayadministrator/ Messstellenbetreiber/ Messdienstleister** • Etablierung einer Datendrehscheibe beim GWA • Dienstleistungsvergabe aus den Rollen • Wettbewerbliche Ausrichtung mit und neben Energievertrieben

Abb. 11.1 Darstellung des Transformationsprozesses

In Deutschland erfolgte die ordnungspolitische Umsetzung dieser Ziele im Rahmen des 2007 beschlossenen Integrierten Energie- und Klimaprogramms.[5] Die darin festgelegten Rahmenbedingungen fanden Eingang in die Gesetzgebung der folgenden Jahre und bildeten die Grundlage für die Energiewende. Durch Stromeinsparungen mit Hilfe von intelligenten Zählern sollen die CO_2-Emissionen bis 2020 um rund 11 % reduziert werden. Die Umsetzung des Integrierten Energie- und Klimaprogramms und der europäischen Forderungen zur Einführung von intelligenten Messsystemen wurden in der EnWG Novelle 2011 umfassend berücksichtigt, wobei der Datenschutz und die Datensicherheit als weiterer wesentlicher Baustein aufgenommen wurde.

Der Transformationsprozess ist in Abb. 11.1 dargestellt. Anhand der dargestellten Marktrollen werden die Auswirkungen des Transformationsprozesses beschrieben. Basierend auf den politischen Zielbeschreibungen und den technischen Rahmenbedingungen ist das erwartete Zielsystem in einem ersten Schritt skizzierbar. Die Umstellung von Marktprozessen und technischen Einrichtungen ist jedoch nicht von einem Tag zum anderen zu realisieren. Vielmehr werden sich die Akteure zum Zielsystem evolutionär und flexibel hin entwickeln. Dazu sind tiefgreifende Änderungen in den bestehenden Prozessen und Wertschöpfungsstufen notwendig.

Anhand der hier gezeigten *Marktrollen* wird der Transformationsprozess beschrieben und dargestellt, wie sich die Aufgaben der einzelnen Rollen entwickelt haben und weiter entwickeln werden. Daneben werden auch die Erwartungen skizziert, welche durch die unterschiedlichen *Stakeholder* an die Rollen gerichtet werden. Zunächst wird die Ent-

---

[5] Vgl. BMWi (2007).

wicklung des ordnungspolitischen Rahmens beschrieben, soweit er sich auf das Zähl- und Messwesen auswirkt. Anschließend werden das Zielsystem und die Entwicklung der einzelnen Rollen beschrieben. Dabei wird nicht nur das Zähl- und Messwesen betrachtet, sondern es wird auch aufgezeigt, welche Rolle das Zähl- und Messwesen bestehend aus Messstellenbetreiber (MSB), Messdienstleister (MDL) und der neuen Rolle des Gateway Administrators (GWA) im Energienetz der Zukunft spielt.

11.2 Entwicklung des ordnungspolitischen Rahmens

Die *Liberalisierung* des Energiesektors begann 1998 als Folge der 1996 beschlossenen Binnenmarktrichtlinie 96/92/EG. Die Richtlinie wurde in den Jahren 2003 (2003/54/EG) und 2009 (2009/72/EG) angepasst und hatte jeweils entsprechende Änderungen des nationalen EnWG zur Folge. Wesentliches Ziel der Liberalisierung ist neben der Senkung der Strompreise die Regulierung des natürlichen Monopols im Bereich der *Energienetze*. Hierbei soll sichergestellt werden, dass die Netze von allen Lieferanten diskriminierungsfrei genutzt werden können. Im Rahmen der Anreiz- und Qualitätsregulierung ist es seit 2005 die Aufgabe der Bundesnetzagentur die Netzentgelte zu regulieren und dabei die Versorgungsqualität sicherzustellen. Auf die Energiepreise an sich übt die Bundesnetzagentur keinen direkten Einfluss aus. Diese sind dem Markt aus Angebot und Nachfrage überlassen. Der Beginn des Transformationsprozesses hatte für die über Jahrzehnte gewachsenen Strukturen in der Energieversorgung zur unmittelbaren Folge, dass die monopolistische Versorgung der Letztverbraucher einem Wettbewerb um die Letztverbraucher wich. Der Letztverbraucher wurde somit zum Kunden, der seinen Energielieferanten frei im Markt, unter Wettbewerbern wählen konnte. Der Energielieferant konnte die Energie nunmehr an der Börse zu transparenten Preisen beschaffen.

Der Betrieb der Messstellen und die Erfassung der Zählerstände wurden zunächst dem natürlichen Monopol und damit dem regulierten Netzbereich zugeordnet. Der Betreiber von Energieversorgungsnetzen hatte somit die Datenhoheit und übermittelte die abrechnungsrelevanten Zählerstände an alle Energielieferanten.

Mit dem EnWG aus dem Jahr 2008 wurde auch die Wertschöpfungsstufe des *Messstellenbetriebs* und der *Messdienstleistung* liberalisiert. Abbildung 11.2 stellt die Entwicklung der Wertschöpfungskette im Verlauf der Liberalisierung bis 2008 dar.

Seit 2008 steht es dem Letztverbraucher frei, seinen Messstellenbetreiber und Messdienstleister frei zu wählen. Allerdings fallen die Rollen Messstellenbetreiber und Messdienstleister zusammen, wenn eine fernauslesbare Messeinrichtung verbaut ist. Sofern der Kunde keinen dritten Messstellenbetreiber und/oder Messdienstleister bestimmt, bleibt der Netzbetreiber grundzuständiger Messstellenbetreiber/Messdienstleister.[6]

---

[6] Vgl. Messstellenzugangsverordnung vom 17.10.2008 i. d. F. vom 25.7.2013.

11 Transformationsprozess der Marktakteure

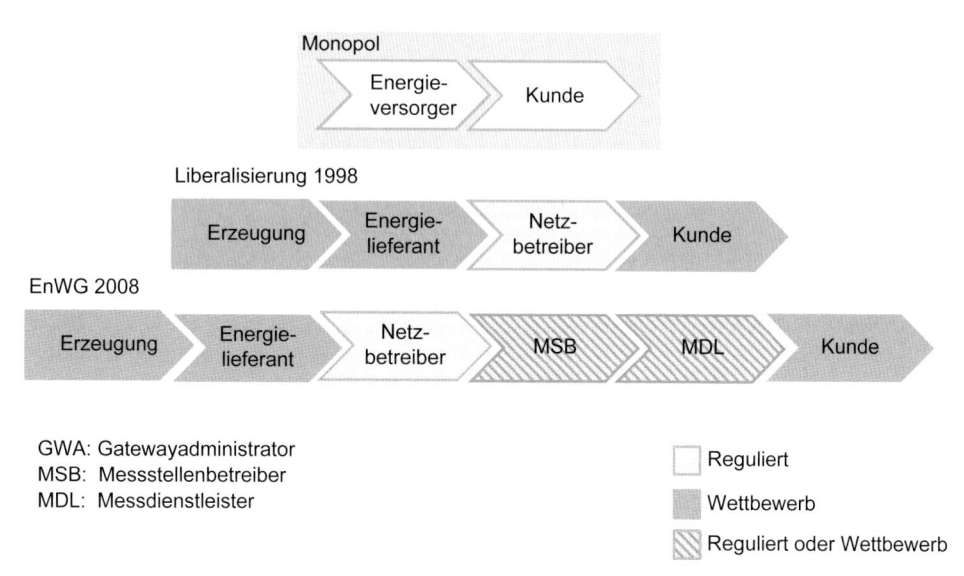

Abb. 11.2 Entwicklung der Wertschöpfungskette

GWA: Gatewayadministrator
MSB: Messstellenbetreiber
MDL: Messdienstleister

Die folgende Abb. 11.3 zeigt vereinfacht die Vertragsverhältnisse und die durch den Letztverbraucher frei wählbaren Elemente.

Der Kunde hat verschiedene Möglichkeiten zur Vertragsgestaltung und Anbieterauswahl. Großkunden schließen zumeist mit allen Beteiligten vom Energielieferanten bis zum Netzbetreiber individuelle *Einzelverträge* ab. Der Haushaltskunde wählt zumeist den *Vollversorgungsvertrag* mit dem Energielieferanten seiner Wahl, der dann die nachgelagerten Verträge für ihn abschließt. Die Möglichkeit, dass Haushaltskunden ihren Messstellenbetreiber und Messdienstleister frei wählen, wird in Deutschland nicht genutzt. Für Bündelkunden bietet sich die Gelegenheit aufgrund der Produktangebote der Energielieferanten einen von diesem beauftragen Messstellenbetreiber/Messdienstleister zu wählen, mit dem Nutzen, dass dieser Dienstleister beispielsweise tägliche Zählerstände übermitteln kann.

Bereits drei Jahre nach Inkrafttreten des EnWG 2008 und der darin festgeschriebenen Liberalisierung des Messwesens sowie der Vorgabe von Einbauverpflichtungen für intelligente Zähler bei Neubauten und Renovierungen folgte 2011 eine weitere Novelle des EnWG mit erneuten, tiefgreifenden Änderungen im Bereich des Messwesens. Dabei legt das EnWG aus dem Jahr 2011 lediglich einen Rahmen fest, der durch diverse Verordnungen im Nachgang noch konkretisiert werden muss. Dieser Rahmen beschreibt detaillierte Anforderungen an die einzusetzenden *Messsysteme*, vor allem hinsichtlich der Themen *Datenschutz und Datensicherheit*. Gleichzeitig wurde die Einbauverpflichtung erweitert und eine wenig konkrete Übergangslösung bis zum 31.12.2012 geschaffen, die dann mit kleinen Anpassungen im Rahmen einer Novelle des EnWG im Jahr 2012 bis zum 31.12.2014 verlängert wurde. Aufgrund der *Komplexität* konnte der erforderliche Verord-

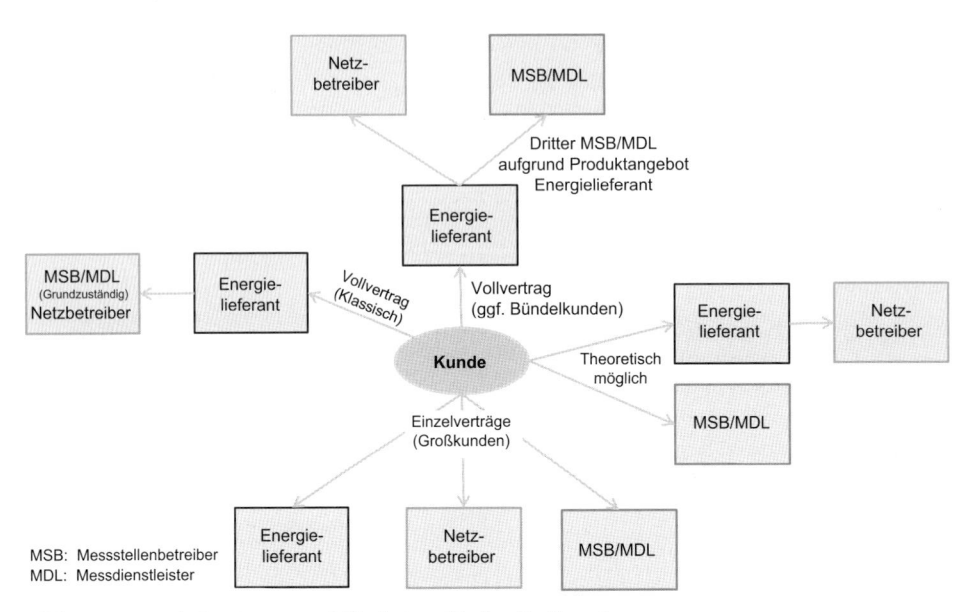

Abb. 11.3 Mögliche Vertragswahlfreiheiten für den Endkunden

nungsrahmen jedoch nicht zeitnah verabschiedet werden, sodass eine große Unsicherheit im Markt entstand. Die Verteilnetzbetreiber und Messstellenbetreiber/Messdienstleister konnten wegen der fehlenden gesetzlichen, regulatorischen und technischen Rahmenbedingungen keine gesicherten Entscheidungen für den Einsatz von Messsystemen treffen. Um Fehlinvestitionen zu vermeiden, wurden über die Pilotanwendungen hinaus keine weiteren Smart Meter-Systeme großflächig eingebaut. Die Entwicklung der Themen rund um intelligente Zähler ist faktisch zum Erliegen gekommen. Die nachfolgende Tab. 11.1 stellt den Rechtsrahmen nach EnWG sowohl nach dem EnWG 2008 und dem EnWG in der Fassung vom 4.10.2013 vergleichend dar.

Das EnWG ist in seiner Konstruktion darauf ausgerichtet, einen grundsätzlichen gesetzlichen Rahmen zu schaffen. Die detaillierte Umsetzung und Ausfüllung dieses Rahmens wird in eine Reihe von Verordnungen verlagert. Die Umsetzung des Rahmens für das Zähl- und Messwesen aus dem EnWG 2008 erfolgte durch die *Messzugangsverordnung* im Jahr 2008. Für das EnWG aus dem Jahr 2011 sollte das Verordnungswerk zügig nach Verabschiedung des EnWG erfolgen, und bis dahin die Messzugangsverordnung aus dem Jahr 2008 gültig bleiben. Diese wurde letztmalig im Sommer 2013 angepasst und war zum Jahreswechsel noch immer gültig. Für wesentliche Teile des EnWG aus dem Jahr 2011 fehlten somit für über zwei Jahre die Umsetzungsvorgaben. Diese Lücke stellte die Branche vor erhebliche Planungsunsicherheiten. Tabelle 11.2 stellt die Verordnungen für das Zähl- und Messwesen bezogen auf das EnWG 2008 und die Ende 2013 bekannten Verordnungstitel für das EnWG 2013 dar. Aus dem Verordnungspaket „Intelligente Netze und Zähler", welches die praktische Umsetzung der Änderungen im Bereich Zähl- und Messwesen aus

Tab. 11.1 Gegenüberstellung des EnWG mit Blick auf das Zähl- und Messwesen

EnWG 2008	Status	EnWG i. d. F. vom 4.10.2013	Status
Durchführung des MSB/MDL durch Dritte auf Wunsch des Anschlussnutzers	Aktiv	Durchführung des MSB/MDL durch Dritte auf Wunsch des Anschlussnutzers	Aktiv
Einbau von Messeinrichtungen, welche die tatsächliche Nutzungszeit und Energieverbrauch widerspiegeln bei Neuanschlüssen, Renovierungen nach 2002/91/EG einzubauen, und allen anderen zum Einbau anzubieten, sofern dies technisch machbar und wirtschaftlich sinnvoll ist	Überholt	Einbau von Messsystemen, welche die tatsächliche Nutzungszeit und Energieverbrauch widerspiegeln bei Neuanschlüssen, Renovierungen nach 2002/91/EG einzubauen, Jahresverbräuchen >6.000 kWh; Eigenerzeugungsanlagen >7 kW sofern dies technisch möglich ist	Aktiv; Verordnung ausstehend
		Einbau von Messsystemen bei allen übrigen, sofern technisch möglich und wirtschaftlich vertretbar	Aktiv; Verordnung ausstehend
Angebot von Tarifen, welche einen Anreiz zur Energieeinsparung oder Steuerung bieten, sofern dies technisch möglich und wirtschaftlich vertretbar ist	Aktiv	Angebot von Tarifen, welche einen Anreiz zur Energieeinsparung oder Steuerung bieten, sofern dies technisch möglich und wirtschaftlich vertretbar ist	Aktiv
		Ein Tarif mit Beschränkung der Zählerstandübermittlung zum Abrechnungszeitpunkt	Aktiv
		Verweis auf Verordnungen zur Ausgestaltung der Vorgaben des EnWG	Aktiv

EnWG 2011 festlegt und die Verbindung zu anderen ordnungspolitischen Rahmen wie der Anreizregulierung schaffen, wird bis Ende 2013 die Änderung der Stromnetzzugangsverordnung sowie die Notifizierung der Messsystemverordnung erfolgen.

Zur technischen Vereinheitlichung haben sich Hersteller, Netzbetreiber, Messstellenbetreiber und Messdienstleister verständigt und auf Basis der gesetzlichen Mindestanforderungen des 2008 novellierten EnWG technische Minimalstandards erarbeitet. Diese wurden mit der EnWG Novelle 2011 ebenfalls zu großen Teilen hinfällig und mussten neu erarbeitet werden. Tabelle 11.3 stellt die wesentlichen Regelwerke vergleichend dar.

Tab. 11.2 Darstellung der Verordnungsumgebung zum EnWG 2008 im Vergleich zum EnWG i. d. F. vom 4.10.2013

Verordnungen EnWG 2008	Status	Verordnungen EnWG i. d. F. vom 4.10.2013	Status
Messzugangsverordnung (MessZV)	Aktiv	Messsystemverordnung (MsysV)	Notifiziert 09/2013
		Verordnung zu variablen Tarifen	StromNZV angepasst 08/2013
		Datenkommunikations-Verordnung	Bearbeitung
		Rollout-Verordnung	Bearbeitung
		Lastmanagement-Verordnung	Bearbeitung

Tab. 11.3 Veränderung der technischen Regelsetzung im Zuge der EnWG Novelle 2011

Technische Richtlinien EnWG 2008	Status	Technische Richtlinien EnWG i. d. F. vom 4.10.2013	Status
FNN Lastenheft EDL	Überführt nach EnWG 2011	FNN Lastenheft Basiszähler – Funktionale Merkmale	Aktiv
FNN Lastenheft 3. HZ	Überführt nach EnWG 2011	FNN Lastenheft Basiszähler und Smart Meter Gateway	Aktiv
Lastenheft eHZ	Überführt nach EnWG 2011	FNN MessSystem 2020	Bearbeitung
		BSI Schutzprofil Smart Meter Gateway[a]	Aktiv
		BSI Technische Richtlinie TR 03109	Aktiv

[a] Siehe auch https://www.bsi.bund.de/DE/Themen/SmartMeter/smartmeter_node.html

Mit Blick auf die notwendigen Verordnungen, die technischen Richtlinien und deren Inhalt wird ersichtlich, dass das Messwesen ein Teil des langfristigen Zielsystems ist und damit einen elementaren Bestandteil des zukünftigen Energienetzes einnimmt. Bei einer strukturierten Implementierung können Synergien gehoben und bestehende Strukturen optimiert werden.

11.3 Verlauf des Transformationsprozesses

Die Anzahl der Marktrollen ist seit 1998 wie in Abb. 11.2 gezeigt stetig gestiegen. Durch die höhere Anzahl aber auch durch die Steigerung der Systemkomplexität haben die Interaktionen zugenommen. Basierend auf der Ausgestaltung des Zielsystems mit der Darstellung der neuen Aufgabenvielfalt und -verteilung beschreibt dieser Abschnitt die Ausgangslage der Marktrollen. Darüber hinaus werden im Kontext die Erwartungen der Stakeholder an die Marktrollen im Bereich des Zähl- und Messwesens, des Messstellenbetreibers, des Messdienstleisters und der neuen Marktrolle des Gateway Administrators beschrieben.

11.3.1 Ausgangslage der Marktrollen

Die Ausgangslage der Marktrollen wird im Folgenden basierend auf Abb. 11.1 beschrieben und erste Hinweise auf den Wandel der entsprechenden Marktrolle im Zuge des Transformationsprozesses gegeben.

Letztverbraucher/Kunde[7]

Im Rahmen der Klimaschutzkonzepte und der damit verbundenen CO_2-Einsparziele wird von dem Kunden ebenfalls ein Beitrag in Form von „Energiesparmaßnahmen" zu leisten abverlangt. Ebenso sind wegen der Förderung von Erneuerbaren Energien- und KWK-Anlagen immer mehr Kunden zu *dezentralen Strom- und Wärmeproduzenten* geworden. Gleichzeitig werden Speicher in den Haushalten zur Speicherung und späteren Abrufs von Photovoltaik-Strom gefördert. Somit entwickeln sich Haushalte zu autarken Einrichtungen, welche nur noch einen kleinen Teil der Netzanschlussleistung benötigen. Der Begriff des sog. *Prosumers* („Pro" für Produzent und „Sumer" für Consumer/Verbraucher) wurde geboren. Zu den Energieeinsparmaßnahmen zählt insbesondere die Einsparung von Wärmeenergie und elektrischer Energie. Dies soll auf der einen Seite durch die Umsetzung der Energieeinsparverordnung im Zuge technischer Maßnahmen wie die energetische Sanierung von Wohngebäuden und durch strengere Auflagen für Neubauten erreicht werden. Auf der anderen Seite soll eine Reduktion oder eine zeitliche Verlagerung des Verbrauches durch Änderungen des Verbrauchsverhaltens erzielt werden. Beide Forderungen sind nur durch eine Förderung des *Bewusstseins für den Energieverbrauch* und einen entsprechenden wirtschaftlichen Anreiz möglich. Mit der heute eingesetzten Technik zur Erfassung der Verbrauchswerte im Bereich Wärme und Strom ist dies nur durch ein aktives und sehr umständliches Handeln des Kunden möglich, indem dieser die Zählerstände regelmäßig notiert. Die bisher jährliche Verbrauchsabrechnung und monatliche Abschlagszahlung ist weniger geeignet um Transparenz im Verbrauchsverhalten zu erreichen und das Verhalten nachhaltig zu verändern. Dies liegt daran, dass die Kosten aufgrund der Strompreisentwicklung trotz niedrigem Verbrauch steigen, zum anderen Energiesparmaßnahmen nicht direkt zugeordnet werden können. Um die Energieeffizienzpotenziale in diesem Kundenbereich heben zu können, muss der Verbraucher die Möglichkeiten haben, auf sein Verbrauchsverhalten Einfluss nehmen zu können oder auch Mehrwertdienste des Energielieferanten nutzen zu können.

---

[7] Die Begriffe Letztverbraucher und Kunde werden je nach Kontext in diesem Kapitel synonym verwendet.

Um den Kunden zu dieser Verhaltensänderung bewegen zu können, fordert der Gesetzgeber Anzeigen, welche die tatsächliche Nutzungszeit und den tatsächlichen Energieverbrauch widerspiegeln. Hierzu sollen *intelligente Messsysteme* und *intelligente Zähler* eingesetzt werden, welche über eine Kommunikation ausgelesen werden und dem Kunden somit regelmäßig Verbrauchsinformationen entweder über ein InHouse-Display oder per Internetportal zur Verfügung stellen. Hinter dem energiewirtschaftlichen Begriff des Letztverbrauchers verbergen sich in diesem Kontext Kunden und damit Menschen. Somit ist in diesem Zusammenhang darauf zu achten, dass Menschen ganz unterschiedliche Bedürfnisse an ihre Umwelt haben, aber auch ganz unterschiedliche Anreizsysteme benötigen um ihr Verhalten zu verändern und damit die politischen Einsparziele zu erreichen. Hierbei ist hervorzuheben, dass es sich beim *Verbrauchsverhalten* um erlernte Routinen handelt, welche zu einem Großteil unterbewusst ablaufen. Somit reagiert jeder Mensch anders auf angebotene Anreizsysteme. Einen ersten Anhaltspunkt für die Interessenslagen der Letztverbraucher bieten die *Sinus-Milieus*. Dabei werden Zielgruppen beschrieben, welche Menschen nach ihren Lebensauffassungen und Lebensweisen gruppiert.[8,9] Auf dieser Basis ist es Energievertrieben möglich, ihren Kunden Produkte anzubieten, die für größere Gruppen zugeschnitten sein können und dennoch ein gewisses Maß an Individualität bieten. Die Herausforderung für die Energievertriebe besteht darin, den Kunden neue Produkte anzubieten, mit denen die Absatzreduktion kompensiert, und die immer wechselbereiteren Kunden gebunden werden können.

Energievertrieb
Der Energievertrieb stellt den Kontakt zu seinen Kunden her und muss diesen seit dem 30.12.2010 einen *Tarif* anbieten, welcher zu Energieeinsparungen animiert. Weiterhin ist er verpflichtet, dem Kunden kostenlose *Verbrauchs-* und *Kosten(entwicklungs)informationen* zur Verfügung zu stellen, sofern der Kunde über ein Messsystem verfügt. Gleichzeitig hat der Kunde die Möglichkeit gegen ein erhöhtes Entgelt, monatliche, viertel- oder halbjährliche Rechnungen zu erhalten.

Allein diese gesetzlichen Forderungen haben in der Vergangenheit nicht zu einem verstärkten Einbau von intelligenten Zählern geführt, mit denen die formulierten klimapolitischen Ziele erreicht werden sollen. Die Forderung nach Tarifen zur Energieeinsparung und Verbrauchsverschiebung konnte mit den historischen Schwachlasttarifen Rechnung getragen werden.

Die Rolle des Energievertriebes wird sich künftig neuen Aufgaben gegenüber sehen. Neben dem massiven Preisdruck auf der einen Seite und den Kosten für Beschaffung und administrativen Arbeiten auf der anderen Seite wird das reine Geschäft mit dem Verkauf von Strom zunehmend uninteressant. Der bisherige „Versorgungsfall" hat sich zu einem anspruchsvollen Kunden entwickelt. Dabei verfolgen die jungen Generationen ganz andere Ansprüche als die älteren Generationen. An dieser Stelle setzen die oben genannten Si-

---

[8] Vgl. Deppe et. al. (2010).
[9] Siehe hierzu auch http://www.sinus-institut.de/.

nus-Milieus ein. Es wird die Aufgabe von morgen sein Produkte zu generieren, welche den Strom als Nebeneffekt mit vermarkten. Viel mehr werden Dienstleistungen wie der Energiehandel eines einzelnen Haushaltes aus Verbrauch, Erzeugung und Speicher gefragt sein.

Verteilnetzbetreiber/Erzeugung
Im Zuge der Energiewende vollzieht sich auch ein Wandel von der *lastgeführten Erzeugung* hin zu einem *erzeugungsgeführten Verbrauch*. Ausschlaggebend dafür ist die Umstellung des konventionellen, planbaren Erzeugungsparks auf dargebotsabhängige Erzeugungsanlagen wie Wind oder Photovoltaik-Anlagen, die großteils dezentral in die Nieder- und Mittelspannungsnetze einspeisen. Die bisherigen Top-Down orientierten Verteilungsnetze werden daher zunehmend zu Bottom-up ausgerichteten Entsorgungsnetzen, da die Einspeisung aus dezentralen Erneuerbaren Energien die Last in den Verteilungsnetzen um ein vielfaches übersteigt. Zum einen kann dies zu Instabilitäten vor allem in den Mittel- und Niederspannungsnetzen führen. Gerade deswegen wird in den Niederspannungsnetzen aus Sicht der Netzführung eine höhere Automatisierung und Steuerbarkeit der Netze und Anlagen notwendig. Zum anderen müssen derzeit durch die *fluktuierende Verfügbarkeit* dieser Erzeugungskapazitäten ausreichend große Reserve- oder Schattenkapazitäten vorgehalten werden, um die Nachfrage jederzeit decken zu können. Zukünftig soll dieser Ausgleich durch eine Verbrauchsverlagerung und Speicherung von fluktuierender Einspeisung zu Zeiten geringer Nachfrage erfolgen. Diese grundlegende Änderung der Erzeugungsphilosophie wirkt sich ebenso auf die Netzführung aus, welche bisher auf eine reine Verteilung aus den oberen auf die unteren Spannungsebenen ausgerichtet war.

Zur Erfüllung dieser neuen Aufgaben und zur Sicherstellung der *Systemstabilität* ist die Einführung von *Sensorik* zur Netzzustandsüberwachung und Integration von steuerbaren Netzelementen wie regelbaren Ortsnetzstationen, stufenweise abschaltbaren Erzeugern wie Photovoltaik-Anlagen, KWK-Anlagen etc. oder Netzschaltern erforderlich. Neben der Möglichkeit einer effizienteren Netzplanung kann ein netz- und marktgetriebenes Lastmanagement weitere Einsparmöglichkeiten bei Verteilnetzbetreibern bieten. Dieser Wandel der Verteilnetzsteuerung firmiert als ein Teil des Gesamtaspektes *Smart Grid*. Ein zweiter wesentlicher Baustein des Smart Grids bildet der Kunde an sich, der zunehmend durch Verbrauchssteuerung zu einem aktiven Element der Energieversorgung wird. Dazu ist eine enge kommunikative Einbindung der Anlagen in den Haushalten sowohl in die Verteilnetzstrukturen als auch die Energiehandel- und Vertriebsstrukturen notwendig. Auf Seiten des Energiehandels gewinnen *virtuelle Kraftwerke* zunehmend an Bedeutung. Deren Steuerung im dezentralen Verbund erfordert eine genaue Netzzustandskenntnis um unzulässige Spannungsschwankungen oder Leitungsüberbelastungen auszuschließen. Auf Seiten des Energievertriebes können *Demand Side Management*-Ansätze zur Verbrauchsverlagerung und Portfoliooptimierung beitragen. Alle diese Ansätze sind nur durch einen gesicherten kommunikativen Zugang zu den einzelnen Hausanschlüssen möglich. Den Zugang zu den Kundenanlagen kann das Messsystem bieten. Mit rd. 260.000 Zählpunkten sind im Jahr 2011 unter 1 % der installierten Zählpunkte in die Zuständigkeit dritter

Messstellenbetreiber/Messdienstleister gefallen.[10] Der Verteilnetzbetreiber bleibt grundzuständiger Messstellenbetreiber/Messdienstleister sofern der Dritte dieser Aufgabe nicht gerecht oder kein Dritter benannt wird. Aufgrund des hohen Anteils der Messstellenbetreiber/Messdienstleister in der Grundzuständigkeit sind alle Themen um den Messstellenbetreiber/Messdienstleister auch nach wie vor Aufgaben des Verteilnetzbetreibers und dieser muss die entsprechenden Kapazitäten vorhalten oder Dienstleister mit der Durchführung beauftragen.

Messstellenbetreiber/Messdienstleister
Der *Messstellenbetreiber/Messdienstleister* wird in dem ordnungspolitischen Rahmen seit 2008 mit allen Vorgaben zu den intelligenten Zählern in Verbindung gebracht. Hervorzuheben ist, dass der Messstellenbetreiber per Gesetz mit der Rolle des Messdienstleister verbunden wird, sobald die Messeinrichtung elektronisch ausgelesen werden kann. Somit sind die Vorgaben sowohl für die grundzuständigen Messstellenbetreiber/Messdienstleister als auch für die wettbewerblichen Messstellenbetreiber/Messdienstleister mit Ausnahme der Preisgestaltung identisch. Sofern der Messstellenbetreiber/Messdienstleister in den Bereich der Grundzuständigkeit fällt, unterliegt dieser aufgrund seiner Zugehörigkeit zum Verteilnetzbetreiber der Anreizregulierung. Durch die Liberalisierung des Messstellenbetreiber/Messdienstleister wurde ein neuer Marktprozess erforderlich, mit dem diese Wechsel auf elektronischem Wege durchgeführt werden konnten. Seit 2010 stehen die *Wechselprozesse im Messwesen* (WiM-Prozesse) zur Verfügung. Aufgrund der, wie oben ausgeführt, erkennbaren geringen Anteile dritter Messstellenbetreiber/Messdienstleister stellt sich an vielen Stellen die Frage, ob eine Systemeinführung wirtschaftlich gerechtfertigt ist. Durch die 2011 gestartete Debatte um die Anforderungen an zukünftige Messsysteme und die neue Rolle des Gateway Administrators (siehe nächsten Abschnitt) ist die Anzahl der Geschäftsmodelle überschaubar. Ein wesentlicher Hemmschuh in den ersten Jahren war die Betreuung der Messstellen vor Ort durch dritte, bundesweit tätige Unternehmen. Hier hat erst in den letzten Jahren ein Umdenken der potenziellen Dienstleister eingesetzt.

Der Bereich des dritten Messstellenbetreibers/Messdienstleisters konnte sich als letzter Teil der Liberalisierung im Kontext des bestehenden ordnungspolitischen Rahmens nur langsam entwickeln. Treiber des Wettbewerbes sollte insbesondere der Einsatz von intelligenten Zählern sein. Aufgrund fehlender Standards und Anforderungen der einzelnen Netzbetreiber wurde zunächst ein technisches Regelwerk beschrieben und somit Sicherheit für den Einbau der Smart Meter geschaffen. Eine weitere Hürde stellte bisher die fehlende flächendeckende Verfügbarkeit von Dienstleistern zum Einbau und zur Wartung der Zähler dar.

Anforderungen und Erwartungen an die Entwicklung eines liberalisierten Marktes rund um den Messstellenbetrieb wurden auf die Schnittstelle zwischen Letztverbraucher und Netz-/Energievertrieb fokussiert. Durch die Anzeige des Energieverbrauchs sollten

---

[10] Vgl. Bundesnetzagentur und Bundeskartellamt (2013).

Energieeinsparungen und Energieverschiebungen realisiert werden. Allerdings fehlt es bisher an rechtlichen Rahmenbedingungen zum Einsatz intelligenter Zähler, welche für die Erreichung der Ziele notwendig sind. Erste Schritte wurden hier mit der Einführung der sogenannten *Zählerstandsgangmessung* als weiteres Abrechnungsverfahren neben den *Standardlastprofilen* und der *registrierenden Leistungsmessung* im August 2013 umgesetzt.[11] Weiterhin ist im Zuge der Anpassung des rechtlichen Rahmens die Stellung der Messstellenbetreiber/Messdienstleister für die Medien Gas, Wasser und Fernwärme zu beleuchten und die Prozesse zu beschreiben, mit denen der Messdienstleister dieser Sparten über die neue Rolle des Gateway Administrators auf die Messeinrichtungen zugreifen kann. Ebenso muss der Anbindungsprozess der Messeinrichtungen dieser Medien an das Gateway definiert werden.

Durch die Änderungen sowohl im technischen als auch im ordnungspolitischen Bereich sind neue Denkmuster rund um die Thematik Messstellenbetrieb und Messdienstleistung erforderlich. In diese Überlegungen müssen auch die nachgelagerten Prozesse wie beispielsweise Abrechnung und Energiebeschaffung einbezogen werden. Auf technischer Seite verkürzen sich die Innovationszyklen der verfügbaren Messtechnik – zum einen getrieben durch gesetzliche Anforderungen, zum anderen aber auch durch neue Anforderungen des Marktes. Gleichzeitig ändert sich der rechtliche Rahmen vergleichsweise schnell. Hieraus wird erkennbar, das der Wandel vom Status quo zu dem Zielsystem geordnet in einem Prozess erfolgen muss, andernfalls können Synergien nicht genutzt werden.

Die Novelle des EnWG 2011 hat den Transformationsprozess und die Entwicklung im Bereich des Zähl- und Messwesens unterbrochen. Allerdings konnte die Zeit auch genutzt werden, die Ziele klarer zu greifen und das Gesamtsystem zu beschreiben. Somit konnte das Zielsystem deutlicher beschrieben und die Bedeutung des Zähl- und Messwesens als kommunikative Schnittstelle herausgestellt werden. Der folgende Abschnitt beschreibt auf Basis der in den vorangegangenen Abschnitten beschriebenen rechtlichen Änderungen das Zielsystem mit den neuen Marktrollen. Anschließend werden die neuen Aufgabenzuteilungen und Erwartungen an die beteiligten Marktrollen diskutiert.

11.3.2 Beschreibung des Zielsystems

Aus den derzeitigen Diskussionsständen und Verlautbarungen lässt sich ein erstes *Zielsystem* ableiten. Dazu werden im Folgenden die Diskussionsstände in Bereiche untergliedert und kurz beschrieben. Darauf basierend wird im Anschluss eine Definition des Zielsystems durchgeführt.

Abbildung 11.4 zeigt die wesentlichen offenen Fragen und deren Auswirkungen auf die *Rollenverteilung* und die Marktentwicklung. Die Grundlage für die Ausgestaltung des Datenschutzes und der Datensicherheit stellt das EnWG sowie die Ausgestaltungen des Bundesamtes für Sicherheit in der Informationstechnik (BSI) nebst entsprechenden

---

[11] Siehe Stromnetzzugangsverordnung vom 25.07.2005 i. d. F. vom 17.8.2013 § 12.

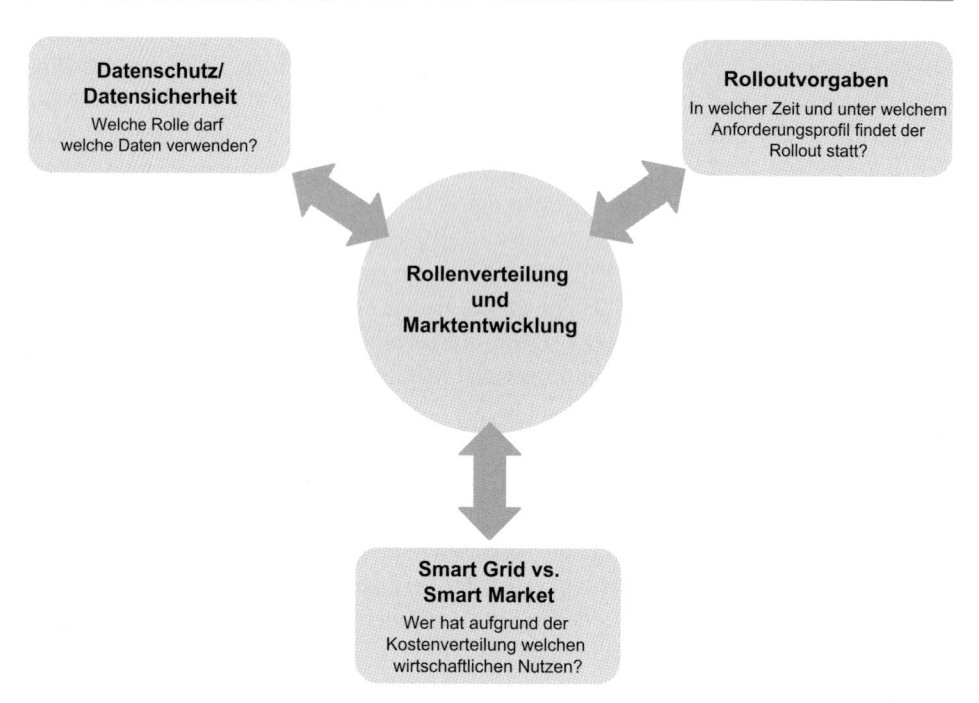

Abb. 11.4 Schwerpunkte der offenen Diskussionspunkte

Verordnungen dar. Diese Verordnungen werden abschließend u. a. die Zugriffsberechtigungen klären, d. h. welche Marktrollen welche von den Messsystemen ermittelten Werte bekommen. Dies hat insbesondere für die Netzbetreiber Konsequenzen. Erhalten diese Zugriff auf bestimmte Netzknoten, können die Netzzustände besser bewertet und auf die Netzplanung und Netzführung Einfluss nehmen.

Auf Basis der Gutachter-Empfehlungen in der *Kosten-Nutzen-Analyse für einen flächendeckenden Einsatz intelligenter Zähler* kann eine noch ausstehende *Rollout-Verordnung* Planungssicherheit bieten und Hersteller wie auch Messstellenbetreiber können die praktische Umsetzung besser planen. In diesem Zuge müssen auch die Kostentragung geklärt und die wirtschaftlichen Chancen durch die Marktteilnehmer identifiziert werden. Daraus lassen sich dann auch Aussagen zu den Rollenverteilungen der bestehenden Marktteilnehmer treffen.

Die Bundesnetzagentur hat 2011 mit dem Eckpunktepapier „Smart Grid" und „Smart Market" die Diskussion über das Rollenverständnis und die Aufgabenverteilung zwischen Markt und Netz eröffnet. Das Zähl- und Messwesen steht an der Schnittstelle zwischen diesen beiden Extrempunkten. Zu klären ist, ob es einer der beiden Seiten vollständig zugeschrieben wird oder der Nutzen anteilig auf beide Seiten verteilt wird. Diese Entscheidung hat Auswirkungen auf die Refinanzierung und die treibende Rolle.

Wird das Geschehen um das Smart Metering isoliert auf die Tarifgestaltung zur Energieeinsparung betrachtet, erscheint der betriebene Aufwand in keinem Verhältnis zu dem zu erwartenden Nutzen zu stehen. Die Kosten-Nutzen-Analyse für einen flächendeckenden Einsatz intelligenter Zähler unterstreicht diese Einschätzung bezogen auf das europäische Ziel, 80 % intelligente Zähler mit einer kommunikativen Einbindung bis 2020 auszurollen. Weiterhin wird festgestellt, dass die Einführung von intelligenten Messsystemen mit Mehrkosten für den Letztverbraucher verbunden ist. Erst die Berücksichtigung ökologischer Aspekte durch CO_2-Einsparungen, die Möglichkeiten steuernd auf die Übertragungs- und Verteilungsnetze einzuwirken, sowie die Möglichkeit der Letztverbraucher auf deren Verbrauchsverhalten Einfluss zu nehmen und damit Energie zu sparen, rechtfertigt den Einsatz von intelligenten Messsystemen und intelligenten Zählern. Dabei ist bei den intelligenten Zählern Voraussetzung, dass ein abgesetztes *Verbrauchs-Display* den Kunden zur Verfügung steht. Vor dem Hintergrund des Smart Grids-Gedankens mit einem Internet der Energie, in dem jeder Letztverbraucher ein aktiver Teil der Energieversorgung ist, wird die Thematik Smart Meter nur noch zu einem Teilaspekt. Weiterhin ist im Zielsystem die Sparte Strom nicht isoliert zu betrachten, sondern muss um die Medien Wasser und vor allem Wärme (Gas, Fernwärme) erweitert werden. Insbesondere im Wärmesegment sind durch *Verbrauchsvisualisierungen* Energieeinspareffekte zu erwarten. Dabei setzen die Basiszähler dieser Medien auf die Kommunikationsinfrastruktur der Stromzähler auf. Somit wird der zusätzliche Aufbau von Kommunikationspunkten verhindert. Allerdings greifen gegebenenfalls weitere Marktrollen, nämlich die Messdienstleister und Messstellenbetreiber der Rohrmedien[12] über den Gateway Administrator auf das Gateway zu.

Neu ist in dieser Konstruktion die Rolle des *Gateway Administrators* als zentrale Schnittstelle zwischen Kundenbereich und Markt. Damit geht ein Wandel der Aufgaben einher, welche alle beteiligten Marktpartner betrifft. Klar zu erkennen ist, dass es die neue Rolle des Gateway Administrators geben wird. Die darin geforderten Aufgaben stehen vor allem im Zusammenhang mit dem Betrieb eines BSI-konformen Messsystems und gehen weit über die bisherigen Aufgaben des Messstellenbetreibers/Messdienstleisters hinaus. Die Rolle des Messstellenbetreibers wird durch die Zuständigkeit zum Einbau und Wartung des Gateways erweitert. Somit ist der Messstellenbetreiber Dienstleister für den Gateway Administrators vor Ort in den Anlagen.

Einige Aufgaben des Gateway Administrators sind im Folgenden exemplarisch abgeführt:

- Administration, Monitoring und Wartung des Smart Meter Gateways und der informationstechnischen Anbindung von Messgeräten
- Geräte-, Mandanten- und Profilverwaltung (z. B. Tarifierung)
- Administration der Kommunikation im LMN und HAN
- Zertifikats- und Schlüsselmanagement (Public Key Infrastruktur)
- Pflege der Auslese- und Tarifprofile im Gateway
- Authentisierung und Autorisierung der Marktteilnehmer

---

[12] Mit Rohrmedien werden die Leitungen von Energiesparten bezeichnet, deren Energieträger durch Rohre übertragen werden (Fernwärme, Gas, Wasser).

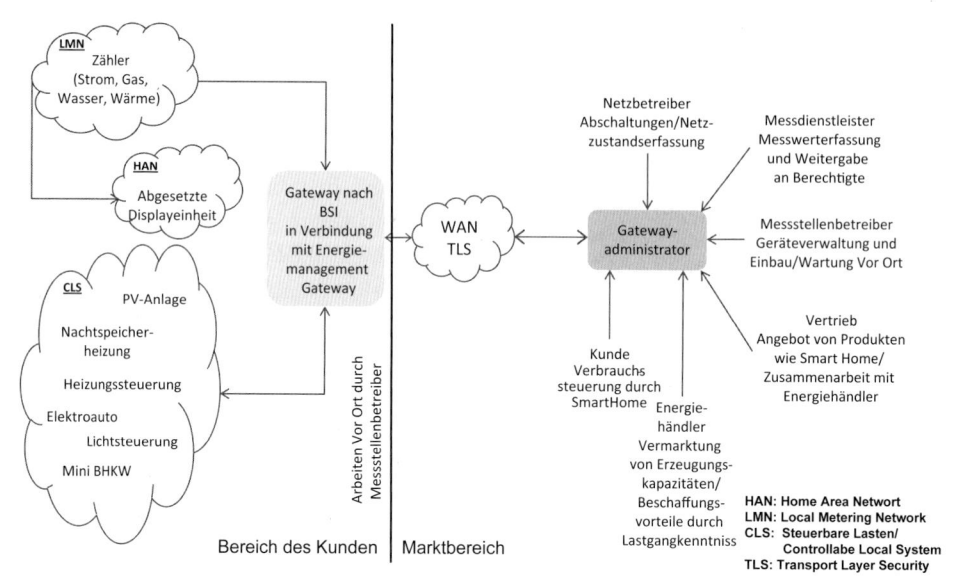

Abb. 11.5 Zusammenhang der Rollen im Zielsystem

- Sicherstellung der Datenintegrität
- Firmware-Verteilung (Updates) und Sicherheits-Updates
- Sicherstellung der Kommunikationseinbindung der Gateways

Dieser Ausgangspunkt ist die Basis für die im Folgenden dargestellte Beschreibung des Zielsystems, wobei schlussendlich die Auswirkungen auf die Prozesse rund um den Messstellenbetreiber beschrieben werden. Der Messstellenbetreiber, ergänzt um die Rolle des Gateway Administrators, stellt sowohl die Technik als auch die Abwicklung an der Schnittstelle zwischen Letztverbraucher und energiewirtschaftlichem Prozesse dar.

Abbildung 11.5 zeigt die grundlegenden Funktionen und Rollen in dem Zielsystem. Im Fokus steht der Kunde, welcher sich von einem reinen zu beliefernden Kunden zu einem aktiven Teilnehmer an dem Energiemarkt wandeln wird. Der Kunde benötigt dazu Informationen über seinen Energieverbrauch und stellt seine Anlagen (Photovoltaik, Solarthermie, Gastherme, BHKW etc.) in den Markt. Diese kommunikativ vernetzten Komponenten im Netz firmieren unter dem Begriff *Internet der Energie*. Der Messstellenbetreiber betreibt die Messeinrichtungen und Gateways vor Ort. Der Gateway Administrator steuert die Zugriffe auf das Gateway und stellt sicher, dass nur autorisierte Marktteilnehmer auf die Gateways zugreifen und nur zulässige Aktionen ausführen. Der Messdienstleister erfasst die Messwerte und stellt diese den berechtigten Marktteilnehmern zur Verfügung. Der Energiehandel bietet Tarife an, welche zum Energieeinsparen animieren oder vermarktet die erzeugte Energie der Letztverbraucher. Der Verteilnetzbetreiber greift in kritische Netzsituationen ein und schaltet nach gesetzlichen Vorgaben Erzeugungseinheiten ab oder zu. Durch die Einführung des Gateway Administrators bei der Verwendung von Messsys-

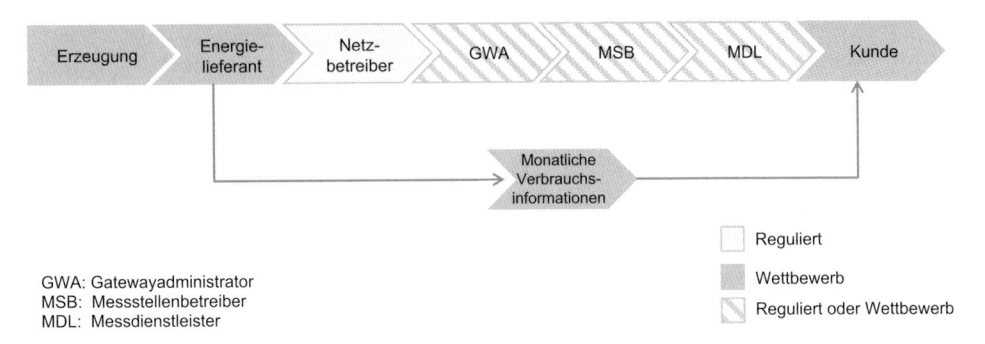

Abb. 11.6 Erweiterung der Wertschöpfungskette um den Gateway Administrator

GWA: Gatewayadministrator
MSB: Messstellenbetreiber
MDL: Messdienstleister

temen verlängert sich die Wertschöpfungskette wie in Abb. 11.6 dargestellt. Für Kunden ohne Messsystem verändert sich die Wertschöpfungskette aus Abb. 11.2 zunächst nicht.

Noch offen sind derzeit die konkrete Rollenzuteilung, Verantwortlichkeiten und Aufgabenteilung zwischen der neuen Rolle des Gateway Administrators und den bestehenden Marktrollen mit direkten Schnittstellen zum Gateway Administrator, wie in Abb. 11.5 gezeigt.

Aus heutiger Sicht bieten sich drei grundlegend mögliche Varianten an, welche im Folgenden beschrieben sind. Die Variantenbeschreibung bezieht sich auf die Einführung des Gateway Administrators, welcher nur für die Einbindung von Messsystemen erforderlich ist. Davon getrennt sind der Einbau und die Betreuung von intelligenten Messeinrichtungen mit abgesetzten Displays, wie in der Kosten-Nutzen-Analyse für einen flächendeckenden Einsatz intelligenter Zähler gefordert. Grundsätzlich ist die Ausübung einer Rolle nicht zwangsläufig mit der operativen Umsetzung der damit verbunden Aufgaben gleichzusetzen. Der Rolleninhaber kann jeden operativen Teil an einen Dienstleister vergeben, so wie das bereits heute häufig im Rahmen der Turnusablesung geschieht. Die grundlegenden Varianten sind in Abb. 11.7 dargestellt.

Variante 1: Der Verteilnetzbetreiber ist in seiner grundzuständigen Rolle für Energielieferanten tätig

In dieser Variante wird der Verteilnetzbetreiber in seiner grundzuständigen Rolle als Messstellenbetreiber/Messdienstleister und als Gateway Administrator tätig. Die in sein Netzgebiet liefernden Vertriebe bedienen sich seiner Dienstleistung und greifen auf die bei dem Netzbetreiber vorhandenen Infrastrukturen zum Angebot ihrer Produkte zurück.

Der Verteilnetzbetreiber kann seinerseits die Abwicklung des Geschäftes Messstellenbetreiber/Messdienstleister und Gateway Administrator selbst übernehmen, oder wiederum Dienstleister mit der Ausübung der Tätigkeiten beauftragen. Dabei kann auch hier erneut eine Trennung zwischen den Rollen Gateway Administrator und Messstellenbetreiber/Messdienstleister erfolgen. Beispielsweise kann der Verteilnetzbetreiber alle Tätigkeiten rund um den Gateway Administrator an einen Dienstleister vergeben, aber die Tätigkeiten um den Messstellenbetreiber/Messdienstleister weiter selbst erfüllen, da mit der Aufga-

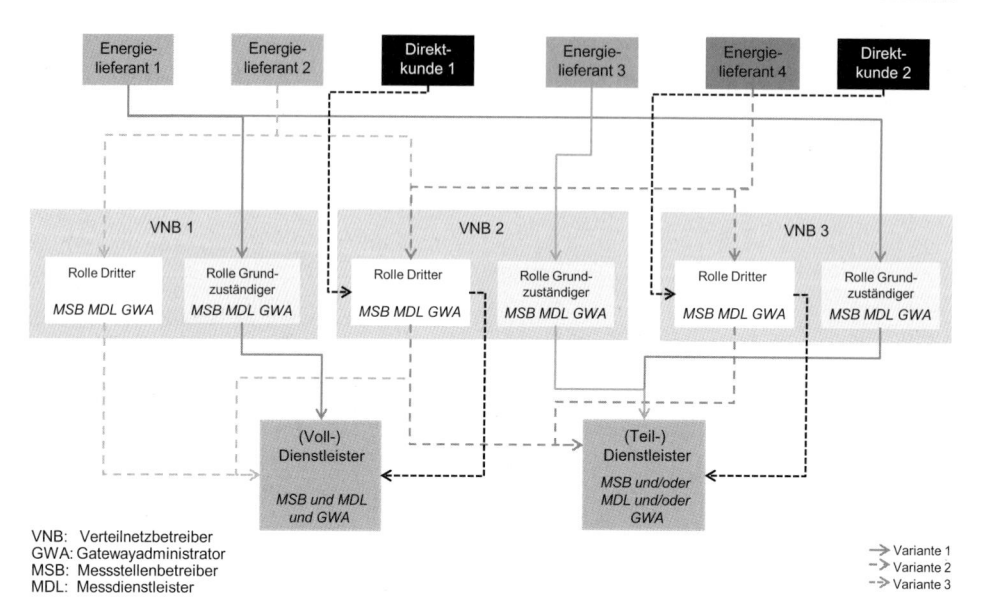

Abb. 11.7 Grundlegende Varianten der Rollenwahrnehmung

be des Messstellenbetreibers/Messdienstleisters auch die intelligenten Messeinrichtungen und die noch übergangsweise vorhandenen Ferraris-Zähler abgedeckt werden müssen.

Variante 2: Energielieferanten werden als Dritte in mehreren Verteilungsnetzen tätig
Der Energielieferant übernimmt die Rolle des Gateway Administrators und/oder des Messstellenbetreibers/Messdienstleisters. In dieser Variante werden die Kunden aus der Grundzuständigkeit des Verteilnetzbetreibers herausgelöst und die Rolle wird durch den Energielieferanten wahrgenommen. Auch hier ist es dem Energielieferanten möglich, die Rolle durch eigenen Ressourcenaufbau auszufüllen, oder die Aufgaben von Dienstleistern erfüllen zu lassen. Ebenfalls möglich, aber wenig wahrscheinlich ist die Trennung zwischen Gateway Administrator und Messstellenbetreiber/Messdienstleister, da für Energielieferanten in fremden Netzgebieten der Vorteil in der Fernauslesung der Daten beruht, welcher bei reinen intelligenten Messeinrichtungen zunächst nicht gegeben ist.

Dennoch entsteht die Herausforderung der logistischen Umsetzung der Umbauten und der Wartung vor Ort von intelligenten Messsystemen bis hin zur Sicherstellung der Kommunikation. Hier müssen branchenübergreifend neue Modelle und Kooperationsformen erarbeitet werden.

Variante 3: Kunde hat die Wahlmöglichkeit
Eine dritte Variante ist aus der Möglichkeit des Kunden abzuleiten, seinen Messstellenbetreiber/Messdienstleister und gegebenenfalls Gateway Administrator frei zu wählen. Damit besteht die Option für bisher unabhängige Marktteilnehmer dem Kunden ein entsprechendes Angebot zu unterbreiten und die Dienstleistung für den Kunden zu erbrin-

gen. Auch hier stehen die bereits oben genannten Untervarianten in Bezug auf die Dienstleistungsvergabe zur Verfügung.

Variantenvergleich
Alle Varianten bieten je nach Blickwinkel Vor- oder auch Nachteile. Ausschlaggebend für die praktische Umsetzung wird die Klärung von Fragen im Grenzbereich sein. Hierzu zählt beispielsweise die Frage, wie das Vorgehen des grundzuständigen Messstellenbetreibers/Messdienstleisters und Gateway Administrators für den Fall ist, dass ein Energievertrieb bei einem Kunden außerhalb der Pflichteinbaufälle ein Messsystem installiert haben möchte. Auch stellt sich die Frage, ob die Rollen Messstellenbetreiber/Messdienstleister und Gateway Administrator für Messsysteme getrennt werden können, oder ob diese in einer Rolle zusammengefasst werden.

Schlussendlich ist festzustellen, dass das Rollenverständnis stärker als bisher gelebt werden wird. Gleichzeitig wird immer klarer erkennbar, dass das Innehaben einer Rolle noch nicht dazu verpflichtet, auch die entsprechenden Ressourcen aufzubauen. Vielmehr können Aufgaben aus einer Rolle an geeignete Dienstleister vergeben werden. Dabei wäre es auch möglich, die Gesamtrolle Messstellenbetreiber/Messdienstleister und Gateway Administrator von verschiedenen Dienstleistern ausfüllen zu lassen. Die größte Flexibilität in der Abbildung von Geschäftsmodellen erreicht man, indem man das Metering-Geschäft mit den drei Rollen Messstellenbetreiber, Messdienstleister und Gateway Administrator in einer eigenen Einheit oder Gesellschaft, losgelöst vom regulierten Netzgeschäft, organisiert. Eine unternehmerische und strategische Entscheidung, die einige Energieversorgungsunternehmen und Verteilnetzbetreiber in Deutschland getroffen haben.

Eine wesentliche technische Herausforderung ist der Aufbau eines Kommunikationsnetzes zu den Messsystemen. Hier liegt ein entscheidender Vorteil bei den grundzuständigen Verteilnetzbetreibern, welche kostengünstig solche Netze zu allen Messsystemen aufbauen können. Verknüpft mit der Rolle des Gateway Administrators und der Vergabe an einen Dienstleister können sich hier Vorteile für alle Marktteilnehmer eröffnen. Durch die Tätigkeit des Dienstleisters sowohl auf der wettbewerblichen als auch der regulatorischen Seite können Kostenvorteile entstehen. Ein weiterer Vorteil dieser Konstellation besteht in der Verbindung von netzdienlichen Aspekten mit der Ausrollung von Messsystemen. Hier können Kosten im Bereich der Kommunikation eingespart werden und gegebenenfalls ebenfalls für andere netzdienliche Aufgaben wie der Anlagensteuerung genutzt werden. Durch die zentrale Kommunikationsschnittstelle des Gateway Administrators entstehen für die anderen Marktteilnehmer keine Nachteile und es entstehen keine neuen Schnittstellen zwischen regulierten und wettbewerblichen Bereichen. Bei der Einbeziehung von Elementen zur Netzsteuerung können Verteilnetzbetreiber unter Umständen von der Kommunikationserfahrung der Gateway Administratoren profitieren und den Aufbau entsprechender Kommunikationsnetze als Dienstleistung im Zuge der grundzuständigen Gateway-Administration mit vergeben.

Unabhängig welche der Zieldimensionierungen eintreten werden, ist schon heute klar, dass Aufgaben von einer Rolle zu einer anderen verschoben werden und sich neue Anfor-

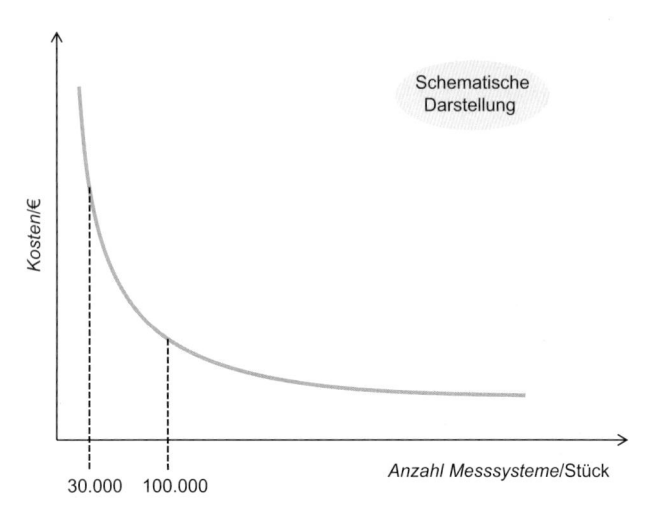

Abb. 11.8 Schematische Darstellung der Skaleneffekte und Synergiepotenziale

derungen etablieren werden. Auch ist abzusehen, dass nicht jede Rolle von den benannten Verantwortlichen ausgefüllt werden kann und somit von Dienstleistern oder in Partnerschaften erbracht werden müssen. Dies ist der notwendige Transformationsprozess, welcher sich nicht nur auf prozessuale Änderungen bezieht sondern auch bisherige Denkweisen in Unternehmen in Frage stellt und klare Positionierungen zu künftigen Ausrichtungen fordert. Hier stehen nicht nur eine reine Make-or-Buy-Frage im Mittelpunkt, sondern auch strategische Fragen zu Kooperationen. Da ein wirtschaftlicher Gateway Administrator-Betrieb zukünftig Größe und Skaleneffekte voraussetzt, sind gewisse Teile der gesamten Wertschöpfungskette dahingehend zu überprüfen. Größenvorteile können vor allem aufgrund von hohen IT-Fixkosten und damit verbundenen sinkenden Durchschnittskosten z. B. je Messsystem genutzt werden. So können Teildienstleistungen, wie z. B. BSI-konforme Rechenzentrums-Leistungen, an Dienstleister vergeben werden. Abb. 11.8 stellt diesen Zusammenhang schematisch dar.

Für kleine Stadtwerke ist das erreichbare Mengengerüst gegebenenfalls zu klein um die „anerkennungsfähigen" Kosten zu erreichen. Die Bündelung von Aufgaben und gegebenenfalls Kooperationen können dafür eine gute Lösung sein. Damit ändern sich die Anforderungen an die Marktrollen noch in einer weiteren Dimension. Die Leistung muss gegebenenfalls nicht mehr nur für verbundene Unternehmen erbracht werden, sondern wird am Markt und damit im Wettbewerb angeboten. Diese Änderungen der Anforderungen werden im nächsten Abschnitt beschrieben.

11.3.3 Änderungen der Anforderungen an die Marktrollen im Zielsystem

Die vorangegangenen Kapitel haben die Veränderungen der Rahmenbedingungen beschrieben und ein mögliches Zielsystem am Ende des Transformationsprozesses aufgezeigt. Daraus ist zu erkennen, dass noch offene Fragen und Festlegungen bestehen, welche Einfluss auf die Ausgestaltung der Aufgabenverteilungen auf die einzelnen Marktrollen haben werden.

Die technischen Anforderungen an die Messeinrichtungen und Gateways wurden seit 2011 stark standardisiert. Diese Entwicklung zeichnete sich bereits vorher durch die Erstellung von Lastenheften durch das Forum Netztechnik/Netzbetrieb im VDE (FNN) ab. Durch die Beschreibung von technischen Anforderungen im Rahmen der Datensicherheit- und Datenschutzdiskussion erhielt die Forderung nach *Interoperabilität* jedoch ein noch stärkeres Gewicht. Schwerpunkt ist, dass Messeinrichtungen und Gateways sowie weitere Geräte *herstellerunabhängig* zusammenarbeiten. Die eingesetzte Hardware muss herstellerunabhängig mit unterschiedlichen Softwarelösungen zuverlässig funktionieren. Dies erfordert die Einhaltung von Standards und Produktmerkmalen. Es verbleiben auf technischer Seite somit wenig Alleinstellungsmerkmale. Einzig im Marktbereich der CLS–Anbindung (steuerbare Lasten) können sich für den Endkunden anbieterabhängige Alleinstellungsmerkmale abbilden lassen.

Aus einem Vergleich zwischen den Erwartungen durch das Zielsystem an die Messsysteme und den bestehenden Marktprozessen ist zu erkennen, dass hier erheblicher Änderungsbedarf auf Seiten der Marktprozesse besteht. Die größte Herausforderung stellt die Integration des Gateway Administrators dar, welcher als zentrale Stelle die Zugriffe auf die Gateways koordiniert. Hier sind insbesondere die Fragen der Zugriffsreihenfolge und Durchgriffsrechte der Verteilnetzbetreiber zu klären. Abb. 11.5 stellt im Rahmen der Zielsystembeschreibung die unterschiedlichen Zugriffsberechtigten dar. Daneben sind die Wechselprozesse im Messwesen um die Thematik der Gateway-Administration zu erweitern. Aus vertrieblicher Sicht ergibt sich gegebenenfalls die Anforderung, Geräte wie abgesetzte Displays, Smart Home-Anwendungen etc. beim Kunden zu installieren und dem Kunden somit Unterstützung zu gewähren. Dies kann insbesondere im bundesweiten Geschäft durch Dienstleister mit bundesweitem Fokus oder durch den Messstellenbetrieb vor Ort erfolgen – was mitunter ein grundlegendes Umdenken in der Unternehmensphilosophie erfordert.

Daraus wird deutlich, dass neben rein praktischen und marktgetriebenen Erfordernissen weitere Einflussfaktoren auf die Marktteilnehmer wirken. Die Erwartungen der Stakeholder sind in der Abb. 11.9 dargestellt.

Jeder Marktteilnehmer ist bestrebt unter den Einflüssen der Stakeholder eine optimale wirtschaftliche Positionierung zu finden. Die Frage ist, welche Zielgröße hierbei überwiegt und ob der rechtliche Rahmen geeignet ist, eine ausgeglichene Zielgrößenoptimierung zu erreichen. Auf der einen Seite sind die klimapolitischen Forderungen sowie die Forderung nach Wettbewerb und damit die Hoffnung auf sinkende Preise und auf der anderen Seite die Notwendigkeit der Unternehmen wirtschaftliche Erfolge zu erreichen. Die Kosten-Nutzen-Analyse für einen flächendeckenden Einsatz intelligenter Zähler zeigt bereits auf, dass die entstehenden Kosten des intelligenten Messwesens sozialisiert werden und über höhere Messentgelte zu stemmen sind. Jeder Kunde muss die Möglichkeit haben diese *Kostenbelastung* durch Stromeinsparung und Lastverlagerung zu kompensieren. Aus den bisherigen Erfahrungen hat sich gezeigt, dass der Gesetzgeber bzw. Regulator als Treiber für

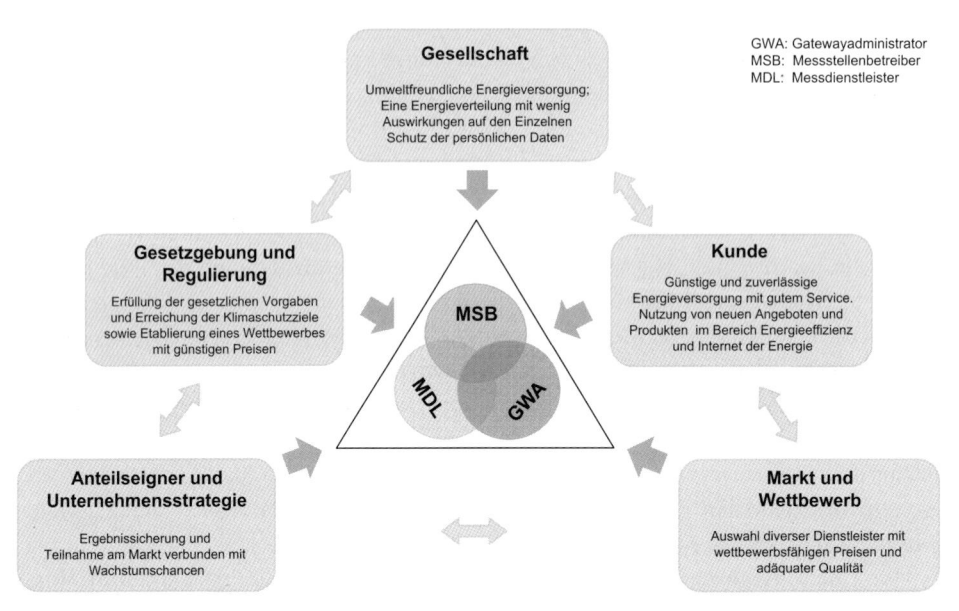

Abb. 11.9 Erwartungen der Stakeholder

den Einsatz von Smart Meter-Systemen wirken muss. Ein wettbewerblicher Markt würde dann zustande kommen, wenn die hohen Kosten der Messsysteme durch gewisse Nutzeneffekte für den Letztverbraucher kompensiert werden könnten. Einen Nutzen gibt es heute speziell für Liegenschaftsverwaltungen und Unternehmen, die bundesweit Filialen betreiben oder mehrere Produktionsbetriebe unterhalten. Mit dem Einsatz von Messsystemen erhalten diese Kundengruppen Transparenz über den Energieverbrauch aller Standorte, die Kunden können Energieeinsparpotenziale identifizieren, Benchmarks mit den effizientesten Betrieben erstellen oder auch z. B. ein Energiemonitoring mit Kundenportal und App nutzen. Bei klassischen Haushaltskunden sind solche oder weitere Nutzenpotenziale begrenzt. Ob eine Privatperson Interesse hat, sich einen Messstellenbetreiber oder Messdienstleister und zukünftig gegebenenfalls auch einen Gateway Administrator am freien Markt auszuwählen ist eher unwahrscheinlich.

11.4 Ausblick und Zusammenfassung

Die vorangegangenen Kapitel haben den Status quo sowie ein mögliches Zielsystem im Kontext der derzeitigen Diskussionen aufgezeigt. Abschließend wurde dieses Zielsystem untern dem Eindruck der äußeren Einflüsse beschrieben und die Frage diskutiert, ob der rechtliche Rahmen geeignet ist, die politischen Makroziele zu erreichen. Das abschließende Kapitel beschreibt einen möglichen Weg und Entscheidungskriterien für Unternehmen auf dem Weg zum Zielsystem und bettet dieses in die derzeitige Diskussion ein. Daraus werden dann Wünsche an die Rahmenbedingungen abgeleitet und zur offenen Diskussion gestellt.

Die *Energiewende* stellt keine Revolution dar, sondern ist als *Evolution* zu sehen. Eine Evolution erfordert die schrittweise Veränderung. Dies gilt auch für den begonnenen Transformationsprozess. Die Marktakteure werden sich schrittweise auf das Zielsystem zubewegen. Dazu sind breite *Leitplanken* erforderlich, und eine ständige Rückkopplung, ob das Ziel erreichbar ist. Dies gilt insbesondere für den Bereich des Messwesens, da hier der Letztverbraucher eine direkte und damit konkrete Berührung zum Themenkomplex Energiewende bekommt, begründet durch die veränderte Darstellungsform der Verbräuche und dem politischen Ziel, aufgrund der Verbrauchsvisualisierung Energie zu sparen. Der Mensch kann somit durch sein Verbrauchsverhalten aktiv auf die Energieversorgung der Zukunft Einfluss ausüben. Das Endkundengeschäft wird sich im Zuge der Energiewende daher elementar ändern. Das Stichwort ist hier „*Internet der Energie*". Aber auch für die Betreiber von Verteilnetzen wird der Einsatz intelligenter Messsysteme netzdienliche Vorteile bieten, beispielsweise bei der Netzplanung oder durch die Möglichkeit, Erzeugungs- und Verbrauchsanlagen über intelligente Messsysteme steuern zu können. Es werden Marktteilnehmer erscheinen, die bisher in dem Bereich Energie wenig aktiv waren und die die technischen Möglichkeiten durch die Elemente Smart Metering und Smart Grid vor dem Hintergrund der vorgegebenen Interoperabilität nutzen werden. Dieser Herausforderung muss sich die Energiewirtschaft stellen und mit innovativen, auf die Bedürfnisse des Letztverbrauchers abgestellten Produkte frühzeitig reagieren und den Vorteil der frühen Einbeziehung in die technische Entwicklung nutzen. Dem Kunden müssen neue Produkte, losgelöst von reinen Commodity-Verkäufen, angeboten werden. Dieses elementare Umdenken ist ein Baustein des *Transformationsprozesses*.

Für die bestehenden Marktrollen – und die Unternehmensteile, welche diese besetzen – werden die nächsten Jahre durch die Veränderung der Rahmenbedingungen geprägt sein. Es muss ein Bewusstsein geschaffen werden, dass die Aufgaben und Möglichkeiten einen sich ändernden Fluss darstellen. Dabei muss frühzeitig entschieden werden, ob dieser Wandel mit gestaltet werden soll, oder ob auf eine fertige Struktur gewartet wird, bevor die Herausforderungen angenommen werden. Fraglich ist jedoch, ob der Transformationsprozess abgeschlossen werden kann, oder ob sich die bisher statische Energiewirtschaft nun endgültig auf dem Weg in einen innovativen Markt mit kurzen Produktzyklen bewegt. Vor diesem Hintergrund stellt sich die Frage, welche Schwerpunkte in den Unternehmen gesetzt werden und eigenständig entwickelt werden oder welche Aufgaben zusammen mit Partnern und gegebenenfalls über Dienstleistungsaufträgen abgebildet werden. Auf der anderen Seite stellt sich die Frage, welche der gesetzten Schwerpunkte und daraus resultierende Produkte auf dem Markt als Dienstleistungen für mögliche Wettbewerber angeboten werden, oder ob durch Partnerschaften Dienstleistungsangebote erarbeitet werden können. Hier ist insbesondere der Sektor des bundesweiten Messstellenbetriebs zu nennen. Ohne Partnerschaften für die Bewältigung der Einbauten vor Ort, losgelöst von den bestehenden Strukturen in den bisher eigenen Netzgebieten der grundzuständigen Messstellenbetreiber, ist dieses Geschäftsfeld nicht zu etablieren.

Aufgrund der zunehmenden Komplexität der Anforderungen und der Vorlaufzeiten für die Etablierung stabiler Angebote ist die Make-or-Buy-Entscheidung frühzeitig zu treffen, wenn die Entscheidung nicht vom Marktumfeld getroffen werden soll. Insbesondere Energievertrieben droht die Gefahr, zahlungswillige und -kräftige Kunden an innovative Konkurrenten zu verlieren. Insbesondere die Diskussion Smart Grid/Smart Market zeigt, dass sich die Landschaft im Umbruch befindet.

Die vielen offenen Fragen zeigen, dass die Marktteilnehmer in einer ernsthaften und guten Diskussion um die *Marktgestaltung* stehen. Aus den hier dargestellten Varianten und Einflüssen ergeben sich die Forderungen, die notwendigen gesetzlichen und regulatorischen Rahmenbedingungen zu schaffen.

Der seit 2008 geschaffene Wettbewerb im Bereich der Messstellenbetreiber/Messdienstleister sollte den Einbau von intelligenten Zählern fördern und damit die Umsetzung der politischen Ziele bei der *Verbrauchsreduktion und -verlagerung* durch die Haushaltskunden unterstützen. Aufgrund fehlender technischer Standards, aber vor allem aufgrund fehlender rechtlicher Rahmenbedingungen zur Abrechnung von Standardlastprofilkunden konnte sich das Geschäftsfeld nicht ausprägen. Durch die starke Ausrichtung des Zähl- und Messwesens auf die Themen Datenschutz und Datensicherheit durch die EnWG Novelle 2011 kamen die Geschäftsentwicklungen faktisch zum Erliegen und es wurden lediglich kleinere Piloten und vorbereitende Arbeiten für die Geschäftsentwicklung durchgeführt.

Die Beschreibung der Anforderungen an die Smart Meter Gateways durch das BSI zog sich bis in das Jahr 2013 hin, sodass erst in der zweiten Jahreshälfte technische Standards für Zähler und Gateways vorlagen. Mit den ersten zertifizierten Gateways wird nicht vor Mitte 2014 gerechnet. Die notwendigen Umsetzungsverordnungen und Kostenverteilungen liegen bis zum Jahresende 2013 noch nicht final vor. Dennoch ist die Diskussion weit fortgeschritten, sodass sich abzeichnet, dass die Rollen Messstellenbetreiber/Messdienstleister vor einem grundlegenden Wandel stehen und mit einem erhöhten Wettbewerb zu rechnen ist. Weiterhin ist erkennbar, dass die Bildung von Kooperationen und die Inanspruchnahme von Dienstleistern für einen wirtschaftlichen Betrieb des neuen Zähl- und Messwesens notwendig sein werden.

Das Zähl- und Messwesen rückt in den Mittelpunkt des Smart Grids und insbesondere des Internets der Energie, da es eine kommunikative Einbindung der Zählpunkte und damit der Haushalte und Gewerbebetriebe wie schon bei den leistungsgemessenen Großkunden einführen wird. Die Nutzung einer Kommunikationsstrecke stellt die *Datensicherheit und -integrität* für alle Marktrollen sicher und verhindert die Nutzung unterschiedlicher Kommunikationsstrecken und den Aufbau von gegebenenfalls parallelen Systemen.

Der Transformationsprozess steht heute am Anfang, aber der Weg ist vorgezeichnet und wird bei einem sicheren Rechtsrahmen von den Marktbeteiligten beschritten werden. Damit ist das Zähl- und Messwesen ein Teil der Energiezukunft von morgen.

Literatur

Bundesministerium für Wirtschaft und Technologie (BMWi): Eckpunkte für ein integriertes Energie- und Klimaprogramm, Berlin. http://www.e2a.de/data/files/klimapaket_aug2007.pdf (August 2007). Zugegriffen: 30. Nov. 2013

Bundesnetzagentur und Bundeskartellamt: Monitoringbericht 2013, 3. Aufl. Bonn (2013)

Deppe, B., Kullack, A., Kurrat, M., Eggert, F.: Smart Metering als Basis für ein Verbrauchs- und Erzeugungsmanagement, VDE Kongress 2010 in Leipzig. VDE Verlag, Berlin (2010)

Energieeinsparverordnung vom 24. Juli 2007 (BGBl. I S. 1519), i. d. F. vom 18. November 2013 (BGBl. I S. 3951)

Energiewirtschaftsgesetz vom 7. Juli 2005 (BGBl. I S. 1970, 3621), i. d. F. vom 4. Oktober 2013 (BGBl. I S. 3746)

Energiewirtschaftsgesetz vom 7. Juli 2005 (BGBl. I S. 1970, 3621), i. d. F. vom 28. Dezember 2011 (BGBl. I S. 2730)

Energiewirtschaftsgesetz vom 7. Juli 2005 (BGBl. I S. 1970, 3621), i. d. F. vom 24. November 2011 (BGBl. I S. 2302)

Ernst & Young: Kosten-Nutzen-Analyse für einen flächendeckenden Einsatz von intelligenten Zählern, Studie im Auftrag des Bundesministeriums für Wirtschaft und Technologie, Berlin (2013)

Kleemann, A.: Mehr Wettbewerb am Zähler? – Die Kosten-Nutzen-Analyse und die neue MessZV, FNN Fachkongress Zählern-Messen-Prüfen. Leipzig (2013)

Messzugangsverordnung vom 17. Oktober 2008 (BGBl. I S. 2006), i. d. F. vom 25. Juli 2013 (BGBl. I S. 2722)

Notifizierter Entwurf der Verordnung über technische Mindestanforderungen an den Einsatz intelligenter Messsysteme (Messsystemsverordnung – MsysV). Oktober 2013

Richtlinie 2012/27/EU des europäischen Parlamentes und des Rates vom 25. Oktober 2012 zur Energieeffizienz, zur Änderung der Richtlinien 2009/125/EG und 2010/30/EU und zur Aufhebung der Richtlinien 2004/8/EG und 2006/32/EG, Amtsblatt der Europäischen Union. 14.1.2012

Richtlinie 2009/72/EG des europäischen Parlamentes und des Rates vom 13. Juli 2009 über gemeinsame Vorschriften für den Elektrizitätsbinnenmarkt und zur Aufhebung der Richtlinie 2003/54/EG, Amtsblatt der Europäischen Union. 14.8.2008

Richtlinie 2003/54/EG des europäischen Parlamentes und des Rates vom 26. Juni 2003 über gemeinsame Vorschriften für den Elektrizitätsbinnenmarkt und zur Aufhebung der Richtlinie 96/92/EG, Amtsblatt der Europäischen Union. 15.7.2003

Richtlinie 96/92/EG des europäischen Parlamentes und des Rates vom 19. Dezember 1996 betreffend gemeinsame Vorschriften für den Elektrizitätsbinnenmarkt, Amtsblatt der Europäischen Union. 30.1.1997

Richtlinie 2006/32/EG des europäischen Parlamentes und des Rates vom 5. April 2006 über Endenergieeffizienz und Energiedienstleistungen und zur Aufhebung der Richtlinie 93/76/EWG des Rates; Amtsblatt der Europäischen Union. 27.4.2006

Stromnetzzugangsverordnung vom 25. Juli 2005 (BGBl. I S. 2243), i. d. F: vom 14. August 2013 (BGBl. I S. 3250)

Die Rolle des Endkunden im Smart Market

12

Christian Aichele und Marius Schönberger

Der Endkunde als Marktgetriebener oder Markttreiber

Zusammenfassung

Ein entscheidender Akteur im Smart Market wird der Letztverbraucher sein. Die Rolle, die er einnehmen wird, kann vom reinen Konsumenten bis zum aktiven Treiber des Smart Markets variieren. In alternativen Szenarien, deren Eintrittswahrscheinlichkeiten nicht abschätzbar sind, wird das Potenzial für die Entwicklung des Smart Markets analysiert und die Szenarien werden einer abschließenden Bewertung unterzogen.

12.1 Der Endkunde im Smart Market

Der *Endkunde* nimmt im heutigen Strommarkt eine eher passive Rolle ein. Er ist ein Marktgetriebener. Der Strommarkt unterliegt ausschließlich einer Angebotssteuerung, in dem Anbieter (Stromvertriebe) regional oder überregional preisbasierte Stromprodukte anbieten. Der Wechselwille des Endkunden hat durch eine zunehmende Informationstransparenz und eine höhere Preissensitivität zugenommen. Aber zu oft haben sich neue

---

C. Aichele (✉)
Fachbereich Betriebswirtschaft, Hochschule Kaiserslautern, Amerikastraße 1,
66482 Zweibrücken, Deutschland

M. Schönberger
Fachbereich Betriebswirtschaft, Hochschule Kaiserslautern, Amerikastraße 1, 66482
Zweibrücken, Deutschland

Stromanbieter mit niedrigen Preisen mit der Komplexität der kurz-, mittel- und langfristigen Strombeschaffung nicht genügend auseinandergesetzt und haben ihre Produkte nicht kostendeckend angeboten. Diese Unternehmen mit teilweise betrügerischen Modellen sind zum großen Teil wieder vom Markt verschwunden. Insofern haben sich hier die konservativen und tradierten Unternehmen durchgesetzt. Die Stromprodukte unterscheiden sich nur marginal und die Endkunden wechseln preisgesteuert von einem zumindest einjährigen Vertrag in einen anderen. Durch Bonuszahlungen für den Wechsel werden die Kunden teilweise auch über einen längeren Zeitraum gehalten. Der Wechselkunde identifiziert sich dabei wenig mit dem einzelnen Anbieter. Produkt und Produktanbieter sind leicht substituierbar. Auf der anderen Seite ist das Gros der Kunden noch an den lokalen Anbieter gebunden (meistens lokale Stadtwerke) und die Bindung ist durch die lokale Präsenz (auch medial) des Anbieters relativ hoch. Solange diese lokalen Anbieter es verstehen und auch die Möglichkeit haben, ihre Energieprodukte konkurrenzfähig, d. h. nur marginal teurer als die Billiganbieter, gestalten zu können, wird sich an dieser Bindung nur wenig ändern.

Wie kann aber jetzt der Endkunde eine treibende Rolle in dem dynamischen Markt einnehmen? Durch den Endkunden selbst, durch die Energievertriebe, durch die Netzunternehmen, durch den Energieerzeuger, durch die Aggregatoren, durch die Politik, durch die Verbände, durch die Exekutive, durch die Legislative oder durch andere Akteure, wie z. B. die Anbieter von Elektronik, Smart Home Appliances, Haushaltsgeräten oder sogar Software (Apps)?

> Statt sich von Schalthandlungen der Netzbetreiber in ihrer Lebensqualität beeinträchtigt zu sehen, muss ein Endkundenmarkt entstehen, der Tarife, technische Lösungen und Dienstleistungen bereitstellt, die den Lebensgewohnheiten, Preisvorstellungen und ökologischen Präferenzen der Kunden bestmöglich entgegen kommen. Die erforderlichen Verstehensleistung, die eine Segmentierung der Endkunden und die Schaffung attraktiver und günstiger Angebote ermöglicht, ist klarerweise die Kernkompetenz der Energievertriebe, in deren Hand diese Aufgabe deshalb gehört.[1]

Haben damit nur die Energievertriebe die Gestaltungen eines Smart Markets in der Hand? Klar fällt ihnen eine der Kernrollen zu. Aber gerade aus den tradierten, konservativen Strukturen heraus wird eine gewisse Behäbigkeit diesen Markt eher nicht dynamisch vorantreiben. Auch liegt es teilweise im Interesse der etablierten Unternehmen, vorhandene, profitable Strukturen solange wie möglich zu erhalten.

Wird ein Kick von extern den Smart Market explosionsartig evolvieren? Ähnlich wie die Entwicklung der Smartphones und insbesondere des Apple iPhones den Telekommunikationsmarkt revolutioniert hat? Oder wird eher eine langsame Entwicklung einsetzen, die von allen Akteuren mit ihren unterschiedlichen Beiträgen getragen wird?

Wie muss der Endkunde in einem solchen Umfeld interagieren, um zum einen den maximalen Beitrag leisten und zum anderen den maximalen Ertrag erhalten zu können?

---

[1] bne 2012, S. 11.

12.1.1 Alle Akteure des Smart Markets tragen zur Rolle des Endkunden bei

Natürlich kann ein neues Produkt, ein unvorsehbares Ereignis oder eine geniale Idee den Smart Market revolutionär entstehen lassen. Wahrscheinlicher ist aber eine langsame Entwicklung, in der alle Akteure eine bedeutende und entscheidende Rolle haben können. Zu diesen Akteuren gehören[2]:

Die Energievertriebe
Die *Energievertriebe* sind one-face-to-the-customer. Sie sind die direkten Ansprechpartner für den Endkunden und die meisten Endkunden assoziieren den Vertrieb als alleinigen Akteur in der Energiewirtschaft. Somit ergibt sich an dieser Schnittstelle ein erhebliches Gestaltungspotenzial für den Smart Market. Durch transparente und vollständige Informationsweitergabe des Energievertriebs an den Endkunden und durch eine intensive bidirektionale Kommunikation wird erst das Verständnis des Endkunden für den Smart Market generiert. Die Wünsche und Anforderungen des Endkunden können dann von dem Energievertrieb auch unter dem Gesichtspunkt der Profitsteigerung in attraktive und Smart Market-gerechte Strom-, Dienstleistungs- und weitere Produkte umgesetzt werden. Innovative Energievertriebe haben hier die Chance, eine langfristige und gewinnbringende Kundenbindung zu manifestieren. Grundvoraussetzung ist dafür die nachhaltige und transparente Gestaltung von Verträgen und die faire Behandlung der Endkunden insbesondere im B2C-Bereich. Dafür ist in den vertraglichen Regelungen der Energievertriebe mit den jeweiligen Netzbetreibern und gegebenenfalls Lastmanagern Rechnung zu tragen. Dynamische Stromprodukte haben für die Netzbetreiber und den Lastmanager den Vorteil, kapital- und anlagenintensive Investitionen durch die dynamische Anpassung des Verbrauchs an die Stromerzeugung limitieren zu können.

Die Netzbetreiber
Die *Netzbetreiber* erhalten von den Endkunden Netzentgelte für die entnommenen Strommengen. Diese werden überwiegend über die Energievertriebe an die Endkunden in Rechnung gestellt. Zum Teil besteht auch ein direktes Vertragsverhältnis. Für die stromproduzierenden Endkunden haben die Netzbetreiber zum Teil versucht, über Netzeinspeiseverträge ein Netzkompatibles Vertragskonstrukt zu kreieren. Seit der Erneuerbaren-Energien-Gesetzes-Novelle 2004 (EEG 2004) ist jedoch ein solcher Netzeinspeisevertrag keine Voraussetzung für die Produktion und Einspeisung von Strom durch den Endkunden.[3] Damit haben die Netzbetreiber (insbesondere die VNB) ein berechtigtes Interesse an einem Smart Market, der die Netzausbaukosten in einem überschaubaren Rahmen hält.

---

[2] Bei der gewählten Reihenfolge handelt es sich um eine rein zufällig festgelegte Reihung. Diese soll keine Wichtigkeit der Rolle in der Energiewirtschaft und für die Entstehung eines Smart Markets judizieren.

[3] Vgl. dazu § 12 EEG 2004.

Je mehr die Anpassung des Verbrauchsverhaltens an die Erzeugungsmengen durch dynamische Stromprodukte und dezentrale, im Eigentum des Endkunden liegende, Stromspeicher gelingt, umso weniger müssen die Netzbetreiber in den Ausbau des jeweiligen Netzes investieren. Die Netzbetreiber müssen in Kooperation mit den Energievetrieben und dem Endkunden einen smarten Strommarkt initiieren und nur dort Investitionen in Anlagen tätigen, wo ein solcher volatiler Smart Market nicht ausreicht, das Netz zu stabilisieren.

Der Energiemanager/Lastmanager
Energiemanagement und im engeren Umfang *Lastmanagement* kann zum einen als Aufgabe bzw. Funktion definiert werden und zum anderen als Rolle/Akteur, die aktiv von einem tradierten Akteur der Energiewirtschaft oder von einem noch zu definierenden bzw. zu kreierenden Aufgabenträger oder Organisationseinheit durchgeführt werden muss. Ein funktionierender Smart Market führt zum großen Teil über bi- und omnidirektionale Kommunikation die Aufgabe des Energie- und Lastmanagements durch. Durch sinnvolle Verteilung der Erzeugungsmengen, durch Aktivierung des Verbrauchs, durch Management der Speicherkapazitäten, durch dynamische Administration der Erzeugungseinheiten und der Verbrauchsanlagen wird die Energieerzeugung mit dem Energieverbrauch nivelliert. Eine ausschließliche Nivellierung durch Ausbau der Netz- und Energiespeicherinfrastruktur, gegebenenfalls in der Verantwortung der Netzbetreiber und in der Auf- und Abrechnung an die Endkunden, würde einen agilen und dynamischen Smart Market konterkarieren. Wer kann und soll in Zukunft das Energiemanagement durchführen? Zum einen werden die Netzbetreiber, die heute schon insbesondere für Sondervertragskunden im Bereich Industrie aktives Lastmanagement betreiben, diesen Service auch für Kunden mit geringeren Energieumsätzen anbieten. Dafür bieten sich die *Prosumer* an, die kleinere Mengen Energie einspeisen, aber auch Energie benötigen. Auch kleinere Gewerbe- und Handwerksbetriebe können hier Leistungen beanspruchen. Gegebenenfalls werden diese Kundensegmente über die neue Rolle Aggregator kumuliert, die Services im Bereich Energiemanagement beim Netzbetreiber beauftragen oder direkt durch den Aggregator durchführen lassen. Prinzipiell lassen sich die Services für Energie- und Lastmanagement als Dienstleistungen bis zum Letztverbraucher vermarkten. Diesen Markt werden die Energievertriebe vorrangig angehen. Das primäre Interesse des Netzbetreibers ist die *Netzstabilität*, die Zielsetzung der Energievertriebe ist die *Margenmaximierung*. Durch eine proaktive Dienstleistung im Bereich Energie- und Lastmanagement kann der Endkunde bzw. der Letztverbraucher auch über längere Zeiträume gebunden werden und erhält durch ein aktives Management der Energie auch die Möglichkeit, Verbräuche zu senken und monetäre Einsparungen zu realisieren. Diese werden zwar durch die Ausgaben für die Dienstleistung Energiemanagement zum Teil kompensiert, aber hier ist ein Win-Win-Business Case realistisch zu erwarten. Zum anderen werden sich neben den tradierten Akteuren auch Intermediäre mit dem Geschäftsmodell Energiemanagement beschäftigen. Vergleichbare Anwendungsfälle gab es zum Beispiel im Bereich Festnetz in der Telekommunikation, wo Software und Hardware zum Vermittlungsmanagement des gerade günstigsten

Festnetzanbieters angeboten wurde. Vorstellbar sind ähnliche Akteure aus dem Bereich Software, Hardware und Telekommunikation auch für die Vermittlung des günstigsten Energieanbieters, gegebenenfalls kurzfristig heruntergebrochen auf Stunden- oder gar Minutenbasis und für das Management der energieintensiven Verbraucher des Endkunden, die über Hardwaremodule oder Softwaremodule des Energiemanagers zu- und abgeschaltet werden. Je größer der erreichte Automatismus im Energiemanagement der Geräte des Endkunden, umso größer ist die Chance, daraus ein funktionierendes Geschäftsmodell zu generieren. Letzen Endes werden auch Intermediäre aus den Bereichen Home und Smart Home Appliances und Messstellenbetrieb bzw. Messstellendienstleistung Chancen als Anbieter von Energiemanagementdienstleistungen und -produkten sehen. Wer sich hier als Akteur durchsetzt, ist abhängig von den Rahmenbedingungen, die durch den Gesetzgeber, die BNetzA, die Verbände und die Marktentwicklungen gesetzt werden. Wünschenswert ist hier ein funktionierender und wachsender Markt auf Anbieter- und Nachfragerseite.

Die Energieerzeuger
Die Rolle des *Energieerzeugers* in Bezug auf den Endkunden ist differenziert zu betrachten. Zum einen benötigen die Energieerzeuger auch die Endkunden im Konsumerbereich zur Sicherstellung der weiterhin benötigten Energieerzeugung, zum anderen aber sind viele der Stromproduzierenden Endkunden restriktive Faktoren für den Ausbau der Erzeugungskapazitäten der tradierten Energieerzeuger. Aufgrund der Vorgaben der Energiewende und der zunehmenden dezentralisierten Erzeugung insbesondere regenerativer Energien, ist die Investition in herkömmliche Energieerzeugungsanlagen im Grund- und Mittellastbereich mit großen Risiken verbunden. Der Kraftwerksneubau im Kohle- und Gasbereich stagniert. Investitionen der Energieerzeuger im Bereich der Erneuerbaren Energien beschränken sich auf Vorzeigeobjekte. Zunächst scheint es darum zu gehen, vorhandene Anlagen möglichst auszulasten und die maximalen Margen zu erzielen. Eine Art Bestandssicherung wird angestrebt.

Die Politik
Die *Politik* hat vor allem die Aufgabe, Transparenz zu schaffen, den Markt voranzutreiben, insbesondere zum Wohle des Endkunden, und die richtigen Informationen zu den richtigen Zeitpunkten über die Medien zu vertreiben. Der Einflussnahme durch die tradierten Akteure über lobbyistische Maßnahmen ist Einhalt zu gebieten. Größtmögliche Unabhängigkeit und die Stärkung der Rolle des Endkunden sollten hier das Maß der Dinge sein. Das Vorantreiben der Energiewende nur zu Lasten des Strompreises und damit der Letztverbraucher ist suboptimal. *Smart Energy* bedeutet neben dem notwendigen Ausbau des Smart Grids auch den Aufbau eines Smart Markets, der den Endkunden als integralen Akteur mit einschließt. Unabhängig von der Parteicouleur wird das die Aufgabe der Politik im Zuge der Energiewende sein. Hier wäre eine parteiübergreifende Zusammenarbeit mehr als wünschenswert.

Der Gesetzgeber (Legislative)

Zahlreiche Gesetze und Regulatorien haben die Struktur der Energiewirtschaft in den letzten Jahren umfassend in Richtung offener Markt vorangetrieben. Die Eigendynamik dieses Marktes hat sich aber nicht in dem erhofften Ausmaß entwickelt. Die tradierten Energiewirtschaftsunternehmen tendieren zur Ausgestaltung der neuen Strukturen in dem minimal geforderten Rahmen. Strompreisreduktionen für den Endkunden, die ähnliche Entwicklungen nehmen sollten wie die Preise in der Telekommunikationsindustrie, haben sich nicht eingestellt. Das Interesse des Endkunden am Produkt Strom ist gering, die Gestaltungsmöglichkeiten für den Endkunden sind limitiert. Im Zuge der Energiewende ist die Diskussion immer mehr in Richtung technischer Ausbau gewandert. Hier kann die Ausgestaltung des Smart Markets antagonistisch wirken. Dafür müssen gegebenenfalls die gesetzlichen Vorgaben den notwendigen Anstoß geben. Die große Gefahr ist die Entwicklung eines gegebenenfalls funktionierenden Smart Markets, der den Endkunden nicht einschließt und der damit den Endkunden auch nicht tangiert und für ihn keine Vorteile bringt. Sollte sich der erhoffte umfassende Smart Market nicht eigendynamisch entwickeln, hat der *Gesetzgeber* (initiiert von der Exekutiven) die Aufgaben, den entsprechend notwendigen Rahmen zu setzen.

Die Exekutive

Durch gestalterische Maßnahmen im Rahmen der vorhandenen Gesetze und Regelungen und natürlich durch die Vorbereitung Smart Market fördernder Gesetzgebungsverfahren kann die *Exekutive* den Smart Market in der gewünschten Richtung etablieren. Die Energiewende und deren Auswirkungen auf das Smart Grid und den Smart Market wird durch exekutorische Entscheidungen evolviert.

Die Bundesnetzagentur

Die BNetzA hat den initialen Schritt zur Definition und Etablierung eines Smart Grids und eines Smart Markets mit ihrem Eckpunktepapier getätigt.[4] Die in diesem richtungsweisenden Papier umrissenen Strukturen müssen in der Zukunft noch umgesetzt werden. Hier kann die Bundesnetzagentur mit den entsprechenden Regularien Vorschub leisten. Neue Akteure müssen angetriggert werden, Partikularinteressen müssen überwunden werden, die Kooperation der einzelnen Akteure für einen funktionierenden und dynamischen Markt muss gefördert werden. Vor allem die Interessen des Endkunden bzw. des Letztverbrauchers sollte im Fokus der BNetzA liegen. Durch ihre Expertise kann die BNetzA der Exekutive und der Legislative die notwendigen Maßnahmen vorschlagen und die Umsetzung proaktiv begleiten.

Die Verbände

Die Hauptaufgabe der *Verbände* liegt in der Interessensvertretung ihrer Mitglieder, d. h. den Unternehmen der Energiewirtschaft. Aufgrund der sich zeigenden Veränderungen

---

[4] Siehe Bundesnetzagentur 2011.

12 Die Rolle des Endkunden im Smart Market

der Energiewende, der immer größer werdenden kleinteiligen Energieerzeugung und der Vorgabe die Erzeugung aus regenerativen Quellen zu bevorzugen, müssen die Verbände versuchen, die Interessensdiskrepanz zwischen den tradierten Mitgliedern, den Energiewirtschaftsunternehmen, und den Endkunden, insbesondere derjenigen, die zum Prosumer mutieren, zu überwinden. Größtmögliche Transparenz und Informationsverteilung sowie die Aufnahme von Aggregatoren und Interessensverbänden der Endkunden in die angestammte Klientel hilft auch der Entwicklung eines Smart Markets, an dem Akteure wie der Energieerzeuger, der Netzbetrieb, der Energievertrieb und der Endkunde mehr oder weniger paritätisch beteiligt sind. Die Welt der Verbände wird sich vielfältiger und offener entwickeln, tradierte Verbände werden sich öffnen müssen, neue Interessensvertretungen werden sich bilden und entsprechendes Gewicht bekommen.

Die Aggregatoren
Der Akteur *Aggregator* kann eine der zentralen Rollen bei der Etablierung des Smart Markets einnehmen. Aggregatoren können sich auf der Erzeugungs- wie auch auf der Verbrauchseite bilden bzw. beide Bereiche einnehmen. Der Aggregator bündelt klein- bis mittelteilige Erzeugungsvolumen zu größeren Erzeugern und erreicht dadurch eine Erzeugungsmenge die, falls die Erzeugungsanlagen weitgehend differenziert sind, über eine durchschnittliche Volumennivellierung verfügt. Auf der Verbrauchsseite kann durch die Bündelung vieler klein- und mittelteiliger Verbraucher das Nachfragevolumen nachhaltig gesteigert werden. Dadurch ergeben sich erhebliche Kostenvorteile bei der Strombeschaffung, die bis zu einer aktiven Teilnahme am Stromhandel an der Strombörse gehen kann. Aggregatoren, die beide Teilrollen einnehmen, können für ihre Kunden in einem ersten Schritt die Erzeugungs- und Verbrauchsmengen ausgleichen und in einem zweiten Schritt Unter- bzw. Übermengen durch Beschaffung oder Verkauf verarbeiten oder technisch durch Speicherentnahmen bzw. Speicherung nivellieren. Dadurch entstehen geschlossene Märkte, die leichter an einem Smart Market direkt teilnehmen können und dort ein erhebliches Mitspracherecht realisieren werden. Aggregatoren können in einer Bandbreite von genossenschaftlich kooperierenden Endkunden oder Prosumern, über sich neu generierende Dienstleistungsunternehmen bis zu spezialisierten Unternehmen der tradierten Energiewirtschaftsfirmen existieren. Die Aggregatoren können in ihrer Vielfalt maßgeblich zu einem funktionierenden und dynamischen Smart Market beitragen und sind insbesondere auch für die Endkunden eine reelle Möglichkeit, aktiv am Smart Market teilzunehmen.

Die Messstellenbetreiber
Dem *Messstellenbetreiber* (MSB) kommt die Rolle des Betriebs und der Administration der Messstellen zu, d. h. zukünftig insbesondere der digitalen Energiezähler, der Smart Meter. Damit sind die MSBs insbesondere Datensammler, Datenaggregatoren und Datenüberträger. Sie werden zum einen für die technische Dienstleistung der Messstelleninbetriebnahme und für die Verwaltung und Administration der Zähler entlohnt. MSBs rechnen über den Energievertrieb an den Endkunden ab, oder gegebenenfalls direkt. Aus ihrer Position

heraus ergeben sich für einen Smart Market einige Anwendungsfälle, die erfolgversprechend erscheinen. MSBs können die Dienstleistungsrolle als Energiemanagement-Aggregator übernehmen und damit für ihre Endkunden oder Prosumer kostenorientiert Energie beschaffen, Energie vermarkten, Energie speichern oder Energie ausgleichen. In dieser Funktion agieren sie dynamisch an einem Smart Market. Grundsätzlich kann die Rolle des MSBs auch vom Netzbetreiber durchgeführt werden, der damit die entsprechenden Aufgaben und auch Geschäftsmöglichkeiten übernimmt.

Die Messdienstleister
Die Messdienstleistung kann als eigenständige Aufgabe von dem sogenannten *Messdienstleister* (MDL) durchgeführt werden. Der MDL übernimmt damit die Service- bzw. Dienstleistungsaufgaben des MSB und hat dadurch optional auch die Möglichkeit, Energiemanagement-Aggregator zu werden. Grundsätzlich kann die Rolle des MDLs von dem MSB oder von dem Netzbetreiber durchgeführt werden. Damit liegen die Aufgabenverantwortung und auch die Geschäftsmöglichkeiten beim Netzbetreiber.

Die Produzenten von Home Appliances
Die Hersteller von Haushaltsgeräten können ihre Geräte mit Smart Grid-Vernetzungs- und -Automatisierungsmöglichkeiten aufrüsten. Dies ermöglicht ein Energiemanagement durch den Endkunden/Prosumer, durch einen Aggregator, durch den Energievertrieb, den MSB/MDL oder auch durch den Netzbetreiber. Die dadurch mögliche Energieeinsparung kann preislich zum Teil durch die *Home Appliances-Produzenten* in ihren Produkten berücksichtigt werden und führt in einem dynamischen Smart Market zu entsprechend höheren Umsätzen und Gewinnen. Neben dieser Rolle als reiner Smart Market-/Smart Grid-Produktanbieter haben die Home Appliances Produzenten die Möglichkeit, aktiv mit Energievertrieben zusammenarbeiten, um z. B. attraktive Produktbundles für den Endkunden anzubieten. Den Energievertrieben eröffnet sich damit die Möglichkeit der längerfristigen Kundenbindung und dem Kunden neben dem schwer vermittelbaren und undifferenzierbaren Produkt Energie (i. e. S. Strom) visualisierende und haptische Produktbestandteile zu offerieren. Eine Tiefkühltruhe, die dem Endkunden ermöglicht, 50 % der Energie durch die Teilnahme an einem extern gesteuerten Energiemanagement einzusparen und die ihm möglicherweise über ein Leasingmodell langfristig bereitgestellt wird, hat den Vorteil, eine langfristige Kundenbindung zu generieren. Denkbare Anwendungsfälle für eine Home Appliances Produzenten Smart Market-/Smart Grid-Produkte anzubieten, sind beispielhaft:

- Tiefkühltruhen mit Steuerungschip
- Kühlschränke mit Steuerungschip
- Waschmaschinen mit Steuerungschip und elektrischer Vorheizung bzw. stromspeichergebundener Vorheizung auf Basis eines integrierten Stromspeichers
- Wäschetrockner mit stromspeichergebundenem Heizelement auf Basis eines Stromspeichers

- Dimmsteuerung von Beleuchtungsanlagen mit einstellbarem Lumenbereich
- Heizungsanlagen mit stromspeichergebundenen Heizelementen auf Basis eines Stromspeichers[5]
- Energiemanagementsteuerungen für alle akkubetriebenen Abnehmer wie Computer, Smartphones und andere
- Klimageräte mit Steuerungschip und Kühl- und Heizelementen auf Basis von integrierten Stromspeichern bzw. Akkumulatoren

Die Anbieter von Smart Home Appliances
Der Übergang von den Home Appliances-Produzenten zu den Anbietern von *Smart Home Appliances* ist fließend. Zum großen Teil können Home Appliance-Produkte auch als Bestandteil von Smart Homes angesehen werden. Ein Smart Home ist die Vernetzung von Stromerzeugern und Stromverbrauchern in einem Haushalt bzw. einer Liegenschaft durch ein intelligentes Energiemanagement. Dabei sind digitale Energiezähler ein möglicher Bestandteil, aber intelligente Haushaltsgeräte können grundsätzlich als Komponente eines Smart Homes angesehen werden. Smart Home Appliances sollen ihren Bewohnern ein teilautonomes Wohnen ermöglichen. Zu einem Smart Home gehören folgende Komponenten, die nicht alle vorhanden sein müssen und von daher in der Einzelbetrachtung als optional angesehen werden müssen:

- Digitale Energiezähler
- Alarmanlagen, im weiteren Sinne Einbruch- und Diebstahlschutz
- Rauchmelder
- Energievisualisierungssoftware (Energiemanagementzentralen)
- Energiemanagementsoftware, gegebenenfalls mit Integration der Steuerung von TV- und HIFI-Geräten
- Stromspeicher
- Regenerative Energieerzeuger (Photovoltaik-Anlagen, Mikro- und Miniwindturbinen, Solarthermische Anlagen)
- Heizungsanlagen (Mikro- und Miniblockheizkraftwerke, Erdwärmeheizungen, Luftwärmeheizungen, Pelletheizungen, Gasheizungen, Ölheizungen), die zentral vernetzt und mit bidirektionalen Speichertechnologien gekoppelt sind
- Wärmespeicheranlagen
- Stromspeicheranlagen
- Belüftungsanlagen
- Klimatisierungsanlagen
- Beleuchtungsanlagen
- automatisierte und autonome Steuerung von Rollläden, Fenstern und Markisen

---

[5] Damit sind Stromheizungen bzw. die Nachtspeicheröfen gegebenenfalls wieder attraktive Heizalternativen.

Die Hersteller von Elektronik

Auch hier ergeben sich Schnittmengen zwischen den Home Appliances Produzenten, den Anbietern von Smart Home Appliances und den Elektronikherstellern. Die Elektronik ist integraler Bestandteil der Home Appliances und Smart Home Appliances Produkten, insbesondere die für die Automatisierung notwendige Steuerungsanlagen. Insofern ist eine Abgrenzung zu den zuvor erläuterten Unternehmen in der Regel nicht eindeutig. Jedoch können nahezu alle Hersteller von Elektronik ihre Geräte Smart Grid/Smart Market bzw. zumindest Smart Home befähigen. Der Einbau von Mini- bzw. Mikroakkumulatoren und Speichersteuerungschips in elektrischen und elektronischen Abnehmern ermöglicht den Zugriff der lokalen Smart Home-Energiemanagementsoftware und damit ein angebots- und nachfrageabhängige Steuerung der Beladung mit bzw., dort wo sinnvoll, auch Entladung von Energie. Ähnlich der DIN- oder VDO-Zertifizierung könnte hier eine Smart Market-Zertifizierung der elektrischen und elektronischen Geräte vorgenommen und dadurch ein Gütesiegel geschaffen werden, das dem Endkunden ermöglicht, Produkte differenziert nach ihrer Smart Market- bzw. Smart Home-Tauglichkeit zu erwerben.

Die Softwareunternehmen

Software ist einer der essentiellen Bestandteile der autonomen Steuerung eines Smart Grids sowie sämtlicher Algorithmen und Schnittstellen der zentralen und dezentralen, lokalen Datendrehscheiben eines Smart Markets. Auch im Bereich Energie- und Lastmanagement sowie der integrierten Steuerung der Smart Home-Komponenten stellt Software einen zentralen Bestandteil dar. Insofern muss die Softwareerstellung von den tradierten und neuen Akteuren übernommen werden oder Dritte, unabhängige *Softwareunternehmen* bieten ihre Produkte auf diesem Markt an. Es ist davon auszugehen, dass bisher in der Energiewirtschaft tätige Softwareunternehmen sowie Energiewirtschaftsunternehmen und Produktanbieter der Energiewirtschaft diesen Markt einnehmen werden. Ein dynamischer Smart Market mit der dafür notwendigen Datendrehscheibe verlangt die adäquate Softwareunterstützung, angefangen von autonomer Steuerungssoftware bis hin zu automatisierten Produktgeneratoren und Kommunikationsmodulen, die im Bereich Big Data Realtime-Fähigkeit offerieren. Im Bereich Software für Smart Grid und Smart Market ist ein immenses Umsatzpotenzial zu erwarten und je eher die Softwareunternehmen sich dafür rüsten, umso größer werden die generierten Marktanteile sein.

Die Automobilunternehmen

Aufgrund der „Antriebswende" im Bereich Automobile und dem (wahrscheinlich) zunehmenden Wechsel der Automobilkäufer von dem Verbrennungsmotor in Richtung Elektromotor kann den *Automobilunternehmen* eine gewichtige Rolle im Smart Market zukommen. Elektromotoren bedingen in der Regel Energiespeicher in Form von Batterien.[6] Diese Batterien stellen nicht nur Energieverbraucher, sondern auch energieerzeugende

---

[6] Rein technisch sind auch Energiespeicher in Form von fossiler Energie und Wasserstoff möglich. Jedoch muss in diesen Fällen der Elektromotor mit einem Energieumwandlungsmotor gekoppelt

Energiespeicher dar. Damit sind die Automobilunternehmen durch ihre eigenen Flotten de facto Aggregatoren. Und dieses Modell kann ohne Weiteres in neue Marktkonzepte für die Automobilkunden erweitert werden. Durch dieses neue Geschäftsmodell kann das Aggregationsvolumen immens gesteigert werden. Auch in Relation zu den tradierten Energiewirtschaftsunternehmen können sich durch Kooperation im Hinblick auf innovative Produktbundles die Automobilunternehmen in Richtung Smart Market zum Akteur entwickeln. Diese neuen Produktbundles können über die Marketingkanäle der Energiewirtschaftsunternehmen sowie über die entsprechenden Kanäle der Automobilunternehmen angeboten werden.

Die Beratungsunternehmen
Die *Beratungsunternehmen* haben schon immer die Energiewirtschaft als Zielbranche im Fokus. In der Vergangenheit waren solche zumeist sehr profitable Unternehmen durch eine Vielzahl von Umstrukturierungen und damit auch dem entsprechenden Beratungsbedarf Kunden und Partner von Beratungsunternehmen. Seit der Liberalisierung, der Deregulierung, den Neuerungen in den Verbändevereinbarungen, den gesetzlichen Vorgaben, den Vorgaben der Bundesnetzagentur und der Notwendigkeit, die vorhandenen Organisationstrukturen und Informationstechnologie anzupassen und in Hinsicht auf Profitabilität zu optimieren, ist dieser Beratungsbedarf noch einmal explizit gestiegen. Da Beratungsunternehmen von ihrem Know-how und Technologievorsprung leben, wird die Innovations- und Umsetzungsgeschwindigkeit der Smart Energy-Thematik erheblich größer sein als bei den etablierten Energiewirtschaftsunternehmen. Insofern sind die Beratungsunternehmen Treiber für den Smart Market, für Produktinnovationen und für die Neugründung innovativer Unternehmen, insbesondere im Bereich Dienstleistungen und Aggregation. Die Bandbreite wird von der reinen Beratung bis hin zum aktiven Akteur im Smart Market variieren.

Die Bildungsanbieter
Die *Bildungsanbieter* müssen der Energiewende, dem Ausbau des Smart Grids und dem Aufbau des Smart Markets Rechnung tragen. Neue Akteure und neue Rollen innerhalb der tradierten Akteure verlangen nach der entsprechenden Bildung der Mitarbeiter. Die entsprechenden Ausbildungsberufe und Studiengänge müssen dafür angeboten werden. Das Angebot kann dabei von der Anpassung der Inhalte bisheriger Ausbildungsberufe und Studiengänge bis zur Erarbeitung neuer Ausbildungstypen und Studienarten reichen. Durch die neuen Bildungsangebote wird auch die Transparenz und die Informationsweitergabe über Inhalte des Smart Grids und des Smart Markets forciert. Je eher sich solche Angebote manifestieren, desto größer wird der folgende Multiplikatorenprozess sein.[7]

---

sein (z. B. Verbrennungsmotor oder Brennstoffzelle). Damit sind solche gekoppelte Motorenkonzepte teurer und ökonomisch ungünstiger.
[7] Seit 2012 wird z. B. im Fernstudiengang Betriebswirtschaftslehre der Zentralstelle für Fernstudien an Fachhochschulen (ZFH) an der Hochschule Kaiserslautern der Schwerpunkt Energie- und Um-

Die Wissenschaft
Die Aufgabe der *Wissenschaft* ist zum einen die Lösung der Problemstellungen zur Einführung eines funktionierenden Smart Grids und Smart Markets und zum anderen die Weiterführung der Diskussion um die Etablierung eines Smart Grids sowie eines Smart Markets. Der Wissenschaft kommt somit eine wichtige Realisierungs- und Multiplikatorenrolle für das Smart Grid und den Smart Market zu. In Bezug zu dem Endkunden hat die Wissenschaft die Aufgabe der unabhängigen und objektiven Informationsaufbereitung und -weitergabe und somit der Transparenzschaffung für die Endkunden.

Die Endkunden
Die *Endkunden* müssen endlich aus ihrer passiven Verbraucherrolle ausbrechen und eine aktive und kritische Konsumentenhaltung einnehmen. Nur durch eine dynamische Nachfrage auf Basis der Evaluierung und Verifizierung der gegebenen Informationen und Produktangebote werden die tradierten Unternehmen bereit sein, neue Produkte zu generieren. Neue Wettbewerber werden dadurch die Chance haben, mittel- und langfristig im energiewirtschaftlichen Markt existieren zu können. Ohne einen informierten und kritischen Endkunden wird es ein Smart Market schwer haben, sich entsprechend der visionären Vorstellungen zu etablieren. Dabei reicht es nicht, dass einzelne Endkunden diese Nachfrage generieren, sondern eine valide Größenordnung an Kunden muss erreicht werden. Das momentane Kundenverhalten, ein großer Teil der Energiekunden verbleibt in den bisherigen Tarifen bei dem bisherigen Anbieter, ein kleiner Teil der Endkunden wechselt ein- oder mehrmalig den Anbieter rein preisbezogen, ist wenig dafür geeignet, dynamische Produkte voranzutreiben und einen dynamischen Smart Market zu initiieren. Und ohne den Endkunden wird der Smart Market eine Verkaufspackung oder sogar eine Mogelpackung für die Fortführung der bisherigen Strukturen sein.

Die Prosumer
Die für den Smart Market förderlichste Rollentransformation ist die des Endkunden zum *Prosumer*. Dadurch, dass der reine Letztverbraucher auch zu einem (Mikro-, Mini-) Erzeuger wird, entsteht nicht nur die Möglichkeit, eine tragendere Rolle im Smart Market zu spielen, sondern durch das Beschäftigen mit Energieerzeugung für den Selbstverbrauch oder den Verkauf und mit Energiemanagement im Smart Home wird die Informiertheit des Endkunden optimiert und dadurch sein dynamisches Agieren am Smart Market erst ermöglicht. Informierte Prosumer haben das Potenzial, sich zu lokalen und dezentralen Aggregatoren zusammenzuschließen oder die Erzeugungs- und Verbrauchskapazitäten über unabhängige Aggregatoren zu verdichten. Damit entstehen Teilnehmer am Smart Market, die aufgrund ihrer Größe Entwicklungen des Markts entscheidend beeinflussen können. Die Förderung der Transformation des Endkunden zu einem informierten Prosumer ist auch eine der wichtigsten Aufgaben der energiewirtschaftlich unabhängigen Akteure, wie insbesondere der Politik.

---

weltmanagement mit dem Fach Smart Energy angeboten. In diesem Fach werden Problem- und Fragestellungen des Smart Grids sowie des Smart Markets verifiziert.

Die Öffentlichkeit
Die Energiewende ist in den Köpfen der *Öffentlichkeit* präsent. Aber die Implikationen, die sich daraus ergeben, insbesondere die nicht im Fokus stehenden Themen neben dem Ausstieg aus der Kernenergie, sind es nicht. Der notwendige Ausbau des Netzes zur Anbindung der Energieerzeugung aus Off-Shore-Windkraftanlagen mag noch einigermaßen bekannt sein. Aber das ist kein Topic, der die Endkunden direkt betrifft. Indirekt wird der Ausbau zu geringeren oder erheblichen Energiepreiserhöhungen führen. Erst dann wird der Unmut darüber dem Endkunden bewusst werden. Die Öffentlichkeit und die Endkunden haben aber die Möglichkeit, die Kosten des Ausbaus eines Smart Grids durch das Funktionieren eines dynamischen Smart Markets zu begegnen. Hier muss das entsprechende Bewusstsein in der Öffentlichkeit geschaffen werden. Und das ist eine Aufgabe, die nicht nur durch dritte Akteure zu bewältigen ist. Die Öffentlichkeit selbst muss hier eine gewisse Eigendynamik entwickeln und eine eigene Verantwortung aufbauen.

Die Medien
Die Energiewende, der Smart Grid und der Smart Market sind langfristige Themen. Das widerspricht dem grundsätzlichen Interesse der *Medien,* über punktuell interessante Aspekte kurzfristig zu berichten. Der anfängliche Hype, nach der Havarie des japanischen Kernkraftwerks Fukushima über die Energiewende und die sich daraus ergebenden Aspekte zu berichten, ist vorbei. Das Eigeninteresse der Medien ergebniswirksam über energiewirtschaftliche Themen zu publizieren, ist logischerweise nicht mehr vorhanden. Aber auch hier muss ein Umdenken stattfinden. Die Medien haben hier auch einen volkswirtschaftlichen Beitrag zu leisten. Die Generierung einer informierten und eigenverantwortlichen Öffentlichkeit und die Entwicklung eines informierten und eigenverantwortlichen Endkunden sind im Interesse der energiewirtschaftlichen Zukunft unserer Gesellschaft – und hier können die Medien positiv unterstützen.

12.1.2 Implikationen für den Akteur Endkunden

Der Endkunde kann und sollte eine der tragenden Säulen eines funktionierenden und dynamischen Smart Markets sein. Nur liegt dies nicht alleine in seiner Hand. Alle Akteure aus der Energiewirtschaft, Intermediäre und Unternehmen, die Produkte für den Smart Market positionieren können, sollten den Endkunden nicht nur als umsatzsteigernden Verbraucher sehen, sondern den Endkunden als Partner akzeptieren und für die dafür notwendige Informationsverbreitung und Transparenz Sorge tragen. Je nachdem, wie gut dies gelingt, wird sich der intelligente Energiemarkt, der Smart Market, entwickeln und manifestieren. Unterschiedliche Szenarien eines Smart Markets können Realität werden. Im folgenden Kapitel werden solche Strukturen polarisiert, wobei sich die Wirklichkeit in der Zukunft auch zwischen diesen Szenarien etablieren kann.

12.2 Alternative Szenarien eines intelligenten Energiemarkts der Zukunft

Die Betrachtung der unten skizzierten alternativen Szenarien bezieht sich auf mittelfristige Zeiträume (10 bis 20 Jahre). Durch externe, nicht beeinflussbare Ereignisse und in Folge dessen, durch neue Regelungen und Gesetzesvorgaben können sich die Szenarien ändern bzw. neue Szenarien können entstehen. Als Beispiel sei hier der Nuklearunfall in Japan erwähnt, der eine einschneidende Neubetrachtung der Energielandschaft in Deutschland initiierte. Welches dieser Szenarien eintritt, hängt von verschiedenen Faktoren ab, die unabhängig oder in Beziehung zueinander auftreten können. Diese Faktoren sind:

Information und Erkenntnisgewinn
Nur wenn es der Politik, dem Gesetzgeber und den Verbänden gelingt den Endkunden umfassend und objektiv über die Energiepolitik, die Strukturen in der Energielandschaft, die Vor- und Nachteile der Energiewende und über die Vor- und Nachteile der Partizipation des Endkunden am Energiemarkt zu informieren, werden die Endkunden die Erkenntnis gewinnen, dass die Rolle als passiver Konsument die bisherigen Strukturen im Energiemarkt eher determinieren und das nur die Rolle als aktiver Akteur die Strukturen grundlegend in Richtung eines volatilen Smart Market ändern können.

Ausbau der Netzinfrastruktur
Netzstrukturen mit ausreichend Kapazitäten und ausreichend Speicher- und Stromumwandlungsvolumen sind für einen dynamischen Smart Market eher kontraproduktiv. Netze, die volatile Strommengen problemlos verarbeiten können, werden dafür sorgen, dass sich die Markthemisphäre unabhängig von der Netzhemisphäre entwickeln kann. Im Vordergrund steht dann nicht der Ausgleich von Erzeugungs- und Verbrauchskapazitäten durch preisgesteuerte Anpassung des Verbrauchsverhaltens, sondern die margenorientierte Ausgestaltung von Endkundenverträgen und Stromprodukten. Neue Anbieter werden es schwer haben, in einen von solchen Gegebenheiten strukturierten Markt wettbewerbsorientierte und konkurrenzfähige Stromprodukte auf lange Frist positionieren zu können. Die kapitalstarken, tradierten Energiewirtschaftsunternehmen können solche Konkurrenzsituationen bildlich gesehen aussitzen und durch ihre eigenen Speicher- und Umwandlungskapazitäten mögliche Billigpreissituationen zeitlich verzögern und entzerren. Auf der anderen Seite verlangt ein solcher maximaler Netzausbau auch Investitionen. Diese müssten nicht nur durch die Netzbetreiber sondern vor allem auch von den vor- und nachgelagerten Akteuren, den Energieerzeugern und den Energievertrieben erbracht werden. Da diese Unternehmen oft langfristige Investitionen mit eher ungewissem Gewinnbeitrag scheuen, wird sich dieser maximale Netzausbau nur langsam entwickeln. Je stärker sich ein dynamischer Smart Market in dieser Übergangszeit entwickelt, umso unwahrscheinlicher wird ein maximaler Netzausbau werden. Durch neue Anbieter mit innovativen, preislich attraktiven Produkten, durch aktive Teilnahme an dem Smart Market durch den Endkunden und damit einhergehend eine Nivellierung der Erzeugungsmengen

mit den Verbrauchsmengen wird sich ein weiterer Ausbau der Netzinfrastruktur als nicht notwendig zeigen. Im Idealfall entwickelt sich mittel- bis langfristig ein optimales Gleichgewicht der Netzhemisphäre mit einem minimalen, aber ausreichenden Ausbau der Netzinfrastruktur und der Markthemisphäre mit einem maximalen Ausbau eines dynamischen Smart Markets. Investitionsseitig gesehen, verlangt ein solches Gleichgewicht das geringste Kapital. Marktseitig gesehen, wäre das die ideale Voraussetzung für einen funktionierenden Smart Market.

Neue Produkte entwickeln sich, Produktbundles sind attraktiv
Das Beispiel des Telekommunikationsmarktes hat es vorgemacht. Nicht das eigentliche Produkt „Telefonieren" hat den Markt umgewälzt, sondern anfängliche Beiprodukte und geschicktes Bundling mit für die TK-Unternehmen attraktiven und profitablen Verträgen haben den Markt revolutioniert. Smartphones und insbesondere anfänglich das iPhone von Apple haben des Interesse der Endkunden geweckt. Ähnliches muss für den dynamischen und erfolgreichen Aufbau eines Smart Markets gelingen. Allein Strom oder Energie ist nur in Bezug auf den Preis für den Letztverbraucher interessant. Nur die Ratio wird keinen funktionierenden Smart Market einleiten können. Nicht der Homo Sapiens sorgt für neue dynamische Märkte sondern der Homo Ludens. Der Spieltrieb der Endkunden muss geweckt werden. Und das können neue Produkte und Produktbundles. Solche Produkte können aus den Bereichen Home Appliances und Smart Home Appliances kommen. Beispielhaft wurden einige der Ausprägungen in Abschn. 12.1.1 angeführt. Ein Bezug dieser neuen Produkte zur Energiewirtschaft ist idealerweise vorhanden. Eine unbedingte Voraussetzung muss dies allerdings nicht sein.

Neue Anbieter etablieren sich
Im Zuge der Liberalisierung und Deregulierung haben sich einige Unternehmen insbesondere im Bereich des Energievertriebs versucht zu etablieren. Unternehmen mit schon vorhandener Branchenexpertise und Starthilfe durch etablierte Energiewirtschaftsunternehmen ist dies auch in vielen Fällen gelungen. Branchenfremde oder auch Intermediären haben nach anfänglichen Absatzerfolgen und damit einhergehend Umsatzvolumen massive Gewinneinbrüche erlitten. Das große Problem lag in der fehlenden Geschäftsidee und damit in der fehlenden Differenzierung. „Me too" Konzepte erfordern die Gewinnung neuer Kunden durch Reduktion des Preises. Im Strombereich, wo Absatzvolumen auch mittel- und langfristig durch die entsprechenden Kontrakte gesichert werden müssen, ist die für den Wettbewerb notwendige Preisvolatilität mit einigen Risiken behaftet. Sobald Endkundenverträge mit relativ niedrigen Margen durch hochpreisige Einkaufsvolumen gedeckt werden müssen, sind hohe Verluste absehbar. Viele Unternehmen erlagen dabei der Versuchung, nicht vorhandene Margen durch Erlöse aus neuen Kundenverträgen, die vorhersehbar auch negative Margen beinhalteten, zu überdecken. Diese Art von „Schneeballsystem" führte dann bei langsamem Absatzwachstum bzw. bei einbrechenden Absätzen zu einem Verlust der Liquidität und damit zur Insolvenz und zu einer Nichtbeliefe-

rung und letztendlich zum Konkurs der Unternehmen. Und das meist zum Nachteil der Endkunden. Diese wenigen, sehr plakativen Fälle haben das Verhalten der Endkunden im Bezug zur Wechselwilligkeit nachhaltig negativ beeinflusst. Sie führten damit zu einem Verharren der Endkunden bei ihren bekannten Energielieferanten. Marktlich gesehen führte das zu einem eher undynamischen und hochpreisigen Energiemarkt. Ein Wettbewerb zugunsten des Endkunden ist von daher nicht in dem gewünschten Maße eingetreten. Der Smart Market wiederrum bietet durchaus Dritten bzw. Intermediären realistische Chancen, sich in dem bisherig abgeschotteten Energiemarkt beweisen zu können. Je mehr Dynamik entsteht, desto größer das Potenzial für neue Unternehmen schnellstmöglich die Etablierung zu erreichen. Da sich aus der Integration mit IT-Angeboten und Produkten aus den Bereichen Smart Home Appliances und Home Appliances neue Vertragskonstrukte generieren, ist der zukünftige Smart Market nicht nur auf die tradierten Unternehmen der Energiewirtschaft limitiert. Damit besteht die gute Möglichkeit einer volatilen und dynamischen Marktentwicklung ähnlich der Marktentwicklung der mobilen Telekommunikationsindustrie und -dienstleistung.

Neue Stimulanzen entwickeln sich
Die Akteure im Smart Markt stimulieren sich gegenseitig. Endkunden, die zum Prosumer und Aggregatoren migrieren, führen zu neuen Angeboten und zu neuen Anbietern. Die sich neu formierenden Akteure beschleunigen den Umbau und die Weiterentwicklung der bisherigen Akteure. Neue Strukturen, neue Technologien, neue Produkte und neue Dienstleistungen treiben die Dynamik voran. Die entsprechenden Rahmenbedingungen werden von der Politik, dem Gesetzgeber, den Verbänden und natürlich der Bundesnetzagentur gesetzt.

Preise steigen und Preise sinken
Ob der Smart Market letzten Endes auch zu einer nachhaltigen Energiepreissenkung führen wird, kann eher bezweifelt werden. Insbesondere aufgrund der komplexeren und die Technik herausfordernden Strukturen, die die Energiewende und die Erzeugung der Energie aus regenerativen Quellen verlangen wird, werden die Preise insgesamt auch unter Berücksichtigung der kostengünstigeren Erzeugung aus regenerativen Primärquellen (Wasser, Geothermie, Solarthermie, Wind) steigen. Der größere Wettbewerb, die größere Kundensegmentierung und neue Kundenbindungselemente des Smart Markets werden aber zu einer größeren Dynamik in den Preisen führen. Damit werden Preise zu bestimmten Zeiten günstiger und in anderen Zeiten teurer werden. Damit wird sich das Verbrauchsverhalten nachhaltig anpassen und wieder zu neuen Preisdynamiken führen. Dafür wird sich ein Smart Market entwickeln müssen.

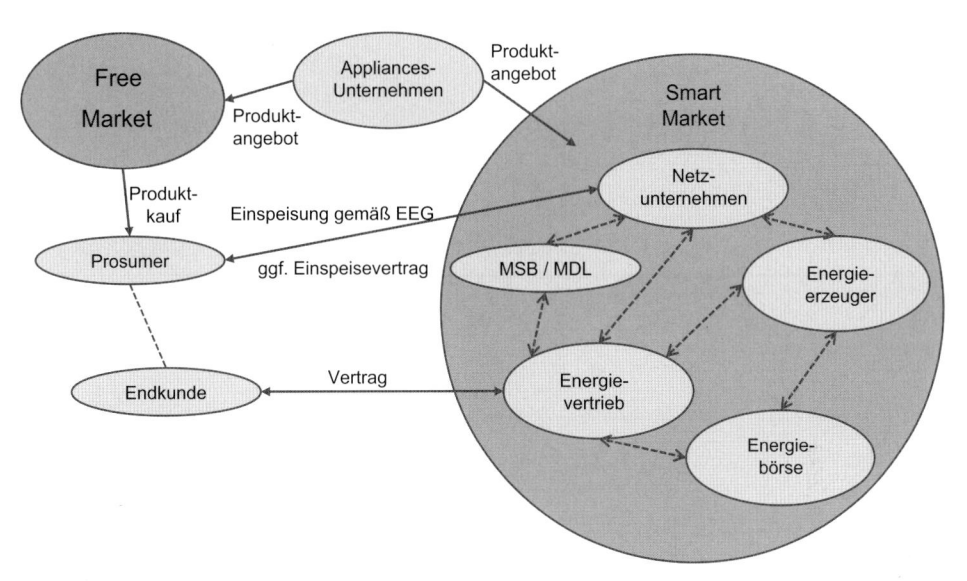

Abb. 12.1 Smart Market Szenario 1: Endkunde als reiner Konsument

12.2.1 Szenario 1: Der Letztverbraucher bleibt konsumierender Endkunde

Aufgrund der verstärkt volatilen Erzeugung von Elektrizität durch lokale und mengenrestriktierte Erneuerbare Energien haben die Unternehmen der Energiewirtschaft erhebliche Probleme in der Nivellierung der Netze und deren Ausgestaltung. Die mittelfristige Lösung wird durch dezentrale und zentrale Energiespeicher und durch Power-to-Gas (Methanisierung der Stromüberschüsse) erreicht. Der Einsatz von Elektromobilen im privaten Bereich hat zugenommen, aber keine exorbitanten Größenordnungen erreicht. Durch eine Vielzahl von neuartigen elektrischen und elektronischen Geräten und einer zunehmenden Automatisierung im Haushalt hat der durchschnittliche Stromverbrauch noch zugenommen. Der Verbraucher ist äußerst preissensitiv und scheut langfristige Verträge im Strom- und Gasbereich. Der Markt ist ein nahezu ausschließlicher Anbietermarkt geblieben. Die Stromprodukte unterscheiden sich nur unwesentlich. Es gibt Side Produkte und Services, die gemeinsam und teilweise auch unabhängig von den Stromprodukten angeboten werden. Dazu gehören z. B. Smart Home Appliances, Smart Home Software (Apps), Leuchtmittel, Stromspeicher (Lithium-Ionen Akkumulatoren), Mikro- und Mini-BHKW, Erneuerbare Energien Anlagen (Mikro- und Mini-Windturbinen, Photovoltaik, Solarthermie u. a.) und je nach Anbieter weitere Produkte und Services. Diese Produkte werden von den Endkunden zum Teil wahrgenommen, zum großen Teil sind die Produkte auch unabhängig von Stromprodukten und z. T. auch kostengünstiger über den energieunabhängigen, freien Markt beziehbar (siehe Abb. 12.1).

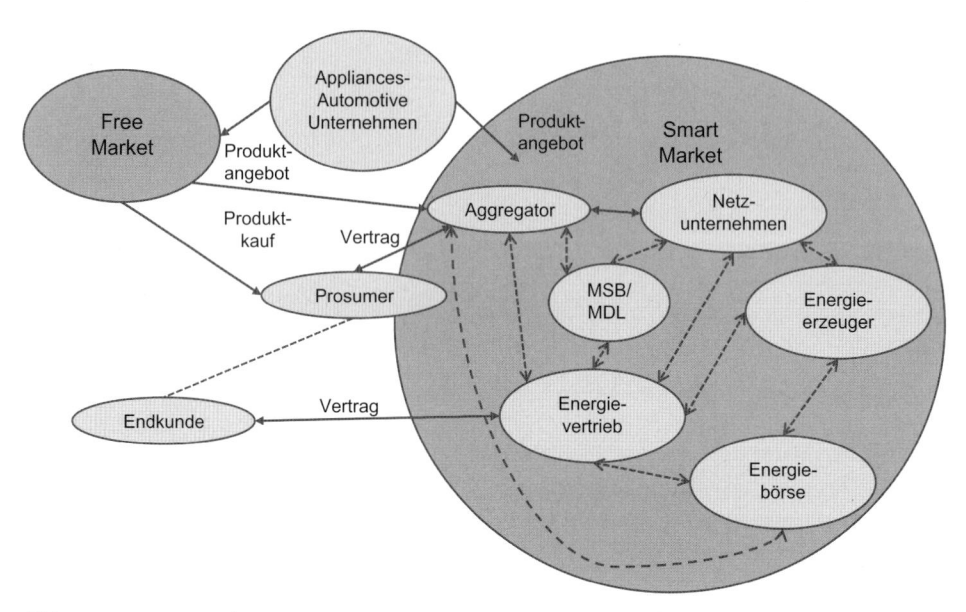

Abb. 12.2 Smart Market Szenario 2: Der Prosumer gestaltet den Smart Market mit

12.2.2 Szenario 2: Der Prosumer gestaltet den Smart Market mit

Zahlreiche Endkunden sind zum Prosumer mutiert. Drittunternehmen und Intermediäre bieten günstige Energieerzeugungsanlagen im Mikro- und Minisegment für Endkunden an. Der Break-Even-Point für diese lokalen und dezentralen Erzeugungsanlagen liegt im niedrigen, einstelligen Jahresbereich (ca. 3–5 Jahre). Genossenschaftlich organisierte Aggregatoren und Dienstleistungsaggregatoren haben diese Erzeugungskapazitäten kumuliert und sind zu wichtigen Akteuren des Smart Markets geworden. Dies hat dazu geführt, dass die Prosumer längerfristige Vertragskonstrukte mit den Dienstleistungsaggregatoren bzw. partnerschaftlichen Strukturen mit den genossenschaftlich organisierten Aggregatoren eingegangen sind. Die Aggregatoren kümmern sich nicht nur um den Vertrieb und Verkauf der erzeugten Energie, sondern kaufen auch Energie und Dienstleistungen zu. Durch die größeren Volumen ist diese Art der Beschaffung auch für den Endkunden preislich attraktiver. Aber in diesem Szenario wird der Prosumer nur durch die Aggregation eine tragende Rolle im Smart Market einnehmen können. Prosumer, die eine solche Anbindung nicht eingehen, werden eine eher konsumierende Rolle einnehmen (siehe Abb. 12.2).

12.2.3 Szenario 3: Der Prosumer wird zum Smart Market-Treiber

Intermediäre und Drittunternehmen haben das hohe Potenzial des Smart Markets erkannt. Im Smart Market haben sich zahlreiche neue Marktkonzepte und Produktkonzepte reali-

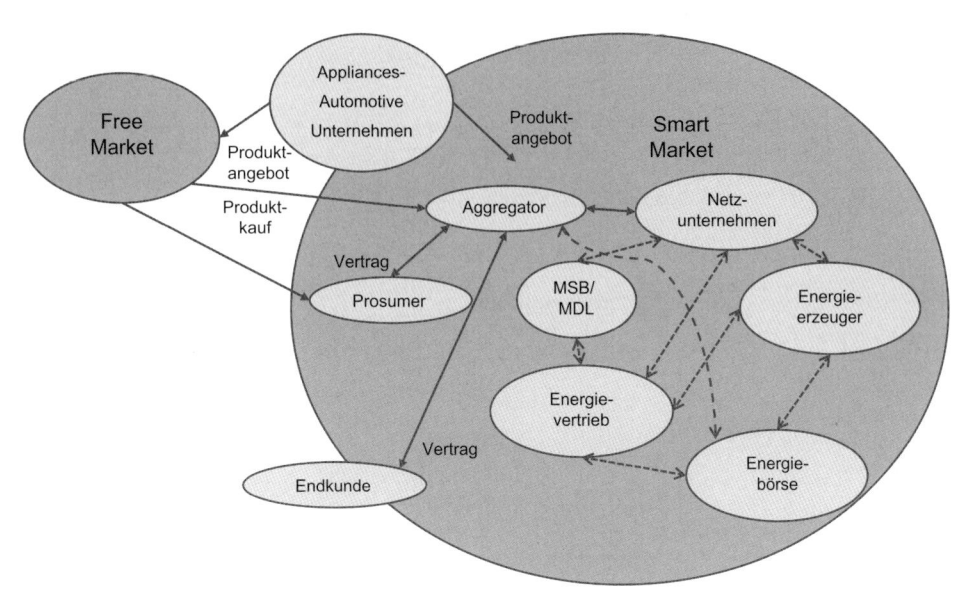

Abb. 12.3 Smart Market Szenario 3: Der dynamische Smart Market

siert. Viele der Endkunden sind zum proaktiven Prosumer geworden und haben sich über partnerschaftliche oder genossenschaftliche Verbände aggregiert. Auch reine Endkunden werden als Genossen mit eingebunden. Die Aggregatoren selbst sind zu Energievertrieben, zu Energiedienstleistern (inklusive MSB/MDL) und Energiemanagementunternehmen mutiert und heizen die Dynamik des Marktes durch eigene neue Produktinnovationen und Marktkonzepte an. Durch das hohe Interesse der Medien und der Öffentlichkeit partizipieren auch die reinen Endkunden an der Dynamik und Volatilität des Smart Markets. Kundenspezifische Energieprodukte haben auch den Endkunden die Möglichkeit von Kosten- und Energieeinsparungen offeriert. Die Netzstrukturen mussten aufgrund des volatilen Marktes und der hohen Anpassung des Verbrauchs, der Speicherung und Entspeicherung nur limitiert erweitert werden. Die Akzeptanz für den Smart Market ist bei nahezu allen Akteuren und insbesondere bei den Prosumern und den Endkunden sehr hoch (siehe Abb. 12.3). Als Schwarmintelligenz ist es dem Endkunden und den Prosumer gelungen, ein proaktiver Treiber des Smart Markets zu werden.

12.3 Anforderungen an die Akteure des Smart Markets

In Abschn. 12.1.1 wurden die unterschiedlichen Rollen in einem Smart Market im Bezug zu dem Endkunden und ihren jeweiligen Beitrag zu einer forcierten Einbeziehung des Endkunden diskutiert. Daraus ergeben sich auch die Anforderungen an die einzelnen Akteure bzw. Akteurgruppen.

12.3.1 Anforderungen an den Gesetzgeber

Der *Gesetzgeber* hat die komplexe Aufgabe, zum einen den Smart Market zu entwickeln und voranzutreiben, aber zum anderen die Regulation in einem Maße zu limitieren, dass sich auch ein freier und dynamischer Markt entwickeln kann. Zu den wesentlichen Aufgaben des Gesetzgebers gehören[8]:

- Schaffung eines ordnungsrechtlichen Rahmens
- Zeitnahes Erarbeiten und zeitnahe Freigabe des angekündigten Verordnungspakets des Bundeswirtschaftsministeriums (BMWi)[9]
- Umsetzung der KNA-Vorschläge in einen verbindlichen Rechtsrahmen
- Adaption des EEG mit dem Ziel der Schaffung eines agilen und dynamischen Smart Markets (Reduktion der Förderungen und Regulierungen)
- Überarbeitung der Anreizregulierung im Hinblick auf Investitionen in smarte Technologien

12.3.2 Anforderungen an die Verbände

Die *Verbände* müssen zukunftsorientiert ihren Mitgliedern Hilfestellung leisten, die Vision eines dynamischen Smart Markets zu erreichen. Dabei sollten sie proaktiv die potenziellen Möglichkeiten und Geschäftsmodelle des Smart Markets kommunizieren. Nur als reines Sprachrohr der Mitglieder oder als Bedenkenträger zu agieren, wäre für die Entwicklung eines funktionierenden Smart Markets eher suboptimal. Zu den wichtigsten Aufgaben der Verbände gehören:

- Schaffung einer Smart Market-gerechten Verbändeverordnung
- Kooperation der Verbändeunternehmen zur Generierung einer integrierten Kommunikationsinfrastruktur

12.3.3 Anforderungen an die Energiewirtschaftsunternehmen

Die etablierten und tradierten *Energiewirtschaftsunternehmen* müssen den Endkunden als gleichgestellten Partner akzeptieren. Kundenvertrauen und Kundenbindung muss durch eine kooperative und faire Zusammenarbeit über Jahre hinweg erarbeitet werden. Dafür ist ein interner Lernprozess umzusetzen, der mit der Deregulierung und Liberalisierung begonnen wurde, aber längst noch nicht am Ziel ist. Um die sich aus der Energiewende

---

[8] Die BNetzA wird als Regulierungsbehörde in den Anforderungen des Gesetzgebers mit behandelt.
[9] Bestehend aus Messsystem-VO, Datenschutz-VO, Variable Tarife-VO, Lastmanagement-VO und Rollout-VO".

ergebenden Anforderungen an ein Smart Grid und insbesondere an einen dynamischen Smart Market und damit einen kooperativen Umgang mit dem Letztverbraucher zu erreichen, sind von den Energiewirtschaftsunternehmen noch erhebliche Anstrengungen zu bewältigen. Diese sind:

- Investitionen in die Netzinfrastruktur unter Berücksichtigung der maximal möglichen Marktsteuerungsmechanismen
- Integration der Leistungssicherheit in Energieverträge für alle Endkunden und damit die netzgerechte Steuerung der Energieverbräuche (Versorgungssicherheit)
- Marktseitige Integration der dezentralen Erzeuger
- Netzseitige Integration der dezentralen Erzeuger
- Vertikale und horizontale Kooperation der Energiewirtschaftsunternehmen zur Etablierung neuer Geschäftsmodelle
- Vertikale und horizontale Kooperation der Energiewirtschaftsunternehmen zur Generierung einer integrierten Kommunikationsinfrastruktur
- Generierung von innovativen Energieprodukten (variable Tarife) und Produkt Bundles
- Erarbeitung und Etablierung von innovativen Geschäftsmodellen für den Smart Market

12.3.4 Anforderungen an andere Dienstleister und Industrieunternehmen

Dritte und/oder Intermediäre haben die Potenziale und Möglichkeiten eines Smart Markets schon lange erkannt. Insbesondere im B2C-Bereich wurden hier enorme Anstrengungen unternommen und innovative Software und Produkte entwickelt. Als Beispiel seien hier die Bereiche Smart Home und eMobility angeführt. Aber gerade im Bereich B2B haben sich durch permanent wechselnde Rahmenbedingungen und daraus abgeleitet Prognosen der zukünftigen Entwicklung einige Dienstleister und Produkteanbieter verkalkuliert. Der schon vor Jahren vorhergesagte Massenrollout von Smart Metern ist zeitlich aufgrund neuer und noch zu erarbeitender Regularien und Verordnungen mehrfach verschoben worden. Hier haben sich einige Dienstleister aus dem Markt verabschiedet bzw. die mit viel Aufwand organisierten Bereiche stehen in Wartestellung. Von den Dienstleistern und den Industrieunternehmen ist jedoch ein wahrer Innovationschub zu erwarten. Zu den Anforderungen an diese Akteure insbesondere in Bezug auf den Endkunden gehören:

- Gründung von Unternehmen zur Aggregation von Erzeugungs- und Verbrauchskapazitäten
- Ausbau der Aggregatoren mit Energie- und Energiespeichmanagement-Mechanismen und -Technologien
- Entwicklung von innovativen Home Appliances für energiewirtschaftliche Produktbundles

- Entwicklung von innovativen Smart Home Appliances für energiewirtschaftliche Produktbundles
- Entwicklung einer innovativen Kommunikationsinfrastruktur
- Entwicklung von stationären und mobilen Speichertechnologien
- Anbieten von innovativen Produkten im Bereich Smart Mobililty
- Herausfinden von technologischen Nischen zur Etablierung konkurrenzfähiger Technologien und Produkte
- Erarbeitung und Etablierung von innovativen Geschäftsmodellen für den Smart Market
- Kreierung von IT-Dienstleistungsanbietern, die marktgerechte und neutrale Kommunikationsinfrastrukturen und Marktplattformen etablieren und vorantreiben

12.3.5 Anforderungen an den Endkunden und Prosumer

Der Endkunde muss für einen dynamischen Smart Market seiner Rolle als Konsument entwachsen und selbst proaktiv agieren, indem er seine Erwartungen und Wünsche den neuen und tradierten Akteuren der Energiewirtschaft aktiv kommuniziert. Um dieser Anforderung gerecht zu werden, müssen Endkunden in den folgenden Punkten tätig werden:

- Nachhaltig um Informationen und Transparenz zu Themen der Energiewende, des Smart Grids, des Smart Markets und der Smart Home-Technologien kümmern (Anwendung des Pull-Prinzips)
- Sich aktiv um Energieeinsparungen bemühen durch Einforderung eines digitalen Zählers beim zuständigen Energieversorger und durch Anfordern von granulareren Energieabrechnungen
- Im Rahmen der finanziellen Möglichkeiten von Endkunden zum Prosumer werden
- Im Rahmen der finanziellen Möglichkeiten Smart Market-gerechte Home und Smart Home Appliances installieren
- Eigene Erzeugungs-, Speicher und Verbrauchskapazitäten über adäquate Aggregatoren in den Smart Market einbringen
- Dezentrales, autarkes Energiemanagement betreiben (Eigenverbrauchssteuerung)

12.3.6 Potenzielle Geschäftsmodelle

Die hier aufgezählten potenziellen Geschäftsmodelle sollen noch einmal plakativ, die in den vorherigen Abschnitten, sich aus den Anforderungen ergebenden Möglichkeiten aufzählen:

- Kooperationen zur Entwicklung von Produkt Bundles zwischen Energiewirtschaftsunternehmen und Industrieunternehmen
- Entwicklung von Aggregatoren mit breitem Angebotsspektrum

12 Die Rolle des Endkunden im Smart Market 305

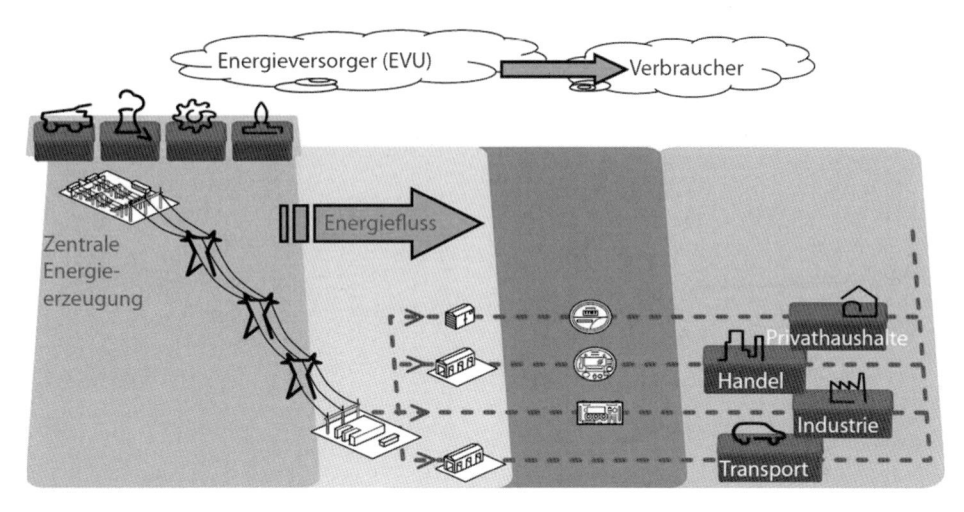

Abb. 12.4 Traditionelle Stromversorgung. (Rodriguez 2012, S. 250)

- Entwicklung von innovativen (smarten) Produkten und Angeboten in den Bereichen Energie und Dienstleistung
- Datenverarbeitende Services in Zusammenarbeit mit den Datenerzeugern, den Endkunden

12.4 Möglichkeiten der Interaktion für den Endkunden

Traditionelle Stromnetze, wie in Abb. 12.4 dargestellt, kennzeichnen sich durch eine an Verbrauchsschwankungen angepasste zentrale Energieerzeugung, den unidirektionalen Energiefluss vom Energieversorgungsunternehmen zum Abnehmer, und durch die eher passiven Verbraucher. Diese bereits angesprochene traditionelle Struktur ist das Ergebnis einer langfristigen, schrittweisen Entwicklung, die in Deutschland bei wirtschaftlich stabilen Verhältnissen, im Sinne eines ausgewogenen Verhältnisses zwischen Energieerzeugung und Energieverbrauch, vollzogen wurde.[10]

Die in Abb. 12.4 dargestellte traditionelle Verteilung von Strom zeigt, dass der Energiefluss vom Energieversorger zu den jeweiligen Verbrauchern (Privathaushalte, Handel, Industrie, Transport) geleitet wird. Die Verbraucher partizipieren somit lediglich am Produkt „Strom". Beweggründe für die Weiterentwicklung des traditionellen Stromnetzes sind vielfältig und komplex[11]:

- Ein *struktureller Wandel* vollzieht sich einerseits aufgrund eines ansteigenden Energieverbrauchs sowie andererseits durch den zunehmenden temporären Bedarf am Produkt „Strom", z. B. für das Aufladen von Elektrofahrzeugen.

---

[10] Vgl. Rodriguez 2012, S. 249.
[11] Vgl. Rodrigues 2012, S. 250.

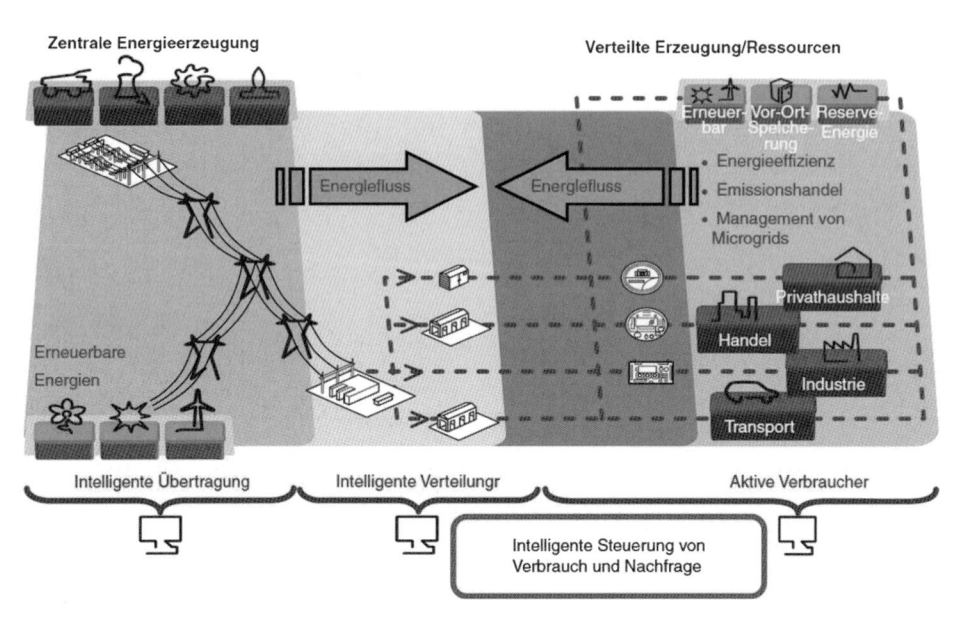

Abb. 12.5 Zukünftige Stromversorgung. (Rodriguez 2012, S. 251)

- Der *Klimawandel* sowie die daraus resultierende Reduzierung von CO_2-Emmisionen und der damit wahrscheinlich einhergehende Anstieg der Energiekosten sind weitere Faktoren für die Weiterentwicklung des Stromnetzes.
- Der allmähliche *Verhaltenswandel* und die *Erwartungshaltung der Verbraucher*, bewirkt die schrittweise Entwicklung passiver Stromkunden zu proaktiven Managern der eigenen Energieversorgung.
- Letzten Endes bildet der *technologische Fortschritt* innerhalb den Bereichen Informations- und Kommunikationstechnologien, Energiespeicherlösungen oder Elektromobilität eine weitere Triebkraft für die Weiterentwicklung des traditionellen Stromnetzes.

Die zuvor aufgelisteten Faktoren sind nicht nur Treiber für den konkreten Wandel, sondern sie sind zudem auch Verstärker für die Erwartungen der an der Stromverteilung und -versorgung beteiligten Akteure, denen allen gemein der Wunsch nach niedrigem Energieverbrauch, kontrollierbaren Energiekosten, qualitativ hochwertiger Energieversorgung und Umsetzung von Vorgaben zum Umweltschutz ist. Aufgrund dieser komplexen Dynamik wird das zukünftige Stromnetz intelligenter sein müssen, damit die Integrierbarkeit neuer verteilter Energiegewinnungs-Ressourcen gewährleistet, ein einheitliches Kommunikationsnetz eingeführt und das Energiemanagement im Echtzeitzugriff verbessert werden kann (vgl. Abb. 12.5).[12]

Der Realisierung eines möglichen Szenarios für einen intelligenten Strommarkt (vgl. Abschn. 1.2) gehen verschiedene Maßnahmen bzw. Strategien voraus:

---

[12] Vgl. Rodriguez 2012, S. 251.

- Die Bildung qualitativ hochwertiger Beziehungen aller am Smart Market beteiligten Akteure,
- die Generierung moderner und erfolgreicher Geschäftsmodelle,
- die Entwicklung innovativer Leistungs- und Servicestrategien sowie
- die Bereitstellung verschiedener Interaktionsmöglichkeiten für die Endkunden des Smart Markets.

Das derzeitige Interesse der Verbraucher am Produkt „Strom" ist relativ gering, sodass für das zukünftige Funktionieren eines Smart Marktes insbesondere unterschiedliche Interaktionsmöglichkeiten bereitgestellt werden müssen, um dieses fehlende Interesse zu wecken. Dieses geringe Interesse der Endkunden ist u. a. damit begründet, dass für das Produkt „Strom" zwar bereits eine Vielzahl an heutzutage alltäglichen Endgeräten zur Verfügung stehen (z. B. Fernseher oder Heizungssysteme), jedoch nur wenige intelligente Systeme Anwendung in privaten oder öffentlichen Haushalten finden (z. B. Smart Meter- oder Smart Home-Systeme). Der fehlende Ausbau an diesen smarten Systemen ist aktuell dadurch begründet, dass u. a. die Gestaltung einheitlicher Schnittstellen sowie einer einheitlichen technischen Infrastruktur noch nicht oder nur in Teilen realisiert wurde. Des Weiteren sind bestehende Smart Home Lösungen verschiedener Anbieter überteuert bzw. mit weniger erfolgreichen Geschäftsmodellen versehen, die nur schwer das Interesse der Kunden wecken. Darüber hinaus besteht gegenwärtig ein recht hohes Know-how-Defizit über den Stand der Technik bzw. über die unterschiedlichen Einsatz- und Anwendungsmöglichkeiten smarter Systeme, was letztlich zu einem fehlenden Interesse an diesen Systemen führt. Zudem erschweren die derzeitigen Debatten um Datenschutz und Datensicherheit die Etablierung Smarter Systeme im privaten Umfeld.

Die Vermarktung des Produktes „Strom" sowie das geringe Interesse seitens der Endverbraucher zeigen, dass für die Akteure eines Smart Markets die Kundenansprache als auch die Interaktion mit dem Endkunden mit verschiedenen Herausforderungen verbunden ist. Um ein aktives Interagieren des Endkunden zu ermöglichen, müssen hierzu mögliche Enabler identifiziert werden. Nachfolgend werden Beispiele für Enabler gegeben, die gleichzeitig Interaktionsmöglichkeiten für den Endkunden darstellen.

12.4.1 Aktives Interagieren

Ein möglicher *Enabler* für das aktive Interagieren der Endkunden findet sich unter dem Schlagwort *Internet der Dinge* (engl. Internet of Things) wieder. Die Vision hinter der Technologie des Internets der Dinge beruht auf der Verlagerung des Internets in die reale Welt hinein. Alltagsgegenstände können dadurch mit Informationen versehen werden und als physische Zugangspunkte zu verschiedenen Internetservices dienen, sodass diese zu einem Teil des Internets werden können. Durch den anhaltenden Fortschritt der Mikroelektronik, Kommunikationstechnik und Informationstechnologie sowie durch immer

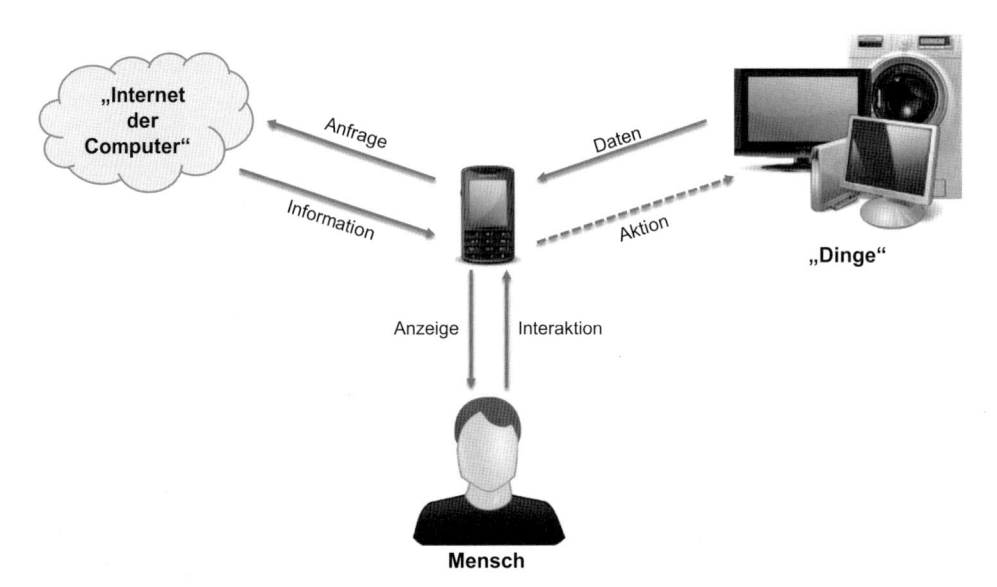

Abb. 12.6 Das Smartphone als Mediator zwischen Mensch, Ding und Internet. (in Anlehnung an Mattern und Flörkemeier 2010, S. 110)

preiswertere und leistungsstärkere Prozessoren, Kommunikationsmodule und sonstige Elektronikkomponenten soll diese Vision verwirklicht werden.[13]

Zusammen mit dem Begriff Internet der Dinge wird oftmals das *Ubiquitous Computing* genannt, ein Ausdruck der die Allgegenwärtigkeit der Computer sowie die Vernetzung dieser mit der restlichen Welt beschreibt und erstmals von Mark Weiser zu Beginn der 1990er Jahre geprägt wurde.[14] Durch diese weitreichende Vernetzung sowie eine umfassende Informatisierung werden neue Chancen für die Wirtschaft sowie für private Haushalte ermöglicht, welche sowohl Risiken als auch technische und gesellschaftliche Herausforderungen darstellen.[15]

In der Literatur wird das Internet der Dinge oftmals als eine einzelne Technologie bezeichnet. Wird das Internet der Dinge aus einer technischen Sichtweise betrachtet, wird ersichtlich, dass die „Technologie" vielmehr ein Funktionsbündel darstellt, welches in seiner Gesamtheit eine neue Qualität der Informationsverarbeitung entstehen lässt. Hierzu zählen z. B. die Radiofrequenzidentifikation (RFID) sowie drahtlose Sensoren und Lokalisierungsverfahren.[16] Zu den charakteristischen Eigenschaften des Internet der Dinge zählen u. a.[17]:

---

[13] Vgl. Mattern und Flörkemeier 2010, S. 107.
[14] Vgl. Weiser 1991.
[15] Vgl. Mattern und Flörkemeier 2010, S. 107.
[16] Vgl. Fleisch und Thiesse 2013.
[17] Vgl. Mattern und Flörkemeier 2010, S. 109 und Fleisch und Thiesse 2013.

- *Kommunikation:* Um Informationen, Daten und Dienste untereinander zu verwenden und zu synchronisieren werden die smarten Objekte im Internet der Dinge über hauptsächlich funkbasierte Netzwerke (z. B. GSM, UTMS, Wi-Fi) miteinander vernetzt.
- *Identifikation:* Alle Objekte im Internet der Dinge können über sogenannte Nummerierungsschemata eindeutig identifiziert werden und können dadurch mit verschiedenen Diensten, Informationen oder Daten verknüpft werden.
- *Sensorik* und *Effektorik*: Objekte im Internet der Dinge können neben der Verknüpfung bestehender Daten neue Informationen über ihre Umgebung aufzeichnen und bewerten sowie darauf reagieren und diese weiterleiten. Zudem können die Objekte Effektoren zur Einwirkung auf die Umwelt besitzen (z. B. elektrische Signale in mechanische Arbeit umwandeln), sodass ebenfalls über das Internet der Dinge Prozesse oder Gegenstände in der Realität beeinflusst werden können.
- *Speicher:* Neben Mikroprozessoren und -controllern verfügen die Objekte im Internet der Dinge über eine gewisse Speicherkapazität, sodass die Objekte eine Art „Gedächtnis" hinsichtlich ihrer Nutzung bekommen.
- *Benutzungsschnittstelle*: Menschen können direkt oder indirekt, z. B. mittels eines mobilen Endgerätes, mit den Objekten im Internet der Dinge kommunizieren.

Aktuelle Forschungen auf dem Gebiet der Energiewirtschaft beruhen auf dem Ansatz und der Grundidee des Internets der Dinge und versuchen, die Entwicklung revolutionärer und moderner Energiemärkte voranzutreiben. Gegenwärtig resultiert aus diesen Forschungs- und Entwicklungsvorhaben u. a. der Begriff „*Internet der Energie*", dessen Vision auf der intelligenten elektronischen Vernetzung aller Komponenten des Energiesystems beruht (s. hierzu Abschn. 16.2.1). Hierbei kommt insbesondere der Informations- und Kommunikationstechnologie bei der Entwicklung einer zukunftsfähigen Energieversorgung eine besondere Schlüsselrolle zu: Mittels moderner IuK-Technologien soll der Austausch von Informationen sowie die selbstständige Abstimmung und Optimierung hierfür notwendiger Technologien zwischen Erzeugungsanlagen, Netzkomponenten, Verbrauchsgeräten sowie den Benutzern des Energiesystems realisiert werden.[18]

Gegenwärtig existieren bereits die wesentlichen Bestandteile für den Aufbau einer Infrastruktur für ein Internet der Energie, jedoch sind diese Komponenten und Technologien noch nicht flächendeckend im Einsatz oder kaum miteinander vernetzt[19]:

- Technologien zu Hausautomatisierung und zur dezentralen Energieerzeugung
- Intelligente Netzmanagementsysteme auf Übertragungs- und Verteilnetzebene
- Installierte Smart Metering-Technologie
- IKT als Bindeglied zwischen dem Internet der Energie und der technischen Infrastruktur
- Anwendungen und Services, die die Koordination des Energienetzes auf der betriebswirtschaftlichen Ebene umsetzen

---

[18] Vgl. BDI 2008, S. 2.
[19] BDI 2008, S. 13.

Durch die Realisierung des Internets der Energie können neuartige *Geschäftsmodelle* resultieren sowie neue Produkte und Anreize geschaffen werden. Darüber hinaus besteht die Möglichkeit, aus den heutigen „passiven" Energienutzern, aktive und handlungsfähige Partner im Energiesystem zu machen.[20] In Bezug auf die Einbindung der Verbraucher im Smart Market hat die Bundesnetzagentur in ihrem Eckpunktepapier folgende Thesen aufgestellt[21]:

1. These: Die zunehmende Dezentralität der Erzeugung, die zunehmende Volatilität der Erzeugung und die zunehmende Heranführung von regenerativen Erzeugern an den Markt werden zu Angeboten führen, die den Verbraucher dazu anregen werden, sein Abnahmeverhalten – auch in Kombination mit seinem Einspeiseverhalten – möglichst zu flexibilisieren und damit auch dem Markt „anzubieten".
2. These: Die steigende Erwartungshaltung des Marktes an die Flexibilität und Anpassungsfähigkeit des Verbrauchers kann nur in Zusammenhang mit ehrlich gemeinter Transparenz und dem Bemühen um Klarheit und Übersichtlichkeit zu Erfolgen führen. Die Komplexität der Abläufe und Zuständigkeiten muss für den Endkunden verständlich gemacht werden.
3. These: Die Einbindung des Letztverbrauchers als Energiemarktteilnehmer erfordert dessen Willen und die technische und zeitliche Möglichkeit zur Teilnahme. Den größten Anreiz für eine Änderung des Abnahmeverhaltens bilden Kosteneinsparungen für den Verbraucher und/oder Komfortsteigerung. Dies bedeutet auch, dass sich nicht jeder Kunde als flexibler Marktteilnehmer eignen und erweisen wird.

Experten und Forscher aus der Energiewirtschaft sehen bei der Einbindung des Endkunden in den Energiemarkt insbesondere in der Elektromobilität sowie in den Konzepten Smart Metering und Smart Home Potenziale.[22] Unter dem Begriff Elektromobilität im Sinne des Bundesministeriums für Umwelt, Naturschutz, Bau und Reaktorsicherheit (BMU) werden all jene Fahrzeuge verstanden, die von einem Elektromotor angetrieben werden und ihre Energie überwiegend aus dem Stromnetz beziehen, also extern aufladbar sind. Dazu gehören rein elektrisch betriebene Fahrzeuge (BEV), eine Kombination von E-Motor und kleinem Verbrennungsmotor (Range Extender, REEV) und am Stromnetz aufladbare Hybridfahrzeuge (PHEV).[23] Bei einem Smart Meter, oder auch intelligenten Zähler, handelt es sich um ein elektronisches Gerät zur Verbrauchsmessung von Strom, Gas, Wärme oder Wasser. Sie werden als technologische Basis für die Realisierung smarter Abläufe angesehen und sollen zukünftig die analogen Messgeräte ersetzen.[24] Hinter der Idee des Smart Home steht die intelligente Vernetzung technischer Systeme und Verfahren

---

[20] Vgl. BDI 2008, S. 10.
[21] Vgl. Bundesnetzagentur 2011, S. 39.
[22] Vgl. VDE 2013.
[23] Vgl. BMU 2004.
[24] Vgl. Doleski 2012, S. 128 f..

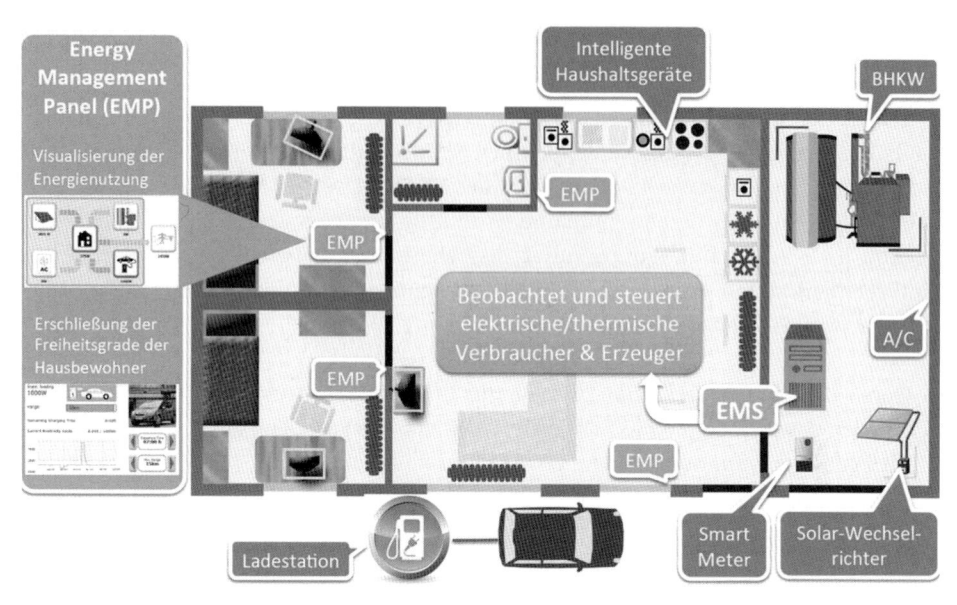

Abb. 12.7 Energy Smart Home Lab. (KIT 2014)

in Wohnhäusern, die neben der Erhöhung der Wohn- und Lebensqualität ebenfalls zu einer effizienten Energienutzung beitragen sollen.[25]

Durch die Verknüpfung der zuvor genannten Technologien und Konzepte kann die Realisierung und Umsetzung des Internets der Energie ermöglicht werden. Hierzu wurden bereits geeignete Modelle aufgestellt und Forschungsprojekte durchgeführt. Ein Beispiel hierzu ist das „Energy Smart Home Lab", welches am Karlsruher Institut für Technologie (KIT) entwickelt wurde (Abb. 12.7). Das intelligente Haus der Zukunft stellt einen integrierten Ansatz dar, der die Lebensbereiche Wohnen, Verkehr und Energie so kombiniert, dass eine bestmögliche Nutzung erneuerbarer Energiequellen ermöglicht wird. Das Energy Smart Home Lab besteht aus einer 60 qm großen Wohnung, die mit modernster Technik ausgestattet ist. Über sogenannte *Energy Management Panels* (EMP) können die Energieflüsse im Haus, als auch der aktuelle Stromverbrauch abgerufen werden. Des Weiteren dienen die EMP als Benutzerschnittstelle, um mit dem *Energy Management System* (EMS) zu interagieren. Beispielsweise können die Bewohner mit dem EMS den Zeitpunkt festlegen, wann die Wäsche fertig gewaschen sein soll oder die nächste geplante Abfahrt mit dem Elektroauto festlegen. Der hierzu benötigte Energiebedarf wird selbst über eine 4,8 KW Photovoltaikanalage sowie über ein μ-Blockheizkraftwerk erzeugt. Dabei kann durch die Kraft-Wärme-Kopplung neben dem anfallenden Strom auch die produzierende Wärme genutzt werden. Um den mittags produzierten Strom auch in den Abendstunden

---

[25] Vgl. Forst 2014.

nutzbar zu machen, kann ein an das Haus angeschlossenes Elektrofahrzeug zeitweise als Pufferspeicher verwendet werden.[26]

Das Energy Smart Home Lab ist nur ein Beispiel dafür, dass die heutigen technologischen Möglichkeiten genutzt werden können, um Endkunden das Produkt „Strom" interessanter zu machen. Aktuell befindet sich der Markt für Smart Home-Lösungen jedoch noch in der Phase der Orientierung und wird nach Berechnungen von Deloitte bis 2017 auf über 4,1 Mrd. EUR in Europa anwachsen. Hierbei werden von Deloitte folgende wesentliche Markttreiber angegeben, die absehbar nennenswerte Verbesserungen der bisherigen Rahmenbedingungen bewirken sollen[27]:

- Durch die *digitale Vernetzung* werden zunehmend infrastrukturelle Grundlagen geschaffen sowie neue mobile Endgeräte verbreitet, die vor allem als Schnittstellen und Bedienlösungen für Smart Home-Anwendungen geeignet sind.
- *Demografische Trends*, wie z. B. die steigende Zahl von Single-Haushalten und Alleinerziehenden generieren zusätzliche Nachfrage nach Angeboten wie Ferndiagnostik und Überwachungslösungen. Des Weiteren steigt aufgrund der zunehmend alternden Gesellschaft das Potenzial für digitale Gesundheits- und Pflegelösungen.
- Der *„Home Lifestyle"*-Trend resultiert zum einen aus der steigenden Bedeutung des eigenen Zuhauses sowie aus der steigenden Bereitschaft, das eigene Heim mit smarten Angeboten zu vernetzen.
- Ein steigendes *Umweltbewusstsein* der Erzeuger und Verbraucher rückt das Thema „Energieeffizienz" weiter in den Mittelpunkt und fördert dadurch smarte Technologien, z. B. für die Bedienung von Heizungssystemen oder Haushaltsgeräten.

Die Realisierung eines Smart Markets und die Einbeziehung des Endkunden kann nur dann erfolgen, wenn die heutigen Technologien effizient genutzt (vgl. Energy Smart Home Lab), neue Geschäftsmodelle und Konzepte entwickelt und die Endkunden aktiv in den Markt eingebunden werden. Zusammenfassend wird deutlich, dass dem Endkunden attraktive Produkte oder ausreichend finanzielle Anreize zur Verfügung gestellt werden müssen, damit dieser zukünftig sein Verhalten und seine technischen Möglichkeiten so anpasst, dass er zur Gesamteffizienz des Energieversorgungssystems überhaupt beitragen kann.[28] Neue Dienstleistungen können sich auf dem zukünftigen Energiemarkt nur durchsetzen, wenn diese auf wirtschaftlichen Geschäftsmodellen basieren und gleichzeitig zur Wirtschaftlichkeit ihrer Nutzer beitragen.[29]

Durch das gegenwärtige Fehlen attraktiver Anreizsysteme und dem bereits angesprochenen fehlenden Interesse am Produkt „Strom" wird sich jedoch die Rolle des Endkunden

---

[26] Vgl. KIT 2014.
[27] Vgl. Deloitte 2014, S. 5.
[28] Vgl. Bundesnetzagentur 2011, S. 40 f..
[29] Vgl. Bühner et al. 2012, S. 5.

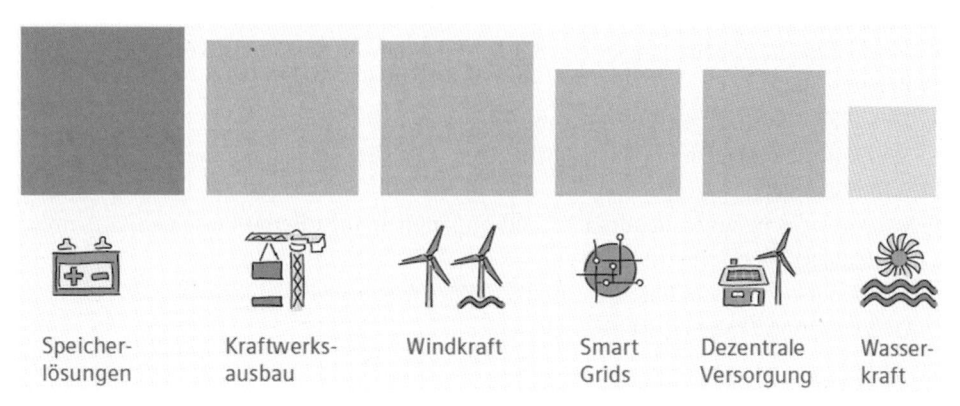

Abb. 12.8 Lösungen zur erfolgreichen Umsetzung der Energiewende. (Siemens Deutschland 2014, S. 8)

nicht oder nur im geringem Umfang verändern. Vielmehr wird das bereits heute anzutreffende passive Kundenverhalten bestehen bleiben.

12.4.2 Nutzenperspektive für den Endkunden

Alle von der Bundesregierung in ihrem Energiekonzept 2050 aufgestellten Szenarien gehen von stark ansteigenden Anteilen erneuerbarer Energien sowohl bei der Stromproduktion als auch bei der installierten Leistung aus. Dieser Ausbau stellt eine Alternative zur Kernkraft dar und bildet die Grundidee des Konzepts. Da die zusätzlichen, nachhaltig nutzbaren Potenziale der Windenergie und des Photovoltaik deutlich größer sind als beispielsweise bei der Biomasse, wird der Zubau der erneuerbaren Energien insbesondere auf diese Bereiche konzentriert sein. Das gesamte Energieversorgungssystem (konventionelle und erneuerbare Energien, Netze, Speicher sowie deren Zusammenspiel) muss aufgrund des stetig wachsenden Anteils erneuerbarer Energien optimiert werden. Ziel der Bundesregierung ist es, die Transformation der Energieversorgung für alle Akteure und Interessengruppen wirtschaftlich vernünftig zu gestalten.[30]

Das deutsche Energiesystem wird sich durch die Energiewende grundlegend verändern. Hierbei spielen zukünftig neue Technologien wie Stromspeicher oder intelligente Stromzähler sowie innovative Geschäftsmodelle eine zentrale Rolle. Für die erfolgreiche Umsetzung der Energiewende sind in diesem Zusammenhang einige Technologien sowie ihre Kombination für Energieversorger besonders wichtig (vgl. Abb. 12.8).

Für die Energieversorger in Deutschland (Energieerzeuger, Stadtwerke, Netzbetreiber) zeichnen sich folgende Trends der Energiewende ab[31]:

---

[30] Vgl. Plattform Erneuerbare Energien 2014, S. 8.
[31] Vgl. Siemens Deutschland 2014, S. 8.

- Hocheffiziente konventionelle Erzeugungseinheiten sowie Erneuerbare Energien werden sich ergänzen.
- Es wird ein Ausbau von Kraft-Wärme-Kopplungs-Anteilen erfolgen.
- Vorhandene Gasnetze und Gasspeicher werden als integraler Bestandteil der Energiewende genutzt.
- Es wird sich ein zunehmendes Geschäft im kundennahen Bereich erfolgen, z. B. integrierte Energieserviceleistungen.
- Die Bereitstellung von Reserveleistungen, Regelleistung und Speicher werden zu Kernelementen des Energiemarktes.

Aufgrund der veränderten Einspeisestruktur haben insbesondere konventionelle Stromerzeuger mit fallenden Stromerlösen zu kämpfen. Um jedoch gegenwärtig am Markt bestehen zu können müssen Energieversorger zum einen Investitionen in neue Kraftwerke, Netze und Speicher tätigen und zum anderen auf neue Kundenbedürfnisse reagieren, z. B. kundennahe Beratungsdienstleistungen oder intelligente Energieversorgungslösungen, die aus der Energiewende resultieren.[32]

Investitionen in neue Netze und Erneuerbare Energien haben weiterhin zur Folge, dass zukünftig keine Preisexplosionen zu erwarten sind. Begründet wird dies dadurch, dass neben preistreibenden Faktoren, wie z. B. die Zunahme der EEG Umlage oder die Zunahme der Netzentgelte durch den Ausbau der Stromnetze, auch preissenkende Faktoren bestehen, wie z. B. die steigende Anzahl an Wettbewerber, die Druck auf die Preise ausüben, oder der sinkende Strombörsenpreis, der durch den Zubau von Erneuerbaren Energien begründet ist. Durch den sinkenden Börsenpreis steigt allerdings die Umlage zur Förderung Erneuerbarer Energien.[33]

Für die Umsetzung eines intelligenten Strommarktes sind diese Investitionen zwingend erforderlich, da sie über den Erfolg der Energiewende entscheiden. Diese Investitionen in neue Technologien müssen für die Umsetzung der Energiewende nicht nur von den Energieversorgern geleistet werden, vielmehr müssen die Verbraucher aktiv werden und ebenfalls durch den Betrieb von z. B. Photovoltaikanlagen oder Blockheizkraftwerken zu Energieproduzenten werden. Dadurch können für die Verbraucher Mitwirkungsmöglichkeiten am Strommarkt entstehen. Für die Verbraucher können weiterhin folgende Potenziale bestehen[34]:

- Die Investitionen in energiesparende Technologien können zur Energieeffizienz beitragen und Kosten senken.
- Durch die Investition in Erneuerbare Energien können die Verbraucher einen Beitrag zum Klimaschutz leisten und so CO_2-Emmissionen reduzieren.
- Durch die Investition in Smart Meter können Verbraucher besser ins Netz integriert werden und einen Beitrag für den Ausbau intelligenter Netze leisten.

---

[32] Vgl. Siemens Deutschland 2014, S. 8.
[33] Vgl. Kemfert 2013.
[34] Vgl. Siemens Deutschland 2014, S. 9.

Mittlerweile haben auch Unternehmen, die keine oder nur indirekte Beziehungen zum Strommarkt aufweisen, den Trend der Energiewende erkannt. Ein aktuelles Beispiel ist die Übernahme von Nest, ein Hersteller für intelligente Haustechnik, durch Google. Damit dringt Google, dessen Kerngeschäft längst über die Bereitstellung einer Suchmaschine über das Internet hinausgeht, zunehmend in neue Geschäftsfelder vor. Bereits in der Vergangenheit hat Google mit seinem Erfindungsreichtum und Investitionen in moderne Unternehmen für technologischen Fortschritt gesorgt. Derzeit bestehen viele Anzeichen dafür, dass in den kommenden Jahren eine massive Digitalisierungswelle die Wohnungen und Häuser der Industriestaaten erreichen wird. Neben vielen Investoren steigt somit nun auch Google als eins der wichtigsten Internetunternehmen mit in den Markt der intelligenten Haustechnik ein.[35]

12.5 Fazit – Die Rolle des Endkunden

Letzten Endes wird nur ein Umdenken aller Akteure im Bereich Energiewirtschaft zu einem wirklichen dynamischen Smart Market führen. Der Endkunde ist bereit, eine aktive Rolle zu übernehmen. Ähnlich wie in der Telekommunikationsindustrie sind dafür aber ein attraktives Angebot an Produkten und Möglichkeiten zur Zusammenarbeit notwendig. Der entscheidende Treiber eines Smart Markets wird nicht der Endkunde sein, dafür sind seine Einflussmöglichkeiten zu limitiert. Der Gesetzgeber wird seine Entscheidungen aufgrund der Anforderungen aller Akteure abwägen. Viel zu oft werden dabei die entscheidungsbeeinflussenden Lobbyisten berücksichtigt. Die Spielräume der Bundesnetzagentur werden sich dadurch auch in einem engen Rahmen bewegen. Die Energievertriebe werden den Smart Market unter den gegebenen Rahmenbedingungen und den Anforderungen des Gesetzgebers immer unter der Vorgabe der betriebswirtschaftlichen Key Performance Indicators ausgestalten. Umsatz und Profit sind entscheidender als soziale, gemeinschaftliche und klimapolitische Ziele. Klar ist, dass der Anstrich auf jeden Fall passen wird. Aber solange die Entscheider nur im Sinne ihrer Anteilseigner handeln und eine Win-Win-Situation mit den Endkunden sich nicht herauskristallisiert, wird der Smart Market vor allem ein Papiertiger sein. Alle Akteure müssen maßgeblich dazu beitragen, Geschäftsmodelle zu kreieren, die einen volatilen Smart Market fördern. Auch hier hat die Telekommunikationsindustrie Beispiel gestanden, wie und wann ein solcher Marktwandel einsetzen kann. Nur neue Anbieter, die die verkrusteten und tradierten Marktstrukturen aufbrechen, werden auch die vorhandenen Unternehmen dazu zwingen, neue Modelle, Produkte und Vertragskonstrukte zu positionieren. Letzten Endes macht es auch keinen Sinn, die reduzierte Rolle des Endkunden durch permanente Wiederholung des Mantras „Nur durch den Gesetzgeber oder durch die Eigeninitiative der EVUs wird sich ein dynamischer Wettbewerb bzw. der Smart Market entwickeln können". Auch der Endkunde muss eine dynamischere und treibendere Rolle einnehmen. Und das geht nur mit der adäquaten Eigeninitiative,

---

[35] Vgl. Paukner 2014.

angefangen mit dem Einholen der notwendigen Informationen und damit des Wissensaufbaus und abgeleitet davon der Stellung der richtigen Forderungen und der Durchführung der passenden Aktionen.

Literatur

Aichele, C., Doleski, O.D.: Einführung in den Smart Meter Rollout. In: Aichele, C. und Doleski, O. D.: Smart Meter Rollout – Praxisleitfaden zur Ausbringung intelligenter Zähler, S. 3–42. Springer, Wiesbaden (2013)

Aichele, C., Schönberger, M.: Smarte Applikationen – Innovative Apps als Beschleuniger für Smart Energy. In: eta green 03/13, Das B2B Magazin für smarte Energien (2013)

Aichele, C.: Kreativ aus der Stasis – Innovativ Smart Meter für die Energiemärkte der Zukunft nutzen. In: eta green 01/13, Das B2B Magazin für smarte Energien (2013)

Aichele, C.: Smart Energy. In: Aichele, C.: Smart Energy. Von der reaktiven Kundenverwaltung zum proaktiven Kundenmanagement. Springer, Wiesbaden (2012)

Appelrath, H.-J., et al.: Future Energy Grid – Migrationspfade ins Internet der Energie, acatech Studie. (Februar 2012)

BDEW: BDEW-Roadmap – Realistische Schritte zur Umsetzung von Smart Grids in Deutschland, Berlin (Februar 2013)

BDEW: Smart Grids – Das Zusammenwirken von Netz und Markt, Diskussionspapier, Berlin (März 2012)

BDI (Bundesverband der Deutschen Industrie e.V.): Internet der Energie. IKT für Energiemärkte der Zukunft. Die Energiewirtschaft auf dem Weg ins Internetzeitalter, BDI-Drucksache Nr 418, Auflage. http://www.bdi.eu/download_content/ForschungTechnikUndInnovation/Broschuere__Internet_der_Energie.pdf (Dezember 2008). Zugegriffen: 14. Jan. 2014

BMU (Bundesministerium für Umwelt, Naturschutz, Bau und Reaktorsicherheit): Novelle des Erneuerbare-Energien-Gesetzes (EEG) – Überblick über die Regelungen des neuen EEG vom 21. Juli 2004. http://www.erneuerbare-energien.de/fileadmin/ee-import/files/pdfs/allgemein/application/pdf/ueberblick_regelungen_eeg.pdf. Zugegriffen: 12. Dez. 2013

BMU (Bundesministerium für Umwelt, Naturschutz, Bau und Reaktorsicherheit): Definition der Elektromobilität nach der Bundesregierung. http://www.erneuerbar-mobil.de/schlagwortverzeichnis/definition-der-elektromobilitaet-nach-der-bundesregierung. Zugegriffen: 14. Jan. 2014

Bühner, V., et al.: Neue Dienstleistungen und Geschäftsmodelle für Smart Distribution und Smart Markets, VDE-Kongress 2012. VDE-Verlag, Berlin (2012)

Bundesministerium der Justiz: Energiewirtschaftsgesetz vom 7. Juli 2005 (BGBl. I S. 1970, 3621), das durch Artikel 1 u. 2 des Gesetzes vom 20. Dezember 2012 (BGBl. I S. 2730) geändert worden ist (Energiewirtschaftsgesetz – EnWG), Berlin (2012)

Bundesministerium für Wirtschaft und Technologie (BMWi) und Bundesministerium für Umwelt, Naturschutz und Reaktorsicherheit (BMU): Energiekonzept für eine umweltschonende, zuverlässige und bezahlbare Energieversorgung, Berlin (September 2010)

Bundesnetzagentur: „Smart Grid" und „Smart Market". Eckpunktepapier der Bundesnetzagentur zu den Aspekten des sich verändernden Energieversorgungssystems, Bonn (Dezember 2011)

Bundesverband Neuer Energieanbieter (bne): Smart Grids und Smart Markets: Die wettbewerbliche Evolution intelligenter Vernetzung als Beitrag zur Energiewende, bne-Positionspapier. http://www.neue-energieanbieter.de/en/system/files/20111010_bne_positionspapier_smart_grids.pdf (2012). Zugegriffen: 03. Dez. 2013

Deloitte & Touche GmbH: Licht ins Dunkel. Erfolgsfaktoren für das Smart Home. http://www.deloitte.com/assets/Dcom-Germany/Local%20Assets/Documents/12_TMT/2013/TMT-Studie_Smart%20Home_safe.pdf. Zugegriffen: 14. Jan. 2014

Doleski, O.D.: Geschäftsprozesse der liberalisierten Energiewirtschaft. In: Aichele, C.: Smart Energy. Von der reaktiven Kundenverwaltung zum proaktiven Kundenmanagement. Springer, Wiesbaden (2012)

Fleisch, E., Thiesse, F.: Internet der Dinge. In: Kurbel, K., et al. (Hrsg.): Enzyklopädie der Wirtschaftsinformatik – Online-Lexikon, Internet der Dinge. http://www.enzyklopaedie-der-wirtschaftsinformatik.de/wi-enzyklopaedie/lexikon/technologien-methoden/Rechnernetz/Internet/Internet-der-Dinge. Zugegriffen: 14. Jan. 2014

Forst, M.: Smart-Home-Technik boomt. Vernetzt und ferngesteuert: Das kann das Haus von morgen. http://www.focus.de/immobilien/energiesparen/smarthome/tid-34218/smart-home-das-kann-das-haus-von-morgen_aid_1135235.html. Zugegriffen: 14. Jan. 2014

Herzig, A., et al.: Smart Grid vs. Smart Market. Wie funktioniert die deutsche Energiewende? München (2012)

Heuell, P.: Kein Smart Market ohne Smart Meter – Anforderungen an die intelligente Messtechnik. Magazin für die Energiewirtschaft (ew), Jg. 112, Heft 1–2, Januar 2013, S. 66–68

Kemfert, C.: Standpunkt: Die Energiewende birgt enorme Chancen, Bundeszentrale für politische Bildung, 27.12.2013. http://www.bpb.de/politik/wirtschaft/energiepolitik/148996/standpunkt-die-energiewende-birgt-enorme-chancen. Zugegriffen: 14. Jan. 2014

Keser, M.: Effizienzdienstleistungen – (k)ein Geschäft für Stadtwerke? Zeitschrift für Energie, Markt, Wettbewerb (emw), Nr. 6, Dezember 2012, S. 36–40

KIT (Karlsruher Institut für Technologie): Das Energy Smart Home Lab. http://www.izeus.kit.edu/57.php. Zugegriffen: 14. Jan. 2014

Mattern, F., Flörkemeier, C.: Vom Internet der Computer zum Internet der Dinge. Informatik-Spektrum, Vol. 33, No. 2, S. 107–121, April 2010. http://www.vs.inf.ethz.ch/publ/papers/Internet-der-Dinge.pdf. Zugegriffen: 14. Jan. 2014

Müller, C., Schweinsberg, A.: Vom Smart Grid zum Smart Market – Chancen einer plattformbasierten Interaktion, WIK Wissenschaftliches Institut für Infrastruktur und Kommunikationsdienste, Diskussionsbeitrag Nr. 364, Bad Honnef (Januar 2012)

Paukner, P.: Google kauft sich ein bisschen Zukunft, Süddeutsche Zeitung, 14.01.2014. http://www.sueddeutsche.de/digital/uebernahme-von-nest-labs-google-kauft-sich-ein-bisschen-zukunft-1.1862323. Zugegriffen: 14. Jan. 2014

Plattform Erneuerbare Energien: Bericht der AG 3 Interaktion an den Steuerungskreis der Plattform Erneuerbare Energien, die Bundeskanzlerin und die Ministerpräsidentinnen und Ministerpräsidenten der Länder. http://www.bmu.de/fileadmin/Daten_BMU/Bilder_Unterseiten/Themen/Klima_Energie/Erneuerbare_Energien/Plattform_Erneuerbare_Energien/121015_Bericht_AG_3-bf.pdf. Zugegriffen: 14. Jan. 2014

Rodriguez, R.: Smart Home – Utopie oder Realität? In: Servatius, H.-G., Schneidewind, U., Rohlfing, D. (Hrsg.): Smart Energy. Wandel zu einem nachhaltigen Energiesystem, S. 249–260. Springer, Berlin (2012)

Siemens, D.: Kundenbefragung Energiewende. Wie kann die Energiewende erfolgreich gestaltet werden? http://www.siemens.de/energiewende-deutschland/pdf/energiewende-kundenbefragung.pdf. Zugegriffen: 14. Jan. 2014

VDE (Verband Elektrotechnik, Elektronik, Informationstechnik): Smart Home zählt 2025 zum gehobenen Lebensstandard. http://www.vde.com/de/Verband/Pressecenter/Pressemeldungen/Fach-und-Wirtschaftspresse/2013/Seiten/20-2013.aspx. Zugegriffen: 14. Jan. 2014

Weiser, M.: The computer for the 21st century. In: Scientific American 265(9), 1991, S. 66–75

Ansätze im Smart Market für Energie-Vertriebsunternehmen

13

Ulrich Dalkmann

Zusammenfassung

Nach den spektakulären Insolvenzen von Teldafax und Flexstrom stellt sich – insbesondere für Energie-Vertriebsunternehmen – die Herausforderung, ein nachhaltiges Geschäftsmodell zu etablieren. Smart Markets bieten hier besondere Perspektiven. Sind die etablierten Märkte dadurch gekennzeichnet, dass neue Anbieter in ein bestehendes Gebietsmonopol – mit den damit verbundenen geringen Margen bei gleichzeitig hohen Vertriebskosten – eindringen, bieten Smart Markets für alle Anbieter gleiche Ausgangsbedingungen. Produktansätze im Smart Market bieten das Potenzial, über die Commodities hinaus, die Unternehmen und Ihr Angebot im Markt zu differenzieren und Alleinstellungsmerkmale zu generieren. Smart Grids, und darauf basierend, Smart Markets entwickeln sich evolutionär. Produktansätze für Energievertriebe sind daher zurzeit oft nur im Ansatz zu erkennen. Sie bieten aber Potenzial zur starken Entwicklung bei sich verändernden Rahmenbedingungen.

Ziel dieses Beitrages ist es, die Veränderungskräfte vom traditionellen Markt, hin zum Smart Market zu benennen und – dazu passend – beispielhaft drei Produktansätze aus der betrieblichen Praxis aufzuzeigen, zu klassifizieren und zu diskutieren. Insbesondere wird die Relevanz der Prozesse und der Informationssysteme für die jeweilgen Produkte herausgestellt. Ausgehend von der exemplarischen Betrachtung soll in einem Ausblick das grundlegende Potenzial für derartige Produkte in der Zukunft aufgezeigt werden. Die Analyse zeigt, dass gerade jetzt innovative Energievertriebe die besten Impulse für die Entwicklung zu Smart Markets liefern. Die IT der Unternehmen fungiert dabei als „Enabler" für smarte Lösungen.

U. Dalkmann (✉)
Lekker Energie GmbH, Invalidenstraße 17a,
10115 Berlin, Deutschland

Häufig genug – insbesondere bei traditionellen Energieunternehmen – wird die IT als „Inhibitor" gesehen, der Entwicklungen im Smart Grid- aber auch im Smart Market-Bereich verhindert, zumindest aber stark hemmt. Die weltweite Bedeutung der Energiewende sollte gerade im deutschen Markt die Lösungskompetenz einer Wirtschaft unter Beweis stellen, die sich Ihrer Ingenieurskunst rühmt.

13.1 Smart Markets aus der Sicht von Energievertrieben

Die spektakulären Insolvenzen von Teldafax und Flexstrom befeuern eine Diskussion darüber, ob der wettbewerbliche Energiemarkt zum Erliegen gekommen ist und ob nicht eine Rückkehr in die Monopolstrukturen der richtige Weg in die Zukunft ist. Übersehen wird dabei, dass beide Unternehmen für das umstrittene Vorkassemodell gestanden haben, das sich als nicht nachhaltig erwiesen hat und das auch keinerlei technisches Innovationspotenzial geboten hat. Durch die Eigenarten des Energiemarktes (Jahresverbrauchsabrechnung, langsame Wechselprozesse, schwierige, nicht zeitnahe Verbrauchserfassung...) war es den Unternehmen leicht möglich, über das Vorkassesystem eine Unternehmensfinanzierung auf Kosten der Kunden zu betreiben.

Bei dieser Diskussion geraten schnell die positiven Beispiele wettbewerblicher Energievertriebe aus dem Blick. LichtBlick und Greenpeace Energy haben den Markt für nachhaltig produzierte Energie geöffnet und Ihr jeweiliges Marktsegment strategisch besetzt. Yellow hat über die erste Liberalisierungswelle hinaus das Marktsegment der günstigen Konzernoutlets geprägt, in das erst später eprimo und E WIE EINFACH gestartet sind. Demgegenüber positioniert sich lekker Energie als „Effizienzanbieter", der als Partner der Kunden versucht, die Chancen der Energiewende für breite Kundenschichten nutzbar zu machen. All diese Beispiele zeigen, dass der Energievertrieb außerhalb des Monopols als eigenständiges Geschäft dauerhaft weiter funktionieren kann.

Ein Blick auf die Kurse der größten deutschen Energieunternehmen (siehe Abb. 13.1) zeigt einen weiteren Aspekt der veränderten Marktbedingungen. Sowohl E.ON als auch RWE tun sich schwer mit der Einstellung auf wettbewerbliche Märkte. Wird in der öffentlichen Diskussion gern auf die Probleme der Erzeugungssparte verwiesen, sind es bei genauerer Analyse gerade die Vertriebseinheiten dieser Gesellschaften, die vor nachhaltigen Veränderungen stehen. E WIE EINFACH und eprimo sind als reine Discounter aufgestellt. Innovative Produktansätze bleiben eher den etablierten Konzerngesellschaften vorbehalten, die in Ihrer inneren Logik aber noch im Monopol verhaftet sind und den Fokus auf die Kundenretention legen und nicht auf die Neugewinnung von Kundenverhältnissen mit innovativen Produkten. Die neuen, dynamischen Vertriebseinheiten werden schnell unter Ergebnisdruck gesetzt und so fehlen Potenziale für den Eintritt in den Smart Market. So verwundert es nicht, dass die zur Zeit aktivsten Verfechter von Smart Market-Produkten im Bereich neuer weitgehend unabhängiger Energievertriebe liegen. Yellow hat mit seinem

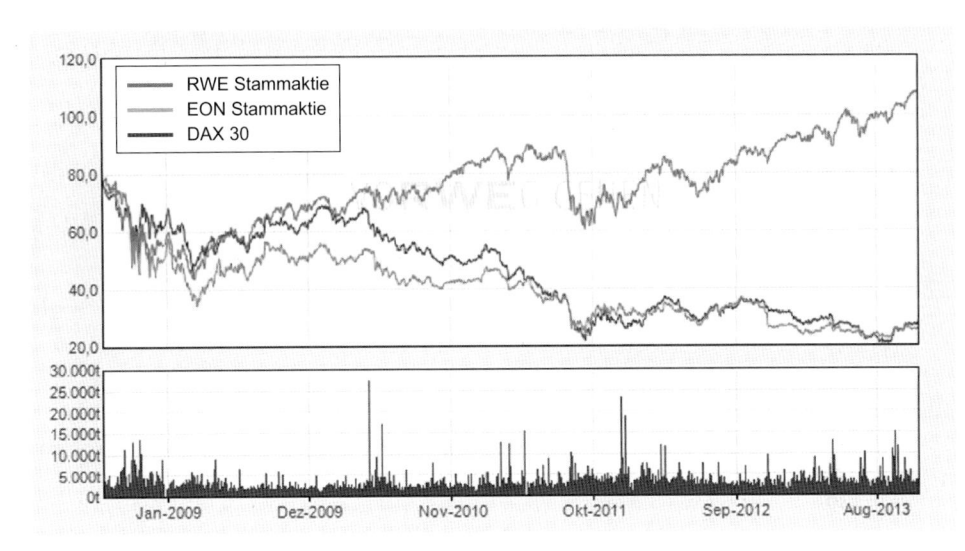

Abb. 13.1 Kursverlauf RWE Aktie (im Vergleich) seit August 2008. (RWE AG)

Vorstoß in Richtung elektronischer Zähler sicherlich einen Akzent gesetzt, LichtBlick mit dem ZuhauseKraftwerk einen weiteren. Lekker ist mit „geniaale Strom" [sic] angetreten und hat mit dem „lekker mobil" für hohes öffentliches Interesse gesorgt.

Auch wenn alle genannten Ansätze noch nicht den erhofften Durchbruch gefunden haben, so zeigt sich hier die Dynamik dieser Unternehmen. Weiter zeigt sich, dass gerade von dieser Seite mit weiteren spektakulären Ansätzen zu rechnen ist und neben den öffentlichkeitswirksamen Produkten eine Reihe von Ideen vorhanden sind, um Chancen im Smart Market zu suchen.

Wie bereits erwähnt, kann eine große Dynamik für Smart Market Produkte im Bereich der unabhängigen Vertriebsgesellschaften vermutet werden. Für diese Gesellschaften stellen die sich ändernden Marktbedingungen keine Bedrohung, sondern eine Chance dar. Nur in diesen neuen Feldern kann auf Augenhöhe mit den etablierten Marktteilnehmern konkurriert werden. Prinzipiell verändert sich der Markt von einer hierarchischen hin zu einer ausgewogenen Macht-, Angebots- und Nachfragestruktur (siehe Abb. 13.2).

Im traditionellen Strommarkt ist die kapitalintensive Wertschöpfungsstufe „Erzeugung" wenigen, kapitalstarken Marktteilnehmern vorbehalten. Diese dominieren ebenfalls das natürliche Monopol der Wertschöpfungsstufe „Verteilung/Netz". Der Vertrieb betrachtet die Kundenseite rein technisch und sorgt für die Bereitstellung der nachgefragten Energiemenge an den Verbrauchsstellen. Im Smart Market dagegen agiert die Wertschöpfungsstufe „Verteilung/Netz" unabhängig und optimiert die verfügbare Netzkapazität im Interesse aller Marktteilnehmer. Der logische Schritt zum „Smart Grid beseitigt Engpässe im Netz auf intelligente Weise und bietet die technologische Basis für innovative Produkte auf Erzeugungs- und Vertriebsebene.[1]

---

[1] Vgl Bundesnetzagentur (2011, S. 1 ff.).

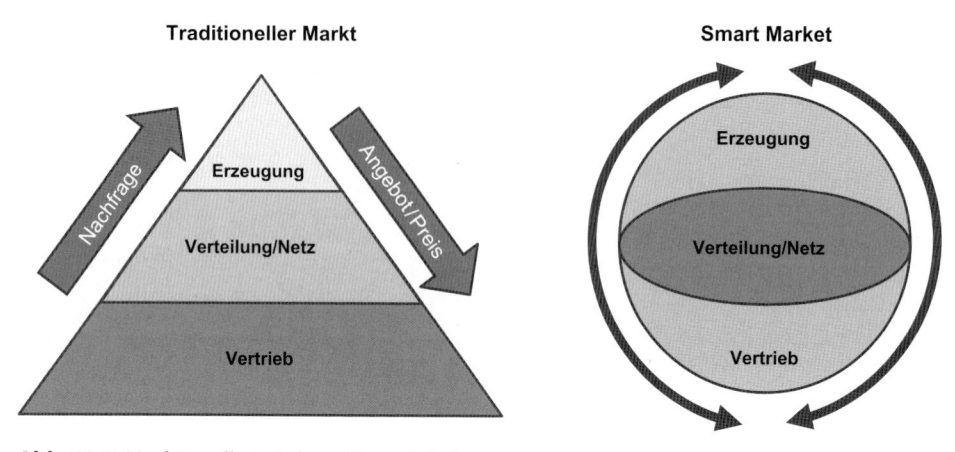

Abb. 13.2 Traditioneller Markt vs. Smart Market

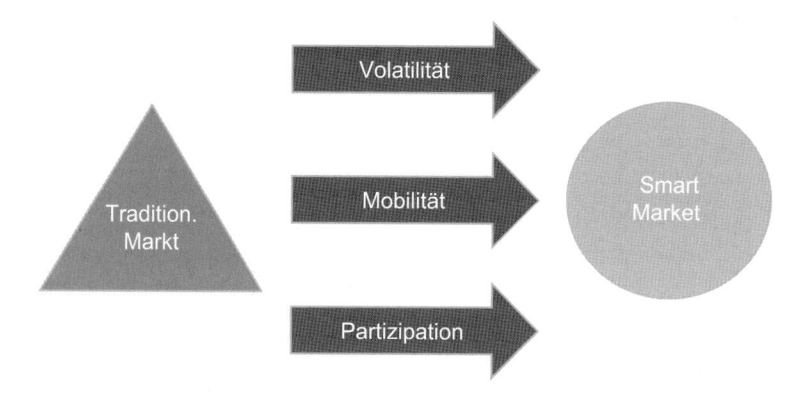

Abb. 13.3 Grundlegende Entwicklungstrends

Die Integration Erneuerbarer Energien mindert den Kapitalbedarf für Marktteilnehmer auf der Erzeugungsstufe. Laut Trendresearch sind in Deutschland nur etwa fünf Prozent der Anlagen Erneuerbarer Energien in der Hand der großen vier Energiekonzerne.[2] Einzelne Haushalte werden zu „Prosumern", agieren damit aktiv in den Märkten und fragen differenzierte Energieprodukte nach. Dabei sind drei generelle Trends aus Sicht der Vertriebe erkennbar (siehe Abb. 13.3).

- *Volatilität:* Erneuerbare Energien sind nur begrenzt steuerbar und – bezogen auf den Strom – auch nur begrenzt speicherbar. Damit schwankt sowohl das Angebot als auch der Preis erheblich. Im Gegensatz zum traditionellen Markt, der teure Spitzenlast pro-

---

[2] Vgl. trend:research (2013, S. 1 ff.).

gnostizierbar bereitstellen konnte, muss im Smart Market Ausgleichsenergie nach Angebot und Nachfrage flexibel zugesteuert werden.
Ein kundenorientierter Energievertrieb, muss daher die Preisvorteile in der Beschaffung an die risikofreudigen Kundengruppen über geeignete Produkte weitergeben und risikoaversen Kunden die Möglichkeit zu planbaren, moderaten Energiekosten eröffnen.

- *Lokalität:* Energienutzung, insbesondere die Nutzung elektrischer Energie war im klassischen Markt nur im engen, räumlichen Zusammenhang mit den Stromnetzen denkbar. Auch die Erzeugung elektrischer Energie durch Großkraftwerke war nur an wenigen zentralen Standorten möglich. Der Smart Market ist demgegenüber gekennzeichnet durch wesentlich größere Mobilität und Dezentralität. Jeder Haushalt verfügt heute über akkubetriebene Geräte, vom Smartphone bis zum Akkusauger. Elektrofahrräder gehören zunehmend zum Straßenbild und E-Mobility im Automobilbereich ist – mit Blick auf eine Vielzahl von Hybridfahrzeugen – längst in die Großserienfertigung vorgedrungen.

Auch auf der Erzeugungsseite geht der Trend weg von starren, zentralen Systemen. Windräder, Photovoltaik- und Biogasanlagen werden dezentral, in der Fläche errichtet. Mikro-KWK-Anlagen, Wärmepumpen und Solarthermieanlagen zur Brauchwassererwärmung und Heizungsunterstützung ermöglichen mittlerweile fast jedem Haushalt, einen wesentlichen Teil des Energiebedarfs lokal zu decken. Neben einem hohen Wärmeisolationsniveau gehören energiesparende Erzeugungssysteme heute zur Standardausstattung moderner Neubauten.

Zukunftsorientierte Energievertriebe erkennen zunehmend diesen Trend und positionieren sich als „Effizienzdienstleister", die nicht nur regenerativ erzeugte Energie vermarkten, sondern den Kunden ermöglichen, die innovativen Technologien zu nutzen um die Energie möglichst effizient, sowohl technisch wie wirtschaftlich, zu nutzen.

- *Partizipation:* Das klassische Marktmodell kannte nur wenige Akteure. Die großen überregionalen Gesellschaften hatten über Ihre Hochspannungsnetze den Markt untereinander aufgeteilt. Über die regionalen Verteilnetzbetreiber setzte sich die Demarkation auf regionaler und lokaler Ebene fort. Die Stromkonsumenten waren meist passiv, wurden mit wenigen Standardprodukten über Ihre Verbrauchsstellen beliefert und nahmen am Marktgeschehen nicht aktiv teil.

Im Smart Market ändern sich die Rollenverteilungen. Die Endkunden entdecken Ihre Marktmacht und wechseln aktiv Ihre Energieversorger, um günstigere Angebote, besseren Service oder innovative Produkte zu bekommen. Als Prosumer generieren sie einen Teil Ihres Bedarfs selbst, oder speisen für andere Energie in den Markt ein.

Zum wesentlichen Treiber wird das aktuelle Marktmodell selbst. Bereits heute sind die Spotmarktpreise an den Strombörsen auf historisch niedrigem Niveau und es zeichnet sich auch für die Zukunft keine gravierende Veränderung ab. Im Endkundenbereich steigen die Preise aber immer rasanter. Ursache dafür sind die Umlageverfahren im aktuellen Marktmodell. Der klassisch erzeugte und verteilte Strom trägt die gesamten Umbaukosten für die Energiewende. Da sich aber immer mehr Akteure mit Ihrem gesamten Verbrauch, oder Teilen davon, aus dem System entfernen (steigender Anteil energieintensiver Betriebe, steigende Eigenerzeugung und zunehmend effizienterer Energieeinsatz etc.), wächst die Umlagelast und steigt die Motivation zum Einsatz innovativer Produkte aus dem Smart Market.

Die nachfolgenden Beispiele für Smart Market Produktansätze illustrieren exemplarisch den Umgang innovativer Energievertriebe mit den Herausforderungen und Chancen in Smart Markets. Zum Teil handelt es sich um bereits erfolgreiche Produkte der Einzelunternehmen, zum Teil aber auch um Systembausteine, die zu weiteren Produkten auf- und ausgebaut werden können. Es wird jeweils das Produkt und die dahinter stehende Produktidee beleuchtet. Die mit der Umsetzung verbundenen Bezüge zum Smart Market werden aufgezeichnet und im Hinblick auf Ihren wirtschaftlichen Nutzen und Ihr Innovationspotenzial beurteilt.

13.2 Beispiele für Vertriebsprodukte im Smart Market

13.2.1 Dekkel Strom/dekkel Gas

Am Produkt „dekkel Strom/dekkel Gas" der lekker Energie GmbH soll exemplarisch ein Produkt beschrieben werden, das den Trend zu verstärkter Volatilität im Smart Market kundenorientiert aufgreift. Die nachfolgenden Ausführungen beziehen sich auf das Stromprodukt, sind aber prinzipiell auch auf den Gasbereich übertragbar.

13.2.1.1 Produktidee

Gewerbekunden mit einem Verbrauch zwischen 100.000 Kilowattstunden (kWh) bis 25.000.000 kWh (kleine und mittlere Gewerbetreibende wie z. B. Bäckereien) werden im traditionellen Energiemarkt oft nicht adäquat berücksichtigt. Mit Ihrem Verbrauch sind sie für die großen Akteure am Markt nicht systemrelevant. Eine individuelle, bedarfsgerechte Kundenansprache findet nicht statt, viele Kunden werden auf Standardprodukte ohne entsprechende Beratung und Unterstützung verwiesen. Lekker Energie hat hier – aufbauend aus Erfahrungen aus den Niederlanden – ein Stromprodukt für Firmenkunden entwickelt, bei dem eine Preisobergrenze garantiert ist. Sinken die Preise, kann der Vertrag monatlich angepasst werden. Den Kunden wird das „dekkeln" zum günstigeren neuen Preis angeboten, bei gleichzeitiger Verlängerung der Vertragsdauer.

Interessant ist dieses Produkt für Kunden, die Planungssicherheit für Ihre Geschäftstätigkeit brauchen (weil sie. z. B. wegen intensiven eigenen Wettbewerbs keine Chance haben, Energiepreiserhöhungen an ihre Kunden weiterzugeben), aber sich Chancen bei fallenden Marktpreisen sichern wollen. Insofern ähnelt das Produkt einem *Forwarddarlehen* im Hypothekenbereich, wo auch die Volatilität der Zinsentwicklung durch Festschreibungszeit und Öffnungsklausel aufgefangen wird.

13.2.1.2 Umsetzung

Voraussetzung für dieses Produkt sind Elemente aus dem Smart Market- und Smart Grid-Bereich. Zum einen sind Kunden dieser Größenordnung in der Regel lastgemessen und verfügen über eine elektronische Verbrauchsmessung. Dadurch ist bereits in der Akquisitionsphase eine Lastganganalyse möglich, sodass die zu beschaffenden Mengen und der dahinter liegende Lastverlauf auch für einen zukünftigen Zeitraum recht genau prognostiziert werden kann. Durch einen elektronischen Zugang zum Beschaffungsmarkt (bei der lekker Energie GmbH realisiert über eine PHP-programmierte Eigenentwicklung „Intelligent Quoting Engine (IQE)") werden in einem integrierten *Workflow Deal* Requests an den Handel gegeben. Deal Tickets auf Basis der aktuellen Spot Marktpreise gehen zurück, werden mit Aufschlägen belegt und bilden die Basis für ein zeitlich limitiertes Angebot an den Kunden. Hier greift eine webbasierte Angebotssoftware (WASE), die den Prozess effizient automatisiert und bei Closing des Deals das Abrechnungssystem und das Portfolio Managementsystem entsprechend konfiguriert. Die gesamte Funktionseinheit wird Unternehmensintern „dekkel Fabrik" genannt, weil mit Aufnahme der Belieferung automatisiert nach weiteren „dekkel"-Möglichkeiten im Kundenbestand gesucht wird. So hat sich in kurzer Zeit eine fokussierte Unternehmenseinheit gebildet, die einen ständig wachsenden Kundenbestand pflegt, der sich durch gute Wertschöpfung, bei gleichzeitig geringer *Churn-Affinität* auszeichnet.

Eine besondere Herausforderung stellt dieses Produkt für das *Portfolio-Management* dar. Durch die bis zu dreijährige Laufzeit muss mit hoher Güte der Beschaffungsprozess organisiert werden. Veränderungen in der Leistungsabnahme (z. B. durch Installation einer Eigenerzeugung) müssen frühzeitig erkannt und dann adäquat gegengesteuert werden. Insofern gelang die Einführung des Produktes bei der lekker Energie GmbH nur durch den Aufbau eines *Portfoliomanagementsystems* (PFM-Systems) der Fima Kisters AG, über das eine gewichtete rollierende Beschaffung unterstützt werden kann.

Bis zum jetzigen Zeitpunkt ergeben sich noch Herausforderungen durch das Produkt, insbesondere bei der Unternehmensplanung. Die Preissicherheit für den Kunden wird durch Unsicherheiten für den Energielieferanten erkauft. Nur durch hohe Prozessqualität ist es möglich, die Risiken auf der Beschaffungs- und Absatzseite auszugleichen. Von der Energiebeschaffung wird eine hohe Flexibilität erwartet und trotzdem sind nicht alle Konstellationen voraussagbar. Gerade den kommunalen Gesellschaftern der lekker Energie GmbH ist nicht immer leicht verständlich, weshalb die Geschäftsplanung nicht statisch machbar ist. Mit zunehmenden Smart Market-Tendenzen gleichen sich die Geschäftsmodelle von etablierten Stadtwerken und dynamischen Energievertrieben zunehmend an. Der Trend zur Volatilität im Smart Market betrifft die etablierten Marktteilnehmer aus dem traditionellen Markt mehr und mehr.

13.2.1.3 Beurteilung

Die „dekkel"-Produktlinie der lekker Energie GmbH hat sich evolutionär aus dem Großkundenvertrieb entwickelt. Wie aus o. a. Ausführungen ersichtlich, bestand die Herausforderung zum Aufbau der „dekkel Fabrik" nicht singulär in der Entwicklung einzelner

Systemkomponenten (wie z. B. WASE oder IQE). Die Entwicklung des Produkts hat das gesamte Unternehmens- und Systemgefüge verändert. Das Marketing und der Vertrieb waren gezwungen, gemeinsam eine Kommunikations- und Vertriebsstrategie zu entwickeln, gemäß derer die Kampagnen geplant werden konnten und die die Basis für eine erfolgreiche Bestandskundenbetreuung bildet.

Der Beschaffungsbereich und die IT haben über mehrere Großprojekte die Komplexität im Marktzugang und im Portfoliomanagement über systemunterstützte Funktionen soweit beherrschbar gemacht, dass heute durch das stabile Kundenportfolio und die schieren gehandelten Mengen wieder ein stabilisierender Faktor für das gesamte Energiebeschaffungsportfolio sichtbar wird. Nach anfangs massiven Anlaufschwierigkeiten hat sich die „dekkel Fabrik" im Unternehmen etabliert und erreichte in fünf Jahren als Einzelbereich den operativen *Break Even*. Die Phase der Stabilisierung, Professionalisierung und Optimierung war nötig, um über die Unternehmensgrenzen hinaus – der Marktzugang erfolgt über den Handelsbereich der Muttergesellschaft – Systeme zu integrieren und smarte Prozesse zu implementieren. Ein Vorteil der Komplexität der Produktfamilie ist, dass es sehr schwer (zeit- und kostenintensiv) ist, das Produkt zu kopieren. Bis heute ist es den Wettbewerbern nicht gelungen, ein gleich komplexes Konkurrenzprodukt auf den Markt zu bringen. Die Markteintrittsbarriere ist hoch und lekker Energie GmbH hat sich hier sicher einen Wettbewerbsvorteil nachhaltig gesichert. Die Prozess- und Systemumgebung erlaubt eine recht einfache Ausweitung des Produktes auf den Gasmarkt. Hier sind noch deutlich höhere Umsätze bezogen auf den einzelnen Kunden zu erwarten, da Gas vorwiegend zur Wärmeerzeugung eingesetzt wird (auch für Prozesswärme in Produktionsunternehmen) und hier oft höhere Mengen benötigt werden als im Strombereich. Weiterhin bietet sich über den Cross Selling Ansatz die Möglichkeit, Prozesskosten zu senken und eine noch höhere Kundenbindung zu erzielen.

Gerade derartige Produkte können dazu führen, dass Gewerbekunden sich zu produzierenden Konsumenten im Energiemarkt (Prosumer) entwickeln. Die grundlegende Produktidee basiert darauf, den Kunden ein ausgewogenes Mix aus Sicherheit (Preisdekkel über eine fixe Laufzeit) und Flexibilität (monatliche Prüfung gegen den Beschaffungsmarkt und Möglichkeit zur Nutzung von Marktchancen) zu bieten. Durch die Auseinandersetzung mit den Preisentwicklungen auf der Beschaffungsseite und durch die individuelle Beratungstätigkeit im Vertrieb werden die Kunden aktiviert, sich mit dem Energiemarkt regelmäßig auseinanderzusetzen. Die Deckung eines Teils des Energiebedarfs über Eigenerzeugung bietet sich fallbezogen an und kann – soweit verfügbar – mit intelligenten Produktlösungen angegangen werden (Contracting, Kooperation, Energieberatung). Hier bieten sich Upselling-Möglichkeiten für weitere Produkte im Smart Market. Für das dekkel Produkt an sich ist es hier notwendig, neben der Preisflexibilität, auch eine Mengenflexibilität einzubauen. Eine reine „take or pay"-Klausel kann nur für eine Übergangszeit akzeptiert werden. Interessanter ist sicher eine Lösung, die über ein agiles Portfoliomanagement die Nutzung freiwerdender Energiemengen im Standardportfolio ermöglicht oder einen optimierten Rückverkauf am Markt erlaubt.

13.2.2 ZuhauseKraftwerk (LichtBlick)

Das „*ZuhauseKraftwerk*" steht für den Trend zur Lokalisierung und Dezentralisierung in der Energiewirtschaft.[3] War es im traditionellen Markt ausschließlich großen Unternehmen möglich, die Investitionen und laufenden Aufwendungen im Kraftwerksbetrieb zu stemmen, so erlauben es ausgeklügelte technische Innovationen auch kleineren Investoren bis hin zu den Privathaushalten die Energieerzeugung – oder Teile davon – in die eigene Hand zu nehmen. Photovoltaik, solare Wärme, Kleinwindanlagen und gerade Mini-BHKW sind in verstärktem Maß für jedermann erschwinglich geworden. Produkte in diesem Bereich liegen daher oft auch im Trend zu mehr Partizipation im modernen Energiemarkt. Die Kunden beschäftigen sich zunehmend mit dem Energiemarkt und haben oftmals kein Vertrauen zur Anbieterseite. Selbst erzeugter Strom bietet – ähnlich zu lokalen Agrarprodukten – ein gutes Gefühl, sich aus den – als bedrohlich angesehenen – großindustriellen Produktionsprozessen der Energieerzeugung auszuklinken. Lohnte sich Anschaffung und Betrieb anfänglich nur zur (subventionierten) Einspeisung ins Netz, so tritt heute zunehmend der Eigenverbrauch in den Vordergrund. Wesentlicher Grund dafür ist der (durch den Umverteilungsmechanismus) stark steigende Endkundenpreis.

13.2.2.1 Produktidee

Elektrische Energie stellt eine „veredelte" Form der Energiebereitstellung dar. Primäre Energieträger (regenerative, fossile oder nukleare Energien) werden über Generatoren in elektrische Energie umgewandelt und über Netze an die Nutzer geliefert. Die Energieumwandlung und der Transport sind dabei aus technischer Sicht mit Verlusten behaftet. Bei der Verfeuerung fossiler Brennstoffe entsteht z. B. Abwärme, Nuklearkraftwerke müssen auf Betriebstemperatur gehalten und gekühlt werden und auch beim Einsatz regenerativer Energien entsteht z. B. Reibung. Bei der Weiterleitung des Stroms in den Netzen führt unter anderem der elektrische Widerstand zu Verlusten. Eine besonders effiziente Bereitstellung und Nutzung elektrischer Energie erfolgt über sogenannte *KWK-Anlagen* (*Kraft-Wärme-Kopplung*), die dezentral Strom erzeugen, aber gleichzeitig die entstehende Abwärme zu Heizzwecken und zur Warmwasseraufbereitung nutzen. So können Gesamtwirkungsgrade von > 90 % bezogen auf die eingesetzten fossilen Brennstoffe erzielt werden und die Transportverluste sind, wegen der räumlichen Nähe von Erzeugung und Nutzung, vernachlässigbar gering.

Im traditionellen Markt war auch dieser Bereich großen, etablierten Marktteilnehmern vorbehalten. Durch Einsatz der KWK-Technologie in *Blockheizkraftwerken* (BHKW) im Nah- und Fernwärmebereich ließen sich so z. B. die Potenziale bei der gleichzeitigen Strom- und Wärmeerzeugung nutzen. Für kleinere Anlagen lohnte allerdings der Aufwand für Konzeption, Bau und Betrieb der Anlagen nicht. Mit dem ZuhauseKraftwerk nutzt LichtBlick SE diese Marktnische, die der Trend zu stärkerer dezentraler Lokalisation bietet. Im Prinzip kann durch sogenannte Mini-BHKW jeder zum Stromproduzenten wer-

---

[3] Vgl. LichtBlick ZuhauseKraftwerk (2013, S. 1 ff.).

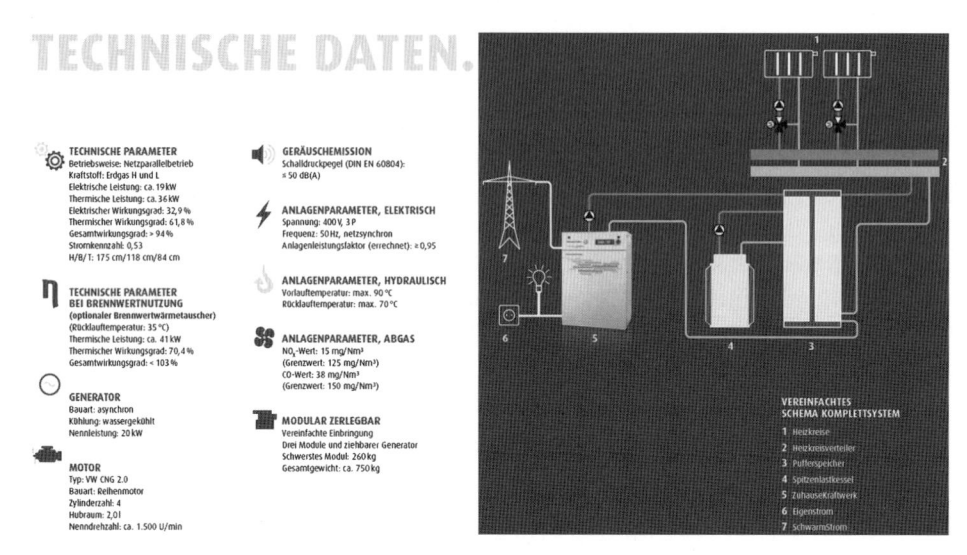

Abb. 13.4 Vereinfachtes Schema „ZuhauseKraftwerk". (LichtBlick SE)

den. Wirtschaftlich sinnvoll sind die Anlagen zurzeit jedoch nur dann, wenn (z. B. über eine zentrale Brauchwasserbereitung) auch über das ganze Jahr ein relevanter Bedarf an Wärme besteht. Mit 36 Kilowatt (kW) thermischer Leistung und 19 kW elektrischer Leistung ist der Einsatz auch in kleinen Haushalten eher unwirtschaftlich. Die Abb. 13.4 zeigt das Arbeitsprinzip des ZuhauseKraftwerks schematisch.

Ein gasbetriebener Verbrennungsmotor treibt einen Generator, der bei Anforderung elektrischen Strom erzeugt. Dieser kann lokal genutzt oder ins öffentliche Netz gespeist werden. Die entstehende Abwärme wird in einen Schichtspeicher geleitet, der Warmwasser für die Nutzer bereitstellt, das auch zu Heizzwecken genutzt werden kann. Das Produkt eignet sich daher für Neubauten und Bestandsgebäude, wenn eine relevante zentrale Warmwasserbereitung vorgesehen ist. Nur so kann das ZuhauseKraftwerk auch außerhalb der Heizperiode sinnvoll betrieben werden, da es die Nutzungszeiten – um wirtschaftlich betrieben werden zu können – erreicht. Die von den ZuhauseKraftwerken versorgten Kunden werden zu *Prosumern*, d. h. sie konsumieren Energie, produzieren sie aber auch und nehmen so eine aktive Rolle im Energiemarkt ein. LichtBlick wiederum baut über viele kleine dezentrale Anlagen ein eigenes Erzeugungsportfolio auf und hat so eine höhere Flexibilität auf der Beschaffungsseite. Derartige Anlagen werden typischerweise deutlich länger als zehn Jahre betrieben. Neben der stärkeren Kundenbindung bietet es sich für die Vertriebsgesellschaft an, – neben dem churnanfälligen Endkundengeschäft – ein langfristig angelegtes Engagement mit stabilen Erträgen aufzubauen.

13.2.2.2 Umsetzung

Das ZuhauseKraftwerk stammt aus einer mehrjährigen Kooperation von LichtBlick und Volkswagen. Die technische Umsetzung baut auf den Stärken der jeweiligen Partner auf und öffnet den Heizungs- und Energiemarkt für bisher branchenfremde Player. Die ursprünglich genannten Installationszahlen (ca. 100.000 Anlagen) waren zu Beginn (2009) sicher recht hoch gegriffen. Anfang dieses Jahres war – im Zusammenhang mit der Schwarmstrom Software – von 700 gesteuerten Anlagen die Rede. Das alles deutet darauf hin, dass die Bedingungen im Marktumfeld der ZuhauseKraftwerke sich noch anders darstellen als zunächst angenommen wurde.

Ein Blick in die einschlägigen Foren legt zudem nahe, dass – nach anfänglicher Euphorie – der Blick heute realistischer ist. Es zeigt sich, dass das Produkt die Marktreife erreicht hat, aber nur bei speziellen Konstellationen wirtschaftlich betrieben werden kann (größere Einheiten, ganzjähriger Warmwasser Bedarf, geeignete Aufstellbedingungen etc.). Neben dem isolierten Blick auf das Produkt, ist aber feststellbar, dass durch die Produktinnovation „ZuhauseKraftwerk" der Markt für *dezentrale Energieerzeugung* neue Impulse erfahren hat. Etablierte Hersteller von Heizungsanlagen (Vaillant, Viessmann etc.) mussten nachziehen und haben ähnliche Produkte auf den Markt gebracht, die den Einsatzbereich von Mikro-KWK-Anlagen erweitert. Erreicht wird dies durch andere Antriebskonzepte (z. B. Viessmann mit dem Stirlingmotor) oder mit völlig neuen Technologien (wie z. B. CFCL mit der keramischen Brennstoffzelle). Das ZuhauseKraftwerk hat darüber hinaus Impulse für den Mess-/Regel-/Steuer- und Softwarebereich gesetzt. Die Kombination von Wärmeproduktion und Stromerzeugung erfordert eine Kombination der Messung und Regelung auf beiden Seiten (strom- und wärmeseitig), um die jeweils aktuellen Betriebszustände zu erfassen. Tritt z. B. durch einen Kälteeinbruch überraschend ein Wärmedarf auf, so produziert die Anlage zugleich Strom, unabhängig von der Nachfragesituation. Eine akute Nachfragesituation auf der Stromseite ist weniger kritisch, da durch die Nutzung der Wärmespeicher das System auf der Wärmeseite träger reagiert und sich leichter ausbalancieren lässt. Auf der Stromseite wird klar, dass das ZuhauseKraftwerk aktuell nicht zur lokalen Stromnutzung geeignet ist. LichtBlick nimmt den so erzeugten Strom als eigene Erzeugungsbasis (*Schwarmstrom*) in sein Portfolio. Die Mess- und Regelelektronik aggregiert daher die Betriebszustände auf der Strom- und Wärmeseite. Die Anlagensteuerung sorgt auf Basis der Daten dafür, dass zunächst das Versorgungsobjekt jederzeit ausreichend mit Wärme versorgt werden kann. Durch Integration in die zentrale Software (SchwarmstromManager) von LichtBlick wird die einzelne Anlage zu einem *virtuellen Kraftwerk* ausgebaut. Ausgehend von Prognosedaten über die Erzeugung regenerativer Energie (z. B. von enercast) kann der Bedarf an Regel- und Ausgleichsenergie ermittelt werden. Durch Abgleich mit den Betriebszuständen der einzelnen SchwarmKraftwerke kann – darauf aufbauend – die Einsatzstrategie der Kraftwerke kurz- und mittelfristig prognostiziert und geplant werden. Für Unternehmen wie LichtBlick ist so eine komplette Versorgung des Kundenportfolios mit regenerativer Energie (z. B. beim Betrieb der KWK mit Biogas) erreichbar.

Die zentrale Rolle der IT in den technischen und kaufmännischen Prozessen derartiger Unternehmen ist leicht verständlich. Auch hier hat LichtBlick Meilensteine gesetzt. Zusammen mit dem Fraunhofer-Institut für Windenergie und Energiesystemtechnik (IWES) wurde der SchwarmstromManager entwickelt. Das System erlaubt die Integration unterschiedlicher Erzeugungssysteme in eine IT- Systemplattform. Durch Zugriff auf Prognosedaten, Ist-Daten von Messungen an Kundenanlagen und statistischen Verfahren zur Bedarfsprognose kann – gleitend – die volatile Erzeugung regenerativer Energieträger gegen den räumlichen und zeitlichen Bedarf des Kundenportfolios gespiegelt werden. Im Sinne einer Lastprognose wird dann der auszugleichende Bedarf ermittelt und über steuerbare Anlagen (insbesondere Schwarmstrom) ausgeglichen.

13.2.2.3 Beurteilung

Der grundlegende Produktansatz des ZuhauseKraftwerks ist durchaus revolutionär. Ausgehend von – bereits langjährig genutzten – Contracting-Modellen im KWK-Bereich der traditionellen Energiewirtschaft, wird mit dem „Schwarm"-Ansatz die Vision einer komplett regenerativen Energieversorgung greifbar gemacht. Durch Nutzung innovativer Mess-/Regel- und Steuertechnik sowie durch Integration dieser Technologie in eine darüber liegende IT Plattform wird – laut LichtBlick – ein „Betriebssystem für Energiesysteme" bereitgestellt. In dieser Vision arbeiten Energiesysteme des Smart Markets ähnlich wie zeitgemäße Computer- oder Telekommunikationssysteme. Angebote und Bedarfe an Informations- und Kommunikationsleistungen sind in der modernen IT- und TK Industrie ebenfalls hochgradig volatil, äußerst dezentral und führen dazu, dass jedermann jederzeit an den Leistungen partizipiert. Diese Analogie zeigt das Potenzial des *„Energiebetriebssystems"* für den Smart Market und ist eine zentrale Leistung der Produktinnovation durch LichtBlick.

Unter den aktuellen Gegebenheiten stößt diese Vision momentan aber noch auf viele Hürden des traditionellen Energiemarktes. Die Vielzahl der Netzbetreiber in Deutschland führt zu einer Vielzahl unterschiedlichster regionaler (sogar lokaler) Prozess- und IT-Strukturen. Dadurch ergibt sich ein Mangel an gesamthafter Transparenz im Markt. Immer wieder muss mit jedem Netzbetreiber – individuell – über die online Bereitstellung und die Integration von Netzdaten verhandelt werden um – neben Angebot und Nachfrage – auch den Transport mit berücksichtigen zu können. Die unterschiedlichen Prozesse und Systeme führen zu hohen Anpassungsaufwendungen und -kosten, sodass LichtBlick ihr ZuhauseKraftwerk nur in ausgewählten Netzgebieten anbieten kann. Die Lösung derartiger Hemmnisse kann letztlich nur über eine Reglementierung durch den Regulierer erreicht werden. Die Festlegungen zum Datenaustausch beim Lieferantenwechsel (GPKE und GeLi) können hier als Vorbild dienen. Der Autor und Vertreter neuer Energieanbieter (insbesondere auch LichtBlick) haben im entsprechenden Arbeitskreis des Bundesverbands Neuer Energieanbieter e. V. (bne) die Grundlagen für die Festlegungen mit erarbeitet. Durch die Festlegungen der deutschen Regulierungsbehörde wurden die energiewirtschaftlichen Systeme für einen transparenten Austausch der Daten im wettbewerblichen Markt geöffnet. Durch den weltweiten Einsatz der Systeme (insbesondere SAP R/3 IS-U) werden auch die – im deutschen Energiemarkt üblichen – Prozesse und Formate exportiert. So kann sich, über die Zeitachse, ein national, eventuell global funktionierendes energiewirtschaftliches Betriebssystem entwickeln.

13.2.3 Mieterstrom/Bürgerstrom

Ein Blick in die Nachrichten genügt, um festzustellen, dass das Thema Energieversorgung im Wahlherbst 2013 höchste mediale Aufmerksamkeit genießt. Ob Ausstieg aus der Kernenergie, spektakuläre Marktgeschehnisse (Übernahmen, Rekommunalisierung, Restrukturierungen, Insolvenzen etc.), Kostenwälzung der Energiewende etc., jeder Bürger fühlt sich vom Veränderungsprozess betroffen und nimmt an der öffentlich geführten Debatte teil. Zum Lackmustest für das Gelingen der Energiewende wird die Frage nach der gerechten Partizipation in Bezug auf Kosten und Nutzen. Nach aktuellem Stand partizipieren energieintensive und oder eigenerzeugende Nutzer besonders vom aktuellen Marktmechanismus.[4] Sie haben einen großen Bedarf an Energie, nutzen die Infrastruktur intensiv und werden trotzdem von wesentlichen Teilen der Umlagen ausgenommen. Wie in Abschn. 13.2.1 und Abschn. 13.2.2 dargelegt, profitieren auch agile, eigenerzeugende Nutzer von den Chancen durch die Veränderungen in den Smart Markets. Durch dezentrale Erzeugung und Einspeisung ins Netz (bei hohen Vergütungen) oder durch Eigenverbrauch kann ein Teil des Energiekonsums aus dem Umlagemechanismus kostengünstig verlagert werden. Am Ende werden die Nutzergruppen zunehmend belastet, die nicht am Veränderungsprozess partizipieren oder partizipieren können. Die extreme Preisentwicklung beim Strom für Endverbraucher, bei gleichzeitig historisch niedrigen Beschaffungspreisen an den Energiebörsen, zeigt die Schieflage dieser Marktentwicklung. Ein Smart Market bietet aber die Möglichkeit, auch bisher passive Marktbeteiligte an den positiven Veränderungsprozessen teilhaben zu lassen. Bürgerstrom und Mieterstrom sind Produktideen, die von dynamisch denkenden Managern erdacht wurden und z. B. beim – in Aufbau befindlichen – kommunalen Berliner Öko-Stadtwerk Realisierung finden könnten.

13.2.3.1 Produktidee

Die Kostenlast für die Umgestaltung der Energieversorgung wird aktuell auf die Verbraucher gewälzt, die Ihre Stromversorgung im traditionellen Marktmechanismus realisieren, während andere z. B. durch Bau von Photovoltaikanlagen oder ZuhauseKraftwerken Teile Ihres Verbrauchs aus der Kostenwälzung verlagern oder durch Inanspruchnahme der Einspeisevergütung weitere umlagefähige Kosten produzieren.

Das Produkt „Mieterstrom" setzt hier an. Gespräche mit kommunalen *Wohnungsbauunternehmen* in Berlin haben gezeigt, dass ein hohes Interesse der Gesellschaften daran besteht, die Wohnungsmieter bei den Nebenkosten zu entlasten. Es sind sowohl Dachflächen vorhanden um PV-Anlagen zu installieren, als auch Keller- und Heizungsräume um z. B. BHKW zu installieren. Sollten Wohnungsbaugesellschaften jedoch diese Invests tätigen, müssten sie auch für den erzeugten Strom die Abrechnung und die Kundenbetreuung übernehmen (z. B. beim Ausfall oder bei Rechnungsreklamationen). Mehr noch, als *Arealnetzbetreiber* laufen sie Gefahr unter die Regulierung zu fallen und z. B. die Marktkommunikation gemäß *GPKE* durchführen zu müssen. Davor schrecken die Un-

---
[4] Vgl. EnWG (2011).

ternehmen naturgemäß zurück. Ein kommunales Stadtwerk bietet sich hier als langfristig agierender Partner an, der den erzeugten Öko-Strom aufkauft, den Mietern kostengünstig anbietet oder sonst über das eigene Marktportfolio vermarktet. Als Spezialist im Energiemarkt beherrscht das Stadtwerk die energiespezifischen Prozesse und Marktbedingungen und ergänzt so die Leistungen der kommunalen *Wohnungswirtschaft*. Im Bereich von Abrechnung, IT und Kundenservice können daneben Synergien für beide Seiten gehoben werden, die letztlich wieder der Stadt zugutekommen. Da der traditionelle Markt mit mechanischen Zählern und vielfältigen technischen Beschränkungen derartige Produktideen behindert, ist ein Mieterstromprodukt in seiner vollen Ausprägung nur im Smart Market zu erwarten. Die Akteure (Stadtwerk und Wohnungsbaugesellschaften) sehen sich in einer Kooperation aber durchaus in der Lage, die aktuellen technischen Unzulänglichkeiten zu beseitigen. Die elektronischen Möglichkeiten im Smart Market erlauben dann auch, mehrere Mieterstromprojekte im Sinne einer „Schwarmproduktion" zu koppeln. Durch geeignete IT Lösungen wäre dann auch eine Steuerung, Messung und Regelung im Sinne eines *virtuellen Kraftwerks* möglich.[5] An diesen virtuellen Kraftwerken ließen sich dann wieder die Bürger einer Stadt wie Berlin, sowohl auf der Investoren-, wie auch auf der Konsumentenseite beteiligen. Dies mindert den Fremdkapitalbedarf für derartige Investitionen und führt zu verstärkter Bindung der Bürger an „Ihr Stadtwerk" und zur Partizipation an der Entwicklung zum Smart Market für bisher ausgeschlossene Bevölkerungsgruppen. Unter dem Arbeitstitel *„Bürgerstrom"* werden derartige Produktideen diskutiert.

13.2.3.2 Umsetzung

Anders als die zuvor dargestellten Produkte, basieren der „Bürgerstrom" sowie der „Mieterstrom" zurzeit auf Konzepten für das – im Aufbau befindliche – Öko-Stadtwerk in Berlin. Die Konzepte haben inzwischen, in den Diskussionen und in Ihren technischen Bauteilen, einen Reifegrad erreicht, der eine kurzfristige Umsetzung erwarten lässt. So kann ein wesentliches Kernprodukt des Stadtwerks zeitnah an den Markt gebracht werden, das ein wesentliches Differenzierungsmerkmal zu den mehr als 200 Stromhändlern in Berlin werden soll.

Wesentliche regulatorische Voraussetzungen (z. B. § 3 Abs. 7 EEG)[6] definieren den Netzbegriff genauer und grenzen das öffentliche Netz vom Arealnetz und Objektnetzen (z. B. der Wohnungsbaugesellschaften) ab. Im Objektnetz selbst besteht für die kooperierenden Akteure die Möglichkeit, innovative Erzeugungs-, Mess- und Steuerungsmöglichkeiten zu installieren, um den Energiebedarf der Wohnungen effizient und kostengünstig zu befriedigen. Die Abb. 13.5 zeigt schematisch die verschiedenen Optionen, die die Berliner Energie Agentur (BEA) für die Installation im Bestand und bei Neubau sieht.[7]

In der Novelle des Gesetzes ist eine „kaufmännisch-bilanzielle Durchleitungsverpflichtung" vorgesehen, um es Anlagenbetreibern zu ermöglichen, die erzeugten Strommengen

---

[5] Vgl. KWK-G (2012).
[6] Vgl. EEG (2012 § 3 Abs. 7).
[7] Vgl. Dittmann (2011).

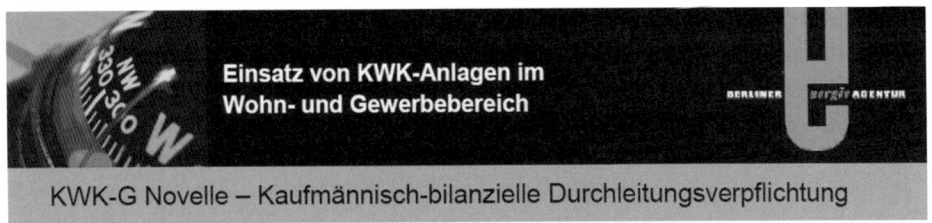

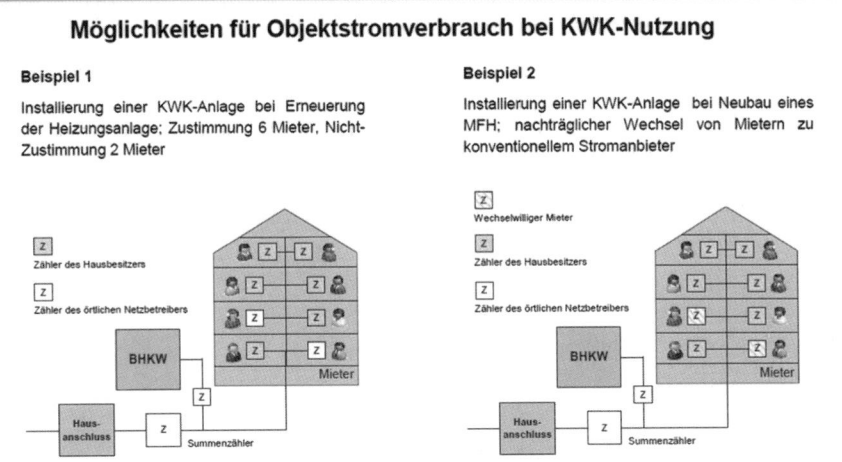

13 Ansätze im Smart Market für Energie-Vertriebsunternehmen

Abb. 13.5 Möglichkeiten für Objektstromverbrauch bei KWK-Nutzung, BEA. (Berliner Energie Agentur)

an die Mieter von Mehrfamilienhäusern weiterzugeben. Dies ermöglicht es – auch heute schon – hocheffiziente KWK-Anlagen in Wohnobjekten zu betreiben und interessierten Mietern den erzeugten Strom anzubieten. Wie o. a. Grafik zeigt, ist das aktuelle Angebot aber begrenzt. Der Fokus liegt auf der Belieferung und Erzeugung im einzelnen Objekt. Die Einspeisung – und Messung im Objekt beginnt hinter dem Hausanschluss, der Summenzähler für das Objekt wird durch den lokalen Netzbetreiber gestellt. Der Hausbesitzer soll Zähler im Objekt stellen (und auch betreiben). Hier schrecken viele Hausbesitzer zurück. Der Messstellenbetrieb und die sonstigen energiewirtschaftlichen Aktivitäten liegen außerhalb des Kerngeschäfts von z. B. Wohnungsbaugesellschaften. Es müssten teure IT-Systemlösungen (Abrechnungs-, Kundenbetreuungs-, Marktkommunikationssysteme etc.) aufgebaut werden um die (anfangs wenigen) Mieter prozessual betreuen zu können. Die IT und die damit verbundenen Prozesse bilden die relevante Markteinstiegsbarriere in den Smart Market für Akteure aus der Immobilienwirtschaft.

Für das Stadtwerk ist das alles jedoch Kerngeschäft und Kernfunktionalität. Die relevanten, systemspezifischen Kosten verteilen sich auf eine deutlich höhere Gesamtkundenanzahl, sodass die Markteintrittsbarriere leicht überwunden werden kann. Das Stadtwerk soll eine eigene, regenerative Erzeugungsbasis aufbauen und den daraus gewonnenen Strom vermarkten. Flexible KWK-Anlagen sind hier eine ideale Ergänzung zu regional erzeugter Windkraft und Photovoltaik, sodass die hohe Volatilität der verfügbaren regenerativen Anlagen durch steuerbare Komponenten ergänzt wird. Durch Nutzung z. B. von Biogas aus dem Berliner Umland und durch weitere Anlagen anderer kommunaler Beteiligungen (BSR, BWB etc.), lässt sich auch bei einer hohen Kundenzahl eine 100 % ökologische Versorgung im Bilanzkreis des Stadtwerks darstellen. Anders als z. B. das ZuhauseKraftwerk von LichtBlick, bietet das Mieterstromkonzept des Berliner Öko-Stadtwerks eine besonders hohe Partizipationsmöglichkeit für die Bürger der Stadt. Die Gesamtheit der Anlagen ist lokal (auf Berlin und das Umland) begrenzt und die Veränderungen im Energiemarkt im Sinne eines Smart Markets werden hautnah erlebbar gemacht. Durch die vollständige Versorgung des Mieterstroms mit regenerativen Energien sollen alle Bürger der Stadt die Möglichkeit erhalten, neben der traditionellen Versorgung mit umlagebehafteter Energie, Zugang zu umlagebefreiten Öko-Stromprodukten zu bekommen.

Bereits zeitnah zur Gründung der Stadtwerke sollte mit einer Pilotanlage das Konzept praxisreif unter Beweis gestellt werden. Gegebenenfalls kann auch auf bisherigen KWK-Projekten (z. B. der BEA) aufgesetzt werden. Es gilt, insbesondere die IT-Systeme und Prozesse zu etablieren, um neben der Abrechnung und Kundenbetreuung auch die technische Messung und Steuerung zentral zu betreiben. Hier werden sich auch interessante Ansätze für die – gerade in Berlin – aktive IT-Szene und die Forschungslandschaft ergeben. Durch logische Verknüpfung der Einzelanlagen kann – im Sinne eines Leuchtturmprojektes – die technisch-prozessuale Lösung für ein virtuelles Öko-Kraftwerk für das Stadtwerk aufgebaut werden. Die mediale Präsenz des Stadtwerks und gezielte Kommunikation sollen dann die Partizipationsmöglichkeiten der Bürger weiter voranbringen, sodass Investitionsmittel gesammelt werden können (z. B. durch Bürgeranleihen oder Fonds), um auch eine eigentumsrechtliche Partizipation für breite Bevölkerungsschichten zu ermöglichen. Durch diesen „Bürgerstrom" würde das Stadtwerk zum Motor für die Energiewende in einer Stadt wie Berlin.

13.2.3.3 Beurteilung

Die Diskussionen über „Mieterstrom" und „Bürgerstrom", im Umfeld der Stadtwerksgründung, zeigen eine positive Resonanz bei den Beteiligten. Die zunächst nicht konkreten Ziele des Stadtwerks werden so greifbarer und das eigenständige Profil der Gesellschaft lässt sich besser fokussieren. Die – auch schon vorhandenen – punktuellen Ansätze (z. B. Projekte der BEA, der BWB etc.) stellen die grundsätzliche Machbarkeit unter Beweis und zeigen auch, dass die Fortführung wirtschaftlich machbar ist. „Bürgerstrom" und „Mieterstrom" stellen in der skizzierten Form ein Alleinstellungsmerkmal für das Berliner Öko-Stadtwerk dar. Neben den technischen Herausforderungen, ist es aber insbesondere die Partizipation der Berliner Bevölkerung, die den Erfolg der Produkte und auch des Stadtwerks ausmacht. Der Bürgerentscheid am 03.11.2013 wird damit auch zu einem Votum für die Akzeptanz dieser Produktkonzepte in Berlin. Die mediale Aufmerksamkeit in den nationalen und internationalen Medien ermöglicht dann auch eine Profilierung Berlins als aktiver Part in der Veränderung der Energiewirtschaft hin zu einem Smart Market.

Gerade die Einbeziehung der Bürger und der lokalen Wirtschaft und Wissenschaft hat das Potenzial, das Bild Berlins als „Smart City" (wie es z. B. die kürzlich gefahrene IBM-Kampagne illustriert hat) positiv zu prägen.

13.3 Analyse und Ausblick

13.3.1 Entwicklung Smart Meter/Smart Grids/Smart Markets

Die aufgezeigten Produktansätze und Entwicklungen belegen die eingangs postulierte Hypothese, dass von den neuen Energievertrieben große Veränderungsimpulse in Richtung auf Smart Markets ausgehen. Alle Produkte entfalten Ihr größtes Veränderungspotenzial unter Nutzung intelligenter Messsysteme (Smart Meter).[8] Die Erfahrungen beim „dekkel Strom" der lekker Energie GmbH zeigen, dass Abweichungen zwischen dem realen Verbrauch und dem hinterlegten Lastprofil (z. B. bei relevanter Eigenerzeugung) immer zu teuren Zu- und Verkäufen von Ausgleichsenergie führen. Dies wird letztlich in den Preis einkalkuliert und macht das Produkt für die Kunden weniger attraktiv. Erst eine unmittelbare Messung und die Verfügbarkeit differenzierter Prognosedaten (z. B. über Erzeugung regenerativer Energie bei Eigenerzeugung) mindert das Risiko erheblich und führt zu attraktiven Preiskonstellationen. Die Produktion von SchwarmStrom aus ZuhauseKraftwerken macht nur Sinn, wenn die Mess- und Regeldaten an den Anlagen online verfügbar gemacht werden können. Die Produktideen zum Mieter- und Bürgerstrom setzen jeweils Smart Meter-Lösungen im öffentlichen Netz und in den Areal- und Gebäudenetzen voraus. Der zögerliche Ausbau derartiger Lösungen in den deutschen Netzen führt dazu, dass derartige Produktideen nicht flächendeckend zum Einsatz kommen können. Trotzdem sind die Erfolge der Produkte nicht zu übersehen. Dekkel Strom überschritt bei lekker Energie GmbH als erster Teilbereich die Break Even-Marke. Das ZuhauseKraftwerk ist mittlerweile mehr als 700-mal installiert und hat die Marktperspektiven von LichtBlick (als ursprünglichem Ökostrom-Vermarkter) deutlich erweitert. Und Ansätze wie Mieter- und Bürgerstrom werden zu einem wesentlichen Merkmal eines Öko-Stadtwerks in Berlin.

Die Nutzung von Smart Metern und der Umbau bestehender Netze zu Smart Grids wird – wegen der bestehenden Netzvielfalt – auch regional unterschiedlich schnell vor sich gehen. Zurzeit ist nicht absehbar, ob sich die Vielfalt als vor- oder nachteilig entpuppt. Viele kommunale – auch kleine – Netzgesellschaften investieren in Smart Grids, da sie erkannt haben, dass mit einer intelligenteren Energieinfrastruktur auch den Entwicklungen der Effizienzregulierung durch die jeweiligen Regulierungsbehörden nachhaltig begegnet werden kann. Smart Grids erhöhen die Transparenz über die Netzzustände, lassen Bau- und Betrieb von Anlagen optimiert planen, reduzieren unnötige Ausgaben (z. B. für die Menge an Ausgleichs- und Regelenergie) und stellen einen wesentlichen Beitrag für die kommunale Infrastruktur dar. Gerade bei den kleineren Stadtwerken (z. B. Schönau oder

---

[8] Vgl. Margardt (2012, S. 161 ff.).

Schwäbisch Hall) finden sich innovative Vorreiter in Sachen Smart Grid. Der zunehmende Trend zur *Rekommunalisierung* der örtlichen Verteilnetze erreicht dabei mit den anstehenden Ausschreibungen für die Energienetze in Berlin und Hamburg ein besonderes Moment. In den beiden größten Städten Deutschlands haben sich starke Bürgerinitiativen gebildet, die – über einen Volksentscheid – die Rekommunalisierung der Energieversorgung fordern. In beiden Städten betreibt der Vattenfall Konzern aktuell das Verteilnetz und sieht sich beim anstehenden Vergabeverfahren im Wettbewerb mit kommunalen Stadtwerksinitiativen, aber auch mit international agierenden Playern. Ähnlich wie bei Lizenzvergaben im Telekommunikationsbereich wird dabei über einen „Beauty Contest" das Betreibermodell ausgewählt, das am besten zu den kommunalen Vorgaben passt. Die Fähigkeit, über innovative IT- und Prozesslösungen ein Smart Grid zu fahren, wird dabei zum Auswahlkriterium für die zukünftigen Netzbetreiber. Es ist daher nicht verwunderlich, dass in unterschiedlicher Geschwindigkeit, Smart Grid-Lösungen im Netzbereich die traditionellen Verfahren über eine isolierte Netzsteuerung aus einer Leitwarte heraus ablösen. Unternehmen wie Alliander, die sich auch um die Netzkonzession in Berlin bewerben zeigen, dass eine eigentumsrechtliche Kopplung von Erzeugung, Netz und Vertrieb für eine gelungene Integration der entsprechenden Systemkomponenten nicht erforderlich ist. Die aus dem eigentumsrechtlich entflochtenen NUON Konzern hervorgegangene Alliander AG (Splitsings Wet) konzentriert sich auf den effizienten Betrieb kommunaler Infrastrukturen und sieht in der IT- und Systemkompetenz ein Alleinstellungsmerkmal bei der Bewerbung um Netzkonzessionen.

Oftmals – insbesondere im Umfeld traditionell denkender Energieunternehmen – werden die Begriffe Smart Grid und Smart Market synonym gebraucht. Wie das Beispiel des niederländischen Alliander Konzerns zeigt, beschreiben beide Begriffe durchaus unterschiedliche Geschäftsmodelle. Die Bundesnetzagentur definiert in einem Positionspapier die unterschiedlichen Begriffe wie folgt:

- Unter den Begriff Smart Grid, fallen alle Aktivitäten rund um die Netzkapazität.
- Der Begriff Smart Market hebt dagegen auf den Handel mit Energiemengen ab.

Ein reines Netzunternehmen – wie z. B. Alliander – optimiert für das eigene Geschäftsmodell den höchstmöglich effizienten Bau und Betrieb von Netzkapazitäten. Es kann daher langfristig günstige Netznutzungsentgelte bei gleichzeitig hoher Verfügbarkeit und Servicequalität bieten. Zu den Services für die Erzeuger und Vertriebe im Netzgebiet gehört dazu die permanente, transparente Bereitstellung von Daten über den Betriebszustand im Netz, um Nachfrage und Angebot optimal aufeinander abstimmen zu können und für ein ausgeglichenes Portfolio zu sorgen. Gesellschaften, die die Netzkapazitäten für den Handel mit Energiemengen nutzen, verwenden diese Basisdaten weiter, veredeln sie gegebenenfalls um eigene Informationen (z. B. über Speicherkapazitäten, Im- oder Exportmengen oder frei zuschaltbare Kapazitäten etc.) und bieten als Erzeuger preisoptimierte Mengen an den Energiebörsen an, oder kaufen geeignete Mengen für Ihr Portfolio dazu. Energievertriebe befeuern den Wettbewerb um Kunden und Mengen und setzen auf den transparenten Informationen des Smart Grids auf. Nur so lassen sich konkurrierende, heterogene Angebote mit klaren, differenzierten Unterscheidungsmerkmalen generieren, die Marktmechanismen zur Befriedigung der unterschiedlichen Kundeninteressen in Gang setzen. In einem funktionierenden Smart Market findet jeder Kunde, das für Ihn passende Angebot. Öko-interessierte Kundengruppen können mit Produkten versorgt werden, die verbrauchsnah, transparent und nachweislich nachhaltig erzeugt wurden (z. B. Mieterstrom). Alle Kunden (auch kleine Privathaushalte) erhalten die Möglichkeit, selbst Strom nach eigenem Gusto zu produzieren (und auch zu konsumieren) und sich so aus der Abhängigkeit weniger Großunternehmen zu befreien (ZuhauseKraftwerk). Risikoaverse Kunden bekommen Angebote mit langfristig kalkulierbaren Preisen und Öffnungsklauseln bei günstigen Marktkonstellationen (z. B. dekkel Strom). Der Smart Market im Wettbewerb führt nicht generell zu geringeren Preisen. Dazu müsste ja auch das Angebot – wie im Monopol – uniform sein. Der Smart Market führt aber in jedem Fall zum Fortschritt in der Energieversorgung, da nur eine günstige Preis-/Leistungs-Konstellation zu nachhaltiger Differenzierung und langfristiger Kundenbindung führt. Der einseitige Versuch, über eine dauerhafte Preisführerschaft zum Durchbruch zu kommen, ist spätestens mit den Insolvenzen von TelDaFax und Flexstrom als gescheitert zu betrachten.

Die Volatilität, die Lokalität und die Partizipation sind in einem Dreiklang Treiber für die Entwicklung hin zu Smart Markets (siehe Abb. 13.3). Die größte Herausforderung auf dem Weg dahin ist die Herstellung der notwendigen aktuellen und jederzeit online verfügbaren Transparenz über alle im Smart Market anfallenden Daten. Ertragsprognosen und Messungen der regenerativen Erzeugungsanlagen stellen dabei die Ausgangssituation dar. Kapazitäten und Betriebszustände steuerbarer Anlagen für die Ausgleichsenergie und Prognosen sowie aktuelle Messungen über das Konsumverhalten und über Speicherzustände komplettieren das Bild. Unter Berücksichtigung planbarer und störungsbedingter Kapazitätsengpässe durch die Netzbetreiber gilt es dann, mit allen Beteiligten zusammen eine jederzeit stabile Netzsituation zu erzeugen. Von der traditionellen Energiewirtschaft wird diese Herausforderung oft als „unlösbar" dargestellt. Insbesondere die IT wird oft als *Inhibitor* ins Feld geführt, wenn über gigantische Datenmengen, Risiken und Kosten diskutiert wird. Ein Blick in die Realität zeichnet jedoch ein anderes Bild. Die heutigen Informations und Kommunikationsnetze bieten in Bezug auf Komplexität, Datenaufkommen und Transparenzanforderungen ähnliche Bedingungen wie die Energienetze im Smart Market der Zukunft. Auch hier wurden in den letzten 20 Jahren bei ähnlichen Ausgangssituationen die IT-Herausforderungen immer gemeistert.

13.3.2 Rolle der IT, Erfahrungen und Ausblick

Die besondere Rolle der IT bei der Umgestaltung der Energiemärkte hat in diesem Beitrag schon mehrfach Erwähnung gefunden. Ähnlich wie bei der *Liberalisierung* der Telekommunikationsmärkte stehen dabei die Kundenbetreuungs- und Abrechnungssysteme im

Mittelpunkt.[9] Netzbetreiber und Energievertriebe haben aus den ursprünglich einheitlichen Abrechnungssystemen auf SAP-Basis (SAP R/3 IS-U), mit Oracle oder Microsoft als Technologiepartner (SIV KVASY und Wilken/Neutrasoft) oder in einer open Source Umgebung durch informatorisches Unbundling relativ unabhängige Systemlandschaften im Sinne eines zwei Mandanten Modells bzw. zwei Systemmodells erstellt. An diese Kernsysteme docken Satellitensysteme und Webservices an, über die Aufgaben wie die Marktkommunikation, das Energiedatenmanagement, die Archivierung oder die Instandhaltung etc. unterstützt werden. Je nach Unternehmen, Geschäftsausrichtung und regulatorischem Umfeld individualisiert sich die jeweilige Systemlandschaft und macht jedes Unternehmen im Smart Market einzigartig. Der Netzbereich zeigt – wegen seines Monopolcharakters – ein einheitlicheres Bild. Hier dominiert zu mehr als 90 % bei großen Betreibern eine SAP-basierte Systemlandschaft. Das System SAP R/3 IS-U avancierte praktisch weltweit zum Standardsystem für große Netzgesellschaften. Mit großem Abstand folgen die Oracle- und Microsoft-basierten Systeme, Individual- und Open Source-Lösungen sind in Nischenbereichen präsent. Die Dominanz der SAP-Lösung und die Vorreiterrolle Deutschlands in der Energiewende (mit den regulatorischen Festlegungen z. B. GPKE) führen in der Konsequenz dazu, dass die Flexibilität der SAP-basierten Gesamtlösung zum Flaschenhals bei der Entwicklung zum Smart Market wird. Nach ursprünglichem Versuch hier die Individuallösung für Alle (z. B. lokalen Fragestellungen im Sinne einer IDEX-GE) zu schaffen, zielt die aktuelle Strategie der SAP eher darauf ab, einen Standard für die europäische und globale Regulierung anzubieten. Über Konfiguration (*Customizing*) und zertifizierte Ergänzungslösungen kann dann eine äußerst flexible Systemlandschaft für die Versorgungsindustrie aufgebaut werden. Die Initiative liegt daher heute bei den Marktbeteiligten selbst, insbesondere bei Ihren IT Abteilungen. Sie sind gefordert, eine IT-Strategie zu entwickeln, die äußerste Verfügbarkeit (Operations First) bei hoher Flexibilität und günstiger Kostenstruktur ermöglicht. Am Beispiel der IT-Strategie der lekker Energie GmbH soll auf die Bewältigung dieser Herausforderung näher eingegangen werden.

Lekker Energie GmbH zeigt, dass viele Kosten- und Machbarkeitsargumente im IT-Bereich auf dem Weg zum Smart Market nur vorgeschoben sind. Lekker in seiner heutigen Form ist aus der früheren NUON Deutschland hervorgegangen, die – wie die Muttergesellschaft in den Niederlanden auch – eigentumsrechtlich entflochten wurde.[10] Dies hatte natürlich massive Auswirkungen auf die IT der Gesellschaften, da nicht nur die Systeme, sondern auch die technische Infrastruktur, sowie die Personalstruktur auf die Zielgesellschaften aufgeteilt werden mussten. Dieses Großvorhaben (in den Niederlanden war das sogenannte „Splitsingsproject" der Energiebetriebe das größte IT-Vorhaben seiner Zeit) war mit vielerlei Problemen und Hindernissen verbunden. Für die IT der lekker Energie GmbH zeigte sich aber nach Abschluß, dass durch die Trennung vom Netzbereich deutlich mehr Flexibilität für die Vertriebsaktivitäten und den Kundenservice gewonnen werden konnte. Zwar stiegen durch die negativen Skaleneffekte die relativen Personalkosten, ande-

---

[9] Vgl. Dalkmann und Karbenn (1998, S. 65 ff.).
[10] Vgl. WON (2006).

rerseits konnte durch günstigere Beschaffung, modernere Infrastruktur und bessere Ressourcennutzung, dieser Skaleneffekt mehr als kompensiert werden. Die stärkere Fokussierung führte auch zu einer intensiveren Zusammenarbeit zwischen dem IT-Bereich und den anderen Fachbereichen des Unternehmens. Die IT wurde zum Motor und Strukturgeber für Standards und Normen im Unternehmen und senkte so die Projektkosten erheblich. Durch Einführung der Projektmanagementmethode PRINCE II in Verbindung mit Methoden des agilen Projektmanagements gelang es – über die Bereichsgrenzen hinweg – eine verbindliche Vorgehensweise, nicht nur in IT-Projekten, zu etablieren. Insbesondere die Planbarkeit, Transparenz und Steuerbarkeit von Projekten (und damit auch die allokierten Kosten) hat sich stark verbessert und die Qualität der Projektarbeit gehoben. Durch intensive Zusammenarbeit – insbesondere mit dem Kundenservice – konnte die User Experience – nicht nur der online-Applikationen – deutlich verbessert werden. Durch Einführung eines KI-nahen Response-Systems wurden die unterschiedlichen Kommunikationswege (Mensch/Mensch, Mensch/Maschine) integriert und die Kosten für die Kundenbetreuung wurden deutlich, bei gleichzeitig besserer Qualität gesenkt. Durch Ausbau der Online Plattformen (Web-Auftritte, Vertriebspartnerportal, Kundenportal etc.) konnte der Automatisierungsgrad immer weiter angehoben werden, ohne den persönlichen Kundendienst und die persönliche Betreuung der Vertriebspartner zu vernachlässigen. Gerade beim Ausbau der Online Plattform wird die Verfügbarkeit der kompletten Applikationslandschaft im Sinne eines 24/7-Betriebs zum kritischen Erfolgsfaktor. Kundenaktivitäten oder menschliches Versagen sind ebenso wenig vorhersagbar wie Wetterereignisse oder technische Störungen. Ein falsch gesetzter Parameter kann schnell zu falschen Abrechnungen, einem Peak im Call- und Onlineaufkommen und anschließend hoher Arbeitsbelastung im Kundenservice führen. Eine ständig hochverfügbare IT-Systemlandschaft, die auch solche Spitzenlasten ausbalanciert, ist eine wesentliche Grundvoraussetzung für ein Energieunternehmen im Smart Market. Das gleiche gilt für weitere Kriterien einer guten Unternehmensführung. Eine hohe Verfügbarkeit der Systeme ist ohne ein hohes Niveau im Bereich der *Datensicherheit* nicht gegeben. Neben dem Zugriffsschutz spielt hier insbesondere die Ausrichtung nach den Kriterien des BSI-Grundschutzes und der entsprechenden ISO-Normen (27001 ff.) eine Rolle. Lekker hat sich hier klar positioniert und die Leit- und Richtlinien im Katalog zur guten Unternehmensführung verankert. Eine online-Dokumentation zum Problem Handling und zur Wiederherstellung von Daten im Störungsfall sorgen für aktuelle Handlungsanweisungen, auch bei Krankheit oder Ausfall von Mitarbeitern.

Neben der Datensicherheit fällt auch dem *Datenschutz* in Energieunternehmen eine immer größer werdende Bedeutung zu. Transparenz auf der technischen Seite bedeutet immer auch, dass eine Unmasse von Mess- und Überwachungsparametern erhoben, transportiert und ausgewertet werden müssen. Zählerdaten, Steuerungsdaten über Heizungs- und Klimaanlagen, ja selbst Nutzungs-Bewegungsdaten mit elektromobilen Fahrzeugen fallen an und müssen vor missbräuchlicher Nutzung geschützt werden. Im Smart Meter-Bereich wird das BSI-Schutzprofil für elektronische Zähler intensiv diskutiert. Im Smart Market erreicht diese Diskussion nochmals eine noch größere Dimension. Die aktuell andauernde Diskussion über die Geheimdienstaktivitäten rund um die NSA nährt gerade in Deutschland und den europäischen Staaten, die in Ihrer Geschichte unter totalitären Regimen gelitten haben, die Vorbehalte gegen die Erhebung und Verarbeitung derartiger Datenfluten in Smart Markets. Aus einem anderen Blickwinkel betrachtet bietet sich gerade hier eine Perspektive für europäische Unternehmen. Applikationen und Verfahren, die in Ihrer Grundstruktur den vertrauensvollen Umgang mit *personenbezogenen Daten* ermöglichen, werden zu einem Basiskriterium für den Einsatz im europäischen Raum. Verbunden mit einer grundsätzlichen Unternehmensphilosophie zum vertraulichen Umgang mit sensiblen Daten kann auch im Smart Market ein hohes Maß an Datenschutz und Datensicherheit gewährt werden. Die Rolle des unabhängigen Datenschutzbeauftragten hat bei lekker immer eine besondere Rolle gespielt und ist – gerade von der IT – nie als störend oder verhindernd empfunden worden.

Wesentliches Kernkriterium im Smart Market, wird der Umgang mit sogenannten „*Big Data*" werden. Nur durch Verfahren im Umgang mit diesen Datenmengen lässt sich eine ständige Verfügbarkeit der Energieversorgung in volatilen, dezentralen Strukturen sicherstellen und transparent an alle Prozessbeteiligten weitergeben. Waren derartige Verfahren in der Vergangenheit häufig mit technischen Restriktionen belegt, so gilt das heute nur noch in eingeschränktem Maß. Als Referenz kann auch hier der Vergleich mit den Entwicklungen im IT- und Telekommunikationsbereich gelten. Eigene Erfahrungen zeigen, dass noch beim Aufbau der Kundenbetreuung für das erste DCS 1800 Netz in Deutschland (e-plus) Anfang der neunziger Jahre, die Grenze für eine gesicherte Verarbeitung von Kundendaten bei etwa einem Terrabyte strukturierter Daten lag. Ein Unternehmen wie lekker Energie GmbH arbeitet bereits heute mit mehreren Terrabyte strukturierten Daten und ist längst nicht an technische Grenzen gestoßen. Die massiv parallele Verarbeitung von Prozessen in komplett virtualisierten Rechenzentren erlaubt heute z. B. einen performanten Batchbetrieb zum Teil parallel zum online-Geschäft. So sind technisch bedingte Einschränkungen an sog. technischen Wochenenden auf wenige Stunden (z. B. in der Nacht) beschränkt und betreffen in der Regel wenige Systemkomponenten. Auch in anderen Bereichen lassen sich Parallelen zwischen Energie-Daten- und Telekommunikationsnetzen finden. Bis etwa zur Jahrtausendwende war der Telekommunikationsbereich strikt von der Informationstechnik getrennt. Nicht nur unterschiedliche Spannungsebenen, auch unterschiedliche Normen und Verfahren grenzten die Bereiche zunehmend ab. In den letzten zehn Jahren sind die Strukturen ineinander gewachsen. Telekommunikation ist heute eine Anwendung in der Informationstechnik. Besonders deutlich wird das bei Smartphones, bei denen das eigentliche Telefonieren schon heute weitgehend in den Hintergrund getreten ist. Im Hintergrund sind die Netzstrukturen und Bereiche ineinander gewachsen. Längst sind die IT-Bereiche in den Unternehmen auch für die Telekommunikation zuständig. Voice over IP-Anlagen sind längst Standard und auch die Prozesse greifen ineinander.

Auch die Energieversorgung wird zunehmend digitalisiert. Alliander schließt im Projekt „i-Net" Ortsnetzstationen in Amsterdam an das Breitbandkabelnetz an und stattet die Stationen mit SASensoren digital aus, um sie fernsteuerbar und fit für den Umgang mit Erneuerbaren Energien zu machen. Längst wird in den entsprechenden Arbeitskreisen über die Schwarzfallfestigkeit der noch unterschiedlichen Systeme diskutiert. Bei den Diskussionen wird zunehmend deutlich, dass es bei einem Komplettversagen der Daten- und Kommunikationsstruktur auch zu einem Ausfall der Energieinfrastruktur kommen wird (und umgekehrt). Auch die TK- und Datenverarbeitungsstrukturen waren vor wenigen Jahren hierarchisch organisiert und unflexibel aufgestellt. Durch die Digitalisierung, den Umgang mit „Big Data" und neuen Nutzungsformen hat sich die Diskussion um technische Grenzen praktisch aufgelöst. Auch wenn der Energiebereich – insbesondere wegen der hohen Investitionsvolumina – träger ist, werden technische Restriktionen auf lange Sicht zunehmend in den Hintergrund treten.

13.3.3 Akteure in den neuen Märkten

Gegenstand dieses Beitrags ist, auf die besondere Rolle der neuen Energievertriebsgesellschaften im Smart Market zu verweisen. Diese Gesellschaften waren die ersten, die nach dem Fall der Gebietsmonopole der traditionellen integrierten Versorger eine neue Marktdynamik entfaltet haben, was zum Aufbau wettbewerblicher Strukturen, auch auf den Energiemärkten, geführt hat. Wie zuvor schon formuliert, führt Wettbewerb nicht zwangsläufig zu niedrigeren Preisen. Er führt aber immer zu Fortschritten im Angebot für Bedürfnisse potentieller Kunden. Naturgemäß öffnet sich der Markt dann auch für Marktteilnehmer, die bisher nicht am Marktgeschehen teilnehmen wollten oder konnten. Diese Vielfalt von Marktteilnehmern mit technisch und preislich unterschiedlichen Produktangeboten ist kennzeichnend für einen funktionierenden Smart Market. Der Bau und Betrieb von Energienetzen wird auch in Zukunft als natürliches Monopol bestehen bleiben. Die Laufzeit der Konzessionen liegen heute bei 15 bis 20 Jahren. Wie die Bewerbung um die Berliner Energienetze zeigt, intensiviert sich der Wettbewerb bei den Konzessionsvergaben deutlich. Auch dadurch wird Druck auf die Bewerber ausgelöst, sich einem Auswahlverfahren zu stellen. Erfahrungen mit Smart Meter und Smart Grids werden dabei zunehmend zu einem wesentlichen Merkmal der Vergaben.

Der Erzeugungs- und Vertriebsbereich ist auch in Zukunft dem freien Wettbewerb überlassen. Waren es zunächst die neuen Stromvertriebe, so drängen zunehmend neue Player in den sich bildenden Smart Market. Andere Infrastrukturbetreiber und Verbraucher bauen Erzeugungsanlagen und bauen Vertriebsstrukturen auf. Agrarbetriebe sind über Ihre Flächen im Wind und Photovoltaikbereich aktiv und gewinnen über die Maschinenringe zunehmend Kunden. IT- und Telekommunikationsanbieter gehen über Ihre M2M-Aktivitäten den Smart Market an und verstärken die Konvergenzen zwischen den Energie- und Kommunikationsnetzen. Der Technologie- und Automobilbereich ist am Bau von BHKW beteiligt und baut mit der Batterietechnik in Elektrofahrzeugen einen großen Speicherbereich für Strom auf. Mit Blick auf die Entwicklungen im IT- und Telekommunikationsmarkt kann gesagt werden, dass der Wettbewerb in den Energiemärkten gerade erst begonnen hat. Die neuen Energievertriebe werden dabei weiter die Rolle der Treiber, hin zu Smart Markets spielen, Ihre Produkte verbessern und gerade in den sich neu entwickelnden Bereichen zu den First Movern mit guten Geschäftserfolgen werden. Ihre IT-Kompetenz wird dabei zur Schlüsselqualifikation im Wettbewerb um neue Kunden und neue Produkte.

Literatur

Bundesnetzagentur: „Smart Grid" und „Smart Market". Eckpunktepapier der Bundesnetzagentur zu den Aspekten des sich verändernden Energieversorgungssystems. Bonn (Dezember 2011)

Dalkmann, U., Karbenn, F.: Energieabrechnung im Wandel – Der Weg zum Kunden über leistungsfähigen „Customer Service". In: Scheer, A.-W. (Hrsg.): Neue Märkte, neue Medien, neue Methoden – Roadmap zur agilen Organisation, S. 65–77. Physica-Verlag, Heidelberg (1998)

Dittmann, L.: Einsatz von KWK-Anlagen im Wohn- und Gewerbebereich. Berliner Energieagentur GmbH, Berlin (Februar 2011). http://www.ak-energie.de/download/folien/20110208_ake.pdf. Zugegriffen: 13. Okt. 2013

Erneuerbare-Energien-Gesetz vom 25. Oktober 2008 (BGBl. I S. 2074), das zuletzt durch Artikel 5 des Gesetzes vom 20. Dezember 2012 (BGBl. I S. 2730) geändert worden ist, zuletzt geändert durch Art. 5 G v. 20.12.2012 I 2730, Berlin (2012)

Gesetz über die Elektrizitäts- und Gasversorgung (Energiewirtschaftsgesetz – EnWG) vom 7. Juli 2005 (BGBl. I S. 1970, 3621), das durch Artikel 2 Absatz 66 des Gesetzes vom 22. Dezember 2011 (BGBl. I S. 3044) geändert worden ist, Berlin (2011)

Gesetz für die Erhaltung, die Modernisierung und den Ausbau der Kraft-Wärme-Kopplung (KWK-G) vom 19. März 2002 (BGBl. I S. 1092), das durch Artikel 1 G vom 12. Juli 2012 (BGBl. I S. 1494) geändert worden ist, Berlin (2012)

LichtBlick ZuhauseKraftwerk: Das ist ein LichtBlick – Die Heizung, die Geld verdient, Hamburg. http://www.LichtBlick.de/pdf/zhkw/info/broschuere_zuhausekraftwerk.pdf (Oktober 2013). Zugegriffen: 13. Okt. 2013

Margardt, P.: Smart Metering, auf dem Weg in die Energiemärkte der Zukunft. In: Aichele, C. (Hrsg.): Smart Energy – Von der reaktiven Kundenverwaltung zum proaktiven Kundenmanagement, S. 151–176. Springer, Wiesbaden (2012)

trend:research: Anteile einzelner Marktakteure an Erneuerbare Energien-Anlagen in Deutschland, 2. Aufl. http://www.trendresearch.de/studien/16-0188-2.pdf. Zugegriffen: 13. Okt. 2013

Wet Onafhankelijk Netbeheer (WON) vom 21 November 2006 angenommen am 23 November 2006 (publiziert im Staatsblad der Niederlande) „Splitsingswet"

Teil III
Smart Market-Komponenten

Die Einbettung der Komponenten des Smart Markets

14

Ludwig Einhellig

Ohne Investitionen in die Zukunft gibt es keine Zukunft.

Zusammenfassung

Das vorliegende Kapitel beschäftigt sich mit der Einbettung der Komponenten des Smart Markets. Hierzu werden nach der Einführung in die energiewirtschaftlichen Hintergründe und regulatorischen Erfordernisse zunächst die Sichtweisen verschiedener Branchen auf Komponenten eines Smart Markets bzw. auch eines Smart Grids dargestellt sowie Möglichkeiten diskutiert, die Komponenten des Smart Markets voneinander schärfer abzugrenzen und ihnen eine dogmatische Struktur zu geben. Dies erfordert offensichtlich die Bildung einer zusätzlichen Perspektive für Telekommunikations- und Informationstechnologien, da diese Komponenten übergreifend „den Smart Market zusammenhalten". Der dritte und vierte Teil beschreibt abschließend detailliert die einzelnen Komponenten und beleuchtet sowohl die involvierten Akteure als auch die Bedeutung der jeweiligen Komponente für die Energiewende.

L. Einhellig (✉)
Deloitte & Touche GmbH, Rosenheimer Platz 4, 81669 München, Deutschland

14.1 Einführung

14.1.1 Energiewirtschaftlicher Hintergrund

Die liberalisierte Energiewirtschaft, d. h. im engeren Sinne der Markt für energiewirtschaftliche Dienstleistungen, ist weitgehend ein regulierter Markt. Für die anstehenden Definitionen darf man daher die bisherige Entwicklung gesetzgeberischer Vorgaben, welche in der Lage sind, große Geschäftspotenziale zu eröffnen, allerdings auch Entwicklungspfade auszubremsen, nicht vernachlässigen. Denn von legislativer Seite muss zwar berücksichtigt werden, welches (Regulierungs-)Anreizsystem genau sicherstellt, dass zum einen notwendige Investitionen tatsächlich getätigt und zum anderen ineffiziente Investitionen verhindert werden. Doch noch vor der Frage, welche grundsätzlichen Finanzierungsmechanismen (sowie Auszahlungsoptionen[1], mögliche Budgetbegrenzungen) für notwendige Komponenten sinnvoll sein könnten, stellen sich eine Reihe weiterer wichtiger Fragen, die vorgelagerte Aspekte des *Marktdesigns* betreffen. Zu nennen sind an dieser Stelle abstraktere Marktvorgaben wie z. B. *Instrumente*, um den Markt in eine Richtung zu lenken (z. B. der Einspeisevorrang von Erneuerbaren Energien) und insbesondere auch *Dogmatik* (wie z. B. die Frage Technologieneutralität), aber v. a. auch die *Sicht der Normadressaten* in den verschiedenen Wertschöpfungsstufen in der Energiewirtschaft.

Bereits in der Diskussion um das Erneuerbare-Energien-Gesetz (EEG) von 2009[2] sprach man noch im Rahmen der Abschaffung des EEG-Ausgleichsverfahrens und der Verpflichtung, den EEG-Strom an der Börse zu verkaufen, von einem „Smart Market".[3] Andere Instrumente dieser Art waren die Einführung des „Grünstromprivilegs" oder die Förderung des Eigenverbrauchs aus PV-Anlagen. In dieselbe Methodik lässt sich auch die „Marktprämie" des EEG 2012, die eine risikolose Direktvermarktung von EEG-Strom plus großzügig bemessener „Managementprämie" gewährt, einordnen.[4]

Diese Anreize waren dafür gedacht, das fixe Fördersystem für den Ausbau der Erneuerbaren Energien in ein wettbewerbliches System zu überführen und dem Ziel der Vermeidung eines übermäßigen Kupfernetzausbaus für die weiter wachsende Kapazität an eingespeister Erneuerbarer Energie Rechnung zu tragen. Aus Erzeugungssicht gehört also in diesem engeren Sinne zu einem Smart Market auch die Diskussion über die Schaffung eines „Kapazitätsmarktes", um den Bau von gasbefeuerten Spitzenlastkraftwerken zu stimulieren, deren Vorhaltung sich sonst wegen der zunehmenden Einspeisung aus erneuerbaren Energiequellen nicht mehr lohnt. Voraus ging 2011 der Vorschlag der Monopolkommission, Netzengpässe nicht allein durch den Bau neuer Hochspannungsleitungen beseitigen zu wollen, sondern durch die Schaffung von mindestens zwei Preiszonen in Deutschland die Investitionsentscheidungen für die Kraftwerksansiedlung zu beeinflussen

---

[1] Arbeit oder Leistung.
[2] Gesetz zur Neuregelung des Rechts der Erneuerbaren Energien im Strombereich (EEG) vom 25. Oktober 2008.
[3] Vgl. Jarass und Voigt 2009, S. 26–29.
[4] Vgl. Ausschuss für Umwelt, Naturschutz und Reaktorsicherheit, Beschlussempfehlung und Bericht, Drucksache 17/6071.

und so das Netz zu entlasten.[5] Betrachtet man das Spielfeld weiter von der Erzeugungsseite her, ist klar, dass das EEG von 2012[6] mit seinen staatlich festgelegten Einspeisevergütungssätzen in Verbindung mit dem Vorrangprinzip bzw. einer gesicherten Abnahme des erzeugten Stroms bislang keinerlei Wettbewerb der Erneuerbaren Energien vorsieht, weswegen diese Form inzwischen auch im Ausland „Produce-and-forget" genannt wird.[7] Die explizite Förderung bislang bekannter Erzeugungstechnologien, insbesondere von Windkraft- und Solaranlagen auf der Basis des EEG, bedingt, dass der Prozess der Energiewende bisher zusätzlich wenig technologieoffen scheint. Ein „optionales" Marktprämienmodell führt aber doch bereits erste Ansätze von Wettbewerb ein, weil der aus Erneuerbaren Energien erzeugte Strom von den Anlagenbetreibern selbst *dezentral vermarktet werden muss* („Direktvermarktung"). Dies hat auch zwei wichtige Konsequenzen für den Smart Market zur Folge:

- Erstens entstand ein Wettbewerb um Vermarktungsprozesse, in welchem die Marktteilnehmer Erfahrung mit dem allgemeinen Strommarkt sammeln konnten.
- Zweitens wurden stark negative Preise an der Strombörse, ein Zeichen eines Überangebots an Strom, dadurch vermieden, da die Anlagenbetreiber – anders als nach dem Regime des fixen Vergütungssystems des EEG 2012– in einer solchen Situation nicht einspeisen.

Einzelwirtschaftliche und volkswirtschaftliche Optimierung gehen an dieser Stelle bis zu einem gewissen Punkt Hand in Hand. Allerdings besteht *weiterhin kein Wettbewerb um Vollkosten*, da die Marktprämie an die EEG-Vergütung, der staatlich bestimmten Schätzung der Vollkosten, gekoppelt ist.

Laut Bundesnetzagentur (BNetzA) gehören Maßnahmen, die die Kapazitäten und die Steuerungsmöglichkeiten des Netzes erhöhen, in den Bereich *Smart Grid*. Für den damit verbundenen zusätzlichen Einsatz von Kommunikations-, Mess-, Regel-, Steuer-, Automatisierungstechnik und IT-Komponenten seien die Netzbetreiber verantwortlich. Zum Bereich *Smart Market* gehören dagegen Maßnahmen, bei denen es beispielsweise darum gehe, die Erneuerbaren Energien besser in die Marktprozesse zu integrieren oder den Verbrauch zu beeinflussen, etwa durch innovative Tarifsysteme oder Dienstleistungen. Ohne Netz- und Marktintegration ist nämlich der gewünschte Anteil an Erneuerbaren Energien nicht zu erreichen (und, noch wichtiger, zu halten) oder nur zum Preis von exorbitantem, ineffizientem Netzzubau und langfristig zu hohem Bedarf an Reservekraftwerken.[8]

Allerdings ist – nicht nur aus BNetzA-Sicht – der Ausbau der Netze bis zu jeder aufzunehmenden Menge nicht möglich und eine echte Marktteilnahme von EE-Anlagen notwendig. Im Smart Market kann nämlich das Netz dann zur Kapazitätsbewirtschaftung Knappheitssignale in Form variabler Netzentgelte erzeugen. Dieser Mechanismus wirkt

---

[5] Sondergutachten der Monopolkommission „Energie 2011: Wettbewerbsentwicklung mit Licht und Schatten".
[6] EEG 2008 (BGBl. I S. 2074), geändert durch Artikel 5 BGBl. I S. 2730, 2012.
[7] Vgl. Ydersbond 2012, S. 56.
[8] Vgl. Bundesnetzagentur 2011, S. 1–50.

jedoch nur, wenn physikalisch Lastspitzen gekappt werden können. Die Energiezukunft benötigt also doch „mehr Netz", allerdings nur zum Teil mehr Kupfernetz, denn fehlende intelligente Komponenten im Smart Grid würden die weitere Integration Erneuerbarer Energie und den Smart Market verhindern!

Auch die Frage, welches Netzentgeltsystem effektive Signale für eine effiziente dezentrale Koordinierung von Netz-, Erzeugungs- und Lastanlagen setzt, blieb seit der Bundestagswahl 2013 weiter unbeantwortet. Netzseitig lässt sich aber der Netzzubaubedarf aus Sicht der BNetzA insofern begrenzen, als (kontinuierlich oder in Stufen) variierende Netzentgelte eingeführt würden, wodurch die Durchschnittsauslastung des Gesamtnetzes steigen würde. Die BNetzA plädiert auch für einen *effizienten Netzausbau*, denn die gewünschte Flexibilität braucht auch eine entsprechende Kapazität.

Aus Sicht des BDEW[9] spielt insbesondere die seitens der Kunden zur Verfügung gestellte Flexibilität eine große Rolle für die Optimierung volatil gespeister Verteilnetze. Marktpartner sind in diesem Fall die sogenannten *Aggregatoren*, die aus den Einspeisungen kleiner Leistungsmengen und aus Flexibilitätsangeboten von einer Vielzahl von Kunden verkäufliche Portfolien bilden. Dabei sei sicherzustellen, dass die einheitliche Preiszone nicht beeinträchtigt wird. Smart Markets seien Voraussetzung dafür, dass Produkte entwickelt werden können, die einerseits den Endkunden anreizen ihren Verbrauch an die Erzeugung auszurichten, andererseits Betreiber dezentraler Erzeugungsanlagen motivieren, bedarfsorientiert zu erzeugen. Sie leisten damit einen wichtigen Beitrag zur Aufrechterhaltung der Systemstabilität. Dem *Vertrieb* kommt aus Sicht des BDEW eine zentrale Rolle als Schnittstelle zum Verbraucher zu, indem er die Preissignale der Börse und die Anforderungen der Netzbetreiber so in Tarife umsetzt, dass die Kunden Anreize haben, ihren Verbrauch anzupassen. So können der Kunde und der Vertrieb Kosten senken und einen Beitrag zur Systemstabilität leisten. Erst auf dieser Basis können Produkte entwickelt werden, die die steigende Eigenerzeugung („*Prosumer*"), die Frage zukünftiger Speichermöglichkeiten regenerativ erzeugter Energie im Haushaltbereich sowie die Anwendung von Smart Meter-Technologien berücksichtigen. Händler bzw. Vertriebsunternehmen können auch Anbieter von Flexibilitäten (z. B. Speicher) unter Vertrag nehmen. Der Prosumer profitiert dann davon, wenn er zwischen einer größeren Anzahl von Anbietern wählen und das für sich optimale Bepreisungsmodell für Bezug und Lieferung auswählen kann. Innerhalb einer intelligenten Energieversorgung hat der Smart Market somit das wichtige Segment der *Verbrauchssteuerung* und *Integration* des Verbrauchers in das intelligente Energieversorgungssystem zu sichern. Wichtige Voraussetzungen für die Entwicklung von Smart Markets sind die künftigen prozessualen und technischen Standards, die richtige Anpassungen der Netzzugangs- und Entgeltverordnungen sowie die Anpassung und Entwicklung von Alternativen zu Standardlastprofilen.[10]

Auf der Verbrauchsseite wurde die Netzregelung durch die Einführung von „Abschaltprämien" erleichtert.[11] Als Basis für lastvariable Tarifierung wird auch die zwingende Er-

---

[9] Bundesverband der Energie- und Wasserwirtschaft e. V.
[10] Vgl. BDEW 2012, S. 20 ff.
[11] Vgl. die Verordnung zu abschaltbaren Lasten vom 28. Dezember 2012 (BGBl. I S. 2998).

fordernis einer Beschaffung nach Standardlastprofilen beseitigt und die Zählerstandsgangmessung eingeführt. Von wenigen ersten Erfolgen einmal abgesehen, wird das Krisenmanagement der Energiewende von behördlicher Seite also in immer mehr starren Vorgaben sichtbar – und dabei immer undurchschaubarer.

Wie man sieht, ist damit auch der Begriff „Smart Market" nach den verschiedenen früheren Definitionen ein kunterbuntes *Instrumentarium*, das die Landschaft der Energieversorgung nicht gerade übersichtlicher macht, ständigen Veränderungen unterliegt und sich teilweise selbst kannibalisiert, wie man z. B. am Rückgang des Grünstroms nach Einführung der Marktprämie sieht. Da es aber aus ökonomischer Sicht weiterhin „(...) *vernünftig* [erscheint], *die künftige Energieversorgung auf Energieträger zu stützen, deren negative Externalitäten nach jetzigem Stand wesentlich geringer sind als die negativen externen Effekte fossiler und nuklearer Energieträger*"[12], muss eine praktikable Lösung für die Energiewende gefunden werden. Zu kritisieren ist die derzeitige Ausgestaltung dieser Lösung. Man kann von der Annahme ausgehen, dass sich Erneuerbare Energien an den allgemeinen Strommärkten in der kurzen Frist nicht selbst refinanzieren werden können. Damit besteht folglich auch mittelfristig eine Deckungslücke, die durch irgendein Finanzierungsinstrument geschlossen werden kann.[13] Da die Energiewirtschaft aber in Gesetzen und Normen nahezu erstickt[14], erscheint es wenig sinnvoll, zumindest die Finanzierung von Komponenten des Smart Markets über zusätzliche Vorgaben zu fixieren. Weitere solcher Innovationsbremsen durch Gesetze existieren nämlich bereits im Bereich der deutschen Anreizregulierung[15], welche zwar die Kategorie der Ersatzinvestitionen erfasst, allerdings wenig Spielraum für die Finanzierung von Prozess- und Produktinnovationen zulässt. Seit dem Ende der Monopole, d. h. seit der Überführung eines kontrollierten Marktes in die freie Marktwirtschaft, gibt es fast nichts mehr auf diesem Sektor, das nicht reguliert ist, auch wenn es schlecht geplant ist. Der Mittelstand bei den Stadtwerken und dem produzierenden Gewerbe ist hoffnungslos überfordert und hauptsächlich damit beschäftigt, Vorgaben zu erfüllen. Unternehmerisches Handeln wird so unterwandert von politischen Beschränkungen – denkt man zumindest auf den ersten Blick!

Denn der rein regulierte Bereich Smart Grid ist netzdominiert und beschreibt Aufgaben, die im *alleinigen* Verantwortungsbereich des Netzbetreibers liegen. Auch aus Sicht des BDEW ist die wesentliche Aufgabe eines Netzbetreibers die Sicherung der Netzstabilität

---

[12] Vgl. Deutscher Bundestag, Drucksache 17/7181 vom 12. 09. 2011, S. 13.

[13] Im Schrifttum wurden bisher folgende Mechanismen diskutiert: administrativ bestimmter Einspeisetarif, administrativ bestimmter Einspeisetarif mit gleitender Prämie (Marktprämienmodell), administrative Fixprämie (vom Staat festgelegt), wettbewerbliche Fixprämie (in Auktionen festgelegt) und wettbewerbliche Ermittlung der Vollkosten in Auktionen (mit gleitender Prämie) sowie ein Quotenmodell mit wettbewerblichem Zertifikatenhandel (z. B. für „Grünstrom").

[14] Im Jahr 2001, drei Jahre nach der Liberalisierung, erschien im Beck-Verlag die erste Auflage von „EnergieR", einer Gesetzessammlung auf 462 Seiten. Jede Neuauflage wuchs kontinuierlich und die Anzahl der Seiten explodierte nach der Energiewende 2011, die 11. Auflage umfasst bereits 1700 Seiten.

[15] Anreizregulierungsverordnung vom 29. Oktober 2007 (BGBl. I S. 2529), geändert durch Artikel 4 der Verordnung BGBl. I S. 3250, 2013.

sowie die Sicherstellung eines optimalen und kosteneffizienten Netzausbaus. In diesem Zusammenhang treten die Netzbetreiber als Nachfrager von Flexibilitäten auf. So könnten Verteilnetz- und Übertragungsnetzbetreiber Lastverlagerungspotenziale nutzen.[16] Eine ressortübergreifende Anpassung des gegenwärtigen energierechtlichen Rahmens für einen Smart Market ist aus Sicht des Autors für diese Aspekte aber *nicht notwendig*. Denn der Smart Market bezeichnet den Bereich, in dem vernetzte Komponenten das Verhältnis von Energieangebot und -nachfrage optimieren und unter Berücksichtigung der zur Verfügung stehenden Netzkapazität zusammenbringen. Letzterer Bereich liegt weitgehend außerhalb der Aufgaben des Verteilnetzbetreibers.[17] Auch, wenn dieser als ein zentrales Bindeglied zwischen Smart Grid und Smart Market bleiben muss, gilt als Grundregel für einen neuen Regulierungsansatz in der Energiewirtschaft weiterhin, dass dort, wo ein Marktversagen besteht oder wo es zur Gewährleistung eines stabilen Netzes unerlässlich ist, der Systemverantwortliche (z. B. Netzbetreiber) seine Steuerungshoheit im Eingriffswege wahrnehmen muss, oder anders ausgedrückt: Es muss sichergestellt werden, dass eine zunehmende Markterschöpfung den Durchgriff als *Ultima Ratio* zulässt.

Der Bereich „Smart Market" ist also *ausschließlich marktgetrieben*, hier werden Produkte und Dienstleistungen gehandelt ohne aktive Rücksichtnahme auf Restriktionen des Netzes. Ein Zwischenbereich (s. hierzu Abschn. 14.2.2) könnte die Produkte und Dienstleistungen meinen, die unter Berücksichtigung von Restriktionen des Netzes am Markt gehandelt werden. Unabhängig von der hohen Anzahl von Verfahrensvorschriften gibt es also schließlich doch noch den *unregulierten Spielraum* und dieser verbirgt sich hinter den einzelnen *Komponenten* des Smart Markets, die in den folgenden Kapiteln in das Gesamte „eingebettet" werden. Denn allein das, was technisch machbar ist und wirtschaftliches Potenzial hat, wird und sollte sich auch im Prozess der Transformation des Energiesystems am Markt durchsetzen. Wenn die technischen Komponenten überzeugen, sollten nicht die Instrumente der Regulierung entscheidend sein, sondern unternehmerisches Geschick!

14.1.2 Was setzt den Smart Market zusammen?

Im Lateinischen bezeichnet *componens* „das Zusammensetzende" – was setzt also einen Markt zusammen? Dazu muss man zunächst einmal definieren, welche Anforderungen man an einen Smart Markt stellt. Im ökonomischen Sinne bezeichnet der Begriff Markt das geregelte Zusammenführen von Angebot und Nachfrage an Waren, Dienstleistungen und Rechten. Auch der Energiemarkt hat dabei die folgenden Grundfunktionen:

- *Versorgung,*
- *Koordination,*
- *Preisbildung und*
- *Verteilung.*

---

[16] Vgl. BDEW 2012, S. 20 ff.
[17] Vgl. VKU 2012, S. 2 f.

14 Die Einbettung der Komponenten des Smart Markets

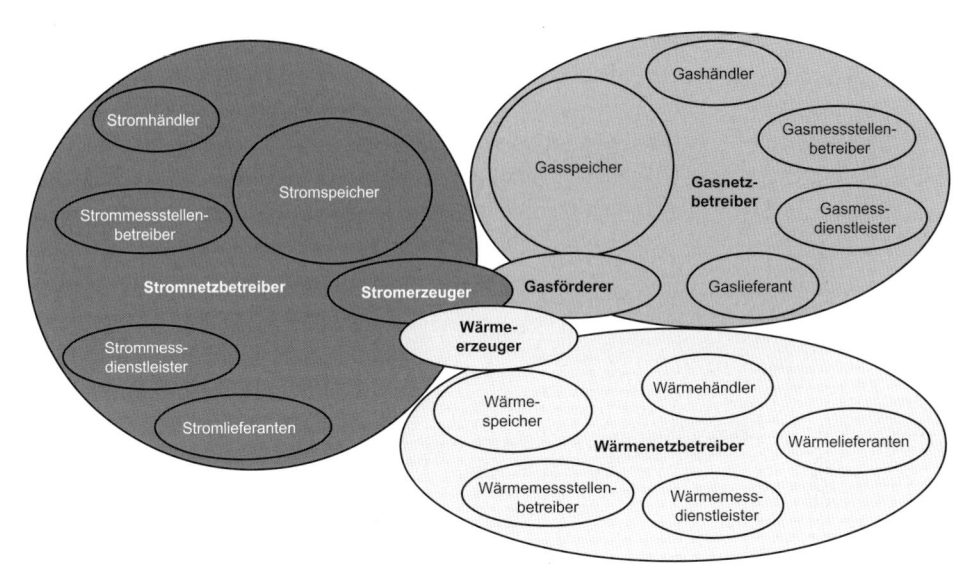

Abb. 14.1 Akteure in den Bereichen Strom, Gas und Wärme

Diese Funktionen wurden in der „alten" Welt der Energiewirtschaft für die Güter Strom, Gas und Wärme – wie in Abb. 14.1 vereinfacht dargestellt – von einem Geflecht an Akteuren über die Wertschöpfungskette Erzeugung, Handel, Netz und Vertrieb hin wahrgenommen:

Im Kontext der Energiewende muss man aufgrund der Transformation des Energiesystems in einen entstehenden Smart Market und der damit verbundenen Konvergenz mit neu hinzukommenden Sektoren und in der Energiewelt bisher unbekannten Akteuren ein anderes Bild (Abb. 14.2) zeichnen, das die Komplexität des Zusammenspiels am Markt bereits in Grundzügen andeutet.

Was hält den Smart Market aber nun zusammen bzw. welche Komponenten oder Bausteine machen den bisherigen Energiemarkt und die Energiewirtschaft intelligent? Genau dies ist das Verbindende und hält zusammen, was für ein *Funktionieren* des Smart Markets zwingend notwendig ist.

14.2 Komponenten des Smart Markets, Komponenten des Smart Grids und Komponenten eines Mischbereiches?

Die Energiezukunft erfordert letztlich sowohl Netzintegration als auch Marktintegration Erneuerbarer Energien, denn beides beeinflusst einander systemimmanent. Die aktuelle (auch begriffliche) Fokussierung auf das Netz („Smart Grid") ist allerdings suboptimal, weil nach Auffassung der BNetzA der Markt und nicht das Monopol die Innovationen

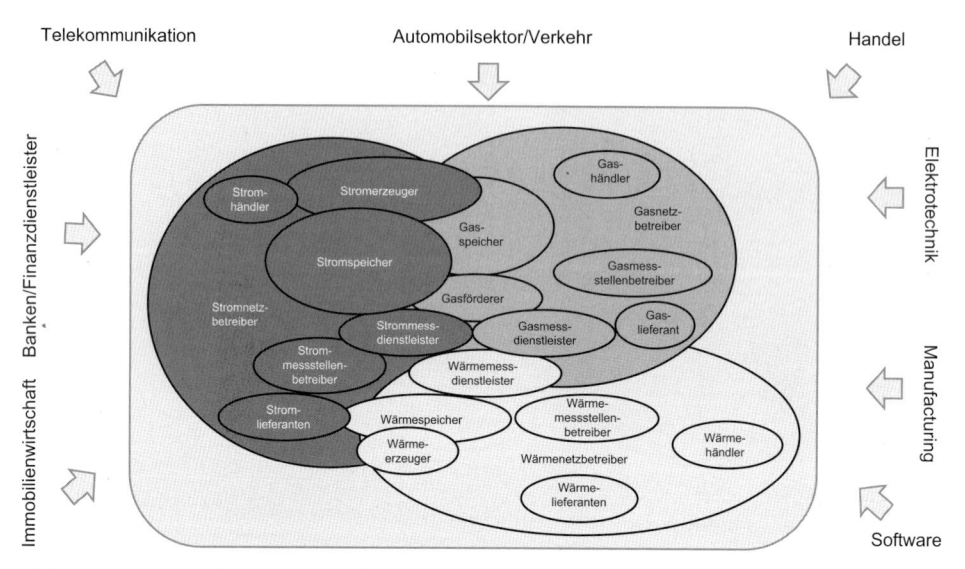

Abb. 14.2 Branchenkonvergenz in der Energiewirtschaft

bringt. Dafür sollte also das Netz in der Energiezukunft eine dienende Rolle für den Smart Markt einnehmen. Wie gibt man einem Smart Market nun aber eine Struktur?

14.2.1 Verschiedene Auffassungen und Sichtweisen

Die Sicht der Energiewirtschaft
Nach Auffassung des BDEW[18], der alle derzeit gesetzlich definierten Marktrollen repräsentiert, umfasst der Smart Market die

- *verbrauchsorientierte Erzeugung* und den
- *erzeugungsorientierten Verbrauch*,

wodurch der Smart Market den Kunden ermöglicht, eigene Einspeisungen und Flexibilitäten zu vermarkten.

Bricht man diese Anforderungen weiter herunter, findet man sich in der detaillierteren Beschreibung der BNetzA-Bausteine des Smart Markets wieder. Letzterer ist – auch nach BNetzA-Auffassung – als „größer" zu sehen als das Smart Grid, denn er umfasst die folgenden Bestandteile:

---

[18] Vgl. BDEW 2012, S. 20 ff.

- *Intelligente Speicher*[19]
- *Smart Grid (konventionelles Stromnetz + intelligente Komponenten)*
- *Intelligente Stromerzeugung*
- *Intelligente Zähler*
- *Intelligenter Verbrauch*

Beispiele für verschiedene Smart Markets könnten dann aus Sicht der BNetzA u. a. folgende „Elemente" sein:

- *Verlagerung des Verbrauchs aufgrund von variablen Energiepreisen*
- *Einsparung von Energie durch Verbrauchstransparenz*
- *Lokale Marktplätze z. B. zur Vermarktung „regional erzeugten Stroms"*
- *Energieeffizienzdienstleistungen*
- *Pooling von Verbrauch oder Erzeugungskapazität zur besseren Vermarktung durch Aggregatoren (z. B. als Regelenergie)*
- *Virtuelle Kraftwerke*
- *Speicher/Speicherdienstleistungen*
- *E-Mobilität*

Das Zusammenwirken aller marktrelevanten Rollen (z. B. Vertriebe, Händler, Energieerzeuger, Speicherbetreiber) und der gesetzlich regulierten Rollen (Netzbetreiber, Messstellenbetreiber) wird wiederum vom BDEW mittels des sogenannten *Ampelkonzepts* beschrieben. Ziel dieses Konzepts ist es einerseits so viel Markt (Verbrauch und Einspeisung) wie möglich und andererseits jederzeit die Systemsicherheit (z. B. Frequenz und Spannung) für alle Marktteilnehmer und letztendlich für alle Netznutzer sicherzustellen. Der Netzbetreiber beobachtet das Netz, ohne lenkend einzugreifen und alle Marktprodukte werden ohne Einschränkungen angeboten und nachgefragt. Zum Erhalt der Systemsicherheit greift der verantwortliche Netzbetreiber durch Vorgaben oder unmittelbare Anweisungen/Steuerungen auf geeignete Marktteilnehmer (gesetzlich oder vertraglich) oder auf eigene Betriebsmittel zu, um mit der gezielten Wirkung die Systemstabilität zu erhalten oder systemgefährdende Netzzustände zu vermeiden.[20]

---

[19] Aus Sicht der BNetzA sind Energiespeicher keine Komponenten eines Smart Grids, sondern Komponenten des Smart Markets. Dies wird damit begründet, dass Speicher im Marktumfeld agieren und Geld verdienen müssen, weil sie von temporären Preisunterschieden profitieren und Netzausbaubedarf verursachen. Somit müssen Speicher als normale Netznutzer betrachtet werden und die Netzentgeltbefreiung reflektiere nicht ihren eher markt- als netzbezogenen Einsatzzweck.

[20] Vgl. BDEW 2013, S. 7.

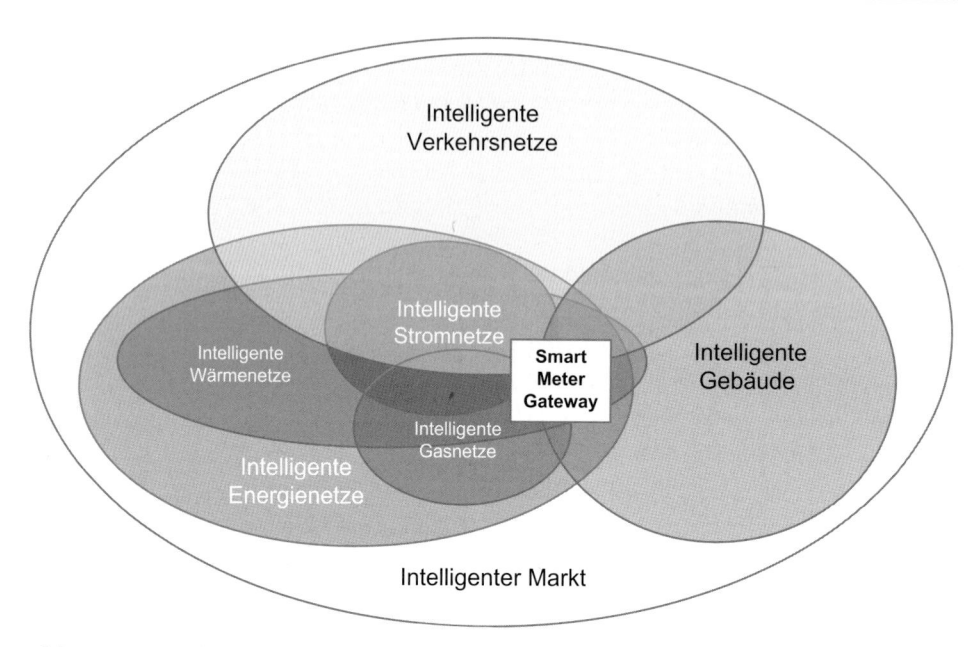

Abb. 14.3 Wo zieht man Grenzen für Komponenten des Smart Markets?

- *Rote Phase* (Netzphase): unmittelbare Gefährdung der Netzstabilität und Versorgungssicherheit[21]
- *Grüne Phase* (Marktphase): ein Markt, der durch ungezielte Flexibilisierung zur Optimierung des Energiesystems beiträgt[22]
- *Gelbe Phase* (intelligentes Zusammenwirken von Netz und Markt): ein Markt, an dem Netzbetreiber in Abhängigkeit von ihrer Netzsituation lokale und zeitlich eingeschränkte Flexibilität nachfragen

Sektorenübergreifende Betrachtung

Nun könnte man die Komponenten des Smart Markets, wie in Abb. 14.3 im Ansatz schematisch angedeutet, auch nach z. B. sektoriellen oder räumlichen Rahmenbedingungen (wie z. B. Liegenschaften) aufteilen. Verbunden wären die Sektoren über das Smart Meter Gateway.

Gerade das Beispielstichwort *Elektromobilität* wirft aber wieder neue Fragen auf und bezieht neue Dimensionen mit ein, nämlich *alle Komponenten des Sektors Verkehr* mit

---

[21] Bestehende Mechanismen des Eingriffs sind beispielsweise direkte Anweisungen auf geeignete Erzeugungseinheiten (z. B. Regelenergie), der Lastabwurf und des Weiteren das Einspeisemanagement bei EEG-Anlagen.

[22] Die Netzzustände der grünen Phase sind bereits durch das EnWG und die in Deutschland gesetzlich vorgeschriebene Netzausbauverpflichtungen in der Regel sichergestellt. Der Netzbetreiber ist verpflichtet, das Netz für die maximalen theoretischen Einspeisekapazitäten sowie für die maximale Verbrauchsspitze auszulegen.

ihren jeweiligen Schnittstellen. Dies erhöht die Komplexität wiederum, wenn es an die Schärfung von Grenzen für Komponenten geht. Denn welche Komponente im Verkehr ist zugleich eine Komponente im Smart Market und welche wieder nicht? Ist es das Elektromobil als ganze Einheit oder die Batterie als Energiespeicher? So wäre neben angesprochenen Zuordnungsproblemen mit dieser Einordnung darüber hinaus auch keine funktionale und ganzheitliche Analyse von Komponenten des Smart Markets möglich.

Informatorische Betrachtung
Ginge man bei der Gliederung der Komponenten gemäß Standardisierungsmandat der EU-Kommission im reinen Sinne der Informationstechnologie vor, würde man die Komponenten nach den verschiedenen sogenannten „Layers", die den einzelnen Anwendungsebenen zugeordnet werden, strukturieren:[23]

- *Business* (Smart Market)
- *Function* (Smart Grid)
- *Information* (Mischbereich?)
- *Communication* (Mischbereich?)
- *Component* (Mischbereich?)

Allerdings wäre diese Einteilung dann wiederum eine rein datenfluss- und datenbestandsorientierte Gliederung und für die politisch-öffentliche Diskussion wenig zuträglich.

14.2.2 Zwischenergebnis

Es zeigt sich also bereits an dieser Stelle, dass es Mischbereiche zwischen Smart Grid und Smart Market gibt, die ebenfalls abgegrenzt und beschrieben werden müssen.

Die Lösung für eine Einordnung bzw. Zuordnung von Komponenten in einen Smart Market muss also eine einfache und leicht verständliche sein und diese liegt in der *Verbindungskomponente aller Einzelteile des Smart Markets*. Denn wie eingangs gefordert, hält einen Smart Market zusammen, was ihn verbindet. Hier stellt sich zwangsläufig die Frage, was diese verschiedenen Bereiche in einem Smart Market verbindet: Im Rahmen der Transformation des Energiesystems hin zu einem stabilen und doch flexiblen Zustand sind das die Kommunikationstechnologien – das Energieinformationsnetz.

Deswegen ist die in der Diskussion verwendete, sachlogische Trennung zwischen rein *netz-* und rein *marktseitigen* Anwendungsfeldern also grundsätzlich sinnvoll, was jedoch das Gesamtbild bisher stört, ist eine Definition dieses Mischbereiches und eine höhere Gewichtung der die beiden Bereiche *verbindenden Informations- und Kommunikationstechnologie*. Dies kann nun erfolgen, da neben regulatorischen Neuerungen, politischen Diskussionen und marktseitigen Entwicklungen (wie z. B. komplett neuen Kooperations-

---

[23] In Anlehnung an das EU-Standardisierungsmandat M/490 und die Smart Grids Coordination Group, Technical Report, Reference Architecture for the Smart Grid, Version 1.0, März 2012.

ansätzen) sich nämlich in den letzten Jahren v. a. die Kommunikationstechnologien selbst einem grundlegenden Wandel unterzogen haben. Die für ein intelligentes Energiesystem relevanten Gerätschaften für die Plattform Smart Market nahmen dabei zunehmend physische Gestalt an – entweder sie waren bereits am Markt vorhanden und mussten für andere Zwecke lediglich modifiziert werden oder neue Produkte wurden entwickelt.

Weil sich nach zahlreichen Expertengesprächen und Diskussionsrunden mit Schlüsselpersonen der Energiewende v. a. die Inhalte einer Studie der Deutschen Akademie der Technikwissenschaften[24] „Future Energy Grid"[25] im Prozess dieser Bucherstellung als sehr fundiert und sinnvoll herausgestellt haben, werden für eine Systematik und Struktur für Anwendungsfelder bzw. Komponenten in Smart Grid und Smart Market auch diese Studienergebnisse als Essenz herangezogen. Sie werden im folgenden Text die Definition von Begrifflichkeiten rund um 19 Technologiefelder auf dem Weg zum Smart Grid erleichtern und helfen hier bei der Einbettung von Komponenten des Smart Markets. „Komponenten" sind sowohl für Smart Grid als auch Smart Market die Technologiefelder.

Um also die entscheidenden Erkenntnisse miteinander kombinieren zu können, wird im Folgenden eine Einordnung dieser Technologiefelder nach der gängigen BNetzA-Systematik[26] vorgenommen. Im Rahmen einer weiteren „Smart Grid"-Studie[27] wurden diese Komponenten bereits beschrieben und bewertet. Wiederum zeigt sich, dass eine Einteilung der Komponenten des Smart Markets nur unter Bildung einer zusätzlichen Betrachtungsebene erfolgreich sein kann, da sonst die integrierte Analyse nicht möglich bzw. auch der große Einfluss der IKT-Technologien ein zu geringes Gewicht hätte. Eingebettet in die Systematik nach acatech und BNetzA braucht man also eine Querschnittsebene durch Informations- und Kommunikationstechnologien, welche das Smart Grid mit dem Smart Market zu verbinden in der Lage ist. Beispielhaft kann diese dann wie in der folgenden Abb. 14.4 als Zwischenbereich „Smart Cross Section ICT" bezeichnet werden.

14.3 Definitionen der Komponenten des Mischbereiches zwischen Smart Grid und Smart Market (Smart Cross Section ICT)

Auch der Begriff des „Energieinformationsnetzes" ist bisher nicht eindeutig definiert. Was man also benötigt, ist eine trennscharfe Definition, die in der Lage ist, sich sowohl im regulierten als auch marktlichen Teil durchzusetzen.

Sicht der Netzbetreiber
Netzbetreiber interpretieren das Energieinformationsnetz oft als ein reines Register an Daten über installierte Leistung und Erzeugungs- bzw. Abnahmeart, das ihnen zum Zwecke der Netzführung zur Verfügung zu stellen ist. Insbesondere Übertragungsnetz-

---

[24] Kurz acatech.
[25] Vgl. Appelrath et al. 2012.
[26] Vgl. Bundesnetzagentur 2011.
[27] Vgl. Herzig und Einhellig 2012.

14 Die Einbettung der Komponenten des Smart Markets

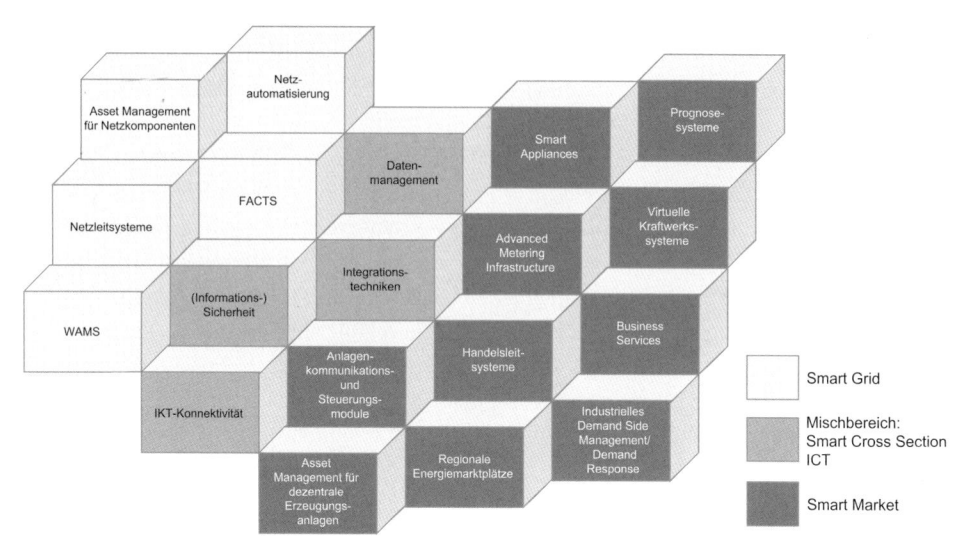

Abb. 14.4 Aufteilung der Komponenten in die drei Bereiche „Smart Grid", „Smart Market" und „Querschnittstechnologie IKT" bzw. „Smart Cross Section ICT"

betreiber benötigen ein in diese Richtung interpretiertes „E-Info-Netz" zum sicheren Systembetrieb. Es stellt dann eine Einbahnstraße von unten nach oben dar und ist letztlich eine Erweiterung der bestehenden Netzleittechnik.[28]

Sicht der IKT-Branche
Die IKT-Branche versteht den Begriff hingegen als ein „E-Info-Netz", welches eine Daten-Cloud ist, an der sich alle Vertreter der Energiebranche zum einen beteiligen (also Daten bereitstellen) als auch zum anderen bedienen (Daten ziehen) dürfen. Der Systemverantwortliche annonciert sein Bedürfnis nach Produkten und Dienstleistungen, die ihn bei seiner Aufgabenerfüllung unterstützen, und diese Nachfrage stillt er am Markt (z. B. Einkauf von Systemdienstleistungen).[29]

▶ Definition des Mischbereiches zwischen Smart Grid und Smart Market: Der Begriff **Smart Cross Section ICT** erfasst den bisher unbestimmten Bereich zwischen dem rein netzdominierten (Smart Grid) und dem rein marktgetriebenen Bereich (Smart Market). Produkte und Dienstleistungen (Use Cases wie z. B. Technologien oder das Energienetz an sich) werden somit unter Berücksichtigung von Restriktionen des Energienetzes marktlich gehandelt.

Da die Geschäftsmodelle aus der geschlossenen Systemebene für Errichtung, Betrieb und Instandsetzung von Netzen v. a. im Bereich Systemführung, Wartung, Instandsetzung nach Störungen, Netzaus- und -umbau, Reduktion der Netzverluste, netzbetriebsbezogene

---

[28] Vgl. Herzig und Einhellig 2012, S. 43.
[29] Vgl. Herzig und Einhellig 2012, S. 43.

Messleistungen sowie Abrechnungswesen und Bilanzkreiskoordination relativ klar sind, kann man für den neuen Bereich ähnliche Anwendungsfälle finden, die über das Energieinformationsnetz operationalisiert werden können.

Neue Anbieter könnten für ein angemessenes Entgelt Informationen über den Zustand des Netzes (z. B. Spannung, Blindenergie, Phasenverschiebung etc.) zur Verfügung stellen. So könnte alsbald der Netzbetreiber über einen wettbewerblichen Dritten Netzzustandsdaten einkaufen. Auch die bloße Bereitstellung einer kosteneffizienten Smart Grid-Infrastruktur zur Nutzung für alle Marktrollen ist ein Business Case für Dritte, solange der diskriminierungsfreie Zugang für Berechtigte und eine regulierungskonforme Verrechnung der Kosten der Kommunikationsinfrastruktur sichergestellt sind. Neben unzähligen anderen Beispielen käme auch eine Steuerung der Lade- bzw. Entladevorgänge dezentraler Speicher zur Spannungshaltung im Strang bzw. im Verteilnetzsegment als wettbewerbliches Geschäftsmodell infrage.

Alle Anwendungen, die Schnittstellen zur oder Auswirkungen auf die geschlossene(n) Systemebene haben, müssen in jedem Fall aber die Vorgaben an die Sicherheitsstandards erfüllen und man könnte bei einem „schnellen Überfliegen" des EnWG meinen, dass Sicherheit in der „IKT-Anwendung" bereits den Weg ins Gesetzbuch über den § 11 EnWG gefunden hätte.

Diese Aussage ist im Zusammenhang mit der nun definierten Ebene „Smart Cross Section ICT" als eine den Markt und das Netz übergreifende IKT-Struktur falsch, denn § 11 Abs. 1a EnWG gilt nur für den *engen Bereich Netzleittechnik*, also den rein regulierten Bereich „Smart Grid". Der Betrieb eines sicheren Energieversorgungsnetzes umfasst *de lege lata* zwar insbesondere auch einen angemessenen Schutz gegen Bedrohungen für Telekommunikations- und elektronische Datenverarbeitungssysteme, die aber eben der Netzsteuerung dienen.

Eine sich abzeichnende Regelung auch für Sicherheit im vernetzten Bereich (also im Schnittstellenbereich Markt-Netz bzw. eben Smart Cross Section ICT) findet bisher nur über die §§ 21 ff. EnWG und das Schutzprofil i. V. m. der Technischen Richtlinie, in welcher vorgesehen ist, dass auch Betreiber von Gateways ein Sicherheitsmanagement implementieren müssen, statt.

Der Administrator der Smart Cross Section bzw. der „Smart Meter Gateway Administrator" (SMGA) kann z. B. als Betreiber eines „E-Info-Netzes" dafür verantwortlich sein, im Rahmen von gesetzlich festgelegten Berechtigungskonzepten für beide Bereiche, also dem Smart Grid (z. B. durch Zurverfügungstellung systemrelevanter Informationen für die Netzleittechnik) und dem Smart Market (z. B. durch Zurverfügungstellung nicht regulierter Informationen für alle marktnahen Dienstleistungen), den Informationsfluss im Rahmen der Marktrolle nach dem EnWG zu koordinieren.

14.3.1 IKT-Konnektivität

Die erste Komponente in diesem Mischbereich zwischen Smart Grid und Smart Market ist die „IKT-Konnektivität". Sie bezeichnet Kommunikationstechnologien und informationstechnische Voraussetzungen, die zur Auffindung und Anbindung unter garantierten „Quality of Services" (QoS) von Energiekomponenten in Smart Grid-Anwendungen notwendig sind.[30]

IKT-Lösungen sind oft das Produkt von sog. Komplettlösungsanbietern, welche sowohl Kommunikations- als auch Sicherheitsnetze herstellen.[31] Die Bedeutung der Kommunikationsvernetzung ist evident, was vor allem daran ersichtlich wird, dass alle großen IT-Firmen ihr Portfolio um branchenübergreifende Lösungen erweitern. Zu unterscheiden ist hier zum einen die Konnektivität in Bezug auf die Netzsteuerung. Diese wird künftig, auch im Bereich der Verteilnetze, über Glasfaser, DSL oder Mobilfunk laufen. Falls noch kein eigenes Glasfasernetz vorhanden ist, wird sich vermutlich DSL als vorhandener Standard durchsetzen, als letzte Rückfallposition dann die (Mobil-)Funklösungen. In den Diskussionen um die WAN-Anbindung der Systeme spielt derzeit Broadband-Over-Powerline (BPL) noch eine kleine Rolle. Diese Kommunikation (in Form von „Narrow Band PLC") wird dann zum anderen allerdings im Bereich AMI relevant werden, als sogenannter „Last Mile Access" (in Europa). Die Steuerung von z. B. „Distributed Energy Resources" (Speicher und Kraftwerke – „DER") könnte dann wiederum über z. B. DSL oder Mobilfunk erfolgen, in Verbindung mit Broadbandover-Powerline (BPL) als hybrides Netz/„Last Mile"-Breitbandinfrastruktur, denn diesem Systemaufbau für WAN/LAN rund um Smart Grids folgen in anderen Ländern derzeit die meisten EVUs.[32]

Durch eine völlig neue Architektur für die Implementierung von intelligenten Stromnetzen, optimierte Übertragungs- und Verteilungsprodukte und neue Connected Grid Services können einzelne Komponenten im Rahmen der Modernisierung von Stromnetzen bereits jetzt gezielter miteinander verknüpft werden.[33]

Mit der Ratifizierung des IEEE-1901-Standards für BPL ist nun auch eine einheitliche Kommunikationsebene geschaffen worden, um basierend auf diesem Standard (zur Nutzung/Installation von Breitband-Datennetzen) entsprechende Produkte und Anwendungsmöglichkeiten zu entwerfen. Damit ist ein wichtiger Meilenstein, oder auch die Schlüsseltechnologie, für die wertschöpfungskettenübergreifende Kommunikation und Vernetzung von Erzeugung und Verbrauch gelegt und damit die Tür für die Entwicklung neuer Technologien rund um die Themen intelligente Energienetze, Transport und Local Area Networks (LANs) geöffnet. Spannungsunabhängig können beispielsweise Daten über die Standard-Stromleitungen per BPL übertragen werden. Auf diese Weise können mithilfe eines Daten-Modems, das ein Trägersignal von weniger als 100 MHz erzeugt, IEEE-1901-konforme Produkte Daten mit einer Geschwindigkeit von bis zu 500 Mbit/s über die Stromleitungen übertragen werden. Hierbei ist die Datenrate ausreichend für die Übertragung von Video-Informationen und übertrifft die Datenraten der meisten draht-

---

[30] Vgl. Appelrath et al. 2012, S. 112.
[31] Euromicron ist beispielsweise ein Anbieter dieser Komplettlösungen, http://www.finanznachrichten.de/nachrichten-2012-04/23180223-euromicron-smart-grid-bringt-phantasie-398.html.
[32] Vgl. Herzig und Einhellig 2012, S. 45.
[33] Vgl. Herzig und Einhellig 2012, S. 45 mit Verweis auf „GridBlocks", Connected Grid FAN der Firma Cicso Systems, siehe auch: Telekom-Presse, 2012 und Schindler, 2012.

losen Netzwerktechnologien mit einer Reichweite von bis zu 1.500 m.[34] Ergänzend verstärken nach Bedarf Leistungsverstärker die Reichweite für Smart Grid-Anwendungen um mehrere Kilometer.[35]

Die Möglichkeit, weitere Kommunikationsstandards beispielsweise zur Gerätesteuerung respektive Hausautomation direkt mit einfließen zu lassen, stellt hierbei einen wesentlichen Vorteil einer Powerline-basierten Kommunikations-Infrastruktur dar. Die zwei Initiativen, die sich im Smart Home-Segment bereits herausgebildet haben, sind neben Bluetooth z. B. ZigBee und Z-Wave, die jeweils einen spezifischen Standard vorantreiben.[36]

Für die Kommunikation mit abgesetzten Ein-/Ausgabeeinheiten in dezentralen Architekturen ist z. B. wegen seiner Unabhängigkeit von der Topologie und seiner Fähigkeit zu direkter Querkommunikation das Protokoll „Powerlink" als „Open Source"-Variante geeignet. Dessen Integration in das offene, der IEC 61499 entsprechende Steuerungssystem 4DIAC, gelang dem Austrian Institute of Technology (AIT) auf einfache Weise durch Einführung von Objektklassen für Master- und Slave-Knoten und für die Konversion zwischen zeit- und ereignisabhängigen Abläufen.[37]

Akteure und Bedeutung für die Energiewende
Da diese Komponente des Smart Markets für alle Akteure relevant ist,[38] ist in der nächsten Zeit die Auswahl geeigneter Geräte und Kommunikationsverfahren erforderlich, denn nur so kann eine Bereitstellung einer kosteneffizienten Smart Grid-Infrastruktur zur Nutzung durch alle Marktrollen und gegebenenfalls durch Dritte für nicht-energiewirtschaftliche Information zukunftssicher erfolgen. Die Aufgabe der Regulierungsbehörde ist hier auf lange Sicht u. a. das Sicherstellen eines diskriminierungsfreien Zugangs für Berechtigte.

14.3.2 Integrationstechniken

Um Interoperabilität, das heißt das Zusammenwirken mehrerer Systeme auf semantischer und syntaktischer Ebene zum Datenaustausch, zu ermöglichen, werden diverse Integrationstechniken im Smart Market genutzt.[39]

Als Beispiel für das Technologiefeld „Integrationstechniken" stehen softwareseitig Methoden aus dem Bereich EAI (Enterprise Application Integration). Letzteres ist eine IT-Infrastruktur in Form einer sog. Middleware zur Kopplung von IT-Systemen, meistens

---

[34] Vgl. http://www.searchnetworking.de/themenbereiche/infrastruktur/verkabelung/articles/340560/.
[35] Vgl. Herzig und Einhellig 2012, S. 45 f.
[36] Vgl. Herzig und Einhellig 2012, S. 46 mit Verweis auf http://www.crn.de/netzwerke-tk/artikel-93878.html.
[37] Vgl. Herzig und Einhellig 2012, S. 46 mit Verweis auf http://www.pressebox.de/pressemeldungen/bernecker-rainerindustrie-elektronik-gesmbh/boxid/484419.
[38] Vgl. Herzig und Einhellig 2012, S. 45.
[39] Vgl. Appelrath et al. 2012, S. 132, allerdings mit dem Verweis auf lediglich „Smart Grids".

betriebswirtschaftlicher Systeme, wie z. B. ERP, SCM, CRM und E-Commerce-Software. Es ermöglicht IT-Systemintegration mit hoher Flexibilität, leichter Erweiterbarkeit sowie einfacher Änderung des Workflows und von Geschäftsprozessen und -abläufen. Anwendungsfelder wären hier z. B. die sich ständig ändernden Lieferantenwechselprozesse. EAI kann auch im Zusammenspiel mit SOA (Service Oriented Architecture), BPI (Business Process Integration) und RTE (Real-time Enterprise) wirken.[40]

Die beiden wichtigsten Integrationsdienste eines Enterprise Service Bus (ESB) sind Transformations- und Routingdienste, die ohne zentralen Knotenpunkt auskommen. EE-Bus ist darüber hinaus ein einheitliches Konzept zur Integration heterogener Kommunikationsprotokolle, welches nach intensiver Prüfphase breiten branchenübergreifenden Anklang unter befragten Unternehmen fand. Als offener Kommunikationsstandard „übersetzt" er die unterschiedlichen Protokolle der Gebäudesteuerung wie KNX/EIB, ZigBee oder uPnP für die reibungslose Kommunikation mit Smart Grids. Die einheitliche Schnittstelle ermöglicht den Informationsaustausch zu Energieangebot und -verbrauch zwischen Gebäudetechnik und Versorgern und überlässt gleichzeitig dem Endverbraucher die Wahl der Kommunikationstechnologie innerhalb seines persönlichen Smart Home. Entwickelt wurde der neue Standard EEBus durch Kellendonk Elektronik im Rahmen des nationalen E-Energy-Projektes.[41]

Akteure und Bedeutung für die Energiewende
Auch diese Komponente des Querschnittsbereiches zwischen Smart Market und Smart Grid ist für alle Akteure relevant.

14.3.3 Datenmanagement

Unter Datenmanagement versteht man im Allgemeinen IT-Technologien zur semantischen Beschreibung, Aggregation, Analyse, Strukturierung und Speicherung von Daten.[42]

Auch hier, also als Komponente des Zwischenbereiches von Smart Market und Smart Grid, umfasst das Datenmanagement die IT-Technologien zur semantischen Beschreibung, Aggregation, Analyse, Strukturierung und Speicherung – aber eben von energiewirtschaftlichen Daten.

Weil mit der absehbar zunehmenden Datenflut („*Big Data*") ungewohnt große Anforderungen auf die integrierten Energieversorger, Netzbetreiber oder (grundzuständigen) Messstellenbetreiber bzw. auch Messdienstleister zukommen, bieten vor allem Unternehmen aus der Telekommunikationsbranche, wie z. B. die Deutsche Telekom, Outsourcing-

---

[40] Vgl. Herzig und Einhellig 2012, S. 47.
[41] Vgl. Herzig und Einhellig 2012, S. 47, mit dem Verweis auf die Cleantech-Unternehmen Busch-Jaeger (Tochter der ABB), Gira und JUNG sowie http://www.cleanthinking.de/standard-schnittstelle-fuer-dassmart-home-ist-eebus/26188/.
[42] Vgl. Appelrath et al. 2012, S. 135.

Lösungen für die Energiebranche an. Da der Telekommunikationssektor früher liberalisiert wurde, haben sich hier für ähnliche Problemgestellungen bereits Lösungen etabliert.[43]

Eine Datenmanagement-Plattform, die direkt an der Photovoltaik-Anlage installiert wird, lässt sich mit Stromzählern oder Smart Grid-Geräten kombinieren und eignet sich für private wie industrielle Anlagen. Z. B. arbeitet Aurora Universal mit herstellerunabhängigen Balance-of-System-Produkten (BOS) wie Wechselrichtern, „String Combiners", Stromzählern oder Klimastationen zusammen. String-Combiner-Boxen ermöglichen eine präzise Überwachung großer Photovoltaik-Generatoren. Zum Zubehör gehören die Smart Combiner für Wechselrichter-Strings sowie die Environmental-Geräte für die Temperatur, Sonneneinstrahlung und Windgeschwindigkeit.[44]

Eine Lösung für die Überwachung und Kontrolle von Solar- und Windkraftanlagen stellt z. B. Power-One Aurora Vision dar. Diese Software ermöglicht Anlagenbetreibern interaktiven Zugang zu Performance- und Produktivitätskennzahlen in Echtzeit und gibt ihnen die für operative Entscheidungen benötigten Informationen.

Ein weiterer Hersteller in der Komponente des Datenmanagements ist Ferranti, welcher eine Lösung zur Unterstützung der Geschäftsprozesse von Energie- und Versorgungsunternehmen anbietet, die sich sowohl auf Zählerdatenmanagement als auch auf Kundeninformationssysteme erstreckt. Zu den Funktionalitäten zählen VEE, Plausibilitätsprüfungen, Vertragsmanagement, Abrechnung, Kundenbeziehungsmanagement (einschließlich Callcenter), Servicemanagement, Prognoserechnungen/Portfoliomanagement, Marktinteraktion und vieles mehr. Dabei ermöglicht das System, Kosten für kundenbezogene Prozesse (Cost-to-Serve) zu senken. Das System ist für Microsoft Dynamics zertifiziert und die „Go-to"-Lösung von Microsoft für den Energie- und Versorgungsmarkt.[45]

Die Firma Siemens hat erstmals im November 2013 ihr neues Verteilnetzmanagementsystem „Spectrum Power ADMS"[46] vorgestellt, das die Funktionen SCADA[47], Ausfallmanagement sowie Fehler- und Netzanalyse auf einer Softwareplattform unter einer gemeinsamen Benutzeroberfläche vereint. Damit sollen sich alle Arbeitsabläufe sowie die Dateneingabe und -pflege vereinfachen lassen. Das System kann die Verantwortlichen in den Netzleitstellen durch Handlungsvorschläge und automatisierte Abläufe dabei unterstützen, nach einer Störung den betroffenen Netzabschnitt möglichst schnell reparieren und wieder zuschalten zu können. Darüber hinaus lassen sich Smart Meter-Daten intelligent beim Erkennen und Beheben von Störungen nutzen sowie dezentrale Energiequellen steuern und überwachen.

---

[43] Vgl. Herzig und Einhellig 2012, S. 48.
[44] Vgl. Herzig und Einhellig 2012, S. 48, mit dem Verweis auf http://www.industrie.de/industrie/live/index2.php?menu=1&submenu=1&type=news&object_id=32874486.
[45] Vgl. Herzig und Einhellig 2012, S. 48, mit dem Verweis auf http://www.vwd.de/vwd/markt.htm?u=0&k=0&sektion=news&awert=ir_business_wire&newsid=33952481&offset=0.
[46] ADMS steht hier für „Advanced Distribution Management System".
[47] SCADA steht allgemein für „Supervisory Control and Data Acquisition".

Akteure und Bedeutung für die Energiewende
Auch das Datenmanagement als Komponente des Zwischenbereiches ist für alle Akteure und Marktrollen relevant.

Daten sind die Basis für vielerlei Produkte und Dienstleistungen im Smart Market und sie werden nach dem bundesweiten Rollout der intelligenten Energiezähler v. a. im Bereich des Einspeisemanagements für die Marktintegration Erneuerbarer Energie noch einmal wichtiger.

14.3.4 (Informations-)Sicherheit

Mit Sicherheit ist in diesem Beitrag „Informationssicherheit" gemeint. Diese ist als die Sicherheit von Informationen in Bezug auf ihre Anforderungen an Verfügbarkeit, Vertraulichkeit und Integrität definiert. Sie unterscheidet sich von der Funktionssicherheit („*Safety*"), welche die korrekte Funktion eines Systems unter allen Betriebsbedingungen beschreibt.[48]

Informationssicherheit als Komponente des Zwischenbereichs von Smart Market und Smart Grid befasst sich also damit, ein funktionssicheres System vor äußeren Störangriffen zu schützen.

Die European Network and Information Security Agency (ENISA) veröffentlichte im Juli 2012 ein in Zusammenarbeit mit Deloitte entwickeltes Papier mit Empfehlungen, wo unter anderem aufgeführt ist, dass „Smart Grid Risk Assessments" durch Übertragungs- und Verteilnetzbetreiber verpflichtend durchgeführt werden sollen. Diese haben zum Ziel, die kritischsten Assets und Prozesse zu identifizieren.[49] Hierbei ist wichtig, in *System-* und *Datenverfügbarkeit* zu trennen: Da bei einer solch kritischen Infrastruktur, wie sie das Energieversorgungssystem nun einmal darstellt, an erster Stelle die Verfügbarkeit der Systeme stehen muss, müssen auch in der vernetzten Systemebene, dem Smart Market, bei allen Akteuren Konzepte für IT-Architektur-Redundanzen existieren, wie bereits ähnlich im Kernenergiebereich.

Ein Akteur, der künftig via Smart Meter-Gateway Daten sendet, muss immer (evtl. anonymisiert) eindeutig zuzuordnen sein. Lösungsansätze bietet hier das Feld des „Cloud-Computing". Um die *Vertraulichkeit der Daten* sicherzustellen, muss ein Verschlüsselungsmechanismus die Kommunikation/Übertragung der Daten so sicher machen, dass auch den gesellschaftlichen Anforderungen genüge getan wird. Lediglich derjenige soll selbstverständlich nur die Daten sehen, die zu sehen er berechtigt ist. Neben einem durchdachten Konzept für *Zugriffsbeschränkungen* muss darüber hinaus auch sichergestellt werden, dass die Integrität der Daten gewährleistet ist. Es könnte beispielsweise über ein Konzept (ähnlich dem der sog. Hash-Summen) dafür Sorge getragen werden, dass in verteilten Datenbanken sich Daten nicht durch Zugriff unerwünscht ändern. Die Sicherstellung von *Datenintegrität* ist somit neben der Verfügbarkeit und Vertraulichkeit der Daten die letzte,

---
[48] Vgl. Appelrath et al. 2012, S. 137.
[49] Vgl. ENISA 2012, S. 13.

aber nicht minder wichtige Herausforderung der drei klassischen Ziele in der Informationssicherheitstheorie.[50]

Wie oben beschrieben, regelt im Rahmen der Informationssicherheit für die *Netzleittechnik* der § 11 Abs. 1a EnWG primärrechtlich die Anforderungen an den systemverantwortlichen Netzbetreiber im Smart Grid. Zeitgerechter und auch technologisch machbarer scheint es zu sein, ebendiese Verantwortung in die Hände der neuen Marktrolle des SMGA zu geben, welche dann auch abseits von Smart Grid als geschlossene Systemebene die Informationen diskriminierungsfrei für die Technologien des Smart Markets zur Verfügung zu stellen in der Lage ist. Nach der festen Etablierung dieser neuen Marktrolle für den Bereich Smart Cross Section ICT können die bereits vorhandenen Technologien aller für die Energiewende notwendigen Felder eingebunden werden.

Die einzige zurzeit valide Möglichkeit, einen angemessenen und wirkungsvollen IT-Sicherheitsstandard für Smart Market zu erreichen, ist eine Zertifizierung nach ISO/IEC 27001. Dieser Standard ist deswegen interessant, weil man ihn in bereits vorhandene Managementsysteme (z. B. nach 9001) relativ einfach einbetten kann. Die Lücken im Bereich der (Informations-)Sicherheit können ebenfalls nicht allein von Energieversorgern aufgearbeitet werden. Andersherum gedacht kann aber auch nicht die Telekommunikationsbranche allein für den Aufbau des Energieinformationsnetzes verantwortlich sein.[51]

Akteure und Bedeutung für die Energiewende
Die Komponente der Informationssicherheit ist für alle Akteure der Wertschöpfungskette des Smart Markets relevant.

14.4 Definitionen der Komponenten des Smart Markets

14.4.1 Asset Management für dezentrale Erzeugungsanlagen

Unter einem *Asset-Management-System* versteht man im Sektor Energie allgemein ein Informationssystem, in dem Betriebs- und kaufmännische Daten von Anlagen verarbeitet werden.[52] Als Komponente des Smart Markets gewinnt es insofern an Bedeutung, als das Asset Management *dezentrale Erzeugungsanlagen* zu steuern in der Lage sein muss.

Ein Akteur in diesem Feld ist z. B. die Firma Siemens. Die Business Unit „Services" in der entsprechenden Division des „Infrastructure & Cities"-Sektors hält Lösungen und Dienstleistungen im Gebiet „Asset Performance"-Management vor. Eine vorausschauende Planung, die umfassend mögliche Risiken berücksichtigt, Schwachstellen identifiziert und entsprechende Instandhaltungskonzepte und Investitionsstrategien anbietet, sichert

---

[50] Vgl. Herzig und Einhellig 2012, S. 49.
[51] Vgl. Herzig und Einhellig 2012, S. 51.
[52] Vgl. Appelrath et al. 2012, S. 115.

zwar den unternehmerischen Erfolg und die Betriebsmittel eines zukunftsorientierten Geschäftsmodells.[53]

Akteure und Bedeutung für die Energiewende
Die Branche setzt jedoch in punkto Bedeutung dieser Komponente Hersteller- wie EVU-seitig andere Schwerpunkte. Nach einer Befragung hierzu ist diese Komponente eher im unteren Feld der Wichtigkeit für das Gelingen der deutschen Energiewende angesiedelt.[54]
Eine Marktrolle innehaben bzw. Akteur in dieser Komponente des Smart Markets können Energieserviceunternehmen, Aggregatoren, Verteilnetzbetreiber sowie Betreiber von DER-Systemen sein.

14.4.2 Anlagenkommunikations- und Steuerungsmodule

Steuermodule werden in allen erdenklichen elektronischen Bereichen eingesetzt, ebenso zur Steuerung von Maschinen, Anlagen und sonstigen technischen Prozessen. Sie zählen zu den „eingebetteten Systemen".[55] Um die Interoperabilität der verschiedenen Steuermodule sicherzustellen, bedarf es einer einheitlichen Softwareausstattung. Ziel dessen ist eine reibungslose Vernetzung und Integration aller Steuergeräte zu einem Gesamtsystem.
Die Komponente des Smart Markets „Anlagenkommunikations- und Steuerungsmodule" beschreibt eben jene eingebetteten Systeme in dezentralen Verbrauchseinheiten, Erzeugern und Speichern zur Steuerung und Kommunikationsanbindung.[56]
Aktuell hat z. B. Bachmann Electronic ein Netzmessungs- und Überwachungsmodul entwickelt, welches Überwachungs- und Schutzfunktionen zugleich in die klassischen Steuerungsaufgaben einer dezentralen Energie-Erzeugungsanlage integriert.[57]
Des Weiteren verkauft Cinterion ein ultra-kompaktes Modul für die Integration in intelligente Zähler und Energiemanagement-Terminals. Es gewährleistet eine sichere mobile Datenkommunikation für eine Reihe von Produkten und Services, einschließlich Lastüberwachung und -steuerung. Diese Serviceleistungen unterstützen Energieversorger und Verbraucher beim Energiesparen, ermöglichen die automatische Zählerablesung zur Vereinfachung von Berichts- und Abrechnungsverfahren, gewährleisten die Überwachung der „Smart Grid"-Komponenten und bieten Antidiebstahls- und Alarmsysteme, um die

---

[53] Vgl. Herzig und Einhellig 2012, S. 30 mit dem Verweis auf http://www.siemens.com/press/pool/de/materials/infrastructurecities/icsg/profile-siemens-smart-grid-de.pdf.
[54] Vgl. Herzig und Einhellig 2012, S. 30.
[55] Eingebettete Systeme (engl. „embedded systems") haben entweder Überwachungs-, Steuerungs- oder Regelfunktionen oder sind für eine Form der Daten- bzw. Signalverarbeitung zuständig, beispielsweise beim Ver- bzw. Entschlüsseln, Codieren bzw. Decodieren oder Filtern.
[56] In etwa nach Appelrath et al. 2012, S. 125.
[57] Vgl. Herzig und Einhellig 2012, S. 31, mit dem Verweis auf http://www.elektrotechnik.vogel.de/messtechnik-prueftechnik/articles/339200/.

Vermögenswerte vor Ort zu schützen. Ein wesentlicher Vorteil des neuen Moduls ist eine Zuverlässigkeit selbst bei extremsten Temperaturen. Das erlaubt eine effiziente „Land Grid Array"-Oberflächenmontage für Massenproduktionen. Heute kommt dieses Modul im stark wachsenden Markt China zum Einsatz. Ein Beleg für das prognostizierte Wachstum ist, dass die in erster Linie für den Ausbau des Stromnetzes in China verantwortliche State Grid Corporation of China (SGCC) bereits im Jahr 2011 Angebote für über 44 Mio. Smart Meter-Geräte einholte. Einem jüngst veröffentlichten Bericht von ResearchInChina zufolge war Linyang Electronics der größte Gewinner dieser Ausschreibungen.[58]

Akteure und Bedeutung für die Energiewende
Auch dieses Technologiefeld wurde von der gesamten Branche als ein für das Gelingen der deutschen Energiewende sehr essenzielles Feld bewertet. Vor allem die Untergruppe der integrierten EVU ist zu fast 90 % der Meinung, dass dieses Technologiefeld für die Energiewende sehr wichtig bzw. diese ohne den Einsatz nicht möglich ist.[59]

Akteure und Marktrollen werden hier von Verteilnetzbetreibern, künftig evtl. von Aggregatoren von Schaltrechten, in der Elektromobilität und bei Endkunden wahrgenommen.

14.4.3 Regionale Energiemarktplätze

Energiemarktplätze gibt es bereits sehr viele. Beispielhaft sei hier auf die Strombörse European Energy Exchange (EEX) in Leipzig verwiesen. Dort oder auf anderen Börsen und im „Over-the-counter"-Handel (OTC) wird Wirkleistung umgeschlagen. Endkunden kaufen ihre Leistungen – bis auf wenige Ausnahmen – dann von Energielieferanten ein. Im Gegensatz dazu ist derzeit z. B. die Ausschreibung von Regelenergie hoch reguliert und auf die Übertragungsnetzbetreiber als Einkäufer beschränkt. Systemdienstleistungen werden so durch das Netz abgerufen.

Da viele Teilnehmer am Smart Market jetzt aber physisch dezentral (auch geographisch) agieren, ist diese Komponente des Smart Markets „regional" zu sehen.

Regionale Energiemarktplätze werden im Smart Market eingesetzt, um Industrie, Gewerbe und Privatkunden eine aktive Marktteilnahme zu ermöglichen und um Lastflexibilitäten sowie dezentrale Erzeugung durch neue Tarifsysteme aktiv in den Markt zu integrieren.[60]

In den Vereinigten Staaten gibt es bereits die „Nodal Markets", die implizit Kosten für den Stromtransport berücksichtigen. Es wird angestrebt, bei diesen Märkten auch die nied-

---

[58] Vgl. Herzig und Einhellig 2012, S. 31 mit den Verweisen auf http://www.businesswire.com/news/home/20120215005741/de/ und http://www.finanzen.net/nachricht/Linyang-Electronics-verwendet-ultra-kompaktes-M2M-Modul-von-Cinterion-fuer-Smart-Meter-und-Energie-Management-Loesungen-1652712.

[59] Vgl. Herzig und Einhellig 2012, S. 31.

[60] Vgl. Appelrath et al. 2012, S. 117.

rigeren Spannungsebenen zu berücksichtigen, sodass Tausende von regionalen Marktplätzen entstehen werden. Regionale Energiemarktplätze wurden in Deutschland im Rahmen der E-Energy-Marktplätze eingesetzt und erprobt, konnten aber aufgrund der geltenden Rahmengesetze in den Piloten noch nicht profitabel betrieben werden.[61]

Akteure und Bedeutung für die Energiewende
Akteure sind und Marktrollen haben Privat- und Gewerbekunden, Verteilnetzbetreiber, Energielieferanten, Aggregatoren, Energiedienstleister und Messdienstleister inne.

Aus Branchensicht spielen diese Technologien, die aus theoretischer Sicht ein großes Potenzial haben, im Vergleich zu anderen Komponenten des Smart Markets derzeit noch eine kleine Rolle.[62]

14.4.4 Handelsleitsysteme

Im Bereich von Infrastrukturen, Prozessen, und in der Gebäudetechnik dient ein Leitsystem im Allgemeinen zum Leiten von Fertigung oder Produktion und kann sich auch auf bestimmte Teilbereiche der entsprechenden Wertkette erstrecken. Dies kann sich auch auf artverwandte Prozesse und Vorgänge in der Stromerzeugung, der Verkehrstechnik etc. beziehen. Hierbei soll das Leitsystem einen komplexen zeitlichen und materiell-inhaltlichen Planungs- und Ist-Ablauf übersichtlich darstellen und den steuernden menschlichen Eingriff unterstützen oder überhaupt erst ermöglichen. Die Unterstützung des menschlichen Eingriffs unterscheidet ein Leitsystem von einer automatisierten Regelung, die selbsttätig anhand eines Soll-Ist-Vergleichs und mittels Sensor-Signalen Reaktionen in das System einleitet.

Im Falle des Smart Markets ist die Komponente *„Handelsleitsystem"* bzw. ein *„Handelsleitstand"* v. a. ein Werkzeug für Energiehändler zur Analyse und Ausführung des Energiehandels. Insbesondere auch aus dem Betrieb und der Vermarktung dezentraler Erzeugungsanlagen und Verbraucher durch *Demand Side Management* ergeben sich neue Bedarfe an Funktionalitäten.[63]

Die Aggregation der Flexibilitäten, die sich aus dem Lastverschiebungspotenzial beim Verbraucher sowie bei dezentraler Einspeisung ergeben, kann zum Beispiel in den regionalen Energiemarktplätzen erfolgen. Während heute für den Day-ahead-Markt und den Terminmarkt eine Top-down-Prognose und die Erfassung von Lastdaten und Erzeugungsdaten dezentraler Windanlagen erfolgen, ist bei einer Migration hin zur Nutzung der kleinteiligeren Flexibilitäten auf dem Markt eine Bottom-up-Erfassung der Positionen

---

[61] Vgl. Herzig und Einhellig 2012, S. 32.
[62] Vgl. Herzig und Einhellig 2012, S. 32.
[63] Vgl. Appelrath et al. 2012, S. 119.

erforderlich, da eine Top-down-Prognose, wie im alten Energieversorgungssystem, unter diesen Umständen zu ungenau ist.[64]

Ein weiterer Anwendungsfall ist die bilanzielle Erfassung von Erzeugung und Verbrauch der Kunden in der Verantwortung für den eigenen Bilanzkreis oder die spezifische Energiemengenbilanzierung, wobei die Systeme an neue Bilanzierungen im Massenmarkt mit dynamischen Tariflogiken (wie seit 2013 mit der Zählerstandsgangmessung[65] vorgeschrieben, aber noch nicht in den Marktregeln für die Bilanzierung von Strom – erforderlich sind Marktprozesse für die Zählerstandsgangbilanzierung – näher ausgestaltet[66]) angepasst werden müssen.

Akteure und Bedeutung für die Energiewende
Akteure und Marktrollen sind hier neben Energiehändlern und Energielieferanten folglich auch Bilanzkreismanager, Portfoliomanager oder Aggregatoren.

Die Branche sieht dieses Technologiefeld eher mit mittelmäßiger Wichtigkeit, denn unbedingte Voraussetzung für die Realisierung von Handelsleitständen für Flexibilitäten sind auch leistungsfähige und wirtschaftliche Informations- und Kommunikationsanbindungen, die anerkannte, internationale Standards nutzen, was derzeit auch noch nicht der Fall ist.[67]

14.4.5 Prognosesysteme

Allgemein berechnen Prognosesysteme eine Schätzung für den zukünftigen Zustand einer beliebigen Messgröße. Im Smart Market der Energiewelt sind das in der Regel verbrauchs- oder erzeugungsbezogene Messgrößen.[68]

Die 2012 erstmals primärgesetzlich beschriebene (aber noch nicht verpflichtende) Direktvermarktung nach dem EEG hat im Jahr 2013 bereits zu einer Optimierung von Systemen, die eine Regelbarkeit volatiler Energien ermöglichen, und somit zu einer Marktfähigkeit der Anlagen sowie zu einer verbesserten Kommunikation zwischen Händlern, Dienstleistern, Netzbetreibern und Anlagenbetreibern geführt. Mithilfe dieser Infrastruktur konnten dann als Nebeneffekt auch die Prognosen für die schwankende Erzeugung aus Wind- und Solaranlagen verbessert werden, wodurch die damit verbundenen Kosten gesenkt werden.

---

[64] Vgl. Herzig und Einhellig 2012, S. 32.

[65] Die Stromnetzzugangsverordnung wurde am 14.08.2013 dementsprechend geändert.

[66] Stand des Buches: Die Beschlusskammer 6 der BNetzA hatte zuletzt am 04.06.2013 mit der „Mitteilung Nr. 8" zur Festlegung „Marktregeln für die Durchführung der Bilanzkreisabrechnung Strom (MaBiS 2.0)" die Marktprozesse festgelegt. Diese sehen aber noch keine Zählerstandsgangbilanzierung vor.

[67] Vgl. Herzig und Einhellig 2012, S. 32.

[68] Vgl. Appelrath et al. 2012, S. 120.

Überwiegend Übertragungsnetzbetreiber sind derzeit aber noch dafür verantwortlich, die Energie aus EE bestmöglich an der Börse zu vermarkten. Um die schwankende Energieeinspeisung aus Windenergie richtig zu prognostizieren und damit bestmöglich zu vermarkten, bedienen sie sich dabei bereits seit Längerem erfolgreich an den Einspeiseprognosen mehrerer Prognosesystemanbieter. Damit sie die steigende Energieeinspeisung aus Solarenergie ebenfalls exakter einschätzen können, wurden von Herstellern Methoden aus dem Windbereich erfolgreich auf die Photovoltaik übertragen.

Beispielsweise hat die Firma *energy & meteo systems* mehrere Lösungen im Portfolio. Mit einem Photovoltaik-Vorhersagemodell und den Hochrechnungen für die Leistungseinspeisung von Photovoltaikanlagen für definierte Gebiete liefert diese Firma der Energiebranche ein Werkzeug, um besser planen zu können.[69]

Akteure und Bedeutung für die Energiewende
Neben den Anbietern sind in dieser Komponente des Smart Markets hier v. a. Lieferanten, Produzenten, Energienutzer, Energiehändler, Energiehandelsplätze/-plattformen Akteure.

14.4.6 Business Services

Ein „*Business Service*" ist ein IT-Service, der außerhalb der IT im Geschäft sichtbar ist oder dort einen Stakeholder hat.

Business Services im Smart Market unterstützen und optimieren wesentliche Prozesse eines Unternehmens und kommen bereits auch auf allen Wertschöpfungsketten der Elektrizitätswirtschaft zum Einsatz.[70]

Die Firma Siemens hat mit dem „*Smart Grid Compass*" ein Beratungs- und Analyse-Tool entwickelt, um Energieversorger, Städte und Gebäudebetreiber bei der Implementierung eines intelligenten Stromversorgungsnetzes zu beraten. Es steht die Analyse des bestehenden Stromversorgungsnetzes vor dem Ausbau zu einem Smart Grid im Vordergrund. Ziel ist es, die beste Lösung für ein intelligentes Netz zu finden und es professionell mit minimalen Risiken und vernünftigen Budgets aufzubauen.[71]

Akteure und Bedeutung für die Energiewende
Die Akteure in dieser Komponente des Smart Markets sind hier sehr breit gestreut, da sowohl Produzent, Energienutzer (gewerblich), Übertragungsnetzbetreiber, Verteilnetzbetreiber, Energielieferant, Bilanzkreisverantwortlicher, Bilanzkreiskoordinator, Energiehändler, Ener-

---

[69] Vgl. Herzig und Einhellig 2012, S. 34, mit dem Verweis auf http://www.cleanthinking.de/energiewende-rueckwaerts-vermarktung-von-oekostrom-vor-dem-aus/29182/ und http://energymeteo.com/unternehmen/index.php.
[70] Vgl. Appelrath et al. 2012, S. 122.
[71] Vgl. Herzig und Einhellig 2012, S. 35, mit dem Verweis auf http://www.innovations-report.de/html/berichte/messenachrichten/smart_grid_consulting_dezentrales_energiemanagement_188035.html.

giebörse, Messstellenbetreiber, Messdienstleister, Energiemarktplatzbetreiber, Energiedienstleister und Kommunikationsnetzbetreiber Business Services in Anspruch nehmen.

Für das Gelingen der Energiewende spielt diese Komponente des Smart Markets derzeit aus der Sicht der Smart Grid-Branche noch keine oder nur eine sehr unbedeutende Rolle.[72]

14.4.7 Virtuelle Kraftwerkssysteme

Mit einem *virtuellen Kraftwerkssystem* (VK-System) wird eine Anwendung bezeichnet, die mehrere Anlagen zur Stromerzeugung oder Stromverbrauch IKT-technisch bündelt und so den Einsatz dieser Anlagen zur Lieferung von Wirkleistung, Systemdienstleistungen oder Regelenergie verbessert.[73]

Prinzipiell unterscheidet man Virtuelle Kraftwerksverbünde, die zum einen regional steuern und zum anderen überregional zusammenschalten bzw. organisiert sind. Regionale virtuelle Kraftwerkssysteme sind gerade für Städte interessant, da z. B. in einem regionalen Verbund an einer Stelle sowohl produziert als auch konsumiert werden kann. Auf diese Weise kann der Strom innerhalb einer Stadt zentral gesteuert werden. Bei z. B. bundesweit organisierten virtuellen Kraftwerken steht dieser regionale Ausgleich nicht im Vordergrund.

Die Installation eines virtuellen Kraftwerksystems ermöglicht eine zusätzliche Wertschöpfung im Kontext der Direktvermarktung, weil es weitere Alternativen der Stromvermarktung gewährt. So lässt sich überschüssige Energie an der Leipziger Strombörse EEX oder aber auch am Markt für Regelenergie vertreiben.

Bereitstellung von Regelenergie
Denn obwohl das Stromangebot den physikalischen Gesetzmäßigkeiten folgend zu jeder Zeit der Nachfrage entsprechen muss, weichen Angebot und Nachfrage regelmäßig voneinander ab. Hierfür stehen drei Stabilisierungsinstrumente zur Verfügung, welche auch die drei „Untermärkte" meinen:

- *Primärregelung* (Aktivierung innerhalb von 30 s),
- *Sekundärregelung* (Aktivierung innerhalb von 5 min) und
- *Minutenreserve* (Aktivierung innerhalb von 15 min)

Je nach Abweichung der Stromfrequenz (Sollwert: 50 Hz) kann also positive oder negative Regelleistung erforderlich sein und diese kann durch die Teile der Komponente „Virtuelle Kraftwerkssysteme" zur Verfügung gestellt werden: Notstromaggregate und generell „abschaltbare Lasten" (z. B. Kühlaggregate) können positive Regelleistung, laufende Blockheizkraftwerke und generell „zuschaltbare Lasten" (z. B. Kühlaggregate) negative Regel-

---

[72] Vgl. Herzig und Einhellig 2012, S. 35.
[73] Vgl. Appelrath et al. 2012, S. 123.

leistung bereitstellen. Mögliche Einnahmequellen wären eine Vergütung für Leistungsvorhaltung bzw. eine Vergütung bei Abruf der Anlage.

Direktvermarktung von EE-Anlagen
Dieses Modell im Rahmen einer virtuellen Kraftwerks richtet sich an regenerative Erzeugungsanlagen, welchen mit einer Einbindung die Chance geboten wird, mehr als die gesetzliche EEG-Vergütung zu verdienen. Die VK-Betreiber nehmen den Betreibern der regenerativen Anlage die dort produzierte Energie ab. Anschließend verkaufen die VK-Betreiber die Energie in der Stundenauktion (Spotmarkt) der Strombörse EPEX, dem größten europäischen Stromhandelsplatz mit dem Ziel, den höchstmöglichen Ertrag zu erwirtschaften. Die Direktvermarktung des „Ökostroms" schafft darüber hinaus die Voraussetzung, bei Biogas- und Biomethan-BHKWs die sogenannte Flexibilitätsprämie zu beziehen. Für manche EEG-Anlagen kann die zusätzliche Vermarktung von negativer Regelleistung interessant sein. Mögliche Einnahmequellen sind dann zum einen direkt die EEG-Vergütung oder zum anderen eine vertraglich festgelegte Prämie. Die Einnahmen aus der Teilnahme am virtuellen Kraftwerk sollten immer mindestens der EEG-Vergütung entsprechen.

Vermarktung am Spotmarkt
Diese Möglichkeit ist v. a. für Inhaber schaltbarer Lasten, wie z. B. Kühlaggregaten, geeignet. Durch Einbindung in das VK kann ihre Leistung auf dem kurzfristigen Spotmarkt der EEX gehandelt werden. Dazu wird am Vortag der Lieferung der Strom in Auktionen gehandelt. Während hoher Spotmarktpreise werden Lasten abgeschaltet, während niedriger Spotmarktpreise werden die Lasten zugeschaltet.

Beispiele aus der Praxis
Die Stadtwerke München (SWM) sind ein Beispiel für ein Kombinationsmodell aus allen drei Optionen. Die Technik dafür liefert z. B. die Deutsche Telekom. Sie bietet Energieversorgern in diesem Bereich eine Lösung an, die via DSL-Leitung oder über eine gesicherte Mobilfunkleitung auf die kleinen Kraftwerke zugreift. Ein weiterer Akteur ist der Hamburger Energieversorger LichtBlick, der intelligente Kraft-Wärme-Kopplungs-Anlagen vermarktet und damit die Kosten für den Ausbau der Stromnetze bereits bis 2020 um bis zu eine halbe Milliarde Euro senken möchte. Langfristig liegen nach Angaben des Vorstands für das Ressort Energiewirtschaft die Einsparpotenziale sogar noch deutlich höher: *„Die Potenziale intelligenter Mini-Kraftwerke werden bislang in den Szenarien zum Verteilnetzausbau unterschätzt. Wenn wir den Strom dort erzeugen, wo er benötigt wird, und dann erzeugen, wenn er gebraucht wird, können wir teure Netzinvestitionen vermeiden."*[74]

---

[74] Herzig und Einhellig 2012, S. 37, mit den Verweisen auf http://www.die-news.de/include. php?path=content/articles.php&contentid=147772 und http://www.lichtblick.de/h/aktuell_361. php?id_rec=226.

Virtuelle Kraftwerke sind auch eines der wichtigsten Einsatzfelder des Energiemanagementsystems DEMS 3.0, das die Firma Siemens im November 2013 auf den Markt brachte. Diese Version besteht aus zwei Teilsystemen: dem „DEMS Designer", einem grafischen Werkzeug zur Dateneingabe, sowie einem Laufzeitsystem mit benutzerfreundlicher Bedienoberfläche. In dieser neuen Fassung soll die Software nun vielseitiger und vor allem anwenderfreundlicher sein. Der Nutzer kann mit einer Toolbox für Prognose, Planung und Echtzeitoptimierung flexibel, vorausschauend und schnell Erzeugung und Verbrauch, bzw. Einkauf und Verkauf von Energie steuern. Nach Angaben des Herstellers sollen sich mit dem „DEMS Designer" mit wenigen Mausklicks auch komplexe Energieinfrastrukturen abbilden lassen. Das Energiemanagementsystem kommuniziert dabei mit angebundenen Stromerzeugern, Lasten oder Speichern nach dem *Kommunikationsstandard IEC 60870-5-104*, wofür keine zusätzliche Software notwendig sein soll. Auch die Parameter der Kommunikationsverbindung und des Anlagenanschlusses im Zusammenspiel mit dem DER-Controller (Distributed Energy Recources) werden im „DEMS Designer" hinterlegt.

Nicht nur für den Aufbau und die Steuerung virtueller Kraftwerke, sondern auch für *Aggregatoren* sind solche dezentralen Energiemanagementsysteme nutzbar. Ihnen soll der Einsatz solcher Systeme bei regenerativen Energieressourcen ein größeres Markpotenzial verschaffen. Energiehändler können dann ihr Energieportfolio erweitern und Betreiber von Microgrids können mit dem System ihre Netze effizienter selbst steuern.

Akteure und Bedeutung für die Energiewende
Akteure in dieser – von der Branche als sehr wichtig eingeschätzten – Komponente des Smart Markets sind also klassische Produzenten, Aggregatoren, Energienutzer, Energielieferanten, Bilanzkreisverantwortliche, Energiehändler und Energiebörsen aber auch Netzbetreiber.[75]

14.4.8 Advanced Metering Infrastructure

Eine *Advanced Metering Infrastructure* (AMI) dient also primär der Verbrauchsmessung, der Abbildung von Smart Metering-Prozessen sowie der Übertragung und Verarbeitung von Smart Meter-Massendaten.[76]

Oft wird die Komponente „Advanced Metering Infrastructure" fälschlicherweise mit dem sehr in der Öffentlichkeit diskutiertem Einzelbaustein – nach bundesdeutscher Rechtsauffassung gem. den §§ 21 ff. EnWG der bloße intelligente Zähler (iZ) – gleichgesetzt. Doch schon die Bundesnetzagentur merkt diesbezüglich an, dass *"Smart Meter […] weder Heilsbringer noch die zentrale Smart Grid-Komponente…"*[77] seien. Nach Ansicht der BNetzA ist die primäre Aufgabe des Smart Metering auch die Bereitstellung digitaler Daten und Weiterleitung an Berechtigte. Ihrer Ansicht nach ist es zwar zu begrüßen, dass

---

[75] Vgl. Herzig und Einhellig 2012, S. 37.
[76] Vgl. Appelrath et al. 2012, S. 126.
[77] Zerres 2011.

durch das inzwischen finale „Schutzprofil" eine Lösung von Datenschutz-, IT-Sicherheit-, Akzeptanzproblemen vorliegt, allerdings wird das Messsystem dadurch teurer und hochaufgelöste Daten seien auch für den Netzbetrieb kaum erforderlich.[78]

Der Hauptnutzen des Smart Metering liegt selbstverständlich im Marktbereich, allerdings kann sich dieser Nutzen erst dann auch volkswirtschaftlich optimal entfalten, wenn ein intelligenter Zähler in ein obengenanntes AMI eingebettet ist, bzw. dort intelligente Messsysteme (iMSys) im Rahmen eines Energieinformationsnetzes verwendet werden. Denn Verteilnetze werden noch nicht allein durch den Einbau von Zählern zum Smart Grid.

Umfassende Lösung für rein automatische Zählerablesungen (*Automated Meter Reading, AMR*) und für erweiterte Messinfrastrukturen wie das AMI bieten heutzutage mehr als lediglich eine Zählerablesung zu geringen Kosten. Wichtig für den volkswirtschaftlichen wie betriebswirtschaftlichen Erfolg einer Infrastruktur sind nämlich auch Faktoren wie eine optimale Nachverfolgung von Installationen *(Asset Tracking)*, dynamische Preisgestaltung, Benachrichtigung bei Manipulationen, Störfallmanagement, Automatisierung der Versorgung, Lastprofile und Netzdiagnostik. Dies beschleunigt auch den Umstieg von mechanischen auf statische (elektronische) Verbrauchszähler für alle wichtigen Versorgungsunternehmen (Strom, Wasser, Gas, Heizung).

Derzeit können Verbrauchszähler manuell, per Berührungssignal (Handheld mit Stiftscanner oder Sonde) sowie per Funk, Bus, Powerline, Modem oder GSM/Satellit abgelesen werden.[79]

Welche Untertechnologie sich allein im Bereich Smart Metering durchsetzt, hängt von den Kosten – in einigen Regionen ist die Nutzungsgebühr für ein Funkfrequenzband höher als die Kosten für ein manuelles Ablesen – sowie der bereits vorhandenen Infrastruktur – es kann z. B. vorkommen, dass das örtliche Stromnetz die Powerline-Kommunikation (PLC) nicht unterstützt – und nicht zuletzt den gesetzlichen (Sicherheits-)Vorschriften ab.

In jedem Fall steigt durch den Trend zur automatischen Zählerablesung (AMR) der Elektronikanteil im Verbrauchszähler. Zudem tragen erweiterte Messinfrastrukturen zu einer Vernetzung der gesamten Verbrauchserfassung bei. Eine Komplettlösung könnte in der Praxis die Powerline-Kommunikation bis zum Stromzähler umfassen sowie eine stromsparende Funkübertragung zwischen Stromzähler und anderen Verbrauchszählern bieten. Eine stromsparende Funkübertragung zwischen den wichtigsten Lasten im Haushalt oder Unternehmen (Klimaanlage, Heizung, Kältetechnik usw.) würde auch eine dynamische Steuerung während Spitzenbelastungen der Kraftwerke erlauben. Weitergehende Anwendungsfälle sind neben der Erhebung und Kommunikation abrechnungs- und nicht-abrechnungsrelevanter Daten an diverse Parteien im Auftrag des Kunden die Bereitstellung und Pflege der AMI-Infrastruktur, Administration des Daten-Gateways, Durchführung der Messung und Kommunikation gem. Marktregeln sowie die Bereitstellung von Daten

---

[78] Ausnahme: problematische Stellen im Netz wie z. B. lokale Einspeisepunkte, kritische Strangpunkte im Verteilnetz.
[79] Vgl. Herzig und Einhellig 2012, S. 37.

oder (in der Rolle Lieferant) künftig auch Ersatzwertbildung bzw. Verkauf von Netzzustandsdaten an den Betreiber der Netzinformationsplattform (im Auftrag des Kunden).[80]

Nach Ansicht des BDEW würde der ganz überwiegende Anteil der gewerblichen und privaten Kunden weiterhin über ein Vertriebsunternehmen ihren Strom beziehen. Allerdings würden die Vertriebsunternehmen ihren Kunden verstärkt eine Bepreisung anbieten, die sich an den aktuellen Großhandelspreisen orientiert. Endverbraucher hätten damit die Wahl, ob sie einen Vertrag zu fixen Preisen abschließen oder über Smart Meter eine flexible Bepreisung vereinbaren. Hier sind verschiedenste Preismodelle denkbar, die sich im Wettbewerb der Vertriebsunternehmen entwickeln werden.[81]

Beispiele aus der Praxis[82]
Der deutsche Hardware-Hersteller Devolo bietet Energieversorgern und Stadtwerken IP-basierende Monitoring-Gesamtlösungen für alle Energiearten gemäß der Open-Metering-Spezifikation. So wird gewährleistet, dass alle Energiesegmente, also Strom-, Wasser-, Gas- und Wärmedaten erfasst werden.

Das Unternehmen Johnson Electric hat vor einiger Zeit bistabile Relais für Smart Meters auf den Markt gebracht. Diese ermöglichen die Fernabschaltung von Smart Meters und erfüllen damit bereits einige der künftigen Anforderungen an Smart Grids. Das Relais bietet nach Herstellerangaben ein gutes Schaltverhalten und eine hohe Zuverlässigkeit. Grund dafür ist eine besondere Konstruktion, die das Kontaktprellen und den Widerstand auf ein Minimum reduziert. Unabhängig gegenüber Magnetfeldern bietet es daher auch Schutz vor Manipulation. Es lässt sich flexibel an unterschiedlichste Kontaktbelegungspositionen sowie Spezialklemmen von Smart Meters anpassen.

Das Cleantech-Unternehmen Power Plus Communications (PPC) hat ein neues kompaktes Smart Metering-Gateway auf den Markt gebracht. Es eignet sich wegen seines Hutschienengehäuses besonders für den Einbau direkt im Zählerschrank. Es ist für den Innenbereich konzipiert und kleiner und kostengünstiger als die Modelle für den Verteilnetzbereich der gleichen Serie. PPC ist ein führender europäischer Anbieter von Breitband-Powerline-Kommunikationssystemen und mit seiner BPL-Technik vollkommen IP-basiert – kann darum auch die bewährten Sicherheits- und Verschlüsselungsmechanismen der IKT nutzen.

Als Schlüsselkomponente für den Aufbau von intelligenten Energieversorgungsnetzen stellt auch Siemens eine Smart Metering-Gesamtlösung vor, die sich aus einem Verbrauchs-

---

[80] Vgl. Herzig und Einhellig 2012, S. 37 f.
[81] BDEW 2012, S. 20 ff.
[82] Vgl. Herzig und Einhellig 2012, S. 37 ff. mit den Verweisen auf http://www.ti.com/ww/de/smart_grid_solutions/smart_grid_e-meter.htm; http://www.finanznachrichten.de/nachrichten-2012-04/23186319-johnson-electric-stellt-bistabile-relais-fuer-intelligentestromzaehler-vor-beste-elektrische-eigenschaften-in-kompaktemdesign-007.htm; http://www.cleanthinking.de/ppc-prasentiert-kompaktes-smartmetering-gateway-lgw200dr/21748/; http://www.mechatronik.info/ME/cms.nsf/me.ArticlesByDocID/ME2115612?Open&Channel=ME-NE; http://www.ti.com/ww/de/smart_grid_solutions/smart_grid_gas_water_meter.htm; http://www.elektrotechnik.vogel.de/fernwirken-fernwartung/articles/359414.

datenerfassungs- und Verteilnetzautomatisierungssystem sowie einem Zählerdatenmanagementsystem zusammensetzt. Als Datendrehscheibe bindet es vorhandene IT-Systeme der Energieversorger über eine SAP-zertifizierte Schnittstelle in die Smart Metering-Infrastruktur ein. Damit können Energieversorger Smart Metering durchgängig vom Zähler bis hin zur Abrechnung und von der Betriebsführung bis hin zur Netzplanung nutzen. Neu sind derzeit die Funktionen „Energy Automation", „Power Quality" und „Multimedia". Zum Beispiel ist die Power-Snapshot-Analyse die erste Smart Grid-Applikation weltweit, die zeitsynchrone Netzinformationen über die Siemens-„Smart Meter" liefert. Power-Quality-Messwerte ergänzen diese Informationen, mit deren Hilfe sich Netzstabilität und Versorgungssicherheit erhöhen lassen. Verfügbar sind darüber hinaus offene Schnittstellen für Tablet-Computer oder Smartphones, über die sich Verbrauchs- und Energiewerte graphisch darstellen lassen.

Als Anerkennung für die Weiterentwicklung in der Smart Meter-Technologie wurde 2012 der „European Smart Metering Technology of the Year 2012 Award" an Maxim Integrated Products vergeben. Auf der Basis neuester Mess-, Sicherheits- und Powerline-Kommunikationstechnologien stellt die Plattform eine integrierte Lösung dar, die es Energieversorgern ermöglicht, ihre Smart Grid-Technologie zu evaluieren, außerdem bietet sie Herstellern von intelligenten Stromzählern ein einfach anzuwendendes Smart Meter-Design, welches flächendeckend einsetzbar ist.

Auch Texas Instruments bietet ein breites Portfolio an Produkten an, die viele wichtige Funktionen heutiger Smart Meter für AMR und AMI unterstützen. Dazu gehören: Zweiwege-Kommunikation und zeitsynchrone Messung, Protokollierung und Abrechnung, Verlängerung der Infrastruktur-Lebensdauer, Leistung, analoge Sensoren.

Daneben steht der Adyna Smart Meter-Controller für die *Modernisierung* von und Nachrüstung auf Verbrauchszähler zur Verfügung. Funktionen des Controllers sind das Auslesen von Zählerständen und Messwerten, die Standardisierung der Daten sowie Übertragung direkt an die Datenserver der EVUs. Dabei wird der Aufwand bei der Integration in die Energiedatenmanagement- und Abrechnungssysteme durch standardisierte Messwerte erheblich reduziert. Durch Schnittstellen wie Impuls, S0, CS, Encoder, RS485 oder RS232 ist das Gerät in der Lage, unterschiedlichste Zähler zu integrieren und in Smart Meter zu verwandeln.

Das ComuCont Quad + ist ein weiteres Beispiel für ein Zählerfernauslesemodul. Es kann überall dort eingesetzt werden, wo ein Festnetzanschluss aufgrund technischer Infrastruktur nicht oder nur mit großem Aufwand realisierbar ist. Das Modul erlaubt durch die transparente Arbeitsweise sowohl die Übertragung abrechnungsrelevanter Daten als auch eine Durchführung von Fernwartungen. Darüber hinaus ist die komplette Überwachung von EEG-Anlagen möglich. Hierfür stellt das ComuCont Quad + eine über interne Protokolle abgesicherte Verbindung zur Verfügung. Über die setzbaren Ein- und Ausgänge können Zähler synchronisiert, Funkuhrsignale empfangen, Alarmeingänge überwacht oder Schaltvorgänge per SMS durchgeführt werden. Dabei werden sämtliche Funktionen durch ein Passwort geschützt. Das Gerät wird über das Programm Paracom parametriert und verfügt über bis zu sechs Signaleingänge sowie fünf Ausgänge – einer davon kann optional auch für ein Relais reserviert werden.

Akteure und Bedeutung für die Energiewende
Aktiv sind in dieser Komponente des Smart Markets – in Form ihrer Marktrolle – der (grundzuständige oder wettbewerbliche) Messstellenbetreiber (MSB), allerdings auch zuliefernd der Messdienstleister (MDL), Energiedienstleister und Kommunikationsnetzbetreiber.

Da die Funktion der MSB/MDL von der BNetzA im Markt gesehen wird, allerdings regulatorische Mindestanforderungen erfüllt werden müssen, sollte zeitnah abgegrenzt/festgelegt werden, was ein „Grund-MSB/-MDL" leisten muss und was er im Rahmen seiner Funktion gegenüber nichtregulierten Dritten darf.[83]

14.4.9 Smart Appliances

Intelligente Geräte, oder auch „*Smart Appliances*" sind in erster Linie Konzepte, wie Geräte mit Kommunikationsschnittstellen Energie in Zukunft nutzen können, um Energie und damit Geld zu sparen.

Mit „Smart Appliances" als Komponente des Smart Markets werden hier Geräte in Haushalt, Gebäuden und Kleingewerbe bezeichnet, die über eine Möglichkeit der intelligenten Steuerung und eine Kommunikationsbindung zum Smart Meter Gateway verfügen.[84]

Es gibt seit längerem Modelle auf dem Markt, diese können aber nicht vollständig als „smart" bezeichnet werden bzw. sind sie noch nicht in der Lage, (zumindest nach deutscher technischer Richtlinie) Kommunikation mit Kraftwerken oder Energienetzen direkt zu führen, da hierfür die Schnittstellen noch definiert werden müssen. Wenn allerdings Smart Meter Gateways verbaut werden, ist es auch in Deutschland möglich, den Energiebedarf während der Peak-Verbrauchszeiten zu reduzieren. Es gibt einige Länder, die in diesem Bereich weiter fortgeschritten sind.

Aus Netzsteuerungssicht sind in einem idealen Haus der Zukunft alle Geräte mit kommunikativen Fähigkeiten ausgestattet. Wenn es notwendig ist, um den elektrischen Herd fallweise mit Spitzenleistung zu betreiben, könnten andere Geräte im Gegenzug den Verbrauch reduzieren. Wenn genügend Häuser Smart Appliances verwenden, hat das in der Masse dann Effekte wie Vermeidung von Spannungsabfällen.

Im Zuge des Smart Home hat das Öko-Institut Kriterien für Haushaltsgeräte entwickelt, wann diese das Umweltzeichen „Der Blaue Engel" führen dürfen. Bedingung ist ein besonders hoher Wirkungsgrad von mindestens 95 %. Passend dazu werden nun bereits Haushaltsgeräte auf dem Markt verkauft, die auch mit dem Smart Grid zusammenarbeiten können. Miele verkauft seit April 2011 Waschmaschinen und Trockner mit dem „SG ready"-Logo. Zur Internationalen Funkausstellung (IFA) Anfang September in Berlin kam

---

[83] Vgl. Herzig und Einhellig 2012, S. 37–39.
[84] Vgl. Appelrath et al. 2012, S. 128.

ein Geschirrspüler hinzu, Kühlschränke und Tiefkühltruhen sollen folgen. Wie auch immer die intelligenten Stromnetze später funktionieren werden – die Geräte sollen dazu kompatibel sein, versichert Miele: „Wer jetzt also vor einem Gerätewechsel steht, sollte sich überlegen, ob er nicht lieber schon ins Smart Grid investiert."[85] Mit dem Kauf eines „SG ready"-Geräts allein ist es nämlich nicht getan. Zusätzlich brauchen die Kunden noch für jedes Gerät ein Kommunikationsmodul sowie ein zentrales Steuergerät für den gesamten Gerätepark („Gateway"). Bei den Mielegeräten werden die Kommunikationsmodule auf der Rückseite der Geräte eingesteckt; sie tauschen dann über das heimische Stromnetz mittels PLC die Daten mit dem Gateway aus. Das Gateway selbst besteht aus einer kleinen Box, die ans Internet angeschlossen wird. So lassen sich alle Smart Grid-Geräte im Haushalt online über einen PC oder ein Smartphone fernbedienen.[86]

Die International Electrotechnical Commission (IEC) hat mit ISO/IEC 14543-3-10 einen neuen Standard für Funkanwendungen mit einem besonders niedrigen Energieverbrauch ratifiziert. Es ist der erste und einzige Funkstandard, der auch für Energy-Harvesting-Lösungen – und damit für die batterielose Funktechnologie von EnOcean – optimiert ist. Zusammen mit den Anwendungsprofilen (EnOcean Equipment Profiles, EEPs) der EnOcean Alliance schafft dieser internationale Standard die Voraussetzungen für eine vollständig interoperable, offene Funktechnologie vergleichbar mit Standards wie Bluetooth oder WiFi.[87]

Auch mittels der Z-Wave-Technologie z. B. können sowohl private Wohnungs- und Hauseigentümer als auch Gebäudebesitzer und Unternehmen ihre Hausautomationslösungen steuern. Diese Technologie ist eine von mehreren, um deren stetige Erweiterung sich die Z-Wave-Allianz als offenes Herstellerkonsortium kümmert. Alle Komponenten dieser Technologie sind untereinander kompatibel und lassen sich innerhalb eines Home-Control-Netzwerkes miteinander verbinden. Mittlerweile umfasst das Z-Wave-Angebot mehr als 550 zertifizierte Geräte für verschiedene Bereiche der Hausautomation wie z. B. Heizen, Entertainment, Abdunkelung. Außerdem existiert das LON-Feldbussystem, ein weiterer, offizieller Standard zur Gebäudeautomatisation, welcher mit der Powerline-Technologie integriert werden kann. Ein offenes Smart-Home-Konzept entsteht durch die direkte Verbindung, die PLC zwischen diesem und weiteren Standards schafft. Dieses Konzept ermöglicht auch Drittanbietern einen unbegrenzten Einstieg. So sollen PLC-Lösungen das Zwischenstück zwischen Energiewirtschafts- und Telekommunikationsinfrastruktur werden.

Sie nutzen die hausinterne Stromleitung zur Vernetzung, eine aufwendige und kostenintensive Neuverkabelung entfällt. Powerline kann so eine entscheidende Rolle beim

---

[85] Vgl. Hänßler 2011.
[86] Vgl. Herzig und Einhellig 2012, S. 40, mit Verweis auf http://www.uni-protokolle.de/nachrichten/id/235351/.
[87] Vgl. Herzig und Einhellig 2012, S. 40, mit Verweisen auf http://www.heise.de/tr/artikel/Kompliziert-statt-smart-1365434.html; http://www.freie-pressemitteilungen.de/modules.php?name=PresseMitteilungen&file=article&sid=86810.

Smart Metering übernehmen, da die Technik eine günstige, stabile und sichere Inhouse-Verbindung herstellt.[88]

Centrosolar stellte vor einiger Zeit den Energiemanager Cenpilot vor. Neben den Grundfunktionen eines Datenloggers enthält der Cenpilot zahlreiche Anwendungsmöglichkeiten zur Steuerung und Messung der elektrischen Geräte im Haushalt bis hin zum Smart Grid. Als Basisfunktion zeichnet das Gerät z. B. die Erträge der Photovoltaik-Anlage auf, stellt die Daten visuell dar und informiert den Anlagenbetreiber bei Störungen. Darüber hinaus kann das Gerät den Stromverbrauch der einzelnen Haushaltsgeräte erfassen und diese automatisch ansteuern. Der Energiemanager wertet die Ertrags- und Verbrauchsdaten sämtlicher Energieflüsse aus und ermittelt optimale Betriebszeiten der Geräte. Durch diese intelligente Ansteuerung kann der Eigenverbrauch des Solarstroms massiv gesteigert werden. Die vom Gesetzgeber vorgesehenen hohen Eigenverbrauchsquoten sind durch eine zeitliche Steuerung der Verbraucher dadurch einfach zu realisieren.[89]

Akteure und Bedeutung für die Energiewende
Akteure in diesem Bereich sind Energienutzer, Einspeiser, Verteilnetzbetreiber, Energielieferant, Messstellenbetreiber, Messdienstleister, Energiedienstleister, Kommunikationsnetzbetreiber und Energiemarktplatzbetreiber.

Das Technologiefeld Smart Appliances wird im Schnitt von der gesamten Smart Grid-Branche derzeit relativ „neutral" gesehen und deshalb als eher unbedeutend im Zusammenhang mit dem Gelingen der Energiewende gewertet.[90]

14.4.10 Industrielles Demand Side Management/Demand Response

Demand Response (DR) beschreibt eine Einflussnahme auf den zeitlichen Energiebedarf durch Tarife über einen Energielieferanten (bzw. Netzbetreiber) oder über Strompreise an Börsen über ein eigenes Beschaffungsmanagement.[91]

Als Komponente im Smart Market beinhaltet „Industrielles Demand Side Management" (DSM) auch die Möglichkeit einer direkten Einflussnahme auf Verbrauchsanlagen.

Zu unterscheiden sind gemäß einer Studie des VKU zum einen *preisbasierte* DR-Programme, für dessen Erfolg v. a. Daten zu Preisen und Messwerten benötigt werden und

---

[88] Vgl. Herzig und Einhellig 2012, S. 40–41, mit Verweisen auf http://www.pressrelations.de/new/standard/result_main.cfm?pfach=1&n_firmanr_=123301&sektor=pm&detail=1&r=483540&sid=&aktion=jour_pm&quelle=0; http://www.crn.de/netzwerke-tk/artikel-93878.html.

[89] Vgl. Herzig und Einhellig 2012, S. 41, mit Verweis auf http://www.solarserver.de/solar-magazin/nachrichten/aktuelles/2012/kw16/centrosolar-stellt-auf-der-intersolar-zwei-photovoltaik-neuheiten-vor-ultraleichtes-glas-glas-modul-und-cenpilotfuer-intelligentes-energiemanagement-im-haushalt.html.

[90] Vgl. Herzig und Einhellig 2012, S. 40.

[91] Vgl. Appelrath et al. 2012, S. 130.

zum anderen *anreizbasierte* DR-Programme, welche neben den Messwerten auch Netzzustandsdaten benötigen. Für beide Varianten sind neue Messeinrichtungen und Smart Meter-Gateways als IKT-Hardware-Komponenten und die Datendrehscheibe zur Marktkommunikation über IKT-Software-Systeme erforderlich. Laststeuerung und intelligenter Lastabwurf waren zwar bisher Grundelemente aus der geschlossenen (und damit regulierten) Systemebene, allerdings kann durch Projekte im Bereich Speichermanagement zur Spannungshaltung, Bilanzausgleich sowie Blindleistungsregelung der Kupfernetzausbau nun auch von Marktakteuren minimiert werden. Ein weiteres Anwendungsfeld der Netzkapazitätsbewirtschaftung ist netzkapazitätsgetriebenes Lastmanagement (z. B. Empfang von Messwert-, Preis- oder Umweltsignalen als Auslöser für Konsumenten oder ein lokales Energiemanagementsystem) sowie die Regelung des Energieverbrauches oder der Energieerzeugung durch intelligente Anwendungen.[92]

Akteure und Bedeutung für die Energiewende
Die Energiebranche schreibt dem industriellen Demand Side Management/Demand Response zwar ein großes Potenzial für die Energiewende zu, allerdings scheint das Thema aktuell noch sehr herstellergetrieben zu sein. Sollte sich das Thema Elektromobilität allerdings schneller durchsetzen als gedacht, muss sich die Energiebranche mehr Gedanken über die Integration von DR-Lösungen auch im privaten Bereich machen.[93]

Einen großen Einfluss werden hier auch Technologiesprünge hinsichtlich Energiespeichertechnologien haben. Da im Rahmen mehrerer Forschungsvorhaben etliche neue Ansätze getestet werden, bleibt abzuwarten, ob sich gerade im Bereich von Langzeitenergiespeichern in skalierbarer Weise Chancen für eine Lastverschiebung im großen Stil ergeben werden.

In dieser Komponente des Smart Markets sind bei den *preisbasierten* DR-Programme sowohl Lieferanten, Endkunden als auch Marktplatzbetreiber aktiv, wohingegen bei *anreizbasierten* DR-Programmen neben Lieferanten, und Marktplatzbetreibern auch Anlagenbetreiber eine Rolle übernehmen.

14.5 Fazit

Als Ausblick auf die Zukunft der Komponenten des Smart Markets ist schlusszufolgern, dass eine schlichte Rückkehr zu den alten Versorgungsverhältnissen unsinnig und nur ein weiterer politischer Irrweg wäre. Es geht vielmehr darum, aus der derzeit unstrukturierten Situation der Energiewende noch das Beste zu machen.

Die aufgebrochenen alten Strukturen müssen zu einem neuen Ganzen zusammengefügt werden, bis irgendwann tatsächlich das in § 1 EnWG formulierte Ziel erreicht wird: „Eine möglichst sichere, preisgünstige, verbraucherfreundliche, effiziente und umweltver-

---

[92] Vgl. VKU 2012, S. 14.
[93] Vgl. Herzig und Einhellig 2012, S. 42.

trägliche leitungsgebundene Versorgung der Allgemeinheit mit Elektrizität und Gas, die zunehmend auf erneuerbaren Energien beruht."

Es gibt bereits Ansätze, die in diese Richtung weisen, ohne deshalb in die Vergangenheit zurückzuführen. Hier wäre etwa der Trend zum regionalen Lastausgleich auf Netzseite zu nennen oder die allmähliche Ersetzung der hierarchischen Netzstruktur durch dezentrale Energieerzeugung.

Die hier vorliegende Einbettung der Komponenten in den Smart Market auf Basis des bisher dazu vorliegenden Schrifttums und Erfahrungen aus den verschiedenen Branchen sollte dabei helfen, die Debatte etwas besser zu strukturieren und Ansatzpunkte für die Akteure zu liefern, spezifische Strategien für den Smart Market erarbeiten und umzusetzen zu können.

Weil diese Systematik weitgehend die derzeitigen vorherrschenden Erkenntnisse, Definitionen und Neuerungen zugrunde legt, sollte man damit z. B. auch in der Lage sein, kommende Details nach der von der BNetzA vorgenommenen Einteilung in die zwei Bereiche „Smart Grid" und „Smart Market" einzuordnen bzw. wiederum Erkenntnisse über mögliche neue Geschäftsmodelle und Hemmnisse schlusszufolgern.

Von staatlicher Seite muss nun eine Art technologieoffener Fahrplan erstellt werden, der u. a. Grundlagen für Evaluierungskriterien definiert (wie im Koalitionsvertrag von 2013 angedeutet) und Checklisten für Planungsvorschriften von Smart Grids im engeren Sinne und evtl. auch neue Förderprogramme und Einsatzstrategien für die Komponenten des Smart Markets beinhaltet. Nur durch den Aufbau einer sinnvollen Systemintelligenz, intelligenter Systemarchitekturen und der Smart Grid-gerechten Weiterentwicklung der Regulierung (z. B. dynamische Marktprozesse/Bilanzierungen etc.) kann die Energiewende effektiv beschleunigt und gelebt werden.

Die Erfolgsgeschichte der Mechanismen des parlamentarischen EEG bietet vielleicht auch Ansatzpunkte für notwendige Komponenten des Smart Markets wie virtueller Kraftwerke oder Energiespeicher?

Da die Technologiefelder der Informations- und Kommunikationsindustrie sowohl Plattform für innovative und intelligente Energiedienstleistungen als auch Steigbügelhalter für den Smart Market an sich sind, muss dieses Feld ein eigenes Gewicht in der Regulierung bekommen (z. B. der *Smart Meter Gateway Administrator*"). Eine Konvergenz der beiden Begrifflichkeiten „Smart Grid" und „Smart Market" im Sinne des Positionspapieres der BNetzA sollte dabei zugelassen werden. Dadurch können von Unternehmensseite her die bereits vorhandenen gesetzlichen Möglichkeiten voll ausgeschöpft und Projekte müssen nicht durch unnötiges Abwarten hinausgezögert werden. Spannend ist bei dieser Komponente des Smart Markets (AMI) v. a. die Frage, inwiefern dann die Kosten des grundzuständigen Messstellenbetreibers bzw. eben Verteilnetzbetreibers für neu zu implementierende Kommunikationstechnologien im Rahmen des Erlösobergrenzenverfahrens berücksichtigt werden könnten oder ob dies abseits der *Anreizregulierung* (Preisobergrenzenmechanismus) stattfinden wird. Einen Finanzierungsmechanismus für den flächendeckenden Rollout von intelligenten Zählern (und den damit verbundenen Kommunikationstechnologien) wird es in jedem Fall geben. Dieser ist dann ein Instrument, das dem

Smart Market endlich eine Sicherheit für diese Komponente (v. a. den Herstellern) gibt. Zeitverzüge (wie das „t-2"-Verfahren der früheren Anreizregulierung) kann sich Deutschland hier nicht mehr leisten. Es wurde von der Herstellerindustrie bereits zu viel Geld in später nicht mehr verwendbare Technologien (wie z. B. nicht mehr normenkonforme EDL-Zählerreihen) gesteckt.

Man kann keine Innovationen erwarten, wenn man nicht dafür zu zahlen bereit ist bzw. ohne Investition in die Zukunft gibt es keine Zukunft.

Literatur

Anreizregulierungsverordnung vom 29. Oktober 2007 (BGBl. I S. 2529), die durch Artikel 4 der Verordnung vom 14. August 2013 (BGBl. I S. 3250) geändert worden ist, 2013

Appelrath, H.-J., et al.: „Future Energy Grid – Migrationspfade ins Internet der Energie". acatech, Springer (2012)

Ausschuss für Umwelt, Naturschutz und Reaktorsicherheit (16. Ausschuss), Beschlussempfehlung und Bericht zu dem Gesetzentwurf der Fraktionen der CDU/CSU und FDP, Drucksache 17/6071

Bundesverband der Energie- und Wasserwirtschaft e.V. (BDEW): Diskussionspapier Smart Grids: Das Zusammenwirken von Netz und Markt, Berlin (26. März 2012)

Bundesverband der Energie- und Wasserwirtschaft e.V. (BDEW): BDEW-Roadmap – Realistische Schritte zur Umsetzung von Smart Grids in Deutschland, Berlin (11. Februar 2013)

Bundesnetzagentur, Marktprozesse für die Bilanzkreisabrechnung Strom, V 2.0, Bonn (2013)

Bundesnetzagentur: „Smart Grid" und „Smart Market". Eckpunktepapier der Bundesnetzagentur zu den Aspekten des sich verändernden Energieversorgungssystems, Bonn (Dezember 2011)

Deutscher Bundestag, Unterrichtung durch die Bundesregierung zum Sondergutachten der Monopolkommission gemäß § 62 Absatz 1 des Energiewirtschaftsgesetzes „Energie 2011 – Wettbewerbsentwicklung mit Licht und Schatten", Drucksache 17/7181 vom 12. 09. 2011

Erneuerbare-Energien-Gesetz vom 25. Oktober 2008 (BGBl. I S. 2074), das zuletzt durch Artikel 5 des Gesetzes vom 20. Dezember 2012 (BGBl. I S. 2730) geändert worden ist, 2012

Europäische Agentur für Netz- und Informationssicherheit (ENISA): Smart Grid Cyber Security, Recommendations for Europe and Member States, Juli 2012

Hänßler, B.: Kompliziert statt smart. http://www.heise.de/tr/artikel/Kompliziert-statt-smart-1365434.html. Zugegriffen: 6. Dez. 2013

Herzig, A., Einhellig, L. (Hrsg.): Smart Grid vs. Smart Market – Wie funktioniert die deutsche Energiewende? Deloitte & Touche GmbH, München (November 2012)

Jarass, L., Voigt, W.: Neuer EEG-Ausgleichsmechanismus kann den Ausbau der Erneuerbaren Energien gefährden! Energiewirtschaftliche Tagesfragen, Heft 10/2009, S. 26–29

Monopolkommission, Sondergutachten gemäß § 62 Abs. 1 EnWG, Energie 2011: Wettbewerbsentwicklung mit Licht und Schatten, 2011

Schindler, M.: Ciscos neue Hardware für Smart Grid. http://www.silicon.de/41558301/ciscos-neue-hardware-fuer-smart-grid/. Zugegriffen: 6. Dez. 2013

Smart Grids Coordination Group (EU), Technical Report, Reference Architecture for the Smart Grid, Version 1.0, März 2012

Telekom-Presse: Cisco erweitert Smart Grid Portfolio für die Modernisierung von Stromnetzen. http://www.telekompresse.at/Cisco_erweitert_Smart_Grid_Portfolio_fuer_die_Modernisierung_von_Stromnetzen.id.18362.htm. Zugegriffen: 6. Dez. 2013

Verordnung über den Zugang zu Elektrizitätsversorgungsnetzen (Stromnetzzugangsverordnung – StromNZV), Verordnung vom 25.07.2005, BGBl. I, S. 2243, die zuletzt geändert durch Artikel 5 der Verordnung vom 14.08.2013, BGBl. I S. 3250, geändert worden ist

Verband kommunaler Unternehmen e.V. (VKU): Endbericht „Anpassungs- und Investitionserfordernisse der Informations- und Kommunikationstechnologie zur Entwicklung eines dezentralen Energiesystems (Smart Grid)". (2012)

Ydersbond, I.M.: Multi-level lobbying in the EU: the case of the renewables directive and the German energy industry. FNI Report 10/2012

Zerres, A.: Workshop zum Energierecht: Smart Grids. Die Sicht der Bundesnetzagentur. http://www.enreg.de/content/material/2011/30.06.2011.Zerres.pdf. Zugegriffen: 6. Dez. 2013

15 Effizienter Zugriff auf dezentrale Ressourcen – Voraussetzung für das Zusammenspiel von Smart Grids und Smart Markets

Jochen Kreusel

Zusammenfassung

In vielen Ländern weltweit und insbesondere in Deutschland befindet sich die elektrische Energieversorgung in einem tiefgreifenden Veränderungsprozess. Er wird vor allem durch den politisch gewollten Ausbau der neuen erneuerbaren Energiequellen Sonne und Wind getrieben. Diese Quellen haben inzwischen in vielen Ländern einen so hohen Ausbaugrad erreicht, dass sie systembestimmend geworden sind. Eine Konsequenz dieser Entwicklung ist die starke Zunahme dezentraler Elemente in den Versorgungssystemen, und zwar sowohl auf der Erzeugungs- als auch auf der Verbrauchsseite. Für ihre Integration in den in Europa bestehenden wettbewerblichen Elektrizitätsmarkt werden sowohl neue Marktakteure als auch neue Infrastrukturelemente benötigt.

15.1 Relevanz dezentraler Elemente für das Gesamtsystem

Europa und Deutschland streben an, im Jahr 2020 rund 30 % des elektrischen Energiebedarfs aus erneuerbaren Quellen zu decken. Deutschland setzt dabei für den Zubau vor allem auf Sonnen- und Windenergie. Abbildung 15.1 zeigt die Entwicklung der installierten Leistung dieser beiden Quellen. Ende 2012 betrug sie für beide Sektoren jeweils etwas über 30.000 MW. Jede der beiden Einspeisungsarten lag damit hinsichtlich ihrer installierten Leistung weit vor allen anderen Erzeugungs-Teilsektoren. Damit sind Wind- und Sonnenenergie eindeutig aus dem Stadium einer marginalen Hinzufügung zu einem bestehenden

---

J. Kreusel (✉)
ABB AG, Kallstadter Straße 1, 68309 Mannheim, Deutschland

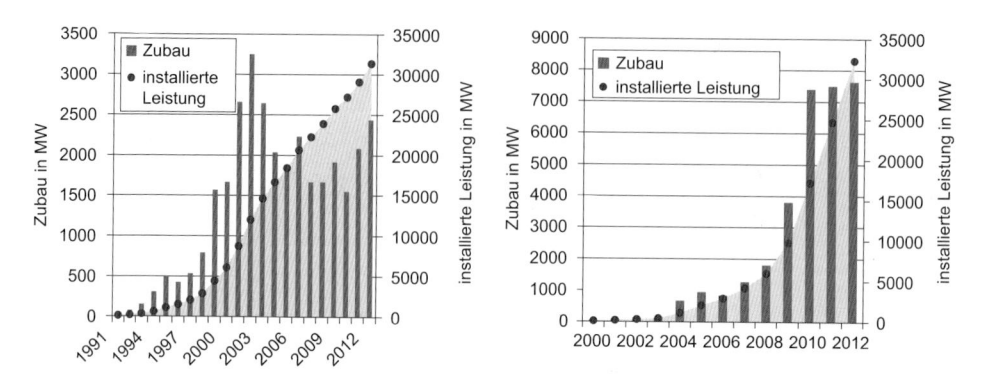

Abb. 15.1 Ausbau von Wind- und Sonnenenergie in Deutschland. (Bundesverband Windenergie, Bundesverband Solarwirtschaft, Bundesnetzagentur)

und funktionierenden System entwachsen und prägen das System der elektrischen Energieversorgung mehr und mehr.

Der Ausbau der erneuerbaren Energien bringt vor allem drei grundlegende Veränderungen für die Elektrizitätsversorgungssysteme mit sich: Zunächst gibt es nun in nennenswertem Umfang *verbrauchsferne Erzeugung* in den europäischen Systemen, die in der Vergangenheit wegen der überwiegend thermischen Kraftwerke auf regionalen Ausgleich von Erzeugung und Bedarf ausgelegt waren. Diese Entwicklung wird vor allem durch die stark standortabhängigen Quellen Wind und Wasser getrieben. Photovoltaik und Kraft-Wärme-Kopplung bringen ein hohes Maß an *Dezentralität* mit sich, ebenso wie die wahrscheinlich an Bedeutung gewinnende Lastbeeinflussung. Und zuletzt führen vor allem Wind- und Sonnenenergie zu einer starken Zunahme der *Volatilität*.

Diese Veränderungen führen schon seit rund zehn Jahren zu technischen Konsequenzen in allen Bereichen der Versorgungssysteme. Spätestens seit Vorstellung der ersten Dena-Netzstudie[1] im Jahr 2004 ist der stark erhöhte Bedarf an Übertragungskapazität bewusst. Im Zuge der dadurch angestoßenen Diskussion ist auch klar geworden, dass zur Bereitstellung dieser Kapazität nicht nur die bestehenden Übertragungsnetze mit bewährter Technik verstärkt werden müssen, sondern dass zusätzliche, neue, auf die Fernübertragungsaufgabe ausgelegte Lösungen benötigt werden. Deshalb finden sich im aktuellen deutschen Netzentwicklungsplan[2] erstmals in Deutschland Hochspannungs-Gleichstrom-Übertragungsleitungen. Eine weitere technische Folge ist die veränderte, wesentlich unruhigere Betriebsweise der konventionellen Kraftwerke. Zumindest die älteren sind dafür nicht ausgelegt. Die starke Zunahme von Einspeisung in die Niederspannungsnetze seit dem Jahr 2009 hat dann zu neuen Aufgaben in den Verteilungsnetzen geführt. Insbesondere die Spannungshaltung in ländlichen Netzen kann mit den traditionellen Mitteln nicht mehr sichergestellt werden.[3] Doch trotz dieser bereits sehr umfassenden technischen Veränderungen ist eine sehr grundlegende systemtechnische Veränderung praktisch noch gar

---

[1] Vgl. Deutsche Energie-Agentur 2004.
[2] Vgl. Netzentwicklungsplan Strom 2013.
[3] Vgl. VDE/ETG 2013.

15 Effizienter Zugriff auf dezentrale Ressourcen ...

Leistungsbilanz

Systemebene (EMS)
- Lastvorhersage
- *Vorhersage Erneuerbare*
- Blockeinsatz (*inkl. Abregelung Erneuerbarer*)
- Lastaufteilung
- Wirkl.-Frequenz-Regelung
  - Tertiärregelung
  - Sekundärregelung

Kraftwerksebene
(Leitsystem)

Virtuelle Kraftwerke: Aggregation dezentraler Einheiten

Dezentrale Einheiten
- *Fähigkeit, Verhalten auf Anforderung zu ändern*
- *Frequenzabhängigkeit*

Netzführung

Übertragungsebene
- Lastflussbeeinflussung
- Spannungsprofil
- Blindleistungsvorgaben und Transformatoreinst.

Primärverteilung
- Überlastungsüberwachung
- Spannungsregelung (gegen Regionalverteilung)

Sekundärverteilung
- Überlastungsüberwachung
- *Spannungsregelung (pro Ortsnetztransformator)*
- *Lokale Re-Konfiguration*

Dezentrale Einheiten: Spannungsstützung

kursiv neu wegen dezentraler Einheiten und erneuerbarer Quellen

Systemdienstleistungen von dezentralen Einheiten

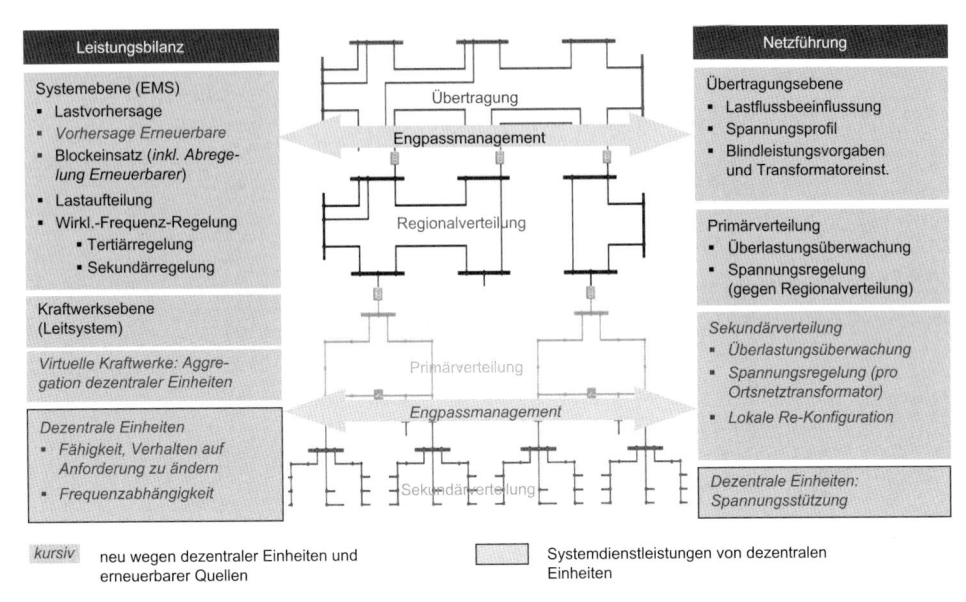

Abb. 15.2 Auswirkungen dezentraler Elemente auf die Systembetriebsführung

nicht adressiert, denn bisher sind die neuen Quellen noch kaum in die Systemregelung eingebunden. Abbildung 15.2 fasst die Veränderungen zusammen, die demzufolge in Zukunft erforderlich sind. Dabei sind die herkömmlichen Elemente der Systemregelung in normaler Schrift aufgelistet, die voraussichtlich wegen der Dezentralität hinzukommenden dagegen in kursiver Schrift. Man erkennt, dass künftig sowohl in der *Netzführung*, d. h. vor allem bei der Spannungsregelung, als auch bei der Leistungsregelung dezentrale Komponenten berücksichtigt werden müssen. Außerdem tritt die bisher praktisch ausschließlich auf die Übertragungsebene beschränkte Wechselwirkung zwischen den beiden Säulen der Betriebsführung, nämlich das *Engpassmanagement*, künftig auch in der Verteilungsebene auf. Die Einbeziehung der Sekundärverteilungsebene in die Spannungsregelung hat im Übrigen bereits begonnen – dies ist unvermeidlich, da Spannungshaltung immer eine ortsgebundene Aufgabe ist.

15.2 Die Integration dezentraler Elemente in die energiewirtschaftlichen Prozesse – Smart Markets

Die in Abb. 15.2 angesprochenen Systemdienstleistungen von dezentralen Einheiten können im Wesentlichen von drei Gruppen von Betriebsmitteln erbracht werden: von Netzkomponenten der Sekundärverteilungsebene, von dezentralen Einspeisern und von steuerbaren Verbrauchern. Während erstere zum regulierten Teil der Elektrizitätswirtschaft gehören, sind Einspeiser und Verbraucher Teile des Wettbewerbsmarktes – zumindest, wenn man davon ausgeht, dass die durch den Einspeisevorrang des Erneuerbare-Energien-Gesetzes gegebene Sonderbehandlung Erneuerbarer Energien in Zukunft einem vereinheitlichen Marktdesign weichen wird. Da die Direktvermarktungsoption bereits in diese Richtung weist, wird dies im Weiteren vorausgesetzt.

Wenn die genannten dezentralen Betriebsmittel zum Wettbewerbsmarkt gehören, sollte ihre effiziente Nutzung bevorzugt durch wettbewerbliche Akteure erfolgen. Die Bundesnetzagentur hat darauf in ihrem Positionspapier „Smart Grid und Smart Market"[4] hingewiesen und die Unterscheidung zwischen Smart Markets und Smart Grids eingeführt. Wegen der hohen Zahl an zu koordinierenden Betriebsmitteln – bereits heute sind in Deutschland mehr als 1.500.000 Solaranlagen installiert, und es gibt mehr als 40.000.000 Haushalte, die im Extremfall in Lastbeeinflussung einbezogen werden könnten – werden dafür neue Funktionen und Dienstleistungen benötigt. Ein schon lange propagierter und in manchen Ländern auch schon bewährter Ansatz ist die Zusammenfassung von dezentralen Elementen zu virtuellen größeren Einheiten, die in die heutigen Marktmechanismen integrierbar sind. *Aggregatoren*, die diese Bündelung durchführen, gibt es beispielsweise in Dänemark, aber seit der Einführung der Direktvermarktungsoption im Erneuerbare-Energien-Gesetz zunehmend auch in Deutschland. Ein Beispiel dafür ist in einem Beitrag von Küppers vorgestellt worden.[5]

Eine organisatorische Lösung für die Aggregation dezentraler Betriebsmittel, also ihre Bündelung vor den eigentlichen Marktprozessen, sind die sogenannten *virtuellen Kraftwerke*. Sie fassen unterschiedliche, vorzugsweise in ihren Charakteristika komplementäre Elemente zusammen, und zwar sowohl Einspeiser als auch beeinflussbare Verbraucher. Mit ihnen bilden sie die im jeweiligen Markt vorgesehenen Produkte nach. Dies können Fahrplanlieferungen sein, aber auch Regelleistung. Grundsätzlich können die Betriebsmittel sowohl an der Netzstruktur orientiert und von vorneherein unter Berücksichtigung der verfügbaren Netzkapazität gebündelt werden als auch unabhängig davon. In vollständig entflochtenen Endkunden-Wettbewerbsmärkten, wie sie in Europa vorherrschen, wird letzteres die bevorzugte Realisierung sein. Der Vorteil der Integration dezentraler Einheiten in einem virtuellen Kraftwerk liegt neben der Bündelung vieler kleiner Anlagen vor allem darin, dass der Anbieter einer solchen Dienstleistung dafür Sorge tragen wird, dass er ein Anlagenportfolio unter Vertrag hat, mit dem er die benötigten energiewirtschaftlichen Produkte auch tatsächlich realisieren kann. Wenn er beispielsweise mit sehr vielen volatilen Einspeisern auf Basis Erneuerbarer Energien arbeitet, wird er sich entweder am Elektrizitätsmarkt die notwendige Flexibilität beschaffen, um die Schwankungen auszugleichen, oder er wird geeignete komplementäre Geschäftspartner, wie beeinflussbare Verbraucher oder vielleicht auch Speicher, suchen. So können virtuelle Kraftwerksbetreiber genau die Investitionsanreize geben, die bei der Abnahmegarantie des Erneuerbaren-Energien-Gesetzes fehlen.

Ein virtuelles Kraftwerk muss von außen, also aus Sicht der anderen Marktteilnehmer, wirken wie ein einzelnes großes Kraftwerk, das dieselben Produkte liefert. Dies wird in Abb. 15.3 verdeutlicht, in dem man außen die üblichen Elemente, wie Energie- (EMS) und Erzeugungs- (GMS) Managementsystem, Verteilungsnetz-Leitsystem (DMS) oder

---

[4] Vgl. Bundesnetzagentur 2011.
[5] Vgl. Küppers 2013.

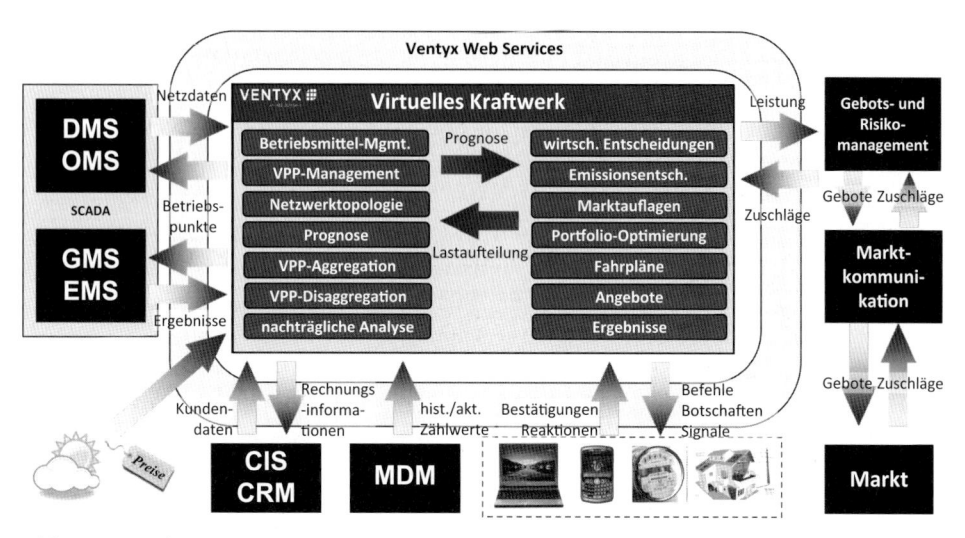

Abb. 15.3 Aufbau und Bausteine eines virtuellen Kraftwerks. (Ventyx, an ABB Company)

auch Marktkommunikation sieht. Innerhalb des Rahmens des virtuellen Kraftwerks erkennt man dagegen die zusätzlich erforderlichen Funktionen, wie z. B. Aggregation der dezentralen Betriebsmittel, Optimierung der Lastaufteilung auf sie und schlussendlich die Kommunikation der Ergebnisse an die Anlagen und die Kontrolle der Ausführung.

Virtuelle Kraftwerke sind ein marktwirtschaftlicher Weg – mithin klar ein Element der Smart Markets , über den aus Systemsicht dezentrale Ressourcen zur Erbringung derjenigen Leistungen genutzt werden können, die bisher ausschließlich mit Hilfe großer Erzeugungseinheiten realisierbar waren. Aus Sicht der Anlagenbesitzer bieten sie die Chance, durch Bereitstellung höherwertiger Energiemarktprodukte zusätzliche Einnahmen zu generieren, und energiewirtschaftlich erfahrene Unternehmen bieten sie eine Möglichkeit, ihre Erfahrung als Aggregator, also in einer neuen Dienstleistung, breiter zu nutzen. Hier sind auch ganz neue Dienstleistungsangebote vorstellbar, wie zum Beispiel die Bereitstellung des für den Betrieb eines virtuellen Kraftwerks erforderlichen Programmpakets als cloudbasierte Dienstleistung, die den Einstieg in das Geschäftsfeld vereinfacht.[6]

15.3 Infrastruktur für Smart Markets mit hohem Anteil dezentraler Elemente

Um die vielen dezentralen Ressourcen in privatem Besitz, Erzeuger wie Verbraucher, energiewirtschaftlich sinnvoll einsetzen zu können, benötigen unterschiedliche Marktteilnehmer Zugriff auf sie. Dies betrifft sowohl die Netzbetreiber, die wissen müssen, welche Einheiten wo an ihre Netze angeschlossen sind, als auch Energiedienstleister oder beispiels-

---

[6] Vgl. Deutsche Telekom 2013.

weise Betreiber virtueller Kraftwerke. Sie müssen u. a. wissen, welche Funktionen die Anlagen bieten, wo sie ans Netz angeschlossen sind und wie man mit ihnen kommunizieren kann. Besonders herausfordernd ist dabei die große Anzahl der Anlagen – bereits heute sind in Deutschland mehr als 1,5 Mio. Photovoltaikanlagen installiert – in Verbindung mit der Forderung nach jederzeit, entsprechend den Vertragsbeziehungen im Energiemarkt, veränderbarem Zugriff und der sich weiterentwickelnden Funktionalität dezentraler Betriebsmittel. Die effiziente Lösung dieser Kommunikations- und Organisationsaufgabe ist zwingende Voraussetzung für die effiziente energiewirtschaftliche Nutzung dezentraler Ressourcen durch Akteure des Smart Markets und eine neue Infrastrukturanforderung in der elektrischen Energieversorgung.

Die Aufgabe, eine sehr große Zahl dezentraler Geräte mit unterschiedlicher Funktionalität, deren weitere Entwicklung nicht vorhersehbar ist, zu niedrigen Kosten in ein Kommunikationssystem einzubinden, weist Analogien zur mobilen Telekommunikation auf. Auch dort muss das System damit umgehen können, dass Verträge jederzeit mit neuen Geräten kombiniert werden können, die vertraglich mögliche Dienstleistungen entweder unterstützen oder nicht. Das Kernelement der Lösung dieser Aufgabe ist eine Gerätedatenbank, in der alle Typen mobiler Endgeräte mit ihren Funktionalitäten erfasst werden, bevor sie für den Einsatz freigegeben werden. Wenn sich ein Gerät im System anmeldet, weiß der Netzbetreiber deshalb sofort, welche Funktionen in welcher Weise unterstützt werden, und kann diese automatisch mit dem Vertragsumfang des Gerätenutzers abgleichen. So wird bei jeder Geräteanmeldung automatisch sichergestellt, dass der Nutzer immer die Schnittmenge aus den vom ihm gekauften und den durch sein aktuelles Gerät unterstützten Leistungen erhält.

In der acatech-Studie Future Energy Grid[7] ist im Technologiefeld 6 (IKT-Konnektivität) vorgeschlagen worden, dieses Konzept auf die elektrische Energieversorgung zu übertragen, indem, wie in Abb. 15.4 prinzipiell dargestellt, ein *zentraler Verzeichnisdienst* als zusätzliches Infrastrukturelement der elektrischen Energieversorgung eingeführt wird. Dabei handelt es sich um eine Registrierungsdatenbank, mit der zumindest alle dezentralen Erzeugungseinheiten ab einer Mindestgröße und alle Verbraucher, die in Form von extern beeinflusstem Lastmanagement aktiv am Betrieb des Versorgungssystems teilnehmen, automatisch verbunden werden sollten. Die Registrierungsdatenbank würde die wesentlichen Stammdaten der am Netz aktiven Betriebsmittel enthalten und insbesondere die Information darüber, wie Marktteilnehmer den Zugriff auf diese einrichten können, um Bewegungsdaten direkt mit ihnen auszutauschen. Die Datenbank müsste prinzipiell, geeignete Autorisierung vorausgesetzt, allen Teilnehmern des Elektrizitätsmarktes offenstehen und würde den einen Kontaktpunkt darstellen, über den jeder Marktteilnehmer Informationen über und Zugriff auf dezentrale Betriebsmittel entsprechend seinen Berechtigungen erhalten könnte.

Abbildung 15.4 zeigt im unteren Teil die dezentralen Elemente. Dies können beispielsweise dezentrale Erzeugungseinheiten oder beeinflussbare Verbraucher sein. Im Interesse

---

[7] Vgl. Appelrath, H.-J. et al. 2012.

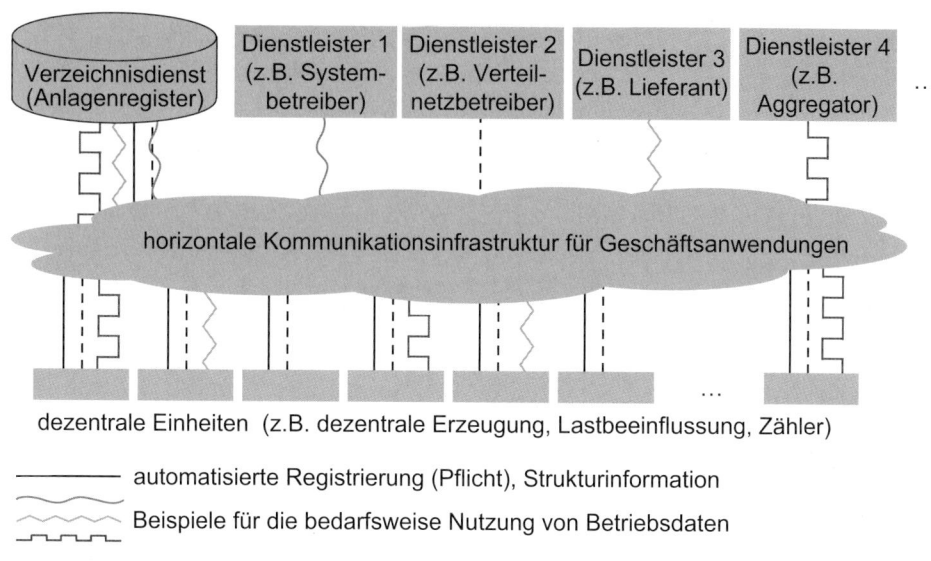

15 Effizienter Zugriff auf dezentrale Ressourcen ...

Abb. 15.4 Zentraler Verzeichnisdienst in der elektrischen Energieversorgung

(Diagramm: Verzeichnisdienst (Anlagenregister), Dienstleister 1 (z.B. Systembetreiber), Dienstleister 2 (z.B. Verteilnetzbetreiber), Dienstleister 3 (z.B. Lieferant), Dienstleister 4 (z.B. Aggregator) ... verbunden über horizontale Kommunikationsinfrastruktur für Geschäftsanwendungen mit dezentralen Einheiten (z.B. dezentrale Erzeugung, Lastbeeinflussung, Zähler); Legende: automatisierte Registrierung (Pflicht), Strukturinformation — Beispiele für die bedarfsweise Nutzung von Betriebsdaten)

der Integration der dezentralen Elemente in Marktprozesse zur Unterstützung der Systembetriebsführung sind dies die vorrangig relevanten Einheiten. Allerdings kann das Prinzip im Interesse der wirtschaftlichen Effizienz auch darüber hinaus angewendet und für elektronische Zähler oder sogar die Automatisierung der Sekundärverteilungsebene genutzt werden.

Über den dezentralen Elementen erkennt man eine allen Marktteilnehmern zugängliche horizontale, nicht zweckgebundene Kommunikationsinfrastruktur. Sie ist ein sehr wesentliches Element des Konzeptes, da sie sicherstellt, dass erforderliche Kommunikationsverbindungen jederzeit und zu niedrigen Transaktionskosten etabliert werden können. Diese Infrastruktur muss zuverlässig sein und einen sicheren Datentransfer sicherstellen. Darüber hinaus muss sie den Zugang zu dezentralen Elementen der elektrischen Energieversorgung in Abhängigkeit von den jeweils gültigen energiewirtschaftlichen Vertragsbeziehungen gewährleisten. Deshalb kommen für diese Funktion private Internetzugänge der Besitzer dezentraler Anlagen nicht in Frage – sie könnten jederzeit und unabhängig von den energiewirtschaftlichen Vertragsbeziehungen unterbrochen werden. Physikalisch können private Internetzugänge und das hier diskutierte Kommunikationsnetz selbstverständlich auf derselben Infrastruktur realisiert werden, aber vertraglich müssen sie trennbar sein. Der Vollständigkeit halber sei erwähnt, dass die Anwendung des Geschäfts-Kommunikationsnetzes nicht auf die elektrische Energieversorgung begrenzt sein muss, sondern auch zu Realisierung anderer informationsbasierter Dienstleistungen genutzt werden kann. Dies wäre im Interesse der wirtschaftlichen Effizienz.

Im oberen Teil von Abb. 15.4 finden sich links der Verzeichnisdienst und rechts Beispiele für Nutzer der beschriebenen Struktur. Mit den geraden Linien wird verdeutlicht, dass alle dezentralen Elemente, die im Verzeichnisdienst erfasst werden sollen, grundsätzlich mit ihm verbunden sind. Dies bedeutet, dass sie in einem möglichst weitgehend automatisierten Prozess registriert werden. In jedem Fall muss dabei erfasst werden, wie die Anlage kommunikationstechnisch angesprochen werden kann. Prinzipiell würde diese Information bereits ausreichen, denn alle weiteren Informationen könnten autorisierte Marktteilnehmer damit bei Bedarf von den Anlagen abrufen. Um den Datenverkehr zu reduzieren und das Gesamtsystem robuster zu machen, kann es aber sinnvoll sein, auch weitere Informationen bei der Registrierung zu erfassen, wie beispielsweise den Anlagenstandort, die Spannungsebene, an welche die Anlage angeschlossen ist, die Funktionalität der Anlage oder auch der Eigentümer.

Der Verzeichnisdienst stellt somit nur Informationen bereit, um die Nutzung der dezentralen Elemente durch andere zu ermöglichen. Deshalb hält er grundsätzlich keine Bewegungsdaten, wie z. B. Verbrauchs- oder Erzeugungswerte, vor. Auch führt er keinerlei Funktionen mit den dezentralen Elementen aus. Dies bleibt den Marktteilnehmern vorbehalten, die im oberen rechten Teil von Abb. 15.4 beispielhaft aufgeführt sind. Mit den unterschiedlich geformten Linien ist angedeutet, dass die Marktakteure erstens nicht mit allen dezentralen Elementen Verbindung aufnehmen, sondern nur mit denen, zu denen sie vertragliche Beziehungen haben. Zweitens ist mit den gewellten Linien auch der Fall angedeutet, dass ein Marktteilnehmer gar keinen direkten Kontakt mit den dezentralen Einheiten aufnimmt, aber dennoch mit dem Verzeichnisdienst. Das dafür gewählte Beispiel ist der Systembetreiber, der – je nach Marktregeln – wahrscheinlich auch in Zukunft keinen direkten Zugriff auf alle dezentralen Anlagen braucht, der aber ein zunehmendes Interesse daran hat zu wissen, an welchen Stellen im Netz sich Anlagen befinden und welche Eigenschaften sie haben.

In der in Abb. 15.4 skizzierten Struktur wird der gesamte Bewegungsdatenaustausch direkt von den Nutzern der Daten ohne einen zwischengeschalteten Informationsdienstleister initiiert. Der Betrieb der Kommunikationsinfrastruktur und die Bereitstellung von Information sind damit vollständig entkoppelt – so, wie man es von allen Dienstleistungen kennt, die das Internet zur Kommunikation nutzen. Als Variante wäre grundsätzlich auch denkbar, die Erfassung und Bereitstellung relevanter Informationen bereits heute existierenden Marktteilnehmern zu übertragen. Ein automatisierter, erweiterungsfähiger und für alle aktiven Marktteilnehmer verpflichtenden Verzeichnisdienstes wäre aber auch in diesem Fall vorteilhaft.

15.4 Ausgleich zwischen Anforderungen des Energiemarkts und der Leistungsfähigkeit der Netzinfrastruktur

Die bisher beschriebenen Bausteine für eine dezentralere Elektrizitätsversorgung ermöglichen die marktwirtschaftliche Optimierung des Betriebs und den wirtschaftlichen Zugriff auf die Ressourcen. Zur vollständigen Beherrschung der Dezentralität fehlt aber noch ein drittes Element, nämlich die Abstimmung des Marktergebnisses mit den Möglichkeiten der Infrastruktur, also den Netzen der elektrischen Energieversorgung. Diese Aufgabe bestand seit Beginn der *Entflechtung* im Zuge der *Liberalisierung* auf der Übertragungsebene. In den Verteilnetzen hat sich die Frage dagegen im Normalfall nicht gestellt, das diese Netze normalerweise so ausgelegt waren, dass sie alle Lastsituationen beherrschen konnten. Die neue, geänderte Situation ist in Abb. 15.2 daran erkennbar, dass der Abstimmungspfeil zum Engpassmanagement nun zweimal auftaucht – einmal in normaler Schrift, also traditionell, und einmal in kursiver Schrift, also neu.

Im liberalisierten Markt muss die Erkennung möglicher Netzengpässe so rechtzeitig erfolgen, dass die Marktteilnehmer sie möglichst koordiniert auflösen können. Dies kann entweder durch netztechnische Maßnahmen, also Umschaltungen, oder durch Maßnahmen der Teilnehmer am Wettbewerbsmarkt erfolgen. Beide Alternativen benötigen aber Zeit – Umschaltungen insbesondere dann, wenn, wie in den Netzen der Sekundärverteilung häufig der Fall, Schaltungen manuell vorgenommen werden müssen und Maßnahmen im Wettbewerbsmarkt, weil sie Abstimmungen zwischen mehreren Akteuren erfordern. Wenn für diese Schritte keine ausreichende Zeit nach Erkennung möglicher Engpässe zur Verfügung steht, müssten sofort Abschaltungen von beispielsweise Erzeugungsanlagen eingeleitet werden. Als alleinige Maßnahme ist es jedoch nicht wünschenswert, dass der Netzbetreiber ohne Einbeziehung der Marktteilnehmer ins Energiegeschäft eingreift, solange im Netz noch Handlungsmöglichkeiten bestehen.

Zur Lösung dieser Aufgabe wurde im Rahmen des von der EnBW Energie Baden-Württemberg AG geleiteten E-Energy-Projektes MeRegio erstmals ein Netzleitsystem entwickelt, das den vorausschauenden Betrieb von Verteilungsnetzen ermöglicht.[8,9] Dieses System nutzt die Kenntnis der installierten dezentralen Betriebsmittel, die verfügbaren Netzdaten, Wetterprognosen und Informationen von elektronischen Zählern, um Engpässe frühzeitig zu erkennen. Abbildung 15.5 zeigt dies am Beispiel von Verletzungen der Spannungsgrenzen. Diese Grenzwertverletzung ist z. Z., vor allem in ländlichen Netzen mit hohem Anteil dezentraler Einspeisung die häufigste.

Der vorausschauende Verteilungsnetzbetrieb harmoniert mit dem *Ampel-Modell* zur Bewertung des Netzzustands und zur Klärung von Engpässen: In der sogenannten grünen Ampelphase bestehen keine netzbedingten Restriktionen und die Teilnehmer des Wettbewerbsmarkts können ohne Einschränkungen arbeiten. In der gelben Ampelphase sind Beschränkungen durch das Netz absehbar. Dies ist der wichtigste Anwendungsfall des vorausschauenden Netzbetriebs. Mit seiner Hilfe werden frühzeitig absehbare Probleme identifiziert. Damit hat zunächst der Verteilungsnetzbetreiber ausreichend Zeit für netztechnische Maßnahmen. Dabei handelt es sich vor allem um Umschaltungen, die in den Netzen der Sekundärverteilung meist noch manuell vor Ort durchgeführt werden müssen und deshalb ausreichend Vorlaufzeit benötigen. Darüber hinaus kann der Verteilungsnetzbetreiber in derselben Zeit die Teilnehmer des Wettbewerbsmarktes auffordern, mit ihren Vertragspartnern Maßnahmen gegen die Netzüberlastung einzuleiten. Die gelbe Ampelphase ist die hinsichtlich der Abstimmung zwischen Marktteilnehmern anspruchsvollste,

---

[8] Vgl. Franke et al. 2011.
[9] Vgl. Franke et al. 2013.

Abb. 15.5 Anzeige von absehbaren Verletzungen des oberen (links) und unteren (rechts) Spannungsgrenzwerts im Netz der EnBW Regional AG im E-Energy-Projekt MeRegio. (ABB)

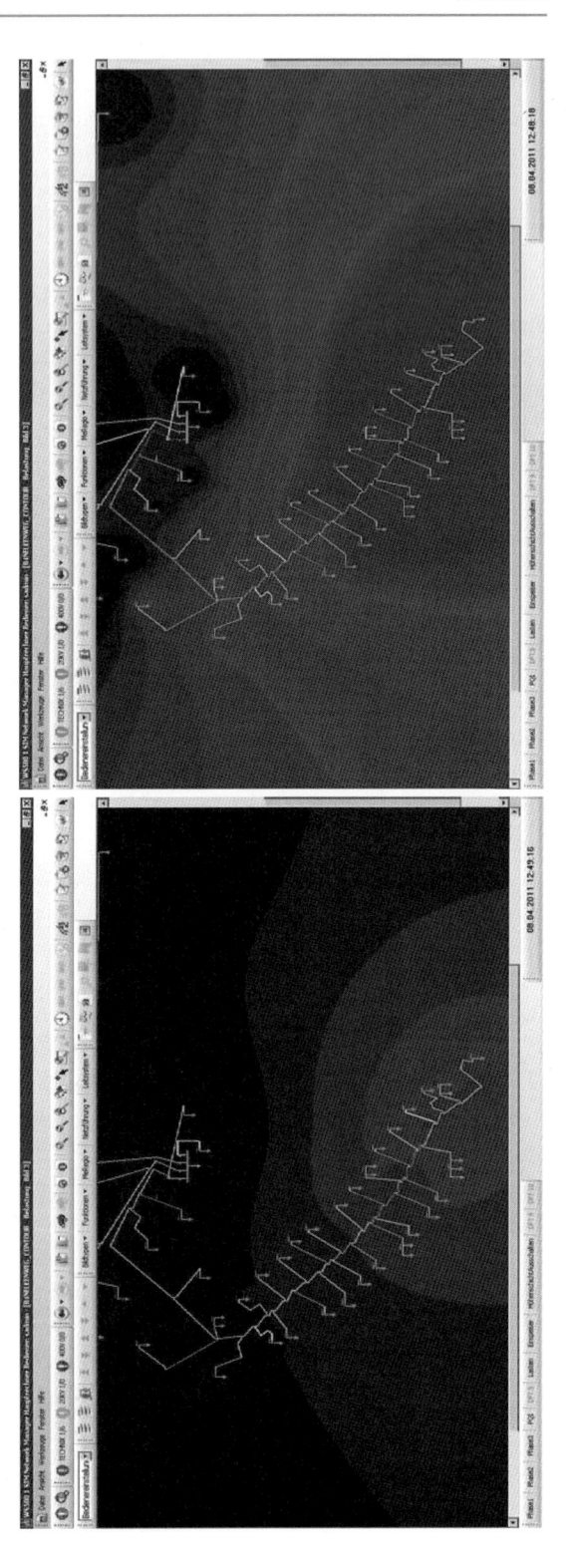

da in ihr einerseits der Konflikt zwischen Energiemarkt und Netzen zutage tritt, andererseits aber durch abgestimmtes Agieren aller Marktteilnehmer eine immer noch möglichst marktgeführte Auflösung des Konfliktes angestrebt wird. Darin unterscheidet sich die gelbe Ampelphase von der roten, in der die Netzsicherheit so stark und kurzfristig gefährdet ist, dass der Netzbetreiber das Recht hat, ohne Abstimmung mit den Teilnehmern des Wettbewerbsmarktes einzugreifen und die Systemsicherheit wieder herzustellen. Sowohl die grüne als auch die rote Ampelphase hat es faktisch, auch wenn sie nicht so bezeichnet worden sind, schon in der Vergangenheit gegeben. Neu ist die gelbe Phase, in der sich das Wechselspiel von Smart Markets und Smart Grids bewähren muss.

Der vorausschauende Netzbetrieb kann selbstverständlich eine Funktion des für die Betriebsführung des Netzes genutzten Netzleitsystems sein. Im Endzustand, d. h. wenn diese Vorgehensweise gängige Praxis geworden sein wird, wird dies auch sicherlich die bevorzugte Lösung sein. Die Vorteile, wie gemeinsame Datenhaltung oder Integration in eine einheitliche Benutzeroberfläche, liegen auf der Hand. Aktuell liegt aber eine Übergangssituation vor, in der die Anforderung eines vorausschauenden Netzbetriebs in Abhängigkeit vom Ausbau dezentraler Erzeugung in mehr und mehr Verteilungsnetzen entsteht, die installierten Leitsysteme diese Funktion aber nicht bieten. Unter diesen Randbedingungen ist es sehr vorteilhaft, dass es keine zwingende Notwendigkeit der Integration der neuen Funktion in das operative Leitsystem gibt. Vielmehr kann der vorausschauende Netzbetrieb ergänzend zu einem bestehenden Leitsystem laufen, ohne direkte Einbindung in den Netzbetrieb und mit anderem Personal. So, wie die Ergebnisse aus dem vorausschauenden Netzbetrieb an den Markt weitergegeben werden, können sie auch innerhalb des Verteilungsnetzbetreibers an die Netzstelle übermittelt werden, damit dort geeignete Maßnahmen ergriffen werden. Damit besteht eine große Flexibilität, um kurzfristig auf die neuen Anforderungen zu reagieren.

15.5 Zusammenfassung und Ausblick

Die Einführung sehr hoher Anteile der neuen Erneuerbaren Energien, also vor allem von Sonnen- und Windenergie, in die elektrische Energieversorgung, hat bereits eine Reihe von grundlegenden technischen und energiewirtschaftlichen Neuerungen nach sich gezogen. Der starke Zuwachs der hochgradig dezentralen Photovoltaik in den zurückliegenden Jahren lenkt nun die Aufmerksamkeit auf ein weiteres Thema, nämlich die Integration einer um mehrere Größenordnungen über der heutigen Zahl liegenden Anzahl von dezentralen Ressourcen in die Systeme der elektrischen Energieversorgung. Die Herausforderung besteht dabei sowohl in der technischen Einbindung in die Systembetriebsführung als auch in der kommerziellen Integration in die Prozesse der Elektrizitätsmärkte. Die Beherrschung der Dezentralität stellt vielleicht die größte Veränderung dar, die infolge der politisch gewollten Veränderungen in der elektrischen Energieversorgung zu bewältigen sein wird.

Analysiert man die Aufgabe genauer, so erkennt man, dass ihre Lösung im Wesentlichen drei Teilaspekte hat: Um eine sehr große Zahl von Einheiten, deren individueller technischer und wirtschaftlicher Einfluss wegen ihrer geringen Größe sehr klein ist, wirtschaftlich effizient in die Prozesse der elektrischen Energieversorgung zu integrieren, wird zunächst eine Kommunikationsinfrastruktur benötigt, die zu sehr geringen Grenzkosten eine Interaktion mit den dezentralen Einheiten ermöglicht. Zweitens ist ein Rechtsrahmen erforderlich, der Anreize gibt, die dezentralen Ressourcen in die energiewirtschaftlichen Prozesse zu integrieren. Insbesondere muss er dafür sorgen, dass trotz der Volatilität und Dargebotsabhängigkeit der neuen erneuerbaren Quellen eine möglichst gute Planung des Ausgleichs von Einspeisung und Verbrauch erreicht wird. Drittens wird auch auf der Verteilungsebene ein Abgleich zwischen den Anforderungen des Energiemarktes und den Möglichkeiten der Netze notwendig, da die Verteilungsnetze künftig wegen der niedrigen Volllaststundenzahl insbesondere der Photovoltaik, aber auch wegen neuer Verbraucher mit hohen, aber seltenen Lastspitzen nicht mehr so ausgelegt werden können, dass sie jede mögliche Last- oder Einspeisesituation bedienen können.

Die meisten erforderlichen Bausteine sind inzwischen absehbar und zum Großteil sogar schon verfügbar: Die Direktvermarktung der Energie aus erneuerbaren Quellen ist eine marktkonforme Lösung, die sowohl die Integration in die Betriebsplanung und -führung ermöglicht als auch bedarfsbasierte Investitionssignale sicherstellt. Ihrer Anwendung auch für kleine dezentrale Einheiten steht im Moment allerdings der dabei anfallende hohe kommunikationstechnische Aufwand im Wege – deshalb ist die Direktvermarktung zur Zeit schon die Norm bei Windenergie, aber die Ausnahme bei Photovoltaik. Eine geeignet organisierte Kommunikationsinfrastruktur zur einfachen, kostengünstigen und sicheren Nutzung hochgradig dezentraler Betriebsmittel – gegebenenfalls einschließlich kommunikationsfähiger Zähler – ist deshalb ein weiteres zentrales Element eines Rahmens, in dem neue wettbewerbliche Dienstleistungen zur energiewirtschaftlich sinnvollen Nutzung der dezentralen Betriebsmittel entstehen können. Für den dritten Bereich, den Umgang mit Netzengpässen im Verteilungsnetz, gibt es bereits erste technische Lösungen. Allerdings ist der Rechtsrahmen, der Rechte und Pflichten der Marktteilnehmer festlegt, noch nicht vollständig definiert.

Zusammenfassend kann man deshalb sagen, dass technische Konzepte und die wesentlichen technischen Bausteine für die Integration hochgradig dezentraler Betriebsmittel in die technischen und wirtschaftlichen Prozesse der elektrischen Energieversorgung vorliegen, dass aber der Rechtsrahmen noch nicht ausreichend weiterentwickelt ist, um diese Elemente in der Breite zu nutzen.

Literatur

Appelrath, H.-J., et al.: Future Energy Grid – Migrationspfade ins Internet der Energie. acatech Studie, Berlin (Februar 2012)

Bundesnetzagentur: „Smart Grid" und „Smart Market". Eckpunktepapier der Bundesnetzagentur zu den Aspekten des sich verändernden Energieversorgungssystems. Bonn (Dezember 2011)

Deutsche Energie-Agentur: Energiewirtschaftliche Planung für die Netzintegration von Windenergie in Deutschland an Land und Offshore bis zum Jahr 2020 (dena-Netzstudie). Köln (2004)

Deutsche Telekom AG: ABB und Deutsche Telekom: Virtuelle Kraftwerke einfach steuern. Pressemitteilung, 25. Juni 2013

Franke, C., et al.: On the necessary information exchange and coordination in distribution smart grids – experience from the MeRegio pilot. CIGRE, Bologna Symposium, Italy. 13.–15. September 2011

Franke, C., et al.: Intelligentes Netz: Wegweisendes Kollaborationsprojekt zur Stärkung von Smart Grids. ABB Review, Heft 3/2013, S. 44–46

Küppers, A.: Markt- und Systemintegration der Erneuerbaren – aktuelle und zukünftige Innovationen im Rahmen der Direktvermarktung. Internationale VDE-Dreiländer-Tagung „D-A-CH 2013: Systemsicherheit und Markt – Widerspruch oder Symbiose?", 23./24.04.2013, München

Netzentwicklungsplan Strom 2013: Erster Entwurf der Übertragungsnetzbetreiber. Berlin (2013)

VDE/ETG: Aktive Energienetze im Kontext der Energiewende. Studie der Energietechnischen Gesellschaft (ETG) im VDE Verband der Elektrotechnik, Elektronik, Informationstechnik e.V. VDE-Verlag, Frankfurt a. M. (Februar 2013)

Innovative IT-Ansätze als Erfolgsfaktor für die Gestaltung von Smart Markets

16

Carsten Hoppe

> *Smart Markets bedingen eine intelligente IT-Plattform, die Dienste-Anbieter und Service-Konsumenten mehrwertorientiert in Verbindung bringt. Eine Reduktion auf pure energiewirtschaftliche Bereiche greift zu kurz und birgt insbesondere beim Aufbau von IT-Infrastrukturen das Risiko von „stranded invests".*

Zusammenfassung

Ein Smart Market definiert sich durch das Zusammenspiel verschiedener Dienste-Anbieter und Service-Konsumenten. Zur Generierung mehrwertorientierter und vermarktbarer End-to-End-Services bedarf es eines Dienste-Vermittlers, der eine geeignete wettbewerbsfördernde IT-Infrastruktur vorhält.

Smart Markets entstehen selten ohne regulative Anreize, auch wenn sie letztendlich eine freie marktwirtschaftliche Dienste-Vermarktung zum Ziel haben. Durch IT-basierte, stark automatisierte Vermarktungsplattformen können insbesondere für kleinere und mittlere Dienstanbieter Markteintrittsbarrieren deutlich gesenkt und damit die Attraktivität der Märkte entscheidend erhöht werden.

Smart Markets der nahen Zukunft müssen sich einer „neuen Konvergenz der Netze" (Thomsen, 520 Wochen Zukunft – die zweite Dekade der großen Chancen, X-DAYS Interlaken, Zukunftsforscher, future matters, Innovation und Zukunftsforschung (Zürich), 2011, www.youtube.com/watch?v=sHsPyymMZ4s) unterwerfen. Infrastruktur-, Basis- und Mehrwertdiente der Energie-, Mobilitäts- und Informationsnetze prallen aufeinander und bieten – geeignet in einem Smart Market orchestriert – ungeahnte Innovationen und Mehrwerte für die Service-Konsumenten von morgen.

C. Hoppe (✉)
SAP Deutschland AG & Co. KG, Hasso-Plattner-Ring 7,
69190 Walldorf, Deutschland

Erfolgreiche IT-Architekturen innovativer Märkte zeichnen sich durch die Einfachheit der Vernetzung von Anbietern und Konsumenten aus (Dienste-Integration) und bieten als begleitenden Service transparente Verrechnungsmethoden (Dienste-Verrechnung) zwischen den Marktteilnehmern, die Spielraum für moderne kommerzielle Anreizsysteme bieten, ohne die eine Energiewende nicht umsetzbar sein wird.

16.1 Motivation

Die Begriffe Smart Grid und Smart Market wurden in der Literatur wie auch in diesem Fachbuch hinreichend beschrieben und definiert. Dabei liegt der Fokus – auch in diesem Buch – zunächst auf einer energiewirtschaftlichen Betrachtung. Das wird unter anderem im „Eckpunktepapier der Bundesnetzagentur zu den Aspekten des sich verändernden Energieversorgungssystems" deutlich, wo beispielsweise die Abgrenzung von Smart Grid/ Smart Market hauptsächlich an der Frage festgemacht wird, ob es sich um Energiemengen oder -flüsse (Markt) oder Kapazitäten (Netz) handelt.[1]

Reduziert man die Betrachtung von *Smart Markets* auf den Bereich der Energiewirtschaft, bewegt man sich aber bestenfalls in der Vergangenheit oder Gegenwart von IT-technischen Herausforderungen und hebt sich letztlich nicht weit genug vom Begriff des Smart Grids ab. Fasst man die Definition von Smart Market aber weiter, verbindet sie gar mit dem Begriff der „neuen *Konvergenz der Netze*", dann bewegt man sich im Bereich der echten IT-technischen und gestalterischen Herausforderungen von morgen.

In diesem Sinne befasst sich dieses Kapitel mit einer branchenkonvergenten Betrachtung von Smart Markets und damit verbundenen innovativen IT-Ansätzen zur erfolgreichen Unterstützung derartiger, zunehmend virtualisierter Marktmodelle, während sich weitere Kapitel des Buches detaillierter mit den aktuellen Herausforderungen im energiewirtschaftlichen Bereich von Smart Markets beschäftigen.

So wie die Entstehung von *Smart Grids* wesentlich beeinflusst ist von

- dem Einzug intelligenter Informationstechnologie (direkt am Messpunkt wie im Netz),
- der zunehmenden überregionalen Vernetzung von dezentraler Mess- und Regeltechnik sowie
- der wachsenden Virtualisierung von Regelkreisläufen (von situativer zu simulativer Steuerung)

sind auch Smart Markets wesentlich beeinflusst durch die Möglichkeiten moderner Informationsinfrastrukturen, der zunehmenden Virtualisierung von Dienstleistungs- und Handelsmodellen sowie deren Strahlkraft in benachbarte Themengebiete wie zum Beispiel Smart Home oder Elektromobilität. Herausforderung ist die Schaffung hochautomatisierter und serviceorientierter Integrationsplattformen, die dem zu erwartenden Wachstum

---

[1] Vgl. Bundesnetzagentur 2011, S. 11–14.

16 Innovative IT-Ansätze als Erfolgsfaktor für die Gestaltung von Smart Markets

an Handelsvolumen im Bereich Energie und effizienzfördernden Zusatzdiensten gerecht werden können.

Ausgehend von der Analyse und Strukturierung solcher Zukunftsmärkte, soll im Weiteren der Bedarf an IT-Infrastrukturen zur effizienten und wirtschaftlich wie energiepolitisch erfolgreichen Umsetzung derartiger Marktstrategien beleuchtet werden.

Die Komfortzonenfalle oder das „Frosch-Dilemma"
Warum sich den gewohnten Definitionen eines rein energiewirtschaftlichen Smart Marktes entziehen? Diese Frage stellte sich nur allzu oft bei der Vorbereitung dieses Buchkapitels. Letztlich waren insbesondere zwei Quellen ausschlaggebend, den Blick auf die Smart Markets von morgen etwas weiter zu fassen.

Die erste Quelle ist der Zukunftsforscher Lars Thomsen. In seinem Key Note Vortrag „520 Wochen Zukunft – die zweite Dekade der großen Chancen"[2] auf den 2011er Schweizer X.DAYS widmete er sich in überzeugender Vorstellung unter anderem der anstehenden „neuen Konvergenz der Netze". Dabei wird deutlich, dass in kürzester Zeit die Wechselwirkungen zwischen Mobilitätsbedürfnissen und Auswirkungen der Energiewende so stark werden, dass sie nur noch über modernste, hochautomatisierte und massendatentaugliche Informationsnetze bewältigbar bleiben. Die Verflechtungen von energetischen Basisdiensten und Zusatzdiensten der Mobilitätsnetze werden gegenüber Konsumenten nur dann nutzbringend vermarktbar sein, wenn Dienste-Integratoren die unterschiedlichen Angebote (Energie, Mobilität und Zusatzdienste) zusammenführen. Die daraus resultierenden Erwartungen an Markt-Modelle und unterstützende IT-Architekturen sollen deshalb in diesem Kapitel betrachtet werden.

Bei der zweiten Quelle handelt es sich um das Buch „Attitüde – Erfolg durch die richtige innere Haltung" von Ilja Grzeskowitz, das sich unter anderem auch der von Lars Thomsen trefflich präsentierten *Komfortzonenfalle* widmet.[3] Die Abb. 16.1 greift sinngemäß seine Ausführungen auf. Versucht man die abstrakte Darstellung auf die Entwicklung der Energiewirtschaft zu übertragen, wäre folgende Analogie vorstellbar:

- Die *Komfortzone* entspricht der monopolistischen Energiewirtschaft der vergangenen Jahrzehnte. Sie war über lange Zeit gewachsen; hat stabile Markt- und Ressourcenstrukturen ausgeprägt.
- Die *Aufbruchs-* oder *Lernzone* könnte im deutschen Energiemarkt mit der Zeit der regulatorischen und Markt-Entflechtung gleichgesetzt werden. Hier galt und gilt es, Herausforderungen zu bewältigen, für deren Lösung aber auf einen immer noch breiten Erfahrungsschatz zurückgegriffen werden kann.
- Die echten Herausforderungen und Chancen liegen in der *Innovations-* und *Wachstumszone*. Hier gilt es, über seinen Schatten zu springen, alte Zöpfe abzuschneiden und sich neuen Märkten und Geschäftsmodellen zu stellen. Diese Zone ist mit der neuen

---

[2] Thomsen 2011.
[3] Vgl. Grzeskowitz 2013, S. 153 ff.

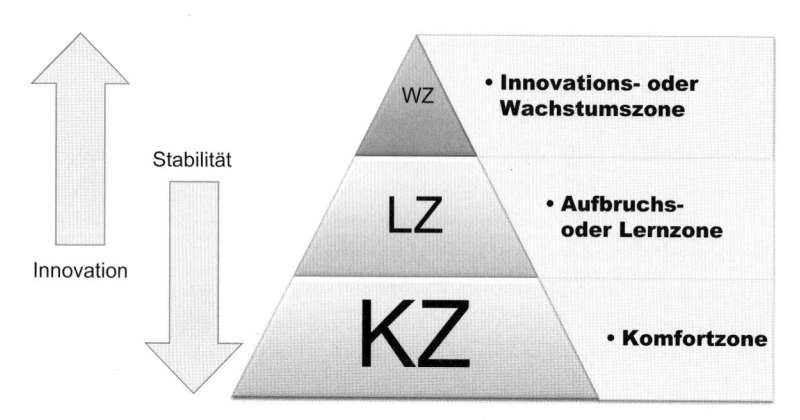

Abb. 16.1 Die Komfortzonenfalle (auch bekannt als „Frosch-Dilemma")

Konvergenz der Netze gleichzusetzen. Ein erstes, noch in den Kinderschuhen steckendes Beispiel kann hier die Elektromobilität bieten, die erst durch ergänzende Zusatzdienste gegenüber den Endkunden zum Erfolgsmodell werden kann.

Die Facette Elektromobilität soll darum in diesem Buchkapitel auch immer wieder als plakatives Beispiel für die Aspekte der Smart Markets von morgen herangezogen werden. Es bietet überraschend viele Ansatzpunkte im Umfeld vernetzter Energie- und Mobilitätsdienste, die durch innovative IT-Architekturen und Applikationen nutzbringend gebündelt, vermarktet und letztlich verrechnet werden können.

16.2 Teilnehmerstrukturen von Smart Markets

> Die Energiezukunft braucht primär das koordinierte Handeln der im Wettbewerb stehenden Akteure – Produzenten, Lieferanten, Kunden, Prosumer, Energiedienstleister. Daher kann der Weg in die Energiezukunft nur lauten: Mehr Raum für Innovation. Mehr Raum für intelligente Strommärkte. Mehr Raum für Smart Markets![4]

Dieses Zitat aus dem BNetzA-Eckpunktepapier untermauert – wenn auch wieder nur im engeren (energiewirtschaftlichen) Sinne – die Notwendigkeit von Kollaborations-Plattformen für wettbewerbliche Akteure. Um sich dem Unterstützungsbedarf durch Informations- und Kommunikationstechnologien für Smart Markets zu nähern, müssen zunächst die Teilnehmerstrukturen betrachtet werden. Auch hier wird zwischen Smart Markets im engeren (energiewirtschaftlichen) Sinne und im weiteren, branchenübergreifenden Sinne zu unterscheiden sein.

---

[4] Bundesnetzagentur 2011, S. 5.

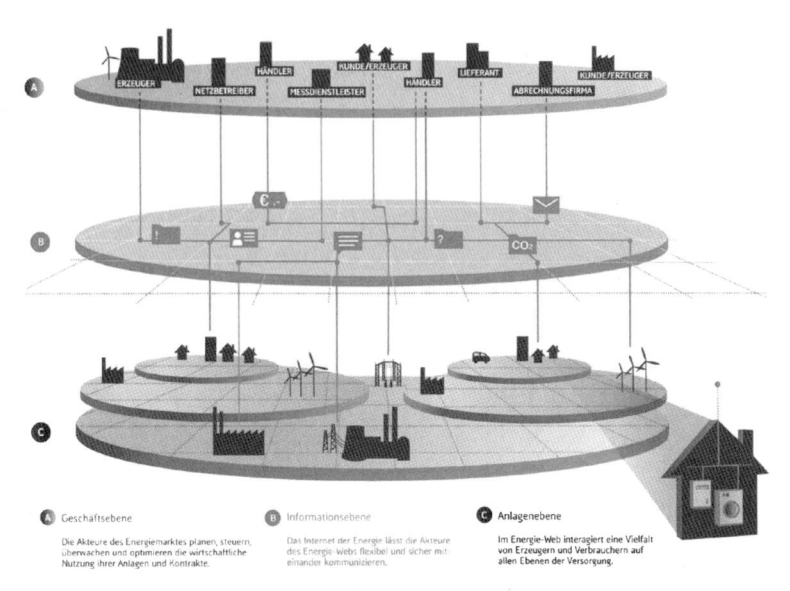

Abb. 16.2 Das Internet der Energie (Ebenenmodell, E-Energy 2013)

16.2.1 Marktmodelle

Das klassische Smart Market-Marktmodell, wie es heute in der Literatur beschrieben wird und in den Projekten des 2013 abgeschlossenen Förderprogramms E-Energy der Bundesministerien für Wirtschaft und Technologie (BMWi) sowie für Umwelt, Naturschutz und Reaktorsicherheit (BMU) in Prototypen ausgeprägt wurde, basiert im Kern auf der marktplatzbasierten Integration und Interaktion aller relevanten Marktakteure des Energiemarktes. Ziel war und ist es dabei, durch den effizienten Einsatz moderner Informations- und Kommunikationstechnik (IKT) „Räume" zu schaffen, die allen Marktakteuren einfach und mit niedrigen Markteintrittsbarrieren Zugang zum Handel von Energie- und Energieprodukten ermöglicht. Mit derartigen, webbasierten Marktplätzen (Smart Markets) soll die Voraussetzung für eine Vernetzung von Energiemarkt und -netz geschaffen werden, die wiederum Grundlage einer intelligenten, anreizbasierten Verbrauchssteuerung ist.

Die Abb. 16.2 zeigt als Ergebnis eines der E-Energy-Projekte Smart Watts ein Ebenenmodell des „*Internets der Energie*". Es verbindet die Anlagenebene (energetische Erzeugungs-, Speicher- und Verbrauchsanlagen) und die Geschäftsebene (Energiemarktakteure wie zum Beispiel Erzeuger, Netzbetreiber, Lieferanten, Prosumer u. a.) mit einer Informationsebene (Integrations- und Interaktionsplattform der Energiemarktakteure).

Diese Informationsebene steht im Mittelpunkt aller IKT-Bemühungen, sei es durch staatliche Stellen getrieben, um die informationstechnischen Grundlage für den Erfolg der

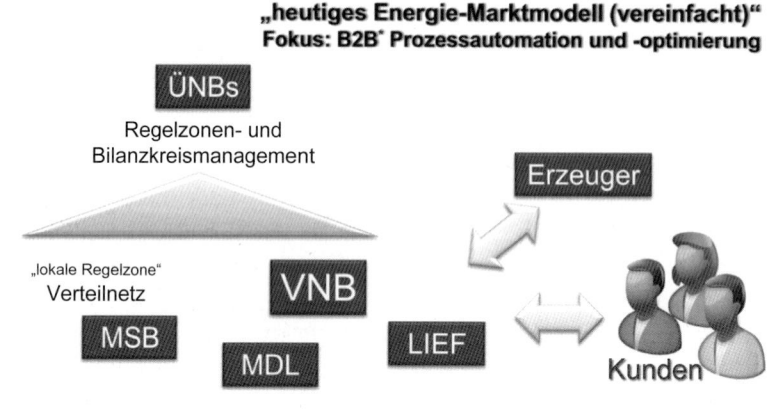

Abb. 16.3 Heutiges Energie-Marktmodell mit Fokus auf B2B-Optimierung

Energiewende-Bestrebungen zu stützen, oder durch die Branche selbst, um Aufwand- und Kosteneffekte der regulatorischen Auflagen der letzten Jahre durch stärkere IT-Integration und -Automation in den Griff zu bekommen.

Klassisches Marktmodell im engeren, energetischen Sinn

Das *klassische Marktmodell* von Smart Markets von heute entspricht der Aufbruchs- oder Lernzone (vgl. Komfortzonenfalle in Abschn. 16.1 bzw. Abbildung 16.1). Getrieben durch die Bedeutung der Energie als industrieller Einsatzstoff (und damit wesentlicher Kostenfaktor), durch gesellschaftliche Bestrebungen zur Förderung regenerativer Energien (deutsches Energiewende-Modell) und durch regulatorische Eingriffe in den bis dato stark monopolistischen Energiemarkt (EnWG Novellierung, GPKE, GeLi Gas u. ä.) entwickelte sich im Rahmen regulatorischer und wettbewerblicher Schranken das heute gelebte Marktmodell (siehe Abb. 16.3).

Typische Akteure (auch „Marktrollen") des Marktmodells sind:

- Verteilnetzbetreiber (VNB)
- Lieferant (LIEF)
- Messstellenbetreiber (MSB)
- Messdienstleister (MDL)
- Industrieller Erzeuger (ERZ)
- Kunde
- Prosumer (Kleineinspeiser und Kunde)
- Energiehändler
- Übertragungsnetzbetreiber (ÜNB)

Man kann das in Abb. 16.3 schematisch dargestellte klassische Marktmodell auch als mehrstufige Aggregation lokaler Optimierungsebenen betrachten. Diese sind im Sinne heutiger Marktmechanismen und -regularien aber noch zu stark Netz-fokussiert und beginnen mit dem Verteilnetz noch auf zu grob-granularer Ebene. Der beginnende Einzug von Smart Home-Diensten in das energiewirtschaftliche Marktmodell ist hier ein guter Ansatz, die kleinste lokale Optimierungsebene noch unter der Ortsnetzstation auszuprägen.

Immer im Fokus heutiger Modelle ist die *B2B Prozessoptimierung* und *-automation*. Nur so können die Prozessdurchlaufzeiten verringert und damit die Prozess(blind)kosten verringert werden, was letztlich dem politischen Willen der Vereinfachung von wettbewerbsfördernden Wechselprozessen gleichkommt. Darüber hinaus ist das heutige Geschäftsmodell noch zu wenig auf die Endkundenbedürfnisse fokussiert.

Diese Sichtweise wird aus dem Betrachtungswinkel anstehender Entscheidungen zum Smart Meter Rollout im deutschen Energienetz indirekt vom Bundesverband Neuer Energieanbieter (bne) gestützt. Im nachfolgenden interessanten Auszug aus dem Positionspapier des Bundesverbandes Neuer Energieanbieter (Abschnitt „Regulatorische Rahmenbedingungen für Smart Markets") wird wettbewerblichen und marktgetriebenen Anreizen zur Akzeptanzsteigerung bei Nutzern und Endkunden deutlich der Vorrang gegenüber regulatorischen, netzfokussierten Maßnahmen eingeräumt:

> Intelligente Zähler dürfen nicht länger als Netzthema betrachtet werden. Netze sind auf ihre Messdaten nicht angewiesen. Intelligente Zähler sind technische Lösungen, die auf Smart Markets gehandelt werden, in der Regel im Paket mit weiteren Produkten und Dienstleistungen. Abgesehen von der Festlegung von Sicherheits- und Interoperabilitätsnormen sollte die Installation und die Auslegung der Zähler dem Wettbewerb überlassen werden. Dies hat entscheidende Vorteile: Die wettbewerbshinderliche und entflechtungswidrige Strategie vieler vertikal integrierter Verteilnetzbetreiber, quersubventionierte und für ihre verbundenen Vertriebe maßgeschneiderte Zähler zu verbauen, wird verhindert. Eine effiziente Allokation der Zähler findet statt, da über Kosten und Nutzen eines Einbaus vor Ort statt bürokratisch entschieden wird. Schließlich lässt sich die bisher nicht besonders verbreitete Akzeptanz der Verbraucher nicht durch verpflichtenden Netzbetreiber-Ausbau herstellen, sondern nur dann, wenn der Verbraucher selbst über den Einbau, technische Eigenschaften und die Nutzungsweise verfügen kann.[5]

Die zu beantwortende Frage ist also: Wie schafft man in Smart Markets die nötigen nutzerorientierten Mehrwerte, um die Akzeptanz für neue Technologien zu schaffen, selbst wenn diese kostenpflichtig angeboten werden?

Erweitertes, konvergentes Marktmodell im branchenübergreifenden Sinn
Der deutsche und europäische Energiemarkt wird sich in den nächsten Jahren weiter verändern. Eine immer stärkere Dezentralisierung und Virtualisierung von Erzeugung und Verbrauch wird den Bedarf an IKT-basiertem Management von Massendaten wachsen

---

[5] bne 2011, S. 17 ff.

lassen. Eine gewagte These von Toralf Nitsch – COO bei Sun Invention, einem Solarenergie-Dienstleister – untermauert diesen Wandel:

> Wenn bald jeder zumindest etwas Strom selbst erzeugt, werde Elektrizität zum Gratis-Produkt sagt Nitsch. Unternehmen würden mit der Erzeugung von Elektrizität dann kein Geld mehr verdienen, dafür aber mit der sekundenschnellen Verwaltung von Millionen dezentralen Erzeugern und Verbrauchern.[6]

Dieser Analogie folgend und unter Berücksichtigung der in Abschn. 16.1 getroffenen Annahmen werden sich künftige Smart Markets einer veränderten Modell-Struktur unterwerfen müssen:

1. Die *Transformation* im Sinne des Smart Grids von einer verbrauchsorientierten Erzeugung hin zum erzeugungsorientierten Verbrauch wird einhergehen mit der Transformation im Sinne des Smart Markets von einem Marktteilnehmer-zentrierten Modell hin zum Nutzer-zentrierten Marktmodell.
2. Die mengenmäßig exponentiell wachsenden Mess-, Zustands- und Verrechnungsdaten und die im gleichen Maße komplexeren kommerziellen Anreizmodelle bei gleichzeitig stärkerer Dezentralisierung und Virtualisierung bei Erzeugung und Verbrauch führen zu einer neuen Form von Marktakteuren – den *Dienste-Vermittlern* oder auch *Aggregatoren*.
3. Zur Förderung der *gesellschaftlichen Akzeptanz* der Energiewende und insbesondere zur Mehrwertgenerierung für Nutzer- und Endkunden als wettbewerbliches Gegengewicht zu den individuellen und gesellschaftlichen Kosten der Energiewende ist eine Integration branchenfremder Dienste und Leistungen unabdingbar (Beispiel Mobilität und Energie im Sinne von Elektromobilität).

Um die Effizienz heutiger Marktmodelle und Entstehung neuer nutzerzentrierter Modelle zu fördern, muss die Schaffung zentraler *Daten-Hubs* vorangetrieben werden. Dabei geht es in erster Line um die Überführung bereits existierender dezentraler Register in ein regulatorisch überwachtes *Zentralregister*, um bereits erhobene Daten konsequenter und effizienter für Intercompany-Prozessabwicklungen zu nutzen und damit die Voraussetzung für brachen- und marktkonvergente Produkt- und Lösungsangebote zu schaffen.

Die Abb. 16.4 veranschaulicht das Grundprinzip dieses neuen nutzerzentrierten Modells von Smart Markets. In Verbindung mit der Abb. 16.3 wird auch der Transformationsbedarf, wie zuvor beschrieben, erkennbar.

16.2.2 „Konvergenz der Netze"

Ein weiter wichtiger Einflussfaktor auf die Gestaltung künftiger IT-Ansätze im Umfeld von Smart Markets ist die „neue *Konvergenz der Netze*".

---

[6] Schulz 2013.

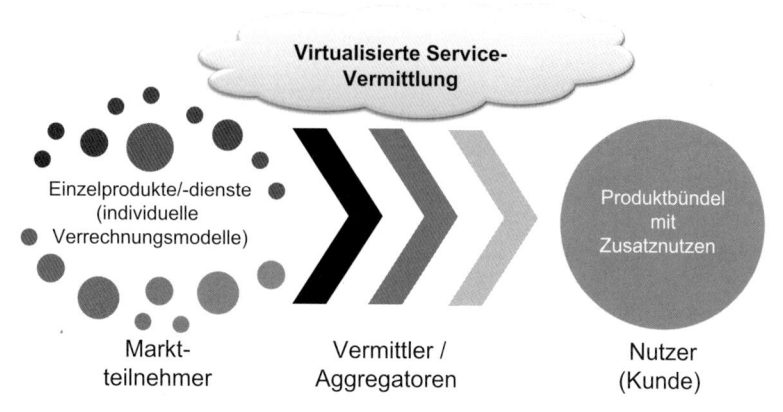

Abb. 16.4 Nutzerzentriertes Modell von Smart Markets

Wir sehen eine neue Konvergenz – (…) Die Konvergenz der Netze. Wir haben im Moment ein Energienetz, Informationsnetz, Mobilitätsnetz. In den nächsten 10 Jahren überlagern sich diese Netze komplett miteinander. Das heißt, wir können nicht mehr nur in IT denken, sondern es ist gleichzeitig Mobilität und es ist gleichzeitig Energie. Und das wird die Art und Weise, wie wir mit Energie umgehen, völlig verändern.[7]

Lars Thomsen – Gründer und „Chief Futurist" von future matters in Zürich – geht in seinem Key Note Vortrag auf den X-DAYS 2011 in Interlaken noch weiter. Er prognostiziert auf Grund des einsetzenden Preisverfalls für Akkupreise und zunehmender Skaleneffekte etwa für das Jahr 2016 die preisgleiche Verfügbarkeit voll elektrisch angetriebener Mittelklassewagen im Vergleich zu den herkömmlich angetriebenen Pendants. Ab diesem Zeitpunkt würde das Elektrofahrzeug billiger. Diesem Trend folgend verweist Thomsen auf die Bedeutung der IT bei der Vernetzung von Energiemarkt/-anbietern, Ladeinfrastruktur(-Dienstleistern) und dem Lademanagement der Fahrzeuge selbst.

Diese Thesen stammen zwar aus dem Jahr 2011, aber die letzten beiden Jahre betrachtend ist die Eintrittswahrscheinlichkeit der Prognosen hoch. Und selbst wenn sich das Zeitfenster nochmals um ein bis zwei Jahre verschieben sollte, bleibt doch wenig Zeit, sich auf derartige intelligente und konvergente Smart Markets vorzubereiten.

In Abb. 16.5 ist das grundsätzliche Dilemma bei der Entstehung dieser Märkte skizziert. In der Vergangenheit bestimmten die fachlichen Anforderungen die IT-technischen Unterstützungsbedarfe. Geschwindigkeit und Qualität der Umsetzung entschieden über mögliche Wettbewerbsvorteile. Dabei „existierten" der Energiemarkt und der Mobilitätsmarkt überlappungsfrei, was für die IT-Lösungen – abgesehen von generischen ERP-Lösungen – im differenzierenden Wertschöpfungsbereich ebenso galt.

---

[7] Thomsen 2011, Auszug der Konferenz X-DAYS Interlaken bei 32:45 der auf YouTube zur Verfügung gestellten Aufzeichnung (http://www.youtube.com/watch?v=sHsPyymMZ4s).

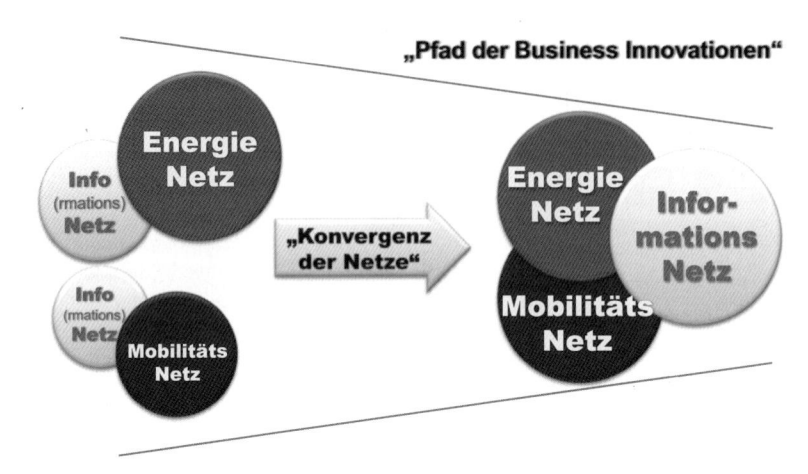

Abb. 16.5 Die Konvergenz der Netze zeichnet den Pfad der Business Innovationen

In der Zukunft wird unter anderem die Konvergenz der Netze dazu führen, dass eine fachliche *Wertschöpfung* erst möglich wird, wenn die nahe 100 % konvergente IT die Voraussetzungen dafür geschaffen hat. Damit wird der Slogan „IT follows business" zwar nicht hinfällig, allerdings muss die IT künftig zeitlich gesehen in Vorleistung gehen. Und das gilt bereits heute bei rein energetischen Betrachtungen des *Smart Meter Rollouts*. Die Intelligenz der Netze erlaubt auch hier das operative logistische Handeln erst, wenn die IT-Systeme bereit sind, die direkt nach Inbetriebnahme eines intelligenten Messsystems relevanten Business- und Kommunikationsprozesse zu unterstützen.

Ähnliche Konvergenzen sind auch in anderen – zum Beispiel medialen – Bereichen zu beobachten. Noch vor wenigen Jahren wussten wir klar zu unterscheiden zwischen

- einem „Festnetz" (klassische eher monopolistische Festnetztelefonie),
- einem „Mobilfunknetz" (heute Wettbewerbsschwerpunkt inkl. Multimediadienste),
- einem „Kabelnetz" (noch wenig interner Wettbewerb, aber inzwischen Komplementärangebote zu den ersten beiden) sowie
- einem Internet-Dienst (inzwischen zunehmend aufgegangen als selbstverständlicher Bestandteil von Produktangeboten der anderen drei Kategorien).

Heute sind die verschiedenen Netze quasi komplementär was die Produktangebote im Markt angeht. Die Trennung erfolgt nur noch in den Kategorien „stationär" oder „mobil", wobei Produkte hier in der Regel nicht komplementär sondern sinnvoll ergänzend positioniert werden. Viele Menschen agieren beruflich wie privat heute verstärkt auf Basis mobiler Produkte und Geräte, schätzen aber weiter das häusliche WLAN als sinnvolle Ergänzung.

Auch beim Dilemma der *zeitlichen Abhängigkeiten* von Business und IT sind die Parallelen erkennbar und unbewusst transparent. So gelingt doch in der heutigen Zeit keinem Anbieter von mobilen Endgeräten wie Tablets oder Smartphones noch ein erfolgreicher

Markteintritt, wenn er nicht im Vorfeld ein wettbewerbsfähiges Betriebssystem entwickelt oder ausgewählt hat – und noch wichtiger – eine Fülle nutzenstiftender und möglichst kostenloser Apps vorhält. Bestes positives Beispiel der jüngeren Vergangenheit liefert die Firma Samsung, die sich unter hohen finanziellen Aufwendungen erfolgreich im Markt einkaufen konnte.

Diesen Beispielen mit etwas Phantasie folgend, kann man sich vielleicht schon heute die mobile Zukunft von morgen vorstellen – die Konvergenz der Netze macht's möglich. Die völlige Verschmelzung von Energie-, Mobilitäts- und Zusatzdiensten aus der Hand eines Full-Service-Providers (Dienste-Vermittlers) ermöglicht akzeptanzsteigernde Angebote, wie

- intuitive Suche und Navigation zur nächsten geeigneten Ladeinfrastruktur,
- optimiertes Laden im Sinne der optimierten Nutzung volatiler Energieträger und zur Optimierung innerhalb begrenzter Netzkapazitäten (z. B. in Parkhäusern),
- One-Click-Services auf Onboard und mobilem Display (Smart Device) zur Definition von Lade-Wünschen, deren kurzfristigen Anpassungen und zur Reaktion auf Preissignale,
- Ein- und Ausfahrt in/aus Parkhäusern oder -flächen OHNE zusätzliches Parkticket; der Intelligente Schlagbaum an Ein- und Ausfahrt erkennt das Fahrzeug (vgl. Internet der Dinge); die Parkhaussteuerung leitet das Fahrzeug zu einem freien oder reservierten Parkplatz mit Ladeinfrastruktur,
- Zentrale Entgeltverrechnung zwischen Full-Service-Provider und Dienste-Anbietern ebenso wie zyklische Abrechnung mit dem Nutzer/Kunden.

Wie ein derartiges Zusammenspiel unter Einsatz moderner IT-Ansätze ermöglicht werden kann, soll im Weiteren betrachtet werden.

16.2.3 Dienste-Anbieter und Service-Konsumenten

Die Grundannahme in der Betrachtung moderner Smart Market-IT-Infrastrukturen ist, dass ein direktes Aufeinandertreffen von einzelnen, oft zunächst kleinteiligen Dienste-Anbietern und Service-Konsumenten, die nach integrierten, komplexitätsreduzierenden Produktbündeln suchen, anders als in der Vergangenheit zu vermeiden ist. Damit ist der klassische „Marktplatz", bei dem Hersteller bzw. Erzeuger direkt aufeinandertreffen nicht mehr zielführend. Diesem Konzept folgen in der Regel heute noch klassisch Internet Self Service Portale in der Energiewirtschaft.

Smart Markets entstehen heute und in Zukunft eher durch die Positionierung eines Dienste-Vermittlers, der – anders als ein einfacher Aggregator – nicht nur Einzelangebote von Dienste-Anbietern bündelt, sondern bidirektional auch gleich die Serviceabwicklung managed und die Service-Verrechnung als Dienstleistung übernimmt.

Der heute sicher bekannteste seiner Art im Handelsumfeld: AMAZON.

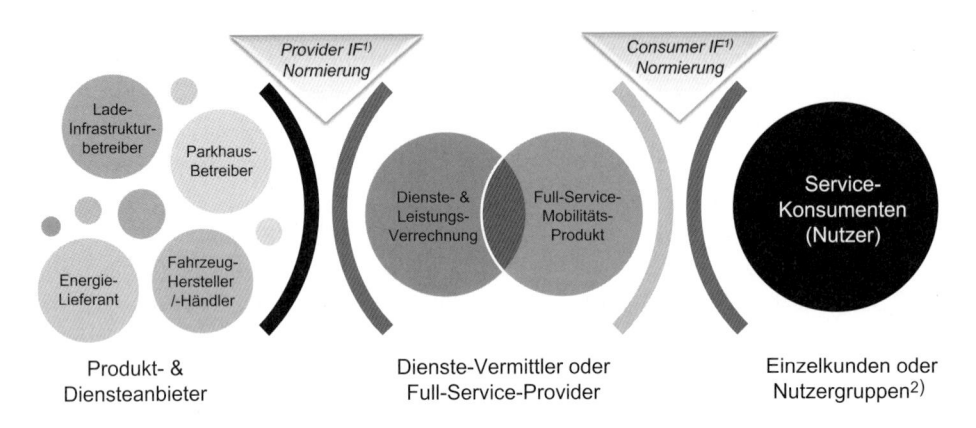

Abb. 16.6 Nutzerzentrierte Mehrwertgenerierung – Dienstevermittler vs. Aggregator

1) IF = Interface / Schnittstelle
2) Eine Nutzergruppe könnten z. B. alle Kunden einer Fahrzeugmarke sein, falls der Hersteller / Händler die Leistung als Bestandteil des Fahrzeug-Kaufvertrages anbietet und somit als Kunde bzw. Rechnungsempfänger eintritt

Amazon ist es gelungen, durch seine pure Existenz in Verbindung mit Zusatzdiensten (Bezahl-Portal für Shops, enge Kooperation mit Transportdienstleistern wie DHL, einfache unkomplizierte Rückabwicklung u. ä.) einen neuen „Smart Market" zu schaffen!

Die potenziellen Player zur Generierung vergleichbarer Smart Markets im (Elektro-)Mobilitätsbereich stehen in den Startlöchern. Zu Ihnen gehören sowohl große deutsche Fahrzeughersteller als auch Energieversorger bzw. -dienstleister und nicht zuletzt große deutsche und internationale IT-Dienstleister.

Ihre größte Herausforderung heute: Eine geeignete IT-Plattform bzw. IT-Infrastruktur zu schaffen, die

- einerseits in der Lage ist, als normierte Plattform für Dienste-Anbieter verschiedener Branchen mit unterschiedlichen IT-Reifegraden zu fungieren,
- andererseits effiziente Abwicklungsprozesse für hoch integrative Produktbündel zu schaffen – vom Angebotsprozess bis zur Zahlungsabwicklung und
- letztlich als Plattform offen zu sein für Service-Vermittler mit unterschiedlicher Servicevielfalt.

Abbildung 16.6 stellt zunächst schematisch das *End-To-End-Zusammenspiel* der Marktakteure dar. Der Schwerpunkt der weiteren Betrachtungen liegt besonders in der zentralen Rolle von Dienste-Vermittlern, die bei entsprechender Angebotsvielfalt bestenfalls als Full-Service-Provider auftreten und auf Basis einer entsprechenden IT-(Handels-)Plattform quasi selbst einen Smart Market repräsentieren. Ebenso wesentlich ist die Betrachtung der beiden Schnittstellen zum Dienste-Vermittler und deren Normierung:

- Das *Provider-Interface*
  Notwendig werden neben standardisierten Anbieter-Beschreibungen katalogorientierte Produkt-Beschreibungen mit entsprechenden Abrechnungsregeln, die einem Set an vordefinierten Verrechnungs-Schemata folgen sollten, um die Bildung und Abwicklung von Produktbündeln zu unterstützen.
- Das *Consumer-Interface*
  Der Fokus hier muss auf einer Standardisierung von Leistungskatalogen liegen, die über verschiedene Vertriebs- und Servicekanäle sowie -technologien darstellbar und abwickelbar sein müssen (Multi-Channel Sales & Service).

Mitentscheidend für die Integrationstiefe einer Smart Market IT-Architektur ist die Entscheidung, welche Art von Diensten und Services zu erbringen sind. Man könnte auch sagen, dass die Service-Tiefe im Businessmodell eines Smart Markets die Integrations-Tiefe im IT-Architekturmodell eines Smart Markets bestimmt.

16.2.4 Support-Dienste im Smart Market für kommerzielle Abwicklung

Was macht einen Smart Market attraktiv und damit erfolgreich? Simpel gesagt, die Einfachheit der Vernetzung von Dienste-Anbietern und Service-Konsumenten. Denn sie entscheidet zum großen Teil darüber, ob sich viele verschiedene Dienste-Anbieter für einen Markt begeistern lassen, was wiederum das Interesse der Nutzer für einen Markt steigen lässt.

Ob nach dem schnellen Aufstieg dann doch wieder der schnelle Fall folgt, hängt nicht zuletzt davon ab, wie attraktiv die „Support-Dienste" in einem Smart Market gestaltet sind. Solche Support-Dienste sind auf den ersten Blick unscheinbar, sind aber letztlich entscheidend dafür, ob ein Dienste-Vermittler nur als Aggregator von Web-Diensten agiert, oder als Full-Service-Provider wahrgenommen wird.

Einige typische Beispiele von Support-Diensten einer Integrationsplattform – zum Teil wieder gut am Beispiel AMAZON nachvollziehbar:

- Bezahl- oder Verrechnungsfunktionen,
- Kunden-Konto/-Profil-Funktionen,
- Such- und Vorschlagsalgorithmen mit der Möglichkeit von Dienste-Bündelung,
- Personalisierbare Newsletter Funktionen,
- Eine Gruppe von Registrierungsfunktionen für Dienste-Anbieter.

Verrechnungs- und Bezahlfunktionen im Smart Market
Beispielhaft sollen die Support-Funktionen zur Dienste-Bezahlung und -Verrechnung etwas näher betrachtet werden.

Bezahlfunktionen richten sich in erster Linie an den Nutzer einer Integrationsplattform bzw. Smart Markets. Bezahlfunktionen in Smart Markets spielen insbesondere dann eine Rolle, wenn Dienste nicht ausschließlich über pauschale Langzeitverträge mit zyklischer

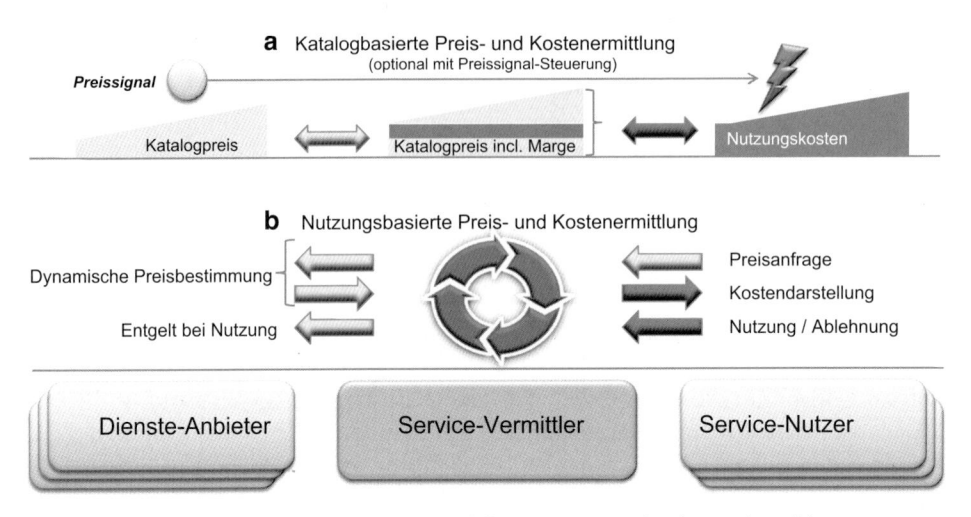

Abb. 16.7 Diensteverrechnung- und -preismodelle im Smart Market (exemplarisch)

Abbuchung (wie häufig bei Medien-Leih-Diensten vorzufinden) angeboten werden. Bezahlfunktionen für Service-Konsumenten können als ad hoc-Dienst oder durch Hinterlegung von Kartendaten im Nutzerkonto angeboten werden. Die Bezahlfunktion kann abhängig vom Geschäftsmodell des Marktes

a. an den Betreiber der Plattform (Dienste-Vermittler) erfolgen oder
b. direkt an den Dienste-Anbieter, was eine Bündelung von Einzeldiensten durch den Vermittler erschwert.

Unabhängig von der Art der Bezahlung der Dienste durch den Nutzer im Smart Market ist aber das Dienste-Verrechnungsmodell bzw. Dienste-Preismodell für die End2End Abwicklung von besonderem Interesse. Abbildung 16.7 zeigt exemplarisch die Unterscheidung zwischen den beiden einfachsten Grundformen der Preis- und Kostenermittlung für den Nutzer eines Dienstes oder eines Dienstebündels.

Katalogbasierte Preis- und Kostenermittlung (optional mit Preissignal-Steuerung)
Die katalogbasierte Preis- und Kostenermittlung ist die einfachste Form der Abwicklung. Der Dienste-Anbieter gibt bei der Registrierung seines Dienstes auf der Integrationsplattform oder später über einen Änderungsservice das pauschale, mengen- oder auch zeitabhängige Preismodell seines Dienstes bekannt. Die Informationen werden im Leistungskatalog des Dienste-Vermittlers abgelegt. Abhängig vom Geschäftsmodell des Smart Markets werden

a. die Dienste-Kosten 1:1 an den Nutzer weitergegeben und es fällt zyklisch eine pauschale Nutzungsgebühr an, oder
b. die Dienste-Kosten bereits bei der Ablage im Leistungskatalog mit einer Service-Marge (Faktor, Pauschale oder ähnliches) beaufschlagt, sodass dem Nutzer von vornherein ein

„Bruttopreis" des Dienste-Vermittlers bekannt gemacht wird (die Dienste-Verrechnung ist in diesem Fall für den Nutzer intransparent).

Als optionale Erweiterung dieses Modells sind für komplexere Preismodelle eines Dienste-Anbieters sogenannte *Preissignale* zu ermöglichen. Damit kann auf Basis eingetretener Umstände der Dienste-Anbieter für den Vermittler ein Preissignal-Event an den Nutzer senden, mit dem das Nutzerverhalten wären der Service-Konsumierung zur energetischen Optimierung beeinflusst werden kann.

Nutzungsbasierte Preis- und Kostenermittlung
Die nutzungsbasierte Preis- und Kostenermittlung ist vom Prozessfluss her komplexer, für Preis-Flexibilität im Sinne einer permanenten energiewirtschaftlichen Optimierung aber besser geeignet. In diesem Fall gibt der Dienste-Anbieter bei der Registrierung seines Dienstes auf der Integrationsplattform kein Preismodell an, sondern kennzeichnet den Dienst als nutzungsbasiert bepreist. In diesem Fall wird automatisiert vor jedem Nutzungsbeginn eine Kostenanfrage an den Dienste-Anbieter gesendet. Dieser sendet basierend auf einer dynamischen Preisbestimmung das für diese Nutzung relevante Preismodell an die Dienste-Vermittler, der vor Kostenangabe gegenüber dem Nutzer noch mögliche Service-Margen aufschlägt.

Beide Varianten der Preis- und Kostenermittlung unterstützen somit heute zwingend erforderliche Anreizmodelle zur Beeinflussung der Dienste-Nutzung in zeitlicher oder kapazitiver Sicht. Besonders für auf volatilen Energiequellen basierende Dienste und Produkte ist diese Fähigkeit essenziell für Smart Markets.

16.3 IT-Architekturen für Smart Markets

Es wäre vermessen zu sagen, es gäbe genau EINE *Best Practice-IT-Architektur* für Smart Markets. Vielmehr ist das Architekturmodell, die Applikations- und Lösungsbedarfe, die Make-or-Buy-Entscheidung, eigentlich die gesamte Logistik des Daten- und Prozessmanagements abhängig von

- dem betrachteten Marktteilnehmer (Dienste-Anbieter, -Vermittler, Service-Konsument o. ä.),
- seiner Wachstums- und Expansionsstrategie,
- dem Reifegrad der mit IKT zu unterstützenden Businessprozesse,
- dem Bedarf an Interoperabilität mit parallelen, vor- oder nachgelagerten Smart Markets und vielen weiteren Einflussfaktoren.

Im vorherigen Abschnitt dieses Buchkapitels wurden die Marktmodelle und deren Akteure bereits betrachtet. In diesem Abschnitt sollen innovative IT-Ansätze für Dienste-Vermittler betrachtet werden, unabhängig davon, ob hier Leistungen gegenüber Endkunden oder anderen Smart Markets und Dienste-Veredlern erbracht werden.

16.3.1 On Demand (Cloud) Architecture vs. On Premise Architecture

Unter Ausnutzung virtualisierter Rechen- und Speicherressourcen und moderner Web-Technologien stellt Cloud-Computing skalierbare, netzwerk-zentrierte, abstrahierte IT-Infrastrukturen, Plattformen und Anwendungen als on-demand Dienste zur Verfügung. Die Abrechnung dieser Dienste erfolgt nutzungsabhängig.[8]

Derartige Definitionen von Cloud-Computing in Verbindung mit den On Demand- oder On Premise-Nutzungsmodellen gibt es viele. Wenn diese auch in der Sache richtig sind, werden Sie der Betrachtungskomplexität eines Smart Markets allerdings nicht gerecht! Ein Beispiel:

Marktplatzlösung für einen Plattformbetreiber von Elektromobilitätsdiensten

Der Betreiber einer großen Business- und IT-Plattform für Elektromobilitätsdienste entscheidet sich für den Einsatz einer konnektiven Marktplatzlösung, um als Dienste-Vermittler im Markt zu agieren. Er kauft die Software inklusive eines Wartungsvertrages, lässt den Marktplatz aber in einem nahegelegenen Rechenzentrum hosten. Die von Ihm definierten Services für Mobilitäts-Nutzer stellt er über WebServices plattformneutral seinen Kunden zur Verfügung. Für die Anbindung von Mobilitätsdienste- und Zusatzdienste-Anbietern bindet er ein Katalogsystem an, das vom Anbieter dieses Systems selbst gehostet und als „Software As A Service" zur Verfügung gestellt wird.

Ein fiktives, aber nicht unrealistisches Beispiel der Gegenwart oder nahen Zukunft. Und wie steht es jetzt um eine einfache Definition von Cloud, On Demand oder On Premise?

Interpretation aus Sicht des Dienste-Vermittlers:

Bezüglich der Marktplatzlösung hat er sich für ein On Premise-Lizenzmodell entschieden, macht aber dennoch von der niedrigsten Stufe der Cloud Services Gebrauch: Infrastructure as a Service – in der Vergangenheit auch gern Rechenzentrumsbetrieb genannt.Beim Katalogsystem zur Anbindung der Dienste-Anbieter dagegen hat er sich für die höchste Form des Cloud Service entscheiden: Software as a Service – in aller Regel verbunden mit einem Nutzungsabhängigen Lizenzmodell, auch „On Demand" genannt.

Interpretation aus Sicht des Service-Konsumenten:

Was aus Sicht des Dienste-Vermittlers eine On Premise-Lösung in der IaaS-Cloud ist, ist aus Sicht seiner Kunden wiederum ein On Demand-Service in einer SaaS Public Cloud. Schließlich konsumiert der Kunde das Dienstleistungsangebot des Vermittlers heute im einfachsten Fall als Smartphone- oder Tablet-App auf iOS oder Android Plattformen.

Genug der Verwirrung! Deutlich wird so jedoch schnell, das in einer vollständigen Smart Market IT-Infrastruktur nicht selten alle Facetten von Betriebs- und Softwarelizensie-

---

[8] Baun 2011, S. 4.

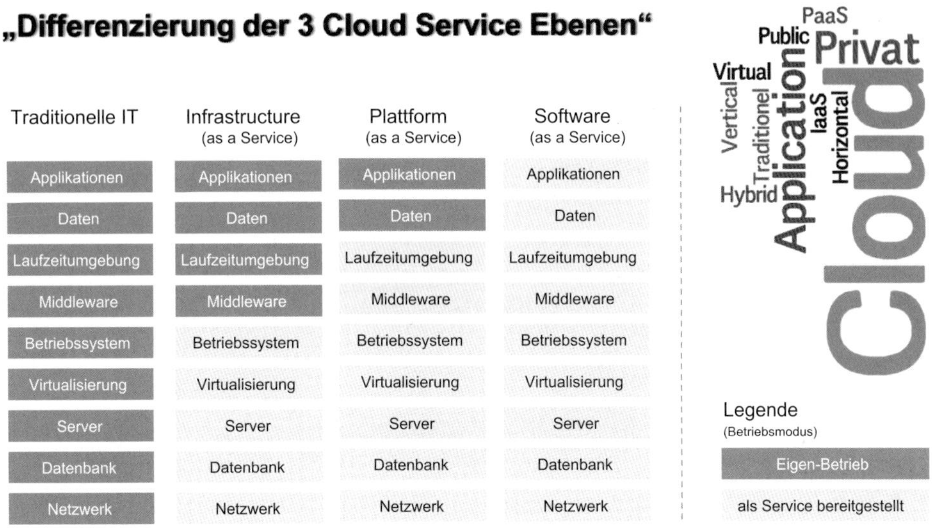

„Differenzierung der 3 Cloud Service Ebenen"

Traditionelle IT	Infrastructure (as a Service)	Plattform (as a Service)	Software (as a Service)
Applikationen	Applikationen	Applikationen	Applikationen
Daten	Daten	Daten	Daten
Laufzeitumgebung	Laufzeitumgebung	Laufzeitumgebung	Laufzeitumgebung
Middleware	Middleware	Middleware	Middleware
Betriebssystem	Betriebssystem	Betriebssystem	Betriebssystem
Virtualisierung	Virtualisierung	Virtualisierung	Virtualisierung
Server	Server	Server	Server
Datenbank	Datenbank	Datenbank	Datenbank
Netzwerk	Netzwerk	Netzwerk	Netzwerk

Legende (Betriebsmodus)
- Eigen-Betrieb
- als Service bereitgestellt

Abb. 16.8 Differenzierung der drei Cloud Service Ebenen

rungsmodellen kombiniert vorzufinden sind, ganz abhängig vom jeweiligen Blickwinkel. Letztlich gibt eine Differenzierung nach Betriebs- und Lizensierungsmodellen auch keine Antwort auf infrastrukturelle Fragen moderner Smart Market IT-Ansätze.

Festzuhalten bleibt, dass generell Cloud-Computing eng mit den Anforderungen eines Dienste-Vermittlers verbunden ist. Geht es im IT-technischen Sinne bei Smart Markets der Neuzeit doch immer um die Anbindung von Dienste-Anbietern (vergleichbar Service-Provider), deren Dienste in veredelter Form (Mehrwert-Services) den Nutzern (vergleichbar Service-Consumer) zur Verfügung gestellt und abgerechnet werden müssen. Für den Erfolg des Marktplatzes unerheblich ist zunächst, in welcher Form der jeweilige Dienste-Anbieter seine Leistung anbietet, solange die Anbindung über die vom Marktplatz definierten WebService Interfaces möglich ist.

Abbildung 16.8 gibt abschließend einen Überblick über die drei bekannten Cloud Service-Ebenen im Vergleich zur traditionellen IT.

16.3.2 Serviceorientierte IT-Architekturen als Basistechnologie

Wie gerade dargelegt, sind zwei Faktoren unabdingbar für eine moderne Smart Market-Infrastruktur:

1. Aus Sicht der Service-Konsumenten (also Nutzer und Kunden im Markt) ist eine Cloud-basierte Lösung anzustreben. Nutzer von innovativen Energie- und/oder Mobilitätsangeboten sind heute nicht mehr bereit, für die Nutzung der Services umfang-

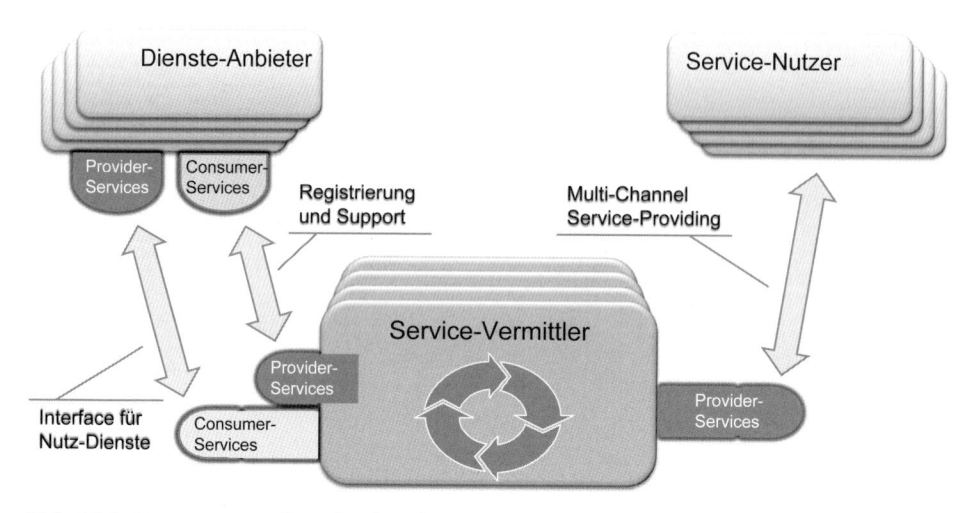

Abb. 16.9 Dienste-Vermittlung durch WebService-Integration

reiche Software auf privaten Geräten zu installieren. WebPortale oder konnektive Apps für Smartphone oder Tablet sind heute bereits angemessene Kanäle zum Kunden (vgl. Abschn. 16.3.4).
2. Die Schnittstellen zwischen Dienste-Anbietern und Dienste-Vermittler auf der einen, sowie Dienste-Vermittler und Nutzern auf der anderen Seite müssen einem offenen, servicebasierten Ansatz folgen.

Die Erfolgschancen eines Smart Markets hängen nicht zuletzt von seiner Schnittstellen-Architektur ab. Ziel muss es sein, mit vertretbarem Einmal- und Betreuungsaufwand möglichst viele Dienste von Anbietern zu integrieren, um die Attraktivität für die Nutzer und Kunden zu gewährleisten. Nutzern und Kunden selbst wiederum muss die Möglichkeit eingeräumt werden, über möglichst viele Nutzungskanäle auf die Angebote zuzugreifen.

Abbildung 16.9 zeigt das Grundprinzip einer servicebasierten Dienste-Vermittlung. Die gewählte Integrationsplattform des Dienste-Vermittlers muss servicebasiert die Anbieterdienste einerseits und Nutzer und Kunden andererseits integrieren.

Wenn auch auf eine umfängliche Erläuterung von serviceorientierten Architekturen (SOA)[9] verzichtet wird, muss zur Erläuterung von Abb. 16.9 zumindest die Unterscheidung in Provider und Consumer Services vorgenommen werden.

Serviceorientierte Architekturen sehen generell eine Menge voneinander unabhängiger, lose gekoppelter Dienste vor. Ein Dienst wird von einem Service Provider angeboten. Ein Service Consumer stellt eine Anfrage (service request) an einen Dienst und bekommt daraufhin eine Antwort (service response) vom Dienst-Anbieter. Voraussetzung ist, dass sowohl dem Service Provider als auch dem Service Consumer die WebService-

---

[9] SOA steht für den englischen Begriff Service Oriented Architecture.

Definition bekannt ist. Die Servicedefinition im System des Providers wird daher auch „Provider Service" genannt. Ein Provider Service stellt einen konsumierbaren Dienst zur Verfügung. Eine Consumer Service Definition hingegen kann als Interfacedefinition verstanden werden. Er definiert lediglich die Schnittstelle einer Servicedefinition, auf deren Basis ein Provider seinen Provider Service und den dahinterstehenden Dienst ausprägen bzw. entwickeln kann.

Abbildung 16.9 greift diese Unterscheidung in der Darstellung der Dienste-Vermittlung durch WebService-Integration auf. Der Dienste-Vermittler einer Integrationsplattform bzw. eines Smart Markets definiert also zum einen Provider Services, über die er selbst Services zur Verfügung stellt. Dabei wird es sich zum einen um Registrierungs-Dienste und Support-Dienste handeln, die es potenziellen Dienste-Anbieter ermöglichen, sich am Smart Market zu beteiligen. Andererseits geht es um die eigentlichen Mehrwertdienste des Smart Marktes gegenüber Nutzern und Kunden. Diese Services werden direkt oder besser über eine Abstraktionsschicht für multiple Präsentationslayer vom Nutzer bzw. Kunden konsumiert. Ein Nutzer kann in diesem Sinne natürlich auch wieder ein weiter Dienste-Vermittler sein.

Zum anderen definiert der Dienste-Vermittler einer Integrationsplattform bzw. eines Smart Markets aber auch *Consumer Services*, über die er Dienste von Anbietern gern in seine Plattform integrieren möchte. Hier handelt es sich in der Regel um abstrakte Service-Definitionen, mit denen potenziellen Dienste-Anbieter eine Interface-Definition zur Verfügung vorgegeben wird, an denen Anbieter Ihre Provider-Services ausrichten müssen. Diese Consumer Service Definitionen stellen damit typischerweise eine der wesentlichen Eintrittsbarrieren für einen Smart Market dar. Gibt man jedoch diese Form der Schnittstellenvereinheitlichung auf und akzeptiert Provider Services von Dienste-Anbietern in beliebiger Form und Struktur, werden die über die Zeit exponentiell wachsenden Betriebskosten der Integrationsplattform einem Erfolg des Smart Markets entgegenwirken.

Eine Verfeinerung des Beispiels aus Abschn. 16.3.1 soll dieses Vorgehen plastischer machen:

Dienste-Anbieter Integration für einen Plattformbetreiber von Elektromobilitätsdiensten

Der Betreiber einer großen Business- und IT-Plattform für Elektromobilitätsdienste will die Langlebigkeit seiner Plattform durch servicebasierte (Re)Standardisierung sichern. Der Fokus seiner Bemühungen liegt dabei auf Seiten der Dienste-Anbieter Integration. Er ist sich bewusst, dass die Attraktivität seiner Plattform mit der Anzahl der kombinierbaren Dienste verschiedener Anbieter wächst, will aber die dauerhaften operativen Kosten für das Anbinden von Dienste-Anbietern im gleichen Zug senken.

Der Plattformbetreiber legt sich für sein Vorhaben folgendes Konzept zurecht:

Zur Dienste-Anbindung an das plattformeigene Katalog-System werden drei Kanäle definiert:

1. Die bereits existierende WebUI-Oberfläche zur manuellen Pflege bleibt erhalten, wird aber nicht weiter ausgebaut (Auslaufmodell).
2. Die zur Anbindung von Diensten anderer Integrationsplattformen oder Marktplätze (geringe Anzahl mit hohem Durchsatz) bestehenden Individualschnittstellen werden auf SOAP-basierte WebService-Integration umgestellt.
3. Zur Anbindung individueller Dienste-Anbieter (Wachstumsbereich) wird ein Set geeigneter Consumer-Services definiert und damit die künftige Schnittstelle für alle Dienste-Anbieter dokumentiert.

Die Kern-Consumer-Services sollen folgende Funktionen abdecken:
- Auslösen eines Dienstes mit Container-Übergabe,
- Stornieren eines Dienstes (statusabhängig),
- Abbrechen eines Dienstes (statusabhängig),
- Parameteränderung eines aktiven Dienstes (statusabhängig)
- Statusabfrage eines Dienstes.

Wegen stark differenter Anforderungen an Art und Umfang der Interface-Containerdate wird für folgende Dienste-Gruppen je ein Set von Kern-Consumer-Service-Definitionen mit obiger Funktionsabdeckung definiert:
- Fahrzeugvermieter/Car-Sharing-Anbieter,
- ÖPNV-Dienste,
- Bahn-Dienste,
- Parkraumbewirtschafter (exkl. Ladung),
- Ladeinfrastruktur-Anbieter,
- Mobilitätsprovider,
- Energiedienstleister.

Ergänzend werden Support-Consumer-Service definiert:
- Bekanntmachung eines Dienstes (Beschreibung, Kern-Attribute, Optionen, Verrechnungsmodell),
- Änderung von Dienste-Optionen und/oder Verrechnungsmodell-Bestandteilen,
- Kennzeichnung eines Dienstes als auslaufen (mit Fristenangabe).

Außerdem werden folgende Support-Provider-Services implementiert:
- Abruf einer Nutzungsübersicht von Diensten eines Anbieters und
- (Verrechnungs-) Kontenstandsabfrage eines Dienste-Anbieters.

Für den Registrierungs-Prozess eines neuen Dienste-Anbieters werden weitere, nicht näher benannte Stammdaten-Services implementiert.

Auch dieses Beispiel ist rein fiktiv, die Angaben sind in jedem Fall unvollständig, es entspricht aber inhaltlich durchaus realen Überlegungen großer Akteure in den Energie-, Mobilitäts- und Informationsnetzen.

16.3.3 Dienste-Vermittlung folgt dem Prinzip des Cloud Services Brokerage

Führt man nun die letzten beiden Abschnitte zusammen – verbindet also Serviceorientierte Architektur mit Cloud-Betriebsmodellen – ergibt sich wie von selbst ein Bild, das dem Prinzip des „*Cloud Service Brokerage*" folgt.

Das IT-Online Lexikon „IT Wissen" definiert den Cloud-Broker noch als menschliches Element:

> Ein Cloud-Broker ist eine strategische Vermittlungsinstanz, die für Unternehmen eine Selektion der Cloud-Dienste vornimmt und die Firmen diesbezüglich berät.[10]

Deutlich weiter in seiner Definition geht René Büst, Principal Analyst bei New Age Disruption:

> Das Cloud Services Brokerage Modell bietet ein architektonisches-, business-, und IT-Betriebs-Modell, mit dem verschiedene Cloud Services bereitgestellt, verwaltet und adaptiert werden können. Und das sich innerhalb eines föderierten und konsistenten Bereitstellung-, Abrechnung-, Sicherheit-, Administration- und Support-Framework befindet. (…) Ein Cloud Service Broker ist ein Drittanbieter, der im Auftrag seiner Kunden Cloud Services mit Mehrwerten anreichert und dafür sorgt, dass der Service die spezifischen Erwartungen eines Unternehmens erfüllt. Darüber hinaus hilft er bei der Integration und Aggregation der Services, um ihre Sicherheit zu erhöhen oder den originalen Service mit bestimmten Eigenschaften zu erweitern.[11]

Abbildung 16.10 fasst eine graphische Darstellung des Cloud Service Brokerage-Prinzips und eine treffende Kurzdefinition des Cloud Service Broker von René Büst zusammen. Vergleicht man die Darstellung des Cloud Service Brokerage mit der Abb. 16.6 in diesem Kapitel fällt schnell auf, dass die dort definierte Business Sicht auf Smart Markets und das Technologie-Prinzip des Cloud Service Brokerage perfekt überlappen. Der Dienste-Vermittler übernimmt auf dieser Basis architektonisch mit seiner Integrationsplattform die Rolle eines Operators und Enablers im Smart Market (vgl. hierzu Kap. 17).

16.3.4 Strategien der Nutzer-Anbindung an Smart Markets

Neben Anzahl und Qualität der angebundenen Dienste einer Smart Market Integrationsplattform ist für die Nutzerakzeptanz natürlich auch die Art des *Kundenzugangs* zu den Service-Diensten maßgeblich. Zunächst ist auch hier grundsätzlich von einem servicebasierten Ansatz auszugehen. Anders als bei der A2A[12]-Integration zwischen Dienste-An-

---

[10] ITwissen 2013, Cloud-Broker.
[11] Büst 2012, Cloud Service Brokerage.
[12] A2A steht als Kurzwort für *Application to Application*.

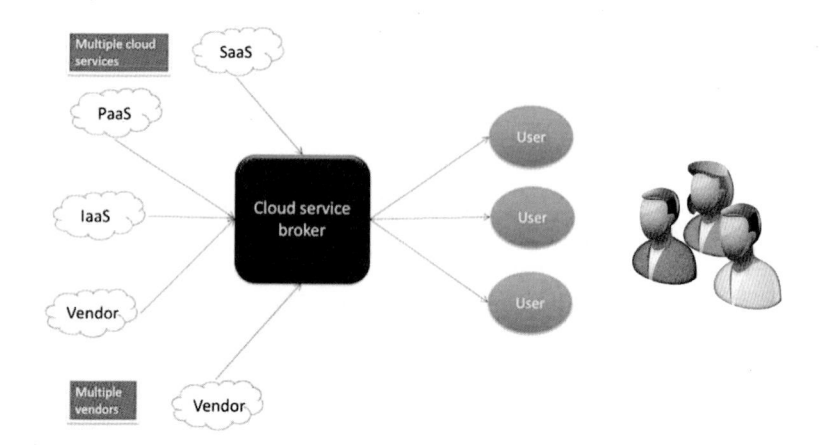

„Ein **Cloud Service Broker** ist eine Schicht zwichen den Cloud Anbietern und den Cloud Nutzern und bietet verschiedene Dienste wie z. B. die Auswahl, Aggregation, Integration, Sicherheit, Performance Management, usw" (Kurzdefinition nach René Büst, deutscher Top Cloud Computing Blogger, auf www.clouduser.de)

Abb. 16.10 Cloud Service Brokerage

bietern und -Vermittlern, wo verstärkt SOAP[13]-Services zum Einsatz kommen, wird bei der Integration von Nutzern in modernen Architekturmodellen allerdings eher von OData[14]-Services ausgegangen, da hier Vorteile für die Verwendung im Umfeld der Web-UI Front-End Integration liegen.

Das Konzept zur Nutzeranbindung von Integrationslösungen bei SAP

Auch die SAP AG[15] folgt bei der Nutzerintegration in den neuesten Versionen ihrer Standardsoftware diesem Ansatz. Das „SAP Netweaver Gateway" kann sowohl als autarke Instanz als auch zusammen mit einem SAP-BackEnd-System betrieben werden und ermöglicht in beiden Fällen, Web-Services über das Open Data Protocol (OData) zu generieren.

Hat sich SAP bisher eher mit SOAP-basierenden „SAP Enterprise Services" für die Anbindung von Fremdsoftware im Sinne der A2A Integration geöffnet, setzt sie beim Netweaver Gateway nun auf die Nutzung der REST-Technik (Representational State Tansfer). REST basierte WebServices generieren weniger Overhead und sind damit im Hinblick auf eher bescheidene Hardware- und Netzressourcen mobiler Geräte besser für eine Nutzeranbindung geeignet.

---

[13] SOAP steht für Simple Object Access Protocol und ist ein industrieller Standard des World Wide Web Consortium (W3C).

[14] OData steht für *Open Data Protocol* und ermöglicht das Erstellen von REST-basierten Datendiensten (REST: Representational State Transfer).

[15] Die SAP Aktiengesellschaft als weltweit führender Anbieter von Unternehmenssoftware ist unter anderem mit ihren Lösungen ausgesprochen erfolgreich in den Branchen der Versorgungswirtschaft und Automobilindustrie.

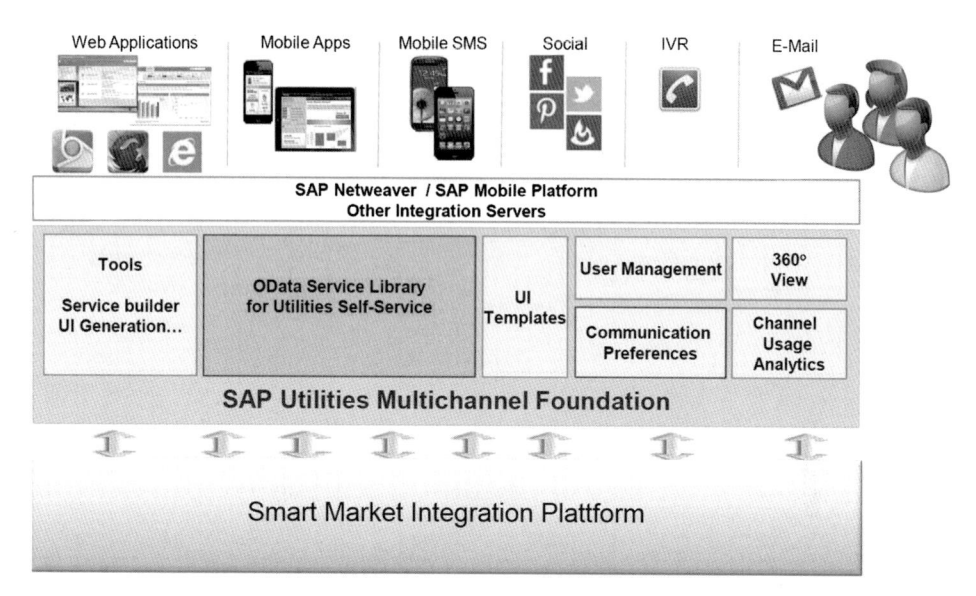

16 Innovative IT-Ansätze als Erfolgsfaktor für die Gestaltung von Smart Markets

Abb. 16.11 Channel-basierte Nutzeranbindung – Beispiel SAP AG. (SAP AG, Walldorf 2013)

Basierend auf dem SAP Netweaver Gateway wurden in der jüngsten Vergangenheit verschiedene moderne Konzepte zu Nutzerinterfaces umgesetzt. Eines davon ist die „SAP Multichannel Foundation for Utilities", deren Architekturkonzept in Abb. 16.11 dargestellt ist.

SAP Multichannel Foundation for Utilities ist eine kundenorientierte Lösung, die auf SAP NetWeaver Gateway basiert. Mit dieser Lösung können Versorgungsunternehmen und ihre Kunden über verschiedene Kommunikationskanäle, z. B. über das Internet (Online-Self-Services), mobile Anwendungen und soziale Netzwerke, miteinander in Kontakt treten.[16]

Wenngleich diese Lösung in der Standard-Auslieferung der SAP AG auf die klassischen Versorgerprozesse zielt, ist sie von der Lösungsarchitektur her ein hervorragendes Beispiel für Konzepte zur Nutzerintegration von Smart Markets oder allgemein von Integrationspattformen.

SAP selbst nutzt so zum Beispiel diese Architektur auch im Rahmen seiner Beteiligung am Forschungsprojekt open ECOSPhERE[17] (Bestandteil des Förderprogrammes IKT

---

[16] SAP Help Portal 2014, SAP Multichannel Foundation for Utilities.

[17] open ECOSPhERE steht für „Enabling open Markets with Grid & Customer-oriented Services for Plug-in Electric Vehicles" entwickelt dienstleistungsorientierte IKT-Anwendungen für die optimale Integration von Elektrofahrzeugen in die Energiesysteme unter Nutzung erneuerbarer Energien. Ergänzt wird das so entstehende Energiemanagementsystem durch die Entwicklung IKT-gestützter Komfortdienste wie z. B. neuer Bezahlverfahren oder auch neuartiger Reservierungssysteme (http://www.ikt-em.de/de/openECOSPhERE.php).

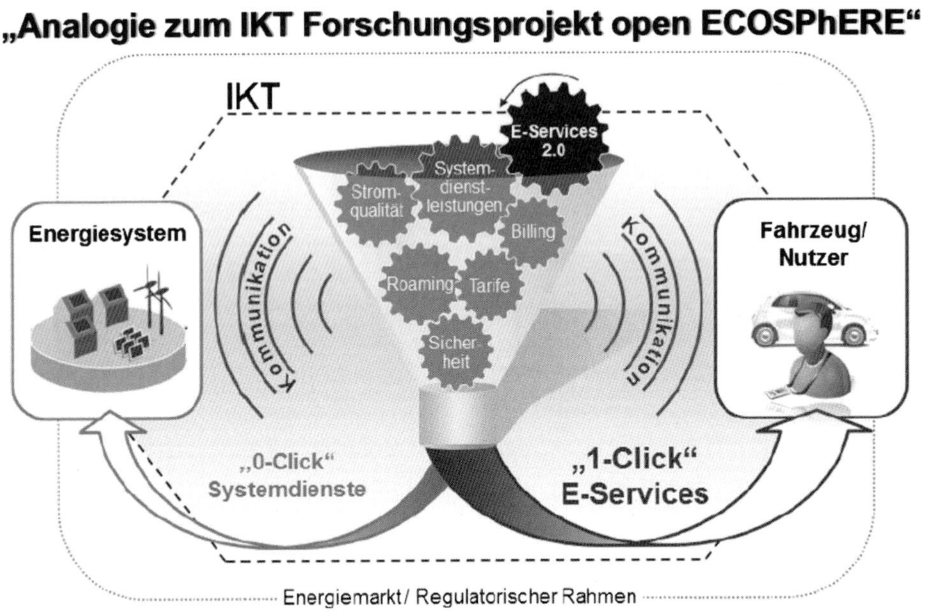

„Analogie zum IKT Forschungsprojekt open ECOSPhERE"

Abb. 16.12 Architektur-Analogie zum Forschungsprojekt-Ansatz open ECOSPhERE. (IKT Projekt-Konsortium open ECOSPhERE (SAP AG beteiligt))

für Elektromobilität des Bundesministeriums für Wirtschaft und Energie, BMWi). *open ECOSPhERE* entwickelt dienstleistungsorientierte IKT-Anwendungen für die optimale Integration von Elektrofahrzeugen in die Energiesysteme unter Nutzung Erneuerbarer Energien. Ergänzt wird das so entstehende Energiemanagementsystem durch die Entwicklung IKT-gestützter Komfortdienste wie z. B. neuer Bezahlverfahren oder auch neuartiger Reservierungssysteme Im Rahmen seiner Teilaufgaben.

16.3.5 Analogie zum Forschungsprojekt „open ECOSPhERE"

In diesem konsortialen Forschungsprojekt, das sehr gut in das Bild der „Konvergenz der Netze" passt (vgl. Abschn. 16.2.2), widmet sich SAP dem optimierten Laden von Elektrofahrzeugen und muss für eine energetische Optimierung von Ladekapazitäten und -verhalten auch den Nutzer (hier konkret den Fahrer) geeignet mit einbeziehen.

Betrachtet man die Projektskizze des Forschungsauftrages (in Abb. 16.12 schematisch dargestellt) stellt man sehr schnell eine vorhandene Analogie zu den in diesem Buchkapitel dargestellten Strukturen und Zusammenhängen moderner Smart Market-Architekturen. Und reichert man gedanklich auf der linken Seite der Projektskizze neben dem Energiesystem noch branchenkonvergente Zusatzdienste aus Energie- und Mobilitätsnetz an, ergibt sich eine starke Ähnlichkeit zur Abb. 16.6 in Abschn. 16.2.3.

- Die „0-Click"-Systemdienste ließen sich als Provider-Services der Dienste-Anbieter interpretieren. Hier geht es um sie A2A-Anbindung von Ladeinfrastruktur-Diensten, von Energiedienstleister-Services oder von Diensten der Parkraumbewirtschafter.
- Die „1-Click"-E-Services entsprechen der servicebasierten, multichannel-fähigen Nutzerintegration im vorigen Abschn. 16.3.4. Hier gilt es insbesondere, die Planbarkeit des Ladeverhaltens von Nutzern zu erhöhen. Dafür müssen einfache, intuitive Oberflächen über verschiedene Kommunikationskanäle angeboten werden.

Da das Forschungsprojekt zur Drucklegung noch nicht abgeschlossen war, können hier konkrete Ergebnisse leider noch nicht dargestellt werden. Tiefergehende Einblicke können über den Autor des Kapitels angefragt werden.

16.4 Fazit

Die Herausforderungen bei Schaffung und Betrieb von smarten (Sub-)Netzen – Smart Grids – wie auch die Bildung und der operative Betrieb von kommerziellen Integrationsplattformen zu deren Bewirtschaftung – Smart Markets – sind ohne VORHER bereitgestellte hoch integrative, skalierbare und virtualisierbare IT-Architekturen nicht zu bewältigen. Im Bereich der Smart Grids sammelt der deutsche Energiemarkt gerade erste Erfahrungen, was auch immer das heißt. In der Vergangenheit wurde der Slogan „IT follows Business" gern und zu Recht wörtlich genommen und man schaffte oder beschaffte eine IT-Lösung erst bei konkreter fachlicher Anforderung. Beginnend mit dem anstehenden Rollout intelligenter Messsysteme, müssen nun aber die Informationsnetze und damit auch die IT-Infrastrukturen vorangehen. Die IT-Infrastruktur muss stehen, bevor das erste Smart Meter Gateway aktiviert wird, da der Einbau einem kommunikativen End2End-Prozess gleichzusetzen ist.

Kleine technologische Revolutionen, wie das „Internet der Dinge"[18], die „Konvergenz der Netze"[19] und die immer stärkere Bedeutung von Social Media im täglichen Leben steigern die Entstehung und wettbewerbliche Bedeutung von Smart Markets schneller, als es viele Prognosen vorhersehen konnten. Die immer weiter zunehmende Dynamik von technologischen und Markt-Veränderungen erlaubt heute und in Zukunft keine starren, unflexiblen IT-Architekturen mehr. In den Mittelpunkt rücken offene Integrationsplattformen, die als Dienste-Vermittler die Grundlage von Smart Markets schaffen. Diese Integrationsplattformen müssen im Sinne von Smart Markets

---

[18] Das *Internet der Dinge* beschreibt, dass Computer an Bedeutung verlieren und sukzessive durch „intelligente Gegenstände" ersetzt werden. Statt zu sehr selbst Gegenstand der menschlichen Aufmerksamkeit zu sein, soll das Internet „der Dinge" den Menschen bei seinen Tätigkeiten unbemerkt unterstützen. Winzige, in uns umgebende Haushaltstechnologie eingebettete Computer sollen Menschen unterstützen ohne abzulenken oder überhaupt aufzufallen. [vgl. wikipedia.org].

[19] *Konvergenz aus Energie-, Informations- und Mobilitätsnetzen.* Ausgeführt von Lars Thomsen auf den X-DAYS Interlaken; vgl. Thomsen 2011.

- einerseits in der Lage sein, als normierte Plattform für Dienste-Anbieter verschiedener Branchen mit unterschiedlichen IT-Reifegraden zu fungieren,
- andererseits effiziente Abwicklungsprozesse für hoch integrative Produktbündel zu schaffen – vom Angebotsprozess bis zur Zahlungsabwicklung und
- letztlich als Plattform offen zu sein für Service-Vermittler mit unterschiedlicher Servicevielfalt.

Eine weitere Konsequenz der Entwicklungen wie dem Smart Grid, dem Internet der Dinge oder der Konvergenz der Netze ist die exponentiell steigende Menge an Daten, die für einen effektiven und automatisierten Betrieb von Smart Market Plattformen benötigt wird. Nicht zuletzt geht das einher mit dem Bedürfnis der Nutzer, immer mehr Echtzeitinformationen zu besitzen, um schneller und aktiver ins Geschehen eingreifen zu können.

Die Antwort auf diese Entwicklungen ist der Wechsel von herkömmlichen on Premise Architekturen auf hierarchischen Datenmodellen in klassischen Datenbanken hin zu Cloud basierten Lösungen auf In Memory Datenbanken mit spaltenorientierten Datenablage (vgl. Abschn. 16.3.1). Dieser architektonische Wandel hat bereits begonnen und ist eine Voraussetzung für die erfolgreiche Gestaltung von Smart Markets (s. hierzu Kap. 17).

Letztlich werden sich moderne IT-Architekturen innovativer Märkte durch die Einfachheit der Vernetzung von Anbietern und Konsumenten auszeichnen (Dienste-Vermittlung). Sie werden umfangreiche Support Dienste anbieten, wie zum Beispiel transparente Verrechnungsmethoden (Dienste-Verrechnung) zwischen den Marktteilnehmern, die Spielraum für moderne kommerzielle Anreizsysteme bieten, ohne die eine Energiewende nicht umsetzbar sein wird.

Literatur

Baun, S., et al.: Cloud Computing, Informatik im Fokus, 2. Aufl. Springer (2011)
Bundesnetzagentur: „Smart Grid" und „Smart Market". Eckpunktepapier der Bundesnetzagentur zu den Aspekten des sich verändernden Energieversorgungssystems, Bonn (Dezember 2011)
Bundesverband Neuer Energieanbieter e.V. (bne): Smart Grids und Smart Markets: Die wettbewerbliche Evolution intelligenter Vernetzung als Beitrag zur Energiewende, bne-Positionspapier, Berlin (Oktober 2011)
Büst, R.: Was ist ein Cloud Services Brokerage? Kiel (Februar 2012). http://clouduser.de/grundlagen/ist-ein-cloud-services-brokerage-7300. Zugegriffen: 09. Jan. 2014
E-Energy: Projekt Transparenz und Flexibilität auf allen Ebenen. – Das Internet der Energie, „Smart Watts". http://www.smartwatts.de/das-internet-der-energie.html (2013). Zugegriffen: 12. Jan. 2014
Grzeskowitz, I.: Attitüde – Erfolg durch die richtige innere Haltung. GABAL Verlag Offenbach (2013)
ITwissen: Cloud-Broker, Online-Lexikon für Informationstechnologie. www.itwissen.info/definition/lexikon/Cloud-Broker-cloud-broker.html (2013). Zugegriffen: 09. Jan. 2014
SAP Help Portal: SAP Multichannel Foundation for Utilities, Release 1. 0, 2014. http://help.sap.com/saphelp_umc100/helpdata/de/9c/fa14525ae67a38e10000000a445394/frameset.htm. Zugegriffen: 11. Jan. 2014

Schulz, S.: Geplante EU-Richtlinie: So hat die Energiewende noch eine Zukunft, Spiegel Online, 18.12.2013. http://www.spiegel.de/wirtschaft/service/eigenverbrauch-von-strom-neuer-markt-neue-gerechtigkeitsfrage-a-939563.html. Zugegriffen: 20. Dez. 2013

Thomsen, L.: 520 Wochen Zukunft – die zweite Dekade der grossen Chancen, X-DAYS Interlaken, Zukunftsforscher, future matters, Innovation und Zukunftsforschung (Zürich). www.youtube.com/watch?v=sHsPyymMZ4s (2011). Zugegriffen: 12. Jan. 2014

17

Die Logistik des Datenmanagements im Energiemarkt der Zukunft – Akteure, Objekte und Verteilungsmodelle

Henrik Ostermann

Akteure, Objekte und Verteilungsmodelle im Energiemarkt der Zukunft zur Ermöglichung der Aufgabenwahrnehmung durch die Akteure des Smart Markets.

Zusammenfassung

Die Digitalisierung und Technologisierung unserer Welt in allen Lebensbereichen sorgt dafür, dass immer mehr Daten erzeugt werden. Ein effektiver und effizienter Umgang mit der Masse an Daten ist daher unerlässlich. Der Begriff *„Big Data"* wird synonym hierfür verwendet und das Gebiet ist längst nicht mehr ausschließlich der Wissenschaft vorbehalten, sondern wird bereits in der Wirtschaft praktiziert.

Gerade in einem Markt der aktuell einen Turnaround, weg von einem homogenen oligopolistischen geprägten Marktverständnis hin zu einem polypolistischen Markt hin, durchläuft, ist der Aufbau zukunftsfähiger und tragfähiger Modelle zur Datenverteilung notwendig. Die zukünftige, atomisierte Marktstruktur mit sehr vielen Nachfragern und Anbietern erfordert einen effektiven und effizienten Umgang mit den Daten. Strukturen zur Bündelung, Kanalisierung und Steuerung der daraus resultierenden Datenflüsse sind notwendig.

Im Anschluss erfolgt eine Beschreibung der zu unternehmenden Maßnahmen zur Ermöglichung eines Smart Markets durch die Erweiterung von vorhandenen und zu schaffenden Infrastrukturen. Im Fazit kommt der Autor im Wesentlichen zu der Er-

H. Ostermann (✉)
SAP Deutschland AG & Co. KG,
Am Schimmersfeld 5, 40880 Ratingen, Deutschland

kenntnis, dass heute bereits bekannte Infrastrukturen und Technologien zunächst einen wichtigen Schritt hin zum Funktionieren eines Smart Markets darstellen. Da diese zum heutigen Zeitpunkt gar nicht oder nur teilweise im Einsatz sind, ist die Nutzung neuer Infrastrukturen und Technologien der erste Schritt für Energieversorger. In einem nächsten Schrit geht es darum, heute existierende Technologien entsprechend einzusetzen und auf die zukünftigen Aufgaben und Datenströme zu adaptieren.

17.1 Ausgangssituation

Die Bundesnetzagentur sieht in ihrem Eckpunktepapier von 2011 mit dem Titel „Smart Grid und Smart Market – Eckpunktepapier der Bundesnetzagentur zu den Aspekten des sich verändernden Energieversorgungssystems" die zwei komplementären Bestandteile von Smart Grid und Smart Market als Zusammenspiel zur Erreichung von Energieeffizienzzielen. Das primäre Unterscheidungsmerkmal liegt hier in der Differenzierung zwischen *Kapazitäten* (Kilowatt) und *Energiemengen* (Kilowattstunden). Wesentlich hierfür sind die EU-Energieeffizienzrichtlinien 2006/32/EG und 2012/27/EG, welche hier als Richtlinien auf europäischer Ebene maßgeblich sind.

Smart Grids und Netzausbau
Aktuelle Entwicklungen zeigen eine Substitution der fossilen Energieträger durch Erneuerbare Energieträger (Biogas, Geothermie, Photovoltaik, Wasserkraft, Windkraft). Dadurch folgt ebenfalls die relative Zunahme von Strom als Energieträger. Ein weiterer Punkt ist ein sich entwickelnder europäischer Binnenmarkt und die Zunahme von regenerativen und volatilen Energieeinspeisern, diese erfordern einen „klassischen" Netzausbau im Sinne von mehr Leitungen und größeren Leitungsquerschnitten. Flankiert wird dies durch Smart Grid-Maßnahmen. In Summe bedeutet dies den Aufbau von weiteren Netzkapazitäten, auch bedingt durch die Forderung nach einem Smart Market. Die Abb. 17.1 zeigt die Charakteristik der heutigen Energiewirtschaft und die neuen Beziehungen untereinander, sowie die Einordung kleinteiliger Netze in übergeordnete Netze auf nationaler oder auch europäischer Ebene.

Die Aufgabe für das Netzmanagement bleibt dabei die Netzstabilität (Einspeisung = Ausspeisung) zu jedem Zeitpunkt zu gewährleisten. Jedoch die Rahmenbedingungen sind hierfür aufgrund zukünftiger Entwicklungen starken Änderungen unterworfen. Auch neue Technologien ermöglichen der Energiewirtschaft neue Ansatzpunkte.

Smart Markets
Die *Marktseite* der Energiewirtschaft wird sich in Zukunft in Richtung eines Smart Markets entwickeln. Mögliche Geschäftsmodelle werden in anderen Kapiteln dieses Buches beschrieben. Klar ist zum jetzigen Zeitpunkt jedoch, dass der Smart Market aufseiten des Smart Grids Flexibilität erfordert, um seinen vorgesehenen Aufgaben gerecht zu werden. Dabei soll er den Energieeffizienzzielen dienlich sein und die Nutzung der vorhandenen Netzkapazitäten optimieren. Da sich diese beiden Komponenten komplementär ergänzen

- **Verbrauchsorientierte Erzeugung**
  - Netzkapazitätenmanagement orientiert an Regelzonen
  - Top Down Ansatz des Netzmanagements
  - Zentrale Stelle reguliert aktiv

- **Erzeugungsorientierter Verbrauch**
  - Netzkapazitätenmanagemet auf Sub-Netz Ebene (als Bestandteil des übergelagerten Netzes)
  - Horizontaler Ansatz des Netzmanagements
  - Selbstregulierende Funktion der kleinteiligen Netze

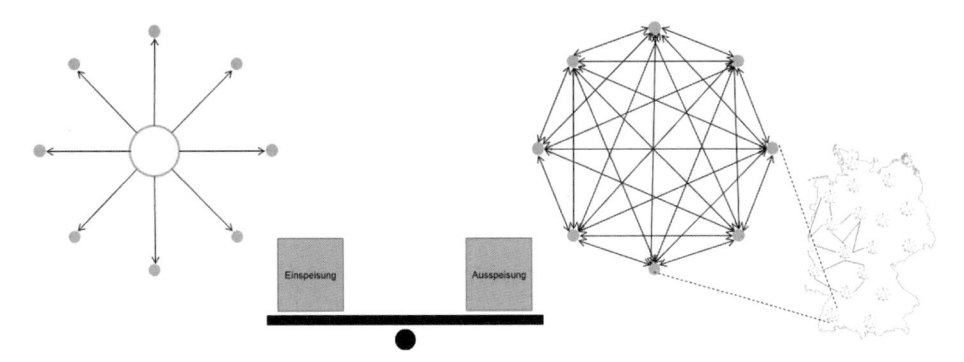

Abb. 17.1 Verbrauchsorientierte Erzeugung heute und erzeugungsorientierter Verbrauch morgen. (SAP Deutschland AG & Co. KG, Ostermann und Hoppe 2012)

sollen und ein nahtloses Zusammenspiel nötig ist, erfordert diese Aufgabe eine intensive Integration von Smart Market und Smart Grid. Anforderungen an diese Integration sind insbesondere:

- die hochfrequente Bereitstellung und Verarbeitung von Daten,
- minimale zeitliche Spannen für die Bereitstellung von Daten und Ausführung von Befehlen,
- die Ausfallsicherheit der beteiligten Infrastrukturen bzw. zuverlässige Fallback-Szenarien,
- die Persistierung und Verarbeitung von Massendaten und
- die Automatisierung der Prozesse.

Die Abb. 17.2 zeigt die Beziehung von Smart Grid und Smart Market und deren Inhalte.

Letztlich unterliegt die Umsetzung der Anforderungen, wie jedes andere Thema im Bereich der Energiewirtschaft auch, dem *energiepolitischen Dreieck*. Aus einer volkswirtschaftlichen Perspektive besteht es aus den Eckpunkten Klima- und Umweltverträglichkeit, Versorgungssicherheit und Bezahlbarkeit.[1] Die unternehmensspezifische Sichtweise auf das energiepolitische Dreieck orientiert sich hieran. An Stelle der wirtschaftlichen Kerngröße steht hier eher die Profitabilität des Unternehmens im Fokus, welche u. a. wichtig für die Nachhaltigkeit und Wirtschaftlichkeit der Unternehmung ist.

Grundsätzlich gibt es mehrere absehbare Entwicklungen in der Energiewirtschaft:

- die drastische Zunahme von Einspeisung volatiler Erneuerbarer Energien,
- die Weiterentwicklung von einer zentralen zu einer dezentralen Energieproduktion,

---

[1] Vgl. CDU/CSU und SPD 2013, S. 50.

- **Smart Grids**
  - Erschließung konventioneller Netze mit Hilfe von
    - Kommunikation-, Mess-, Steuer-, Regel und Automatisierungstechnik
    - IT Komponenten
    - Erfassung von Netzzuständen in "Echtzeit" + Reaktion
- **Smart Markets**
  - Optimierung der Netzkapazitäten durch alle Marktakteure
    - Ein- und Ausspeiser
    - Effizienzdienstleister
    - Wirtschaftliche Anreizregulierung zur optimalen Nutzung von Netzkapazitäten

Abb. 17.2 Zusammenspiel und Funktion von Smart Grids und Smart Markets. (SAP Deutschland AG & Co. KG, Walldorf; EEnergy, BMWi und BMU 2013)

- die Tendenz kleinere, sich selbst verwaltende Teilnetzgebiete als Bestandteil übergeordneter Netze und Verbünde (z. B. der Union for the Coordination of Transmission of Electricity, UCTE) zu sehen und zu steuern,
- die in Zukunft stark steigende Nutzung von Elektromobilität,
- die Entwicklung eines Smart Markets zur optimalen Nutzung von Netzkapazitäten und Erreichung von Energieeffizienzzielen und
- die Entwicklung eines europäischen Binnenmarktes für den Energiehandel,

die dazu führen, dass bisherige Marktstrukturen und die Trennung von technischer Welt (Physik) und Kundenwelt (Finanzen) nicht mehr mit den Anforderungen Schritt halten können.

Die Herausforderung für die Energiewirtschaft liegt darin, diese sich rasch entwickelnden – bisher noch fast autark agierenden – Welten zu adaptieren und datentechnisch, systemtechnisch und prozessual eng zu verzahnen und miteinander zu synchronisieren. Einen Hinweis auf die Komplexität dieser Herausforderung liefern erste Smart Meter-Projekte in Deutschland, die als Ziel die Umsetzung des Status quo im Sinne der Endkundenabrechnung haben, unter Nutzung neuer Technologien und automatisierter Zählerprozesse sowie deren Folgeprozessen.[2]

Zum einen verändert sich die technische Welt rapide u. a. durch den Einsatz von intelligenten Messsystemen (iMessSys) und intelligenten Zählern (iZ) bzw. die sich daraus ergebenden Möglichkeiten zur Tarifierung und Umsetzung von Anreizregulierungen. Auf der anderen Seite wird es zukünftig eine aktive Zunahme der Nachfrage von Kunden nach solchen Produkten geben. Auch wenn im ersten Schritt die Versorgung mit Energie, mit vor allem Elektrizität als Energieträger der Zukunft, ein Commodity bleiben wird, so wird doch die Versorgung mit Energie und die Nutzung von Produkten, welche stark davon abhängig sind, in Zukunft einen wesentlichen größeren Einfluss auf unseren Lebensstil und

---

[2] Vgl. Lauterborn A. et al. 2013, S. 441 ff.

Gewohnheiten haben, als es heute im Großteil der Bevölkerung angenommen wird. Die Integration der Energieversorgung in andere Infrastrukturnetze wie Telekommunikation und Verkehr wird dies maßgeblich beeinflussen und Anforderungen determinieren.

Konvergenz der Netze
Eine Verflechtung dieser beiden Welten hat schon immer stattgefunden und ist nur möglich mit einer leistungsstarken *IT- und Kommunikationsstruktur* im Hintergrund. Viele Anhaltspunkte weisen auf eine Intensivierung und mehr Komplexität in dieser Wechselwirkung hin. IKT-Anbietern wird in Zukunft möglicherweise nicht nur eine Rolle als „zuliefernde" Industrie zukommen, sondern möglicherweise sogar einen aktiven Part als zentrale Stelle im Energiemarkt der Zukunft.

> In der Rolle des „Integrators", auf dessen Leistungen zukünftig nicht mehr verzichtet werden kann, erhalten IT-Unternehmen möglicherweise einen Stellenwert, eine Marktposition, die mittel- bis langfristig dazu führen kann, dass sie (auch) in diesem Sektor eine immer stärkere, gegebenenfalls sogar dominierende Rolle einnehmen werden.[3]

Unter dem Begriff *Konvergenz* der Netze befassen sich seit geraumer Zeit Wissenschaft und Wirtschaft mit dieser Aufgabenstellung und wie dies in der Praxis bewerkstelligt werden kann.

Neue Marktakteure erscheinen
Der Endkunde als *Marketplayer* wird sich nicht mehr wie bisher auf den Kauf von Energie beschränken, sondern darüber hinaus auch als Verkäufer auf dem Markt agieren (die Kombination von Kunden, die sowohl ausspeisen, als auch einspeisen, ist auch unter dem Begriff *Prosumer* bekannt). Dadurch wächst der Informationsbedarf dieser Akteure, gleichzeitig müssen Daten über die aktuelle Kundensituation (u. a. aktuelle Ausspeisung, aktuelle Einspeisung, maximale Einspeisung, Events usw.) dem Markt bzw. bestimmten Akteuren zur Ausführung ihrer Aufgaben zur Verfügung gestellt werden.

Die Bedeutung des Endkunden als nahezu Realtime-Empfänger von Verbrauchs- und Kosteninformationen wird zunehmend durch den Einbau von iMessSys determiniert und beeinflusst.[4] Damit einhergehend ist u. a. der Aufbau und die Optimierung von bestehenden Kundenportalstrukturen, um dem Kunden entweder Informationen, entsprechend regulatorischer Vorgaben bereit zu stellen oder, um im Sinne eines mündigen Kunden oder seiner vor Ort installierten Mess- und Steuerungstechnik mögliche Kosteneinsparungen (durch eine Reduktion des Verbrauchs oder durch eine Verschiebung von z. B. Lastspitzen) zu ermöglichen.

Dies bedeutet also im ersten Schritt eine Erweiterung der Aktionsmöglichkeiten für Kunden und damit auch eine deutliche Zunahme potenzieller Akteure im Smart Market – da jeder Kunde mit einem iMessSys (oder auch iZ) technisch dazu in die Lage versetzt wird aktiv zu agieren und den Markt zur Erlangung von Vorteilen zu nutzen.

---

[3] Botthof 2011, S. 44.
[4] Vgl. EU-Richtlinie 2009/72/EG.

Von den Pflichteinbaufällen gem. EnWG Novelle 2012[5] sind bereits, in Abhängigkeit von der Gebietscharakteristik, 10 bis 15 % der im Netz verbauten Zähler (Strom) betroffen.[6]

In der Folge müssen dem Kunden also nicht nur seine Kosten- und Verbrauchsinformationen zur Verfügung gestellt werden, sondern dieser auch als Marketplayer in den Smart Market integriert werden.

Zusätzlich wird es neue Akteure im Smart Market geben, die so bisher noch nicht im Energiemarkt auftreten. Dies können neben Lieferanten und Direktvermarktern von Einspeisemengen Energieeffizienzdienstleister sein, die im Sinne eines Smart Markets unternehmerisch agieren.

17.2 Die Logistik als Vorbild

Während die heutigen Verteilungsmodelle in der Energiewirtschaft entweder relativ[7] rudimentär und relativ starr sind („Endkunde bleibt bei dem gleichen Energieversorger") oder Datenkommunikation unter Marktpartnern (Verteilnetzbetreiber, Lieferant, Messstellenbetreiber und Messdienstleister, Bilanzkreisverantwortlichem, Bilanzkreiskoordinator) durch die Bundesnetzagentur reguliert sind, wird in Zukunft durch die Schaffung von Wettbewerb (vgl. die Inkraftsetzung der Wechselprozesse im Messwesen (WiM), Marktprozesse für Einspeisestellen (Strom)) und das Auftreten neuer Marktakteure (Einspeiser, Ausspeiser, Energieeffizienzdienstleister und weitere) eine über die heutige Datenverteilung hinausgehende Infrastruktur notwendig sein.

Die *Logistik*[8], wie sie heute in der Wirtschaftswissenschaft bekannt ist, hat sich als Disziplin aus der Militärlogistik abgeleitet. Während im ursprünglichen Sinn die Logistik als Aufgabensammlung zur Unterstützung der Streitkräfte verstanden wurde, wird heute mit Logistik die Versorgung mit Gütern bezeichnet.[9]

> Logistics management is that part of supply chain management that plans, implements, and controls the efficient, effective forward and reverses flow and storage of goods, services and related information between the point of origin and the point of consumption in order to meet customers' requirements.[10]

---

[5] Vgl. Bundesministerium der Justiz 2012, § 21c EnWG.

[6] Die Zahl variiert je nach Netzgebiet und ist von verschiedenen Faktoren abhängig. In einer eher ländlich ausgeprägten Gegend sind die Verbräuche der Kunden häufig höher und damit über der Grenze von 6.000 kWh p.a., ebenso gibt es hier häufiger Einspeiser mit einer Maximalleistung >7 kW. Die hier genannten Prozentzahlen sind ein Mittel der von Energieversorgern dem Autor bekannten Zahlen.

[7] Im Vergleich zu zukünftigen Datenverteilungsanforderungen.

[8] Vom französischen Wort loger = quartieren, wohnen, unterbringen.

[9] Vgl. Pfohl 2003, S. 11 f.

[10] Vgl. CSCMP 2013.

Was in diesem Zusammenhang mit *Effektivität* gemeint ist, ist in der Betriebswirtschaft auch bekannt unter der Verwendung der R's. Die Anzahl der R's variiert dabei in Abhängigkeit der Definition von vier bis sechs (siehe Tab. 17.1). Da in der Logistik im „klassischen" betriebswirtschaftlichen Sinn relativ hohe Kosten für jeden Transport von materiellen Gütern anfallen, wird hier der Fokus stark auf die Effektivität von Verteilungsmodellen gelegt. In der Verteilung von Daten im Sinne der Informationstechnologie sind die Kosten für jede weitere Verteilung relativ gering im Vergleich zu den Kosten die mit dem Aufbau und der Wartung der informationstechnologischen Infrastruktur anfallen. Daher können die Ansätze der Logistik als Anhaltspunkt für den Aufbau möglichst effektiver *Datenverteilungsmodelle* gewählt werden und dabei unterstützen dieses Aufgabenfeld möglichst systematisch zu erschließen.

Für diese Aufgaben werden die sechs R's verwendet: das richtige Produkt, in der richtigen Menge, zur richtigen Zeit, in der richtigen Qualität, zu den richtigen Kosten, an den richtigen Ort.[11,12]

Daher kann die Zugrundelegung dieser Systematik bei der Erarbeitung zukünftiger Informationsbedarfe und daraus ableitbarer Details hilfreich sein. Die oben stehende Tab. 17.1 überträgt dabei die Eckpunkte einer Warenlogistik auf die zu stellenden Fragen bzw. Kriterien für die Datenübertragung in der Energiewirtschaft, wie sie für einen Smart Market relevant sind. Mit Hilfe der sechs genannten Kriterien lässt sich das Model detailliert aus jeder Perspektive beschreiben. In der Folge wird versucht ein mögliches zukünftiges Model und die dafür benötigten Datenströme zu beschreiben.

Grundsätzlich versucht der Autor bei der Beschreibung der relevanten Sachverhältnisse nach dem Modell von *Datenobjekten + Prozesse = Datenströme* als Ausschnitt eines Akteurs vorzugehen und so top-down die Logistik des Datenmanagements im Energiemarkt der Zukunft zu beschreiben.

17.3 Abstraktionsmodel zur Beschreibung des Handlungsspielraums

Zur besseren Anschauung wird ein Abstraktionsmodell zur Trennung von verschiedenen Schichten verwendet. Innerhalb der Schichten befinden sich deshalb die Objekte (Marktrollen, Marktakteure, Systeme, technische Objekte, Prozesse, Schnittstellen und Infrastrukturen). Anhand der einzelnen Schichten und deren grundlegender Aufgaben sind feingranulare Beschreibungen möglich. In Kombination mit Prozessen ergeben sich hieraus Datenflüsse und dessen Beschreibungen.

---

[11] Vgl. Pfohl H.-C. 1972, S. 28 ff.
[12] Pfohl sieht die Kosten als Produkt aus den vier R's und fasst das richtige Produkt zu Sorte und Menge zusammen, daher ergeben sich je nach Betrachtung vier oder sechs R's.

Tab. 17.1 Analogie der sechs R's der Logistik zu Datenfunktionen im Smart Market

Sechs „R's" der Logistik	Aufgabe – Allgemein (Logistik)	Aufgabe – Datenkommunikation	Funktion im Kontext Datenkommunikation für Smart Market	Konkreter technischer Bezug zu Infrastruktur
Das richtige Produkt (WAS)	Bereitstellung des richtigen Produkts	Bereitstellung der richtigen Datenobjekte	Definition der benötigten Datenobjekte je Marktakteur und Funktion	Infrastrukturen zur Aufnahme der Datenobjekte (Persistenz) und Systeme zur Verarbeitung (Funktion)
In der richtigen Menge (WIEVIEL)	Bereitstellung des Produkts in der richtigen Menge	Bereitstellung der Daten in der richtigen Menge	Notwendige Menge zur Ausführung der Funktion je Marktakteur	Z. B. Peer-Group-Daten (wie viele?) oder Zeitreihen (welcher Zeitraum?)
Zur richtigen Zeit (WANN)	Bereitstellung des Produkts zum richtigen Zeitpunkt	Bereitstellung der benötigten Daten zum richtigen Zeitpunkt	Bereitstellung von Daten in der richtigen Frequenz (z. B. täglich) und Zustelldauer	Dauer der Datenkommunikation, Dauer der Prozessausführung (z. B. Datenaggregation), Wiederholungshäufigkeit
In der richtigen Qualität (WIE)	Bereitstellung des Produkts in der richtigen Qualität	Bereitstellung der Daten in der richtigen Qualität	Aufbereitung von Daten zur Erfüllung der benötigten Qualität z. B. Granularität von Zeitreihen, Aggregation	Z. B. Aufbereitung Rohmessdaten, Funktionen die durch Marktakteure oder das Smart Meter Gateway auszuführen sind, Ersatzwertbildung
Zu den richtigen Kosten (WIEVIEL)	Bereitstellung des Produkts zu den richtigen Kosten	Bereitstellung der Daten unter den Rahmenbedingungen und Anforderungen mit dem richtigen Aufwand	Effektive und effiziente Prozesse und Systeme zur Bereitstellung der Daten	Kosten für Infrastruktur, Verrechnungsmodelle zur Bereitstellung von Infrastruktur (Service)
An den richtigen Ort (WO)	Bereitstellung des Produkts am richtigen Zielort	Bereitstellung der Daten zu den richtigen End-(Zwi-schen-)Stationen	Steuerung der Datenflüsse anhand Routingkriterien (z. B. Datenschutz) an die richtigen Marktakteure	Routingfunktion/ Weiterleitung, Anonymisierung

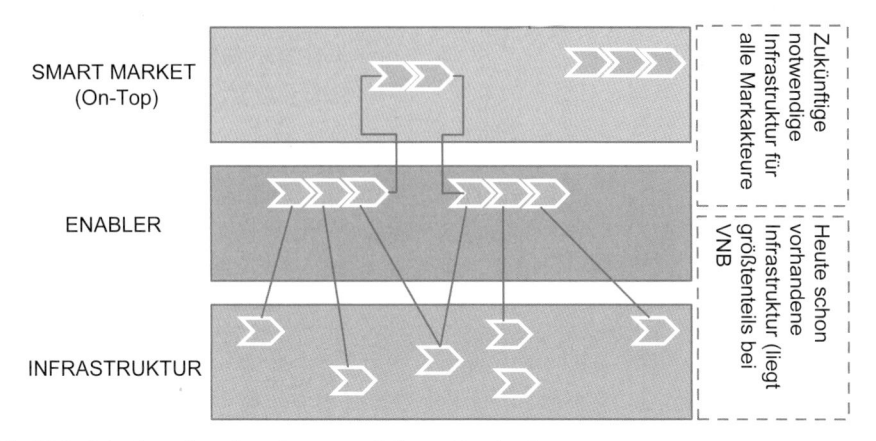

Abb. 17.3 Schichten des Abstraktionsmodells zur Beschreibung

17.3.1 Schichten des Abstraktionsmodells

Die gewählte Darstellung der verschiedenen *Schichten* gliedert sich dabei in drei Strukturen auf: Infrastruktur, Enabler und Smart Market. Die Strukturen sind dabei eng miteinander verzahnt und heute schon teilweise existierend (vgl. Abb. 17.3). Lediglich die Schicht des Smart Markets ist bis heute „eigentlich" noch nicht existierend. Wobei die Liberalisierung der Energiewirtschaft mit der Entflechtung von Verteilnetzbetreiber und Lieferant einen ersten Schritt in diese Richtung unternommen hat.[13] Weitestgehend ist die Bezeichnung Infrastruktur, Enabler und Smart Market aus der Sicht des Smart Markets gewählt worden. Die Schicht *Enabler* ist keinesfalls, wie es der Name vermuten lässt, nur Erfüllungsgehilfe zur Ermöglichung eines Smart Markets, sondern auch weiterhin zur Übernahme der heute existierenden Aufgaben und Pflichten vorgesehen.

Die Schicht *Smart Market* ist daher weitestgehend neu aufzubauen, während es in der Schicht Enabler und Infrastruktur darum geht, neue Infrastrukturen aufzubauen und existierende zu erweitern. Natürlich sind heute Infrastrukturen zur Versorgung von Bevölkerung und Industrie aufgebaut und funktionierend. Um jedoch einen Smart Market zu ermöglichen, müssen diese angepasst werden. Der Rollout intelligenter Messsysteme (iMessSys) und intelligenter Zähler (iZ) repräsentiert einen ersten Schritt in diese Richtung. Jedoch werden auch weitere Schritte bei der Aufrüstung konventioneller Netze hin zu Smart Grids notwendig werden.

Die einzelnen Schichten unterscheiden sich auch stark in der Ausprägung von Geschäftslogik. Während die Infrastruktur als weitestgehend technische Infrastruktur hauptsächlich für die Ausführung von Teilprozessschritten zuständig ist, sind hier keine bis sehr wenige End-to-End-Prozesse zu finden. In der Enabler Schicht hingegen sind zuerst einmal alle heutigen Geschäftsprozesse angesiedelt. Zur Ausführung dieser wird auf die Infrastruktur automatisiert und integriert zugegriffen.

---

[13] Vgl. Bundesministerium der Justiz 2012, EnWG § 6 ff.

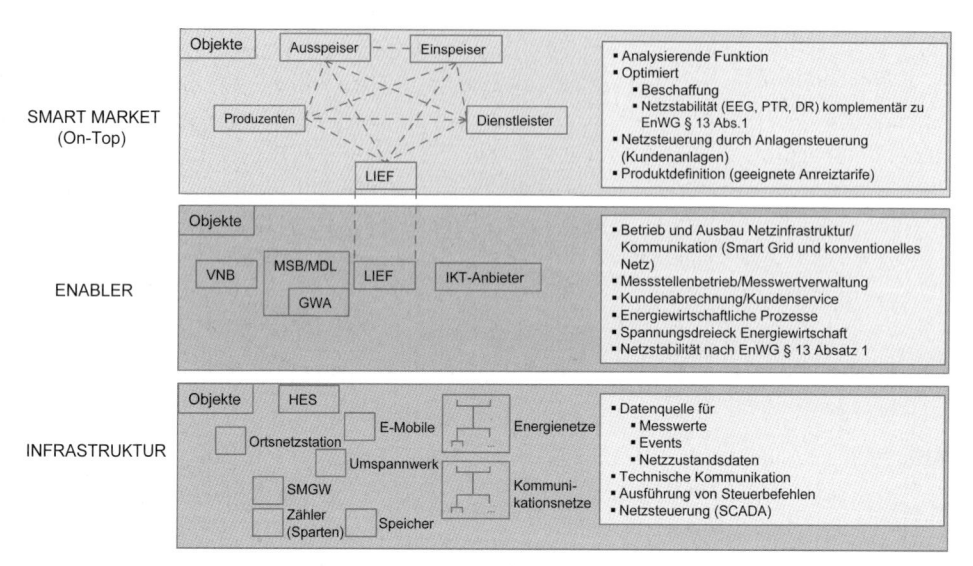

Abb. 17.4 Detaillierte Darstellung Abstraktionsmodell der Schichten Infrastruktur, Enabler und Smart Market inklusive Objekte und Aufgaben

17.3.2 Technische Infrastruktur als Basis

In der *technischen Infrastruktur* sind alle *Objekte* (Geräte und Systeme) zusammengefasst, die weitestgehend als technische Infrastruktur – mit dem Zweck der Energieversorgung oder der Kommunikation – im Feld verbaut sind. Charakteristisch ist, dass diese Bestandteile keine bis kaum eigene Prozesslogik besitzen (mit Ausnahme evtl. des Smart Meter Gateways (SMGW), das die Preaggregation von Messwerten durchführt). Hier sind zusammenfassend gesagt lediglich ausführende Komponenten beinhaltet (vgl. Abb. 17.4).

Dies beinhaltet im Anschlussobjekt des Endkunden die Infrastruktur zur Erfassung von Messwerten, Steuerung von angeschlossenen unterbrechbaren Verbrauchs- oder Erzeugungsanlagen und Kommunikationsinfrastruktur zur Anbindung an Kommunikationsnetze der Energiewirtschaft. Ebenfalls werden hier auch *Head-End-Systeme* (HES) erfasst und weitere Systeme, die zur Anbindung der Kundeninfrastruktur und weiterer Netzinfrastruktur (z. B. Ortsnetzstationen) notwendig sind. Ebenfalls sind hier *Supervisory Control and Data Acquisition* (SCADA) Systeme lokalisiert, die in Echtzeit die Netzsteuerung übernehmen.

Ebenfalls sind in dieser Infrastruktur *Speichermedien* und deren *Kommunikationsmodule*, sowie weitere Netzsteuerungsmöglichkeiten wie z. B. Ladestationen für Elektromobile enthalten.[14]

---

[14] Ein Be- und Entladen der Akkumulatoren von Elektromobilen ist nach derzeitigem Stand der Forschung und Meinung der Industrie nicht praxistauglich und wirtschaftlich. Jedoch kann auch über

Hinzuzufügen ist, dass im Bereich der Haushaltskunden (Standardlastprofil-Kunden) bisher nur wenig automatisierte und integrierte Infrastruktur vorhanden ist. Diese beschränkt sich zur Erfassung von Messwerten weitestgehend auf Pilotprojekte und wird erst in den kommenden Jahren intensiv ausgebaut werden.

Auf dieser Ebene finden keine bis wenige End-to-End-Prozesse statt. Der vollständige Prozess (auch und gerade systemübergreifend) ist in der Enabler-Schicht oder sogar zukünftig in der Smart Market Schicht angesiedelt und greift automatisiert, regelmäßig und während der Laufzeiten auf bestimmte Teile und Systeme der technischen Infrastruktur zu. Die Infrastruktur stellt also Prozessschritte zur Verfügung.

Hier allokierte Aufgaben und Verantwortungen sind:

1. Datenquelle für:
   a. Messwerte
   b. Events
   c. Netzzustandsdaten
2. Technische Kommunikation
3. Ausführung von Steuerbefehlen (Controllable Local System, CLS)
4. Netzzustandsanalyse- und -steuerung mit Hilfe von Supervisory Control and Data Aquisition (SCADA) Systemen.

Die Integration und Kommunikation von Objekten findet auf dieser Ebene weitestgehend vertikal statt, d. h. eigene Geschäftsprozesse sind auf dieser Ebene nur selten zu finden.

17.3.3 Enabler-Schicht als Brücke zwischen Infrastruktur und Smart Market

Die *Enabler-Schicht*, als heute schon existierende Schicht, muss erweitert werden, um den künftigen Aufgaben gerecht zu werden. Mit Aufsetzen der Smart Market-Schicht wird diese, heute schon existierende Schicht, zu einer Sandwich-Schicht. Aufgabe ist es, die Verknüpfung zwischen der technischen Infrastruktur und der betriebswirtschaftlichen Welt herzustellen und zu ermöglichen. Als Zwischenschicht ist es ebenfalls notwendig, dass bestimmte Prozesse ablaufen, um z. B. Messdaten in ein benötigtes Format zu bringen.

Auch wenn es sich bei heutigen z. B. MaBiS[15]-Prozessen um Energiemengen handelt, so werden diese i. w. S. eines zu findenden hybriden Ansatzes eher in der Enabler-Schicht angesiedelt, da sie vorerst keinen marktdienlichen Charakter aufweisen und zu den energiewirtschaftlich relevanten, verordneten Regularien gehören.

Herausforderungen liegen im Wesentlichen in den folgenden Punkten:

---

die Schnelligkeit und die damit benötigte Strommenge per Zeiteinheit eine Steuerung von Netzlasten vorgenommen werden.

[15] Marktregeln für die Durchführung der Bilanzkreisabrechnung Strom (MaBiS).

1. Intensivierung + Aufbau enger Integration von Physik und Finanzen (bestehende Dimensionen intensivieren und kombinieren),
2. Erweiterung und Schaffung von Prozessen (tlw. neue Dimension),
3. Öffnung in Richtung Smart Market und Bereitstellung entsprechender Angebote, technischer Infrastruktur und Schnittstellen (neue Dimension).

Hybrider Ansatz für bestimmte Themengebiete
Bei zukünftiger Weiterentwicklung dieser Themen können diese aber auch unter dem Aspekt Smart Market einen dienlichen Charakter haben. Als Beispiel für Energiemengenbilanzierungsprozesse (MaBiS) können hier z. B. *Zählerstandsgänge* (ZSG) dienen, die es Lieferanten und Produzenten vor Lieferung ermöglicht, detailliertere Informationen bezüglich des prognostizierten Verbrauches (und auch Einspeisung) zu erhalten und damit eine Synchronisation zwischen Erzeugung und Verbrauch erlaubt.

Die Integration und Kommunikation von Objekten findet auf dieser Ebene weitestgehend vertikal statt, wobei hier auch schon vertikale Integration und Kommunikation unter z. B. Marktrollen wie VNB, Lieferant und MSB/MDL[16] stattfindet.

Diese Schicht enthält also zum einen eine marktrollendifferenzierende Anordnung verschiedenster Objekte und damit auch alle dafür notwendigen Systeme wie ein Backendsystem (z. B. das weitverbreitete ERP System SAP for Utilities[17]) zur Kundenabrechnung und weiteren Prozessen oder auch ein Meter Data Management-System zur Verwaltung von Messwerten und weiteren profilbasierten Werten (Preisprofile, Wetterdaten etc.)[18] mit denen sich die Prozesse eines Verteilnetzbetreibers (VNB), Lieferanten (Lief) und Messstellenbetreiber/Messdienstleister (MSB/MDL) abbilden lassen.

Zusammenfassend lässt sich sagen, dass hier alle heutigen Geschäftsprozessanforderungen aus historischen Gründen abgebildet sind. In Zukunft ist es vorstellbar, dass bestimmte Geschäftsprozesse auch in die Smart Market-Schicht wandern werden.

Hier allokierte Aufgaben und Verantwortung sind:

1. Betrieb und Ausbau Netzinfrastruktur/Kommunikation (Smart Grid und konventionelles Netz)[19]
2. Messstellenbetrieb/Messwertverwaltung
3. Kundenabrechnung/Kundenservice
4. Energiewirtschaftliche Prozesse (GPKE, GeLi Gas, WiM, MaBiS, Einspeiserwechselprozesse und weitere)

---

[16] Die Marktrolle MSB/MDL ist laut EnWG bei elektronisch ausgelesenen Zählern personenscharf durch den gleichen Akteur zu erbringen. Die Rollen dürfen nicht auseinander fallen. Daher wird immer MSB und MDL genannt, auch wenn die Beschreibung im Kontext nur auf eine der beiden Marktrollen zutrifft.
[17] Ehemals SAP IS-U (Industry Solution Utilities).
[18] Z. B. ein SAP IS-U in Kombination mit einem SAP Energy Data Management (EDM) System.
[19] Vgl. Bundesnetzagentur 2011, S. 16.

5. Spannungsdreieck Energiewirtschaft
6. Netzstabilität nach EnWG § 13 Absatz 1[20]

17.3.4 Smart Market als On-Top-Funktion

Diese Schicht beinhaltet die höchste Form der Abstraktion und bildet das Markgeschehen, die Akteure und die zugehörigen Prozesse ab. Darunter fällt die Kommunikation der einzelnen Markakteure zur Aushandlung von Geschäften untereinander. Die technische Abbildung dazu erfolgt in der Enabler-Schicht.

Hier ist das primäre Ziel ein optimales Netzkapazitätsmanagement unter Zuhilfenahme von markbasierten Prozessen durchzuführen. Darunter fällt ein marktbasiertes Netzstabilitätsmanagement komplementär zu und bevorzugt vor dem Netzstabilitätsmanagement im Sinne des § 13 Absatz 1 und Absatz 2 EnWG.

Der Verteilnetzbetreiber (VNB) hat hier nur eine regulierende Funktion sozusagen als Zugangswächter für Marktteilnehmer und deren Vorgängen. Allerdings ist diese Funktion eher als Voraussetzung zum Funktionieren des Smart Markets anzusehen, daher ist er in dieser Betrachtung nicht Bestandteil dieser Schicht. Aufgabe wird dann u. a. die Versorgung aller Smart Market-Akteure mit dem aktuellen Netzzustand sein.

Die Integration und Kommunikation von Objekten findet auf dieser Ebene weitestgehend vertikal statt.

Hier allokierte Aufgaben und Verantwortung sind:

1. Analysierende Funktion (vor allem retroperspektiv)
2. Optimierung von:
   a. Beschaffung
   b. Netzstabilität durch Maßnahmen wie EEG, PTR, CPP, DR/DSM[21] komplementär zu den Maßnahmen des ÜNB nach § 13 Absatz 1 EnWG
3. Netzsteuerung durch Anlagensteuerung (Kundenanlagen)
4. Produktdefinition (geeignete Anreiztarife)

---

[20] Dies betrifft nur den Übertragungsnetzbetreiber (ÜNB) und wird vom Energiewirtschaftsgesetz mit den beiden folgenden Maßnahmen vorgesehen: 1. Netzbezogene Maßnahmen, insbesondere durch Netzschaltungen, und 2. marktbezogene Maßnahmen, wie insbesondere den Einsatz von Regelenergie, vertraglich vereinbarte abschaltbare und zuschaltbare Lasten, Information über Engpässe und Management von Engpässen sowie Mobilisierung zusätzlicher Reserven. Hiermit sind teilweise die Maßnahmen gemeint, wie sie von der BNetzA als markbasierte Maßnahmen für einen Smart Market gesehen werden, nur dass diese dann ergänzend zu den Pflichtmaßnahmen des ÜNB durch Akteure des Smart Markets wahrgenommen werden.

[21] EEG = Erneuerbare-Energien-Gesetz; PTR = Peak-Time-Rebate; CPP = Critical Peak Pricing; DR = Demand Response; DSM = Demand Side Management.

17.3.5 Zusammenfassung

Es ergeben sich signifikant höhere und weitere Anforderungen an die „Sandwich"-Funktion der Enabler-Schicht zur Ermöglichung der Ausführung der, durch die von der Bundesnetzagentur (BNetzA) vorgesehenen, Funktionen des Smart Markets für die Akteure desselbigen.

Mit fortschreitender Dauer, dem Fortschritt des Smart Meter Rollout, neuen Marktteilnehmern, der Komplexität der Marktinteraktion und der Datenbereitstellung ergeben sich Anforderungen für die „klassischen" Infrastrukturanbieter in der Energiewirtschaft mit starkem Fokus auf dem Elektrizitätsmanagement (Netzstabilität) und den IKT-Infrastrukturanbietern. Ein Zusammenwachsen von Netzen zur Übertragung und Verteilung von Energie ist absolut erforderlich, um den Anforderungen zur Einsparung von CO_2-Emmissionen und einer nachhaltigen Energieversorgung gerecht zu werden.

17.4 Akteure

Als potenzielle *Akteure* in einem Smart Market bzw. zu dessen Funktionieren sind zuerst einmal die heute bereits existierenden Marktrollen Verteilnetzbetreiber (VNB), Lieferant (Lief) und Messstellenbetreiber/Messdienstleister (MSB/MDL) zu nennen. In der Regel ist die Aufgabe der Gateway-Administration (GWA) durch den grundzuständigen MSB/MDL zu übernehmen, es kann hiervon jedoch Abweichungen geben, da es neben den grundzuständigen MSB/MDL auch Wettbewerber geben kann, die diese Dienstleistung an der Messstelle erbringen. Eine endgültige Festlegung ist durch die Messsystemverordnung (MsysV) noch nicht erfolgt.

Darüber hinaus sind die *Endkunden* ebenfalls als Akteure anzusehen. Da sie zukünftig, nach technischer Ausrüstung mit iMessSys oder iZ ebenfalls eine aktive Rolle einnehmen werden. Darüber hinaus wird es unter dem Begriff *Energieeffizienzdienstleister* weitere Akteure im Smart Market geben, deren Rolle und Aufgabe heute noch nicht vollständig ausdifferenziert ist. Wie und wer diese Aufgabe wahrnehmen wird und ob es dafür eine Notwendigkeit gibt, wird letzten Endes (sofern es keine gesetzlichen Anforderungen gibt) durch den Markt definiert. Potenziell eignen sich für diese Aufgaben natürlich die bereits existierenden Marktakteure, die ihr Aufgabenspektrum und die Angebotspalette erweitern, um so z. B. in der Rolle Lieferant Kunden zu halten oder zu gewinnen. Denkbar sind aber auch andere branchenfremde Unternehmen, z. B. soziale Netzwerke wie Facebook oder Infrastrukturanbieter wie die Deutsche Telekom oder IBM. Auch ist es möglich, dass neue Unternehmen zur Bedienung dieser Kundennachfrage auftauchen. Für die Betrachtung werden diese verschiedenen Unternehmen erst einmal unter dem Begriff Energieeffizienzdienstleister zusammengefasst, da diese dem übergeordneten Ziel der Energieeffizienz laut EU-Richtlinie dienlich sein sollen.

Der Übertragungsnetzbetreiber (ÜNB) bleibt in der Betrachtung außen vor, auch wenn dieser hoheitlich für die Netzstabilität zuständig ist. Die Beschreibung folgt der Tendenz der BNetzA, dass es zukünftig kleinteiligere, sich-selbst-regulierende Netze geben wird, die auf erster Ebene für die Netzstabilität zuständig sind (Smart Market) und erst im Fall des Nicht-funktionieren von Marktprozessen der ÜNB als Backup zur Wahrung der Netzstabilität einspringen.

Die technische Infrastruktur ist zwar eine Quelle für sehr viele Daten, die bei Kunden vor Ort oder in anderen Teilen des Netzes entstehen, und auch Empfänger von Steuerungsbefehlen, wird hier aber nicht als (Markt-)Akteur gesehen, sondern den Akteuren Kunde, VNB oder gegebenenfalls weiteren als Subobjekt zugeordnet.

17.4.1 Datenquellen

Das Kapitel beschreibt die verschiedenen Quellen von Daten in der Energiewirtschaft unter der Annahme eines Smart Markets und der darin vorkommenden Akteure. Heutige schon bestehende Aufgaben, die zur Erzeugung von Daten und deren Versand führen, sind höchstens stichpunktartig wiedergegeben.

Kunden und Kundeninfrastruktur
Kunden und deren Infrastruktur vor Ort (iMessSys, iZ, SMGW, elektronischer Zähler, Einspeiseanlagen, Speicher, Elektromobile, steuerbare Einrichtungen) sind mit Sicherheit die Akteure, welche ein sehr großes Datenvolumen (quantitativ und qualitativ) erzeugen. Die Art der Daten hängt sehr stark von den gerade relevanten Prozessen ab und kann in der ersten Phase des Lebenszyklus des Kunden (z. B. Neubau) Kundenbasisdaten (Name, Adresse, Geburtsdatum usw.) enthalten. Danach entstehen im Laufe des Prozesses der Energielieferung oder -speisung zahlreiche weitere Daten, um dann im operativen Betrieb ständig gemessene Werte zu erzeugen und für weitere Prozesse zur Verfügung zu stellen.

Darüber hinaus werden Meldungen über Zustände, Störungen oder besondere Vorkommnisse (z. B. in den Objekten intelligentes Messsystem, Kommunikationsstrecke iMessSys – Head-End-System) erfasst und den relevanten Stellen zur Verfügung gestellt.

Die Ebene Ortsnetzstation (für das Netzmanagement) reicht nach Aussage einiger Netzbetreiber nicht mehr unbedingt aus. Durch die zunehmende Anzahl von Einspeisern, die sehr heterogen im Netz verteilt sein können, kann es zu Engpässen bereits auf Straßenzugebene kommen. Um hier gegenzusteuern, müssen diese Daten in Verbindung mit weiteren Daten (u. a. Wetterdaten) zeitnah für zumindest eine Prognose zur Verfügung stehen (da auf dieser Ebene aus technischen Gründen keine Echtzeitüberwachung mit SCADA-Systemen stattfinden kann).

Verteilnetzbetreiber, grundzuständiger Messstellenbetreiber/Messdienstleister und Netzinfrastruktur
VNBs ermitteln regelmäßig ob im Rahmen des Netzkapazitätsmanagement freie Kapazitäten im Netz verfügbar sind und stellen diese Information zur Verfügung. Darüber hinaus ist der VNB in der Regel für das Niederspannungs- und Mittelspannungsnetz verantwortlich und erfasst daher auch Zustände, Störungen oder besondere Vorkommnisse in der

Netzinfrastruktur z. B. auf Ebene von Ortsnetzstationen. Darüber hinaus ist der VNB für die Ersatzwertbildung und Plausibilisierung von Zählerstandsgängen (ZSG) im Rahmen der energiewirtschaftlichen Prozesse (z. B. Bilanzkreisabrechnung) zuständig und versendet diese Werte an relevante Marktpartner.

Zusätzlich erzeugt der VNB die Messwertanforderungen in Form von Profilen[22], welche auf das SMGW eingebracht werden.

In der Rolle des MSB/MDL (GWA) werden Zustände, Störungen und besondere Vorkommnisse in der vom MSB/MDL betreuten Infrastruktur (z. B. in den Objekten Head-End-System, Private-Key-Infrastruktur, Meter Data Management-System, sämtliche relevanten Kommunikationsstrecken) erfasst.

Lieferant

Der Lieferant erzeugt Messwertanforderungen in Form von Profilen, welche auf das SMGW eingebracht werden. Darüber hinaus kann der Lieferant aktuelle Preisinformationen (als Wiederverkäufer von Energie) in den Markt geben. Der Lieferant erzeugt die Energiemengenabrechnung für den Kunden.

Energieeffizienzdienstleister

Energieeffizienzdienstleister erzeugen Steuerungsbefehle für z. B. an das CLS angeschlossene Verbraucher. Ebenso können Sie Kunden Vorschläge für kostengünstigere Tarife (z. B. da optimaler in Kombination mit dem kundenindividuellen Verbrauch) unterbreiten.

Zusätzlich erzeugt der Energieeffizienzdienstleister die Messwertanforderungen in Form von Profilen, welche auf das SMGW eingebracht werden und weist die Berechtigung diese Messwerte zu empfangen gegenüber dem MSB/MDL nach.

Direktvermarkter

Zusätzlich erzeugt der Energieeffizienzdienstleister die Messwertanforderungen (für z. B. die Einspeiseleistung zu bestimmten Zeitpunkten) in Form von Profilen, welche auf das SMGW eingebracht werden und weist die Berechtigung diese Messwerte zu empfangen gegenüber dem MSB/MDL nach.

Direktvermarkter erzeugen Steuerungsbefehle für an das CLS angeschlossene Einspeiseanlagen.

17.4.2 Datensenken

Das Kapitel beschreibt die verschiedenen *Senken von Daten* in der Energiewirtschaft unter der Annahme eines Smart Markets und den darin vorkommenden Akteuren. Heutige schon bestehende Aufgaben, die den Empfang und Weiterverarbeitung von Daten bedingen sind höchstens stichpunktartig wiedergegeben.

---

[22] Vgl. Abschn. 17.5.1.3.

Verteilnetzbetreiber und Messstellenbetreiber/Messdienstleister

Der VNB empfängt die teilweise selbst erzeugten Statusinformationen aus seinem Netz. Ebenfalls werden Netzzustandsdaten aus der Kundeninfrastruktur (SMGW und weitere) empfangen.

In der Rolle MSB/MDL und der damit einhergehenden Funktion GWA werden die Profildaten aller relevanten Marktteilnehmer empfangen und auf das SMGW eingebracht.

Sowohl VNB, als auch MSB/MDL empfangen Messwerte, welche aus dem SMGW oder dem GWA-System direkt an die berechtigten externen Marktteilnehmer (EMT) versandt werden.

Lieferant

Der Lieferant ist Empfänger von Messwerten, welche aus dem SMGW oder dem GWA-System direkt an die EMTs versandt werden. Der Lieferant empfängt darüber hinaus plausibilisierte und ersatzwertgebildete Zählerstandsgänge von dem VNB.

Der Lieferant ist Empfänger von Netzstatusinformationen, die durch den VNB bereitgestellt werden.

Kunden und Kundeninfrastruktur

Der Kunde ist in der Lage über das Home Area Network des SMGW eine Einsicht in alle auf dem SMGW vorhandenen gemessenen Werte und weitere Daten (z. B. Versandprotokolle) Einblick zu bekommen.

Die kundeneigenen CLS-gesteuerten Geräte (Verbraucher und Einspeiser) empfangen Steuerungsbefehle von Lieferanten, Energieeffizienzdienstleistern oder Direktvermarktern.

Energieeffizienzdienstleister

Energieeffizienzdienstleister benötigen zur Ausführung Ihrer Aufgaben (z. B. der Lastreduktion[23]) die Information über den aktuellen Netzzustand „ist ein Eingriff erlaubt", die aktuelle Marksituation (z. B. Strompreise) und die aktuelle Situation bei den von ihm zu verwaltenden Kundenanlagen.

Der Energieeffizienzdienstleister ist Empfänger von Netzstatusinformationen, die durch den VNB bereitgestellt werden.

Direktvermarkter

Ein Direktvermarkter einer EEG-Anlage braucht für seine Entscheidungsfindung „Speise ich ein oder schalte ich ab" regelmäßig aktuelle Marktpreise, damit diese Entscheidung ökonomisch getroffen werden kann und z. B. in Zeiten eines Überangebots von Strom nicht ein negativer Marktpreis an die Abnehmer dieser Strommengen bezahlt werden muss (dies kam und kommt in wiederkehrender Häufigkeit bei den Strom-Börsenpreisen vor).

Der Direktvermarkter ist Empfänger von Netzstatusinformationen, die durch den VNB bereitgestellt werden.

---

[23] Vgl. Bundesnetzagentur 2011, S. 12.

Endkundenportale
Über Endkundenportale können die Energieversorger oder auch andere Dienstleister dem Endkunden bestimmte Informationen über verschiedene Kanäle (Internetbrowser, mobile Internetseiten oder Applications für Smartphones und Tablets) bereitgestellt werden. Hier können dem Kunden neben Verbrauch auch bestimmte weitere Informationen wie z. B. die aus dem Verbrauch resultierenden Kosten, Referenzzeiträume und weitere angezeigt werden. Als Daten benötigt das Portal also zumindest einmal die Kundendaten, die Verbrauchsdaten und im Fall von Kosteninformationen auch die Preisinformationen und einzelnen Preisbestandteile des Kundentarifs, um dies darzustellen. Hierzu ist ebenfalls eine prozessual zu gestaltende Schnittstelle notwendig.

17.5 Datenobjekte

Im Zusammenhang mit den vorkommenden Objekten gibt es je Objekt bestimmte Charakteristika, die das Objekt beschreiben und für andere transparent machen. In diesem Kapitel werden die potenziell vorkommenden Datenobjekte, unterteilt nach Stammdaten, Bewegungsdaten und Preisinformationen, dargestellt.

17.5.1 Stammdaten als Basis

Mit dem Begriff *Stammdaten* sind in der Informatik in Kombination mit der Betriebswirtschaft diejenigen Daten bezeichnet, die Grundinformationen über betrieblich relevante Objekte enthalten. Damit sind dies in der Regel die zuerst vorhandenen Daten, auf die sich alle anderen, nachfolgenden Daten beziehen.

17.5.1.1 Kundendaten
Zu den *Kundendaten* zählen Basisdaten, wie z. B. Name, Adresse, Geschlecht, Geburtsdatum, Kontoverbindung, Eigentümer/Mieter und weitere.

Heute existierende Marktrollen (VNB, Lief, MSB/MDL) besitzen diese Daten heute schon. Soziale Netzwerke besitzen einen Großteil dieser Daten ebenso bereits und eigenen sich aufgrund der großen Anzahl an Teilnehmern gut für Vergleiche, sofern Kunden bereit sind z. B. ihr Verbrauchsverhalten über Facebook zu teilen.

Hierzu zählen auch Daten, die die Verbrauchstelle betreffen. Es wird davon ausgegangen, dass diese Daten in jedem Fall verknüpft sind. Wer im Einzelnen Kunde ist, also z. B. der Hauseigentümer bei einem Einfamilienhaus oder der Mieter bei einem Mehrfamilienhaus ist an dieser Stelle nachrangig.

Kunden erzeugen ebenfalls mit ihrer Wahl für einen Lieferanten oder einen Tarif abrechnungsrelevante Daten, die später für die Abrechnung des Kundenverbrauchs und/oder Einspeisung maßgeblich sind.

Aus einem Vertragsabschluss entstehen weitere Daten wie Verträge je Sparte und z. B. ein Vertragskonto zur Bündelung verschiedener (Sparten-)Verträge.

17.5.1.2 Geräte

Zu den *Geräten* zählen in dieser Gliederung alle technischen Objekte, die in dem Anschlussobjekt des Kunden verbaut sind oder relevant für die Energieversorgung sind.

Zu den Gerätestammdaten zählt als ein wichtiges Objekt die Beschreibung der Messeinrichtung anhand verschiedener Kriterien wie z. B. Sparte, Hersteller, Serialnummer, Kommunikationseinrichtung, OBIS[24] Codes der einzelnen Zählwerke und im Fall von intelligenten Messsystemen die Zuordnung zum Smart Meter Gateway (SMGW). Ebenfalls gehören hierzu die Stammdaten der per CLS angeschlossenen Geräte wie z. B. eine Identifikation, die Leistung, Regeln zur Steuerung und weitere.

Dazu zählen dann gegebenenfalls auch ein Elektromobil und technisch relevante Daten wie z. B. die Akkukapazität oder die maximale Ladeleistung. Ebenfalls spielen hier Faktoren wie der Ladestand und die Information, wann das Elektromobil welchen Ladestand haben soll, eine Rolle. Allerdings wird diese Information auf Anschlussebene verarbeitet und dann vermutlich als Bedarf an das Netzmanagement gemeldet.

Ebenfalls zählen hierzu die Daten von Einspeiseanlagen (EEG und KWK)[25] wie z. B. Photovoltaikanlagen und deren Leistung.

Des Weiteren zählen hierzu Daten über eventuelle zukünftige Speichermedien auf Kundenseite, deren Kapazität und Lade-/Entladekurven.

Auch sind hier die Netzanschlussdaten zuzuordnen, die z. B. Aufschluss über die maximale Leistung des Anschlusses geben.

17.5.1.3 Profile

Der Begriff *Profil* bezeichnet verschiedene Konfigurationseinstellungen, die durch die Funktion GWA auf dem SMGW einzubringen sind und die Bereiche Sensoren, Auswertung und Kommunikation betreffen. Mit dem Begriff Profile ist in diesem Kontext keine Zeitreihe mit Messwerten oder anderen Werten zu verstehen.

Dazu definiert die Technische Richtlinie 3109 des Bundesamts für Sicherheit in der Informationstechnik die folgenden drei Konfigurationsprofilarten:

- *Zählerprofil*: beschreibt die Konfiguration des SMGW zur Kommunikation zwischen SMGW und angeschlossener Zähler und zur Erfassung von Messwerten.
- *Auswertungsprofil*: beschreibt ein Regelwerk für einen konkreten Tarifanwendungsfall (TAF), dies wird auch als Tarifierung auf dem SMGW verstanden, also z. B. in einem einfachen Fall die Zuordnung von Messwerten zu Tarifstufen.

---

[24] OBIS Code = Object Identification Code, bezeichnet die Messaufgabe des Zählwerks genau anhand verschiedener Kriterien wie Medium, Kanal, Messgröße, Messart, Tarifstufe und Vorwertzählerstand. Für weitere Informationen kann hier unter der Webseite www.edi-energy.de das aktuelle Dokument „EDI@Energy OBIS-Kennzahlen-System" aufgerufen werden.

[25] Erneuerbare-Energien- (EEG-) und Kraft-Wärme-Kopplung- (KWK-) Anlagen: Anlagen die Strom aus Erneuerbaren Energien oder durch die Kopplung von Kraft und Wärme während der Erzeugung Strom für die Einspeisung erzeugen.

- *Kommunikationsprofil* für die WAN-Kommunikation[26]: legt die Parameter für die Kommunikation mit einem externen Marktteilnehmer oder dem GWA fest. Hierunter fallen u. a. die Zeitpunkte der Kommunikation für die Ergebnisse der Auswertungsprofile.[27]

Den Begriff Profil weiter gefasst und nicht direkt in der Technischen Richtlinie berücksichtigt, gibt es folgende weitere Kategorien von Profilen:

- *Laststeuerungsprofil*: Über dieses Profil können Entscheidungen über eine Abschaltung von Energieverbrauchern stattfinden, die sich im HAN befinden.
- *Speichersteuerungsprofil*: Auf Basis dieses Profils können Entscheidungen über eine Speicherung oder Ausspeicherung von Energiemengen in Speichern (mobil, fest) getroffen werden.
- *Erzeugungssteuerungsprofil*: Informationen über das Erzeugungsprofil in Bezug auf die einzuspeisende Menge und time-to-deliver. Des Weiteren können hier Preisinformationen berücksichtigt sein.
- *Statusdatenprofil*: Enthält die Statusdaten.

17.5.2 Bewegungsdaten liefern ein aktuelles Bild

Nach erfolgtem initialen Stammdatenaustausch und damit verbundenen physischen Prozessen wie die Geräteinstallation und -konfiguration wird das intelligente Messsystem in Betrieb genommen und damit greifen ab diesem Zeitpunkt die *Betriebsprozesse*. Die Betriebsprozesse erzeugen und konsumieren regelmäßig dynamisch Bewegungsdaten. Das Kapitel fasst die wichtigsten Bewegungsdaten zusammen und gibt einen Überblick. Die Bewegungsdaten zeichnen sich durch über die Zeit ändernde Werte aus. Sie beschreiben also die fließenden Daten und sind das Ergebnis von, in der Regel, wiederkehrenden Prozessen.

17.5.2.1 Rohdaten

Zu den Rohdaten zählen Messrohdaten der Messeinrichtung (inkl. Leistung, Zählerstände) ohne eine Zuordnung zu den Tarifzonen entsprechend dem Tarifprofil. Hierzu können, weiter gefasst, auch Daten wie der Ladezustand eines Elektromobils gehören. Ebenfalls fallen hierunter die *Einspeiserohdaten*. Dabei handelt es sich um Einspeisedaten (Leistung, Menge) von EEG- oder KWK-Anlagen. Die Dokumentation der Einspeisung erfolgt ebenfalls in der Zuordnung zu entsprechenden Tarifzonen (Registern). Lasteinsparrohdaten der CLS aus dem HAN, die Dokumentation der Lasteinsparung erfolgt dann ebenfalls in der Zuordnung zu entsprechenden Tarifzonen (Registern). Auch fallen hierunter die *Netzstatusdaten* (Spannungswerte, Phasenwinkel, Frequenz, „Last Gaps", Tilt-Signal) mit dem

---

[26] WAN = Wide Area Network, Netzwerk zur Kommunikation des SMGW.
[27] Vgl. BSI 2013, S. 112 ff.

Fokus auf den Kapazitätsaspekten des Netzes (Dimension Kilowatt). Diese Daten verbleiben auf dem Smart Meter Gateway und stehen Marktpartnern nicht zur Verfügung. Die Granularität dieser Daten kann sehr fein erfasst werden, sind in dieser Form für Marktpartner nur bedingt relevant.

17.5.2.2 Statusdaten/Steuerungsinformation

Zu diesen Daten gehören die Steuerungsinformationen für die CLS, diese werden von den Marktakteuren an die Kunden (respektive die Kundengeräte) über ein Gateway verschickt. Ebenso gehören hierzu die Speicherkapazitätsdaten von CLS im HAN in Echtzeit, hier steht, wie viel Energie diese derzeit noch gespeichert haben, die Betriebsdaten des SMGW (Zustandsdaten, Technische Effizienzdaten usw.) und die Statusdaten der an das SMGW angeschlossenen Messeinrichtung (inkl. CLS) (Zustandsdaten, Technische Effizienzdaten usw.).

17.5.2.3 Aggregierte Daten

Zu den *aggregierten Daten* zählen die tarifierten Messwerte als Messwertliste (Speicherung in den Registern – ergeben sich aus dem Tarifprofil – unter Verwendung von Verbrauchsdaten) unter Berücksichtigung der Messrohdaten. Die Lasteinsparliste enthält die realisierten Lasteinsparungen in kW/h auf Basis von Vorgaben des Marktakteurs. Die Einspeiseliste enthält die verarbeiteten Einspeiserohdaten (Speicherung in den Registern, verarbeitete Einspeisemengen) unter Berücksichtigung der Auswertungsprofile. Die *Netzstatusdatenliste* beinhaltet Werte über relevante Leistungsgrößen des Netzes. Die Prepaid-Daten von Kunden geben Auskunft darüber, wie viel Energie der Kunde noch konsumieren kann, bevor er „nachkaufen" muss.[28] Anhand des Energieverbrauchs (Menge) sowie der Time-of-Use und Preisinformationen erfolgt eine Bewertung des kundenindividuellen Energiekonsums für einen Zeitraum. Referenzprofile (Last oder Menge über einen Zeitraum) für EEG- und KWK-Anlagen werden zur verbesserten Prognosefähigkeit solcher Anlagen benötigt.[29]

17.5.3 Preisinformationen als Steuerungsmittel

Eine in (fast) jedem Markt aufgrund ihrer universellen Einsatzfähigkeit funktionierende Steuerungsgröße ist der Preis der für eine bestimmte Leistung fällig wird. Ebenso verhält es sich im Energiemarkt. Über den Preis für z. B. eine Kilowattstunde Strom oder die Auszahlung für eine eingesparte Kilowattstunde Strom lassen sich geeignete Steuerungsinformationen im Markt verteilen, anhand derer die Marktakteure unter Zuhilfenahme geeigneter automatischer Mechanismen ihr Handeln ausrichten können.

---

[28] Vgl. Zeit Online 2013.
[29] Vgl. hierzu Abschn. 17.4.1 „Kunden und Kundeninfrastruktur".

17.5.3.1 Preisinformationen

Der Lieferant, mit dem der Kunde einen Strombelieferungsvertrag unterhält, sendet dem Kunden *Preissignale* für einen bestimmten Gültigkeitszeitraum. Netztarife (Informationen über die Netzauslastung) werden vom Netzbetreiber (VNB) übertragen. Generell entstehen Preisinformationen an den Stellen, an denen eine Leistung angeboten wird. Das sind bisher der Lieferant, welcher Strom einkauft (hierunter fallen auch Direktvermarkter) und der VNB, der in Abhängigkeit der vorhandenen Netzkapazität Kapazitäten anbieten kann (z. B. können hier nach Zustand oder Tageszeit gesonderte Netznutzungsentgelte berechnet werden).

17.6 IT unterstützt Datenhandling

17.6.1 Endkundenportale

Um Endkunden aktuell über Ihre Verbräuche und daraus abzuleitender Werte zu informieren, müssen Verbrauchsdaten in kurzen Zeitabständen vom Smart Meter Gateway (SMGW) dem Betreiber des Endkundenportal zur Verfügung gestellt werden. Alternativ ist auch eine Zusammenführung von Informationen (z. B. Verbrauchsdaten vom SMGW über das Home Area Network (HAN) und Preisinformationen vom Backendsystem des Energieversorgers) erst beim Endkunden auf dessen Geräten (PC, Laptop, Inhome-Display (IHD), Smartphone, Tablet) möglich.

Weiterer Datenbedarf kann hier für den Vergleich mit sogenannten Peer-Gruppen entstehen. Dazu werden Verbrauchsdaten von anderen Endkunden mit ähnlichen Charakteristika (z. B. Anzahl Personen im Haushalt und weitere) benötigt. Diese sind anhand bestimmter Kriterien zu gruppieren und anonym, also ohne Endkundenbezug, für den jeweiligen Endkunden bereit zu stellen. Dies könnte auch ein Serviceangebot von sozialen Netzwerken sein, da dort die Masse der Endkunden oder spezielle Zielgruppen bereits vertreten sind und dazu „nur" noch die Verbrauchsdaten und entsprechenden Funktionen zu integrieren sind. Da soziale Netzwerke Schwankungen und Trends unterworfen sind, wird sich zeigen, ob für z. B. solche Funktionalitäten evtl. „stabilere" Anbieter benötigt werden.

Die SAP AG als Softwarehersteller stellt mit der Multichannel Foundation for Utilities eine Integrationsschicht zur Verfügung, über die sich die meisten bekannten Kanäle (Web-Applikationen, mobile Applikationen, mobile Short Message Services (SMS), soziale Netzwerke z. B. Facebook, Twitter, E-Mail) anbinden lassen, sofern diese mit dem OData WebService Standard kompatibel sind. Die SAP Multichannel Foundation for Utilities verfolgt damit das Ziel einen zentralen Zugriffspunkt auf alle relevanten Informationen und für alle relevanten Anwendungen zur Verfügung zu stellen, um so den Aufwand für die Integration gering zu halten und einheitliche Datenmodelle zu verwenden. Abbildung 17.5 zeigt den logischen Aufbau und die Komponenten der SAP Multichannel Foundation for Utilities.

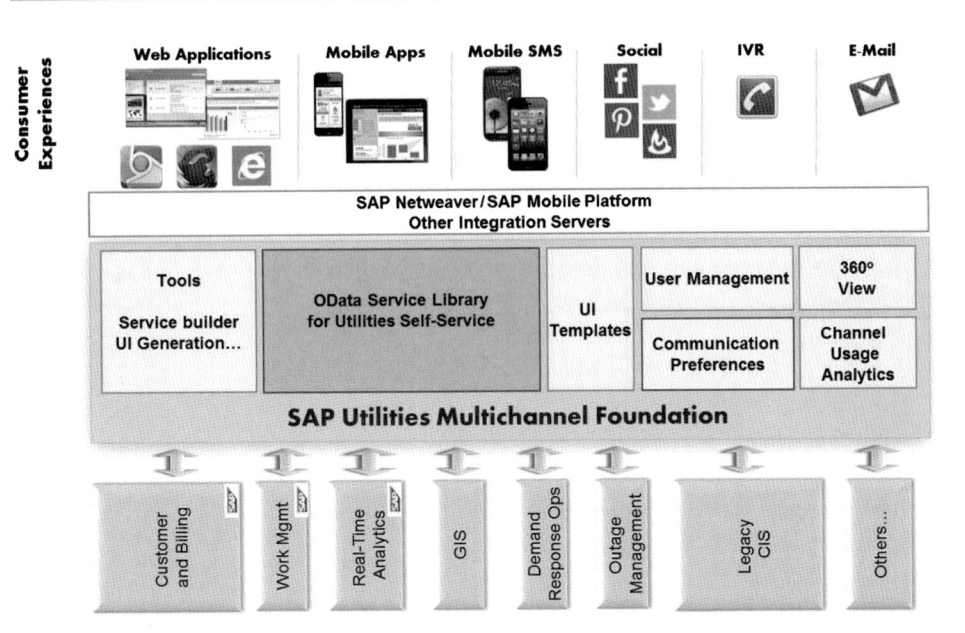

Abb. 17.5 SAP Multichannel Foundation for Utilities als zentraler und konsistenter Zugriffslayer über alle Kundenkanäle. (SAP AG, Walldorf 2013)

17.6.2 Systeme zur Messwertverwaltung und -verarbeitung

Eine zentrale Stelle nehmen zukünftig System ein, die primär dazu in der Lage sind von Zählern (iZ oder iMessSys) gemessene Werte in jeder Form zu *verwalten* (Empfang, Validierung, Persistierung, Verarbeitung, Weiterversand). Darüber hinaus müssen diese Systeme aber auch in der Lage sein weitere gemessene Werte von anderen Sensoren als Zählern (z. B. Messdaten, Preisprofile) und bestimmte Attribute von verschiedenen Datenobjekten (Geräte, Kunden, Infrastrukturobjekte) mit zu *verwalten*, um diese in Analysen berücksichtigen zu können.

Diese Systeme werden als Meter Data Management-Systeme (MDM) bezeichnet. Damit die stark integrierten Systeme ihre Aufgabe wahrnehmen können, müssen die Systeme über Schnittstellen (externes MDM-System aus Sicht SAP) angebunden werden oder direkt integriert (integriertes SAP EDM aus SAP-Sicht) sein. Für den zweiten Fall entfällt die sehr breite und häufig genutzte Schnittstelle MDM/SAP für zumindest einen Teil der Prozesse. In beiden Fällen sind auch weitere Systeme, wie das Head-End-System (HES) oder Kundeportale zur Verbrauchsvisualisierung anzubinden.

In Zukunft werden diesen Systemen aufgrund der steigenden Anforderungen im Bereich der Messwertverwaltung und -bearbeitung (die Zählerstandsgangmessung als Datenbasis ist hier ein Beispiel, aber auch die vortarifierten Werte aus dem SMGW) eine deutliche höhere Bedeutung zukommen und der Aufbau einer Systemarchitektur, die den Umgang mit diesen Daten ermöglicht, entscheidend für effektive und effiziente (Kunden-) Prozesse sein.

Dabei sind durch diese Systeme die folgenden Anforderungen abzudecken:

- Stammdaten je Messstelle inkl. Schnittstelle zur Synchronisation
- Datennavigation – Such- und Filterfunktionen
- Erfassung und Speicherung von Messdaten
- Ermittlung von Verbrauchswerten – Ermittlung von Verbräuchen aufgrund der Erfassung von Zählerständen und Preaggregation der Verbräuche für Abrechnung
- VEE[30] (Plausibilisierungsfunktionen, Ersatzwertbildung)
- Workflowfunktion – Allgemeine Funktion
- Funktionen der Zeitreihenverarbeitung
- Kommunikationsmanagement (u. a. Weitergabe der Messdaten über Marktformate und Marktprozesse)
- Visualisierung von Messdaten
- Fernsperrung – Durchführung und Überwachung
- Steuerung von Verbrauchern und Erzeugern
- Historisierung
- Zertifikatsmanagement nach BSI TR 3109[31] und Integration einer Private-Key-Infrastruktur (PKI)

Hinzuzufügen ist, dass die Anforderungen je nach Systemarchitektur abweichen können und damit kundenindividuell sind. Grundlage hierfür sollte immer eine detaillierte Prozessanalyse sein, um in der Folge einzelne Prozessschritte und dafür benötigte Funktionen in den beschaffenden oder schon vorhandenen Systemen zu allokieren.

Ein wesentlicher Aspekt liegt in der Analyse von Verbrauchsdaten (nicht in Echtzeit, dazu ist die Zeitspanne zwischen Erfassung der Daten im SMGW und Versand der Daten aus dem SMGW vermutlich zu groß), aber zum einen retroperspektiv oder mit dem Zweck eine z. B. 15-minütige Steuerung von Haushaltsgeräten, die an das CLS angeschlossen sind, durchzuführen.

In der Vergangenheit gab und gibt es eine Trennung zwischen den transaktionalen Systemen (OLTP[32]) und analytischen Systemen (OLAP[33]) aufgrund von unterschiedlichen Datenbankschemata, die sich je nach Zweck, also transaktionell oder analytisch, wesentlich unterscheiden und performanceoptimiert aufgebaut sind. Daher war das Durchführen von Abfragen in einem transaktionalen System nur bedingt möglich bzw. erzeugt einen hohen Bedarf an Performance zur Laufzeit.[34]

---

[30] VEE = Validation, Estimation and Editing.
[31] Bundesamt für Sicherheit in der Informationstechnik Technische Richtlinie 3109 zur Umsetzung des Schutzprofils nach Common Criteria an intelligente Messsysteme.
[32] OLTP = Online Transactional Processing.
[33] OLAP = Online Analytical Processing.
[34] Vgl. Plattner und Zeier 2012, S. 13 f.

Zusammenführung transaktionaler und analytischer Systeme zur effizienten Prozessdurchführung
Da diese Daten zuerst in einem transaktional geprägten System zur Durchführung bestimmter Vorgänge vorgehalten werden und in einem folgenden Schritt zur Analyse herangezogen werden, um später auf der Basis der Analyse weitere Transaktionen durchzuführen, ist eine sehr zeitnahe Verknüpfung dieser Prozessschritte notwendig. Dieser Prozess muss sehr zeitnah durchgeführt werden und sollte auf der Basis von Echtzeit-Daten (zumindest Echtzeit aus Sicht des transaktionellen Systems, auch wenn dies nicht Echtzeit der Messdaten bedeutet) möglich sein. Ein ETL-Prozess[35] und die Trennung dieser beiden Systeme stehen dieser Anforderung diametral gegenüber und sind daher zu vermeiden. Wobei auch hier bestimmte ETL-Prozesse aufgrund verschiedener Quellsysteme nicht zu vermeiden sind, jedoch gerade bei den wichtigsten Daten (Messdaten, Kunden(-umfeld)daten, Gerätedaten) zu vermeiden sind.

SAP Lösungen bereits verfügbar
Die SAP AG bietet mittlerweile seit 2010 mit SAP HANA® eine In-Memory Datenbanktechnologie, die u. a. dieses Dilemma auflöst und als generische Technologie für verschieden Applikationen die Technologie der darunter liegenden Plattform bereitstellt.[36] Die Business Suite SAP ERP Central Component 6.0 (SAP ECC 6.0) ist seit Beginn 2013 auf HANA verfügbar. Die Branchenlösungen für die Energieversorgerindustrie SAP for Utilities und die für Energiedaten relevante Komponenten SAP EDM (Energy Data Management) sind seit dem 15. November 2013 mit dem Service Pack (SP) 02 für SAP ERP 6.0 EhP 7 im SAP Service Marketplace für Kunden verfügbar.

In Zukunft wird es ebenfalls darum gehen Applikationen direkt auf der Datenbanktechnologie zu entwickeln, um die Vorteile der massenhaften Verarbeitung von Datensätzen durch die In-Memory Datenbanktechnologie voll ausnutzen zu können („Der richtige Ort für die Datenverarbeitung")[37] wie in Abb. 17.6 verdeutlicht.

Mit der Verfolgung einer klaren Plattformstrategie durch die SAP AG können auch Anforderungen an MDM-Systeme bedient werden, die heute mit einer integrierten EDM-Lösung noch nicht abgedeckt sind. Für den Fall, dass Energieversorger ihre Infrastruktur oder Teile dieser Infrastruktur als Service für weitere Energieversorger anbieten wollen z. B. die Messdatenvorhaltung- und -verarbeitung so wird dies in Zukunft durch eine Plattform ermöglicht werden (Vgl. Abschn. 17.6.3).

---

[35] ETL = Extract, Transform and Load: Transfer der Daten aus einem transaktionalen System per zyklischer Batchverarbeitung der eine Transformation der Daten aus unterschiedlichen Quellsystemen auf das Format des Zielsystems voraussetzt.

[36] Für weiterführende Informationen zu dem Thema In-Memory-Datenbanktechnologie wird an dieser Stelle auf das Buch In-Memory Data Management – Ein Wendepunkt für Unternehmensanwendungen von Hasso Plattner und Alexander Zeier verwiesen.

[37] Vgl. Plattner und Zeier 2012, S. 161 f.

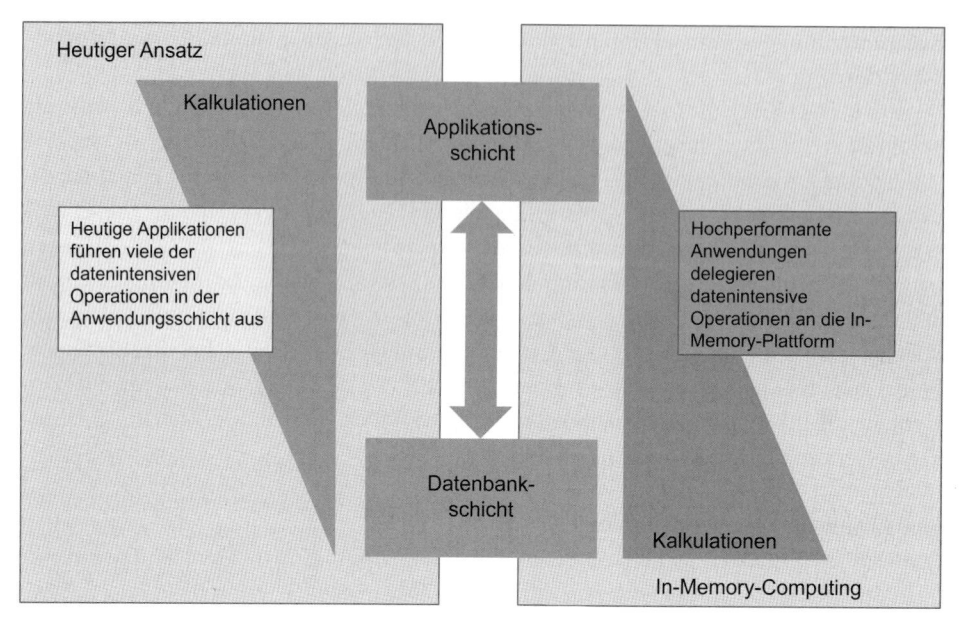

Abb. 17.6 Verschieben von Business-Logik in die Datenbank. (SAP Deutschland AG & Co. KG/ Consulting, Hoppe 2012)

17.6.3 IT- und OT-Integration

Die Integration von Informationstechnologie-Systemen und Operationaler Technologie ist aktuell, nicht nur für deutsche Energieversorger, sondern weltweit, einer der Haupttreiber für die Branche. Angetrieben ist diese Entwicklung durch die Konvergenz der Netze (siehe Abschn. 17.1), Smart Grid, Smart Metering, Smart Market, die Integration von Erneuerbaren Energien und die Verfügbarkeit von neuen Technologien, die in der Lage sind, große Datenvolumen in Echtzeit zu verarbeiten.

Verteilnetzbetreiber profitieren in besonderem Maße
Ein Bedarf für solche Lösungen besteht in besonderer Weise bei Verteilnetzbetreibern, die mit dem Netzmanagement sowie den damit verbundenen Aufgaben und Pflichten betraut sind und daher stark von einer IT-OT-Integration profitieren können. Dadurch lassen sich auch Kostensparpotenziale identifizieren und realisieren. Dies betrifft Kostensparpotenziale bedingt durch eine veränderte Systemarchitektur (z. B. nur noch ein System für OLTP- und OLAP-Zwecke) als auch die vereinfachte Analyse von Daten und Prozessen nach der Einführung. Ebenso kann die Qualität der Daten durch die Einführung verbessert werden.

IT-OT-Integration ist auch ein Thema für Akteure des Smart Markets
Aber auch Lieferanten oder Energieeffizienzdienstleister (also ein Marktakteur ohne eine technische Infrastruktur wie ein Netz oder Smart Grid) können von der neuen Plattform

profitieren, da auch sie sich in der Lage wiederfinden die Verarbeitung von empfangenden Daten zu beschleunigen, als auch die Verarbeitung von transaktionalen sowie analytischen Daten gemeinsam auf einer Plattform zu ermöglichen. Es muss möglich sein auf den gerade transaktional verarbeiteten Werten ad hoc-Analysen durchzuführen und die Ergebnisse für die weitere Prozessausführung zu berücksichtigen. Damit wird langfristig die permanente Informationsgewinnung auf Basis vorhandener Daten ermöglicht und jede neue Information direkt mit in die Analysen einbezogen.

Für Marktakteure wie Lieferanten sind zukünftig Daten aus der technischen Infrastruktur, vor allem dem SMGW, per TLS-verschlüsselter Kommunikationsstrecke zu empfangen und nicht mehr wie bisher alle regulierten technischen Prozesse den Lieferanten betreffend per *EDIFACT*-Nachrichten (z. B. *MSCONS* für Messwerte) durchzuführen. Ebenso sind die empfangenden Nachrichten zeitlich wesentlich schneller zu verarbeiten, als es bei den nur bedingt zeitkritischen EDIFACT-Nachrichten der Fall ist. Damit verändert sich:

1. Die Anzahl möglicher Sender, anstelle der VNBs tritt ein Vielfaches an SMGWs für einige Prozesse wie die Kommunikation von Messwerten oder Statuswerten.
2. Die direkte Kommunikation mit der technischen Infrastruktur, anstelle von einer zentralen Marktrolle (MSB/MDL) für alle Geräte oder Messwerte.
3. Die zeitlichen Anforderungen an die Verarbeitung der empfangenen Nachrichten.
4. Die Business Logik für die Analyse von Daten und der Verwendung in Geschäftsprozessen.

Gerade der Empfang von Daten aus verschiedenen Quellen (Preisinformationen von der Börse, Netzzustandsdaten von dem VNB, Verbrauchsdaten von dem SMGW etc.) und die Kombination dieser Daten, um einen Steuerungsbefehl an die Kundenanlage zu erzeugen sind Aufgaben, die eine hoch performante Plattform voraussetzen.

Ebenso sind retroperspektive Analysen und Wenn-Dann-Analysen durchzuführen, um z. B. qualifizierte Kunden für Kampagnen zu identifizieren.

Ein konkretes Beispiel für diese Integration bietet eine auf *SAP HANA* basierende Lösung mit dem Namen *Transformer Overload Analysis*. Die Lösung errechnet auf Basis von an Transformatoren gemessenen Lastwerten und Umgebungsvariablen wie der Temperatur die individuelle Lebensdauer von Transformatoren, um so vorbeugend Maßnahmen rechtzeitig ergreifen zu können. Das Beispiel dieser Lösung, die bereits von Kunden operativ genutzt wird, zeigt wie nah zukünftig die beiden Welten aneinander rücken werden und wie Technologie die Transformation begleiten und unterstützen kann. Auch wird der Wechsel von einem reaktiven in einen aktiven Modus unterstützt und teilweise erst ermöglicht.

Im Zentrum der IT/OT-Integration steht für die SAP AG die Real-Time Data Platform. Die einzelnen Komponenten sind in der Abb. 17.7 zu erkennen. In der Real-Time Data Platform stehen folgende spezialisierte Datenbanken zur Verfügung:

- *SAP Sybase Adpaptive Server* Enterprise (ASE): die relationale Datenbank für Transaktionsdaten aus Anwendungen für der SAP Business Suite.

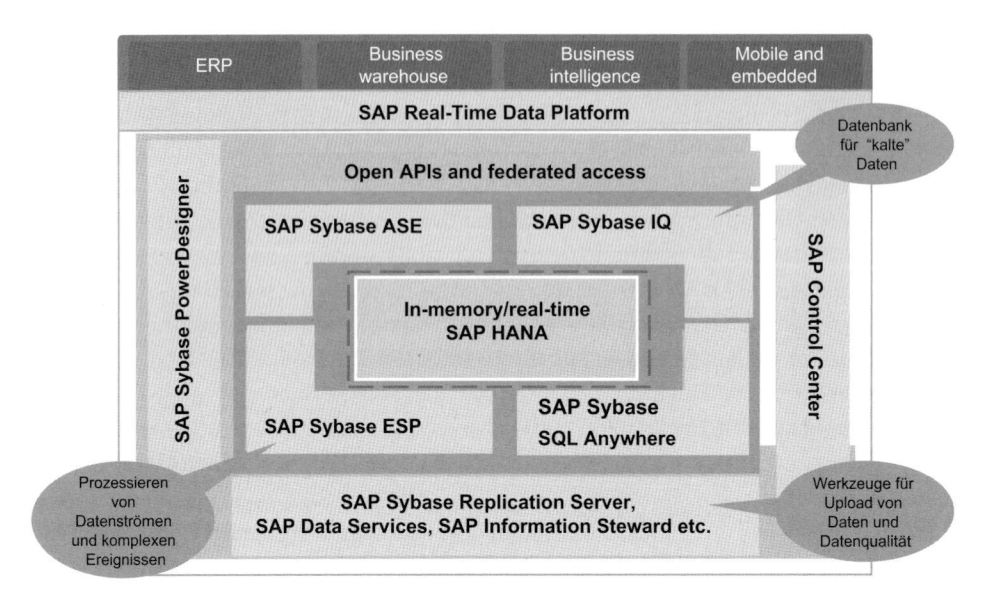

Abb. 17.7 Mit weiteren Lösungen wird SAP HANA zur SAP Real-Time Data Platform. (SAP AG, Walldorf 2013)

- *SAP Sybase IQ*: der Analyse-Server für die Analyse von Business-Intelligence-Daten und als Speicher für SAP NetWeaver Business Warehouse.
- *SAP Sybase SQL Anywhere:* die Datenbank für mobile Endgeräte und eingebettete Systeme.
- *SAP HANA:* die In-Memory-Datenbank für die Auswertung von Informationen in Echtzeit.

Zur Orchestrierung der Datenströme stehen die folgenden Werkzeuge zur Verfügung:

- *SAP Data Services:* optimiert strukturierte und unstrukturierte Daten – von der Dublettenprüfung bis hin zur Validierung.
- *SAP NetWeaver Master Data Management:* konsolidiert und harmonisiert unternehmensweit alle Stammdaten.
- *SAP Master Data Governance:* ermöglicht es, Änderungen an Stammdaten nachzuverfolgen und zeitnah freizugeben.
- *SAP Sybase Replication Server:* verteilt die Daten an die passenden Datenbanken.
- *SAP Sybase Event Stream Processor (SAP Sybase ESP):* analysiert Streaming-Daten und lädt geschäftskritische Informationen in jede beliebige Datenbank der SAP Real-Time Data Platform.[38]

---

[38] Vgl. SAP AG 2013, S. 4 f.

Der Großteil geschäftlicher Informationen liegt in spezialisierten Datenbanken für Analysen, Transaktionsdaten und für den mobilen Einsatz. […] Bislang bilden diese Systeme einzelne Silos. In der SAP Real-Time Data Platform sind sie eine Einheit. Der Vorteil: IT-Experten können die gesamte Informationsbasis zentral verwalten, statt Datenbanken separat anzusprechen.[39]

17.7 Standardisierung

Gerade die Enabler-Schicht muss in Zukunft standardisierte *Adaptoren* für die häufigsten Datenobjekte entwickeln, damit sich ein Smart Market entwickeln kann. Der Markteintritt für neue Smart Market-Akteure darf nicht schon alleine aufgrund hoher Markteintrittshürden durch komplexe, vielfältige und EVU-spezifische Schnittstellen und Datenbereitstellung beschränkt werden. Im Gegenteil, diese Daten müssen per standardisierter Prozesse und Formate zugänglich gemacht werden.

Für eine Analyse des kundenindividuellen Verbrauchs durch einen Energieeffizienzdienstleister (z. B. mit dem Ziel Kosten einzusparen über die Wahl eines anderen Tarifs oder die Verschiebung von Verbräuchen) gibt es folgende Möglichkeiten, damit der Energieeffizienzdienstleister die Verbrauchsdaten des Kunde zur Durchführung der Analyse zugestellt bekommt:

1. **Nutzung vorhandener und bereits standardisierter Kommunikationsstrukturen (Status quo)**
   In diesem Fall muss der Energieeffizienzdienstleister die Marktkommunikation[40] nach UN/EDIFACT mit dem MSB (GWA) zur Anforderung der Auswertungs- und Kommunikationsprofile auf dem SMGW und ebenfalls die technische Kommunikation mit einem SMGW oder dem GWA-System zum Empfang der Verbrauchsdaten durchführen können.
   Vorteile: standardisierter Weg, Daten sind „sicher" verschlüsselt, zeitnahe Kommunikation.
   Nachteile: aufwendig, benötigte Prozesse und Kommunikationswege in der Regel nur bei schon vorhandenen Akteuren (VNB, Lieferant, MSB/MDL) implementiert, der eigentliche Verbrauchsdatenempfang und -versand stellt nur einen kleinen Teil dar, der MSB (GWA) muss die Einwilligung des Kunden zur Übertragung an den Dienstleister

---

[39] SAP AG, 2013, S. 4 f.
[40] UN/EDIFACT (United Nations Electronic Data Interchange for Administration, Commerce and Transport. Hierbei handelt es sich um einen branchenübergreifenden internationalen Standard der United Nations für die Datenkommunikation im Geschäftsverkehr. Die Prozess- und Formatgestaltung wird in Deutschland durch die Bundesnetzagentur unter Mitarbeit verschiedener deutscher Verbände der Energiewirtschaft vorgenommen und regelt u. a. die Kommunikation der verschiedenen Marktrollen untereinander.

erhalten – bisher ist dieser Weg noch nicht geklärt, zumindest der MSB (GWA) muss involviert werden.
Anwendung: wenn Verbrauchsdaten regelmäßig und häufig benötigt werden, da Initialaufwand recht hoch ist.

2. **Verteilung über den Endkunden (möglicher Status futurus)**
In diesem Fall wird davon ausgegangen, dass der Endkunde seine Verbrauchsdaten regelmäßig empfängt. Der Endkunde leitet seine Verbrauchsdaten an einen Dienstleister seiner Wahl weiter und entscheidet über Empfänger (an wen) und Qualität (Menge, Zeitraum, Granularität (welche Daten)). Der zweite Weg ist nicht standardisiert, grundsätzlich sind die Optionen hier vielfältig und reichen von einem Microsoft Excel Datenformat Export bis hin zu einem WebService XML-Datenformat basierten Export.
Vorteile: Endkunde kann dies vollständig selbst ausführen, kein bis geringer Prozessaufwand für Versand der Daten, keine weitere Involvierung von Akteuren, Point-2-Point-Kommunikation.
Nachteile: muss durch Endkunden selbst durchgeführt werden, kein standardisierter Weg.
Anwendung: wenn Verbrauchsdaten unregelmäßig und selten benötigt werden, da kein Initialaufwand.

Auch im Bereich des Datenaustauschs mit einem GWA-System existieren Ansätze, für welche sich eine Standardisierung anbietet. Dies geschieht unter der Annahme, dass das GWA-System **nicht** in das Backendsystem des gzMSB/gzMDL[41] integriert ist. Hierfür sprechen verschiedene Gründe wie die Zertifizierung des GWA-Systems nach ISO 27001 (bauliche Anforderungen an den Rechenzentrumbetrieb, prozessuale Anforderungen), Erbringung der GWA-Dienstleistung als Service für andere Marktteilnehmer und Erbringung der GWA-Dienstleistung verpflichtend für andere Marktteilnehmer.

In diesem Kontext schien es bisher sinnvoll, eine enge Integration zwischen dem Backendsystem des gzMSB/gzMDL und dem GWA-System über eine eigene Schnittstelle zu etablieren. Allerdings **muss** der gzMSB/gzMDL auch anderen Marktakteuren (in diesem Kontext Messstellenbetreibern) den Zugang zu dem GWA-System ermöglichen. Dies trifft in dem Fall einer Serviceerbringung der GWA-Dienstleistung für z. B. kleinere Stadtwerke zu (Situation: definiert durch den Markt) oder aber auch in dem Fall, dass Strom und Gas VNB nicht durch den gleichen Energieversorger abgedeckt sind (Situation: reguliert durch Vorgaben). Gaszähler sind aber ebenfalls an das SMGW zu konnektieren. Eine eigene Installation eines SMGW ist hier unwirtschaftlich und technisch nur bedingt möglich (keine eigene Stromversorgung bei Gaszählern). Daher bleibt der Strom-VNB grundzuständiger MSB/MDL und SMGW-Administrator (hier darf es nur eine 1:1-Beziehung zwischen GWA und SMGW geben), der Gas-MSB muss hier jedoch auch Konfiguration über den gzMSB/gzMDL auf das SMGW bringen können. Zu diesem Zweck empfiehlt es sich nicht alle Daten des fremden MSB/MDL durch das eigene Backendsystem zu routen

---

[41] gzMSB/gzMDL = grundzuständiger MSB/grundzuständiger MDL.

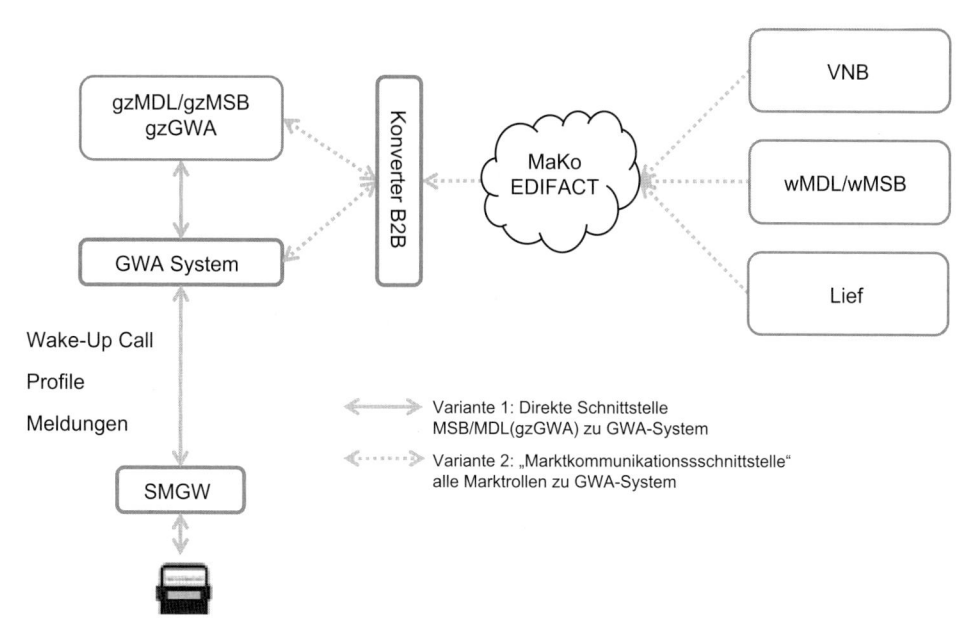

Abb. 17.8 Anbindung verschiedener Backendsystem in das GWA-System

oder zu persistieren (Variante 1), sondern eine direkte Verbindung der Marktkommunikation in das GWA-System herein zuzulassen (Variante 2). Die Abb. 17.8 zeigt dies auf.

Zusätzlich muss auch der eigene MSB/MDL für bestimmte Messstellen auf fremde GWA-Systeme, also per Marktkommunikation zugreifen können.

In der Folge wird die Frage aufgeworfen, ob der innerbetriebliche Zugriff (gzMSB/gzMDL auf eigenes GWA-System) nicht auch durch die Prozesse zur Marktkommunikation durchgeführt werden kann, um eine weitere Schnittstelle und dadurch kosteneffektiv Systeme bereit stellen zu können. Offen ist noch, ob diese Art des Zugriffs über die heute bekannten EDIFACT-basierte Marktkommunikation stattfinden wird, mit all ihren Vor- und Nachteilen oder ob dies durch eine andere Form der Kommunikation (z. B. Web-Service basierte Kommunikation) zwischen den Marktteilnehmern abgelöst wird. Gerade für diese Art der Kommunikation ist die Frage detailliert und begründet zu beantworten, bevor hier regulatorische Vorgaben in Kraft gesetzt werden.

Das Beispiel zeigt, dass es für einen funktionierenden Smart Market durchaus einen Standardisierungsbedarf geben wird. Standardisierung kann entweder regulatorisch durch die BNetzA vorgegeben werden oder sich am Markt durchsetzen. Anderserseits erzeugt eine regulatorische Definition der Standards für recht hohe Markteintrittshürden (wie das oben stehende Beispiel zeigt). Daher ist anhand von Kriterien (Frequenz der Prozesse, Anzahl der Prozesse, Bedeutung der Prozesse) sorgfältig abzuwägen, ob eine regulatorische Vorgabe sinnvoll und einer Marktentwicklung dienlich ist oder eine Entwicklung nur verlangsamt.

Es gilt, in Hinblick auf den breiten Einsatz von IKT-basierten Lösungen, Standards zu setzen. Die produzierende Industrie und die Energiebranche selbst benötigen verlässliche Rahmenbedingungen, um auf einer gesicherten Grundlage in die Entwicklung neuer Produkte und die Erneuerung der Energiesysteme (z. B. für eine breite Einführung von Smart Metern als Enabler für neue Konzepte der Energieverteilung, -nutzung und darauf aufbauender neuer Geschäftsmodelle) zu investieren. Ein wesentlicher Schritt in diesem Prozess ist die Verständigung auf einheitliche Kommunikations- und Datenprotokolle, die über nationale Grenzen verbindlich sind und damit der Industrie die Chance eröffnen, sich über die nationalen Märkte hinaus zu positionieren.[42]

17.8 Verteilungsmodelle

17.8.1 Arten der Kommunikation

Im Rahmen von Smart Metering wird es neue Intercompany- and Intracompany-Datenkommunikation geben. Der Weg der Daten ist abhängig von der zugrunde liegenden Funktion. Die Quelle kann in diesen Fällen variieren. Grundsätzlich sind die folgenden Kommunikationsprozesse anzunehmen und systemisch zu unterstützen:

- Marktkommunikation (EDIFACT basiert) – Erweiterungen und neue Prozesse – *Intercompany Data Exchange*
- Schnittstelle GWA-System und MSB-Backend System – *Intracompany Data Exchange*
  - Bisher keine Standardisierung vorgegeben, aber wünschenswert
  - In Abhängigkeit von Prozessdefinitionen gegebenenfalls auch Anbindung von non-SAP Backendsystemen notwendig
  - Anzunehmende Situationen:
    - gzGWA liegt bei MSB + zusätzlicher MSB an Messstelle, hierbei handelt es sich um einen Pflichtfall, daher **muss** die Kommunikation reguliert sein (hierbei sollte es sich um MaKo handeln)
    - gzGWA liegt bei MSB, wird aber nicht selbst erbracht, sondern als Dienstleistung an anderen MSB/GWA ausgelagert. Hierbei handelt es sich um einen nicht zu regulierenden Datenaustausch
- *TLS-Kommunikation* vom SMGW oder GWA-System zu externen berechtigten Marktteilnehmern, vollständig neu, muss durch GWA-System unterstützt werden – Technische Kommunikation

Die Abb. 17.9 zeigt die Wege der drei unterschiedlichen Kommunikationsarten schematisch zwischen den relevanten Systemen und Marktrollen auf.

---

[42] Botthof et. al. 2011, S. 44.

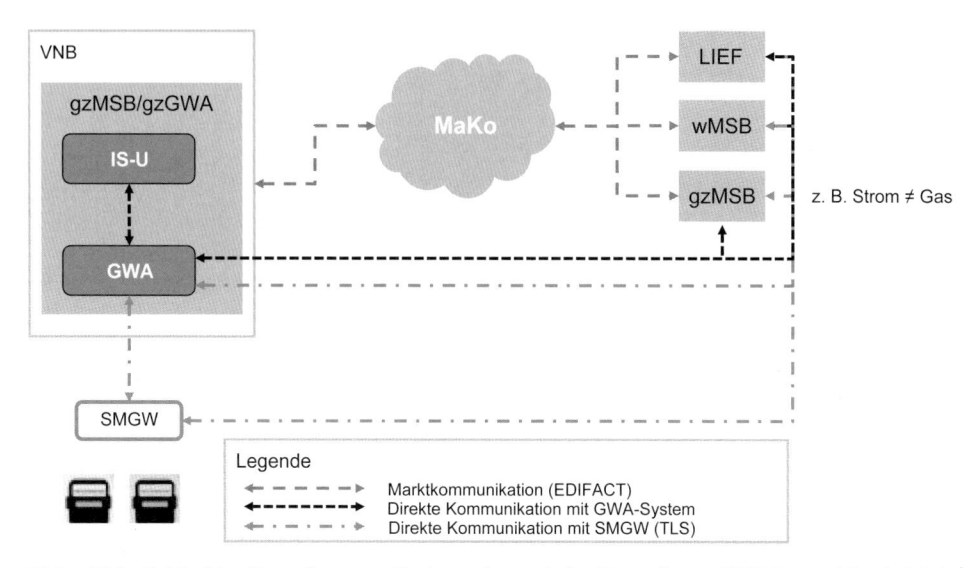

17 Die Logistik des Datenmanagements im Energiemarkt ...

Abb. 17.9 Zukünftige Datenkommunikation schematische Darstellung. (SAP Deutschland AG & Co. KG/Consulting 2013)

17.8.2 Regulierte Prozesse mit SMGW (dezentraler Ansatz)

Die Betriebsprozesse für ein intelligentes Messsystem bestehend aus dem intelligenten Zähler und einem Smart Meter Gateway inklusive Sicherheitsmodul sehen einen dezentralen Ansatz für den Versand von Sensordaten (Messwerte, Netzzustandsdaten, Ereignisse) und die Steuerung von per CLS an das SMGW gekoppelten Geräten vor (hierfür ist für einen Verbindungsaufbau der sogenannte Wake-Up-Call durch den MSB (GWA) notwendig). Die Abb. 17.10 zeigt die möglichen drei Varianten für einen Empfang von Messdaten durch berechtigte Marktteilnehmer. In der Abbildung ist dies, vorerst, begrenzt auf die bereits existierenden berechtigten Empfänger. Grundsätzlich gilt dies (bis auf Variante 3) aber auch für alle anderen Empfänger von Messdaten.

Variante 1 für den Empfang von Daten und Zugriff auf das SMGW, hier erfolgt die Kommunikation zum Marktteilnehmer direkt vom Gateway.

Variante 2 für den Empfang von Daten und Zugriff auf das SMGW, hier erfolgt die Kommunikation zum Marktteilnehmer direkt vom Gatewayadminstratorensystem (ohne dass dieser die Inhalte der Nachrichten kennt).

In *Variante 3* werden die Messdaten über eine zentrale Stelle (hier MSB/MDL) an die relevanten Marktteilnehmer versandt. Dieser Weg wird durch die Technische Richtlinie des BSI zumindest nicht ausgeschlossen. Wobei dies zumindest mit einem Mehraufwand für Daten, von Messstellen an denen der MSB/MDL nicht zuständig, verbunden ist. Diese sind systemtechnisch abzubilden (z. B. für den Versand und die Versandsteuerung) haben

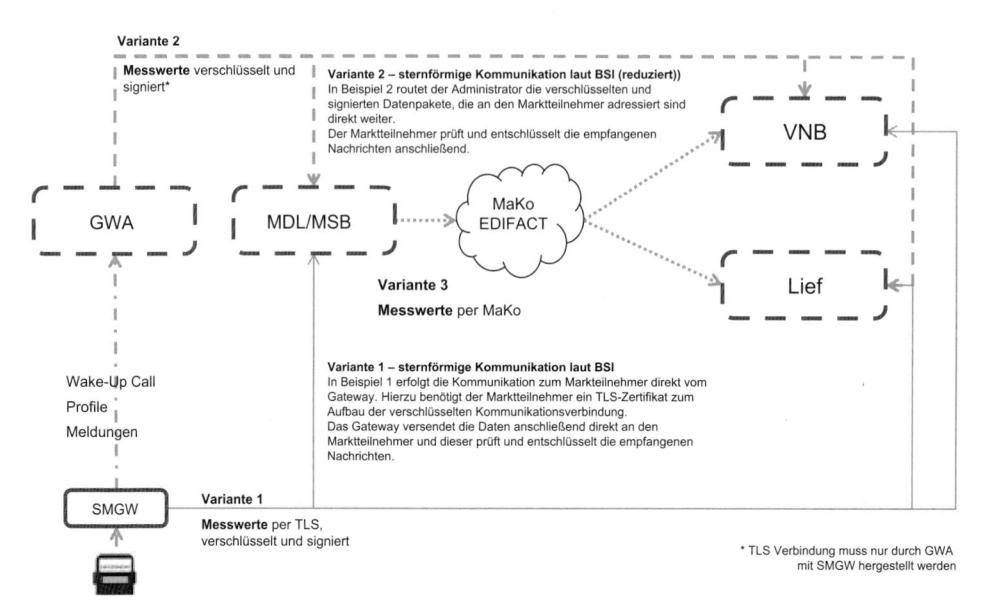

Abb. 17.10 Kommunikation von Messwerten mit sternförmiger Verteilung laut BSI-Schutzprofil. (SAP Deutschland AG & Co. KG/Consulting, Walldorf 2013)

aber keinen Bezug zu beispielsweise abrechnungstechnischen Prozessen in diesem System (dies unterscheidet die Messstellen von den Messstellen an denen der MSB/MDL zuständig ist). Die Rolle wird also nur auf die Aufgaben Messwerthaltung und -versand und evtl. damit verbundener Aufgaben reduziert.

Die beiden ersten Varianten gelten grundsätzlich so auch für den Versand von Zustands- oder Statusdaten an die betroffenen Marktpartner, entweder MSB (GWA) betreffend für Nachrichten bezüglich des SMGW oder der Messeinrichtung oder VNB für Nachrichten bezüglich Netz-relevanter Informationen (z. B. Spannungsabfall).

Der MSB (GWA) ist dafür zuständig, dass nur Daten von berechtigten Marktteilnehmern an das SMGW weitergeleitet werden, muss also die Daten über das Versorgungsszenario[43] an der jeweiligen Messstelle vorhalten, um dies bewerten zu können.

Damit muss jeder Marktpartner über die in der Kundenanlage verbauten Komponenten informiert werden, damit dieser Zugriff auf diese erhält und in die Lage versetzt wird, entsprechende Daten zu empfangen.

---

[43] Das Versorgungsszenario beschreibt in SAP for Utilities die abrechenbaren und nicht abrechenbaren Services am Deregulierungszählpunkt (Services können dabei sein: Verteilnetzbetreiber, Lieferant, Messstellenbetreiber, Messstellendienstleister).

17.8.3 Zentrales Verteilungsmodell (zentraler Ansatz)

Ein zentrales Zugriffsmodell muss für den Bereich der Netzstatusinformation zur Verfügung stehen. Es ist nicht praktikabel, diese Information präventiv und regelmäßig allen Markakteuren durch den VNB zur Verfügung zu stellen, sondern diese Information muss im Bedarfsfall automatisch für angefragte Netzbereiche durch den jeweiligen Marktakteur, der einen Schaltvorgang durchführen möchte, ermittelbar sein. Ebenso ist eine Überprüfung von Schaltbefehlen erst nach Erstellung dieser durch den Markpartner, durch den VNB nicht optimal. Die Information, ob Schaltbefehle ausführbar sind, muss im Vorfeld für den Anweisenden verfügbar sein.

Der interessierte Endkunde wird als relevanter externer Marktteilnehmer Empfänger seiner Messwerte auf kundeneigenen Geräte sein und kann daher, bei nicht-zeitkritischen und nicht regelmäßig benötigten (also z. B. Post-Effizienzanalysen, Findung von Tarifen usw.), als Verteiler dieser Daten fungieren. Damit erhält der Endkunde eine deutliche höherer Flexibilität und für die beteiligten Marktakteure müssen, da nicht zwingend notwendig, die standardisierten Marktprozesse und -formate[44] nicht verwendet werden.

Ebenfalls werden plausibilisierte und ersatzwertgebildete Zählerstandsgänge für die Bilanzkreisabrechnung zentral über den VNB dem relevanten Lieferanten zur Verfügung gestellt.

Datendrehscheibe
Zu dem Thema einer *Datendrehscheibe* als technische Lösung oder als Betreiberrollenmodell wird an dieser Stelle auf das entsprechende Dokument der BNetzA verwiesen.[45] Grundsätzlich ist die Verantwortung nur eines Akteurs für die Aufgabe der Datenverteilung sehr kritisch zu sehen. Aufgrund der Einordnung der Netzinfrastruktur zur Versorgung mit Energie als kritische Infrastruktur ist diese Zentralität aufgrund von Sicherheitsanforderungen und Datenschutzgründen nicht gewünscht. Eine zentrale Koordination (anhand regulatorischer Vorgaben), aber eine technisch-organisatorisch dezentrale Ausführung stellt hier eine geeignete Lösung dar.

Generelle Anforderungen an Zentralregister
In einem *Zentralregister* in Reinform dürfen grundsätzlich nur systemrelevante Daten zur Verfügung gestellt werden, um Wettbewerbsverzerrung auszuschließen. Alle marktdienlichen Themen sind hier per Definition, der Deregulierung und dem Ziel eines Smart Markets auszuschließen.

Sollten hier Informationen die einzelne Akteure betreffend bereitgestellt werden, so ist über ausreichende Zugriffsberechtigungen sicherzustellen, dass Wettbewerbsverzerrungen ausgeschlossen werden können.

---

[44] Dies beinhaltet die EDIFACT-basierte Marktkommunikation (z. B. UTILMD, MSCONS usw.) als auch die TLS-verschlüsselte Kommunikation zum SMGW).
[45] Vgl. Bundesnetzagentur 2011, S. 43 ff.

17.9 Fazit

Die zukünftige Integration von verschiedenen Dimensionen (Kunden, Infrastruktur, Kommunikation, Markt) kann nur erfolgen, wenn es möglich wird, diese engmaschig miteinander zu verknüpfen und effektive End-to-End-Prozesse zu gestalten. Die große Herausforderung liegt hier in der Verknüpfung, zuerst einmal aus einem rein energiewirtschaftlichen Standpunkt heraus, von technischer Welt und betriebswirtschaftlicher Welt (IT-OT-Integration). In der Folge wird sich diese Integration in einen globaleren Kontext einordnen, der unser tägliches Leben betrifft – vermutlich schneller, als wir es heute für möglich halten.

Um dieses Ziel zu erreichen ist der Informationsaustausch absolut notwendig, um den einzelnen Marktakteuren ein gezieltes und rechtzeitiges Handeln zu ermöglichen und damit als Enabler für einen Smart Market zu dienen. Die heutige Systemlandschaft von Energieversorgungsunternehmen bildet Datenströme noch nicht in Echtzeit ab, ebenso sind Datenströme noch nicht ausreichend skalierbar. Die Integration von Physik und Finanzen muss schnell geschaffen werden.

Es gibt im Wesentlichen drei konkrete hinzukommende Anforderungen, die heute so nicht konzipiert sind und konkret im ersten Schritt hin zu einer Realisierung eines Smart Markets ausgestaltet werden müssen:

- Die Versorgung von Dienstleistern im Smart Market mit Verbrauchsdaten neben der sternförmigen Kommunikation von Messdaten in Abhängigkeit vom Zweck des Datenbedarfs (regelmäßig – selten, einmalig – mehrmalig).[46]
- Die Ermittlung von Netzzuständen durch den VNB und die Veröffentlichung dieses Status an die Akteure des Smart Markets.
- Die Steuerung der Kundenanlagen durch Akteure des Smart Markets und die dazugehörigen Prozesse.

Erst, wenn diese Aufgaben erledigt sind, kann sukzessiv ein effizienter Betrieb von Smart Market-Strukturen als On-Top-Lösung aufgebaut werden.

Neben bereits regulierten Prozessen (und damit Datenströmen) wird der Markt zeigen, an welchen Stellen eine weitere Regulierung zur diskriminierungsfreien Teilnahme am Smart Market erforderlich ist.

Ebenso konnte aufgezeigt werden, dass es zukünftig einen hohen Bedarf an Verknüpfung von transaktionalen Datenbanken und analytischen Datenbanken geben wird, da diese direkt miteinander in Beziehung stehen und eine Wechselwirkung aufgrund von Prozessflüssen besteht. Hierbei geht es zum einen darum, die Integration von technischen Prozessen und die Rückkopplung in betriebswirtschaftliche Prozesse zu schaffen, aber eben auch um den Aufbau gemeinsamer Datenquellen und -senken für OLAP und OLTP. Dies ist über Plattform-basierte Lösungen zu schaffen, die zum einen die Möglichkeiten

---

[46] Vgl. Abschn. 17.6.

für die Integration verschiedenster Datenquellen in Echtzeit bieten, aber auch die Vorteile von In-Memory-Datenbanktechnologie mitbringen.

Grundsätzlich sind diese (Basis-)Technologien am Markt verfügbar. Es geht darum die Technologien zu verstehen, einzusetzen und auf die energiewirtschaftlichen und/oder kundenindividuellen Anforderungen anzupassen und geeignete Use Cases hierfür im eigenen Unternehmen zu identifizieren. Aus IT-Sicht ist die Anforderung mit Massendaten in nahezu Echtzeit umzugehen eine der größten Herausforderungen und Chancen zugleich. Daher sind First Mover gefragt, die sich innovativ mit diesen Themen auseinandersetzen und erste Schritte unternehmen, um einen Smart Market zu etablieren.

Der Einsatz dieser Technologien ist nicht ausschließlich für einen Smart Market erforderlich, sondern wird durch die sich hin zu einer wesentlich dynamischeren Energiewirtschaft entwickelnden Welt in Zukunft nichtsdestotrotz benötigt. Standardsoftwarehersteller wie SAP können hier mit ihrem IT-Know-how und langjährigen Erfahrungen unterstützen und gemeinsam mit Kunden Lösungen bauen, wie es auch erfolgreich in der Vergangenheit praktiziert wurde.

Literatur

Botthof, A., et al.: Technologische und wirtschaftliche Perspektiven Deutschlands durch die Konvergenz der elektronischen Medien. Studie der VDI/VDE Innovation + Technik GmbH, Berlin (2011)

Bundesamt für Sicherheit in der Informationstechnik (BSI): Technische Richtlinie BSI TR-3109-1 – Anforderungen an die Interoperabilität der Kommunikationseinheit eines intelligenten Messsystems, Version 1.0. Bonn (2013)

Bundesministerium der Justiz: Energiewirtschaftsgesetz vom 7. Juli 2005 (BGBl. I S. 1970, 3621), das durch Artikel 1 u. 2 des Gesetzes vom 20. Dezember 2012 (BGBl. I S. 2730) geändert worden ist (Energiewirtschaftsgesetz – EnWG). Berlin (2012)

Bundesministerium für Wirtschaft und Energie (BMWi) und Bundesministerium für Umwelt, Naturschutz und Reaktorsicherheit (BMU): E-Energy – Smart Energy made in Germany. Berlin (September 2010). http://www.e-energy.de/. Zugegriffen: 22. Dez. 2013

Bundesnetzagentur: „Smart Grid" und „Smart Market". Eckpunktepapier der Bundesnetzagentur zu den Aspekten des sich verändernden Energieversorgungssystems. Bonn (Dezember 2011)

CDU/CSU und SPD: Deutschlands Zukunft gestalten – Koalitionsvertrag zwischen CDU, CSU und SPD, 18. Legislaturperiode. (2013)

Council of Supply Chain Management Professionals (CSCMP): CSCMP Supply Chain Management. http://cscmp.org/about-us/supply-chain-management-definition (2013). Zugegriffen: 26. Dez. 2013

Hoppe, C.: Kundenpräsentation. Walldorf (2012)

Richtlinie 2009/72/EG des europäischen Parlaments und des Rates vom 13. Juli 2009 über gemeinsame Vorschriften für den Elektrizitätsbinnenmarkt und zur Aufhebung der Richtlinie 2003/54/EG („Stromrichtlinie")

Lauterborn, A., et al.: Fallstudie 1: Spartenübergreifender Rollout-Pilot bei der RheinEnergie AG. In: Aichele, C., Doleski, O.D. (Hrsg.): Smart Meter Rollout – Praxisleitfaden zur Ausbringung intelligenter Zähler. Springer, Wiesbaden (2013)

Ostermann, H., Hoppe, C.: Vortrag auf der CeBIT 2013, Titel: Smart Markets erschließen – Notwendige (IT) Schritte für eine Positionierung von EVUs im Energiemarkt der Gegenwart und Zukunft. Walldorf (2012)

Pfohl, H.-C.: Logistiksysteme, 7. Aufl. Springer, Wiesbaden (2003)

Pfohl, H.-C.: Marketing-Logistik. Gestaltung, Steuerung und Kontrolle des Warenflusses im modernen Markt. Distribution-Verlag, Mainz (1972)

Plattner, H., Zeier, A.: In-Memory Data Management – Ein Wendepunkt für Unternehmensanwendungen. Springer, Wiesbaden (2012)

SAP AG: Die SAP Real-Time Data Platform: Datenmanagement neu denken – Ein Datenhub für das gesamte Unternehmen. Walldorf (2013). http://download.sap.com/germany/download.epd?context=177613A13E73815FAE3F1DD9CFC9F9E0F4179F09FB102A96F5C3F369B4D9496FD5DCBC91188E745C0AA9FEC5E2D43D4CC4920CD100D65CFB. Zugegriffen: 30. Dez. 2013

Zeit Online: Koalitionäre planen Prepaid-Karten für Strom, November 2013. http://www.zeit.de/politik/deutschland/2013-11/strom-prepaid-koalitionsverhandlungen. Zugegriffen: 01. Jan. 2014

Smart und sicher – geht das?

18

Rudolf Sichler

Informationssicherheit im Smart Grid und Smart Market

Zusammenfassung

Smart und sicher – das scheinen tatsächlich zwei Konzepte zu sein, die sich nicht ohne weiteres unter einen Hut bringen lassen. Der folgende Beitrag unternimmt den Versuch, den Leser mit den grundlegenden Aspekten von Informationssicherheit im Kontext Smart Grid/Smart Market vertraut zu machen.

In den Abschnitten „Smart …" sowie „… und sicher" werden die grundlegenden Begriffe und Konzepte eingeführt und die unterschiedliche Priorisierung der Schutzziele Vertraulichkeit, Integrität und Verfügbarkeit durch die Corporate IT und die Operational IT im Smart Grid diskutiert.

Im Kern geht es bei Sicherheitsthemen immer um das Erkennen, das Bewerten und das Begrenzen von Risiken. Die im Kontext Informationssicherheit gebräuchlichen Risikomodelle werden in einem eigenen Abschnitt diskutiert. Dabei wird neben dem klassischen Risikomodell, wie es in der Versicherungswirtschaft zum Einsatz kommt, insbesondere auf das logische Risikomodell der Informationssicherheit eingegangen.

Breiten Raum nimmt danach die Behandlung von Informationssicherheitsschwachstellen und Angriffsvektoren auf diese ein. Am Beispiel aktueller Fälle wird deutlich, dass unsere Anlagen, Netze und Geschäftsprozesse über ganz konkrete Schwachstellen ganz realen Bedrohungen ausgesetzt sind. Ein kurzer Streifzug über die öffentlich

---

R. Sichler (✉)
Pfalzwerke Aktiengesellschaft,
Kurfürstenstraße 29, 67061 Ludwigshafen, Deutschland

zugängliche Einschätzung zur Lage der Informationssicherheit im Energiesektor in Deutschland und den USA schließt sich an.

Worin liegen nun die Ursachen, die für die gestiegene Verletzlichkeit des Smart Grids und des Smart Markets verantwortlich sind? Dieser Frage geht der Abschnitt „Die neue Qualität des Smarten" nach.

Auf die Anstrengungen der Politik, der Behörden, der Unternehmen und der Branchenverbände, den neuen Herausforderungen zu begegnen, wird im darauf folgenden Abschnitt eingegangen.

Ein kurzes Streiflicht auf die Forschungsaktivitäten und die noch zu bearbeitende Forschungsagenda zur Informationssicherheit im Energiesektor mit Schwerpunkt Smart Grid und Smart Market zeigt, dass noch längst nicht alle wesentlichen Fragen beantwortet sind.

Die Reduktion von Sicherheitsschwachstellen ist eine zentrale Forderung der Informationssicherheit. Klassische Sicherheitskonzepte, wie z. B. „Defense in Depth" sind an der Prosumer-Schnittstelle teils aus Kostengesichtspunkten, teils aus der Rollen- und Verantwortungstrennung heraus nicht in dem gewünschten Maße realisierbar. Daher gilt die Forderung, die ITK- Komponenten an diesen Stellen mit dem Ansatz „Security by Design" möglichst resistent gegenüber Angriffen zu machen. Was „Security by Design" im Kontext der Softwarearchitektur von Cybergateways bedeutet, wird im folgenden Abschnitt betrachtet.

Sicherheit zum Nulltarif gibt es nicht. Im Abschnitt „Kosten der Sicherheit" werden die relevanten Kostenarten und Kostenträger identifiziert. Ein grober Kostenbenchmark, der kürzlich für die kanadischen Verhältnisse veröffentlicht wurde, soll eine Idee zur Höhe der Sicherheitskosten vermitteln.

Das abschließende Resümee fasst den Beitrag zusammen und wagt den Versuch, die Eingangsfrage zu beantworten.

18.1 Smart…

„*smart* [smaːt] adj a) schick; flott b) clever; intelligent" – so übersetzt Collins English/German Dictionary[1] diese in letzter Zeit so häufig in der Welt der Energie zitierte Eigenschaft von Technologien, Netzen und Märkten und in gewisser Art und Weise treffen alle diese Eigenschaften auch zu. Die häufigste Interpretation stellt jedoch sicherlich auf die Eigenschaft *„intelligent"* ab.

Der Begriff der „*Intelligenz*" im technischen Kontext wird geradezu inflationär benutzt. Von daher ist es nicht ganz einfach, eine brauchbare Definition für unseren Zweck zu finden. Wesentliche Fähigkeiten von intelligenten technischen Komponenten und Systemen sind hierbei sicherlich

---

[1] PONS Collins 1999.

- das Gewinnen von Informationen aus dem Umfeld,
- das Aggregieren und Kombinieren dieser Informationen,
- das Ableiten von Aktivitäten aus gewonnenen Informationen,
- der Austausch von Informationen mit dem Umfeld,
- das autonome Interagieren mit anderen Systemen und auf einer höheren Ebene
- das Lernen im Sinne einer Optimierung von Funktionalität und Wartbarkeit.

In diesem Zusammenhang spricht man bereits von Maschinen-Intelligenz-Quotienten (MIQ)[2].

Die Umsetzung dieser Fähigkeiten erfolgt weitgehend in Software. Um die Interaktions- und Kommunikationsfähigkeit darstellen zu können, müssen die Systeme untereinander vernetzt sein und in vielfältiger Weise miteinander und mit der Außenwelt kommunizieren. Die Kommunikation wird dabei mittels einer Vielzahl von Datenkommunikationsprotokollen und über praktisch alle aktuell verfügbaren technischen Kommunikationstechnologien realisiert.

An dieser Stelle kommt nun die dunkle Seite ins Spiel. Software, sofern sie einen gewissen Umfang überschreitet, ist nie frei von Fehlern. *Datenkommunikation* kann abgehört, manipuliert und gespeichert werden. Über das Internet können potenziell Milliarden von Menschen und Maschinen, aber auch Organisationen und Staaten automatisiert nach Schwachstellen suchen und diese für alle erdenklichen Zwecke auszunutzen versuchen.

▶ Gilt daher der Zusammenhang: Je smarter, desto anfälliger?

18.2 ... und sicher

„The only truly secure system is one that is powered off, cast in a block of concrete and sealed in a lead-lined room with armed guards – and even then I have my doubts."[3]

Der deutsche Begriff *Sicherheit* umfasst ein weites Feld. Das Englische ist hier präziser und unterscheidet zwischen safety und security. *Safety* adressiert hierbei die Aspekte Betriebssicherheit und Arbeitssicherheit. Maßnahmen im Sinne von safety sollen in der Hauptsache dafür sorgen, dass zufällige, unabsichtliche Störungen nicht zu einem technischen Versagen und dadurch zu einer Gefährdung von Leib und Leben von Menschen und Tieren oder zu Umweltschäden führen. Von *security* wird dann gesprochen, wenn es um das Erkennen und die Abwehr insbesondere von gezielten Angriffen auf bestimmte Ressourcen und Werte geht. Im Kontext Smart Grid und Smart Market nimmt die Ressource Information eine zentrale Stellung ein. Daher wird im Folgenden der Begriff Sicherheit im Sinne von *Informationssicherheit* oder *information security* verwendet.

---

[2] Vgl. Universität Stuttgart IAS 2013.
[3] Spafford 2013.

Abb. 18.1 Begriffliche Einordnung

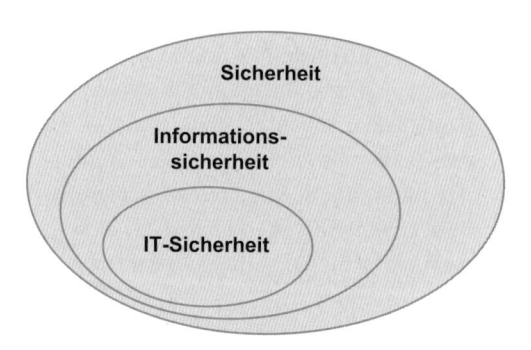

Sehr häufig trifft man in diesem Zusammenhang auch auf den Begriff der IT-Sicherheit, der auf die Informationssicherheit von informations- und kommunikationstechnischen Systemen (IKT) fokussiert (siehe Abb. 18.1).

Die Beschäftigung mit Informationssicherheit ist kein Selbstzweck, sondern verfolgt konkrete Ziele. Im Kontext der Informationssicherheit hat sich für diese der Begriff *Schutzziele* eingebürgert. Die klassischen Schutzziele sind

- die Wahrung der Vertraulichkeit der Information,
- die Integrität der Information sowie
- die Verfügbarkeit der Information.

CIA versus AIC

Im Englischen heißen diese drei klassischen Schutzziele confidentiality, integrity und availability und werden auch als CIA-Triade bezeichnet. Die Reihenfolge der drei Begriffe drückt dabei auch ein gewisses Ranking in der Bedeutung, bzw. der Wichtigkeit des Schutzzieles aus. Insbesondere im Smart Grid-Kontext wird dieses Ranking, das sich bei der Betrachtung der Schutzziele im typischen Corporate IT-Umfeld herausgebildet hat, so nicht akzeptiert. Hier erhält die Verfügbarkeit (availabililty) den Vorrang vor der Integrität (integrity) und diese steht wiederum vor der Vertraulichkeit (confidentiality), zumindest, was die Netzbetriebsprozesse angeht. Dieser Unterschied wird in der Fachdiskussion häufig als „CIA versus ACI approach" referenziert.

Die drei klassischen Schutzziele wurden in den letzten Jahren mit zwei weiteren Hauptschutzzielen ergänzt. Diese sind die Transparenz und die Kontingenz[4]. Das Ziel *Transparenz* steht zwar vordergründig im Widerspruch zur Vertraulichkeit, wird aber dann plausibel, wenn man die Unterziele Zurechenbarkeit/Nichtabstreitbarkeit (accountability), Authentizität (authenticy) und Revisionsfähigkeit (reviewability) betrachtet. Die *Kontingenz* soll an dieser Stelle nicht weiter betrachtet werden. Allerdings lohnt es sich, die Unterziele des Hauptziels Integrität, nämlich die Verlässlichkeit (reliability), die Beherrschbarkeit (controllability) und die Nicht-Vermehrbarkeit (non propagation) im Sinne von Immunität gegenüber Replay-Angriffen zu betrachten, da diese eine wesentliche Rolle im Kontext Smart Grid/Smart Market einnehmen.

---

[4] Vgl. Bedner und Ackermann 2010.

18.3 Risikomodelle

Die Ressourcen, die zur Erreichung dieser Schutzziele eingesetzt werden können sind begrenzt. Daraus leitet sich die Notwendigkeit ab, diese so wirkungsvoll und effizient wie möglich einzusetzen. Ein probater Ansatz hierzu ist, die Mittel für Schutzmaßnahmen risikoorientiert zu allokieren. Dies setzt jedoch notwendigerweise voraus, dass man die *Risiken* kennt und hinreichend gut quantitativ bewerten kann. Hierzu haben sich verschiedene *Risikomodelle* herausgebildet, von denen auf drei weiter eingegangen werden soll:

- Das klassische Risikomodell, auch als Versicherungsmodell des Risikos bezeichnet, welches Risiken als Produkt aus der Eintrittswahrscheinlichkeit der Verletzung der Schutzziele und der im Eintrittsfall erwartenden Schadenshöhe bestimmt.
- Das logische Modell des Risikos, welches Gefährdungen als Zusammentreffen von Bedrohungen und Schwachstellen beschreibt.
- Das Finanzmarktmodell des Risikos, welches das Risiko als Volatilität von Ereignissen sieht.[5]

18.3.1 Das klassische Modell (Versicherungsmodell) des Risikos

Das Risikomodell als Produkt aus der Eintrittswahrscheinlichkeit der Verletzung der Schutzziele und der daraus erwarteten Schadenshöhe ist weit verbreitet und wird hier als bekannt vorausgesetzt. Die Besonderheit dieses Modells liegt darin, dass für die Ermittlung der *Eintrittswahrscheinlichkeit*, welche eine statistische Größe ist, eine hinreichend große Fallanzahl zur Verfügung stehen muss. Insbesondere im Kontext der sich noch stark entwickelnden Marktmechanismen und Technologien im Smart Market/Smart Grid, ist dies jedoch nicht der Fall. Daher erscheint dieser Ansatz in unserem Fall, zumindest als einziger Ansatz, nicht zum Erfolg zu führen.

18.3.2 Das logische Modell des Risikos

Bedrohung → Schwachstelle = Gefährdung; dies ist die Kernformel für die Betrachtung von Gefährdungen und Gegenmaßnahmen. Eine Bedrohung allein, wie sie durch einen Hacker, durch Schadsoftware (Viren, Würmer, Trojanische Pferde usw.) oder aber auch durch höhere Gewalt bestünde, wäre für ein perfektes IT-System in einer perfekten Infrastruktur nicht gefährlich. Erst dadurch, dass das System oder die das System umgebenden Personen, Räumlichkeiten oder Regelungen eine Schwachstelle aufweisen, die durch eine

---

[5] Langner 2012, S. 1 ff.

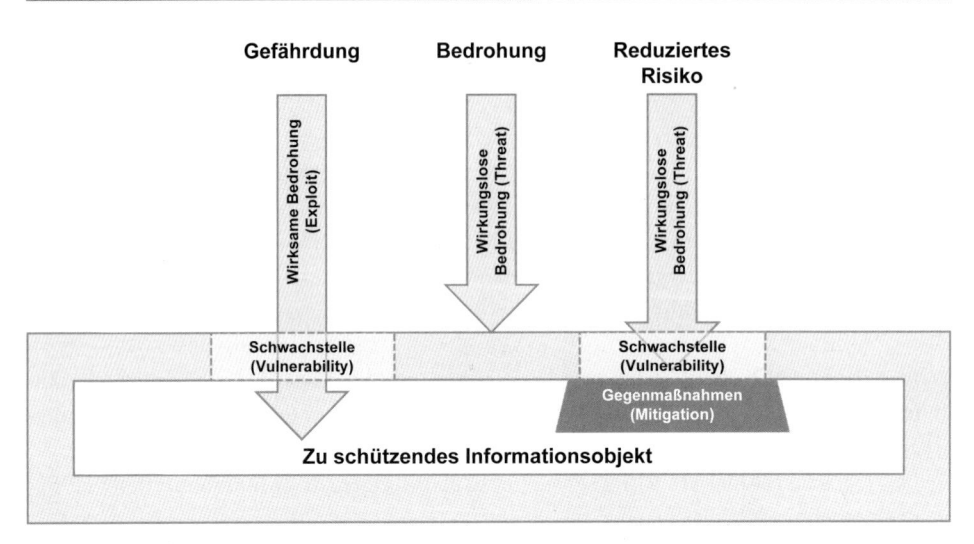

Abb. 18.2 Das logische Modell des Risikos

Bedrohung ausgenutzt werden kann, entsteht eine Gefährdung und damit verbunden ein Risiko (vgl. Abb. 18.2).[6]

Typische Schwachstellen sind beispielsweise

- Fehlerhaft konfigurierte Komponenten
- Programmierfehler, die es erlauben Puffer-Überläufe auszunutzen oder Programmcode in Dialogeingabefelder zu injizieren
- Klartextübertragung von vertraulichen Informationen
- Konzeptschwächen in Programmiersprachen oder Kommunikationsprotokollen

In der Literatur findet man noch ein erweitertes Modell, in dem das die Bedrohung materialisierende Ereignis (incident) mit in die Wirkungskette aufgenommen ist[7]. Abgekürzt ließe sich dieser Ansatz so formulieren:

$$Bedrohung + Ereignis \rightarrow Schwachstelle = Schaden$$

18.3.3 Das Finanzmarktmodell des Risikos

Dieses Risikomodell wurde von Langner[8] auf die industrielle Automatisierungstechnik adaptiert, was auf den ersten Blick sicherlich befremdlich erscheint. Die zentrale Rolle spielt hierbei die Volatilität. Während diese im Kontext von Wertpapierkursen oder Notierun-

---

[6] Vgl. BSI, 2013a Begriffserläuterung und Einführung.
[7] Vgl. Pohl 2004, S 682–684.
[8] Vgl. Langner 2012, S 5 ff.

gen von Commodities Chance und Risiko eines Geschäfts definiert, verbleibt im Kontext Smart Grid nur das Risiko. Man kann sich das an der immer geringer werdenden intrinsischen Stabilität der Energieversorgung durch den Trend weg von einer überschaubaren Anzahl großer und weitgehend von Umwelteinflüssen unabhängigen Kraftwerken hin zu einer unüberschaubaren Anzahl kleiner und mittlerer Erzeugungsanlagen, die wiederum in hohem Maße von unkontrollierbaren Faktoren und insbesondere dem Wetter abhängig sind, erklären. Wenn wir neben den oben genannten, im Zusammenhang mit Fragen der Informationssicherheit im Vordergrund stehenden Schutzziele Vertraulichkeit, Integrität und Verbindlichkeit insbesondere auf das primäre Schutzziel Zuverlässigkeit der Versorgung schauen, so resultiert aus der erhöhten Abhängigkeit von unkontrollierbaren Faktoren, verbunden mit einer hohen technischen Komplexität, ein immer stärker wachsendes Risiko.

18.4 Schwachstellen, Löcher und Angriffe

Das Wissen um oder aber auch nur Vermutungen zu Schwachstellen (vulnerabilities) oder gar Löchern (leaks) in der Informations- und Kommunikationstechnik von Energieerzeugern, Netzbetreibern, Messstellenbetreibern, Lieferanten oder Energieverbrauchern, reizen dazu, diese zu überwinden und für eigene Ziele auszunutzen. Genauso verhält es sich mit dem Wissen um Schwächen in den technischen Prozessen im Smart Grid oder den Geschäftsprozessen im Smart Market sowie der Unternehmensorganisation von Energieversorgern. Auch Schwachstellen im Personal sind kein Tabu. Dabei reicht die Spanne der Motive von sportlich-idealistischem Forscherdrang über profitgetriebene organisierte Kriminalität bis hin zu staatlich geduldeter oder gar unterstützter Wirtschaftsspionage und – unter dem Aspekt der kritischen Infrastrukturen – militärischen und machtpolitischen Interessen.

Der Verkauf von Wissen um Schwachstellen ist bereits seit langem ein gutes Geschäft. Informationen zu Sicherheitslücken in Windows kosten häufig weniger als 100 $, mit Informationen zu Schwachstellen, die geeignet sind, um in Unternehmens- oder Regierungsnetze einzudringen können, lassen sich Preise von bis zu 50.000 $ und darüber erzielen.[9]

Unter dem Begriff *Angriffsvektoren* (attack vectors) werden die möglichen Arten von Angriffen, welche solche Schwachstellen ausnutzen können, zusammengefasst. Von Martin Hutle vom Fraunhofer-Institut für Angewandte und Integrierte Sicherheit (AISEC) wurden z. B. die möglichen Angriffsvektoren mit Fokus auf Smart Grid/Smart Meter-Technologie wie folgt typisiert:[10]

- Hardware manipulation attacks
    - Einbetten von Schadcode, z. B. in Router
    - Manipulation von Hardwarekomponenten, z. B. Smart Meter

---

[9] Vgl. Spehr 2011.
[10] Hutle 2011.

- Software manipulation attacks
  - Integration von Schadcode (in embedded) Software
  - Softwareschwachstellen ausnützen (buffer overflow, code injection, …)
- Network base attacks
  - Identitätsdiebstahl, Denial of Service
  - Cascading malware propagation (Business IT & Plant Control)
- Privacy related attacks
  - Sammeln benutzerspezifischer Daten

Daneben spielen Angriffe auf Anwendungen (Energiedatenmanagement, Portfoliomanagement, Marktkommunikation), Social Engineering Angriffe sowie physische Angriffe auf Anlagen und technische Einrichtungen eine große Rolle. Insbesondere das unter dem Begriff *Social Engineering* gefasste Ausnutzen von Mitarbeitern, um an interne Informationen zu gelangen, wird viel zu häufig unterschätzt.

18.4.1 Exemplarische Vorfälle

Im April 2013 wurde bekannt, dass die Steuerung der Mikro-BHKW-Serie eines bekannten deutschen Herstellers eine fatale Schwachstelle aufwies. Die Steuerung dieses Mikro-BHKW-Typs verfügt neben einem lokalen Bedienpanel am Gerät über einen LAN-Anschluss, der die Steuerung des Mikro-BHKW über ein *Webinterface* oder eine *App* ermöglicht. Der Betreiber der Anlage hat somit nicht nur die Möglichkeit, seine hochmoderne Haustechnik bequem von der Couch aus steuern zu können, sondern kann auch aus der Ferne die gesamte Anlage oder einzelne Komponenten wie beispielsweise die Warmwasserbereitung ein- und ausschalten sowie Sollwerttemperaturen ändern.

Für den Betreiber ist diese zusätzliche Funktionalität besonders im Urlaub oder bei nur zeitweise genutzten Immobilien ein deutlicher Komfortgewinn, und sie wurde nicht zuletzt wegen des möglichen *Fernzugriffs* für den Kundendienst zur Fehleranalyse und Entstörung auch von der Fachpresse als großer Fortschritt hin zu smarten Heizungen gewürdigt. Für Betreiber, die einen Vollwartungsvertrag mit dem Hersteller abgeschlossen haben, ist die Anbindung der hocheffizienten Heizung an das Internet sogar obligatorisch, da der Fernzugriff auf die Anlage dem Kundendienst oftmals eine aufwändige Analyse vor Ort und die damit verbundene Anfahrt ersparen kann.

Eben dieser Fernzugriff über das Internet ließ nun eine Schwachstelle in der Zugangsbeschränkung des Systemreglers zum ernsthaften Problem erwachsen. Mit Kenntnis der genauen Schwachstelle war es Dritten möglich, sich gegenüber der Heizung erfolgreich als vermeintlicher Besitzer, Hersteller-Kundendienst oder gar als „Entwickler" zu authentifizieren und Anlagenparameter zu manipulieren. Noch dazu waren alle Anlagen über einen einfach gestalteten DynDNS-Adressdienst auffindbar.

18 Smart und sicher – geht das?

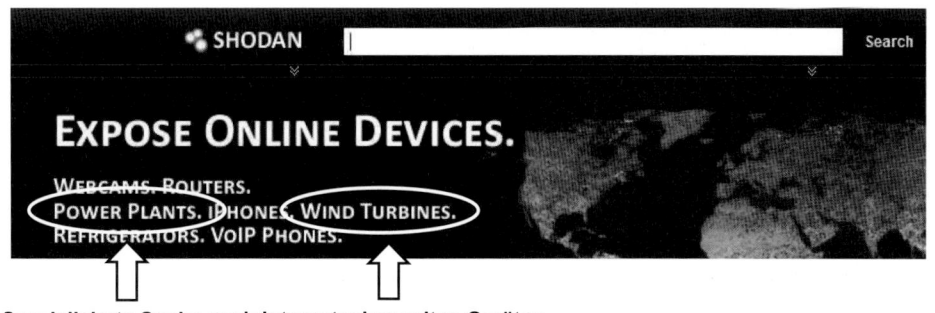

Spezialisierte Suche nach internetgekoppelten Geräten

Abb. 18.3 Spezial-Suchmaschine SHODAN

In der Rolle „Entwickler" war es zudem möglich, dem Kraft-Wärme-Kopplungsmodul über den Anlagen-Bus bestimmte Befehle zu erteilen, die der Hersteller eigentlich selbst dem eigenen Kundendienst nicht zugänglich machen wollte.

Nachdem der Entdecker der Schwachstelle in Zusammenarbeit mit der Redaktion einer renommierten IT-Fachzeitschrift und dem BSI die Schwachstelle öffentlich gemacht hatte, wurden vom Hersteller entsprechende Sofortmaßnahmen eingeleitet und die Beseitigung der Schwachstellen angegangen.[11],[12]

Dabei wurde deutlich, wie einfach potenziell angreifbare Geräte ausfindig zu machen sind. Mit Hilfe der Spezial-Suchmaschine Shodan (Abb. 18.3)[13], die über das Internet erreichbare Geräte indexiert, wurden binnen weniger Minuten nicht nur über 300 betroffene Heizungsanlagen mit der oben beschriebenen Schwachstelle, sondern auch mehr als 1.000 weitere Anlagen gefunden, die direkt über das Internet zugreifbar waren. Darunter befanden sich größere KWK-Anlagen, Industrieanlagen, Kirchenglockensteuerungen und die Warmwasserversorgung eines Gefängnisses.

Ebenfalls im März 2013 brachte der Bayerische Rundfunk einen Beitrag in seinem Politik Magazin Kontrovers mit dem Titel „Terrorgefahr Cyber-Attacken auf Kraftwerke" in dem ähnliche Angriffe auf Wasserkraftwerke, Trinkwasserversorgungseinrichtungen, ja sogar eine fahrende Zahnradbahn gezeigt wurden.

18.4.2 Die Gesamtlage

Es vergeht kaum eine Woche, in der nicht über bekannt gewordene *Cyber-Angriffe* auf Systeme, Netze, Leittechnik oder Web Sites von Energieversorgern berichtet wird. Trotz dieser Flut an Veröffentlichungen ist es nicht einfach, zu einem belastbaren Lagebild der realen

---

[11] Vgl. BHKW-Infothek 2013.
[12] Vgl. Stahl 2013, S.78 ff.
[13] Shodan 2013.

Bedrohungen, Schwachstellen und Angriffe zu kommen. Dazu gestaltet sich die Quellenlage derzeit zu heterogen und bruchstückhaft.

18.4.2.1 Deutschland
Auf staatlicher Seite arbeiten in Deutschland das Bundesamt für Sicherheit in der Informationstechnik (BSI), das Bundesamt für Verfassungsschutz (BfV), das Bundesamt für Bevölkerungsschutz und Katastrophenhilfe (BBK), das Bundeskriminalamt (BKA), die Bundespolizei (BPol), das Zollkriminalamt (ZKA), der Bundesnachrichtendienst (BND) und die Bundeswehr seit 2011 im nationalen Cyberabwehrzentrum (Cyber-AZ) zusammen, um ein umfassendes und aktuelles Lagebild der Informationssicherheit zu gewinnen.[14] Der letzte allgemein verfügbare Lagebericht des BSI zur IT-Sicherheit in Deutschland wurde 2011 herausgegeben und handelt die IT-Sicherheit im Kontext Smart Grid/Smart Meter auf einer einzigen, nicht ganz gefüllten Seite ab.[15] Das Bundeskriminalamt gibt jährlich sein Cybercrime Bundeslagebild heraus, das jedoch bislang noch nicht spezifisch auf *kritische Infrastrukturen* und den Energiesektor eingeht.[16]

Die Allianz für Cyber-Sicherheit, eine Initiative des BSI und des Bundesverbands Informationswirtschaft, Telekommunikation und neue Medien e. V. (BITKOM) sieht sich als Zusammenschluss aller wichtigen Akteure im Bereich der Cyber-Sicherheit in Deutschland und hat das Ziel, aktuelle und valide Informationen flächendeckend bereitzustellen.[17] Aus dieser Quelle stammen eine ganze Reihe von Veröffentlichungen zu speziellen Lagebildern, wie z. B. das Themenlagebild Botnetze oder das Themenlagebild Schwachstellen vom Oktober 2013.[18]

18.4.2.2 Nordamerika
Im Gegensatz zu deutschen oder europäischen Gepflogenheiten veröffentlicht das US-amerikanische Departement of Homeland Security (DHS) ein differenziertes Lagebild. Obwohl die amerikanische Situation sicherlich nicht vollständig auf deutsche oder europäische Verhältnisse übertragbar ist, sollten die veröffentlichten Daten doch für eine erste Einschätzung der Bedrohungslage herangezogen werden können. Das Industrial Control Systems Cyber Emergency Response Team (ICS-CERT) des DHS unterstützt Unternehmen im Falle von Cyber-Angriffen auf Kritische Infrastrukturen und berichtet in seinem Monthly Monitor Newsletter regelmäßig über die aktuellen Incident Response Aktivitäten.[19] Im Zeitraum Oktober 2012 bis Mai 2013 wurden dabei über 200 Vorfälle vom ICS-CERT bearbeitet. Auf den Energiesektor entfielen dabei mehr als die Hälfte aller ausgewerteten

---

[14] Vgl. Bundesministerium des Inneren 2013.
[15] Vgl. BSI 2011, S 22.
[16] Vgl. BKA Bundeslagebild 2012.
[17] Vgl. Allianz für Cybersicherheit 2013.
[18] Vgl. BSI 2013b.
[19] Vgl. Department of Homeland Security 2013.

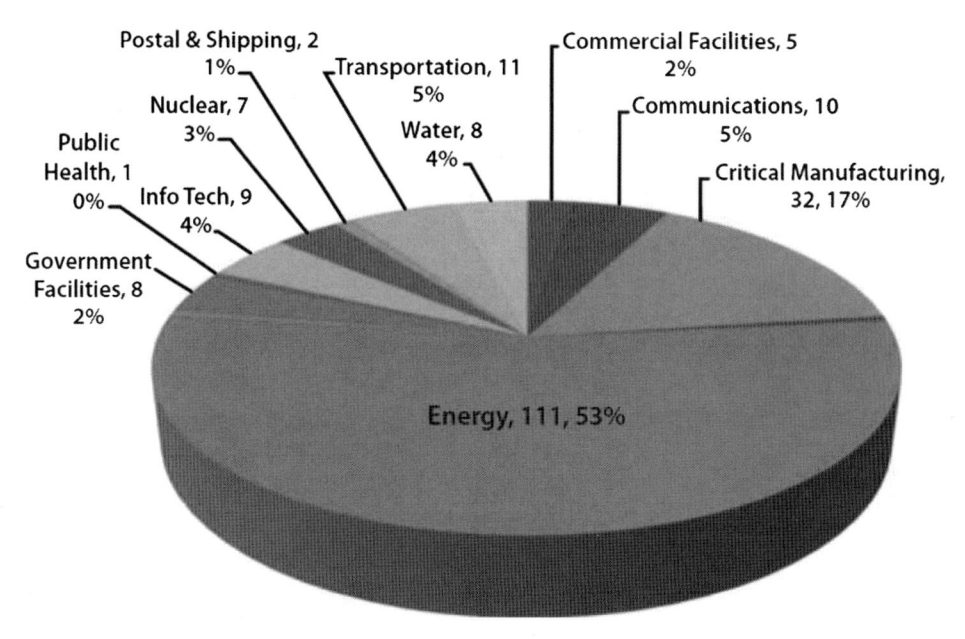

Abb. 18.4 Verteilung der Incidents auf Sektoren. (ISC-CERT)

Vorfälle. Bemerkenswert ist überdies, dass der Anteil der Angriffe auf Energieversorger vom letzten auf das aktuelle Jahr von 41 auf 53 % angewachsen ist (siehe Abb. 18.4). Dies macht deutlich, dass der Energiesektor in den USA innerhalb der kritischen Infrastrukturen die bevorzugte Zielscheibe für Angriffe darstellt.

Dass das US-amerikanische Stromnetz tagtäglich Ziel von Cyber-Angriffen ist, geht aus dem Bericht von Markey und Waxman hervor.[20] Darin berichten die beiden Abgeordneten des US-Repräsentantenhauses folgendes:

„**The electric grid is the target of numerous and daily cyber-attacks.**"
- More than a dozen utilities reported „daily," „constant," or „frequent" attempted cyber-attacks ranging from phishing to malware infection to unfriendly probes. One utility reported that it was the target of approximately 10,000 attempted cyber-attacks each month.
- More than one public power provider reported being under a „constant state of ‚attack‛ from malware and entities seeking to gain access to internal systems."
- A Northeastern power provider said that it was „under constant cyber attack from cyber criminals including malware and the general threat from the Internet…"
- A Midwestern power provider said that it was „subject to ongoing malicious cyber and physical activity. For example, we see probes on our network to look for vulnerabilities in our systems and applications on a daily basis. Much of this activity is automated and dynamic in nature – able to adapt to what is discovered during its probing process."

---

[20] Markey und Waxman 2013.

18.5 Die neue Qualität des Smarten

So aufrüttelnd die Zahlen aus dem Markey-Waxman-Bericht bereits heute sein mögen und so breit das dort beschriebene Angriffsspektrum sich derzeit auch schon darstellt, so stehen wir doch erst am Anfang des Rollouts smarter Konzepte. Dass dieser Rollout einen weiteren Schub an Bedrohungen, Schwachstellen und Angriffen mit sich bringen wird, bestreitet niemand. Doch welches sind nun die Auslöser dieser Entwicklung? Um dies zu beantworten, soll im Folgenden betrachtet werden, welchen informationssicherheitstechnischen Impact die neue Qualität des Smarten bewirkt und welches die in Kauf zu nehmenden Nebenwirkungen von Smart Grid-/Smart Market-Konzepten sein werden.

18.5.1 Das IKT-Referenzmodell

Der ubiquitäre Einsatz von Informations- und Kommunikationstechnik (IKT) im Smart Grid/Smart Market wird in den verschiedenen Architektur-Referenzansätzen deutlich gemacht. An dieser Stelle soll das IKT-Architekturmodell, das im Rahmen des österreichischen Smart Grid Security Guidance (SG)^2-Projektes[21] entstand betrachtet werden (Abb. 18.5). Das Modell, welches aus dem Smart Grid Architecture Model (SGAM) der CEN-CENELEC-ETSI Smart Grid Coordination Group abgeleitet wurde, macht deutlich, an wie vielen Stellen sowohl in allen Domänen (vom Verteilnetz bis zu den Kunden), als auch über alle Zonen (vom Prozess bis zum Markt) Informationstechnologie zum Einsatz kommt und miteinander kommuniziert. Schwachstellen in Konzepten, Software und Hardware einer Domäne, einer Zone, eines Systems können sich über die vielfältigen Kommunikationsbeziehungen an ganz anderen Stellen auswirken.

18.5.2 Diversifizierung der Marktrollen und Wachstum des Datenvolumens

Nach der initialen *Entflechtung* der vorher meist vertikal integrierten Energieversorgungsunternehmen in Netzbetreiber (VNB und ÜNB) und Lieferanten (LF) diversifizierten sich die Marktrollen in den letzten Jahren weiter. Es entstanden die neuen Rollen Messstellenbetreiber (MSB), Messdienstleister (MDL), Bilanzkoordinator (BIKO), Bilanzkreisverantwortlicher (BKV) und – derzeit noch in der Vorbereitungsphase – der Smart Meter Gateway Administrator (SMGWA). Jede zusätzliche Marktrolle erhöht dabei den Kommunikationsbedarf zwischen den Marktrollen und Marktpartnern, respektive zwischen den Systemen, welche die Marktrolle implementieren. Technisch wird dieser Austausch heute noch überwiegend über das Transportverfahren SMTP/S-MIME- abgewickelt wird. Ein Verfahren, das immer wieder Schwachstellen offenkundig werden lässt. Doch nicht

[21] ComForEn 2013, S. 19.

18 Smart und sicher – geht das?

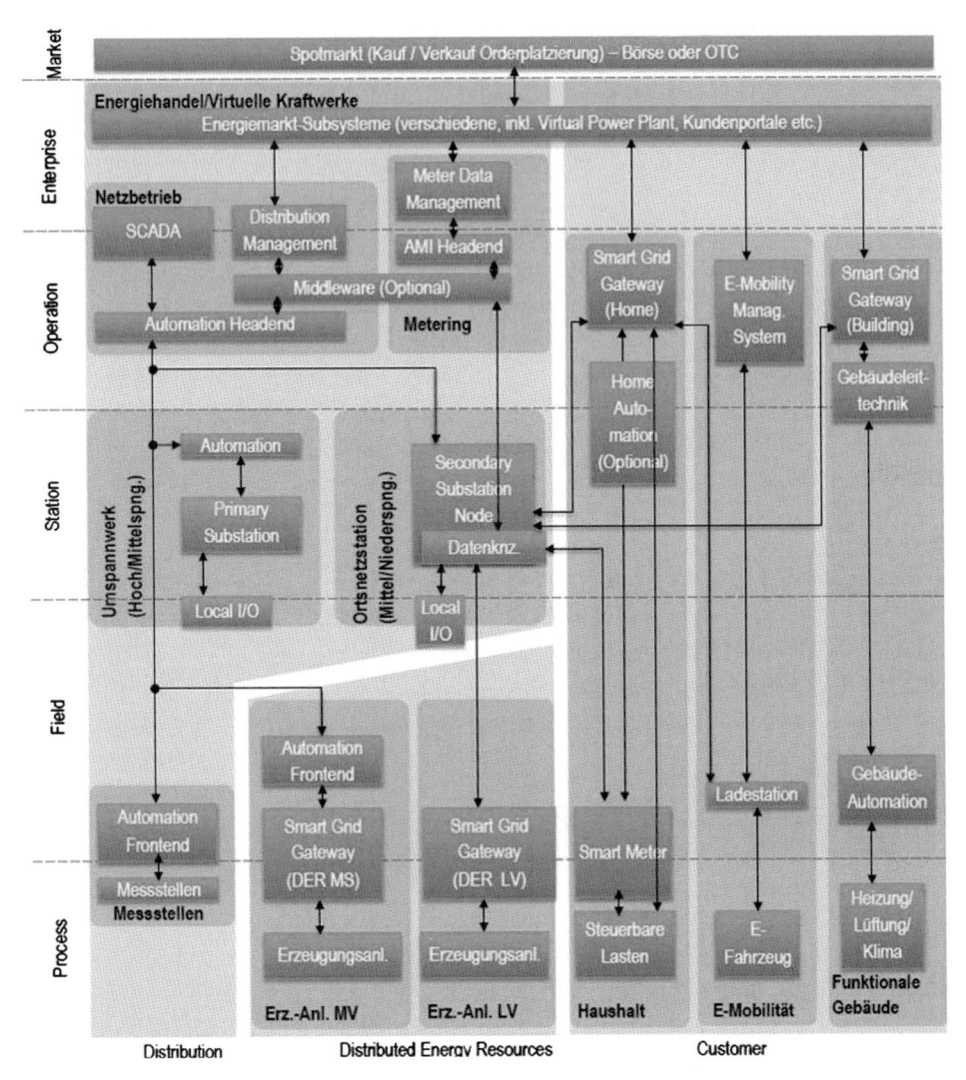

Abb. 18.5 $(SG)^2$ IKT-Architekturmodell. (Langer et al. 2013, S. 19)

nur die gestiegene Zahl der Marktrollen, sprich der Kommunikationspartner, erhöht das Kommunikationsvolumen, auch die Zahl der Prozesse, die einen Austausch zwischen den Marktrollen und -partnern erfordern, wuchs deutlich. Waren es zunächst die Lieferantenwechselprozesse (GPKE, GeLiGas), so kamen dann die Wechselprozesse im Messwesen (WiM) und danach die Einspeiserwechselprozesse dazu. Ähnlich vermehrten sich die Bilanzierungsprozesse (GABi Gas, MaBis). Aber auch innerhalb einer Marktrolle wuchs die informatorische Interaktion mit Kunden und anderen Marktpartnern. Beispiele sind Handelssysteme, Online Vertriebssysteme oder auch wettbewerbliche Messstellenbetreibersysteme. War die Einführung neuer Marktrollen bisher nicht unmittelbar mit Smart

Grid/Smart Market-Konzepten gekoppelt, so wird, verbunden mit dem Rollout von Messsystemen mit Smart Meter/Smart Meter Gateway-Funktion, mit dem *Smart Meter Gateway Administrator*[22] erstmals eine neue Marktrolle eingeführt, die unmittelbar durch die Einführung dieser Smart Grid/Smart Market-Enabler-Technologie begründet ist. Zusammengefasst lässt sich feststellen:
Durch die Diversifizierung und Vermehrung der Marktrollen steigt

- die Komplexität der Prozesse
- die Anzahl der in die Geschäftsprozesse involvierten Unternehmen und IT-Systeme
- die Anzahl der Nachrichtentypen in der Marktkommunikation
- das zwischen den Marktrollen und -partnern ausgetauschte Datenvolumen
- die Menge der insgesamt zu verarbeitenden und gespeicherten Informationen (drastisch!)
- die Redundanz der gespeicherten Information

Die dargestellten Effekte erhöhen unweigerlich die Komplexität, Heterogenität und Redundanz und dies führt wiederum zwangsläufig zu mehr Schwachstellen. Selbst wenn man von einer dadurch nicht erhöhten Bedrohungslage ausginge, steigt nach dem logischen Modell des Risikos die Gefährdung der Informationssicherheit.

18.5.3 Gekoppelte Netze/Getrennte Managementdomänen

Über die Marktrollen hinaus, schafft das Einwirken aus unterschiedlichen *Managementdomänen* auf ein und dieselben Informationsobjekte zusätzliche Probleme und Schwachstellen. Dies soll am Beispiel einer Prosumer-Anlage deutlich gemacht werden. Prosumer, Netzbetreiber, Anlagenbetreiber und Hersteller wirken mit unterschiedlichen Zielen, Aufgaben, Kompetenzen, Technologien und Verantwortlichkeiten auf diese Anlage ein. Daraus können sich zum einen neue Schwachstellen an den Schnittstellen ergeben, andererseits können Gefährdungen aus einer Managementdomäne in andere Domänen quasi durchgereicht werden. Abbildung 18.6 soll diese Konstellation verdeutlichen. In diesem Beispiel ist unterstellt, dass z. B. ein Gewerbebetrieb von einem Contractor ein Blockheizkraftwerk betreiben lässt, über das er in das Verteilnetz einspeist. Die Anlage wird von der Serviceorganisation des Herstellers ferngewartet. Dabei ist davon auszugehen, dass sowohl der Netzbetreiber, der Anlagenbetreiber, die Serviceorganisation des Herstellers und letztendlich auch der Prosumer über an den jeweils im Vordergrund stehenden Zielen, Aufgaben und Schutzbedarfen ausgerichtete Technologien und (Betriebs-)Managementprozesse einsetzen. Diese sind nicht zwangsläufig aufeinander abgestimmt, lassen sich jedoch auch nicht strikt trennen. So kann das Zusammentreffen primär getrennter Managementdomä-

---

[22] Aichele 2013, S. 311.

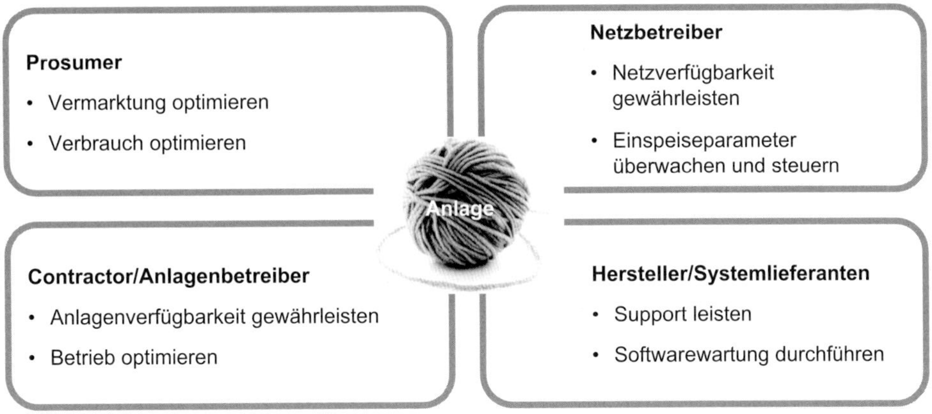

Prosumer
- Vermarktung optimieren
- Verbrauch optimieren

Netzbetreiber
- Netzverfügbarkeit gewährleisten
- Einspeiseparameter überwachen und steuern

Contractor/Anlagenbetreiber
- Anlagenverfügbarkeit gewährleisten
- Betrieb optimieren

Hersteller/Systemlieferanten
- Support leisten
- Softwarewartung durchführen

Abb. 18.6 Aufeinandertreffen unterschiedlicher Managementdomänen in der Prosumer-Anlage

nen in der Anlage, wie in dem aktuellen Beispiel in Abschn. 18.4.1 dargestellt ist, durchaus zu fatalen Folgen führen.

18.5.4 Mobile Anwendungen

Die Überwachung und Bedienung von Smart Grid-/Smart Market-Technologien mithilfe mobiler Geräte induziert eine weitere Bedrohungs- bzw. Gefährdungsklasse. Am deutlichsten wird das ebenfalls beim Energieverbraucher und dem Prosumer. So komfortabel die Steuerung der Haustechnik mittels per WLAN verbundenem Smartphone oder Tablet vom Sessel aus auch sein mag, es kommen neue Schwachstellen und Bedrohungen ins Spiel, welche die Informationssicherheit und letztlich auch die Funktionsfähigkeit und Integrität der Verbraucher- bzw. Prosumeranlage gefährden. In Ihrem Buch „Securing the Smart Grid" sehen die Autoren einen gesteigerten Anreiz für Hacker, die an sich eher anfälligen mobilen Consumer-Geräte anzugreifen, wenn diese mit Smart Grid-Technologie interagieren: „As a result, attackers view mobile devices as higher value targets."[23] Aber auch die weite Verbreitung, die mobile Technologien im professionellen Service gefunden haben darf nicht unberücksichtigt bleiben. Das Ablesen von Messwerten, die Diagnose von Störungen und die Fernwartung von Anlagen erfolgt in immer höherem Maße ebenfalls per Mobiltechnologie.

18.5.5 Neue Technologien

Die Smart Grid und Smart Market-Konzepte lassen sich nur zu einem geringen Teil mit bekannter und gut verstandener Technologie umsetzen. Daher wird auf allen Ebenen ge-

---
[23] Flick und Morehouse 2011.

forscht und entwickelt. Die nachfolgende Aufzählung erhebt bei weitem nicht den Anspruch auf Vollständigkeit:

- Verbesserung und Suche nach neuen Anlagentechnologien zur dezentralen, regenerativen Energieerzeugung,
- neue Speichertechnologien und Optimierung der Speichereinsatzkonzepte,
- Verbesserung der Konzepte und Technologien für virtuelle Kraftwerke,
- neue Komponenten in den Netzen (Smart IED),
- neue Komponenten in der Gebäudetechnik (Home Automation, Internet der Dinge),
- mit Mobiltechnologie kombinierte Portalkonzepte,
- Big Data-Konzepte zur Bewältigung der gewaltigen Datenmengen im Smart Grid und Smart Market sowie
- neue Marktintegrationsmechanismen.

Bedingt durch die extreme Dynamik auf diesen Feldern und die häufigen Veränderungen der gesetzlichen und regulatorischen Rahmenbedingen, die stetig erhebliche Änderungen und Adaptionen der System- und Softwarelandschaft erfordern, werden in sehr rascher Folge immer wieder bislang unbekannte Schwachstellen, wie auch immer raffiniertere Angriffstechniken auftreten und auch genutzt werden.

18.5.6 Der Teufelskreis der Smart Grid/Smart Market Sicherheit

Betrachtet man die drei wesentlichen *Stakeholder*, nämlich – in diesem Falle unabhängig von deren Marktrolle – die Energieversorger und deren Dienstleistungspartner, den Gesetzgeber, respektive Regulator und als weiteres die Hersteller der energietechnischen und informationstechnischen Ausrüstung, so wird deutlich, dass alle drei eine kritische Rolle in Bezug auf die Informationssicherheit einnehmen. Deutlich wird dies in Deutschland am Beispiel der *Smart Meter-Technik*. Investitionen in Pilotprojekte und Technologie, welche die Netzbetreiber in einer frühen Phase in die damals verfügbare Technologie getätigt hatten, wurden von den durch die relativ spät erst sich konkretisierenden Informations- und Datenschutzvorgaben quasi entwertet. Auch konnte der eine oder andere Hersteller seine Entwicklungs- und Fertigungsinvestitionen nicht zufriedenstellend über den Produktabsatz wieder einspielen. Heute ist, obwohl nun die technischen Spezifikationen vorliegen, immer noch keine richtige Aufbruchstimmung am Markt zu finden. Die hohe *Komplexität* dieser Spezifikationen erfordert eine neue Marktrolle, die alles andere als trivial umzusetzen ist, was wiederum zu einem Abwarten führt. Auf der anderen Seite müssen die Hersteller von Gateway Technologie, die ihre Produkte im Markt der kleineren und mittleren EE-Anlagen erfolgreich etabliert haben, damit rechnen, dass die kommende Messsystemverordnung hier den Einsatz von Smart Meter Gateways vorschreibt und damit die heute angebotene Technologie, die nicht der Smart Meter Gateway Spezifikation entspricht, nicht weiter verkauft werden kann.

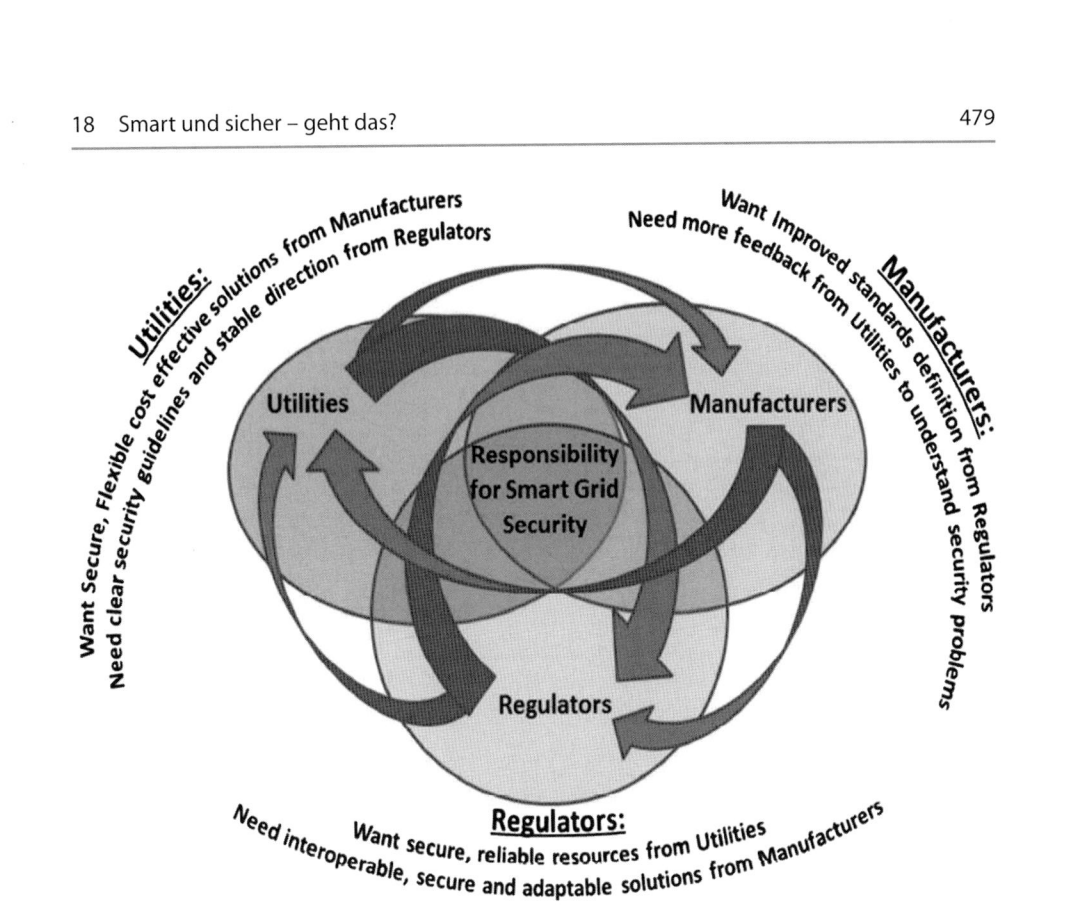

Abb. 18.7 Circulus vitiosus der Smart Grid Security. (Turner et al. 2011, S. 8)

In einem Papier der University of Colorado, Boulder, wurde diese gegenseitige Abhängigkeit/Verflechtung als circulus vitiosus dargestellt (Abb. 18.7).

18.6 Maßnahmen

Was kann man nun wirksam dazu beitragen, um trotz der neuen Qualität an Gefährdungen und Schwachstellen, die Informationssicherheit im Smart Grid und Smart Market in dem erforderlichen Maße zu gewährleisten? Mit der Beantwortung dieser Frage beschäftigen sich der Gesetzgeber, die Behörden, die Wissenschaft, Normungs- und Standardisierungsgremien, Branchenverbände, Technologielieferanten und last but not least die Fachöffentlichkeit.

18.6.1 Initiativen des Gesetzgebers

18.6.1.1 Energiewirtschaftsgesetz
Im deutschen Energiewirtschaftsgesetz von 2011 ist in § 11 Abs. 1a die Sicherheit in der Informations- und Kommunikationstechnik als Ziel festgelegt.

„Der Betrieb eines sicheren Energieversorgungsnetzes umfasst insbesondere auch einen angemessenen Schutz gegen Bedrohungen für Telekommunikations- und elektronische Datenverarbeitungssysteme, die der Netzsteuerung dienen.

Die Regulierungsbehörde erstellt hierzu im Benehmen mit dem Bundesamt für Sicherheit in der Informationstechnik einen Katalog von Sicherheitsanforderungen und veröffentlicht diesen.

Ein angemessener Schutz des Betriebs eines Energieversorgungsnetzes wird vermutet, wenn dieser Katalog der Sicherheitsanforderungen eingehalten und dies vom Betreiber dokumentiert worden ist.

Die Einhaltung kann von der Regulierungsbehörde überprüft werden.

Die Regulierungsbehörde kann durch Festlegung im Verfahren nach § 29 Absatz 1 nähere Bestimmungen zu Format, Inhalt und Gestaltung der Dokumentation nach Satz 3 treffen."[24]

Eine weitere Vorschrift, abzielend auf smarte Messsysteme, findet sich § 21e Abs. (3) und (4) EnWG:

„(3) Die an der Datenübermittlung beteiligten Stellen haben dem jeweiligen Stand der Technik entsprechende Maßnahmen zur Sicherstellung von Datenschutz und Datensicherheit zu treffen, die insbesondere die Vertraulichkeit und Integrität der Daten sowie die Feststellbarkeit der Identität der übermittelnden Stelle gewährleisten.

Im Falle der Nutzung allgemein zugänglicher Kommunikationsnetze sind Verschlüsselungsverfahren anzuwenden, die dem jeweiligen Stand der Technik entsprechen.

Näheres wird in einer Rechtsverordnung nach § 21i Absatz 1 Nummer 4 geregelt.

(4) Es dürfen nur Messsysteme eingebaut werden, bei denen die Einhaltung der Anforderungen des Schutzprofils in einem Zertifizierungsverfahren zuvor festgestellt wurde, welches die Verlässlichkeit von außerhalb der Messeinrichtung aufbereiteten Daten, die Sicherheits- und die Interoperabilitätsanforderungen umfasst.

Zertifikate können befristet, beschränkt oder mit Auflagen versehen vergeben werden.

Einzelheiten zur Ausgestaltung des Verfahrens regelt die Rechtsverordnung nach § 21i Absatz 1 Nummer 3 und 12."[25]

18.6.1.2 Referentenentwurf zur Messsystemverordnung

Die sich derzeit noch im Entwurfsstadium befindende *Messsystemverordnung* (MsysV) konkretisiert die Vorschrift aus dem EnWG. So müssen die Messsysteme bestimmte Anforderungen an Datenschutz, Datensicherheit und Interoperabilität erfüllen, die wiederum vom Bundesamt für Sicherheit in der Informationstechnik (BSI) in Form von Schutzprofilen und technischen Richtlinien entwickelt wurden. Im Fokus steht hierbei die Kommunikationseinheit des Messsystems, das *Smart Meter Gateway* (SMG), das die Verbindung zwischen Messeinrichtung und Kommunikationsnetz herstellt.

Die Anforderungen an die Betreiber dieser Smart Meter Gateways, die Smart Meter Gateway Administratoren (SMGA), werden voraussichtlich sehr hoch sein: So müssen sie ein *Informationssicherheitsmanagementsystem* nach ISO 27001 auf Basis IT-Grundschutz einrichten, betreiben und dokumentieren, eine IT-Sicherheitskonzeption erarbeiten und umsetzen, die regelmäßig durch das BSI auditiert wird, und sich als SMGA zum Nach-

---

[24] Bundesministerium der Justiz EnWG 2011, § 11 Abs. 1a.
[25] Bundesministerium der Justiz EnWG 2011, § 21e.

weis der Erfüllung der gesetzlichen Anforderungen durch das BSI zusätzlich zertifizieren lassen.[26]

18.6.1.3 EU Richtlinienvorschlag zur Netz- und Informationssicherheit (NIS)

Im Februar 2013 präsentierte die EU-Kommission den Richtlinienentwurf „Proposal for a directive concerning measures to ensure a high common level of network and information security across the Union"[27]. Die damit adressierten Ziele sind:

1. „To put in place a minimum level of NIS in the Member States and thus increase the overall level of preparedness and response.
2. To improve cooperation on NIS at EU level with a view to counter cross border incidents and threats effectively. A secure information-sharing infrastructure will be put in place to allow for the exchange of sensitive and confidential information among the competent authorities.

To create a culture of risk management and improve the sharing of information between the private and public sectors." [28]

Die vorgeschlagene NIS-Richtlinie sieht für alle Mitgliedstaaten, aber auch für die Betreiber zentraler Internetdienste und kritischer Infrastrukturen (z. B. Plattformen des elektronischen Geschäftsverkehrs und soziale Netze) sowie für die Betreiber von Energie-, Verkehrs-, Bank- und Gesundheitsdiensten die Verpflichtung vor, in der gesamten EU ein sicheres und vertrauenswürdiges digitales Umfeld zu gewährleisten. Die vorgeschlagene Richtlinie verpflichtet Betreiber kritischer Infrastrukturen und hier ausdrücklich die Energieversorgung, Risiken aus der Netz- und Informationssicherheit adäquat zu managen und wesentliche Sicherheitsvorfälle zu melden. Der Richtlinienentwurf geht insofern über den Ansatz des EnWG hinaus, in dem er Betreiber „zentraler Dienste der Informationsgesellschaft", wie App-Stores, eCommerce-Plattformen, Internet-Zahlungssysteme, Cloud-Computing-Anbieter, Suchmaschinen, soziale Netze und öffentliche Verwaltungen mit einbezieht.[29]

18.6.1.4 Referentenentwurf zum IT-Sicherheitsgesetz

Ähnlich wie der EU-Richtlinienentwurf zielt der im März 2013 vorgestellte Entwurf des geplanten deutschen IT-Sicherheitsgesetzes auf Betreiber kritischer Infrastrukturen und Telekommunikations-und Telemediendiensteanbieter. Darin sollen die Betreiber kritischer Infrastrukturen dazu verpflichtet werden, angemessene organisatorische und technische Vorkehrungen und sonstige Maßnahmen zum Schutz derjenigen informationstechnischen Systeme, Komponenten oder Prozesse zu treffen, die für die Funktionsfähigkeit

---

[26] Vgl. BBH 2013.
[27] Vgl. European Commission 2013.
[28] European Commission 2013.
[29] Europäische Kommission 2013.

der von ihnen betriebenen kritischen Infrastrukturen maßgeblich sind. Schutzziele sind insbesondere Verfügbarkeit, Integrität und Vertraulichkeit.

Das BSI soll als zentrale Meldestelle für und Informationsquelle zu Sicherheitsvorfällen ausgebaut werden. Schwächen des Entwurfs sind die Unklarheit darüber, ab welcher Unternehmensgröße Energieversorger zur kritischen Infrastruktur im Sinne des geplanten Gesetzen gehören sowie eine starke Betonung nationaler IT-Sicherheitsstandards (BSI 100 Reihe), die insbesondere bei international tätigen Energieversorgern zusätzliche Aufwände hervorrufen würden. Daher gehen die Empfehlungen des BDEW dahin, die internationalen Standards (ISO 27000er Reihe) in den Vordergrund zu rücken.

18.6.2 Aktivitäten der Branche und der Normungsgremien

18.6.2.1 BDEW Whitepaper

Mit dem „Whitepaper Anforderungen an sichere Steuerungs- und Telekommunikationssysteme"[30] aus dem Jahr 2008 schuf der Branchenverband BDEW ein richtungsweisendes Papier, das grundsätzliche Sicherheitsmaßnahmen für Steuerungs- und Telekommunikationssysteme beschreibt. Das Whitepaper beschreibt Maßnahmen um die Systeme gegen Sicherheitsbedrohungen im täglichen Betrieb angemessen zu schützen. Strategisches Ziel des Whitepapers ist die positive Beeinflussung der Produktentwicklung für die oben genannten Systeme im Sinne der IT-Sicherheit und die Vermittlung eines gemeinsamen Verständnisses in der Branche für den Schutz dieser Systeme. Dabei stehen die Einsatzszenarien

- Planung eines Steuerungs- oder Kommunikationssystems und
- Berücksichtigung bei Ausschreibungen

im Fokus.
    Dabei behandelt das Whitepaper die Aspekte

- Allgemeines/Organisation,
- das Basissystem,
- Netze und Kommunikation,
- die Anwendung,
- Entwicklung, Test und Rollout sowie
- Datensicherung/-Wiederherstellung und Notfallplanung.

Zu den beschriebenen Einzelmaßnahmen ist jeweils eine Referenz auf die entsprechenden ISO 27002:2005 Controls angegeben. 2012 wurde dann gemeinsam von BDEW und Ös-

---

[30] BDEW 2008.

terreichs E-Wirtschaft ein Papier mit Ausführungshinweisen zur Anwendung des BDEW Whitepaper veröffentlicht.[31]

18.6.2.2 DIN SPEC 27009, ISO/IEC TR 27019

Im gleichen Jahr wurde die DIN SPEC 27009 herausgegeben. Sie stellt einen Umsetzungsleitfaden für ein Informationssicherheits-Managementsystem analog zur ISO/IEC 27001 zur Anwendung in der Netzleittechnik in der Energieversorgung bereit. Die Maßnahmen aus der ISO/IEC 27002 wurden um sektorspezifische Anforderungen ergänzt. 2013 ist es dann gelungen die Inhalte aus der DIN SPEC 27009 im Rahmen einer „fast track procedure" als ISO/IEC TR 27019[32] herauszugeben.

18.7 Forschung

Die Ergebnisse aus vier Jahren anwendungsorientierter Forschung im Rahmen des vom Bundesministeriums für Wirtschaft und Technologie in ressortübergreifender Partnerschaft mit dem Bundesministerium für Umwelt, Naturschutz und Reaktorsicherheit geförderten Projektes „E-Energy – IKT-basiertes Energiesystem der Zukunft" wurden im Januar 2013 vorgestellt. In sechs Modellregionen (*Smart Energy Regions*) wurden Schlüsseltechnologien und Geschäftsmodelle für ein „*Internet der Energie*" entwickelt und erprobt.[33] Im Rahmen der Begleitforschung zu den Modellprojekten entstand eine Synopse der Abdeckungstiefe der einzelnen Themenfelder, die einen guten Überblick über die unterschiedliche Gewichtung der Einzelprojekte im Hinblick auf IT-Sicherheit und Datenschutz gibt (Abb. 18.8).

Ein Schwerpunkt der Forschung der letzten Jahre hat sich am OFFIS – Institut für Informatik in Oldenburg[34] etabliert. OFFIS ist auch einer der Projektpartner des E-Energy Modellprojektes eTelligence. Unter der Überschrift „Informationssichere Architekturrealisierung" wurden Standards, Vorgehensmodelle und Richtlinien für die Umsetzung sicherer Architekturen, Informationssicherheitsmetriken, Security Patterns und Datenschutzaspekte zusammengebracht.[35]

Ein zweiter Schwerpunkt der Informationssicherheitsforschung im Smart Grid/Smart Market findet sich unter der Leitung von Claudia Eckert an der Technischen Universität München – Fachgebiet für Sicherheit in der Informatik[36] und am Fraunhofer Institut für Angewandte und Integrierte Sicherheit AISEC[37]. In ihrem Beitrag „Sicherheit im Smart Grid – Eckpunkte für eine Energieinformationsnetz", erschienen im Rahmen der

---

[31] Vgl. BDEW und Oesterreichs E-Wirtschaft 2012.
[32] Vgl. ISO/IEC 27019 2013.
[33] E-Energy 2013.
[34] Vgl. OFFIS 2013.
[35] Vgl. Appelrath et al. 2012, S. 165–189.
[36] Vgl. Eckert 2013.
[37] Vgl. Fraunhofer AISEC 2013.

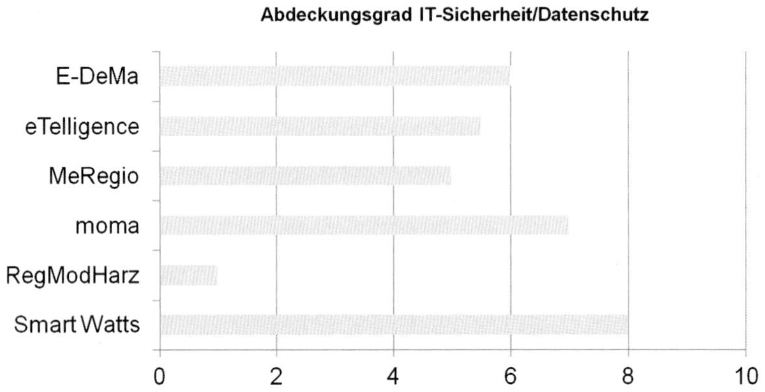

Abdeckungsgrad IT-Sicherheit/Datenschutz

Projekt	Wert
E-DeMa	~5,5
eTelligence	~5,5
MeRegio	~5
moma	~7
RegModHarz	~1
SmartWatts	~8

Abb. 18.8 E-Energy Modellprojekte, Betrachtung der IT-Sicherheitsaspekte. (B.A.U.M.)

Stiftungsreihe der Alcatel-Lucent Stiftung für Kommunikationsforschung[38], identifizieren die Autoren Claudia Eckert, Christoph Krauß und Peter Schoo die aktuell wichtigsten Forschungs- und Entwicklungsbedarfe im Smart Grid/Smart Market Kontext.[39]

- Konzepte für die Entwicklung manipulationsresistenter Komponenten
- Skalierende Identifikations- und Authentisierungsschemata für die Maschine-zu-Maschine-Kommunikation
- Effiziente und sichere Schlüsselmanagementverfahren unter Berücksichtigung der Betriebskosten
- Rollenbasierte Zugriffskontroll- und Nutzungskontrollverfahren, die auch für ressourcenbeschränkte Komponenten verwendbar sind
- Dedizierte, nahe Echtzeit agierende Überwachungsprotokolle im Sinne kooperativer Frühwarnsysteme
- Erweiterte Konzepte zur Isolierung, Attestierung und zum Manipulationsschutz, mit dem Ziel einen „single point of control" mit entsprechender Verwundbarkeit zu vermeiden
- Klärung der Frage, welche Sicherheitsdienstleistungen (Identitätsdienste, Anonymisierungsdienste, PKI-Dienste, Schlüsselmanagement, Policy Decision-Dienste) im Sinne des „Security as a Service"-Paradigmas für Energiemarktplätze sinnvoll und zur Verfügung zu stellen sind
- Testmethoden und Testszenarien zur Durchführung von „Gesundheitschecks" im Energiemarktplatz und in der Energie-Cloud
- Weiterentwicklung von Methoden des Risikomanagements (Lagebild, Health Monitoring)
- Weiterentwicklung von Test- und Prüfnormen, insbesondere im Hinblick auf Interoperabilität und Robustheit gegenüber Seitenkanalangriffen

---

[38] Vgl. Alcatel-Lucent Stiftung 2013.
[39] Vgl. Eckert et al. 2011, S. 33–34.

Die Deutsche Akademie der Technikwissenschaften (acatech) veröffentlichte 2012 die Studie Future Energy Grid – Migrationspfade ins Internet der Energie.[40] In dieser Studie beschreiben die Autoren eine Entwicklung der (Informations-)Sicherheit in fünf Schritten:

„**Schritt 1:** Es ist zu erwarten, dass die Vernetzung und damit die Komplexität von Systemen der Energiedomäne zunehmen werden. Dadurch steigen die Fehleranfälligkeit und die potenzielle Angriffsfläche für das Gesamtsystem. Die durchgängige Umsetzung der Sicherheitsanforderungen wird in diesem Schritt erarbeitet. IT-Angriffe oder Schadensfälle werden durch die Vernetzung tendenziell zunehmen. Dazu sind Werkzeuge zu entwickeln, die die Abhängigkeit und das Zusammenspiel der Hard- und Software-Komponenten erfassen und überwachen.

Schritt 2: Seiteneffekte – zum Beispiel Performanzverluste, zu umständliche Zugangsregelungen und damit die Erschwerung der Nutzbarkeit von IKT-Systemen – von Standardsicherheitsmaßnahmen sind zu erwarten. Vermutlich werden einige Seiteneffekte erst bei der Erprobung bekannt. (Domänenspezifische) Sicherheitslösungen ohne solche Seiteneffekte werden in diesem Schritt entwickelt bzw. angepasst. Dies sind insbesondere domänenspezifische Intrusion-Detection-Systeme, die sich eines Standards wie IEC 62351-7 bedienen. Nachträgliche Änderungen bzw. Ergänzungen von Sicherheitskonzepten die in laufende Systeme erfolgen, sind allerdings nicht optimal. IT-Angriffe sind bei Systemen mit integrierten neuen Sicherheitslösungen seltener; bei deren Auftreten sind die Folgen aber weitreichender aufgrund einer wachsenden Vernetzung. Die Funktionssicherheit des IKT-Gesamtsystems ist auch bei Stromausfällen gewährleistet.

Schritt 3: Sicherheitslösungen für das Smart Grid sind durchgängig vorhanden. Erfahrungen fließen in domänenspezifische Entwurfsmuster (Security Patterns) und Standards ein.

Schritt 4: Nach den Erfahrungen aus den Schritten 0 bis 3, werden zukünftige Smart Grid-Projekte nach dem Prinzip „Security by Design" und „Privacy by Design" in Systemarchitekturen und Produkten, wie IEDs und Smart Meter-Infrastrukturen, umgesetzt. Es liegen umfangreiche Best-Practice- Auswertungen vor, die unter anderem in Bibliotheken und Frameworks implementiert sind.

Schritt 5: Das Smart Grid ist ein intelligentes sich selbstheilendes System, das auf IT-Angriffe und Teilausfälle von Komponenten semiautomatisiert reagieren kann. Sicherheitsmaßnahmen können in Ausnahmesituationen kurzfristig automatisiert werden. Neue Technologien ermöglichen es, Informationen aus Angriffen oder Angriffsversuchen auszuwerten und so auf den Urheber Schlüsse zu ziehen (Cyber Forensic) und insbesondere auch zwischen technischen Ausfällen, terroristischen oder sonstigen Attacken zu unterscheiden."[41]

Neben der Markt-, Kunden- und Unternehmensperspektive spielt die Sicht auf die Energieversorgung als wesentlicher Bestandteil der kritischen Infrastruktur eines Landes in der Forschung eine exponierte Rolle. Diesem Aspekt widmet das Austrian Institute of Technology (AIT)[42] einen Schwerpunkt in der aktuellen Forschung. Das Projekt „Cyber Attack Information System (CAIS)" beschäftigt sich mit der Implementierung eines Cyber Attack Information System auf nationaler Ebene, mit dem Ziel, die Widerstandsfähigkeit der heutigen vernetzten Systeme zu stärken, und ihre Verfügbarkeit und Vertrauenswürdigkeit zu erhöhen. Hauptziele dieses Projektes sind die Identifizierung der erwarteten künftigen Cyber-Risiken und -Bedrohungen, die Untersuchung neuartiger Techniken zur Anomalieerkennung, die Entwicklung modularer Infrastruktur-Modelle und agenten-basierter

---

[40] Vgl. Appelrath et al. 2012, S. 165–189.
[41] Appelrath et al. 2012, S. 138 f.
[42] Vgl. AIT 2013.

Simulationen zur Risiko-und Bedrohungsanalyse, und schließlich die Untersuchung von Umsetzungsmöglichkeiten eines nationalen „Cyber Attack Information System."[43]

Auf europäischer Ebene beschäftigt sich die European Union Network and Information Security Agency (ENISA), das europäische Pendant zu unserem BSI, intensiv mit dem Thema. In ihrem Bericht „Smart Grid Security – Recommendations for Europe and Member States" identifiziert die ENISA folgende aktuellen Forschungsthemen.

„**Protection of grid controlling/monitoring systems:** New services and highly automated systems in smart grids – at TSO, DSOs, retail, etc. – will need to monitor the grid more deeply than ever before by implementing new monitoring technologies (e.g. synchrophasors). It is necessary to have a security infrastructure capable of guaranteeing trusted large scale transactions (millions of devices that could be shut down for one hour at the scale of a country, which will result in lots of payment information transactions, etc.).

Architecture: This topic would include: self-healing and graceful degrading architectures; standard and secure interconnections among domains; management of processes associated with the use of cryptographic material (i.e. generation, distribution and storage of cryptographic material); active monitoring for attack detection and traceability.

End-to-end security: Cyber security strategies should be considered at a global level and not defined for each domain separately. Such a topic should include dependencies analysis (i.e. dependencies types, business process dependencies, impact propagation, etc.) across the whole smart grid, and include: security governance; use-case modelling; threat analysis; and the development of security mechanisms against distributed denial of service attacks and other attacks.

Trust and assurance: This topic would include: security metrics to measure the maturity level of security controls for each domain of the Smart grid; hardware-based one-way communications.

Security in dependable systems: This category would include subtopics such as: the definition of common procedures and interfaces; the overcome of hardware constraints limiting log management; encryption functionalities; application/network filtering capabilities.

Privacy and security by design: This topic would include research areas such as: protection against zero-day vulnerabilities; optimization of very specific cryptographic protocols to reduce processing load without reducing the security level.

Other topics: Experts also provided other topics which cannot be included in any of the above mentioned categories. These are: supply chain protection; usability, legal and economic issues; and smart grid and the cloud."[44]

Betrachtet man die internationalen, vor allem die nordamerikanischen Veröffentlichungen der letzten Zeit, so fällt dort ein wesentlich spezifischerer Ansatz auf. So beschäftigen sich eine ganze Reihe von Veröffentlichungen mit dem Auftreten, der Wirkung und den Gegenmaßnahmen zu „false data injection attacks"(Abb. 18.9). Das gezielte Manipulieren von Netz- und/oder Marktinformationen an strategischen Punkten kann zu erheblichen Instabilitäten sowohl im Netz, als auch bei den Marktmechanismen führen und Schäden in wesentlichen Größenordnungen hervorrufen. Das Grundprinzip ist in beiden Fällen das gleiche: An mehreren Punkten im Netz werden durch Angriffe auf die Mess- oder Fernwirkeinrichtungen an Stelle der tatsächlichen Leitungsbelastungen manipulierte Daten eingeschleust. Bei hinreichend guter Kenntnis der Netztopologie können die gefälschten

---

[43] Vgl. AIT CAIS 2013.
[44] ENISA 2012.

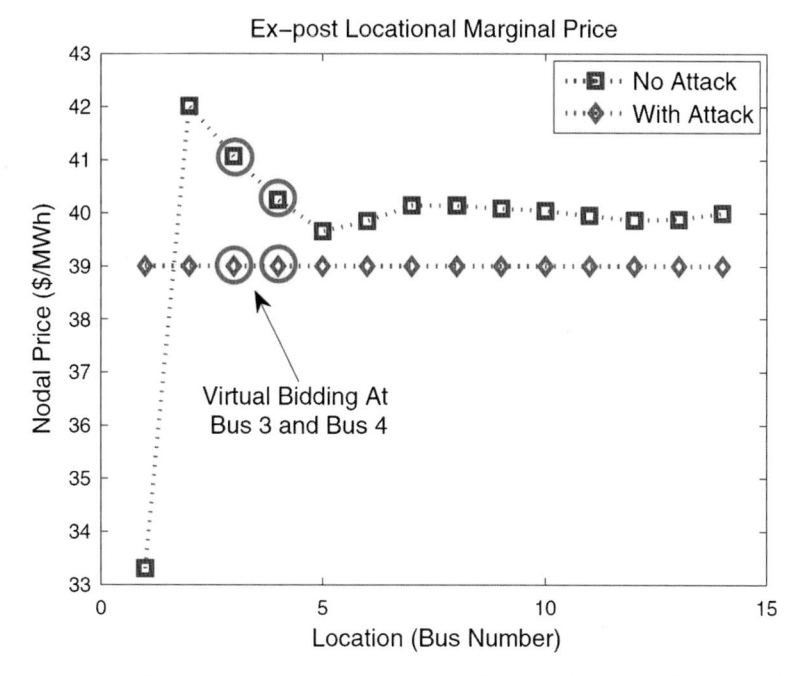

Abb. 18.9 Manipulation von Energiepreisen über „false data injection attacks". (Le et al. 2010)

Werte so gewählt werden, dass sie die Fehlererkennung im Netzleitsystem passieren können. Der State Estimator im Netzleitsystem errechnet dadurch vom tatsächlichen Netzstatus abweichende Leitungsauslastungen, die zum einen eine Engpasssituation für eine nicht ausgelastete oder eine freie Übertragungskapazität für eine bereits weitgehend ausgelastete Leitung indizieren. In Verbindung mit kurzfristigen Handelsaktivitäten kann so der Preis manipuliert werden.[45,46]

18.8 Technologie

Die häufigste Ursache von IT-Schwachstellen sind fehlerhafte *Softwareimplementierungen*. Auch in qualitativ gut gemachter Software finden sich etwa zwei Fehler auf 1.000 Zeilen Quellcode.[47] Der privilegierte Teil (Ring 0) eines heutigen Betriebssystems (Windows, Linux) besteht aus größenordnungsmäßig 5.000.000 *Quellcode-Zeilen* (LoC); die darüber liegende Applikationsschicht aus 50.000.000 Quellcode-Zeilen und mehr. Dies bedeutet, dass sich in klassischen Softwaresystemen Tausende Software Bugs befinden, die potenzielle Schwachstellen darstellen. Im Kontext des eingangs eingeführten logischen Risikomodells ist es erforderlich, diese Schwachstellen mit Sicherheitsmaßnahmen, wie z. B. Firewalls,

---

[45] Vgl. Yao et al. 2011.
[46] Vgl. Le et al. 2010.
[47] Vgl. Werner 2008.

abzudichten. Betrachtet man nun im IKT-Architekturmodell Abschn. 18.5.1 die Systeme unterhalb der Enterprise-Zone und in den Domains Distributed Energy Resources (DER) und Customer, so wird deutlich, dass in diesen Fällen aufgrund der großen Anzahl und des hohen Kostendrucks nicht möglich sein wird, die Komponenten entsprechend extern über diskrete Sicherheitskomponenten abzudichten. Die Lösung des Problems muss also ohne zusätzliche Komponenten auskommen. Eigentlich naheliegend, aber doch erst in wenigen Produkten zu finden, ist der „Security by Design"-Ansatz, der darauf abzielt, Programmfehler in kritischen Programmteilen weitgehend auszuschließen.

„Security by Design" bedeutet, dass bereits in den frühen Systemplanungsphasen bis hin zum späten Testen Security-Aspekte eine große Rolle spielen.[48] Einen wesentlichen Erfolgsfaktor stellt hierbei die Software-Technologie dar. Hier zeichnet sich derzeit ein Umdenken von klassischen Betriebssystemtechnologien wie Linux hin zu Mikrokernel-Konzepten ab. Die Mikrokernel-Technologie verfolgt konsequent einen auf die absolut erforderlichen Funktionen reduzierten Ansatz und will durch eine vom Umfang her kleinstmögliche Implementierung Fehler vollständig vermeiden. Eine Mikrokernel-Implementierung, die heute eine nennenswerte Rolle spielt, ist der L4-Mikrokernel, der auf Entwicklungen des deutschen Informatikers Jochen Liedke zurückgeht. Einige Grundkonzepte von L4 werden in der Luftfahrtindustrie eingesetzt. Bei Anwendungen im Airbus A400M sowie im Airbus A350 wird, basierend auf dem PikeOS-Mikrokernel, die Partitionierung von sicherheitskritischen Anwendungen auf eingebetteten Systemen sichergestellt.[49]

Der deutsche Hersteller von Sicherheitskomponenten genua aus Kirchheim bei München beschäftigt sich intensiv mit der Nutzung von L4-Technologie für Smart Grid-/Smart Market-Komponenten.[50] Die nachfolgenden Abb. 18.10 sowie Abb. 18.11 illustrieren diesen Technologieansatz.

18.9 Kosten der Sicherheit

Sicherheit kostet – wie viel genau, das ist nicht einfach zu bestimmen. Ein wesentlicher Teil dieser Kosten resultiert aus verpflichtend einzuhaltenden Maßnahmen, wie z. B. der Umsetzung des Katalogs an Sicherheitsmaßnahmen, den die BNetzA in Abstimmung mit dem BSI herausgeben wird (§ 11,1a EnWG). Ein weiteres Beispiel mandatorischer Maßnahmen stellt der vorgeschriebene Einbau von Smart Meter Gateways dar, die dem vom BSI vorgegebenen Schutzprofil sowie der BSI-Richtlinie TR 03901 genügen müssen und dies im Rahmen einer Common Criteria (CC)-Zertifizierung der Stufe EAL 4 + nachzuweisen haben.

In vielen Fällen werden diese mandatorischen Maßnahmen nicht alleine ausreichend sein, um die Informationssicherheitsrisiken auf das erforderliche Maß zu begrenzen. Hie-

---

[48] Vgl. Appelrath et al. 2012, S. 138.
[49] Wikipedia 2013, L4 (Mikrokernel).
[50] Vgl. genua 2013.

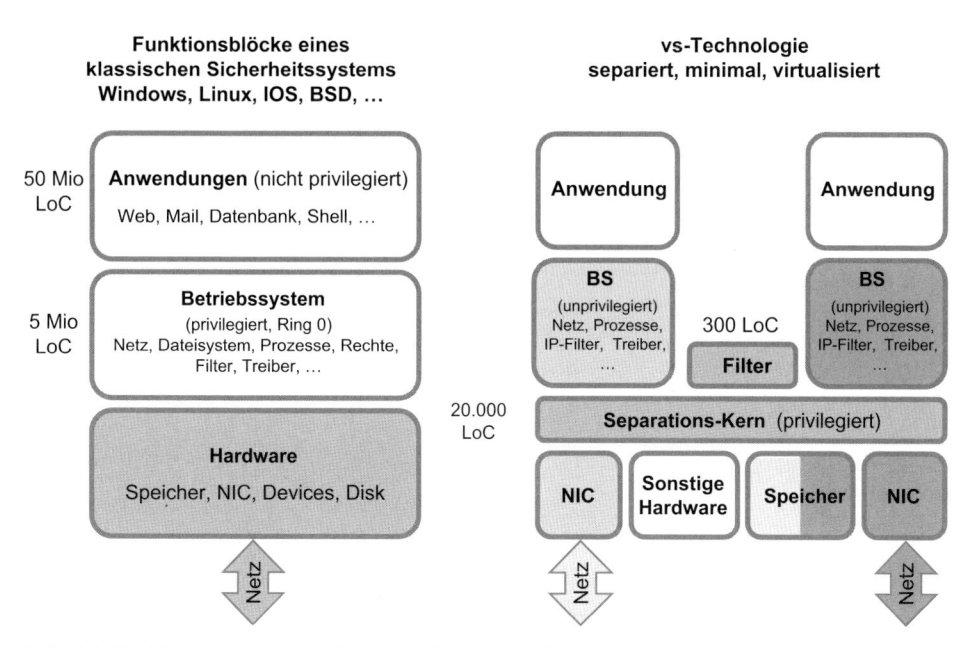

Abb. 18.10 Klassische versus Mikrokernel-basierte Softwaresysteme. (genua GmbH)

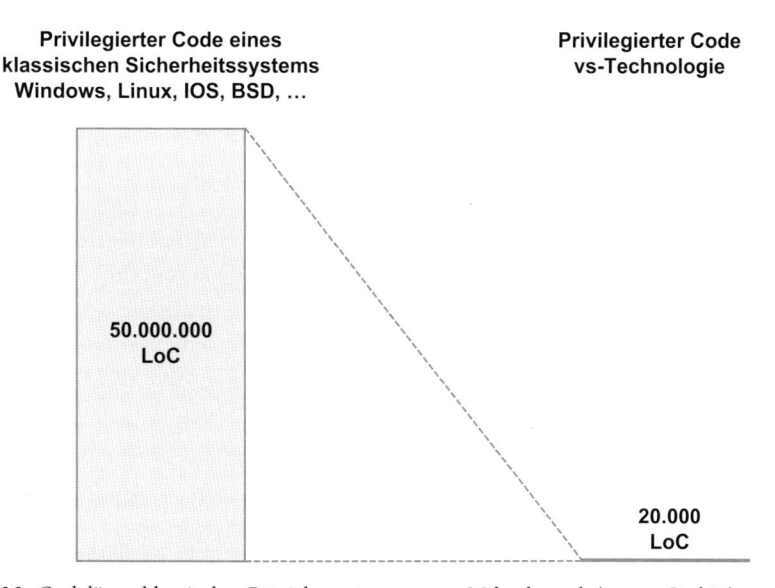

Abb. 18.11 Codelänge klassischer Betriebssysteme versus Mikrokernel. (genua GmbH)

raus ergibt sich die Notwendigkeit zusätzlicher Sicherheitsmaßnahmen, verbunden mit zusätzlichen Kosten.

Maßnahmen-Kosten-Kategorien
Die nachfolgende Kategorisierung lehnt sich an die Gliederung der ISO/IEC TR 29019 an.

- Entwicklung und Fortschreibung des Regelwerks zur Informationssicherheit
- Entwicklung und Anpassung der Sicherheitsorganisation
- Personal und Sachmittel für die Operationalisierung der Sicherheitsorganisation
- Umsetzung der erweiterten Anforderungen an das Asset Management
- Erweiterte Maßnahmen zur physischen Sicherheit
- Zusätzliche Maßnahmen bei Kommunikation und Betrieb der Informations- und Kommunikationstechnik
- Maßnahmen zum Zugangs- und Zugriffsschutz
- Zusätzliche Maßnahmen bei der Beschaffung, der Implementierung und der Wartung der Informations- und Kommunikationstechnik
- Maßnahmen zum Management von Informationssicherheitsvorfällen
- Erweiterte Maßnahmen zur Aufrechterhaltung der Betriebsprozesse im Falle von Informationssicherheitsvorfällen
- Maßnahmen zur Gewährleistung der Einhaltung der gesetzlichen und regulatorischen Anforderungen

Hieraus wird deutlich, dass neben den klassischen Investitionen in Technik und Infrastruktur dauerhaft erhebliche Kosten für die Ausgestaltung der Organisation und der Prozesse entstehen.

Aus dem Bereich der Energieversorgung liegen noch sehr wenige quantitative Erfahrungswerte zu der Höhe der Kosten für die IT-Sicherheit vor und wenn Angaben zu finden sind, so treffen diese nur für Teilaspekte zu.

Im Rahmen eines Meetings des kanadischen Smart Grid Committee des Ontario Energy Board wurde ein Richtwert für Verteilnetzunternehmen von fünf Prozent der gesamten IT-Investitionen angegeben.[51] In diesem Zusammenhang wurden die Kosten für IKT-Sicherheitsmaßnahmen den Kosten für die Beseitigung der Folgen schwerwiegenden Sicherheitsvorfällen gegenübergestellt. Die Darstellung findet sich in Abb. 18.12.

18.10 Resümee

Informationssicherheit spielt sowohl im Smart Grid, als auch im Smart Market eine zentrale Rolle. Ein Zuwenig an IT-Sicherheit im Smart Grid kann fatale Folgen für die Versorgungssicherheit, aber auch für die Smart Market-Prozesse und für den Datenschutz haben. Analoges gilt für die Smart Market-Prozesse und -Systeme. Schon heute ist die Energiever-

---

[51] Westlund 2013.

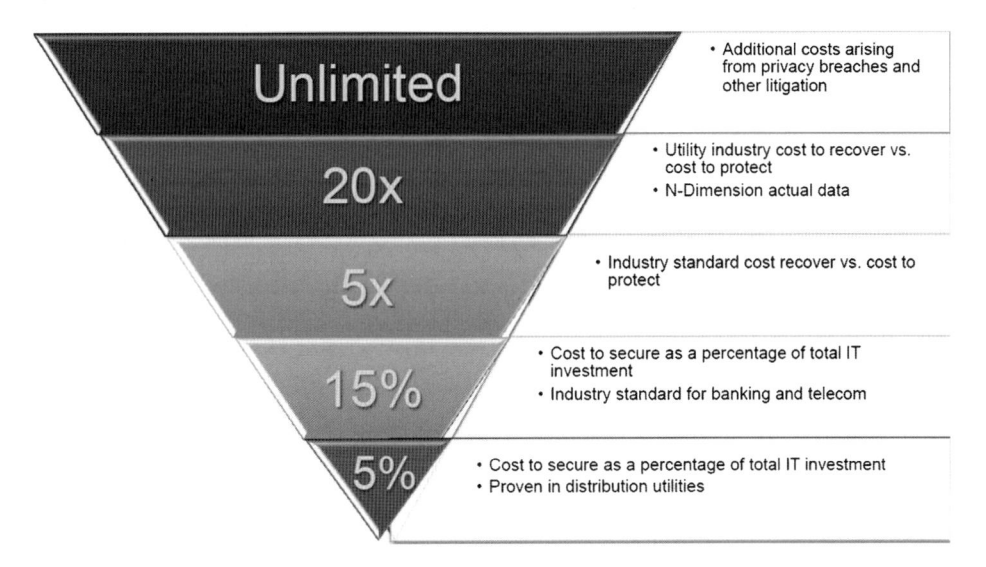

Abb. 18.12 Kosten für Sicherheitsmaßnahmen vs. Kosten für die Beseitigung der Folgen. (n-dimension solutions)

sorgung über alle Wertschöpfungsstufen von zuverlässigen und damit sicheren ITK-Systemen abhängig. Die neue Qualität des Smarten bringt über die enorm gestiegene Durchdringung der Energietechnik und der Marktprozesse mit schwachstellenbehafteten und damit angreifbaren ITK-Systemen auch eine neue Qualität der Verletzlichkeit mit sich.

Die Bedeutung der Energieversorgung, als wesentlicher Sektor der kritischen Infrastrukturen lässt es nicht zu, die Dinge sich einfach entwickeln zu lassen, sondern erfordert klare normative Vorgaben und wirksame operative Maßnahmen.

Hierzu wurden in jüngster Zeit auf internationaler, europäischer und nationaler Ebene eine ganze Reihe von Richtlinien, Gesetzen, Verordnungen und technischen Regeln erarbeitet und in Kraft gesetzt. Die ENISA als europäische und das BSI als deutsche Informationssicherheitsbehörde arbeiten intensiv an entsprechenden Vorschriften und Empfehlungen für die verschiedenen Stakeholder im Energiesektor. In Deutschland wurden mit dem Nationalen Cyber Abwehrzentrum die verschiedenen staatlichen Aktivitäten gebündelt. Der Umsetzungsplan Kritische Infrastrukturen (UP-KRITIS) sowie die Allianz für Cyber Sicherheit ergänzen die rein staatlichen Initiativen, in dem sie die Unternehmen und Branchenverbände mit einbeziehen.

Die Aktivitäten in Deutschland sind momentan sehr stark auf den Aspekt Smart Meter/Smart Meter Gateway fokussiert. Diesem Thema so viel Aufmerksamkeit zu widmen ist sicherlich gerechtfertigt, dennoch darf die ganzheitliche Betrachtung aller Domänen (von der Erzeugung bis zum Kunden) und aller Zonen (vom technischen Prozess bis zum Markt) mit ihren Bedrohungen und den daraus resultierenden Gefährdungen nicht zu kurz kommen.

Für die Netzbetreiber besitzt Sicherheit in den Ausprägungen Versorgungssicherheit und Safety schon immer eine herausragende Bedeutung. Security, in der Ausprägung Informationssicherheit/IT-Sicherheit ist zwar kein neues Thema, aber bei weitem noch nicht so tief verankert, wie die klassischen Ausprägungen. Die zukünftig von Netzbetreibern und Smart Meter Gateway Administratoren einzurichtenden und zu betreibenden Informationssicherheitsmanagementsysteme werden hier ein entsprechendes Umdenken erfordern. Die erforderlichen personellen und finanziellen Ressourcen für diese Informationssicherheitsmanagementsysteme werden nicht unerheblich sein. Kleinere Unternehmen werden zur Umsetzung sinnvollerweise auf spezialisierte Dienstleistungspartner zugreifen.

Neben den Investitionen in Organisation und Prozesse werden nennenswerte Technikinvestitionen auf die Unternehmen zukommen.

Die Aufteilung der Geschäfts- und Betriebsprozesse im Energiesektor auf die verschiedenen Marktrollen erschwert es, diejenigen Sicherheitsrisiken zu erkennen und in den Griff zu bekommen, die sich an den Schnittstellen und in der Inter-Marktrollen-Kommunikation ergeben. Daher werden die Bundesnetzagentur, die Standardisierungsinstitutionen und die Branchenverbände gefordert sein, hier abgestimmt und mit ganzheitlichem Blick zu agieren.

Ein bisher noch stiefmütterlich behandeltes Thema ist die wirtschaftliche Betrachtung der Informationssicherheit abseits der Gesamtbetrachtung im Kontext Kritische Infrastrukturen. Methoden wie die Berechnung des Return on Security Investment (RoSI) existieren zwar, haben sich allerdings nicht durchsetzen können. An der Stelle ist weiterhin die Forschung gefordert.

Doch nun zurück zur Eingangsfrage:

▶   Smart und sicher – geht das?

Und die Antwort kann nur lauten:

▶   Wenn wir smart wollen – geht das nur sicher!

Literatur

Aichele, C.: Architektur und Modelle des AMI für den Smart Meter Rollout. In: Aichele, C., Doleski, O.D.: Smart Meter Rollout – Praxisleitfaden zur Ausbringung intelligenter Zähler, S. 293–319. Springer, Wiesbaden (2013)
AIT. http://www.ait.ac.at/%20 (2013). Zugegriffen: 10. Nov. 2013
AIT CAIS: CAIS – Cyber Attack Information System. http://www.ait.ac.at/research-services/research-services-safety-security/ict-security/referenzprojekte/cais-cyber-attack-information-system/ (2013). Zugegriffen: 10. Nov. 2013
Alcatel-Lucent Stiftung: 2013. http://www.stiftungaktuell.de/index.php. Zugegriffen: 20. Nov. 2013
Allianz für Cybersicherheit: Über uns. https://www.allianz-fuer-cybersicherheit.de/ACS/DE/Ueber_uns/ueber_uns.html. Zugegriffen 12. Okt. 2013
Appelrath, H.-J., et al.: Future Energy Grid – Migrationspfade ins Internet der Energie. acatech Studie (Februar 2012)

BBH: Die neue Messsystemverordnung: Umbrüche im Mess- und Zählerwesen, Der Energieblog. http://www.derenergieblog.de/alle-themen/energie/die-neue-messsystemverordnung-umbruche-im-mess-und-zahlerwesen/ (2013). Zugegriffen: 20. Okt. 2013

BDEW: Whitepaper Anforderungen an sichere Steuerungs- und Telekommunikationssysteme, Version 1.0. Berlin (Juni 2008)

BDEW und Oesterreichs E-Wirtschaft: Anforderungen an sichere Steuerungs- und Telekommunkationssysteme: Ausführungshinweise zur Anwendung des BDEW Whitepaper, Version 1.0. Wien (März 2012)

Bedner, M., Ackermann, T.: Schutzziele der IT-Sicherheit, Datenschutz und Datensicherheit (DuD). Nr. 5/2010, 323–328 (2010)

BHKW-Infothek: Kritische Sicherheitslücke ermöglicht Fremdzugriff auf Systemregler des Vaillant ecoPOWER 1. 0, 15.04.2013. http://www.bhkw-infothek.de/nachrichten/18555/2013-04-15-kritische-sicherheitslucke-ermoglicht-fremdzugriff-auf-systemregler-des-vaillant-ecopower-1-0/. Zugegriffen: 12. Okt. 2013

BKA, Bundeslagebild 2012. Wiesbaden (2012)

Bundesamt für Sicherheit in der Informationstechnik (BSI): Begriffserläuterung und Einführung. https://www.bsi.bund.de/DE/Themen/Cyber-Sicherheit/Themen/Sicherheitsvorfaelle/Befriffserlaeuterungen/Befriffserlaeuterungen_node.html (2013a). Zugegriffen: 12. Okt. 2013

Bundesamt für Sicherheit in der Informationstechnik (BSI): BSI-Veröffentlichungen zur Cyber-Sicherheit, Themenlagebild Botnetze, Themenlagebild Schwachstellen (2013b)

Bundesamt für Sicherheit in der Informationstechnik (BSI): Die Lage der IT-Sicherheit in Deutschland. Bonn (2011)

Bundesministerium der Justiz: Gesetz über die Elektrizitäts- und Gasversorgung (Energiewirtschaftsgesetz – EnWG) vom 7. Juli 2005 (BGBl. I S. 1970, 3621), das durch Artikel 2 Absatz 66 des Gesetzes vom 22. Dezember 2011 (BGBl. I S. 3044) geändert worden ist, Berlin (2011)

Bundesministerium des Inneren: Cyber-AZ. http://www.bmi.bund.de/DE/Themen/IT-Netzpolitik/IT-Cybersicherheit/Cybersicherheitsstrategie/Cyberabwehrzentrum/cyberabwehrzentrum_node.html. Zugegriffen: 12. Okt. 2013

Department of Homeland Security: ISC-CERT Monitor, April/May/June 2013. http://ics-cert.us-cert.gov/monitors/ICS-MM201306. Zugegriffen: 12. Okt. 2013

Eckert, C.: TUM. http://www.sec.in.tum.de/claudia-eckert/ (2013). Zugegriffen: 10. Nov. 2013

Eckert, C., Krauß, C., Schoo, P.: Sicherheit im Smart Grid – Eckpunkte für ein Energieinformationsnetz, Stiftungsreihe 90, Alcatel-Lucent Stiftung. Stuttgart (2011)

E-Energy: E-Energy – Smart Energy made in Germany. http://www.e-energie.info/ (2013). Zugegriffen: 10. Nov. 2013

ENISA: Smart Grid Security, 2012, Smart grid security – recommendations for Europe and member states. Heraklion (2012)

European Commission: Proposal for a DIRECTIVE OF THE EUROPEAN PARLIAMENT AND OF THE COUNCIL concerning measures to ensure a high common level of network and information security across the Union, EU NIS-Richtlinienentwurf, 2013. Brüssel (2013)

Europid DIREC: EU Pressemitteilung zum Cybersicherheitsplan. IP/13/94 (2013)

Flick, T., Morehouse, J.: Securing the smart grid: next generation power grid security. Syngress, Burlington (2011)

Fraunhofer AISEC. http://www.aisec.fraunhofer.de/de/fields-of-expertise/smart-grid-security.html (2013). Zugegriffen: 10. Nov. 2013

genua: Cybergateways „Where Security meets Safety", Whitepaper, genua, Kirchheim bei München, 2013

Hutle, M.: Präsentation anlässlich der E-Control Infoveranstaltung: Smart Metering & Sicherheit, Fraunhofer AISEC, E-Control Austria, 02.12.2011. http://www.e-control.at/portal/pls/portal/portal.kb_folderitems_xml.redirectToItem?pMasterthingId=2384035. Zugegriffen: 24. Nov. 2013

ISO/IEC 27019: Information Technology – Security techniques – Information security management guidelines based on ISO/IEC 27002 for process control systems specific tot he energy utility industry. Genf (2013)

Langner, R.: Robust Control System Networks, S. 1–7. Momentum Press, New York (2012)

Langer, L., Kupzog, F., Kammerstetter, M., Kerbl, T., Skopik, F.: Smart Grid Security Guidance (SG)2 – Empfehlungen für sichere Smart Grids in Österreich, Tagung ComForEn 2013, 4. Fachkonferenz Kommunikation für Energienetze der Zukunft, September 26, 2013. OVE, S. 17–22 (2013)

Le, X, Yilin, M., Sinopoli, B.: IEEE Intl. Conf. on Smart Grid Communications (SmartGridComm), S. 226–231 (2010)

Markey, E.J., Waxman, H.A.: Electric Grid Vulnerability – Industry Responses Reveal Security Gaps. Bericht (2013)

OFFIS: Energie. http://www.offis.de/f_e_bereiche/energie.html. (2013). Zugegriffen: 10. Nov. 2013

Pohl, H.: Taxonomie und Modellbildung in der Informationssicherheit. Datenschutz und Datensicherheit (DuD). 28(11/2004):682–684 (2004)

PONS Collins Wörterbuch für die berufliche Praxis, 3. Aufl. (1999)

Shodan: Computer Search Engine. http://www.shodanhq.com/ (2013). Zugegriffen: 12. Okt. 2013

Spafford, E.H.: Gene Spafford's Personal Pages. http://spaf.cerias.purdue.edu/quotes.html. Zugegriffen: 12. Okt. 2013

Spehr, M.: Das Spiel der Hacker, FAZ.NET, 11.05.2011. http://www.faz.net/aktuell/technik-motor/computer-internet/angriff-auf-it-systeme-das-spiel-der-hacker-1639819.html. Zugegriffen: 19. Okt. 2013

Stahl, L.-F.: Gefahr im Kraftwerk. c't magazin für computertechnik. Heft 11/2013:78 ff. (2013)

Turner, J.A., Barik, A.K., Mathew, R.: The Vicious Circle of Smart Grid Security 3.05.2011. http://morse.colorado.edu/~tlen5710/11s/11SmartGridSecurity.pdf. Zugegriffen: 19. Okt. 2013

Universit Okto – Institut für Automatisierungs- und Softwaretechnik: Lernfähigkeit von automatisierten Systemen. http://www.ias.uni-stuttgart.de/?page_id=52. Zugegriffen: 12. Okt. 2013

Werner, M.: Vorlesungsskript Verlässliche Systeme – Fehler in Software. SoSe (2008)

Westlund, D.: Cyber Security Presentation, Ontario Energy Board – Smart Grid Advisory Committee. http://www.ontarioenergyboard.ca/OEB/_Documents/EB-2013-0294/SGAC_Meeting3_N-Dimension_Presentation.pdf. (October 2013). Zugegriffen: 02. Nov. 2013

Wikipedia: L4 (Mikrokernel). http://de.wikipedia.org/wiki/L4_%28Mikrokernel%29. (2013). Zugegriffen: 03. Nov. 2013

Yao, L., Peng, N., Reiter, M.K.: ACM Transactions on Information and System Security, Vol. 14, No. 1, Article 13, 2011

Vernetzte Ökosysteme – Smart Cities, Smart Grids und Smart Homes

19

Jürgen Arnold

Zusammenfassung

Alles soll smarter werden. Aber warum denn nur? Wenn man smart mit elegant, schlau, klug, pfiffig und intelligent übersetzt, kann man zeigen, dass der Wandel von bestehenden Komponenten und Prozessen hin zu diesen Attributen eine kleine Spielerei im Smart Home mit persönlichem Nutzen sein kann, oder im großen Stile einen positiven betriebswirtschaftlichen oder sogar volkswirtschaftlichen Effekt bringt. Intelligente Heizungssteuerungen, die Integration Erneuerbarer Energien, Verkehrsleitsysteme in Cities und deren Einfluss auf das Weltklima zeigen die Spannweite des Themas. Durch den Einsatz von Informations- und Kommunikationstechnologien (IKT) wird eine Transformation der bestehenden Systeme erst möglich. Die Zauberworte heißen hier „Cyber-physische Systeme" und „Internet der Dinge". Die notwendigen Technologien, Chancen, Risiken und Beispiele für vernetzte Einsatzgebiete sollen in diesem Kapitel gezeigt werden.

19.1 Übergeordnete Klimaziele und politische Vorgaben

Wenn man sich einem Thema wie Smart Cities, Smart Grid und Smart Home widmet, muss man sich immer vor Augen führen, was die treibenden Faktoren sind. Klimaveränderungen und deren prognostizierte Auswirkungen sind einer der Hauptgründe, warum

J. Arnold (✉)
Hewlett-Packard GmbH, Schwalbenweg 20, 75382 Althengstett, Deutschland

C. Aichele, O. D. Doleski (Hrsg.), *Smart Market*,
DOI 10.1007/978-3-658-02778-0_19, © Springer Fachmedien Wiesbaden 2014

alles smarter werden soll. Wie sich das Weltklima ändert, mag ein Normalbürger kaum einschätzen können. Mehrfach überflutete Keller, Hagelschäden und abgedeckte Hausdächer sprechen aber auch auf lokaler Ebene eine klare Sprache. Internationale Organisationen untersuchen und dokumentieren die Änderung im Weltklima. Der *Intergovernmental Panel on Climate Change* (IPCC)[1], im Deutschen oft als *Weltklimarat* bezeichnet, hat gerade im Herbst 2013 sein neuestes Gutachten veröffentlicht (*Fünfter Sachstandsbericht des IPCC*)[2]. Auch wenn es in der Wissenschaft unterschiedliche Auffassungen zwischen Ursachen und Wirkungen gibt, zeigt der Report doch ein düsteres Bild der Zukunft. Auch wenn die Erderwärmung in den fünf letzten 15 Jahren sich nicht erhöht hat, zeigt der langfristige Trend doch ein klares Bild nach oben. Aktuell wird das sogenannte *Zwei-Grad-Ziel* diskutiert. „Das Zwei-Grad-Ziel beschreibt das Ziel der internationalen Klimapolitik, die globale Erwärmung auf weniger als zwei Grad gegenüber dem Niveau vor Beginn der Industrialisierung zu begrenzen (…)"[3], um inakzeptable Folgen und Risiken des Klimawandels zu vermeiden. Die Hauptursache für den Klimaanstieg wird mit dem Anstieg des Treibhausgases *Kohlendioxid (CO_2)* begründet. Dieser Zusammenhang ist bereits seit vielen Jahren bekannt. Die Politik hat deshalb auf internationaler und nationaler Ebene Vorgaben entwickelt, um den CO_2-Anstieg zu begrenzen. Auf internationaler Ebene begann alles mit dem *Kyoto Protokoll*. 1997 haben Delegierte aus über 150 Staaten in der japanischen Stadt Kyoto die ersten verbindlichen Ziele zur CO_2-Reduktion vereinbart. Seitdem geht es in der Klimadiplomatie darum, die Ziele zu verschärfen und Länder wie die USA, China und Indien einzubinden – bisher aber ohne messbaren Erfolg. Die weltweiten Klimakonferenzen der letzten Jahre zeigen kaum einen echten Durchbruch. In Deutschland hat der CO_2-Ausstoß im Jahr 2012 im Vergleich zum Vorjahreszeitraum wieder zugenommen. Der Verbrauch an Primärenergieträgern in Deutschland lag in den ersten neun Monaten des Jahres 2013 um insgesamt 3,6 % über dem Niveau des Vorjahreszeitraumes und erreichte nach vorläufigen Berechnungen der Arbeitsgemeinschaft Energiebilanzen eine Höhe von 10.382 Petajoule (PJ) bzw. 354,3 Mio. Tonnen Steinkohleneinheiten (Mio. t SKE).[4] Von einer strategischen Reduzierung sind wir weit entfernt (siehe Abb. 19.1).

In der Europäischen Union gibt es seit vielen Jahren die sogenannten *20-20-20-Ziele*. Hierbei handelt es sich um klare Vorgaben, wie die einzelnen Mitgliedsstaaten sich bis zum Jahr 2020 bei ihrer Klima- und Energiepolitik umstellen müssen:

- 20 % weniger Treibhausgasemissionen (Basisjahr 1990),
- 20 % Energieversorgung aus erneuerbaren Quellen und
- 20-prozentige Steigerung der Energieeffizienz bis zum Jahr 2020.

---

[1] Vgl. Wikipedia (2013), Intergovernmental Panel on Climate Change.
[2] Vgl. Wikipedia (2013), Fünfter Sachstandsbericht des IPCC.
[3] Wikipedia (2013), Zwei-Grad-Ziel.
[4] Vgl. AG Energiebilanzen (2013).

Abb. 19.1 Qualmende Schlote. (sayiamgreen.com)

Die Bundesregierung hat sich zum Ziel gesetzt, die Treibhausgasemissionen in Deutschland bis zum Jahr 2020 um 40 %, bis 2030 um 55 %, bis 2040 um 70 % und bis 2050 um 80 bis 95 % zu reduzieren (bezogen auf das Basisjahr 1990).

CO_2-Emissionen spielen bei der Energiegewinnung und dem Energieverbrauch die zentrale Rolle. Klima und Energiepolitik hängen also direkt zusammen. Bestehende Prozesse und Technologien müssen „smarter" werden, um diese Ziele zu erreichen.

19.2 Bevölkerungswachstum und Urbanisierung

Nach einem Bericht der United Nations Organization (UNO) wurde die 7-Milliarden-Menschen-Marke im Oktober 2011 überschritten. Ein weiteres Wachstum der Weltbevölkerung auf 8,17 Mrd. Menschen wird für das Jahr 2025 vorausgesagt. Diese Menschen müssen irgendwo leben. Es gibt einen klaren Trend zur *Urbanisierung*. „Unter Urbanisierung (lateinisch urbs „Stadt") oder *Verstädterung* versteht man die Ausbreitung städtischer Lebensformen. Diese kann sich einerseits im Wachstum von Städten ausdrücken (physische Urbanisierung), andererseits durch verändertes Verhalten der Bewohner von ländlichen Gebieten (funktionale Urbanisierung). Der Prozess der physischen Urbanisierung ist seit Jahrhunderten zu beobachten (in Europa vor allem im 19. Jahrhundert) und hat in den letzten Jahrzehnten in den Schwellen- und Entwicklungsländern bisher ungeahnte Ausmaße angenommen."[5] 60 % der Weltbevölkerung leben heute bereits in Ballungszentren. Ballungszentren mit mehr als 10 Mio. Einwohnern gibt es in Europa nur wenige (Moskau, Istanbul, London, Paris). In Deutschland zählt das Rhein-Ruhrgebiet mit über 11 Mio. Einwohnern zu diesen Zentren. An der Spitze steht wohl immer noch Tokio mit über 37 Mio. Einwohnern. Die Lebensqualität in diesen Ballungszentren leidet heute stark. In Städten wie Peking oder Shanghai ist die Luftverschmutzung manchmal so hoch, dass sie schon gesundheitsgefährdend ist. Auch kleinere Ballungszentren in Deutschland zeigen uns jeden Tag am Beispiel des Verkehrsaufkommens/Verkehrschaos, dass smarte Lösungen gefragt sind. Was während und nach einem Stromausfall in solchen Ballungsräumen geschieht, konnten Millionen von New Yorkern im Oktober 2012 am eigenen Leib erfahren. Die Auswirkungen von Naturkatastrophen können mit smarten Technologien teilweise verringert werden, es zeigt sich aber, dass unser heutiger Lebensstil stark mit der Verfügbarkeit von Elektrizität einhergeht. Ohne Strom steht alles still.

19.3 IKT – Schlüsselbranche für die Transformation der Systeme hinzu Smart

Die beschriebenen Probleme und Megatrends zeigen, dass eine Veränderung hin zu smarten Technologien und Prozessen unabdingbar ist. Hier gibt es vielfältige Möglichkeiten. Neueste Lösungsansätze aus der IKT-Branche bieten den Schlüssel für die Transformation der Systeme an. *Transformation* bedeutet nicht klein-klein, sondern ein grundlegendes anderes Herangehen, um die passende Lösung zu finden. Einige der Schlüsseltechnologien der IKT-Branche stehen schon seit Jahren bereit, waren bisher aber nicht für den Masseneinsatz vorbereitet. Forschung, Standardisierung und kostengünstige Produktion haben dazu beigetragen, Einzeltechnologien zu gesamtheitlichen Ende zu Ende Lösungen zusammenzuführen. Auch wenn die Technik die Lösungen bietet, fehlt es häufig an den politischen und rechtlichen Rahmenbedingungen für deren Einsatz. Als Beispiel zeigt sich dies ganz deutlich in den letzten Jahren in Deutschland an der Diskussion zum Smart Grid und Smart Meter. Wo rechtliche Rahmenbedingungen fehlen oder sich über eine langjährige, nimmer endende Diskussion erstrecken, scheuen Verbraucher und die Industrie die Investitionen. Ein weiteres wichtiges Thema ist das Vertrauen, dass die Anwender in diese Systeme setzen müssen. Eine Wertschöpfung in diesen hoch vernetzten Systemen setzt auch voraus, dass personenbezogene Daten verarbeitet werden. Dies muss mit der höchstmöglichen Sicherheit und Zuverlässigkeit geschehen. Datenmissbrauch und Zugriff von Unbefugten sind leider an der Tagesordnung. Ob Freund oder Feind, soziale Netzwerkbetreiber oder Hacker jeglicher Art, alle nutzen Schwachstellen in den rechtlichen Rahmenbedingungen oder bewusste oder unbewusste Hintertüren und Fehler in Hard- und Software, um persönliche Daten abzugreifen und entsprechende Profile für die eigenen Zwecke zu erstellen. Das Wort *Cyber-Kriminalität* finden wir jeden Tag in der Presse.

---

[5] Wikipedia (2013), Urbanisierung.

In Smart Cities, Smart Grids und in Smart Homes werden allerdings nicht nur personenbezogene Daten verarbeitet, es werden auch aktiv Zustände beeinflusst. Sollten Unbefugte beispielsweise Zugang zur *Steuerung der Stromnetze* erlangen, kann dadurch enormer volkswirtschaftlicher und auch persönlicher Schaden verursacht werden. Teilweise handelt es sich hier um sogenannte *kritische Infrastrukturen,* für die der Gesetzgeber einen speziellen Schutz vorsieht. Die stetige Verfügbarkeit kritischer Infrastrukturen ist durch Naturgefahren, technisches oder menschliches Versagen sowie vorsätzliche Handlungen mit terroristischem oder kriminellem Hintergrund bedroht. Die Gefahrensituation hat sich in den vergangenen Jahren stetig verändert. Es gibt Anzeichen, dass sowohl im Bereich der Naturgefahren als auch im Hinblick auf vorsätzliche Handlungen mit terroristischem oder kriminellem Hintergrund eine Zunahme von extremen Ereignissen zu verzeichnen ist.

Solche möglichen Szenarien sind neue Herausforderungen für unsere Gesellschaft.

Neben der Gefahrensituation verändert sich auch die *Verwundbarkeit von Infrastrukturen*. Die meisten Infrastruktursysteme sind heute in irgendeiner Form miteinander verknüpft. Beeinträchtigungen in einem Bereich können in andere Standorte, Branchen oder Sektoren hineinwirken und sich damit weit über das ursprüngliche Schadensgebiet auswirken.

Die finanziellen und personellen Ressourcen, die den Einrichtungen zum Schutz Ihrer Infrastruktursysteme zur Verfügung stehen, sind begrenzt. Daher ist ein effizienter und effektiver Einsatz dieser Ressourcen besonders wichtig.

Voraussetzung hierfür ist die Kenntnis der Gefahren und Risiken, die auf die Infrastrukturen einwirken können. Risiken müssen verglichen und bewertet werden können, um Risikoschwerpunkte zu erkennen. Darauf aufbauend können dann zielgerichtete Schutzmaßnahmen umgesetzt werden.

Im Film „Stirb langsam 4" aus dem Jahr 2007 mit Bruce Willis wird so ein Horrorszenario gezeigt. Hierbei übernehmen Kriminelle und Terroristen die Infrastrukturnetze in Nordamerika und lösen dadurch ein Chaos aus. Auch wenn der Film alles in reißerischer Aufmachung zeigt, gilt es trotzdem zu überlegen, welche der gezeigten Vorfälle mit heutiger Technologie bereits möglich wären.

Im Folgenden werden IT Technologien vorgestellt, die bei der Transformation zu smarten Systemen von grundlegender Bedeutung sind. Sensoren und Aktoren, Netzwerke und Maschinen zu Maschinen Kommunikation, Massendatenverarbeitung, Echtzeitanalyse, Sicherheitstechniken und Cloud-Computing sind hier im Besonderen zu nennen.

19.3.1 Sensoren

Sensoren werden in Zukunft das Nervensystem der Erde sein. Mit Sensoren werden die realen Ist-Zustände gemessen. Trillionen von Sensoren können hier ein exaktes Abbild der aktuellen Situation geben. Je mehr Informationen zur Verfügung stehen, desto genauer kann eine Analyse sein. Sensoren und deren Einsatz sind soweit nichts Neues. Einem

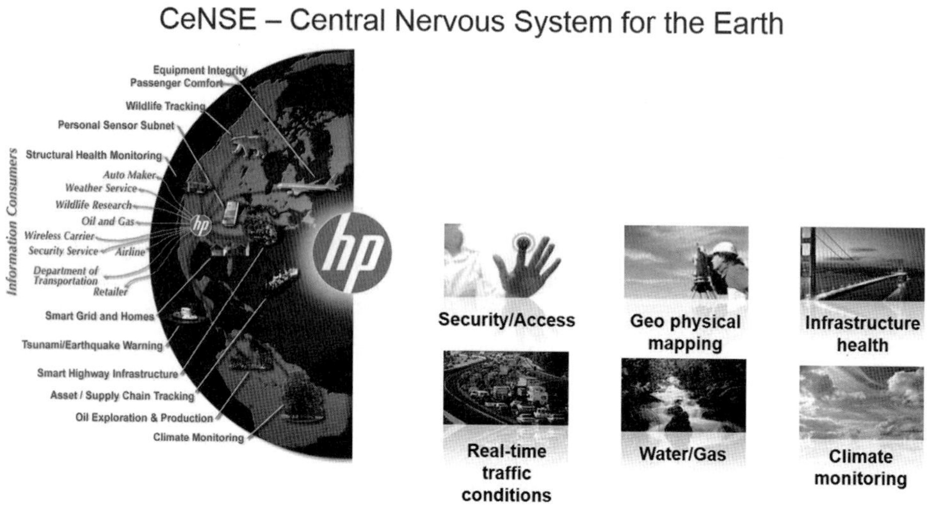

Abb. 19.2 CeNSE – Central Nervous System for the Earth. (Hewlett Packard CeNSE Forschungsprojekt)

betriebswirtschaftlich sinnvollen Einsatz standen aber bisher die hohen Kosten der Sensoren gegenüber. Je nach Einsatzgebiet können einzelne Sensoren heute mehrere 100 EUR kosten. Solch hohe Einzelstückkosten verhindern normalerweise einen flächendeckenden Einsatz. Grundlagenforschung im Nano-Technologiebereich und neue Produktionsmethoden haben in den letzten Monaten und Jahren dazu geführt, dass Sensoren mit einer tausendfach höheren Empfindlichkeit als bisher entwickelt wurden. Dies geht einher mit Produktionskosten im Cent- oder Euro-Bereich. Im Wesentlichen wird hier versucht, die fünf menschlichen Sinne nachzuahmen. Sehen, hören, riechen, schmecken und tasten/fühlen in hoher Auflösung sind hier das Ziel. Darüber hinaus gibt es natürlich eine Vielzahl von physikalischen und chemischen Vorgängen die gemessen werden sollen (Abb. 19.2).

Fast alle von uns nutzen täglich bewusst oder unbewusst die Möglichkeiten von Sensoren. Als Beispiel wäre hier das Mobiltelefon bzw. Handy zu nennen. Neuere Geräte haben eine Vielzahl von Sensoren, welche dem Nutzer zusätzliche Funktionen bieten oder für die Steuerung von Spielen und Programmen notwendig sind. Beispiele hierfür sind:

„Annäherungssensor: Um bei einem Touchscreen eine versehentliche Eingabe mit der Wange beim Telefonieren zu verhindern, deaktiviert der Sensor das Display [Touchscreen], sobald das Handy ans Ohr gehalten wird und aktiviert es wieder, wenn man es vom Ohr wegnimmt.

Bewegungssensor: Ist der Gesamtbegriff für eine Vielzahl von Beschleunigungssensoren, welche für verschiedene Funktionen verantwortlich sind. So lassen sich zum Beispiel durch Schütteln der MP3-Player bedienen, durch Drehung des Handys auf die Displayseite der Klingelton deaktivieren oder durch eine Drehung des Handys von der Hochkant- in die Queranzeige umgeschaltet werden.

Gyroskop: Der Kreiselsensor gehört zu den Bewegungssensoren, welche in aktuellen Geräten verbaut sein können. „(…) Durch eine 3-Achsen-Messung ermöglicht er die Positionsbestimmung im Raum. In Verbindung mit den herkömmlichen Bewegungssensoren (ebenfalls 3 Achsen), wie sie mittlerweile in fast jedem Smartphone zu finden sind, ergibt sich nun eine 6-Achsen-Messung. Mit einem Gyroskop ist nicht mehr nur die Neigung oder die Beschleunigung von Geräten messbar, es lässt sich auch die Rotation um die eigene Achse messen und in Programme oder Spiele einbinden."[6]

Helligkeitssensor: Dieser misst das Umgebungslicht und passt die Displayhelligkeit automatisch an. Im Dunkeln wird die Beleuchtung reduziert und bei Helligkeit wird die Displayhelligkeit erhöht, damit immer die optimale Beleuchtung zur Verfügung steht.

Fallsensor: Dieser „Sturzsensor" ist hauptsächlich in Seniorenhandys zu finden. Er erkennt einen Sturz des Nutzers und sendet automatisch eine Notruf-SMS oder ruft eine vorprogrammierte Notfallnummer an.

Höhenmesser: Bestimmte Sensoren im Handy können die aktuelle Höhe über dem Meeresspiegel messen.

Geomagnetischer Sensor/Digitaler Kompass: Der geomagnetische Sensor misst die Stärke von Magnetfeldern. In der Praxis greifen auf diesen Sensor etwa Google Maps oder Navi-Apps für die Orientierung zu.[7]

Aktuelle Handys/Smartphones verfügen heute über bis zu neun Sensoren. Weitere Sensoren im Handy werden erwartet, um neue Anwendungen im Bereich der Gesundheit und des neuen Lifestyle zu unterstützen. Diese Smartphones spielen die zentrale Rolle, wenn es darum geht, sich im Smart Home, Smart Grid und in der Smart City als Nutzer dieser Ökosysteme zu bewegen.

Ein weiteres Beispiel für den täglichen unbewussten Umgang mit Sensoren sind unsere Automobile. In einem modernen Mittelklassefahrzeug arbeiten bis zu 40 Sensoren. In Luxuslimousinen mit entsprechender Sonderausstattung können es auch wesentlich mehr sein. Dies alles dient der Sicherheit und dem Komfort der Insassen. Am Beispiel der Sensoren in Handys und Autos kann man auch bereits eine Wertigkeit in den damit verbundenen Systemen ablesen. Ein Helligkeitssensor in einem Handy, der nicht funktioniert richtet wohl kaum Schaden an. Ein Helligkeitssensor in einem Kraftfahrzeug, der die Auf- und Abblendfunktionen steuert, kann bei Fehlfunktionen oder Ausfall auch Menschenleben kosten. Ähnliches gilt beispielsweise auch für den Fall- oder Sturzsensor im Handy. Bei kritischen Funktionen ist immer an eine Redundanz zu denken.

Der Sensor selbst ist nur Teil eines größeren Systems, welches man als *Sensorknoten* bezeichnet.[8] Neben dem eigentlichen Sensor besteht der Sensorknoten aus einem gewöhnlichen Computer mit Speicher und Prozessoreinheit und einem Modul für die Kommunikation. Die neuesten Modelle sind auf einem einzigen Computer Chip untergebracht, was die Größe drastisch verringert und den Energieverbrauch optimiert. Bei Sensorknoten die

---

[6] inside-intermedia (2013), Sensoren.
[7] Vgl. inside-intermedia (2013), Sensoren.
[8] Vgl. Wikipedia (2013), Sensornetz.

an das Energienetz angeschlossen sind spielt der Stromverbrauch nur eine untergeordnete Rolle. Immer mehr Einsatzgebiete erfordern allerdings Sensorknoten, denen nach der Ausbringung keine neuen Energiereserven zur Verfügung stehen. Ist die vorhandene Energie aufgebraucht muss in der Regel der gesamte Knoten ausgetauscht werden oder im schlimmsten Fall ist die Lebensdauer des Knotens erschöpft. Die Batterie eines Sensorknotens muss daher möglichst leistungsfähig sein, während alle anderen Teile eine möglichst geringe Leistungsaufnahme haben müssen. Um die Leistungsaufnahme weiter zu reduzieren, kann der Sensorknoten in einen Standby-Zustand versetzt werden, in dem alle Teile bis auf die prozessorinterne Uhr abgeschaltet werden. Beim Ab- und Anschalten spricht man von „schlafen gehen" und „aufwachen", wodurch regelrechte „Tagesabläufe" zustande kommen. Je nach Einsatzort und Gebiet kann die Energiezufuhr aus Erneuerbaren Energien wie Photovoltaik gewährleistet werden. Ein Sensorknoten der beispielsweise an einem Brückenpfeiler die Erschütterungen oder die Verbiegung misst, und mit einer Batterieladung eine Lebensdauer von zehn Jahren haben soll, ist ein höchst kompliziertes Gebilde. Jeder aktive Zustand für die Messung, Speicherung oder Übertragung der Daten muss energieoptimiert sein.

Bei einem Kundenprojekt mit geplanten 1 Mio. Sensorknoten auf einigen Quadratkilometern konnten entsprechende Erfahrungen gesammelt werden.

Nicht direkt ein Sensor, aber Radio Frequency Identification (Identifizierung mit Hilfe elektromagnetischer Wellen, RFID) „(…) ermöglicht die automatische Identifizierung und Lokalisierung von Gegenständen und Lebewesen und erleichtert damit erheblich die Erfassung von Daten (umgangssprachlich auch Funketiketten genannt)."[9]

Ein *RFID-System* besteht aus einem *Transponder*, der sich am oder im Gegenstand bzw. Lebewesen befindet und einen kennzeichnenden Code enthält, sowie einem *Lesegerät* zum Auslesen dieser Kennung. RFID-Transponder können winzig klein sein. Aufgeklebt, eingenäht, gedruckt oder in Lebewesen implantiert, identifizieren Sie diese Objekte. Dies ist eine wichtige Eigenschaft in smart vernetzten Ökosystemen. Die Vorteile dieser Technik ergeben sich aus der Kombination der geringen Größe, der unauffälligen Auslesemöglichkeit (z. B. bei dem am 01. November 2010 neu eingeführten Personalausweis in Deutschland) und dem geringen Preis der Transponder (teilweise im Cent-Bereich). Diese neue Technik kann den heute noch weit verbreiteten Barcode ersetzen. Die Kopplung geschieht durch vom Lesegerät erzeugte magnetische Wechselfelder geringer Reichweite oder durch hochfrequente Radiowellen. Damit werden nicht nur Daten übertragen, sondern auch der Transponder mit Energie versorgt. Nur wenn größere Reichweiten erzielt werden sollen und die Kosten der Transponder nicht sehr kritisch sind, werden aktive Transponder mit eigener Stromversorgung eingesetzt. Das Lesegerät enthält eine Software (ein Mikroprogramm), das den eigentlichen Leseprozess steuert, und eine RFID-Middleware mit Schnittstellen zu weiteren EDV-Systemen und Datenbanken.

---

[9] Wikipedia (2013), RFID.

19.3.2 Netzwerke

Trillionen von Sensoren die Daten erfassen sind nutzlos, wenn man die Information nicht weiterleitet und intelligent verarbeitet. Die Informationen müssen den Endbenutzer erreichen und dieser muss eine Chance haben aktiv zu kommunizieren. Hier spielt die standardisierte und effiziente Datenübertragung die entscheidende Rolle. Um im Internet der Dinge kommunizieren zu können, braucht jedes Objekt eine eindeutige Adresse. Wenn die Objekte über das *Internetprotokoll* (IP) kommunizieren, hat normalerweise jedes Objekt eine eigene *IP-Adresse*. Mit dem bisherigen Protokoll, Internet Protocol Version 4 (IPv4), waren bis zu 2^{32} Objekte adressierbar. Dieser Adressraum ist bereits heute fast vollständig ausgeschöpft und reicht deshalb für das Internet der Dinge bei weitem nicht aus. Es wird deshalb das IPv6-Protokoll eingeführt, das einen Adressraum von 2^{128} hat. Damit lässt sich leicht jedem Objekt auf der Erde eine-IP Adresse zuweisen. Da dieser gigantische Adressraum in der Vergangenheit nicht zur Verfügung stand, haben sich auch andere Protokolle entwickelt, um speziell im Haushaltsbereich Objekte zu adressieren. Die Ansteuerung eines Rollladenmotors oder des Türöffners muss nicht unbedingt mit IP Protokoll erfolgen. Einfachere Lösungen waren gefragt. Die Zukunft wird zeigen, ob ältere Protokolle komplett abgelöst oder durch IPv6 ergänzt werden.

Neben den Protokollen für die Adressierbarkeit der Objekte gibt es wichtige, standardisierte Protokolle zum Austausch der Informationen mit den Objekten. Im Zusammenhang mit Smart Cities, Smart Grids und Smart Home sind hier zum Beispiel Protokolle wie der *EEBus* zu nennen. „Der EEBus (gesprochen: „E-Ebus") beschreibt die Nutzung bestehender Kommunikationsstandards, -normen und Produkte mit dem Ziel, Energieversorgern und Haushalten den Austausch von Anwendungen und Diensten zur Erhöhung der Energieeffizienz zu ermöglichen. Er ist ein Ergebnis des vom Bundesministerium für Wirtschaft und Technologie (BMWi) und dem Bundesministerium für Umwelt, Naturschutz und Reaktorsicherheit (BMU) aufgelegten Förderprogrammes E-Energy und dort im Rahmen des Teilprojekts Smart Watts entwickelt worden."[10] Die effiziente Energienutzung und Steuerung setzt voraus, dass man mit allen Erzeugern und Verbrauchern Informationen austauschen kann. Die aktuell eingespeiste Leistung einer Photovoltaikanlage, Tarifinformationsaustausch mit dem Smart Meter oder das Ermitteln der Akkukapazität eines Elektrofahrzeuge sind hier Beispiele.

Speziell bei der Kommunikation mit Smart Grid-Komponenten gibt es neben der traditionellen Nutzung der Telekommunikationsleitungen auch die Möglichkeit, die Kabel des Stromnetzes selbst zu nutzen. Bei der *Powerline Communication* (PLC) werden die Informationen über eine Trägerfrequenz auf das Stromkabel moduliert und vom Empfänger, der ebenfalls mit diesem Stromkabel verbunden ist, demoduliert. Ein wichtiger Aspekt dieser Technologie ist, dass für die Datenkommunikation keine zusätzlichen Kabel benötigt werden. Zusätzlich spielt noch die Tatsache eine Rolle, wem die Kabelinfrastruktur gehört und wer somit die Hoheit über deren Nutzung hat.

---

[10] Wikipedia (2013), EEBus.

„Machine-to-Machine (kurz M2M) steht für den automatisierten Informationsaustausch zwischen Endgeräten wie Maschinen, Automaten, Fahrzeugen oder Containern untereinander oder mit einer zentralen Leitstelle, zunehmend unter Nutzung des Internets und den verschiedenen Zugangsnetzen, wie dem Mobilfunknetz. Eine Anwendung ist die Fernüberwachung, -kontrolle und -wartung von Maschinen, Anlagen und Systemen, die traditionell als Telemetrie bezeichnet wird. Die M2M-Technologie verknüpft dabei Informations- und Kommunikationstechnik."[11]

M2M-Lösungen können in jedem Wirtschaftszweig in der Smart City und im Smart Grid-Arbeitsabläufe rationalisieren und zu Produktivitätssteigerungen führen. Darüber hinaus kommt es zur Vermeidung von Ausfallzeiten. Die damit verbundenen Rationalisierungen der Geschäftsprozesse und die daraus folgenden Kosteneinsparungen bergen für die Industrie – und auch für die Gesellschaft – ein großes Marktpotenzial.

Beim Aufbau von Netzwerken sind immer die physikalischen Gegebenheiten zu berücksichtigen. Beim Anbinden eines Smart Meters oder Smart Meter Gateways über Funktechnik an die zentrale Leitstelle ist zu prüfen, ob vom Zählerkasten im Keller eines deutschen Haushalts diese Verbindung überhaupt stabil möglich ist. Unterschiedlichste Netzwerktechnologien werden deshalb in solchen Einsatzfällen benötigt.

Bei den Einsatzgebieten in der smarten Welt ist es klar, dass ein breitbandiger Ausbau der Netzwerkinfrastruktur notwendig ist. Anders sind die Datenströme der Zukunft nicht zu beherrschen. Glasfaserlösungen bis ins Haus, neueste Modulationsverfahren auf der bestehenden Kupferinfrastruktur (Telefonkabel), Koaxialfernsehkabel mit Rückkanal, Satellitenverbindungen und Mobilfunkanwendungen der dritten und vierten Generation bieten hier die Lösungen.

19.3.3 IT Sicherheit

Die schöne smarte Welt muss vor jeglichem unbefugten Zugriff geschützt werden. Lösungen für Smart Cities, Smart Grids und Smart Home werden entwickelt, um neue Geschäftsmodelle umsetzen zu können, Energieeinsparungen zu realisieren, gesetzliche Auflagen zu erfüllen und um den Lebensstandard und Komfort zu erhöhen. Die vielen Einzelkomponenten solch eines Ökosystems können jederzeit ausfallen und dadurch Schaden anrichten. Diese technischen Ausfallwahrscheinlichkeiten kann man berechnen und durch redundante Auslegung Schaden vermeiden. Beim unbefugten Zugriff von außen auf Objekte in der smarten Welt können persönliche und personenbezogene Daten abgegriffen werden und im schlimmsten Fall auch Fehlsteuerungen provoziert werden. Wie vielfältig dieser Zugriff auf Daten sein kann, zeigen die Vorkommnisse der letzten Monate und Jahre. Speziell beim unbefugten Zugriff auf Objekte im Smart Grid wie Erzeugung- und Verteilungsanlagen, kann durch Umprogrammierung oder Abschaltung erheblicher volkswirtschaftlicher Schaden entstehen. Auch wenn die Details nicht immer bekannt

---

[11] Wikipedia (2013), Machine-to-Machine.

sind, soll es bereits unbefugte Zugriffe auf Atomkraftwerke und Anlagen, Wasserwerke und Netzschaltanlagen gegeben haben.

Sicherheitsaspekte und *Vertrauenswürdigkeit* sind ein entscheidender Faktor bei der Akzeptanz neuer Lösungen. Ein Normalbürger der sich in einem Ökosystemen wie in einer Smart City bewegt, hat kaum einen Einfluss darauf, ob die ihn umgebenden Systeme sicher sind oder nicht. Hier müssen alle Sicherheitsvorkehrungen bereits in der Architektur der Systeme behandelt werden. Man spricht hier auch von „Security-by-Design". Eine „Ende-zu-Ende" Betrachtung der Prozesse und der eingesetzten Technologien ist hier von entscheidender Bedeutung. Dies macht die Lösungen allerdings auch entsprechend teuer. Für die in diesem Kapitel betrachteten Themen sind die Informationssicherheit, Netzwerksicherheit und Gebäudesicherheit relevant.

Neben hunderten IT-Firmen, die entsprechende Sicherheitslösungen anbieten, spielt in Deutschland das Bundesamt für Sicherheit in der Informationstechnik (BSI) eine entscheidende Rolle. Das BSI befasst sich mit allen Fragen rund um die IT Sicherheit in der Informationsgesellschaft. So erarbeitet das BSI beispielsweise praxisorientierte *Mindeststandards* und zielgruppengerechte *Handlungsempfehlungen* zur IT-und Internet Sicherheit, um Anwender bei der Vermeidung von Risiken zu unterstützen. Ein passendes Beispiel für das Smart Grid ist das sogenannte Schutzprofil für ein *Smart Meter Gateway*. Das BSI wurde durch das Bundesministerium für Wirtschaft und Technologie (BMWi) im September 2010 mit der Erarbeitung eines Schutzprofils (Protection Profile, PP) sowie im Anschluss einer Technischen Richtlinie (TR) für die Kommunikationseinheit eines intelligenten Messsystems (Smart Meter Gateway) beauftragt, um einen einheitlichen technischen Sicherheitsstandard für alle Marktakteure zu gewährleisten.[12] Zukünftige Smart Meter Gateways müssen auf Basis dieses Schutzprofils geprüft werden und erhalten nach positivem Prüfergebnis ein Zertifikat als verbindlichen Nachweis über die Erfüllung der Schutzziele. Zur Gewährleistung von Interoperabilität und der technischen Umsetzung der Mindestsicherheitsanforderungen des Schutzprofils hat das BSI auch entsprechende Vorgaben in einer Technischen Richtlinie (BSI TR-03109) entwickelt. Dieses Schutzprofil ist allerdings nur ein sehr kleiner Aspekt beim sicheren Betrieb eines Smart Grids, soll allerdings die Komplexität des Problems zeigen. Vernetzte Ökosysteme haben tausende von Einzelkomponenten und Prozessen die es zu schützen gilt. Neben dem reinen Zugriffsschutz durch Unbefugte spielt die Verschlüsselung der Daten eine entscheidende Rolle. Die meisten Daten werden über das öffentlich zugängliche Internet übertragen. E-Mails, die an den Nachbar in der gleichen Straße geschickt werden, können im Internet – bis sie ankommen – leicht einmal den Weg über Amerika nehmen. Auch wenn die Daten auf diesem Wege möglicherweise kopiert werden, sollte doch eine Analyse des Inhalts unmöglich gemacht oder mindestens erschwert werden. Die aktuelle Berichterstattung wie staatliche Stellen und Hacker diese Verschlüsselungen umgehen, lässt allerdings viele Fragen offen. Wirksamer Schutz bietet hier nur allerneueste Technologie und verantwortungsvolle Personen die damit umgehen.

---

[12] Vgl. BSI (2013).

19.3.4 Big Data und Echtzeitanalyse

Die Objekte im Internet der Dinge und die Menschen, die damit umgehen, erzeugen permanent riesige *Datenströme*. Man geht im Augenblick davon aus, dass sich das weltweit erzeugte Datenvolumen alle zwei Jahre verdoppelt. Das Volumen dieser Datenmengen gibt man in Terabytes, Petabytes oder Exabytes an. Erzeugt werden diese riesigen Datenströme nicht mehr von Menschen, sondern zunehmend maschinell. In den nächsten Jahren rechnet man mit 40–50 Mrd. vernetzten Objekten. Am Beispiel eines *Smart Meters* kann man den drastischen Anstieg des Datenvolumens leicht erklären. Bei einem herkömmlichen Stromzähler wird ein Messwert pro Jahr für die Rechnungsstellung erfasst. Bei einem Smart Meter sind es bei einer Auslesefrequenz alle 15 min schon 35.040 pro Jahr. Hierbei gilt es zu beachten, dass ein Technologiewechsel bei der Erfassung von Daten und Messwerten gleichzeitig auch eine neue Systemarchitektur für die Übertragung (Netzwerke) und Verarbeitung (Cloud) bedingt. Aus Kostengründen werden die gewählten Systemarchitekturen und die eingesetzten Technologien dem zu verarbeitenden Datenvolumen angepasst. Bei den Objekten in der Smart City, dem Smart Grid und im Smart Home, die wir betrachten, gibt es eine große Spannbreite der erzeugten Datenvolumina. Ein Temperatur- oder Verbrauchsmesswert der alle 15 min erfasst wird, braucht für die Übertragung und Speicherung nur wenige Byte. Ein Bild einer Videokamera zur Überwachung von Objekten oder Personen mit hoher Auflösung benötigt für die Übertragung und Speicherung bereits mehrere Megabyte. Der wichtige Schritt kommt jetzt. Das Verarbeiten der Rohdaten um daraus die entsprechenden Informationen für das jeweilige Anwendungsgebiet zu bekommen. Die intelligente Analyse der Datenströme bildet die Grundlage für neue Geschäftsmodelle. Bei den Daten unterscheidet man zwischen strukturierten und unstrukturierten Daten. *Strukturierte Daten* liegen normalerweise in einer Datenbank vor. Hierbei ist klar definiert, in welchem Feld der Name oder Vorname, das Geburtsdatum oder eine Uhrzeit gespeichert sind. Die Verarbeitung dieser Daten ist deshalb einfach. *Unstrukturierte Daten* sind beispielsweise Texte, Audio und Video Daten. Um diese Datenströme nach sinnvollen Inhalten zu analysieren, bedarf es besonderer intelligenter Algorithmen. Intelligente Datenanalyse in unstrukturierten Daten bietet großes Potenzial für neue Geschäftsfelder in der smarten Welt. Mehr und mehr Prozesse erfordern in der Zukunft auch eine Echtzeitanalyse, um auch die entsprechenden Rückmeldungen in Echtzeit geben zu können. Wenn eine Messdatenerfassung am Stromzähler zuhause nicht sofort übertragen oder verarbeitet werden kann, spielt das zu Zwecken der Abrechnung kaum eine Rolle. Bei der Überwachung und Analyse von Spannungen, Strömen und Frequenzen im Stromnetz kommt es auf Millisekunden an, um Unregelmäßigkeiten früh zu erkennen und Gegenmaßnahmen einleiten zu können. Bei der aktiven Überwachung und Lenkung von Verkehrsströmen an Flughäfen und in Städten kann es auch nur eine Echtzeitverarbeitung geben.

19.3.5 Cloud-Computing

Um die gigantischen Datenströme sinnvoll verarbeiten zu können, bedarf es ebenfalls neuer Ansätze. In der klassischen Datenverarbeitung gab es früher Computersysteme, die nur eine Anwendung bedienten. Bei der Leistungsfähigkeit moderner Systeme ist diese Art der Verarbeitung betriebswirtschaftlich nicht sinnvoll. Es wurden deshalb in den letzten Jahren bereits *Virtualisierungstechniken* eingeführt, welche die Auslastung der Systeme erhöht. Dadurch werden tendenziell weniger Systeme notwendig. Dies senkt beispielsweise auch den Stromverbrauch in einem Rechenzentrum und fördert somit die Umwelt. Im Wesentlichen geht es also darum, die vorhandenen technischen Ressourcen optimal auszunutzen. Weiterhin geht es darum, die Betriebskosten, die auch durch das Personal verursacht werden, so gering wie möglich zu halten. Hier spielt die Automatisierung der Arbeitsabläufe die entscheidende Rolle. Die Konfiguration und Inbetriebnahme der IT-Infrastruktur und der zugehörigen Applikationen kann heute bereits vollständig automatisiert erfolgen. Eine wichtige Eigenschaft des *Cloud-Computing* ist die scheinbar unbegrenzte Kapazität, die die Cloud zur Verfügung stellt. Zusätzlich steht diese unbegrenzte Kapazität auch noch dynamisch zur Verfügung. Dynamisch heißt in diesem Zusammenhang, dass nach wenigen Minuten oder Stunden nach der Anforderung die Systeme zur Verfügung stehen und produktiv genutzt werden können. Gleichzeitig kann die angeforderte Kapazität jederzeit bei Nichtnutzung wieder zurückgegeben werden. Man bezahlt nur für den Ressourcenverbrauch nach Zeit oder Kapazität, der auch wirklich angefallen ist. Diese Eigenschaft des dynamischen Bezahlen macht ein Cloud-Computing-Modell besonders wirtschaftlich. Beim Cloud-Computing handelt es sich also nicht um eine neue Technologie, sondern um eine neue Art der Nutzung von IT-Ressourcen. Die neue Nutzung der IT-Ressourcen zeigt sich auch dadurch, dass ein Entwickler oder Anwender sich nicht mehr mit den Details der Konfiguration befassen muss. Er wählt in einem sogenannten Self Serviceportal aus bereits vorkonfigurierten Komponenten die für seinen Anwendungsfall passende heraus. Gleichzeitig erhält er zu jeder gewählten Komponente auch den entsprechenden Preis angezeigt, den die Nutzung dieser Ressourcen erzeugt. Nach der Wahl der Einzelkomponenten muss noch die Verbindung zu Daten und Netzwerken konfiguriert werden. Auch dies geschieht durch wenige Mausklicks in einer grafischen Benutzeroberfläche. Nach wenigen Minuten kann somit also bereits eine Lösung zur Verfügung gestellt werden, ohne dass sich der Anwender um die technischen Details kümmern muss. Die Cloud, oder im deutschen Wolke, vereinfacht so die Datenverarbeitung also dramatisch. In der kommerziellen Datenverarbeitung muss man sich aber speziell mit dem Thema auseinandersetzen, wo die Daten verarbeitet werden. Speziell in Deutschland dürfen personenbezogene Daten nicht beliebig im Ausland verarbeitet werden. Auch gilt es zu berücksichtigen, ob kritische Firmendaten wie Konstruktionspläne an einem unbekannten Ort in der Welt verarbeitet und gespeichert werden. Um hier jedem Anwendungsfall gerecht zu werden, bietet das Cloud-Computing mehrere Lösungsansätze (siehe Abb. 19.3).

Es gibt die sogenannten *Public Clouds*. Hier können die Daten irgendwo in der Welt in einem Rechenzentrum gespeichert und verarbeitet werden. Für einige Anwendungsfälle,

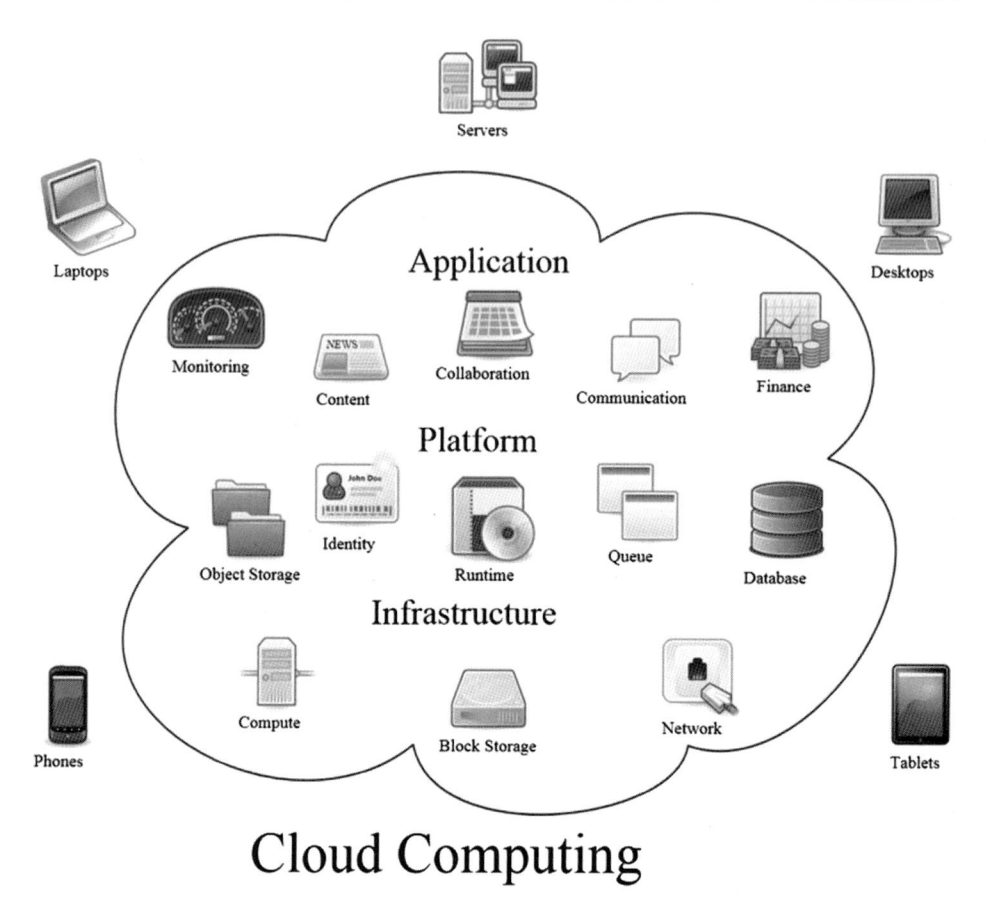

Abb. 19.3 Elemente des Cloud-Computing. (Wikipedia 2013, Cloud-Computing)

die unkritisch sind, mag dies durchaus akzeptabel sein. Wenn gesetzliche Vorschriften es erfordern, kann es aber auch sein, dass die notwendige Datenverarbeitung und Speicherung in Deutschland oder im europäischen Rechtsraum stattfinden muss. Hierfür bieten Cloud-Computing-Dienstleister Lösungen in Rechenzentren der entsprechenden Länder an. Damit wäre das Problem der Datenverarbeitung und Speicherung im vorgegebenen Rechtsraum gelöst. Da die Wege der Datenübertragung aber weltumspannend sind, können Daten immer noch im Ausland „rechtswidrig" abgegriffen werden. Dies zeigen besonders deutlich die Vorgänge, die seit Anfang 2013 aufgedeckt werden, und die von staatlichen Stellen getrieben werden. Aber auch hierfür gibt es technische und vertragliche Lösungen.

Private-Clouds bieten hier den notwendigen Schutz, wenn unternehmenskritische Daten das eigene Rechenzentrum nicht verlassen sollen. Technologisch gesehen kommen hier die gleichen modernen Computer-, Speicher- und Netzwerkkomponenten zum Einsatz wie in einer Public Cloud. Die Installation ist aber im firmeneigenen Rechenzentrum.

Um die Synergien des Cloud-Computing voll zu nutzen, ist in vielen Fällen eine sinnvolle Kombination aus Public- und Private-Cloud möglich. Man spricht dann auch von einer hybriden Cloud-Lösung.[13]

Im Rahmen der „Hightech-Strategie" der Bundesregierung werden sichere Cloud-Lösungen (Trusted Cloud)[14] besonders gefördert. Das Bundesministerium für Wirtschaft und Technologie (BMWi) hat *Trusted Cloud* im September 2010 als Technologiewettbewerb gestartet. Insgesamt sind 116 Projektvorschläge eingereicht worden. In einem mehrstufigen Prozess mit Unterstützung einer unabhängigen Expertenjury wurden die 14 erfolgversprechendsten Projekte ermittelt. Die Forschungs- und Entwicklungsaktivitäten haben im September 2011 begonnen. Das dafür bereitgestellte Fördervolumen beträgt rund 50 Mio. EUR. Durch Eigenbeiträge der Projektpartner liegt das Gesamtvolumen von Trusted Cloud bei rund 100 Mio. EUR.

Wie die geförderten Projekte in der Praxis umgesetzt werden können, muss sich noch zeigen.

19.3.6 Cyber-physische Systeme (CPS)

Nachdem bisher die Einzelkomponenten für die smarte Welt von morgen vorgestellt wurden, gilt es nun, all diese Dinge miteinander zu verbinden. Wikipedia definiert ein *cyber-physisches* bzw. *Cyber-Physical-System* (CPS) als den Verbund informatischer, softwaretechnischer Komponenten mit mechanischen und elektronischen Teilen die über eine Dateninfrastruktur, wie z. B. das Internet kommunizieren. Ein cyber-physisches System ist durch seinen hohen Grad an Komplexität gekennzeichnet. Eingebettete Systeme die beispielsweise in Kraftfahrzeugen für Kontroll- oder Steuerungsfunktionen genutzt werden, gibt es schon sehr lange. Wenn diese geschlossenen Systeme wie beispielsweise im Auto nun auch noch mit der Außenwelt kommunizieren, ergeben sich dadurch völlig neue Einsatzgebiete. Obwohl es keine harte Definition für Cyber-Physical-Systems und eingebettete Systeme (*Embedded Systems*) gibt, könnte diese Kommunikation mit der Außenwelt der kleine Unterschied sein. Um am Beispiel des Automobils zu bleiben kann man sagen, das in einem normalen Auto Dutzende von Embedded Systems wirken (Motorensteuerung, ABS, ESP usw.). Als CPS könnte man beispielsweise das Ökosystem eines Formel-1-Rennwagen bezeichnen. Auch hier wirken im Fahrzeug Dutzende von Embedded Systems. Diese kommunizieren ihre Daten allerdings über Telemetrie an lokale Leitstände an der Rennstrecke, die wiederum ihrerseits mit dem firmeneigenen Rechenzentrum in Echtzeit verbunden sind. Hier werden die realen Daten des Fahrzeuges, der Rennstrecke, der Wettersituation und das aktuelle Geschehen auf der Strecke analysiert und an den Leitstand und in das Fahrzeug direkt zurückgespielt. Somit könnte man dem Fahrer direkt Infor-

---

[13] Hewlett Packard (2013).
[14] BMWi (2013).

mationen geben, oder wo es das Reglement erlaubt, direkt beispielsweise in die Motorensteuerung oder Bremssteuerung eingreifen.

19.4 Vorteile und Wertschöpfung durch ganzheitliche Vernetzung der Ökosysteme

Smart Home, Smart Grid und Smart Cities können jeweils ein selbstständiges *Ökosystemen* darstellen. Normalerweise werden diese Einzelsysteme auch unabhängig voneinander entwickelt. Sie müssen auch nicht vernetzt sein. Es gibt wahrscheinlich Tausende von Anwendungsfällen wo eine Vernetzung keinen Sinn macht. Es ist deshalb wichtig, dass passgerechte Lösungen zum richtigen Preis für die richtigen Einsatzzwecke entwickelt werden. Der Lichtschalter im Wohnzimmer muss nicht über eine kryptographisch gesicherte Verbindung mit dem Internet kommunizieren. Technisch machbar aber wirtschaftlich nicht darstellbar, obwohl es auch hierfür Anwendungsfälle geben dürfte. Wichtig ist aber, dass an den Übergabepunkten der einzelnen Ökosysteme Schnittstellen geschaffen werden, welche eine transparente Datenübertragung erlauben. Ein Smart Home soll sehr wohl mit dem Smart Grid kommunizieren, wenn sich dadurch eine zusätzliche Wertschöpfung ergibt. Wichtig ist hierbei zu verstehen, wer einen direkten Nutzen einer neuen Lösung hat. Bevor ich als Privatperson beispielsweise in ein Smart Home investiere, möchte ich verstehen, welchen zusätzlichen Komfort, Sicherheit oder monetäre Einsparungen ich hiermit erzielen kann. Auch wenn eine Investition im Smart Home zum Thema Energieeinsparung sich vielleicht erst in 15 Jahren für mich rechnet, kann bei einer Gesamtheitsbetrachtung von vielen Millionen Haushalten eine volkswirtschaftliche Wertschöpfung sehr schnell gegeben sein.

Ein Beispiel für diesen ganzheitlichen Ansatz zeigt die Studie von BITKOM & Fraunhofer aus dem Jahre 2012 über „Gesamtwirtschaftliche Potenziale intelligenter Netze in Deutschland".[15] Was sind intelligente Netze? „Als intelligente Netze werden Lösungen bezeichnet, die netzbasiert eine Regelung oder Koordination unterschiedlichster technischer Geräte ermöglichen. Dies geschieht zumeist kontextbezogen und über einen automatisierten Austausch von Daten. Ziel ist es, komplexe Prozesse besser zu managen, die Effizienz zu steigern, Verbrauch und Erzeugung miteinander zu koppeln und damit Ressourcen zu schonen sowie weitere, neue vernetzte Anwendungen zu ermöglichen. Intelligente Netze beginnen/enden bei Sensoren/Aktoren, denen sie Daten entnehmen bzw. zuführen, werden über Kommunikationskanäle verschiedener, meist breitbandiger Accesstechnologien aggregiert und münden in zentralen Plattformen zur Speicherung bzw. Weiterverarbeitung über anwenderbezogene Dienste."[16]

Bei dieser umfassenden Betrachtung werden die Bereiche Energie, Gesundheit, Verkehr, Bildung und Behörden betrachtet. Hierbei wurde ein gesellschaftlicher Gesamtnut-

---

[15] Vgl. BITKOM und ISI (2012).
[16] Nationaler IT Gipfel (2012, S. 295).

zen von 55,7 Mrd. EUR pro Jahr ermittelt. Der Gesamtnutzen setzt sich zusammen aus erwarteten Effizienzsteigerungen (39,0 Mrd. EUR) und zusätzlichen Wachstumsimpulsen (16,7 Mrd. EUR). Die ermittelten Zahlen wurden auch durch die Auswertung von vielerlei vorhandenen Studien gewonnen.[17]

19.4.1 Smart Home & Smart Buildings

Das *Smart Home* ist das Kleinste der drei zu betrachtenden Ökosysteme in diesem Kapitel. Smart, auch nur in kleinsten Ansätzen, sind heute die wenigsten Haushalte. Unter Smart Home versteht man im Allgemeinen die Erhöhung der Lebens- und Wohnqualität, viele Arten der Energieeinsparung im Haus oder Wohnung und die Erhöhung der Sicherheit. Die Vernetzung von Haustechnik und Haushaltsgeräten (Heizung, Jalousien, Kühlschrank, Herd, Waschmaschine, Lampen usw.) sowie die Vernetzung der Geräte aus der Unterhaltungselektronik (Fernseher, Radio, Stereoanlage, Media Server usw.) zählen auch zum Oberbegriff Smart Home. Wenn es um mehr als das remote ein- und ausschalten diese Geräte geht, sieht man aber bereits die vollkommen unterschiedlichen Anwendungsgebiete. Da die Stereoanlage normalerweise nicht mit der Heizung kommuniziert, muss es zwischen diesen Geräten auch keine genormten Schnittstellen geben. Vollkommen anders ist die Situation natürlich innerhalb der einzelnen Anwendungsgebiete. Hersteller arbeiten heute gemeinsam an einem Standard und implementieren diesen in ihre Geräte. Dies garantiert die Interoperabilität der Geräte und der Kunde hat eine größere Flexibilität bei der Anschaffung. Dies heißt allerdings nicht, dass es nur einen dieser Standards gibt. Alleine schon über die Lebensdauer der Geräte ergibt sich die Tatsache, dass ein Standard der vor fünf Jahren noch aktuell war heute kaum noch eine Rolle spielt. Somit ergeben sich bei der Vernetzung von Alt- und Neugeräten schon die ersten Probleme. Durch die Innovationskraft der Branche ergeben sich hier alle 12 Monate größere Änderungen, welche eine Erweiterung des bestehenden Standards oder einen neuen Standard erfordern. Viele der Lösungen am Markt finden aber keinen Einsatz, weil deren Installation und Inbetriebnahme von Laien nicht zu bewerkstelligen ist. Sinnvolle Lösungen werden deshalb häufig als technologische Spielereien abgetan. Nicht viel besser ist die Situation bei der Haustechnik und bei Haushaltsgeräten. Echter, auch finanzieller Nutzen ist häufig nicht zu erkennen. Dies zeigt sich speziell bei Lösungen zum Thema Energieeinsparung. Ein Kühlschrank der neuesten Generation, auch ohne Vernetzungsmöglichkeit, bietet hier sofortige Einsparungen und finanzielle Vorteile. Nur für Fachleute lässt sich hier beispielsweise das Potenzial erahnen, welche sich aus einer Fernsteuerung des Kühlschranks aus dem Smart Grid heraus ergeben könnte. *Lastverschiebung* im Smart Grid ist hier das Stichwort. Unabhängig von der Energieeinsparung durch Lastverschiebung kann der smarte Kühlschrank natürlich auch noch die Vorräte nachbestellen und dem Nutzer anhand des aktuellen Inhalts das Abendessen vorschlagen.

---

[17] Vgl. BITKOM und ISI (2012).

Ein Beispiel, das allerdings jedermann versteht, ist die intelligente Heizungssteuerung. Hierbei kann es sich im einfachsten Fall um den Austausch des handbetriebenen Ventils am Heizkörper handeln. Die neuen Systeme gibt es in jedem Baumarkt oder Lebensmitteldiscounter und können auch von Laien installiert werden. Die Intelligenz liegt in einer Zeitsteuerung, im Erkennen ob ein Fenster geöffnet wurde oder in einem sonstigen frei programmierbaren Profil um die Wärmezufuhr zum Heizkörper intelligent zu regeln. In einem intelligenten Gebäude wird natürlich der gesamte Heizkreislauf oder die Klimaversorgung energietechnisch optimal geregelt. Hierdurch ergeben sich bereits nach einem Jahr merkliche Kosteneinsparungen und die Investitionen in die Systeme zahlen sich nach wenigen Jahren bereits zurück. Wenn es im Wesentlichen um Energieeinsparungen im Wärmebereich von Gebäuden geht, kann dies in erster Linie natürlich durch gesetzlich geforderte Dämmmaßnahmen erfolgen. Dieser Eingriff am Gebäude selbst verändert immer das Aussehen und ist mit mehreren 10.000 EUR zu veranschlagen. Von den Dämmmaterialien, die später meistens als Sondermüll zu entsorgen wären, mal ganz zu schweigen. Hier bietet der IKT-Einsatz von smarten Steuerungen eine kostengünstige Alternative, die im privaten Umfeld bereits für mehrere 100 EUR angeschafft werden kann. Wesentlich größere Einsparungen beim Thema Klimatisierung lassen sich in kommerziellen Gebäuden erreicht. Ein Forschungsschwerpunkt liegt zurzeit auf der intelligenten Steuerung der Elektromotoren bei Klimaanlagen. Weiterhin wird die intelligente Klimatisierung von Räumen getestet, die erst 10 min vor deren Belegung auf die nötige Raumtemperatur geregelt werden.

Immer mehr Haus- und Gebäudebesitzer erzeugen heute eigenen Strom. Bei steigenden Energiekosten eine interessante Alternative zur alleinigen Versorgung aus dem Netz. Verbraucher werden zu „Prosumenten" bzw. *Prosumern*. Zwischen Eigenverbrauch und Einspeisung ins Netz kann heute frei gewählt werden. Damit dieses Zusammenspiel zwischen Smart Home & Smart Grid problemlos funktioniert, bedarf es der intelligenten Kommunikation über das Smart Meter Gateway, einem wichtigen Bestandteil des Smart Grids.

Ambient Assisted Living (AAL), auf Deutsch Altersgerechte Assistenzsysteme für ein selbstbestimmtes Leben, hängen in Teilbereichen ebenfalls mit dem Smart Home zusammen.[18] Auch hier steht die Erhöhung der Lebensqualität im Vordergrund. Wenn die Bewegungsmöglichkeiten im Alter eingeschränkt sind, helfen elektronische Assistenzsysteme die teilweise von Sensoren gesteuert sind bei der Bewältigung dieses Handicaps. Die persönliche Lebensqualität hängt direkt vom Gesundheitszustand ab. In lebenskritischen Situationen sollten intelligente Systeme den Gesundheitszustand der Bewohner an Sicherheits- oder Rettungskräfte weiterleiten, um notwendige Maßnahmen einzuleiten. Das Smart Meter Gateway, welches ursprünglich nur für die Kommunikation im Energiebereich gedacht war, könnte hier um Anwendungsgebiete aus dem AAL-Bereich erweitert werden. Hierdurch würden sich wiederum Synergieeffekte ergeben.

---

[18] Vgl. Wikipedia (2013), Ambient Assisted Living.

Abb. 19.4 E-Energy – Smart Energy made in Germany. (BMWi, E-Energy)

19.4.2 Smart Grid

„Der Begriff *intelligentes Stromnetz* (englisch *Smart Grid*) umfasst die kommunikative Vernetzung und Steuerung von Stromerzeugern, Speichern, elektrischen Verbrauchern und Netzbetriebsmitteln in Energieübertragungs- und -verteilungsnetzen der Elektrizitätsversorgung. Diese ermöglicht eine Optimierung und Überwachung der miteinander verbundenen Bestandteile. Ziel ist die Sicherstellung der Energieversorgung auf Basis eines effizienten und zuverlässigen Systembetriebs." (Abb. 19.4)[19]

Der Hauptauslöser für die notwendige Transformation des bestehenden Stromnetzes in ein *intelligentes Stromnetz* ist die *Energiewende*. Die nachhaltige Energieversorgung aus Erneuerbaren Energien ist hierbei das Ziel. Die heute zur Erzeugung von Strom genutzten fossilen Energieträger wie Öl, Kohle und Gas, werden hierbei hauptsächlich durch Sonnenenergie, Windenergie und Bioenergie ergänzt und ersetzt. Der Ausstieg aus der Atomenergie gehört ebenfalls zur Energiewende. Oberstes Ziel der Energiewende ist die Einsparung von Energie und Steigerung der Energieeffizienz bei gleichzeitiger Reduzierung des CO_2-Ausstoßes. Durch entsprechende staatliche Förderung war es bisher sehr lukrativ, in Anlagen für Erneuerbare Energien zu investieren. Kleine und große Windparks (onshore oder offshore) und Hunderttausende von Photovoltaikanlagen aller Größen sind ein klares Zeichen für diese Wende. Traditionell wurde Strom in Deutschland meistens durch Großkraftwerke erzeugt und durch Übertragungsnetze und Verteilnetze an die Verbraucher geleitet. Technisch gesehen eine Einbahnstraße. Wirtschaftlich betrachtet gab und gibt es nur wenige Betreiber dieser Großkraftwerke. Dies ändert sich jetzt drastisch durch den Einsatz Erneuerbarer Energien. Hunderttausende oder sogar Millionen neuer Standorte für die Energieerzeugung kommen hinzu. Von einer bisher eher zentral orientierten

---

[19] Wikipedia (2013), Intelligentes Stromnetz.

Energieeinspeisung kommen wir jetzt zu einer *dezentralen Energieeinspeisung*. Dafür ist aber das bestehende System weder technisch noch wirtschaftlich ausgelegt. Es bedarf also dringend einer Anpassung um den weiteren Ausbau und die Integration der Erneuerbaren Energien voranzutreiben. Hier gilt es neben nationalen Interessen den Stromverbund mit unseren europäischen Partnern zu berücksichtigen. Die vollen Synergieeffekte ergeben sich nur in einer großflächigen europäischen Lösung. Ein weiterer wichtiger Punkt für die europäische Lösung ist die Verfügbarkeit der Erneuerbaren Energien. Speziell Wind und Sonnenenergie stehen nicht jederzeit und überall gleichmäßig zur Verfügung. Hier bietet das europäische Smart Grid einen Lösungsansatz. Diese Aussage trifft gleichermaßen für wirtschaftliche und technische Aspekte zu.[20,21]

Technische Lösungsansätze
Um das *Stromnetz* für die zukünftigen Herausforderungen fit zu machen, gibt es je nach Interessensgruppen unterschiedliche Lösungsvorschläge. Mehrere 1.000 km neuer Kupferleitungen im Übertragungsnetz werden gefordert. Dies ist sicherlich dort notwendig, wo die Erzeugung und der Verbrauch geographisch weit auseinander liegen. Das klassische Beispiel ist hierfür die Stromerzeugung durch Windparks in Nord und Ostsee und dessen Verbrauch in Süddeutschland. Auch um das *europäische Verbundsystem* voranzutreiben sind neue und hochmoderne Verbindungen nötig. Dieses europäische *Supergrid* muss noch um mögliche Anbindungen an riesige Solarkraftwerke in Nordafrika und vielleicht sogar im arabischen Raum erweitert werden. DESERTEC[22] beschreibt die Konzepte für die Nutzung von Wüstenregionen zur Stromgewinnung. Zwischen der Erzeugung in Nordafrika und dem Verbrauch in Deutschland liegen aber doch einige 1.000 km. Die Energieübertragung über diese Distanz kann durch *Hochspannungs-Gleichstrom-Übertragung* (HGÜ) geschehen. Punkt-zu-Punkt-Verbindungen über mehrere 1.000 km sind hierbei bereits möglich. Vermaschte HGÜ-Verbindungen sind durch neuere Entwicklungen im Jahre 2012 und 2013 denkbar, aber noch nicht realisiert.

Parallel hierzu gilt es aber auch Lösungen zu beurteilen, die lokale Erzeugung und Verbrauch in den Vordergrund stellen. Hierdurch könnte der Ausbau der Hochspannungsstraßen auf ein Minimum reduziert werden. Diese Überlegung ist wichtig, weil deren Ausbau bei den betroffenen Anliegern auf Widerstand stößt. Durch Proteste und Gerichtsverfahren wurde der notwendige Ausbau bereits um Jahre verzögert. Es sind allerdings nicht nur die Anlieger mit ihren Protesten sondern auch die Übertragungsnetzbetreiber, welche die notwendigen Investitionen nicht tätigen. Fertig gestellte Windparks in der Ostsee können deshalb nicht ans Netz gehen. Der ökonomisch entstandene Schaden wird teilweise an die Endverbraucher weitergereicht.

Durch die Einbeziehung vieler privater und industrieller Verbraucher gibt es aber auch die Möglichkeit der Lastverschiebung. Hierbei handelt es sich um das Potenzial, den

---

[20] Vgl. World Economic Forum (2010).
[21] Vgl. World Economic Forum (2009).
[22] DESERTEC Foundation (2013).

Energieverbrauch zeitlich und örtlich zu steuern. Bisher erfolgte die Erzeugung dem vorhergesagten Verbrauch. Dieses Lastprofil für Industrie und Privathaushalte ist wohl bekannt und die Stromerzeugung konnte deshalb langfristig geplant werden. Die Umkehrung dieses Prinzips ist die Lastverschiebung (*Demand Side Management*). Hierbei wird der Verbrauch der aktuell zur Verfügung stehenden Erzeugung gegenübergestellt und so einer Überlastung der Erzeugungs-, Übertragungs- und Verteilungsressourcen entgegengewirkt. Spätestens jetzt zeigt sich, dass man ein intelligentes Stromnetz benötigt, um all diese Erzeuger und Verbraucher zu koordinieren. Um das eigentliche Übertragungs- und Verteilnetz intelligent zu machen, bedarf es einer zusätzlichen Informations- und Kommunikationsinfrastruktur.

Ein wesentliches Element dieser intelligenten Infrastruktur ist der *intelligente Stromzähler* oder auch *Smart Meter*. Die heute installierten mechanischen Zähler (*Ferraris-Zähler*) werden gewissermaßen durch kleine Mini-Computer ersetzt. Diese können mit unterschiedlichen Tarifen programmiert werden. Durch diese *dynamischen Tarife* kann man den Kunden motivieren, seinen Stromverbrauch in eine Zeit mit einem Niedertarif zu verschieben. Dies könnte zum Beispiel dann der Fall sein, wenn ein Überangebot an Erzeugung bereitsteht. Bei der traditionellen Energieerzeugung waren das die Nachtzeiten, wenn kaum private oder gewerbliche Nachfrage besteht. Durch den verstärkten Einsatz Erneuerbarer Energien, wie beispielsweise der Photovoltaik, kann sich dieses Überangebot an Strom in die Mittagszeit verschieben, wenn bei wolkenlosem Himmel in der Sommerzeit die Solarpanels ihre optimale Leistung abgeben. Ein elektronischer Zähler ist aber noch lange kein Smart Meter. Smart Meter sind über eine Kommunikationsinfrastruktur mit einer Zentrale verbunden. Von dort erhalten Sie Steuerbefehle und Tarifinformationen. Die ausgelesenen Verbrauchswerte werden ebenfalls an eine Zentrale übertragen. Die eigentliche Kommunikation geschieht nicht direkt durch den Smart Meter, sondern durch das Smart Meter Gateway. Dieses sorgt für eine verschlüsselte und gesicherte Kommunikation. Vor dem Hintergrund möglicher Bedrohungen hält die Bundesregierung Anforderungen an die Sicherheitsarchitektur von intelligenten Netzen für erforderlich, um sicherzustellen, dass von Anfang an Datenschutz und Datensicherheit gewährleistet werden. Daher wurde das Bundesamt für Sicherheit in der Informationstechnik (BSI) durch das Bundesministerium für Wirtschaft und Technologie (BMWi) im September 2010 mit der Erarbeitung eines Schutzprofils (Protection Profile, PP) sowie im Anschluss einer Technischen Richtlinie (TR) für die Kommunikationseinheit eines intelligenten Messsystems (Smart Meter Gateway) beauftragt, um einen einheitlichen technischen Sicherheitsstandard für alle Marktakteure zu gewährleisten. Die final abgestimmten Dokumente sollen zum Jahresende 2013 vorliegen. Die Industrie hat bereits mit der Umsetzung in Produkte begonnen. Nach der geforderten Zertifizierung sollten die Produkte im Herbst 2014 für einen qualifizierten Rollout zur Verfügung stehen. Wie ein Smart Meter Rollout unter ökonomischen Bedingungen stattfinden kann, beschreibt eine Kosten Nutzen Analyse (KNA), welche vom BMWi in Auftrag gegeben wurde.[23] Endgültige gesetzliche Verankerungen fehlen jedoch noch (Stand Ende 2013).

---

[23] Vgl. Ernst & Young (2013).

Einer der wichtigsten Herausforderungen an das Smart Grid ist das Zusammenspiel aller Komponenten. Hierbei spielt die Normung eine entscheidende Rolle. Deutschland, die EU, USA, Japan und China versuchen hier technische Standards zu setzen, um die eigene Marktwirtschaft durch Technologieführerschaft zu stärken. Die Deutsche Normungsroadmap „E-Energy/Smart Grids 2.0" wurde Anfang 2013 von der Deutsche Kommission Elektrotechnik Elektronik Informationstechnik im DIN und VDE (DKE) vorgestellt.[24]

Im Januar 2013 wurden die Ergebnisse eines vierjährigen Forschungsprogramms, „E-Energie – Smart Grid made in Germany", vorgestellt.[25] Hierbei wurden über ganz Deutschland verteilt in sechs Modellregionen Anwendungsfälle und Technologien getestet. Die enge Zusammenarbeit zwischen Forschung und Industrie hat gezeigt, was technisch machbar ist und wo es noch Defizite gibt. Ergänzt werden diese Forschungsergebnisse zusätzlich durch Pilotprojekte, die von Energieversorgern durchgeführt werden. Hierbei steht allerdings bereits die Wirtschaftlichkeit im Vordergrund. Die fehlende Rechtssicherheit steht größeren Investitionen im Augenblick im Weg.

Ein weiterer wichtiger Baustein im Smart Grid sind *Speichersysteme* für die Energie. Anstatt die Erzeugung durch Erneuerbare Energieträger künstlich abzuregeln wenn der Verbrauch gering ist, könnte man die Energie für eine spätere Verwendung zwischenspeichern. Hier gibt es aber noch keine schlüssigen Systeme für den Großeinsatz. Die Akkus in Elektrofahrzeugen bieten sich hier allerdings bei millionenfachem Einsatz an. Als weitere Alternative werden zurzeit Pilotprojekte getestet, bei denen überschüssiger Strom aus erneuerbaren Energiequellen zur Erzeugung von Methan oder Wasserstoff genutzt wird. Dieses Gas kann in das bestehende deutsche Gasnetz eingespeist werden. Die Pufferung und den Transport der umgewandelten Energie übernimmt somit das gut ausgebaute Gasnetz. Die heute getesteten Verfahren haben allerdings noch hohe Verluste bei der Umwandlung und sind deshalb nicht wirtschaftlich. Im Haushalt und in der Industrie wird aus Gas wieder Wärme und Strom erzeugt (Kraft-Wärme-Kopplung). Bei sinnvoller Integration von Gas und Stromnetz liegen die Synergieeffekte klar auf der Hand. Durch den Einsatz von Informations- und Kommunikationstechnologien werden all die Objekte in diesem Strom- und Gasnetz intelligent miteinander verbunden und optimiert eingesetzt. Ein Smart Grid ist eine wesentliche Voraussetzung für eine Smart City.

Die grundsätzliche und globale Abhängigkeit von einer stabilen Stromversorgung wird vielen Menschen erst beim Ausfall der Energieversorgung bewusst:

- 5. August 2003: Der größte Stromausfall in der Geschichte Amerikas. Der Nordosten der USA und der Süden Kanadas versinken im Chaos. New York und Michigan rufen den Notstand aus. 50 Mio. Menschen sitzen im Dunkeln. Der Ausfall dauert örtlich mehrere Tage.
- 25. November 2005: Der längste Blackout in der deutschen Geschichte. Vier Tage lang müssen 250.000 Menschen im Münsterland und Osnabrücker Land ohne Heizung,

---

[24] Vgl. DKE (2013).
[25] Vgl. BMWi und BMU (2013), E-Energy.

Abb. 19.5 Metropole mit Licht. (Wikipedia 2013, Urbanisierung)

Herd und heiße Dusche überbrücken – und das bei klirrender Kälte. Der harte Winter löst die Katastrophe aus.
- 6. November 2006: Millionen Menschen in Europa standen im Dunkeln, weil das Stromnetz zusammengebrochen war. Auslöser war die Abschaltung einer Hochspannungsleitung über die Ems, um ein Kreuzfahrtschiff in die Nordsee überführen zu können (Abb. 19.5).
- 11. November 2009:. In Sao Paulo, Rio de Janeiro, Belo Horizonte und der Hauptstadt Brasilia fällt nach Störungen im Wasserkraftwerk Itaipu der Strom aus. 40 Mio. Brasilianer warten mehrere Stunden, bis das Licht wieder angeht, die Städte liegen komplett im Dunkeln. Auch die Telefone sind tot.
- 15. November 2012: Weite Teile Münchens liegen im Dunkeln. Es herrscht Verkehrschaos.

Dass auch ein Atomkraftwerk externen Strom zum sicheren Funktionieren benötigt, ist auch nur den wenigsten bekannt. Die Kettenreaktionen und Auswirkungen auch auf globale Märkte wurden durch die Vorkommnisse im Atomkraftwerk Fukushima in Japan deutlich.

19.4.3 Smart Cities, Mega Cities & urbane Ballungsgebiete

Was man unter *Lebensqualität* in einer urbanen Umgebung versteht, ist jedermanns persönliche und subjektive Einschätzung. Wenn einem aber der Smog die Luft zum Atmen nimmt, ist das eine objektive Gefahr für die Bewohner. Ballungszentren wie Shanghai und Peking waren von solchen Extremsituationen im Herbst 2013 wieder betroffen. Fahrverbote und Einschränkungen für den Verkehr gab es aber auch schon in deutschen Städten. Durch den Ausstoß von Schadstoffen leidet nicht nur der einzelne, sondern es gibt auch beträchtliche betriebswirtschaftliche und volkswirtschaftliche Schäden. Die Verbrennung von fossilen Brennstoffen ist eine der Hauptverursacher für die Schadstoffbelastung der Luft. Der Einsatz von fossilen Brennstoffen zum Heizen, zur Energiegewinnung und zum Betreiben von Fahrzeugen wird speziell in den Ländern mit hoher Bevölkerungsdichte und Wachstum zunehmen. In Europa sind Städte und Gemeinden von Gesetz wegen verpflichtet, zum Beispiel die Grenzwerte für die Feinstaubbelastung einzuhalten. Alte Fahrzeuge mit einer roten oder gelben Plakette dürfen in Deutschland die Städte teilweise nicht mehr befahren. Durch Fahrverbote oder hohe Mautbeträge soll ein Befahren der Cities grundsätzlich eingeschränkt werden. Auch alte Heizungsanlagen mit hohem Schadstoffausstoß müssen deshalb ersetzt werden. Viele dieser Technologieänderungen brauchen Jahrzehnte bis sie eingeführt sind. Durch den Einsatz smarter und vernetzter Technologien könnten aber bestehende, ineffiziente und energiehungrige Prozesse schneller geändert werden. Auf dem Weg zu einer *Smart City* gibt es allerdings nicht nur das Problem der Mobilität zu betrachten. Die nachhaltige ökonomische Entwicklung hin zu einem hohen Lebensstandard schließt natürlich die Gebiete Energie, Umwelt, Wirtschaft, Wohnung und Verwaltung mit ein. Die eingeschränkten Finanzmittel der Kommunen erlauben häufig nur kleinere Pilotprojekte. In vielen Projekten wird allerdings nur die sofortige Investition betrachtet und die langjährigen möglichen Einsparungen unterschätzt. Eine Return on Investment- (ROI) Analyse sollte jedem Projekt vorangestellt werden und dann die bestmöglichen Projekte gewählt werden. Der Einsatz von Informations- und Kommunikationstechnologien bietet völlig neue Lösungsansätze. Bei den möglichen Einsatzgebieten dieser neuen Technologie und deren Finanzierung muss über eine „Private Public"-Partnerschaft nachgedacht werden.

Masdar City – Zukunftsstadt im Wüstensand
Vorzeigeprojekte jeder beliebigen Größe und Höhe sind in den Vereinigten Arabischen Emiraten an der Tagesordnung. Die Visionen und deren Umsetzung sind im Vergleich zu anderen Weltregionen unübertroffen. Bereits im Jahr 2008 hatte der Autor die Möglichkeit, an den ersten technischen Entwürfen für Masdar City in Abu Dhabi mitzuarbeiten.[26] Von Grund auf etwas ganz Neues zu planen, was sich selbst mit Energie versorgt, was keinen CO_2-Ausstoß hat, was grundsätzlich Energie optimiert arbeitet und alle Systeme vollständig integriert sind, ist natürlich einmalig im Städtebau. *Smart City by Design*. Die ursprüngliche Planung Im Jahre 2008 sah vor, dass die Ökostadt bereits 2016 vollständig

---

[26] Masdar City (2013).

19 Vernetzte Ökosysteme – Smart Cities, Smart Grids und Smart Homes

Abb. 19.6 Masdar City. (Masdar City 2013)

fertiggestellt ist (Abb. 19.6). Bei einem Besuch im Januar 2013 konnte der Autor sich vom aktuellen Baufortschritt überzeugen. Die Finanzkrise der letzten Jahre hat speziell den Bausektor in den Vereinigten Arabischen Emiraten fast zum Erliegen gebracht. Dies trifft auch für Masdar City zu. Eine mögliche Fertigstellung ist jetzt für das Jahr 2025 geplant. Die Universität, Masdar Institute of Science and Technology, ist bereits seit einiger Zeit gebaut und in Betrieb. Die Studenten und deren Personal sind bisher auch die einzigen offiziellen Bewohner. Einige Hightechfirmen, auch aus Deutschland, werden demnächst hier ihre Niederlassungen eröffnen. Es fehlt offensichtlich im Augenblick an finanzkräftigen Investoren die bereit sind, in diese Vision zu investieren. Masdar City war von Anfang an ein kommerziell angelegtes Projekt, natürlich mit hoher staatlicher Förderung. Hier zeigt sich auch die Parallelität zum Ökoausbau unserer eigenen Städte hier in Deutschland. Wo in absehbarer Zeit keine Gewinne zu erwirtschaften sind, finden sich nur wenige Investoren für die smarte Welt von Morgen.

Masdar City ist für viele der kommerziellen Investoren ein Hightech Labor, in dem neueste Technologien erprobt werden. *Smart Buildings* und Home Energie-Managementsysteme werden getestet. Ziel ist es, den gesamten Energieverbrauch zu senken und über Tarifsignale intelligent zu steuern. Der Energieverbrauch der einzelnen Wohnungen, bislang nur Studentenwohnungen, wird an eine zentrale Leitstelle übertragen und bei Überschreitung vorgegebener Normwerte wird der Bewohner automatisch informiert. Auch wird die Raumtemperatur von der zentralen Leitstelle vorgegeben und kann vom Bewohner nicht direkt beeinflusst werden. Diese Vorgehensweise ist sicherlich energieoptimiert, ob sich dies allerdings in einer deutschen Stadt umsetzen lässt, ist fraglich. Der gesamte Energieverbrauch durch Klimaanlagen ist in Wüstenregionen ein entscheidender Faktor bei der Dimensionierung der Energieversorgung. Um den Stromverbrauch entsprechend niedrig zu halten, werden deshalb spezielle schattenspendende Bautechniken angewendet. Jeder Raum, jede eingesetzte Technologie in den Gebäuden ist energieoptimiert. Die primäre Energieversorgung für die bereits bestehende Infrastruktur kommt von einer 10 MW Photovoltaik-Anlage. Alle Erzeuger und Verbraucher sind über ein Smart Grid integriert. Über optische Anzeigen werden die Bewohner der Stadt permanent über die aktuelle Erzeugung und Verbrauch informiert. In einer energieoptimierten Modellstadt, in der alle Bewohner aktiv in das Energiesparen einbezogen sind, ist das sinnvoll. Energieverbrauchsanzeigen bei anderen Smart City- und Smart Grid-Projekten haben allerdings gezeigt, dass der Endverbraucher sehr schnell die Lust an diesem Monitoring verliert. Durch intelligente *Automatisierung* müssen sich die Systeme selbst regulieren, ohne dass der Mensch eingreift. Wird der Komfort eingeschränkt, sinkt auch sofort die Akzeptanz solcher Systeme. Was bei Masdar City perfekt gezeigt wird, sind die Synergieeffekte, welche durch die vollständige Vernetzung aller beteiligten Komponenten entstehen. Verkehrstechnisch hat die Ökostadt noch nicht viele Personen zu transportieren. Unter den bestehenden Gebäuden fahren heute autonome Elektrofahrzeuge für jeweils maximal vier Personen auf speziellen Wegen. Intelligent eingebunden in den Tagesablauf der Bewohner ist dieses System heute noch nicht. Für die zukünftige Stadt ist ein System geplant, das jedem Bewohner in einem Umkreis von 250 m bis 300 m Zugang zu öffentlichen Verkehrsmitteln bieten wird. Das eigene Auto bleibt am Rande der Stadt in großen Parkhäusern stehen. Intelligente und energieeffiziente Verkehrssysteme sind ein wichtiger Faktor für die Akzeptanz einer Ökostadt. Kurze und zeitoptimierte Wege zwischen der Wohn- und Arbeitswelt sind wünschenswert. Hier soll das Ökosystem Masdar City seine Stärke zeigen, indem es Wohn und Arbeitswelt, Gesundheitseinrichtungen wie Krankenhäuser und Ärzte, Schulen und die Universität, Einkaufszentren und Restaurants, Sporteinrichtungen und alle sonstigen notwendigen Einrichtungen für 40.000 Bewohner auf engstem Raum verbindet. Ökologisch gesehen ist Masdar City sicherlich das Vorzeigeobjekt. Ob es ein ökonomischer Erfolg wird, muss die Zukunft noch zeigen.

19.5 Vernetzte Szenarien

19.5.1 Szenario 1

Es ist kurz nach 08:00 Uhr an einem wunderschönen Montagmorgen und sie sind mit ihrem Fahrzeug auf dem Weg zu einem Kunden, bei dem sie heute um 10:00 Uhr einen wichtigen Vertragsabschluss haben. Das Navigationssystem hat die beste Route berechnet, und einer pünktlichen Ankunft sollte deshalb nichts im Wege stehen. Um die Anfahrtszeit sinnvoll zu nutzen, kommunizieren Sie über das Head-up-Display auf Ihrer Windschutzscheibe und über die Sprachsteuerung mit Ihrem E-Mail System und mit der Voicemail Box. Die eingegangenen Nachrichten werden kurz vorgelesen und Sie entscheiden sich per Sprachsteuerung, Nachrichten zu löschen oder für die Wiedervorlage zu einem späteren Zeitpunkt. Eigentlich ist alles wie jeden Tag, bis sich plötzlich die Stimme ihres Bordcomputers meldet. Über das Head-up-Display und über Sprachausgabe informiert sie der Bordcomputer, dass im Fahrzeug eine gravierende Störung auftreten wird und ihr Fahrzeug nur noch maximal 15 min betriebsbereit ist. Dies hat wohl etwas mit den unbekannten Geräuschen zu tun, die sie seit Tagen bereits sporadisch gehört haben. Ihr wichtiges Meeting beim Kunden ist in Gefahr. Obwohl Sie diese Strecke schon einmal gefahren sind, ist Ihnen in dieser Situation nicht klar, wo Sie die passende Hilfe herbekommen. Nach dem ersten Schrecken sind jetzt schon ein paar Sekunden vergangen und die freundliche Stimme ihres Bordcomputers meldet sich mit einem neuen Routenvorschlag zur nächstgelegenen Werkstatt. Es gibt Hoffnung, dass sie mit ihrem Fahrzeug nicht auf offener Strecke liegen bleiben. Es sind aber noch einige Kilometer zurückzulegen und die Zeit, bis das Fahrzeug stehen bleibt, wird knapp. Nach einigen Abzweigungen und weiteren 12 min erreichen Sie eine ihnen unbekannte Werkstatt im vorstädtischen Bereich. Das war wohl knapp. Während Sie aussteigen, kommt auch schon ein freundlicher Servicemitarbeiter auf Sie zu. Er erklärt Ihnen, dass die Fahrzeugstörung bei Ihnen bereits gemeldet wurde und alle notwendigen Schritte für die Reparatur bereits geplant sind. Eine kurze Unterschrift auf dem Tablet-Computer ihrerseits genügt und alle Formalitäten sind damit erledigt. Gerade in diesem Moment fährt ein Taxi vor. Die Taxifahrerin spricht Sie mit Namen an und fragt, ob man Sie zu der Kundenadresse fahren darf. Dieses Angebot nehmen Sie gerne an, denn das wichtige Treffen mit ihrem Kunden findet bereits in 30 min statt. Die Taxifahrerin bestätigt ihnen, dass Sie das Ziel zeitgerecht erreichen werden. Sie sind erstaunt, was moderne Technik alles erreichen kann. Der Tag ist gerettet.

Technische Lösung für Szenario 1
Alles könnte natürlich damit beginnen, dass ihr Kalender ihren Tagesablauf kennt. Die Zeiten und die Orte an denen Sie sich aufhalten sind hier hinterlegt. Anhand der aktuellen Verkehrssituation und des Weiteren täglichen Ablaufes schlägt Ihnen ein Computer vor, dass sie das Haus um 7:45 Uhr verlassen, um ihr erstes Ziel noch rechtzeitig zu erreichen. Heute mit dem eigenen Fahrzeug. Angezeigt wird Ihnen dies auf dem Home-Display im Wohnzimmer oder auf Ihrem mobilen Endgerät. Beim Verlassen ihres Hauses übernimmt die Steuerung ihres Smart Home automatisch das Ausschalten der Lichter und das Drosseln der Klimaanlage. In ihrem Fahrzeug wurde das Navigationssystem des Bordcomputers bereits mit der Zieladresse versorgt und die beste Route wurde errechnet. Noch sind Sie auf dem eigenen Grundstück und die Datenübertragung konnte deshalb durch WLAN erfolgen. Falls die Übertragungsdistanz bereits zu groß wäre, würden die Systeme natürlich automatisch ein vorhandenes Mobilfunknetz nutzen. Nachdem Sie ihr Fahrzeug gestartet haben, werden aktuelle Zustandsdaten aus dem Bordcomputer ihres Fahrzeuges an eine Servicezentrale übertragen. Diese Servicezentrale würde auch im Fall eines Unfalls über den Crashsensor und den Bordcomputer informiert, und so automatisch Hilfe ange-

fordert. Das Fahrzeug ist natürlich permanent über die Mobilfunknetze mit Rechenzentren vernetzt. Über Sprachsteuerung, die seit vielen Jahren bei der Kommunikation mit technischen Systemen Standard ist, rufen Sie jetzt Ihre E-Mails und Voicemails ab. Ihre Tagesarbeit beginnt entspannt. Tief im Fahrzeuginneren verrichten Hunderte von Sensoren ihre Arbeit. Einige der Temperatur und Bewegungssensoren im Bereich des Motors melden ansteigende Werte außerhalb des Normbereichs an den Bordcomputer. Nachdem sich die Situation nach wenigen Minuten nicht normalisiert meldet der Bordcomputer die Daten an die Servicezentrale für ihr Fahrzeug. Dort werden die aktuellen Daten mit Hochleistungsrechnern analysiert und mit tausenden Daten anderer Fahrzeuge in einer ähnlichen Situation verglichen. Anhand dieser Daten wird festgestellt, dass Fahrzeuge mit ähnlichen Messwerten nach 20 min einen größeren Defekt am Motor hatten. Anhand dieser Vergleichsdaten sendet die Servicezentrale eine Nachricht an den Bordcomputer. Es wird hierbei vor einem gravierenden Schadensfall in 15 min gewarnt und der Besuch einer nächstgelegenen Werkstatt empfohlen. Das vom Ausfall betroffene Teil wurde in der Servicezentrale identifiziert. Für den weiteren Verlauf des Geschehens müssen jetzt viele Daten miteinander verknüpft werden. Es gilt zu bestimmen, welche Werkstatt in der noch verbleibenden Zeit zu erreichen ist. Gleichzeitig gilt es zu bestimmen, ob diese Werkstatt die notwendigen Ersatzteile vorrätig hat oder sie in kürzester Zeit beschaffen kann. Nach Möglichkeit sollte diese Werkstatt auch auf dem Weg zu ihrem Kunden liegen. Im Vergleich zu Alternativen würden Sie als Fahrzeugbesitzer gerne die günstigste Werkstatt wählen. Da Sie ihr Fahrzeug dringend benötigen, sind Sie auch an der schnellstmöglichen Reparatur interessiert. Um ihre Anforderungen und Wünsche mit der realen Welt abzugleichen, gibt es sogenannte Service Broker. In diesem Beispiel melden alle Werkstätten ihre technischen Möglichkeiten und ihre aktuelle Auslastung an diesen Service Broker. Fällt ein Fahrzeug aus, wird anhand ihrer persönlichen Situation und Vorgaben die optimale Werkstatt durch ein Bieterverfahren, speziell bei der Preisbildung, ermittelt. Dieser für Sie günstigste Vorschlag einer Werkstatt wird mit den entsprechenden Lokationsdaten an das Navigationssystem ihres Fahrzeuges übertragen. Eine dynamische Neuprogrammierung mit diesen Daten wird vorgenommen und führt Sie zeitgerecht zum Ziel. Die Werkstatt, die diesen Service-Auftrag gewonnen hat, kennt bereits alle notwendigen Details wie ihre geplante Ankunftszeit, die technischen Daten des Fahrzeuges, die zu tauschenden Ersatzteile sowie notwendige persönliche Details und Bankverbindungen. Der Serviceauftrag kann automatisch vorbereitet werden und braucht später nur noch ihre elektronische Unterschrift. Eine Überprüfung ihrer Kreditlinie hat der Händler bereits vor Abgabe seines Serviceangebotes mit positivem Ergebnis gemacht. All dies geschah in nur wenigen Sekunden. Die optimale Werkstatt ist somit gefunden, aber ihr Kundentermin ist immer noch in Gefahr. Ihr Problem mit dem Weitertransport wurde von den vernetzten Systemen erkannt. Für diesen Weitertransport wurde ebenfalls eine Serviceanfrage gestellt. Nach kurzer Prüfung der technischen Möglichkeiten bleibt sinnvollerweise nur die Wahl eines Taxis. Eine Serviceanfrage mit der Abgabe des günstigsten Angebotes für den Transport von der Werkstatt zu der Kundenadresse wird deshalb an eine Brokerplattform gegeben. Wichtig ist, wie schnell ein Taxi Sie aufnehmen kann, und zum günstigsten Tarif zur Adresse ihres Kunden bringt. All dies geschah fast zeitgleich innerhalb weniger Sekunden. Während Sie noch mit dem Werkstattmitarbeiter sprechen fährt bereits ein Taxi vor, welches gerade in der Nähe war und all die genannten Kriterien erfüllt. Dem Taxifahrer wurden alle notwendigen Informationen bereits mobil übertragen und sein Navigationssystem mit der Zieladresse programmiert.

Dieses Szenario ist Teil des Projektes Cooltown, und wurde im Jahr 2000 in meiner Firma HP erstellt. Einige der Zukunftsvisionen sind heute bereits Realität, ein Teil hat sich noch nicht durchgesetzt. Speziell für die serviceorientierte Welt von Morgen gibt es nur wenige oder keine Standards. Ein problemloses Zusammenspiel der Systeme ist deshalb noch nicht möglich.

19.5.2 Szenario 2

Ein großes Einsatzgebiet für Sensoren und CPS-Systeme ist die intelligente Verkehrssteuerung. Bildgebende Verfahren, Sensoren im Boden und an Brücken, Handydaten von Autofahrern und manuelle Beobachtungen geben ein klares Bild der Verkehrslage. Diese Informationen müssen jetzt in Rechenzentren aufbereitet werden, um aktiv in das Verkehrsgeschehen eingreifen zu können. Hierzu werden intelligente Verkehrszeichen gesteuert, Umleitungsempfehlungen in Navigationssystemen getriggert und Warnhinweise über das Handy und Radio verbreitet. Man kommt somit bei der Nutzung des Autos schneller von A nach B.

Ein komplexeres Problem im urbanen Umfeld besteht darin, sich zu einer beliebigen Tages- und Nachtzeit mit möglichst wenig Zeitverlust und dem geringsten Energieverbrauch vom aktuellen zum nächsten Standort zu bewegen. Die ausschließliche Nutzung des privaten PKWs ist hierbei nicht immer die beste Option. Je nach Tageszeit und aktueller Verkehrslage kann sich die Wahl der Verkehrsmittel mehrfach und dynamisch ändern. Die Verfügbarkeit der Ressourcen und eine Vorhersage der Auslastung der Verkehrswege sind hierbei von entscheidender Bedeutung. Wichtig für den Benutzer ist hierbei, dass er jederzeit aktuell über den nächsten Schritt bei der Wahl seines nächsten Verkehrsmittels informiert wird. Das klassische Beispiel ist hierfür der Weg zur Arbeit in der Innenstadt. Keine oder nur teure Parkplätze und Verkehrsstaus im Stadtkern machen eine Anreise mit dem eigenen PKW oft unmöglich. Die Lösung hierfür bieten voll vernetzte und intelligente Verkehrssysteme. Hierbei wird in Echtzeit die Verfügbarkeit der Verkehrsmittel geprüft, Umsteigemöglichkeiten in andere Verkehrsmittel werden zeitlich optimiert und so die Fahrstrecke dynamisch und kostengünstigst berechnet. Die Interaktion mit dem Benutzer geschieht über das Smartphone oder ein anderes mobiles Endgerät, inklusive der bargeldlosen Bezahlung der Verkehrsmittel. All dies setzt eine hochverfügbare IKT-Infrastruktur voraus.

19.5.3 Szenario 3

Smart Grid & Elektromobilität im urbanen Umfeld

Die eingeleitete Energiewende in Deutschland stellt speziell für das bestehende Stromnetz große Herausforderungen dar. Die gewünschten eine Million Elektrofahrzeuge bis zum Jahr 2020 werden sich nach heutigem Stand wohl nicht realisieren lassen. Um CO_2-Ausstoß und Feinstaub-Emissionen im urbanen Umfeld zu reduzieren, wird man um einen verstärkten Einsatz von Elektrofahrzeugen nicht herumkommen. Das Wiederaufladen der Batterien an der heimischen Steckdose, bei der Arbeit oder im Einkaufszentrum klingt technisch einfach. Die städtischen Stromnetze sind allerdings nicht für diese Art der Nutzung ausgelegt. Zehn oder mehr Elektrofahrzeuge, die zur gleichen Zeit in der gleichen Straße am gleichen Stromnetz geladen werden, überfordern dieses physikalisch. Die Folge ist ein lokaler Black-out. Um diesen zu vermeiden, müssen Elektrofahrzeuge und Ladestationen mit dem Stromnetz kommunizieren. Die beteiligten Komponenten bilden hier ein komplexes CPS System, um den Ladevorgang zu optimieren und das Stromnetz vor Überlastung zu schützen. Hierbei sind nicht nur physikalische Parameter des Stromnetzes zu berücksichtigen. Die Nutzungsanforderungen an das Elektrofahrzeug sind von ausschlaggebender Bedeutung (Vollladung der Batterie bis 04:00 Uhr morgens, um in die Frühschicht und zurückfahren zu können, oder Teilladung bis 10:00 Uhr, um den täglichen Einkauf zu erledigen). An diesem Beispiel zeigt sich die Leistungsfähigkeit intelligenter CPS Systeme. Als Alternative könnte man auch die Straße in der Innenstadt aufgraben und dickere Stromleitungen verlegen – keine smarte Lösung. Der Bezug von Strom an einer beliebigen Ladestation ist natürlich nicht zum Nulltarif. Fahrzeug, Ladestation und Ihre Kreditkarte kommunizieren mit einer Servicezentrale für Ihre Stromabrechnung. Wenn ihr Fahrzeug als Energiespeicher verwendet wird und Energie ins Smart Grid abgibt, wird dies natürlich vergütet.

19.6 Zusammenfassung

Bevölkerungswachstum, Klimaschutz, CO_2-Ausstoß, Energiewende, Erneuerbare Energien, Smart Home, Smart Grid, Smart Cities, Elektromobilität usw. – irgendwie hängt alles zusammen. Jedes dieser Schlagworte steht für ein eigenständiges Sachgebiet. Vom Einpersonenhaushalt bis zur gesamten Weltbevölkerung könnten alle von einer „Smartifizierung" profitieren. Der Fokus in diesem Kapitel lag auf der „Smartifizierung" durch den Einsatz von Informations- und Kommunikationstechnologien (IKT). Die Informations- und Kommunikationstechnologie bietet die notwendigen „Zutaten" (Sensorik, intelligente Datenanalyse und Vorhersage, Sicherheitskonzepte, Datenschutz, Cloud-Computing, Netzwerke, Smart Devices und Applikationen), um Lösungen für eine Transformation der bestehenden Systeme bereits heute zu realisieren. Zusätzlich zu der Transformation bestehender Systeme bietet der Einsatz von IKT auch völlig neue Marktchancen. Smarte Lösungen welche die eigenen Ausgaben verringern oder das Einkommen steigern, werden von jedermann gerne akzeptiert. Wo smarte Lösungen mehr der Allgemeinheit dienen, wie zum Beispiel bei der Umwandlung der bestehenden Stromnetze in ein Smart Grid oder der Reduzierung des CO_2-Ausstoßes zum Schutze des Weltklimas, ist die Akzeptanz der Lösungen und der damit verbundenen Kosten gering. Dies liegt häufig an der Tatsache, dass der mögliche Nutzen erst in Jahrzehnten messbar ist. Die Einsicht in langfristige und nachhaltige Investitionen wächst erst langsam. Dies ist aber speziell beim Thema Energiegewinnung der ausschlaggebende Faktor. Fossile und Erneuerbare Energieträger konkurrieren hier hart. Die mehrfachen Änderungen in der deutschen Energiewende zeigen dies sehr deutlich. Ohne langfristige Investitionssicherheit stockt der sinnvolle Ausbau von traditioneller Energieerzeugung und erneuerbaren Energien gleichermaßen. Die Stromversorgung kann dadurch lokal instabil werden oder es droht sogar ein grenzüberschreitender Blackout. Die Folgen sind nicht nur theoretischer Natur.

Je größer die Vernetzung der Infrastrukturen und Ökosysteme ist, desto höher sind die Synergieeffekte. Gleichzeitig erhöht sich allerdings auch die Abhängigkeit voneinander. Eine Gesamtarchitektur ist so zu wählen, dass bei Teilausfall einer Komponente nicht das gesamte System stillsteht. Dies trifft speziell auf Cyber-physische Systeme zu, und hängt auch vom Anwendungsfall ab. Wenn die Anzeigesysteme am Bahnsteig für die Zug Ankunft und Abfahrt nicht funktionieren, kann der Zug immer noch fahren. Wenn die Anzeigen im Stellwerk ausfallen, hat dies für das Gesamtsystem eine ganz andere Auswirkung. Abhängig davon, wie kritisch der einzelne Prozess ist, muss dieser mehrfach redundant geschützt werden. Geschützt werden müssen die einzelnen und verknüpften Ökosysteme vor mehreren Gefahren. Technische Ausfälle durch Alterung, unbeabsichtigte Fehlbedienung durch Menschen, Überlastung, falsches Design, falsche Programmierung, falsche Nutzung bis hin zur möglichen Sabotage. Der Einsatz der IKT bietet leider auch neue Gefahrenquellen. Die Vielfalt der eingesetzten Hard- und Softwarekomponenten ist fast unüberschaubar. Mechanische und elektrische Komponenten unterliegen eher selten einer Erneuerung. In der IKT sind Änderungen speziell der Software an der Tagesordnung. Viren, Würmer und Trojaner können jedes kritische oder unkritische System zum Stillstand bringen. Sorgfältiges Testen, speziell aller möglichen Fehlersituationen kann deshalb überlebenswichtig sein. Unsere kritischen Infrastrukturen wie die Energieversorgung, Telekommunikation, Bank und Gesundheitswesen müssen deshalb besonders geschützt werden. Ein Ausfall aus welchem Grund auch immer, kann katastrophale Folgen haben. Eine vollständige Risikoanalyse der hier beschriebenen Ökosysteme würde allerdings mehrere Bücher füllen.

Neue Chancen und Märkte
Die Schaffung dieser neuen smarten Welt und deren Vernetzung bietet für jeden Einzelnen und für die Gesellschaft die Möglichkeit, mit neuen technischen Innovationen und durch neue Dienstleistungen völlig neue Märkte zu eröffnen. Dies gilt gleichermaßen für den Binnen- und Exportmarkt. Einzelkomponenten aus der IKT-Welt, wie Hard- und Software, haben ihren Ursprung normalerweise in den USA. In Deutschland zu intelligenten Lösungen als Cyber-physische-Systeme entwickelt und produziert, wird dies unsere Stellung als Exportnation stärken. Die vielfältigen Optionen eines möglichen Zusammenspiels dieser intelligenten Komponenten führen leicht in eine Komplexitätsfalle. Durch Normung auf nationaler und internationaler Ebene und durch staatliche Vorgaben (Regulierung),

wird die Vielfalt auf ein sinnvolles Maß reduziert. Wo durch innovative Ideen neue Lösungen und Märkte entstehen, führt dies gleichzeitig zur Verdrängung der bestehenden. Wie sich am Beispiel des Energiemarktes zeigt, haben traditionelle Marktteilnehmer teilweise massive Probleme. Bei der Transformation von alten Ökosystemen hin zur neuen smarten Welt wird es nicht nur Gewinner geben. Neue Märkte entstehen durch neue Nutzer oder durch ein neues Nutzerverhalten. Hier gilt es, für die neuen smarten Lösungen Vertrauen aufzubauen. Smarte Werbung für smarte Lösungen. Für Produkte aus der Unterhaltungselektronik und bei Smartphones gelingt dies auch meistens ohne Nachweis eines monetären Vorteiles durch die Nutzung. Man möchte es einfach haben. Um für die Akzeptanz eines Smart Grids zu werben, bedarf es möglicherweise ähnlicher Vorgehensweisen. Die langfristigen ökonomischen und ökologischen Vorteile sollten klarer herausgestellt werden. Kosten-Nutzen-Analysen müssen für jedermann verständlich formuliert sein.

Die neuen smarten Lösungen übertragen immer mehr Verantwortung vom Menschen auf autonom agierende Systeme, die teilweise auch von Externen gesteuert werden. Dies liegt naturgemäß nicht immer in unserer Komfortzone, da das Verständnis und das Vertrauen in diese komplexe Technik fehlt. Mehr Technikverständnis könnte bereits bei der Schulausbildung erfolgen.

Um die alten, bestehenden und neuen smarten Ökosysteme zusammenzubringen, bedarf es eines Masterplans.[27] Abgestimmtes und zielgerichtetes Handeln aller Beteiligten führt zu neuen innovativen und nachhaltigen Lösungen. Es gibt weiteren Forschungsbedarf, um zusätzliche Synergieeffekte in den komplexen Systemen zu finden. Geschäftsmodelle für ein „Internet der Energie" und ein „Internet der Dinge" sind erst am Anfang. Entscheidend ist jetzt die nachhaltige und sinnvolle Umsetzung.

Eine Vision ohne Umsetzung ist eine Halluzination. (Benjamin Franklin)

Literatur

AG Energiebilanzen e. V.: Energieverbrauch liegt deutlich über Vorjahr. Berlin (November 2013). http://www.ag-energiebilanzen.de/index.php?article_id=29&fileName=ageb_pressedienst_07_2013.pdf. Zugegriffen: 03. Dez. 2013

BITKOM und Fraunhofer-Institut für System- und Innovationsforschung (ISI): Gesamtwirtschaftliche Potenziale intelligenter Netze in Deutschland, Langfassung des Endberichts. http://www.bitkom.org/files/documents/Studie_Intelligente_Netze(2).pdf (2012). Zugegriffen: 03. Dez. 2013

Bundesamt für Sicherheit in der Informationstechnik (BSI): Schutzprofil für ein Smart Meter Gateway (BSI-CC-PP-0073). https://www.bsi.bund.de/DE/Themen/SmartMeter/Schutzprofil_Gateway/schutzprofil_smart_meter_gateway_node.html. Zugegriffen: 03. Dez. 2013

Bundesministerium für Wirtschaft und Technologie (BMWi): Trusted Cloud, 2013. http://www.trusted-cloud.de/. Zugegriffen: 03. Dez. 2013

Bundesministerium für Wirtschaft und Technologie (BMWi) und Bundesministerium für Umwelt, Naturschutz und Reaktorsicherheit (BMU): E-Energy. http://e-energy.de/ (2013). Zugegriffen: 03. Dez. 2013

---

[27] World Economic Forum (2012).

DESERTEC Foundation: DESERTEC Foundation. http://www.desertec.org/de/ (2013). Zugegriffen: 03. Dez. 2013
DKE: Deutsche Normungsroadmap „E-Energy/Smart Grids 2.0". http://www.dke.de/de/std/kompetenzzentrume-energy/aktivitaeten/seiten/deutschenormungsroadmape-energysmartgrid.aspx (März 2013). Zugegriffen: 03. Dez. 2013
Ernst & Young: Kosten-Nutzen-Analyse für einen flächendeckenden Einsatz intelligenter Zähler. http://www.bmwi.de/BMWi/Redaktion/PDF/Publikationen/Studien/kosten-nutzen-analyse-fuer-flaechendeckenden-einsatz-intelligenterzaehler,property=pdf,bereich=bmwi2012,sprache=de,rwb=true.pdf (2013). Zugegriffen: 03. Dez. 2013
Hewlett, P.: Mehr Agilität durch einfache Erschließung neuer Kapazität. http://h20195.www2.hp.com/V2/GetDocument.aspx?docname=4AA3-6847dee&cc=us&lc=en (2013). Zugegriffen: 03. Dez. 2013
inside-intermedia: Sensoren, Sensoren nach Maß. http://www.inside-handy.de/lexikon/sensoren (2013). Zugegriffen: 03. Dez. 2013
Masdar City: Masdar City. http://masdarcity.ae/en/ (2013). Zugegriffen: 03. Dez. 2013
Nationaler IT Gipfel Arbeitsgruppe 2: Digitale Infrastrukturen, Jahrbuch 2011/2012. http://it-gipfel.de/IT-Gipfel/Redaktion/PDF/digitale-infrastrukturen-jahrbuch-ag-2,property=pdf,bereich=itgipfel,sprache=de,rwb=true.pdf. Zugegriffen: 03. Dez. 2013
Wikipedia: Ambient Assisted Living. http://de.wikipedia.org/wiki/Ambient_Assisted_Living (2013). Zugegriffen: 03. Dez. 2013
Wikipedia: Cloud-Computing. http://de.wikipedia.org/wiki/Cloud-Computing (2013). Zugegriffen: 03. Dez. 2013
Wikipedia: EEBus. http://de.wikipedia.org/wiki/EEBus (2013). Zugegriffen: 03. Dez. 2013
Wikipedia: Fünfter Sachstandsbericht des IPCC. http://de.wikipedia.org/wiki/F%C3%BCnfter_Sachstandsbericht_des_IPCC (2013). Zugegriffen: 03. Dez. 2013
Wikipedia: Intelligentes Stromnetz. http://de.wikipedia.org/wiki/Smart_Grid (2013). Zugegriffen: 03. Dez. 2013
Wikipedia: Intergovernmental Panel on Climate Change. http://de.wikipedia.org/wiki/Intergovernmental_Panel_on_Climate_Change (2013). Zugegriffen: 03. Dez. 2013
Wikipedia: Machine-to-Machine. http://de.wikipedia.org/wiki/Machine_to_Machine (2013). Zugegriffen: 03. Dez. 2013
Wikipedia: RFID. http://de.wikipedia.org/wiki/RFID (2013). Zugegriffen: 03. Dez. 2013
Wikipedia: Sensornetz. http://de.wikipedia.org/wiki/Sensorknoten (2013). Zugegriffen: 03. Dez. 2013
Wikipedia: Urbanisierung. http://de.wikipedia.org/wiki/Urbanisierung (2013). Zugegriffen: 03. Dez. 2013
Wikipedia: Zwei-Grad-Ziel. http://de.wikipedia.org/wiki/2_Grad_Ziel (2013). Zugegriffen: 03. Dez. 2013
World Economic Forum: Accelerating successful Smart Grid Pilots, Smart Grid Task Force. http://www3.weforum.org/docs/WEF_EN_SmartGrids_Pilots_Report_2010.pdf (2010). Zugegriffen: 03. Dez. 2013
World Economic Forum: Accelerating successful Smart Grid Pilots, Smart Grid Task Force. http://www3.weforum.org/docs/WEF_SmartGrid_Investments_Report_2009.pdf (2009). Zugegriffen: 03. Dez. 2013
World Economic Forum: New Energy Architecture. http://www3.weforum.org/docs/WEF_NewEnergyArchitecture_IndustryAgenda.pdf (2012). Zugegriffen: 03. Dez. 2013

Smart Meter im intelligenten Markt

20

Peter Heuell

Die Rolle von intelligenten Stromzählern im liberalisierten Strommarkt

Zusammenfassung

Intelligente Stromzähler bilden als Kommunikationsschnittstelle eine wesentliche Grundlage für die Instrumente des intelligenten Marktes. Laut Bundesministerium für Wirtschaft und Technologie (BMWi) haben intelligente Messsysteme die Aufgabe, über eine sichere Kommunikation attraktive Tarife im Wettbewerb, Energieeinsparungen und Verbrauchstransparenz zu ermöglichen sowie Kleinerzeugungsanlagen in ein Energiemonitoring zu integrieren. Smart Meter müssen dazu ganz bestimmte technische Voraussetzungen mitbringen, die die Hersteller gemäß den gesetzlichen Vorgaben umsetzen. Wenn Smart Meter den Smart Market erfolgreich vorantreiben sollen, sind aber auch Politik und Versorger gefordert, jetzt die notwendigen Grundlagen zu schaffen.

20.1 Aufgaben des intelligenten Marktes

Energieversorger verfolgen im liberalisierten Strommarkt das Ziel, möglichst viele Kunden für ihre Produkte und Services zu gewinnen. Wechselanreize für Stromkunden sind vor allem günstige Preise – die beispielsweise über variable Tarife ermöglicht werden – und zusätzliche Dienstleistungen. Das kann die monatliche Rechnungsstellung sein oder eine Online-Darstellung des Stromverbrauchs in Echtzeit. Solche Angebote sind auch Hilfestellungen für Kunden, um ihren Stromverbrauch zu reduzieren und damit bares Geld zu

P. Heuell (✉)
Landis+Gyr GmbH, Humboldtstrasse 64,
90459 Nürnberg, Deutschland

sparen. Neben der Gewinnung neuer Kunden besteht ein weiteres Ziel der Energieversorger darin, den Energieverbrauch und die erzeugte Energiemenge stärker zusammenzubringen, um so beispielsweise von günstigeren Börsenpreisen zu profitieren.

Um dieses zweite Ziel zu erreichen, wird im Smart Market entweder die Nachfrage stärker an die Erzeugung angepasst (*Demand Response*) oder die Erzeugung zu- oder abgeschaltet (*Supply Response*) – in beiden Fällen geschieht dies über Preisanreize. Beteiligt an diesem Prozess sind alle Marktteilnehmer: Produzenten, Verbraucher und „Prosumer"; außerdem werden in die Laststeuerung zukünftig auch Elektroautos, Elektrogeräte und andere Formen der Energienutzung und -speicherung integriert.

Intelligente Stromzähler bilden als Kommunikationsschnittstelle eine wesentliche Grundlage für die Instrumente des intelligenten Marktes. Der Verbraucher erkennt mit *Smart Metern* erstmals, wie viel Strom er verbraucht und der Versorger kann Tarife flexibel abrechnen und Lasten steuern. Laut Bundesministerium für Wirtschaft und Technologie (BMWi) haben intelligente Messsysteme daher die Aufgabe, über eine sichere Kommunikation attraktive Tarife im Wettbewerb, Energieeinsparungen und Verbrauchstransparenz zu ermöglichen, sowie Kleinerzeugungsanlagen in ein Energiemonitoring zu integrieren.[1]

Doch welche Voraussetzungen müssen die Geräte mitbringen, um die Aufgaben im Smart Market zu erfüllen? Und sind die Geräte schon bereit, diese komplexen Aufgaben zu unterstützen bzw. welche technischen und regulatorischen Voraussetzungen müssen dafür noch geschaffen werden?

20.2 Kundenanreize im Smart Market

Wechselanreize für Stromkunden sind vor allem günstige Preise – die beispielsweise über *variable Tarife* ermöglicht werden – und zusätzliche Dienstleistungen. Das kann die monatliche Rechnungsstellung sein oder eine Online-Darstellung des Stromverbrauchs in Echtzeit. Solche Angebote sind auch Hilfestellungen für Kunden, um ihren Stromverbrauch zu reduzieren und damit bares Geld zu sparen. Smart Meter machen solche Anreizsysteme überhaupt erst möglich.

20.2.1 Energie sparen

Ein wichtiger Anreiz für den Verbraucher ist es, seinen Verbrauch und damit die Stromkosten zu senken. Das Problem: Der tägliche Stromverbrauch von Kühlschrank, Computer oder Wäschetrockner bleibt den Verbrauchern weitgehend verborgen. Studien haben gezeigt[2], dass Verbraucher nicht genau wissen, wie viel sie für Energie ausgeben und wie und

---

[1] Vgl. BMWi (2012, S. 4).
[2] Vgl. Throne-Holst et al. (2006).

wo sie Energie sparen können. Die Erhöhung des Feedbacks ist daher eine wichtige Maßnahme, um Verbrauchern die fehlenden Informationen zu liefern und ihre Sensibilität so zu erhöhen. Energieversorger können ihre Kunden hier aktiv unterstützen.

20.2.1.1 Monatliche Rechnungen

Die in Deutschland übliche *jährliche Rechnungsstellung* macht den Stromverbrauch enorm intransparent. Die monatlichen Abschlagszahlen basieren auf durchschnittlichen Verbrauchswerten und geben nicht den tatsächlichen Stromverbrauch wieder. Aus diesem Grund soll laut § 40 EnWG zukünftig bei Einsatz eines intelligenten Messsystems eine detaillierte monatliche Verbrauchsinformation erfolgen. Ein solches erhöhtes Feedback hat zum Ziel, den Verbraucher darüber aufzuklären, wie viel Energie im Haushalt genutzt wird. Aber nicht nur die erhöhte Frequenz ist entscheidend für mehr Einblick der Verbraucher in ihren Energieverbrauch. Die Rechnungen sollten auch zusätzliche Informationen, wie etwa den historischen Verbrauch und einen Vergleich zu früheren Verbrauchszahlen, enthalten. Intelligente Stromzähler sind ein entscheidender Schritt auf dem Weg zu einer solchen häufigeren und detaillierteren Rechnungsstellung, da sie das Ablesen der tatsächlichen Verbrauchswerte jederzeit ermöglichen. So heißt es in der österreichischen Kosten-Nutzen-Analyse der E-Control: *„Konsumenten haben einen Nutzen durch Smart Metering in Folge der Verbesserungen bei der Ablesung und damit einhergehend auch bei der Abrechnung und Rechnungslegung. Die Verrechnung von Netz und Energie erfolgt verbrauchsabhängig, d. h. jede Rechnungslegung erfolgt auf Basis des Verbrauchs."*[3].

20.2.1.2 Stromverbrauch sichtbar machen

Zusätzlich steigern lässt sich das Feedback zum Verbraucher durch eine *Echtzeit-Visualisierung* via Inhome-Display oder Webportal. Inhome-Displays sind kleine Bildschirme, die die Daten von einem intelligenten Stromzähler, der im Keller angebracht ist, direkt in die Wohnräume übertragen. Der Nutzer kann auf diese Weise in Echtzeit seinen Stromverbrauch verfolgen und so z. B. Stromfresser erkennen. Der „Ecometer" für den Haushaltszähler E 350 von Landis+Gyr (Abb. 20.1) zeigt den Verbrauch sowie aktuelle Preisanpassungen an. Er macht zudem über ein Ampelsystem kenntlich, wie der aktuelle Energieverbrauch einzuordnen ist. Rot steht für hohen Energieverbrauch, gelb für mittleren Verbrauch und grün für niedrigen.

Wenn der Versorger die Energiedaten aus dem Smart Meter zusätzlich etwa über *Ethernet* in Echtzeit erhält, kann er sie entsprechend aufbereiten und die Informationen via *Website* oder per *App* dem Kunden zur Verfügung stellen. Eine solche App hat Landis+Gyr entwickelt (Abb. 20.2). Informationen über den aktuellen Stromverbrauch, den historischen Verlauf des Stromverbrauchs und den Vergleich zu früheren Verbrauchszeiten können auf diese Weise auch von unterwegs abgelesen werden.

---

[3] PWC/E-Control (2010, S. 26).

Abb. 20.1 Der Stromzähler E 350 verfügt über ein Ethernet-Modul und stellt die Daten nahezu in Echtzeit zur Verfügung. (Landis+Gyr)

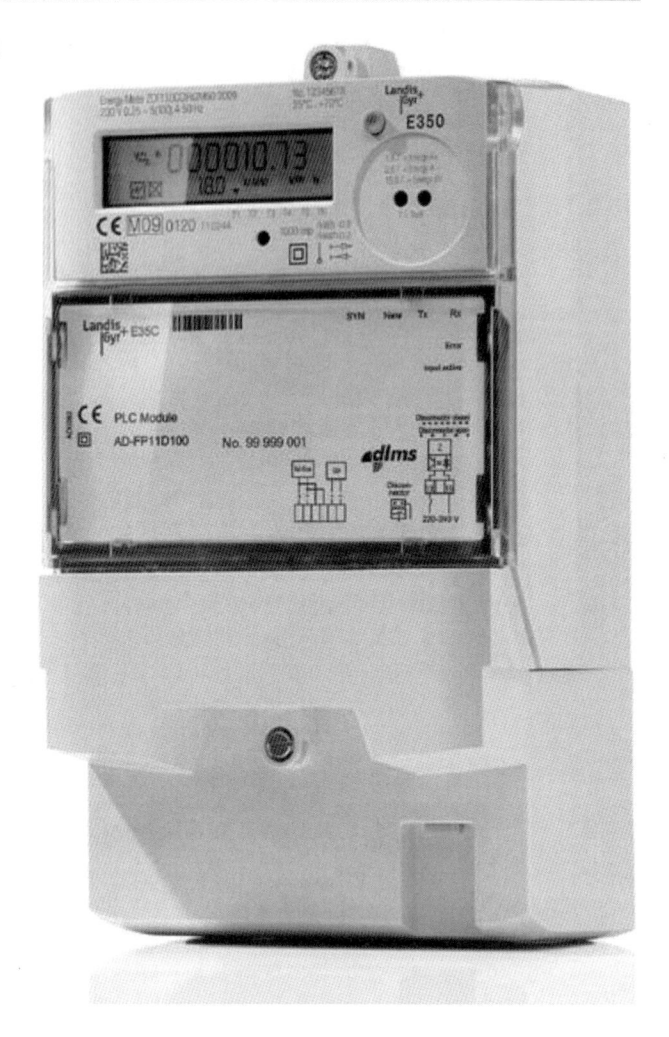

20.2.1.3 Einsparpotenziale beim Stromverbrauch

Smart Meter tragen also erheblich dazu bei, dass die Kommunikation zum Verbraucher verbessert werden kann. Die Einsparpotenziale, die sich durch mehr *Transparenz* ergeben, liegen laut aktuellen Studien für Strom bei 5 bis 15 %. Die große Bandbreite erklärt sich damit, dass die Reduktion des Stromverbrauchs stark von dem eingesetzten Feedback-System abhängt.

Folgende Ergebnisse ermittelte das Beratungsunternehmen für Energiefragen Vaasa-ETT in 100 untersuchten Projekten, bei denen insgesamt über 450.000 Privathaushalte beteiligt waren:

- 5,13 % Einsparungen bei Verwendung einer Web-Page
- 5,94 % Einsparungen bei Verwendung einer detaillierten Rechnung.

Abb. 20.2 Eine spezielle App verbindet den Smart Meter mit dem Smartphon. (Landis+Gyr)

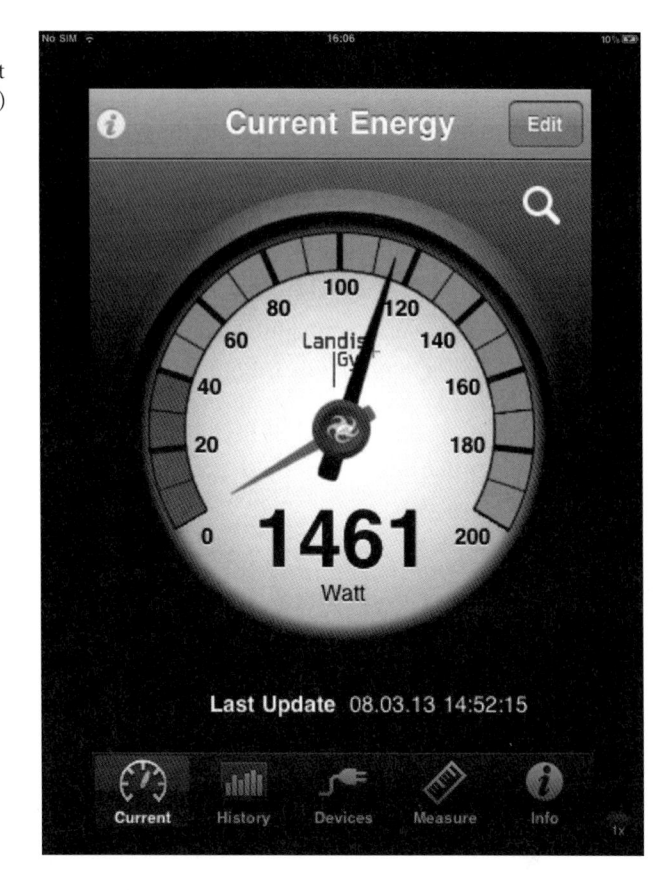

- 8,68 % Einsparungen bei Verwendung von Inhome-Displays.[4]

Da in Deutschland eine detaillierte *monatliche Verbrauchsinformation* bei Einsatz eines intelligenten Messsystems gefordert ist, kann von einer Verbrauchsreduktion von mindestens 6 % ausgegangen werden, wenn man sich an diesen Zahlen orientiert. Im Abschlussbericht zum E-Energy-Projekt „eTelligence" ist sogar von einem noch höheren Einsparpotenzial die Rede: „Wir stellten im Durchschnitt 11 % weniger Stromverbrauch durch Echtzeitvisualisierung des Verbrauchs fest."[5] eTelligence hat in der Modellregion Cuxhaven mit 650 Testhaushalten verschiedene Energie-Feedbacksysteme und innovative Stromtarife getestet und weiterentwickelt. Andere Studien sind mit ihren Prognosen vorsichtiger. In dem Endbericht einer vom BMWi beauftragten Studie heißt es: „Wir gehen davon aus, dass durch die Einführung von Smart Metering in Deutschland durchschnitt-

---

[4] VaasaETT (2011, S. 16), Fig. 20.4.
[5] eTelligence/EWE AG (2012, S. 10).

liche Endenergieeinsparungen über alle Kunden hinweg in Höhe von 5 % bei Strom und 2,4 % bei Gas erreichbar sind."[6]

Wie sehr das Ergebnis von den eingesetzten Feedbackmaßnahmen abhängt, zeigt auch eine aktuelle Langzeitstudie des Fraunhofer Instituts. Dabei wurden Einsparungen von bis zu 15 % ermittelt, wenn Smart Meter in Kombination mit einer entsprechenden Visualisierung zum Einsatz kommen. Zentraler Faktor für das Einsparpotenzial sei die *bedarfsgerechte Aufbereitung* der Energieverbrauchsdaten. Durch Anzeigen auf dem Fernseher, PC oder Smartphone hatten die Bewohner immer genau im Auge, was im Hause vor sich ging. Neben den Smart Metern kam eine spezielle EnergyMonitor-Software zum Einsatz, die die Daten archivierte und grafisch aufbereitet den Benutzern zur Verfügung stellte. Unter anderem konnten die Bewohner die Software komfortabel über ihren Fernseher oder einen PC nutzen. Dadurch bildete sich bei allen Bewohnern mit der Zeit eine Art „Energie-Bildung" (energy literacy) aus.[7]

20.2.2 Lasten managen und Kosten sparen

Neben Anreizen, Energie einzusparen, haben EVUs eine weitere Möglichkeit, die Kosten des Verbrauchers zu senken und sich im Wettbewerb zu positionieren: Und zwar über variable Tarifsysteme. In Zeiten Erneuerbarer Energien bilden *variable Tarife* zudem eine wichtige Grundlage für eine stabile Stromversorgung. Denn mit ihnen lassen sich die Lasten verschieben und die Netze stabilisieren: Wenn wenig Strom aus erneuerbaren Quellen erzeugt wird, bieten die Unternehmen den Strom entsprechend teuer an. Wird im Überfluss erzeugt, müssen die Preise sinken, damit mehr Strom nachgefragt werden kann. Diese Steuerung der Stromnachfrage durch Lastabwurf und Lastverschiebung wird als *Demand Side Management* (*Lastmanagement*) bezeichnet.

20.2.2.1 Tarifsysteme im Überblick

Variable Tarife sind ein zentrales Instrument, um Verbrauchern attraktive Strompreise anbieten zu können. Man unterscheidet zwischen zeit- und lastvariablen Tarifen: Bei *zeitvariablen Tarifen* variieren die Stromkosten je nach Tageszeit und gegebenenfalls Wochentag. *Lastvariable Tarife* richten sich hingegen nach der Menge des Stromverbrauchs. Je nach Tarifmodell hängt der Strompreis dabei entweder von der laufenden Gesamtnetzlast oder aber von der Höhe des persönlichen Verbrauchs ab. Im ersten Fall würde der Strom beispielsweise umso billiger, je niedriger der Verbrauch im gesamten Netz ist. Im zweiten Fall würde der Verbraucher nach einem niedrigeren Tarif abgerechnet, sobald er eine zuvor definierte Lastschwelle unterschreitet.

Neben dem Preisanreiz haben solche Tarife eine weitere wichtige Funktion: Sie können dabei helfen das *Stromnetz zu stabilisieren*. So können zeitvariable Tarife eingesetzt

---

[6] Kema/BMWI (2009, S. 12).
[7] Schwartz et al. (2013).

werden, um eine langfristige *Lastgang-Modifikation* (Glättung von Lastspitzen, Ausgleich der Lastverteilung etc.) zu erzielen. Lastvariable Tarife bieten demgegenüber den Vorteil, dass sie jederzeit an die aktuelle *Produktions- und Verbrauchssituation* angepasst werden können. Sie sind demnach am ehesten geeignet, das Stromnetz auch vor dem Hintergrund starker Produktionsschwankungen stabil zu halten.

Bisher bildete das *Standardlastprofil* ein entscheidendes Hemmnis für die Einführung solcher Tarifsysteme. Zum Hintergrund: Lieferanten müssen Privat- und Gewerbekunden mit einem Verbrauch von weniger als 100.000 kWh pro Jahr bisher nach einem festgelegten Verbrauchsprofil beliefern und bilanzieren – die Beschaffung findet unabhängig vom tatsächlichen Verbrauch statt. Eine Lastverschiebung beim Verbraucher birgt demnach für den Lieferanten derzeit keinerlei wirtschaftliche Vorteile. Das Standardlastprofil wurde nun im Rahmen der Novellierung der Stromnetzzugangsverordnung im August 2013 aufgehoben. *Neuen Tarifsystemen* steht daher nichts mehr im Wege.

Um variable Tarife abzurechnen, benötigt man einen Stromzähler, der die Tarife abbilden kann. Mit einem herkömmlichen *Ferraris-Zähler* ist dies nur für ein bis zwei Tarife möglich. Mit einem intelligenten Zähler können hingegen deutlich mehr Tarife abgebildet werden. Doch nicht nur die Menge der Tarife ist entscheidend – immer wichtiger ist die Flexibilität, mit der diese geändert werden können. Nur so lässt sich der Stromverbrauch tatsächlich an den aktuellen Energiemengen ausrichten.

20.2.2.2 Tarife visualisieren

Entscheidend für den Erfolg dynamischer Tarifmodelle ist deren *Visualisierung* für den Verbraucher – denn nur wenn der Kunde zeitnah über Änderungen informiert wird, kann er seinen Verbrauch anpassen. Eine solche Visualisierung lässt sich – wie bereits oben beschrieben – einfach und nahezu in Echtzeit umsetzen mittels eines sogenannten Home Displays. Der „*Ecometer*" für den Haushaltszähler E 350 von Landis+Gyr zeigt z. B. den Verbrauch sowie aktuelle Preisanpassungen an. Solche Home Displays bieten auch British Gas und EWE an. Beim EWE-Display pusht ein DSL-Modem die Daten über das WLAN während beim Ecometer von Landis+Gyr (Abb. 20.3) der Kommunikationskanal M-BUS zum Einsatz kommt.

Eine weitere Möglichkeit, Tarifinformationen zu visualisieren, ist das Internet. Kunden erhalten dabei z. B. auf der Homepage des Versorgers Zugang zu ihren persönlichen Verbrauchsdaten. Der Vorteil: Verschiedene Darstellungsformen sind hier möglich. Intervalle zeigen z. B. den Verbrauch vom gestrigen Tag, in der letzten Woche oder dem letzten Monat bzw. in den letzten 24 h. Der Kunde kann seinen Verbrauch aber auch in einem individuellen Zeitfenster aufrufen, sodass er z. B. erkennt, ob er die Tarifzonen optimal nutzt. Eine Lastganglinie in Echtzeit ermöglicht es, den aktuellen Stromverbrauch und damit auch den Verbrauch einzelner Geräte zu prüfen. Und wer auch Unterwegs Zugriff auf seine Energiedaten haben will, der nutzt den Mobilfunk als Kommunikationsmedium: Energiedaten und neue Tarife werden dabei z. B. über spezielle Apps bereitgestellt.

Die technische Voraussetzung der Visualisierung via Inhome-Display für den Smart Meter lautet: Er muss mit einem entsprechenden Kommunikationskanal zum Inhome-

Abb. 20.3 Mit dem Ecometer von Landis+Gyr lassen sich Tarifmodelle sichtbar machen. (Landis+Gyr)

Display ausgerüstet sein und den Verbrauch kurzzyklisch – also etwa im 10-Sekundentakt – übertragen. Alternativ braucht er ein Modem, um die Daten über DSL oder auch Mobilfunk zu übertragen. Des Weiteren muss der Smart Meter den Preis pro kWh kennen, um die aktuellen Verbrauchskosten zu berechnen. Zusätzlich ist die Kenntnis von Schwellenwerten dann notwendig, wenn eine Energie-Ampel zum Einsatz kommt. Werden die Daten mit hoher Auflösung und in Echtzeit im Internet oder per Mobilfunk bereitgestellt, ist eine Übertragung via Breitband notwendig. Ethernet ermöglicht z. B. eine kostengünstige Übertragung nahezu in Echtzeit. Der Zähler benötigt dann ein spezielles Ethernet-Modul.

20.2.2.3 Potenziale der Lastverschiebung

Studien zeigen, dass das *Potenzial für Lastverschiebungen* durch die Einführung von Smart Metern in Verbindung mit variablen Tarifen bei 15 % liegt.[8] Die Ergebnisse zeigen auch:

---

[8] Vgl. VaasaETT (2011).

Letztlich hängt das Lastverlagerungspotenzial sehr stark von dem verwendeten Tarifmodell ab. Die besten Ergebnisse lassen sich mit lastvariablen Tarifen erreichen (12 bis 16 %). Zeitvariable Tarife hingegen erbringen nur ein Potenzial von ca. 5 % Lastverschiebung.[9] Dabei muss jedoch berücksichtigt werden, dass zeitvariable Tarife täglich zum Einsatz kommen, während lastvariable Tarife nur zur Reduktion kritischer Lastspitzen genutzt werden.

Eine entscheidende Steigerung erfährt das Laststeuerungspotenzial durch ein direktes *Feedback-System*. Werden Preissignale z. B. über ein Inhome-Display direkt an den Verbraucher weitergegeben, erhöht sich das Potenzial der Lastverschiebung auf bis zu 45 %. Noch höher, nämlich bei 50 %, ist das Potenzial, wenn *Automatisierungstechnologien* zum Einsatz kommen, über die Lasten automatisch zu und abgeschaltet werden können.[10]

Die „Deutsche Energie Agentur" (dena) berechnet ein durchschnittliches positives *Lastverschiebungspotenzial* von 6.732 MW und ein negatives Demand Side Management (DSM)-Potenzial von 35.278 MW in deutschen Haushalten.[11] Dazu wurde das Lastverschiebungspotenzial einzelner Anwendungsbereiche im Haushaltssektor untersucht. Das positive Verschiebungspotenzial entspricht der Menge an Energie, die durch das Abschalten des Gerätes reduziert wird. Das negative Potenzial ist der erhöhte Energieverbrauch durch Lastzuschaltung. Die größten Potenziale für die Lastverschiebung bergen Heizungs- und Kühlungssysteme sowie die Warmwasserbereitung.

20.2.3 Wenn's automatisch läuft: Das Smart Home

Wenn Lasten automatisch zu- und abgeschaltet werden, erhöht das das Laststeuerungspotenzial erheblich. Dies haben Studien belegt.[12] Wo nicht von Verbrauchern abgelesen, entschieden und schließlich manuell ab- oder zugeregelt werden muss, laufen Prozesse schneller ab. Das ist logisch. Und: Immer komplexere Lastverschiebungs- und Speicher-Prozesse lassen sich auf diese Weise steuern, was wiederum eine *Erhöhung der Laststeuerung* bedeutet. Die ferngesteuerte Heizung oder der Kühlschrank, die die Stromtarife erkennen sind dabei längst keine Utopien mehr.

Während der Information vom Inhome-Display eine manuelle Aktion folgen muss, um auf die Tarifoptionen zu reagieren, ist dieser Vorgang im *Smart Home* völlig automatisiert. Im sogenannten intelligenten Haus werden die Haushaltsgeräte und diverse Raumfunktionen in Abhängigkeit von den Tarifpreisen gesteuert. Indem Haushaltsgeräte miteinander kommunizieren und im Informationsaustausch mit dem Energieversorger stehen, können nicht gleichmäßig verfügbare Kapazitäten verschoben und somit optimal genutzt werden. Für die Steuerung von Haushaltsgeräten ist der Ausbau einer Informations- und Kommunikationsinfrastruktur erforderlich, um Geräte und Anlagen derart zu programmieren,

---

[9] Vgl. VaasaETT (2011).
[10] Vgl. Landis + Gyr (2009, S. 5).
[11] Vgl. Deutsche Energie-Agentur GmbH (dena) (2010, S. 413), Tab. 20.3.
[12] Vgl. Landis + Gyr (2009).

dass sie auf ein externes Signal reagieren und den Leistungsbezug verlagern können. Bisher bestand das Problem darin, dass in Wohnungen zumeist Geräte verschiedener Hersteller mit unterschiedlichen Feldbus- oder Schnittstellenprotokollen zum Einsatz kamen. Hier sorgt zukünftig der *EEBus-Vernetzungsansatz* für Integration. Auf Basis dieses Verständnisses hat sich eine Initiative gegründet, die die Rahmenbedingungen für den Informationsaustausch zwischen elektronischen Geräten in Industrie und privaten Haushalten auf der einen sowie Energieversorgern auf der anderen Seite schafft – und zwar international normiert.

Haushaltsgeräte erkennen so über die Kommunikation mit dem Versorger sofort, ob ausreichend Energie im Netz vorhanden und ob der Strom und damit das Starten der Geräte vergleichsweise günstig ist.[13] Zu den Gründungsmitgliedern der *EEBus-Initiative* zählen neben dem Haushaltsgeräte-Hersteller Miele, dem Heizungs-Hersteller Vaillant, den Konzernen ABB und Schneider Electric auch der führende Spezialist für intelligente Messtechnik Landis+Gyr sowie weitere Unternehmen aus der Energie- und Elektronik-Branche und der Verband VDE.

Die Anwendungen im Smart Home sind dabei weitaus vielfältiger als die oft zitierte Waschmaschine vermuten lässt. Neben der Verbrauchssteuerung von Haushaltsgeräten lassen sich auch Heizung oder Lüftung im Smart Home einbinden, aber auch die Steuerung von Wärmepumpen und EEG-Anlagen. Das Elektronikunternehmen Toshiba entwickelt derzeit ein *Home Energy Management System (HEMS)*, in dem nicht nur Hausgeräte, sondern auch Photovoltaik-Anlagen, Wärmepumpen, Energiespeicher und Elektroautos gesteuert werden. Das HEMS verbindet alle elektronischen Anwendungen im Haus und ermöglicht so ein umfassendes Energiemanagement. Mehrere örtlich verteilte HEMS können zu größeren Einheiten vernetzt werden. Ziel ist es, das Stromnetz zu stabilisieren, indem alle im privaten Energiesystem beteiligten Geräte integriert werden. Davon profitieren dann sowohl der Verbraucher als auch der Versorger. Ein Beispiel: Ist viel Strom vorhanden und wird dieser deshalb günstig angeboten, wird die elektrische Wärmepumpe automatisch angeschaltet. Diese zieht sich dann Wärme aus der Umgebungsluft, dem Grundwasser oder dem Erdreich und leitet sie an eine Heizungsanlage weiter. Dadurch wird für den Hausbesitzer ein besonders effizientes Heizen möglich – Energieerzeugung und Verbrauch im Stromnetz wird gleichzeitig in Einklang gebracht.

Die Aufgabe des Smart Meter im Smart Home umfasst das Erfassen des rechnungsrelevanten Energieflusses. Diese Tarifierung ist auch Grundlage für die Entscheidung, ob die Geräte an- oder ausgeschaltet werden. Die Information wird vom Smart Meter an das Energiedaten-Gateway bzw. das Home Gateway weitergeleitet.

Die Anforderungen lauten wie folgt: Der Smart Meter muss über ein Interface zum Home Automation System verfügen – z. B. eine HAN (Home Area Network)-Schnittstelle, und er muss die Verbrauchsdaten sowie die entsprechend den Tarifen aufbereiteten Preise via Gateway übermitteln können. Zusätzlich ist eine Visualisierung der Daten entscheidend, damit der Nutzer von der Anwendung überzeugt ist. Er muss auf einem Inhome-Display die derzeitige Tarifsituation und seinen Energieverbrauch erkennen, um zu ver-

---

[13] PWC/E-Control (2010).

Abb. 20.4 Der E450 integriert alle wichtigen Funktionen für ein Personal Energy Management. (Landis+Gyr)

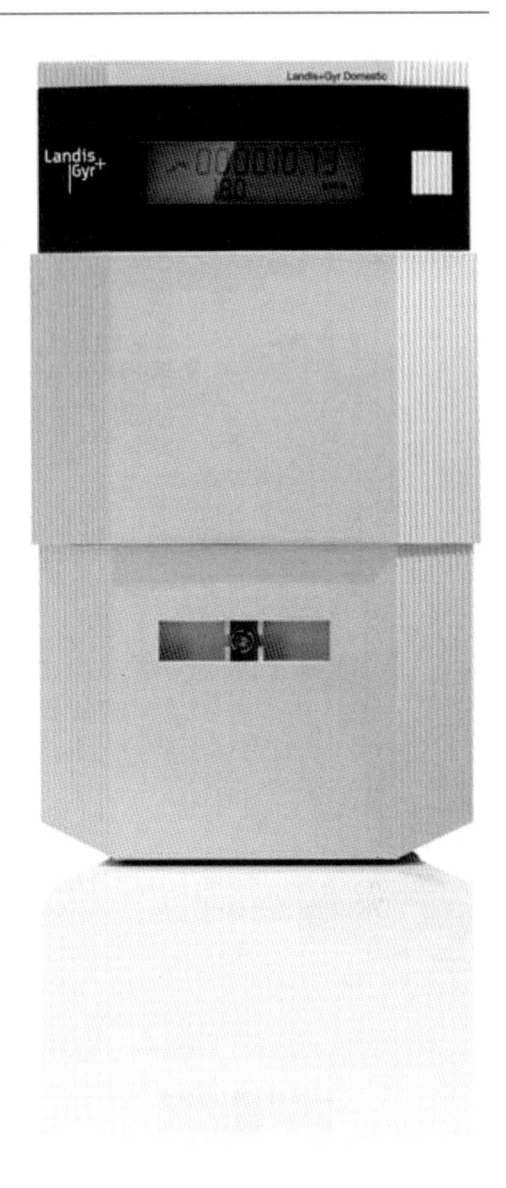

stehen, warum seine Wärmepumpe jetzt läuft oder nicht. Der Smart Meter muss also auch dafür die oben beschriebenen Anforderungen erfüllen (siehe Abb. 20.4).

20.2.4 Der elektronische Energieberater

Die Kontrolle des Energieverbrauchs im Personal Energy Management birgt enorme Potenziale. Um diese vollständig ausschöpfen zu können, bietet es sich für den Verbraucher an, externe Dienstleister bzw. spezielle IT-Anwendungen heranzuziehen. Solche Systeme funktionieren z. B. als *Cloud-Anwendungen*. Durch die Analyse der Daten kann das System

Abb. 20.5 Elektroautos werden in Zukunft zu wichtigen Stromspeichern. (Bundesverband Solarwirtschaft)

Rückschlüsse ziehen und *Verbesserungsvorschläge* machen, wie der Verbraucher seinen Energieverbrauch verringern kann, etwa indem er einen modernen Thermostat installiert oder die Fenster neu abdichtet.

Dieser Service ist vor allem für Kunden, denen Energieversorger moderne Stromzähler zur Verfügung stellen: Die Zähler übermitteln ihre Daten entsprechend der datenschutzrechtlichen Vorgaben und der vorherigen schriftlichen Zustimmung durch den Letztverbraucher dann direkt an das System. Der Zähler muss dafür das Lastprofil erfassen. Ausreichend ist ein 15-Minuten-Profil. Je genauer bzw. feingranularer die Messung ist, desto präziser können die Verbesserungsvorschläge allerdings sein.

20.2.5 Das Elektroauto als Stromspeicher

Eine andere Möglichkeit, Lastspitzen zu glätten, ist es, überschüssigen Strom zwischenzuspeichern, um ihn dann später, wenn er benötigt wird, wieder in die Netze einzuspeisen. Zukünftig sollen dafür auch *Elektroautos* genutzt werden. Diese tanken Strom, wenn ein Energieüberschuss besteht. Bei vorliegendem Energiebedarf kann der in den Akkus der Autos gespeicherte Strom gegen Geld zurück ins Netz gespeist werden. Da der Strom zu dieser Zeit teurer ist, profitieren die Autobesitzer davon (Abb. 20.5).

Hier kommen Smart Meter zum Einsatz, um die Abrechnung zu erstellen. Sie messen die Energiemengen und liefern die Info: Wie viel Energie wurde geladen und wie viel wurde entladen und wie waren zu dieser Zeit die Marktpreise. Voraussetzung sind also Tarifregister und Kommunikations-Gateways für die Übertragung zum Versorger.

20.2.6 Prosumer: Anreize für den Eigenverbrauch

Die Anwendungen im Smart Home kommen auch beim Thema *Eigenverbrauchssteuerung* zum Tragen. Die Eigenverbrauchsregelung aus dem EEG 2009 § 33 Abs. 2. schafft mittels Vergütung für den „*Prosumer*" einen Anreiz, den Verbrauch stärker an der eigenen Erzeugung auszurichten. Mit dem derzeit geplanten neuen EEG fällt diese Eigenstromvergütung für Anlagen, die nach dem 1. April 2012 in Betrieb genommen wurden, zwar weg – gleichzeitig wird die Strommenge, die vom Netzbetreiber vergütet wird auf 90 % gesenkt. Die nicht vergütungsfähigen Strommengen werden vom Netzbetreiber zum Marktwert abgenommen oder können selbst verbraucht oder direkt vermarktet werden.[14] Die Regelung befördert de facto also wieder den Eigenverbrauch. Es ist davon auszugehen, dass die Menge des vergüteten Stroms noch weiter herabgesetzt wird.

Das Ziel ist klar: Mit dem Eigenverbrauch sollen regionale Nieder- und Mittelspannungsnetze entlastet werden. Doch an einem Sommertag kann eine Familie nicht so viel Strom verbrauchen, wie die Anlage erzeugt. Dem Prosumer bietet sich daher die Nutzung des eigenen Stroms im Home Automation System an. Die Temperatur im Gefrierschrank kann dann z. B. um wenige Grad gesenkt, die Waschmaschinen eingeschaltet oder die Wärmepumpe aktiviert werden. Und auch Nacht-Speicheröfen lassen sich bei Bedarf auf eine Tagesspeicherung von Solarstrom umstellen.

Die Aufgabe des Smart Meter besteht in diesem Fall darin, die verbrauchte sowie erzeugte Leistung zu messen – und zwar im Viertelstundentakt. Die Entscheidung darüber, ob und welche Geräte angeschaltet werden, trifft dann das Home Automation System.

20.2.7 Stromproduktion regulieren: Supply Response

Supply Response, also die Ausrichtung der Stromproduktion am Verbrauch, war bisher die maßgebliche Strategie, um eine gleichmäßige und zuverlässige Stromzufuhr sicher zu stellen. Atom- und Kohlekraftwerke wurden dazu entsprechend hoch- und heruntergeschaltet. Zukünftig soll die Ausrichtung des Verbrauchs an der jeweils vorhandenen Energiemenge verstärkt helfen, die Netze zu stabilisieren. Trotzdem bedarf es immer noch der Möglichkeit, Strom ab- und zuzuschalten, um einen Blackout zu vermeiden. Auch hier nutzen EVUs den Smart Market als Anreizsystem für den Verbraucher.

20.2.7.1 Photovoltaik-Anlagen abregeln

Wenn der Wind stark weht und die Sonne lange scheint, kann es sein, dass mehr Strom produziert, als verbraucht wird. Die Gefahr besteht, dass die Netze überlastet werden. Aus diesem Grund müssen alle Anlagen für Erneuerbare Energien über 30 kW Erzeugungsleistung *abgeregelt* werden können. Eine Regelung, die mit der EEG-Novelle 2012 nun auch für *Photovoltaik-Anlagen* gilt. Das Abschalten ist z. B. mittels *Rundsteuerempfängern* möglich. Bei Anlagen von einer Größe von über 100 kW ist die Rundsteuertechnik allein aber nicht ausreichend. Es wird zusätzlich eine Übertragung der Einspeiseleistung gefordert. Da der Rundsteuerempfänger aber nur in eine Richtung kommuniziert, bedarf es einer Kombination mit einem Stromzähler. Der Zähler misst den Lastfluss und überträgt ihn an

---

[14] Vgl. EEG 2012 § 33 Abs. 2 n. F.

den Netzbetreiber – dieser kann über entsprechende Signale die Last an- und abschalten. Die Abrechnung über den Zähler erfolgt über eine feste Einspeisevergütung.

20.2.7.2 Virtuelle Kraftwerke

Eine andere Möglichkeit, Strom aus Erneuerbaren Energien an der Nachfrage auszurichten, ist die Nutzung *virtueller Kraftwerke*. Dabei verbindet der Energiedienstleister mehrere unabhängige Energieerzeuger und -nutzer so miteinander, dass er sie *wie ein einziges Kraftwerk regeln* kann. Auf diese Weise ist es z. B. möglich, Regelleistung bei einer plötzlich erhöhten Stromnachfrage kurzfristig zur Verfügung zu stellen. Leistungsanpassungen werden dazu im virtuellen Kraftwerk wie in einem normalen, regelfähigen Kraftwerk durchgeführt. Die Regelenergie wird hier zu Großmarkthandelspreisen angeboten. Am effektivsten sind solche Zusammenschlüsse mit Kunden aus Industrie und Gewerbe, da hier enorme Energiekapazitäten effektiv regelbar sind. Die Kapazitäten von Hotels, Krankenhäusern, Einkaufszentren, Fabriken und Kühlhäusern werden dazu z. B. mit der Erzeugung aus Windparks und PV-Anlagen zusammengeschlossen. Smart Meter-Gateways sind mit ihrer Controllable Local Systems- (CLS-) Schnittstelle zur Ansteuerung dezentraler Einspeiser oder schaltbarer Lasten die perfekte Basis für solche virtuellen Kraftwerke. Durch die Zertifizierung gemäß Schutzprofil beim Bundesamt für Sicherheit in der Informationstechnik (BSI) sind auch der Datenschutz und die Datensicherheit (*Cyber Security*) gewährleistet.

20.2.7.3 Lastführungssysteme

PV-Anlagen müssen, wie oben beschrieben, abgeregelt werden können. Bei Anlagen über 100 kW ist die Rundsteuertechnik dafür allein nicht ausreichend, da zusätzlich eine Übertragung der Einspeiseleistung gefordert wird. Eine einfache Lösung ist die Kombination der Rundsteuertechnik mit einem kommunikativen Zähler – wie etwa dem Industriezähler E 650 von Landis+Gyr. Dieser misst und überträgt die Ist-Einspeiseleistung. Die Rundsteuertechnik regelt das An- und Abschalten.

Eine zukünftige Alternative dazu stellt der integrierte Einsatz von Rundsteuersystemen und Smart Metern dar, wie z. B. das *hybride Lastschaltgerät* L740 von Landis+Gyr (Abb. 20.6). Es vereint die Anbindung der beiden Systeme und nutzt als Übertragungsweg die Powerline-Kommunikation. Eine weitere zukunftsweisende Lösung soll gleichzeitig Messen und Abregeln können, und in das Netzleitsystem integriert werden. Die Basis bildet ein multi-modular aufgebauter Zähler, der dem Industriestandard SyM^2 entspricht. Der Vorteil: SyM^2-konforme Zähler lassen sich durch Module ergänzen. Mit der Einbindung des Zählers in das Netzleitsystem lassen sich im Netz direkt am Einspeisepunkt des Verteilnetzes die Ereignisse messen, die dazu führen, dass abgeregelt werden muss. Algorithmen im Netzleittechniksystem können dann unmittelbar entscheiden, welche Anlage wie geregelt werden soll.

Abb. 20.6 Das hybride Lastschaltgerät L740 vereint Smart Meter und Rundsteuertechnik miteinander. (Landis+Gyr)

20.3 Prozesse optimieren – Kosten sparen

Smart Meter eröffnen Versorgern erhebliche Erleichterungen bei ihren *Geschäftsprozessen* – und somit eine finanzielle Entlastung für alle Seiten. Die Smart Metering-Systeminfrastruktur wird dazu für das *Meter Data Management* an das Abrechnungssystem angebunden. Spezielle MDUS-Plattformen ermöglichen eine Nutzung der Daten direkt in SAP Industry Solution for Utilities (IS-U).

20.3.1 Ablesehäufigkeit und Rechnungsstellung

Ein entscheidender Vorteil von Smart Metern für Versorger ist die *Fernablesung*. Dadurch wird das Ablesen vor Ort unnötig, wodurch sich erhebliche Kosten einsparen lassen. Gleichzeitig ist häufigeres Ablesen möglich, was neue Angebote zulässt, wie eine monatliche Rechnung. Abschlagszahlungen erübrigen sich. Der intelligente Zähler muss dafür die Verbrauchsdaten im gewünschten Zeitraster messen und an den Versorger übertragen.

20.3.2 An- und Abschalten von Leistungen

Um Abrechnungsprobleme bei Aus- und Einzügen zu verhindern, kann der Strom mit Hilfe von Smart Metern jeweils an- und ausgeschaltet werden. Die Wohnung ist dann in der Zwischenzeit tatsächlich ohne Verbrauch. Der Smart Meter benötigt dazu einen sogenannten *Breaker* – also ein Schalter mit dem sich die Stromzufuhr an- und abschalten lässt.

Ein solches Abschalten per Breaker ist auch dann für Versorger von Vorteil, wenn Kunden mit den Rechnungen säumig sind. Bei der ersten Mahnung werden z. B. noch 10 kW bereitgestellt, bei der zweiten Mahnung noch 5 kW und bei der letzten Mahnung nur noch 1 kW. Übersteigt der Verbrauch diese Grenzen, schaltet der Breaker den Zufluss aus. Der Breaker erkennt dabei über einen Schwellwert, wann die Anschlussleistung erreicht wurde und schaltet den Strom ab. In einem solchen Fall kann der Kunde den Strom zwar selber wieder anschalten, jedoch nicht mehr Leistung beziehen, als vorgegeben.

20.3.3 Energieeinkauf

Mit dem Einsatz von Smart Metern lässt sich auch der *Energieeinkauf* von Versorgern optimieren. Denn statt dem Einkauf das *synthetische Lastprofil* zu Grunde zu legen, kann er die eingekauften Energiemengen dem *realen Verbrauch* seiner Kunden anpassen. Über die Verbrauchsdaten können Versorger ihre Kunden anonymisiert anhand ihres spezifischen Lastprofils identifizieren und zusammenfassen (Clustering). So lassen sich zum Beispiel Standard-, Off-peak- und Peak-Cluster bilden. Mit den verschiedenen Lastprofil-Clustern können Preisrisiken minimiert werden.

Die Einsparpotenziale sind dabei nicht unerheblich: Eine Studie der LBD-Beratungsgesellschaft rechnet zum Beispiel mit Einsparungen bei den Beschaffungskosten in Höhe von 1,05 EUR pro Megawattstunde, wenn das SLP optimiert wird. Zugrunde liegt dabei das Preisniveau im Großhandel an der Europäischen Energiebörse (EEX) von 2010 mit Durchschnittswerten von 50 EUR pro Megawattstunde (im Base-Band) und 62,50 EUR pro Megawattstunde (im Peak-Band).[15]

---

[15] LBD-Beratungsgesellschaft (2010).

20.4 Technische Voraussetzungen für den Smart Market

Damit die oben genannten Anreize im intelligenten Markt in der Realität umsetzbar sind, müssen zum einen Smart Meter bestimmte technische Voraussetzungen erfüllen. Ohne eine geeignete IT-Infrastruktur können die gemessenen Stromdaten allerdings gar nicht genutzt werden.

20.4.1 IT-Infrastruktur

Energiedaten bieten eine enorme Chance, Vertriebs- und Serviceprozesse von der Ablesung bis zur Abrechnung, schneller und effizienter umzusetzen. Damit sind sie ein wichtiger Hebel im Wettbewerb. Die Vorteile können Energieunternehmen allerdings nur nutzen, wenn die gewonnenen Energiedaten den bestehenden Geschäftsprozesslösungen zur Verfügung stehen. Da das von der Mehrzahl der Energieversorger genutzte SAP ERP- und IS-U[16]-System nicht direkt mit den Zählern kommunizieren kann, müssen Mess- und SAP-Daten auf einem anderen Weg zusammengeführt werden.

In kleinen Smart Meter-Pilotprojekten reichte es noch aus, die Daten händisch zu bearbeiten oder über manuelle Schnittstellen aus der Fernableseinfrastruktur in SAP zu integrieren. Wenn der Energieversorger aber statt ein paar hundert Geräten hunderttausend und mehr Smart Meter in Privathaushalten einbaut, braucht er eine *direkte Verknüpfung* von Energie- und Kunden-Stammdaten. Nur so kann er den Einbau der Geräte und die Ablese- und Abrechnungsprozesse automatisieren, eine engmaschige Kundenkommunikation, wie sie der Gesetzgeber fordert, umsetzen bzw. Wettbewerbsvorteile durch neue Serviceleistungen ausschöpfen. Zwei Optionen stehen SAP-Nutzern derzeit zur Verfügung:

- Um Messsysteme und Messdaten mit den Geschäftsdaten in SAP zu verbinden, besteht für Energieunternehmen die Möglichkeit, neben dem SAP-System ein eigenständiges *Meter Data Management System (MDM-System)* aufzubauen. Der Nachteil: Mit einem MDM-System entsteht neben dem SAP-System eine komplett neue IT-Infrastruktur – inkl. eigenes Servicesystem, Ticketsystem für Fehlermeldungen, eigene MDM-User, eine Wartungsinfrastruktur und ein Qualitätssicherungssystem. Aufbau und Pflege einer solchen Infrastruktur sind aufwendig und kostspielig. Hinzu kommt: Beim Einsatz eines weiteren IT-Systems neben SAP ist die Datenkonsistenz in Gefahr. Daten liegen womöglich mehrfach und in verschiedenen Versionen im MDM- und SAP-System ab: Zusätzlich muss geklärt werden, welche Daten überhaupt für die Abrechnungs- und Serviceprozesse verwendet werden. Und nicht zuletzt bedeutet eine weitere Schnittstelle innerhalb der IT-Infrastruktur auch weitere Integrationsleistungen, die über viele Jahre bezahlt werden müssen.

---

[16] SAP for Utilities-Lösungen.

- Die Alternative ist eine *MDUS-Lösung*. MDUS steht für „Metering Data Unification and Synchronisation". SAP hat mit MDUS Prozesse definiert, um Smart Metering in SAP integrieren zu können. Neben einem MDUS-System benötigt der SAP-Anwender eine AMI-Lizenz von SAP, die es ihm ermöglicht, Smart Metering Prozesse in SAP zu bedienen und über MDUS mit dem Zähler zu kommunizieren. Der Vorteil der MDUS-Lösung: Alle Prozesse werden weiterhin in SAP abgebildet und realisiert; die Prozesssteuerung ist und bleibt in SAP. Zwischen MDUS und SAP verläuft die Kommunikation über *Webservices*. Statt eine Schnittstelle zu nutzen, sind die Systeme unmittelbar miteinander verbunden (End-to-End). Da kein neues System aufgebaut, sondern eine bestehende Lösung erweitert wird, liegen die Kosten für eine MDUS-Lösung außerdem unterhalb derer für den Aufbau einer zusätzlichen IT-Infrastruktur.

MDUS-Systeme sind riesige Datentanks, die täglich oder nach Definition zu jedem beliebigen Zeitpunkt, die Messdaten aus den Messsystemen ziehen und speichern. Eine wichtige Eigenschaft von MDUS-Lösungen ist die *Skalierbarkeit*. Systeme mit Messdaten von 10 Mio. Zählern und mehr werden schon heute in der Praxis angewendet und sind produktiv. Die MDUS-Systeme kommunizieren mit den Fernablesesystemen – für Smart Meter werden diese Head-End-Systeme (HES) genannt. *Head-End-Systeme* sind quasi Telefonanlagen, die direkt mit den Zählern kommunizieren und die Daten einholen. Per Breitbandverbindung gelangen diese dann an das MDUS. Gespeichert werden die Daten in einem einheitlichen Format, das verschiedene Möglichkeiten der Gruppierung, Sortierung und Klassifizierung eröffnet.

Wie oft und wann abgelesen wird, kann der Anwender in SAP konfigurieren. Benötigt der Versorger die Abrechnungsdaten für seine Geschäftsprozesse, schickt er eine Abrechnungsvorschrift an das MDUS-System. Die Daten werden daraufhin zunächst qualifiziert, d. h. auf ihre Plausibilität und Echtheit geprüft. Dann werden sie entsprechend der Abrechnungsvorschrift verdichtet, sodass ein abrechnungsrelevanter Wert entsteht. Dieser hängt z. B. ab von den Vertrags- und Tarifoptionen des jeweiligen Kunden. So können für Kunden ganz unterschiedlich zusammengestellte Werte für verschiedene Tageszeiten übermittelt werden. Die so verdichteten Daten werden ganz nach Wunsch einmal täglich, wöchentlich oder monatlich automatisch in SAP IS-U integriert.

Auf diese Weise lassen sich auch variable Tarife schnell und bequem abrechnen. Mit der neuen MDUS-Entwicklung aus dem Hause Landis+Gyr, Gridstream MDUS 2.0, wird die sogenannte Time-of-use-Abrechnung in Zukunft noch flexibler: So gut wie jeder beliebige Abrechnungsmodus, also jeder beliebige Tarif, kann angeboten und abgerechnet werden. Damit sind Tarifoptionen fast keine Grenzen mehr gesetzt. Möglich sind in Zukunft z. B. ganz auf die individuellen Gewohnheiten eines Kunden abgestimmte Strompreise.

Auch weitere Geschäftsprozesse, wie Vertragsänderungen oder Wartungsarbeiten, unterstützt das MDUS-System: Der Zähler kann jederzeit abgelesen werden und Kunden von der Stromversorgung getrennt oder neu an die Versorgung angeschlossen werden. Und bei etwaigen Kundenreklamationen oder auftretenden Fehlern stehen aktuelle Zählerdaten zusätzlich fast in Echtzeit zur Verfügung. Da im MDUS-System keine kaufmännischen Details zu Tarifen oder Verträgen vorliegen, ist die Aufgabentrennung zwischen den Systemen klar geordnet: Gridstream MDUS speichert die Daten und bereitet sie auf. In SAP werden die Geschäftsprozesse gesteuert. Ausgeführt werden alle Schritte auf der SAP-Oberfläche.

Für die Kommunikation zwischen Messsystemen und Speicherbausteinen nutzt Gridstream MDUS den Standard IEC-61968. Das ermöglicht es Versorgern, alle Head-End-Systeme, die diesen Standard unterstützen, anzubinden. Gridstream MDUS ist damit Hersteller-unabhängig. Die Gerätelandschaft lässt sich jederzeit flexibel erweitern. Versorger können so Risiken ihrer Investition reduzieren. Die offene Architektur von Gridstream MDUS ermöglicht darüber hinaus, eine Integration intelligenter Grid-Anwendungen zur Unterstützung neuer Anforderungen des Energieunternehmens.

20.4.2 Datenauslesung: Reif für die Praxis?

In der Praxis muss die IT-Infrastruktur der Energieversorger die Daten von Millionen Smart Metern laden und verarbeiten. Bevor Energieversorger die Software einsetzen, sollten sie gemeinsam mit dem Hersteller zunächst virtuelle Testreihen durchführen. So hat es auch der tschechische Energieversorger ČEZ-Gruppe getan. Die ČEZ-Gruppe ist einer der größten Energieversorger Europas. Der Test war auf eine Hardware von 3,5 Mio. PLC-basierten AMM-(*Advanced Metering Management*) Zählern ausgelegt. Die Größenordnung des Versuchs entspricht der Anzahl der von ČEZ in der Tschechischen Republik versorgten Haushalte.

Ein Datensimulator lieferte für den Test Energie- und Stammdaten fiktiver Verbraucher. Getestet wurde die kontinuierliche Einspeisung und Verarbeitung von Daten gemäß des Standards zur Validierung, Schätzung und Bearbeitung (Validation, Estimation, Editing – VEE). Die Software von Landis + Gyr hat dabei umfassende Aufgaben erfüllt: das Ablesen und Verarbeiten von Zählerdaten; die Verarbeitung der täglich erfassten Ablesungen sowie der 15-minütigen Intervallablesungen gemäß VEE-Standards. Dies umfasste auch vier verbrauchsabhängige Ablesungen sowie eine nächtliche Verarbeitung, um verzögert eintreffende Intervalldaten zu berücksichtigen. Die Testreihe belegte, dass die Gridstream MDM- (Meter Data Management) und Headend-Lösungen von Landis+Gyr über genügend Kapazitäten verfügen, die Daten gemäß festgelegter Standards zu laden und zu verarbeiten. Durch die Einführung von Smart Metern will die ČEZ-Gruppe zukünftig die Lasten steuern und eine dezentrale Energieerzeugung unterstützen.

20.4.3 Ist der Smart Meter reif für den intelligenten Markt?

Da die technische Spezifikation der Geräte in Deutschland weitgehend über Gesetze und Regularien wie das BSI-Schutzprofil, die Technische Richtlinie TR-03109 und das Lastenheft des Forum Netztechnik/Netzbetrieb im VDE (FNN) vorgegeben wird, stellt sich die

Frage, ob diese einen Smart Market ermöglichen. Die technischen Anforderungen, die an die intelligenten Stromzähler gestellt werden, lassen sich wie folgt zusammenfassen:

- Variable Tarife messen,
- Flexible Änderung der Tarife,
- Lastprofile in verschiedenen Zyklen messen (von monatlich bis zum Viertelstundentakt),
- Lasten zu- und abschalten,
- Schnittstellen für Smart Home-Funktionen,
- Schnittstellen zur Visualisierung der Daten,
- Zuschalten und Drosseln von Erzeugern.

Ende August 2011 hat das Bundesamt für Informationstechnik (BSI) das Schutzprofil für Gateways bzw. Smart Meter veröffentlicht. Zusammen mit der Technischen Richtlinie 03109 („Anforderungen an die Interoperabilität der Kommunikationseinheit eines intelligenten Messsystems"), beschreibt es die Eigenschaften und Anforderungen einer Kommunikationseinheit für zukünftige Verbrauchsdatenmesssysteme (Smart Meter).

Sichere Datenübertragung

Eine wesentliche Voraussetzung für den Erfolg des Smart Markets ist eine sichere Datenübertragung. § 21e der EnWG-Novelle wurde komplett neu formuliert, um das Thema Datenschutz zu integrieren. Dieser Ansatz ist der weltweit konsequenteste in Bezug auf Sicherheitsanforderungen für Smart Metering. Eine sichere Übertragung der Daten wird anhand des Schutzprofils des BSI und den Technischen Richtlinien gewährleistet. Das Smart Meter Gateway befindet sich im Zentrum des BSI-Schutzprofils. Ein sogenannter Gateway Administrator ist für alle Prozesse auf dem Gateway verantwortlich und kontrolliert diese. Die TR 03109 bietet umfangreiche und komplexe Sicherheitsanforderungen, um die Vertraulichkeit, die Datenintegrität und die Authentizität der Kommunikationsbeziehungen zu gewährleisten. TR und Schutzprofil bieten Endkunden Schutz ihrer Verbrauchsdaten und Energieversorgern einen sicheren rechtlichen Rahmen für ihre Investitionen.

Visualisierung der Verbrauchsdaten

Die Technische Richtlinie gibt für das Gateway ein HAN (Home Area Network)-Interface für die Home Automation vor. Die HAN-Schnittstelle ermöglicht ein kryptografisch gesichertes Display-Interface. Der Anwender hat so direkten Zugriff auf Zählerdaten und Tarifinformationen.

Steuern von Lasten und Erzeugern

Die Technische Richtlinie gibt für das Gateway ein CLS (Controllable-Local-System)-Interface vor, das den Fernzugriff auf regelbare Erzeuger (Photovoltaik-Anlagen, Blockheizkraftwerke) und unterbrechbare Verbrauchseinrichtungen (Wärmepumpen, Ladevorrichtungen von Elektrofahrzeugen) ermöglicht. Der Smart Meter ist damit nicht nur Zähler (Sensor), sondern auch Automatisierungsinstrument. Dadurch werden typische Smart Market-Szenarien, wie das Lastmanagement oder die Regelung einer KWK-Anlage durch den Betreiber eines virtuellen Kraftwerks, möglich.

Tarifierung

Als technische Voraussetzung seitens des Zählers bedarf es einer bidirektionalen kommunikativen Anbindung und eines entsprechenden Tarifwerks. Dieses wird durch das Gateway mit seinem dynamischen Tarifprofil entsprechend der Technischen Richtlinie des BSI erfüllt. Bei einem Tarifmodell mit einer sogenannten Anschlussleistungsobergrenze – bei der also Strom nur bis zu einer bestimmten Menge geliefert wird – muss der Zähler zudem noch mit einem sogenannten *Breaker* ausgestattet sein – einem Schalter, mit dem sich die Stromzufuhr an- und abschalten lässt. Kommunikations- und Tarifprofile werden durch das Gateway verarbeitet. Ermöglicht werden u. a. zeit- und lastvariable Tarife sowie verbrauchsvariable Tarife und ereignisvariable Tarife. Letztere ermöglichen es den EVUs, eine andere Tarifstufe an das Gateway zu senden. Gründe können z. B. Wetteränderungen sein, die Relevanz für PV-Einspeiser haben. Dazu schickt der Lieferant eine Datei an den Gateway Administrator – dieser lädt dann ein neues Tarifschema in das Gateway.

20.4.4 Gesetzliche Vorgaben für den Rollout

Für den Erfolg eines Smart Markets ist neben den technischen Vorgaben auch die *Einbaupflicht von Smart Metern* entscheidend. Erst wenn ein Rollout gesetzlich verankert ist, haben Hersteller und Energieversorger Investitionssicherheit und erst dann rechnen sich aufwendige Zertifizierungsprozesse. Seit 2010 ist der Einbau intelligenter Zähler gemäß des Energiewirtschaftsgesetzes Pflicht in Neubauten sowie bei Totalsanierungen. Mit der EnWG-Novelle 2011 ging die Bundesregierung noch einen Schritt weiter. Bei einem Jahresverbrauch von mehr als 6000 kWh ist der Einbau ebenfalls verpflichtend. Das entspricht einem 4-Personen-Haushalt mit hohem Energieverbrauch.

Die Unternehmensberatung Ernst & Young empfiehlt nun in der für das BMWi erstellten *Kosten-Nutzen-Studie* eine Rollout-Strategie, die eine Einbaurate von 40 % bis 2018 vorsieht. Das entspricht einer jährlichen Rollout-Quote von etwa 4 Mio. Geräten – was sowohl intelligente Messsysteme mit einem Gateway als auch intelligente Zähler, die nachträglich zu Messsystemen aufrüstbar sind, umfasst. Bis 2022 soll mit 32,6 Mio. intelligenten Zählern und Messsystemen eine Rollout-Quote von rund 68 % erzielt werden. Bis 2029 sollen die intelligenten Messsysteme und Zähler dann flächendeckend eingebaut sein. Das bedeutet: Jeder Haushalt bekäme langfristig einen *Basiszähler*. Diese Regelung unterstützt die Umsetzung des Smart Markets. Denn auf einen Basiszähler lässt sich relativ einfach und kostengünstig ein Gateway nachrüsten, um die Anreize des Smart Markets nutzbar zu machen.

Allerdings besteht dieses Rollout-Szenario bisher nur auf dem Papier. Die Politik muss die Empfehlungen der Kosten-Nutzen-Analyse in rechtliche Rahmenbedingungen umsetzen. Bei einer schnellen Umsetzung in einen stabilen Rechtsrahmen können die geforderten Geräte bald angeboten werden, sodass EVUs rechtzeitig über die notwendigen Produkte verfügen, um mit dem Rollout zu starten.

20.5 Smart Meter als Grundlage für den Smart Market

Smart Meter sind eine entscheidende Grundlage für den intelligenten Energiemarkt. Sie schaffen Transparenz für den Verbraucher und bieten ihm erstmals die Möglichkeit, seinen Energieverbrauch aktiv zu verfolgen und zu steuern. Variable Tarife schaffen völlig neue Preisanreize, die sich in einem Smart Home zukünftig automatisch nutzen lassen. Gleichzeitig lassen sich auf diese Weise Lasten verschieben und die Netze stabilisieren. Der Verbraucher kann als Prosumer zudem aktiv an der Stromproduktion teilhaben und seinen produzierten Strom selber nutzen – oder aber gespeicherten Strom wieder ins Netz stellen – und so Gewinn machen.

Die Anforderungen an die intelligenten Zähler, die diese Anwendungen mit sich bringen, werden bereits heute erfüllt. Mit den Vorgaben der Technischen Richtlinie des BSI wird auch eine sichere Datenübertragung, eine flexible Nutzung von Tarifen und die Anbindung an die Home Automation und regelbare Erzeuger ermöglicht. Der Smart Meter der Zukunft ist nicht nur reines Mess- sondern auch Steuergerät und übernimmt damit eine zentrale Aufgabe bei der Regulierung der Stromproduktion.

Eine entscheidende Voraussetzung für die Nutzung von Smart Metern ist allerdings ein geeignetes IT-Backend-System. Zum einen braucht es MDM-Systeme zur Verarbeitung der enormen Datenmengen. In Deutschland ist zudem eine Anbindung an eine Public Key Infrastructure (PKI) vorgeschrieben sowie ein Gateway Administrator, der die Gateway Konfigurationen verwaltet. Darüber hinaus bedarf es weiterer IT-Systeme, welche in das Gesamtsystem eingebunden werden, um die Inbetriebnahme und den Betrieb zu gewährleisten. Entwicklung und Praxistests der IT nehmen viel Zeit in Anspruch. Die Verfügbarkeit des IT-Backend-Systems wird daher vermutlich einer der kritischsten Punkte auf dem Pfad zu einem Smart Market in Deutschland sein. Die deutschen Energieversorger müssen hier noch gewaltige Anstrengungen vornehmen. Gleichzeitig muss die Politik jetzt Rahmenbedingungen für den Einbau der Smart Meter schaffen, die Herstellern und Versorgern Investitionssicherheit bieten – damit der Smart Market dann endlich kommen kann.

Literatur

Bundesministerium für Wirtschaft und Technologie (BMWi): Weiterentwicklung der Rahmenbedingungen für eine zukunftsfähige Energienetzinfrastruktur. Eckpunktepapier, Berlin (April 2012)

Deutsche Energie-Agentur GmbH (dena): Integration erneuerbarer Energien in die deutsche Stromversorgung im Zeitraum 2015–2020 mit Ausblick auf 2025. Berlin (2010)

eTelligence/EWE AG: Abschlussbericht: Neue Energien brauchen neues Denken. Oldenburg (November 2012). http://www.e-energy.de/documents/eTelligence_Projektbericht_2012.pdf. Zugegriffen: 14. Jan. 2014

Gesetz für den Vorrang Erneuerbarer Energien (Erneuerbare-Energien-Gesetz, EEG) vom 25. Oktober 2008 (BGBl. I S. 2074) das am 20. Dezember 2012 geändert worden ist (BGBl. I S. 2730, 2743 f.)

Kema/BMWI: Energieeinsparungen durch den Einsatz intelligenter Messverfahren. Bonn (November 2009)

Landis+Gyr: Energy Efficiency created from Informed End-Users: A summary of the empirical evidence. Zug (2009)

LBD-Beratungsgesellschaft: Potenziale aus Beschaffungsoptimierung mit Smart Metering – Handlungsempfehlungen für Energieversorger. Berlin (2010)

PWC/E-Control: Studie zur Analyse der Kosten-Nutzen einer österreichweiten Einführung von Smart Metering. Wien (2010)

Schwartz, T., et al.: Cultivating energy literacy – Results from a longitudinal living lab study of a home energy management system. In: Proceedings of the SIGCHI Conference on Human Factors in Computing Systems. Paris (2013)

Throne-Holst, H., Strandbakken, P., Sto, E.: Barriers, bottlenecks and potentials for energy savings in households. National Institute for Consumer Research. SIFO, Norway (2006)

VaasaETT: Global Energy Think Tank, The potential of smart meter enabled programs to increase energy and systems efficiency: a mass pilot comparison (Empower Demand). Helsinki (2011)

Teil IV
Anwendungen und Instrumente

Informationstechnologie als Wegbereiter für Geschäftsprozesse im Smart Market

21

Klaus Lohnert und Sebastian Kaczynski

Die Bedeutung der Informationstechnologie für die Umsetzung innovativer Geschäftsmodelle

Zusammenfassung

Die Energieversorgungsbranche ist mitten im Umbruch. Die Substitution konventioneller Stromproduktion durch dezentrale, oft regenerative Produktionsanlagen und die damit verbundene Veränderung des klassischen EVU-Geschäftsmodells bezeichnen Experten als die größte Herausforderung in der 140-jährigen Branchengeschichte. Worin liegt die Herausforderung und wie können EVU diesen Veränderungen begegnen, um auch zukünftig eine wichtige und profitable Rolle in einem Smart Market einzunehmen? Antworten auf diese Fragestellungen mit besonderem Fokus auf die Bedeutung der Informationstechnologie als „Ermöglicher" neuer Geschäftsmodelle sind Gegenstand dieser Abhandlung.

Die Autoren wagen einen Blick in die Zukunft und skizzieren ein mögliches Geschäftsmodell in einem Smart Market. Anhand dessen zeigen sie auf, wie sich Prozesse verändern und welche neuen Technologien für die Umsetzung erforderlich sind. Sie beschreiben, inwieweit heutige Systemarchitekturen von EVU durch den Wandel der Energiewende betroffen sind und welche Chancen dieser mit sich bringt.

K. Lohnert (✉) · S. Kaczynski
AP Deutschland AG & Co. KG, Hasso-Plattner-Ring 7,
69190 Walldorf, Deutschland

21.1 Einleitung

Über die Jahre 2003 bis 2013 ist der Anteil Erneuerbarer Energien am *Primärenergieverbrauch* von 3,4 auf 11,6 % kontinuierlich angestiegen. In dieser Zeitspanne hat ebenso der Anteil der Regenerativen am Bruttostromverbrauch von 7,5 % auf knapp 22,9 % konstant zugenommen.[1] Auch im Bürgerbewusstsein hat die Energiewende stark an Bedeutung gewonnen. In der jüngsten Studie des Bundesumweltministerium (BMU) und Umweltbundesamt (UBA) zum Umweltbewusstsein im Jahr 2012[2] gaben 20 % der Befragten an, Ökostrom zu beziehen. 2010 waren es lediglich 8 % gewesen. 12 % der Befragten investierten Geld in die Branche der Erneuerbaren Energien, was sogar einer Verdreifachung in nur zwei Jahren entspricht. Gleichzeitig zeichnen sich unter den wirtschaftlichen und politischen Stakeholdern der Energiewende jedoch überwiegend Skepsis und Zweifel am Gelingen der energiewirtschaftlichen Reformen ab. Die Lage ist angespannt, und gemessen am Deutschen Energiewende-Index war die Stimmung im Jahr 2013 überwiegend negativ und geprägt von Schwierigkeiten.[3] Auch der Bundesverband der Deutschen Industrie (BDI) mahnt in diesem Zusammenhang vor ernsthaften Problemen. Er schätzt, dass die Kosten für Strom bis zum Jahr 2030 in Deutschland allein durch die Energiewende um mindestens 15 bis 35 % ansteigen würden.[4] Experten von Energieversorgern betrachten die Energiewende als die größte Herausforderung seit Bestehen der modernen Energiewirtschaft. Sie sind der Meinung, dass der Umstieg in die neue Energiewelt noch lange nicht stattgefunden habe.[5]

Die Energieversorgungsbranche befindet sich im Umbruch und muss in einem von politischer Unsicherheit geprägtem Umfeld neue Umsatzquellen erschließen, um auch zukünftig erfolgreich am Markt zu bestehen. Die im Erneuerbare-Energien-Gesetz (EEG) diktierte vorrangige Einspeisepflicht von Erneuerbaren Energien gegenüber konventionellen Energien kommt in Verbindung mit dem Atomausstieg einer energiewirtschaftlichen Systemänderung gleich. Deren Konsequenz ist ein Imperativ zu umfassenden Infrastrukturanpassungen mit Verschiebung der traditionell auf zentrale Großkraftwerke ausgerichteten Erzeugungslandschaften hin zu eher dezentralen Erzeugungseinheiten wie z. B. Photovoltaik- (PV-) oder Windkraftanlagen. In der Folge müssen die Marktteilnehmer zusätzlich zum ressourcenintensiven Netzausbau die Transformation von einer nachfrageorientierten Erzeugung hin zu einer erzeugungsorientierten Nachfrage bewerkstelligen. Es gilt Volatilitäten der Regenerativen wirtschaftlich so zu nutzen, wie sie verfügbar oder speicherbar sind. Ohne diesen *energiewirtschaftlichen Paradigmenwechsel* würde der steigende Erzeugungsanteil fluktuierender Erneuerbarer Energien zu Versorgungseinbrüchen bzw. massiv ansteigenden Energiekosten führen. Insbesondere aufgrund der in diesem

---

[1] Vgl. BMWi (2013).
[2] Vgl. Rückert-John et al. (2013).
[3] Vgl. dena (2013a).
[4] Vgl. BDI (2013).
[5] Vgl. Servatius et al. (2013).

Kontext zugenommen Einspeisevolatilität und des in Deutschland (aktuell noch) überwiegend unflexiblen Marktmodells haben negative Börsenpreise für Energie signifikant zugenommen und die Wirtschaftlichkeit des Strommarkts stark belastet: Die Summe der Niedrigpreisstunden (< 10 EUR/MWh) hat sich in der ersten Jahreshälfte 2013 gegenüber dem ersten Halbjahr 2012 nahezu vervierfacht. Die Anzahl der Stunden mit negativen Preisen ist um ca. 50 % angestiegen. In diesem Zeitraum hat sich der Export von Strom zu Niedrigpreisezeiten von 226 auf 778 GWh ebenfalls fast vervierfacht. Während negativer Börsenstrompreise gab es in über 95 % der Fälle einen Exportüberschuss.[6]

Um die Herausforderungen der Energiewende zu bewältigen und kostenintensive Subventionierung möglichst gering zu halten, bedarf es sowohl des Aufbaus der entsprechenden technischen als auch marktwirtschaftlichen Infrastrukturen. Diese Infrastrukturen fasst die Bundesnetzagentur (BNetzA) in ihrem Eckpunktepapier zu den Aspekten des sich verändernden Energieversorgungssystems als Smart Grid und Smart Market zusammen.[7] Das Smart Grid besteht danach im Wesentlichen aus dem um Kommunikations-, Mess-, Steuer-, Regel und Automatisierungstechnik sowie Komponenten der Informationstechnologie (IT) erweiterten konventionellen Elektrizitätsnetz, in dem Netzzustände in „Echtzeit" erfasst, antizipiert und gesteuert werden können. Dadurch können bestehende Netzkapazitäten voll nutzbar gemacht werden. Analog charakterisiert die BNetzA den Smart Market als den „Bereich außerhalb des Netzes, in welchem Energiemengen oder daraus abgeleitete Dienstleistungen auf Grundlage der zur Verfügung stehenden Netzkapazität unter Marktpartnern gehandelt werden."[8] Das Smart Grid umschließt somit primär die *Netzkapazitätsbereitstellung* (kW), während der Smart Market hauptsächlich den Austausch von *Energiemengen* umfasst (kWh).

Insbesondere der Aufbau des Smart Markets ist bislang schleppend verlaufen. Derzeit fehlen klare politische Rahmenbedingungen und ein verlässliches Marktdesign, welches den Teilnehmern die erforderliche Kalkulationsgrundlage für Infrastrukturinvestitionen und neue Geschäftsmodelle bietet. In einem derartigen Umfeld lässt sich die notwendige Innovationskultur in den Unternehmen schwer aufbauen. Die Entwicklung einer Unternehmenskultur, die bisher von Sicherheitsdenken mit wenig Kooperationspartnern geprägt ist, hin zu einer offenen, neugierigen und nach Chancen suchenden Organisation ist jedoch die Erfolgsgrundlage in einem sich so grundlegend ändernden Markt.

Der fehlende Rahmen scheint die Hauptursache, dass die notwendige *Transformation* von Energieversorgungsunternehmen (EVU) in Richtung Smart Market noch nicht umfassend stattgefunden hat. Wie im Phasenmodell in Abb. 21.1 veranschaulicht, befindet sich die Mehrheit der EVU am Übergang einer Experimentierphase hin zur Erschließung neuer Geschäftsmodelle. Derzeit liegt das Hauptaugenmerk auf der Optimierung des bestehenden Geschäftsmodells. Getrieben durch die Vorgaben der BNetzA mussten die Unternehmen in den letzten Jahren ständig Anpassungen an ihren Abläufen umsetzen,

---

[6] Vgl. Mayer et al. (2013).

[7] Vgl. Bundesnetzagentur (2011).

[8] Bundesnetzagentur (2011, S. 12).

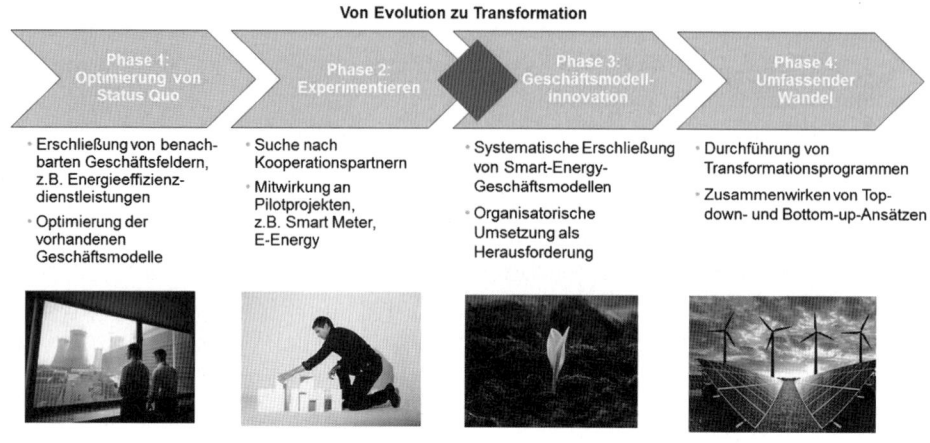

Von Evolution zu Transformation

Phase 1: Optimierung von Status Quo
- Erschließung von benachbarten Geschäftsfeldern, z.B. Energieeffizienzdienstleistungen
- Optimierung der vorhandenen Geschäftsmodelle

Phase 2: Experimentieren
- Suche nach Kooperationspartnern
- Mitwirkung an Pilotprojekten, z.B. Smart Meter, E-Energy

Phase 3: Geschäftsmodell-Innovation
- Systematische Erschließung von Smart-Energy-Geschäftsmodellen
- Organisatorische Umsetzung als Herausforderung

Phase 4: Umfassender Wandel
- Durchführung von Transformationsprogrammen
- Zusammenwirken von Top-down- und Bottom-up-Ansätzen

Ein umfassender Wandel mit Transformationsprogrammen hat bislang noch nicht stattgefunden

Abb. 21.1 Die Entwicklungsphasen von Unternehmen der Energiewende. (Quelle: Servatius et al. 2012)

sodass heute signifikante Optimierungspotenziale durch Konsolidierung und Standardisierung vorhanden sind. Das Motto ist, das Commodity Geschäft so günstig wie möglich abzuwickeln und parallel auf Basis neuer Infrastruktur Erfahrungen für zukünftige Geschäftsmodelle zu sammeln.

Die Unternehmen haben erkannt, dass das alleinige Kultivieren vorhandener Geschäfte nicht genügen wird und neue Modelle und Kooperationen erschlossen werden müssen. Viele Unternehmen sind im Begriff, dafür notwendige organisatorische Maßnahmen zu entwickeln bzw. haben begonnen, Maßnahmen umzusetzen. Die umfassende Transformation ist allerdings erst zu erwarten, sobald *Geschäftsmodellinnovationen* zu greifen und skalieren beginnen.

Die Energiewende birgt weitreichende Risiken und hohen Veränderungsdruck für alle Akteure der Energiewirtschaft. Zugleich ist sie durch neue Absatzmöglichkeiten und Marktbereinigungsmechanismen jedoch auch eine große Chance für wirtschaftliches Unternehmertum.

In dieser Publikation werden die zentralen Merkmale des Smart Markets aufgezeigt und erläutert, wie darin insbesondere IT zunehmend zum kritischen Erfolgsfaktor für EVU wird. Die Autoren verdeutlichen mit Beispielen aus der Praxis, dass „die Energie- und IT-Branchen zunehmend miteinander konvergieren"[9], sich dadurch die notwendigen Bausteine für den Smart Market einreihen, und wie Unternehmen IT-Innovationen für die erfolgreiche Transformation in den Smart Market nutzen können.

---

[9] Servatius et al. (2012).

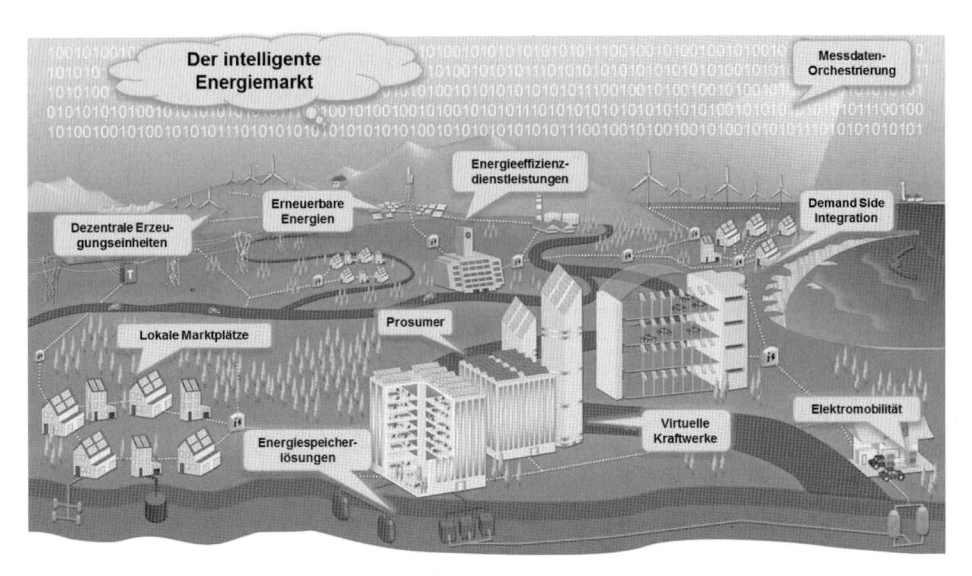

Abb. 21.2 Merkmale des Smart Markets. (Grafik modifiziert auf Basis von Manuel Sánchez-Jiménez, European Technology Platform SmartGrids 2006; SAP Business Transformation Services)

21.2 Der Smart Market

Im Smart Market werden Energiemengen auf Grundlage von zur Verfügung stehenden Netzkapazitäten unter Marktpartnern gehandelt. Dieser Handel bildet die Basis für die Entwicklung von neuen *Energiedienstleistungen*. Das Rahmenwerk dazu stellen zum einen die marktpolitischen Grundpfeiler Liberalisierung, Deregulierung und Wettbewerb. Die zweite Facette des Rahmenwerks reflektieren die nach innen und außen gerichteten Organisationsgrade der Marktteilnehmer, welche die wirtschaftliche Nutzung des Markts durch entsprechende Innovations- sowie Transformationsfähigkeiten gewährleisten müssen. Im Folgenden werden die zentralen Merkmale des Smart Markets aufgeführt und beschrieben, welche IT-Fähigkeiten dessen Teilnehmer dafür entwickeln müssen, um erfolgreich sein zu können.

21.2.1 Merkmale des Smart Markets

Der Smart Market wird übergreifend durch die intelligente Nutzung von Energie charakterisiert. Abbildung 21.2 veranschaulicht dessen zentrale Merkmale. Bei den Verbrauchern steht der effiziente Einsatz von Energie im Fokus, was z. B. durch gesteigerte Verbrauchstransparenz bzw. die Inanspruchnahme von Energieeffizienzdienstleistungen zum Heben von Einsparpotenzial erzielt wird. Hinzu kommt die gesteigerte Rolle von Prosumern, die mit Eigenerzeugungsanlagen ihren Bedarf (teilweise) selbst decken bzw. Strom in das Netz einspeisen.

Auf der Erzeugerseite zählt der hohe *Nutzungsgrad vorhandener Erzeugungskapazitäten* zu den Merkmalen des Smart Markets und schließt neben nachhaltiger Verwendung konventioneller Energiearten vor allem die Integration der Erneuerbaren Energien ein. Da die Energieumwandlung von Letzteren verstärkt in dezentralen, eher kleinmaßstäbigen Einrichtungen stattfindet (z. B. in Windkraftanlagen und Prosumer-PV-Anlagen), sind weitere Charakteristiken des Smart Markets lokale Handelsplätze zur Vermarktung regional erzeugten Stroms sowie auch wirtschaftliches Pooling von Erzeugungskapazitäten durch Aggregatoren.

Wichtige *Aggregatoren* sind in diesem Zusammenhang virtuelle Kraftwerke. Ein *virtuelles Kraftwerk* ist eine Zusammenschaltung von dezentralen, im Allgemeinen relativ kleinen Stromerzeugungsanlagen zu einem Erzeugungsverbund, der ferngesteuert werden kann und nach außen wie ein großes Kraftwerk wirkt. Beispiele für derartige Erzeugungsverbünde können sich aus virtuell vernetzten Kleinwasserkraftwerken oder Blockheizkraftwerken (BHKW) zusammenschließen. Virtuelle Kraftwerke sind in der Regel hinsichtlich des Teillastbetriebs und der Lastanpassung wesentlich flexibler als konventionelle Großkraftwerke. Folglich kann die Stromerzeugung effizienter an die Nachfrage, an Netzkapazitäten sowie fluktuierende Erzeugungsbedingungen angepasst und der Ausbau der Regenerativen angetrieben werden. Zudem fördern virtuelle Kraftwerke lastnahe Erzeugung und leisten daher einen wichtigen Beitrag zur Reduktion des Netzausbaubedarfs und zur Vermeidung von Netznutzungsentgelten. Durch den Zusammenschluss vieler kleinerer Erzeugungsanlagen zu einem Aggregator können Vermarktungskanäle erschlossen werden, die für Betreiber von einzelnen Anlagen nicht zugänglich oder nicht wirtschaftlich gewesen wären (z. B. hinsichtlich Erzeugungsmindestmengen, Fahrplangenauigkeiten oder auch Energieabrufkriterien am Regelenergiemarkt). Zudem profitieren Anlagenbetreiber durch Partizipation an virtuellen Kraftwerkssystemen vom meist höheren Knowhow der System-Manager und von kostensenkenden Skaleneffekten.

Zusätzlich zur Erzeugungsflexibilisierung ist insbesondere die Flexibilisierung der Energienachfrage durch *Demand Side Integration* ein weiteres Merkmal des intelligenten Energiemarkts. In Anlehnung an die Interpretation der Energietechnischen Gesellschaft (ETG) im VDE[10] wird der Begriff Demand Side Integration in dieser Publikation als Überbegriff für Demand Response und Demand Side Management in folgendem Sinne verwendet:

- *Demand Response* umfasst die Reaktion des Stromverbrauchers auf ein Anreizsignal, das meist eine monetäre Motivation beeinflusst. Beispielhaft für derartige Anreizsignale sind dynamische Tarife oder (kurzfristig) an Stromverbraucher versendete Preissignale. Bei Demand Response erfolgt kein Eingriff in das Verhalten des Letztverbrauchers, der zwanghaft zu einer Anpassung seines Stromkonsums führt. Jegliche Art der Verbrauchskoordination ist passiv, was bedeutet, dass nur der Letztverbraucher durch seine Reaktion (Response) entscheidet, ob er sich in seinem Verbrauchverhalten von gegebenen Anreizsignalen beeinflussen lässt.

---

[10] Vgl. ETG (2012).

- *Demand Side Management* bezieht sich auf die direkte und aktive Einflussnahme auf den Lastgang von Stromverbrauchern durch die Steuerung ihrer Verbrauchsgeräte. Die Verbrauchskoordination kann dabei via vorprogrammierter Verbrauchsmuster oder dem direkten Zugriff auf Geräte stattfinden.

Mittels Demand Side Integration wird Energie effizienter nutzbar, da der Verbrauch flexibel an die Stromerzeugung bzw. an die Verfügbarkeit elektrischer Energie angepasst werden kann. Wenn Stromverbraucher ihre Verbräuche aus erzeugungsschwachen in erzeugungsstarke Zeiten (z. B. bei Starkwind) verlagern und dadurch Diskrepanzen von Stromnachfrage und Angebot reduzieren, leistet das einen großen Beitrag zum Ausbau der Erneuerbaren Energien. Zudem können auf diese Weise kostspielige Lastspitzen geglättet bzw. volatile Erzeugungskonditionen sogar ökonomisch ausgenutzt werden. In diesem Zusammenhang können über Demand Side Integration auch Kosten für Systemdienstleistungen und Netzausbau reduziert werden, da durch Lastverlagerung Überbelastungen des Stromnetzes entgegengewirkt werden kann und durch effizientere Energienutzung Strom weniger weit transportiert werden muss. Für Demand Side Integration eignen sich insbesondere verhältnismäßig energieintensive Anwendungen, deren zeitliche Ausführung flexibel ist. Dies trifft z. B. auf großmaßstäbige Kühl- und Gefrieranlagen, Elektrogebäudeheizungen mit angeschlossenen Wärmespeichern oder auch Wärmepumpen aus öffentlichen Einrichtungen, Gewerbe und Industriebetrieben zu. Es eignen sich jedoch auch viele virtuell vernetzte Verbrauchsgeräte aus Privathaushalten. Bei all diesen Geräten können Lasten in der Regel temporär reduziert, intensiviert oder auch komplett verschoben werden, ohne dass für Verbraucher/Anwender kritische Opportunitätskosten entstehen.

Als effizientes Medium der Stromsenke oder -quelle ist die Nutzung von Energiespeichern bzw. Speicherdienstleistungen ebenfalls ein wichtiges Charakteristikum des Smart Markets. *Energiespeicher* können durch flexible Energieaufnahme- und Energieabgabefunktionalität Erzeugungsüberkapazitäten bzw. -unterkapazitäten reduzieren, Stromqualität erhöhen oder auch Regelleistung bereitstellen. In diesem Zusammenhang prognostizieren die Agentur für Erneuerbare Energien (AEE) und der Bundesverband Erneuerbare Energie e. V. (BEE) in einer gemeinsamen Branchenprognose, dass sich in Deutschland für das Jahr 2020 bereits alleinig der jährliche Bedarf an Pumpstrom für Pumpspeicherkraftwerke von 9,2 TWh (2007) auf etwa 18 TWh verdoppeln werde.[11]

Nach der Zielvision im nationalen Entwicklungsplan Elektromobilität der Bundesregierung werden in Deutschland bis zum Jahr 2020 etwa eine Million Elektroautos fahren und einen deutlichen Beitrag zur Emissionsreduktion leisten.[12] Durch die neuartige Mobilisierung des Stromverbrauchs und die entsprechende Netzintegration der Fahrzeuge an privaten aber auch (semi-)öffentlichen Ladepunkten ist die *Elektromobilität* ein weiteres Charakteristikum des Smart Markets. Bei erfolgreicher Marktdurchdringung können z. B. Elektroautobatterien in bidirektionaler Kopplung mit dem Versorgungssystem als effiziente Pufferspeicher und zur Rückeinspeisung verwendet werden, um Fluktuationen im

---

[11] Vgl. BEE und AEE (2009).

[12] Vgl. Bundesregierung (2009).

Stromnetz zu harmonisieren bzw. durch gezielten Energieein- und -verkauf ökonomisch zu nutzen. Diese bidirektionale Nutzung der Elektroautobatterien wird in Fachkreisen als „Vehicle-to-Grid" diskutiert und könnte ebenfalls in den Markt für *Regelleistung* integriert werden. Statistisch gesehen, gilt in Europa eine Autofahrt von über 40 km als lang. Bei 80 % aller Fahrten werden nur Wegstrecken von weniger als 40 km zurückgelegt.[13] Des Weiteren belegen Studien aus den USA, dass Fahrzeuge im Mittel nur etwa 4 % ihrer Zeit bewegt werden.[14] Diese Statistiken bestärken die Schlussfolgerung, dass Elektroautobatterien auf Grund nicht genutzter Energiekapazitäten verbunden mit langen Netzanschlusszeiten einen relevanten Speicher für die Aufnahme von Erzeugungsspitzen oder die Rückspeisung „stiller" abrufbarer Energie bereitstellen können.[15]

Die Hauptmechanismen des intelligenten Energiemarkts basieren auf der effizienten Nutzung von Energie durch höhere Energieeffizienz als auch Erzeugungs- und Verbrauchsflexibilisierung bzw. -harmonisierung. Eine weitere Besonderheit des Smart Markets ist in diesem Zusammenhang die stärkere Interaktion der Marktakteure, die sich aus der Partizipation an Modellen der Erzeugungs-, Speicher- und Verbrauchsorchestrierung ergibt. Eines der wohl entscheidendsten Merkmale des Smart Markets ist jedoch die hohe Bedeutung von Messdaten und deren Verarbeitungsfähigkeiten. Ursächlich dafür sind die hohen Anforderungen hinsichtlich („Echtzeit-")Reaktionsgeschwindigkeit, Prognostizierbarkeit, sowie Steuerbarkeit virtueller Erzeugungs-, Verbrauchs-, Speicher und Informationssysteme. Ein zusätzlicher Grund dafür sind die hohen Anforderungen an Datentransparenz, um die Prozesse des Smart Markets (z. B. Maßnahmen zur Verbrauchs- und Erzeugungsoptimierung) ausreichend flexibel, zeitscharf und wirtschaftlich durchführen sowie entsprechend vergüten zu können. Folglich prognostiziert auch die BNetzA, dass im intelligenten Energiemarkt die Messwerterfassung, -bereitstellung und -verarbeitung eine noch zentralere Rolle einnimmt, da fast jedes (denkbare) Geschäftsmodell auf diesen Werten beruhen wird.[16] Neben den Mess- und Anlagendaten stehen bei allen Geschäftsmodellen die Kunden- und Vertragsdaten im Zentrum. Jede angebotene Dienstleistung erfolgt im Abgleich mit den jeweils relevanten Kundendaten. Hierbei haben Marktteilnehmer wie EVU einen „natürlichen" Wettbewerbsvorteil, da sie bereits im Besitz wertvoller Kundendaten sind.

21.2.2 Die Bedeutung der Informationstechnologie in einem Smart Market

Wie auch in vielen anderen modernen Industrien ist die IT in der Energiewirtschaft seit langem eine wichtige Säule, um Prozesse zu unterstützen und Produktivität zu fördern. Im Smart Market der Energiewirtschaft nimmt die Bedeutung von IT hinsichtlich der

---

[13] Vgl. Heymann und Zähres (2009).
[14] Vgl. Kempton und Letendre (1997).
[15] Vgl. Kaczynski (2011).
[16] Vgl. Bundesnetzagentur (2011).

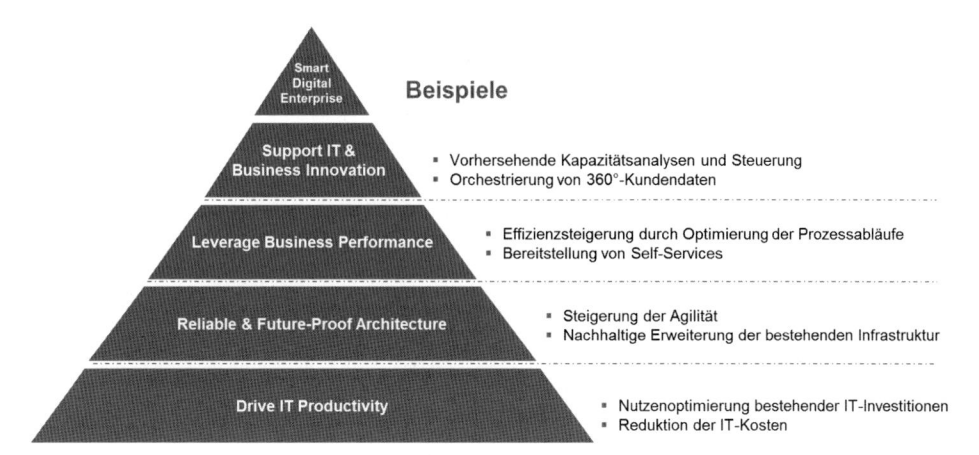

Abb. 21.3 Bei der Transformation zu einem nachhaltigen Energiedienstleister bauen vier Fokusbereiche aufeinander auf. (SAP Business Transformation Services)

gestiegenen Anforderungen an das Management von Messdaten, die Orchestrierung mit den Kunden- bzw. Vertragsdaten und die Bereitstellung von energiebezogenen Services deutlich zu. Zudem ist die Innovationsgeschwindigkeit in der IT in den letzten Jahren stark angestiegen. Mit Technologien entlang des *Big Data Managements* oder Machine-to-Machine (M2M) haben wesentliche Basistechnologien für die Bewältigung der Anforderungen des Smart Markets die Marktreife erreicht. Als Konsequenz entwickelt sich das strategische IT-Management zu einer Kernkompetenz für Unternehmen im Smart Market und zum kritischen Befähiger zentraler Geschäftsprozesse.

Anhand des von SAP entwickelten und in Abb. 21.3 dargestellten Reifegradmodelles für die IT-Fähigkeiten von Unternehmen lassen sich Indikatoren ableiten, inwieweit das Unternehmen in der Lage ist, ganzheitlich und nachhaltig als wichtiger Player an einem Smart Market teilzunehmen.

Die Grundlage für das erfolgreiche Bestehen im Smart Market liegt bei EVU im effizienten IT-Betrieb und in einer auf Nachhaltigkeit basierenden IT-Architektur-Entwicklung, welche den zukünftigen Anforderungen gewachsen ist. Für Unternehmen, die ihre heutigen IT-Prozesse ineffizient betreiben, wird die sukzessive Erweiterung um neue Elemente kaum zu wettbewerbsfähigen Kosten und Umsetzungsgeschwindigkeiten gelingen. So müssen z. B. Kunden- und Vertragsdaten im direkten Zugriff liegen, um die notwendige Geschwindigkeit bei der Datenorchestrierung mit Verbrauchs- und Anlagendaten zu erreichen. Eine heterogene Systemlandschaft mit verteilten Daten und mangelhafter Datenqualität ist dabei kontraproduktiv und wirkt schnell als KO-Kriterium beim Aufbau neuer Geschäftsmodelle.

Auf der Basis eines stabilen IT-Fundamentes kann der Fachbereich Nutzenpotenziale in den Prozessabläufen heben und die notwendige Agilität für neue Geschäftsmodelle erreichen. Die Integration von *Operational Technology* (OT) und IT erlangt hierbei zunehmend Bedeutung, da für Geschäftsmodellinnovationen die Informationen aus operativen Technologien und Daten aus klassischen ERP-Anwendungen in einem ersten Schritt

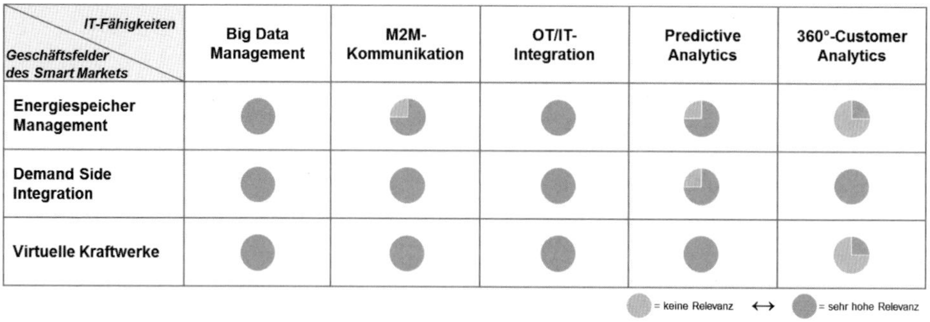

Geschäftsfelder des Smart Markets \ IT-Fähigkeiten	Big Data Management	M2M-Kommunikation	OT/IT-Integration	Predictive Analytics	360°-Customer Analytics
Energiespeicher Management	●	◕	●	◔	◐
Demand Side Integration	●	●	●	◔	●
Virtuelle Kraftwerke	●	●	●	●	◐

● = keine Relevanz ↔ ◐ = sehr hohe Relevanz

Abb. 21.4 Bedeutung von IT-Fähigkeiten auf Geschäftsfelder des Smart Markets. (SAP Business Transformation Services)

zusammengeführt werden müssen. Erst wenn ein Unternehmen in der Lage ist, IT- und Business Innovationen mit einfachen Mitteln in die bestehende IT- und Prozesslandschaft zu integrieren, kann es als vollwertiger Teilnehmer an einem smarten Wettbewerbsmarkt teilnehmen.

Abbildung 21.4 veranschaulicht die Bedeutung einer Auswahl innovativer IT-Fähigkeiten in Bezug auf charakteristische Geschäftsfelder des Smart Markets.

Zu den wichtigsten IT-Fähigkeiten für EVU wird das *Management großer Datenmengen* zählen. Das Datenvolumen von Unternehmensanwendungen verdoppelt sich durchschnittlich ca. alle 18 Monate.[17] Für die Transformation zum Smart Market ist von deutlich schnelleren Verdopplungsraten auszugehen. Im Zuge der Energiewende werden Volumina von Messdaten insbesondere durch zunehmende Erzeugungsdezentralität und -volatilität sowie gesteigerte Interaktion der Marktpartner um ein Vielfaches zu sogenannten *Big Data* ansteigen. Big Data wird definiert als „datasets whose size is beyond the ability of typical database software tools to capture, store, manage, and analyze".[18] Sowohl für das übergeordnete energiepolitische Ziel der Harmonisierung des zunehmenden Anteils fluktuierender Erzeugung aus Erneuerbaren Energien mit Verbrauchs-, Erzeugungs- und Speicherelastizitäten, als auch für die damit verknüpften Geschäftsmodelle entlang z. B. Energiespeichermanagement, Demand Side Integration oder virtueller Kraftwerke bedarf es der Erhebung und Verarbeitung hochauflösender Messdaten. Messdaten beziehen sich dabei auf Energiemengen (Arbeit) und auf Kapazität (Leistung). Sie können Zustandsdaten, die die Auslastung von Netzbetriebsmitteln widerspiegeln oder Einspeise-, Verbrauchs-, und Billing-Daten umfassen. Auch die Orchestrierung hochauflösender Geoinformationen zur Erstellung von Wetterprognosen oder Kraftwerksauslastungen wird in diesem Kontext zunehmend wichtig. Unter dem Adjektiv „hochauflösend" werden Messdaten mit möglichst kleinen Messintervallen von Viertelstunden, Minuten oder gar (Milli-)Sekundentakten und folglich hoher Datengranularität verstanden. Unter der Annahme, dass konventionelle Stromzähler bislang einmal im Jahr ausgelesen wurden und über *Smart Meter* zukünftig Auslesungen im Viertelstundentakt durchgeführt werden, entspräche dies einer

---

[17] Vgl. Gollenia et al. (2012).
[18] Manyika et al. (2011, S. 1).

Zunahme pro Stromzähler von 35.039 Zählwerten pro Jahr bzw. von 35.028 Zählwerten pro Jahr, falls die konventionelle Auslesung bislang monatlich erfolgte. Somit würde das Datenvolumen allein bei der Verbrauchserfassung verglichen mit jährlich einmaliger Auslesung um 3.503.900 % und bezogen auf monatliche Auslesung um 291.900 % in die Höhe schnellen. Hinzukommt der Datenzuwachs aus der Diversifizierung von Tarifmodellen zur Incentivierung und Erfassung von z. B. Verbrauchs- oder Erzeugungsmodifikationen. Zur Bewältigung der analytischen und steuernden Aufgabenstellungen inklusive der Übersetzung von Massenrohdaten in Smart Data ist innovative hochperformante IT ein kritischer Befähiger.

Für viele Geschäftsmodelle des Smart Markets wird es unabdingbar sein, Geräte durch M2M-Kommunikation automatisiert bedienen und zeitnah intelligent miteinander interagieren zu lassen. Gründe dafür sind u. a. die hohe Dezentralität von virtuellen Kraftwerken oder vernetzten Verbrauchseinheiten, die abhängig von Strompreisentwicklungen und Netzzustandsdaten in Echtzeit gesteuert werden. Volatilitäten von Windkraft- oder PV-Einspeisungen können im virtuellen Verbund mit der Steuerung von z. B. Mikro-BHKWs an den tatsächlichen Einspeisebedarf angeglichen werden. Die Inanspruchnahme von Demand Side Integration ist nur wirtschaftlich, wenn die Verbrauchssteuerung und damit verbundene Produktionssteigerung oder -abnahme nach automatisierten Kosten- und Preisanalysen über M2M-Kommunikation erfolgen können. Folglich können Arbeitsabläufe optimiert, intelligente Frühwarnsysteme etabliert oder auch Aufwände für Ausfallzeiten und Zählerfernauslesungen reduziert werden.

Mit der IT-Fähigkeit *Predictive Analytics* können Unternehmen ihre Erfahrungswerte verarbeiten, in Mustern interpretieren und umfassende Prognosen inklusive Handlungsoptionen zu zukünftigen Entwicklungen erstellen. Je mehr Daten zur Verfügung stehen und zu prozessieren sind, desto validere Entscheidungs- und Lösungspfade können in Voraussicht entwickelt werden. Wie bereits ausgeführt, ist der Smart Market von einem massiven Anstieg von Datenmengen und deren Orchestrierungsanforderungen geprägt. Die Fähigkeit, anhand dieser komplexen Daten im eigenen Unternehmenskontext zeitnah und effizient Informationshistorien zu analysieren, aus Statistiken die Zukunft zu simulieren und entsprechende Erfolgsmaßnahmen zu automatisieren, wird ein wichtiger Wettbewerbsvorteil für viele innovative Geschäftsmodelle sein.

Über Predictive Analytics können z. B. valide Prognosen zu Energieverbrauchsverhalten, Erzeugungsbedingungen, Speicherauslastungsgraden oder auch Energiepreisentwicklungen erarbeitet werden. Dadurch können Elastizitäten für Demand Side Integration und Kapazitäten von virtuellen Kraftwerken bzw. von Energiespeichern mit hoher Wirtschaftlichkeit ausgenutzt werden. Speziell für den kosteneffizienten Betrieb virtueller Kraftwerke sind Methoden zur vorausschauenden Simulation und Automatisierung von hoher Relevanz. Basierend auf historischen Nutzungsdaten und aktuellen Zustandsdaten (Wärmeentwicklung, Erzeugungsauslastung etc.) ist es möglich, Instandhaltungsmaßnahmen durch Predictive Analytics wirtschaftlicher durchzuführen, da Einsätze vor Ort reduziert werden können. Weitere Wettbewerbsvorteile werden auch im Kontext von Beschaffungsprozessen, effizienterer Mitarbeiterplanung oder der Netzintegration von Prosumers ermöglicht.

In Kombination mit den detaillierten Kundeninformationserfassungs- und Verarbeitungsmöglichkeiten von *360°-Customer Analytics* ergeben sich mit Predictive Analytics zusätzliche Wirtschaftlichkeitstreiber für EVU hinsichtlich u. a. ihres Kunden-, Produkt- und Pricing Managements. Kundencharakteristika sowie -verhaltensmuster können mit dem entsprechenden Datenbestand besser prognostiziert werden. Abwanderungsbewegungen und segmentbezogene Produktpräferenzen zur Steigerung der Absatzrate sind Beispiele hierfür. Voraussetzung für die Analysen ist die Datenorchestrierung aus verschiedenen Datenquellen. Die IT-Fähigkeit 360°-Customer Analytics ermöglicht diese Orchestrierung, Analyse und Prognose und schafft dadurch die Voraussetzungen, Kundengruppen detailliert und flexibel zu segmentieren. Auf diese Weise können Marketing-Kampagnen ressourcenschonend und zielgerichtet ausgeführt werden. Über echtzeitnahe Analysemöglichkeiten von Marktreaktionen können des Weiteren direkte Verbesserungs- oder auch individuelle Folgemaßnahmen an Kampagnen angeknüpft werden.

Zudem können über 360°-Customer Analytics auch Soziale Medien effizient zur Interpretation von Kundenreaktionen oder zur direkten Kommunikation sowie Interaktion genutzt werden. Dies verbessert den Kundenzugang und die Definition segmentspezifischer Angebote. Speziell auch für die Einführung innovativer Produkte ist eine Rundumsicht auf den potenziellen Absatzmarkt von hohem Mehrwert, um Promotoren zu fördern.

Die Fähigkeit zur detaillierten Analyse von Kundendaten ist insbesondere für alle Geschäftsmodelle mit hoher Kundenpartizipation von zentraler Bedeutung. Bei Demand Side Integration wäre ohne entsprechendes Kundenverständnis und aktive Kommunikationskanäle keine wirtschaftliche Identifikation und Aggregation bzw. Koordination von Verbrauchselastizitäten möglich.

Um im Smart Market erfolgreich zu sein, müssen Unternehmen sich organisatorisch in Richtung eines „Digital Enterprise"[19] entwickeln. In einem *Digital Enterprise* wird das IT Management als strategischer Befähiger und Innovationsbetreiber betrachtet. OT und IT werden dabei aktiv miteinander verknüpft und integriert für Geschäftsentscheidungen genutzt. In der Unternehmenstransformation zu einem Digital Enterprise entwickelt sich der Reifegrad durch die strukturelle Ausrichtung und den Status der OT/IT-Konvergenz in den Disziplinen der Transformations- und Innovationsfähigkeit. Weitere Disziplinen beziehen sich dabei auf die Kundenorientierung, Wissensarbeiter, sowie Betriebs- und übergreifende IT-Expertise. Die entscheidende Frage im Milliarden Euro schweren Wettlauf um die Geschäftsmodelle des Smart Markets lautet, wie die Versorger ihre Neuausrichtung aus ihrer heutigen in die zukünftige Landschaft am effizientesten bewerkstelligen können, um sich zum Smart Digital Utility zu entwickeln. Wie in Abb. 21.5 dargestellt, lockt den erfolgreichen EVU ein sehr lukrativer Markt mit vielen innovativen Geschäftsmöglichkeiten.

---

[19] Weitere Informationen zum Digital Enterprise sind über die Business Transformation Academy (http://www.bta-online.com/) und über die Autoren zugänglich.

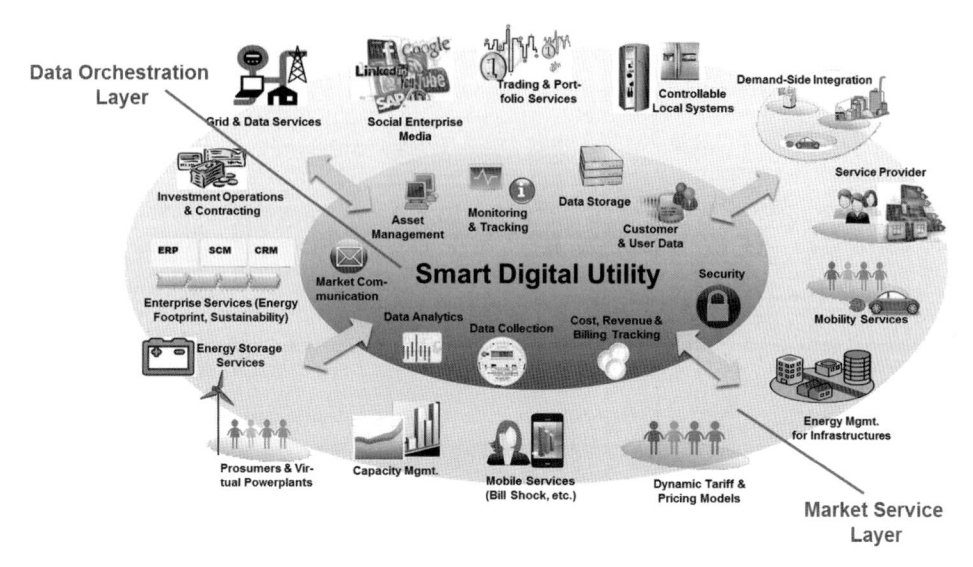

Abb. 21.5 Geschäftsmodellinnovation des Smart Digital Utility. (SAP Business Transformation Services)

21.3 Energieversorger im Wandel

21.3.1 Die heutige Systemlandschaft von Energieversorgern

Die Entwicklung der System- und Prozesslandschaften von Energieversorgern wurde seit der Energiemarktliberalisierung im Jahre 1998 maßgeblich durch regulatorische Eingriffe geprägt. In den letzten 15 Jahren konnten folgende Top-Themen mit erheblichem Einfluss auf die Prozess- und IT-Landschaft von Energieversorgern beobachtet werden:

- Großflächige *Einführung* neuer für einen liberalisierten Energiemarkt entwickelter *IT-Systeme* wie z. B. die SAP Business Suite für Energieversorger,
- Umsetzung des *informatorischen Unbundlings* und Ausprägung der *rollenspezifischen System- und Prozesslandschaft* für Netzbetreiber und Vertriebsgesellschaften,
- Aufbau der *B2B-Marktkommunikation* (Business-to-Business) entsprechend der BNetzA-Vorgaben für die Geschäftsprozesse zur Kundenbelieferung mit Elektrizität (GPKE), zum Lieferantenwechsel (GeLi Gas), den Wechselprozessen im Messwesen (WiM), dem EEG und zugehörigen Randprozessen.

Zusätzlich zu diesen Großprojekten waren und sind die EVU ständig mit der Umsetzung von den regelmäßigen gesetzlichen Änderungen befasst. Die verfügbaren Ressourcen sind seit Jahren annähernd durchgängig in Großprojekte gebunden, sodass die strategische Weiterentwicklung für den Wettbewerbsmarkt nur mit enormem Zusatzaufwand mög-

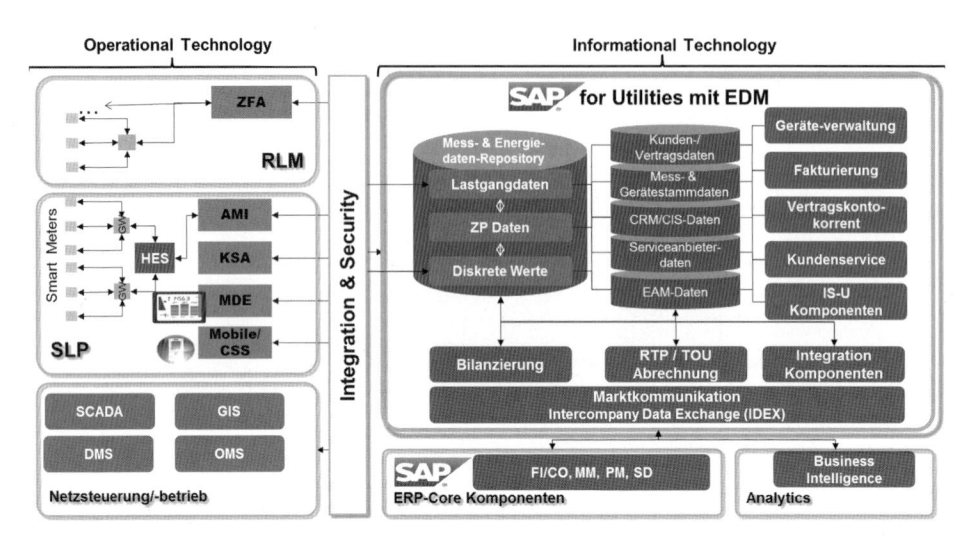

Abb. 21.6 Beispiel einer Systemarchitektur eines Netzbetreibers. (SAP Deutschland AG & CO. KG)

lich war und ist. Getrieben von diesen externen Einflüssen und deren fristgerechter Umsetzung wurden oft Individuallösungen implementiert. Mit der Erfahrung von 15 Jahren deregulierter Prozesse, dem Aufbau von Best Practices und der kontinuierlichen Weiterentwicklung von Standardsoftware lassen sich die Prozesse heute deutlich kostengünstiger abwickeln. Demzufolge ist derzeit ein Trend zur Prozess- und Systemharmonisierung im Markt zu beobachten, welche die Optimierung der *Total Cost of Ownership* (TCO) zum Ziel hat und die Voraussetzung für die effiziente Weiterentwicklung der Unternehmenslandschaften im Smart Market schafft.

Abbildung 21.6 zeigt exemplarisch, neben einzelnen Architekturkomponenten, die heute typischerweise bei Netzbetreibern im Einsatz sind, eine logische Zuordnung zur OT- und IT-Systemwelt.

Als OT werden Hard- und Software bezeichnet, welche durch direktes Monitoring Prozesse, Events oder Geräte steuern.[20] OT wird bereits von Netzbetreibern genutzt, um die Transport- und Verteilnetze zu steuern. Eine Integration mit der IT-Systemwelt, die insbesondere für die Abwicklung unternehmensinterner Prozesse eingesetzt wird, ist aktuell rudimentär ausgeprägt.

Mit der Ausbringung von intelligenten Messsystemen, dem Smart Meter Gateway und der Integration in die kaufmännische Systemwelt verschwimmen die Grenzen zwischen OT und IT zunehmend. Die angelieferten Datenraten und -volumen steigen stark an und müssen für neue Geschäftsmodelle mit den kaufmännischen Daten orchestriert sowie weiterverarbeitet werden.

In einem volatilen Smart Market, in dem von einem Wandel von einer verbrauchsorientierten Erzeugung hin zu einem erzeugungsorientierten Verbrauch ausgegangen wird,

---

[20] Vgl. Gartner (2013).

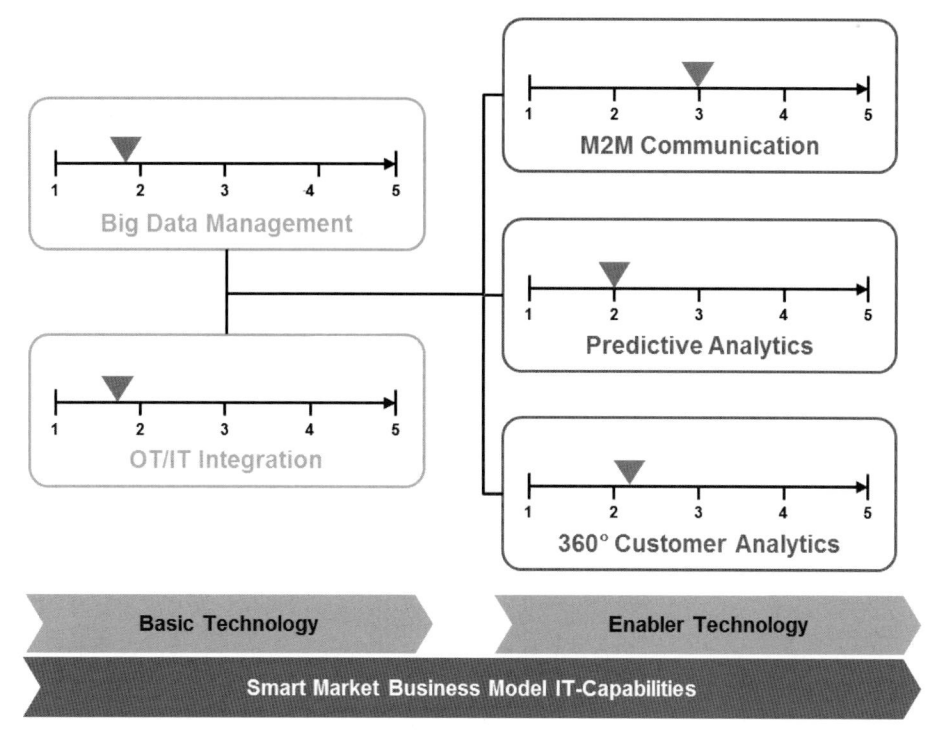

Abb. 21.7 Einschätzung des IST-Zustandes der IT-Fähigkeiten von EVU für Smart Market-Geschäftsmodelle. (SAP Business Transformation Services)

ist die Fähigkeit zur Steuerung unzähliger und heterogener Verbraucher erfolgskritisch. Bisher beschränkte sich dies im Wesentlichen auf die Steuerung des Netzes und einiger Großabnehmer von Energie, die anhand abschaltbarer Verträge und installierter Energiemanagementsysteme in geringem Maße lastregulierend genutzt werden konnten. In einem funktionierenden Smart Market muss die Steuerung von Verbrauchern jedoch hoch skalierungsfähig sein, um ein „atmendes" Netz zu ermöglichen.

Die erforderlichen Fähigkeiten und Aufgabenwahrnehmung durch die Marktteilnehmer sind vom jeweiligen Geschäftsmodell abhängig. Erwartungsgemäß werden an vielen Modellen Vertriebsgesellschaften, die bisher nur wenig Erfahrungen mit der Integration von OT/IT-Systemen gemacht haben, beteiligt sein.

An den heutigen Systemarchitekturen von EVU fällt auf, dass die bisherige Entwicklung von neuen Services und Produkten noch nicht zu einer signifikanten Veränderung der Systemlandschaft geführt hat. Die Unternehmen sind zum derzeitigen Stand kaum für den Wettbewerb in einem Smart Market vorbereitet.

In Abb. 21.7 wird von den Autoren entsprechend der in Abschn. 21.2.2 beschriebenen IT-Fähigkeiten eine IST-Einschätzung der derzeitigen IT-Kompetenzen von EVU für die Entwicklung von Geschäftsmodellen in einem Smart Market getroffen. Für jede der dargestellten IT-Fähigkeiten wurde ein Reifegradmodell für die Nutzung in einem Smart Market nach folgender Definition getroffen:

- Level 1: Es wurden bisher weder spezifische IT-Fähigkeiten noch Know-how aufgebaut.
- Level 2: Erste Piloten und kleinere Anwendungen ohne Fokus auf Skalierung sind im Einsatz.
- Level 3: Es existieren Anwendungen, die in den Produktivbetrieb integriert sind.
- Level 4: Es sind Anwendungen im Einsatz, die sich einfach erweitern oder an Veränderungen anpassen lassen.
- Level 5: Die Applikationen sind flächendeckend sowie skalierungsfähig über den relevanten Datenbestand nutz- und einfach erweiterbar.

Big Data Management und die Fähigkeit zur OT/IT-Integration stellen hier Basistechnologien dar, auf denen Applikationen für M2M-Kommunikation, Predictive Analytics und 360°-Customer Analytics aufsetzen. Sie sind Grundvoraussetzung für die im Smart Market notwendige Echtzeit-Interaktion.

Einige EVU haben bereits begonnen, Technologie wie SAP HANA für das Big Data Management einzusetzen, um zum einen erste technologische Erfahrungswerte zu sammeln, sowie Mitarbeiter in den neuen Technologien auszubilden und, zum anderen, bereits vorhandene Prozesse zu beschleunigen. Ein Beispiel ist die Anwendung von SAP HANA im Business Intelligence Umfeld, in dem bereits heute enorme Datenmengen verarbeitet werden und bei großen Unternehmen mit herkömmlichen Mitteln Performance-Engpässe auftreten.

Außer bei Netzbetreibern lassen sich derzeit kaum Anwendungen identifizieren, bei denen OT/IT-Integrationen im produktiven Betrieb sind. Die bestehenden Integrationen sind jedoch weniger als Echtzeit-, sondern vielmehr als Post-Integration implementiert (z. B. die Übernahme von Messdaten für die Abrechnung und Verbrauchsanalyse in die kaufmännischen Anwendungen). Da in einem Smart Market die Datenorchestrierung und -verarbeitung allerdings in Echtzeit notwendig sind, mangelt es den Unternehmen noch an grundlegenden Fähigkeiten in diesem Bereich. Einzelne Akteure haben zwar auch in diesem Bereich bereits erste Piloten und Produktivanwendungen im Einsatz, in der Breite gibt es allerdings zu wenige Unternehmen, die eine Einordnung auf Level 2 rechtfertigen würden.

Die automatisierte Kommunikation und Prozessverarbeitung zwischen Systemen ist heute in vielen Prozessbereichen in den Unternehmen im Einsatz und mit entsprechendem Fachwissen ausgestattet. Da in einem Smart Market insbesondere die Steuerfähigkeit von OT-Systemkomponenten in Verbindung mit Daten wie z. B. Anlagen-, Kunden- oder Vertragsdaten aus den IT-Systemen notwendig ist, diesbezüglich jedoch kaum Erfahrungen vorliegen, erfolgt eine Einordnung in Level 3.

Predictive Analytics ist eine Technologie, die es schon geraume Zeit gibt, allerdings bisher – wenn überhaupt – nur sehr punktuell produktiv eingesetzt wird. Um die Möglichkeiten für neue Geschäftsmodelle mit analytischen Vorhersagemodellen zu heben, ist die

Zusammenführung von Daten aus unterschiedlichen Quellen und deren hochperformante Verarbeitung erforderlich. Hier konnten bisher – auch aufgrund mangelnden Einsatzes von Big Data Management sowie OT/IT-Integration – bestenfalls kleinere Anwendungen implementiert werden.

360°-Customer Analytics befindet sich bei vielen Unternehmen im Aufbau. Im Hauptfokus steht diesbezüglich aktuell noch der einheitliche Zugriff auf die Daten, um Datenkonsistenz und die gezielte Identifikation von Kundengruppen für Produktkampagnen zu erreichen. Weiterführende Technologieanwendungen sind in Kürze zu erwarten, da sich 360°-Customer Analytics auch sehr effektiv für bestehende Abläufe und Produkte nutzen lässt. In der Breite ist der Einsatz der Technologie allerdings noch nicht zu verzeichnen.

Bei Betrachtung der derzeitigen IT-Fähigkeiten von EVU aus dem Blickwinkel der Anforderungen eines Smart Markets lässt sich zusammenfassend feststellen, dass die Unternehmen erste Meilensteine im Aufbau der notwendigen Fähigkeiten erreicht haben. Für eine wettbewerbsfähige IT- und Wissensinfrastruktur sind allerdings noch erhebliche Anstrengungen erforderlich. In der Förderung der neuen Kompetenzen stechen einzelne Unternehmen mit innovativen Ansätzen heraus, welche die zukünftige Bedeutung der IT für den Energiemarkt erkannt haben.

21.3.2 Ausblick Entwicklung von Systemlandschaften von Versorgern

Ausgehend von den bestehenden Systemarchitekturen, welche auf die bisherigen Bedürfnisse zugeschnitten sind, stehen die Unternehmen vor der Herausforderung, neue Technologien in ihre System- und Prozesslandschaft bedarfsgerecht integrieren zu müssen. Mit den veränderten Anforderungen durch einen Smart Market wandelt sich auch das Umfeld für EVU. Für immer mehr Kunden werden der einfache Datenzugriff über mobile Endgeräte in vielen Lebensbereichen zur Selbstverständlichkeit. Servicequalität ohne lange Wartezeiten und das Unternehmensimage entwickeln sich neben den Kosten für die Belieferung mit Energie zunehmend zum Differenzierungsfaktor im Wettbewerb.

Abbildung 21.8 zeigt allgemeine Anforderungen an die IT und entsprechend der SAP Strategie fünf Technologiesäulen, welche für die Transformation der bestehenden Landschaften wichtig sind.

Die Säule Applications bezeichnet im Wesentlichen die Nutzung von Applikationen zur effizienten Abwicklung von Geschäftsprozessen. Mit der Entwicklung von neuen Services müssen die zugehörigen Prozesse in bestehende Abläufe integriert werden. Bestehende Applikationen können dafür meist so erweitert werden, dass neue Applikationen passgenau in die bestehenden Anwendungen implementiert werden können.

Analytische Anwendungen haben in den letzten Jahren bereits einen großen Stellenwert erreicht. Der Fokus lag hier insbesondere auf der Auswertung von statischen Daten für die Unternehmenssteuerung. Zunehmend entwickeln sich Anforderungen, auch Bewegungsdaten in Echtzeit auszuwerten und anhand der gesteigerten Transparenz automatisierte Entscheidungen abzuleiten sowie Folgeprozesse anzustoßen. Neben der Verschmelzung

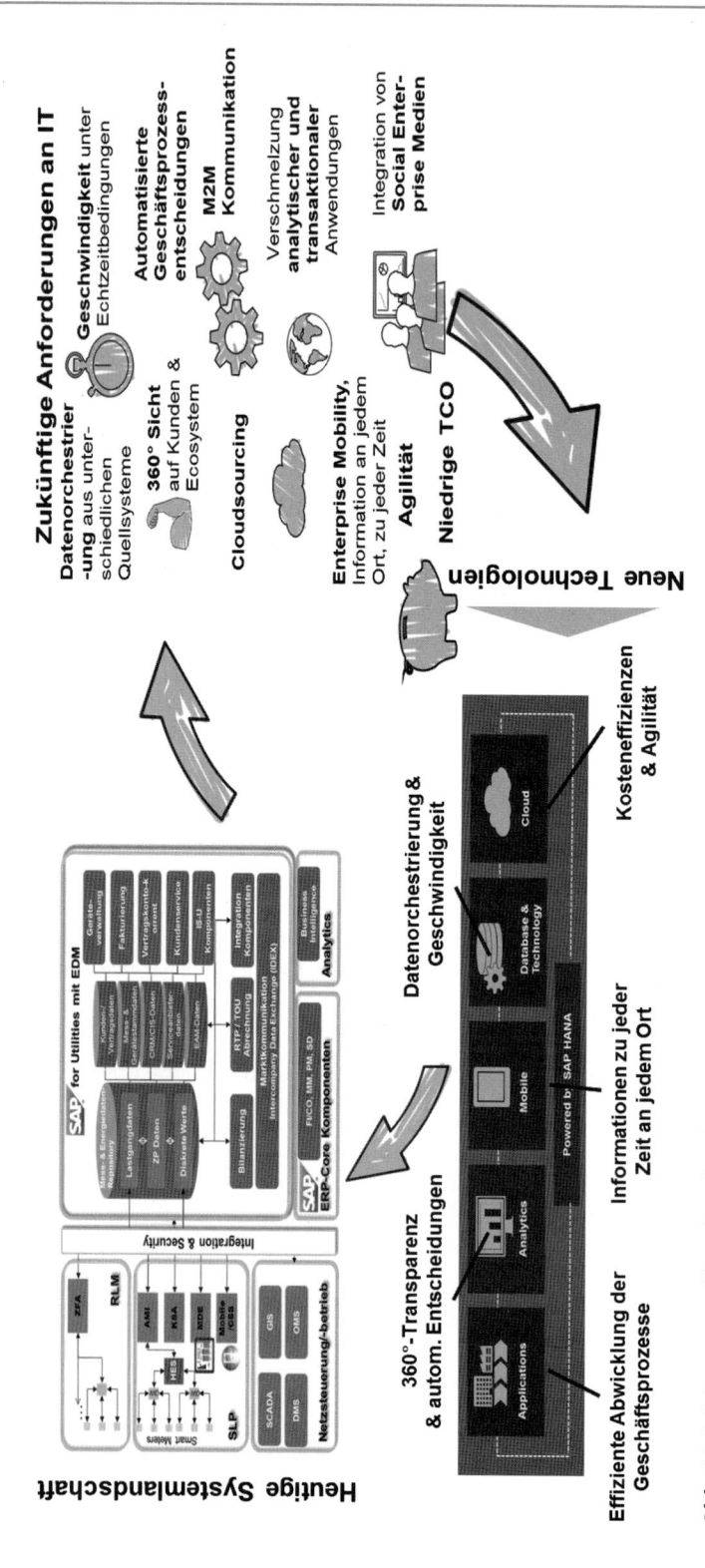

Abb. 21.8 Weiterentwicklung bestehender Systemlandschaften durch neue Technologien. (SAP Business Transformation Services)

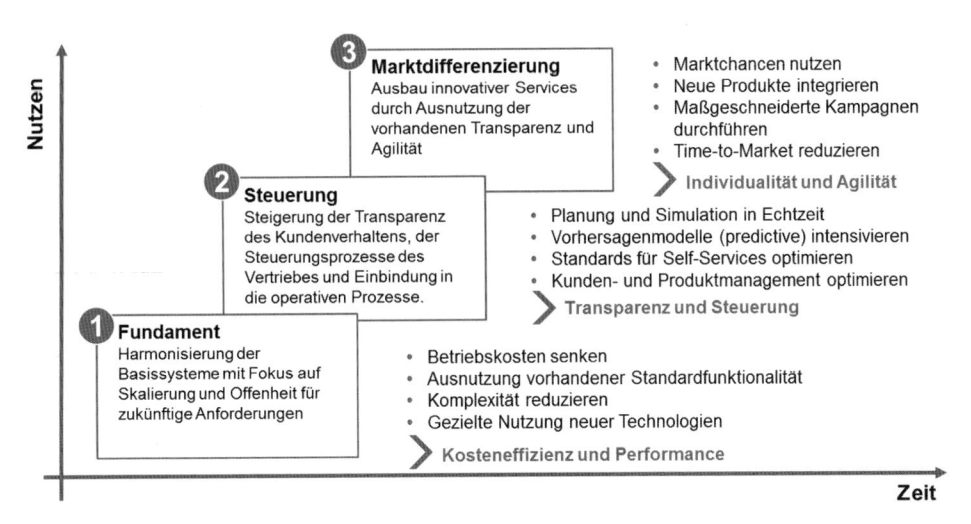

Abb. 21.9 Schrittweise Weiterentwicklung der Systemlandschaften. (SAP Business Transformation Services)

Diagram content:

Achsen: Nutzen (y), Zeit (x)

① Fundament
Harmonisierung der Basissysteme mit Fokus auf Skalierung und Offenheit für zukünftige Anforderungen
- Betriebskosten senken
- Ausnutzung vorhandener Standardfunktionalität
- Komplexität reduzieren
- Gezielte Nutzung neuer Technologien
> Kosteneffizienz und Performance

② Steuerung
Steigerung der Transparenz des Kundenverhaltens, der Steuerungsprozesse des Vertriebes und Einbindung in die operativen Prozesse.
- Planung und Simulation in Echtzeit
- Vorhersagemodelle (predictive) intensivieren
- Standards für Self-Services optimieren
- Kunden- und Produktmanagement optimieren
> Transparenz und Steuerung

③ Marktdifferenzierung
Ausbau innovativer Services durch Ausnutzung der vorhandenen Transparenz und Agilität
- Marktchancen nutzen
- Neue Produkte integrieren
- Maßgeschneiderte Kampagnen durchführen
- Time-to-Market reduzieren
> Individualität und Agilität

von transaktionalen und analytischen Anwendungen werden Vorhersagemodelle erwartungsgemäß eine wichtige Rolle im Smart Market einnehmen, um u. a. Verbrauchs- und Erzeugungsvorhersagen in die Prozesse und Entscheidungen zu integrieren.

Mobile Anwendungen ermöglichen die Interaktion mit Kunden und Mitarbeitern an unterschiedlichen Orten und zum jeweiligen Bedarfszeitpunkt. Heute sind die vorhandenen mobilen Anwendungen stark von kosten- und wartungsintensiven *Point-to-Point-Implementierungen* geprägt, die voraussichtlich in einem ersten Schritt harmonisiert und skalierungsfähiger werden. Mobile Anwendungen werden in einem Smart Market, in dem die Einbeziehung der Kunden für die Verbrauchssteuerung oft notwendig sein wird, weiter an Bedeutung gewinnen.

Im Bereich Database & Technology steht mit der Entwicklung von SAP HANA eine Basistechnologie zur Verfügung, die neben der Verbindung von analytischen und transaktionalen Anwendungen die Möglichkeit eröffnet, Massendaten (*Big Data Management*) einfach zu orchestrieren und zu prozessieren.

Für die in einem jungen Marktumfeld erforderliche Flexibilität beim Aufbau von innovativen Services, kann die Nutzung von *Cloud-Technologie* ein wichtiger Erfolgsfaktor werden. Hiermit lassen sich zu vergleichsweise niedrigen Kosten neue Technologien nutzen, ohne dass große Anfangsinvestitionen erforderlich sind. Lösungen für Geschäftsmodellinnovationen können auf den dargestellten Plattformtechnologien der SAP entwickeln und in die bestehende Landschaft integriert werden. In der Cloud können neue Geschäftsmodelle einfach und flexibel unterstützt sowie an den jeweiligen Skalierungsbedarf angepasst werden.

Vereinfacht kann eine erfolgreiche Weiterentwicklung der Systemlandschaften von EVU in drei Blöcken dargestellt werden (siehe Abb. 21.9). In einem ersten Schritt wird die Harmonisierung der vorhandenen Systeme und Prozesse mit dem Fokus auf Kosteneffizienz und Performance durchgeführt. Dabei werden Re-Standardisierungspotenziale identifiziert, um vorhandene Standardfunktionalität auszunutzen und Komplexität sowie Betriebskosten zu reduzieren. Ziel ist es, insbesondere die Massenprozesse, die von regulatorischen und gesetzlichen Vorgaben geprägt sind, TCO-optimiert auszugestalten. Gesetzliche und regulatorische Änderungen müssen schnell und einfach implementierbar sein, damit die Unternehmensressourcen für den Ausbau der wettbewerbsrelevanten Prozesse eingesetzt werden können. In diesen auf Skalierung ausgerichteten Basissystemen liegen die wichtigen Kunden-, Vertrags und Anlagendaten, auf die neue Module für die Abbildung innovativer Services effizient zugreifen können müssen. In der ersten Phase ist der gezielte Einsatz von neuen Technologien empfehlenswert, um Know-how in neuen Technologien aufzubauen und um die Basis für zukünftige Anforderungen zu legen. So sollte z. B. der Zugriff für mobile und weitere Massenanwendungen standardisiert werden. Der Einsatz von SAP HANA im Business Warehouse Umfeld ermöglicht einen sinnvollen Einstieg in das Big Data Management der Zukunft. Er schafft die Voraussetzung für die Orchestrierung weiterer statischer Daten in komplexeren Analysen. Andere Beispiele für den gezielten Einsatz neuer Technologien sind Hybridlösungen für Massenprozesse. So kann beispielsweise der rechenintensive Prozess der Datenaggregation des Bilanzierungsprozesses beim Netzbetreiber in die SAP HANA ausgelagert und nach Abschluss des Teilprozesses wieder in den Standardprozess integriert werden. Messungen bei einem Pilotkunden haben ergeben, dass sich die Aggregationsdauer um über das 100-fache verkürzen lässt. Dieser Zeitgewinn kann mit zunehmender Ausbringung von intelligenten Messsystemen und der damit verbundenen Steigerung des Messdatenvolumens zur Einhaltung von vorgegebenen Fristen entscheidend werden und ermöglicht einen schrittweisen Umstieg in eine Zukunftstechnologie.

Nach Optimierung der Basissysteme folgt im zweiten Schritt der Aufbau der Vertriebssteuerung. Hier liegt das Hauptaugenmerk auf der Fortentwicklung der analytischen Fähigkeiten und dem Aufbau der dafür erforderlichen Infrastruktur. Der Vertrieb wird in die Lage versetzt, ganzheitliche Analysen zum Kundenverhalten, sowie zur Service- und Umsatzentwicklung in Verbindung mit Vorhersagemodellen zu nutzen. Dies erhöht die Transparenz und reduziert somit seine Risiken bei der Entwicklung von neuen Dienstleistungen. Für den Erfolg im Smart Market ist es essentiell, dass diese Analysen flexibel und IT-unabhängig vom Fachbereich durchgeführt werden können. Je nach Analysevorgang muss zudem die einfache Verwendung der Ergebnisse in Folgeprozessen sichergestellt werden. Für den Aufbau dieser Steuerung bietet sich die Infrastruktur der SAP Cloud an. Die SAP-Plattformtechnologien lassen sich ohne den Aufbau eigener Infrastruktur nutzen und in die bestehende Systemlandschaft integrieren. Dies schafft hohe Flexibilität und eröffnet die Chance, ohne größere finanzielle Risiken in einem unsicheren Wettbewerbsmarkt Ideen auszuprobieren und daraus erfolgreiche Innovationen zu entwickeln.

Nach den Aufbauarbeiten der beiden beschriebenen Schritte, kann im dritten Schritt der Fokus auf die verstärkte Differenzierung vom Wettbewerb gelegt werden. Durch den effizienteren Betrieb der Bestands- und Regulierungsprozesse und der geschaffenen Transparenz in der Steuerung wird die Ressourcenverteilung zur Entwicklung innovativer Services gefördert.

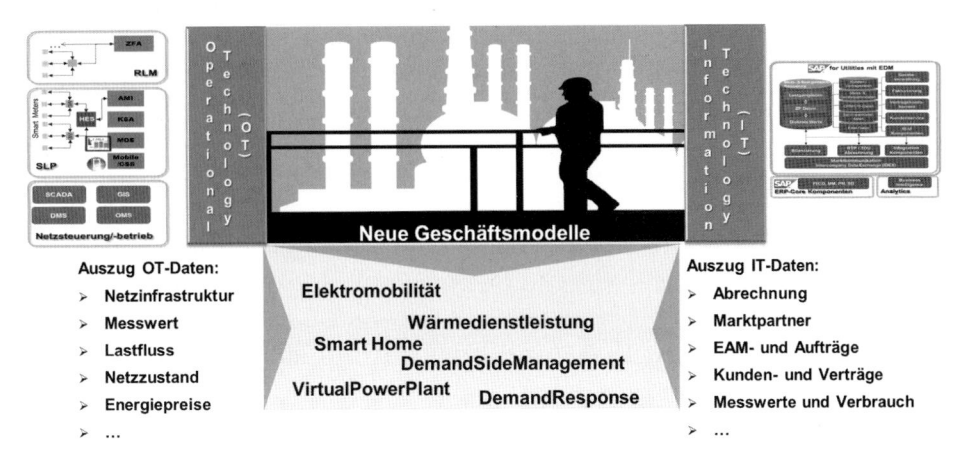

21 Informationstechnologie als Wegbereiter für Geschäftsprozesse ...

Auszug OT-Daten:
- Netzinfrastruktur
- Messwert
- Lastfluss
- Netzzustand
- Energiepreise
- ...

Neue Geschäftsmodelle: Elektromobilität, Wärmedienstleistung, Smart Home, DemandSideManagement, VirtualPowerPlant, DemandResponse

Auszug IT-Daten:
- Abrechnung
- Marktpartner
- EAM- und Aufträge
- Kunden- und Verträge
- Messwerte und Verbrauch
- ...

Abb. 21.10 OT/IT-Integration als Schlüssel für die Entwicklung neuer Dienstleistungen. (SAP Business Transformation Services)

Die richtige Ausrichtung der Systemlandschaften wird für die Energiedienstleiter der Zukunft ein entscheidender Erfolgsfaktor. Wenn es den Unternehmen gelingt, den Spagat zwischen kosteneffizienter Skalierungsfähigkeit und der integrationsfähigen Flexibilität für neue Services herzustellen, lassen sich die notwendigen Wettbewerbsvorteile erreichen und die individuelle Unternehmensstrategie umsetzen.

Abbildung 21.10 zeigt exemplarisch Auszüge von OT- und IT-Daten auf, die für viele neue Geschäftsmodelle die Grundlage darstellen. Bei innovativen Dienstleistungen werden im Smart Market in zunehmendem Maße OT- und IT-Daten zusammengeführt. Für die Umsetzung bedarf es einer Integrationsplattform, welche einen effizienten Zugriff auf die unterschiedlichen Systemwelten erlaubt. Empfehlenswert ist der Einsatz einer zentralen Plattform, da einmal aufgenommene Daten auch für weitere Services genutzt werden können und durch die stetige Fortentwicklung der Datenmodelle eine wichtige Basis für die schnelle Umsetzung gelegt wird.

Mit der Entwicklung der *SAP Real-Time Data Platform* (RTDP) hat die SAP eine Lösung geschaffen, welche den neuen Anforderungen gerecht wird (Abb. 21.11). Hiermit können die kaufmännischen und technischen Daten aus unterschiedlichen Datenquellen in Echtzeit zusammengeführt, analysiert und für weiterführende Prozesse nutzbar gemacht werden. Unter Einsatz neuer Technologien lassen sich dadurch Kosteneffizienzen heben und die notwendige Agilität für Geschäftsmodelle des Smart Markets erreichen. Die einzelnen Lösungskomponenten der SAP RTDP bedienen sich aus dem umfangreichen SAP Produktportfolio. SAP Lösungen sind integraler IT-Bestandteil bzw. lassen sich einfach integrieren und für den Anwender nutzen. Die Time-to-Market für neue Dienstleistungen und Einführungsaufwände können somit reduziert werden.

In der nachfolgenden Beschreibung werden die Einsatzgebiete der SAP RTDP weiter detailliert.

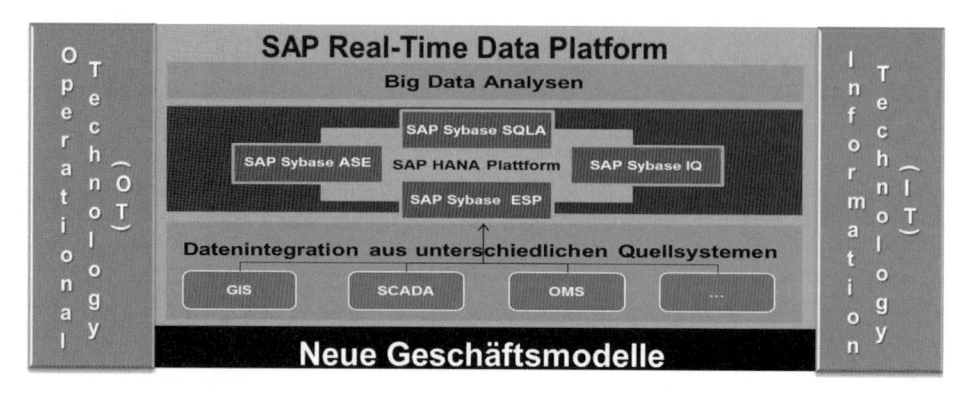

Abb. 21.11 Integrationsplattform SAP Real-Time Data Platform. (SAP)

21.4 Beispiel eines Geschäftsmodells im Smart Market

In den vorangegangenen Kapiteln lag der Fokus auf den Kennzeichen eines Smart Markets (Abschn. 21.2.1), erforderlichen IT-Fähigkeiten für Geschäftsmodelle in einem Smart Market (Abschn. 21.2.2) und einer Einschätzung zu den IST-IT-Fähigkeiten von EVU (Abschn. 21.3). Nachfolgend wird anhand der Beschreibung eines fiktiven Smart Market-Geschäftsmodells näher auf die Zusammenhänge eingegangen.

Für die Beschreibung eines Geschäftsmodells in einem Smart Market ist die Festlegung diverser Annahmen erforderlich. Dies ist insbesondere notwendig, da ein verlässliches Rahmenwerk, in dem das Energiemarktdesign die zentrale Komponente darstellt, derzeit fehlt. Die beschriebene Geschäftsidee bedient sich der Grundlagen der in Abschn. 21.2.1 beschriebenen Demand Side Integration. Ob dieses oder ein ähnliches Modell in der Zukunft umgesetzt wird, hängt elementar von der politischen Ausgestaltung des Rahmenwerks ab. Die Ausführung zeigt auf, welche Potenziale und Chancen die Energiewende mit sich bringt, aber auch wie wichtig ein verlässlicher politischer Rahmen für die Entwicklung eines Smart Markets ist. Ohne fundierte Rechtsgrundlagen und Marktdesign ist die Kalkulation von Business Cases für neue Geschäftsmodelle dieser Art für die Unternehmen kaum möglich. Investitionen in den Aufbau hierfür erforderlicher Infrastruktur sind von erheblichen Risiken und Ressourcenunsicherheit geprägt.

Das Geschäftsmodell beschreibt den Vertrieb und den Einsatz einer *EEG-E-Heizungsanlage* für Wohnhäuser. Dabei handelt es sich um eine Elektrogebäudeheizungsanlage, welche Strom aus Anlagen im Kontext des Erneuerbare-Energien-Gesetzes nutzt. In einem Smart Market könnten Heizungs- und Warmwasserbereitungsanlagen als Speicher für Erzeugungsspitzen, die durch z. B. volatile Wind- und Sonnenenergie hervorgerufen wurden, dienen. Das Modell hat den Charme, dass die vorhandene Infrastruktur als Basis genutzt werden kann und die erforderlichen Technologien bereits heute verfügbar sind. Durch den regelmäßigen Erneuerungsbedarf von konventionellen Öl- und Gas-Heizungsanlagen nach ca. 20 Jahren Nutzungsdauer wird die Wirtschaftlichkeitsbetrachtung für das Geschäftsmodell nicht zusätzlich durch bereits getroffene Investitionen belastet. Aufgrund der Substitution der bestehenden Heizungsanlage beschränkt sich die Betrachtung aus Sicht des Endkunden demnach auf den Vergleich der Investitions- und Betriebskosten für verschiedene Warmwasserbereitungsanlagen inklusive Wärmespeicher.

Die Autoren haben sich für die Beschreibung dieser Geschäftsidee entschieden, da zum einen für die Umsetzung ein breites Technologiespektrum genutzt wird. Zum anderen würde bei der Realisierung eines derartigen Geschäftsmodells mit den Hauseigentümern ein wichtiger Massenmarkt adressiert werden, für den die Energiewende erstmals auch Chancen zur Kosteneinsparung bieten würde. Bei einem grundsätzlich adressierbaren Markt von 40 Mio. Privathaushalten in Deutschland[21] hat ein derartiges Modell enorme Umsatzpotenziale für den Vertrieb, als auch für den Betrieb der Anlagen. Bereits der Verkauf derartiger Heizungslagen würde beispielsweise ein Umsatzpotenzial von ca. 10 Mrd. EUR mit sich bringen, wenn man als Kosten für eine Anlage 10.000 EUR und als tatsächlich adressierbarer Markt eine Million Haushalte annimmt. Weitere, sehr attraktive Märkte stellen in diesem Zusammenhang u. a. öffentliche Einrichtungen (Krankenhäuser, Hochschulen etc.) sowie das Gewerbe dar.

Ob die Politik die notwendigen Rahmenbedingungen, welche in den nachfolgenden Ausführungen als Annahmen skizziert werden, schafft, bleibt abzuwarten. Die Autoren gehen davon aus, dass ein derartiges Modell grundsätzlich politisch gewünscht ist, da

- die Substitution konventioneller Wärmeerzeugung durch die regenerativ erzeugte Energie erhebliches CO_2-Minderungspotenzial mit sich bringt,
- die Flexibilisierung von Energieverbrauchs- und Speicherkapazitäten Energiekosten senken kann,
- Netzausbaukosten durch den flächendeckenden Einsatz von Wärmespeichern reduziert werden können,
- ein Anreiz für Endverbraucher zur Nutzung regenerativ erzeugter Energie enthalten ist und hierdurch auch Chancen der Energiewende für die Masse der Bevölkerung aufgezeigt werden.

21.4.1 Motivation und Beschreibung des Geschäftsmodells

Wie in Abb. 21.12 dargestellt, sind Energiekosten über die letzten Jahre stark angestiegen. Ein Vierpersonenhaushalt zahlt mittlerweile jährlich mehr als 5.000 EUR für Heizwärme, Strom und Kraftstoff. Verglichen mit dem Jahr 2000 bedeutet dies einen Kostenanstieg von 2.200 EUR. Mit etwa 50 % machen die Heizkosten den größten Anteil daran aus. Seit 1995 haben sich Heizkosten um 170 % erhöht und somit das Wohnen in Deutschland stetig verteuert.[22] Bei den privaten Haushalten schlägt leichtes Heizöl mit dem höchsten Preis-

---

[21] Vgl. Statista (2014).
[22] Vgl. dena (2013b).

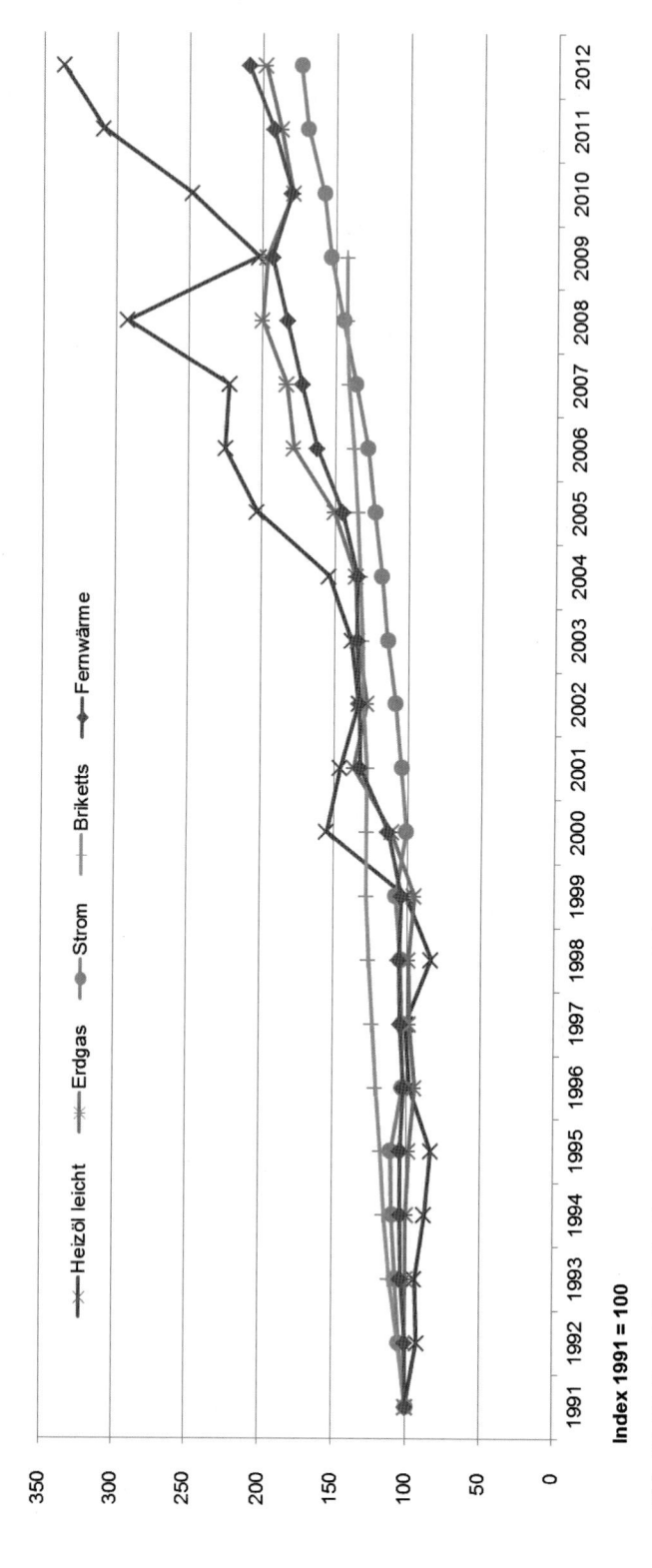

Abb. 21.12 Entwicklung der Energiepreise privater Haushalte in Deutschland (Datenquellen: Bundesministerium für Wirtschaft und Technologie, Statistisches Bundesamt, Eurostat, Bundesamt für Wirtschaft und Ausfuhrkontrolle, Mineralölwirtschaftsverband 2013)

**Auswahl von Profit-
möglichkeiten im Kontext des
DSI-Managements von EEG-E-Heizungsanlagen**

Energieeffizienzdienstleistungen
- Verbrauchs- und Tarifberatung
- Erstellung/ Umsetzung individueller Energiesparkonzepte
- Anlageninstallation, Gebäudesanierung

Anlagen- & Gerätevertrieb
- Heizungsanlagen
- Smart Appliances
- Smart-Building-Systeme

Anlagen-Contracting
- Leasingangebote für diverse Heizungssysteme
- Energieverbrauchsüberwachungssysteme
- Eigenerzeugungsanlagen

Erweiterte Demand Side/ Prosumer Integration
- Effizienzsteigerung von Eigenerzeugungsanlagen
- Manager für Gebäudeeffizienz (Smart Building)
- Systemintegration von Elektromobilität

Intermediärdienstleistungen
- Bilanzkreisoptimierung
- Spannungs-/ Frequenzhaltung für den Netzbetrieb
- Unterstützungsmechanismen zum Versorgungswiederaufbau

Stromvertrieb für den EEG-E-Heizungsbetrieb mit erhöhter Wirtschaftlichkeit durch
- Flexible Nutzung volatiler Strompreise
- Verbesserte Fahrplangenauigkeit
- Anteilige Strompreisbefreiungen

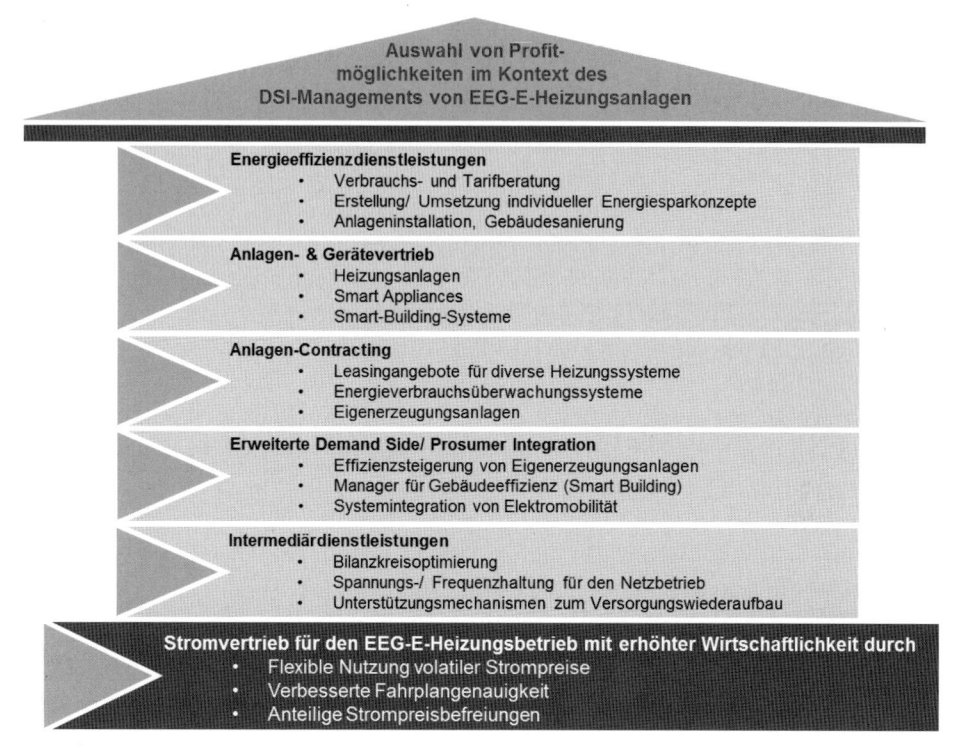

Abb. 21.13 Aus dem DSI-Management von EEG-E-Heizungsanlagen können vielfältige Nutzenhebel zur Profitsteigerung erschlossen werden. (SAP Business Transformation Services)

anstieg der Energieträger am meisten zu Buche. Verglichen zum Jahr 1991 hat sich leichtes Heizöl um mehr als 230 % verteuert und auch zukünftig ist von massiven Preiszunahmen auszugehen.

In Verbindung mit Demand Side Integration und dem Zwischenspeichern von Energie können EVU im Smart Market lukrative Geschäftsmodelle aus der Kostensteigerung für Heizungssysteme ableiten. Wie in Abb. 21.13 veranschaulicht, eröffnen sich ihnen im Kontext von vernetzt steuerbaren EEG-E-Heizungsanlagen vielfältige Nutzenhebel zur Profitsteigerung. Als Basis dient dabei das Geschäftsmodell des *DSI-Managers*, der sowohl Stromlieferant für Elektrogebäudeheizungsanlagen als auch deren dienstleistender Betreiber ist. Mit intelligentem Lastmanagement kann er Beheizungselastizitäten einsetzen, um Einsparpotenziale in seiner Energiebeschaffung und im Vertrieb zu realisieren. Ersparnisse können diesbezüglich aus vergünstigtem Stromeinkauf durch flexible Ausnutzung von Energiepreisschwankungen oder aus reduziertem Bedarf an Ausgleichsenergie aufgrund von höherer Fahrplangenauigkeit erzielt werden. Weitere Wirtschaftlichkeitstreiber für den DSI-Manager sind diverse Strompreisbefreiungen, die sich u. a. aus den Reduktionen in Netznutzungsentgelten, der Stromsteuer und Umlagen ergeben können. Beheizungselastizität wird lastabhängig auf die Wärmeintensivität und zeitabhängig auf die Beheizungsintervalle bezogen. Wie bereits erläutert, werden im zukünftigen Versorgungssystem

Energiepreisschwankungen durch die hohe Netzintegration fluktuierender erneuerbarer Energien stark ausgeprägt sein. In Zeitfenstern günstiger Energiepreise würde der DSI-Manager seine Beschaffung steigern sowie Elektrogebäudeheizungen innerhalb kundenindividuell definierter Elastizitäten dezentral erhöhen und deren Wärmespeicher füllen. Gegensätzlich würde er bei temporär hohen Energiepreisen Elektrogebäudeheizungen drosseln und deren Wärmespeicher ausschöpfen. Abhängig davon, welches Profitmodell der DSI-Manager verfolgt, kann er seinen Kunden Preisvorteile in der Strombeschaffung weiterleiten und damit die Kundenbindung fördern bzw. seinen Umsatz durch entsprechende Margenaufschläge auf Energiepreisersparnisse fördern.

Unter Ausnutzung der beschriebenen Fähigkeiten zur OT/IT-Integration, Predictive Analytics und M2M-Kommunikation sind diverse Arten der dezentralen Koordination von Elektrogebäudeheizungen möglich. Über vordefinierte Grenzwerte sowie Energiepreis- und Verbrauchsalgorithmen können direkte Steuerungsmechanismen des Demand Side Managements in Heizungsanlagen vorprogrammiert sein bzw. an deren Steuerungssysteme gesendet werden. Auch Demand-Response-Modelle können zur Verbraucher-Incentivierung angewandt werden. In diesem Kontext sind insbesondere über Niedertarif und Hochtarif hinausgehende zeit- und lastvariable Tarifmodelle oder die Kommunikation von Preissignalen an Verbrauchergruppen adäquate Instrumente des Lastmanagements. Zudem eignen sich Visualisierungen von Energiepreisentwicklungen und Stromampeln auf Verbraucherendgeräten wie auf zentralen In-House-Displays, Smart Phones oder auch Internetplattformen.

Das Geschäftsmodell des DSI-Managers für EEG-E-Heizungsanlagen bietet zudem hohes Potenzial für Cross Selling. Um Beheizungselastizitäten für Verbraucher wirtschaftlich ausschöpfen zu können, sind zunächst Analysen von Prozess- bzw. Heizmustern durchzuführen sowie Lastvorhersagen und Strompreisentwicklungen zu erarbeiten. Dies sind Tätigkeitsfelder, die vom DSI-Manager aufgrund der ohnehin gegebenen Expertise und Einsicht in Verbrauchsverhalten vorteilhaft zu umsatzfördernden Energieeffizienzdienstleistung ausgeweitet werden können. Neben Verbrauchsberatungen können sich Vertriebsangebote in diesem Zusammenhang auch auf Tarifmodelle, Anlageninstallationen oder umfassende Energieeinsparkonzepte und -maßnahmen für Energieverteilungsanlagen sowie energetische Gebäudesanierung (Wärmedämmung etc.) beziehen. Zusätzlich kann das Tätigkeitsfeld des DSI-Managers aufgrund seiner hohen Kundennähe auch um den konkreten Vertrieb von EEG-E-Heizungsanlagen oder anderer Smart Appliances ergänzt werden.

Weitere Nutzenhebel zur Profitsteigerung sind dem DSI-Manager erschließbar, wenn er sich zusätzlich als Contracting-Anbieter für EEG-E-Heizungsanlagen positioniert. Über Skaleneffekte und das gebündelte Know-how im Systembetrieb kann er sein Geschäftsmodell mit rentablen Angeboten für die Bereitstellung moderner DSI-betriebener Heizungsanlagen sowie für deren Instandhaltung und Wartung ausbauen. Mit der Koordination weiterer Smart Appliances wie fernsteuerbaren Kühl- und Gefrieranlagen eines „*Smart Buildings*" oder ganzen Produktionsketten ist das Geschäftsmodell des DSI-Managers skalierbar und lukrativ ausbaubar und weiter auch in lokale Energiemarktplätze integrierbar

– unabhängig davon, ob es sich dabei um reine Maßnahmen zur Kundenbindung eines modernen Energiedienstleistungsunternehmens, den Stromvertrieb, Contracting oder um die konkrete Berechnung von energienahen Services handelt. In intelligenter Kopplung mit Prosumer-Erzeugungsanlagen kann der DSI-Manager gemäß § 14 a des Energiewirtschaftsgesetzes (EnWG) eine Reduktion des Netznutzungsentgelts für teilnehmende Verbraucher erreichen und somit die Energiebezugskosten weiter verringern.

Wie in Bechmann et al. aufgezeigt, erschließen sich dem DSI-Manager nochmals höhere Profitpotenziale, wenn er seine verfügbaren Verbrauchselastizitäten zusätzlich zur Realisierung von letztverbraucherzentrierten Geschäftsmodellen gleichzeitig via mehrseitiger Geschäftsmodelle zur Umsatzsteigerung einsetzen kann.[23] In diesem Kontext würde der DSI-Manager als Intermediär Verbrauchselastizitäten ausschöpfen, um neben kostenpflichtigen Services für Letztverbraucher auch Geschäftsmodelle für andere Marktrollen anzubieten. Besonders relevant sind dabei z. B. das Lastmanagement zur Reduktion des Ausgleichsenergiebedarfs für Stromlieferanten bzw. deren Bilanzkreisoptimierung, die Stabilisierung von Spannungs- und Frequenzhaltung für Netzbetreiber oder Unterstützungsmechanismen zum Versorgungswiederaufbau.

Für eine erfolgreiche Realisierung der zuvor beschriebenen Facetten im Geschäftsmodell des DSI-Managers für EEG-E-Heizungsanlagen ist die Schaffung von Letztverbrauchernutzen von zentraler Bedeutung. Ohne einen entsprechenden Anreiz würde keine kritische Masse von Letztverbrauchern auf vernetzt steuerbare Elektrogebäudeheizungsanlagen umsteigen. Zur Kosten-Nutzenbetrachtung aus Sicht des Letztverbrauchers haben die Autoren eine Geschäftsidee für das DSI-Management von EEG-E-Heizungsanlagen entwickelt, welche der quantitativen Analyse mit möglichst wenig Komplexität dient. Folglich wurde zunächst ausschließlich das Einsparpotenzial in der Energiebeschaffung für den Heizbetrieb gegenüber den Anschaffungskosten für die EEG-E-Heizungsanlagen kalkuliert. Dadurch wird eine fokussierte Betrachtung des Letztverbrauchernutzens ohne die Unsicherheiten weiterer Nutzenhebel (vgl. Abb. 21.13) ermöglicht. Die Einflussmatrix in Abb. 21.14 veranschaulicht dieses Modell und beschreibt das ausgewählte Szenario, wonach ein Letztverbraucher von Ölheizung auf Elektrogebäudeheizung wechselt und diese dienstleistend von einem DSI-Manager betreiben lässt. Dieses Szenario wird durch die vordefinierten Annahmen, diversen Faktoren und Parametern sowie deren Zusammenhänge inklusive der Berechnung eines Zielwerts konkretisiert. Der Einfluss der Parameter aufeinander ist mit Pfeilen gekennzeichnet und über entsprechend hinterlegte Funktionen berechnet.

Für die auf dieser Einflussmatrix basierende Wirtschaftlichkeitsbetrachtung aus Letztverbrauchersicht wird angenommen, dass der Heizbedarf des Letztverbrauchers 35.000 kWh pro Jahr entspricht (200 m^2 zu beheizende Wohnfläche) und er durchschnittlich 88,8ct pro Liter Heizöl bzw. 8,9ct pro kWh bezahlt hat. Seine variablen Heizkosten diesbezüglich summieren sich folglich jährlich auf etwa 3.115 EUR.

---

[23] Vgl. Bechmann et al. (2014).

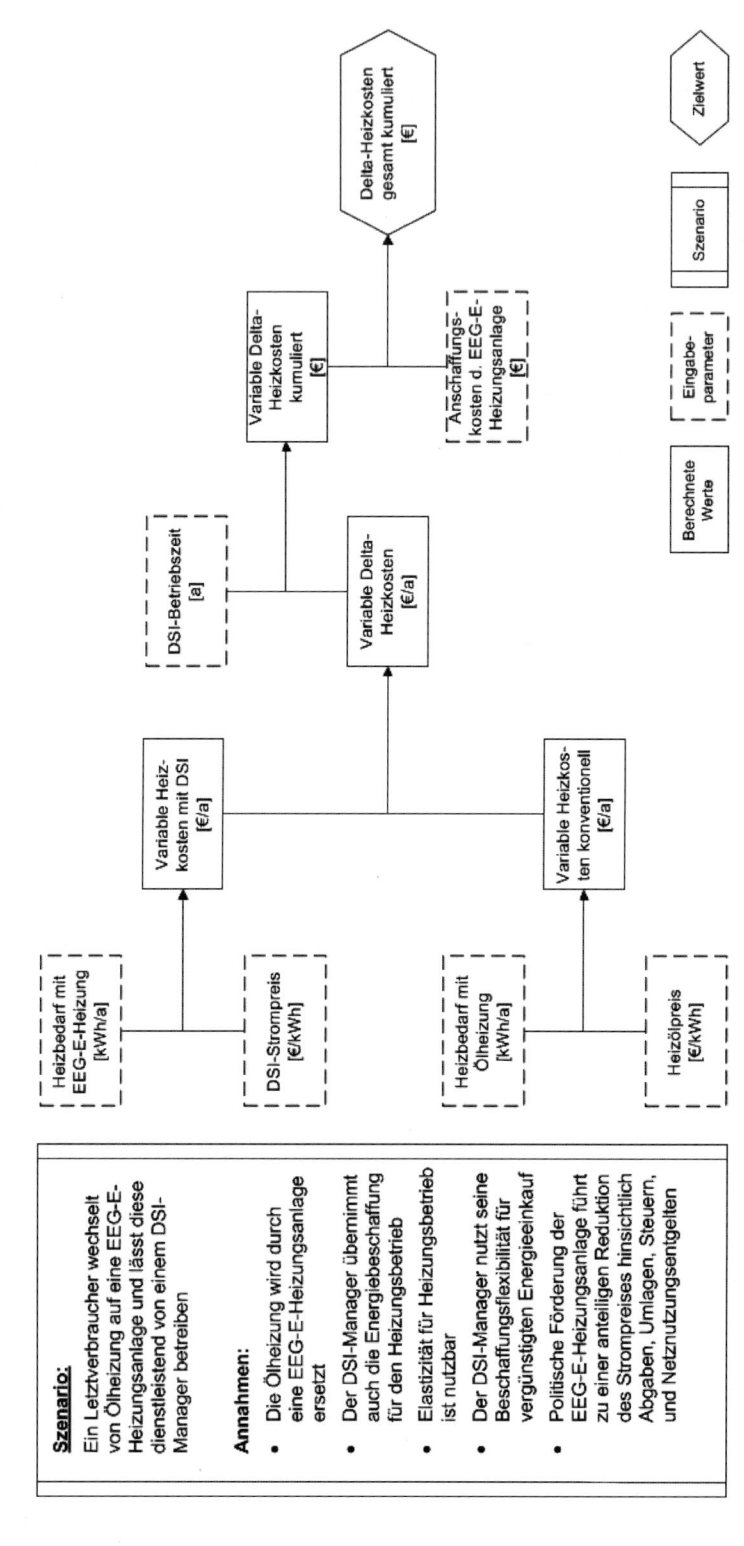

Abb. 21.14 Einflussmatrix zur Wirtschaftlichkeitsbetrachtung der EEG-E-Heizungsanlage aus Sicht des Letztverbrauchers. (SAP Business Transformation Services)

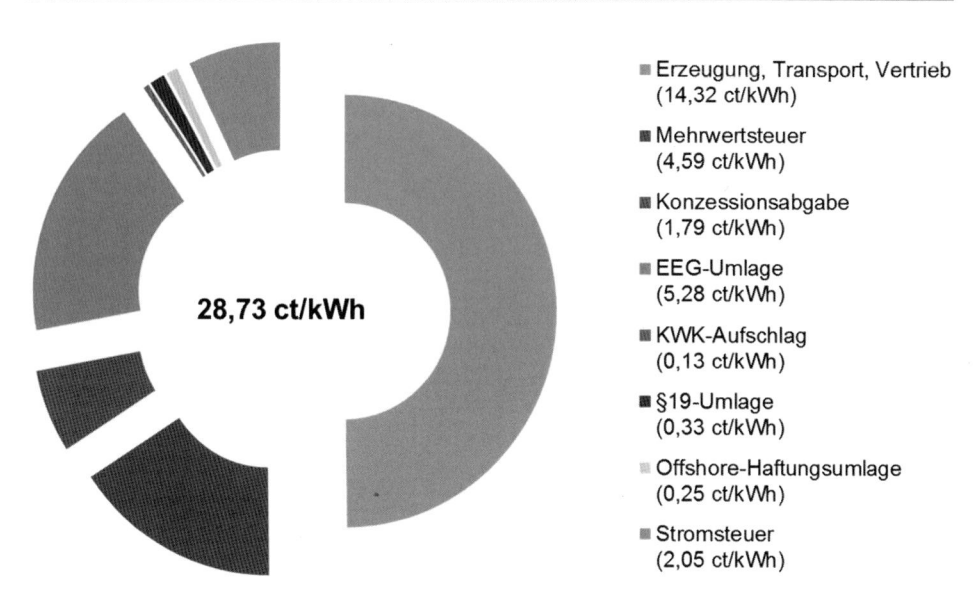

Abb. 21.15 Durchschnittliche Strompreiszusammensetzung eines Privathaushalts in Deutschland 2013 (Datenquelle: BDEW; Stand 04/2013; SAP Business Transformation Services)

Pie chart legend:
- Erzeugung, Transport, Vertrieb (14,32 ct/kWh)
- Mehrwertsteuer (4,59 ct/kWh)
- Konzessionsabgabe (1,79 ct/kWh)
- EEG-Umlage (5,28 ct/kWh)
- KWK-Aufschlag (0,13 ct/kWh)
- §19-Umlage (0,33 ct/kWh)
- Offshore-Haftungsumlage (0,25 ct/kWh)
- Stromsteuer (2,05 ct/kWh)

Gesamt: 28,73 ct/kWh

Der DSI-Strompreis (der Preis, den der Letztverbraucher für den Betrieb seiner EEG-E-Heizungsanlage an den DSI-Manager bezahlt) wird aus dem aktuellen Strommarktpreis, regulatorisch bedingten Strompreisaufschlägen und dem Margenaufschlag des DSI-Managers gebildet. Im Jahr 2013 belief sich der durchschnittliche Strompreis für private Haushalte auf 28,73ct pro kWh. In dem Modell wird davon ausgegangen, dass die EEG-E-Heizungsanlage aufgrund ihrer positiven Effekte für die Energiewende politisch gewünscht ist und im zukünftigen Strommarktdesign entsprechend berücksichtigt sein wird. Bei der Strompreiskalkulation wird von einer anteiligen Abgabenbefreiung auf die regulatorisch bedingten Zuschläge ausgegangen. Die regulatorischen Zuschläge sind in Abb. 21.15 dargestellt und beinhalten diverse Abgaben, Steuern und Umlagen. Im Jahr 2013 entsprachen sie etwa 50 % des Strompreises.[24] Reduziert werden u. a. ein Teil der Konzessionsangabe, der Stromsteuer, des KWK-Aufschlags, der EEG- und Offshore-Umlagen, sowie (mit Verweis auf § 14a des EnWG) anteilige Nutznutzungsentgelte. Zudem wird in dieser Wirtschaftlichkeitsbetrachtung vorausgesetzt, dass der DSI-Manager durch die Nutzung von Beheizungselastizitäten seine Strombeschaffung flexibilisieren und dadurch von hoher Fahrplangenauigkeit sowie volatilen Energiepreisen profitieren kann. Folglich wird der DSI-Strompreis auf 14,4ct pro kWh angesetzt.

Aufgrund des höheren Wirkungsgrads der EEG-E-Heizungsanlage gegenüber Ölheizungen wird ein Heizbedarf von 90 kWh/m² veranschlagt. Der Heizbedarf mit der DSI-betriebenen EEG-E-Heizung entspricht daher 18.000 kWh pro Jahr mit jährlichen variablen Heizkosten von 2.592 EUR. Im direkten Vergleich der variablen Heizkosten ist die EEG-E-

---

[24] Vgl. BDEW (2013).

Heizungsanlage somit jährlich etwa 520 EUR günstiger als die konventionelle Ölheizung des Letztverbrauchers.

Aus den jährlichen Betriebskosteneinsparungen lässt sich die Amortisationszeit der EEG-E-Heizung gegenüber konventionellen Anlagen berechnen. Über einen Betrachtungszeitraum von beispielsweise zehn Jahren und einer durchschnittlichen Betriebskosteneinsparungen von 500 EUR pro Jahr könnten gegenüber konventionellen Anlagen selbst erhöhte Anschaffungskosten eine deutliche Einsparung für die Endkunden bedeuten.

In Anbetracht von Nutzungsdauern für Heizungsanlagen von durchschnittlich ca. 20 Jahren könnten signifikante Heizkosteneinsparungen – zusätzlich zu den damit verknüpften CO_2-Reduktionswerten – erzielt werden. Weitere Wirtschaftlichkeitstreiber der EEG-E-Heizungsanlage, die z. B. reduzierte Wartungskosten bzw. die Erweiterung des Geschäftsmodells um Profittreiber aus Abb. 21.13 umspannen, würden die preisliche Attraktivität der EEG-E-Heizungsanlage zusätzlich erhöhen. Daraus resultierende Kosten- und Umsatzvorteile könnten zur Margenoptimierung des DSI-Managers sowie zur Reduktion von Letztverbraucherkosten genutzt werden.

Unter den getroffenen Annahmen zeigt die Wirtschaftlichkeitsbetrachtung das Nutzenpotenzial einer DSI-betriebenen EEG-E-Heizungsanlage aus Sicht des Letztverbrauchers. Die Grundlage für darauf aufbauende Geschäftsmodelle und skalierbares Lastmanagement ist gegeben und wird im Zuge zunehmender Verknappung fossiler Rohstoffe sowie stärkerer Einspeisung aus fluktuierenden Energien weiter bestärkt werden.

21.4.2 Prozessuale Darstellung und Bedeutung der IT für die Umsetzung des Geschäftsmodells

Für die Umsetzung des in Abschn. 21.4.1 beschriebenen Geschäftsmodells entlang der EEG-E-Heizungsanlage sind nachfolgend einige relevanten Prozesse und notwendigen IT-Unterstützungen skizziert. Die Beschreibung erfolgt aus Sicht eines Energievertriebes, der in Verbindung zur Energielieferung zusätzlich auch die technische Infrastruktur und den Betrieb der EEG-E-Heizung durch den DSI-Manager vertreibt. Im ersten Schritt sind der Vertriebs- und anschließend der Betriebsprozess grob dargestellt.

Abbildung 21.16 zeigt die grobe Darstellung der Abläufe des Verkaufsprozesses der EEG-E-Heizung, die in Verbindung mit einem Wartungs- und Energieliefervertag abgeschlossen wird. Der Prozess startet mit der Identifikation potenzieller Kunden und endet mit dem Beginn der Energiebelieferung.

Nachfolgend werden die dargestellten Prozessschritte kurz geschildert und die benötigte IT-Unterstützung gemäß der zuvor erläuterten IT-Fähigkeiten und der 5 Marktkategorien der SAP beschrieben.

1. *Identifikation von potenziellen Kunden*
   Wie in Abschn. 21.4 ausgeführt, sind Privathaushalte in Deutschland der grundsätzlich adressierbare Markt der für EEG-E-Heizungsdienstleistungen. Für den effizienten

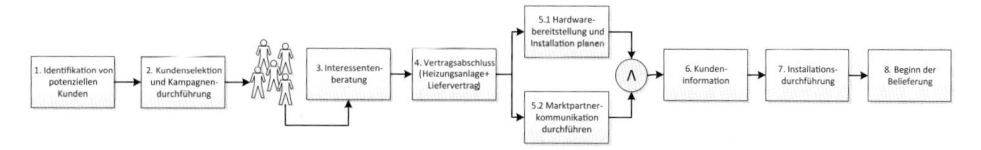

Abb. 21.16 Grobe Darstellung des Vertriebsprozesses der EEG-E-Heizung. (SAP Business Transformation Services)

Vertrieb sind, je nach Ausgestaltung des Produktes, Kriterien für die Definition der tatsächlichen Zielgruppe abzuleiten. Die folgenden Beispiele können dafür als Selektionskriterien festgelegt werden:
a. Haushalte, die nicht in einem Fernwärmenetz liegen
b. Kunden, die keinen bestehende Gasheizungsvertrag haben
c. Wärmebedarf (gegebenenfalls abgleitet von Grundfläche und Lage des Gebäudes, Anzahl Wohneinheiten, Baujahr, Anzahl Personen)
d. Haushalte mit Ölheizung
Auf Basis der definierten Kriterien können die erforderlichen Daten und Quellsysteme für die Identifikation von potenziellen Kunden definiert werden. Unter Nutzung von Analytics Werkzeugen können unterschiedliche Datenquellen orchestriert und entsprechend ausgewertet werden. Für eine derartige Zielgruppenidentifikation bieten sich SAP Cloud Lösungen an, sodass keine eigene Infrastruktur beim EVU aufgebaut werden muss. Über die Cloud können Daten aus eigenen (z. B. SAP Business Suite) und weiteren Quellen (z. B. GIS, Adressdaten, Social Media) zusammengeführt werden. Predictive Analytics Werkzeuge bieten die Möglichkeit, über intelligente Algorithmen aus bekannten Kundenmerkmalen relevante Selektionskriterien von externen Zielgruppen abzuleiten und somit die Basis für die Durchführung von Vertriebskampagnen zu legen.
Wichtige IT-Fähigkeiten für diesen Prozessschritt
OT/IT-Integration, Big Data Management, Predictive Analytics, 360°-Customer Analytics

2. *Kundenselektion und Kampagnendurchführung*
Im vorhergehenden Prozessschritt werden die Basisarbeiten für die Durchführung von Vertriebskampagnen durchgeführt. Durch die Bereitstellung von Self-Services für die Kundenselektion kann der Fachbereich autark und schnell auf Marktsituationen reagieren. Gezielte Vertriebskampagnen, z. B. für einzelne Netzgebiete, können gesteuert und die Effizienz der Kampagnen durch die Vorselektion der Zielgruppe deutlich gesteigert werden. Technisch lassen sich die Kampagnen wahlweise in on premise als auch in SAP Cloud-Lösungen realisieren.
Wichtige IT-Fähigkeiten für diesen Prozessschritt
OT/IT-Integration, Big Data Management, Predictive Analytics, 360°-Customer Analytics

3. *Interessentenberatung*
Die Beratung der Interessenten bietet als Nebeneffekt die Chance, zusätzliche Informationen zur Optimierung von Selektionsverfahren für die Kampagnendurchführung zu

sammeln. Für eine kompetente und individuelle Beratung müssen umfassende Daten vom Kunden aufgenommen werden, sodass ein individuelles Angebot erstellt und der wirtschaftliche Nutzen für den Kunden ersichtlich gemacht werden kann. Für die Kundenberatung ist der Aufbau diverser Kommunikationskanäle erforderlich. Neben der persönlichen Beratung im Kundenzentrum, im Call Center oder durch spezialisierte Partner, sind mobile Anwendungen (mobile Apps) und Beratungslösungen auf der Portalseite des Anbieters wichtige Kanäle, um ein 24/7-Beratungsangebot zu ermöglichen. Darüber können auch Self-Services für die Vorbereitung oder den direkten Abschluss von Lieferverträgen bereitgestellt und vom Berater oder Kunden genutzt werden. Die erfassten Daten werden zentral vorgehalten und sind die Basis für eine effiziente Umsetzung der Folgeprozesse, sowie für die Optimierung der Selektionsverfahren.

Wichtige IT-Fähigkeiten für den Prozessschritt
Big Data Management, 360°-Customer Analytics, Predictive Analytics, Enterprise Mobility

4. *Vertragsabschluss*
Für die Kalkulation des Angebotes sind je nach Ausgestaltung des Produktes gegebenenfalls komplexe Kalkulationen erforderlich. Mit Abschluss des Vertrages werden die Interessenten im System zu Kunden. Eine Überführung der Vertragsdaten in die relevanten Systeme zur Initiierung der Folgeprozesse erfolgt im nächsten Schritt. Beim DSI-Manager und den beteiligten Rollen für die Dienstleistungserbringung kann die Belieferung, Installation und der Betrieb eingeplant werden.

Wichtige IT-Fähigkeiten für den Prozessschritt
Big Data Management, Analytics, 360°-Customer Analytics

5. *Hardwarebereitstellung und Installation (5.1)/Marktkommunikation initiieren (5.2)*
Nach Vertragsabschluss müssen die Hardwarebereitstellung, die Installation der Heizungsanlage eingeplant werden und die Prozesse über die Logistiksysteme angestoßen und abgewickelt werden. Zudem müssen die Marktkommunikationsprozesse für die Strombelieferung angestoßen werden. Die Integration in die vorhandene Prozesslandschaft des Unternehmens ist für einen reibungslosen und effizienten Ablauf vorzusehen.

Wichtige IT-Fähigkeiten für diesen Prozessschritt
Enterprise Mobility

6. *Kundeninformation*
Nach Abschluss der Planungsarbeiten werden dem Kunden die Termine zur Anlagen-/Geräteinstallation, sowie zum Belieferungsbeginn der DSI-Dienstleistung mitgeteilt. Die Kommunikation zum Kunden sollte diverse Kanäle vorsehen. Dabei bieten mobile Applikationen ein effizientes Medium zur Kundeninteraktion. Sofern im Betrieb der Anlage die Nutzung von mobilen Applikationen geplant ist, kann die neue Anwendung von der ersten Interaktion an eingeführt und genutzt werden.

Wichtige IT-Fähigkeiten für den Prozessschritt
Enterprise Mobility, M2M-Kommunikation

7. *Installation*
Bei der Installation der Heizungsanlage erfolgt in Vorbereitung des Anlagenbetriebes der Kommunikationsaufbau mit der IT-Infrastruktur des Demand Side Managers.

Hierbei ist die Prozesskette auf Funktionsfähigkeit und Durchgängigkeit zu testen und in Betrieb zu nehmen.
Wichtige IT-Fähigkeiten für den Prozessschritt
OT/IT-Integration, Big Data Management, Enterprise Mobility, M2M-Kommunikation

8. **Beginn der Belieferung**
Nach der Installation sind die Voraussetzungen für Betrieb und Steuerung der EEG-E-Heizungsanlage geschaffen. Im Folgenden wird der Betrieb durch den DSI-Manager skizziert.

Beim DSI-Manager fließen die relevanten Daten für den Speicherbetrieb der EEG-E-Heizung zusammen. Von hier werden die Zustandsdaten (z. B. IST-Speicherkapazität, Wärmebedarfsprognosen) des Wärmespeichers in Echtzeit ausgelesen und eine über alle Endverbraucher aggregierte Bedarfs- und Speicherkapazitätsprognose erstellt. Auf dieser Basis und der Echtzeitvernetzung mit den relevanten Markt- und Kundendaten kann der DSI-Manager einen kosten- und margenoptimierten Betrieb der angeschlossenen EEG-E-Heizungen steuern.

Für die Orchestrierung aller relevanten Daten ist Geschwindigkeit ein wesentliches Erfolgskriterium des Geschäftsmodells. Die SAP RTDP (Abb. 21.11) stellt das Steuercockpit des Demand Side Mangers dar und vereint durch die Nutzung von SAP HANA die IT-Basisfähigkeiten Big Data Management und IT/OT-Integration. Je schneller der DSI-Manager auf Veränderungen reagieren kann, desto wirtschaftlicher ist der Betrieb. Für das Auslesen der Sensordaten aus den OT-Systemen (in diesem Beispiel: EEG-E-Heizung, Preisindex) bietet die SAP RTDP hochspezialisierte Werkzeuge, um unterschiedliche Datenquellen anzubinden und in Echtzeit automatisiert auszulesen. Über die Integration in die SAP Business Suite liegen die Kundendaten im direkten Zugriff. Weitere Quellsysteme, wie das Energiehandels- oder Bilanzkreismanagementsystem lassen sich ebenfalls in die Steuerung integrieren. Das Virtual Data Model ermöglicht die Datenorchestrierung und kann unter Nutzung der integrierten analytischen Werkzeuge vielfältige Auswertungen detailliert durchführen und automatisiert in Geschäftsentscheidungen bzw. vollständige Folgeprozesse übersetzen.

Zudem sind die M2M-Kommunikation, Predictive Analytics und die 360°-Customer Analytics für den DSI-Manager wichtige IT-Fähigkeiten anhand derer die aktive Steuerung der angeschlossenen regelbaren Verbraucher erfolgen kann. Die Integration mobiler IT-Komponenten ist neben der Interaktion mit dem Endkunden, auch für die Bearbeitung von Instandhaltungsaufträgen und Störungen sinnvoll. Die Einbeziehung des Endkunden z. B. durch die Möglichkeit, über mobile Applikationen Einfluss auf die individuelle Steuerung seiner Anlage auszuüben oder anhand der mobilen Applikationen Einsicht zu nehmen würde die Akzeptanz beim Endkunden fördern. Zudem könnten darüber Potenziale in Bezug auf weiterführende Smart Home Anwendungen gehoben werden.

Wichtige IT-Fähigkeiten für den DSI-Manager OT/IT-Integration, Big Data Management, M2M-Kommunikation, Predictive Analytics, 360°-Customer Analytics Nachfol-

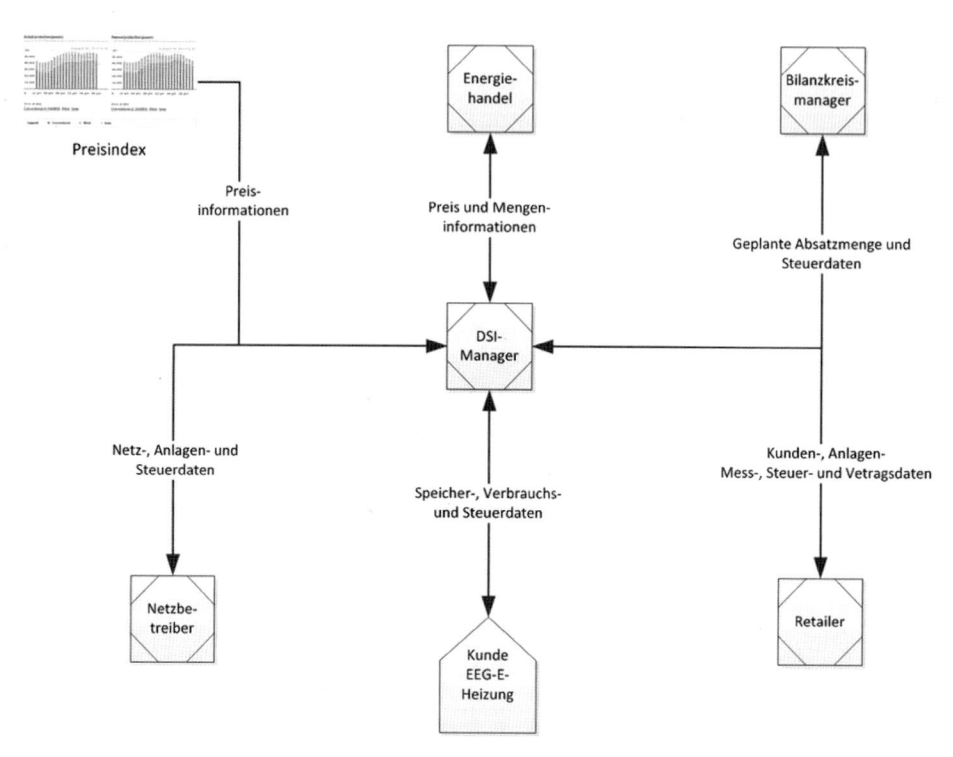

Abb. 21.17 Datenfluss DSI-Manager. (SAP Business Transformation Services)

gend werden die Datenströme und Prozesse für die in Abb. 21.17 exemplarisch dargestellten Rollen kurz skizziert.

1. **Retailer**
Vom Retailer werden nach Abschluss des Vertrages die relevanten Kunden-, Anlagen und Vertragsdaten bereitgestellt. Hiermit kann der DSI-Manager entsprechend der Vertragsvorgaben die Anlage in die aktive Steuerung aufnehmen. Sofern sich während der Laufzeit Veränderungen ergeben, werden die betroffenen Daten aktualisiert. Der Retailer kann bei Bedarf Steuerungsdaten übermitteln, die über die definierte Schnittstelle zur Kundenanlage vom DSI-Manager ausgeführt werden.
Der DSI-Manager nimmt, je nach Vertragskonstellation, die relevanten Abrechnungsdaten auf und stellt sie dem Retailer für Abrechnungszwecke zur Verfügung.
Wichtige IT-Fähigkeiten für die Interaktion mit dem Retailer:
OT/IT-Integration, Big Data Management, M2M-Kommunikation, 360°-Customer Analytics
2. **Bilanzkreismanager**
Beim Bilanzkreismanager werden SOLL- und IST-Verbrauchsdaten vorgehalten. Zur Optimierung der Bilanzierung und Reduktion des Ausgleichsenergiebedarfs kann der

Bilanzkreismanager den Regelbedarf beim DSI-Manager anmelden, der entsprechend der verfügbaren Elastizitäten, Kapazitäten und definierten Algorithmen die angebundenen Verbraucher steuert. Die Integration und Optimierung des Bilanzkreismanagements im Regelkreis des DSI-Managers stellt für die Vertriebsgesellschaft einen Nutzenhebel dar, der für den Letztverbraucher nicht transparent ist und somit zur Margenoptimierung im Vertriebsgeschäft beiträgt.

Wichtige IT-Fähigkeiten für die Interaktion mit dem Bilanzkreismanager:
OT/IT-Integration, Big Data Management, Predictive Analytics, M2M-Kommunikation

3. *Preisindex*

Das Geschäftsmodell des DSI-Managements einer EEG-E-Heizungsanlage legt die Annahme zu Grunde, dass in einem zukünftigen Marktmodell die Angebot- und die Nachfragesituation für elektrische Energie über einen Preisindex abgebildet wird. Auf dessen Basis kann kurzfristig günstige Energie beschafft werden, um die vorhandenen Wärmespeicher aufzufüllen. In Hochpreisphasen können die vorhandenen Wärmekapazitäten genutzt werden, um weniger Energie am Markt zu beschaffen. Durch die Zusammenfassung vieler Speicherkapazitäten beim DSI-Manager können Preisspitzen in der Beschaffung reduziert werden. Ob die Verbindung zum Preisindex direkt oder über die ebenfalls in der Grafik dargestellte Rolle des Energiehändlers stattfindet, ist für die grobe Beschreibung des Geschäftsmodells nicht relevant. Denkbar ist ebenso die direkte Kommunikation von Preissignalen durch den Energiehandel.

Für die effiziente Umsetzung des Geschäftsmodells ist die IT-Unterstützung entscheidend. Ohne die IT-Fähigkeiten wie sie die SAP RTDP vereint, lassen sich derartige Modelle nicht umsetzen. OT-/IT-Daten müssen in Echtzeit ausgelesen, orchestriert, analysiert und die Ergebnisse automatisiert in M2M-Steuerungsmechanismen umgesetzt werden.

Wichtige IT-Fähigkeiten für die Interaktion mit einem Preisindex:
OT/IT-Integration, Big Data Management, Predictive Analytics, M2M-Kommunikation

4. *Energiehandel*

In der beschriebenen Geschäftsmodellidee hat der Energiehandel eine wichtige Rolle zur Reduktion von Risiken in der Energiebeschaffung. Über präzise Vorhersagemodelle und echtzeitnahe Zustandsanalysen können Preisrisiken abgesichert werden. Kritisch ist in diesem Zusammenhang ein hochperformanter Austausch von vorhandenen und prognostizierten Preis- und Mengeninformationen zwischen DSI-Manager und dem Energiehandel. Anhand einer zusätzlichen Absicherung der Bezugspreise für längere Hochpreisphasen durch den Energiehandel kann die Versorgungssicherheit zu wirtschaftlichen Kosten für den Endkunden sichergestellt werden. Um diese Absicherungsmechanismen effektiv nutzen zu können, müssen Vorhersagemodelle für die Preisentwicklung Anwendung finden

Wichtige IT-Fähigkeiten für die Interaktion mit dem Energiehandel:
OT/IT-Integration, Big Data Management, Predictive Analytics, M2M-Kommunikation

5. *Netzbetreiber*
Je nach Ausgestaltung des Netznutzungsvertrages kann auch der Netzbetreiber Einfluss auf die vorhandenen Speicher des DSI-Manager ausüben. In § 14a des EnWG ist festgelegt, dass Betreiber von Elektrizitätsverteilnetzen denjenigen Lieferanten und Letztverbrauchern im Bereich der Niederspannung, mit denen sie Netznutzungsverträge abgeschlossen haben, ein reduziertes Netzentgelt zu berechnen haben, wenn ihnen im Gegenzug die Steuerung von vollständig unterbrechbaren Verbrauchseinrichtungen zum Zweck der Netzentlastung gestattet wird. Durch Ausnutzung dieses Passus könnte der Retailer einen zusätzlichen Hebel für Kosteneinsparungen nutzen.

In Abb. 21.17 erfolgt die Steuerung nicht über den direkten Zugriff durch den Netzbetreiber sondern durch den DSI-Manager. Für eine skalierbare Umsetzungslösung sind sowohl von Seiten des Netzbetreibers als auch des DSI-Managers entsprechende Applikationen erforderlich, die Netzzustände überwachen und über M2M-Kommunikation Steuerungsvorgänge auslösen können. Diese werden vom System des DSI-Managers automatisiert aufgenommen, anhand des definierten Regelwerkes analysiert und entsprechend für netzstabilisierendes Lastmanagement angesteuert.

Wichtige IT-Fähigkeiten für die Interaktion mit dem Netzbetreiber:
OT/IT-Integration, Big Data Management, Predictive Analytics, M2M-Kommunikation, 360°-Customer Analytics

21.5 Ausblick

Die Energiewende setzt Unternehmen der Energiewirtschaft unter massiven Handlungsdruck. Um auch zukünftig profitable Geschäftsmodelle verfolgen zu können, müssen EVU die vielfältigen Treiber der Veränderungen verstehen und zugehörige Nutzenhebel identifizieren. Ohne ein zuverlässiges Marktmodell, auf dessen Basis konkrete Business Cases für neue Geschäftsmodelle kalkuliert werden können, wird die Umsetzung der notwendigen Transformation in den Smart Market erschwert.

Für den organisatorischen Wandel und die Realisierung erfolgreicher Geschäftsmodellinnovation im zukünftigen Smart Market werden Fähigkeiten zur Messwerterfassung, -bereitstellung und -verarbeitung eine entscheidende Rolle einnehmen. Prognostizierbarkeit, („Echtzeit-") Reaktionsgeschwindigkeit, sowie Steuerbarkeit virtueller Erzeugungs-, Verbrauchs-, Speicher und Informationssysteme werden zunehmend zu Grundlagen wirtschaftlichen Unternehmertums. In diesem Zusammenhang werden insbesondere die Ansprüche an die Koordinierung bzw. Orchestrierung von Erzeugungs-, Verbrauchs- und Energiespeicherkapazitäten stark ansteigen und hohes Detailwissen über Kundenverhalten und das Ecosystem voraussetzen. Wichtiger Befähiger, Wegbereiter und Effizienztreiber der Prozesse des Smart Markets wird für Unternehmen daher ihre IT-Expertise sein. Um die Geschäftsmodelle des Smart Markets, wie z. B. die Demand Side Integration oder virtuelle Kraftwerke, zu erschließen und von deren Nutzenhebeln zu profitieren, werden spezielle IT-Fähigkeiten entlang Big Data Management, M2M-Kommunikation, Predictive Analytics sowie 360°-Customer Analytics und der OT/IT-Integration erfolgskritisch sein. Für die Entwicklung dieser IT-Fähigkeiten müssen EVU ihre aktuellen Landschaften stetig fortentwickeln und auf Basis der bestehenden Systeme neue Technologien nutzen. Vielversprechende Angebote dafür sind bereits heute im Markt verfügbar. Mit ihrer 5-Market-Strategie und den jeweiligen Technologielösungen entlang Applications, Analytics, Mobile, Database & Technology sowie Cloud bietet die SAP ein ganzheitliches Portfolio zum effizienten Aufbau der im Smart Market benötigten IT-Kompetenz. Um die damit verknüpften Wettbewerbsvorteile entfalten zu können, werden die Kompatibilität der Technologien zueinander sowie deren systemharmonische Orchestrierung von zentraler Rolle sein. Indem die SAP RTDP die Technologielösungen der 5-Market-Strategie passgenau über einen stabilen Kern vereint, dabei jedoch immer noch die Flexibilität einer offenen Plattform bietet, können Unternehmen damit das volle Synergienpotenzial der Technologien ausschöpfen.

Die Zukunft der Energiewirtschaft konfrontiert die Unternehmen mit schwierigen Herausforderungen. Neue und auch bislang branchenfremde Akteure (z. B. aus der Telekommunikationsindustrie) mit hohen IT-Fähigkeiten im Umgang mit Massendaten aus diversen Quellen werden zudem in das Feld drängen. Sie werden den Wettbewerb im Milliarden Euro schweren Energiemarkt weiter anfachen.

Der Ressourcenbedarf des Smart Markets ist hoch und derzeit von Investitionsunsicherheit geprägt. Gleichzeitig ergeben sich durch die Energiewende allerdings auch vielversprechende Chancen. Zum einen für die Endkunden, die langfristig von wirtschaftlicheren Energiepreisen und erhöhter Nachhaltigkeit profitieren können. Zum anderen für die Unternehmen, die unter Ausnutzung ihrer Kernkompetenzen neue Umsatzquellen durch das Management von Energie erzielen können.

Literatur

Bechmann, M., Deissenroth, M., Kaczynski, S.: Entwicklung und Bewertung von Geschäftsmodellen für Smart Energy, Energiewirtschaftliche Tagesfragen (et), voraussichtliche Veröffentlichung im Frühjahr 2014

Bundesministerium für Wirtschaft und Energie (BMWi): Gesamtausgabe der Energiedaten – Datensammlung des BMWi, letzte Aktualisierung vom 20.08.2013. http://www.bmwi.de/BMWi/Redaktion/Binaer/energie-daten-gesamt,property=blob,bereich=bmwi2012,sprache=de,rwb=true.xls. Zugegriffen: 26. Dez. 2013

Bundesnetzagentur: „Smart Grid" und „Smart Market". Eckpunktepapier der Bundesnetzagentur zu den Aspekten des sich verändernden Energieversorgungssystems. Bonn (Dezember 2011)

Bundesregierung: Nationaler Entwicklungsplan Elektromobilität der Bundesregierung, Berlin (2009). http://www.bmu.de/fileadmin/bmu-import/files/pdfs/allgemein/application/pdf/nep_09_bmu_bf.pdf. Zugegriffen: 7. Jan. 2014

Bundesverband der Deutschen Industrie e.V. (BDI): Energie in Zahlen. http://www.energiewende-richtig.de/#overlay=figure/ueber-200-mrd (2013). Zugegriffen: 7. Jan. 2014

Bundesverband der Energie- und Wasserwirtschaft e.V. (BDEW): BDEW-Strompreisanalyse Mai 2013. https://www.bdew.de/internet.nsf/id/05B6EBC2BF77350DC1257AD700582730/$file/130527_BDEW_Strompreisanalyse_Mai%202013_presse.pdf (2013). Zugegriffen: 1. Jan. 2014

Bundesverband Erneuerbare Energie e.V. (BEE) und Agentur für Erneuerbare Energien e.V. (AEE): Stromversorgung 2020 – Wege in eine moderne Energiewirtschaft. Berlin (2009)

Deutsche Energie-Agentur GmbH (dena): Deutscher Energiewende-Index. http://www.dena.de/projekte/energiesysteme/deutscher-energiewende-index.html (2013a). Zugegriffen: 7. Jan. 2014

Deutsche Energie-Agentur GmbH (dena): dena fordert Heizkostenbremse, November 2013. http://www.dena.de/presse-medien/pressemitteilungen/dena-fordert-heizkostenbremse.html (2013b). Zugegriffen: 7. Jan. 2014

ETG-Task Force Demand Side Management: Demand Side Integration – Lastverschiebungspotenziale in Deutschland (Gesamttext), Energietechnischen Gesellschaft (ETG) im VDE Verband der Elektrotechnik Elektronik Informationstechnik e.V. Frankfurt a. M. (Juni 2012)

Gartner: IT Glossary – Operational Technology (OT). http://www.gartner.com/it-glossary/operational-technology-ot/ (2013). Zugegriffen: 07. Jan. 2014

Gollenia, L., Uhl, A., Giovanoli, C.: Next generation IT strategy – approaching the digital enterprise. 360° – The Business Transformation Journal, Nr. 5, 2012, S. 32–49. https://www.bta-online.com/what-we-do/360-journal/previous-issues/journal-issue-5/?eID=dam_frontend_push&docID=590. Zugegriffen: 7. Jan. 2014

Heymann, E., Zähres, M.: Automobilindustrie am Beginn einer Zeitwende. Deutsche Bank Research, Frankfurt a. M. (2009)

Kaczynski, S.: ENERGY Delphi – Eine Expertenbefragung zur Zukunft der Energiewirtschaft. Energiewirtschaftliche Tagesfragen (et), 61. Jg., Nr. 11, 2011, S. 62–66

Kempton, W., Letendre, S.: Electric Vehicles as a New Power Source for Electric Utilities. In: Elsevier Science Ltd. (Hrsg.): Transportation Research Part D – Transport and Environment, Vol. 3, Nr. 2, 1997, S. 157-175

Manyika, J., et al.: Big data: The next frontier for innovation, competition, and productivity. McKinsey Global Institute (2011). http://www.mckinsey.com/~/media/McKinsey/dotcom/Insights%20and%20pubs/MGI/Research/Technology%20and%20Innovation/Big%20Data/MGI_big_data_full_report.ashx. Zugegriffen: 7. Jan. 2014

Mayer, J., Kreifels, N., Burger, B.: Kohleverstromung zu Zeiten niedriger Börsenstrompreise – Kurzstudie. Fraunhofer ISE (2013)

Rückert-John, J., Bormann, I., John, R.: Umweltbewusstsein in Deutschland 2012 – Ergebnisse einer repräsentativen Bevölkerungsumfrage, Bundesministerium für Umwelt, Naturschutz und Reaktorsicherheit (BMU), Umweltbundesamt (UBA). Dessau-Roßlau (Januar 2013)

Servatius, H.-G., Kaczynski, S., Lohnert, K.: Transforming utilities – success based on a fitness profile. 360° – The Business Transformation Journal, Nr. 7, 2013, S. 6–15. https://www.bta-online.com/what-we-do/360-journal/previous-issues/journal-issue-7/?eID=dam_frontend_push&docID=816. Zugegriffen: 7. Jan. 2014

Servatius, H.-G., Kaczynski, S., Lohnert, K.: Innovation-driven Transformation of Utilities. 360° – The Business Transformation Journal, Marktstudie (2012)

Statista: Privathaushalte in Deutschland nach Bundesländern 2012 und Prognose für 2030. http://de.statista.com/statistik/daten/studie/1240/umfrage/anzahl-der-privathaushalte-deutschland-nach-bundeslaendern/ (2014). Zugegriffen: 7. Jan. 2014

Produkte des intelligenten Markts

22

Oliver Budde und Julius Golovatchev

Beherrschung der Komplexität von Smart Energy-Produkten durch PLM

Zusammenfassung

Disruptive Technologiesprünge und sich verändernde gesellschaftliche Einstellungen gegenüber der Energiewirtschaft als Ganzes treiben die Transformation von heutigen Energieversorgungsunternehmen hin zu Full-Service-Providern für spezifische Kundenbedürfnisse. Diese Unternehmen stehen heute vor der Herausforderung, ihr Produktportfolio zukunftsfähig für einen Smart Market zu gestalten. Nicht nur die Produktentwicklung, sondern insbesondere auch die Entwicklung innovativer kundenbezogener Prozesse sind dabei die Schlüssel für ein erfolgreiches Wachstum durch ein verbessertes Kundenerlebnismanagement. Dieser Beitrag zeigt auf, wie durch ein ganzheitliches Product Lifecycle-Management von Smart Energy-Produkten der Wandel für klassische Energieversorgungsunternehmen erfolgreich gestaltet werden kann.

O. Budde (✉)
Platinion GmbH, Im Mediapark 5c, 50670 Köln, Deutschland

J. Golovatchev
Detecon International GmbH, Sternengasse 14–16, 50676 Köln, Deutschland

22.1 Einleitung

Die Industrie wird sich in den nächsten Jahren maßgeblich verändern. Dies ist zurückzuführen auf technische und prozessuale *Innovationen* auf den verschiedenen Wertschöpfungsstufen der Energiewirtschaft sowie auf veränderte Rahmenbedingungen in der Gesellschaft. Dass diese Veränderungen für die Wirtschaft disruptiv sein werden, verdeutlichen ausgewählte aktuelle Entwicklungen auf den einzelnen Wertschöpfungsstufen der Energiewirtschaft:

- *Erzeugung*: neue Technologien wie das Fracking verschieben das Ende der Ressourcenverfügbarkeit um Jahrzehnte. Gleichzeitig entstehen technologische Innovationen, die eine dezentrale Energieerzeugung weiter befördern werden.
- *Netz*: die zunehmende Intelligenz im Verteilnetz (Smart Grid) ermöglicht einen effizienten und effektiven bi-direktionalen Informationsfluss zwischen Erzeugung und Verbrauch, womit sich die Herausforderungen einer dezentralen Erzeugung und fehlender Energiespeichermöglichkeit besser bewältigen lassen. Gleichzeitig kann eine räumliche Integration der Netze im Rahmen von DESERTEC[1] die Versorgungssituation weiter positiv beeinflussen.
- *Handel*: Energiehandel besitzt schon heute eine große Bedeutung, um durch risikooptimierte Beschaffungsstrategien die Margen zu steigern, die insbesondere in einem preissensitiven Marktumfeld bei Commodity-Gütern ein kritischer Erfolgsfaktor für die Kundenbindung bzw. Gewinnung sein kann. Durch eine weitere Zunahme von handelbaren Produkten (z. B. Emmissionsrechte) und einer höheren Liquidität der Börsen (z. B. bei Gas) wird jedoch die Komplexität im Beschaffungsmanagement zunehmen.
- *Vertrieb*: Eine zunehmende Heterogenität des Produktportfolios durch energienahe Dienstleistungen (z. B. im Bereich Security und Health Care) und einem damit einhergehenden Bedeutungszuwachses der kundenbezogenen Prozesse verändern das Geschäftsmodell klassischer Versorger über den reinen Energievertrieb von 1-Produkttarifen. Augenfälligstes Beispiel für gestiegene Bedeutung der Beherrschung von Wechselwirkungen zwischen Produkt und kundenbezogenen Prozessen stellt der Prozessbereich des Ablesungs- und Abrechnungsmanagements dar. Waren bisher die Ablesung und die Abrechnung nur auf Ebene des Jahresverbrauchs relevant, ergeben sich für den Vertrieb nun völlig neue Möglichkeiten durch die Steigerung der Kundeninteraktionspunkte bei einer monatlichen Abrechnung. Ähnlich wie in der Telekommunikationswirtschaft (TKW) bieten sich dadurch für den Vertrieb verbesserte Cross-Selling Möglichkeiten für maßgeschneiderte Produkte und Dienstleistungen entsprechend realer Kundenbedürfnisse.

---

[1] DESERTEC ist ein Konzept zur Erzeugung von Ökostrom an energiereichen Standorten der Welt und dessen Übertragung zu Verbrauchsregionen.

Diese Beispiele verdeutlichen den Änderungsdruck, unter dem integrierte Energieversorgungsunternehmen (EVU) derzeit stehen. Konkret lässt sich feststellen, dass diese Unternehmen von zwei Seiten unter Druck geraten.

Zum einen realisieren die Versorger, dass ihr bisheriges Geschäftsmodell den Eurocent je kWh zu optimieren[2] (z. B. durch eine weitere Verbesserung ihrer Beschaffungsstrategie) ihr Überleben nicht sichern wird. Stattdessen werden zukünftig erfolgreiche Unternehmen den Gesamtumsatz je Kunde (ARPU)[3] durch ein Bundle von Produkten und Services fokussieren. Damit vollzieht die Energiewirtschaft eine ähnliche Entwicklung wie die Telekommunikationswirtschaft, in welcher sich das Geschäftsmodell in vergleichbarer Form von dem Fokus einer Optimierung des Minutenpreises zu einer Betrachtung des Kundenmehrwerts durch Zusatzangebote verändert hat.

Neben dieser Aushöhlung ihres bisherigen Geschäftsmodells müssen Versorger zum anderen feststellen, dass sehr schnell neue Player ihr angestammtes Terrain mit innovativen Business-Konzepten betreten und somit an dem Wachstum in dieser Branche partizipieren wollen. Unter diesen „New Kids on the Block" finden sich nicht nur smarte agile Start-Ups, sondern vor allem auch Telekommunikationsunternehmen, die mit eigenen Startups wie Qivicon[4] von der Deutschen Telekom in neue Produkt- und Serviceangebote investieren.

Die Energieversorgungsunternehmen geraten dadurch unter Zugzwang und reagieren darauf. Die Top 13 Unternehmen in der Energiewirtschaft haben ihre Ausgaben für Forschung und Entwicklung in den letzten zehn Jahren um über 90 % gesteigert.[5] Hieran kann abgelesen werden, dass EVUs erkannt haben, dass ihr bisheriges Produktportfolio nicht das langfristige Überleben sichern kann. Entscheidend wird sein, wie schnell EVUs ihr bestehendes Produktportfolio optimieren und schlussendlich innovative Produkte und Dienstleistungen auf den Markt bringen können. Dabei gilt es jedoch, das richtige Markteintritts-Timing zu beachten. Eine zu frühe Markteinführung kann durchaus kontraproduktiv sein. Dies trifft dann zu, wenn für eine Markteinführung margenträchtige Produkte zu früh vom Markt entfernt werden oder aber Kannibalisierungseffekte zwischen dem neuen Produkt und dem bestehenden Produktportfolio zu erwarten sind.[6]

Im Ergebnis müssen sich Unternehmen nun fragen, wie sie sich von einem Markt mit Commodity-Produkten zu einem Full-Service-Provider entwickeln können, bei dem die

---

[2] Oder anders ausgedrückt: Energieversorger verdienen bisher vor allem an einem höheren Energieverbrauch. Diesbezüglich könnten sich neue Dienstleistungen wie eine Energie-Effizienz-Beratung oder IT-Dienstleistungen im Kontext des Smart Metering negativ auf das bisherige Geschäftsmodell auswirken.

[3] Average Return per User (ARPU).

[4] Qivicon ist eine Heimvernetzungsplattform, die durch eine Integration mit Smart Metern eine umfassende Smart Home-Lösung bereitstellt.

[5] Vgl. EURELECTRIC (2013).

[6] Es stellt sich für EVU die berechtigte Frage, wann diese Unternehmen beginnen sollten, ihre Energieeffizienzberatungsangebote zu professionalisieren mit dem Effekt, dass Umsatzanteile im Kerngeschäft betroffen sind.

Energieleistung weiterhin eine zentrale Leistung darstellt, diese allerdings integriert werden muss mit einer Reihe weiterer Leistungskomponenten (u. a. Dienstleistungen). Hierbei ist anzunehmen, dass Energieversorger vor ähnlichen Schwierigkeiten stehen werden, wie in der Vergangenheit Telekommunikationsunternehmen, weshalb sich hier ein Blick über den eigenen Tellerrand lohnen kann.

In diesem Beitrag wird ein Ansatz beschrieben, wie es Energieversorgern gelingen kann, intelligente Produkte zu entwickeln, zu betreiben und letztendlich wieder vom Markt zu nehmen. Es wird dabei auf Erfahrungen aus der Telekommunikationsindustrie zurückgegriffen, in der die Autoren ein ähnliches Konzept bereits erfolgreich implementiert haben.

22.2 Transformation der Energiewirtschaft

Neue Technologien, veränderte regulatorische Rahmenbedingungen sowie neue gesellschaftliche Prämissen haben die Energiewirtschaft nicht erst vor Kurzem zu einer Transformation ihrer Wertschöpfungsstrukturen geführt. War zu Anbeginn der Elektrifizierung im 19. Jhd. die Erzeugung, die Verteilung und der Verbrauch meist an einem Ort gebunden[7], konnte durch die Erfindung der Wechselspannung Strom über größere Strecken mittels einer entsprechenden Netzinfrastruktur transportiert werden. Hierdurch gelang eine flächendeckende Versorgung der Verbraucher mit Energie weitgehend unabhängig von dem Ort der Energieerzeugung. Bedingt durch den Monopolcharakter von Netzinfrastrukturen im Allgemeinen, bedurfte es auch für die Stromnetze einer staatlichen Regulierung. Für jedes Netzgebiet existierte ein dedizierter Versorger, der die Energieversorgung für alle Konsumenten übernahm. Infolgedessen existierte für Unternehmen in dieser Entwicklungsphase, die im Folgenden als Utility 2.0 bezeichnet wird, auf diesem Gebiet kein Wettbewerb. Oberstes Ziel dieser Unternehmen war von daher „nur" die Sicherstellung der Versorgungssicherheit. Kunden mussten den Zugang zu dieser Infrastruktur „beantragen".

Mit Beginn der Deregulierung wurde die Bewirtschaftung der Netzinfrastruktur und der Vertrieb von Energie getrennt, der nächste Evolutionsschritt zum Utility 3.0. Bisher stark regulierte Energieversorgungsunternehmen standen nun erstmals vor der Herausforderung, Produkte zu entwickeln und an den Endkunden zu vertreiben. Das Kundenverständnis veränderte sich damit von einem ehemaligen Antragssteller hin zum „umsorgten Objekt" mit spezifischen Bedürfnissen. Durch die Einführung von weiteren Marktrollen, wie dem Messstellenbetreiber und -dienstleister, wollte der Gesetzgeber einen Wettbewerb über die reine Energiebelieferung hinaus auf die Bewirtschaftung von Messstellen ausdehnen. Somit sollte das Produktangebot nicht auf die reine Energieversorgungsdienstleistung beschränkt bleiben, sondern das originäre Produkt um weitere Dienstleistungen veredelt werden. Aus Unternehmenssicht ermöglicht die Erweiterung des Produktspektrums eine weitere sinnvolle Möglichkeit sich im Kampf um Marktanteile zu differenzieren. Gemes-

---

[7] Für die Stromerzeugung wurden z. B. am Standort installierte Dampfmaschinen genutzt.

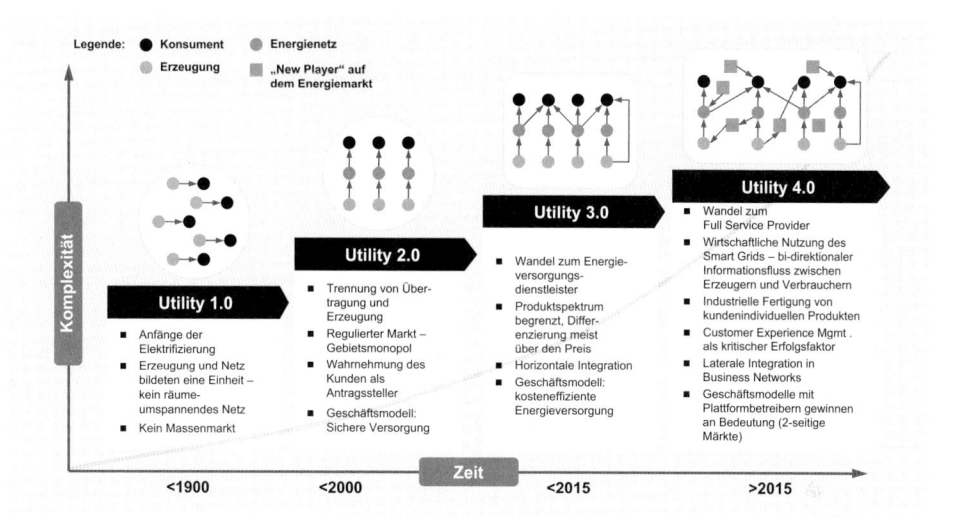

Abb. 22.1 Transformation der Energiewirtschaft in die Utility 4.0

sen an den Wechselquoten für die Energiebelieferung von heute über 30 %[8] bei Privathaushalten, lässt sich jedoch feststellen, dass der Erfolg dieser Bemühungen relativ gering ausgefallen ist. Ein Grund hierfür kann auch in der zögerlichen Adaption von Smart Metern gesehen werden.

In Abb. 22.1 ist die bisherige Entwicklung der Industrie anhand von vier Entwicklungsstufen dargestellt. Die letzte Stufe, *Utility 4.0*, beschreibt das nächste Entwicklungsstadium, in welchem es gilt, die Beherrschung von Wechselwirkungen zwischen einem Smart Market und einem Smart Grid über entsprechende Smart Products zu gestalten. In dem nächsten Abschnitt werden die maßgeblichen Aspekte erläutert und erklärt, weshalb Energieversorgungsunternehmen hierzu die Art, wie bisher Produkte entwickelt worden sind, neu überdenken müssen.

Die Phase des Utility 4.0 zeichnet sich durch vier zentrale Aspekte aus:

1. Verschmelzung von Energie- und Informationsnetzen

Der *Enabler* für die Beschleunigung der Transformation der Energiewirtschaft in Richtung Utility 4.0 liegt in der Informationalisierung der Verteilnetze sowie des Hausanschlusses, dem Smart Grid und dem Smart Meter. Die Möglichkeit Informationen über den aktuellen Energiekonsum und -fluss innerhalb des Energienetzes zu erheben und zukünftig noch besser auswerten zu können, ermöglicht neue Geschäftsmodelle mit völlig neuen Produkten in geänderten Wertschöpfungskonfigurationen. Beispielsweise werden Geschäftsmodelle wie das Demand Side Management (DSM) erst durch die gestiegene Informationstransparenz über den Echtzeitverbrauch sowie die Fähigkeit, Steuerungsinformation zu den Endgeräten zu übertragen, ermöglicht. Weitere technische Innovationen, die die Beherrschung

---

[8] Vgl. BDEW (2013).

der ungeheuren Datenmenge (Stichwort *Big Data*) erlauben, sind auf den Weg gebracht und stellen essentielle Bausteine für zukünftige Geschäftsmodelle dar.[9]

2. Sich vergrößernde Business Networks

Die Wertschöpfungskonfiguration in Netzindustrien stellt einen eigenen Wertschöpfungstyp[10] dar, den des *Value Net* (zu Deutsch: Wertschöpfungsnetz). Kennzeichnend für das Wertschöpfungsnetz in der Energiewirtschaft ist die Existenz einer Systemtechnologie, dem physischen Netz. Das physische Netz ist die Voraussetzung zur Wertschöpfung und somit die Basis für jedes Produkt, welches in dieser Industrie angeboten wird. Über das Netz sind die verschiedenen Wertschöpfungsstufen und die hier agierenden Unternehmen miteinander verknüpft und voneinander abhängig. In Zeiten von Utility 3.0 war die Anzahl an Beziehungen aufgrund der Beschränkung auf Unternehmen für die Erzeugung, für den Handel, für das Netz und für den Vertrieb noch relativ überschaubar. Die zur Koordination notwendigen Informationen konnten über standardisierte Nachrichten in Form der sogenannten *Marktkommunikation*[11] erfolgen. In Zeiten von Utility 4.0 ist zu erwarten, dass durch eine steigende Anzahl an Wertschöpfungspartnern, z. B. aus dem Bereich der Gebäudeautomatisierung oder Sicherheit aber auch aus der Finanzindustrie, die bisherigen Koordinationsinstrumente nicht mehr ausreichen werden. Erfolgsentscheidend wird es deshalb sein, wie effizient es Unternehmen zukünftig gelingen wird, dem Kunden ein Produkt, welches aus verschiedenen Teilleistungen diverser Unternehmen besteht, als ein ganzheitliches Paket anbieten zu können und dieses auch umfassend aus einer Hand betreuen zu können. Der Markterfolg, der an diesem Wertschöpfungsnetz partizipierenden Unternehmen, ist aneinandergekoppelt, da der Nachfrager erst durch das im gesamten Wertschöpfungsnetz entstandene Systemprodukt ganzheitliche Problemlösung erhält, die sich gegenüber Konkurrenzprodukten durchsetzen müssen. Infolgedessen wird die Koordination von einem sich immer weiter vergrößernden Business Networks zu einer großen Herausforderung.

3. Komplexere Wertschöpfungsbeziehungen durch zweiseitige Märkte

Wie in anderen *Netzindustrien* können auch in der Energiewirtschaft Netzeffekte existieren. Das heißt, der Markterfolg des Produkts ist nicht nur abhängig von den originären Produkteigenschaften, wie z. B. der Produktqualität, sondern er hängt davon ab, wie viele weitere Kunden dieses Produkt bereits erfolgreich nutzen. Erst wenn eine kritische Masse an Kunden gewonnen werden konnte, kann sich ein langfristiger Produkterfolg einstellen. Beispielsweise hängt der Erfolg von *Elektromobilität* nicht nur von den originären Eigenschaften eines Elektromobils wie der Batterieleistung ab, sondern mitentscheidend ist die Existenz einer ausreichenden *Ladeinfrastruktur*, die wiederum von einer kritischen Masse

---

[9] Beispielsweise existiert mit SAP HANA eine Technologie, mit welcher ein Management von Big Data im Smart Meter Kontext möglich ist.

[10] Vgl. Stabell und Fjeldstad (1998).

[11] Vgl. BDEW (2012).

von Kunden abhängig ist, die diese Ladeinfrastruktur bereits nutzen. In der Energiewirtschaft ist es somit ein Unterschied, ob ein Produkt lediglich erfolgreich abgesetzt werden konnte oder aber, und dies ist entscheidend, auch tatsächlich genutzt wird.

Aufgrund der zunehmenden Bedeutung von Plattformbetreibern, den sogenannten *Energy Aggregators* im Utility 4.0-Kontext, hängt der Produkterfolg jedoch nicht nur von der Adaption auf Seiten der Endkunden alleine ab, sondern mitentscheidend ist die erfolgreiche Anbindung einer kritischen Masse an Wertschöpfungspartnern in einem Business Network (vgl. vorherigen Abschnitt). Damit bedarf es einer Beherrschung von zweiseitigen Netzeffekten (kritische Masse an Anbietern und Endkunden). Allgemein treten zweiseitige Netzeffekte dann auf, wenn die Interaktion zwischen Marktpartnern über einen *Intermediär* oder *Plattformbetreiber* erfolgt und die Entscheidung von einer Gruppe von Marktakteuren den wirtschaftlichen Erfolg der anderen Gruppe beeinflusst. In dieser Situation erhält der Intermediär von beiden Gruppen von Marktpartnern Zahlungen.[12] In Geschäftsmodellen wie dem des Demand Side Managements können Energieversorgungsunternehmen die Rolle eines Intermediärs übernehmen. Auf Verbraucherseite muss es ihnen gelingen eine kritische Masse an Kunden zu akquirieren, damit sie überhaupt über eine ausreichend handelbare Liquidität verfügen können. Auf der anderen Seite muss es ihnen gelingen eine genügend große Anzahl an Unternehmen mit volatilen Energiebedarf an sich zu binden, damit eine Transaktion stattfinden kann.

Die Existenz von zweiseitigen Netzeffekten ist eine typische Eigenschaft eines Smart Markets. Ein zentrales Instrument für die Beherrschung der Netzeffekte fällt der Preisgestaltung in der jeweiligen Gruppe zu. Da die Preisgestaltung das Adaptionsverhalten für eine Gruppe verändert und dieses Verhalten wiederum die Attraktivität des Angebots für die zweite Gruppe beeinflusst, müssen die Preise derart justiert werden, dass die kritische Masse in beiden Gruppen erreicht wird und gleichzeitig die Erlöse aus beiden Gruppen maximiert werden.

Dadurch, dass die Beziehungen im Kontext von Utility 4.0 nicht mehr einer klassischen Lieferanten-Konsumenten-Logik folgen, sondern Kunden sowohl die Rolle des Konsumenten als auch des Produzenten haben, verkomplizieren sich die Wertschöpfungsbeziehungen drastisch. Bei der Energieerzeugung ist diese Entwicklung am auffälligsten: Kunden konsumieren nicht mehr nur Energie, sondern produzieren ebenfalls Energie und stellen Überschüsse anderen Marktteilnehmern zur Verfügung: Sie werden zum *Prosumer*.

4. Kundenzentrierung – Fokusveränderung vom Commodity-Produkt zum Kundenerlebnis
Im Utility 4.0 steht der Kunde mit seinen Bedürfnissen im Fokus. Alle unternehmerischen Entscheidungen sind darauf ausgerichtet diese Bedürfnisse bestmöglich zu adressieren, um im direkten Wettbewerb mit neuen unabhängigen Marktakteuren bzw. konkurrierender Business Networks besser zu bestehen. Im Utility 4.0 ist die Transformation vom Antrags-

---

[12] Dies ist der Unterschied zu einer traditionellen Wertschöpfungskette, in welcher die vorherige Stufe Kosten verursacht und die nachfolgende Stufe Umsatz verspricht und damit das wesentliche Kennzeichen eines Smart Markets.

steller (Utility 2.0) über die Cash-Cow (Optimierung der Verbrauchsmenge in kWh im Utility 3.0) hin zum Kunden mit spezifischen Bedürfnissen abgeschlossen. Erfolgreiche Unternehmen zeichnen sich dabei durch Stärken in den folgenden beiden Bereichen aus:

- *Individualisierte (emotionsgeladene) Produktbundle*
  Über die Kernleistung der Energieversorgung hinaus werden Energieversorger ihr Produktangebot mit komplementären Produkten und Dienstleistungen bündeln, um damit auf spezifische Kundensituationen ein maßgeschneidertes Produktangebot realisieren zu können. Insbesondere vor dem Hintergrund, dass die Energieversorgung eine nicht differenzierende Leistung darstellt, bedarf es besonderer Anstrengungen von Energieversorgern, um hier ein individualisiertes, emotionsgeladenes Produktangebot zu schaffen.
- *Herausragende Prozessqualität bei den kundenbezogenen Prozessen*
  Produkte der Energiewirtschaft besitzen zum einen Dienstleistungscharakter und zum anderen wird das Leistungsangebot häufig nicht einmalig erbracht, sondern mehrmalig bzw. kontinuierlich innerhalb einer vertraglich festgelegten Laufzeit. Vor dem Hintergrund, dass Energieversorger sich somit in einem ständigen Austausch mit ihrem Kunden befinden, sind die kundenbezogenen Prozesse (Auftragsabwicklung, Kundenservice und Ablesung/Abrechnung) noch kritischer als z. B. in der Automobilindustrie, wo im Wesentlichen der einmalige Verkauf des Fahrzeugs im Vordergrund steht. Genau genommen können die kundenbezogenen Prozesse als Produkteigenschaften verstanden und auch modelliert werden, insbesondere deshalb, weil diese Prozesse häufig produktspezifisch ausgeprägt sind. Z. B. wird im Auftragsmanagement eine Bonitätsprüfung als Prozessbaustein zwingend erforderlich sein, wenn Energieversorger zu einem Vertrag teure Hardware verkaufen, welches bisher nicht der Fall war. Infolgedessen werden erfolgreiche Unternehmen im Utility 4.0 beginnen, die Kundenbedürfnisse systematisch zu erfassen und segmentspezifisch Customer Journeys über ihre unterschiedliche Kanäle wie Kundenportale, Call-Center oder Shops entwerfen, um somit ein effektives Kundenerlebnismanagements zur Differenzierung vom Wettbewerb zu schaffen.

Zusammengefasst lässt sich feststellen, dass ausgelöst durch die Verschmelzung von Energie- und Informationsnetzen die Wertschöpfung in Utility 4.0 in einem Business Network stattfindet, welches durch eine hohe Anzahl an Wertschöpfungspartnern gekennzeichnet ist, die miteinander über unterschiedliche Beziehungsarten verbunden sind. In diesem neu geschaffenen Eco-System differenzieren sich erfolgreiche Unternehmen vor allem durch Kundenzentrierung in ihren Verkaufs- und Servicekanälen.

Mit der Transformation der Wertschöpfungsstrukturen vom Utility 1.0 zum Utility 4.0 erfolgt offensichtlich auch eine Veränderung des Produkts. Während bis zum Utility 3.0 vor allem das Bedürfnis nach einer Versorgungsleistung mit Energie im Kundenfokus

22 Produkte des intelligenten Markts

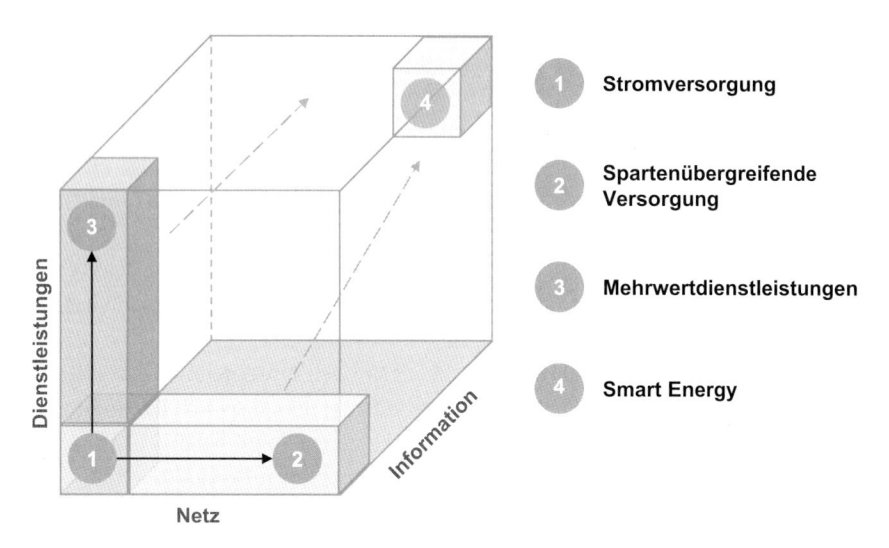

Abb. 22.2 Drei Dimension des Smart Energy- Produkts

stand, werden ab Utility 4.0 die Befriedigung einer Menge mehr an Bedürfnissen wie z. B. Mobilität oder auch Sicherheit adressiert. Basis bleibt die Versorgungsleistung mit Energie, diese wird nun durch eine intelligente Verknüpfung mit weiteren Leistungskomponenten zu einem Smart Energy-Produkt, welches Bedürfnisse über die reine Energieversorgungsleistung hinaus leistet. Die Leistungskomponenten des Smart Energy-Produkts lassen sich in drei Dimensionen beschreiben:

- *Leistungskomponententyp Netz*: Diese Dimension charakterisiert die netzbezogenen Leistungen des Produkts. Unternehmen bieten neben der Versorgungsleistung mit Strom ebenfalls Gas, Wasser und TK-Leistungen an.
- *Leistungskomponententyp Dienstleistungen*: Diese Dimension beschreibt die Bandbreite an möglichen Dienstleistungen, die ein Unternehmen als Leistungskomponenten anbieten kann. Bereits heute umfassen diese Dienstleistungen den Messstellenbetrieb und die Messdienstleistungen.
- *Leistungskomponententyp Information*: Diese Dimension beschreibt die Bandbreite an Informationsgütern, welche ein Unternehmen als Teil seines Produkt-Services-Systems anbieten kann. Insbesondere für neue Geschäftsmodelle wie Smart Home oder Demand Side Management ist die Verfügbarkeit und Qualität der Informationsgüter erfolgskritisch.

In der Abb. 22.2 ist die Verortung des Smart Energy-Produkts in den zuvor beschriebenen Dimensionen dargestellt.

22.3 Komplexitätstreiber für Utility 4.0

Mit der Transformation ins Utility 4.0 stehen Unternehmen vor der Herausforderung, ihr Produktsortiment in Richtung Smart Energy-Produkte neu zu entwickeln. Hatten diese Unternehmen auch schon in der Vergangenheit mit einer steigenden Komplexität aufgrund einer Vielzahl an Tarifmodellen zu kämpfen, müssen diese Unternehmen zukünftig Herausforderungen von ganz neuer Qualität begegnen. Unternehmen müssen mit einer wachsenden Produktvielfalt umgehen lernen, deren Umfang weit über eine vielleicht heute schon unüberschaubare Tarifvielfalt hinausgeht. Darüber hinaus müssen sie der zunehmenden Innovationsdynamik schneller mit den richtigen Unternehmensentscheidungen begegnen können. Übersetzt in die Produktwelt bedeutet dies, dass sich Unternehmen von einem klassischen Ein-Produkt-Unternehmen mit einem begrenzten Leistungsumfang zu einem Full-Service-Provider mit einem äußerst komplexen Produktportfolio wandeln müssen. Diese Transformation des Produktangebots wird in der folgenden Abb. 22.3 anhand der Veränderungen in den Dimensionen *Vielzahl* und *Dynamik* verdeutlicht.

Wie sich die Veränderung in den dargestellten Dimensionen Vielzahl und Dynamik für Smart Energy- Produkte genau darstellt, wird im Folgenden erläutert.

Komplexitätstreiber Vielzahl
- Das Leistungssystem eines Smart Energy-Produkts besteht aus einer Vielzahl unterschiedlicher Leistungskomponenten, wie Smart Metern, Gateway und Informationsdienstleistungen (siehe Abb. 22.4).
- Teilleistungen des Smart Energy-Produkts können aus einer Vielzahl von Partnerprodukten wie z. B. Apps zur Überwachung des Echtzeitenergieverbrauchs bestehen. Hierbei gilt es, die Leistungen nicht nur im Verkaufsprozess als ein integriertes Produkt abzubilden, sondern den Wertschöpfungspartner ebenfalls in der Nutzungsphase, im Kundenservice und in den Abrechnungsprozessen, effizient mit einzubinden. Beispielsweise muss im Kundenservice sichergestellt werden, dass das Produkt ganzheitlich inkl. der Partnerprodukte betreut werden kann.
- Die Vielzahl an Tarifmodellen wird zukünftig weiter zunehmen. Beispielsweise wären Tarifmodelle denkbar, die von Art und Anzahl von elektrischen Verbrauchern wie Waschmaschinen abhängen.

Komplexitätstreiber Dynamik
- Leistungskomponenten des Smart Energy-Produkts besitzen unterschiedliche Lebenszyklen, die von den Energiedienstleistern als Intermediär zwischen den Wertschöpfungspartnern und dem Kunden nur teilweise beeinflusst werden können. Vor diesem Hintergrund werden Unternehmen gezwungen, unterschiedliche Versionen ihrer Produkte zu unterstützen, da sie häufig nicht in der Lage sein werden, den Kunden zu einem Upgrade zu zwingen. In der Konsequenz werden Unternehmen deshalb auch eine Vielzahl an unterschiedlichen Produktversionen bei ihren Kunden erlauben müssen (vgl. Abb. 22.5).
- In einem Business Network müssen Energiedienstleister in der Lage sein, ihr Produktversprechen trotz dynamischer Zulieferstrukturen stabil halten zu können. Hierfür be-

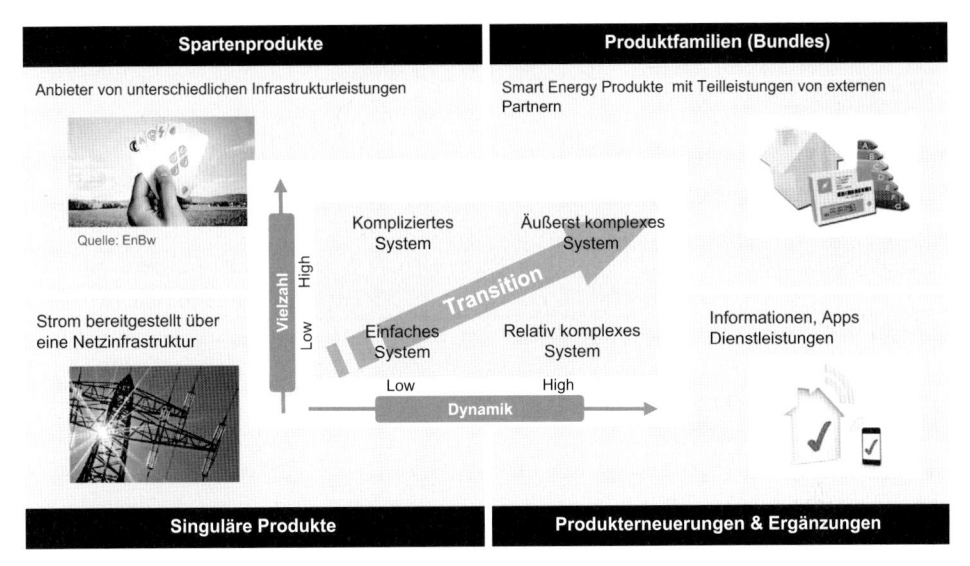

Abb. 22.3 Vier Produktkategorien in Abhängigkeit von Komplexität

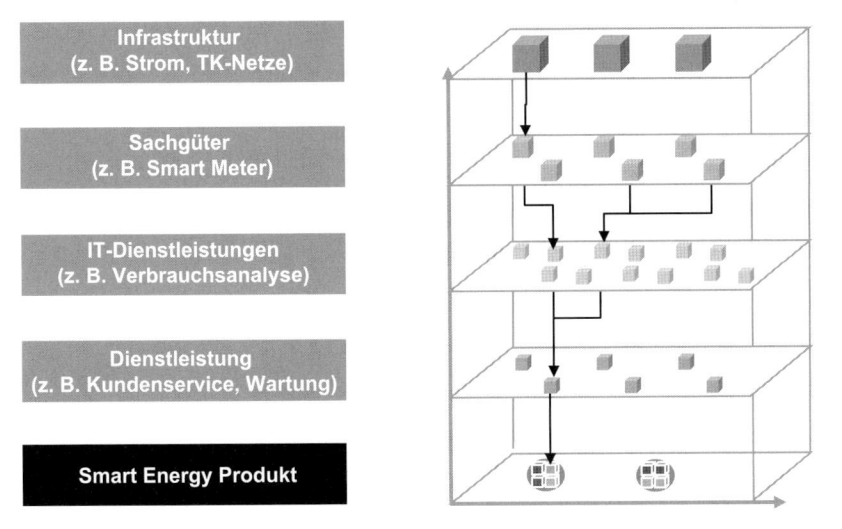

Abb. 22.4 Smart Energy-Produkt bestehend aus einer Vielzahl an Leistungskomponenten

darf es eines robusten Produktentwicklungs- und Beschaffungsprozesses, in welchem sichergestellt werden muss, dass sich verändernde Wertschöpfungsbeziehungen nicht negativ auf das Produktversprechen auswirken.

Ein derart komplexer werdendes Produktportfolio hat Auswirkungen auf die interne Unternehmensorganisation und auf die IT. Grund hierfür ist, dass in der Energieversorgung, wie im übrigen bei anderen Netzindustrien wie der Telekommunikationswirtschaft auch[13], der

---

[13] Vgl. Golovatchev und Budde (2010a).

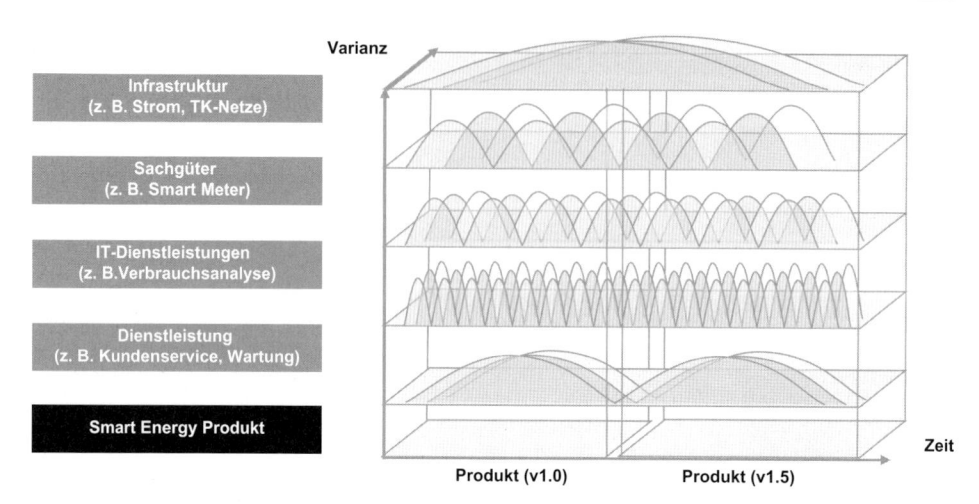

Abb. 22.5 Synchronisation der Lebenszyklen einzelner Komponenten des Smart Energy-Produkts

Produkterfolg eng mit der effizienten Umsetzung von entsprechenden kundenbezogenen Prozessen in der Organisation und IT verknüpft ist. In diesen Industrien ist es nicht ausreichend ein gutes Produkt am Markt zu platzieren, d. h. die Produktentwicklung besonders gut auf die Maximierung des Absatzes hin zu gestalten. Stattdessen müssen die Anstrengungen bereits in der Produktentwicklung auch darauf ausgerichtet sein, dass alle Kundeninteraktionspunkte (Touchpoints in der Customer Journey) über den gesamten Kundenlebenszyklus für das Produkt den Kundenerwartungen entsprechen, um den Kundenwert über die gesamte Nutzungsdauer zu optimieren. Der Kundenwert berechnet sich danach, ob und wie häufig der Kunde das angebotene Produkt tatsächlich nutzt. Hier liegt ein Unterschied zu der Sachgüterindustrie, in welcher der Verkauf eines Produkts wie z. B. eines Autos über den Produkterfolg entscheidet und nicht, wie viele Kilometer der Kunde tatsächlich damit fährt.

Da die kundenbezogenen Prozesse effizient für eine große Anzahl von Kunden ausgeführt werden müssen, besitzt die IT zu deren Abwicklung eine entscheidende Rolle. Nur wenn es gelingt die Auftragsabwicklung, den Kundenservice, die Ablesung und die Abrechnung durch eine massenprozessfähige IT abzubilden, gelingt es Unternehmen, einen Mehrwert für die Kunden zu erzielen und gleichzeitig die Prozesskosten (z. B. durch einen hohen Automatisierungsgrad und Möglichkeit zum Customer Self Care) zu beherrschen (vgl. folgende Abb. 22.6).

Diese Auswirkungen auf die interne Komplexität bei Energiedienstleistern lassen sich in drei Kategorien einteilen und wie folgt zusammenfassen:

1. *Produktkomplexität*
   – Individualität der Kundenbedürfnisse führt zu einem Anstieg der Produktvarianten.
   – Vielzahl und Dynamik der Wertschöpfungsbeziehungen stellen hohe Anforderungen an die Produktentwicklung und fordern eine durchgängige Modularität der Leistungskomponenten, die sich auch tatsächlich in der IT abbilden lassen.

22 Produkte des intelligenten Markts

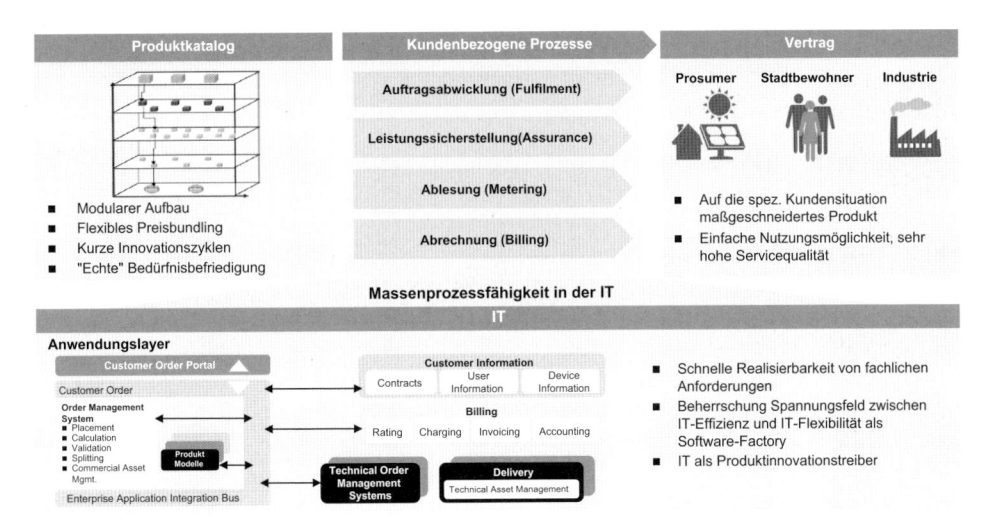

Abb. 22.6 Massenprozessfähigkeit der IT als Erfolgsfaktor für die kundenbezogenen Prozesse

2. *Prozesskomplexität*
   - Einem vielseitigen Produktspektrum entsprechend, tragen die kundenbezogenen Prozesse in der Auftragsabwicklung, dem Kundenservice, der Ablesung und der Abrechnung durch eine hohe Anzahl an Prozessvarianten Rechnung.
   - Innovative Produkte erfordern ebenfalls die schnelle Umsetzung von Prozessinnovationen, z. B. die Authentifizierung über ein Facebook-Profil in einem Onlinebestellprozess für ein Smart Energy-Produkt.
3. *IT-Komplexität*
   - Die Fähigkeit, Massenprozesse in der IT auszuführen, stellt hohe Anforderungen an die IT-Organisation zur effizienten Steuerung ihre Ressourcen.
   - Ein bereits heute umfangreiches IT-Produkt- und IT-Dienstleisterportfolio erfordern ein effektives Enterprise Architecture Management und Governance vor dem Hintergrund der neuen Anforderungen.

Gelingt es Unternehmen nicht, die interne Komplexität durch ein integriertes Management zu lösen, so hat dies gravierende Auswirkungen auf die Betriebskosten, wie die folgende Abb. 22.7 anhand der vier Ebenen des integrierten Managements aufzeigt.[14]

Vor diesem Hintergrund zeigt sich die Notwendigkeit für ein ganzheitliches Product Lifecycle Management bzw. Produktlebenszyklus-Management (PLM), das darauf ausgerichtet ist, die unterschiedlichen Stellhebel zur Reduzierung bzw. Beherrschung der internen Komplexität adäquat zu integrieren.

---

[14] In Anlehnung an eine Studie der Detecon wurden die Auswirkungen mittels Analogieschluss extrapoliert.

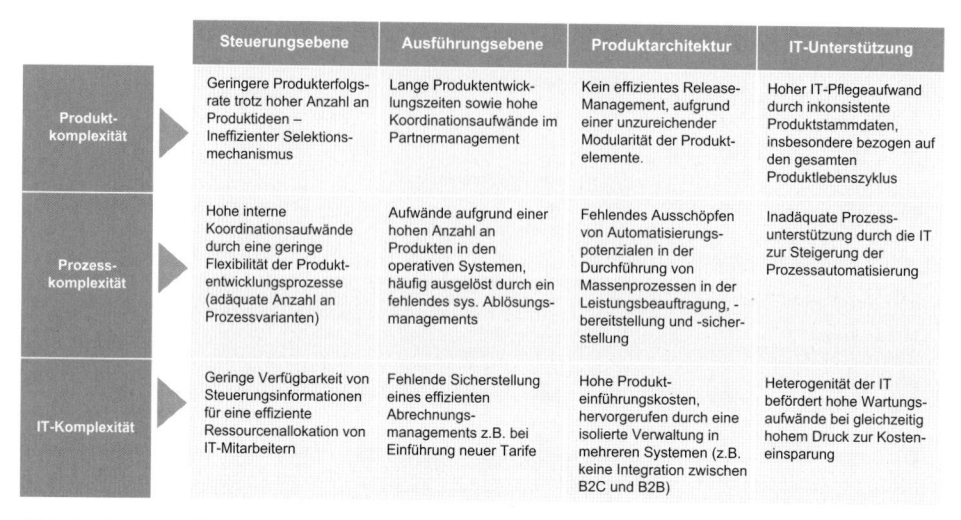

	Steuerungsebene	Ausführungsebene	Produktarchitektur	IT-Unterstützung
Produkt-komplexität	Geringere Produkterfolgs-rate trotz hoher Anzahl an Produktideen – Ineffizienter Selektions-mechanismus	Lange Produktentwick-lungszeiten sowie hohe Koordinationsaufwände im Partnermanagement	Kein effizientes Release-Management, aufgrund einer unzureichender Modularität der Produkt-elemente.	Hoher IT-Pflegeaufwand durch inkonsistente Produktstammdaten, insbesondere bezogen auf den gesamten Produktlebenszyklus
Prozess-komplexität	Hohe interne Koordinationsaufwände durch eine geringe Flexibilität der Produkt-entwicklungsprozesse (adäquate Anzahl an Prozessvarianten)	Aufwände aufgrund einer hohen Anzahl an Produkten in den operativen Systemen, häufig ausgelöst durch ein fehlendes sys. Ablösungs-managements	Fehlendes Ausschöpfen von Automatisierungs-potenzialen in der Durchführung von Massenprozessen in der Leistungsbeauftragung, -bereitstellung und -sicher-stellung	Inadäquate Prozess-unterstützung durch die IT zur Steigerung der Prozessautomatisierung
IT-Komplexität	Geringe Verfügbarkeit von Steuerungsinformationen für eine effiziente Ressourcenallokation von IT-Mitarbeitern	Fehlende Sicherstellung eines effizienten Abrechnungs-managements z.B. bei Einführung neuer Tarife	Hohe Produkt-einführungskosten, hervorgerufen durch eine isolierte Verwaltung in mehreren Systemen (z.B. keine Integration zwischen B2C und B2B)	Heterogenität der IT beförderi hohe Wartungs-aufwände bei gleichzeitig hohem Druck zur Kosten-einsparung

Abb. 22.7 Herausforderungen im Umgang mit der internen Komplexität nach Ebenen des integrierten Managements. (In Anlehnung an Budde 2011, S. 21)

22.4 PLM – Der Ausweg aus der Komplexitätsfalle

2010 verfassten die Autoren eine umfangreiche Studie über PLM in der Telekommunikationsindustrie, in welcher über 50 Telekommunikationsunternehmen in Bezug auf deren bestehenden PLM Strukturen analysiert wurden.[15] Die Ergebnisse zeigen, dass durch ein integriertes Produktlebenszyklusmanagement die Komplexität in diesen Unternehmen beherrscht werden konnte.

Sowohl in der Telekommunikationsindustrie als auch in der Energiewirtschaft treten bei hoher Komplexität Netzwerkeffekte auf. Die Problementstehung ist somit in den beiden Branchen vergleichbar. Das im Folgenden vorgeschlagene Modell zeigt auf, dass es durch die Strukturähnlichkeit Lösungsansätze aus der Telekommunikationsindustrie gibt, die man auf die Energiewirtschaft mit ihren aktuellen Herausforderungen im Kontext des Smart Energy-Produkts übertragen kann.

Der hier vorgestellte Ansatz für ein PLM-Framework basiert vor diesem Hintergrund auf dem bereits entwickelten Modell für Kommunikationsanbieter, erweitert um die für die Energiewirtschaft spezifische Elemente. Ziel ist es, durch diese Vorgehensweise einen Lösungsansatz zu präsentieren, der es Anbietern in der Energiewirtschaft ermöglicht, die wachsende Komplexität in Anbetracht des Smart Energy-Produkts auf ein beherrschbares Maß zu reduzieren.

Die Dimensionen eines ganzheitlichen PLM und die entsprechenden Gestaltungselemente lassen sich aus den Ansätzen des integrierten Managements ableiten.[16] Die nachfol-

---

[15] Vgl. Golovatchev et al. (2010a).
[16] Vgl. für eine Übersicht Budde (2012, S. 88).

gend beschriebenen vier Dimensionen geben den Rahmen des PLM-Modells vor, anhand dessen Energieversorgungsunternehmen ihre Prozesse und Produkte ausrichten sollten: PLM-Strategie, PLM-Prozess, Produkt-Architektur und PLM IT Architektur. Der Erfolgsgrad und späterer Wertbeitrag eines PLM Programms ist abhängig von der übergreifenden Betrachtung und Gestaltung aller Teilbereiche.

22.4.1 PLM – Strategie

Die PLM-Strategie sichert die Managementunterstützung über alle Phasen, in denen sich das Produkt im Markt befindet. Eine lebenszyklusorientierte Produktplanung ist in einem Wettbewerbsmarkt unerlässlich und erfordert einen beständigen und systematischen Prozess. Die Festlegung der PLM-Strategie kann somit als ganzheitlicher Ansatz für die Planung, Steuerung und das Controlling während der Entwicklung, Vermarktung und Markteinstellung von Produkten und Portfolios über den gesamten Wertschöpfungsprozess und den Lebenszyklus verstanden werden.

Im Rahmen der PLM-Strategie wird das strategische Prozessmanagement für den operativen PLM-Prozess festgelegt. Dieses umfasst die Prozessorganisation, das -controlling und die -optimierung. Um der Unterschiedlichkeit der verschiedenen Innovationsprojekte besser Rechnung tragen zu können, besitzt die Gestaltung von PLM-Prozessvarianten eine hohe Bedeutung. Beispielsweise bedarf die Entwicklung eines Tarifs für ein Smart Energy-Produkt eine andere PLM-Prozessphasengestaltung als beispielsweise die Einführung eines Elektromobilitätskonzepts. Denn im ersten Fall ist die Innovation inkrementell, im zweiten hingegen radikal. Vor dem Hintergrund der Besonderheiten in der Energiewirtschaft ergeben sich für einzelne Produktlebensphasen Implikationen für die Konfiguration dieses Gestaltungselements. Dies betrifft insbesondere das Kundenbeziehungsmanagement, auf welches im Folgenden genauer eingegangen wird.

Produktentstehungsphase
Ziel eines erfolgreichen Kundenbeziehungsmanagements ist die aktive Betreuung über den gesamten Lebenszyklus eines Produktes: von der Innovation bis zur erfolgreichen Adoption seitens des Kunden. Von daher besitzt das Kundenbeziehungsmanagement bereits in der Produktentwicklungsphase eine große Bedeutung, da hier der Grundstein für eine spätere erfolgreiche Adoption gelegt wird. Konkret existieren drei Nutzenaspekte für dieses Gestaltungselement, die beispielsweise mit Hilfe von Design Thinking oder der Lead User-Methodik entwickelt werden müssen:

1. Bessere Abbildung der realen Kundenbedürfnisse in der Produktentwicklung
2. Sammlung von Lösungsinformationen für die Produktumsetzung
3. Prüfung der Kundenakzeptanz vor dem Produkt-Launch

Ein Instrument, welches sich in diesem Zusammenhang bewährt hat, ist das *Innovationsradar* (siehe Abb. 22.8) mit dessen Hilfe neue Technologien, Produkte und Services hinsicht-

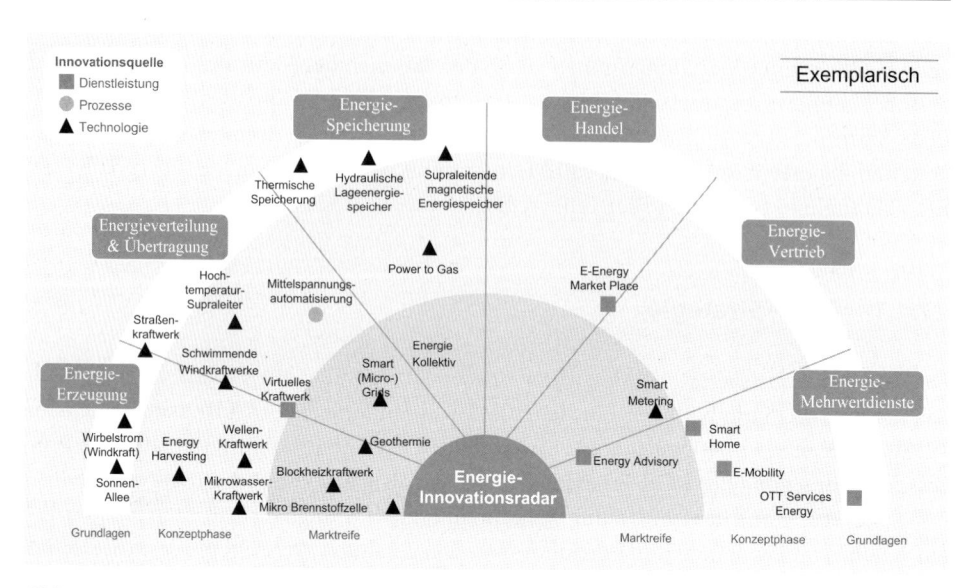

Abb. 22.8 Innovationsradar Energiewirtschaft

lich Unternehmensbereichen und ihrer Bedeutung für die Produktentwicklung geordnet werden können.[17] Auf Basis langjähriger Beratungserfahrung im Umfeld des Technology und Innovation-Scoutings wurde dieser strategische Ansatz entwickelt. Dieses Instrument erlaubt die Identifikation und Bewertung von neuen Geschäfts- und Technologietrends und verschafft einen Überblick über die relative Reife. Zusätzlich ermöglicht es eine vergleichende Bewertung der unternehmensindividuellen Relevanz, um entscheiden zu können, ob und wann Innovationsprojekte gestartet werden sollen. In späteren Stadien des Planungs- und Einführungsprozesses kann die Radarmethodik als eine High-Level-Zusammenfassung für eine Priorisierungsentscheidung dienen.

Marktpräsenzphase
Ein erfolgreiches Produktmanagement für ein komplexes Smart Energy-Produkt setzt ein aktives *Customer Experience Management* (CEM) voraus. CEM beruht auf zwei neuen innovativen Ansätzen, die zunehmend an Bedeutung für die Energiewirtschaft gewinnen: *Customer Experience Design* (CED) und *Design Thinking*. Mit Hilfe dieser Ansätze kann es gelingen die Kundeninteraktionspunkte im Verlauf seiner Customer Journey ständig zu überprüfen und damit kontinuierlich zu verbessern.

CED ist ein holistischer Ansatz, der auf Basis von spezifischen Designmethoden wie Nutzerbeobachtungen, Co-Creation und Prototyping bereits in der Produktdesign- und Entwicklungsphase die Gestaltung von Kundenprozessen bedenkt. Somit kann sichergestellt werden, dass auch diese Prozesse auf die Verbesserung der Customer Experience für

---

[17] Vgl. Golovatchev und Budde (2010b).

das Innovationsobjekt ausgerichtet sind. Der klassische Prozess der Produktentwicklung wird also um wichtige Aspekte wie *Einfachheit* und *Klarheit* aus der Perspektive des Kunden erweitert.

Im Idealfall gelingt es Unternehmen unter Anwendung dieser Methodik, den Kunden über die marktüblichen Erwartungen und Ansprüche hinaus zu begeistern und positiv zu überraschen. Dies kann zu einer unbewussten Konditionierung führen. Der Kunde möchte den Kontakt mit dem Produkt oder Service im Spezifischen und dem Unternehmen im Allgemeinen wiederholen. So können Kundenbindung und Loyalität generiert und gefestigt werden. Im optimalen Fall führt dieser Ansatz dazu, dass Kunden so begeistert sind, dass sie sich mit dem Unternehmen identifizieren und sich gegebenenfalls sogar als Promotoren für das Unternehmen erweisen. Mit dem CED-Ansatz soll also ein hohes Maß an Produkt- und Prozessqualität aus Endkundensicht sichergestellt werden. Langfristiges Ziel ist es auf diesem Wege eine hohe emotionale und langfristige Kundenbindung zu generieren, um eine Differenzierung vom Wettbewerb zu ermöglichen und dem Unternehmen final einen Wettbewerbsvorteil zu sichern.

Design Thinking ist ein Ansatz, der auf den Gedanken der Customer Experience und des Customer Experience Design aufbaut und diese mit eigenen Prinzipien und Methoden zur Entwicklung und Umsetzung von Innovationen ergänzt hat. Design Thinking folgt bestimmten Prinzipien und verwendet verschiedene Methoden, um Unternehmen einen neuen, tieferen und klareren Einblick in die Welt der Kunden zu ermöglichen. Das so generierte Wissen ist kritisch für die Produktentwicklung.

Design Thinking geht demnach über die einfache Gestaltung von Produkten, Dienstleistungen oder allgemein Geschäftsmodellen hinaus. Es ist ein systematischer, heuristischer Innovationsansatz, der in einem iterativen und anwendungsorientierten Prozess umgesetzt wird. Zur Entwicklung von kundenzentrierten Angeboten werden kreative und intuitive Denkpraktiken und Methoden aus dem Designumfeld eingesetzt. Wichtig ist, dass der Kunde im permanenten Fokus der Aktivitäten steht und immer wieder als Bezugspunkt und Feedbackgeber in den Prozess miteinbezogen wird.[18]

Entsorgungsphase
Im Unterschied zur Fertigungsindustrie hat die Entsorgung unmittelbare Folgen für den Kunden. Während nach dem Ende der Produktion von physischen Produkten eine nachträgliche Nutzung grundsätzlich möglich bleibt, ist eine Nutzung bei einer energiewirtschaftlichen Absatzleistung ausgeschlossen, wenn auf der Potenzialebene entsprechende Komponenten wie z. B. eine bestimmte Ausprägung einer Metering-Infrastruktur nicht mehr zu Verfügung steht. Somit bedarf es bei der Entsorgung von Produkten bzw. Produktkomponenten einer aktiven Kundenkommunikation mit dem Ziel, den Kunden zum einen auf eine Veränderung des Produktsortiments vorzubereiten und zum anderen dem Kunden proaktiv einen Migrationspfad aufzuzeigen.

Die folgende Abb. 22.9 fasst alle wesentlichen Faktoren der PLM-Strategie zusammen.

---

[18] Vgl. Ratcliffe (2011).

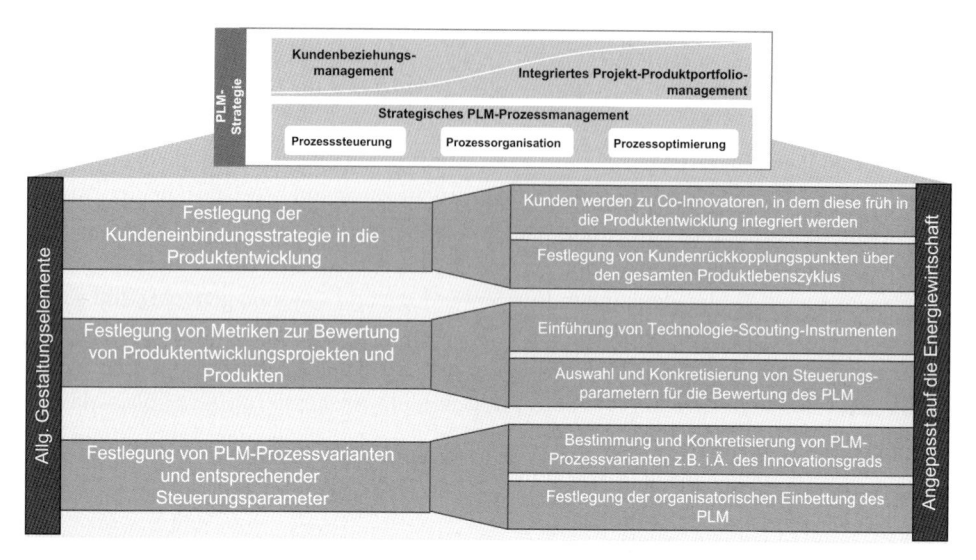

Abb. 22.9 Spezifikation des Gestaltungselementes der PLM-Strategie

22.4.2 PLM-Prozess

Im Rahmen der PLM-Prozessgestaltung wird die Ablauforganisation festgelegt, sowie die funktionale Integration der einzelnen Abteilungen definiert. In Bezug auf die Festlegung der Ablauforganisation wird die Anzahl an Phasen und Gates für das Unternehmen bestimmt und entsprechende Standardtemplates für die Phasenübergänge an den Gates entwickelt.

Entscheidungsgates können strikt oder unscharf (engl. fuzzy) gestaltet sein. Strikte Entscheidungsgates entsprechen dem ursprünglichen *Stage-Gate-Ansatz*. Projekte können erst in die nächste Phase fortschreiten, wenn alle Vorgaben erfüllt sind. Strikte Entscheidungsgates fördern daher den sequentiellen Ablauf des PLM-Prozesses. Alternativ dazu können Gates unscharf gestaltet werden. Das Projekt kann in die nächste Phase fortschreiten, auch wenn dem Entscheidungsgremium nicht alle Informationen vorgelegt werden können. Fehlende Informationen können nachgereicht werden. Dem PLM-Prozess wird dadurch eine größere Flexibilität verliehen. Diese Agilität im Prozessdesign für einzelne Komponenten des Smart Energy-Produkts kann bei der professionellen Umsetzung einen wichtigen Beitrag leisten, um die anvisierten Ziele (z. B. Kostenersparnis, kurze Entwicklungszyklen) zu erreichen.

Im Rahmen der Festlegung der funktionalen Integration werden die organisatorischen Schnittstellen zwischen den einzelnen Abteilungen sowie mit den beteiligten Wertschöpfungspartnern definiert. Dabei sind Vertriebs-, Technik- und Finanzperspektiven zu berücksichtigen, um eine effektive und effiziente Koordination sowie Kollaboration zwischen den beteiligten Organisationseinheiten sicherzustellen. Die Vertriebsperspektive beinhaltet alle Aktivitäten, die mit dem Management des Produkts am Markt verbunden sind. Die Technikperspektive subsumiert sämtliche technische oder produktionsorientierte Aspekte. Vor dem Hintergrund von langfristigen Beschaffungsstrategien bedarf es einer sehr engen Koordination zwischen dem Handel und der Produktentwicklung bzw. dem Produktmanagement im PLM. Hierbei kommt dem Energiehandel eine Schlüsselrolle zu. Finanzielle Aspekte werden schließlich in der Finanzperspektive berücksichtigt.

Wie eingangs dargestellt, basiert die Energiewirtschaft auf einem Wertschöpfungsnetz. Eine enge Integration der Wertschöpfungspartner in den PLM-Prozess ist daher von großer Bedeutung und erfordert die Sicherstellung eines effizienten Informationsflusses zwischen den Wertschöpfungspartnern. Die unternehmensübergreifenden Prozesse sollten daher standardisiert sein, um eine hohe Informationstransparenz zu erreichen.

Für die schlussendliche Ausprägung des PLM-Prozesses kann man festhalten, dass ein sequentieller Prozessablauf im Sinne eines Stage-Gate-Ansatzes (vgl. Abb. 22.10) zu verfolgen ist. Durch einen formalisierten und standardisierten Prozess gelingt es, Komplexität zu reduzieren und gleichzeitig erleichtert sich dadurch das Ablösemanagement. Mit der Einführung flexibler Prozesse, welche die Entwicklung innovativer Produkte durch höhere Freiheitsgrade begünstigen kann, steht man jedoch noch relativ am Anfang.

Die wichtigsten Elemente eines erfolgreichen PLM-Prozesses in Unternehmen sind in der folgenden Abb. 22.11 bildlich dargestellt, ergänzt durch spezifische Handlungselemente für Energieversorgungsunternehmen.

22.4.3 Produktarchitektur

Mithilfe einer geeigneten Produktarchitektur soll eine modulare Produktstruktur aufgebaut werden. Eine modulare Produktstruktur zeichnet sich dadurch aus, dass ihre Teilsysteme (die Module) funktional und physisch relativ unabhängige, abgeschlossene Einheiten darstellen. Dies ermöglicht es, Module leicht miteinander zu kombinieren und somit maßgeschneiderte Produkte bereitstellen zu können.[19]

Für die Energiewirtschaft ist das Modell durch zwei Gestaltungselemente – die Festlegung der Produktstruktur sowie die Festlegung des Produktdateninformations-Frameworks – konkretisiert. Diese beiden Gestaltungselemente werden im Folgenden unter Berücksichtigung der Spezifika der Energiewirtschaft dargestellt.

Produktstrukturen leisten einen Beitrag zur Beherrschung von Komplexität und stellen somit einen wesentlichen Hebel für eine erfolgreiche Produkteinführung dar. Entsprechende Konzepte existieren seit Langem für die Fertigungsindustrie und auch für die Dienstleistungsindustrie gewinnt das Thema zunehmend an Bedeutung. Ein vereinheitlichtes Beschreibungsmodell für Dienstleistungen, wie sie in der Energiewirtschaft auftreten, existiert hingegen nicht, jedoch gibt es verschiedene Ansätze, Dienstleistungen in einem formalen Framework zu beschreiben:

---

[19] Vgl. hierzu Budde und Golovatchev (2011).

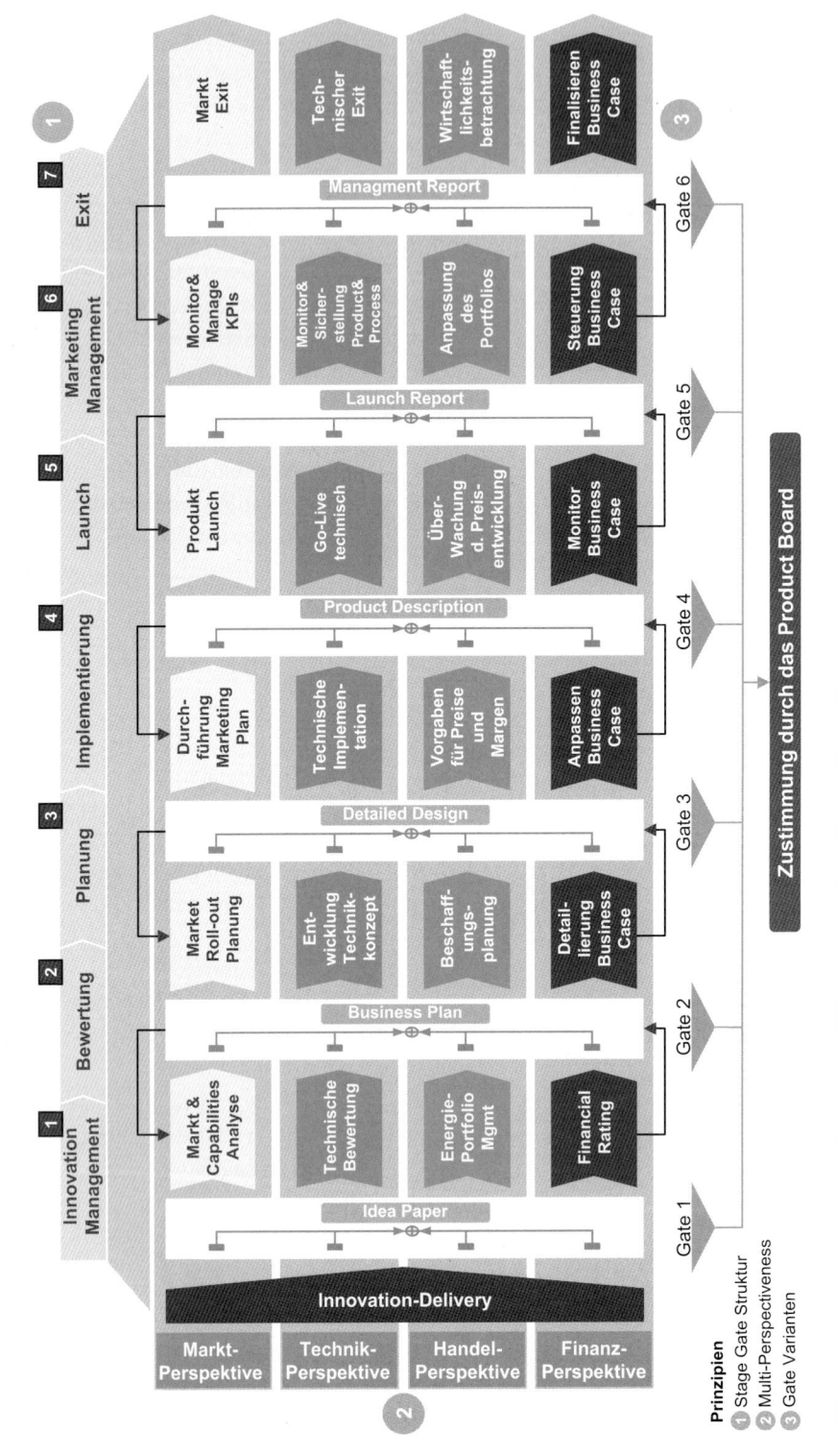

Abb. 22.10 PLM Prozessgestaltung. (In Anlehnung an Golovatchev et al. 2010b)

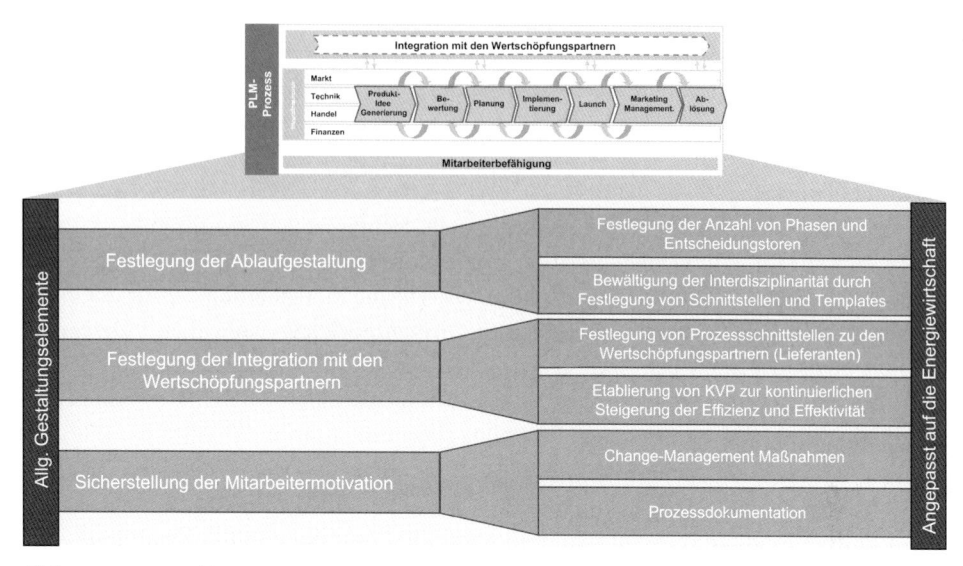

Abb. 22.11 Spezifikation des Gestaltungselements des PLM- Prozess

- „*Wie*" wird das Leistungsergebnis erreicht? (*Prozessmodell*)
- „*Was*" wurde durch die Dienstleistung konkret erreicht? (*Produktmodell*)
- „*Womit*" wurde die Dienstleistung erbracht? (*Ressourcenmodell*)

Eine Produktarchitektur für Produkte in der Energiewirtschaft (EW) bedarf diesen Ausführungen entsprechend einer systemischen Abbildung. Das Produktdatenmodell verwaltet Produktinformationen konsistent über alle Produktlebensphasen und ermöglicht darüber hinaus die Bereitstellung von unterschiedlichen Sichten auf das Produkt für spezifische Anspruchsgruppen wie z. B. der Einkaufsabteilung. Bei der Gestaltung von Produktdatenmodellen für die EW ergeben sich zwei Besonderheiten im Vergleich zur Fertigungsindustrie, die im Folgenden erläutert werden.

Die erste Besonderheit betrifft eine notwendige Unterscheidung bei EW-Produkten zwischen der Produktspezifikation in Form der Produktstruktur und der Produktinstanz. Die Instanz eines EW-Produkts ist ein konkreter Auftrag, in dem eine spezifische Konfiguration des EW-Produkts in Abhängigkeit von einer spezifischen Kundensituation festgelegt wird. Beide Geschäftsobjekte, die Spezifikation und die Produktinstanz, bedürfen einer informationstechnischen Abbildung in einem entsprechenden Informationssystem. In der praktischen Umsetzung und technischen Realisierung stellen die Versionierung und auch die Historisierung der Produkte wichtige Bestandteile der nachgelagerten Ausführung der Geschäftsprozesse dar.

Die zweite Besonderheit bei der informationstechnischen Abbildung des EW-Produkts ergibt sich hinsichtlich der Anspruchsgruppen, die auf die informationstechnische Abbildung angewiesen sind. Während für die Fertigungsindustrie vor allem zwischen der Entwicklungs-, Montage- und Vertriebssicht auf das Produkt unterschieden wird, sind für die

Energiewirtschaft aufgrund der Spezifika andere Sichtweisen relevant. Danach sind vier Perspektiven zu unterscheiden: Produktentwicklung, Vertrieb, Ablesung und Abrechnung sowie Kundenservice.

Produktentwicklung
Die *Produktentwicklung* benötigt eine strukturelle Sichtweise auf das Produkt in Form seiner einzelnen Komponenten und der Beziehungen untereinander[20]. Im Fokus der Betrachtung steht deshalb das Ressourcenmodell. Für die Modellierung der für die Energiewirtschaft notwendigen Ressourcen existiert derzeit noch kein einheitliches Datenmodell im Unterschied zur TKW.[21] Es ist aber möglich, dass sich die Branche ebenfalls auf ein ähnliches Modell verständigen wird, vor allem auch um die Interoperabilität zwischen den unterschiedlichen Ressourcen besser Rechnung tragen zu können.

Vertrieb
In der *Vertriebssicht* erfolgt unter Rückgriff auf das Produktmodell sowie das Preismodell das Auftragsmanagement. Hierbei gilt es, in der EW zwei Herausforderungen in Bezug auf die Datenkonsistenz zu meistern. Zum einen gilt es abteilungsübergreifend bzw. spartenübergreifend beim Netz und Vertrieb konsistente Daten bereitstellen zu können, da es ansonsten bei der netz- und vertriebsseitigen Mengenabschätzung, Erlösplanung/-abrechnung nach zu großen Problemen kommen kann. Zum anderen ist es notwendig, dass das Produktmodell und Preismodell eine mindestens unidirektionale Integration mit vertriebswegespezifischen Produktkatalogen ermöglichen kann. Die Umsetzung dieser Anforderung ist eine Voraussetzung für EVUs ihre Produkte auch über fremde Vertriebskanäle von Partnerunternehmen zu vertreiben. Eine bidirektionale Integration wird in einem zweiten Schritt für die Buchung bzw. Reservierung von entsprechenden zentralen Kapazitäten erforderlich sein.

Ablesung & Abrechnung
Bereits die bestehenden Produkte der EVU können komplizierte *Abrechnungsprozesse* besitzen. Vor dem Hintergrund von neuen Geschäftsmodellen, in denen Wertschöpfungspartner dem Kunden in einem Wertschöpfungsnetz eine integrierte Leistung (Produkt) anbieten werden, wird sich die Leistungsabrechnung untereinander und mit dem Kunden verkomplizieren. Grundsätzlich bedarf es bei der Produktdatenabbildung einer Berücksichtigung von drei wesentlichen Schritten, ähnlich wie in der TKW:

1. Sammlung von abrechenbaren Ereignissen
2. Monetäre Bewertung der Ereignisse
3. Rechnungsstellung an den Kunden

---

[20] Vgl. Budde (2012, S. 142).
[21] In der TKW wurde vom TMForum, dem internationalen Branchenverband für die Telekommunikation, das sogenannte Shared Information Dataset (SID) zur Produktdatenmodellierung von TK-Produkt entwickelt.

22 Produkte des intelligenten Markts

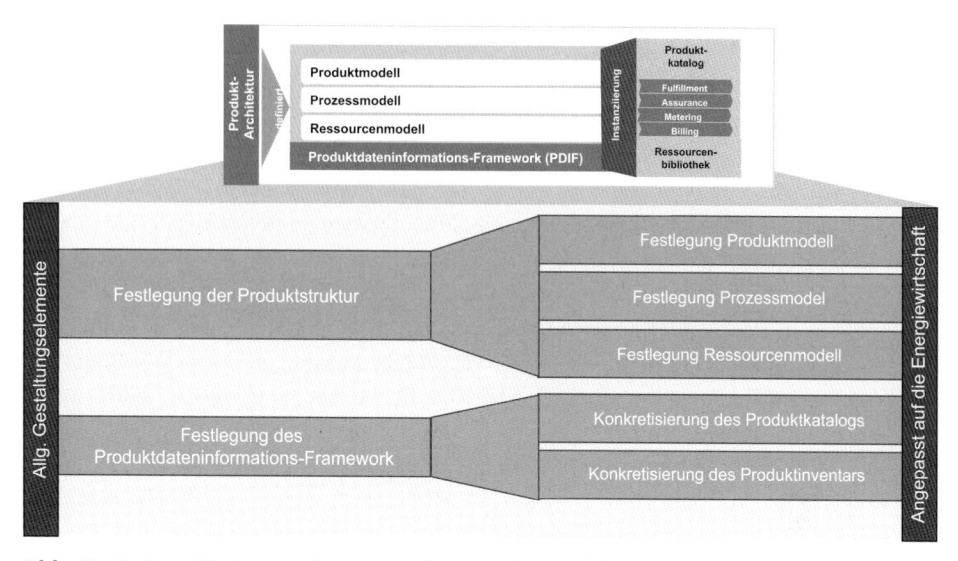

Abb. 22.12 Spezifikation des Gestaltungselementes der Produktarchitektur

Hierbei gilt es insbesondere bei *Produktbundles,* den Kunden nicht durch mehrere Rechnungen zu verwirren, sondern stattdessen eine integrierte Rechnung anzufertigen. Diese vermeintlich simple Anforderung verursacht in der TKW immer noch große Probleme und ist auf der breiten Front noch nicht gelöst.[22]

Kundenservice

Die *Kundenserviceprozesse* für die Dienstleitungssicherstellung in der Produktnutzungsphase besitzen eine hohe Bedeutung in der EW, da diese maßgeblichen Einfluss auf die Kundenzufriedenheit ausüben können. Um eine optimale Kundenzufriedenheit mit den Kundenserviceprozessen zu erzielen, müssen die Call-Agents mit Informationen über die Produktinstanz sowie über die Produktfeatures versorgt werden können. Die richtige Granularität der Informationen sollte sich hierbei mit der Rolle des Call-Agents unterscheiden. Beispielsweise sollten Call-Agents vom 2nd Level-Support mit detaillierteren Informationen versorgt werden. Somit ergibt sich die Anforderung aus Kundenservicesicht, dass die Informationen rollenbasiert in der richtigen Granularität zeitnah und konsistent bereitgestellt werden, sodass eine optimale Betreuung für den Kunden gewährleistet ist.

Zusammenfassend ergeben sich für den Gestaltungsbereich Produktarchitektur die in der Abb. 22.12 dargestellten Gestaltungselemente.

---

[22] Vgl. Budde (2012, S. 143).

22.4.4 PLM IT-Architektur

Zur Sicherstellung einer effizienten PLM-Prozessausführung ist eine entsprechende IT-Unterstützung zwingend erforderlich. Für eine effektive Unterstützung der Prozesse sind *Systeme für eine Entscheidungsunterstützung* (Decision Support-Systeme, DSS) sowie der *operativen Systeme* (Process Support-Systeme, PSS) notwendig. Bei den DSS finden heute schon „*Big Data Analytics*"-Lösungen Anwendung, die konventionelle *Business Intelligence-Lösung* ablösen. Big-Data-Analytics versetzt heute schon die Unternehmen in die Lage, das rasant wachsende Datenvolumen in „Echtzeit" verarbeitbar zu machen und den Anforderungen nach Einbindung von einer steigenden Anzahl von unstrukturierten Daten zu begegnen. Die Analysen werden mittels „predictive modelling" so konfiguriert, dass auf der Datenbasis eine „Vorhersage" von Ereignissen oder Entwicklungen möglich ist. Durch diese solide Datenbasis können Produktportfolio-Entscheidungen in der EW besser getroffen werden. Vor dem Hintergrund der Vielzahl an Produkten und der kurzen Produktlebenszyklen ist hier insbesondere eine adäquate IT-Unterstützung essenziell. Bei den PSS kommen in der Regel oft Branchenlösungen auf Basis von Standardanwendungssoftware zum Einsatz, die teilweise schon über eine rudimentäre Verwaltung von Produkten oder deren Bestandteilen verfügt, die aber in der Regel lediglich auf den funktionalen Einsatz reduziert sind. Die Branche und die Unternehmen zeichnen sich aber vor allem durch eine heterogene IT-Landschaft aus, in der in vielen verschiedenen funktional-ausgeprägten Systemen relevante Produktinformationen abgelegt sind, wie zum CRM, Kalkulation, EDM oder Abwicklungssysteme. Die Verteilung und Vorhaltung der Informationen in den Systemen und die Umsetzung zukünftiger Anforderungen aus neuen Produkten treibt auch hier wieder die Komplexität. An dieser Stelle muss die Frage nach einer technologischen Organisation und Integration der Produktdaten beantwortet werden. Bereits heute können die Informationen in zentralen „Produkt-Repositories" vorgehalten werden, die über Integrationsschichten wie Enterprise-Service-Bus in die heterogene IT-Landschaft integriert werden können und mit diesem Lösungsansatz dazu beitragen, technologisch die Komplexität zu reduzieren.

In den folgenden Abschnitten werden die einzelnen PLM-Gestaltungselemente vor dem Hintergrund der Spezifika der EW detailliert beschrieben:

Strategische IT-Systeme
Auf der Ebene der strategischen IT-Systeme werden diejenigen IT-Systeme zusammengefasst, die für die Planung, Steuerung und Gestaltung des operativen PLM notwendig sind. Im Kontext der EW kann die Systemwelt in die drei Kategorien unterteilt werden: Geschäftsanalytik und Berichtswesen, Projektverwaltung sowie Energy Trading and Risk Management (ETRM).

Operative IT-Systeme
Für die operative IT-Unterstützung des PLM-Prozesses existieren für die Dienstleistungsindustrie im Allgemeinen keine integrierten Softwarelösungen. Stattdessen wird der PLM-

22 Produkte des intelligenten Markts

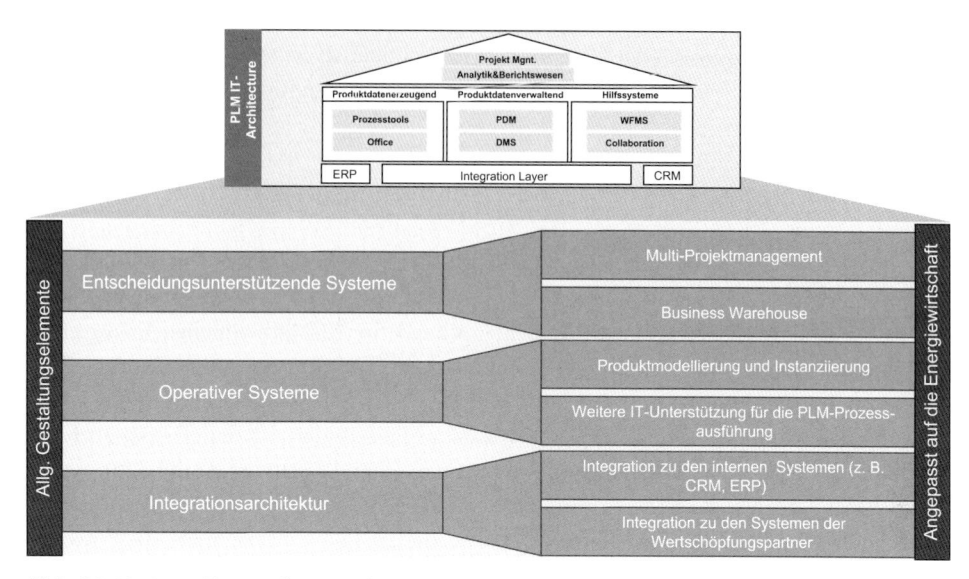

Abb. 22.13 Spezifikation des Gestaltungselements der PLM-IT-Architektur

Prozess in der EW durch ein Zusammenspiel von verschiedenen Anwendungssystemen unterstützt, die sich in drei Kategorien ordnen lassen:

- *Produktdatenerzeugende Systeme* sind sämtliche Systeme, die Produktdaten erzeugen. Unter diese Kategorie fallen im speziellen Fall der EW in erster Linie Office Anwendungen sowie alle Arten von Produktkatalogsystemen, in denen entsprechende Produkte strukturiert und abgebildet werden.
- *Produktdatenverwaltende Systeme* beinhalten beispielsweise entsprechende Inventory-Systeme, die bei der Ressourcenabfrage zum Einsatz kommen, sowie Business-Management-Suiten oder Workflow-Management-Systeme. Für Verwaltungszwecke im Marketingbereich werden ferner Dokumentenmanagementsysteme zu Unterstützung herangezogen.
- *Allgemeine Hilfssysteme* unterstützen den arbeitsteiligen Prozess des PLM. Wohingegen sich häufig der Kollaborationsaspekt in der Sachgutindustrie auf die internen Prozesse des Unternehmens bezieht, hat die Kollaboration in der EW auch über die Unternehmensgrenzen hinweg eine hohe Bedeutung.

Die Abb. 22.13 veranschaulicht die Einordnung einzelner Softwaresysteme in diese drei Kategorien und stellt somit den Gestaltungsbereich der PLM-IT-Architektur dar.

Zusammenfassend lässt sich eine funktionsfähige PLM-IT-Architektur dadurch charakterisieren, dass sie in der Lage ist, die entstehenden Datenmengen, welche sowohl durch interne als auch externe Prozesse erzeugt werden, in einfacher Weise zu kontrollieren. Da gerade in der Energiewirtschaft in Zukunft durch Smart Meter und intelligente Stromnetze mit einer weiteren Explosion der Datenmenge zu rechnen ist, sollten EVU in besonderem Maße darauf achten, ihre IT-Systeme auf solche Entwicklungen hin gezielt auszurichten.

22.4.5 Integration zum PLM-Modell für die Energiewirtschaft

Die oben beschriebenen vier Dimensionen des Product Lifecycle-Managements bilden ein Rahmenwerk, welches sich in abgewandelter Form in der Telekommunikationsindustrie bereits als erfolgreich bewährt hat. Ausschlaggebend für den individuellen Erfolg einer Umsetzung ist die Orchestrierung der Komponenten PLM-Strategie, PLM-Prozess, Produktarchitektur und PLM-IT-Architektur: Bei kleinen Unternehmen wäre es beispielsweise möglich, dass aufgrund der niedrigen Anzahl an Endkunden die reine Masse an Kundendaten, die generiert werden, mit einer relativ einfachen IT-seitigen Architektur bereits ausreichend kontrolliert werden kann. Große Unternehmen dagegen müssen auf diesen Bereich ihres Product Lifecycle-Managements besonders fokussiert sein. Für die Entwicklung einer unternehmensspezifischen Lösung ist daher immer eine detaillierte Analyse erforderlich, die über die Faktoren Größe, Kundenzahl und Produktvielfalt erste Erkenntnisse über die Komplexitätsklasse des Unternehmens geben kann (siehe Abb. 22.14).

22.5 Fazit

Die Etablierung von neuen Geschäftsmodellen im Eco-System der Energiewirtschaft wird zu völlig neuen Produktkonzepten, den Smart Energy-Produkten, führen, die entsprechend entwickelt, gesteuert und schlussendlich auch wieder abgelöst werden müssen. In Anbetracht der Tatsache, dass diese Konzepte derzeit erst in der Entwicklung sind, leistet diese Arbeit einen Beitrag zur Strukturierung und Ordnung der Vielzahl an möglichen Gestaltungsebenen bzw. Elementen, die für ein ganzheitliches PLM relevant sind.

Der hier vorgestellte Ansatz dient den EVUs als Gestaltungsrahmen, innerhalb dessen die Unternehmen die Anforderungen an ihr PLM zunächst identifizieren, anschließend angemessen verorten und schließlich auch etwaige gegenseitige Abhängigkeiten auflösen. Das oben dargestellte Beschreibungsmodell überprüft somit die Vollständigkeit und die Überschneidungsfreiheit der unternehmensindividuellen Gestaltungsbereiche.

Neben der Identifizierung und Verortung von relevanten Gestaltungselementen ist für eine erfolgreiche Implementierung des Weiteren ein geeignetes Vorgehensmodell notwendig. Die Vielschichtigkeit und Komplexität eines ganzheitlichen PLM hat zur Folge, dass der Implementierungsaufwand sowohl auf organisatorischer als auch auf IT-seitiger Ebene verhältnismäßig hoch ist. Infolgedessen ist ein Erfolgsfaktor für die erfolgreiche Einführung eines derartigen Ansatzes ein entsprechend ausgefeiltes Vorgehensmodell für die Implementierung. Solche können von der Telekommunikationswirtschaft, als strukturähnliche Branche, übernommen werden.[23]

---

[23] Vgl. Golovatchev et al. (2010a).

22 Produkte des intelligenten Markts

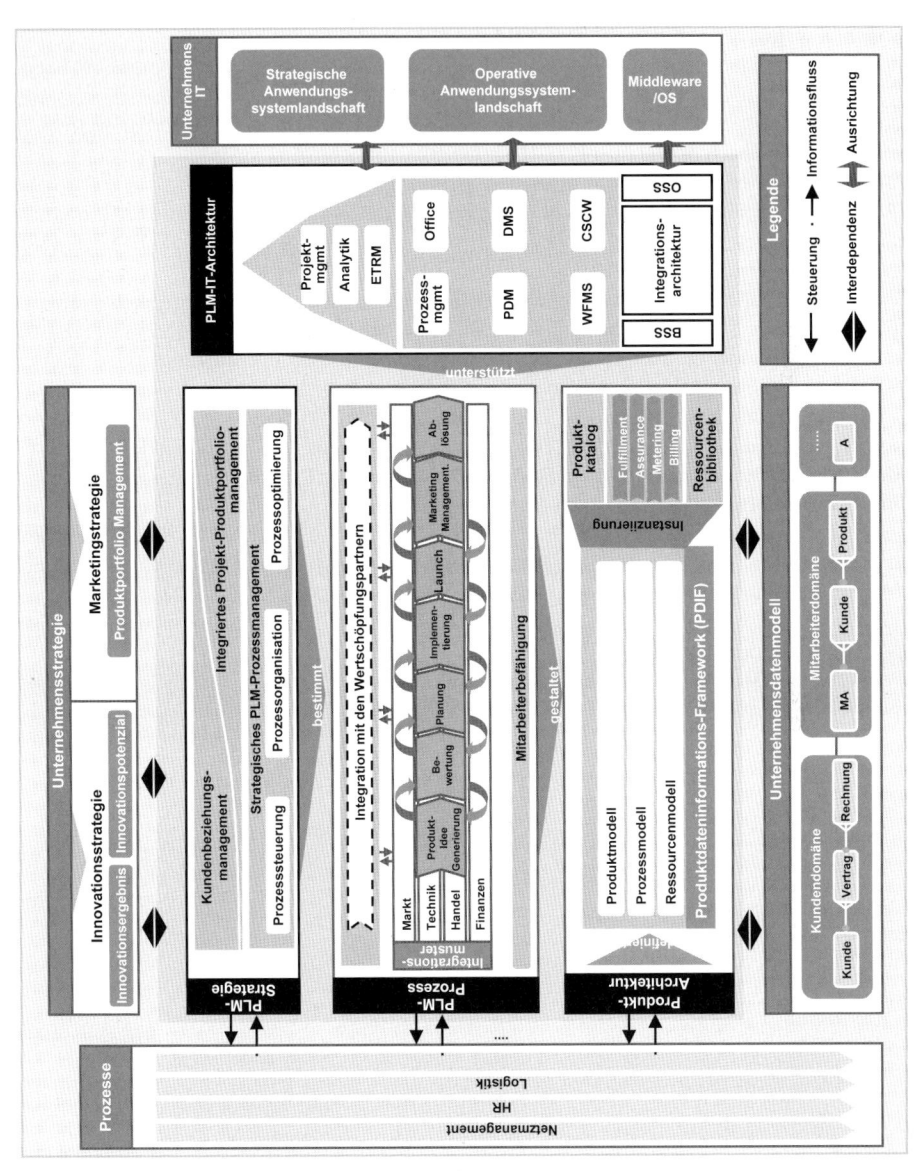

Abb. 22.14 PLM Modell für das Smart Energy-Product

Literatur

BDEW: Aktuelle Wechselquotenanalyse Oktober 2013, Berlin (November 2013). http://www.bdew.de/internet.nsf/id/8E8K9D-DE_Wechselquote. Zugegriffen: 20. Dez. 2013

BDEW: Marktkommunikation. Berlin (Juli 2012). http://www.bdew.de/internet.nsf/id/DE_Marktkommunikation. Zugegriffen: 20. Dez. 2013

Budde, O.: Produktlebenszyklusmodell für die Telekommunikationswirtschaft, Apprimus Wissenschaftsverlag. Apprimus, Aachen (2012)

Budde, O., Golovatchev, J.: Descriptive service product architecture for communication service provider. In: Hesselbach, J., Herrmann, C. (Hrsg.): Functional Thinking for Value Creation, S. 213–218. Springer, Berlin (2011)

EURELECTRIC: Utilities: Powerhouses of Innovation – Full Report. http://www.eurelectric.org/media/79178/utilties_powerhouse_of_innovation_full_report_final-2013-104-0001-01-e.pdf (Mai 2013). Zugegriffen: 20. Dez. 2013

Golovatchev, J., Budde, O.: Complexity measurement metric for innovation implementation and product management. International Journal of Technology Marketing, 8. Jg., (1). 2010a, S. 82–98

Golovatchev, J., Budde, O.: Technology and Innovation Radars. Effective Instruments for the Development of a Sustainable Innovation Strategy and successful Product Launch. Journal of Innovation and Technology Management, 7. Jg., (3&4), 2010b, S. 229–236

Golovatchev, J., Budde, O., Hong, C.-G., Holmeckis, S., Brinkmann, F.: Next Generation Telco Product Lifecycle Management. How to Overcome Complexity in Product Management by Implementing Best-Practice PLM, Detecon, Bonn. www.detecon.com/PLM (2010a)

Golovatchev, J., Budde, O., Hong, C.-G.: Integrated PLM-process-approach for the development and management of telecommunications products in a multi-lifecycle environment. International Journal of Manufacturing Technology and Management, 19. Jg., (3), 2010b, S. 224–237

Ratcliffe, L.: Agile Experience: A Digital Designer's Guide to Agile, Lean, and Continous Voices That Matter. New Riders, Berkeley (2011)

Stabell, C.B., Fjeldstad, O.D.: Configuring value for competitive advantage: on chains, shops, and networks. Strategic Management Journal, 19. Jg., (5), 1998, S. 413–437

Elektromobilität

23

Stefan Helnerus

> **Zusammenfassung**
>
> Stefan Helnerus stellt in seinem Beitrag die Bedeutung der Elektromobilität für die Smart Grids der Zukunft dar. Ausgehend von der Herleitung, warum der elektrische Antrieb die Mobilitätsmärkte nachhaltig verändern wird, beschreibt er zu erwartende Marktplätze und die daraus resultierenden Anforderungen an Marktteilnehmer und IT-Systeme. Dabei kommt er zu dem Schluss, dass der Halter und Fahrer eines Elektroautos vielerorts noch nicht mit den passenden Lösungen konfrontiert wird und dass sich die derzeitigen Ansätze für komfortables und sicheres Laden in vielen Städten wohl noch im Status der Diskussion befinden. Sein Fazit: im Zusammenspiel der Politik und der Wirtschaft liegt noch viel Potenzial, innovative Technik ist schon da.

23.1 Elektromobilität wird den Mobilitätsmarkt nachhaltig verändern

Nur wenigen Themen gelang es in den letzten Jahren, so viel Aufmerksamkeit in der globalen Politik und Wirtschaft zu erlangen wie der *Elektromobilität*. Dabei ist der elektrische Antrieb schon seit mehr als 100 Jahren etabliert – jedoch setzte sich im Bereich der Personen- und Lastkraftwagen sehr schnell der Verbrennungsmotor als Antrieb durch. Wer weiß heute noch, dass es einmal mehr elektrisch betriebene Taxis in New York gab als benzinbetriebene?

S. Helnerus (✉)
RWE Effizienz GmbH, Flamingoweg 1, 44139 Dortmund, Deutschland
E-Mail: doleski@t-online.de

Der Treiber hinter der, in den letzten Jahren immer stärker gestiegenen – mitunter außergewöhnlich hohen – Aufmerksamkeit, hängt im Wesentlichen von fünf Faktoren ab, die nachfolgend skizziert werden.

23.1.1 Die Ölknappheit

Zum Ersten sind die Ölreserven der Erde endlich und zudem ist aus Sicht vieler Experten der Zeitpunkt der maximalen Ölförderung bereits überschritten. Dieser als sogenannter ‚Peak oil' bezeichnete Zeitpunkt markiert den Wendepunkt der weltweiten Ölförderung, ab hier wird die Fördermenge irreversibel abfallen. Über den Zeitraum bis zum letzten ‚Tropfen' lässt sich durchaus streiten, jedoch finden sich bereits Indikatoren für diese Entwicklung.

So hat der amerikanische Geologe Marion King Hubbert bereits 1956 den Blick auf die Tatsache gelenkt, dass die Fördermengen unabhängig von der Betrachtung eines Ölfelds, eines Lands oder auch weltweit ein Maximum erreichen. Er beschreibt dabei den Verlauf der Ausbeutung einer Öl-Region, die einer Glockenkurve gleicht. Interessant ist nun die Frage nach der verbleibenden Reichweite, denn ab diesem Zeitpunkt kann die Nachfrage durch das Angebot nicht mehr befriedigt werden. Steigende Preise müssten in diesem Fall eine Folge sein.

Tatsächlich stellt man mittlerweile bei gleichzeitiger Betrachtung von Preisen und Fördermengen fest, dass das Angebot bis 2004 kurzfristig auf spekulative Preisschwankungen reagierte, dies aber seitdem deutlich schwächer geschieht. James Murray und David King führen dies auf die Tatsache zurück, dass die großen Produzenten der Organisation erdölexportierender Länder (OPEC) am Fördermaximum operieren.[1]

Es bedarf keiner hellseherischen Fähigkeiten, um für die Zukunft steigende Rohölpreise anzunehmen. Betrachtet man nun den Sachverhalt, dass 99,7 % aller PKW in Deutschland – und dies sind rund 42,3 Mio. – ausschließlich mit aus Rohöl gewonnenem Kraftstoff betrieben werden, so wird deutlich, dass ohne Strategieänderung im Bereich der Antriebsart die Mobilität immer teurer wird.

23.1.2 Technologische Machbarkeit

Alle Versuche in der Vergangenheit, elektrische Antriebe in Kombination mit elektrochemischen Speichern im Personenkraftwagen zu etablieren, führten nicht zur erhofften Verbreitung dieser Technologie. Als wesentliche Gründe wurden meist die geringe Reichweite, ein hohes Gewicht der Akkumulatoren und wenig emotionale Beschleunigung genannt.

Beim Vergleich der *Energiedichte* von Bleiakkumulatoren mit Superbenzin ergibt sich beim Benzin ein 400-fach höherer Wert, da fällt es kaum ins Gewicht, dass der mittlere Wirkungsgrad des Verbrenners mit 14 bis 15 % deutlich unter dem eines Elektromotors

---

[1] Vgl. Murray und King (2012).

liegt, der es auf 95 bis 97 % bringt. Insbesondere in Teillastbereichen sind die Elektromotoren den „Verbrennern" wirkungsgradmäßig weit überlegen.

Durch den Einsatz neuerer *Lithium-Ionen-Akkumulatoren* erreicht man mittlerweile die 4-fache, bis 2020 wahrscheinlich mehr als die 8-fache Energiedichte gegenüber Blei-Akkumulatoren. Somit wird der Unterschied zum Superbenzin dann auf das 45-fache sinken.

Auch der Ausblick lässt weiteres Potenzial erkennen: Im Labor wird seit einiger Zeit an *Zinn-Schwefel-Lithium-Zellen* gearbeitet, die eine Energiedichte von über 1.100 Wattstunden pro Kilogramm (Wh/kg) besitzen und damit das Verhältnis auf das 11-fache verringern würden.

Die Entwickler arbeiten zudem an der Verbesserung der *Leistungsdichte*, um das Beschleunigungsvermögen zu optimieren. Es geht auch darum, den Innenwiderstand über den gesamten Lebenszyklus so gering wie eben machbar zu halten und gleichzeitig hohe Ströme zu ermöglichen. Im Ergebnis möchte man eine geringe Wärmeentwicklung sowohl bei Lade- wie auch bei Entladevorgängen, was zu einem hohen *Wirkungsgrad* bei diesen Vorgängen führt. Grundsätzlich sollten die Akkumulatoren eine Lebensdauer von etwa 10 Jahre aufweisen, wobei in dieser Zeit durchschnittlich zwischen 1.000 und 2.000 Ladezyklen durchlaufen werden.

Li-Ion-Akkumulatoren sind grundsätzlich mechanisch, thermisch und elektrisch empfindlich. Überladen, Tiefentladen, unzulässig hohe Ströme, Betrieb bei zu hohen oder zu niedrigen Temperaturen, Lagern in entladenem Zustand, mechanische Belastungen und Beschädigung der Verpackung schädigen den Akku oder zerstören ihn sogar. Dies verlangt von der Konstruktion bis zur Produktion eine hohe Entwicklungsleistung mit entsprechender Qualität. Die Fahrzeugindustrie profitiert jedoch von den Erfahrungen im Bereich der Notebook- und Mobiltelefon-Produktion, wenngleich die Qualitätsanforderungen im Automobilbereich noch deutlich höher sind.

In der Realität angekommen ist die neue Technologie bereits: Fahrzeuge mit Reichweiten über 450 km sind heute schon verfügbar, wenngleich die Mehrzahl der Hersteller derzeit Fahrzeuge im Bandbereich von 120 bis 180 km je Akkuladung anbietet. Ein amerikanischer Hersteller lieferte bis vor Kurzem Fahrzeuge mit mehr als 6.800 handelsüblichen Notebook-Akkus aus, die in einer Kombination von seriell und parallel geschalteten Zellen (Typ 18650, Verschaltung: 11S 9S 69P) eine Spannung von 375 V an den Motor (in diesem Fall ein Drehstrom-Asynchronmotor) abgeben. Notwendig zum Betrieb des gesamten Energiespeichers ist ein Batteriemanagementsystem (BMS), das für jede Zelle unter anderem die Spannung, den Strom und die Temperatur überwacht sowie Lade- und Umlade-Vorgänge (Balancing) steuert.

23.1.3 Effizienzvorteile

Wenn wir die *Energieeffizienz* zwischen Fahrzeugen mit unterschiedlichen Antriebsarten vergleichen wollen, so gilt es, die Kette der Gewinnung von Energie bis zur mechanischen

Wandlung in Rotationsenergie zu betrachten. In diesem Zusammenhang spricht man von ‚Well-to-Wheel', was man als ‚vom Bohrloch bis zum Rad' übersetzen könnte. Zur differenzierteren Auseinandersetzung wird diese *Energiekette* in die Teilbereiche ‚*Well-to-Tank*' und ‚*Tank-to-Wheel*' untergliedert.

Der Vergleich Tank-to-Wheel geht eindeutig zugunsten des Elektrofahrzeugs aus, bei der Well-to-Tank Betrachtung liegen Verbrennungsmotoren deutlich vorn. In den letzten Jahren gibt es allerdings eine intensive Diskussion darüber, welche Herleitung für die Bereitstellung von Strom im Akku herangezogen wird.

Unstrittig ist, dass ein Ausbau der regenerativ erzeugten Energie die Well-to-Tank-Position für das E-Fahrzeug stark verbessert: So werden in der Herleitung die Kernkraftwerke mit einem Wirkungsgrad von 33 % und die Kohlekraftwerke mit 38 % gegen regenerative Erzeuger mit einem Wirkungsgrad von 50 % im Falle von drei-blättrigen Rotoren[2] sowie maximal 40 % bei Solarzellen zunehmend substituiert.

23.1.4 Minderung der CO_2-Emissionen und des Feinstaubs

Die Frage nach *CO_2-Emissionen* ist auf den ersten Blick eindeutig: Am Ort der Entstehung von elektrischer angetriebener Mobilität findet keine Emission von Kohlendioxid oder Feinstaub statt. Der Elektromotor entwickelt seine Kraft vollkommen ohne Verbrennungsprozesse, bei denen dieses nach allgemeiner Formulierung ‚Klimakiller' genannte Gas und besonders im Fall des Dieselmotors auch Kleinststaubpartikel in einem nennenswerten Anteil entsteht.[3] Nach aktuellem Stand sind die gesundheitlichen Risiken des Feinstaubs nicht vollständig erforscht, dennoch gibt es Abschätzungen der Folgen: einer Studie[2] der europäischen Union zufolge sterben jährlich 65.000 Menschen an Feinstaub.[4]

Betrachtet man demgegenüber die konventionell angetrieben Fahrzeuge, die Benzin oder Diesel über den Verbrennungsprozess in mechanische Antriebsenergie wandeln – zudem sehr häufig mit einem sehr schlechten Wirkungsgrad – so wird das Potenzial an Einsparung sehr schnell deutlich.

Kritiker dieser Argumentation führen hier sehr gerne die Herkunft des elektrischen Stroms an, der für den Vortrieb des Fahrzeugs verantwortlich ist. Wenn also der Strom aus konventionellen Kraftwerken durch Einsatz von Kohle, Öl oder Gas gewonnen wird, so ergibt sich bezogen auf die Errichtung von Kraftwerken, die Erzeugung des Stroms und auf den Transport desselben ein CO_2-Äquivalent, dass auch auf den gefahrenen Kilometer umgerechnet werden kann.

---

[2] Der theoretische Wirkungsgrad von Windleistung liegt bei 59 %. Dieser wird in der Praxis jedoch nicht erreicht, so dass bspw. drei-blättrigen Rotoren der Wirkungsgrad bei 50 % liegt.

[3] Untersuchungen des Bundesumweltministeriums aus dem Jahr 2001 schrieben den Dieselmotoren einen Anteil von rund 14 % bezogen auf das Gesamtfeinstaubaufkommen zu.

[4] Vgl. Watkiss et al. (2005).

Greenpeace und die Deutsche Gesellschaft für Sonnenenergie e. V. vertreten die Meinung, dass Elektrofahrzeuge bei Einsatz von ‚Graustrom'[5] ähnlich hohe CO_2-Emissionen erzeugen wie konventionell angetriebene Fahrzeuge.

Ohne Zweifel ist jedoch die CO_2-Emission gerade dann sehr gering, wenn Energie aus erneuerbaren Quellen wie Windenergie oder Photovoltaik erzeugt und über geringe Entfernungen transportiert wird (*Grünstrom*). Vor dem Hintergrund des stetigen Ausbaus an regenerativ erzeugter Energie wird die Substitution von Verbrennungsmotoren durch elektrische Antriebe immer attraktiver und gerade für Ballungsräume wie Metropolen zunehmend wichtiger.

23.1.5 Politische Rahmenbedingungen

Weltweit ist das Thema *Klimaschutz* in den Gesellschaften angekommen, wenngleich es sehr unterschiedliche Bewertungen über Fortschritt und Veränderungsnotwendigkeit gibt. Bezogen auf den Fahrzeugmarkt hat das Auswirkungen für die Grenzen der zulässigen CO_2-Emissionen: So ist für den Raum der Europäischen Union das Ziel für 2020 mit 95 g CO_2 pro km um 41 % geringer angesetzt, als dies noch 2006 der Fall war. In den USA soll bis 2016 eine Senkung um 27 % erreicht werden, in Japan bis 2015 16 %, in China bis 2015 29 % weniger als 2006.

Dafür gibt es Förderprogramme um die Elektromobilität sowohl auf der Anbieterseite als auch auf der Nachfrageseite zu pushen (Stand der Erhebung: Q1/2013, Quellen: Förderdatenbank im Forum Elektromobilität, Europäische Union, Department of Transportation, United States Environmental Protection Agency, Japan Automobile Manufacturers Association, International Council on Clean Transportation, J.D. Power, Roland Berger):

- Förderung der Technologie (Europa: 3,5 Mrd. EUR; USA, Japan, China: 2,8 Mrd. EUR)
- Förderung der Fahrzeugkäufe (Europa: 4–7 TEUR; USA: 5–9 TEUR; Japan: 12 TEUR (i-MIEV), China: 5–7 TEUR)

In Deutschland wurde durch die Bundesregierung ein klares Ziel für 2020 formuliert: Zulassung von einer Million Fahrzeuge. Wenngleich diese Zahl durch die eigens bestellte *Nationale Plattform Elektromobilität* (NPE) 2012 auf 600 Tausend relativiert wurde, so hält die Bundesregierung an dem ursprünglichen Ziel fest. Diese Zahl soll nach dem Willen der Koalitionsgespräche im November 2013 auch weiterer Bestandteil der politischen Programme sein.

Die Bundesregierung hat in den Jahren 2012 und 2013 eine „Mobilitäts-und Kraftstoffstrategie" erarbeitet, die den politischen Handlungsrahmen eingrenzt und fokussiert. Zur Veränderung der Energiewelt des Verkehrs steht dort:

---

[5] Unter Graustrom wird umgangssprachlich Strom unbekannten Ursprungs verstanden. Dahinter verbirgt sich ein Mix aus unterschiedlichen Energieträgern.

- Deutschland ist auf eine zuverlässige, wirtschaftliche, bezahlbare und umweltverträgliche Energieversorgung angewiesen. Energieversorgungssicherheit, schonender Umgang mit Ressourcen und Klimaschutz sind auch für den Verkehrsbereich zentrale Handlungsfelder.
- Die Energiewelt ist auch im Verkehr im Wandel. Das inzwischen im Verkehrsbereich etablierte Leitmotiv „weg vom Öl" hat mit der Energiewende der Bundesregierung und dem Energiekonzept noch einmal an Bedeutung gewonnen. Der Straßenpersonenverkehr und der Schienenverkehr werden enger mit den Klimazielen und den Erneuerbaren Energien verknüpft sein. Aber auch für andere Verkehrsträger, die aus technischen Gründen noch eine lange Zeit vom Öl abhängig sein werden, müssen realistische, tragfähige, robuste und nachhaltige Zukunftskonzepte entwickelt werden. Der Verkehrssektor insgesamt muss seinen Beitrag zu den Klimazielen der Bundesregierung leisten.
- Um die „Energiewelt des Verkehrs" zukunftsfest auszurichten und ökonomisch, ökologisch und sozial verträglich zu gestalten, bedarf es rechtzeitiger politischer Weichenstellungen mit angemessenen Übergangszeiträumen, damit sich Fahrzeugindustrie, Energiewirtschaft, Transportgewerbe sowie Bürgerinnen und Bürger hierauf einstellen können und Investitionen mit einer langfristigen Perspektive erfolgen.

Dies kann als Konsens der Einschätzung der Lage des Verkehrs betrachtet werden und wurde im Kabinett auch so verabschiedet.

23.2 Auswirkungen auf die Energieerzeugung und Stromnetze

Wenn immer mehr Fahrzeuge mit elektrischem Strom angetrieben werden und die konventionelle Mobilität verdrängt wird, so stellt sich die Frage, ob denn im Gegenzug neue Kraftwerke errichtet werden müssen um den höheren Strombedarf zu decken.

Nach Analyse der Energieproduktion in Deutschland, erhoben durch den BDEW Bundesverband der Energie- und Wasserwirtschaft e. V., der zugelassenen Fahrzeuge durch das Kraftfahr-Bundesamt, der Laufleistung von Fahrzeugen durch die Bundesanstalt für Straßenwesen sowie Studien der International Energy Agency (IEA) und Roland Berger, fällt die Energiemenge deutlich geringer aus, als man dies zunächst annimmt.

Ein lediglich 4 % höherer Energiebedarf besteht, wenn jedes vierte Fahrzeug rein elektrisch unterwegs wäre. Wohlgemerkt, hier wird nur die Arbeit betrachtet, natürlich verteilt sich die Stromabgabe an Fahrzeuge weder zeitlich noch leistungsmäßig gleichverteilt über das ganze Netz.

Genau an dieser Stelle kommt die Frage nach den Kapazitäten des Netzes auf. Es macht natürlich einen Unterschied, ob alle Fahrer nacheinander laden – was aus Sicht des Netzes wünschenswert wäre – oder ob alle gleichzeitig laden wollen. Ebenso ist die Höhe der Ladeleistung ein wesentliches Kriterium bei der Beantwortung der Frage, ob das Verteilnetz ausgebaut werden muss.

Nun ist die Frage des Ausbaus der Verteilnetze ein wesentlicher Kostentreiber und diese Kosten werden im Nachgang des Ausbaus über die Netznutzungsentgelte wieder auf alle Stromkunden verteilt. Die Alternative zum Austausch bzw. Ausbau von Erdkabeln, Freileitungen, Ortsnetzstationen oder gar Umspannwerken ist ein steuernder Eingriff in die Zeiten der Ladefreigabe und ebenso in die Höhe der Entnahmeleistung. Dieser Punkt wird später noch detaillierterer ausgeführt.

Um die Größe der Zahlen nachzuvollziehen, betrachten wir dazu ein realistisches Szenario, bei dem eine vorgegeben Anzahl von Fahrzeugen, eine durchschnittliche Fahrleistung, einen durchschnittlichen Verbrauch mit der heutigen Bruttostromerzeugung in Deutschland verglichen wird:

- Anzahl der Fahrzeuge im Jahr 2020: eine Million,
- Durchschnittliche Fahrleistung per anno: 11.000 km,
- Durchschnittlicher Verbrauch: 18 kWh pro 100 km,
- Bruttostromerzeugung in Deutschland[6] im Jahr 2012: 628,7 TWh.

Im Ergebnis macht dies 19,8 TWh, also 3,2 % der Bruttostromerzeugung aus dem Jahr 2012. Der Anteil der Erneuerbaren Energie für 2012 wird mit 21,9 % angegeben, was 137,7 TWh entspricht. Bereits 2012 wurde also die fast siebenfache Menge an regenerativer Energie erzeugt, die zum Betrieb von einer Million Fahrzeugen erforderlich sind. Daher ist es von der Energiemenge her durchaus realistisch, eine weitestgehend regenerativ erzeugte Mobilität zu schaffen.

Betrachtet man hingegen das Fahr- bzw. Ladeverhalten und die Darbietung der regenerativ erzeugten Energie, so muss in Zeiten geringer regenerativer Erzeugung konventionell erzeugte Energie eingesetzt werden. Als Alternative ist der Einsatz von Energiespeichern möglich, der eine zeitliche Entzerrung von Angebot und Nachfrage ausgleichen kann. Ein weiter Ansatz ist, ein intelligentes System aufzubauen, welches innerhalb der Parkzeit ein Zeitfenster nutzt, in dem die Verfügbarkeit von regenerativ erzeugter Energie hoch ist. Dazu müssen sowohl technische Kenngrößen verfügbar sein, damit physikalische Limitierungen der Leistung der Steckdose berücksichtigt werden, als auch kaufmännische Größen um einen Strompreis bilden zu können.

Die Modulation der elektrischen Verbraucher an sich ist für die Energieversorgung keine neue Situation: Mit zunehmender Verbreitung von elektrisch betriebenen Durchlauferhitzern zur Warmwasserbereitstellung in den 1980er Jahren gab es in einigen Verteilnetzen Engpässe, die nur durch den Austausch der Hausanschlüsse und gegebenenfalls einer Leistungsverstärkung im vorgelagerten Netz zu vermeiden waren. In solchen Fällen wurde dann gerne eine Vorrangschaltung in der Hausinstallation eingesetzt, sie sorgte dafür, dass beispielsweise der elektrische Herd oder ein zweiter Durchlauferhitzer nicht gleichzeitig betrieben werden konnte. Oder auch die Steuerung von elektrischen Nachtspeicherhei-

---

[6] Vgl. Arbeitsgemeinschaft Energiebilanzen (2013), Tabelle Bruttostromerzeugung in Deutschland von 1990 bis 2012 nach Energieträgern.

zungen über Rundsteuerung. In diesem Fall konnte der Versorger von außen Einfluss auf den Betriebszustand nehmen.

Übertragen auf die Elektromobilität sind es nun aber nicht unbedingt weitere Fahrzeuge am gleichen Netzverknüpfungspunkt, die zu einem Engpass führen können. Die Ladeleistung eines einzelnen Fahrzeuges kann schon sehr hoch sein, aber sie ist in vielen Fällen auch von außen regelbar. Diese Tatsache und ein intelligentes Netz, das seine Belastungssituation kennt, machen sich die neuen Lösungsansätze zu netzverträglichem Laden zunutze.

Es ist dann nicht mehr notwendig, alle Anschlüsse von Ladestationen an der maximal möglichen Leistung auszurichten, allerdings bedarf es einer Kommunikation zwischen Fahrzeug und Ladestation, um beispielsweise auch einen 22 Kilowatt-Lader an einer 11 Kilowatt-Ladestation zu betreiben.

Zusätzlich können wir beobachten, dass die Grundlagen gelegt sind, um die statische Auslegung eines Ladesystems – wie es heute noch vielfach umgesetzt wird – zukünftig durch eine dynamische Regelung zu ersetzen.

23.3 Normen regeln die Schnittstelle zwischen Fahrzeug und Ladeinfrastruktur

Natürlich war den Herstellern von Elektrofahrzeugen und der Energiewirtschaft sehr früh klar, dass nur durch die Standardisierung der Schnittstelle zwischen Netz und Fahrzeug eine sichere und zuverlässige Energieübertragung dauerhaft und länderübergreifend sichergestellt werden kann. Diese Aktivitäten wurden in nationalen und internationalen Standardisierungsgremien weiterentwickelt und führten zur Veröffentlichung der Norm IEC 61851. Diese Norm regelt die *Ladestationen* und widmet sich den unterschiedlichen Lademodi, speziell den konduktiven Systemen. Weitere wesentliche Norm ist die IEC 62196, in der die *Ladestecker* geregelt werden. Eine neue Norm, auf die später noch detaillierter eingegangen wird, ist die ISO 15118, die sich auf die *Kommunikation* zwischen Fahrzeug und Ladeinfrastruktur fokussiert.

Die in der Norm IEC 61851 aufgeführten Lademodi enthalten grundsätzliche Festlegungen, die bereits den Aufbau eines Ladesystems vollständig beschreibt: *Mode 1* beschreibt das einphasige Laden direkt an der Haushaltssteckdose. Im *Mode 2* wird ein- bis dreiphasiges Laden mit höheren Strömen ermöglicht, bedarf aber einer Steuereinheit im Kabel (In-Cable Control Box, ICCB), welche Schutz- und Kommunikationsfunktionen übernimmt. *Mode 3* kann bei Einsatz geeigneter Ladekabelgarnituren mithilfe eines Controllers in Deutschland bis zu 43 kW Ladeleistung übertragen. Daneben existiert noch ein *Mode 4* für die Schnellladung per Gleichstrom (400 A).

Durch die Normung der Ladestecker wird der dauerhaften Betriebssicherheit Rechnung getragen und grundsätzlich ein länderübergreifendes Laden möglich gemacht. Zusammen mit den verwendeten Kabeln und Codierungen über die Maximalbelastbarkeit stellen die Kabelgarnituren mit den Controllern der Ladeinfrastruktur sicher, dass es zu keiner Überlastung der Ladekabel kommen kann.

Mittlerweile dominiert in Europa die Wechselstromladung, derzeit noch mit einphasigen Ladegeräten. Aktuelle Fahrzeuge wie der Smart oder der Renault Zoe können bereits mit dreiphasigen Ladern mit 22 kW Ladeleistung erworben werden.

Für noch schnelleres Laden eignet sich derzeit darüber hinaus die Ladung an Gleichstrom-Schnellladestationen, wobei die japanische Ladetechnik dominiert. Die Kommunikation zwischen Fahrzeug und Ladetechnik ist besonders aufwendig, ein spezielles Protokoll unter dem Namen CHAdeMO kommt dort zum Einsatz. Bis 2017 wird diese Technik in Europa durch das *Combined Charging System* (CCS)[7] abgelöst werden, alle namhaften europäischen und auch amerikanischen Autoproduzenten haben sich auf dieses System geeinigt.

23.4 Die Sicht des Elektrofahrzeugs bzw. des Fahrers

Die Fahrzeuge der ersten Generation sind geprägt von Reichweiten zwischen 80 und 180 km – je nach Fahrweise, Geländeprofil und Jahreszeit. Erste Praxiserfahrungen führen zu belastbaren Aussagen: Ein im November 2013 gefahrener Nissan Leaf präsentierte sich mit mehr als 20.000 km Fahrleistung, war rund 18 Monate alt und zeigte einen Durchschnittsverbrauch von 18 kWh pro 100 km.

Nissan selbst gab 2010 für das Fahrzeug nach japanischem Zyklus einen Verbrauch 12,4 kWh je 100 km an, heute verzichtet man auf der Website darauf und wirbt eher mit Reichweiten in Abhängigkeit der Jahreszeit und gegebenenfalls zugeschalteter weiterer Verbraucher. Der ADAC kam bei der eRallye Südtirol im September 2012 auf 17,4 kWh pro 100 km, eine Bestätigung der Langzeiterfahrung.

Die Antwort auf die Frage, wo diese Autos gefahren wurden, deckt sich durchaus mit dem ursprünglich vermuteten Haupteinsatz: Im Nahverkehr einer mittelgroßen Stadt, teilweise für Fahrten zur Arbeit, teilweise für Kurierfahrten oder berufliche Einsätze zu Besprechungen oder Veranstaltungen. Womit sich nun sofort die nächste Frage stellt: Wo parkt man das Fahrzeug und kann man es dann dort auch laden? Immerhin haben die Autos in eineinhalb Jahren rund 3.600 kWh elektrischen Strom eingesetzt, um bei dem oben genannten Beispiel zu bleiben. Rein rechnerisch kommen wir somit auf rund 6,5 kWh Strom pro Tag und 36,5 gefahrenen Kilometern. In diesem Beispiel wurde jeder Tag einheitlich berücksichtigt und keine Unterscheidung zwischen Werktagen und Wochenenden vorgenommen. Die häufigsten Wünsche zu Beginn der Einsatzphase gingen in die Richtung, ob es möglich sei zu sehen, ob eine öffentliche Ladestelle belegt ist oder auch ob eine Steckdose vorab reserviert werden könne. Mittlerweile ist das technisch möglich,

---

[7] CCS ist ein universelles Stecksystem mit dem sowohl Gleichstrom als auch Wechselstromladung ermöglicht wird.

aber noch nicht so relevant: Viele Parkplätze sind blockiert von nicht-elektrischen Fahrzeugen und man kommt gar nicht zum Laden.

Vermutlich ist das bisher in den Planungen – ob man nun 100 oder 1000 öffentliche Ladepunkte benötigt – überhaupt nicht berücksichtigt worden. Streng genommen sind solche Parker auch noch gar keine Falschparker, denn die Straßenverkehrsordnung wurde für diese Situationen noch nicht angepasst. Es wird viel diskutiert, aber es ist eben noch nicht umgesetzt. Zum derzeitigen Zeitpunkt agieren alle Kommunen sehr individuell und nicht abgestimmt, was die Unsicherheit im Umgang mit markierten Parkflächen für Elektrofahrzeuge nicht vereinfacht.

Ist nun aber ein freier Parkplatz mit Lademöglichkeit gefunden, kann sich der Fahrer alsbald um das Laden des Fahrzeugs kümmern. Hierzu benötigt er ein Ladekabel, welches in aller Regel mit den Fahrzeugen verkauft wird. Einfache Kabel, die überall passen sollen, sind mit einem Schuko-Stecker ausgestattet. Es gibt sogar einige Ladesäulen die dies unterstützen, aber die Ernüchterung ob der Ladezeit und der Manipulationsfreiheit kommt im Laufe der Zeit von allein. Aufgrund der Tatsache, dass nur einphasig geladen werden darf und sich dieser Stecker nicht für 16-Ampere-Dauerstrom eignet, beschränken sich die Hersteller meist auf maximal 10 A. Da selbst dies für die Stecker im Laufe der Zeit viel zu viel ist und sich allmählich durch Verschmutzung der Kontakte ein steigender Übergangswiderstand einstellt, welcher dann im Folgenden zu noch höheren thermischen Verlusten zwischen Stecker und Steckdose führt, werden sogar noch geringere Ladeströme eingesetzt. Für den Fahrer bedeutet das dann: deutlich länger warten, bis die gewünschte Reichweite geladen wurde.

Auch hierzu ein Beispiel: Der Nissan Leaf hat zwei Ladesteckdosen, eine für Wechselstromladung, eine für Gleichstromladung. Die eine Steckdose für Wechselstromladung lässt über ein Ladekabel mit Schuko-Stecker auf der Ladeinfrastrukturseite und Typ1-Stecker auf der Fahrzeugseite (Mode 2-Kabel) maximal 2,3 kW (Variante 2,3) oder alternativ über ein Ladekabel mit Typ2 auf der Infrastrukturseite und Typ1 auf der Fahrzeugseite (Mode 3) 3,3 kW zu (Variante 3,3). Die größere Gleichstromsteckdose erlaubt über den sogenannten CHAdeMO-Stecker maximal 50 kW, wobei die tatsächliche Ladeleistung in der Praxis kaum über 40 kW liegt (Variante 40).

Umgerechnet auf Reichweiten stellt sich die Situation wie folgt dar. Die Umrechnung auf Reichweite erfolgt über den Ansatz 18 kWh pro 100 km. In einer Stunde werden ohne Berücksichtigung der Ladeverluste übertragen:

- Variante 2,3: ca. 13 km
- Variante 3,3: ca. 18 km
- Variante 40: ca. 222 km

Betrachtet man nun die in der Norm IEC 61851 beschrieben Leistungen der Wechsel- bzw. Drehstromladung, so lässt sich bereits durch die Nutzung der vorhandenen Verteilnetze ein wirkungsvolles Ladenetz errichten, dass an seinen Steckdosen 22 oder auch 44 kW bereitstellen kann. So hat auch der Fahrzeugmarkt reagiert und bietet beispielsweise im

Smart einen dreiphasigen Lader mit einer Leistung von 22 kW an. In meist weniger als einer Stunde ist das Fahrzeug dann wieder voll geladen.

Es wird also schon ersichtlich, dass die maximale Ladeleistung einen wesentlichen Einfluss auf die *Akzeptanz der Elektromobilität* haben wird. Die Akzeptanz wird umso höher ausfallen, wenn – bei gleichen oder besseren Stromkosten – nur regenerativ erzeugte Energie zu Einsatz kommt.

Je nach Nutzungsverhalten wird der Fahrer einer spezifischen Gruppe angehören, die im Folgenden näher differenziert werden. Es zeichnen sich derzeit folgende Haupteinsatzgruppen ab:

- der Zweitwagennutzer,
- die Firmenflotte sowie
- der Mobilitätsnutzer (z. B. Car-Sharing Nutzer).

Diese Gruppen zeichnen sich aktuell dadurch aus, dass nur geringe bis mittlere tägliche Fahrwege zurückgelegt werden, also bis 40 km bzw. zwischen 40 und 120 km. Berücksichtigt man nun den oben genannten Durchschnittsverbrauch von 18 kWh pro 100 km, so bedeutet dies für die Ladezeiten:

- bei 40 km pro Tag 7,2 kWh
    - bei 2,3 kW Ladeleistung sind das rund drei Stunden reine Ladezeit
    - bei 22 kW Ladeleistung sind das rund 20 min reine Ladezeit
- bei 120 km pro Tag 21,6 kWh
    - bei 2,3 kW Ladeleistung sind das rund 9,5 h reine Ladezeit
    - bei 22 kW Ladeleistung ist das rund eine Stunde reine Ladezeit

23.5 Die Sicht der Energieversorger

Nachdem laut Kraftfahrt-Bundesamt (KBA) 2012 lediglich 2.956 E-Fahrzeuge neu zugelassen wurden, waren es bis November 2013 bereits 5.606. In Summe dürften damit rund 13.000 Fahrzeuge im Bestand sein. Rechnet man das Wachstum der letzten Monate hoch, so könnte die politisch gewollte Zielzahl von einer Million Fahrzeugen in 2020 durchaus noch realistisch sein. Natürlich muss die Energie für diese Fahrzeuge auch bereitgestellt werden.

Die *Stromversorgung* in Deutschland erfolgt über ein Wechsel- bzw. Drehstromnetz, welches nach Transportnetz (Hoch- und Höchstspannungsbereich) und Verteilnetz (Hoch-, Mittel-, Niederspannung) unterschieden wird. Die Stromabgabe erfolgt in der Regel an industrielle, gewerbliche und private Kunden. Im Bereich des Haushalts- und Gewerbestroms liegt das Spannungsniveau auf 230 bzw. 400 V. Zur Übertragung größerer Energiemengen im zumeist industriellen Bereich liegt die Übergabespannung bei 10.000 V und höher.

Bis etwa Ende der 1980er Jahre wurde das Netz von konventioneller Energieerzeugung mit *Grund-, Mittel-* und *Spitzenlastkraftwerken* einerseits und nahezu reiner Stromentnahme auf der Kundenseite geprägt. Die Planbarkeit der Erzeugung war gut, die Kenntnisse über die Stromkunden und ihre installierten Verbraucher ausreichend. Mit der Zunahme der *Windenergie* veränderte sich die Planbarkeit der Erzeugung, sie war nunmehr von der Güte der Windprognose abhängig und eigentlich langfristig unmöglich. Da viele Standorte zu Windparks entwickelt wurden und diese neue leistungsfähige Anschlüsse auf Mittel- und Hochspannungsebene erhielten, konnten negative Auswirkungen der volatilen Erzeugung auf die Netzqualität auch durch Verbesserungen in der Netzführung jedoch begrenzt werden.

Die nächste Veränderung der Erzeugung wurde durch die *Photovoltaik* herbeigeführt, seit 2007 steigt die installierte Leistung rasant an. Allein zwischen 2010 und 2012 wurden 22,5 GW Photovoltaik-Kapazität (GWp) errichtet und Ende 2012 waren es kumuliert 32,5 GWp. Hinter dieser Zahl stehen mehr als eine Million Einzelanlagen, die zu 98 % ihre erzeugte Energie in das Niederspannungsnetz einspeisen.

Damit kommt dem ursprünglichen Verteilnetz eine andere Aufgabe zu und die Systemführung muss angepasst werden. Ein Beispiel hierfür ist die als 50,2-Hz-Problem bekannte Umrüstung von Photovoltaikanlagen im Nieder- und Mittelspannungsnetz auf von außen regelbare Stromumrichter. Somit lässt sich die *Einspeiseleistung* begrenzen, eine Grundvoraussetzung für den Systembetrieb.

Vor dem Hintergrund dieser Erfahrungen ist nun zu bewerten, wie sich der Anschluss von Ladegeräten, die zunächst einmal nichts anderes als Stromverbraucher sind, auf das Netz auswirkt.

Um ein möglichst realistisches Bild aufzuzeigen, gehen wir in der nachfolgenden Betrachtung davon aus, dass ein Fahrzeug mit einem 3-phasigen 22 Kilowatt-Ladegerät angeschlossen wird. Weiterhin berücksichtigen wir den Lader vereinfacht als rein ohmsche Last. Zusätzlich unterteilen wir in drei Einsatzszenarien:

a. die Nutzung der Ladesteckdose in der eigenen Garage oder im Carport,
b. die Nutzung der Ladesteckdose in einem semi-öffentlichen Bereich wie etwa auf einem Händler-eigenen Kundenparkplatz oder
c. die Nutzung einer öffentlichen Ladesteckdose, für jedermann zugänglich.

Im Fall a) wird in der Regel die Kapazität des vorhandenen Hausanschlusses zu 50 % durch den Lader ausgenutzt. Die übrigen Verbraucher haben deutlich geringere Anschlusswerte und teilen sich die restliche Kapazität. Zu diesen Anlagen existieren ausreichende Erfahrungen und der *Gleichzeitigkeitsfaktor* – ein Erfahrungswert – berücksichtigt, dass elektrische Verbraucher nie alle gleichzeitig und mit voller Leistung in Betrieb sind – ist bekannt. Unter der Voraussetzung, dass die Elektroinstallationsanlage gemäß der Technischen Anschlussbedingungen des zuständigen Netzbetreibers aufgebaut wurde, ist davon auszugehen, dass die Anlage ohne Verstärkung des Netzanschlusses vonstatten gehen kann. Durch die Anmeldung des neuen zusätzlichen Verbrauchers beim örtlichen Verteilnetzbetreiber sind die neuen temporären Lasten bekannt und können in der Netzplanung berücksichtigt werden.

Im Fall b) liegt meist eine gewerbliche genutzte Anlage vor. Der Hausanschluss wird höher dimensioniert sein, weitere Verbraucher mit hoher Anschlussleistung und einem hohen Gleichzeitigkeitsfaktor machen eine genauere Überprüfung notwendig. Beim Anschluss mehrerer Ladeplätze ist mit umfangreicheren Anpassungen der elektrischen Anlage zu rechnen. Die Berücksichtigung der zusätzlichen Leistung oder auch Verstärkung des Hausanschlusses ist mit dem zuständigen Verteilnetzbetreiber abzustimmen.

Im Fall c) wird beispielsweise eine Ladesäule direkt an das Verteilnetz angeschlossen. Aus Sicht des Verteilnetzbetreibers ist es ein reiner Neuanschluss, der Gleichzeitigkeitsfaktor beträgt 1.

Das Verteilnetz ist im Allgemeinen so aufgebaut, dass immer mehrere Hausanschlüsse an einer Hauptleitung angeschlossen sind und mehrere Hauptleitungen an einem Ortsnetztransformator. Stellt sich eine Situation ein, die gegebenenfalls zu einer Überlastung der Hauptleitungen oder des Ortsnetztransformators führen kann, weil etwa viele Ladesteckdosen gleichzeitig genutzt werden, so wäre das Netz überlastet. Der Verteilnetzbetreiber kann nun einerseits stärke Ortsnetztransformatoren bzw. verstärkte Kabel zum Einsatz bringen, oder er einigt sich mit dem Eigentümer der elektrischen Anlage auf einen veränderten Betrieb. So könnte die Ladung bei voller Leistung z. B. nur in bestimmten Zeitfenstern erfolgen, oder er stimmt sich mit anderen Nutzern ab, die an der gleichen Ortsnetzstation angeschlossen sind. Da dies mit konventionellen Mitteln nahezu unmöglich ist, benötigt man beispielsweise eine Plattform, über die eine solche Abstimmung laufen könnte.

Grundsätzlich kann man jedoch festhalten, dass durch gesteuertes und abgestimmtes *Lastverhalten* größere Investitionen in die Stromnetze in vielen Fällen vermieden, zumindest aber verzögert werden können.

23.6 Smarte Systeme und Funktionen

23.6.1 Der Fahrer benötigt Unterstützung

Nach den ersten Fahrten im Elektrofahrzeug wird klar, verglichen mit den bisherigen Autos muss häufiger geladen werden. Die Frage ist natürlich, wo? Bereits Nissan lieferte mit dem Leaf ein Fahrzeug mit einem guten Navigationsgerät, welches einerseits die aktuellen Reichweiten, als auch die bekannten Ladestationen zeigt. Bekannte Ladestationen sind alle Orte, an denen Ladung stattfinden kann, also solche, die das System kennt und im Speicher abgelegt sind.

Da häufig neue Ladestationen aufgebaut werden und sich die Daten somit ständig ändern, ist eine Aktualisierung, wie man sie von Navigationsdaten her kennt, nicht praktikabel. Daher verfügen die Navigationsgeräte des Leaf über ein GSM-Modem, welches bei Bedarf die aktuellsten Standortdaten überträgt. Zusätzlich speichert der Leaf auch unbekannte Orte, an denen das Fahrzeug schon einmal aufgeladen wurde. Dazu hinterlegt der

Leaf die Standortdaten, damit es möglichst viele Alternativen bieten kann. Leider lässt die Übersichtlichkeit im Laufe der Zeit nach und es fehlen zudem wichtige Informationen zur Leistungsfähigkeit, Erreichbarkeit, Belegungsstatus, Kosten, Aktualität, wobei sich diese Aufzählung noch deutlich erweitern ließe.

Betreiber von öffentlich erreichbaren Steckdosen sind da weiter, zumindest, wenn sie ein Netz von Ladestationen betreiben und die Daten zentral verwalten. Unter der Voraussetzung, die Ladestation hat eine intelligente Steuerung und eine Datenanbindung an ein Backendsystem, können auch Reservierungen und Statusanzeigen übermittelt werden. Dann können die Angaben etwa über eine Web-Seite aufgerufen oder mittels Smartphone aufgerufen werden. Mittlerweile gibt es eine Reihe von Anbietern, die Standortdaten bei Mobilitätsanbietern abrufen und für ihren Kundenkreis entsprechend aufbereitet publizieren.

Entscheidend für die unkomplizierte Parkplatzsuche ist die Aktualität und Genauigkeit der Standortdaten und eine weitere Erkenntnis stellt sich schnell ein: Standorte von Ladestationen haben selten eine postalische Adresse und manchmal stehen mehrere direkt hintereinander. Damit die Daten als *Point-Of-Interest* (POI) im Navi angezeigt werden können, muss der Mobilitätsanbieter bei der Planung alle relevanten Daten erfassen und qualitativ sichern. Schließlich muss nicht nur ein Ladeplatz-Suchender die richtige Ladesäule finden, sondern auch ein Monteur im Fall einer Wartung.

Hat der Fahrer einen Parkplatz mit Lademöglichkeit und passender Steckdose gefunden, so stellt sich die Frage, wie gestaltet sich die *Freischaltung* der Steckdose? Hier müssen zunächst zwei Fälle unterschieden werden:

a. der Fahrer hat einen Stromvertrag, der eine Freischaltung erlaubt oder
b. der Fahrer hat keinen Stromvertrag, möchte einen Spontankauf durchführen.

Im Fall a) bieten sich dem Fahrer verschiedene Vorgehensweisen an:

- Er kann im einfachsten Fall ein besonderes Kabel nutzen, welches eine automatische Authentifizierung durchführt,
- er kann eine App nutzen, mit Hilfe derer er sich die Steckdose freischaltet,
- er kann eine spezielle Smartcard nutzen und die Steckdose einschalten,
- er ruft einen Operator an, der – nach erfolgter mündlicher Verifizierung des Vertragsstatus – die Ladung freigibt.

Hat der Kunde die Ladesteckdose eines fremden Mobilitätsanbieters gewählt und hat dieser ein *Roaming-Abkommen* mit seinem Anbieter, so kann er rein theoretisch alle Authentifizierungen nutzen, die an dieser Ladestation angeboten werden.

Aus Sicht des Fahrers bietet die automatische *Authentifizierung* über das Kabel die höchstmögliche Bequemlichkeit, sofern wir einmal von noch nicht verfügbarer induktiver Ladung absehen. Es ist fast so, als würde er in seiner eigenen Garage das Fahrzeug laden.

Aus Sicht des Mobilitätsbetreibers, ist diese Variante auf lange Sicht gesehen zudem die kostengünstigste, neben den Systemkosten fallen nach Auslieferung und erstmaliger Freischaltung der spezifischen Kabel keine besonderen Authentifizierungskosten an.

Im Fall b) hat der Kunde nur die Möglichkeit, über eine manuell veranlasste Freischaltung zum Ziel zu kommen. Da derzeit noch keine Verfahren freigegeben sind, die den Verkauf von elektrischer Energie zulassen, wird ‚Zeit' verkauft. Wie bei einer Zeitschaltuhr, wird die Steckdose dann beispielsweise für 60 min freigeschaltet. Der Verkaufsprozess der Zeit kann zum Beispiel am Schalter eines Parkhauses stattfinden. Alternativ ist aber auch ein SMS-gestützter Verkauf über ein Mobiltelefon möglich.

23.6.2 Ohne Abrechnung keine Bewirtschaftung der Infrastruktur

Vertragsabschluss, Freischaltung und Belieferung und die Abrechnung der Lieferung greifen ineinander. In diesem Punkt unterscheidet sich allerdings die *Mobilitätsabrechnung* deutlich von der üblichen Abrechnung von fest installierten Anlagen. Denn in diesem Fall kommt es durchaus mehrmals täglich zu einer Stromlieferung an immer wieder andere Kunden.

Würde man die Prozessmodelle der Energiewirtschaft zugrunde legen, so müsste es an einer öffentlichen Ladesäule ständig Ein- und Auszüge geben, verbunden mit entsprechenden Verträgen für Netznutzung, Messdienstleistung, Versorgung mit Elektrizität, Ablesungen etc. Dies ist nicht praktikabel, weshalb eine Trennung zwischen Mobilitätsanbieter und Endkunde erfolgt. Der *Mobilitätsanbieter* kauft den Strom ein und liefert ihn an Endnutzer weiter. Dabei erfolgt die Belieferung der Ladesäule wie über einen normalen Hausanschluss in einem Mietshaus. Mit Einbau des Zählers beginnt das Lieferverhältnis, einmal jährlich erfolgt die Ablesung durch den Messdienstleister und die Abrechnung der Netznutzung durch den Verteilnetzbetreiber sowie durch die Stromlieferanten. Die Stromabgabe an den Mobilitätskunden wird jedoch anders abgewickelt.

Bei RWE verfolgt man den Ansatz, dass die Strommengen für jeden Kunden transaktionsscharf über ein sicheres Verfahren erfasst werden. Diese Ableseergebnisse werden zusammen mit den Authentifizierungsdaten gespeichert und über ein SAP-System für Kleinstmengenabrechnung zur Abrechnung gebracht.

Nach der Vorverarbeitung der Ablesedaten steht es dem Betreiber dann frei, zu welchem Zeitpunkt er die Fakturierung durchführt und wie er den Zahlungsausgleich regeln möchte. Die Daten der Abrechnung sind nur mit dem Rechnungsempfänger verknüpft, nicht jedoch mit dem Fahrer. Ansonsten wäre ein Bewegungsprofil ableitbar, was aus datenschutzrechtlichen Gründen nicht zulässig ist.

23.6.3 Ohne Datenschutz geht da nichts

Aufgrund politischer Vorgaben muss das IT-System in einer Form aufgebaut werden, sodass eine direkte Verknüpfung zwischen dem Fahrer und den Authentifizierungen an den Ladesäulen ausgeschlossen werden kann, damit kein *Bewegungsprofil* erstellt werden kann. Zudem dürfen nur Daten gesammelt werden, die bezogen auf den Geschäftszweck relevant sind.

Um Ausspähung und Missbrauch vorzubeugen, sind personenbezogene Daten über ein sehr sicheres Verfahren zu verschlüsseln. Idealerweise hat der Betreiber der Infrastruktur hierfür zudem ein physisches und digitales *Datenschutzkonzept*. Er kann jederzeit Audits unterzogen werden.

Sind diese Punkte erfüllt, ist die Wahrscheinlichkeit hoch, dass Politik und Kunden schnell Vertrauen zu dem System aufbauen.

Bei RWE Effizienz wurden die politischen Anforderungen direkt im Aufbau des IT-Systems berücksichtigt. Es gibt eine klare Systemtrennung zwischen kundenverwaltenden Systemen, einem Abrechnungssystem, einem Asset-Management-System und einem System zur direkten Überwachung und Steuerung der Infrastruktur. Die Daten werden teilweise signiert und verschlüsselt, Kommunikationsstrecken zwischen der Ladeinfrastruktur und Backend sind zudem getunnelt.

23.6.4 Die alten und die neuen Rollen

Der neue smarte Markt der Elektrotankstellen kennt eine Reihe alter und neuer *Marktrollen*. Neben den bereits bekannten Rollen der Energiewirtschaft wie Verteilnetzbetreiber, Stromlieferant, Messdienstleister, Messstellenbetreiber, Anschlussnehmer, Anschlussnutzer und Bilanzkreisverantwortlicher gesellen sich nun Infrastruktureigentümer, Infrastrukturbetreiber, Kapazitätsbereitsteller, Elektromobilitätsprovider, Elektrofahrzeugnutzer und Endkunden. Darüber hinaus haben sich Plattformen wie Hubject[8] gebildet, die ein übergreifendes Laden an öffentlichen Ladestationen unterschiedlicher Infrastrukturbetreiber mit nur einem Vertrag möglich machen.

Es ist durchaus sinnvoll, sich die neuen Rollen etwas genauer anzuschauen. In der Praxis werden oft mehrere Rollen in einer Gesellschaft gebündelt. So kommen beispielsweise auf eigens entwickelten *Plattformen* mehrere Teilnehmer mit gleichen Rollen zusammen. In diesem Falle sind allerdings eindeutige Verantwortungen dann nicht immer sofort erkennbar.

Der *Infrastruktureigentümer* ist Eigentümer der Ladeinfrastruktur. Er plant die Standorte, kauft die Hardware und stellt die Finanzierung sicher.

---

[8] Informationen können unter http://www.hubject.com/pages/de/index.html#1-1-home.html abgerufen werden.

Der *Infrastrukturbetreiber* ist zuständig für den Auf- und Abbau von Ladestationen. Er lagert die Hardware ein und stellt sie auf. Er wartet die Einrichtung und stellt im Fehlerfall sicher, dass sie entstört wird. Er sorgt für Ersatz, falls eine Station irreparabel geschädigt wird.

Der *Kapazitätsbereitsteller* stellt sicher, dass die notwendige Energiemenge und Ladekapazität an der Ladesäule vorhanden ist. Er ist sozusagen die Schnittstelle zwischen energetischem- und Mobilitätsmodell. Er rechnet die Kapazitäten an den Elektromobilitätsprovider ab.

Der *Elektromobilitätsprovider* wird auch *Mobilitätsanbieter* genannt. Er vertreibt mobilitätsbezogene Produkte, Services oder Dienstleistungen. Er kauft Energie pro Zeit beim Stromlieferanten ein.

Der *Elektrofahrzeugnutzer* bewegt ein Elektrofahrzeug und ist autorisiert, an einer bestimmten Ladesäule ein Fahrzeug zu laden. In der Regel ist er namentlich nicht bekannt.

Der *Endkunde* hat einen Vertrag über die Lieferung von mobilitätsbezogenen Produkten, Services oder Dienstleistungen mit dem Elektromobilitätsprovider abgeschlossen.

Zwischen diesen Rollen kommt es nun zu Angeboten, Verträgen, Lieferabfolgen, Vertragsstörungen und Abrechnungen. Die daraus entstehende *Komplexität* ist eine der Herausforderungen für das Gesamtsystem der Elektromobilität. Nur über standardisierte Prozesse und Kommunikationsstandards kann diese Komplexität beherrscht werden.

23.6.5 Das bringt die neue Norm für die Kommunikation

Der neue *Kommunikationsstandard* ISO/IEC 15118 ist zukünftig das zentrale Protokoll für die Kommunikation zwischen Fahrzeug und intelligentem Stromnetz.

Die Norm kann auch als ein weiteres verknüpfendes Glied zwischen Auto und Infrastruktur gesehen werden und geht weit über die Regelungen der ISO/IEC 61851-1 hinaus. Während dort nur Aussagen zur Leistungen bis 55 kW, Basis-Standard für kabelgebundenes Laden, Definition des Pilotsignals, Basissteuerung des maximalen Ladestroms gemacht werden, kennzeichnet die ISO/IEC15118 nicht limitierte Leistungen, High-Level-Standard für AC- und DC-Laden, Integration von erneuerbaren Energien, netzfreundliches Laden, sowie Authentifizierung (Plug&Charge) und Value-Added-Services.

Zum Einsatz kommt im Rahmen der Kommunikation zwischen Auto und Infrastruktur Powerline (PLC) und ein TCP/IP-Protokollstack, alternativ über User Datagram Protocol (UDP). Das Auto ist dabei Client, der Ladepunkt ist Server.

Das Fahrzeug setzt dafür einen Electric Vehicle Communication Controller (EVCC), einen Charger, einen ECU (Microcontroller) und ein HMI (Bedieneinheit) ein.

Der Ladepunkt benötigt ein Supply Equipment Communication Controller (SECC), ein Electric Energy Meter (eHz), Contactor (Schaltschütz), Paying Unit (Bezahleinheit), HMI (Bedieneinheit).

Der Ladevorgang läuft nach diesem Protokoll dann wie folgt ab:

Das Fahrzeug authentifiziert sich mit Hilfe eines Zertifikats mit Verschlüsselung am Ladepunkt. Dann fragt es Services wie zum Beispiel Laden gegen Gebühr oder Value Addes Services an. Im nächsten Schritt übermittelt das Energienetz über die Ladestation die maximal mögliche Ladeleistung und übergibt eine Preistabelle an das Fahrzeug. Das Fahrzeug antwortet daraufhin mit einem gewünschten Ladeplan, in dem sowohl ein Zeitslot als auch eine Ladeleistung enthalten sind. Daraufhin startet der Ladevorgang. Während der Ladung besteht jederzeit die Möglichkeit, neue Angebote wie beispielsweise aus Photovoltaik oder Windenergie zu bestimmten Zeitslots zu übergeben und den Ladeplan anzupassen. Am Ende des Ladevorgangs erfolgt noch die Quittierung der Zählermessung, dann ist der Vorgang abgeschlossen.

Die Implementierung dieser Norm in die Fahrzeuge wird nach und nach erfolgen. Aktuell sind die ersten Smart-Fahrzeuge mit ersten Funktionen im Test, weitere werden folgen.

23.7 Resümee

Der Käufer eines Elektrofahrzeugs hat hohe Erwartungen an die Elektromobilität, dies belegen unter anderem Studien von Aral[9] und Befragungen vom ADAC.[10] Reichweite, Aufpreis zum konventionellen Fahrzeug und Ladezeit sind wichtige Kriterien. Ist das Fahrzeug erst einmal erworben, dann sind andere Kriterien wichtig: Anzahl und Auffindbarkeit öffentlich erreichbarer Ladesteckdosen, Verfügbarkeit und Reservierung, Zuverlässigkeit der Ladetechnik, Sicherheit, Diebstahlschutz für das Kabel, Erreichbarkeit einer Hotline bei technischen Problemen und – wahrscheinlich wird dies das wichtigste Kriterium sein – Komfort.

In der Realität findet der Kunde solche Angebote noch sehr selten. Viele Ladeplätze sind blockiert durch konventionelle Fahrzeuge, oft werden die Ladesäulen nicht gefunden weil die Ortsangaben nicht korrekt sind, viele Ladesäulen lassen sich nur mit speziellen Kundenkarten freischalten und eine Hotline kann vielfach nicht weiterhelfen. Die Plug&Charge-Technik mit dem höchst möglichen Komfort bieten nur sehr wenige Anbieter. Sie kommt aber zumindest schon bei einem Car-Sharing-Anbieter in Berlin zum Einsatz.

Betrachtet man jedoch die zeitliche Entwicklung der Technik, so kann sich der Käufer auf bessere Zeiten freuen. Die Lastenhefte der Mobilitätsanbieter sind gefüllt mit guten und hilfreichen Anforderungen, die eine bessere Vernetzung der Anbieter untereinander sicherstellen sollen, höchstmögliche Sicherheit und Zuverlässigkeit versprechen, komfortables Laden in Aussicht stellen und den Einsatz von grünem Strom für die Mobilität möglich machen.

---

[9] Vgl. Aral (2011), Kap. 20: Akzeptanz von Elektroautos.
[10] Vgl. ADAC (2013).

Die Systemanbieter haben vielversprechende Lösungen in der Entwicklung, bezahlbare Technik und gute Bedienbarkeit brauchen jedoch auch hohe Stückzahlen und Investitionen. Hier ist der Gesetzgeber gefordert, weiterhin ein gutes Investitionsklima zu erzeugen und Kaufanreize zu schaffen.

Eine weitere Erkenntnis wird bei allen Marktteilnehmer deutlich: Die Bedeutung der IT-Technik ist bei der Elektromobilität vergleichbar mit der Mobilfunktechnik. Im Hintergrund entstehen Systemlandschaften, ohne die die komplexen Zusammenhänge nicht koordiniert gesteuert werden können. Es wird ein Massenmarkt entstehen, der nur durch den konsequenten Einsatz von Datenbanken, Funktionen und Schnittstellen beherrscht werden kann.

Das *Internet of Things* ist in der Elektromobilität längst angekommen. Der Kunde kann sich auf spannende Zeiten freuen.

Literatur

ADAC: ADAC Elektromobilität 2013 – Umfrage im Auftrag des ADAC Technik Zentrums. Landsberg am Lech (Mai 2013)
Aral: Aral Studie – Trends beim Autokauf 2011. Bochum (2011)
Arbeitsgemeinschaft Energiebilanzen: Bruttostromerzeugung in Deutschland von 1990 bis 2012, Berlin, Stand 02. August 2013. http://www.ag-energiebilanzen.de/viewpage.php?idpage=65. Zugegriffen: 16. Jan. 2014
Murray, J., King, D.: Climate policy: Oil's tipping point has passed. Nature, Vol. 481, 2012, S. 433–435
Watkiss, P., Pye, S., Holland, M.: CAFE CBA: Baseline Analysis 2000 to 2020. Didcot (April 2005)

Teil V
Geschäftsmodelle für den Energiemarkt von morgen

24 Entwicklung neuer Geschäftsmodelle für die Energiewirtschaft – das Integrierte Geschäftsmodell

Oliver D. Doleski

Geschäftsmodelle entfalten ihre Potenziale erst durch Ganzheitlichkeit und Integration

Zusammenfassung

Verkaufen Sie auch in Zukunft Ihren Kunden noch Kilowattstunden? – Zugegeben eine etwas ungewöhnliche Fragestellung. Jedoch führt sie ohne Umschweife zum eigentlichen Kern, zur relevanten Frage, wie das Energieversorgungsgeschäft mittel- bis langfristig aussehen könnte und welche Produkte oder Dienstleistungen in Zukunft im Energiesektor nachgefragt werden.

Zweifellos durchläuft die deutsche Energiewirtschaft seit einigen Jahren erhebliche Veränderungen, die sich zwangsläufig auf die Geschäftstätigkeit aller Marktakteure dieser Branche auswirken. Das klassische Versorgungsgeschäft läuft immer mehr Gefahr, sich in der „smarten" Energiewelt von morgen maximal mit einer Rand- oder Nischenexistenz abfinden zu müssen. Energieversorgungsunternehmen, die der konstatierten Bedrohung ihres heutigen Geschäftsmodells nicht tatenlos zusehen wollen, müssen handeln. Sich auf die geänderten Umfeldbedingungen einzustellen und demzufolge rechtzeitig zukunftsfähige Geschäftskonzepte zu etablieren sowie bereits vorhandene Geschäftsmodelle situationsgerecht weiterzuentwickeln wird mehr und mehr zu einer Kernkompetenz innovationsbereiter und -fähiger Akteure des Smart Markets. – Aber wie können diese Modelle in der energiewirtschaftlichen Praxis entwickelt und umgesetzt werden?

Komplexität ist ein wesentliches Charakteristikum der heutigen Energiewirtschaft. Traditionelle Methoden und Geschäftsmodelle liefern in diesem schwierigen Umfeld

O. D. Doleski (✉)
Finkenstraße 12b, 85521 Ottobrunn, Deutschland
E-Mail: doleski@t-online.de

mitunter suboptimale Ergebnisse. Neue umfassende Modellansätze zur Geschäftsentwicklung sind gefragt. Der Autor vertritt die Ansicht, dass es zur Komplexitätsbeherrschung im modernen Energiegeschäft einer umfassenden Integration aller relevanten energiewirtschaftlichen Facetten bei gleichzeitig ganzheitlicher Betrachtung der vielfältigen Einflüsse und Anforderungen des normativen, strategischen sowie operativen Managements bedarf. Als konzeptioneller Bezugsrahmen bietet sich das bewährte *St. Galler Management-Konzept* an. Es repräsentiert gewissermaßen die DNS des *Integrierten Geschäftsmodells iOcTen*, welches vor dem Hintergrund des Smart Markets auf den Folgeseiten entworfen und detailliert wird. Die Bezugnahme auf die anwendungsorientierte Theorie des St. Galler Management-Konzepts soll für den Praktiker keineswegs abschreckend wirken. Die Anwendungsfälle am Ende dieses Kapitels werden belegen, dass der gewählte integrierte Geschäftsmodellansatz für die Herausforderungen des Smart Markets im besonderen Maße praxistauglich ist.

24.1 Herausforderungen des Energiemarktes als Akzelerator neuen unternehmerischen Handelns

Wir schreiben das Jahr 2020. – In zwei Jahren werden die letzten von ursprünglich 17 kommerziell genutzten Kernkraftwerksblöcken, die 2011 zum Zeitpunkt des Nuklearunfalls im japanischen Kernkraftwerk Fukushima Daiichi in Betrieb waren, vom Netz gehen. Die mittels dieser kerntechnischen Anlagen noch 2011 erzeugten 108 Terawattstunden (TWh)[1] elektrischer Energie wurden inzwischen beinahe vollständig durch den Einsatz regenerativer Energieträger substituiert. Der Anteil Erneuerbarer Energien an der Bruttostromerzeugung in Deutschland liegt inzwischen bei 35 %. Große Anstrengungen in den Bereichen Energieeffizienz und Energieeinsparung konnten trotz des Ausstiegs aus der Kernenergie den Ausstoß klimaschädlicher CO_2-Emissionen reduzieren.

So weit die aus heutiger Sicht fiktive Zustandsbeschreibung des Jahres 2020. Um dieses Szenario Realität werden zu lassen, bedarf es erheblicher Kraftanstrengungen aller Akteure des deutschen Energiesektors. Neben viel gutem Willen, klaren Zielen, Durchhaltevermögen sowie einer gewissen Portion Glück wird der Erfolg der Energiewende nicht zuletzt davon abhängen, ob es in den kommenden Jahren gelingt, Lösungen für die wachsenden Herausforderungen der Energieversorgung zu finden und adäquate Produkte und Dienstleistungen im Markt etablieren zu können. Es bedarf keiner hellseherischen Begabung, um zu wissen, dass diese Herausforderungen des Energiemarktes mehr und mehr als Beschleuniger für die Entwicklung innovativer, neuer Geschäftsmodelle im Versorgungssektor in Erscheinung treten dürften. Demzufolge fungieren die Rahmenbedingungen der Energiewirtschaft sowie die von diesen abgeleiteten Aufgabenstellungen, mit denen sich die Unternehmen der Energiebranche heute konfrontiert sehen, gewissermaßen als Katalysatoren zur Entwicklung neuer, innovativer Angebote im Energiesektor.

---

[1] Vgl. Arbeitsgemeinschaft Energiebilanzen 2013, Tabelle Bruttostromerzeugung in Deutschland von 1990 bis 2012 nach Energieträgern.

24.1.1 Veränderung als bestimmender Faktor der Energiewirtschaft

Spätestens mit Beginn der *Liberalisierung* des Strommarktes durch das Energiewirtschaftsgesetz (EnWG) vom Frühjahr 1998 durchläuft die deutsche Energiewirtschaft erhebliche Umwälzungen und Veränderungen in ihrem angestammten Geschäft. Verstärkt wird der Veränderungsdruck auf die etablierten Strukturen und Prozesse der Versorgungsindustrie darüber hinaus durch die Energiewende des Jahres 2011. Mit diesem tiefgreifenden, beinahe revolutionären *Transformationsprozess* des Energiesektors gehen fraglos erhebliche Veränderungen der energiewirtschaftsnahen Rahmenbedingungen einher, die ihrerseits das unternehmerische Handeln und demzufolge den wirtschaftlichen Erfolg der handelnden Akteure innerhalb der Energiebranche nachdrücklich beeinflussen. Diese Bedingungen lassen sich inhaltlich nach regulatorischen, gesellschaftlichen, erzeugungsorientierten, ökonomischen und technologischen Gesichtspunkten kategorisieren. In der Fachliteratur wurden diese Rahmenbedingungen bereits umfassend beleuchtet, sodass sich nachfolgend die Beschränkung auf einen kurzen Überblick anbietet.

Politische Vorgaben und Regulierung (regulatorisch)
Ohne Frage hat in der zurückliegenden Dekade kein Bereich die energiewirtschaftlichen Strukturen umfassender und radikaler verändert als die *Politik* und deren nachgelagerte *Regulierung*. Energiewende, Vorrang regenerativer Energien im Energiemix, Liberalisierung, Unbundling oder die politische Forderung nach Datenschutz und Datensicherheit sind nur einige der wohlbekannten Themen, die bis zum heutigen Tage in den Energiesektor ausstrahlen und nach wie vor einen bestimmenden Einfluss auf die Geschäftstätigkeit der Marktakteure ausüben. Angesichts der auch für die Zukunft zu erwartenden Änderungen politischer Rahmenbedingungen muss sich die Versorgungsindustrie weiterhin darauf einstellen, dass die Veränderung als solche die bestimmende Größe in der Energiewirtschaft bleiben dürfte.

Demografischer Wandel (gesellschaftlich)
Gesellschaftliche Entwicklungen wie der *demografische Wandel* haben signifikanten Einfluss darauf, wie Energieversorgungsunternehmen zukünftig ihr Geschäft gestalten werden. Gerade in Deutschland ist die gesellschaftliche Realität durch vielfältige Änderungsprozesse geprägt, die sich bereits heute direkt auf die Kundenstruktur im Energiesektor auswirken bzw. in den Folgejahren noch verstärkt auswirken dürften. Durch den fortschreitenden Trend zur Individualisierung steigt vor allem die absolute Anzahl von Single-Haushalten und infolgedessen der relative Betreuungs- und Steuerungsaufwand im Verhältnis zur Haushaltsgröße. Trotz dieses numerischen Anstiegs im Bereich der Kleinsthaushalte schrumpft gleichzeitig das mengenmäßige Volumen des Strommarktes merklich. Dies ist einerseits eine direkte Folge der weiter rückläufigen Bevölkerungsentwicklung sowie andererseits Resultat erfolgreicher Energieeffizienzmaßnahmen der letzten Jahre. Es steht außer Zweifel, dass sich die skizzierten gesellschaftlichen Phänomene auf die unternehmerische Tätigkeit von Akteuren in der Energiewirtschaft weiter auswirken werden.

Verbraucherverhalten (gesellschaftlich)
Das Verhalten von Energiekunden ist mit Beginn der Liberalisierung einem weitreichenden Wandlungsprozess unterworfen. So schwindet beispielsweise im Zuge des erleichterten Anbieterwechsels die kundenseitige *Loyalität* zum angestammten Versorgungsunternehmen zusehends. Steigende Wechselraten aufgrund gesunkener Kundenbindung sind jedoch nur ein Aspekt geänderten *Verbraucherverhaltens* im Energiesektor. Ein weiteres Phänomen ist, dass heutige Kunden zunehmend anspruchsvoller in Bezug auf Produkte und Dienstleistungen werden. Sie erwarten immer öfter individualisierte Angebote, die über die bekannten Formen klassischer Energielieferung hinausgehen und so das Versorgungsgeschäft mitunter beträchtlich beeinflussen. Zu guter Letzt wird sich ein signifikanter Anteil heutiger Verbraucher vom versorgten Kunden zum aktiven Part der Wertschöpfung mit individueller Nutzenfunktion, dem sogenannten Prosumer, emanzipieren. In der Konsequenz wird es für Energieversorgungsunternehmen folglich immer schwieriger, den gestiegenen Nutzenerwartungen ihrer Kunden vollumfänglich gerecht werden zu können.

Volatile Stromproduktion (erzeugungsorientiert)
Zu den wesentlichen Veränderungen auf der Erzeugungsseite zählt insbesondere die zunehmende *Volatilität des Stromangebots*. Im Bereich der Erzeugung und Beschaffung elektrischer Energie wird der Anteil regenerativer Energiequellen an der Bruttostromerzeugung weiterhin zunehmen. Mit diesem Bedeutungszuwachs *fluktuierender, stochastischer Erneuerbarer Energien* korreliert eine deutliche Zunahme von Kapazitätsschwankungen im Stromnetz. Um auch in der Energiewelt von morgen ein kontinuierliches, weitgehend stabiles Gleichgewicht zwischen Stromangebot und Stromnachfrage sicherstellen zu können, bedarf es einer gesteigerten Flexibilität aller Marktteilnehmer des Energiesektors sowie innovativer Flexibilitätsangebote und Energiedienstleistungen seitens der Versorgungswirtschaft.

Dezentrale Erzeugung (erzeugungsorientiert)
Eng verbunden mit dem Trend der verstärkten Substitution klassischer Energieträger durch Erneuerbare Energien nimmt im gleichen Umfang auch die Bedeutung der *dezentralen Erzeugung* von Elektrizität signifikant zu. Das Phänomen dezentrale Einspeisung hat unmittelbar zur Konsequenz, dass mit der sukzessiven Schwerpunktverschiebung von einzelnen, zentralen Großenergieanlagen hin zu einer Vielzahl kleinerer, regenerativer Erzeugungsanlagen vor allem die Steuerungskomplexität und die Belastung der Netzinfrastruktur deutlich anwachsen. Mit anderen Worten: Mit dem enormen Wachstum dezentraler Verbrauchs- und Erzeugungseinheiten sind erhebliche Herausforderungen sowie Investitionen für alle Beteiligten im Energiesektor verbunden.

Paradigmenwechsel in der Energiewirtschaft (erzeugungsorientiert)
Bislang wird stets so viel Elektrizität im Netz bereitgestellt wie verbraucht wird. Die Erzeugung folgt demzufolge ausschließlich der Last (*verbrauchsorientierte Erzeugung*). In Zukunft muss angesichts des steigenden Anteils regenerativer Energieträger im Energiemix die Last jedoch zunehmend dem volatilen Angebot folgen (*erzeugungsorientier-*

ter *Verbrauch*). Dieser Paradigmenwechsel wird durch unterschiedliche Instrumente des Smart Markets ermöglicht. In diesem Zusammenhang bieten sich beispielsweise regionale Marktplätze, die Anpassung der Verbrauchskurven mittels flexibler Tarife (*Demand Response*) sowie die aktive Beeinflussung des Verbrauchs über Steuerungssignale (*Demand Side Management*) zur Realisierung an.

Verschärfter Wettbewerb und Konvergenz (ökonomisch)
Mit den großen Veränderungen im deutschen Energiesektor der vergangenen Jahre ist unter anderem verstärkt mit dem Eintritt neuer, branchenfremder Akteure in den Energiemarkt zu rechnen, die mittels neuer Geschäftsmodelle an der Wertschöpfung partizipieren und so den *Wettbewerbs- und Margendruck* im Kerngeschäft der Versorger erhöhen werden. Diese Prognose basiert auf der Annahme, dass die im Zusammenhang mit der energiewirtschaftlichen Leistungserstellung verbundene Zunahme des Einsatzes moderner IT-Lösungen sowie der erhebliche Komplexitätszuwachs auf allen Wertschöpfungsstufen besonders technologieaffine, innovative Wettbewerber anlockt. Traditionelle Grenzen gerade zwischen der Energiebranche einerseits sowie der Informations- und Kommunikationsindustrie (IuK) andererseits verschwimmen immer mehr. Infolgedessen sehen heute insbesondere aus technologienahen Branchen stammende Dienstleister, Systemanbieter, Infrastrukturprovider, Ingenieurbüros usw. lukrative Chancen, im Energiesektor mehr denn je aktiv zu werden. Diese *Konvergenz* zwischen den Branchen senkt die Eintrittsbarrieren des Energiemarktes für eine ganze Reihe von Wettbewerben in den Folgejahren zusehends ab, sodass die zuvor skizzierte Entwicklung überhaupt erst möglich erscheint.

Technischer Fortschritt (technologisch)
Nicht zuletzt haben auch die technischen Entwicklungen bzw. Veränderungen der vergangenen Jahre erheblichen Einfluss auf die Entwicklung des Energiesektors genommen. Versorgungsunternehmen sind einem erheblichen Innovationsdruck entlang der gesamten Wertschöpfungskette ausgesetzt sowie mit immer kürzeren Produktlebenszyklen konfrontiert. Darüber hinaus wird der *technische Fortschritt* die Energieeffizienz sowohl im gewerblichen als auch im häuslichen Umfeld ansteigen lassen, sodass der absolute Elektrizitätsverbrauch innerhalb der nächsten Dekade trotz Elektromobilität wohl sinken oder zumindest stagnieren dürfte. Energieeffizienz gepaart mit der Zunahme dezentraler Stromerzeugung bedeutet allerdings, dass sich Energieversorgungsunternehmen zukünftig auf Absatzverluste einstellen müssen.

24.1.2 Neue Aufgaben entlang der energiewirtschaftlichen Wertschöpfungskette – der Handlungsdruck steigt

Bekanntlich stützt sich das traditionelle Geschäftsmodell der Erzeugung und Verteilung elektrischer Energie auf zentrale Großenergieanlagen und Netze, die auf konventionellen oder nuklearen Energieträgern sowie klassischen Versorgungsnetzen basieren. Bis zum beschlossenen Atomausstieg und dem damit eng verbundenen massiven Ausbau der Erneuerbaren Energien bescherte diese herkömmliche Struktur stabile Skaleneffekte, geringe Stückkosten je erzeugter Megawattstunde Strom sowie eine weitgehend sichere Versorgung insbesondere im Grundlastbereich.[2] Inzwischen hat jedoch ein weitreichender Wandlungsprozess im gesamten deutschen Energiesektor eingesetzt, der den Handlungsdruck auf traditionelle Energieversorgungsunternehmen spürbar erhöht. Entwicklungen wie der Anstieg regulatorischer und gesetzlicher Anforderungen, die Zunahme des Anteils der volatilen Energieproduktion, der erhöhte Wettbewerbsdruck sowie die Anreizregulierung im Netz sind nur eine Auswahl prominenter Problembereiche der deutschen Energiewirtschaft.

Aus den skizzierten Rahmenbedingungen der Energiewirtschaft leiten sich der Handlungsdruck sowie die damit einhergehenden Aufgaben für alle Akteure des Energiesektors ab. Insbesondere diese neuen Aufgaben entlang der energiewirtschaftlichen Wertschöpfungskette verändern die Situation deutscher Energieversorger nachhaltig. Je besser es Versorgungsunternehmen gelingt, sich vor allem auf diese Aufgaben mittels adäquater Lösungen einzustellen, desto erfolgreicher werden sich diese Organisationen in der gewandelten Energiewelt von morgen behaupten können. Entlang der energiewirtschaftlichen Wertschöpfungskette kristallisieren sich bereits heute eine Vielzahl von Aufgaben für Versorgungsunternehmen heraus, die nachfolgend überblicksartig dargestellt werden.

Neue Aufgaben in der Erzeugung
Um auch in Zukunft im Energiesektor erfolgreich agieren zu können, müssen Versorger im Bereich der *Energieerzeugung* neue Wege beschreiten. Es reicht auf Sicht nicht mehr aus, die Versorgung mit Elektrizität primär über die klassischen Produktionsmethoden und -verfahren zu gewährleisten. Zukünftig wird es verstärkt darauf ankommen, dass die Akteure im Energiemarkt die Bedingungen der veränderlichen, volatilen Stromproduktion beherrschen sowie marktnahe Lösungen zur Einspeise- und Verbrauchssteuerung anbieten. Diejenigen Versorgungsunternehmen, denen es beispielsweise gelingt, das traditionelle Geschäft um neue Produkte und Dienstleistungen zur Steuerung dezentraler Erzeugungsstrukturen sowie zur Verschiebung von Lastspitzen im Netz zu ergänzen, werden in besonderem Maße von den neuen Chancen des Smart Markets profitieren können.

Neue Aufgaben im Transport und in der Speicherung
Auch bezüglich des *Transports* und der *Speicherung* elektrischer Energie werden neue Aufgaben auf die Energiebranche zukommen. Allzu gerne fokussiert die öffentliche Diskussion auf den spektakulären Ausbau der Übertragungsnetze. Jedoch werden gerade der Ausbau und die Ertüchtigung der Verteilnetze die Versorgungswirtschaft vor große Herausforderungen stellen. Hier sind Lösungen gefordert, die eine intelligente und gleichzeitig finanzierbare Steuerung der zahlreichen dezentralen Erzeugungsanlagen sowie des reibungslosen Energietransports insbesondere auch auf der lokalen Ebene in Zukunft sicherstellen. Überdies steigen die Anforderungen an Energieversorgungsunternehmen im Kontext volatiler Erzeugung aus regenerativen Energiequellen dergestalt an, dass die

---
[2] Vgl. Kerssenbrock und Ploss (2011), S. 72.

sichere Bereitstellung und Steuerung zentraler wie auch dezentraler Energiespeicher als weitere Aufgabenstellung im Smart Market zu bewältigen ist.

Neue Aufgaben im Vertrieb
Erfolg und Misserfolg im Versorgungsgeschäft wird nicht zuletzt auch davon abhängen, ob Versorger sich mittels innovativer Produkte und Dienstleistungen an der Kundenschnittstelle optimal positionieren können. Heute zählt im Allgemeinen auch zu den Aufgaben von *Vertriebsorganisationen*, dass aus Kundensicht zunächst kaum fassbare Thema Energie „erlebbar" zu machen. Nur Letztverbraucher mit einer gewissen Affinität und Sensibilisierung für energiewirtschaftliche Inhalte werden sich schließlich für die besonderen Leistungen und Produkte eines speziellen Versorgers interessieren und diese am Ende des Tages auch tatsächlich nachfragen. Neben dieser grundsätzlichen Aufgabenstellung sollten Vertriebe ihre Produkte und Dienstleistungen so durch *Zusatzleistungen* ergänzen, dass deren Kunden vom erhöhten Nutzen des eigenen Angebots im Vergleich zum Wettbewerb profitieren können. Darüber hinaus besteht eine ebenso bedeutsame Vertriebsaufgabe darin, den Kundenzugang durch geeignete Maßnahmen der Verkaufsförderung so zu intensivieren, dass die häufig gerade im Falle regional operierender Versorger vorhandene Nähe zum Verbraucher weiter abgesichert wird.

24.1.3 Implikationen für Akteure einer Branche im Umbruch

Als Antwort auf die dargestellten Rahmenbedingungen bzw. Veränderungen der Energiewirtschaft folgt, dass es in der neuen Energiewelt ebenfalls neuer Ansätze zur Bewältigung der großen Herausforderungen sowie Aufgabenstellungen bedarf. Bezogen auf die Geschäftstätigkeit der *Akteure des Energiesektors* bedeutet dies, dass vor allem neue Wege und Antworten gefunden werden müssen, wie das Energieversorgungsgeschäft in Zukunft praktisch ausgestaltet werden müsste, um erfolgreich zu sein. Demzufolge werden die Herausforderungen des Energiemarktes ihrer Rolle als Akzeleratoren gerecht, indem sie die traditionellen Versorgungsmodelle in ihrer Existenz bedrohen und gleichzeitig neuen Ansätzen Vorschub leisten.

Die neuen Formen der unternehmerischen Tätigkeit im Versorgungssektor müssen auf die Transformation der deutschen Energiewirtschaft und vor allem das Entstehen des Smart Markets eine passende Antwort liefern. Vor dem Hintergrund der weitreichenden Veränderungen innerhalb der Versorgungsbranche werden verstärkt unternehmerische Lösungen in Erscheinung treten bzw. nachgefragt, die ganzheitlich und flexibel auf die zunehmend dynamischen Marktbedingungen reagieren können. Diese müssen darüber hinaus wirtschaftlich tragfähig konzipiert sein und den spezifischen Anforderungen des Smart Markets in besonderer Weise entsprechen. Auch werden in erster Linie diejenigen Lösungen im intelligenten Energiemarkt nachgefragt, die den Kunden einen Nutzen stiften und sich so von Wettbewerbsprodukten positiv abheben.

Aber was impliziert dies für die Akteure der sich im Umbruch befindlichen Energiebranche? – Zunächst müssen Energieversorgungsunternehmen die Art und Weise ihrer aktuellen Geschäftstätigkeit vor dem Hintergrund der geänderten energiewirtschaftlichen Rahmenbedingungen kritisch und schonungslos hinterfragen. Je nach Ergebnis dieser Prüfung wird das bisherige unternehmerische Handeln grundlegend in Frage gestellt oder an die Zukunftstrends und Rahmenbedingungen der Branche angepasst. Darüber hinaus sind Versorgungsunternehmen im Smart Market weiter aufgefordert, neben ihren bestehenden klassischen stets auch neue Handlungsfelder für sich zu erschließen. Nachdem der Status quo so festgestellt wurde, sind in einem Folgeschritt neue Produkte und Dienstleistungen auf Basis eines tragfähigen Konzepts oder Modells derart zu entwerfen, dass diese dem Unternehmen einen signifikanten Wettbewerbsvorteil verschaffen. Zum Abschluss sollten Energieversorger schließlich abwägen, wie sie im Falle eines in der betrieblichen Praxis mitunter kritischen Parallelbetriebs bereits vorhandener, klassischer einerseits und neuer Geschäftsmodelle andererseits verfahren wollen.

Bevor die spezifische Entwicklung von Geschäftsmodellen im Smart Market exemplarisch erörtert werden kann, werden im folgenden Abschnitt zunächst die konzeptionellen, branchenunabhängigen Grundlagen in einem allgemeinen Definitionsteil geschaffen. Auf diesen aufbauend wird sodann in Abschn. 24.3 ein „Integriertes Geschäftsmodell" entwickelt sowie in Abschn. 24.4 die drei Phasen der Geschäftsmodellentwicklung vorgestellt.

24.2 Konzeptionelle Grundlagen und Verständnis von Geschäftsmodellen

Der folgende kurze Abschnitt legt die konzeptionellen Grundlagen des weiteren Kapitels fest. So soll über die Schaffung eines einheitlichen Bezugsrahmens zunächst ein gemeinsames Grundverständnis von Geschäftsmodellen entstehen. Die Betrachtung erfolgt dabei zunächst branchenunabhängig, um so dem Leser eine generische Annäherung an den allgemeinen Geschäftsmodellbegriff zu ermöglichen. Abschließend wird dem Leser in Abschn. 24.2.2 eine auf die Belange des Smart Markets fokussierte Geschäftsmodell-Definition vorgestellt.

24.2.1 Annäherung an den Geschäftsmodellbegriff

Die Ursprünge des Begriffs *Geschäftsmodell* bzw. dessen englischer Entsprechung *Business Model* stammen aus dem Umfeld der Informations- und Kommunikationstechnologie. Dort fand dieser Terminus zunächst Anwendung bei der „(…) Abbildung von Unternehmensprozessen, die bei Einführung datenverarbeitender Systeme dokumentiert (…)"[3] wurden. In der Literatur wird das Aufkommen des Geschäftsmodellbegriffs häufig mit der sogenannten *New Economy* der Jahre 1998 bis 2001 in Verbindung gebracht. Jedoch ist der Begriff tatsächlich älter und fand bereits vor dem Beginn der Internetökonomie in der Wirtschafts- und vor allem Informationstechnikliteratur erste Beachtung sowie An-

---

[3] Kley (2011, S. 1).

wendung. „Surprisingly, the query shows that the popularity of the term ‚business model' is a relatively young phenomenon. Though it appeared for the first time in an academic article in 1957 [Bellman, Clark et al. 1957] and in the title and abstract of a paper in 1960 [Jones 1960] (...)."[4]

Demnach ist der Ursprung des Geschäftsmodellbegriffs nicht in der New Economy, sondern vielmehr in der Phase der beginnenden Popularität der Wirtschaftsinformatik sowie den Architekturen von Informationssystemen der 70er und 80er Jahre des letzten Jahrhunderts zu verorten. Unabhängig von dieser Relativierung liegt der „Verdienst" der New Economy in Bezug auf die Etablierung des Geschäftsmodellkonzepts zweifelsohne in der erfolgreich vollzogenen Überführung der ursprünglich primär auf die Informations- und Kommunikationsindustrie (IuK) fokussierten Schwerpunktsetzung jener Pionierjahre auf den breiten betriebswirtschaftlichen Kontext.[5] In diesem Zusammenhang kritisiert jedoch insbesondere Porter die Ende der 90er Jahre praktizierte enge Verknüpfung des Geschäftsmodellkonzepts mit der New Economy. Seiner Auffassung nach muss der Geschäftsmodellansatz weg von der Internet-Ökonomie in Richtung der Gesamtwirtschaft ausgeweitet werden sowie vor allem die beiden fundamentalen Aspekte Strategie und Wertkette als relevante Größen der Unternehmensführung berücksichtigen[6] – ein Gedanke, der im folgenden Abschn. 24.3 im Zuge der Herleitung und Begründung eines neuen Geschäftsmodellansatzes nochmals aufgegriffen wird.

Inzwischen hat das noch um die Jahrtausendwende bestimmende enge Geschäftsmodellverständnis, als Konzepte zur Gestaltung von Informationssystemen, diese ursprünglich IuK-nahe Konnotation weitgehend verloren.[7] Trotz eines signifikanten Bedeutungswandels ging die Entwicklung jedoch bis dato noch nicht so weit, dass bei kritischer Betrachtung der einschlägigen Fachliteratur ein einheitliches Begriffsverständnis konstatiert werden könnte. So herrschen im Schrifttum bislang zahlreiche uneinheitliche Auffassungen in Bezug auf den Begriffsinhalt als solchen. Darüber hinaus gestaltet sich das landläufige Verständnis der konstituierenden Bausteine von Geschäftsmodellen ebenso vielfältig und mitunter sogar widersprüchlich. Diese dem Geschäftsmodellbegriff nach wie vor inhärente Facettenvielfalt hat die betriebswirtschaftliche Diskussion bis heute bestimmt und eine einheitliche Definition mit universalem Charakter bislang verhindert.

24.2.2 Definition Geschäftsmodell

Das Konzept Geschäftsmodell lässt sich anschaulich mittels der etymologischen Herleitung der beiden konstituierenden Wortbestandteile „Modell" sowie „Geschäft" darlegen. Die hier präferierte Einzelbetrachtung beider Begriffskomponenten bietet sich an, da so

---

[4] Osterwalder et al. (2005, S. 6).
[5] Vgl. Becker et al. (2011, S. 12).
[6] Vgl. Scheer et al. (2003, S. 14).
[7] Vgl. Stähler (2002, S. 39).

ein besseres Verständnis von Inhalt und Wesen des Geschäftsmodellkonzepts geschaffen werden kann.

Unter einem *Modell*[8] wird im Allgemeinen eine vereinfachte Abbildung eines definierten Ausschnitts der realen Welt bzw. Realität verstanden. Dabei konzentriert sich ein Modell stets „(…) auf ausgewählte – im Hinblick auf die Fragestellung relevante – Aspekte der Realität. Es ermöglicht einen Überblick und somit die Annäherung an die Lösung des – der Modellierung zugrunde liegenden – Problems."[9], wodurch es sich besonders zur Darstellung sowie Strukturierung komplexer ökonomischer Zusammenhänge eignet. Modelle können einerseits dazu dienen, reale Dinge aller Art zu vergrößern, zu verkleinern oder zumeist vereinfacht in ihrer tatsächlichen Größe darzustellen. Andererseits können Modelle – wie unter anderem im Bereich der Volks- und Wirtschaftswissenschaften üblich – auch vollständig gedanklich-abstrakter Natur sein. Besonders erwähnenswert ist hier die bedeutende Fähigkeit von Modellen zur Reduktion von Komplexität, die in Abschn. 24.3.1.3 dieses Kapitels eingehend diskutiert wird.

Auf Geschäftsmodelle übertragen dient demnach der Modellaspekt einer abstrakten Darstellung wie das wirtschaftliche Handeln einer Organisation in der wirtschaftlichen Realität abläuft. Offen ist jedoch an dieser Stelle, was eigentlich konkret unter *Geschäft* zu verstehen ist. „Der Brockhaus Wirtschaft (2004) versteht unter Geschäft eine ‚auf Gewinn abzielende, kaufmännische Beschäftigung oder Unternehmung'. Als weitere Synonyme werden kaufmännische Transaktionen und der Abschluss einer mit Geld verbundenen Tätigkeit genannt. Im alltäglichen Sprachgebrauch werden unter dem Begriff sowohl der entgeltliche Austausch von Gütern und Leistungen zwischen Geschäftspartnern als auch die auf Gewinn abzielende Tätigkeit von Unternehmen subsumiert."[10] Diese Gedanken weiterführend wird unter dem „Geschäft" einer erwerbswirtschaftlich orientierten Organisation die strukturierte Transformation von Inputfaktoren in Produkte und Dienstleistungen sowie die Pflege von Interaktionen zur relevanten Umwelt subsumiert.

Fügen wir nunmehr die getätigten Feststellungen in Bezug auf die beiden Begriffskomponenten Geschäft und Modell zusammen, so gelingt bereits eine erste Annäherung an Inhalt und Wesen des Geschäftsmodellkonzepts. Ein Geschäftsmodell ist demzufolge eine vereinfachte, modellhafte Beschreibung des grundlegenden Prinzips, wie ein ökonomisches System Werte mittels Ressourcentransformation und unter Einsatz besonderer Austauschbeziehungen mit anderen Wirtschaftssubjekten schafft. Folglich konkretisiert ein Geschäftsmodell eine ganzheitliche Prinzipskizze aller wertschöpfenden Tätigkeiten und Abläufe eines Unternehmens, durch die Mehrwert für dessen Kunden erzeugt und langfristig Erlöse erzielt werden. Mit anderen Worten präzisiert demnach ein Geschäftsmodell die ihm zugrunde liegende Geschäftsidee.

---

[8] Das Wort *Modell* leitet sich ursprünglich vom lateinischen Wort „*modulus*" für Maß bzw. Maßstab her. Die heutige Verwendung geht auf das italienische Wort „modello" (Muster, Entwurf) zurück.
[9] Becker et al. (2012, S. 13).
[10] Nemeth (2011, S. 89).

Es wurde bereits darauf hingewiesen, dass bislang in der Literatur zahlreiche, mitunter höchst unterschiedliche Definitionen von Geschäftsmodellen existieren. „Der Begriff des Geschäftsmodells wurde mehrfach definiert und es herrscht bis heute kein einheitliches Bild über eine genaue Definition. Aufgrund des zweifellos umfangreichen Betrachtungsgegenstands definieren sehr viele Autoren das Geschäftsmodell nach einem bestimmten Anwendungsfokus."[11] Angesichts des Fokus dieses Kapitels auf die Entwicklung eines Geschäftsmodellansatzes für die Energiewirtschaft bzw. den Smart Market wird nachfolgend von einer Explikation der zahlreichen verschiedenen Geschäftsmodelldefinitionen abgesehen.

In Ermangelung einer allgemeingültigen Begriffsbestimmung wird nachstehend eine auf die Belange des energiewirtschaftlichen Smart Market ausgerichtete Definition des Terminus Geschäftsmodell vorgeschlagen. Dabei wird in Anlehnung an Stähler zwischen einem noch nicht umgesetzten Geschäftsmodell, welches fortan als *Geschäftskonzept* bezeichnet wird, sowie einem in der Praxis bereits existierenden Geschäftsmodell unterschieden.[12] Diese Unterscheidung erfolgt allerdings nur in den Passagen dieses Kapitels, in denen eine bewusste Differenzierung in Konzept und Modell aus methodischen Erwägungen heraus angezeigt ist. In allen übrigen Fällen werden beide Begriffe aus Vereinfachungsgründen synonym verwendet.

▶ Ein **Geschäftsmodell im Smart Market** stellt ein angewandtes **Geschäftskonzept** dar, welches alle relevanten, wertschöpfenden Abläufe, Funktionen und Interaktionen zum Zwecke der kundenseitigen Nutzenstiftung sowie unternehmerischen Erlösgenerierung vereinfacht beschreibt. Als ganzheitliches, aggregiertes Abbild der Realität im intelligenten Energiemengenmarkt erlaubt ein Geschäftsmodell die zur Komplexitätsbeherrschung erforderliche Integration ökonomischer und energiewirtschaftlicher Facetten in eine transparente Architektur. Neben normativen und strategischen Einflussparametern werden umfassend operative Aspekte im Modell berücksichtigt. Die Ganzheitlichkeit des universellen Modellansatzes wird mittels strukturierter, überschneidungsfreier Modellkomponenten sichergestellt.

Ausgehend von dieser Definition sind letztlich von jedem Geschäftsmodell die nachfolgend genannten drei Leitfragen zu beantworten, die später nochmals in Abschn. 24.3.2.1 aufgegriffen werden:[13]

- *Nutzenversprechen*: Welcher Nutzen wird den Kunden sowie den wichtigsten Partnern, die an der Wertschöpfung beteiligt sind, durch das Unternehmen gestiftet?
- *Erlösgenerierung*: Wodurch verdient das Unternehmen Geld?
- *Wertschöpfung*: Wie erbringt das Unternehmen seine Leistung?

---

[11] Weiner et al. (2010, S. 16).
[12] Vgl. Stähler (2002, S. 42).
[13] In Anlehnung an Stähler (2002, S. 41 f.).

24.3 Integriertes Geschäftsmodell – ein anwendungsorientiertes Konzept für Innovatoren und Early Adopter

Ein bestimmender Faktor der Welt des 21. Jahrhunderts ist zweifelsohne in einer deutlichen Zunahme der Komplexität zu sehen. Diese allgemeine Feststellung gilt in besonderem Maße auch für die heutige Energiewirtschaft. Daher wird im einführenden Abschn. 24.3.1 zunächst die Integrationsidee als geeigneter Ansatz zur Beherrschung von Komplexität im Kontext der Geschäftstätigkeit von Unternehmen der Energiewirtschaft vorgeschlagen. Den integrativen Ansatz aufnehmend wird zunächst hergeleitet, dass sich etablierte Geschäftsmodellkonzepte zwar prinzipiell zur Komplexitätsreduzierung eignen, jedoch im Kontext der bekanntermaßen schwieriger werdenden Rahmenbedingungen bisweilen zu kurz greifen. Folgt man dieser Sichtweise, so bedarf es eines erweiterten, ganzheitlichen Konzepts. Dazu wird der essentielle Integrationsgedanke aufgegriffen und weitergeführt, indem im konstitutiven Abschn. 24.3.2 ein integrierter Modellansatz entworfen wird. In den folgenden beiden Abschnitten werden die Charakteristika eines integrierten Geschäftsmodells konkretisiert. Sollen Geschäftsmodelle nachhaltig erfolgreich sein, so dürfen sie nicht isoliert von ihrem jeweiligen Umfeld gestaltet und betrieben werden. Daher spezifiziert Abschn. 24.3.3 eine Methode zur Festlegung des relevanten Gestaltungs- oder Entscheidungsraums eines Geschäftsmodells. Im abschließenden Abschn. 24.3.4 werden schließlich die 10 Einzelkomponenten des neuen Integrierten Geschäftsmodells im Detail erörtert.

24.3.1 Integration als Leitidee im Kontext komplexer Geschäftsumfelder

Die in Abschn. 24.1 skizzierten Rahmenbedingungen und Aufgabenstellungen belegen, dass die Welt der Energiewirtschaft an Komplexität gewonnen hat. Spätestens mit Beginn der epochalen Umwälzungen im Zuge der Energiewende des Jahres 2011 sehen sich die Unternehmen des deutschen Energiesektors weitreichenden Veränderungen gegenübergestellt, die fraglos enormen Einfluss auf die Gestaltung der gesamten energiewirtschaftlichen Wertschöpfung haben.

Das Phänomen steigender Komplexität im Energiesektor ist Folge vielfältiger, divergierender Einflüsse und Umweltfaktoren, welche auf die Protagonisten der Versorgungswirtschaft einwirken. Unübersichtlichkeit, Vielfalt und Dynamik sind nur einige der mittlerweile gängigen Umfeldattribute einer vormals stabilen Energiewelt. Komplexität fungiert in diesem Kontext gewissermaßen als der bestimmende, allgegenwärtige Dreh- und Angelpunkt, an dem sich das wirtschaftliche Handeln aller betroffenen Akteure auszurichten hat. Kein Marktteilnehmer kann die Existenz dieser komplexen Rahmenbedingungen in seinem wirtschaftlichen Betätigungsbereich ignorieren, ohne über kurz oder lang dafür zur Rechenschaft gezogen zu werden. Bevor jedoch der Frage vertiefend nachgegangen wird, welche konkreten Gesichtspunkte bezogen auf die Energiebranche komplex sind, wird zunächst der Komplexitätsbegriff allgemein eingeführt.

24.3.1.1 Was ist Komplexität?

Gewiss haben die meisten Menschen ein mehr oder weniger genaues Bild vor Augen, eine intuitive Vorstellung, wenn sie an *Komplexität* denken. Im Allgemeinen werden dabei attributive Assoziationen wie beispielsweise „unübersichtlich", „verschlungen", „diffizil" und „kompliziert" anzutreffen sein. Jedoch fehlt dieser auf Intuition fußenden Annäherung an den Komplexitätsbegriff theoretische Substanz. „Wenn an dieser Stelle von Komplexität gesprochen wird, dann ist damit mehr gemeint, als dass Probleme oder Strukturen in ihrem Aufbau einfach ‚kompliziert' seien. Unter Komplexität wird vielmehr diejenige Eigenschaft von Systemen verstanden, in einer gegebenen Zeitspanne eine große Anzahl von verschiedenen Zuständen annehmen zu können, was deren geistige Erfassung und Beherrschung durch den Menschen erschwert."[14] Damit verknüpft Bleicher die Frage nach dem Wesen von Komplexität mit Ansätzen der *Systemtheorie*. Vor diesem Hintergrund gilt ein *System* immer dann als komplex, wenn zwischen den einzelnen Systemkomponenten vielfältige und auf den ersten Blick unüberschaubare Beziehungen bestehen und sich diese Beziehungen aufgrund von Eigendynamik sowie Rückkopplungseffekten der Elemente untereinander in einer ständigen, kaum vorhersehbaren Entwicklung befinden. Mit anderen Worten begründen insbesondere Vielfalt und Wechselwirkungen der Elemente die Komplexität eines Systems.[15]

Komplexität lässt sich mittels der Messgröße *Varietät* fassen. Unter Varietät versteht man „(…) die Anzahl möglicher, unterscheidbarer Zustände, die ein System haben kann."[16] Kann ein System nur wenige unterschiedliche Zustände annehmen, so ist die Varietät gering und das System folglich einfach. Im Gegensatz dazu sind Systeme, die zahlreiche differente Zustände annehmen können, komplex und zumeist schwer zu beherrschen. Übertragen auf die Energiewirtschaft ist die Feststellung des Ausmaßes der im Energiesektor tatsächlich anzutreffenden Varietät von großem Interesse. Mittels Kenntnis aller wesentlichen Einflussfaktoren kann abgeleitet werden, ob der Komplexitätsanstieg bezogen auf die relevante Geschäftsumgebung ein Handeln bzw. neue Lösungsansätze des Managements erfordert oder alternativ sogar ein „Weiter so!" eine durchaus gangbare Option sein kann.

24.3.1.2 Komplexe Energiewirtschaft

Aus den allgemeinen Rahmenbedingungen der Energiewirtschaft sowie den Aufgabenstellungen, mit denen sich die Unternehmen der Energiebranche heute konfrontiert sehen, lassen sich diejenigen Aspekte des Energiesystems ableiten, an denen sich Komplexität festmachen lässt. Diesen Gedanken aufgreifend wird nachfolgend eine Auswahl von Faktoren vorgestellt, die spätestens in ihrem Zusammenspiel zur Komplexität des gesamten Systems beitragen.

---

[14] Bleicher (2011, S. 52).
[15] Vgl. Rüegg-Stürm (2004, S. 66).
[16] Malik (1998, S. 6).

Komplexitätsfaktor Politik und Gesellschaft
Seit einigen Jahren kann als ein charakteristisches Merkmal des deutschen Energiesektors ein durch *politische* und *gesellschaftliche* Einflüsse ausgelöster Strukturwandel festgestellt werden. So haben in den vergangenen Jahren zahlreiche Initiativen seitens Gesetzgebung und Regulierung unter anderem die organisatorischen und technischen Anforderungen an Versorgungsunternehmen erheblich ansteigen lassen. Aber auch gesellschaftliche Änderungsprozesse, wie der demografische Wandel und der mit diesem Phänomen einhergehende Trend fortschreitender Individualisierung, beeinflussen allein durch den absoluten Anstieg der Single-Haushalte das Design vertriebs- und abrechnungsnaher Betriebsprozesse. Schließlich setzt seit der Liberalisierung des Strom- und Gasmarktes eine Änderung des Kundenverhaltens dergestalt ein, dass die Loyalität zum vormals angestammten Versorgungsunternehmen sukzessive schwindet. Insgesamt tragen die hier genannten sowie zahlreiche weitere politische und gesellschaftliche Rahmenbedingungen zu einem deutlichen Anstieg der Komplexität innerhalb der Betriebsorganisation von Unternehmen der Energiebranche bei.

Komplexitätsfaktor Informations- und Kommunikationstechnologie (IKT)
Der Einsatz moderner *Informations- und Kommunikationstechnologie (IKT)* erreicht heute alle Bereiche des täglichen Lebens. Ohne Frage hat die IKT in den vergangenen Jahren einen enormen Bedeutungszuwachs gerade in den entwickelten Volkswirtschaften erfahren; sie spielt mittlerweile global eine Schlüsselrolle bei der Gestaltung und Aufrechterhaltung einer Vielzahl gesellschaftlicher sowie ökonomischer Prozesse und ist infolgedessen keineswegs auf die Informations- und Kommunikationsindustrie (IuK) beschränkt. Von diesem Bedeutungszuwachs ist die Versorgungswirtschaft in ganz besonderer Weise betroffen. So basieren die energiewirtschaftlichen Fokusthemen Smart Energy, Smart Grid und Smart Metering ausnahmslos auf Abläufen und Verfahren, die umfassend IT-gestützt ablaufen. Die mit diesen „smarten" Themen im Zusammenhang stehende IKT-basierte Vernetzung aller Stufen und Akteure der energiewirtschaftlichen Wertschöpfung eröffnet zahlreiche Chancen. So lassen sich auf Basis moderner IKT-Lösungen z. B. Betriebsprozesse optimieren und innovative Geschäftsmodelle entwickeln. Allerdings steht diesen unbestrittenen Vorteilen als Schattenseite vor allem die komplexitätserhöhende Wirkung eines umfassenden Einsatzes der IKT gegenüber. Mehr IT bedeutet eben nicht ausschließlich ein Mehr an Möglichkeiten bzw. das Entstehen nicht disruptiv wirkender neuer, innovativer Geschäftsideen. Vielmehr ist mit der Bedeutungszunahme der IKT auch ein erheblicher Anstieg an Varietät verbunden. Die mitunter realtime zu verarbeitenden Datenmengen werden auf absehbare Zeit weiter zunehmen, Implikationen der Datensicherheit und des Datenschutzes sind bei der Betriebsführung mehr denn je zu beachten, Formen millionenfacher bi- bzw. multidirektionaler Interaktion zwischen unterschiedlichen Systemkomponenten erhöht die Anforderungen an die Leistungsfähigkeit von IT-Anwendungen und Algorithmen beträchtlich; die Beherrschung vernetzter System- und Netzkomponenten über die gesamte Energiebranche hinweg wird zunehmend zur Herausforderung. Darüber hinaus wurden in den vergangenen Jahren immer intensiver Abläufe und Funktionen

in den Energieversorgungsunternehmen IT-gestützt ausgelegt, mit der Konsequenz eines starken Zuwachses der absoluten Anzahl zu steuernder IT-Systeme in den Unternehmen.

Komplexitätsfaktor Kooperation

Traditionelle Versorgungsunternehmen sind angesichts der weitreichenden Transformation des Energiesektors zusehends gefordert, zukunftsweisende Kompetenzen aufzubauen, die sie bis dato vielfach nicht im geforderten Umfang besitzen. Dieser Sichtweise folgend liegt der Schluss nahe, dass insbesondere kleinere bis mittlere Versorger sich verstärkt auf die Suche nach strategischen Partnern begeben werden. „Ursache hierfür ist, dass ihnen häufig die Finanzkraft und das Know-how zur Entwicklung von Smart Energy-Geschäftsmodellen fehlen."[17] *Kooperationen* eröffnen Unternehmen die Möglichkeit, den durch das jeweils bestehende Know-how sowie die beschränkten Ressourcen vorgegebenen Handlungsspielraum mitunter deutlich zu erweitern. Die ausgedehnte Reichweite und Schlagkraft kann von den Kooperationspartnern unter anderem dazu genutzt werden, neue Produkte und Dienstleistungen anzubieten, zusätzliche sinnvolle Aktivitäten entlang der Wertschöpfungskette durchzuführen sowie den Zugang zu existenznotwendigen Ressourcen zu verbessern.[18] Den hier genannten Vorteilen unternehmerischer Zusammenarbeit steht allerdings eine direkte Komplexitätszunahme gegenüber. Kooperationsformen, die Unternehmen mit Unternehmen eingehen, sind häufig durch einen mehr oder weniger hohen Abstimmungs- und Harmonisierungsaufwand in den organisationsübergreifenden Konfliktfeldern Strategien, Kulturen, Strukturen und Prozessen geprägt. Schließlich gilt es stets einen umfassenden, überbetrieblichen Konsens zwischen zumeist rechtlich selbständigen Partnern herzustellen, um so die Stabilität der Zusammenarbeit insgesamt zu sichern.

Komplexitätsfaktor Dezentrale Erzeugung

Ein herausragender Effekt des laufenden Umbaus der deutschen Energiewirtschaft in Richtung einer nachhaltigen Versorgungslandschaft manifestiert sich in der Zunahme kleinteiliger, dezentraler Erzeugungsstrukturen. „Die bisher übliche zentrale Netzführung und -steuerung könnte bei zunehmender *Dezentralität* aufgrund der steigenden Anzahl zu berücksichtigender Einflussfaktoren so komplex werden, dass sie an die Grenzen gerät. Die Komplexität wird durch eine zunehmende Vielfalt an zu steuernden Verbraucher- und vor allem Erzeugungseinheiten in der Niederspannung erreicht, deren Verhalten sich gegenseitig beeinflusst."[19] So sehen sich Versorger einer signifikant wachsenden Anzahl von Verbrauchern konfrontiert, die als Prosumer in ihrer Kundenrolle phasenweise Elektrizität konsumieren sowie gleichzeitig als dezentral verteilte Produzenten im Energieversorgungssystem stochastisch in Erscheinung treten. Nimmt die Fluktuation vor allem im Bereich der regenerativen Elektrizitätserzeugung wetterbedingt zu, so wird es in einem

---

[17] Servatius (2012, S. 18).
[18] Vgl. Bleicher (2003, S. 147).
[19] Bundesnetzagentur (2011, S. 34).

solchen Szenario fraglos immer komplexer, das Gleichgewicht zwischen Stromangebot und Stromnachfrage sicherzustellen.

Komplexitätsfaktor Angebotsspektrum
Immer mehr Energieversorgungsunternehmen konzentrieren sich heute nicht mehr ausschließlich auf die unidirektionale Belieferung ihrer Kunden mit Elektrizität. Neue Dienstleistungen und Produkte wie beispielsweise Energiemanagement, Demand Response, Management lokaler Marktplätze sowie Elektromobilität ergänzen sukzessive das klassische Angebotsportfolio. In der neuen Energiewelt werden sich langfristig die Unternehmen behaupten, die ihren Kunden ein umfassendes, abgestimmtes Leistungsspektrum anbieten können. Dazu bedarf es jedoch der anspruchsvollen Fähigkeit, neue Anforderungen und Systeme in die internen Betriebsabläufe reibungslos zu integrieren sowie aus den vielfältigen, isolierten Einzelleistungen ein ganzheitliches, marktadäquates Angebot zu bündeln. Infolgedessen nimmt der Koordinationsaufwand aufseiten der vermehrt als Systemanbieter auftretenden Versorger mit der Ausweitung des *Angebotsspektrums* zu. Eine deutliche Komplexitätserhöhung energiewirtschaftlicher Prozesse entlang der gesamten Wertschöpfungskette ist die unmittelbare Folge.

24.3.1.3 Geschäftsmodell als Instrument zur Komplexitätsbewältigung
Prozesse und Leistungen im Energiesektor werden wie dargelegt merklich komplexer. Die Beherrschung dieser Komplexität macht in den kommenden Jahren den Unterschied zwischen erfolgreichen und weniger erfolgreichen Marktteilnehmern aus. Für die im härter werdenden Wettbewerb stehenden Versorger werden die Beherrschung der Komplexität sowie die Verkürzung der „time-to-market" zu strategischen Erfolgsfaktoren.[20] Aus der Aufzählung exemplarischer Komplexitätsfaktoren der Energiebranche lässt sich schlussfolgern, dass in der heutigen Energiewirtschaft der mit dem Umbau des Energiesystems im Zusammenhang stehende Komplexitätsanstieg ein konsequentes Handeln auf Unternehmensseite unerlässlich macht.

Geschäftsmodelle als geeignetes Mittel
Damit sich die Wertschöpfung für Energieversorger in Zukunft nicht zur *Komplexitätsfalle* auswächst, sind innovative Lösungen und Methoden zur *Komplexitätsreduzierung* mehr denn je gefragt. Ein probater Ansatz beim Umgang mit Komplexität stellt die Abstraktion und Strukturierung komplexer Zusammenhänge dar. „Im Bereich der Sozial- und Wirtschaftswissenschaften liegt der Sinn und Zweck von Modellen in erster Linie in der Vereinfachung komplexer Zusammenhänge, indem sie eine Komplexitätsreduktion vornehmen, um die objektive Welt abzubilden. Modelle sollen dabei helfen, mit Komplexität umzugehen und sie bewältigen zu können. Vereinfacht ausgedrückt ist ein Geschäftsmodell daher ebenfalls ein Instrument zur Komplexitätsbewältigung."[21] Demnach eröffnet die zuvor in Abschn. 24.2.2 dieses Kapitels diskutierte Fähigkeit von Geschäftsmodellen

---

[20] Vgl. Golovatchev et al. (2013, S. 4).
[21] Nemeth (2011, S. 80).

zur modellhaften Beschreibung der Geschäftätigkeit Entscheidern in Unternehmen zum einen die Chance, sich in einem komplexen Geschäftsumfeld zurechtzufinden sowie zum anderen tragfähige Entscheidungen auf Basis der gewonnenen Übersicht zu treffen und umzusetzen. Insbesondere die den Modellen inhärente Fähigkeit, Realphänomene in vereinfachte, strukturgleiche Abbilder eines Wirklichkeitsausschnitts überführen zu können, unterstreicht die Praxistauglichkeit von Geschäftsmodellen in Bezug auf das Ziel der Komplexitätsbewältigung.

Grenzen klassischer Geschäftsmodelle

Angesichts der enorm anwachsenden Komplexität und Dynamik heutiger Geschäftsumfelder bedarf es leistungsfähiger Instrumente, die alle relevanten Einzelaspekte in ausgewogener Form berücksichtigen und in eine ganzheitliche Lösung zu überführen vermögen. Traditionelle Geschäftsmodellansätze haben ihre Tauglichkeit in den unterschiedlichen Anwendungsfällen unter Beweis gestellt. Jedoch greifen sie gerade im Hinblick auf die gebotene Integration bzw. Berücksichtigung der Vielzahl unterschiedlicher, nicht selten unsteter und komplexer Rahmenbedingungen der Energiewirtschaft mitunter zu kurz. Klassische Geschäftsmodelle fokussieren sich zumeist auf einzelne Fragestellungen, sodass die zur Komplexitätsbeherrschung erforderliche Integration wesentlicher Facetten komplexer Rahmenbedingungen sowie Umwelten nicht angemessen in diese Modellansätze erfolgt. Es „(…) fehlt oftmals die gesamtheitliche Betrachtung aller relevanten Einflussfaktoren, so dass nur punktuell Zukunftsthemen in strategischen Prozessen berücksichtigt werden."[22] Daher folgt der Versuch des Autors, im weiteren Verlauf dieses Kapitels ein umfassendes, auf die Belange der Energiewirtschaft zugeschnittenes Referenzmodell, herauszuarbeiten.

Die Leitidee der Integration

Zur Beherrschung von Komplexität bedarf es einer greifbaren Leitidee, einer Vorstellung, die eine kontextspezifische Ausprägung und Gestaltung eines Modells der Geschäftstätigkeit ermöglicht. Als diese Grundidee wird hier das Konzept „*Integration*" mit dem ihr innewohnenden Streben nach Ganzheitlichkeit, Vernetzung und Interdisziplinarität vorgeschlagen.

Die herausfordernden Rahmenbedingungen und Komplexitätsfaktoren der Energiewirtschaft verlangen nach Gestaltungsansätzen, die die Geschäftsaktivitäten umfassend abbilden und dabei flexibel auf die Umwelt sowie Änderungen reagieren können. Hierzu müssen Geschäftsmodelle so konstruiert sein, dass sie alle relevanten Einzelaspekte ausgewogen in eine Gesamtlösung integrieren können. Exemplarisch seien hier die Einbeziehung und Verzahnung der Artefakte Strategie, Produkt, Markt, Prozesse und Kultur in ein Geschäftsmodell angeführt. Allerdings hängt die Qualität und Markttauglichkeit dieser Modelle nicht allein davon ab, ob alle Einflussfaktoren ausreichend berücksichtigt wurden. Vielmehr umfasst Integration nach hiesigem Verständnis überdies die Fähigkeit, Erkenntnisse und Einflüsse aus Entscheidungstheorie, Betriebs- und Volkswirtschaftsleh-

---

[22] Hahn und Prinz (2013, S. 47).

re, Ingenieurwissenschaften, Psychologie sowie weiteren Disziplinen in ein übergreifendes Gesamtmodell wirksam aufzunehmen.

Der Vorteil des nunmehr postulierten Integrationsgedankens als konstitutive Leitidee bei der Entwicklung von Geschäftsmodellen liegt darin, dass mit diesem ganzheitlich, interdisziplinären Ansatz ein einheitlicher Rahmen für die Ausgestaltung tragfähiger Geschäftsmodelle geschaffen wurde.

24.3.1.4 Das Konzept „Integriertes Management" als konzeptionelle Basis

Es wurde gezeigt, dass ähnlich der Situation anderer Wirtschaftszweige auch die Welt der Energiewirtschaft von Komplexität durchdrungen ist, die es zu beherrschen gilt. In Fragen der Konzeption und Entwicklung von Ansätzen, wie eine Organisation Mehrwert schafft und Erlöse erzielt, haben sich Geschäftsmodelle als ein geeignetes Mittel zur Komplexitätsreduzierung erwiesen. Jedoch greifen klassische Modelle gerade in schwierigen Umfeldern, wie erwähnt, oftmals zu kurz, sodass es ganzheitlich integrierter Lösungen bedarf.

Bevor im folgenden Abschn. 24.3.2 die Idee des Integrierten Geschäftsmodells im Detail vorgestellt wird, erfolgt an dieser Stelle zunächst dessen theoretische Fundierung. Als konzeptionelle Basis bietet sich dabei das *St. Galler Management-Konzept* von Bleicher an. Es „(…) baut auf dem Systemansatz auf, wie er von Hans Ulrich und seinen Schülern an der Universität St. Gallen entwickelt wurde."[23] Herausragendes Merkmal des Konzepts von Bleicher ist die Fähigkeit, vielfältige Einflüsse aus allen Managementbereichen ganzheitlich zu betrachten und umfassend zu berücksichtigen. Als anwendungsorientierte Theorie liefert dieses Konzept ein praktikables Denkmuster für den Umgang mit komplexen Rahmenbedingungen und Geschäftsumfeldern, wie sie beispielsweise in der deutschen Energiewirtschaft heute allenthalben vorzufinden sind. Komplexität wird in diesem Modell demzufolge nicht einfach ignoriert oder bis zu ihrer völligen Nivellierung der vereinfachenden Ceteris-paribus-Klausel ausgesetzt, sondern vielmehr in beherrschbare Einzelaspekte überführt.

Die Nützlichkeit des hier vorgeschlagenen Bezugsrahmens St. Galler Management-Konzept liegt vor allem darin begründet, dass es für das Management als dienliche Landkarte zur Orientierung in Fragen der Unternehmensführung nutzbar ist. Als ganzheitlich orientierter Bezugsrahmen zeichnet es sich dadurch aus, dass es Unternehmen in ihrer Systemeigenschaft nicht isoliert, sondern in Verbindung mit relevanten Rahmenbedingungen betrachtet. Auch hebt sich der Ansatz von Bleicher von streng linearen Denkmustern in Ursache-Wirkungs-Ketten dergestalt ab, dass die in der betrieblichen Realität anzutreffenden Interdependenzen und Verknüpfungen zwischen Komponenten mittels Regelkreisen dynamisch integrierbar sind.[24]

Drei Dimensionen der Unternehmensführung

Die Verantwortungsbereiche des Managements lassen sich allgemein in *drei Dimensionen* klassifizieren. Dieses dreistufige Konzept unterscheidet zwischen einer normativen,

---

[23] Bleicher (2011, S. 85).
[24] Vgl. Bleicher (2011, S. 67).

strategischen sowie operativen Betrachtungsebene und wurde „(…) von der Sankt Galler Managementschule im Konzept Integriertes Management wesentlich ausdifferenziert."[25] Diese logisch-hierarchische Trennung sollte allerdings nicht zu der irrigen Annahme verleiten, dass die drei Dimensionen in der Praxis streng voneinander abgegrenzt existieren. Ganz im Sinne des postulierten integrierten Gesamtverständnisses von Management existieren in der ökonomischen Realität eine Vielzahl von Beziehungen und Wechselwirkungen zwischen den drei genannten Ebenen. Mit dieser Sichtweise wird der zuvor in Abschn. 24.3.1.3 eingeführte umfassende interdisziplinäre Integrationsgedanke konsistent um einen zusätzlichen relevanten Aspekt ergänzt. So wird mittels der erweiternden Integration aller drei Ebenen bzw. Dimensionen der Unternehmensführung die zentrale Leitidee der Eingliederung in ein größeres, stimmiges Gesamtkonzept realisiert.

Das *normative Management* befasst sich mit den generellen Unternehmenszielen und legt die konstitutiven Werte, Prinzipien, Normen und Spielregeln fest, die einer Organisation Identität verleihen und den Gestaltungsrahmen unternehmerischen Handelns vorgeben. Dabei wirkt die normative Dimension stets *begründend* für alle Handlungen des Unternehmens. Zentraler Inhalt des normativen Managements ist demnach die Ausrichtung des Verhaltens der Organisation sowie deren Mitglieder mit dem Ziel der Sicherstellung von Legitimität des Handelns gegenüber externen wie internen Anspruchsgruppen.

Das *strategische Management* leitet sich aus den Zielen und Vorgaben des normativen Managements ab. Während der normative Verantwortungsbereich des Managements Aktivitäten begründet, wirkt das strategische Management *ausrichtend* auf diese Aktivitäten ein. Auf der strategischen Ebene „(…) stehen neben zu verfolgenden Programmen, welche die Missionen richtungsmäßig weiter konkretisieren, die grundlegende Auslegung von Organisationsstrukturen und Managementsystemen, sowie des kulturell vorgeprägten Problemlösungsverhaltens ihrer Träger"[26] im Mittelpunkt.

Die praktische Umsetzung der normativen und strategischen Vorgaben obliegt dem *operativen Management*. Es wirkt als dritte Dimension des Integrierten Management-Konzepts *vollziehend*, indem es die Vorgaben der beiden vorgenannten Ebenen in Operationen umsetzt. Somit stellt das operative Management die laufenden Aktivitäten in Organisationen sicher.

24.3.2 iOcTen: Beschreibung des Integrierten Geschäftsmodells

In Abschn. 24.3.1.3 wurde bereits ausgeführt, dass in komplexen Geschäftsumfeldern traditionelle Geschäftsmodellansätze bisweilen suboptimale Ergebnisse liefern. Daher wird nachfolgend ein Modellansatz vorgestellt, der die zur Komplexitätsbeherrschung erforderliche Integration relevanter energiewirtschaftlicher Facetten sowie Einflussparameter angemessen ermöglicht: das „Integrierte Geschäftsmodell iOcTen". Dazu wurde als kon-

---

[25] Bergmann und Bungert (2011, S. 25).
[26] Bleicher (2003, S. 162).

zeptioneller Bezugsrahmen das St. Galler Management-Konzept gewählt. Es repräsentiert demzufolge gewissermaßen die DNS des auf den folgenden Seiten vorzustellenden integrierten Geschäftsmodellansatzes.

Die zentrale Stärke des *Integrierten Geschäftsmodells* liegt in der transparenten Architektur des Modells selbst begründet. Es ist grundsätzlich integrativ und offen konstruiert. So engt es den Anwender nicht von vornherein auf bestimmte Geschäfte, Ausschnitte der Wertschöpfungskette usw. ein. Als universeller Modellansatz integriert es umfassend die Anforderungen des normativen, strategischen sowie operativen Managements, indem es jeder dieser drei Dimensionen der Unternehmensführung explizit Modellkomponenten eigens zuweist.

Anforderungen an das Integrierte Geschäftsmodell
Ein erfolgreiches Geschäftsmodell muss die gesamte Organisation im Zusammenwirken mit ihrer Umwelt berücksichtigen. Einzig durch die Integration aller relevanten Einflussfaktoren und Restriktionen können Geschäftsmodelle so gestaltet werden, dass ihre Abläufe sowie die aus ihnen hervorgehenden Angebote einem Markttest auch in komplexen Umfeldern standhalten können. Darüber hinaus muss das Modell allgemein anwendbar und gleichzeitig so konstruiert sein, dass es von Managern, Business Developern und Organisationsentwicklern intuitiv eingesetzt werden kann. Nicht zuletzt dank der Anlehnung an das systemtheoretisch fundierte sowie strukturell ganzheitlich ausgerichtete St. Galler Management-Konzept genügt das Konzept des Integrierten Geschäftsmodells diesen Anforderungen an ein Geschäftsmodell.

24.3.2.1 Die Module des Integrierten Geschäftsmodells
Insgesamt fünf strukturverleihende *Module* bzw. *Bausteine* machen in der Summe das Integrierte Geschäftsmodell aus. Dabei handelt es sich um die *Modellbausteine Idee, Entscheidungsraum, Modellkern, Entwicklungspfad* sowie *Erfolg*. Die Abb. 24.1 illustriert zum besseren Verständnis den Aufbau des iOcTen schematisch.

Idee
Am Anfang der Entwicklung neuer Geschäftskonzepte sowie der Weiterentwicklung bestehender Geschäftsmodelle steht eine *Idee*. Dabei handelt es sich im Idealfall bereits um eine erste – mehr als nur diffuse – Vorstellung davon, auf welchen Märkten welchem Kunden die potenziellen Produkte oder Dienstleistungen angeboten werden sollen.

Der hier postulierte Terminus Idee ist jedoch von dem Begriff der (unternehmerischen) *Vision* abzugrenzen. In Gegensatz zum operativer ausgerichteten Begriff der Idee nimmt die Vision ein konkretes Bild einer prinzipiell realisierbaren unternehmerischen Zukunft vorweg. Während es sich im Kontext des Integrierten Geschäftsmodells bei einer Idee demnach um die Vorstellung eines konkreten Artefakts wie z. B. ein Produkt oder eine Dienstleistung handelt, repräsentiert die Vision ein grundlegendes zukunftsbezogenes, richtungsweisendes Leitbild unternehmerischer Tätigkeit.[27]

---

[27] Vgl. Bleicher (2011, S. 109 ff.).

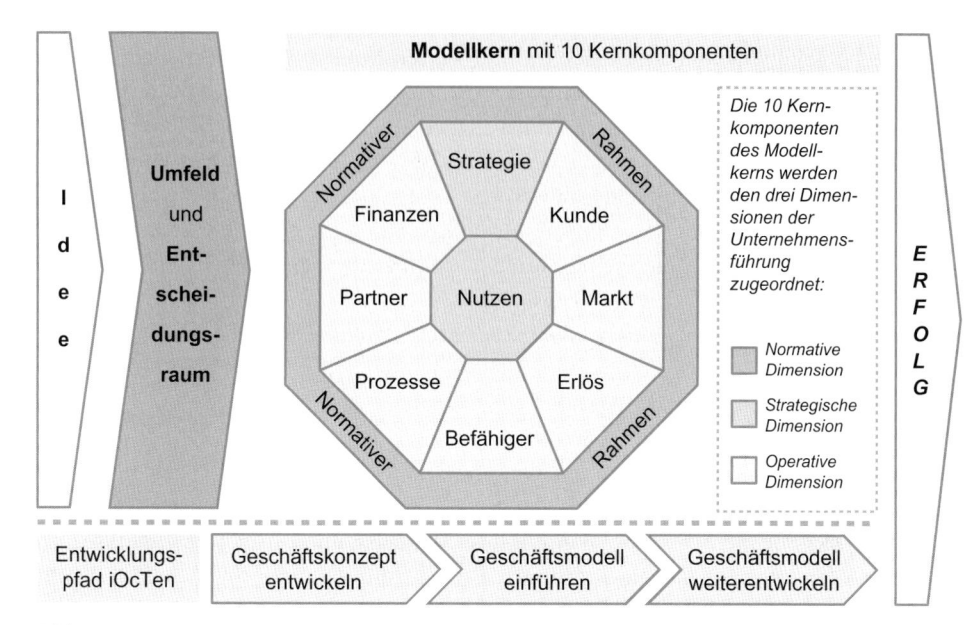

Abb. 24.1 Integriertes Smart Market Geschäftsmodell iOcTen (schematisch)

Umfeld und Entscheidungsraum
Geschäftliche Aktivitäten werden maßgeblich von ihrem *Umfeld* beeinflusst. Dabei fungieren Umweltfaktoren, Rahmenbedingungen, Anforderungen relevanter Anspruchsgruppen (Stakeholder) usw. ähnlich einem „Gestaltungsraum". Dieser spannt ein Set möglicher Handlungsoptionen auf, die einem Unternehmen prinzipiell offenstehen und innerhalb dessen das Management agieren kann. Insbesondere diese Integration vielfältiger Umwelteinflüsse sowie Erwartungen relevanter Stakeholder verleiht dem integrierten Modellansatz insgesamt einen offenen und kommunikationsorientierten Grundcharakter.

Modellkern
Die eigentliche Beschreibung der Geschäftstätigkeit einer Unternehmung erfolgt im Integrierten Geschäftsmodell mittels zehn konstituierender Komponenten, die systematisch die Art und Weise der Wertschöpfung sowie Erlösgenerierung aufzeigen. Diese zehn Elemente können fraglos als generische Bausteine eines Geschäftsmodells interpretiert werden, die prinzipiell in allen Modellen unabhängig von Branche und Aufgabenstellung anzutreffen sind. Alles in allem bilden diese zehn Komponenten den *Kern* des Integrierten Geschäftsmodells.

Alle Elemente des Modellkerns bilden zusammen die normative, strategische sowie operative Dimension des Managements vollständig ab. Damit ist der Bezug des Geschäftsmodellkerns zum St. Galler Management-Konzept hergestellt. Die erste Komponente *Normativer Rahmen* repräsentiert dabei die normative, die beiden Elemente *Nutzen* und *Strategie* jeweils die strategische Dimension eines Geschäftsmodells. Die Komponenten ‚Kunde, Markt, ‚Erlös, Befähiger, ‚Prozesse, Partner und ‚Finanzen werden im Integrierten Geschäftsmodell der operativen Betrachtungsebene zugeordnet.

Die zehn Komponenten lassen sich im integrierten Modellansatz nicht allein anhand der drei diskutierten Dimensionen der Unternehmensführung strukturieren. Aus der Geschäftsmodelldefinition von Stähler können mehrere Leitfragen zu insgesamt drei Themenclustern herausdestilliert werden, die als zusätzliches strukturstiftendes Ordnungsmerkmal an dieser Stelle vorgeschlagen werden:

- *Was* bietet das Unternehmen seinen Kunden und Partnern an? *Welchen* Nutzen stiftet es?
- *Wer* fragt Leistungen aus welchen Gründen nach? *Wodurch* wird nachhaltiger Ertrag erzielt?
- *Wie* erfolgt die Leistungserbringung?[28]

Vergleichbar mit der Zuordnung zu den Verantwortungsbereichen des Managements werden die Komponenten *Normativer Rahmen*, *Nutzen* und *Strategie* der Frage nach dem *Was* zugeordnet. Die Elemente *Kunde*, *Markt* und *Erlös* werden unter dem *Wer* bzw. *Wodurch* sowie die Komponenten *Befähiger*, *Prozesse*, *Partner* und *Finanzen* unter dem *Wie* subsumiert. Die genannten Ordnungskriterien ergeben schließlich eine zweidimensionale Matrix. Die Zusammenhänge illustrieren Tab. 24.1 sowie Abb. 24.2 zur besseren Übersicht und Orientierung.

Der Kern des Integrierten Geschäftsmodells wird grafisch als ein regelmäßiges Achteck oder Oktagon (Octagon) bestehend aus einem Rahmen, einem Mittelbereich sowie einem Zentralelement dargestellt. Aus der Wahl der Darstellung leitet sich die Benennung *iOcTen* für das Geschäftsmodell her. Im vorgeschlagenen integrierten (i) Modell gruppieren sich in Form des erwähnten Achtecks oder Octagons (Oc) acht der zehn (Ten) Einzel- bzw. Kernkomponenten um die im Zentrum positionierte Komponente *Nutzen* und um das einrahmende Element *Normativer Rahmen*. Obgleich die Bezeichnung iOcTen streng genommen nur den achteckigen Modellkern beschreibt, wird dieser Name im weiteren Verlauf dennoch synonym für das gesamte Integrierte Geschäftsmodell verwendet.

Eine Sonderstellung im Modellkern des iOcTen nimmt die Komponente *Normativer Rahmen* ein. Sie umrahmt die übrigen neun Kernkomponenten. Mittels dieses Modellelements fließen die vielfältigen Einflussparameter des vorgeschalteten Moduls Entscheidungsraum in den Modellkern ein. Damit übernimmt das Element *Normativer Rahmen* gleichsam eine Vermittler- und Filterrolle zwischen dem externen Organisationsumfeld auf der einen sowie den internen Aspekten auf der anderen Seite.

Im Mittelpunkt des achteckigen Modellkerns des iOcTen ist die *Nutzenkomponente* platziert. Dies geschieht nicht zufällig. Vielmehr ist diese Positionierung der herausragenden Bedeutung des Wertversprechens bzw. der *Value Proposition* als zentralem Bestandteil eines jeden Geschäftsmodells geschuldet. Auch beeinflusst die Nutzenkomponente mit ihren Querbezügen – ähnlich dem Normativen Rahmen – die übrigen Elemente des Modellkerns, sodass auch hier die mittige Positionierung der im besonderen Maße inter-

---

[28] Vgl. Stähler (2002, S. 41 f.).

24 Entwicklung neuer Geschäftsmodelle für die Energiewirtschaft …

Tab. 24.1 Komponenten des Integrierten Geschäftsmodells iOcTen

	Normative Komponenten (begründend)	Strategische Komponenten (ausrichtend)	Operative Komponenten (ausführend)
Wertangebot Was? Welchen?	[1] Normativer Rahmen	[2] Nutzen [3] Strategie	
Erlösquellen Wodurch? Wer?			[4] Kunde [5] Markt [6] Erlös
Wertschöpfung Wie?			[7] Befähiger [8] Prozesse [9] Partner [10] Finanzen

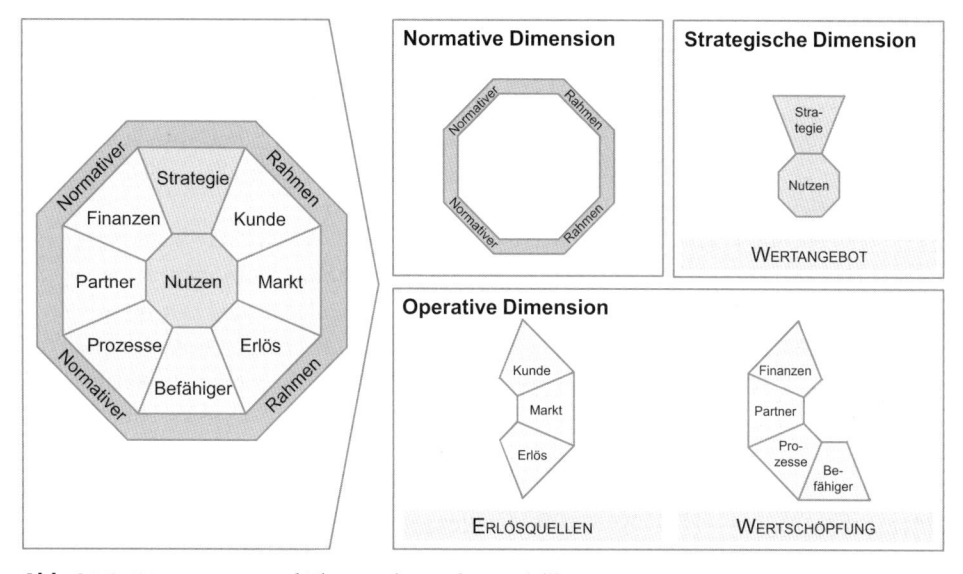

Abb. 24.2 Dimensionen und Themencluster des Modellkerns

dependenten Beziehung zu den übrigen Elementen entspricht. Die mittige Anordnung soll demnach insgesamt der hohen Bedeutung des Wertversprechens für den wirtschaftlichen Erfolg besonderen Ausdruck verleihen. In der empfohlenen Hervorhebung des Nutzens manifestiert sich ein wesentlicher Unterschied zur bekannten Business Model Canvas von Osterwalder und Pigneur. So bilden in der Business Model Canvas die Kunden das Zentrum jedes Geschäftsmodells.[29] Demgegenüber steht im Mittelpunkt des iOcTen stets

---
[29] Vgl. Osterwalder und Pigneur (2011, S. 24).

der Nutzen, den Kunden und Partner aus der Geschäftätigkeit des Unternehmens für sich ableiten können. Darüber hinaus werden in alternativen Modellen bisweilen Nutzen und Strategie zu einer einzigen Komponente zusammengefasst. Auch diesem Vorgehen wird an dieser Stelle nicht gefolgt, um auf diesem Weg nochmals die essentielle Bedeutung des Kundennutzens für den Erfolg eines Geschäftsmodells über die Schaffung einer eigenständigen Komponente *Nutzen* herauszustellen.

Entwicklungspfad
Die Modellierung und strukturierte Weiterentwicklung von Geschäftsmodellen ist fraglos ein wesentliches Tätigkeitsfeld unternehmerischen Handelns. Folgerichtig konzentriert sich das Integrierte Geschäftsmodell iOcTen nicht ausschließlich auf die umfassende Integration der skizzierten zehn Einzelaspekte in das Gesamtmodell. Ergänzt werden diese Kernelemente durch die gleichrangige Integration eines *Entwicklungspfads* als dynamischem Faktor des Modells. In Abschn. 24.4. wird dieser aus den drei Stadien *Konzeptentwicklung*, *Implementierung* sowie *Weiterentwicklung* bestehende *Entwicklungspfad* detailliert beschrieben.

Erfolg
Schließlich repräsentiert der *Erfolg* als letztes der insgesamt fünf Module des iOcTen das Resultat der geschäftlichen Tätigkeit als die Outputgröße des Geschäftsmodells bzw. der Geschäftätigkeit.

24.3.2.2 Interdependenzen zwischen den Modellkomponenten

Es wurde bereits dargelegt, dass die Beschreibung der Geschäftätigkeit eines Unternehmens im iOcTen mit Hilfe von zehn Einzelkomponenten erfolgt. Diese den Kern des Modells ausmachenden Bausteine existieren jedoch keineswegs isoliert nebeneinander. Ganz im Sinne einer integrativen Gesamtsicht bilden diese Modellkomponenten untereinander ein zusammenhängendes, *interdependentes Beziehungsgeflecht*, welches Abb. 24.3 vereinfacht illustriert. Für diese sich gegenseitig durchdringenden Modellelemente gelten ähnliche Grundzusammenhänge wie für die ihnen übergeordnete normative, strategische sowie operative Dimensionen des Managements. „Die Dimensionen des Konzepts sind nicht unabhängig voneinander zu betrachten. Zwischen ihnen vollziehen sich vielfältige Vor- und Rückkopplungsprozesse, indem einerseits konzeptionelle Vorgaben normativer und strategischer Art wegweisend für operative Dispositionen werden und andererseits nicht planbare Ereignisse als Hindernisse für die Realisierung von Vorgaben erkennbar werden, die eine Veränderung von Zukunftsvorstellungen und Strategien zu ihrer Umsetzung bedingen."[30]

Übertragen auf die Komponenten des Geschäftsmodells lässt sich unmittelbar folgern, dass bei der Gestaltung von Geschäftsmodellen deren Bausteine nicht separat voneinander betrachtet werden können. Vielmehr erfordert das hier propagierte ganzheitliche Geschäftsmodellverständnis eine nachhaltige Berücksichtigung der vielfältigen Beziehungen aller Modellelemente untereinander. Schließlich wird der Erfolg eines Geschäftsmodells

---
[30] Bleicher (2011, S. 88).

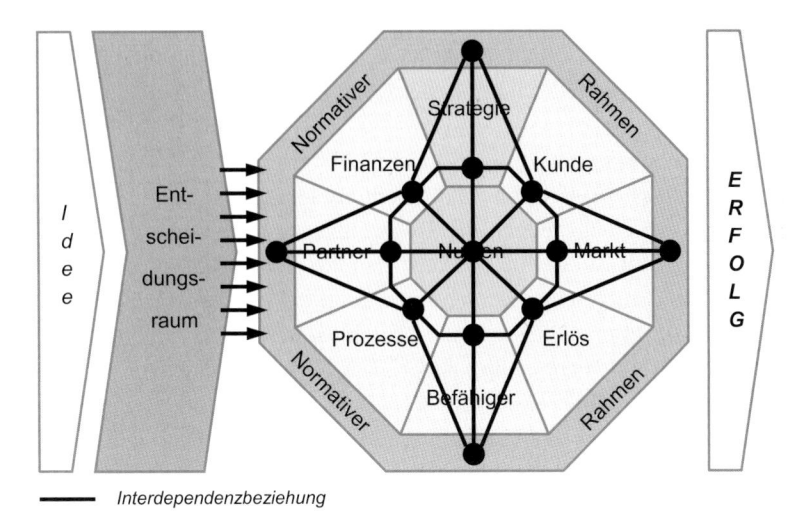

Abb. 24.3 Interdependenzen zwischen den Modellkomponenten des Integrierten Smart Market Geschäftsmodells

nicht zuletzt vom optimalen Zusammenspiel dieser Komponenten determiniert. Dementsprechend würde ein streng komponentenweises Vorgehen bei der Konzeption neuer bzw. Weiterentwicklung bestehender Geschäftsmodelle den in der betrieblichen Realität allenthalben anzutreffenden komplexen Ursache-Wirkungs-Zusammenhängen mitnichten gerecht werden.

24.3.3 Umfeld als Basis wirtschaftlichen Handelns – Aufspannen des Entscheidungsraums

Bevor aus einer Idee ein konkretes Geschäftsmodell erwächst, ist zunächst mittels Kenntnis relevanter Umfeldparameter und Rahmenbedingungen der prinzipiell denkbare gestalterische Rahmen für ein geschäftliches Vorhaben abzustecken. Da sich unternehmerische Tätigkeit in der Praxis nicht losgelöst von der maßgeblichen Umfeldstruktur entwickeln kann, sollte bereits im Vorfeld von Initiativen zur inhaltlichen Ausgestaltung eines Geschäftsmodells auf die Analyse der essentiellen Bedingungen des Umfelds ein besonderes Augenmerk gelegt werden. Porter bekräftigt diesen Zusammenhang zwischen Geschäftsmodell einerseits und relevantem Branchenumfeld andererseits wie folgt: „(…) no business model can be evaluated independently of industry structure."[31] Für den Erfolg oder Misserfolg von Geschäftsmodellen ist demnach die Art und Weise der Interaktion zwischen der Organisation und ihrem Umfeld von großer Bedeutung. Als „(…) ein offenes System, welches mit seiner Umwelt in vielfältigen Beziehungen interagiert"[32] kann

---

[31] Porter (2001, S. 73).
[32] Bergmann und Bungert (2011, S. 26).

ein Unternehmen nur dann existieren, wenn es die Umfeldbedingungen sowohl bei der Gestaltung als auch während des Betriebs des Geschäftsmodells adäquat berücksichtigt.

Einschränkung der streng deterministischen Sichtweise
Das Umfeld beeinflusst zweifelsohne signifikant die Gestaltung von Geschäftsmodellen. In diesem Kontext erscheint jedoch die Frage interessant, ob das gegebene Umfeld als absolut fix anzunehmen ist oder ob es durch Handlungen einzelner Unternehmen bis zu einem gewissen Grad mitgestaltet werden kann. Folgt man an dieser Stelle einer streng *deterministischen Sichtweise*, so müssten alle Umfeldparameter aus Unternehmenssicht als gegeben und demzufolge nicht beeinflussbar akzeptiert werden. Dieser Sichtweise eines absolut eingeschränkten Spielraums für Organisationen wird hier jedoch nicht gefolgt. Zahlreiche Beispiele innovativer Geschäftsmodelle der vergangenen Jahre belegen, dass Umfeldbedingungen das Verhalten von Wirtschaftssubjekten nicht absolut determinieren.[33] So ist es agilen Unternehmen „(…) durch ihre Strategie möglich, bestimmte Umfeldbedingungen zu verändern und sich innerhalb des Umfelds zu positionieren (…)"[34]. Diese nunmehr vollzogene Relativierung einer streng deterministischen Auffassung wirkt sich auf die Gestaltung von Geschäftsmodellen dahingehend vorteilhaft aus, dass bei der Konzeption und Weiterentwicklung von Geschäftsmodellen die Chance besteht, mögliche oder auch nur in den Köpfen der Entscheider existierende Denkverbote auflösen sowie umfeldbedingte Hürden absenken zu können. In der Konsequenz können so gänzlich neue Geschäftsmodelle entworfen werden.

24.3.3.1 Entscheidungsraum als Kontext für Geschäftsmodellentwicklung

Das unternehmerische Umfeld mit seinen vielfältigen Umweltzuständen und Rahmenbedingungen bestimmt als externer Aspekt in Kombination mit den internen Unternehmenszielen des Managements sowie dem organisationsindividuellen Set kritischer Erfolgsfaktoren gewissermaßen den *Gestaltungsbereich*, in dem ein Geschäftsmodell konzipiert oder verbessert werden kann. In der Entscheidungstheorie klassisch als Entscheidungsfeld bezeichnet, wird aus Gründen der besseren Vorstellbarkeit des Bildes eines aufgespannten Raumes möglicher Handlungsoptionen dieser Terminus adaptiert als *Entscheidungsraum* in das iOcTen eingeführt. Dabei konkretisiert der Entscheidungsraum die potenziellen Handlungsalternativen bzw. -optionen eines Geschäftsmodells.

Der Entscheidungsraum besteht aus je einem von Entscheidungsträgern direkt beeinflussbaren *Aktionsraum* sowie einem nicht beeinflussbaren *Zustandsraum*. Als der beeinflussbare Teil des Entscheidungsraumes repräsentiert der Aktionsraum die Gesamtheit aller prinzipiell möglichen Handlungsalternativen, aus denen nach Abgleich mit dem jeweiligen Zielsystem der Organisation das Management die Alternativenkombination, die den maximalen Nutzen verspricht, auswählt. Im Gegensatz dazu umfasst der nicht beeinflussbare Zustandsraum alle relevanten Umfeldparameter bzw. Umweltzustände, die

---
[33] Vgl. Bornemann (2010, S. 50 f.).
[34] Bornemann (2010, S. 53).

sich einer direkten Einflussnahme seitens des Unternehmens entziehen. Die Parameter des Zustandsraumes stellen für Entscheidungsträger folgerichtig fixe Daten bzw. Zustände dar. Daher rührt die Bezeichnung Zustandsraum.

Den Gedanken zur deterministischen Sichtweise des unternehmerischen Umfeldes nochmals aufgreifend sei an dieser Stelle angemerkt, dass insbesondere Inhalte des Zustandsraumes die Kreativität bei der Entwicklung und Gestaltung von Geschäftsmodellen keineswegs einschränken oder das Ergebnis absolut vorbestimmen dürfen. Das Umfeld sollte jedoch die Gestaltungsentscheidungen inhaltlich moderieren und infolgedessen kompetente Entscheidungen ermöglichen. Mit einer richtungsweisenden oder gar revolutionären Idee kann das Management eines Unternehmens schließlich sogar Einfluss auf das externe Umfeld nehmen, indem es durch sein neues, innovatives Geschäftsmodell zum Gestalter avanciert und somit neue Standards setzt.[35] Dies ist ein beachtenswerter Zusammenhang, der die zuvor betriebene vorsichtige Distanzierung von der starr deterministischen Sichtweise des unternehmerischen Umfeldes untermauert.

24.3.3.2 Handlungsempfehlungen ableiten: Aufspannen des Entscheidungsraumes

Zusammengefasst, dient der Entscheidungsraum im Integrierten Geschäftsmodell iOcTen dem Management als Grundriss, Leitplanke und Optionenraum, innerhalb dessen die denkbaren Handlungsalternativen unter Abgleich mit den Zielen, deren Erreichungsgrad sowie Erfolgsfaktoren herausdestilliert werden. Diese Handlungsempfehlungen fließen über die normativ ausgerichtete Kernkomponente *Normativer Rahmen* in den Geschäftsmodellkern ein.

Nachfolgend wird ein Vorgehen zur Diskussion gestellt, welches sich sowohl im Falle der Konzeption gänzlich neuer Geschäftskonzepte, als auch bei der evolutorischen Entwicklung bereits vorhandener Geschäftsmodelle anbietet. Bei der Ableitung grundlegender Handlungsoptionen für Geschäftsmodelle ist ein mehrstufiger Prozess zu durchlaufen, den Abb. 24.4 veranschaulicht und der schematisiert wie folgt gestaltet ist:

Schritt 1 Abgleich von Ziel und Zielerreichung. Zu Beginn besteht die Aufgabe des Managements darin, festzustellen, wo die Organisation tatsächlich steht. Dies geschieht mittels der Diagnose des Deltas zwischen den Unternehmenszielen einerseits und der bislang festzustellenden Zielerreichung andererseits. Methodisch ist die Nutzung eines aus den drei Dimensionen Ziel, Zielerreichung und Umfeld bestehenden Analysedreiecks für den Abgleich von Ziel und Zielerreichung empfohlen.

Schritt 2 Umfeld eruieren. Nachdem sich Entscheider über den Status der Zielerreichung ihres Unternehmens im Klaren sind, muss Gewissheit bezüglich des relevanten Geschäftsmodellumfelds erlangt werden. Bedeutsame Umfeldbereiche sind Politik und Recht, Gesellschaft inklusive relevanter Anspruchsgruppen (Stakeholder), Makroökonomie, Markt, Technologie, Ökologie, Ressourcen sowie Trends. Im Zuge der Betrachtung

---

[35] Vgl. Osterwalder und Pigneur (2011, S. 204).

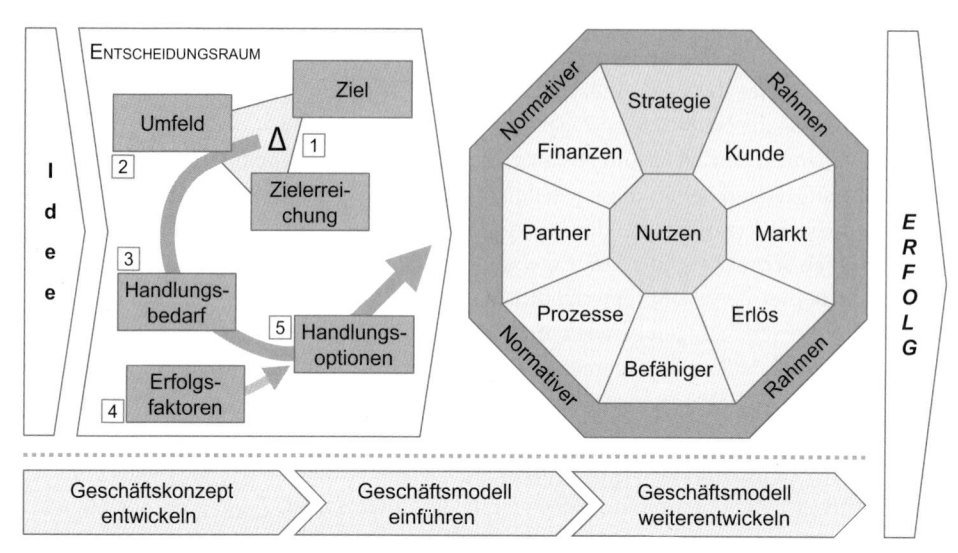

Abb. 24.4 Integriertes Smart Market Geschäftsmodell iOcTen (mit Detailsicht Entscheidungsraum)

des Entscheidungsraumes kann sich das Management dabei zunächst auf eine reine Vorsondierung der genannten Umfeldaspekte beschränken. Erst wenn die aus dem Entscheidungsraum abgeleiteten Handlungsoptionen klar auf eine potenzielle Umsetzbarkeit einer Geschäftsidee schließen lassen, erfolgt im Nachgang die detaillierte Analysearbeit mittels der zehn Kernkomponenten des Integrierten Geschäftsmodells iOcTen.

Schritt 3 Handlungsbedarf ableiten. Im Anschluss an die Umfeldanalyse erfolgt die Ableitung des qualitativen und quantitativen Handlungsbedarfs. Mittels des Analysedreiecks werden Ziel, Zielerreichung und Umfeld zueinander in Relation gesetzt. Dazu wird der festgestellte Status der Zielerreichung mit den relevanten Umfeldfaktoren abgeglichen. Ergebnis dieses Abgleichs ist eine Vorstellung davon, welche Maßnahmen bzw. Handlungen zur Erreichung der mit dem Geschäftsmodell verbundenen Ziele unter Berücksichtigung der Umfeldbedingungen erforderlich sind.

Schritt 4 Erfolgsfaktoren eruieren und auf Relevanz prüfen. Um aus der Kenntnis des Handlungsbedarfs schließlich konkrete Handlungsoptionen ableiten zu können, sind zunächst die Ermittlung der kritischen Erfolgsfaktoren sowie die Prüfung deren Relevanz für das Geschäftsmodell erforderlich. Erfolgsfaktoren repräsentieren Aspekte im betrieblichen Kontext, die einen wesentlichen Anteil am Erfolg einer Organisation oder eines Geschäftsmodells haben.

Schritt 5 Handlungsoptionen ableiten. Erfolgsfaktoren verhalten sich komplementär zu den zuvor eruierten Handlungsbedarfen dergestalt, dass sich aus der Bezugsetzung von Handlungsbedarf und Erfolgsfaktoren letztendlich die Handlungsoptionen des Managements ableiten lassen. Aus der Kombination der Fragestellung, was zur Erreichung der Zielsetzung zu tun sei (Handlungsbedarf), mit der zweiten Frage, welche konkreten Mittel und Ressourcen für den Erfolg eines Geschäftsmodells ein Unternehmen einsetzen kann (Erfolgsfaktoren), leiten sich die Optionen für das wirtschaftliche Handeln ab (Handlungsoptionen).

Schritt 6 Handlungsempfehlung formulieren. Aus den zuvor abgeleiteten Handlungsoptionen wird eine abschließende Empfehlung erarbeitet. Diese Handlungsempfehlung gelangt gewissermaßen über die Kernkomponente *Normativer Rahmen* in den Geschäftsmodellkern. Sollte sich herausstellen, dass die Ursprungsidee für ein Geschäftsmodell den Anforderungen des Entscheidungsraumes nicht genügt, so erfolgt zu diesem Zeitpunkt der Geschäftsmodellentwicklung bereits der Abbruch oder eine vollständige Überarbeitung. Der bis dato verfolgte Geschäftsmodellansatz würde in der Konsequenz nicht weiter verfolgt.

24.3.4 Komponenten des Integrierten Geschäftsmodells

Während in Abschn. 24.3.2.1 die generelle Vorstellung des Integrierten Geschäftsmodells iOcTen erfolgte, fokussiert das nachfolgende Kapitel auf Inhalt und Beitrag der zehn konstituierenden Komponenten des Bausteins Modellkern. In diesem Kapitel soll mittels einer Beschreibung und Analyse der einzelnen Komponenten des Integrierten Geschäftsmodells ein gemeinsames Verständnis der inneren Struktur und Funktionsweise des iOcTen geschaffen werden.

Zur besseren Übersicht dient Tab. 24.2, die dem Leser eine Orientierungshilfe an die Hand gibt. So greift die Tabelle nochmals explizit die Zuordnung jeder der zehn Komponenten des Geschäftsmodellkerns zur normativen, strategischen oder operativen Sphäre des Managements auf. Überdies ordnet die tabellarische Darstellung eine Auswahl vielfältiger Handlungsfelder der betrieblichen Praxis den Kernelementen direkt zu.

24.3.4.1 Normativer Rahmen

Die erste von zehn Kernkomponenten wird im Integrierten Geschäftsmodell iOcTen wie zuvor ausgeführt als *Normativer Rahmen* bezeichnet. Diese Komponente repräsentiert die *normative Dimension* des Geschäftsmodells. Im Wesentlichen deckt diese Basiskomponente zwei Funktionen im iOcTen ab: Zum einen nimmt das Geschäftsmodell über diese Komponente die Erkenntnisse des Entscheidungsraumes und infolgedessen die Einflüsse des unternehmerischen Umfeldes auf und transportiert diese in den Modellkern. Zum anderen legt die Organisation hier die grundlegenden Rahmenparameter sowie die generellen, langfristigen Ziele des Geschäftsmodells fest.

Im iOcTen umgibt die normative Komponente die übrigen neun Komponenten des Modellkerns. Sie wirkt entsprechend ihrer normativen Natur auf alle Elemente gleichermaßen ein, indem sie die vielfältigen Einflussparameter des vorgeschalteten Moduls Ent-

Tab. 24.2 Zuordnung von Inhalten zu den Komponenten des Integrierten Geschäftsmodells iOcTen

Komponente	Ausrichtung	Inhalte (Auswahl)
[1] Normativer Rahmen	Normativ	Generelle Ziele, Normen, Prinzipien, Ideale, Spielregeln, Werte, Ethik, Kultur, Unternehmensverfassung, Unternehmenspolitik, Unternehmenszweck, rechtliche Aspekte (Rechtsform)
[2] Nutzen	Strategisch	Nutzen, Nutzenversprechen (Value Proposition), Wertangebot, Leistungsangebot, Produkt, Produktdesign, Problemlösung, Kundenlösung, Kundenbedürfnisse, Kundenwünsche
[3] Strategie	Strategisch	Strategische Ziele, Führung, Scope, Problemlösungsverhalten, Organisationsgestaltung, Organisationsstrukturen
[4] Kunde	Operativ	Kundensegmente, Kundenbeziehung, Kundenbindung, Profile von Kunden, Kundeninformationen
[5] Markt	Operativ	Marktstruktur, Wettbewerber, Kanäle, Presse, PR, Medien
[6] Erlös	Operativ	Erlösgenerierung, Wertaneignung, Erlösformen, Erlösquellen, Einnahmequellen, Preispolitik, Preisstrategie, Pricing
[7] Befähiger	Operativ	Ressourcen, Humankapital (Mitarbeiter, Führungskräfte), Marken, Core Assets, Know-how, Kernkompetenzen, Fähigkeiten, Patente, Unternehmensimage, Technologie, Betriebsmittel, IKT, Internet
[8] Prozesse	Operativ	Leistungserstellung, Stufen der Wertschöpfung, Aktivitäten, Prozessmodellierung, Beschaffung(sprozess)
[9] Partner	Operativ	Netzwerk, Netzwerkpartner, Koordinationsmechanismen, Kommunikationskanäle, Lieferanten
[10] Finanzen	Operativ	Kapital, Finanzierung, Finanzplanung, Kosten, Kostenstruktur, Controlling

scheidungsraum in den Kern überführt. Diese systematische Berücksichtigung normativer Umfeldbedingungen dient einerseits der Integration essentieller externer Rahmendaten und Restriktionen in das Geschäftsmodell und infolgedessen der Sicherung von Stabilität und Überlebensfähigkeit des Modells an sich. Andererseits wird mit Hilfe der frühzeitigen Beschäftigung mit den bestimmenden Umfeldbedingungen in Bezug auf potenzielle Produkte oder Dienstleistungen bezweckt, dass die virulente Gefahr von Fehlentscheidungen und -planungen auf ein Minimum reduziert wird. Sollte sich demzufolge die ursprünglich hinter einem Geschäftsmodell stehende Idee sowie deren Umsetzung bereits aus umfeldinduzierten Erwägungen heraus als nicht oder nur deutlich eingeschränkt realisierbar erweisen, so besteht mittels der iOcTen-Komponente *Normativer Rahmen* die Chance, bereits sehr früh die Entwicklung irrealer, nicht marktkonformer Ansätze stoppen zu können. So wird dem Risiko einer überbordenden Entstehung nicht-wertschöpfender Kosten bei der Geschäftsmodellentwicklung modellseitig vorgebeugt.

Im Kontext der Weiterentwicklung von Geschäftsmodellen liegt ein weiterer Schwerpunkt des Kernelements *Normativer Rahmen* in der Festlegung aller mit dem Geschäftsmodell verfolgten Ziele sowie der umfassenden Integration unternehmerischer Rahmenparameter in das Modell, die auf die nachhaltige Sicherung der Lebens- und Entwicklungsfähigkeit der Unternehmung ausgerichtet sind. Insbesondere aus der Notwendigkeit, die Lebensfähigkeit eines Unternehmens über die Gewährleistung der Identität des Geschäftsmodells in Bezug auf das gesellschaftliche und ökonomische Umfeld sicherzustellen, folgt das Streben nach konsequenter Entwicklung wettbewerbsgerichteter Fähigkeiten, die ihrerseits die Voraussetzungen für eine positive Unternehmungsentwicklung in der Zeit sicherstellen.[36]

In dieser zentralen Vermittler- und Filterrolle zwischen dem externen Organisationsumfeld auf der einen sowie der internen Unternehmenswelt auf der anderen Seite determiniert der Normative Rahmen sowohl die Inhalte als auch die konkrete Ausgestaltung konstitutiver Aspekte des Geschäftsmodells wie z. B. generelle Ziele, Normen, Prinzipien, Ideale, Spielregeln, Werte, Unternehmensethik, Unternehmenskultur, Unternehmensverfassung, Unternehmenspolitik, Unternehmenszweck, rechtliche Aspekte usw.

24.3.4.2 Nutzen

Betrachtet man die branchenunabhängigen Markttrends der vergangenen Jahre, so lautet eine einfache Erkenntnis, dass sich in zukünftigen Märkten Produkte und Dienstleistungen vornehmlich nur dann durchsetzen dürften, wenn diese auf wirtschaftlich stabilen Geschäftsmodellen beruhen und gleichzeitig zur Wirtschaftlichkeit ihrer Nutzer einen wesentlichen Beitrag leisten.[37] Mit anderen Worten können sich Unternehmen in aller Regel nur dann mit ihren Geschäftsmodellen behaupten, wenn sie mit ihren Produkten und Kundenlösungen *Nutzen* zu marktkonformen Konditionen stiften. „Im permanenten Wettbewerb haben somit nur diejenigen Unternehmungen Erfolg, denen es immer wieder von neuem gelingt, Nutzen stiftende Aufgaben zu entdecken und diese im Vergleich zu Konkurrenzunternehmungen besser, d. h. mit einer überlegenen Nutzenstiftung für die verschiedenen Anspruchsgruppen (Effektivitätsvorteil) und kostengünstiger (Effizienzvorteil), zu erfüllen."[38]

Angesichts der herausragenden Bedeutung der Nutzenstiftung für das wirtschaftliche Überleben von Unternehmen und deren Geschäftsmodellen repräsentiert das Nutzenelement gemeinsam mit der Komponente *Strategie* die *strategische Dimension* des iOcTen. Diese Zuordnung des Nutzens zur strategischen Ebene innerhalb des Geschäftsmodells verwundert kaum, vergegenwärtigt man sich den Umstand, dass sich Kunden nur dann für ein Produkt oder eine Dienstleistung interessieren, wenn diese aus ihrer Sicht wertschöpfend sind. Überdies fungiert der Nutzen zusätzlich als wesentliches Differenzierungskriterium zum Wettbewerb. „Jedes Geschäftsmodell sollte somit eine Beschreibung des Produkts oder der Dienstleistung beinhalten, in welcher der jeweilige Wert für den Kunden

---

[36] Vgl. Bleicher (2003, S. 161).
[37] Vgl. Bühner et al. (2012, S. 5).
[38] Rüegg-Stürm (2004, S. 69).

aufgeschlüsselt wird."[39] Demnach fällt dem Wertangebot bzw. Nutzenversprechen[40] im iOcTen eine zentrale Rolle zu, die im Modell durch die mittige Positionierung des Nutzens innerhalb des achteckigen Modellkerns auch grafisch unterstrichen wird. Ähnlich der Komponente Normativer Rahmen beeinflusst – angesichts der hohen Bedeutung des Nutzens für den wirtschaftlichen Erfolg eines Geschäftsmodells – auch die Nutzenkomponente die übrigen Elemente des Modellkerns.

Damit Geschäftsmodelle Nutzen stiften, sind ihre Produkte und Dienstleistungen jeweils so zu entwerfen bzw. weiterzuentwickeln, dass sie den Anforderungen von Kunden und Geschäftspartnern bestmöglich entsprechen. Dazu bedarf es weitreichender Entscheidungen seitens des Managements darüber, welche Bedürfnisse und Anforderungen durch die Etablierung eines Geschäftsmodells konkret bedient werden sollen. Hierzu kann sich das Management verschiedener Nutzenkategorien zur situationsabhängigen Präzision des Nutzens eines Geschäftsmodells bedienen. Dazu zählen nach Osterwalder und Pigneur beispielsweise Kategorien wie Arbeitserleichterung, Design, Marke und Status, Preis, Kostenreduktion, Risikominimierung, Verfügbarkeit sowie Bequemlichkeit.[41] Neben diesen hier exemplarisch genannten Faktoren sind darüber hinaus noch weitere Nutzenaspekte für das Integrierte Geschäftsmodell von Interesse. Es handelt sich dabei um die gewissermaßen „weichen" Nutzengesichtspunkte, die von den jeweils betroffenen Rezipienten subjektiv als mehr oder weniger reale Vorteile wahrgenommen werden. Beispielhaft für wahrgenommenen Nutzen seien „sauberer Strom", „grüne Energie" oder die „Heimatnähe" des Regionalversorgers vor Ort genannt.

Nachdem die Frage, welche Bedürfnisse und Anforderungen vom jeweiligen Geschäftsmodell konkret bedient werden sollen, umfassend beantwortet wurden, existiert beim Management eine belastbare Vorstellung darüber, welches Leistungsangebot – also welche Produkte oder Dienstleistungen – in welcher Konfiguration in welchem Kundensegment zur Nutzenstiftung platziert werden soll bzw. weiterhin platziert wird.

24.3.4.3 Strategie

Strategische Ziele, Scope, Führung, Problemlösungsverhalten sowie Organisationsgestaltung usw. bilden die Modellkomponente *Strategie* des Integrierten Geschäftsmodells iOcTen aus. Mittels einer detaillierten Betrachtung dieser Ausprägungen sollen die Voraussetzungen dafür geschaffen werden, dass die in der Modellkomponente Normativer Rahmen zuvor formulierten normativen Anforderungen an das Geschäftsmodell in der Praxis vom operativen Management realisiert werden können. Dazu müssen seitens des strategischen Managements „(…) Entscheidungen getroffen werden, welche die Zukunft und Ziele des Produktes oder der Dienstleistung bestimmen"[42] und deren Tragweite weit über das kurzfristige Tagesgeschäft hinausgeht.

---

[39] Zolnowski und Böhmann (2010, S. 32).
[40] Es wurde in Abschn. 24.3.2.1 bereits ausgeführt, dass in Fachpublikationen häufig alternativ auch der Begriff „Value Proposition" Anwendung findet.
[41] Vgl. Osterwalder und Pigneur (2011, S. 28 f.).
[42] Zolnowski und Böhmann (2010, S. 33).

Wesentlicher Inhalt der Komponente *Strategie* liegt in der Etablierung von Geschäftsmodellen dergestalt, dass diese Modelle langfristige Wettbewerbsvorteile auch und gerade unter der Maßgabe eines komplexen Marktgeschehens ermöglichen und so unter dem Strich die Zukunftsfähigkeit ihrer jeweiligen Organisation sichern. Mithin besteht die Aufgabe des strategischen Managements bzw. der Strategiekomponente des iOcTen primär in der Schaffung und Weiterentwicklung nachhaltiger Erfolgspotenziale. Dies geschieht mittels eines Sets an Strategien und Vorgehensweisen, die direkt auf die Marktposition als externe sowie die Ressourcenbasis als interne Größe des Geschäftsmodells wirken. In der Konsequenz schafft damit das strategische Management den langfristigen Orientierungsrahmen für die inhaltliche Ausgestaltung der übrigen sieben operativen Modellkomponenten. Ergo richtet die Strategiekomponente gemeinsam mit dem Normativen Rahmen sowohl das Unternehmen als auch jedes Geschäftsmodell strategisch aus.[43]

24.3.4.4 Kunde

Wer bezahlt die erbrachte Leistung? – Auf diese simple Frage folgt in aller Regel die ebenso entwaffnend einfache Antwort: der Kunde! Wer möchte ernsthaft bestreiten, dass ohne zahlungsbereite Kunden selbst das in der Theorie beste Geschäftsmodell völlig wertlos ist? Infolgedessen fällt dem Modellelement *Kunde* eine hohe Relevanz für das Integrierte Geschäftsmodell iOcTen zu. Die Rolle des Kunden ist für den Erfolg von Unternehmen und deren Geschäftsmodelle derart existenziell, dass in der Fachliteratur die Kundenkomponente vielfach sogar als das Zentralelement eines Geschäftsmodells interpretiert wird. So stellen beispielsweise Osterwalder und Pigneur sinngemäß fest, dass sich ein Geschäftsmodell ohne profitable Kunden im Markt nicht lange behaupten kann und folgerichtig als das Herz eines jeden Geschäftsmodells gelten könne.[44] Obgleich auch im iOcTen dem Kunden eine herausragende Bedeutung zufällt, steht im Mittelpunkt des iOcTen jedoch stets der Nutzen, den Kunden und Partner aus dem Geschäftsmodell für sich ableiten können.

Im Zentrum der Geschäftsmodellkomponente *Kunde* steht die Beschäftigung mit den Bedürfnissen und Anforderungen derjenigen Akteure, die ein Unternehmen mit seinen Produkten und Dienstleistungen erreichen möchte. Bei der Entwicklung neuer Geschäftskonzepte sowie der Weiterentwicklung bestehender Geschäftsmodelle ist es für deren Erfolg von elementarem Stellenwert, die jeweiligen Kunden und Partner so genau wie möglich zu kennen und deren Wünsche, Ideen, Spezifikationen usw. in das Geschäftsmodell maßgeblich einfließen zu lassen. Je umfassender die Bedürfnisse der Kunden als primärer Zielgruppe eines Geschäftsmodells bekannt sind und tatsächlich getroffen werden, desto erfolgreicher werden sich diese zweifelsohne im Markt behaupten.

Es gibt nicht den einen Kunden. Vielmehr handelt es sich für gewöhnlich um mitunter höchst unterschiedliche Individuen bzw. Organisationen, die praktisch nicht einzeln angesprochen und bedient werden können. Daher werden diese Kunden sachlich voneinander abgegrenzten Segmenten zugeordnet, die die Gesamtheit aller Kunden kriterienbasiert ordnen und strukturieren. Diese *Kundensegmente* ermöglichen es der Unternehmensfüh-

---

[43] Vgl. Bergmann und Bungert (2011, S. 25).
[44] Vgl. Osterwalder und Pigneur (2011, S. 24).

rung, „(…) eine bewusste Entscheidung darüber zu fällen, welche Segmente sie bedienen und welche sie ignorieren will. Wenn diese Entscheidung einmal getroffen ist, kann ein Geschäftsmodell auf der Grundlage eines tiefen Verständnisses spezieller Kundenwünsche sorgfältig gestaltet werden."[45]

Auf Basis der Ergebnisse der Kundensegmentierung erfolgt die Analyse und Gestaltung der *Kundenbeziehung*, die ein Unternehmen oder Geschäftsmodell zu relevanten Kundengruppen entwickelt und unterhält. Ein Geschäftsmodell kann nur dann im Wettbewerb bestehen, wenn zahlungsbereite Kunden für Produkte oder Dienstleistungen dieses Modells gefunden und möglichst langfristig an das Unternehmen gebunden werden können. Folglich fällt der Pflege der Kundenbeziehung eine Schlüsselrolle zu, die jedoch nicht zum Nulltarif zu erhalten ist. „All customer interactions between a firm and its clients affect the strength of the relationship a company builds with its customers. But as interactions come at a given cost, firms must carefully define what kind of relationship they want to establish with what kind of customer."[46] Angesichts dieser Kostenproblematik zählt zu den wesentlichen Aufgabenstellungen die Auswahl und Gestaltung der Kundenbindungsform. So ist bereits im Zuge der Geschäftsmodellentwicklung zu entscheiden, ob Kunden das Leistungsportfolio in Form persönlicher Unterstützung, individueller Dienstleistung, als Selbstbedienungsvariante, automatischer Bereitstellung via Internet usw. dargeboten werden soll.

24.3.4.5 Markt

Mittels der Geschäftsmodellkomponente *Markt* werden zunächst die beiden Aspekte Marktstruktur und Wettbewerb einer eingehenden Betrachtung unterzogen. Die aus dieser Analyse gewonnenen Erkenntnisse fließen anschließend zusammen mit den Daten anderer Module des iOcTen in die Ableitung situationsgerechter Produkt-Markt-Kombinationen ein und helfen darüber hinaus bei der Ausgestaltung geeigneter Interaktionskanäle zwischen Unternehmen und deren Kunden.

Eine detaillierte Kenntnis wesentlicher Marktcharakteristika inklusive einer genauen Vorstellung der Struktur des Geschäftsmodellumfelds ist essentiell für die Fähigkeit, sich bietende Marktchancen zu erkennen und diese möglichst verzugslos in die Entwicklung eigener Geschäftsmodelle integrieren zu können. Auch repräsentieren die Bedürfnisse und Anforderungen der unterschiedlichen Anspruchsgruppen in Bezug auf Produkt- und Dienstleistungseigenschaften wesentliche Einflussparameter bei der Geschäftsmodellgestaltung.

Während die *Marktstruktur* hauptsächlich das Umfeld eines Geschäftsmodells fokussiert, befasst sich der Untersuchungsgegenstand *Wettbewerb* schwerpunktmäßig mit den Akteuren, die vorwiegend antagonistisch auf ihren jeweiligen Märkten agieren. Aus dieser Gegensätzlichkeit rührt die Notwendigkeit her, „(…) taktische Manöver von Wettbewer-

---

[45] Osterwalder und Pigneur (2011, S. 24).
[46] Osterwalder (2004, S. 71).

bern reaktiv zu erfassen und entsprechende Gegenmaßnahmen einzuleiten"[47], um so das ökonomische Überleben des eigenen Geschäftsmodells zu sichern.

Aus der Analyse relevanter Marktinformationen leiten sich direkt die Einflussgrößen des Marktes für die Gestaltung eines Geschäftsmodells ab. Typischerweise erfolgt die *Marktanalyse* in drei Phasen:

1. Prüfung, ob ausreichender Zugriff auf alle für die Umsetzung des Geschäftsmodells notwendigen Ressourcen in adäquater Quantität und Qualität besteht (Beschaffungsmarktstruktur).
2. Verknüpfung der zuvor in der Modellkomponente *Kunde* bereits eruierten Kundenstruktur mit den Ergebnissen der Analyse des Wettbewerbsumfelds (Absatzmarktstruktur).
3. Antizipation von mit der Einführung eines Geschäftsmodells potenziell verbundenen rechtlichen Risiken wie z. B. Schutzrechteverletzung, Haftung, Auflagen (Rechtsrahmen).[48]

24.3.4.6 Erlös

In Wirtschaftssystemen marktwirtschaftlicher Prägung streben Unternehmen auf Dauer immer nach einer hohen Gewinnerzielung im Verhältnis zum eingesetzten Kapital, also nach einer möglichst maximalen Eigen- und Fremdkapitalrentabilität. Dieses nach Gutenberg als *erwerbswirtschaftliches Prinzip* bezeichnete Phänomen findet mittels der Kernkomponente *Erlös* Einzug in das Integrierte Geschäftsmodell.[49]

Ein Geschäftsmodell kann – einmal abgesehen von speziellen Sondersituationen, bei denen auch verlustreiche Geschäftsmodelle aus Imagegründen oder ähnlichen Erwägungen heraus „künstlich" aufrechterhalten werden – nur dann zum langfristigen Erfolg eines Unternehmens beitragen, wenn es dem Gutenberg'schen Prinzip entsprechend einen angemessenen Gewinnbeitrag generiert. Aber wie erwirtschaftet ein Unternehmen in der Praxis aus einem Geschäftsmodell den notwendigen Erlös? Um diese zentrale Frage der Geschäftsmodellentwicklung beantworten zu können, enthält die Erlöskomponente im iOcTen „(...) eine Beschreibung, aus welchen Quellen und auf welche Weise das Unternehmen sein Einkommen erwirtschaftet"[50] und gewährt demzufolge einen detaillierten Einblick in die dem Geschäftsmodell zugrunde liegenden Erlösmechanismen.

Prinzipiell können Erlöse aus *einmaligen, transaktionsabhängigen Zahlungen* oder aus von der direkten Nutzung abgekoppelten *wiederkehrenden Zahlungen* für Nutzungsbereitstellung, Service, Grundgebühren usw. resultieren. Zu den häufigsten Erlösquellen zählen der direkte Verkauf von Produkten und Dienstleistungen, die Gewährung von Rechten (Lizenzen), die Erhebung von Gebühren, die Vermietung und der Verleih von Wirtschaftsgütern sowie die Unterstützung von Werbemaßnahmen.

---

[47] Wirtz (2011, S. 138).
[48] Vgl. Wirtz (2011, S. 139 f.).
[49] Vgl. Gutenberg (1990, S. 43).
[50] Stähler (2002, S. 47).

Tab. 24.3 Kategorisierung Geschäftsmodell-Befähiger (Auswahl). (Quelle: Eigene Recherchen)

Menschlich	Physisch	Intellektuell	Finanziell
Humankapital, Mitarbeiter, Führungskräfte, Vorgesetzten-Mitarbeiter-Verhältnis, Prozesse der Personalführung, Vertrauen	Betriebsmittel, Anlagen, Gebäude, Läden, Läger, Maschinen, Fahrzeuge, Systeme, Technologie, IKT, Internet, Distributionsnetzwerke, Logistikinfrastruktur	Kernkompetenzen, Fähigkeiten, Wissen, Know-how, Forschung und Entwicklung, Patente, Copyrights, Marken, Informationen, Stammdaten, Unternehmensimage, Qualitätsmanagement	Finanzmittel, Bürgschaften, Kreditrahmen

Sind die in Bezug auf das Geschäftskonzept bzw. Geschäftsmodell geeigneten Erlösquellen identifiziert, so wird in einem Folgeschritt die ganzheitliche *Erlösmechanik*[51] des Geschäftsmodells erarbeitet. Dabei verknüpft die Erlösmechanik die bezogen auf das Geschäftsmodell relevante Auswahl von Erlösquellen mit Methoden der Preisgestaltung auf Basis situationsabhängig geeigneter *Preismodelle*. Die Preisfindung erfolgt jeweils über einen *Preisbildungsmechanismus* dergestalt, dass je Produkt oder Dienstleistung ein individueller Preis in Abhängigkeit von Größen wie den Kosten, Rentabilitätserwartungen, gesetzten Markt- und Strategieparametern usw. festgesetzt wird. Dabei beschränkt sich die gestalterische Aufgabe der Entscheider nicht allein auf die Festlegung der reinen Staffelung sowie absoluten Höhe der Preise. Vielmehr gilt es darüber hinaus auch festzulegen, ob die Produkte und Dienstleistungen eines Geschäftsmodells mittels fester, variabler oder kombinierter Preise auf dem Markt platziert werden sollen.

24.3.4.7 Befähiger (Enabler)

Die Kernkomponente *Befähiger*, in der Fachliteratur vielfach auch als *Enabler* bezeichnet, fasst alle wesentlichen Input-Faktoren oder Ressourcen zusammen, die samt und sonders erst die Realisierung von Geschäftsmodellen ermöglichen. Demgemäß handelt es „(…) sich hierbei um Elemente, die dem Unternehmen überhaupt erst die Möglichkeit geben, ein Produkt oder eine Dienstleistung anzubieten"[52] und infolgedessen die Grundlagen dafür schaffen, die Zielmärkte der jeweiligen Geschäftsmodelle zu bedienen. Nach Osterwalder und Pigneur können diese aus dem Blickwinkel der Unternehmen sowohl aus internen als auch externen Faktoren bestehenden Enabler menschlicher, physischer, intellektueller oder auch finanzieller Natur sein.[53] Zur leichteren Orientierung und besseren Übersicht kategorisiert Tab. 24.3 eine Auswahl wichtiger, repräsentativer Ausprägungen der Geschäftsmodellkomponente *Befähiger*.

Im Fokus des Managementinteresses sollten stets diejenigen Befähiger und Ressourcen stehen, die vom Wettbewerb nur schwer oder gar nicht nachzuahmen sind. Beispiele für derart wertvolle Enabler sind außergewöhnliches Know-how, spezifisches Prozesswissen, langlaufende Patente, Unternehmensimage sowie eine starke Marke. Bei verstärkter Integ-

---

[51] Im Schrifttum findet statt Erlösmechanik häufiger der Terminus Ertragsmechanik Anwendung.
[52] Zolnowski und Böhmann (2010, S. 32).
[53] Vgl. Osterwalder und Pigneur (2011, S. 38).

ration gerade dieser bedeutsamen, nicht einfach imitierbaren Ressourcen in ein Geschäftsmodell kann ein erheblicher, nachhaltiger Wettbewerbsvorteil entstehen. Folglich sollte das Management Geschäftsmodelle so gestalten, dass darin möglichst viele nicht oder nur eingeschränkt imitierbare Aspekte enthalten sind.[54]

24.3.4.8 Prozesse

Mit Hilfe der Komponente *Prozesse* werden all jene Aktivitäten im Integrierten Geschäftsmodell analysiert, optimiert und dokumentiert, die direkt oder indirekt der betrieblichen Leistungserstellung dienen und demzufolge Werte schaffen. Mit anderen Worten erfolgt kraft dieses Kernelements die detaillierte Untersuchung und Beschreibung derjenigen Prozesse und Aktivitäten, die ein Geschäftsmodell gleichsam erst zum Leben erwecken und die Voraussetzung dafür schaffen, dem erwerbswirtschaftlichen Prinzip folgend Gewinne zu erwirtschaften.

Die Betriebsprozesse, die das Geschäftsmodell determinieren, müssen stets so designt sein, dass deren Output den Anforderungen von Kunden und Geschäftspartnern bestmöglich entsprechen. Prozessmanagement[55] erfolgt demgemäß unter dem Primat, mittels geeigneter Prozesse das Nutzenversprechen (Value Proposition) des Geschäftsmodells gegenüber allen relevanten Anspruchsgruppen optimal einzuhalten.

24.3.4.9 Partner

Unter dem Eindruck der zuvor in der Kernkomponente *Normativer Rahmen* ventilierter Trends wie z. B. der voranschreitenden Globalisierung, dem verschärften Wettbewerb, einer verstärkten Individualisierung, dem demografischen Wandel sowie dem technischen Fortschritt sind Unternehmen gefordert, auf diese Entwicklungen adäquat durch den Aufbau zukunftsorientierter Kompetenzen, die sie bis dato häufig nicht im geforderten Umfang besitzen, zu reagieren. Unter anderem bieten sich hier Kooperationen an, die Unternehmen die Möglichkeit eröffnen, den durch das verfügbare eigene Know-how sowie die beschränkten Ressourcen vorgegebenen, engen Handlungsspielraum mitunter deutlich zu erweitern. Dies übertragen auf die sich im Zeichen der Energiewende konsolidierenden deutschen Energiewirtschaft wurde im Abschn. 24.3.1.2 bereits darauf hingewiesen, dass sich insbesondere kleinere bis mittlere Versorger verstärkt auf die Suche nach strategischen Partnern begeben werden, um sich so auf die geänderten energiewirtschaftlichen Rahmenbedingungen einstellen zu können. „Nur wenige zukünftige Themen werden aus einer Hand kommen – diese Kompetenz haben die wenigsten Unternehmen und ein eigener Aufbau (einer vermeintlich) allumfassenden Kompetenz ist auch schädlich. Der Erfolg im zukünftigen Geschäft wird sich vielmehr daran festmachen lassen, inwieweit die Kundenbedürfnisse unter Zuhilfenahme von Partnern und Dienstleistern schnell befriedigt werden können."[56]

---

[54] Vgl. Wirtz (2011, S. 130).
[55] Auf eine ausführliche Beschreibung der Methoden des Prozessmanagements wird an dieser Stelle unter Hinweis auf die zahlreich verfügbare Fachliteratur zur Prozessthematik verzichtet.
[56] Prinz und Dudenhausen (2012, S. 42).

Die Kernkomponente *Partner* dient im Integrierten Geschäftsmodell der Schaffung von Kundennutzen über Formen freiwilliger Zusammenarbeit von Lieferanten und Partnern innerhalb einer Netzwerkstruktur. Gerade im Falle komplexer Produkte und Dienstleistungen tragen fraglos partnerschaftliche Kooperationen zur Erweiterung des Angebots und somit zur nachhaltigen Verbesserung von Geschäftsmodellen bei. Vielfach sind Formen kollektiver Leistungserstellung für die operative Funktionsfähigkeit eines Geschäfts geradezu von essentieller Bedeutung. Durch die Aufteilung der Wertschöpfung auf die Mitglieder eines Netzwerkes werden die bei isolierter Betrachtung beschränkten Möglichkeiten der teilnehmenden Einzelorganisationen beträchtlich erweitert. Darüber hinaus mindern Partnerschaften die mit einem Geschäftsmodell mitunter verbundenen Risiken anteilig, tragen zur optimalen Nutzung von Mengenvorteilen in der Beschaffung bei und weiten die verfügbare Ressourcenbasis für jedes Netzwerkmitglied erheblich aus.

Ein wesentlicher Nutzen der Komponente *Partner* im iOcTen verbirgt sich in der Möglichkeit, systematisch zu eruieren, welchen quantitativen und qualitativen Anteil die Netzwerkpartner an der gesamten Wertschöpfung und damit am Geschäftsmodell de facto haben. Zusammen mit den Erkenntnissen der Prozesskomponente – zu der starke Wechselwirkungen bestehen – erhält das Management somit eine Vorstellung davon, wie die Partner ihren individuellen Geschäftsmodellbeitrag praktisch beisteuern und welchen Wert dieser tatsächlich hat. Es sei erwähnt, dass dem Gesichtspunkt eines fairen Interessenausgleichs zwischen den Partnern insbesondere im Kontext der Kapitalrentabilität eine besondere Relevanz zufällt. So hängt der Erfolg von Partnerschaften in erheblichem Maß davon ab, wie die Erlöse eines Geschäftsmodells unter den Teilnehmern des Netzwerkes aufgeteilt werden. Soll ein Partnernetzwerk auf Dauer funktionieren, so muss ein Modus Vivendi gefunden werden, der jedem Partner einen, seinem individuellen Wertschöpfungsbeitrag angemessen, Erlösbeitrag sicherstellt und folglich zu dessen Kapitalrentabilität positiv beiträgt. Dazu sind geeignete Prozeduren sowie Regelwerke zu entwerfen und zu vereinbaren, die eine „(…) Erschließung von Synergien und Effizienzvorteilen sowie die Bewertung und Verrechnung dieser Nutzenstiftung bis hin zur Definition von Zahlungsverpflichtungen zwischen den Wertschöpfungspartnern"[57] ermöglichen.

Obendrein ermöglicht die Arbeit in kollektiven Netzwerkstrukturen die postulierte „Reduktion der Komplexität durch Beschränkung der eigenen Aktivitäten auf Kernkompetenzen (…), die einen überdurchschnittlichen Nutzen gegenüber Anspruchsgruppen bieten und eine Entwicklung von strategischen Erfolgspositionen im Wettbewerb versprechen."[58] An dieser Stelle sei jedoch aus Gründen der Vollständigkeit darauf hingewiesen, dass Geschäftsmodelle nur in den Fällen von Kunden angenommen werden, bei denen „(…) die Komplexität des Netzwerks nicht auf die Beziehung zum Auftraggeber ausstrahlt. Der Kunde will Komplexitätsreduktion, was durch den gemeinsamen Außenauftritt und eindeutig geregelte Kundenschnittstellen garantiert werden muss."[59]

---

[57] Bach et al. (2003, S. 12).
[58] Bleicher (2003, S. 149).
[59] Bach (2003, S. 342).

Unbenommen der genannten mannigfaltigen Vorteile partnerschaftlicher Wertschöpfung dürfen die Augen andererseits jedoch nicht vor den potenziellen Nachteilen netzwerkbasierter Geschäftsmodelle verschlossen werden. „Mit der partnerschaftlichen Kooperation – gleich welcher Art – wachsen nicht nur der Aktionsradius und die strategische Flexibilität und Schlagkraft der beteiligten Unternehmungen, sondern auch die Probleme, die sich ihrem Management stellen. Galten bislang in der eigenen Unternehmung die Direktionsrechte der Leitung, so verlagern sich nunmehr die Probleme auf das Finden eines Konsenses unter marktwirtschaftlich verbundenen Partnern, die sich unter unterschiedlichen Bedingungen und Situationen zusammenfinden."[60] Deshalb ist bei der Modellentwicklung auf Aspekte wie die Ausgestaltung der interorganisationalen Zusammenarbeit, die Steuerung kritischer Schnittstellen zwischen den Wertschöpfungspartnern sowie einem fairen und angemessenen Interessenausgleich unter den Partnern ein besonderes Augenmerk zu legen.

24.3.4.10 Finanzen

Die Kernkomponente *Finanzen* repräsentiert im Modell das zehnte Element des Integrierten Geschäftsmodells iOcTen. Es vereint die beiden Aspekte Finanzierung sowie Kosten bzw. Kostenstruktur eines Geschäftsmodells. Dazu bildet es einerseits die Art und Weise der Finanzierung des Geschäftsmodells ab und analysiert gleichzeitig andererseits eingehend dessen Kostenstruktur. Bei der an dieser Stelle vorzunehmenden Betrachtung relevanter, monetärer Parameter eines Geschäftsmodells werden – zur Vermeidung denkbarer Unterfinanzierungssituationen sowie überhandnehmender Kosten – stets sowohl normative als auch strategische Einflussgrößen berücksichtigt. Ferner besteht eine enge sachliche Verbindung zwischen den beiden Komponenten *Finanzen* und *Erlös(e)* dergestalt, dass sich aus der Relation von Erlösen auf der einen und Kosten auf der anderen Seite die Marge eines Geschäftsmodells direkt ableiten lässt.

Wie bereits erwähnt setzt sich die Finanzkomponente aus den beiden Perspektiven Finanzierung und Kostenstruktur zusammen. Gegenstand des Bausteins *Finanzierung* sind zum einen die Betrachtung und Festlegung der absoluten finanziellen Ausstattung eines Geschäftsmodells sowie zum anderen die Planung der möglichen Refinanzierung bzw. Kapitalbeschaffung. Darüber hinaus beinhaltet die Finanzierungsperspektive zusätzlich eine Überprüfung und Bewertung des finanziellen Erfolgs eines Geschäftsmodells auf Basis ermittelter Finanzdaten zurückliegender Perioden. Weiterhin werden mittels dieser Daten Prognosen zum Finanzierungs- und Liquiditätsbedarf getätigt. In toto resultiert aus dem Teil Finanzierung eine kurz-, mittel- und langfristige Finanzplanung je Geschäftsmodell.[61]

Die *Kostenstruktur* eines Geschäftsmodells gibt Aufschluss darüber, welche Kosten in welcher Höhe durch welche Aktivitäten während der Wertschöpfung entstehen. Mittels des Instruments der *Kostenstrukturanalyse* erfolgt die Bewertung der Wirtschaftlichkeit von Geschäftsmodellen mit Hilfe von Kosten-Mengen-Funktionen. So werden jeder Ak-

---

[60] Bleicher (2003, S. 148).
[61] Vgl. Wirtz (2011, S. 153).

tivität, die der Realisierung bzw. Durchführung des Geschäftsmodells dient, in einem initialen Schritt die anfallenden Kosten direkt zugeordnet. Dies geschieht sowohl bei bereits existierenden Geschäftsmodellen in Form der Analyse vorhandener Vergangenheitsdaten als auch im Falle geplanter Geschäftskonzepte per Extrapolation geeigneter Benchmarks. Im zweiten Schritt werden die zuvor ermittelten Kostengrößen auf deren Kosteneffizienz mittels geeigneter Vergleiche hin untersucht. Schließlich wird jedes Geschäftsmodell auf Basis der Erkenntnisse dieses zweiten Analyseschritts auf relevante Kostentreiber hin untersucht. Aus den Ergebnissen der Kostenstrukturanalyse lassen sich je Geschäftsmodell unter anderem mögliche Einsparpotenziale identifizieren sowie konkrete Maßnahmen zur Kostenreduktion ermitteln. Sollte die Analyse zum Ergebnis nicht akzeptabler Kosten gelangen, so kann bereits in der Planungsphase des Geschäftsmodells, noch vor dem tatsächlichen Abfluss von Liquidität, die Entwicklung von Produkten und Dienstleistungen angepasst oder gar eingestellt werden.

24.4 Drei Stadien der Geschäftsmodellentwicklung

Die drei Stadien der Geschäftsmodellentwicklung repräsentieren das dynamische Element des Integrierten Geschäftsmodells iOcTen. Diesen Stadien bzw. den ihnen untergeordneten Phasen Ideenfindung, Analyse, Konzeption, Implementierung und Verbesserung werden im Sinne einer ganzheitlichen Architektur die zuvor in Abschn. 24.3.4 eingeführten zehn Komponenten des Geschäftsmodellkerns entlang des Zeitablaufs systematisch zugeordnet.

Mit Hilfe der zehn Kernkomponenten des Modellkerns kann das Management bereits frühzeitig einen strukturierten Design- und Auswahlprozess potenzieller Geschäftsmodelle evozieren. Dank der systematischen und lückenlosen Zuordnung aller Kernkomponenten zu den Entwicklungsphasen wird bei der Entwicklung von Geschäftsmodellen die Gefahr, wesentliche Inhalte zu vergessen oder scheinbar nebensächliche Aspekte leichtsinnig zu ignorieren, auf ein Minimum reduziert. Auch entfällt bei konsequenter Berücksichtigung des umfassenden Kriteriensets aller zehn Komponenten die Notwendigkeit, den Prozess der *Geschäftskonzeptentwicklung* stets bis zum Ende durchlaufen zu müssen, „(…) da gerade durch das strukturierte Vorgehen mögliche Schwächen und die Misserfolgswahrscheinlichkeit aufgezeigt werden können. In diesem Fall sollte der Entrepreneur entsprechende Exit-Strategien in Betracht ziehen, sofern die entscheidenden Schwächen bei der Business Model-Idee im Rahmen des Prozesses nicht eliminiert werden können."[62] Am Rande sei hier erwähnt, dass dieser strukturierte Design- und Auswahlprozess eine der maßgeblichen, praktischen Stärken des Integrierten Geschäftsmodells iOcTen repräsentiert.

Bezüglich der Entwicklung von Geschäftsmodellen können gemeinhin zwei wesentliche Anwendungsfälle unterschieden werden. Einerseits erfolgt die Modellierung von Geschäftsmodellen im Kontext der Umsetzung völlig neuer Geschäftsideen oder der Ent-

---

[62] Wirtz (2011, S. 233).

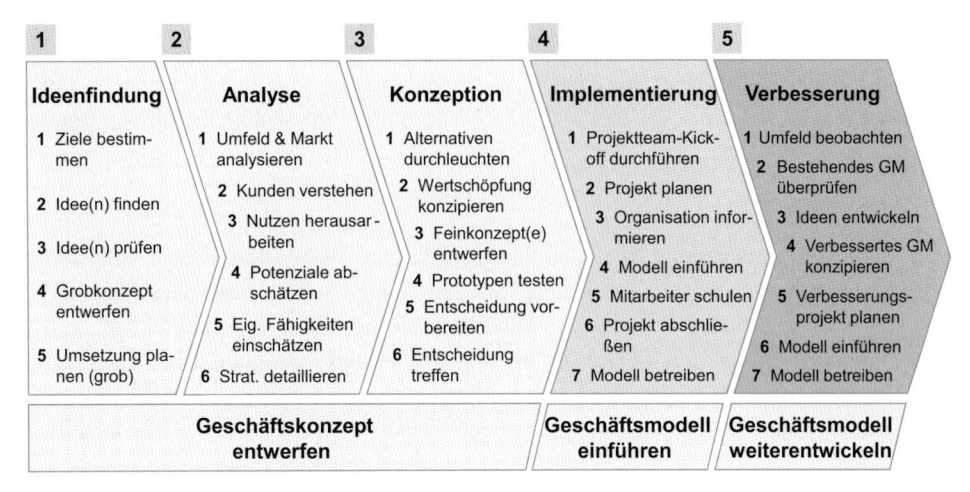

1 Ideenfindung	2 Analyse	3 Konzeption	4 Implementierung	5 Verbesserung
1 Ziele bestimmen	1 Umfeld & Markt analysieren	1 Alternativen durchleuchten	1 Projektteam-Kick-off durchführen	1 Umfeld beobachten
2 Idee(n) finden	2 Kunden verstehen	2 Wertschöpfung konzipieren	2 Projekt planen	2 Bestehendes GM überprüfen
3 Idee(n) prüfen	3 Nutzen herausarbeiten	3 Feinkonzept(e) entwerfen	3 Organisation informieren	3 Ideen entwickeln
4 Grobkonzept entwerfen	4 Potenziale abschätzen	4 Prototypen testen	4 Modell einführen	4 Verbessertes GM konzipieren
5 Umsetzung planen (grob)	5 Eig. Fähigkeiten einschätzen	5 Entscheidung vorbereiten	5 Mitarbeiter schulen	5 Verbesserungsprojekt planen
	6 Strat. detaillieren	6 Entscheidung treffen	6 Projekt abschließen	6 Modell einführen
			7 Modell betreiben	7 Modell betreiben
Geschäftskonzept entwerfen			Geschäftsmodell einführen	Geschäftsmodell weiterentwickeln

Abb. 24.5 Entwicklungspfad im Integrierten Geschäftsmodell iOcTen

wicklung eines zumindest aus Unternehmenssicht neuen Geschäfts. Andererseits wird der Designprozess alternativ als Evolution eines bereits vorhandenen, etablierten Geschäfts umgesetzt. Wie Abb. 24.5 schematisch zeigt, umfasst der erstgenannte Fall die beiden Entwicklungsstadien *Geschäftskonzeptentwicklung* sowie *Geschäftsmodelleinführung*, wohingegen im zweiten Fall die ‚Weiterentwicklung' bereits existierender Modelle betrachtet wird.

Angesichts der hier getroffenen Unterscheidung zwischen einem noch nicht umgesetzten, neuen sowie einem etablierten Geschäftsmodell wird nachfolgend die im Definitionsteil dieses Kapitels eingeführte begriffliche Differenzierung zwischen Geschäftskonzept und Geschäftsmodell wieder aufgegriffen. Da Abschn. 24.4.1 die Modellierung noch nicht umgesetzter Geschäftsmodelle erläutert, findet an dieser Stelle der Begriff Geschäftskonzept Anwendung. Dagegen wird im anschließenden Abschn. 24.4.2 die mit der Modellierung eng verbundene Einführung dieses Konzepts in die unternehmerische Praxis skizziert und folgerichtig der Terminus Geschäftsmodell verwendet. Gegenstand von Abschn. 24.4.3 ist schließlich die Weiterentwicklung bereits existenter Geschäftsmodelle.[63]

24.4.1 Geschäftskonzept entwickeln

Im ersten Stadium der Geschäftsmodellentwicklung erfolgt der *Entwurf des Geschäftskonzepts*. Dieser Abschnitt des *Entwicklungspfades* von Geschäftsmodellen kann seinerseits in insgesamt drei Phasen unterteilt werden: Ideenfindung, Analyse und Konzeption. Die-

---

[63] Auf den Folgeseiten wird ein grundlegender Einblick in die Entwicklung von Geschäftsmodellen offeriert. Für eine weiterführende, detaillierte Explikation wird jedoch auf das umfassende Schrifttum verwiesen.

se Phasen samt ihrer jeweiligen Aktivitäten werden in der Praxis allerdings kaum derart streng sequenziell absolviert, wie es deren Reihung zunächst suggeriert. Zahlreiche Aktivitäten der Analyse- und Konzeptionsphase werden aus Praktikabilitätsgründen heraus tatsächlich parallel bearbeitet.

Phase 1: Ideenfindung
Am Anfang der Entwicklung eines Geschäftskonzepts steht eine zumeist vage Vorstellung von der insgesamt verfolgten *Zielsetzung* sowie eine *Idee* – genauer eine Geschäftsidee – oder die Suche nach ihr.[64] Einmal abgesehen von hin und wieder zufällig entstehenden Geschäftsideen erfolgt deren Findung im Regelfall mittels systematischer Anwendung von *Kreativitätstechniken*. Vor allem bei der Suche nach visionären Geschäftsideen liegt der besondere Reiz in der Notwendigkeit, heute etwas zu erkennen, „(…) was sonst bislang niemand entdeckt hat. Die Herausforderung besteht demnach darin, die Märkte der Zukunft zu beschreiben."[65] Selbstverständlich müssen Geschäftsideen nicht zwangsläufig eine bahnbrechende Neuerung darstellen, um ein Geschäftsmodell zu begründen. Auch substanzielle Verbesserungen oder innovative Adaptionen bereits existierender Geschäfte können Auslöser und Grundlage für Geschäftsmodelle sein.

Häufig resultieren aus dem Einsatz von Kreativitätstechniken – zu den bekanntesten Methoden zählen Brainstorming, Mind Mapping, Methode 635, Bionik sowie Morphologischer Kasten – mehrere Vorschläge für potenzielle Geschäftsideen. Fraglos können aus Wirtschaftlichkeitserwägungen heraus nicht alle entstandenen Ideen eingehend betrachtet werden. Daher erfolgt nach der Ideengenerierung zunächst eine erste *Prüfung* aller zu diesem Zeitpunkt gefundenen, vorläufigen Ideen. Diese Vorprüfung erfolgt im Integrierten Geschäftsmodell iOcTen anhand eines zweistufigen Vorgehens, bei dem zunächst mittels des Modellbausteins „Entscheidungsraum" sowie der Kernkomponente ‚Normativer Rahmen' die prinzipielle Umsetzbarkeit und Sinnhaftigkeit der Idee – zu diesem frühen Stadium verkürzt – sondiert wird. Anschließend werden in Anbetracht der herausragenden Rolle des Nutzens bzw. Wertversprechens für den späteren Erfolg eines Geschäftsmodells die Ideen zusätzlich auf ihre Nützlichkeit für Kunden und Geschäftspartner hin untersucht.

Zum Abschluss der Ideenfindung wird unter vorrangiger Nutzung der Kernkomponenten *Normativer Rahmen*, *Nutzen* und *Strategie* ein provisorisches *Grobkonzept* des intendierten Geschäfts entworfen sowie angesichts des frühen Bearbeitungsstandes die weitere *Vorgehensweise* zur Entwicklung des Geschäftskonzepts grob *geplant*.

Phase 2: Analyse
Nachdem im Rahmen der vorangehenden ersten Phase die Idee bereits einer ersten Prüfung unterzogen sowie das vorläufige Grobkonzept skizziert wurde, erfolgt in der Analysephase die eingehende Untersuchung derjenigen Aspekte, die konstitutiv für die Realisierung der Geschäftsidee sind. Die Herausforderung dieser zweiten Phase „(…) besteht da-

---

[64] Im Integrierten Geschäftsmodell iOcTen ist dieser Aspekt durch den Baustein „Idee" repräsentiert.
[65] Wolf und Hänchen (2012, S. 52).

rin, ein eingehendes Verständnis des Kontexts zu entwickeln, in dem sich das Geschäftsmodell entwickeln wird."[66]

Die Untersuchung beginnt mit der Umfeld- und Marktanalyse. Im Falle der *Umfeldanalyse* werden die zuvor während der Ideenfindungsphase gewonnenen Ergebnisse des Entscheidungsraums aufgegriffen und detailliert. Die eingehende Analyse relevanter Branchen- und Marktparameter erfolgt schließlich unter Zuhilfenahme der Marktkomponente (Kernkomponente *Markt*) des iOcTen. Dazu bedient sich die *Marktanalyse* einer Vielzahl professioneller Marktforschungsmethoden sowie Researchquellen wie z. B. Datenbanken, Primär- und Sekundärstudien, Verbände- und Behördeninformationen, um so ein tragfähiges Verständnis der jeweiligen Zielmärkte schaffen zu können.[67]

Nach Klärung aller für die Geschäftsidee relevanten Umfeld- und Marktbedingungen gilt es, die Belange und Interessen der potenziellen *Kunden* oder *Geschäftspartner* zu verstehen und entsprechende Ableitungen daraus zu ziehen (Kernkomponente *Kunde*). Weiterhin sind die bislang noch vorläufigen Annahmen zum *Nutzen* aus der Ideenfindungsphase nunmehr eingehend herauszuarbeiten (Kernkomponente *Nutzen*). Basierend auf der Analyse der Aspekte Umfeld, Markt, Kunde und Nutzen erfolgt eine erste Abschätzung des *Potenzials* der Geschäftsidee bzw. des späteren Geschäftsmodells. Spätestens zu diesem Zeitpunkt muss das Management die Idee vor dem Hintergrund wirtschaftlicher Erwägungen kritisch hinterfragen (Kernkomponente *Erlös*). Nicht selten ist dies in der Praxis der Moment, an dem eine neue Geschäftsidee nicht weiter verfolgt wird.

Soll aus einer Idee ein tragfähiges Geschäftskonzept und später sogar Geschäftsmodell erwachsen, ist es zwingend erforderlich, dass sich Entscheider über die *Fähigkeiten* und *Mittel* ihres eigenen Unternehmens sowie Netzwerks Klarheit verschaffen (Kernkomponente *Befähiger*, *Partner* und *Finanzen*). Ohne die ungeschönte, objektive Einschätzung der eigenen wirtschaftlichen und technischen Möglichkeiten besteht die virulente Gefahr, dass die Umsetzung des Geschäftskonzepts an einer unzureichenden Ressourcenausstattung scheitert. Den Abschluss der Analysephase bildet die Detaillierung der in der Vorphase bereits betrachteten *Strategie* (Kernkomponente *Strategie*).

Phase 3: Konzeption
Die Konzeptionsphase greift die Ergebnisse der vorgelagerten beiden Phasen Ideenfindung und Analyse auf. Dazu werden in einem ersten Schritt zunächst die verschiedenen, prinzipiell denkbaren *Umsetzungsalternativen* derselben Geschäftsidee entworfen und anschließend *durchleuchtet*. Infolgedessen ist es Entscheidern möglich, unterschiedliche Szenarien und abgeleitete Implementierungsmöglichkeiten miteinander zu vergleichen, deren Vor- und Nachteile abzuwägen und schließlich die optimale Ideenvariante auszuwählen.[68]

Zum jetzigen Zeitpunkt der Entwicklung eines Geschäftskonzepts steht allerdings noch die eingehende Untersuchung der vier Kernkomponenten *Befähiger*, *Prozesse*, *Partner*

---

[66] Osterwalder und Pigneur (2011, S. 256).
[67] Vgl. Wolf und Hänchen (2012, S. 53).
[68] Vgl. Wirtz (2011, S. 243).

und *Finanzen* aus. Mittels dieser vier Komponenten wird nunmehr die Art und Weise der *Wertschöpfung* des Geschäftskonzepts en détail konzipiert. Die Ergebnisse dieser vier Komponenten fließen zusammen mit den Daten der übrigen sechs Komponenten in die weitere Konzeptionsarbeit ein.

Aufbauend auf dem in der Ideenfindungsphase umrissenen Grobkonzept als dem prinzipiellen Bild des intendierten Geschäfts sowie den Arbeitsergebnissen der zehn Komponenten des Geschäftsmodellkerns werden ein oder mehrere *Feinkonzepte entworfen*. Bei diesen Feinkonzepten handelt es sich um *Prototypen*, die möglichst unter Markt- oder, sollte ein Test im realen Marktumfeld nicht möglich sein, unter Laborbedingungen zu *testen* sind. Diese Tests sind von gravierender Bedeutung, da sie möglicherweise vorhandene Mängel von Konzepten frühzeitig aufzudecken vermögen. Sollten im Rahmen des Prototyping gravierende Mängel im Konzept zutage treten, so müssen alternative Lösungswege oder im Einzelfall sogar neue Geschäftskonzepte entworfen und somit der gesamte Entwicklungsprozess erneut durchlaufen werden.

Im Anschluss an das Prototyping wird seitens des Managements endgültig entschieden, welche der zuvor entwickelten Geschäftskonzepte zur Umsetzung gelangen. Dazu wird für „(…) die zuvor konzeptionierten Entwicklungspfade bzw. Prototypen (…) jeweils ein Businessplan erstellt. Der Businessplan wird dabei zur detaillierten Wirtschaftlichkeitsprüfung der einzelnen Geschäftsmodelle genutzt und kann Detailschwächen aufdecken."[69] Ferner dient der Businessplan als wesentliche Planungsgrundlage für die spätere Umsetzung des Geschäftsmodells. Er enthält demnach Angaben über die zur Einführung und zum abschließenden Betrieb des Geschäftsmodells notwendigen personellen, materiellen und zeitlichen Ressourcen.

Die Erstellung dieser Businesspläne endet mit einem Konsistenzcheck der Ergebnisse aus den zehn Kernkomponenten, um etwaig noch vorhandene Widersprüche und logische Inkonsistenzen aufdecken und beheben zu können. Auf Basis der ausgearbeiteten Businesspläne wird schlussendlich die *Entscheidung* getroffen, welches der bislang eruierten Geschäftskonzepte bzw. Feinkonzepte in ein Geschäftsmodell überführt und demzufolge umgesetzt werden. In diesem abschließenden Schritt der Konzeptionsphase entscheidet demzufolge das Management, ob das Geschäftskonzept in der geplanten Form umgesetzt, nochmals geändert oder dessen Umsetzung aufgegeben wird.[70]

24.4.2 Geschäftsmodell einführen

Nachdem der Entwurf des Geschäftskonzepts inzwischen vorliegt, folgt im zweiten Stadium der *Geschäftsmodellentwicklung* die eigentliche Umsetzung in die unternehmerische Praxis. Entsprechend der in Abschn. 24.2.2 zuvor eingeführten Begriffsunterscheidung zwischen einem in der Praxis noch nicht umgesetzten Geschäftskonzept einerseits und

---

[69] Wirtz (2011, S. 235 f.).

[70] Vgl. Doleski (2012, S. 140).

einem in der betrieblichen Wirklichkeit bereits existierenden Geschäftsmodell andererseits wird angesichts der nunmehr erfolgenden Konzeptrealisierung fortan von Geschäftsmodell gesprochen.

Phase 4: Implementierung
Die Einführung eines Geschäftsmodells kann optional mit einem *Projektteam-Kick-off* eingeleitet werden. Diese Veranstaltung dient in erster Linie der Information sowie frühzeitigen Einbeziehung aller am Projekt direkt und indirekt beteiligten Personen.[71]

Nachdem im Rahmen der Ideenfindung bereits eine grobe Umsetzungsplanung erfolgte sowie in der Konzeptionsphase Feinkonzepte entworfen wurden, erfolgt nunmehr die auf diesen Ausgangsdaten beruhende Detaillierung der Planung. Ziel dieser *Detailplanung* ist es, eine möglichst genaue Vorstellung vom optimalen Ablauf der beabsichtigten Geschäftsmodellumsetzung zu erlangen. Dementsprechend beinhaltet dieser Abschnitt der Geschäftsmodelleinführung eine präzise Definition aller erfolgskritischen Aktivitäten des Umsetzungsprojektes einschließlich der Erstellung eines realistischen Projektplans. Jeder Plan besteht aus mehreren aufeinander abgestimmten Bestandteilen, zu denen mindestens die Planungsmodule Struktur-, Aktivitäten-, Termin-, Meilenstein- sowie Ressourcenplanung zählen.[72]

Nach erfolgter Detailplanung sind die internen sowie externen Stakeholder der *Organisation* über die anstehende Implementierung des neuen Geschäftsmodells zu *informieren*. Dazu muss zunächst eine geeignete, zielgruppenspezifische Kommunikationsstrategie entworfen werden, die möglichst umfassend die Interessen der relevanten Anspruchsgruppen bzw. Betroffenen des Projekts berücksichtigt. Demzufolge richtet sich die Kommunikation im Umfeld der Geschäftsmodelleinführung an Mitarbeiter, Führungskräfte, Eigentümer, Kunden, Netzwerkpartner sowie situationsbedingt auch an ausgewählte Vertreter der unternehmerischen Umwelt und Öffentlichkeit. Gegenstand der kommunikativen Aktivitäten ist neben einer allgemeinen Ankündigung des neuen Geschäfts auch „(…) die Kommunikation der Implementierungsziele und des Implementierungsvorgehens. Frühzeitige Kommunikation kann dabei unterstützend eingesetzt werden, um die Akzeptanz für das Business Model sowohl bei den eigenen Mitarbeitern, als auch bei involvierten Wertschöpfungspartnern und Kunden zu erhöhen."[73] Mittels einer gut strukturierten, sich unterschiedlicher Kanäle bedienender Informationskampagne wird der häufig gerade unter Mitarbeitern feststellbaren „Angst vor dem Neuen" begegnet.[74]

Schließlich erfolgt die Umsetzung des ursprünglichen Geschäftskonzepts, indem das neue *Geschäftsmodell* entsprechend der Detailplanung *eingeführt* wird. Dazu werden die in den Vorphasen erarbeiteten Ergebnisse aller Kernkomponenten des Integrierten Geschäftsmodells aufgegriffen und dessen postuliertem integrativem Anspruch entsprechend

---

[71] Vgl. Doleski (2012, S. 139).
[72] Vgl. Doleski und Janner (2013, S. 115).
[73] Wirtz (2011, S. 259).
[74] Vgl. Osterwalder und Pigneur (2011, S. 261).

ganzheitlich realisiert. Die Modelleinführung kann, in Abhängigkeit von der konkreten Ausgestaltung sowie den Anforderungen des neuen Geschäftsmodells an die interne Organisation, von Maßnahmen der *Mitarbeiterschulung* flankiert werden.

Mit der Realisierung des neuen Geschäfts endet der Prozess der Geschäftsmodelleinführung. Im Rahmen des *Projektabschlusses* wird jedoch idealtypisch noch vor der finalen Betriebsübergabe die Zielerreichung des Projektes kontrolliert sowie die wesentlichen im Verlauf der Konzeption und Umsetzung des Geschäftsmodells gewonnenen Erkenntnisse in einem Abschlussbericht zusammengefasst. Infolgedessen stehen alle wesentlichen Erfahrungen im Sinne von Lessons Learned auch nachfolgenden Geschäftsmodellinitiativen unmittelbar zur Verfügung.[75]

24.4.3 Geschäftsmodell weiterentwickeln

Bekanntlich wirken sich die erheblichen Veränderungen der vergangenen Jahre im Energiesektor signifikant auf die Geschäftsmodelle aller Akteure der Branche aus. Etablierte Produkte und Dienstleistungen, die zum Teil über Jahrzehnte hinweg den Energieversorgungsunternehmen stabile Erträge mit hohen Margen entlang der klassischen energiewirtschaftlichen Wertschöpfungskette bescherten, geraten vor dem Hintergrund geänderter Rahmenbedingungen, steigenden Wettbewerbsdrucks, technologischer Entwicklungen usw. verstärkt unter Druck. Heutige Versorgungsunternehmen können sich nicht mehr alleine darauf beschränken, sich ausschließlich auf diese Bedingungen reaktiv einzustellen. Ihre Chance liegt vielmehr in der Kombination aus Rückgriff auf langjährige, tiefgreifende Branchenkenntnisse kombiniert mit innovativen Ideen für das Versorgungsgeschäft der Zukunft. „Das Gestrige ist die Wurzel des Heutigen und dies wiederum entscheidet über das Morgen."[76] Diesen Gedanken führt Servatius weiter und stellt fest, dass es für heutige Versorgungsunternehmen von entscheidender Bedeutung sei, ihr bereits „(…) vorhandenes Geschäftsmodell mit neuen nachhaltigen Geschäftsmodellen zu verbinden"[77] und so mittels *Geschäftsmodellinnovation* das eigene wirtschaftliche Überleben langfristig zu sichern.

Phase 5: Verbesserung
Unternehmerischer Erfolg hängt von unterschiedlichen Faktoren ab. Einer dieser Aspekte ist fraglos die Fähigkeit einer Organisation, sich an geänderte Rahmenbedingungen binnen kurzer Zeit anzupassen, um so das eigene ökonomische Überleben zu sichern. Um jedoch geänderte Bedingungen adaptieren zu können, muss ein Unternehmen zunächst einmal das für die eigene Geschäftstätigkeit relevante *Umfeld* genau *beobachten* und daraus die geeigneten Schlüsse ziehen. Schließlich liefern Modifikationen bis hin zu erheb-

---

[75] Vgl. Doleski (2012, S. 141).
[76] Bleicher (2011, S. 74).
[77] Servatius (2012, S. 18).

lichen Umwälzungen des unternehmensexternen Umfeldes die zentralen Anstöße für die Veränderung etablierter Geschäftsmodelle.

Im nächsten Schritt wird das *bestehende Geschäftsmodell* eingehend *geprüft* sowie dessen Stärken und Schwächen auf Basis der zuvor festgestellten Umfeldbeobachtungen identifiziert. Dies geschieht dergestalt, dass – ähnlich wie im Falle der Geschäftskonzeptentwicklung – die Überprüfung anhand der zehn Kernkomponenten des Integrierten Geschäftsmodells iOcTen erfolgt.[78] Ergänzend sei hier der Vollständigkeit halber angemerkt, dass sich zur Validierung eines Geschäftsmodells auch bewährte Methoden wie z. B. das Benchmarking eignen.

Ergibt die Relation aus Umfeldanalyse einerseits sowie Überprüfung des bestehenden Geschäftsmodells andererseits, dass das existente Geschäft nicht mehr den Anforderungen des relevanten Marktes gerecht wird und infolgedessen anzupassen ist, beginnt die *Entwicklung von Ideen* zu dessen evolutorischen Weiterentwicklung bis hin zur radikalen Komplettüberholung. Mit Hilfe von Kreativitätstechniken sucht ein zuvor bestimmtes Verbesserungsteam beispielsweise nach Ideen zur Steigerung des Kundennutzens, zur Entwicklung neuer Produkte und Dienstleistungen sowie zur Prozessverbesserung.

Im Kontext der zuvor generierten Ideen zur Geschäftsmodellinnovation erfolgt nunmehr die *Konzeption eines verbesserten Geschäftsmodells*. „Die Zusammenführung Erfolg versprechender Ideen zu einem neuen Geschäftsmodell ist eine Designaufgabe, bei der es darauf ankommt, vorhandene und neue Elemente zu integrieren. Wichtige Anregungen können von Mustern kommen, die sich in anderen Branchen bewährt haben (…)."[79] Wie zuvor bei der Überprüfung des ursprünglichen Geschäftsmodells erfolgt auch die Entwicklung des neuen, tragfähigen Geschäftsmodells unter Zuhilfenahme der zehn Kernkomponenten des iOcTen. Darüber hinaus beinhaltet dieser Konzeptionsschritt in der Regel den Entwurf und Test mindestens eines Prototyps sowie eine abschließende Entscheidungsphase.

Sofern im Management prinzipiell Einigkeit über die Umsetzung der Geschäftsmodellinnovation besteht, d. h. eine Entscheidung pro Weiterentwicklung oder Komplettüberholung des ursprünglichen Geschäftsmodells getroffen wurde, erfolgt nunmehr die *Detailplanung des Verbesserungsprojekts*. Nach Abschluss der Planungstätigkeiten sowie der finalen Freigabe der Planung durch das Management wird das neue *Geschäftsmodell eingeführt* und anschließend *betrieben*.

24.5 Exemplarische Geschäftsmodellansätze im Smart Market

Wie bereits im Einführungskapitel dieses Buches beschrieben, werden im Gegensatz zum kapazitätsorientierten Smart Grid im Smart Market Energiemengen gehandelt sowie damit verbundene mengenbasierte Produkte und Dienstleistungen angeboten. Mit den vielfälti-

---

[78] Vgl. Wirtz (2011, S. 288).
[79] Servatius (2012, S. 26).

Tab. 24.4 Geschäftsmodelle im Smart Market (Auswahl in alphabetischer Reihung)

Erzeugung	Handel	Transport & Speicherung	Vertrieb & Verbrauch
Erzeugungsbündler	Aggregation (Pooling)	E-Mobilitäts-Mgmt.	Ambient Assisted Living
„Grünwerke"	Handelsplattformen	Speicherbetrieb	Demand Response
Power-to-Gas	Lokale Marktplätze		Demand Side Mgmt.
Virtuelle Kraftwerke			Einspar-Contracting
			Energiedienstleistung
			Energiemanagement
			Smart City
			Smart Home
			Transparenzprodukte

gen, neuen Konzepten des Smart Markets ist u. a. die Zielsetzung verbunden, die Voraussetzung dafür zu schaffen, „(…) dass Produkte entwickelt werden können, die einerseits den Endkunden anreizen, ihren Verbrauch an die Erzeugung auszurichten, andererseits Betreiber dezentraler Erzeugungsanlagen motivieren, bedarfsorientiert zu erzeugen"[80] und demzufolge einen wesentlichen Beitrag zur Stabilisierung der Energiesysteme zu leisten.

Angesichts des steten Zuwachses elektrischer Energie aus volatilen, regenerativen Energiequellen im deutschen Energiemix wächst in gleichem Umfang die Relevanz von Lösungen, die diese Schwankungen im Stromnetz zu beherrschen suchen. In der Folge dieses Bedeutungszuwachses der Erneuerbaren Energien werden in den kommenden Jahren zahlreiche neue Geschäftsmodelle um das weite Feld der intelligenten Bereitstellung und Abnahme von Energiemengen entstehen. Eine limitierte Auswahl marktbasierter Ansätze, die dem Ausgleich von Stromangebot und -nachfrage dienen, gibt Tab. 24.4 wieder.

Entsprechend der Schwerpunktsetzung dieses Buches wird auf den Folgeseiten die in Abschn. 24.3 hergeleitete Systematik des Integrierten Geschäftsmodells iOcTen auf zwei Geschäftsansätze des Smart Markets exemplarisch angewandt. Auf Grund der Vielzahl dynamischer Umfeldfaktoren und Rahmenbedingungen, die auf Unternehmen und Geschäftsmodelle des Smart Markets gleichermaßen einwirken, erscheint es an dieser Stelle jedoch unrealistisch, fast schon unseriös, dem Leser je denkbarem Geschäftsmodell bereits ein weitgehend ausformuliertes, standardisiertes Konzept anbieten zu wollen. Daher wird bei den nachfolgenden Beispielen auf eine detaillierte Explikation der zehn Kernkomponenten des iOcTen bewusst verzichtet. Entsprechend der Komplexität von Initiativen zur Entwicklung oder Weiterentwicklung von Geschäftsmodellen obliegt die Formulierung konkreter Konzepte folgerichtig umfangreichen, mehrstufigen Projekten zur Geschäftsmodellentwicklung.

---

[80] BDEW (2012, S. 4).

24.5.1 Geschäftsmodellbeispiel virtuelle Kraftwerke

Mit dem Zuwachs des Anteils der Erneuerbaren Energien an der Stromerzeugung gehen signifikante Veränderungen entlang der energiewirtschaftlichen Wertschöpfung einher. So hat sich beispielsweise der Anteil kleinteiliger, dezentraler Erzeugungsstrukturen am Erzeugungsmix deutlich erhöht. Eine Entwicklung, die gerade erst begonnen hat und deren Dynamik weiter zulegen dürfte. Allerdings gestaltet sich die isolierte Steuerung dieser kleinen Anlagen als technisch aufwendig und vor allem nicht geeignet, die den regenerativen Energieträgern immanenten Erzeugungsschwankungen zu beherrschen. Zur Beherrschung dieser Problematik erscheint als besonders aussichtsreicher Lösungsansatz das Konzept virtueller Erzeugungszusammenschlüsse, in der Energiewirtschaft besser bekannt als *virtuelle Kraftwerke* oder auch *Virtual Power Plants*. Dabei bedeutet „virtuell" in der Energiewirtschaft, die unterschiedlichen Erzeugungstechnologien so miteinander intelligent zu vernetzen, dass die im Falle regenerativer Energieträger natürliche Schwankung der Stromproduktion stets ausgeglichen wird sowie die volatilitätsinduzierten Engpässe und Spannungsprobleme in den Netzen von vornherein ausgeschlossen werden können.[81]

Bei eingehender Betrachtung des Konzepts *virtueller Energiemengenbereitstellung* fällt auf, dass im Schrifttum bislang Uneinigkeit darüber herrscht, ob die Gesamtheit aus vernetzten, dezentralen Erzeugungskomponenten und steuernder Informations- und Kommunikationstechnologie (IKT-System) in toto diesen neuen Kraftwerkstypus ausmachen oder alternativ lediglich die diesen Zusammenschluss steuernde IKT-Einheit das virtuelle Kraftwerk darstellt. Nachfolgend wird die letztere Auffassung präferiert. Dementsprechend wird unter einem virtuellen Kraftwerk eine technische Einheit oder Anwendung verstanden, die mehrere Energieerzeugungsanlagen sowie Stromverbraucher IKT-technisch derart bündelt, dass der Einsatz dieser Einzelanlagen zur Lieferung von Wirkleistung, Systemdienstleistungen oder Regelenergie verbessert wird.[82]

Normative Aspekte
Prinzipiell beginnt der Prozess der Geschäftsmodellentwicklung im Integrierten Geschäftsmodell iOcTen mit der ausführlichen Betrachtung aller in Bezug auf das geplante Geschäft relevanten Umfeldfaktoren sowie der systematischen Ableitung der dem Unternehmen prinzipiell zur Verfügung stehenden Handlungsoptionen. Die grundlegenden Weichenstellungen für die Entwicklung des Geschäftsmodells zur Etablierung eines virtuellen Kraftwerks werden bereits in dieser initialen Phase vorgenommen. So kann beispielsweise sehr früh das mit dem Aufbau und Betrieb eines virtuellen Kraftwerks verbundene ökonomische Risiko in erster Annäherung abgeschätzt werden. Auch wird über die Betrachtung der identifizierten Handlungsoptionen der essentiellen Frage nachgegangen, ob das eigene Unternehmen überhaut theoretisch in der Lage wäre, ein virtuelles Kraftwerk praktisch aufzubauen und anschließend auch zu betreiben. Darüber hinaus erfolgt mittels der normativen Kernkomponente des iOcTen die systematische Analyse, ob in

---

[81] Vgl. BDEW (2013, S. 10).
[82] Vgl. Appelrath et al. (2012, S. 123).

Bezug auf die Etablierung virtueller Kraftwerke möglicherweise mit politischen, gesellschaftlichen oder ökologischen Auflagen und Widerständen zu rechnen sei, die es dann jeweils zu beachten gelte.

In der integrierten Auswahl- und Gatekeeper-Funktion des iOcTen konkretisiert sich unter anderem dessen hoher Grad praktischer Nützlichkeit. Entscheider erkennen mittels der Betrachtung der normativen Komponente (Kernkomponente *Normativer Rahmen*) des Modells frühzeitig, ob die Fortführung des Projekts oder alternativ der Abbruch der gesamten Initiative zum Aufbau eines virtuellen Kraftwerks die bessere Wahl ist.

Strategische Aspekte
Bei der Untersuchung strategischer Fragestellungen virtueller Kraftwerke stehen die beiden Kernkomponenten *Nutzen* und *Strategie* des iOcTen im Fokus, die gemeinsam die strategische Dimension des Geschäftsmodells beschreiben.

Angesichts der herausragenden Bedeutung der Nutzenstiftung für den ökonomischen Erfolg von Unternehmen und deren Geschäftsmodellen ist zunächst zu prüfen, worin der Nutzen virtueller Kraftwerke exakt liegt. Nur mittels der expliziten Betrachtung des Nutzenelements des Integrierten Geschäftsmodells (Kernkomponente *Nutzen*) kann extrapoliert werden, ob für das Konstrukt virtuelles Kraftwerk unter den jeweils geltenden Umwelt- bzw. Rahmenbedingungen eine realistische Absatzchance zu erwarten ist. Schließlich setzen sich Produkte und Dienstleistungen immer nur in den Fällen durch, wenn diese – aus der Kundenperspektive heraus betrachtet – nutzenstiftend bzw. wertschöpfend sind. Im Allgemeinen liegt der Nutzen virtueller Kraftwerke in deren Vermögen, mittels der Kombination beispielsweise mehrerer Windkraft-, Photovoltaik-, Wasserkraft- und Biogasanlagen sowie ergänzender Stromspeicher die für regenerative Energieträger typischen Erzeugungsschwankungen weitgehend zu glätten. Auch entlasten virtuelle Kraftwerke aufgrund ihres dezentralen Charakters die Stromnetze, da lokal produzierte und verbrauchte Energie nicht erst über lange Strecken zum Verbraucher transportiert werden muss. Mit anderen Worten: Virtuelle Erzeugungsanlagen tragen im Unterschied zum individuellen Einzelbetrieb dazu bei, mittels großflächiger Lastflussoptimierung einen Teil der erforderlichen Netzausbaumaßnahmen zu kompensieren oder zumindest deren Dringlichkeit zu reduzieren.[83] Darüber hinaus ermöglichen virtuelle Kraftwerke es, eine Vielzahl dezentraler Erzeugungseinheiten mittels des intelligenten Einsatzes von Informations- und Kommunikationstechnologie (IKT) so zu bündeln, dass diese als Gesamtheit im Energiemarkt agieren können. Diese Fähigkeit zur Energiemengenbündelung versetzt insbesondere die Gruppe der Prosumer in die komfortable Lage, die eigenerzeugten geringen Energiemengen insgesamt auf ein marktrelevantes Niveau anzuheben und infolgedessen eine verbesserte Verhandlungsposition gegenüber potenziellen Abnehmern einnehmen zu können. Aus der Durchleuchtung hier lediglich exemplarisch genannter Nutzengrößen kann das Management bereits ableiten, ob ein virtuelles Geschäftsmodell Aussicht auf Erfolg hat.

Besteht Klarheit über den Nutzen virtueller Kraftwerke, müssen anschließend die mit einem Einstieg in dieses Geschäft verbundenen strategischen Zielsetzungen sowie der Sco-

---

[83] Vgl. Albersmann et al. (2012, S. 27).

pe der Initiative mit Hilfe der Kernkomponente *Strategie* festgelegt werden. Hierbei wird vom Management vor allem geprüft, ob mit diesem Kraftwerkstypus langfristige Wettbewerbsvorteile und nachhaltige Erfolgspotenziale für das eigene Unternehmen verbunden sind. Zur Beurteilung der strategischen Erfolgsaussichten virtueller Kraftwerke bietet sich die systematische Analyse und kriterienbasierte Bewertung denkbarer Betriebsstrategien bzw. -konzepte an. Prinzipiell sind dabei folgende Konzepte vorstellbar:

- Substitution bestehender Erzeugungsanlagen
- Spitzenlastausgleich (Peakload)
- Einsatz als Regelleistungskraftwerk
- Regionale Lastflussoptimierung[84]

Mit Abschluss der Reflexion wesentlicher Aspekte der strategischen Dimension des Integrierten Geschäftsmodell iOcTen ist ein tragfähiger Orientierungsrahmen für die weiterführende Bearbeitung der operativ ausgerichteten Modellkomponenten *Kunde*, *Markt*, *Erlös*, *Befähiger*, *Prozesse*, *Partner* und *Finanzen* geschaffen.

Operative Aspekte
Die Beschäftigung mit den Bedürfnissen und Anforderungen der Kunden (Kernkomponente *Kunde*) ist von essentieller Bedeutung für den Erfolg von virtuellen Kraftwerken. Bei eingehender Beschäftigung mit Fragestellungen im Kontext virtueller Erzeugungssysteme fällt allerdings auf, dass hier im Grunde zwei Hauptkundengruppen zu unterscheiden sind. Zunächst sind als eine Gruppe die Endkunden zu nennen, die ihre Energie im Einzelfall – vor allem in eher ländlichen Regionen – direkt von virtuellen Kraftwerken beziehen können. Daneben repräsentieren die zahlreichen Betreiber kleiner Erzeugungsanlagen wie Prosumer, Kleinstversorger, Energiegenossenschaften usw. die für das Geschäftsmodell des virtuellen Kraftwerks bedeutendere Kundengruppe. Gerade die Ziele und Spezifikationen dieses letztgenannten Kundensegments muss ein Unternehmen, welches als zentrale Steuerungseinheit das virtuelle Kraftwerk betreibt, so genau wie möglich kennen. Je differenzierter das Wissen über die Kunden auf Seiten des Geschäftsmodellbetreibers ist, desto besser kann das jeweilige Konzept virtueller Energiemengenbereitstellung den Kundennutzen steigern und folglich die Voraussetzung dafür schaffen, möglichst viele Akteure zur Teilnahme und Partizipation an einem virtuellen Kraftwerk zu bewegen.

Bei der Betrachtung des Marktes (Kernkomponente *Markt*) virtueller Kraftwerke sind zwei zentrale Aspekte zu unterscheiden. Einerseits die Marktstruktur als solche, die das Umfeld eines Geschäftsmodells fokussiert, und andererseits die Wettbewerbssituation, die sich mit den vorwiegend antagonistisch agierenden Marktakteuren befasst. Dazu wird in einem initialen Schritt zunächst bezüglich der Beschaffungsmarktstruktur geprüft, ob das Unternehmen für den Betrieb eines virtuellen Kraftwerks ausreichend Zugriff auf alle für die Umsetzung des Geschäftsmodells notwendigen Energiemengen, Energieträger, Netz-

---

[84] Vgl. Albersmann et al. (2012, S. 20 ff.).

zugänge, Systeme zur Fernüberwachung, IKT-Dienstleister, Rechenzentren, Services usw. in adäquater Quantität und Qualität hat. Anschließend wird unter Rückgriff auf die Erkenntnisse der Kernkomponente *Kunde* kombiniert mit der Analyse des Wettbewerbsumfelds die Absatzmarktstruktur eingehend betrachtet. „Spezialisierte Dienstleister, Infrastrukturunternehmen, Anlagenbauer und Handwerksunternehmen haben spezifische Marktzugänge und zum Teil sehr günstige Kostenstrukturen"[85], die in unterschiedlicher Ausprägung im erweiterten Umfeld dezentraler Energiebereitstellung aktiv sein können und damit fraglos von Bedeutung für Betreiber virtueller Kraftwerke sind. Ist die Kunden- und Wettbewerberstruktur bekannt, so können situationsgerechte Produkt-Markt-Kombinationen für die Steuerung und Vermarktung dezentral erzeugter Energie abgeleitet werden.

Ein virtuelles Kraftwerk kann im Wettbewerb nur bestehen, wenn es dem Gutenberg'schen Prinzip entsprechend einen angemessenen Gewinnbeitrag für das betreibende Unternehmen erwirtschaftet. Im Zuge der Analyse der Erlöskomponente des iOcTen (Kernkomponente *Erlös*) muss daher stets die Frage beantwortet werden, aus welchen Quellen und in welcher Form das virtuelle Kraftwerk das erforderliche Einkommen generiert. Bei der für dieses Geschäftsmodell charakteristische Bündelungs- und Steuerungsfunktion handelt es sich um ein stetig fortlaufendes Dienstleistungsangebot, welches unabhängig von der bereitgestellten absoluten Energiemenge aufrechtzuerhalten ist. Demzufolge sind Erlösmechanismen denkbar, bei denen unabhängig von der quantitativen Nutzung die Fakturierung in Form regelmäßig wiederkehrender Zahlungen für Nutzungsbereitstellung, Service, Kundendienst usw. erfolgt. Nachdem Klarheit über die Erlösquelle besteht, folgt die Evaluierung geeigneter Preismodelle für einen wirtschaftlichen Betrieb virtueller Kraftwerke. Dazu wird in Abhängigkeit von preissensiblen Parametern wie z. B. Betriebskosten, Lohnniveau, lokaler Wettbewerbsdichte und nicht zuletzt der Rentabilitätserwartungen schließlich das Preisgefüge für die angebotene Dienstleistung festgesetzt.

Geschäftsmodelle benötigen eine sowohl qualitativ als auch quantitativ ausreichende Ausstattung an Ressourcen, um sich erfolgreich in ihrem jeweiligen Referenzmarkt behaupten zu können. Mit Hilfe der Kernkomponente *Befähiger* bzw. Enabler wird im Integrierten Geschäftsmodell iOcTen geprüft, ob einem Unternehmen alle notwendigen Input-Faktoren in ausreichender Menge zur Verfügung stehen. Von besonderem Interesse sind in diesem Zusammenhang diejenigen Befähiger und Ressourcen, die vom Wettbewerb nur schwer oder gar nicht nachzuahmen sind. Da das Leistungsspektrum virtueller Kraftwerke bei genauerem Hinsehen über die reine IKT-gestützte Bündelung dezentraler Energieerzeugungsanlagen hinausgeht, umfasst das Set relevanter Befähiger folgerichtig auch bedeutend mehr Enabler als die zur basalen Steuerung des Erzeugungsverbundes gemeinhin als notwendig erachteten Input-Faktoren Software, IT-Systeme und Internettechnologie. Exemplarisch können hier Ressourcen wie das besondere Know-how zur Bewältigung von Betriebsstörungen, valide Datenbestände und Erfahrungswerte in Bezug auf die optimale Steuerung dislozierter Anlagen, die Fähigkeit zur Bereitstellung zentraler

---

[85] Haag und Lang (2010, S. 9).

Speicherkapazitäten, die Einbindung in eine leistungsstarke Infrastruktur sowie eine starke Marke genannt werden.

Eine weitere Herausforderung von Initiativen zur Geschäftsmodellentwicklung virtueller Kraftwerke stellt die optimale Ausgestaltung der Geschäftsprozesse (Kernkomponente *Prozesse*) dar. Dazu werden alle für den Betrieb virtueller Erzeugungssysteme erforderlichen Aktivitäten analysiert, optimiert und dokumentiert. Unterschiedliche Funktionen sowie Abläufe müssen beim Betrieb eines virtuellen Kraftwerks simultan koordiniert, mitunter synchron durchlaufen sowie zentral überwacht werden. Im Mittelpunkt stehen dabei die im Falle virtueller Erzeugungsstrukturen essentiellen Kernprozesse zur zentralen Steuerung der dezentralen Erzeugungsanlagen. Darüber hinaus werden zahlreiche Abläufe zur Last- und Erzeugungsprognose unterstützt, die ihrerseits die Erstellung valider Fahrpläne zur Steuerung der angeschlossenen Erzeugungsanlagen und gegebenenfalls Verbrauchskapazitäten ermöglichen. Im Betrieb auftretende Planabweichungen werden mittels geeigneter Steuerungsprozesse auf Erzeuger, Speicher sowie beeinflussbare Verbrauchseinheiten so umverteilt, dass die ursprüngliche Planung schließlich eingehalten werden kann.[86]

Leistungsfähige und verlässliche Lieferanten sowie Netzwerkpartner (Kernkomponente *Partner*) repräsentieren einen zusätzlichen Erfolgsfaktor innovativer Geschäftsmodelle. Die freiwillige Zusammenarbeit von Organisationen innerhalb einer Netzwerkstruktur ist vor allem im Falle des komplexen Produkts virtuelles Kraftwerk sinnvoll; werden doch durch die Aufteilung der Wertschöpfung auf unterschiedliche Unternehmen die beschränkten Möglichkeiten der Einzelorganisationen beträchtlich erweitert und Risiken anteilig gemindert. Ähnlich der Situation im Kundenbereich sind auch im Falle der Partnerstruktur im Wesentlichen zwei Gruppen zu unterscheiden, deren Beitrag sowie Funktion im Netzwerk jeweils einzeln zu betrachten und zu bewerten sind. Da wären zunächst die Mitglieder des virtuellen Kraftwerks als gewissermaßen interne Partner zu nennen. Zu dieser Gruppe zählen die Betreiber der Windkraft-, Photovoltaik-, Wasserkraft- und Biogasanlagen sowie Stromspeicher des Verbundes, die organisatorisch nicht gleichzeitig auch zum, den Zusammenschluss steuernden, IKT-Unternehmens gehören. Darüber hinaus erfolgt die Wertschöpfung virtueller Kraftwerke auch mit Unterstützung externer Netzwerkpartner. Zu dieser Gruppe zählen unter anderem Soft- und Hardwarelieferanten, Hersteller von Steuer- und Regelungstechnik, externe Wartungs- und Servicetechniker, Handwerksbetriebe usw.

Mittels der Kernkomponente *Finanzen* werden die beiden Aspekte Finanzierung sowie Kostenstruktur des virtuellen Kraftwerks eingehend durchleuchtet. Dabei werden alle relevanten monetären Parameter eines Geschäftsmodells mittels geeigneter betriebswirtschaftlicher Analyseinstrumente untersucht, um so ein verlässliches Bild von der finanziellen Durchführbarkeit des Vorhabens zu gewinnen.

Integration
Sobald die Untersuchungsergebnisse aller zehn Kernkomponenten des Integrierten Geschäftsmodells vorliegen, werden diese Erkenntnisse abschließend auf Widerspruchsfrei-

---

[86] Vgl. Appelrath et al. (2012, S. 124).

heit und Konsistenz geprüft. Im Anschluss daran erfolgt die finale Erstellung des Feinkonzepts für Aufbau und Betrieb des geplanten virtuellen Kraftwerks. Durch die lückenlose, sukzessive Prüfung aller das Geschäftsmodell determinierenden zehn Elemente ist eine umfassende Berücksichtigung aller relevanten Parameter gewährleistet.

24.5.2 Geschäftsmodellbeispiel Energiemanagement-Services

Die Bundesnetzagentur betont – vor dem Hintergrund zunehmender Volatilität, Dezentralität und Kleinteiligkeit der Energieversorgung – in ihrem richtungsweisenden Eckpunktepapier zur Differenzierung von Smart Grid und Smart Market, dass kurzzeitig abschaltbare Lasten perspektivisch für die aktive Steuerung des Stromverbrauchs herangezogen werden müssen.[87] Einen probaten Weg zur dargebotsabhängigen Flexibilisierung der Stromnachfrage eröffnen Lösungen zur intelligenten Last- und Erzeugungssteuerung. Lastseitig repräsentiert dezentrales Energiemanagement einen bedeutenden Baustein zur nachhaltigen Verbesserung der Energieeffizienz sowie zur praktischen Steuerung regelbarer Verbrauchseinheiten. Demzufolge können im Kontext von Energiemanagement zwei wesentliche Handlungsfelder differenziert werden. Zum einen umfasst modernes Energiemanagement die primär auf geeignete Strukturen und Prozesse zur Effizienzsteigerung fokussierten Energiemanagementsysteme (EnMS) nach DIN EN ISO 50001, zum anderen Produkte und Services zur aktiven Laststeuerung.

Gerade im Bereich dezentraler Laststeuerung entstehen erste innovative Geschäftsmodelle, die einen essentiellen Beitrag zur notwendigen Integration von Verbrauchern in das Energieversorgungssystem von morgen leisten. Es handelt sich dabei um sogenannte *Energiemanagement-Services*, die mittels intelligenter Mess- und Regeltechnik den Energieverbrauch einzelner Verbraucher analysieren, optimieren und schließlich aktiv steuern. Neben der Laststeuerung umfassen diese Services darüber hinaus Leistungen wie die strukturierte Energiebeschaffung sowie die optimale Vermarktung gegebenenfalls vorhandener überschüssiger Erzeugungskapazitäten gegenüber virtuellen Kraftwerken oder anderen Abnehmern.[88]

Normative Aspekte
Die Entwicklung von Energiemanagement-Services wird unter anderem durch den sich immer deutlicher abzeichnenden Paradigmenwechsel in der Energiewirtschaft unterstützt. So wird mit der sukzessiven Abkehr von der ursprünglich ausschließlich verbrauchsorientierten Energieerzeugung in Richtung eines zumindest partiell erzeugungsorientierten Verbrauchsverhaltens die Notwendigkeit offenkundig, diese Entwicklung mittels geeigneter Produkte und Services zu flankieren. Angesichts dieser normativen Rahmenbedingung kann eine prinzipielle Sinnhaftigkeit von Geschäftsmodellen, die qualitative Antworten auf diesen Wandel des Erzeugungsparadigmas anbieten, unterstellt werden.

---

[87] Vgl. Bundesnetzagentur (2011, S. 22).
[88] Vgl. Schneider (2013, S. 11).

Sollten schließlich weitere Umfeldfaktoren sowie die dem Unternehmen prinzipiell zur Verfügung stehenden Handlungsoptionen für die Umsetzung von Energiemanagement-Services sprechen, so bietet sich die detaillierte Prüfung des intendierten Geschäftsmodells an. Dank der Auswahl- und Gatekeeper-Funktion der Kernkomponente *Normativer Rahmen* des iOcTen erkennt demzufolge das Management bereits zu Projektbeginn, ob die normativen Rahmenbedingungen die Entwicklung derartiger Services überhaupt sinnvoll erscheinen lassen.

Strategische Aspekte
Mit der Entwicklung innovativer Energiemanagement-Services gehen aus Kundensicht mehrere Vorteile und Nutzenaspekte (Kernkomponente *Nutzen*) einher, sodass das dahinterstehende Geschäftsmodell aus reinen Nutzenerwägungen heraus betrachtet durchaus attraktiv sein könnte. Beispielsweise erlauben diese Services eine dynamische Laststeuerung mit dem Ziel einer dargebotsabhängigen Flexibilisierung der Stromnachfrage, für die wiederrum Verbraucher von den Versorgungsunternehmen Flexibilitätsprämien, vergünstigte Verbrauchstarife oder andere Vorteile über das Serviceunternehmen erhalten. Darüber hinaus resultieren aus der strukturierten Energiebeschaffung durch spezialisierte Energiemanager aufgrund besserer Marktzugänge und gebündelter Energienachfrage insgesamt günstigere Beschaffungspreise für jeden einzelnen Kunden. Auch können gerade Prosumer dank der möglichen Aggregation kleiner Energiemengen zu einem Gesamtportfolio des Energiemanagers von potenziell höheren Abnahmepreisen seitens der Versorger profitieren, die diese als Einzelkämpfer am Energiemarkt nicht erzielen könnten. Schließlich tragen Geschäftsmodelle aus dem Bereich Energiemanagement zur Verbesserung der Energieeffizienz bei. Zu guter Letzt erhöhen Energiemanagement-Services mittels Verlagerung der Energieflüsse die Flexibilität der Verbraucher derart, dass die für Erneuerbare Energien typischen Schwankungen geglättet werden können. Demnach leisten Energiemanager auch einen indirekten Beitrag zur Stabilität des gesamten Energieversorgungssystems, der fraglos allen Teilnehmern des Energiemarktes insgesamt zugutekommt.

Die Analyse sowie Festlegung von strategischer Zielsetzung und Scope von Energiemanagement-Services erfolgt innerhalb der Kernkomponente *Strategie* des iOcTen. Auch wird an dieser Stelle die – für den nachhaltigen Erfolg des späteren Geschäftsmodells eine Schlüsselrolle einnehmende – Suche nach möglichen Wettbewerbsvorteilen betrieben. Dazu sind zunächst die wesentlichen, strategischen Parameter des anzubietenden Services heraus zu destillieren sowie die Erfolgspotenziale des Vorhabens zu ermitteln. Somit entsteht schrittweise ein strategischer Orientierungsrahmen, der dem Management unter anderem als Richtschnur für die geplante operative Umsetzung des Modells dient. Zu den möglichen Wettbewerbsvorteilen, die mit der Realisierung des Geschäftsmodells Energiemanagement-Services einhergehen, zählen beispielsweise die enge Kundenbindung dank der beim Verbraucher gegebenenfalls installierten Mess- und Regeltechnik, der frühzeitige Know-how-Aufbau in Bezug auf verbesserte Erzeugungs- und Verbrauchsprognosen sowie die komfortable Positionierung als Mittler zwischen den Verbrauchern und Energieversorgungsunternehmen.

Operative Aspekte
Zur Gruppe der Kunden (Kernkomponente *Kunde*) innovativer Energiemanagement-Services zählen bislang vornehmlich industrielle Großverbraucher, mittlere bis kleine Gewerbebetriebe sowie Kommunen. Perspektivisch könnten unter der Maßgabe einer weiterhin fortschreitenden technischen Entwicklung im Bereich der Mess- und Regeltechnik auch Haushaltskunden in den Fokus dieses Geschäftsmodells gelangen und auf diesem Weg schließlich in ein intelligentes Lastmanagement eingebunden werden. Die Einführung von Energiemanagement-Services kann umfassende Veränderungen aufseiten der Kundenorganisation auslösen und sogar Rahmenbedingungen, Abläufe, Verhaltensweisen sowie Rituale beeinflussen. „In der Regel wird (…) ein bewussterer Umgang mit Energie seitens der Führungskräfte und Mitarbeiter eines Kundenunternehmens bzw. eines privaten Verbrauchers erforderlich sein. Wichtige Motive hierfür können Kostensenkung, der Schutz der Umwelt oder auch Statusstreben sein. Das Energiemanagement soll also ein Bündel von Problemen lösen, es soll bequem sein, erfordert aber immer eine gewisse Mitwirkung des Kunden."[89] Daher müssen Dienstleister bei der Konzeption von Energiemanagement-Services immer auch die sogenannten weichen Faktoren in ihre Betrachtung einbeziehen. Spätestens wenn der neue Service in der Kundenorganisation auf Skepsis oder gar Widerstand stößt, muss das Geschäftsmodell hierauf vorbereitet sein und geeignete Antworten sowie Hilfestellungen zur Konfliktlösung anbieten.

Im intelligenten Energieversorgungssystem von morgen hat der Smart Market „(…) das wichtige Segment der Verbrauchssteuerung und Integration des Verbrauchers in das intelligente Energieversorgungssystem zu sichern"[90] und so einen signifikanten Beitrag zur Stabilisierung der Energiesysteme zu leisten. Mit Hilfe der Marktkomponente (Kernkomponente *Markt*) werden die sich um moderne Energiemanagement-Services herum bildenden Geschäftsmodellansätze in Bezug auf die beiden Aspekte Marktstruktur und Wettbewerb eingehend untersucht, um so adäquate Produkt-Markt-Kombinationen entwerfen zu können. Darüber hinaus wird in dieser Phase der Geschäftsmodellentwicklung die Qualität des Zugangs der Vertriebsorganisation zu den relevanten Kundengruppen einer kritischen Analyse unterzogen. Angesichts des Umstands, dass ein ausgeprägter Kundenzugang für den späteren Erfolg von Energiemanagement-Services von erheblicher Bedeutung ist, sind Vertriebsaktivitäten zur Stärkung der Kundenbeziehung im Zuge der Geschäftsmodelleinführung frühzeitig zu konzipieren sowie deren Umsetzung zu forcieren.

Beim Betrieb von Energiemanagement-Services können prinzipiell zwei Erlösformen (Kernkomponente *Erlös*) unterschieden werden. Zum einen sind hier Erlöse aus dem operativen Energiegeschäft des Energiemanagers zu nennen. Diese resultieren vornehmlich aus einer gegenüber Einzelkunden deutlich verbesserten Verhandlungsposition des Serviceanbieters bei der strukturierten Energiebeschaffung sowie einer optimalen Vermarktung überschüssiger Erzeugungskapazitäten. Die Erlösgenerierung erfolgt demnach über die anteilige Partizipation des Dienstleisters an den erzielten Preisdifferenzen. Zum

---

[89] Servatius (2012, S. 34).
[90] BDEW (2012, S. 21).

anderen erwirtschaften Energiemanagement-Services stabile, periodisch wiederkehrende Zahlungen für die erbrachte Dienstleistung als solche. Bei der Ausgestaltung des Preismodells ist jedoch dem Umstand Rechnung zu tragen, dass derzeit Industrie, Gewerbe und Haushalte beim Energiemanagement primär auf manuelle Datenbeschaffung und semiautomatische Verfahren zur Lastverteilung zurückgreifen. Als Hauptursache dieses Status quo gilt aus Sicht der Energieverbraucher das ungünstige Kosten-Nutzen-Verhältnis automatisierter Basislösungen und Services.[91] Bei der Festsetzung des Preises für Energiemanagement-Services ist demzufolge ein Niveau anzusetzen, das auch aus Kundensicht maßvoll und damit attraktiv erscheint.

Zu den zentralen Befähigern bzw. Enablern (Kernkomponente *Befähiger*) von Energiemanagement-Services zählen unter anderem Ressourcen wie z. B. Know-how, eine leistungsstarke IT, performante Software zur Steuerung dezentraler Anlagen und verteilter Systeme, praxistaugliche Steuerungs-Algorithmen, ausreichende Rechenleistung und Speicherkapazitäten, leistungsstarke Infrastruktur usw. Darüber hinaus bedarf es eines etablierten Energiemanagementsystems (EnMS) nach DIN EN ISO 50001 sowie leistungsstarker Zugänge zu zentralen, übergeordneten System wie beispielsweise dem Elektrizitäts- und Wärmenetz. Auch eigenständige Geschäftsmodellansätze wie *Demand Response* oder *Demand Side Management* können als Befähiger in das übergreifende Angebot von Energiemanagement-Services integriert werden.

Zweifellos erfordert aktive Last- und Erzeugungssteuerung dezentraler Verbrauchseinheiten stabile, leistungsfähige Betriebsprozesse. Unter Zuhilfenahme bewährter Methoden des Geschäftsprozessmanagements wird der Energiemanagementprozess detailliert analysiert, designt und gegebenenfalls optimiert (Kernkomponente *Prozesse*). Dies geschieht jeweils entlang der prozessualen Abfolge von Energiemanagement-Services: Maßnahmen planen, Infrastruktur installieren, Mess- und Regeltechnik einrichten, Anlagen überwachen, Lasten steuern, Steuerungsalgorithmen verbessern, Energie handeln, Optimierung durchlaufen, Leistungen abrechnen usw.

Die Zusammenarbeit mit externen Partnern erlaubt es Anbietern von Energiemanagement-Services, die eigenen Handlungsspielräume merklich zu erweitern, die Ressourcenausstattung dank Partizipation zu verbessern sowie auf relevantes, spezifisches Know-how zurückzugreifen. Unter Zuhilfenahme eines Netzwerks qualifizierter Dienstleister und Lieferanten können professionelle Energiemanager ein umfassendes, attraktives Leistungsangebot am Markt für dezentrales Energiemanagement platzieren. Im Zuge der Untersuchung und Qualifikation denkbarer Kooperationsformen (Kernkomponente *Partner*) werden vor allem die individuellen Beiträge der einzelnen Partnerunternehmen an der gemeinsamen Wertschöpfung evaluiert, hinterfragt und beziffert. Eine der Kernaufgaben von Betreibern moderner Energiemanagement-Geschäftsmodelle konkretisiert sich in der Entwicklung und Pflege partnerschaftlicher Kooperationen beispielsweise zwischen Business Services von Energieversorgungsunternehmen, Service Providern aus dem

---

[91] Vgl. Appelrath et al. (2012, S. 128).

IKT-Umfeld, Herstellern von Mess- und Regeltechnik sowie flexiblen Handwerksbetrieben zur Betreuung der Installed Base vor Ort beim Kunden.

Zu guter Letzt erfolgt mittels der Kernkomponente *Finanzen* die Überprüfung der beiden Aspekte Finanzierung sowie Kostenstruktur des Geschäftsmodells. Im Zentrum steht dabei die Frage, mit welchem finanziellen Aufwand im Zuge der Etablierung von Energiemanagement-Services zu kalkulieren ist und wie eine mögliche Refinanzierung bzw. Kapitalbeschaffung aussehen könnte.

Integration
Im Smart Market fällt dem Geschäftsmodell Energiemanagement-Services die bedeutende Rolle der Integration zahlreicher Verbraucher in das neue Energiesystem von morgen zu. Die Entwicklung eines derart komplexen Leistungsangebots geht mit zahlreichen Risiken und Unbekannten einher. Mit Hilfe des Integrierten Geschäftsmodells iOcTen sind Entscheider jedoch in der Lage, alle relevanten Parameter auf Basis der zehn Modellkomponenten strukturiert durchleuchten zu können. Dabei entfaltet das iOcTen sein Potenzial durch die systematische Integration normativer, strategischer sowie operativer Aspekte der Unternehmensführung.

24.6 Zukunft gestalten – vom Getriebenen zum Treiber in der Energiewelt von morgen

Was für die Vereinigten Staaten in den Sechzigerjahren des zwanzigsten Jahrhunderts die Mondlandung war, ist für Deutschland seit dem Jahr 2011 die Energiewende. Angesichts der „im laufenden Betrieb" einer großen Wirtschaftsnation stattfindenden epochalen Veränderungen im Bereich der Energieversorgung erscheint dem Autor dieser Vergleich durchaus angemessen. Damit sich dieses fraglos ehrgeizige Projekt für einzelne Akteure der Energiebranche nicht – um im Bild zu bleiben – ähnlich einer Bruchlandung auf unserem Erdtrabanten gestaltet, müssen die Weichen für die Zukunft bereits heute richtig gestellt werden.

Das in Fachpublikationen bisweilen prophezeite Sterben von Versorgungsunternehmen, die ihre Kunden ausschließlich nach herkömmlichem Modell versorgen, wird in dieser Absolutheit sicher nicht stattfinden. Auch in Zukunft werden wir klassisch handelnde Versorgungsunternehmen antreffen. Jedoch wird der Stellenwert der so agierenden Akteure in dem Maße kontinuierlich abnehmen, wie die Bedeutung des reinen Verkaufs von Kilowattstunden, als dem herkömmlichen Commodity-Geschäft der Stromwirtschaft, schwindet. Diejenigen Unternehmen, die sich mit der Bedrohung ihres angestammten Geschäfts jedoch nicht abfinden wollen und denen die Aussicht auf eine zukünftige Nischenexistenz alleine nicht ausreicht, müssen ihre Geschäftsmodelle vorbehaltlos auf den Prüfstand stellen und zeitnah konsequent handeln. Schließlich entscheidet die Fähigkeit, rechtzeitig zukunftsfähige Geschäftskonzepte zu etablieren sowie bereits vorhandene Geschäftsmodelle situationsgerecht weiterzuentwickeln am Ende darüber, ob ein Versorgungsunternehmen zu den Gewinnern oder Verlierern der smarten Energiewelt von morgen zählt.

Das hier eingeführte Integrierte Geschäftsmodell iOcTen unterstützt Versorgungsunternehmen bei der Gestaltung ihrer ökonomischen Zukunft dergestalt, dass es Entscheidern, Strategen und Organisationsentwicklern ein dienliches Instrumentarium zur praktikablen Umsetzung von Initiativen zur Geschäftsmodellentwicklung an die Hand gibt. Im Kontext der Nutzung des Integrierten Geschäftsmodells iOcTen lassen sich in erster Linie die nachfolgenden signifikanten Vorteile bzw. Nutzen ableiten:

- **Offene Architektur**
  Als universeller Modellansatz ist das Integrierte Geschäftsmodell grundsätzlich integrativ und offen konstruiert. Es engt Anwender nicht von vornherein auf bestimmte Geschäfte oder Ausschnitte der Wertschöpfungskette ein.
- **Interdisziplinarität**
  In das übergreifende Gesamtmodell sind Erkenntnisse und Einflüsse aus System- und Entscheidungstheorie, Betriebs- und Volkswirtschaftslehre, Ingenieurwissenschaften, Psychologie sowie weiteren Disziplinen wirksam eingeflossen.
- **Vollständigkeit**
  Alle Elemente und Kernkomponenten des Modells bilden zusammen die normative, strategische sowie operative Dimension des Managements vollständig ab. So wird bei der Entwicklung von Geschäftsmodellen die Gefahr, wesentliche Inhalte zu vergessen oder scheinbar nebensächliche Aspekte leichtsinnig zu ignorieren, auf ein Minimum reduziert: Wichtiges geht nicht verloren; scheinbar Nebensächliches wird nicht ignoriert.
- **Komplexitätsbeherrschung**
  Das Integrierte Geschäftsmodell ermöglicht die systematische Bewältigung von Komplexität mittels gesamtheitlicher Berücksichtigung aller Facetten relevanter Rahmenbedingungen und Einflussfaktoren. Komplexität wird in diesem Modell nicht einfach ignoriert, sondern vielmehr in beherrschbare Einzelaspekte überführt.
- **Kommunikationsorientierter Charakter**
  Die modellseitige Berücksichtigung der Erwartungen relevanter Anspruchsgruppen (Stakeholder) verleiht dem integrierten Modellansatz einen kommunikationsorientierten Grundcharakter.
- **Auswahl- und Gatekeeper-Funktion**
  Dank des strukturierten Vorgehens erkennen Entscheider frühzeitig mögliche Schwächen des geplanten Geschäftsmodells. Sie können demnach rechtzeitig entscheiden, ob Änderungen erforderlich und möglich sind oder alternativ ein Abbruch des Projekts die bessere Wahl wäre. So wird dem Risiko der Entstehung nicht-wertschöpfender Kosten während der Entwicklung von Geschäftsmodellen strukturiert vorgebeugt.

Einer der möglichen Schlüssel zum Erfolg im Energiesektor liegt in der Gestaltung wettbewerblicher Angebote rund um das lukrative Handlungsfeld des Managements von Energiemengen. Diese Smart Market-Geschäftsmodelle müssen – um nachhaltig erfolgreich sein zu können – umfassend designt und strukturiert eingeführt werden. Dies geschieht in aller Regel mittels standardisierter Methoden zur Geschäftsentwicklung. Angesichts der zahlreichen Vorteile, die mit dem Einsatz des hier vorgestellten Integrierten Geschäftsmodells verbunden sind, wird dem Leser dessen Anwendung empfohlen. So unterstützt das iOcTen innovativ orientierte Unternehmen der Energiewirtschaft darin, die ökonomische Initiative zu behalten bzw. wieder zurückzugewinnen. Schließlich liegt in der systematischen Gestaltung zukunftsträchtiger Geschäftsmodelle die Chance für Energieversorgungsunternehmen aller Größen und Ausrichtungen, also Stadtwerken, Regionalversorgern sowie Energiekonzernen, vom Getriebenen zum Treiber im Smart Market von morgen zu werden.

Literatur

Albersmann, J., et al.: Virtuelle Kraftwerke als wirkungsvolles Instrument für die Energiewende, PricewaterhouseCoopers AG Wirtschaftsprüfungsgesellschaft, Februar 2012

Appelrath, H.-J., et al.: Future Energy Grid – Migrationspfade ins Internet der Energie, acatech Studie, Februar 2012

Arbeitsgemeinschaft Energiebilanzen: Bruttostromerzeugung in Deutschland von 1990 bis 2012, Berlin, Stand 02. August 2013. http://www.ag-energiebilanzen.de/viewpage.php?idpage=65. Zugegriffen: 12. Aug. 2013

Bach, N.: Vernetzung als strategische Option in der deutschen Leiterplattenindustrie. In: Bach, N. et al. (Hrsg.): Geschäftsmodelle für Wertschöpfungsnetzwerke, S. 331–345. Gabler, Wiesbaden (2003)

Bach, N., et al.: Geschäftsmodelle für Wertschöpfungsnetzwerke – Begriffliche und konzeptionelle Grundlagen. In: Bach, N. et al. (Hrsg.): Geschäftsmodelle für Wertschöpfungsnetzwerke, S. 1–20. Gabler, Wiesbaden (2003)

BDEW: BDEW-Roadmap – Realistische Schritte zur Umsetzung von Smart Grids in Deutschland, Berlin, 11. Februar 2013

BDEW: Smart Grids – Das Zusammenwirken von Netz und Markt, Diskussionspapier, Berlin, 26. März 2012

Becker, W., et al.: Erfolgsfaktoren der Geschäftsmodelle junger Unternehmen, in: Bamberger Betriebswirtschaftliche Beiträge Nr. 183, Bamberg (2012)

Becker, W., et al.: Geschäftsmodelle im Mittelstand, in: Bamberger Betriebswirtschaftliche Beiträge Nr. 175, Bamberg (2011)

Bergmann, R., Bungert, M.: Strategische Unternehmensführung, 2. Aufl. Springer, Berlin (2011)

Bleicher, K.: Das Konzept Integriertes Management. Visionen – Missionen – Programme, 8. Aufl. Campus, Frankfurt a. M. (2011)

Bleicher, K.: Integriertes Management von Wertschöpfungsnetzwerken. In: Bach, N. et al. (Hrsg.): Geschäftsmodelle für Wertschöpfungsnetzwerke, S. 145–178. Gabler, Wiesbaden (2003)

Bornemann, M.: Die Erfolgswirkung der Geschäftsmodellgestaltung – Eine kontextabhängige Betrachtung, Gabler, Wiesbaden, 2010

Bundesnetzagentur: „Smart Grid" und „Smart Market". Eckpunktepapier der Bundesnetzagentur zu den Aspekten des sich verändernden Energieversorgungssystems, Bonn. (2011)

Bühner, V., et al.: Neue Dienstleistungen und Geschäftsmodelle für Smart Distribution und Smart Markets, VDE-Kongress 2012. VDE-Verlag, Berlin (2012)

Doleski, O.D., Janner, T.: Projektmanagement bei der Ausbringung intelligenter Zähler. In: Aichele, C., Doleski, O.D. (Hrsg.): Smart Meter Rollout – Praxisleitfaden zur Ausbringung intelligenter Zähler. S. 105–129. Springer, Wiesbaden (2013)

Doleski, O.D.: Geschäftsprozesse der liberalisierten Energiewirtschaft. In: Aichele, C. (Hrsg.): Smart Energy – Von der reaktiven Kundenverwaltung zum proaktiven Kundenmanagement, S. 115–150. Springer, Wiesbaden (2012)

Golovatchev, J., et al.: Im Strom der Zeit. Product Lifecycle Management (PLM) als Instrument zur Beherrschung der steigenden Marktdynamik und Produktvielfalt in der Energiewirtschaft. Köln (2013)

Gutenberg, E.: Einführung in die Betriebswirtschaftslehre, 1. Aufl. unveränd Nachdruck. Gabler, Wiesbaden (1990)

Haag, W., Lang, V.: „Volksbewegung Energie" – auf dem Weg in die partizipative Energiewirtschaft?, Dow Jones Energy Weekly, Nr. 6, 12. Februar 2010

Hahn, H., Prinz, M.: Szenariotechnik als Instrument der Strategieentwicklung. Zeitschrift für Energie, Markt, Wettbewerb (emw), Nr. 2, April 2013, S. 46–49

Kerssenbrock, N., Ploss, M.: Geschäftsmodelle in der Energiewirtschaft. Energiewirtschaftliche Tagesfragen (et), 61. Jg., Heft 11, 2011, S. 72–75

Kley, F.: Neue Geschäftsmodelle zur Ladeinfrastruktur, Working Paper Sustainability and Innovation No. S 5/2011. Fraunhofer-Institut für System- und Innovationsforschung ISI, Karlsruhe (2011)

Malik, F.: Komplexität – was ist das? Modewort oder mehr? http://www.kybernetik.ch/dwn/Komplexitaet.pdf. (1998). Zugegriffen: 18. Juli 2013

Nemeth, A.: Geschäftsmodellinnovation – Theorie und Praxis der erfolgreichen Realisierung von strategischen Innovationen in Großunternehmen, Dissertation, St. Gallen. (2011)

Osterwalder, A., Pigneur, Y.: Business Model Generation. Campus, Frankfurt a. M (2011)

Osterwalder, A., et al.: Clarifying Business Models: Origins, Present, and Future of the Concept, Communications of the Association for Information Systems (CAIS), 15. Jg., Mai 2005, Nachdruck, S. 1–39

Osterwalder, A.: The business model ontology. A proposition in a design science approach, dissertation. Universität Lausanne (2004)

Porter, M.E.: Strategy and the internet. Harvard Business Review, 79, March 2001, S. 62–78

Prinz, M., Dudenhausen, R.: Geht es auch ohne sie? Energieversorger im Dilemma der Energiewende. Zeitschrift für Energie, Markt, Wettbewerb (emw), Nr. 3, Juni 2012, S. 40–45

Rüegg-Stürm, J.: Das neue St. Galler Management-Modell. In: Dubs, R. et al. (Hrsg.): Einführung in die Managementlehre, Bd. 1, Teile A-E, S. 65–141. Haupt, Bern (2004)

Scheer, C., et al.: Geschäftsmodelle und internetbasierte Geschäftsmodelle – Begriffsbestimmung und Teilnehmermodell, ISYM. Paper 12, Dezember 2003

Schneider, J., et al.: Die Bedeutung des Energiehandels für Smart Energy-Geschäftsmodelle. Energiewirtschaftliche Tagesfragen (et), 63. Jg., Heft 1/2, 2013, S. 10–13

Servatius, H.-G.: Wandel zu einem nachhaltigen Energiesystem mit neuen Geschäftsmodellen. In: Servatius, H.-G. et al. (Hrsg.): Smart Energy. Wandel zu einem nachhaltigen Energiesystem, S. 3–43. Springer, Berlin (2012)

Stähler, P.: Geschäftsmodelle in der digitalen Ökonomie, 2. Aufl. Eul, Lohmar (2002)

Weiner, N., et al.: Geschäftsmodelle im „Internet der Dienste" – Aktueller Stand in Forschung und Praxis. Fraunhofer-Institut für Arbeitswirtschaft und Organisation IAO, Stuttgart, (2010)

Wirtz, B.W.: Business Model Management. Design – Instrumente – Erfolgsfaktoren von Geschäftsmodellen, 2. Aufl. Gabler, Wiesbaden (2011)

Wolf, T., Hänchen, S.: Die Entwicklung visionärer Geschäftsmodelle. Fachzeitschrift für Information Management und Consulting (IM), Heft 4, 2012, S. 50–56

Zolnowski, A., Böhmann, T.: Stand und Perspektiven der Modellierung von Geschäftsmodellen aus Sicht des Dienstleistungsmanagements. In: Thomas, O., Nüttgens, M. (Hrsg.): Dienstleistungsmodellierung 2010, S. 24–38. Springer, Berlin (2010)

Innovative Geschäftsmodelle im Smart Market – Flexibilität von Energiemengen und neue Plattformen als Eckpfeiler

25

Hans-Gerd Servatius und Bernd Sörries

Zusammenfassung

Der Wandel des Energiesystems erfordert nicht nur neue Technologien, sondern auch innovative Geschäftsmodelle im Rahmen von Smart Markets. Hierfür gilt es, verlässliche politische Rahmenbedingungen zu schaffen. In diesem Beitrag skizzieren wir zunächst die Phasen beim Wandel von Energieunternehmen und erläutern dann die spezifischen Herausforderungen bei der Geschäftsmodell-Innovation im Energiesektor. Darauf aufbauend wird analysiert, wie sich die Transaktionen der Marktteilnehmer durch die Integration erneuerbarer Energien verändern und welche Konsequenzen daraus für die einzelnen Geschäftsmodelle und -prozesse entstehen. Um künftig die hohe Versorgungssicherheit zu gewährleisten, muss ein kommerzieller Markt für die Flexibilität von Energiemengen entstehen. Dieser Markt setzt dabei neue, zweiseitige Plattformen voraus. Sofern die etablierten Marktteilnehmer die damit verbunden Chancen nicht nutzen, entstehen Anreize für den Markteintritt branchenfremder Unternehmen.

25.1 Phasen beim Wandel von Energieunternehmen

Angesichts des Drucks der Politik, neuer Wettbewerber und der Öffentlichkeit sowie der sich bietenden Möglichkeiten beschäftigen sich immer mehr Energieunternehmen mit der Frage, wie sie den Wandel zu neuen Geschäftsmodellen bewältigen können. Im letzten Jahrzehnt ist dieser Wandel eher evolutionär verlaufen. In einer ersten Phase standen eine

---

B. Sörries (✉)
Sörries Consult, Käthe-Kollwitz-Ring 79, 40822 Mettmann, Deutschland

H.-G. Servatius
Competivation Consulting UG & Co. KG, Am Gentenberg 96b, 40489 Düsseldorf-Kaiserswerth, Deutschland

Optimierung der vorhandenen Geschäftsmodelle und die Verteidigung des Status quo im Vordergrund. Die Innovationsanstrengungen waren vor allem auf eine Erschließung benachbarter Felder gerichtet wie z. B. die Errichtung von Großanlagen für Erneuerbare Energien oder Energieeffizienzdienstleistungen für Industriekunden.

Eine zweite Phase – man könnte sie die Phase des Experimentierens nennen – ist durch eine intensive Suche nach Kooperationspartnern und die Mitwirkung an Pilotprojekten gekennzeichnet, z. B. den E-Energy-Projekten oder Smart Meter-Einführungen. Georg Müller, Vorstandsvorsitzender der MVV Energie AG, dessen Unternehmen an dem Projekt Modellstadt Mannheim (Moma) beteiligt ist, weist darauf hin, dass es sich hierbei um ein Pilotvorhaben zur Überprüfung der Machbarkeit handle. Um konkrete Geschäftsmodelle entwickeln zu können, müssten zunächst die regulatorischen Rahmenbedingungen, wie Standardisierungen und Normierungen, festgelegt werden.[1] Innovationsfortschritte hängen also – das zeigt diese Aussage – davon ab, wie gut das Wechselspiel zwischen Akteuren aus den Sektoren Politik/Recht und Wirtschaft funktioniert. Unsichere politische Rahmenbedingungen behindern gegenwärtig noch die Innovation.

Viele Energieunternehmen befinden sich daher am Übergang zu einer dritten Phase, die durch die systematische Erschließung von neuen Geschäftsmodellen gekennzeichnet ist. Neben der Entwicklung von kreativen Ideen erweist sich dabei die organisatorische Umsetzung als Herausforderung. Diese Phase markiert voraussichtlich den Beginn eines umfassenden Wandels, der von Geschäftsmodell-Innovationen ausgeht. Bislang haben aber erst relativ wenige Akteure diese vierte Phase erreicht. Es stellt sich daher die Frage, was diese Unternehmen von anderen Branchen lernen können, die duale Transformationsprogramme bewältigt haben. Diese dualen Programme sind dadurch gekennzeichnet, dass parallel zur Innovation Kostensenkungsprobleme zu lösen sind. Dabei kommt es darauf an, zwischen den beiden Programmen geeignete Austauschmechanismen zu finden.[2] Für den Energiesektor ist mit einer längeren Phase der Koexistenz verschiedener Geschäftsmodelle zu rechnen. Insgesamt zeichnet sich also für die Energieunternehmen eine Beschleunigung des Wandels von eher evolutionären Phasen zu einer transformativen Phase ab (siehe Abb. 25.1).

Die konzeptionellen Grundlagen zur Transformation von Unternehmen im Sinne eines umfassenden Wandels sind in den 1980er und 90er Jahren entstanden.[3] Hierauf bauen modular gestaltete Programme auf, von denen die *Business Transformation Management Methodology* (BTM^2) der bislang umfassendste Ansatz ist.[4] Wenn man bei Energieunternehmen von Transformation sprechen kann, dann eher in Bezug auf die Kostensenkungsprogramme einiger großer Versorger. Dabei droht das Thema *Geschäftsmodell-Innovation* (GMI) auf der Strecke zu bleiben.

---

[1] Müller (2012, S. 61).
[2] Gilbert et al. (2012).
[3] Gouillart und Kelly (1995).
[4] Uhl und Gollenia (2012).

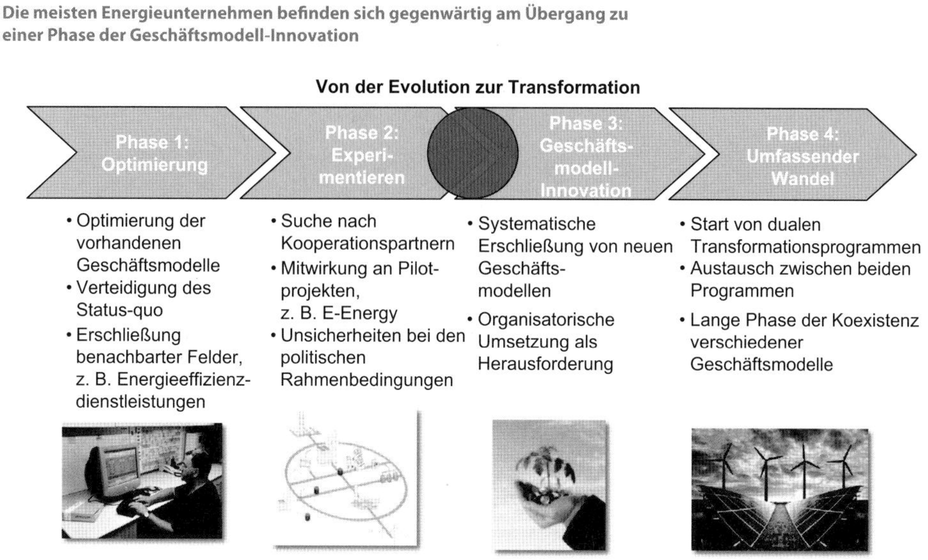

Die meisten Energieunternehmen befinden sich gegenwärtig am Übergang zu einer Phase der Geschäftsmodell-Innovation

Von der Evolution zur Transformation

Phase 1: Optimierung
- Optimierung der vorhandenen Geschäftsmodelle
- Verteidigung des Status-quo
- Erschließung benachbarter Felder, z. B. Energieeffizienzdienstleistungen

Phase 2: Experimentieren
- Suche nach Kooperationspartnern
- Mitwirkung an Pilotprojekten, z. B. E-Energy
- Unsicherheiten bei den politischen Rahmenbedingungen

Phase 3: Geschäftsmodell-Innovation
- Systematische Erschließung von neuen Geschäftsmodellen
- Organisatorische Umsetzung als Herausforderung

Phase 4: Umfassender Wandel
- Start von dualen Transformationsprogrammen
- Austausch zwischen beiden Programmen
- Lange Phase der Koexistenz verschiedener Geschäftsmodelle

Abb. 25.1 Phasen des Wandels

25.2 Spezifische Herausforderungen bei der Geschäftsmodell-Innovation im Energiesektor

Bei der Geschäftsmodell-Innovation gibt es eine Reihe allgemeiner Risiken und Erfolgsfaktoren. Die Erfahrung aus Beratungsprojekten zeigt, dass Unternehmen auch bei dieser Innovationsform eine Lernkurve durchlaufen. Die meisten Energieunternehmen stehen am Beginn dieser Lernkurve.

Wir haben jedoch den Eindruck, dass Energieunternehmen darüber hinaus mit spezifischen Herausforderungen zu kämpfen haben, die sich zu einer schwer überwindbaren Hürde auftürmen. Diese spezifischen Herausforderungen bei der Geschäftsmodell-Innovation sind (Abb. 25.2):

- Die Verankerung des Themas Nachhaltigkeit in den Geschäftsmodellen,
- eine Bewältigung kritischer Elemente im GMI-Prozess,
- die Orchestrierung des relevanten Innovationsökosystems und vor allem
- eine Einflussnahme auf die politischen Rahmenbedingungen.

Im Folgenden gehen wir näher auf diese Herausforderungen ein.

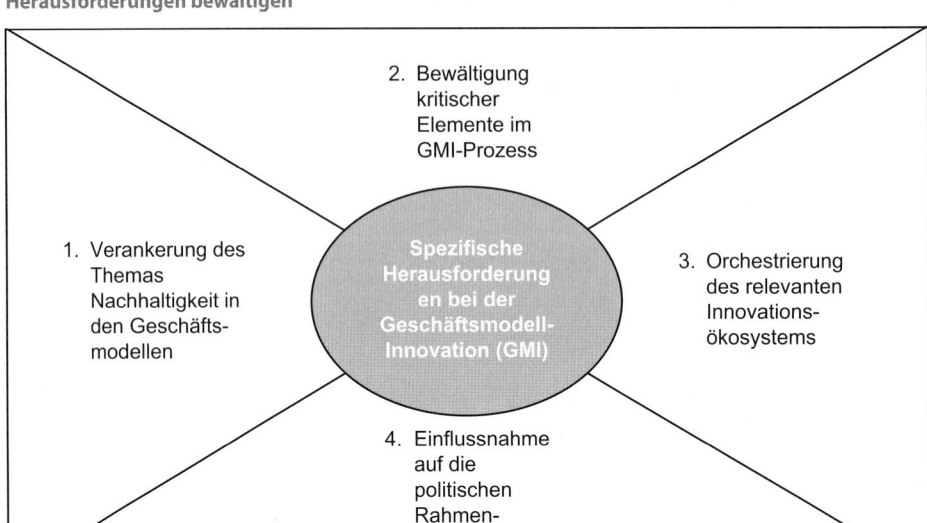

Energieunternehmen müssen bei der Geschäftsmodell-Innovation spezifische Herausforderungen bewältigen

Abb. 25.2 Spezifische Herausforderungen

25.2.1 Verankerung des Themas Nachhaltigkeit in den Geschäftsmodellen

Ein *Geschäftsmodell* beschreibt, wie verschiedene Bausteine bei der Geschäftstätigkeit einer Organisation zusammenwirken. Gemäß einer solchen Modellvorstellung ermöglichen es die strategischen Ressourcen und Schlüsselprozesse Produkte und Dienstleistungen anzubieten, die einen spezifischen Nutzen für Kunden stiften und so zu einer finanziellen Wertsteigerung des Unternehmens beitragen.[5] Diese Definition berücksichtigt aber nicht den Aspekt der *Nachhaltigkeit*, der für neue Geschäftsmodelle im Energiesektor von besonderer Bedeutung ist. Erstaunlicherweise taucht dieser Aspekt in der inzwischen umfangreichen Literatur zum Thema und den verbreiteten Canvas-(Leinwand-)Konzepten kaum auf.[6]

Eine solche Verankerung könnte auf unterschiedliche Weise erfolgen. Eine Möglichkeit wäre, die nachhaltige Unternehmenspolitik als Rahmen für andere Bausteine zu interpretieren. Dabei ergänzen die Nachhaltigkeitsdimensionen ökologische und soziale Verantwortung die ökonomische Dimension der finanziellen Wertsteigerung.

---

[5] Servatius (2012, S. 23).

[6] Osterwalder und Pigneur (2010).

Ein erfolgreiches Geschäftsmodell für Energieeffizienz bei Industriekunden unterscheidet sich von dem traditioneller Versorger

Bausteine eines Geschäftsmodels	Elemente des Geschäftsmodells				
Nachhaltige Unternehmenspolitik	Messbare Verbesserung der Energie- und Ressourceneffizienz (im eigenen Unternehmen und bei Kunden)			Schaffung von Arbeitsplätzen z.B. bei lokalen Partnerunternehmen	
1. Dauerhafte finanzielle Wertsteigerung	Erfolgsabhängiger Umsatz mit Dienstleistungen		Kombination aus Größenvorteilen, Erfahrungsvorteilen und Vorteilen regionaler Nähe	Je nach Contracting-Modell unterschiedliche Kapitalbindung	
2. Nutzen der Produkte und Dienstleistungen für den Kunden	Senkung der Energiekosten ohne eigenen Kapitalbeitrag/hohes Servicelevel		Modulares Angebot an Energieeffizienz-Lösungen	Starke emotionale Bindung der Kunden	
3. Schlüsselprozesse	Service-Innovationen/ Günstige Finanzierungsmöglichkeiten	Energieeinkauf mit deutlichen Kostenvorteilen	Contracting-Wertschöpfung von der Analyse bis zur Betriebsführung	Experience Co-Creation mit Kunden und Partnern	Gutes Talent Management/ kompetente Key Account Manager
4. Strategische Ressourcen	Kompetenzzentren und dezentrale Präsenz	Systemkompetenz bei intelligenter Gebäudetechnik und Energie-management	Engagierte Mitarbeiter mit ausgeprägter Kundenorientierung	Innovative Marke mit hoher Reputation	Flexibles Netzwerk qualifizierter Wertschöpfungs-partner

Abb. 25.3 Geschäftsmodell für Energieeffizienz

Eine zweite Möglichkeit wäre, dass spezifische Facetten des Nachhaltigkeitsthemas die Bausteine des Geschäftsmodells durchdringen. Dies würde dann eine sehr differenzierte Geschäftsmodell-Beschreibung erfordern. Noch fehlt hierfür eine gemeinsame Sprache, die die Kommunikation über nachhaltige Geschäftsmodelle erleichtern würde. Diese „Sprachlosigkeit" erschwert die Arbeit an neuen Geschäftsmodellen im Energiesektor.

Ein Beispiel kann dies verdeutlichen. So unterscheiden sich Geschäftsmodelle für Energieeffizienz erheblich von denen traditioneller Versorger. Die Unterschiede liegen unter anderem bei Elementen, die etwas mit Nachhaltigkeit zu tun haben (Abb. 25.3). Es ist daher wichtig, einen solchen Beschreibungsrahmen innerhalb der Organisation einzuüben.

Neben dieser inhaltlichen Herausforderung liegt eine zweite Hürde beim GMI-Prozess.

25.2.2 Bewältigung kritischer Elemente im Prozess der Geschäftsmodell-Innovation

Im Rahmen des *allgemeinen Strategieprozesses* ist es wichtig zu erkennen, wann eine Initiative zur Geschäftsmodell-Innovation erforderlich ist. Der GMI-Prozess besteht dann aus den folgenden Phasen, zwischen denen es meist vielfältige Rückkopplungen gibt:

- Vorbereitung einer Initiative zur Geschäftsmodell-Innovation (GMI),
- Sammlung, Analyse und Bewertung von Innovationsideen,
- Zusammenführung und Konkretisierung der Ideen,
- Implementation mit schnellen Lernzyklen,

- Erarbeitung und Genehmigung eines Geschäftsplans sowie
- organisatorische Umsetzung.

Was sind nun kritische Elemente in diesem Prozess, die spezifisch für die gegenwärtige Situation des Energiesektors sind? GMI-Initiativen gehen häufig von einer konkreten Bedrohung durch Wettbewerber aus. Dieses akute Szenario gibt es für Energieunternehmen nur bedingt. Man beklagt zwar seit Jahren, dass die etablierten Geschäftsmodelle unter Druck geraten seien. Es fehlt aber bislang noch weitgehend an konkreten Angreifern durch neue oder etablierte Konkurrenten.

Bei der Sammlung, Analyse und Bewertung von Innovationsideen mangelt es vielen Unternehmen an Erfahrung und eingeübten Routinen. Erschwerend hinzu kommt eine starke Beanspruchung durch parallel ablaufende Programme zur Effizienzsteigerung. Außerdem lassen sich Geschäftsmodell-Muster aus anderen Branchen nur zum Teil auf den Energiesektor übertragen.

Die Zusammenführung und Konkretisierung von neuen Ideen zu neuen Geschäftsmodellen wird durch die relativ stark ausgeprägten Barrieren zwischen Organisationseinheiten erschwert, die auch die notwendigen schnellen Lernzyklen erschweren. Im Unterschied zu anderen Branchen stehen Energieunternehmen erstmals in ihrer Geschichte vor der Herausforderung, ihre Innovationsprozesse massiv zu beschleunigen.

Ein grundlegendes Problem bei der Erarbeitung von Geschäftsplänen sind die unsicheren politischen Rahmenbedingungen, die von Branchenvertretern seit langem beklagt werden. Es bleibt abzuwarten, inwieweit es der neuen Bundesregierung gelingt, hier Abhilfe zu schaffen.

Auch die organisatorische Umsetzung gestaltet sich für Energieunternehmen schwierig. Ein Grund dafür ist das Nebeneinander von alten und neuen Geschäftsmodellen, mit denen die Unternehmen auf ihr wichtigstes Asset, die angestammte Kundenbasis, zugehen. Was ist in dieser Situation der richtige Abstand zwischen etablierten und neuen Organisationseinheiten? Und wie bewältigt man den kulturellen Spagat zwischen Innovatoren und Bewahrern?

Die Summe dieser in Abb. 25.4 zusammengefassten kritischen Elemente macht aus der an sich schon schwierigen Aufgabe eine besondere Herausforderung.

Zu dem allen kommt noch hinzu, dass das Innovationsökosystem der Energieunternehmen seine Tücken hat.

25.2.3 Orchestrierung des relevanten Innovationsökosystems

Viele Unternehmen sind zu stark auf das eigene Umsetzungsrisiko fokussiert. Sie beachten zu wenig, dass ihr Erfolg stark von anderen Innovationen abhängt und außerdem verschiedene Partner in der *Innovationskette* zusammenarbeiten müssen, bevor eine Neuerung beim Kunden ankommt. Die aktuelle Innovationsforschung fordert daher einen weiten

In den Phasen der Geschäftsmodell-Innovation gibt es kritische Elemente

Phasen	Kritische Elemente
1. Vorbereitung einer Initiative zur Geschäftsmodell-Innovation	– Allgemeine Bedrohung für die vorhandenen Geschäftsmodelle, aber wenig konkrete Akteure
2. Sammlung, Analyse und Bewertung von Innovationsideen	– Mangel an Erfahrung und eingeübten Routinen – Starke Beanspruchung durch Effizienzprogramme – Geschäftsmodell-Muster aus anderen Branchen nur bedingt übertragbar
3. Zusammenführung und Konkretisierung der Ideen	– Barrieren zwischen Organisationseinheiten
4. Implementation mit schnellen Lernzyklen	– Beschleunigung von Innovationsprozessen als neue Herausforderung
5. Erarbeitung und Genehmigung eines Geschäftsplans	– Unsichere politische Rahmenbedingungen
6. Organisatorische Umsetzung	– Nebeneinander von alten und neuen Geschäftsmodellen – Kultureller Spagat

Abb. 25.4 Kritische Elemente im Prozess

Um das Risiko zu reduzieren, muss ein Unternehmen sein relevantes Innovationsökosystem orchestrieren

Vom Erfolg welcher anderer Innovationen hängt mein Innovationserfolg ab?

Was ist erforderlich, um die Innovation im Markt einzuführen?

Welche Partner in der Wertkette müssen meine Innovationen nutzen, bevor diese beim Kunden ankommt?

Co-Innovationsrisiko   Umsetzungsrisiko   Risiko von Partnern in der Innovationskette

Der weite Blickwinkel

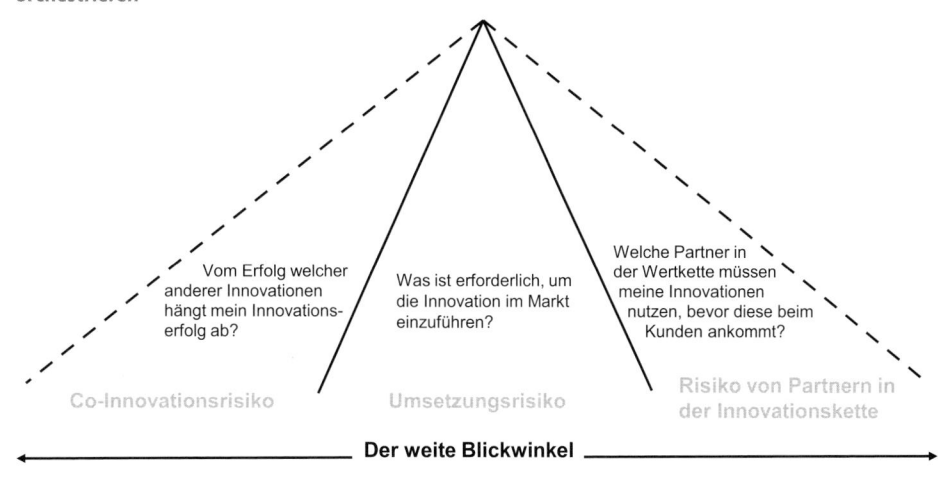

Abb. 25.5 Risiken im Innovationsökosystem

Blickwinkel, der das gesamte Innovationsökosystem erfasst.[7] Die Abb. 25.5 veranschaulicht diese dreifache Risikosituation bestehend aus Umsetzungsrisiko, Co-Innovationsrisiko und Risiko von Partnern in der Innovationskette.

Ein Beispiel für ein *Co-Innovationsrisiko* liefert die *Elektromobilität*. Natürlich hängt der Erfolg von Ladesäulen stark von der Verbreitung von Elektrofahrzeugen ab und umgekehrt. Für deren geringe Verbreitung waren Energieunternehmen nicht verantwortlich.

---

[7] Adner (2012).

Gleichwohl wurden sie zu Leidtragenden des bislang zumindest in Deutschland ausgebliebenen Elektrobooms.

Das *Partnerrisiko* in der Innovationskette kann man am Beispiel Smart Home verdeutlichen. Intelligente Produkte und Dienstleistungen reichen nicht aus, wenn es an Partnern fehlt, die derartige Lösungen beim Kunden realisieren. Entsprechende hybride Geschäftsmodelle mit neuartigen Partner-Netzwerken sind bislang aber kaum in Sicht.

Ein solches Partner-Netzwerk bildet einen wichtigen Bestandteil von Geschäftsmodellen zweiter Ordnung, die wir im Folgenden erläutern.

25.2.4 Einflussfaktoren auf die politischen Rahmenbedingungen

Die Theorie zu neuen Geschäftsmodellen beschäftigte sich bislang vor allem mit Geschäftsmodell-Innovationen erster Ordnung, die von einem Unternehmen und seinen Finanzpartnern ausgehen. Dabei spielt die Politik in der Regel keine aktive Rolle.

Im Energiesektor kommt es aber entscheidend auf *Geschäftsmodell-Innovationen zweiter Ordnung* an, die eine aktive Mitwirkung der Politik erfordern. Diese Mitwirkung kann in der Schaffung verlässlicher politischer Rahmenbedingungen, dem Ausgleich vor Partikularinteressen oder der Schaffung technischer Standards liegen. Eine solche politische Theorie der Geschäftsmodell-Innovation gibt es bislang allenfalls in Ansätzen. Sie bildet aber eine unverzichtbare Grundlage für entsprechende Innovationen im Energiesektor.

Ein weiteres Tätigkeitsfeld der Politik liegt darin, die Rahmenbedingungen für erfolgreiche Innovationsnetzwerke zu schaffen, in denen Forschungs- und Entwicklungseinheiten mit Unternehmen im Vorfeld des Wettbewerbs zusammenarbeiten. Die deutschen E-Energy-Projekte gehen in diese Richtung. Es bleibt abzuwarten, in welchem Umfang dabei auch erfolgreiche Geschäftsmodelle herauskommen.

Abbildung 25.6 veranschaulicht diese Unterschiede zwischen Geschäftsmodellen erster und zweiter Ordnung.

Eine zentrale Frage ist, ob es den Energieunternehmen gelingt, Einfluss auf die Gestaltung verlässlicher politischer Rahmenbedingungen zu nehmen. In den letzten Monaten wurden hierzu einige Vorschläge gemacht. Der Weg zu einer echten Geschäftsmodell-Innovation zweiter Ordnung erscheint allerdings noch weit.

25.3 Anpassungsbedarf durch die Integration Erneuerbarer Energien

Die Weichen in der deutschen Energiepolitik sind gestellt. Über einen Stufenplan soll der Anteil der Erneuerbaren Energien an der Bruttostromerzeugung bis 2050 auf 80 % erhöht werden. Dieses primär ökologisch motivierte Ziel, das der Nachhaltigkeit dient, soll mit einer hohen Versorgungssicherheit (§ 11 Abs. 1 EnWG) sowie ökonomischer Effizienz

25 Innovative Geschäftsmodelle im Smart Market

Bei Geschäftsmodell-Innovationen zweiter Ordnung kommt es auf die aktive Mitwirkung der Politik an

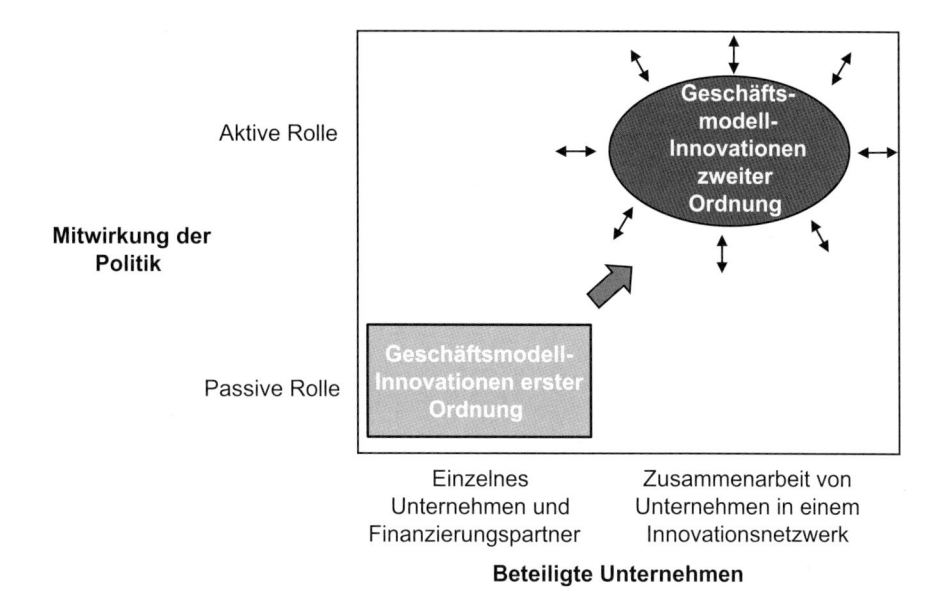

Abb. 25.6 Geschäftsmodell-Innovationen zweiter Ordnung

(Wirtschaftlichkeit) verzahnt werden.[8] Das energiepolitische Zieldreieck erfordert damit einen grundlegenden Wandel des deutschen Stromversorgungssystems. Davon werden sowohl die im Markt etablierten Geschäftsmodelle und -prozesse als auch der sie flankierende gesetzliche Rahmen erfasst.[9] Die aus (organisatorischen) Veränderungsprozessen resultierenden Unsicherheiten und Unwägbarkeiten sind aktuell im Markt deutlich zu greifen: wer Fragen über die Ausgestaltung dieses Transformationsprozesses stellt, dem schallen eine Vielzahl von (vorläufigen) Antworten entgegen. Angesichts der unterschiedlichen Marktrollen, aus denen heterogene Interessen resultieren, ist dieser Pluralismus wenig überraschend. Sicher scheint jedoch zu sein, dass die etablierten Koordinationsmechanismen im Markt an ihre Grenzen stoßen. Ob künftig der Markt als Koordinationsinstrument noch bedeutsamer wird, oder eine hierarchische Koordination an seine Stelle tritt, ist dabei (auch) noch nicht entschieden.[10]

---

[8] Hierbei geht es primär darum, die Wettbewerbsfähigkeit der Industrie nicht zu gefährden. Der nationale Zielkanon entspricht dabei auch den europäischen Zielsetzungen. Vgl. zur Diskussion der teilweise im Konflikt miteinander stehenden Ziele Bettzüge et al. (2011, S. 54).

[9] So muss der Gesetzgeber § 21i EnWG nunmehr ausfüllen. Eine Reihe von Verordnungen sollen im 1. Halbjahr 2014 vorliegen.

[10] Innerhalb des Marktes sprechen sich dabei die Mehrheit der Unternehmen für eine marktorientierte Koordinierung aus.

Aus der Integration der Erneuerbaren Energien resultiert ein Anpassungsbedarf, der vereinfacht so formuliert werden kann:

1. Die installierte Leistung von Erneuerbaren Energien wird künftig ein Vielfaches dessen betragen, was beispielsweise als Jahreshöchstlast in Deutschland benötigt wird.[11] Daraus resultiert die Frage, welche Instrumente und Prozesse im Markt erforderlich sind, um ein Zuviel an Stromeinspeisung im Sinne der Versorgungsstabilität und Wirtschaftlichkeit beherrschbar zu machen. In diesem Zusammenhang ist auch zu klären, welche Konsequenzen aus der zunehmenden Rückspeisung in die nächst höhere Spannungsebene abzuleiten sind.
2. Die Stromproduktion aus Erneuerbaren Energien basiert vor allem auf fluktuierenden Stromeinspeisungen aus Wind und Photovoltaik. Eine Reaktion darauf könnte ein modifiziertes *Einspeisemanagement* sein, das auch darauf abzielt, eine bessere Balance zwischen Erneuerbaren Energien und konventioneller Stromerzeugung zu erzielen. Bei einer entsprechenden Ausgestaltung könnte ein modifiziertes Einspeisemanagement auch den betriebswirtschaftlichen Anforderungen der konventionellen Stromerzeugung genügen.
3. Es müssen Instrumente zur Synchronisation von Strommengen entwickelt werden. Traditionell fand die Steuerung des Marktes im Wesentlichen auf der Angebotsseite statt. Diese Beschränkung ist mit der Integration der (fluktuierenden) Erneuerbaren Energien nicht mehr zeitgemäß. Ein zu entwickelndes *Lastmanagement*[12] (*Demand Response, DR*) kommt in diesem Zusammenhang die Aufgabe zu vorhandene Flexibilitätspotenziale bei Letztverbrauchern zu heben bzw. (preisliche) Anreize zu setzen und Flexibilitätspotenziale zu entwickeln.[13] Die heute im System vorhandene vertikale Flexibilität auf der Erzeugungsseite ist somit durch dezentrale Flexibilitätsoptionen auf der Lastseite zu ergänzen.[14]

Zusammenfassend wird die Integration Erneuerbarer Energien dazu führen, dass sich ganz maßgeblich die Strukturen sowie Prozesse[15] im Markt verändern werden. Die heute am Markt befindlichen Geschäftsmodelle müssen deshalb entweder auf die neuen (Netz-)Notwendigkeiten ausgerichtet und transformiert und/oder durch neue Geschäftsmodelle ergänzt werden. Während im ersten Fall an neue Aufgaben und Verantwortlichkeiten von Verteilnetzbetreibern im Monopolbereich zu denken ist, könnte durch neue Geschäftsmodelle ein Markt für verbrauchsseitige Flexibilität geschaffen werden, der wiederum den Wettbewerb bei endkundenorientierten Diensten neue Impulse verleiht.

---

[11] DENA (2012, S. 6).

[12] In der Studie Agora 2013 wird der regionale Beitrag eines Lastmanagements beispielhaft analysiert.

[13] In diese Richtung zielt auch § 40 Abs. 5 EnWG.

[14] Vgl. Bauknecht (2012).

[15] Davon sind auch die von der BNetzA festgelegten Prozesse (z. B. bei Lieferantenwechsel) betroffen.

25.4 Anpassungsinstrumente: Smart Grid und Smart Market

Während es in der öffentlichen Diskussion zumeist um die Auswirkungen der Energiewende auf die Übertragungsnetze geht, ist der Anpassungsbedarf in den Verteilnetzen und somit in den Regionen nicht weniger bedeutsam.[16] Die besondere Stellung dieser Netzebene wird dadurch untermauert, dass sowohl der Großteil der regenerativen Stromerzeugungsanlagen und KWK-Anlagen heute an die Verteilnetze angeschlossen sind als auch die Letztverbraucher, die eine aktive Rolle im Lastmanagement einnehmen, über die Verteilnetze in das neue Versorgungssystem integriert werden. Der Ausbaubedarf der Netze ist somit davon abhängig, wie hoch der Anteil der Erzeugung aus Erneuerbaren Energien ist. Hier ist noch zu berücksichtigen, dass auch ein Lastmanagement einen Netzausbau erforderlich machen kann. Als Beispiel dafür sei hier nur die E-Mobilität als neue Last erwähnt. Da die Einspeisung von Strom aus Erneuerbaren Energien nicht überall im gleichen Umfang erfolgt, besteht regional ein sehr unterschiedlicher Anpassungsbedarf. Im Weiteren wird dieser Aspekt nicht weiter betrachtet.[17]

Welche grundlegenden Anpassungsreaktionen haben nun die (regionalen) Akteure? Im Folgenden soll diese Frage kurz beantwortet werden:

Aus der Perspektive des Netzes, d. h. der Verteilnetzbetreiber, lässt sich der Anpassungsbedarf dahingehend formulieren, dass aus der zunehmenden dezentralen, fluktuierenden Einspeisung von Strom aus regenerativen Anlagen Spannungsbandverletzungen und Netzengpässe resultieren können. Verteilnetzbetreiber haben zwei Optionen, auf den veränderten Lastfluss zu reagieren. Sie können erstens das Netz den (maximalen) Kapazitätsanforderungen anpassen, in dem sie die Leitungsinfrastruktur erweitern. Experten sind aber einhellig der Auffassung, dass dieser Weg volkswirtschaftlich nicht sinnvoll ist.[18] Im Übrigen ist unklar, wie es um die Akzeptanz eines umfassenden Netzausbaus in der Bevölkerung bestellt ist.

Die Alternative zum klassischen Netzausbau besteht darin, „intelligente" Netzbetriebsmittel (z. B. regelbare Ortsnetzstationen) einzusetzen, sowie ein Einspeise- sowie ein dezentrales Lastmanagement zu entwickeln.[19] Ziel dieser Maßnahmen ist es, eine der geänderten Struktur der Einspeisung angepasste Netzführung und -betrieb zu ermöglichen, sodass die Kapazitäten zunächst ohne Netzausbau erhöht werden können.

Aus der Perspektive des Marktes, also von Lieferanten und Erzeugern, geht es um neue „smarte" Produkte im Bereich der Energiemengenbewirtschaftung sowie um eine Amortisierung von Investitionen in Erzeugungsanlagen. Damit müssen neue Geschäftsmodelle entwickelt werden, die ein Angebot von Energiemengen-Flexibilität wirtschaftlich attraktiv macht.

---

[16] Vgl. DENA (2012).
[17] Der Innovationsbedarf bzw. -druck wird somit regional unterschiedlich ausfallen.
[18] Vgl. Smart Grids Plattform (2013, S. 34).
[19] Daneben sind noch Maßnahmen im Bereich der Steuerung von Blindleistungsregelung denkbar.

Ein miteinander vernetztes Einspeise- und Lastmanagement setzt jedoch voraus, dass die Verteilnetze inklusive aller Marktprozesse „digitalisiert" werden.[20] Folglich müssen die für ein Einspeise- und Lastmanagement erforderlichen Daten über die Erzeugung, die verfügbaren Kapazitäten der Übertragung und Verteilung erhoben, transportiert und verarbeitet werden. Davon wären im Übrigen auch Informationen über die Möglichkeiten der Speicherung sowie über die Nachfrage einschließlich ihrer Elastizitäten sowie die Abbildung aller Energiehandels und -liefergeschäfte im System der Bilanzkreise betroffen.[21] Erst wenn diese Daten vorliegen, können im Markt netzorientierte Produkte zur Flexibilisierung von Strommengen sowie endkundenorientierte Angebote im Bereich der Energieeffizienz realisiert werden.[22] Diese Digitalisierung, die ein sehr hohes Niveau hinsichtlich Datenschutz und Datensicherheit gewährleisten sollte, muss jedoch erst noch kommen. Folglich gilt, dass neue Geschäftsmodelle und Prozesse bedingen, dass die Verteilnetze mit Informations- und Kommunikationstechnologien (IKT) „intelligent" steuerbar werden.[23] Im Ergebnis wird dann aus einem konventionellen Verteilnetz ein „Smart Grid" und aus dem bisherigen Markt ein „Smart Market". Ziel beider Bereiche ist es, die Kapazität in den Netzen zu erhöhen und dabei effizient zu nutzen, um im Zusammenspiel den Ausbau der Leitungsinfrastruktur auf das erforderliche Maß zu beschränken.[24]

25.4.1 Smart Grid

Was unter „*Smart Grid*" im Einzelnen zu verstehen ist, wird auf europäischer wie nationaler Ebene zum Teil sehr unterschiedlich diskutiert.[25] Für den Fortgang der weiteren Analyse sei hier nur erwähnt, dass das „Smart Grid normativ die Trennlinie zwischen Netz und Markt darstellt. So trennt die *Bundesnetzagentur* in ihrem Eckpunktepapier „Smart Grid und Smart Market" sinnvollerweise die Bereiche, die zum Netz und damit in den Monopolbereich gehören, von den Marktbereichen, die liberalisiert sind und in denen die Energiewende im Wesentlichen stattfinden soll. Der Aufbau von Smart Grids ist demnach ein Spezialthema für Netzbetreiber, das allerdings auch ein Ertüchtigen der Netze hinsichtlich von Informationsbeschaffung und -bereitstellung u. a. für die Marktseite beinhaltet.

Oder anders ausgedrückt: Akteure des Smart Marktes, die beispielsweise über virtuelle Kraftwerke Strom anbieten, sind auf eine informationelle Vernetzung von Erzeugungsanlagen sowie auf die Bereitstellung entsprechender Kapazitäten in den Netzen angewiesen.

---

[20] Vgl. NIST (2010); VDE (2012).
[21] Vgl. Khattabi et al. (2012).
[22] Vgl. zu Marktteilnehmern und deren Optionen im Smart Market: Römer et al. (2012, S. 493).
[23] Vgl. Wissner (2009, 2011).
[24] Vg. Bundesnetzagentur (2011).
[25] Vgl. Müller und Schweinsberg (2013, S. 12 ff.).

25.4.2 Smart Market

Mit „*Smart Market*" bezeichnet die Bundesnetzagentur den „(…) Bereich außerhalb des Netzes, in welchem Energiemengen oder daraus abgeleitete Dienstleistungen auf Grundlage der zur Verfügung stehenden Netzkapazität unter verschiedenen Marktpartnern gehandelt werden".[26] Als Akteure sind hier Messstellenbetreiber, Erzeuger und Lieferanten zu sehen. Zukünftig könnten noch Betreiber von Speichern sowie möglicherweise auch noch Betreiber von Kommunikationsinfrastrukturen in den „Smart Market eintreten. Um das Bild zu vervollständigen: Die notwendige Kommunikationsinfrastruktur könnte auch aus den Smart Grids bereitgestellt werden, sodass eine gemeinsame Betrachtung von Markt und Netz nicht ausgeschlossen werden sollte. Im Smart Market könnten ebenfalls spezifische Angebote im Bereich der Elektromobilität realisiert werden.

Künftig wird für die Ausgestaltung sowie für die Transaktionen im Smart Market zentral sein, ob sich marktorientierte Ansätze bei der Koordination durchsetzen, in denen das Netz vornehmlich eine dienende Rolle einnimmt, oder ob sich ein netzorientierter, und damit hierarchischer Ansatz durchsetzt, in dem Verteilnetzbetreiber ganz maßgeblich Prozesse und Transaktionen vorgeben.

In welcher Form sich der Smart Market etabliert, ist nicht zuletzt auch von Vorgaben der europäischen Ebene abhängig. Die Bestrebungen der Kommission, die Harmonisierung im Binnenmarkt voranzutreiben, werden deshalb vor den Strukturen nationaler oder regionaler Smart Markets nicht Halt machen.

25.5 Flexibilität zur Synchronisation von Angebot und Nachfrage

Die Stabilität und Wirtschaftlichkeit des neuen Stromversorgungssystems wird maßgeblich von den Transaktionen folgender Akteure[27] beeinflusst:

1. *Letztverbraucher* die (künftig) über ihr Smart Home oder als Gewerbe- oder Industriekunden mit ihrer steuerbaren Nachfrage direkt in das Stromversorgungssystem integriert sind.[28] Diese Letztverbraucher verfügen über folgende Optionen: Erzeugung von Strom, Speicherung von Strom sowie Anpassung ihres Verbrauchs ans Dargebot.
2. *Teilnehmer im Smart Market*: Eine ganz maßgebliche Aufgabe der Marktteilnehmer wird es sein, Produkte zu entwickeln, die insbesondere die Synchronisation von Angebot und Nachfrage unterstützen. Letztverbraucher, wenn sie aktiv Energiemengen handeln, könnten hier auch vertreten sein. Erwähnenswert ist hier noch, dass die zu handelnden Energiemengen rückläufig sein werden, weil zunehmend Strom für den

---

[26] Bundesnetzagentur (2011, S. 12).
[27] Wiechmann (2012).
[28] Über die HAN-Schnittstelle ist dieses beim Smart Meter Gateway bereits vorgesehen.

Eigenverbrauch produziert wird, sodass Wachstum für die Marktteilnehmer nur aus neuen Geschäftsmodellen bzw. Produkten realisiert werden kann.
3. *Verteilnetzbetreiber*, die durch den Einsatz von IKT die Steuerung ihrer Netze durchführen, um Spannungsbandverletzungen und Kapazitätsengpässe zu vermeiden.

Im Vergleich zum heutigen System fällt auf, dass künftig eine deutlich größere Anzahl von Akteuren am Marktgeschehen teilnehmen wird. Um eine effiziente Allokation der Ressourcen zu ermöglichen sowie Transaktionskosten zu vermeiden, sodass schnelle Reaktionen im System möglich werden, ist eine Automatisierung von Prozessen und Transaktionen geradezu zwingend. Die informationelle Vernetzung und das Betreiben von Plattformen, auf denen die den Transaktionen zugrunde liegenden Daten aufbereitet und zur Verfügung gestellt werden, ist dabei als ein signifikanter Treiber der Transformation des Versorgungssystems anzusehen. Bevor im Weiteren die jeweiligen Funktionen und Aufgaben von IKT-basierten Plattformen näher erläutert werden, wird zunächst dargestellt, welche Regeln die Transaktionen im Smart Market strukturieren und wie es gelingen kann, kommerzielle Märkte für verbrauchsseitige Flexibilität zu schaffen.

25.5.1 Netzampel: Instrument zur Strukturierung von Transaktionen

Um dem zentralen Anker des deutschen Stromversorgungssystems, der hohen *Versorgungsqualität*, gerecht zu werden, ist ein Instrument erforderlich, das den Transaktionen im Smart Market Regeln gibt. Da der Handel von *Energiemengen* zwingend an die vorhandenen Netzkapazitäten gekoppelt ist, müssen die marktlichen Prozesse institutionell in das Kapazitätsmanagement des Verteilnetzbetreibers einfließen. Folglich können die Marktprozesse nicht vom (regulierten) Netz völlig entkoppelt betrachtet und vollzogen werden. Der weitere Zubau von installierten Leistungen aus Erneuerbaren Energien erfordert somit neue Schnittstellen sowie eine marktliche oder hierarchische Verknüpfung von Nachfrage- und Erzeugerseite.[29] Allein schon aus diesem Grund ist eine trennscharfe Abgrenzung vom Smart Grid und Smart Market nicht möglich und sinnvoll. Gerade die Wechselbeziehungen gilt es zu beherrschen. Hieraus könnten neue Geschäftsmodelle, neue Tarifmodelle sowie Transaktionen entstehen.

Die *Netzampel* kann als solches Instrument zur Kopplung von Smart Grid und Smart Market angesehen werden. Sie folgt folgendem Gedankengang.[30]

In der „grünen Phase" liegen keine netzseitigen Restriktionen für den Handel von Energiemengen vor. Der Markt wird über die Preise gesteuert. In der „gelben Phase" müssen die Akteure des Smart Grids mit denen des Smart Markets zusammenarbeiten. Hier könnten dann Systemdienstleistungen vom Netzbetreiber nachgefragt und vom Smart Market angeboten werden. Ziel der Transaktionen ist es dann, Engpasssituationen im Ver-

---

[29] Vgl. Müller und Schweinsberg (2012).
[30] Vgl. Müller und Schweinsberg (2013, S. 4).

teilnetz zu verhindern. Sind die Anpassungsmaßnahmen nicht erfolgreich, so unternimmt der Verteilnetzbetreiber in der „roten Phase" die notwendigen Schritte, um einen Systemzusammenbruch zu verhindern. Die Marktprozesse treten hier in den Hintergrund bzw. werden vom Verteilnetzbetreiber im Netz gestoppt.

Vor dem Hintergrund der ausstehenden Überarbeitung des EnWG ist die „gelbe Phase" von herausgehobener Bedeutung. In ihr zeigt sich, wie die Schnittstellen zwischen Markt und Netz im Sinne von Wirtschaftlichkeit und Versorgungsstabilität zu definieren sind. Während es aus der Perspektive des Netzbetreibers in diesem Fall um die Implementierung eines (neuartigen) Einspeisemanagements[31] geht, ist die vordringliche Aufgabe des Smart Markets Flexibilität auf der Nachfrageseite bereitzustellen, die heute im System nicht existiert. Dass hier primär die Akteure des wettbewerblich geprägten Marktes gefragt sind und folglich der Verteilnetzbetreiber in den Hintergrund rückt, ist dem regulatorisch bedingten Rahmen geschuldet, wonach Verteilnetzbetreiber nicht über die erforderlichen vertraglichen Beziehungen zu Letztverbrauchern verfügen und auch nicht die Energiemengenbilanzierungsverantwortlichkeit bei ihnen liegt. Damit haben die Marktakteure die Verantwortung, durch neue Tarifmodelle ein System zu etablieren, in dem der Preis die Knappheit von Kapazitäten oder ein Überangebot von Strom widerspiegelt.

25.5.2 Flexibilitätsoptionen: Angebot und Nachfrage im Smart Market

Da das Konzept des Smart Markets bisher nur in einzelnen Pilotprojekten hinsichtlich seiner Transaktionen getestet wurde und insoweit noch keine repräsentativen Wirkungsanalysen vorgenommen werden können, wird im Weiteren eine akteurzentrierte Analyse zur Entwicklung von Transaktionen im Smart Market gewählt:

1. Am Ende des Wertschöpfungsprozesses stehen die privaten und gewerblichen Verbraucher. Ihr Beitrag im Markt für kommerzielle Flexibilität wird davon abhängig sein, ob sie weiterhin eine passive oder künftig eine aktive Rolle im Rahmen von DR einnehmen werden. Die Entscheidung der Letztverbraucher wird ihnen jedoch größtenteils abgenommen.[32] Gemäß § 21c Abs. 1 EnWG sind Messsysteme, die eine BSI-konforme bidirektionale Kommunikation ermöglichen (§ 21d Abs. 1 EnWG), bei Letztverbrauchern mit einem Jahresverbrauch von mehr als 6000 Kilowattstunden (kWh) sowie bei Kleinanlagen mit einer installierten Leistung von mehr als sieben Kilowatt (kW) und bei grundlegenden Renovierungsarbeiten einzubauen. Erst mit dem Einbau dieser Messinfrastruktur (auch Smart Metering genannt) sind Letztverbraucher technisch in

---

[31] Bislang ist das Einspeisemanagement nach § 13 Abs. 2 EnWG der roten Ampelphase zugeordnet.

[32] In einem vornehmlich wettbewerblich orientierten Markt käme es an, durch neue Angebote eine entsprechende Nachfrage zu induzieren. Analysen zeigen, dass die Entscheidung der Verbraucher von der Kosten-Nutzen-Relation neuer, intelligenter Energieprodukte determiniert wird (vgl. Gerpott und Paukert 2013).

der Lage, Angebote im Rahmen von DR-Programmen (z. B. lastvariable und tageszeitabhängige Tarife) nachzufragen. Die kürzlich publizierte Analyse des flächendeckenden Rollout eines intelligenten Messsystems befürwortet bei einem angenommenen Stromeinsparpotenzial über alle Haushaltskunden von 1,8 % p. a.[33], dass 11,9 Mio. Endpunkte mit einem intelligenten Messsystem bis 2022 ausgestattet werden sollen.[34] Damit ist der für die Smart Market-Teilnehmer adressierbare Markt abgesteckt. Nach Berechnungen von Ernst & Young wären dies 30 % aller Letztverbraucher. 70 % der Letztverbraucher würden dagegen in ihrer passiven Rolle verbleiben.[35] Ob im Smart Market künftig Produkte entwickelt werden, die die verhaltenssteuernde Wirkung gesetzlicher Vorgaben zurückdrängen, bleibt abzuwarten.

2. Letztverbraucher, die über eigene Erzeugungsanlagen verfügen, oder für die die Infrastruktur eines intelligenten Messwesens wirtschaftlich ist, haben infrastrukturell die Voraussetzungen, auf Anreize zu Bereitstellung von Flexibilität eingehen zu können. Diese Akteure könnten somit Flexibilitätsoptionen anbieten. In diesem Fall würden Vertriebe entsprechende Kontrakte mit Letztverbrauchern aushandeln und, sofern vom Verteilnetzbetreiber angefragt, die Energiemengen anbieten. Die Koordination erfolgt dabei durch den Preis. Somit müssen die Arbeitspreise so flexibilisiert werden, dass Letztverbraucher durch ihre Flexibilität Einsparungen realisieren können. Der Nutzen für den Lieferanten könnte beispielsweise in Form einer hohen Kundenbindung liegen, während der Preis für die Flexibilität, die der Verteilnetzbetreiber zahlt, niedriger sein sollte als die durch einen Netzausbau verursachten Kosten (Preis geringer als die vermiedenen Kosten).

3. Letztverbraucher, die als „Prosumer" Energie in das Netz einspeisen, verfügen im Übrigen noch über die Option, ihre Energie im Markt direkt anzubieten. Hierbei könnten sie auch einen unabhängigen *Aggregator* im Sinne eines Smart Markets-Ansatzes einschalten, der dann wiederum den Strom direkt vermarktet. Sofern der Verteilnetzbetreiber in der gelben Ampelphase einen Engpass beseitigen muss, könnte der Aggregator seine Leistungen im Wettbewerb anbieten.

4. Lieferanten (Vertriebe) im Smart Market: Mit dem Aufbau eines intelligenten Messwesens soll primär die Ablesung von Messwerten und Abrechnung von Energiemengen automatisiert und infolgedessen effizienter und kostengünstiger werden. Die damit vorliegende Infrastruktur ermöglicht sodann variable, dargebotsabhängige Tarife, die gerade in einer gelben Phase zur Stabilisierung des Netzes ihre Wirkung entfalten können. Damit erhalten Lieferanten Anreize, Produkte am Markt zu etablieren, die sowohl Leistungen für Letztverbraucher als auch für Verteilnetzbetreiber beinhalten. Analoge

---

[33] Ernst & Young (2013).

[34] Die Umsetzung des in der Elektrizitätsrichtlinie 2009/72/EG genannten Ziels, wonach bis 2020 80 % der Verbraucher (d. h. ca.38,5 Mio. Zähler in Deutschland) über ein intelligentes Messsystem verfügen sollten, wird in der Analyse von Ernst & Young (2013) aus volkswirtschaftlicher Sicht negativ beurteilt.

[35] Vgl. Edelmann (2013).

Produkte können künftig auch Messstellenbetreiber in Kooperation mit Lieferanten erbringen. Auch sie könnten damit aktiver Bestandteil von DR werden. Die Koordination erfolgt wie oben geschildert über den Preis.
5. Der Netzbetreiber verfügt ebenfalls über Optionen, Angebot und Nachfrage zu synchronisieren: Der Gesetzgeber hat in Form des § 14a EnWG ein Instrument vorgesehen, in dessen Rahmen Netzbetreiber mit Einspeisern Abschaltvereinbarungen treffen können. Würden Netzbetreiber somit aktiv werden, müssten sie jedoch auch die Bilanzierungsverantwortlichkeit übernehmen. Dies ist heute nicht Aufgabe der Netzbetreiber.

Die obigen Optionen zeigen, dass die Transaktionen im Smart Market nicht nur unübersichtlicher und vielschichtiger werden, sondern auch, dass erheblich mehr Informationen als bisher über Erzeugung, Verbrauch und Kapazität vorliegen müssen. Erst wenn diese Informationen in Echtzeit erhoben und den berechtigten Marktteilnehmern zur Verfügung gestellt werden, kann dieser neue Markt entstehen. Dazu bedarf es Investitionen in neue Infrastrukturen, auf denen dann Plattformen als (technische und kommerzielle) Grundlage für neue Geschäftsmodelle wie auch -prozesse aufsetzen. Der Preis für Energiemengen übernimmt hierbei die Koordinationsfunktion. Damit er seine volle Wirkung entfalten kann, müssten im Übrigen Abgaben, Netzentgelte und Steuern so ausgestaltet werden, dass sie die Wirkung des Preises, der die Knappheit des Gutes Strom widerspiegeln soll, nicht konterkarieren.

25.6 Plattform(en) im Smart Market

Wie bereits oben ausgeführt, zeichnet sich das neue Energiesystem durch eine Vielzahl von Akteuren aus. Bereits die reine Anzahl der Akteure sprengt die bisherigen *Koordinationsmechanismen* im Markt. Es wird deshalb darüber diskutiert, wie die Akteure auf Basis von Standards miteinander bidirektional kommunizieren können. Eine bidirektionale Kommunikation von Akteuren im neuen Stromversorgungssystem ist aus folgendem Grund zwingend notwendig: Die „atomistische" Erzeugerstruktur führt ohne eine kommunikative Vernetzung zu erheblichen Transaktionskosten, Steuerungsdefiziten sowie Markteintrittsbarrieren. Insbesondere aus Sicht von Letztverbrauchern, die beispielsweise im Rahmen von Demand Response-Modellen einen Beitrag zur Versorgungsstabilität leisten, sind automatisierte massenmarkttaugliche Prozesse notwendig. Es erscheint wenig realistisch, Letztverbraucher über manuelle Prozesse in das System zu integrieren. Soweit eine Automatisierung unterbleibt, verbleiben *Markteintrittsbarrieren.*

Die informationelle Vernetzung der Akteure kann über „*Plattformen*" geschehen.[36] Was damit im Einzelnen gemeint ist, ist (noch) unklar. Es bestehen diesbezüglich viele Fragen, die bereits bei der Definition ansetzen. Einige Marktteilnehmer verstehen unter der zu schaffenden Plattform eine *Datendrehscheibe*, wobei offen ist, welche netzorientierten

---

[36] Vgl. Müller und Schweinsberg (2012, S. 15 ff).

und endkundenorientierten Daten davon erfasst werden. Andere haben den Begriff des „Dynamischen Bilanzkreisbewirtschafter" in die Diskussion gebracht.[37] Der „Dynamische Bilanzkreisbewirtschafter" würde netzübergreifend „die Beschaffung für die Verbraucherseite als auch die Vermarktung von dezentraler Erzeugung/Speicherleistung optimieren".[38] Es würde sich hierbei um eine wettbewerbliche Marktrolle handeln, die von Lieferanten und/oder Händlern wahrgenommen werden könnte.

Unabhängig von der Begrifflichkeit haben die unterschiedlichen Ansätze einen Aspekt gemeinsam: Aufgabe der Plattform (oder Marktrolle) ist es, die im Energieversorgungssystem gewonnenen Daten für die Systemsicherheit, Prozesse sowie Produkte im Markt einsetzbar zu machen, sodass darauf Transaktionen abgebildet und durchgeführt werden können. So kann die Plattform beispielsweise unterschiedliche Marktteilnehmer zueinander führen und miteinander verbinden. Im hier zu betrachtenden Kontext würde die Plattform für Letztverbraucher die Flexibilität anbieten wollen Lieferanten zu kontaktieren. Natürlich könnten die Lieferanten auch ohne eine Plattform direkt an die Letztverbraucher herantreten. Sie müssten dafür aber die infrastrukturellen Voraussetzungen, nämlich den Aufbau und Betrieb der technischen Kommunikationsinfrastruktur, mitbringen. Dies ist jedoch kaum wirtschaftlich darstellbar. Effizient ist es dagegen, wenn die Infrastruktur beispielsweise in einem Ort/Region nur von einem Betreiber aufgebaut und betrieben wird und die Refinanzierung über sämtliche Marktteilnehmer erfolgt, die Nutzen von den gewonnenen Daten haben.[39] Die Plattform ist für Verteilnetzbetreiber und Lieferanten umso attraktiver, je mehr Kunden darüber in das Management von Energiemengen einbezogen werden können. Damit liegen indirekte Netzeffekte vor. Sie könnten helfen ein neues Geschäftsmodell zu etablieren, das signifikant Transaktions- und Suchkosten reduziert.

Das Zusammenbringen einerseits von Letztverbrauchern, Erzeugern und Lieferanten und andererseits von Lieferanten und Verteilnetzbetreibern könnte angesichts seiner Struktur als zweiseitiger Markt angesehen werden.[40] Der *Plattformbetreiber* würde neue Transaktionen zwischen Letztverbraucher und Lieferanten genauso ermöglichen wie Transaktionen zwischen Lieferanten und Verteilnetzbetreibern. Darüber hinaus könnte er noch Dienstleistungen für die verschiedenen Marktrollen anbieten (z. B. die Erstellung der Abrechnung). In diesem Zusammenhang ist auch an die Rolle des Smart Meter Gateway Administrators zu denken.

Nun stellt sich die Frage, wer die Rolle des Plattformbetreibers einnehmen könnte oder sollte. Sie ist dabei auch mit der Frage verknüpft, wer den Aufbau und Betrieb der erforderlichen Kommunikationsinfrastruktur verantwortet bzw. in Auftrag gibt?

Angesichts von über 800 Verteilnetzbetreibern sowie Millionen von Letztverbrauchern im intelligenten Messwesen können „economies of scale" nur unter der Voraussetzung

---

[37] Wiechmann (2012).
[38] Wiechmann (2012).
[39] Hierbei geht es darum, den Nutzen aus Effizienzgewinnen (beispielsweise bei der Abrechnung), neue (Effizienz-) Produkte sowie die Systemstabilität zu quantifizieren.
[40] Zum Begriff und Anwendungsfälle: Dewenter (2006); Genakos und Valletti (2012).

erreicht werden, dass die Anzahl der Betreiber nicht ein effizientes Maß übersteigt. Wo dieses effiziente Maß liegt, ist offen. Jedenfalls gibt es dazu noch keine expliziten Analysen. Die Entwicklungen auf einzelnen Telekommunikationsmärkten, deren Netze oder Technologien zur Realisierung von Smart Grids benötigt werden[41], zeigen, dass „Größe" immer mehr die Struktur der Märkte prägt. Auf dem deutschen Mobilfunkmarkt beispielsweise führt aktuell der Wettbewerbs- und Kostendruck dazu, dass, sofern nicht noch die Wettbewerbsbehörden einschreiten, künftig nur noch drei anstatt vier bundesweite Mobilfunknetze betrieben werden.[42] Vor diesem Hintergrund erscheint es geradezu ratsam, die neuen Kommunikationsinfrastrukturen für Energienetze über die Grenzen von regionalen Verteilnetzen hinweg zu planen und aufzubauen. Sodann können auch die hohen Anforderungen im Bereich Datenschutz und Datensicherheit (z. B. bei der Administration des Smart Meter Gateways) deutlich kostengünstiger umgesetzt werden.

Aus diesem Gedankengang lassen sich sodann zwei idealtypische Transformationsprozesse ableiten: entweder übernehmen etablierte Marktteilnehmer die Aufgaben und Funktionen eines Plattformbetreibers, oder, wenn den etablierten Marktteilnehmern die Risiken zu hoch sind, dass heute noch marktfremde Unternehmen diese zentrale Funktion im System einnehmen.[43] Hier zeigt sich wieder die ganze Bandbreite des Transformationsprozesses in der Energiewirtschaft.

25.6.1 Unternehmen aus dem Energiemarkt als Betreiber von Plattformen

Ein Interesse, ihr Geschäftsmodell in die Richtung eines Vorproduktlieferanten für Smart Grids und Smart Metering zu transformieren, könnten insbesondere überregional tätige Verteilnetzbetreiber haben. Angesichts sinkender Attraktivität von großen Erzeugungsanlagen, die bisher zum Kerngeschäft dieser Unternehmen zählten, bietet die Integration der Erneuerbaren Energien die Option, sich als netzorientierter Dienstleister für eine Vielzahl von Verteilnetzbetreibern zu etablieren und die Vorteile einer zweiseitigen Plattform auszunutzen. Die Unternehmen könnten angesichts ihrer Kenntnisse über die Prozesse und Abhängigkeiten im Energiemarkt auch die dazu entsprechenden Dienstleistungen erbringen bzw. die dafür notwendige Hard- und Software für Dritte bereitstellen. Im Übrigen verfügen sie über eine Vielzahl eigener Kunden, sodass sie indirekte Netzeffekte leichter ausnutzen könnten. Das Geschäftsmodell müsste aber offen für andere Marktteilnehmer sein, um einerseits Skalenvorteile gänzlich auszunutzen und andererseits Diskriminierungen von vornherein auszuschließen. Diesen Aspekt gilt es besondere Aufmerksamkeit zu

---

[41] Vgl. zu Anforderungen und Wirtschaftlichkeit von Übertragungstechnologien Sörries 2013a, b; Schönberg 2012; Plückebaum und Wissner (2013).
[42] Zu Entwicklungen im Festnetz vgl. Elixmann et al. (2013).
[43] Erlinghagen und Markard (2012).

widmen, weil die (Mess-) Infrastruktur als „essential facility" angesehen werden könnte.[44] Es wäre dabei durchaus möglich, den operativen Aufbau und Betrieb der Kommunikationsinfrastruktur an Dritte zu vergeben, zumal dafür heute in den Unternehmen kein entsprechendes Know-how verfügbar ist. Der für Energieversorger zentrale Punkt der Kontrolle der Infrastruktur – der insbesondere bei Haftungsfragen relevant sein dürfte – wäre davon jedenfalls dann nicht berührt, wenn es sich um eine dediziert für Smart Grid und Smart Market etablierte Infrastruktur handelt.[45]

Denkbar wäre natürlich auch eine Lösung, bei der wettbewerbliche Akteure aus der Energiebranche entsprechende Dienstleistungen – auch für Dritte – anbieten.

Die zentrale Frage ist in diesem Szenario, wer von den über 800 potenziellen Plattformbetreibern die Rolle des „politischen Unternehmers"[46] einnimmt und sich als Innovator im Markt etabliert.

25.6.2 Marktfremde Unternehmen als Betreiber von Plattformen

Die Digitalisierung von Infrastrukturen und Prozessen ist ein Phänomen, das nicht nur im Energiemarkt anzutreffen ist. Unter dem Stichwort „Intelligente Netze" wird sowohl im Markt[47] als auch in der Bundesregierung diskutiert, wie Informations- und Kommunikationstechnologien (IKT) als Querschnitttechnologien Wertschöpfungsprozesse in den Bereichen Energie, Verkehr, Bildung und Gesundheit effizienter gestalten können. Eine Studie für Deutschland kommt zu dem Ergebnis, dass sich durch Intelligente Netze ein „gesellschaftlicher Gesamtnutzen" von 55,7 Mrd. EUR erwarten ließe.[48] Öffnet man somit den Fokus auf vergleichbare Anwendungen in unterschiedlichen Branchen, so wäre auch ein Modell denkbar, in dem Betreiber von Kommunikationsinfrastrukturen für Smart Grid und Smart Metering ihre Infrastruktur auch für weitere Branchen und Anwendungen öffnen.[49] So könnten weitere Skalenvorteile erzielt werden. Da die Entwicklungen im Energiemarkt vergleichsweise fortgeschritten sind, wären die dortigen „intelligenten" Anwendungen der Nukleus für weitere Anwendungen in anderen Branchen. Aus einer derartig erweiterten Perspektive entstünden Anreize für neue Marktteilnehmer, zunächst in den Energiemarkt und nachfolgend in weitere Märkte als Plattform-Betreiber für „intelligente Anwendungen" in kritischen Infrastrukturen einzutreten. Dies hätte den Vorteil, dass der Plattformbetreiber nicht von vornherein weder auf ein Verteilnetz noch auf einen Markt begrenzt ist und insoweit keine Barrieren innerhalb eines Marktes abbauen muss, die aus langjährigen Konkurrenzsituationen resultieren.

---

[44] Kranz und Picot (2013, S. 166).
[45] Vgl. dazu BDEW (2013).
[46] Olson (1968).
[47] Vgl. Arbeitsgruppe 2 des Nationalen IT-Gipfels (2013).
[48] BITKOM/ISI (2012).
[49] Vgl. Smart Grids Plattform (2013, S. 37 ff.).

25.7 Zusammenfassung

Innovative Geschäftsmodelle sollten beim Wandel von Energieunternehmen eine entscheidende Rolle spielen. Bislang ist dieser Wandel jedoch aufgrund einer Reihe von branchenspezifischen Faktoren blockiert. Eine Analyse dieser Faktoren zeigt, dass Politik und Wirtschaft enger zusammenarbeiten müssten, um diese Blockaden zu überwinden.

Die bisherigen Diskussionen zeigen des Weiteren, dass die Überlegungen über die Ausprägungen des Smart Markets, die Schnittstellen zum regulierten Netz sowie die Optionen zur Bereitstellung von Flexibilitäten erst am Anfang sind. Die Transformation wird im ersten Schritt maßgeblich vom gesetzlichen Rahmen für das Smart Grid und das intelligente Messwesen abhängen. Da die gesetzlichen Eckdaten für das Smart Grid und den Smart Market noch auf sich warten lassen und einzelne Marktteilnehmer kein Interesse an einer schnellen Transformation haben, da in der neuen Marktstruktur ohne neue Geschäftsmodelle und Angebote die Umsätze sinken, steckt der Umbau noch in den Kinderschuhen. Abschließend ist zu erwähnen, dass der Erfolg im Smart Market ganz maßgeblich von der Etablierung von Plattformen abhängig ist. Erst wenn die Marktteilnehmer diese Prozessinnovation aufgreifen, können sie nachhaltig neue Geschäftsmodelle erschließen. Erfahrungen aus anderen Netzindustrien (z. B. Mobilfunk) zeigen, dass wenn die Herausforderungen von den etablierten Unternehmen nicht progressiv angegangen werden, die sich bietenden Möglichkeiten von marktfremden Akteuren (in diesem Fall die „over the top"-Player) aufgegriffen und erfolgreich umgesetzt werden.

Literatur

Adner, R.: The Wide Lens – A New Strategy for Innovation. Portfolio/Penguin, New York (2012)
Agora: Lastmanagement als Beitrag zur Deckung des Spitzenlastbedarfs in Süddeutschland. Berlin (2013). http://www.agora-energiewende.de/fileadmin/downloads/publikationen/Studien/Lastmanagementstudie/Agora_Studie_Lastmanagement_Sueddeutschland_Endbericht_web.pdf. Zugegriffen: 7. Nov. 2013
Arbeitsgruppe 2 des Nationalen IT-Gipfels, Digitale Infrastrukturen, Jahrbuch 2012/2013. Berlin (2013)
Bauknecht, D.: Dezentralisierung der Stromversorgung: Was ist darunter zu verstehen? 4. Göttinger Tagung zu aktuellen Fragen zur Entwicklung der Energieversorgungsnetze: „Dezentralisierung und Netzausbau", 22. März 2012. www.oeko.de/oekodoc/1512/2012-077-de.pdf. http://www.oeko.de/oekodoc/1512/2012-077-de.pdf. Zugegriffen: 7. Nov. 2013
Bettzüge, M., Growitsch, C., Panke, T.: Erste Elemente eines Jahrhundertprojekts – ökonomische Betrachtungen zur Entwicklung der Europäischen Energiepolitik. Zeitschrift für Wirtschaftspolitik, 60. Jg., Nr. 1/2011, S. 50–61
BDEW: Anforderungen der Energie- und Wasserwirtschaft an die zukünftige Sprach- und Datenkommunikation, Positionspapier, 14.10.2013. Berlin (2013)
BITKOM/ISI: Gesamtwirtschaftliche Potenziale intelligenter Netze in Deutschland, Berlin (2012). http://www.bitkom.org/de/publikationen/38338_74495.aspx. Zugegriffen: 7. Nov. 2013
Bundesnetzagentur: „Smart Grid" und „Smart Market". Eckpunktepapier der Bundesnetzagentur zu den Aspekten des sich verändernden Energieversorgungssystems, Bonn (2011)

DENA: dena-Verteilnetzstudie. Ausbau- und Innovationsbedarf der Stromverteilnetze in Deutschland bis 2030. Berlin (2012). http://www.dena.de/fileadmin/user_upload/Projekte/Energiesysteme/Dokumente/denaVNS_Abschlussbericht.pdf. Zugegriffen: 7. Nov. 2013

Dewenter, R.: Das Konzept der zweiseitigen Märkte am Beispiel von Zeitungsmonopolen, Universität der Bundeswehr Hamburg, Diskussionspapier Nr. 53, Hamburg (2006)

Edelmann, H.: Ergebnisse der Kosten-Nutzen-Analyse für einen flächendeckenden Einsatz intelligenter Zähler, Vortrag, BDEW-Messwesen-Kongress 2013, 19.11.2013. Berlin

Elixmann, D., Neumann, K.-H., Stumpf, U.: Zukunft des Wettbewerbs in der Telekommunikation, Beilage 1/213. Netzwirtschaften & Recht, 10. Jg. Heft 3&4/2013, S 1–16

Erlinghagen, S., Markard, J.: Smart grids and the transformation of the electricity sector: ICT firms as potential catalysts for sectoral change. Energy Policy, 51 Jg., 2012, S. 895–906

Ernst & Young: Kosten-Nutzen-Analyse für einen flächendeckenden Einsatz intelligenter Zähler, Studie im Auftrag des Bundesministeriums für Wirtschaft und Technologie, Berlin (2013)

Genakos, C., Valletti, T.: Regulating prices in two-sided markets: The waterbed experience in mobile telephony. Telecommunications Policy, 36. Jg. 2012, S. 360–368

Gerpott, T.J., Paukert, M.: Gestaltung von Tarifen für kommunikationsfähige Messsysteme im Verbund mit zeitvariablen Stromtarifen. Zeitschrift für Energiewirtschaft, 37. Jg, 2013, S. 83–105

Gilbert, C., Eyring, M., Foster, R. N.: Two routes to resilience. Harvard Business Review, S. 67–73 (Dezember 2012)

Gouillart, F.J., Kelly, J.N.: Transforming the Organization. McGraw-Hill, New York (1995)

Khattabi, M., Hübner, C., Kießling, A., Braun, M.: Verteilnetzautomatisierung als Grundlage für die intelligente Energieversorgung der Zukunft. VDE-Kongress 2012, Stuttgart

Kranz, J., Picot, A.: Toward competitive and innovative energy service markets: how to establish a level playing field for new entrants and established players? In: Noam, E.M., Pupillo, L.M., Kranz, J. (Hrsg.): Broadband Networks, Smart Grids and Climate Change, S. 157–171. Springer, New York (2013)

Müller, C., Schweinsberg, A.: Der Netzbetreiber an der Schnittstelle von Markt und Regulierung, WIK-Diskussionsbeitrag 373. Bad Honnef (2013)

Müller, C., Schweinsberg, A.: Vom Smart Grid zum Smart Market – Chancen einer plattformbasierten Interaktion, WIK-Diskussionsbeitrag Nr. 364. Bad Honnef (2012)

Müller, G.: Der Verteilnetzebene kommt eine Schlüsselrolle bei der Energiewende zu. In: Energy 2.0 (Februar 2012)

NIST: NIST Framework and Roadmap for Smart Grid Interoperability Standards, Release 1.0. http://www.nist.gov/public_affairs/releases/upload/smartgrid_interoperability_final.pdf. Zugegriffen: 7. Nov. 2013

Olson, M.: Die Logik des kollektiven Handelns: Kollektivgüter und die Theorie der Gruppen. Tübingen (1968)

Osterwalder, A., Pigneur, Y.: Business Model Generation – A Handbook for Visionairies, Game Changer, and Challengers. Wiley, Hoboken (2010)

Plückebaum, T., Wissner, M.: Aufbau intelligenter Energiesysteme – Bandbreitenbedarf und Implikationen für Regulierung und Wettbewerb, WIK-Diskussionsbeitrag Nr. 372, Bad Honnef (2013)

Römer, B., Reichhart, P., Kranz, J., Picot, A.: The role of smart metering and decentralized electricity storage for smart grids: the importance of positive externalities. Energy Policy 50, 2012, S. 486–495

Schönberg, I.: Smart durch Kommunikation. In: Servatius, H.-G., Schneidewind, U., Rohlfing, D. (Hrsg.): Smart Energy: Wandel zu einem nachhaltigen Energiesystem, S. 379–392. Springer, Berlin (2012)

Servatius, H.-G.: Wandel zu einem nachhaltigen Energiesystem mit neuen Geschäftsmodellen. In: Servatius, H.-G., Schneidewind, U., Rohlfing, D. (Hrsg.): Smart Energy: Wandel zu einem nachhaltigen Energiesystem, S. 3–43. Springer, Berlin (2012)

Smart Grids-Plattform, Roadmap. Stuttgart (2013). http://www4.um.baden-wuerttemberg.de/servlet/is/110757/20131112_SmartGridsRoadmap_2013.pdf. Zugegriffen: 7. Nov. 2013

Sörries, B.: Wirtschaftlichkeitsanalyse einer Kommunikationstechnologie für „Smart Grids". Netzwirtschaften & Recht, 10 Jg., Heft 3&4/2013, 2013a, S. 122–128

Sörries, B.: Communication technologies and networks for Smart Grid and Smart Metering. http://www.cdg.org/resources/files/white_papers/CDG450SIG_Communication%20_Technologies_Networks_Smart_Grid_Smart_Metering_SEPT2013.pdf. (2013b). Zugegriffen: 7. Nov. 2013

Uhl, A., Gollenia, L.A. (Hrsg.): A Handbook of Business Transformation Management Methodology. Gower, Farnham (2012)

VDE: Demand Side Integration. Lastverschiebungspotenziale in Deutschland. Frankfurt a. M. (2012)

Wiechmann, H.: Die Smarte Energiewelt aus wettbewerberlicher Sicht – Ein Zusammenspiel aus Smarten Kunden, Smart Market und Smarten Netz, VDE-Kongress 2012. Stuttgart (2012)

Wissner, M.: IKT, Wachstum und Produktivität in der Energiewirtschaft – Auf dem Weg zum Smart Grid, WIK-Diskussionsbeitrag Nr. 320. Bad Honnef (2009)

Wissner, M.: The Smart Grid – A saucerful of Secrets? Applied Energy, S. 2509–2518. (2011)

26 Strategie und Handlungsempfehlungen basierend auf den Komponenten des Smart Markets

Ludwig Einhellig

> *Wer von der Energiewende profitieren will, muss den Smart Market verstehen.*

Zusammenfassung

Als Leser dieses Buches kann man in jedem Kapitel Ansatzpunkte für Aktivitäten im Bereich Smart Market erkennen. Zum einen können diese Geschäftspotenziale in bereits bestehenden Feldern sein, in denen man sich einen Einstieg überlegen sollte bzw. sein Engagement als Unternehmen verstärken kann. Zum anderen gibt es völlig neue Möglichkeiten über die neu definierten Komponenten des Smart Markets. Hier sollte ein Einstieg entsprechend vorbereitet sein. Der folgende Beitrag beleuchtet eine komponentenbasierte Sichtweise und gibt Handlungsempfehlungen für die Anpassung bestehender Unternehmensstrukturen für (potenzielle) Akteure des Smart Markets.

26.1 Bestandsaufnahme Ampelkonzept und Ausrichtungen im Smart Market

Vom BDEW[1], der alle derzeit gesetzlich definierten Marktrollen der Energieversorgung repräsentiert, wird mittels des „*Ampelkonzepts*", das in einem vorhergehenden Kapitel bereits ausführlich erklärt wurde, das Zusammenwirken aller marktrelevanten Rollen (z. B. Vertriebe, Händler, Energieerzeuger, Speicherbetreiber) und der gesetzlich regulierten Rollen (Netzbetreiber, Messstellenbetreiber) beschrieben. Ziel des Ampelkonzepts ist es

---

[1] BDEW Bundesverband der Energie- und Wasserwirtschaft e. V.

L. Einhellig (✉)
Deloitte & Touche GmbH, Rosenheimer Platz 4,
81669 München, Deutschland

einerseits, so viel Markt (Verbrauch und Einspeisung) wie möglich und auf der anderen Seite jederzeit die Systemsicherheit (z. B. Frequenz und Spannung) für alle Marktteilnehmer und letztendlich für alle Netznutzer sicherzustellen.[2]

Die bestehenden Ausbauverpflichtungen in Deutschland erfordern ein für jede Extremsituation maximal ausgelegtes Netz, also volkswirtschaftliche Investitionen, die über die Netzentgelte letztendlich alle Netznutzer tragen müssen. Der Markt soll so jederzeit uneingeschränkt seine bisherigen Produkte anbieten können. Für ein Smart Grid muss als Ziel gelten, das Netz mit so viel Intelligenz auszustatten, dass volkswirtschaftlich unnötiger Netzausbau vermieden wird bzw. neue Produkte für den Markt wirtschaftlich sinnvoll werden und so das volkswirtschaftliche Systemoptimum erreicht wird. Diese Systematik und das Zusammenwirken des Marktes und des Netzes werden im Ampelkonzept mit der sog. *gelben Phase* beschrieben, die am schwersten abzugrenzen ist. In dieser Phase sind grundsätzlich zwei Mechanismen aus Sicht der systemverantwortlichen Netzbetreiber notwendig.

Bei *ausreichender Reaktionszeit* signalisiert der verantwortliche Netzbetreiber die lang- bis mittelfristig prognostizierten Netzzustände und informiert die Marktteilnehmer über diese. Die Marktteilnehmer setzen diese Information in geeignete Preissignale oder in preisbasierte Angebote um. Auf der Basis der in Zukunft vorliegenden Erfahrungswerte und der neuen geplanten und prognostizierten Netznutzung können die Prognosen für das Netz durch den verantwortlichen Netzbetreiber erneut angepasst werden. Bei weiterhin bestehenden Abweichungen in der „gelben Phase" und genügend Vorlaufzeit kann dieses Verfahren wiederholt werden.

Bei *fehlender Vorlaufzeit* greift der systemverantwortliche Netzbetreiber auf vertraglich zugesicherte Angebote, Erzeugungseinheiten (z. B. Regelenergie), Lasten (z. B. DSM, E-Fahrzeuge), Speichereinheiten etc. zurück und steuert diese unmittelbar entsprechend den Vertragsbedingungen an.

Das Ampelkonzept kann so in Bezug auf Geschäftsmodelle konzeptuell auch dazu dienen, die Beziehungen der Geschäftsmodelle zueinander besser zu verstehen, da die sehr komplexen und vielfältigen Wechselwirkungen und Abhängigkeiten zwischen allen Marktteilnehmern, also den Netznutzern und den systemverantwortlichen Netzbetreibern, mit einem einfachen und leicht verständlichen Grundschema dargestellt werden. Durch die Abstufung in die drei Phasen (grün, gelb und rot) werden die für die Systemsicherheit verantwortlichen Netzbetreiber und die Marktteilnehmer/Netznutzer über den aktuellen und den prognostizierten Netzzustand informiert oder diese Information wird geeignet zur Verfügung gestellt. Diese Information nutzen dann die Marktteilnehmer, um ihre Geschäftsmodelle optimal abzuwickeln bzw. um neue Produkte („Use Cases") auch im Smart Market anzubieten. Somit ist aber auch das Ampelkonzept an sich selbst ein Geschäftsmodell.[3]

---

[2] Vgl. BDEW (2013a, S. 7).
[3] Vgl. VDE (2013, S. 61).

26.2 Aktuelle Pfade der Geschäftsentwicklung im Smart Market

Neben einer Erfüllung von gesetzlich festgelegten Marktrollen – mit allen Verpflichtungen – kann man sich als Unternehmen im Geschäftsfeld Smart Market grundsätzlich auf zwei Arten positionieren:

Funktionale Positionierung
Funktional meint in diesem engeren Sinne, dass man seine Expertise unabhängig von einer Komponente des Smart Markets am Markt anbietet. Beispiele hierfür sind Anbieter von „Asset Management"-Systemen, die diese Systeme sowohl für Energieversorger als auch für z. B. Automobilkonzerne anbieten.

Komponentenorientierte Positionierung
Komponentenorientiert bzw. segmentspezifisch meint in diesem engeren Sinne, dass ein Unternehmen

1. eine hochspezialisierte Dienstleistung exklusiv nur für eine Komponente des Smart Markets anbietet. (Beispiele: spezialisierter Hersteller von Sicherheitsmodulen für intelligente Messsysteme) oder
2. viele breite Dienstleistungen exklusiv nur für eine Komponente des Smart Markets anbietet (Beispiel: Rechtsanwaltskanzlei, die z. B. sowohl M&A-, Energierechts-, Rekommunalisierungs-, Steuerrechts- und Vergaberechtskompetenz für aber ausschließlich virtuelle Kraftwerksbetreiber oder Stadtwerke anbietet).

Bei den etablierten Akteuren der Energiewirtschaft gibt es eine ähnliche Entwicklung und man kann Spezialisierungen auf bestimmte Geschäftsfelder erkennen, die in den folgenden Abschnitten beschrieben werden.

26.2.1 Erzeugung

In Deutschland lässt sich die Erzeugungslandschaft aktuell in „konventionelle" (wie fossile und nukleare) und „erneuerbare" (wie z. B. Sonne und Wind) Energiequellen einteilen. Letztere sollen künftig grundlastfähig sein und den größten Anteil an der Energieerzeugung in Deutschland ausmachen.

Das EEG zur Förderung des Ausbaus der Erneuerbaren Energien war auch aus methodischer Sicht zweifelsohne ein Erfolgsmodell. Der Anteil der Erneuerbaren an der Stromversorgung in Deutschland hat sich in den letzten Jahren rasant entwickelt. Mittlerweile beträgt der Jahresdurchschnitt rund 25 % des Bruttostromverbrauchs. In den nächsten Jahren wird es im Bereich der Offshore-Winderzeugung einen großen Wandel von reinen Projektgesellschaften hin zu Betreibergesellschaften von Windparks geben.

Für den Übergang zu einer auf 80 bis 100 % auf Erneuerbaren Energiequellen basierenden Erzeugungssituation wird durch das neugeschaffene Bundesministerium für Wirtschaft und Energie unter Federführung von Sigmar Gabriel gerade an einer EEG-Reform sowie insbesondere einem Kapazitätsmechanismus gearbeitet, der auch die Existenz vorhandener Brückenkraftwerke, die mit dem großen Preisdruck durch billigen EE-Strom kämpfen, sichern soll. Hierbei bedarf es z. B. der mittelfristigen Lösung des „Merit Order"-Paradoxons[4], damit sowohl die Grundversorgung rentabel bleibt als auch Zukunftssicherheit für neue Investitionen in effizientere Kraftwerke herrscht. Der Bereich der Energieerzeugung erfuhr nämlich bisher die größte Unsicherheit, da hier unterschiedliche Zielkonflikte (z. B. EU-Binnenmarkt und nationale Interessen) von unterschiedlichen Ebenen (z. B. EU, Bund und Bundesländer) aufeinanderprallen.

Mit der Entwicklung von Smart Supply muss die Vernetzung der Netz- und Marktteilnehmer durch Informations- und Kommunikationstechnik einhergehen. In der Regel hörten Kommunikation, Fernsteuerung und Automatisierung an den Schaltfeldern der Mittelspannungssammelschienen in den 110 kV/MS-Umspannwerken nämlich auf. Künftig sind aber auch andere Betriebsmittel des Netzes, verteilte Erzeuger, Speicher und die Endkunden kommunikativ anzubinden.[5]

Um v. a. die dezentral angeschlossenen Erzeugungskapazitäten auf eine effiziente Weise in das bestehende Energieversorgungssystem integrieren zu können, sind auch im Bereich der Erzeugung neue Systemansätze, Geschäftsmodelle und technische Entwicklungen nötig. Den Rahmen liefern auch hier die Komponenten des Smart Markets. Eine hohe Flexibilität des Systems erleichtert dabei die Einbindung stark schwankender Erzeugung z. B. durch Windenergieanlagen. Sofern Marktpreise und Netzentgelte die richtigen Signale setzen, können z. B. virtuelle Kraftwerkssysteme zur Reduzierung des Ausgleichsbedarfes, zur Netzentlastung, zum zusätzlichen Angebot von Systemdienstleistungen sowie zur Versorgungssicherheit beitragen.

26.2.2 Integrierte Energieversorgung

Nicht nur Energiegroßkonzerne sind im Wandel. Unterschiedlichste Ansätze bestehen am Markt, auf dem man im Wesentlichen aber heute vier Modelle/Linien sieht:[6]

1. EVU fokussiert sich auf internationale Großprojekte, gleich ob konventionell oder erneuerbar, und trennt sich vom stark regulierten deutschen Netzgeschäft.
2. EVU hat den Ansatz der „Innovation in der Fläche", um die dezentral strukturierte Energiewende zu fördern – Aktivitäten bzgl. Großkraftwerke außerhalb der Erneuerbaren Energien werden eingestellt.

---

[4] Je niedriger die Börsenstrompreise aufgrund des Angebotes von regenerativem Strom sind, desto höher steigt die EEG-Umlage. Dieser Effekt wird noch durch stark gesunkene Preise für CO_2-Zertifikate sowie einen Rückgang bei der Stromnachfrage verstärkt. Denn auch diese Entwicklungen wirken an der Strombörse preissenkend.

[5] Vgl. hierfür Brunner et al. (2012).

[6] Vgl. Adam et al. (2012, S. 10).

3. EVU betreibt das Modell „Systemkoordinator". Die eigentlichen Infrastrukturkosten in Deutschland werden als „Public Private Partnership" aufgesetzt. Die Kapitalbereitstellung könnte aber auch über Regulierungsforderungen zum Thema „Netzstabilität" erfolgen.
4. EVU setzt weiterhin auf eine 100 % staatlich gelenkte Versorgung.

Erfolg wird für Energieversorger zukünftig nicht bedeuten, möglichst viele Leistungen selbst zu erbringen, sondern ein möglichst innovatives Netzwerk aus markt- und technikseitigen Spezialisten zu orchestrieren. Die Zuliefererindustrie hat diesen Trend bereits erfolgreich aufgegriffen und schmiedet Netzwerke für die Energiewende, neudeutsch „EcoSysteme".[7]

26.2.3 Stadtwerke

Wenn die Energiewende Subsidiarität erfordert, stellt sich die Frage nach der Rolle der Stadtwerke in der Energiewende. Auch viele Jahre nach der Marktliberalisierung hat sich das vielbeschworene Stadtwerkesterben statistisch gesehen nicht eingestellt. Zumindest ihrer Anzahl nach ist hier sogar ein Wachstum zu verzeichnen und mit dem Trend zur kommunalen Übernahme der Konzessionen erleben Stadtwerke in der öffentlichen Wahrnehmung aktuell eine Renaissance. Ein wesentlicher Treiber hierfür ist, dass die Politik die vorab beschriebene Strömung zur Subsidiarität aufgreift. Zudem herrscht der Glaube vor, mit der Rekommunalisierung magere Kommunalfinanzen auf einfachem Weg anreichern zu können. Rekommunalisierung alleine ist in der Energiewende jedoch kein Erfolgsrezept. Die neu gegründeten Stadtwerke werden, ebenso wie die altetablierten, sehr kurzfristig mit den strukturellen Veränderungen durch die Energiewende konfrontiert werden. Diese äußern sich in einer durchgängig erhöhten Komplexität des Gesamtsystems.[8]

Auch auf Seiten der Regulierung ist man bemüht, seinen Beitrag zur Komplexität zu leisten, die Stadtwerke langfristig überfordern wird. Sowohl in der Regelungsbreite als auch -tiefe werden völlig neue Dimensionen erreicht. Entlang der Wertschöpfungskette werden Marktrollen kleinteiligst ausgestaltet. Auf der Techniksette werden einzelne Netzkomponenten in bisher nicht da gewesenem Detailgrad im einzelnen Regelungsfall spezifiziert, so z. B. das Schutzprofil für Smart Meter.[9]

Stadtwerke wirtschaften weitestgehend im Selbstverständnis der regionalen Versorgungspflicht und sehen sich als Dienstleister in der Region. Im positiven Sinne und unbundlingkonform verstehen sie sich als integrierte Energieversorger und Dienstleister vor Ort. Während die großen Stadtwerkekonzerne die beschriebene Komplexität auch in Zukunft werden bewältigen können, wird der Großteil der Stadtwerke alleine aufgrund der

---

[7] Vgl. Adam et al. (2012, S. 11).
[8] Vgl. Adam et al. (2012, S. 10).
[9] Vgl. Adam et al. (2012, S. 10).

unterkritischen Personalstärke von dieser Komplexität überfordert sein. Die Energiewende wird Subsidiarität erfordern und ein Agieren in kleinteiligen Zellen und horizontalen Netzwerken fördern. Diese Zellen und Netze werden Regionen überlagern und sich in ihrer Zusammensetzung dynamisch verhalten. Stadtwerke werden vor der primär kulturellen Herausforderung stehen, sich vom Dienstleister in der Region zum Energiemanager für die Region zu wandeln.

26.2.4 Netzbetrieb

Smart Market im Netzbetrieb steht exemplarisch für die erhöhten und in vielen Bereichen völlig neuartigen technischen Anforderungen des Smart Grids. Netzautomatisierung ist selbstverständlich kein neues Thema in der Energiewirtschaft. Für Stadtwerke als Verteilnetzbetreiber und damit grundzuständige Messstellenbetreiber indes schon und viele kommen bereits mit zukunftsfähigen „Smart Metering"-Programmen an ihre Belastungsgrenze.[10] Denn ganz gleich, wer reiner Netzbetreiber ist: Seine Aufgabe besteht darin, die Voraussetzungen für die Energieeinspeisung und somit für eine sichere und zuverlässige Versorgung zu schaffen. Der Netzbetreiber hat dabei eine neutrale Funktion. Sein gesetzlicher Auftrag: Allen Netznutzern einen diskriminierungsfreien Netzzugang zu gewähren.

Das Prinzip diskriminierungsfreien Zugangs lässt sich am besten anhand eines Beispiels erklären. Man stelle sich das Energieinformationsnetz als ein Geflecht von Mautstraßen vor. Gegen eine Gebühr, die unter anderem für die Instandsetzung verwendet wird, darf jedes Fahrzeug diese Straßen befahren. Es spielt dabei keine Rolle, woher die Autos kommen, ob sie groß sind oder klein.

So ähnlich funktioniert auch das Verteilnetz in Bezug auf die Energieverteilung: Es steht allen Erzeugern und Anbietern offen. Statt Maut zahlen die Energielieferanten ein von der Behörde reguliertes Netznutzungsentgelt, das Kosten enthält für

- Nutzung der Netzinfrastruktur,
- Systemdienstleistungen,
- Messung, Ablesung und Abrechnung,
- Verlustenergie sowie
- eine „angemessene, wettbewerbsfähige und risikoangepasste Verzinsung des eingesetzten Kapitals" der Netzbetreiber.

So ähnlich funktioniert dann auch die Datendrehscheibe des Energieinformationsnetzes. Alle Akteure können dadurch mit Hilfe der Ihnen zur Verfügung stehenden Komponenten des Smart Markets selbst einen wertschöpfenden Beitrag zum Smart Grid leisten. Ziel aller Aktivitäten durch den systemverantwortlichen Netzbetreiber auch im Rahmen des Ampelkonzepts des BDEW ist es, die Systemsicherheit jederzeit für den Markt und die

---

[10] Vgl. Adam et al. (2012, S. 10).

Netznutzer zu erhalten. Dafür bedarf es aber auch eines diskriminierungsfreien Zugangs zum Energieinformationsnetz.

Bei der Mitgestaltung der Energiewende ist der Handlungsspielraum des Netzbetreibers aufgrund seiner neutralen Rolle zwar eingeschränkt. Denn laut Gesetzgeber muss er zum einen jede Erzeugungsanlage für erneuerbaren Strom umgehend anschließen und zum anderen erneuerbare Strommengen bevorzugt durchleiten. Diese im Sinne der Energiewende festgeschriebenen Verpflichtungen gelten für alle Netzbetreiber gleichermaßen.

Die Netzqualität hingegen ist durchaus vom technischen und finanziellen Engagement des einzelnen Netzbetreibers abhängig. Gerade vor dem Hintergrund der Energiewende müssen die Netze selbstverständlich fit gemacht werden für ein immer komplexeres und anspruchsvolleres Energiesystem.

Grundsätzlich gilt bei der Netzeinspeisung weiterhin: Energiemengen aus Erneuerbaren Energien haben immer Vorrang. Das hat die Bundesregierung so entschieden, um die Energiewende voranzutreiben und den Anteil der Erneuerbaren am Strombedarf in Deutschland zu erhöhen. Daran muss sich jeder Netzbetreiber halten und kann nicht eigenmächtig festlegen, dass zum Beispiel nur noch Ökostrom durch seine Netze fließt. Aufgrund von weiteren Liberalisierungen kann es aber sein, dass künftig bestimmte Bestandteile im nicht regulierten Bereich des Smart Markets stattfinden. Grundsätzlich kann sich der Netzbetreiber also für zwei Optionen entscheiden:

1. Aktive Teilnahme am Smart Market durch neue (und rechtlich mögliche) Zusatzleistungen
2. Passive Teilnahme am Smart Market im Rahmen der bloßen und diskriminierungsfreien Infrastrukturzurverfügungstellung.

26.2.5 Energievertrieb

Im Endkundenvertrieb hat das Ende des Preiskampfes um Haushaltskunden über einfache Stromangebote begonnen. Bündelprodukte aus verschiedenen Basisprodukten wie Gas, Strom und Telefonie haben lediglich zu erhöhter Komplexität im Vertrag geführt, aber dem Kunden keinen Mehrwert geboten und waren somit kein vertriebliches Erfolgsmodell.

Die Diskussion um die Energiewende verdeutlicht dem Haushaltskunden, dass zukünftig integrierte Energielösungen erforderlich sein werden. Für den Vertrieb bedeutet dies, dass er sich mit Themen wie Hausautomatisierung und integrierten Lösungen zur (erneuerbaren) Energieversorgung des Haushalts bis hin zur Energieautarkie auseinandersetzen muss. Endlich ist aber auch absehbar, dass hierfür eine entsprechende Datengrundlage zur Verfügung stehen wird.

26.2.6 Energiehandel

Gehandelt wird – auch in Zeiten der Energiewende und damit des Smart Markets – so gut wie jeder Energieträger bzw. jeder Energierohstoff, für den Angebot und Nachfrage in ausreichender Menge vorhanden ist – derzeit hauptsächlich Strom, Gas, Kohle, Öl und CO_2-Zertifikate. Diese auch „Commodities" genannten Handelsgüter werden zum einen physisch gehandelt. Das heißt, es wird z. B. eine real existierende Menge Strom oder Gas gekauft, zum vereinbarten Termin geliefert und abgerechnet. Das Geschäftsmodell der Händler ist es, zu erkennen, wo Preisunterschiede zwischen Commodities, Lieferregionen und Lieferzeitpunkten bestehen und wie diese dann in Gewinne umgesetzt werden können.

Plattformseitig kann man hier zwischen dem Spotmarkt, wo es um Kauf und Verkauf am Folgetag, der kommenden Woche oder des Folgemonats geht, und Terminmarkt unterscheiden. Letzterer dient dem Handel von langfristigen Produkten, den „Forwards". Sie sehen eine physische Lieferung von Energie in der längerfristigen Zukunft vor. „Futures" sind ein weiteres Produkt. Sie zeigen täglich nach Börsenschluss an, welchen Preis der Markt für Strom zum Beispiel im folgenden oder nächsten Jahr zahlt. Zum Stichtag der Lieferung des Futures wird ein Unterschied zum Erwerbspreis bar vergütet. Dann zeigt sich, ob die „Wette" aufgegangen ist.

Der Handel mit Energie spielt sich an Börsen und im Vergleich zu den Finanzmärkten vor allem auch außerhalb ab. In Europa gibt es derzeit mehr als ein Dutzend dieser Börsen, die bedeutendsten sind die European Energy Exchange (EEX) in Leipzig und die NORDPOOL in Oslo. Hier sind mehrere hundert Handelsteilnehmer aus vielen Ländern engagiert.

Etwas Besonderes ist der Gashandel, denn dabei spielt sich das größte Handelsvolumen an sogenannten virtuellen Handelspunkten (Hubs) ab. Dort fließt nicht wirklich Gas, sondern Vertragspartner schließen Geschäfte ab. Bedeutende Hubs sind der „National Balancing Point" in Großbritannien und die „Title Transfer Facility" in den Niederlanden.

An Börsen werden Standardprodukte angeboten, der Handel verläuft anonym, d. h. Anbieter und Nachfrager kennen sich nicht. Von zentraler Bedeutung ist das sogenannte Clearing an Börsen: Dieser Mechanismus sichert den Ausfall eines Vertragspartners mit einer Prämie; dies gilt in wachsendem Maße auch für die Absicherung außerbörslicher Transaktionen. Der größte Teil der Geschäfte läuft bisher außerhalb der Börsen. Im sogenannten Over-the-counter-Handel (OTC) kaufen oder verkaufen die Teilnehmer individuelle Produkte.

26.2.7 Aggregation

Der *Aggregator* ist ein relativ neues Schlagwort in der Energiewirtschaft. Er kann sein komplettes Geschäftsmodell auf dem Fundament des Smart Markets bauen.

Das muss dabei aber nicht ausschließlich auf Energiemengen ausgelegt sein, denn auch die Bündelung technischer Kompetenz kann Inhalt eines Angebots sein. Dabei treten diese Aggregatoren nicht zwangsweise in Konkurrenz zu etablierten Strukturen auf, sondern verstehen sich durchaus als Dienstleister für etablierte Anbieter und bieten spezifische Kompetenzen. Beispielsweise gibt es Aggregatoren im klassischen Sinne, welche „Demand Response"-Leistungen anbieten. Andere Akteure helfen als unabhängige Anbieter in der Betriebsführung von Photovoltaikanlagen den Netzbetreibern bei der Systemintegration Erneuerbarer Energien.[11]

26.2.8 Immobilienwirtschaft

Auch die Immobilienwirtschaft, die maßgeblich die dritte Säule der Energiewende (Energieeffizienz) umsetzen soll, ist auf dem Smart Market aktiv. Trotz riesigem Marktpotenzial sind hier allerdings noch viele Fragen offen und die Betätigungsfelder für z. B. große Wohnungsgesellschaften noch zu wenig rechtlich abgesichert. Ein praktikables Modell für Investitionen in moderne Mikro-KWK-Anlagen, BHKW etc. in bestehenden Mietwohngebäuden durch „Vermieter" gibt es derzeit noch nicht. Die Investitionskosten bei den anstehenden Modernisierungen muss zunächst der Vermieter selbst tragen und die Einsparungen bei den Energiekosten kommen dem Mieter zu Gute. Die Verwehrung der Umlagefähigkeit von Kosten in der erforderlichen Höhe birgt somit für institutionelle Immobilieninvestoren bisher wenig Anreiz zur Modernisierung bzw. zum Einsatz von modernen BHKW- oder Mikro-KWK-Anlagen. Ebenso bestehen weiterhin mietrechtliche Probleme bei der Umstellung einer in Eigenregie betriebenen Zentralheizung auf gewerbliche Wärmelieferung (Contracting) bei bestehendem Mietverhältnis, da eine einseitige Umstellung von der Eigenerzeugung durch den Vermieter hin zur Fremderzeugung durch einen Contractor nicht zugelassen wird. Durch das am 1. Mai 2013 in Kraft getretene Mietrechtsänderungsgesetz (MietRÄndG) wird nach Auffassung des BDEW und weiterer sechs Verbände[12] die Bundesregierung ihren eigenen energiepolitischen Anforderungen noch nicht ausreichend gerecht. Die Verbände kritisierten u. a. das geplante Gebot der strikten Warmmietenneutralität, das den Einsatz innovativer Technologien wie Solarthermie, Wärmepumpen sowie die Nutzung regenerativer Energieträger und der Kraft-Wärme-Kopplung behindert. Auch das Energie-Contracting würde in erheblichem Maße erschwert. Am 1. Juli 2013 traten dann § 556c BGB (Kosten der Wärmelieferung als Betriebskosten) und die zugehörige Wärmelieferverordnung in Kraft. Damit gibt es zwar erstmals eine einheitliche Regelung zum Übergang auf Wärmelieferung in Bestandsmietverhältnissen.[13] Für die Praxis von entscheidender Bedeutung ist aber, dass die Regelungen völlig unabhängig davon anzuwenden sind, was im einzelnen Mietvertrag geregelt ist.

---

[11] Vgl. Adam et al. (2012, S. 10).
[12] AGFW, ASEW, B.KWK, VfW, VKU und ZVEI.
[13] Die Voraussetzung ist, dass es für die Mieter nicht teurer wird.

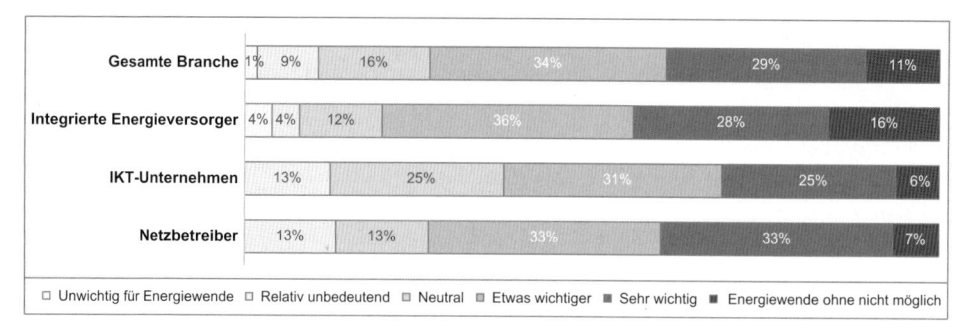

Gesamte Branche	1%	9%	16%	34%	29%	11%
Integrierte Energieversorger	4%	4%	12%	36%	28%	16%
IKT-Unternehmen		13%	25%	31%	25%	6%
Netzbetreiber		13%	13%	33%	33%	7%

☐ Unwichtig für Energiewende ☐ Relativ unbedeutend ☐ Neutral ■ Etwas wichtiger ■ Sehr wichtig ■ Energiewende ohne nicht möglich

Abb. 26.1 Asset Management für dezentrale Erzeugungsanlagen – Einschätzung der Branche

Durch die Ungleichbehandlung des Wärmeliefercontractings mit der Eigenregielösung würde kein ausreichender Investitionsanreiz geschaffen, um die Umsetzung von innovativen Technologien im Bereich der professionellen Anlagenführung (Solarthermie, Wärmepumpen, Nutzung anderer regenerativer Energieträger und Kraft-Wärme-Kopplung) zu realisieren. Denn ein Contractor wird entsprechende Maßnahmen nur dann durchführen, wenn er die Kosten auch an die Mieter weitergeben kann.

26.3 Auf den Komponenten des Smart Markets basierende Strategien und Handlungsempfehlungen

Die nachfolgenden Abschnitte bewerten – gegliedert nach den Komponenten des Smart Markets – jeweils die Bedeutung der Einzelkomponente für die Energiewende und entwickeln dann gezielt Handlungsempfehlungen und Strategien für die jeweiligen Hauptakteure. Denn vor allem die Komponenten, die als wichtig eingeschätzt werden, sollten von den Unternehmen entsprechend auf das Umfeld des Smart Markets angepasst werden.[14]

26.3.1 Asset Management für dezentrale Erzeugungsanlagen

Wie in der Abb. 26.1 dargestellt, schätzt die große Mehrzahl der im Rahmen einer Deloitte-Studie befragten Akteure das *Asset Management für dezentrale Erzeugungsanlagen* als „etwas wichtiger" bis „Energiewende ohne nicht möglich" ein.[15]

Die größte Bedeutung zeichnet sich für die Gruppe der EVU ab, denn das Herz ihrer (dezentralen) Erzeugungsparks beruht auf der Zuverlässigkeit und der Wertbeständigkeit ihrer Betriebsmittel, den Assets. Diese gilt es entsprechend sinnvoll und effektiv einzusetzen und leistungsfähig zu halten durch die richtige Instandhaltungsstrategie sowie

---

[14] Vgl. Herzig und Einhellig (2012).
[15] Vgl. Herzig und Einhellig (2012, S. 30).

Bereich	Situation 1	Situation 2	Situation 3	Situation 4	Situation 5
CAPEX	Ungeplant hoch	Kostenoptimal	Kostenoptimal	Kostenoptimal	Ungeplant hoch
OPEX	Kostenoptimal	Ungeplant hoch	Kostenoptimal	Kostenoptimal	Ungeplant hoch
Anwendung	Flexibel, dynamisch und anwenderfreundlich	Flexibel, dynamisch und anwenderfreundlich	**Unflexibel, starr und anwenderunfreundlich**	Flexibel, dynamisch und anwenderfreundlich	**Unflexibel, starr und anwenderunfreundlich**
Daten	Daten konsistent und in einem System	Daten konsistent und in einem System	Daten konsistent und in einem System	Daten inkonsistent und in mehreren Systemen	Daten inkonsistent und in mehreren Systemen

Abb. 26.2 Fehlplanungen

Ausfallzeiten zu minimieren durch die größtmögliche Ausfallsicherheit. Ein modernes Asset Management-System dezentraler Erzeugungsanlagen muss dabei viele Aspekte berücksichtigen, denn noch bevor die eigentlichen (neuen) Steuerungsprozesse gestartet werden, müssen die Assets hinsichtlich der Aspekte „kaufmännische Wirtschaftlichkeit der Assets", „technische Realisierbarkeit und Sinnhaftigkeit der angedachten Prozesse", „Wartungsaufwand der Assets" und „Verfügbarkeit der Assets" bewertet werden. Oft findet man sich als Energieversorger dann leider in einer der in Abb. 26.2 dargestellten Situationen wieder:

Um v. a. die letzte Situation zu vermeiden, sollte man folgende Elemente im Rahmen des Asset Management Lifecycle für dezentrale Erzeugungsanlagen beachten, die in der folgenden Abb. 26.3 dargestellt sind.

Auf dem Markt existieren schon viele Lösungen, die durch einen großen Anteil an Standardanwendungen bereits viele der genannten Aspekte berücksichtigen. Aufgrund der neuen Marktprozesse in der Energiewirtschaft können sich aber Anbieter durch spezielle Smart Market-Lösungen von Unternehmen absetzen, die nur ein System für alle Branchen anbieten.

26.3.2 Regionale Energiemarktplätze

Wie Abb. 26.4 zeigt, haben aktuell *Regionale Energiemarktplätze* noch die größte Bedeutung für den klassischen Verteilnetzbetreiber (VNB).[16]

---

[16] Vgl. Herzig und Einhellig (2012, S. 32).

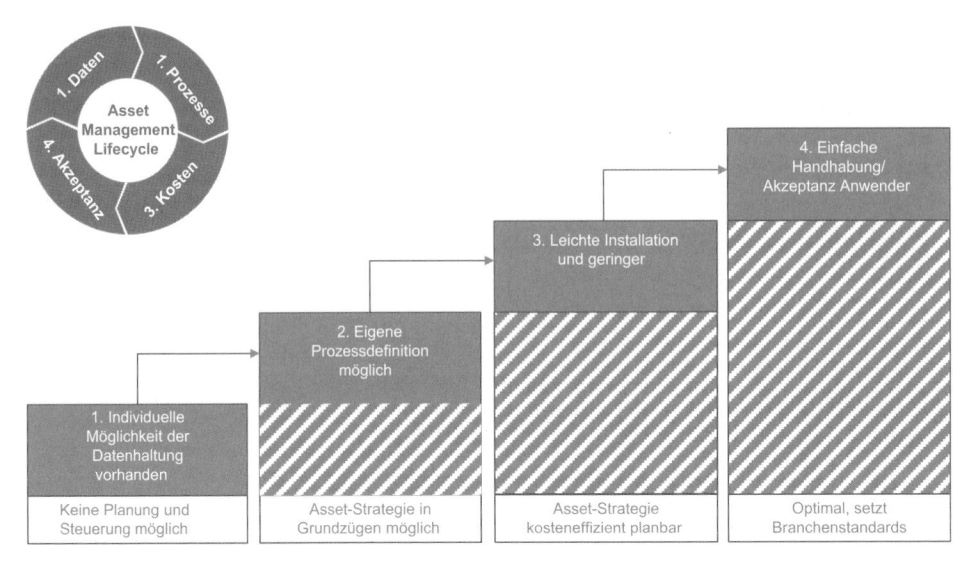

Abb. 26.3 Anforderungen an ein Asset Management dezentraler Erzeugungsanlagen

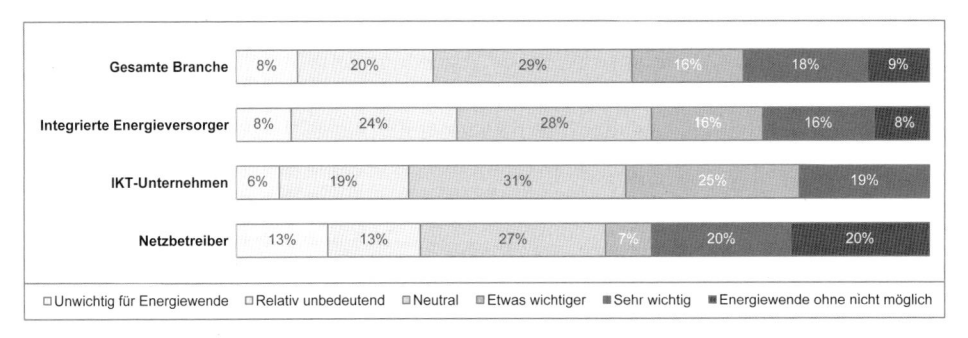

Abb. 26.4 Regionale Energiemarktplätze – Einschätzung der Branche

Denn wie auch die Erfahrungen aus dem Projekt „Modellstadt Mannheim" (moma) bereits 2011 zeigten[17], kann der VNB als Aufbaupionier und späterer Infrastrukturbetreiber eines Smart Grids die Basis für diese Komponente des Smart Markets schaffen. Dies kann über zwei Rollen erfolgen:

---

[17] Das Projekt der Modellstadt Mannheim war ein Teil des E-Energy-Programms: „E-Energy – IKT-basiertes Energiesystem der Zukunft" ist ein Förderprogramm des Bundesministeriums für Wirtschaft und Technologie in ressortübergreifender Partnerschaft mit dem Bundesministerium für Umwelt, Naturschutz und Reaktorsicherheit. Technologiepartnerschaften in sechs Modellregionen (Smart Energy Regions) entwickelten und erprobten Schlüsseltechnologien und Geschäftsmodelle für ein „Internet der Energie", Vgl. Kießling (2011).

Rolle als Kommunikationsnetzbetreiber
Der VNB kann seine Rolle als Smart Meter-Gateway Administrator nutzen, um aktiv den Aufbau von Kommunikationsnetzen hin zu allen Erzeugern, Speichern, Verbrauchern, Netzbetriebsmitteln und Messmitteln auch im Niederspannungsbereich zu begleiten.

Rolle als Informations- und Kommunikationstechnologie-Betreiber im Verteilnetz
Auch können diese Dienstleistungen für dritte Netzbetreiber angeboten werden. Der Betrieb von Kommunikations-Gateways in Objekten und Verteilnetzzellen oder auch die Zurverfügungstellung von Diensteplattformen bzw. Plattformen für die Automatisierung von Marktprozessen und verteilter Regelung in verbundenen Netzzellen können hier Geschäftspotenzial bergen:

- Betrieb von Plattformen für regionale Energiemarktplätze und
- Infrastruktur zur Sicherstellung von Informationssicherheit und Datenschutz im Energiesystem.

Um für diese Rollen ein diskriminierungsfreies Angebot der „Smart Grid-Infrastruktur" an alle Marktakteure anbieten zu können, sollte sich der VNB frühzeitig und öffentlichkeitswirksam in seinem Versorgungsgebiet in diesen Bereichen positionieren. Andere Akteure können auf den regionalen VNB zugehen und proaktiv Kooperationslösungen vorschlagen. So kann für alle Beteiligten auch die größte Wertschöpfung stattfinden und das maximale Flexibilisierungspotenzial gehoben werden.

26.3.3 Handelsleitsysteme

Die Bedeutung von *Handelsleitsystemen* für die Umsetzung der Energiewende wird von der Mehrheit als „etwas wichtiger" bis „Energiewende ohne nicht möglich" gesehen (siehe Abb. 26.5).[18]

Nicht zu vergessen sind hier die Geschäftspotenziale, die sich in Verbindung mit anderen Komponenten (z. B. regionalen Energiemarktplätzen) für sowohl Händler als auch Vertriebe/Direktvermarkter auftun. Da Handelsleitsysteme das Analyse- und Abwicklungswerkzeug für Energiehändler darstellen, scheint auch hier eine Kooperation das Mittel der Wahl zu sein. Denn alle Plattformen, die sich im Smart Market gerade bilden, sollten Schnittstellen zu den Handelsleitsystemen haben oder der Nutzen aus z. B. Lastverschiebungspotenzialen kann nicht marktgerecht gehoben werden. Durch eine Anbindung an große Handelssysteme, die auf den bereits existierenden Energiebörsen (wie z. B. der EEX) basieren, können regionale Handelsleitsysteme dann noch dynamischer und qualitativ hochwertiger arbeiten.

---

[18] Vgl. Herzig und Einhellig (2012, S. 33).

Gesamte Branche	2%	19%	20%	20%	28%	11%
Integrierte Energieversorger		21%	22%	22%	22%	13%
IKT-Unternehmen	13%	19%	31%		31%	6%
Netzbetreiber	7%	20%	20%	7%	33%	13%

☐ Unwichtig für Energiewende ☐ Relativ unbedeutend ☐ Neutral ☐ Etwas wichtiger ■ Sehr wichtig ■ Energiewende ohne nicht möglich

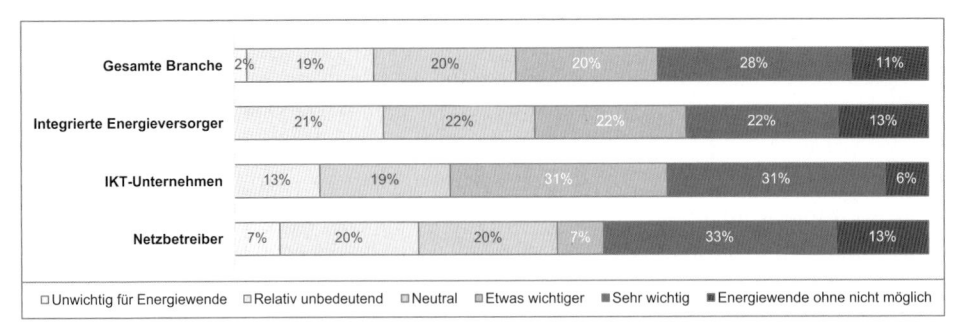

Abb. 26.5 Handelsleitsysteme – Einschätzung der Branche

Die EU-Kommission hat Anfang November 2013 den Entwurf des Durchführungsrechtsakts zur Umsetzung der EU-Verordnung „Regulation on wholesale Energy Market Integrity and Transparency" (REMIT)[19] vorgelegt. Bei der REMIT handelt es sich um eine branchenspezifische Regulierung des europäischen Energiegroßhandelsmarktes in Bezug auf Transparenz gegenüber dem Markt einerseits und Informationspflichten gegenüber den Behörden andererseits sowie zur Erhöhung von Integrität. Die Verordnung soll somit das Vertrauen der Öffentlichkeit und der Marktteilnehmer in den Energiegroßhandel stärken und ein ordnungsgemäßes Funktionieren gewährleisten.[20] Der Durchführungsrechtsakt selbst konkretisiert Vorgaben zur *Datenerhebung* von *Marktteilnehmern*. Sobald er in Kraft tritt, beginnen nach den Vorgaben der REMIT die dreimonatige Frist zur Registrierung und die sechsmonatige Frist zur Datenmeldung. Für die Datenmeldung sieht der Kommissionsvorschlag weitere Übergangsfristen für Einzelfälle vor. Eine weitere Konkretisierung zur Umsetzung von REMIT hat auch die EU-Regulierungsbehörde ACER durch die Veröffentlichung der 3. Guidance[21] vorgelegt.

Die Bestimmungen über die Datenerhebung von Marktteilnehmern und die damit verbundenen Datenübermittlungspflichten gegenüber ACER nach Art. 8 Abs. 1 REMIT sowie auch gegenüber der nationalen Regulierungsbehörde nach Art. 8 Abs. 5 REMIT treten erst sechs Monate, nachdem die EU-Kommission die notwendigen Durchführungsrechtsakte erlassen hat, in Kraft. Die Pflicht zur Registrierung bei der zuständigen nationalen Regulierungsbehörde setzt die Einrichtung der jeweiligen Verzeichnisse voraus, wobei die nationalen Regulierungsbehörden jeweils spätestens innerhalb von drei Monaten nach Erlass der o. g. Durchführungsrechtsakte zur Einrichtung solcher Verzeichnisse verpflichtet sind. Die Mitgliedstaaten führen und pflegen diese zentralen Verzeichnisse der registrier-

---

[19] Vgl. Europäischen Union (2011).
[20] BDEW (2013b, S. 3).
[21] Guidance on the application of Regulation (EU) No 1227/2011 of the European Parliament and of the Council of 25 October 2011 on wholesale energy market integrity and transparency. Der aktuelle Stand kann unter http://www.acer.europa.eu/remit/Pages/ACER_guidance.aspx abgerufen werden.

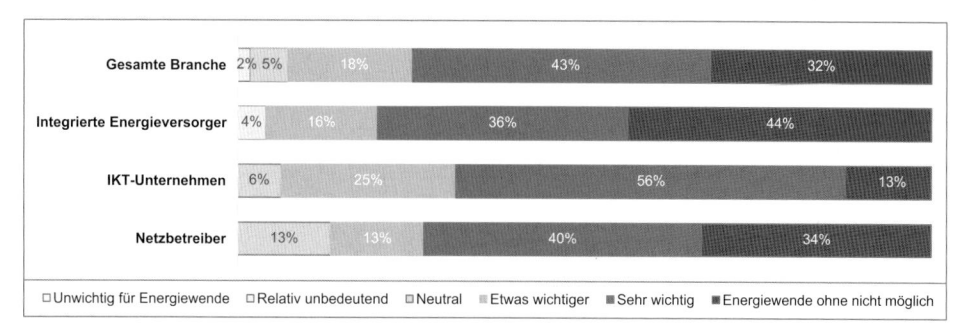

26 Strategie und Handlungsempfehlungen basierend ...

	Unwichtig für Energiewende	Relativ unbedeutend	Neutral	Etwas wichtiger	Sehr wichtig	Energiewende ohne nicht möglich
Gesamte Branche	2%	5%	18%	43%	32%	
Integrierte Energieversorger		4%	16%	36%	44%	
IKT-Unternehmen		6%	25%	56%	13%	
Netzbetreiber		13%	13%	40%	34%	

Abb. 26.6 Prognosesysteme – Einschätzung der Branche

ten Marktteilnehmer. Die Daten werden an ACER übermittelt, die ein europäisches Verzeichnis führt.

26.3.4 Prognosesysteme

Die gesamte Branche – insbesondere die klassische Energiewirtschaft – schätzt die Komponente *Prognosesysteme* als „sehr wichtig" ein (siehe Abb. 26.6).[22]

Dies resultiert daraus, dass moderne Prognoseverfahren die Basis für Einkauf und Fahrplanmanagement bei volatiler Erzeugung sind. Nur so können die Energiekunden auf Basis von dynamischen Tarifen bzw. von Sondertarifen wirkungsvoll in den Markt integriert werden.

Bessere Prognosen in Übertragung, Verteilung und Handel führen zu Transparenz für den Marktteilnehmer, der ein gutes Prognosesystem nutzt. Diese Vorteile können dann im Handel gewinnbringend eingesetzt werden. Aufgrund von Skaleneffekten ist es billiger, in Form von Kooperationslösungen z. B. eine Prognoseabteilung als Shared Service Center im Unternehmensverbund zu etablieren. Vor allem auch Unternehmen, die Direktvermarktung von EE-Energie für Dritte anbieten, können so die eigene Kostenstruktur optimieren.

26.3.5 Business Services

Wie Abb. 26.7 zeigt, wird den *Business Services* von der gesamten Branche derzeit noch keine besonders große Bedeutung für das Gelingen der Energiewende beigemessen.[23]

Da Business Services aber wesentliche Prozesse eines Unternehmens unterstützen und optimieren, kommen sie weiterhin auf allen Wertschöpfungsketten der Elektrizitätswirtschaft zum Einsatz. Da im Zuge der Energiewende aus Rentabilitätsgründen ein klassi-

---

[22] Vgl. Herzig und Einhellig (2012, S. 34).
[23] Vgl. Herzig und Einhellig (2012, S. 35).

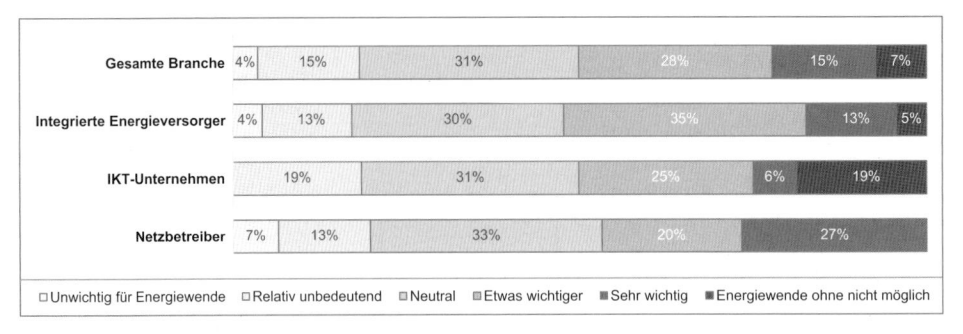

Abb. 26.7 Business Services – Einschätzung der Branche

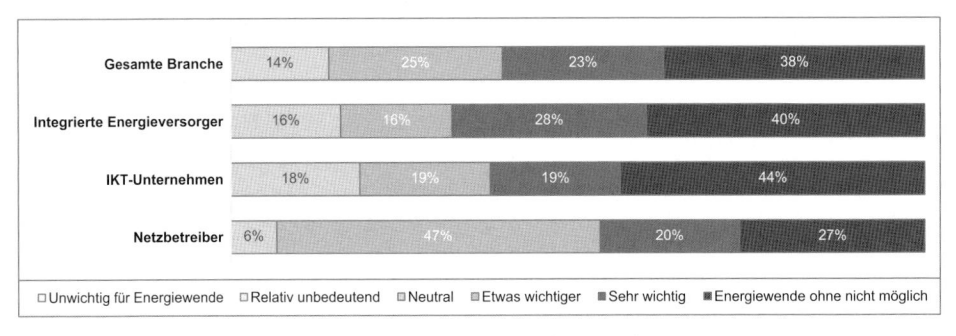

Abb. 26.8 Virtuelle Kraftwerkssysteme – Einschätzung der Branche

scher Energieversorger nicht mehr alle Leistungen selbst anbieten kann, sollte frühzeitig ein Netzwerk auch in dieser Komponente aufgebaut werden.

Dies ist eine Chance für spezielle Service-Anbieter im Smart Market, die die regulatorischen Herausforderungen ihrer Kunden kennen und sich so von nicht-komponentenspezifisch positionierten Unternehmen abheben.

26.3.6 Virtuelle Kraftwerkssysteme

Die Bedeutung der Komponente *virtuelle Kraftwerkssysteme* (VK) wird von der gesamten Branche sehr hoch eingeschätzt (vgl. Abb. 26.8).[24] – Auf dem Markt sind neben Neueinsteigern, die auf den Betrieb von VKs spezialisierte Unternehmen sind, vor allem etablierte integrierte Energieversorger aktiv, die in Ihrem Portfolio bereits erfolgreich virtuelle Kraftwerke betreiben.

Virtuelle Kraftwerke bieten die Möglichkeit, durch koordinierte Teilnahme ihrer Akteure – Erzeuger, steuerbare Lasten und Speicher – an den Märkten für Energie, Regelre-

---

[24] Vgl. Herzig und Einhellig (2012, S. 36).

serven, CO_2-Zertifikate und Gas ein im Vergleich zur Einzelteilnahme höheres Ergebnis zu erwirtschaften. Im Rahmen einer VDE-Studie[25] wurde an einem Fallbeispiel gezeigt, dass diese Zielstellung im Rahmen einer modernen Marktordnung real ist. Hier sorgen *Speicher* und *Demand Side Management* dafür, dass bei Schwachlast regenerative Energie gespeichert wird, um sie dann zur Hochtarifzeit am Markt zu platzieren. Darüber hinaus werden Fahrplanabweichungen kompensiert und Regelreserven angeboten. Das VK kann entsprechend zusätzliche Erlöse erzielen.

Da neben den Erlösen, die von VK-Betreibern über eine Direktvermarktung oder der Vermarktung am Spotmarkt realisiert werden können, auch die Märkte für Regelenergie sehr einträglich sind, gilt es in dieser Komponente des Smart Markets für bereits aktive Unternehmen, die existierenden Systeme zu skalieren. Um neben Privathaushalten größere Erzeugungsverbünde zu einer Teilnahme zu bewegen, bietet sich dafür die Gründung von Plattformen wie ein „Arbeitskreis für virtuelle Kraftwerke" an, die interdisziplinär die technischen, rechtlichen und ökonomischen Barrieren für Interessierte aufzeigen. So bedarf es bei einer angestrebten Teilnahme am Regelenergiemarkt der Präqualifikation der involvierten Anlagen. Diese Qualifikation beinhaltet den Nachweis, dass die Anlage strengen zeitlichen Reaktionskriterien des Regelenergiemarkts genügt. Denn erst nach bestandenem Nachweis erfolgt die Freigabe durch den Übertragungsnetzbetreiber als „Zulassung" für eine Teilnahme am Regelenergiemarkt.

Arbeitskreise bieten hier die Möglichkeit für große EVUs, die eigene Kompetenz durch Erfahrungen aus Projekten hervorheben zu können bzw. große, integrierte EVUs können hier auf Erfahrungen aus den unterschiedlichsten Teilbereichen, v. a. im Bereich der Integration von Energiespeichern zurückgreifen und so „kleineren" Akteuren Synergiepotenziale eröffnen und diese damit locken, an ihrem Verbund mitzuwirken.

Vorteile von VK-Verbünden, welche in Arbeitskreisen gehoben werden
- Positive Außendarstellung und gemeinsame Stärkung der Wettbewerbs- und Zukunftsfähigkeit.
- „Durchblick im Studiendschungel" schaffen,
- Entwicklung eigener Indizes entsprechend den Anforderungen des Arbeitskreises,
- Entwicklung von Branchenansätzen mit einer Stimme (gemeinsame Erarbeitung von Vorschlägen im Rahmen von Kommentierungsrunden zu Gesetzesentwürfen, Standards, Richtlinien, etc.),
- Austausch mit Partnern zu Themen mit gemeinsamer wirtschaftlicher bzw. regulatorischer Problemstellung,
- Behandlung aktueller Trends und Schwerpunktthemen,
- Eminence Building nach außen.

---

[25] Vgl. Bühner et al. (2012).

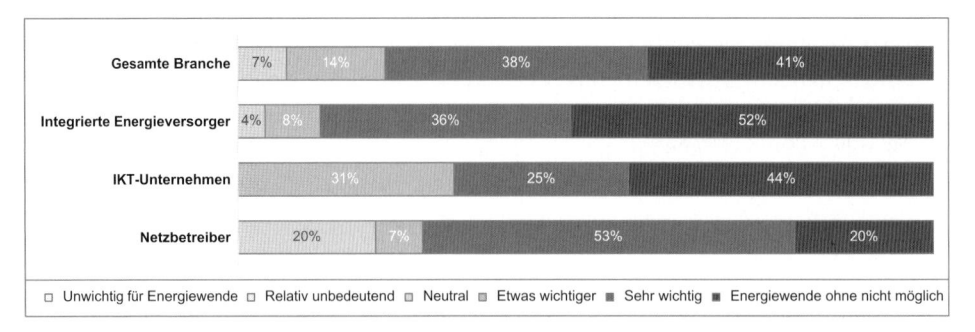

Gesamte Branche	7%	14%	38%		41%
Integrierte Energieversorger	4%	8%	36%		52%
IKT-Unternehmen		31%	25%		44%
Netzbetreiber	20%	7%	53%		20%

☐ Unwichtig für Energiewende ☐ Relativ unbedeutend ☐ Neutral ☐ Etwas wichtiger ■ Sehr wichtig ■ Energiewende ohne nicht möglich

Abb. 26.9 Anlagenkommunikations- und Steuerungsmodule – Einschätzung der Branche

26.3.7 Anlagenkommunikations- und Steuerungsmodule

Vor allem die Untergruppe der integrierten EVU ist zu fast 90 % der Meinung, dass dieses Technologiefeld für die Energiewende sehr wichtig bzw. diese ohne den Einsatz nicht möglich ist (siehe Abb. 26.9).[26]

Nach der forcierten Entwicklung neuer regenerativer Erzeugungsformen ist die Energiewende nach Überzeugung von Prof. Dr. Clemens Hoffmann jetzt in der entscheidenden zweiten Phase angekommen: *„Angesichts der Tatsache, dass mit den vielen verschiedenen regenerativen Erzeugern und ihren natürlichen Produktionsschwankungen sowie neuer Kopplungsmöglichkeiten zwischen den Bereichen Wärme, Elektrizität und Verkehr das Energiesystem immer komplexer wird, ist es unerlässlich, dieses nun intelligent zu strukturieren: Damit wird die Energiesystemtechnik neben der Erzeugungs-, Übertragungs- und Speichertechnologie zu einer eigenständigen Domäne. Die Ergebnisse des Projektes belegen dies in eindrucksvoller Weise.",* erklärte der Institutsleiter des Fraunhofer IWES in Kassel auf der Abschlussveranstaltung des Forschungsprojektes „Kombikraftwerk 2"[27] in Berlin.

Das Konsortium aus Wissenschaft und Wirtschaft untersuchte in dem dreijährigen Forschungsprojekt „Kombikraftwerk 2", wie ein rein regeneratives Stromsystem funktionieren könnte und wie groß der Bedarf an Systemdienstleistungen wie Momentanreserve oder Regelleistungs- und Blindleistungsbereitstellung in einer 100 % erneuerbaren Stromversorgung ist, wie Erneuerbare Energien-Anlagen in einem Verbund als Kombikraftwerk diese Systemdienstleistungen erbringen und welchen Beitrag Wind-, Solar- und Biogasanlagen schon heute zur sicheren Stromversorgung leisten können.

Durch die angesprochene Energiesystemtechnik (z. B. im Bereich der Erzeugung) können beispielsweise Solarmodule von der genauen Nachführung der Solarmodule zur jeweils energiereichsten Stelle profitieren. Verantwortlich dafür sind Anlagensteuerungsmodule. Sie messen ständig Intensität und Winkel der einfallenden Lichtstrahlen und richten auf der Basis dieser Messungen die Anlage mit den Solarmodulen permanent an den tatsächlichen Lichtverhältnissen aus. Dadurch gewinnen die Module auch Energie aus

---

[26] Vgl. Herzig und Einhellig (2012, S. 31).
[27] Vgl. Fraunhofer (2013).

diffusem Licht, das durch die Wolken dringt, oder etwa von reflektierenden Wasser- oder Schneeflächen. Dieses Verfahren bringt im Durchschnitt bis zu 45 % Mehrertrag als starre Solarmodule.[28]

Als (nicht abschließende) Beispiele für (standardisierte) Anwendungsfälle im Bereich *Netzmanagement* im Verteilnetzbereich stehen:

- Automatische Fehlererkennung und Fehlerfreischaltung nicht betroffener Gebiete (FLIR Fault Location, Isolation, Restoration),
- Spannungshaltung (VVO Var Volt Optimization), Last- und Erzeugungsprognosen,
- Microgrid (Inselnetze),
- Netzüberwachung im Verteilnetz (Monitoring),
- intelligenter Lastabwurf (Emergency Signals).

Entsprechend der weiterentwickelten Systematik werden noch weitere (standardisierte) Anwendungsfälle in Arbeitsgruppen der Smart Grid Coordination Group (SGCG) erarbeitet. Insbesondere werden im Bericht der Arbeitsgruppe First Set of Standards (FSS), die Verbindung von Systemen, Use Cases, Architekturen und Normen zusammenfassend herausgearbeitet und an vielen, bereits heute existierenden Systemen, die als Grundlage für Smart Grids gelten, dargestellt.

Weitere Informationen[29] können den seit Anfang 2013 offiziell erschienenen Berichten der SGCG entnommen werden, die unter intensiver deutscher Mitarbeit entstanden sind.[30]

26.3.8 Advanced Metering Infrastructure

Obwohl die Komponente des Smart Markets *Advanced Metering Infrastructure* aufgrund von gesetzlichen Vorgaben in den nächsten 15 Jahren „das" Hauptbetätigungsfeld aller involvierten Akteure sein wird, hat sie nach Einschätzung der gesamten Branche keine „überragende" Bedeutung für das Gelingen der Energiewende. Immerhin aber ca. die Hälfte der befragten Unternehmen halten sie jedoch für zumindest „sehr wichtig" (siehe Abb. 26.10).[31]

Intelligente Messsysteme (iMSyS) haben das Potenzial, attraktive Tarife im Wettbewerb, Energieeinsparungen und Verbrauchstransparenz zu ermöglichen. Zudem können sie sichere Kommunikation gewährleisten und in Abhängigkeit von den Funktionalitäten der Messsysteme bei Bedarf Netzbetreiber gegebenenfalls mit wichtigen Netzzustandsdaten versorgen und Schaltungen von Lasten und Erzeugern sicher ausführen. Allerdings ist der tatsächliche Beitrag zum Aufbau eines intelligenten Netzes für die einzelnen Ver-

---

[28] Vgl. http://www.degerenergie.de/de/news-von-deger/items/energiewende-von-unten-jetzt.html.
[29] Entwürfe der Berichte standen betroffenen DKE- und DIN-Gremien zur Kommentierung zur Verfügung. Die Berichte wurden offiziell Anfang 2013 veröffentlicht.
[30] Vgl. http://www.cencenelec.eu/standards/Sectors/SmartGrids/Pages/default.aspx.
[31] Vgl. Herzig und Einhellig (2012, S. 37).

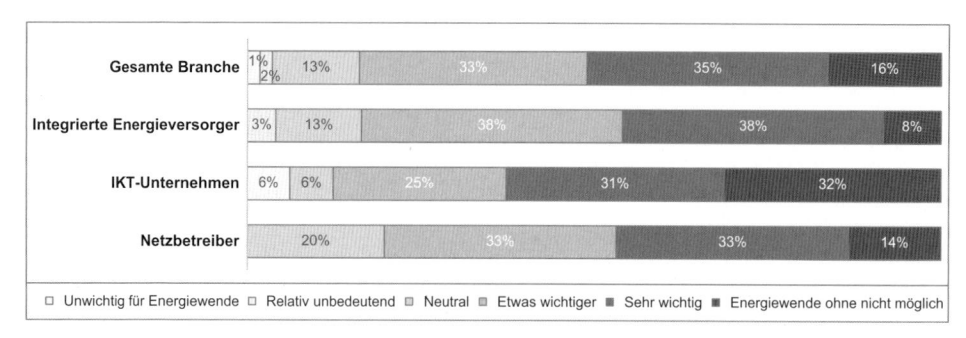

	Unwichtig für Energiewende	Relativ unbedeutend	Neutral	Etwas wichtiger	Sehr wichtig	Energiewende ohne nicht möglich
Gesamte Branche	1%	2%	13%	33%	35%	16%
Integrierte Energieversorger	3%		13%	38%	38%	8%
IKT-Unternehmen	6%	6%	25%	31%	32%	
Netzbetreiber			20%	33%	33%	14%

Abb. 26.10 Advanced Metering Infrastructure – Einschätzung der Branche

brauchersegmente jeweils zu prüfen. Der Netzausbau bleibt auch bei Einführung intelligenter Messsysteme weiterhin notwendig. Nach den Novellen des Energiewirtschaftsgesetzes (EnWG) in den Jahren 2011 und 2012 stellt die Messsystemverordnung (MsysV) einen weiteren Schritt hin zur Einführung der Messsysteme dar. Sie verrechtlicht die bereits erarbeiteten Schutzprofile und die Technische Richtlinie.[32]

Mit jeder größeren Technologie- oder Programmeinführung, besonders bei bahnbrechenden Technologien wie der Komponente Advanced Metering Infrastructure (AMI) und ähnlich großen Transformationen, gehen viele Strategieansätze einher, welche nach innen wie außen Entwicklungen bremsen können oder aber Erfolg versprechen. Nicht alle Strategien führen zu gleichen bzw. den erhofften Ergebnissen. Im Folgenden werden einige Ansätze (siehe Abb. 26.11) vorgeschlagen, die die Wahrscheinlichkeit für eine breite Akzeptanz der Bevölkerung erhöhen.

Der Übergang sollte für den Kunden so leicht und effektiv wie möglich gestaltet werden, denn ansonsten nehmen die Kunden an, dass das Erlernen des neuen Ansatzes nicht der Mühe wert ist und nehmen nicht daran teil. Dies gilt es zu vermeiden – sonst werden das EVU und der Verbraucher niemals die erwarteten Nutzenzugewinne, die AMI-Programme und v. a. die damit verbundene Einführung intelligenter Messsysteme (iMSys) schaffen sollen, realisieren.[33] Sieben Erfolgsfaktoren sind dabei zu unterscheiden:

1. **Kommunikation**: Die Implementierung eines „Smart Grid"-Programms sollte von einer zielgerichteten Kommunikationsoffensive unterstützt werden. Das Nutzenversprechen muss dabei klar dargestellt werden, Preisstrukturen übersichtlich und leicht verständlich sein.
2. **Preisgestaltung**: Die Strompreiszusammensetzung wird komplizierter und die Kundenanfragen werden ansteigen. Effektive Kommunikationsprogramme und Fallbeispiele vermitteln Verbrauchern Ziele, Aufbau und Zusammensetzung der Tarifprogramme. Die Tarifstruktur kann durch reduzierte Strompreise zu Zeiten eines Nachfragetiefs Anreize setzen, Kaufrabatte für „smarte" Geräte können die Kundenakzeptanz erhö-

---

[32] Vgl. BDEW (2013c, S. 2).
[33] Vgl. Augenstein et al. (2011, S. 30 f.).

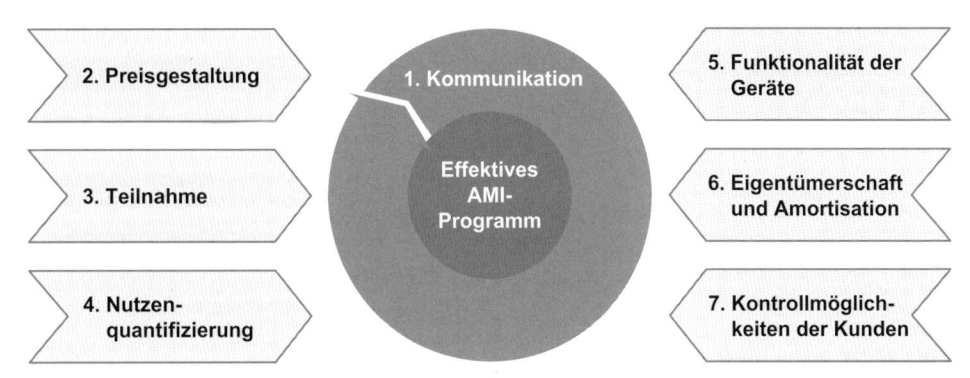

26 Strategie und Handlungsempfehlungen basierend ...

Abb. 26.11 Sieben Erfolgsfaktoren für ein effektives AMI-Programm. (Eigene Abbildung nach Augenstein et al. 2011, S. 30)

hen. Eine Pönalisierung der Nichtteilnahme sollte sich direkt in höheren Energiekosten niederschlagen, aber nicht in Form einer Gebühr für Nichtinstallation.

3. **Teilnahme**: Es gibt drei Grundoptionen für eine Programmteilnahme. Die zwingende Teilnahme, die freiwillige Teilnahme („opt-in") und die verpflichtende Basisteilnahme mit wahlweisem Austritt („opt-out"). Nur die zwingende Teilnahme oder verpflichtende Basisteilnahme versprechen aber einen großen Pool an teilnehmenden Kunden. Freiwillige Programme verdammen den Versorger in eine passive Position der Kundenerziehung mit Vertrauen auf Kundennachfrage und -aktivität. Dies kann auch zur Folge haben, dass sie durch umständliche Verkaufskampagnen künftige Kandidaten identifizieren, diese kontaktieren und um eine Teilnahme bitten müssen. Dieser Ansatz kostet am meisten und dauert am längsten.

4. **Nutzenquantifizierung**: Nur, wenn die Kunden künftig stärker profitieren, werden sie an den Programmen teilnehmen. Echtzeitverbrauch und Einsparempfehlungen bringen hier zusätzliches Hebelpotenzial. Die Verstärkermedien sollten den volkswirtschaftlichen Beitrag oder die Kosten quantifizieren, die durch „Smart Grid" eingespart werden. Dies sollte durch Echtzeitpreiskommunikation über das Display der neuen Smart Home-Geräte laufen.

5. **Eigentümerschaft und Amortisation**: Hohe Kosten für Zähler und Ausrüstung ließen bisher zahlreiche Programme scheitern. Eine Überwälzung der Gesamtkosten für die neuen Geräte – gleichverteilt auf alle Kunden – ist betriebswirtschaftlich optimal. Messstellenbetreiber müssen aber Verfahren entwickeln, um die Integration der von den Kunden bezahlten Geräte in Demand Response-, MDM-, Asset Management- und Lastkontrollsysteme noch zu vereinfachen.

6. **Funktionalität der Geräte**: Mit automatisierten Geräten kann man später besser durch Demand Response reagieren. Manuelle Interaktion senkt meist den Programmnutzen.

7. **Kontrollmöglichkeiten der Kunden**: Tools wie *Business Intelligence Portals*, historische Verbrauchsanalysen und prädiktive Kostenmodellierungen helfen Verbrauchern, Preisniveaus einzuschätzen und zu kalkulieren, wann es sich lohnt, den Stromkonsum auf eine – gemäß Preisgestaltung – billigere Zeit zu verschieben. Die Kunden kontrollieren so Art, Zeitpunkt und Preis der gewünschten Dienstleistungen. Vergleichs-

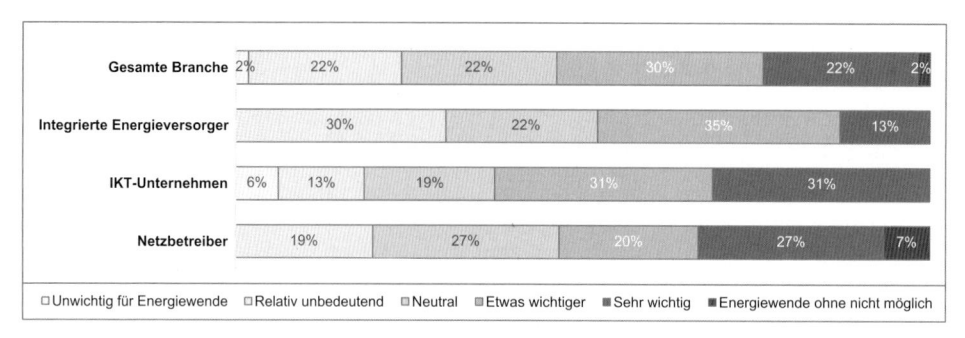

Gesamte Branche	2%	22%	22%	30%	22%	2%
Integrierte Energieversorger		30%	22%	35%		13%
IKT-Unternehmen	6%	13%	19%	31%	31%	
Netzbetreiber		19%	27%	20%	27%	7%

☐ Unwichtig für Energiewende ☐ Relativ unbedeutend ☐ Neutral ☐ Etwas wichtiger ■ Sehr wichtig ■ Energiewende ohne nicht möglich

Abb. 26.12 Smart Appliances – Einschätzung der Branche

analysetools legen Kunden dar, wo sie in unterschiedlichen Preisprogrammen und -strukturen im Vergleich zu anderen stehen.

AMI, die Smart Metering-Technologie an sich und die einführenden Programme bringen ein komplexes und weites Feld an neuen Herausforderungen. Zusätzlich bedingen die Teilnahme an den neuen Programmen und die Kundenakzeptanz den Großteil des potenziellen Nutzens durch niedrigere Systemkosten und Energieverbrauchseinsparungen. Effektive Kommunikation und Change Management-Programme verbunden mit neuartigen, einfach zu bedienenden und verständlichen Tools und Technologien erhöhen die Wahrscheinlichkeit, dass das EVU und der Kunde alle Vorteile in naher Zukunft teilen werden.

26.3.9 Smart Appliances

Wie Abb. 26.12 zeigt, spielen *Smart Appliances* in der Wahrnehmung der Branche noch keine große Rolle; fast die Hälfte aller befragten Unternehmen empfinden diese Komponente als „unwichtig" bis „neutral".[34]

Seit kurzem werden allerdings vermehrt proprietäre Lösungen von Konsortien aus Telekommunikationsanbietern, Herstellern und Energieversorgern auf dem Markt angeboten. Die Anwendungen reichen von Licht-, Heizungs-, Raumklimasteuerung bis hin zu Home-Monitoring im intelligenten Haus.

Um solche Use Cases – z. B. das optimal temperierte Wohnzimmer mit gedimmtem Licht – zu testen, wurden Anwender in vielen Pilotprojekten kostenlos mit smarter Technologie ausgestattet, beispielsweise mit Heizungsreglern, Sensorik und kommunikationsfähigen Endgeräten. Neben der Komfort-Komponente können die intelligenten Geräte im Haushalt dann später helfen, Flexibilität bereit zu stellen. Um überhaupt reagieren zu können, müssen Smart Appliances in der Lage sein, Signale in Form von Information über Verbrauchs-/Erzeugungssituation, Preise, Umwelt sowie Warnungen aufnehmen und verarbeiten zu können.

---

[34] Vgl. Herzig und Einhellig (2012, S. 40).

Signale als Grundlage für eine Nutzung von Smart Appliances im Smart Market
Letztere „Warnsignale" können beispielsweise zum einen vom Energiemanagementsystem an die Geräte gesandt werden, falls z. B. vertraglich vereinbarte Bezugshöchstmengen (Leistung oder Energie) überschritten werden. Zum anderen können über den Informationskanal auch Warnsignale des Netzbetreibers zur Sicherung der Netzstabilität gesandt werden (z. B. die Aufforderung, Leistung zu reduzieren). Die Reaktion auf dieses Signal bleibt allerdings dem Kunden, den angeschlossenen Geräten oder dem Energiemanagementsystem überlassen. Bei entsprechender vertraglicher Beziehung kann auch eine externe Marktrolle Informationen zu Erzeugung und Verbrauch erhalten.

Ganz im Sinne des Ampelkonzepts des BDEW kann von extern die Anforderung zur Reduktion oder Erhöhung von Verbrauch oder Einspeisung gesandt werden. Das Energiemanagementsystem übersetzt diese Anforderung in Steuersignale an die angeschlossenen Geräte.

Hierbei würden dann zwei Szenarien unterschieden:

(1) Das Gerät (Waschmaschine, Kühlschrank, Wärmepumpe usw.) entscheidet selbst, ob die Ausführung derzeit möglich ist.
(2) Das Gerät befolgt die Steuersignale ohne eine eigene Entscheidungsmöglichkeit (direkte Steuerung).

Während in beiden Szenarien zuvor eine allgemeine Anforderung erfolgt, kann die Dringlichkeit mit einem *Notfallsignal* unterstrichen werden. Das Energiemanagementsystem kann entsprechend angeschlossene Geräte direkt schalten oder informieren.

26.3.10 Industrielles Demand Side Management/Demand Response

Die meisten großen Industrieabnehmer von Energie wurden schon vor Einführung der Zählerstandsgangmessung für Haushaltskunden leistungsgemessen. Allerdings scheint in Zeiten einer „Reservekraftwerksverordnung" und entstehenden Kapazitätsmärkten die hohe Einschätzung dieser Komponente (siehe Abb. 26.13) noch sehr herstellergetrieben zu sein.[35] Dies wird sich mit der weiteren Standardisierung der Anwendungsfälle aber schnell ändern.

Demand Side Response (DSR) im engeren Sinne ist die gezielte Beeinflussung des Verbrauchs der Konsumenten durch dynamische Tarife. Wie im Haushaltsbereich, wird auch der industrielle Kunde mittels automatisierten Prozessen im Energiemanagementsystem künftig in die Lage versetzt, Verbräuche, die nicht die Fertigungsprozesse beeinträchtigen, in Niedrigtarifzeiten zu verlagern. Bei einer signifikanten Spreizung zwischen Hoch- und Niedrigtarifen spart der Industriekunde dann fühlbar Kosten.

Der Netzbetreiber erhält darüber hinaus die Möglichkeit, die dynamischen Tarife mittels variabler Netzentgelte auch unabhängig vom Markt zu adaptieren und somit die Last im Sinne des Netzbetriebes beeinflussen zu können.

---
[35] Vgl. Herzig und Einhellig (2012, S. 42).

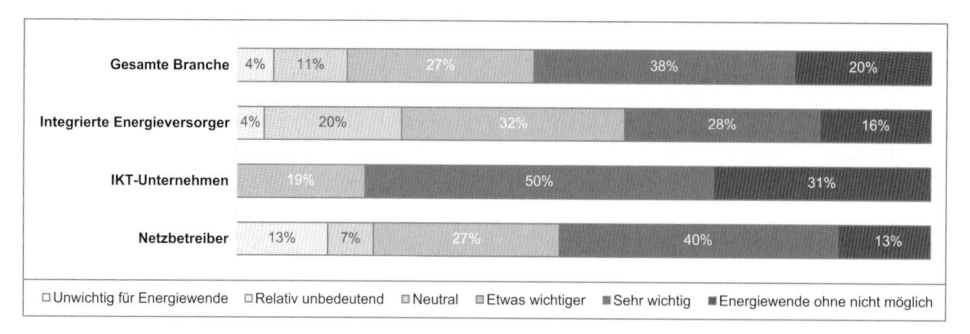

Abb. 26.13 Industrielles Demand Side Management/Demand Response – Einschätzung der Branche

Das Demand Response oder auch industrielles Demand Side Management bezeichnet im weiteren Sinne Möglichkeiten einer flexiblen Anpassung von Verbrauchern oder Erzeugern. Flexibilitäten wie Leistungsänderungen, Energieverbrauchsverschiebung oder Blindleistungsbereitstellung dienen der Netzführung und/oder der Optimierung auf dem Smart Market. Die Normungsroadmap unterscheidet hierbei grundsätzlich zwischen der Bereitstellung von Flexibilitäten („Providing Flexibilities") und der Nutzung von Flexibilitäten durch Netz oder Markt („Using Flexibilities").[36] Für den ersten Bereich wurden eine allgemeine funktionelle Referenzarchitektur, eine konzeptionelle Beschreibung und erste, auch detaillierte, Use Cases erstellt. Für den Bereich der Nutzung von Flexibilitäten dient die konzeptionelle Beschreibung zur weiteren Diskussion und als Grundlage für die Beschreibung weiterer Use Cases. Das Ampelkonzept des BDEW wurde auch hier bereits aufgegriffen und für die Anwendung übernommen. Während der erste Bereich – *Providing Flexibilities* – auch mit Blick auf die vielen Anwendungsfälle – als recht homogen betrachtet werden kann, ist die Ausarbeitung im zweiten Bereich aufgrund der größeren Komplexität immer noch in der Entwicklung.

Ein Anwendungsfall „Informationsaustausch zu Verbrauch, Preis oder Umweltinformationen zur Berücksichtigung durch den Kunden", welchen man auch *Demand Response* zurechnen kann, geht im Wesentlichen davon aus, dass der Kunde selber (manuell) oder sein Energiemanagementsystem (automatisch) auf Informationen vom Netz oder Markt reagiert. Es werden also nur Informationen bereitgestellt und nicht direkt von außen Geräte gesteuert, sodass nur statistische Reaktionen auf eine Information oder ein Warnsignal erwartet werden können. Gegebenenfalls kann aufgrund einer Rückmeldung eines Energiemanagementsystems über seine Handlungsoptionen die Wirkgröße eines aus dem Netz gesandten Anreizes vorherbestimmt werden.

Die *direkte Laststeuerung* beschreibt die Möglichkeit, von außen Vorgaben zu Verbrauch und Einspeisung vorzugeben. Entsprechend gesetzlicher Vorgaben oder vertraglicher Beziehungen können Geräte (z. B. Erzeugungsanlagen wie PV) von außen bzw. über das Energiemanagementsystem durch eine oder mehrere externe Marktrollen gesteuert werden (z. B. vom Energielieferanten, Aggregator oder Netzbetreiber).

---

[36] Vgl. VDE (2013, S. 55).

Im Vergleich zu Smart Appliances liegt die Entscheidung *nicht beim Kunden*, sondern bei der externen Marktrolle. Erfolgt das Signal über ein Energiemanagementsystem, kann dieses die angeschlossenen Geräte entsprechend steuern, um einer externen Anforderung nachzukommen. Beispielsweise kann die Anforderung gesendet werden, dass die Netzeinspeisung zu reduzieren ist. In diesem Fall könnte das Energiemanagementsystem statt einer Abschaltung der PV-Anlage auch die Speicherung in einer lokalen Batterie, im Elektroauto oder auch einen erhöhten Eigenverbrauch durch vorgezogene Einschaltung von Geräten initiieren. Genutzt würde diese Anwendung beispielsweise von Netzbetreibern zur Netzstabilisierung oder von Aggregatoren, um den Energiehandel und -einkauf zu optimieren (Teilnahme an Energie-/Regelenergiemärkten).

Basierend auf Forschungsprojekten[37] gibt es einen weiteren Anwendungsfall, der von einer Verhandlung zwischen Teilnehmern an einem Flexibilitätsmarkt (‚Flexibility Offering') ausgeht. In Echtzeit können Anfragen und Angebote ausgetauscht werden, um z. B. Prognoseabweichungen durch Erneuerbare Energie (PV, Wind) auszugleichen.

Die Akteure müssen sich über Prozesse Gedanken machen, wie z. B. der Verlauf der Verhandlungen, die Annahme eines Angebots sowie die Aktivierung und Abrechnung abgewickelt werden können.

26.3.11 IKT-Konnektivität

Auch beim Ausbau der Kommunikation in der Verteilnetzebene ist strikt auf die Trennung zwischen Kommunikation für das Netz und für den Markt zu achten.[38] Die Komponente der ‚IKT-Konnektivität' wird auch im Subsegment der integrierten Energieversorger von mehr als der Hälfte der Unternehmen als „sehr wichtig" bis „Energiewende ohne nicht möglich" eingeschätzt (siehe Abb. 26.14).[39]

Kommunikation für die Energienetze stellt hohe Ansprüche an die Performance (geringe Latenzzeiten) und Übertragungssicherheit. Der Verteilnetzbetreiber hat somit gesonderte Anforderungen an die Kommunikationsinfrastruktur für seinen Netzbetrieb. Trotzdem ist es volkswirtschaftlich vorteilhaft, wenn die Kommunikationsinfrastruktur für die Netz- und Markterfordernisse nur einmal je Gebiet von einem Provider – aber mit unterschiedlichen Domänen – bereitgestellt wird. Diesbezüglich hat die BNetzA den Begriff „*Datendrehscheibe*" eingeführt.[40] Diese Datendrehscheibe ist sowohl für den Verteilnetzbetreiber wie auch für alle anderen Akteure des Smart Markets von Nutzen. Entscheidend ist hierbei ein diskriminierungsfreier, sicherer und datenschutzgerechter Datenzugriff.[41]

Zur Erfassung und Weiterleitung von Messwerten ist bereits heute die unabhängige Funktion des grundzuständigen und wettbewerblichen Messstellenbetreibers etabliert,

---

[37] Z. B. E-Energy-Projekte, EU-F&E-Projekt MIRABEL.
[38] Vgl. Bühner et al. (2012).
[39] Vgl. Herzig und Einhellig (2012, S. 45).
[40] Vgl. BNetzA (2011, S. 43 f.).
[41] Vgl. Bühner et al. (2012).

	Unwichtig für Energiewende	Relativ unbedeutend	Neutral	Etwas wichtiger	Sehr wichtig	Energiewende ohne nicht möglich
Gesamte Branche	5%	25%		35%		35%
Integrierte Energieversorger	8%	21%		38%		33%
IKT-Unternehmen		25%		25%		50%
Netzbetreiber	7%	33%		40%		20%

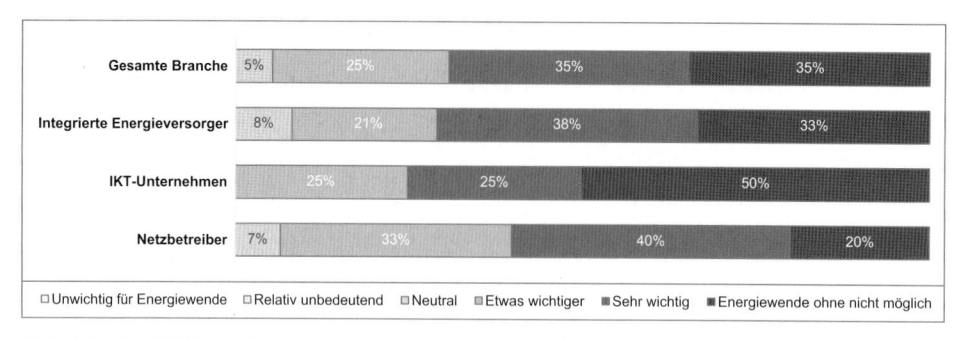

Abb. 26.14 IKT-Konnektivität – Einschätzung der Branche

allerdings beschränkt sich diese Funktion heute noch allein auf die Erfassung von Zählerdaten und deren Übermittlung an den Lieferanten zwecks Abrechnung. Messstellenbetreiber können heute einzelne Kunden in verschiedenen Versorgungsgebieten auf deren Wunsch bedienen. Im Unterschied zur heutigen Praxis, wo Zählwerte allein an den Händler zu Abrechnungszwecken übermittelt werden, treten im System Smart Supply bzw. im Smart Market neue Akteure auf, die ebenfalls die für den Markt erforderlichen Daten für ihre Funktion benötigen.[42]

Eine Dienstleistung in der Komponente IKT-Konnektivität wird längerfristig der Manager von Ladevorgängen von Elektro-Mobilen – zumeist als Mobilitätsleitwarte bezeichnet. Man muss sich vorstellen, dass in einem Wohngebiet von 100 Haushalten mit einem Ortsnetztransformator zu 200 kVA Nennleistung gleichzeitig 20 Elektro-Mobilfahrer mit 10 kW Leistung nach Arbeitsschluss laden wollen. Nach Ansicht von Bühner et al. wäre der Transformator bereits durch die Ladevorgänge zu 100 % ausgelastet.[43]

26.3.12 Integrationstechniken

‚Integrationstechniken' werden von integrierten Energieversorgern als wichtiger eingeschätzt als von reinen Netzbetreibern (siehe Abb. 26.15).[44]

Neue Technologien werden erforderlich wie der kosteneffiziente Aufbau und Betrieb hochwertiger IT-Netze zur Steuerung der Energienetze in einer von kleinteiliger dezentralen Erzeugung und Elektromobilität geprägten Welt. Piloten mit 100 Smart Metern, 20 Elektrofahrzeugen oder 10 Ladesäulen waren einfach. Die Herausforderung liegt nicht in der Einbindung in den operativen Betrieb, sondern in der Skalierung über das gesamte Versorgungsgebiet.[45]

---

[42] Vgl. Bühner et al. (2012).
[43] Vgl. Bühner et al. (2012).
[44] Vgl. Herzig und Einhellig (2012, S. 47).
[45] Vgl. Adam et al. (2012, S. 10).

Integrationstechniken – Einschätzung der Branche

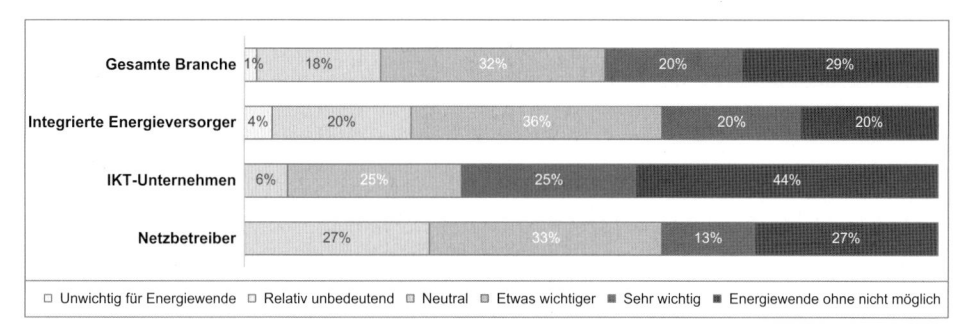

	Unwichtig für Energiewende	Relativ unbedeutend	Neutral	Etwas wichtiger	Sehr wichtig	Energiewende ohne nicht möglich
Gesamte Branche	1%	18%		32%	20%	29%
Integrierte Energieversorger	4%	20%		36%	20%	20%
IKT-Unternehmen	6%	25%		25%		44%
Netzbetreiber		27%		33%	13%	27%

Abb. 26.15 Integrationstechniken – Einschätzung der Branche

Wissenschaftler der Hochschule für Technik, Wirtschaft und Kultur Leipzig (HTWK Leipzig) präsentierten im Rahmen des „Schaufensters Elektromobilität" ein Ladesystem für Straßenlaternen auf Open-Source-Basis, mit dem 2014 eine Straße in Leipzig ausgerüstet wird. Ziel ist u. a., die Grundlage für ein zukünftiges Ladenetz in Leipzig zu schaffen. Das Projekt wird von den Stadtwerken Leipzig koordiniert und läuft von 2012 bis 2015. Ein Ansatz dieses „Vehicle-to-grid"-Verfahrens ist, die vorhandenen Straßenlaternen als „Verbindungspunkte" zwischen den einzelnen Elektroautos und dem Stromnetz zu nutzen. Der Elektromobilitätsnutzer soll bei diesem System entweder über eine Smartphone-App, Ladekarte oder über ein TAN-Verfahren die Ladesäulen verschiedener Betreiber nutzen können. Die geplante Ladeeinheit soll an alle vorhandenen Laternentypen passen und so Umrüstungen unnötig machen. Dafür werden eingebettete Computer benutzt, die dann auch den Ladevorgang oder die Übertragung von Elektroenergie ins Stromnetz in Zeiten großen Energiebedarfs steuern.[46]

Die folgenden Beispiele zeigen die Integration von Smart Grid über Technik in den Smart Market:[47]

Frequenzstützendes Laden von E-Fahrzeugen
Die Ladeleistung eines E-Fahrzeugs kann anhand der Netzfrequenz gesteuert werden. Somit stellt der Ladevorgang auch eine der Primärregelleistung ähnliche Dienstleistung bereit. Diese Systemdienstleistung gleicht dem Selbstregeleffekt, der sofort verfügbar ist und automatisch den Bezug bei steigender Frequenz erhöht und umgekehrt. Eine Kommunikation ist in diesem Fall nicht erforderlich, es ist lediglich eine lokale Frequenzmessung und eine daraus abgeleitete Sollvorgabe der Ladeleistung erforderlich. Eine gegebenenfalls vorhandene Rückspeisemöglichkeit verdoppelt das Potenzial. Um Sekundärregelleistung anzubieten, ist ein erweiterter technischer Aufwand in Form einer Kommunikation zu einer Leitstelle notwendig. Aus heutiger Sicht sind E-Fahrzeuge daher weniger geeignet, am Sekundärregelleistungsmarkt teilzunehmen. Minutenreserve benötigt ebenfalls eine

---

[46] Vgl. HTWK Leipzig (2013).
[47] Vgl. hierfür die Normungsroadmap Elektromobilität sowie den Bericht der SGCG.

Leitstellenanbindung, hat aber eine weniger zeitkritische Anforderung an die Kommunikation. Es wäre denkbar, das frequenzstützende Laden mit in die Anschlussbedingungen für Elektrofahrzeuge aufzunehmen.

Tarifoptimiertes Laden von E-Fahrzeugen
Der Energielieferant muss in diesem Falle dem Fahrzeug Tarifinformationen zur Verfügung stellen. Auf Basis dieser Daten und der Nutzerpräferenz (voraussichtliche Abfahrt) kann ein Optimierungsalgorithmus die kostenminimale Ladestrategie ermitteln. Dabei hat er auch die zulässige Ladeleistung am Netzanschluss zu berücksichtigen. Zur Umsetzung wäre eine einseitige Kommunikation zur Übermittlung des variablen Tarifs notwendig. Beim Tarifwechsel ist zu berücksichtigen, dass keine sprunghafte Änderung des Leistungsflusses erfolgen darf, um die Frequenzhaltung nicht zu gefährden und eine lokale Netzbetriebsmittelüberlastung zu vermeiden. Mit variablen Preisen können grundsätzlich zwei Ziele verfolgt werden. Zum einen kann der Energielieferant seinen Tarif an den Börsenpreisen orientieren und einen Teil des Gewinns durch günstigere Energiebeschaffung an den Kunden weitergeben. Zum anderen könnten Netzbetreiber über Strompreise Anreize zur gleichmäßigeren Nutzung vorhandener Kapazitäten setzen, wodurch ein Kostenvorteil beim Netzausbau entstünde, der teilweise als Kompensation an die Endkunden weitergegeben werden könnte.

Intelligentes Laden Elektromobilität (Smart Charging)
Basierend auf Erfahrungen niederländischer Forschungsprojekte wurde im Rahmen der Normungsroadmap auch für diesen Bereich ein Konzept erarbeitet, das High Level Use Cases zum Laden und zur Ladeinfrastruktur umfasst.

Bereits heute sollte man an eine künftige Dienstleistung denken, die es ermöglicht, einerseits die hohe Gleichzeitigkeit von Schnellladungen in Netzgebieten zu vermeiden und andererseits die Batterien stillstehender E-Mobile zur Netzstützung zu nutzen. Eine sanfte Steuerung kann über variable Tarife (ladezeitabhängig) erfolgen, die auf dem Strompreis und den variablen Netzentgelten basieren. Der Netzentgeltanteil könnte dann in verschiedenen Netzabschnitten für Schnellladevorgänge unterschiedlich sein.[48] Ein solches System wurde im Rahmen des Förderprojektes Harz EE-Mobility entwickelt und erprobt.[49]

26.3.13 Datenmanagement

Das *Datenmanagement* wurde in Bezug auf das Gelingen der Energiewende als eine der wichtigsten Komponenten des Smart Markets bewertet (siehe Abb. 26.16).[50]

---

[48] Vgl. Bühner et al. (2012).
[49] Vgl. Stycyinski et al. (2011).
[50] Vgl. Herzig und Einhellig (2012, S. 48).

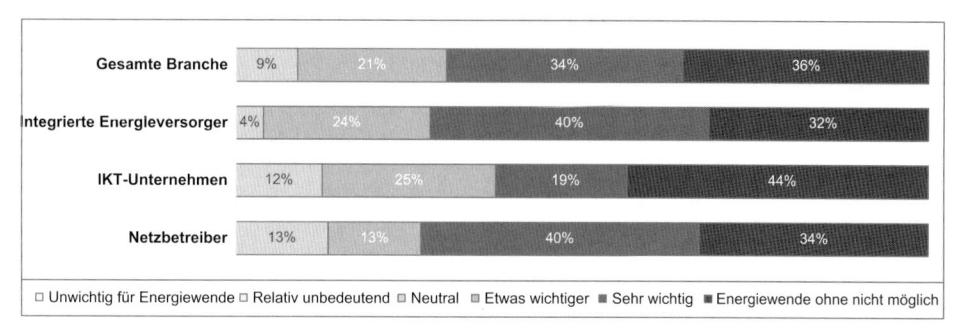

Gesamte Branche	9%	21%	34%	36%
Integrierte Energieversorger	4%	24%	40%	32%
IKT-Unternehmen	12%	25%	19%	44%
Netzbetreiber	13%	13%	40%	34%

☐ Unwichtig für Energiewende ☐ Relativ unbedeutend ☐ Neutral ☐ Etwas wichtiger ■ Sehr wichtig ■ Energiewende ohne nicht möglich

Abb. 26.16 Datenmanagement – Einschätzung der Branche

Aufgaben des Datenmanagement im Smart Market und Anforderungen

Neben der bestmöglichen Nutzung der neuen Massendaten gilt es, durch das Datenmanagement (DM) die Qualität der Information für alle Marktakteure zu verbessern sowie die Produktivität der Anwendungssystementwicklung durch den Einsatz von Datenbank-Managementsystemen zu erhöhen. Hierbei sollten die in der folgenden Abb. 26.17 dargestellten Datenprozesse möglich sein.

Deswegen gilt es zunächst, eine geeignete Datenmanagementstrategie zu entwickeln, die besagt, welche Daten für welche Systeme und Aufgaben wie gespeichert und wie zur Verfügung gestellt werden. Dabei muss im Unternehmen die organisatorische Verantwortung für die Pflege und Erfassung der Daten festgelegt werden, damit die Daten in exakt definierter untereinander abgestimmter Form zirkulieren können.

Strategie des Datenmanagements[51]

Diese Strategie sollte die folgenden Parameter unterstützen bzw. zulassen:

- Rationalisierung
  - Zeitminimierung
  - Kostenminimierung
- Innovation
- Qualität
  - Kundenbindung (Vernetzungsstrategie)
  - Informationsqualität
- interner Datenzugriff: Wissensmanagement
- externer Datenzugriff: Strategische Informationssysteme

Die zeitliche Struktur einer Einführung/Anpassung eines auf den Smart Market ausgerichteten Datenmanagements kann nach einem allgemeinen Modell in drei Phasen eingeteilt werden:[52]

---

[51] Vgl. Scheuch und Gansor (2012).
[52] Vgl. Scheuch und Gansor (2012).

Datencontrolling / Data Governance	Steuerung der Maßnahmen und Controlling der Kennzahlen zum Wert der Daten
Datenplanung	Planung der Nutzung der Daten in den Geschäftsprozessen
Datenbeschaffung	„Beschaffung" der Daten aus den relevanten Systemen (intern wie auch extern)
Datenorganisation	Verwaltung von Informationen über Daten und deren Nutzung
Datennutzung	Verwendung der Daten in den Geschäftsprozessen
Datenentsorgung	Steuerung der Terminierung bzw. Entsorgung von Daten
Datenqualitätsmanagement	Festlegung von Qualitätsanforderungen, um „nutzbare" Daten in den Geschäftsprozessen zu erhalten, und Messung der Qualität durch geeignete Kennzahlen

Abb. 26.17 Aufgaben der wesentlichen DM-Prozesse im Smart Market. (Eigene Darstellung nach Scheuch und Gansor 2012, S. 15)

Die Phase „*Ziele festlegen*" beschreibt die Entwicklung der Vision und der Ziele des DM sowie den Weg zur Erreichung einer Zustimmung in der Organisation. Frühzeitig erfolgt die Implementierung eines Stakeholder-Managements, um Abstimmung und Unterstützung über alle betroffenen Organisationseinheiten und Entscheidungsträger zu erlangen. Grundlage der Ziele des DM sind abgestimmte Handlungsfelder, die sich aus Unternehmenszielen und analysierten Schwachstellen ergeben. Bereits in der frühen Phase empfiehlt es sich, das Vorhaben als ein Programm aufzusetzen und den Fokus auf die typischen Erfolgsfaktoren nach PMI, also auf Stakeholder, Veränderungsmanagement, Risiken und Benefits-Management, zu legen.

In der Phase „*Strategie ausarbeiten*" erfolgt die detaillierte Ausarbeitung der Strategie durch die Formulierung von Initiativen und Maßnahmen inklusive deren Ziele. Hierzu gehören die Istanalyse der aktuellen Situation und die Formulierung der Sollarchitektur bezüglich der Ablauf- und Aufbauorganisation und der IT-Bebauung. Eine Gap-Analyse dient als Grundlage für die Bestimmung der Handlungsfelder der Strategie und die Formulierung von Initiativen und Maßnahmen zur Erreichung der Zielvorstellung.

Der Planungsabschluss erfolgt in der Phase „*Roadmap entwickeln*". Basis sind die Vorarbeiten sowie die Initiativen und Maßnahmen. Jedoch benötigt das Unternehmen nun eine Roadmap für das meist mehrere Jahre andauernde Programm. Das zuständige Team prüft Implikationen auf die Organisation, bespricht das erstellte Lastenheft mit Herstellern und Lieferanten und plant den Rollout und die Einführungsstrategie, während die Buchhalter aus dem Finanzbereich eine Investitionsrechnung für das Vorhaben durchführen. Das Ergebnis bildet eine Entscheidungsgrundlage für die Freigabe zur Einführung eines DM.

Jede Phase nutzt die Ergebnisse der vorherigen Phase als Input und liefert als Ergebnis die Grundlage für eine Entscheidung. Die Entscheidung über die Freigabe der nächsten Verfeinerungsstufe erfolgt durch ein definiertes Gremium (beispielsweise einen Lenkungsausschuss für das DM) bzw. letztlich durch die Geschäftsleitung. Die Phasen sind „re-entrant", sodass auf Anmerkungen oder notwendige Nachbesserungen reagiert werden kann. Mit der Freigabe („Go") beginnt der nächste Schritt der Verfeinerung, eine Ablehnung („No Go") beendet das jeweilige Datenmanagementvorhaben.[53]

---

[53] Scheuch und Gansor (2012, S. 17 ff).

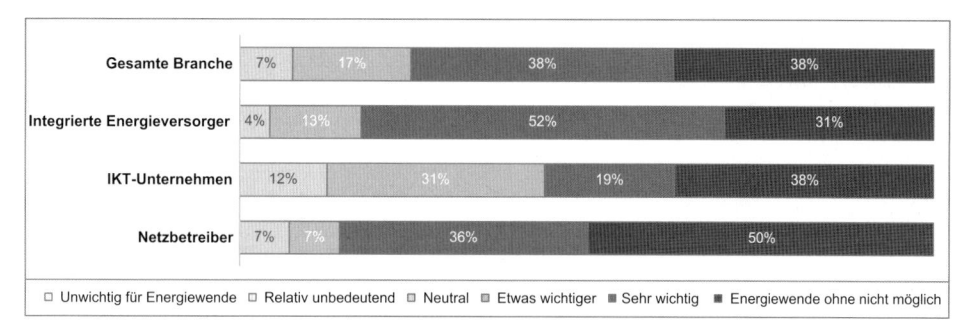

Abb. 26.18 (Informations-)Sicherheit – Einschätzung der Branche

26.3.14 (Informations-)Sicherheit

Die Komponente der *(Informations-)Sicherheit* spielt nicht nur in der öffentlichen Diskussion eine sehr große Rolle, sie ist auch nach Ansicht der gesamten Branche (siehe Abb. 26.18) für das Gelingen der Energiewende sehr wichtig.[54]

Unternehmen, die die Rolle des Gateway Administrators wahrnehmen, müssen nach § 7 Abs. 4 Nr. 1 MsysV ein „Information Security Management System" (ISMS) einführen.

Um das Ziel einer kosteneffizienten IT-Sicherheitslandkarte für die Branche zu erreichen, muss die Ausgestaltung des ISMS noch mit den bestehenden und zukünftigen Regelungen auf nationaler und europäischer Ebene abgestimmt werden. Zu diesen Regelungen zählen bestehende DIN/ISO-Normen der 27-Reihe, die geplanten Regelungen nach § 11 Abs. 1a EnWG und insbesondere der EU-Richtlinie zur Netz- und Informationssicherheit. Wesentliches Ziel des RL-Vorschlages der EU-Kommission ist das Erreichen eines europaweit vergleichbaren Mindeststandards zur IT-Sicherheit, unter Berücksichtigung internationaler, europäischer Standards.

Der Verweis in § 7 Abs. 4 Nr. 2 MsysV berücksichtigt in der vorliegenden Form vergleichbare innovative Schutz- und Automatisierungskonzepte nicht. Ein Zertifikat nach ISO/IEC 27001 auf Basis von IT-Grundschutz, wie es die Technischen Richtlinien vorsehen, hat lediglich nationale Bedeutung.

Ein reines ISO/IEC 27001 Zertifikat wird dagegen international anerkannt. So baut das Normungsvorhaben Mandat M/441 „smart meter" und Mandat M/490 „smart grid" auf die ISO/IEC 27000 Reihe für das Management der Informationssicherheit auf. Für europaweit tätige Energieversorgungsunternehmen bedeutet dies eine zusätzliche Markteintrittshürde.

Darüber hinaus greift schon heute eine Vielzahl von Messstellenbetreibern auf Dienstleister oder Kooperationen zurück und versetzt sich so in die Lage, die mit dem Messstellenbetrieb zusammenhängenden Aufgaben zuverlässig auszuführen. Dabei wird es auch in Zukunft bleiben. Bereits jetzt ist absehbar, dass die wachsende Zahl der Anforderungen

---

[54] Vgl. Herzig und Einhellig (2012, S. 49).

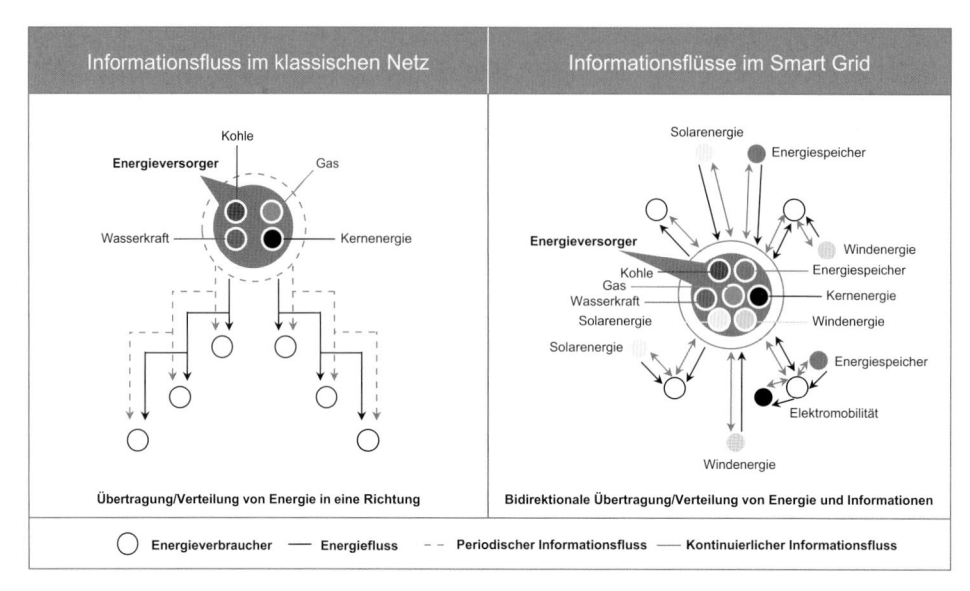

Abb. 26.19 Informationsflüsse. (Eigene Darstellung nach Düssel und Einhellig 2012, S. 12)

auch zu Veränderungen insbesondere im Bereich der Erbringung dieser Dienstleistungen führen wird. So muss der Smart Meter-Gateway Administrator künftig den zuverlässigen technischen Betrieb des Smart Meter Gateways gewährleisten und organisatorisch sicherstellen, § 7 Abs. 1 MsysV. Außerdem ist der Smart Meter-Gateway Administrator unter anderem verpflichtet, ein ISMS einzurichten, zu betreiben und zu dokumentieren sowie die sich aus den Technischen Richtlinien ergebenden Maßnahmen zur Gewährleistung der Informationssicherheit treffen.

Die Definition einer unter Datensicherheits- und Kostenaspekten sinnvollen Zuordnung der neuen Aufgaben (z. B. Gateway-Administration) zu den vorhandenen energiewirtschaftlichen Marktrollen berücksichtigt folgende Kriterien:

- Konkrete Eignung eines Marktteilnehmers, die Aufgabe des Messstellenbetreibers zu erfüllen, gegebenenfalls unter Einbeziehung eines Dienstleisters.
- Delegierbarkeit der Erfüllung der Aufgabe der Gateway-Administration auf einen Dienstleister.

Damit wird die Nutzung von internationalen und europäischen Standards für die Einführung eines „Information Security Management System" (ISMS) ermöglicht (Abb. 26.19).

Von EU-Seite sind noch die Ergebnisberichte der Standardisierungsbemühungen auch in Bereich auf die (Informations-)Sicherheit hervorzuheben,[55] welche direkten Bezug auf die Referenzarchitektur bei Smart Grids nehmen.

26.4 Fazit

Auf Grundlage eines eigens entwickelten, räumlich hochaufgelösten Zukunftsszenarios haben die Forschungspartner aus Wissenschaft und Industrie kürzlich gezeigt, dass Netzstabilität in einem angepassten Stromversorgungssystem mit 100 % Erneuerbaren Energien gewährleistet werden kann. „Wenn erneuerbare Energien in Kombikraftwerken verknüpft und gesteuert werden, können sie zusammen mit Speichern jederzeit den Bedarf decken und für eine stabile Frequenz und Spannung im Netz sorgen," stellte Dr. Kurt Rohrig, stellvertretender Institutsleiter am Fraunhofer IWES als wichtigstes Projektergebnis heraus.[56]

Demzufolge wird es also für alle Akteure des Smart Markets wichtig, sich schnell den neuen Situationen und damit den Komponenten des Smart Markets anzupassen.

Da zum einen die klassischen Energieversorger an der EE-Erzeugung praktisch nicht beteiligt sind (aktuell noch weniger als fünf Prozent Anteil), Neuinvestitionen aber fast ausnahmslos in dezentrale und EE-Systeme erfolgen, wird dies – noch verstärkt durch reduzierte Laufzeiten der konventionellen Kraftwerke und niedrige Strompreise – in mittlerer Frist zu noch erheblich defizitäreren Situationen führen. Diese Energieversorger müssen umdenken und sich kurzfristig restrukturieren und neue Geschäftsmodelle entwickeln. Obwohl die Politik zwar diesen Konflikt moderieren wird, durch die Neubesetzungen im Bundeswirtschaftsministerium aber von keiner Schonfrist für die klassischen Energieversorger auszugehen ist, wächst dieser Handlungsdruck noch mehr.

Deswegen müssen etablierte Energieversorger den – so oft von der Politik geforderten – Masterplan bzw. die Checkliste für die Abarbeitung ihrer Visionen selbst erstellen und dann aber auch umsetzen. Hierzu bedarf es eines strukturierten Vorgehens und formulierter Strategien, inwiefern die Ziele erreicht werden können. Das alte *„Wenn Du mal nicht weiter weißt, bilde einen Arbeitskreis"* gilt hier nur bedingt, denn ohne Inhalt und Ziel machen Arbeitskreise wenig Sinn. Geschäftsfähigkeit in einem entstehenden Smart Market wiederherzustellen ist zwar nicht unmöglich, aber ohne „querzudenken" schon sehr schwer.

Anders sieht es bei den Neueinsteigern aus. Es gibt immer mehr Startups, die innovativ neue Geschäftsmodelle erfinden und das scheint auch nachhaltig zu sein. Auch die anderen Branchen – wie die der Telekommunikation – denken um und stellen sich auf einen zellulären Ansatz in der Energieversorgung ein. Die Energiewende rückgängig machen,

---

[55] Sie entstanden auf Basis des Standardisierungsmandates M/490 unter Mitwirkung der Smart Grid Information Security (SGIS) working group, abzurufen unter ftp://ftp.cen.eu/EN/EuropeanStandardization/HotTopics/SmartGrids/Security.pdf.

[56] Vgl. Fraunhofer (2013).

das geht nicht mehr. Als Gasversorger das Speicherrückgrat der Nation zu bilden aber schon, um die Diskussion einmal vom Strom weg zu lenken.

Literatur

Adam, R., Einhellig, L., Herzig, A.: Energiewirtschaft in der Energiewende: Können bestehende Geschäftsmodelle überleben? Energiewirtschaftliche Tagesfragen (et), 62. Jg., Heft 9, 2012, S. 8–11

Agentur für die Zusammenarbeit der Energieregulierungsbehörden (ACER), Guidance on the application of Regulation (EU) No 1227/2011 of the European Parliament and of the Council of 25 October 2011 on wholesale energy market integrity and transparency

Augenstein, F., Einhellig, L., Kohl, I.: Die Realisierung des „Smart Grids" – in aller Munde, aber nicht in der Umsetzung. Energiewirtschaftliche Tagesfragen (et), 61. Jg., Heft 7, 2011, S. 28–31

Brunner, C., Buchholz, B.M., Gelfand, A., Kamphuis, R., Naumann, A.: Communication infrastructure and data management for operating smart distribution systems, CIGRE 2012, C6-1-116. Paris, 26th–31st August 2012

Bühner, V., et al.: Neue Dienstleistungen und Geschäftsmodelle für Smart Distribution und Smart Markets. VDE Verlag GmbH, Berlin (2012)

BDEW: BDEW-Roadmap – Realistische Schritte zur Umsetzung von Smart Grids in Deutschland. Februar 2013, Berlin (2013a)

BDEW: Energie-Info zur Umsetzung der REMIT – Verordnung des Europäischen Parlaments und des Rates über die Integrität und Transparenz des Energiegroßhandelsmarkts – mit Handlungsempfehlungen für Energieunternehmen, 2. Aufl., Berlin, 01. Oktober 2013 (2013b)

BDEW: Stellungnahme zum Referentenentwurf der Verordnung über technische Mindestanforderungen an den Einsatz intelligenter Messsysteme (Messsystemverordnung). Oktober 2013, Berlin (2013c)

Bundesnetzagentur: „Smart Grid" und „Smart Market". Eckpunktepapier der Bundesnetzagentur zu den Aspekten des sich verändernden Energieversorgungssystems, Bonn, Dezember (2011)

Düssel, P., Einhellig, L.: Cyber Security in Smart Grids, Risk-News – Aktuelle Informationen rund ums Risikomanagement, Deloitte, 1/2012, S. 12–16

Europäischen Union: Verordnung (EU) Nr. 1227/2011 des Europäischen Parlaments und des Rates über die Integrität und Transparenz des Energiegroßhandelsmarkts vom 25. Oktober 2011, veröffentlicht im Amtsblatt Nr. L 326/1 vom 8.12.2011

Fraunhofer-Gesellschaft zur Förderung der angewandten Forschung e.V.: Das virtuelle Kraftwerk – Kombikraftwerk 2, 2013. http://www.fraunhofer.de/de/fraunhofer-forschungsthemen/energie-wohnen/stromnetz/kombikraftwerk.html. Zugegriffen: 19. Dez. 2013

Herzig, A., Einhellig, L. (Hrsg.): Smart Grid vs. Smart Market – wie funktioniert die deutsche Energiewende. Deloitte & Touche GmbH, München (November 2012)

Hochschule für Technik, Wirtschaft und Kultur Leipzig (HTWK Leipzig): Laternen als Ladestation für Elektroautos, Pressemitteilung vom 25. November 2013. http://www.htwk-leipzig.de/de/presse/pressemitteilungen/artikel/detail/laternen-als-ladestation-fuer-elektroautos/. Zugegriffen: 19. Dez. 2013

Kießling, A.: E-Energy-Projekt Modellstadt Mannheim: Das smarte Energiesystem als Chance für regionale und bürgernahe Wertschöpfung, VDE-Management-Forum: Smart Grid – Intelligente Energieversorgung der Zukunft, 13.–14. Dezember, Vortrag, Berlin, 2011. http://www.vde.com/de/Veranstaltungen/VDE-Seminare/ManagementForum/Smart_Home-and_Building/Download/Documents/04%20Das%20smarte%20Energiesystem%20als%20Chance%20f%C3%BCr%20regionale%20und%20b%C3%BCrgernahe%20Wertsch%C3%B6pfung.pdf. Zugegriffen: 19. Dez. 2013

Scheuch, R., Gansor, T.: Datenmanagement braucht Ordnung, Die Nutzung eines Ordnungsrahmens erleichtert die Planung und Steuerung des Datenmanagements, IT Governance. Zeitschrift des ISACA Germany Chapter e.V., 6. Jg., Heft 13, November 2012, S.14–19

Stycyinski, Z., et al.: Harz.EE-MOBILITY Abschlussbericht: Harz.ErneuerbareEnergien-Mobility -Einsatz der Elektromobilität vernetzt mit dem RegModharz-Projekt. Otto-von-Guericke-Universität Magdeburg, Magdeburg, 30. Juni 2011

Verband der Elektrotechnik e.V. (VDE) als Träger der „Deutsche Kommission Elektrotechnik Elektronik Informationstechnik" im DIN und VDE (DKE): Normungsroadmap E-Energy/Smart Grids 2.0 – Status, Trends und Perspektiven der Smart Grid-Normung. H. Heenemann GmbH & Co, Berlin (2013)

Die Chancen neuer und etablierter Anbieter im Smart Market

27

Helmut Edelmann

Zusammenfassung

Etablierte EVU und Stadtwerke machen einen Kulturwandel durch und müssen eine ausgeprägte Innovationskultur entwickeln, um aus ihrer guten Ausgangsposition im Smart Market heraus erfolgreich Geschäftsmodelle entwickeln zu können. Ansonsten besteht für sie die Gefahr – ähnlich wie im Bereich der dezentralen Erzeugung –, die intelligenten Märkte an neue Anbieter zu verlieren. Für neue und für etablierte Anbieter gilt gleichermaßen, enger und fokussierter bei der Entwicklung neuer Geschäftsmodelle zusammenzuarbeiten. In einem Umfeld, in dem der Spielraum für Innovationen durch permanente Eingriffe in die Gesetzgebung und Regulierung limitiert werden, besteht für alle Marktteilnehmer nur die Chance, über konzertierte Aktionen gemeinsam neue Märkte und damit neue erfolgreiche Geschäftsmodelle zu entwickeln. Konzertierte Aktionen unter Einbindung und Bündelung vielfältiger Interessen aus verschiedenen Branchen – auch zwischen Wettbewerbern (*Coopetition*) –, in denen die Beteiligten vermeintliche kurzfristige Nachteile zurückstellen müssen. Denn diesen vermeintlichen Nachteilen stehen langfristig größere Vorteile entgegen – nämlich die Entwicklung neuer, in der Energiewirtschaft dringend benötigter Wachstumsmöglichkeiten, die der Smart Market zweifelsohne bietet.

H. Edelmann (✉)
Ernst & Young GmbH, Graf-Adolf-Platz 15, 40213 Düsseldorf, Deutschland

27.1 Smart Market – worüber sprechen wir?

Mit der Energiewende und der damit verknüpften Transformation des Energiesektors (siehe Abb. 27.1) verändern sich die Geschäftsmodelle in der Energiewirtschaft grundlegend. Ein wesentlicher Hebel, um diese Veränderungen zu beherrschen, ist der ständig und weiter zunehmende Einsatz von IKT (Informations- und Kommunikationstechnologien). Dies betrifft gleichermaßen den Netzbereich, wie auch die wettbewerblichen Bereiche Erzeugung, Handel und Vertrieb.

Durch den Aufbau einer intelligenten („smarten") Infrastruktur mit Hilfe von intelligenten Messsystemen (Smart Meter) und Sensoren in den Verteil- und Transportnetzen wird im Netzbereich die Grundlage für die Entwicklung eines Smart Markets geschaffen. Die Nutzung der Infrastruktur erfolgt dabei sowohl durch den Netzbetreiber („Smart Grid") und/oder durch andere – wettbewerblich organisierte – Anbieter (Smart Market).

Ein Smart Market entsteht zudem durch Aktivitäten wettbewerblicher Anbieter unabhängig und losgelöst vom *Smart Grid*. Beispiele hierfür finden sich vor allem auf der Wertschöpfungsstufe „*Vertrieb*", im Bereich des „*Smart Home*", also des intelligenten Wohnens.

Unterscheidung „Smart Grid" und „Smart Market"
Mit der Unterscheidung in *„Smart Grid"* und *„Smart Market"* hat die Bundesnetzagentur (BNetzA) in ihrem Eckpunktepapier zu Aspekten des sich verändernden Energieversorgungssystems[1] einen Ansatz vorgestellt, wie diese beiden Bereiche differenziert werden können. Die Bundesnetzagentur grenzt dabei die beiden Begriffe anhand der Frage ab, ob es primär um *Kapazitäten* (Smart Grid) oder um *Energiemengen* (Smart Market) handelt. Entsprechend wird der Smart Market definiert als, „(…) der Bereich außerhalb des Netzes, in welchem Energiemengen oder daraus abgeleitete Dienstleistungen auf Grundlage der zur Verfügung stehenden Netzkapazität unter verschiedenen Marktpartnern gehandelt werden. Neben Produzenten und Verbrauchern sowie Prosumern können zukünftig sehr viele verschiedene Dienstleister in diesen Märkten aktiv sein (z. B. Energieeffizienzdienstleister, Aggregatoren etc.)."[2]

Dabei weist die BNetzA bereits darauf hin, dass es sich hierbei um eine vereinfachte Betrachtung handelt und *Überlappungen* existieren, sodass es auch außerhalb „(…) des Netzkapazitätsgeschäfts des Netzbetreibers (…) sich zwar Bereiche (finden), in denen sich beide Themen überlappen (z. B. Bezug von Regelenergie, Vermarktung von Erneuerbare Energie, Ausgleich von Netzverlusten etc.) (…)".[3]

Diese Differenzierung und die sich aus den Überlappungen ergebenden Rahmenbedingungen gibt allerdings nur eine erste grobe Orientierung zu möglichen Geschäftsfeldern und -modellen im Smart Market. Im Folgenden wird der Smart Market im erweiterten Sinne verstanden und umfasst das Smart Grid – zumindest Teile davon – Smart Metering und Smart Home.

---

[1] Vgl. Bundesnetzagentur (2011, S. 6).
[2] Bundesnetzagentur (2011, S. 12).
[3] Bundesnetzagentur (2011, S. 6).

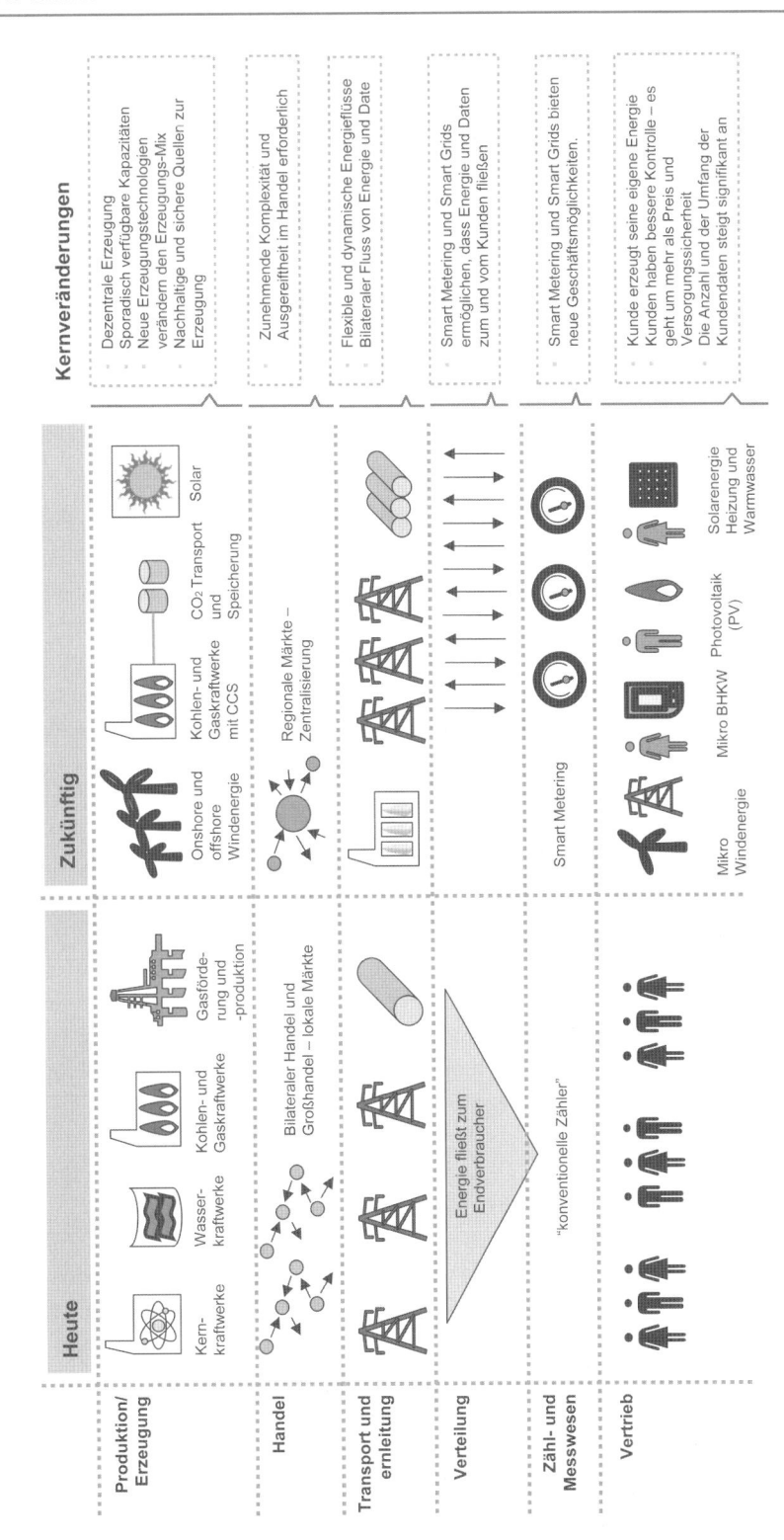

27 Die Chancen neuer und etablierter Anbieter im Smart Market

Abb. 27.1 Die Transformation der Energiewirtschaft („Energiewende"). (Ernst & Young)

27.1.1 Etablierte und neue Anbieter

Primärer Einsatzbereich einer intelligenten Infrastruktur stellt die Verbesserung von etablierten Kerngeschäftsprozessen in der Energiewirtschaft dar (z. B. Netzbetrieb, Ablesung, Abrechnung, Kundenbetreuung, Netzbetrieb, Bilanzkreismanagement). Diese Anwendungsfälle werden im Folgenden unter den Begriffen des Smart Grids und des Smart Metering behandelt. Ein Smart Grid oder Smart Metering ermöglicht darüber hinaus zahlreiche weitere *Anwendungen* und *Geschäftsfelder*, wie:

- Energielieferverträge mit zeit-, last- oder eventabhängigen Tarifmodellen,
- Energiemanagementsysteme sowie
- Smart Home Anwendungen.

Auf diesen (Teil-) Märkten sind insbesondere die etablierten Anbieter der Energiewirtschaft tätig, also Energieversorgungsunternehmen (EVU) und Stadtwerke. Dies geschieht entweder direkt oder auch zunehmend über eigenständige Tochterunternehmen.

Daneben kann der Smart Market jedoch auch deutlich weiter ausgelegt werden. Mit der Digitalisierung der Energieversorgung, dem Internet der Energie oder auch Internet der Dinge, wachsen verschiedene Branchen zusammen (*Konvergenz*). Die bislang natürlichen und gewohnten Abgrenzungen zwischen den Märkten verschwimmen. Als Stichworte sind hier zu nennen:

- Elektromobilität,
- Sicherheitsservices,
- Gesundheitsservices,
- Ambient Assisted Living (AAL).

Insbesondere in diesen Bereichen treten neben EVU zunehmend Anbieter außerhalb der Energiebranche auf: Automobilhersteller, Sicherheitsfirmen, Krankenkassen, Wohnungsbauunternehmen um nur einige der möglichen Anbieter zu nennen. Alle diese Anbieter werden im Folgenden unter dem Begriff „*neue Anbieter*" subsumiert.

27.1.2 Teilmärkte eines Smart Markets

Sowohl das Smart Grid als auch der Smart Market (Smart Metering, Smart Home) bieten etablierten und neuen Anbietern zahlreiche Chancen für die Ausweitung bestehender oder die Entwicklung neuer Geschäftsmodelle. Dabei herrschen hier sehr unterschiedliche technologische, gesetzliche, regulatorische und wirtschaftliche Rahmenbedingungen. Da diese Rahmenbedingungen wesentlich die Chancen und Risiken für die Geschäftsmodelle der etablierten und neuen Anbieter bestimmen, werden sie im Folgenden kurz skizziert.

27.1.2.1 Smart Grid

Ein „*Smart Grid*" integriert das Verbrauchs- und Einspeiseverhalten aller Marktteilnehmer, die mit einem Energienetzwerk verbunden sind, und „(…) sichert ein ökonomisch effizientes, nachhaltiges Versorgungssystem mit niedrigen Verlusten und hoher Verfügbarkeit."[4]

Grundlagen[5]

Intelligente Netze (Smart Grids) stellen einen vielversprechenden *Zukunftsmarkt* in der Energiewirtschaft dar. Im Bereich der „Smart Grids" wird weltweit mit Investitionen in Höhe von rd. 1,5 Billionen EUR bis 2030 ausgegangen – bei einem Marktvolumen von ca. 10 Mrd. EUR in 2010.[6] Der regionale Schwerpunkt der Aktivitäten liegt dabei in China, Asien, Nordamerika und Europa (s. Tab. 27.1).

In Europa verfolgt die EU die Vision eines europaweiten „Smart Grids" über drei wesentliche Bausteine, die jeweils von der European Network of Transmission System Operators for Electricity (ENTSO-E) koordiniert und vorangetrieben werden und sich daher fast ausschließlich auf die Transportnetzebene erstrecken:

- Die Harmonisierung von Marktregeln über die sog. Network-Codes (NC),
- Einen Zehn-Jahres-Netzentwicklungsplan Ten-Year Network Development Plan (TYNDP) und
- der European Electricity Grid Initiative (EEGI), die sich auf die Schließung von Wissenslücken durch Forschungs- und Entwicklungsprojekte konzentriert.

Auf der Verteilnetzebene sind dagegen insbesondere die einzelnen EU-Mitgliedsstaaten gefordert. Für Deutschland gibt in diesem Zusammenhang die *Roadmap des BDEW* „Realistische Schritte zur Umsetzung von Smart Grids in Deutschland" einen gute Einblick in die Komplexität und Größe der Herausforderungen.[7] In der BDEW-Roadmap wird von drei zentralen Phasen ausgegangen, in denen ein Smart Grid in Deutschland realisiert werden kann (siehe folgende Punkte 1., 2., 3.).

Die BDEW-Roadmap zur Umsetzung eines Smart Grids in Deutschland[8]
1. Aufbau und Pionierphase (bis Ende 2014):
   - Abgrenzung sowie Regelungen zur Interaktion zwischen Markt und Netz
   - Schaffung der rechtlichen und regulatorischen Grundlagen
   - Forschung und Entwicklung, Pilot- und Demonstrationsprojekte
   - Entwicklung von Standards, Normen und der notwendigen Datenschutz- und Datensicherheitsanforderungen

---

[4] ZVEI/BDEW (2012, S. 6).
[5] Vgl. Edelmann (2013, S. 11 ff.).
[6] Vgl. Memoori Research (2012).
[7] Vgl. BDEW (2013).
[8] Vgl. BDEW (2013).

Tab. 27.1 Weltweite Smart Grid-Aktivitäten. (Quelle: Europäische Kommission: Joint Research Center (JRC), Institute of Energy: Smart Grid projects in Europe: lessons learned and current developments, 2011; Zpryme, Smart Grid Snapshot)

Land/ Region	Prognose Smart Grid-Investitionen (€/$)	Förderung der Smart Grid-Entwicklung (€/$)	Ausgerollte oder geplante Anzahl intelligenter Zähler/Messsysteme
EU	€ 56 Mrd. bis 2020 (Smart Grid-Investitionen geschätzt)	€ 184 Mio. (FR6 und FR7 des Europ. Forschungsrahmenprogramms im JRC Katalog). Etwa € 200 Mio. aus dem Europ. Programm zur Konjunkturbelebung, EERA (European Energy Research Alliance) u. a. nat. Förderungen: Spanien $ 807 (€ 570), Deutschland $ 397 (€ 282), Großbritannien $ 290 (€ 206), Frankreich $ 265 (€ 188) Mio. in 2010	45 Mio. bereits Installiert (nach JRC Katalog, 2011) 240 Mio. bis 2020
USA	$ 338 (€ 238) bis 476 (€ 334) Mrd. bis 2030 (geschätzte Investitionen für die Implementierung eines voll-funktionsfähig. Smart Grid)	$ 7 (€ 4.9) Mrd. in 2010	8 Mio. in 2011 60 Mio. bis 2020
China	$ 101 (€ 71) Mrd. (Entwicklung von Smart Grid-Technologien)	$ 7.3 Mrd. 2010 (€ 5.1 Mrd.)	360 Mio. bis 2030, „Ein Haushalt, ein Zähler" Ziel in China
Süd-korea	$ 24 (16,8 €) Mrd. bis 2030 (geschätzte Smart Grid-Investitionen)	$ 824 (€ 580) Mio. in 2010 Die südkoreanische Regierung hat angekündigt ein Budget von US $ 130 Mio. für FuE im Energiebereich zur Verfügung zu stellen, in dem das Smart Grid e. Kernbereich darstellt	500,000 in 2010, 750,000 in 2011 und 24 Mio. bis 2020
Japan	k. A.	$ 849 (€ 549) Mio. in 2010	k. A.

2. Etablierungs- und Ausgestaltungsphase (2014–2018):
   - Messen: Sensorik im Netz, Rollout intelligente Messsysteme
   - Steuern und Regeln: Automatisierung der Netze
   - Lokale und globale Optimierung im Energiesystem
   - Speicher und Elektromobilität, Hybridnetze
3. Realisierungs- und Marktphase (beginnend mit 2018)
   - Variable Erzeugung – Supply Side Management
   - Variabler Verbrauch – Demand Side Management

Die Liste der Themen verdeutlicht die Komplexität und Größe der Herausforderung, aber auch die Vielfalt möglicher Geschäftsmodelle. Um die theoretisch einleuchtende Vision eines Smart Grids zu verwirklichen, sind noch erhebliche Anstrengungen notwendig. Im Rahmen des *E-Energy-Projektes* sind bereits eine Reihe an Pilot- und Demonstrationsprojekten in diesen Bereichen durchgeführt worden. Auch Energieversorger und Stadtwerke haben sich darüber hinausgehend vielfach in diesen Themenfelder engagiert. Dennoch stehen „Smart Grids" und damit verknüpfte Geschäftsmodelle eher noch am Anfang der Entwicklung.

Regulatorischer Rahmen
Intelligente Netze als Teil des Netzbetriebs unterliegen in Deutschland der *Anreizregulierung*. Im Rahmen des heutigen Anreizregulierungssystems können Investitionen im Transportnetzbereich und für einige wenige Ausnahmen im Verteilnetzbereich über § 23 ARegV im Rahmen von Investitionsbudgets anerkannt werden.

Die Anerkennung von Aufwendungen für Forschungs- und Entwicklungsaktivitäten (§ 25a ARegV) unterliegen besonderer Anforderungen. So werden nur Kosten „(…) aufgrund eines Forschungs- und Entwicklungsvorhabens im Rahmen der staatlichen Energieforschungsförderung, das durch eine zuständige Behörde eines Landes oder des Bundes, insbesondere des Bundesministeriums für Wirtschaft und Technologie, des Bundesministeriums für Umwelt, Naturschutz und Reaktorsicherheit oder des Bundesministeriums für Bildung und Forschung bewilligt wurde und fachlich betreut wird"[9], anerkannt.

Anreizregulierungssysteme in Form von Erlös- oder Preisobergrenzen stimulieren vor allem die Hebung kurzfristiger Effizienzpotenziale, sodass häufig eher Kosteneffizienzpotenziale gehoben werden und weniger langfristige dynamische Effizienzgewinne (Innovationen) realisiert werden.[10]

Bislang kann der derzeitige Regulierungsrahmen daher Investitionen in innovative Anwendungen im Netzbereich nicht ausreichend inzentivieren. Ohne eine Änderung des regulatorischen Rahmens, indem etwa der Zeitverzug bei der Anerkennung von Investitionsausgaben beseitigt wird und stärkere Anreize für Innovationen gegenüber der Hebung von kurzfristigen Kosteneffizienzpotenzialen gesetzt werden, wird die Entwicklung von Geschäftsmodellen im Bereich des Smart Grids in Deutschland voraussichtlich nur langsam vorankommen.

---

[9] Bundesministerium der Justiz 2013, § 25a Abs. 2 ARegV.
[10] Vgl. Stronzik (2011, S. 1).

27.1.2.2 Smart Metering

Intelligente Messsysteme (Smart Metering) im Sinne des EnWG sind „(…) eine in ein Kommunikationsnetz eingebundene Messeinrichtung zur Erfassung elektrischer Energie, das den tatsächlichen Energieverbrauch und die tatsächliche Nutzungszeit widerspiegelt."[11]

Grundlagen

Der Bereich des Smart Metering befindet sich in Deutschland noch in einem vergleichsweise frühen Entwicklungsstadium. Dies hat verschiedene Gründe. Zum einen hat die Bundesregierung die Entwicklungen in anderen EU-Mitgliedsstaaten sorgfältig beobachtet und ausgewertet, zum anderen sind mit dem *BSI-Schutzprofil* und der zugehörigen Technischen Richtlinie strenge Datenschutz- und Sicherheitsanforderungen an den Bereich des Smart Metering formuliert worden.[12] Die Festlegung und Ausformulierung des BSI-Schutzprofils und der Technischen Richtlinie unter Einbeziehung vielfältiger Interessensgruppen hat eine nicht unerhebliche Vorlaufzeit in Anspruch genommen.

Mit der Vorlage der *Kosten-Nutzen-Analyse für einen flächendeckenden Einsatz von Smart Metering Systemen (KNA)* im Juli 2013, die Ernst & Young im Auftrag des Bundesministeriums für Wirtschaft und Technologie (BMWi) erstellt hat, sind Empfehlungen für einen Rollout in Deutschland formuliert worden. Soweit diesen Empfehlungen gefolgt wird, ist deren Umsetzung in die entsprechenden Verordnungen für das 1. Halbjahr 2014 zu erwarten.

Neben der Fixierung der rechtlichen Rahmenbedingungen für einen Rollout sind ferner noch BSI-Schutzprofil-konforme *intelligente Messsysteme* zu entwickeln und zu zertifizieren. Dies wird im Laufe des Jahres 2014 zu erwarten sein. Mit dem BSI-Schutzprofil wird die Interoperabilität zwischen den verschiedenen Herstellern und Komponenten eines intelligenten Messsystems sichergestellt. Hierdurch werden mögliche Markteintrittsbarrieren im Bereich des Smart Metering und darauf aufbauender Dienstleistungen zumindest verringert, wenn nicht sogar beseitigt werden können.

Zusätzlich werden Markteintrittsbarrieren durch den Vorschlag der KNA zum Austausch aller konventionellen Zähler mit intelligenten Zählern innerhalb von 16 Jahren gesenkt. Intelligente Zähler sind im Gegensatz zum intelligenten Messsystem zunächst nicht in einem bidirektionalen Kommunikationssystem eingebunden. Sie sind aber upgradefähig, um über ein *Smart Meter Gateway* BSI-Schutzprofil-konform in Kommunikationssysteme eingebunden werden zu können. Hiermit wird jedem marktlich agierenden Anbieter ermöglicht, vorhandene intelligente Zähler durch sein Smart Meter Gateway (SMGW) zu einem intelligenten Messsystem aufzurüsten, um ggfs. dadurch weitere und neue Produkte und Dienstleistungen in einem Smart Market zu vertreiben.

Regulatorischer Rahmen

Im heutigen System der *Anreizregulierung* werden erhöhte Kosten, die durch die Maßnahmen aufgrund des § 21b Abs. 3a und 3b EnWG verursacht werden, im Rahmen des

---

[11] Bundesministerium der Justiz 2012, § 21d EnWG.
[12] Vgl. dazu BSI-CC-PP-0073 sowie BSI TR-03109.

Regulierungskontos anerkannt (§ 5 Abs. 1, Satz 2 ARegV). Damit kann ein Netzbetreiber Mehrgewinne, die er aufgrund des Einsatzes intelligenter Messsysteme erzielt, nur über eine Regulierungsperiode einbehalten. Zudem gilt auch hier der Zeitverzug bei der Anerkennung der Investitionskosten.

Intelligente Messsysteme können grundsätzlich auch netzdienlich eingesetzt werden und werden somit Teil eines Smart Grids. Dies drückt sich im Entwurf der *Messsystemverordnung* (MsysV-E) aus, in dem gefordert wird, dass Messsysteme „Netzzustandsdaten messen, zeitnah übertragen und Protokolle über Spannungsausfälle mit Datum und Zeit erstellen zu können".[13] Inwieweit und unter welchen Bedingungen Kosten für den Rollout intelligenter Messsysteme bei netzdienlicher Nutzung von der Bundesnetzagentur als Investitionskosten anerkannt werden, ist derzeit noch offen und hängt zudem von der Ausgestaltung des Finanzierungsmechanismus ab, der im Rahmen der zu erstellenden Verordnungen für den Rollout intelligenter Messsysteme konkretisiert werden wird.

27.1.2.3 Smart Home

Der Bereich des *Smart Home* umfasst sämtliche Technologien und Lösungen, mit denen der Wohnkomfort automatisiert erhöht wird. Dies beinhaltet eine automatische Regelung und Steuerung von Leuchten, Jalousien, Heizsystemen, als auch von anderen sonstigen (elektrischen) Haushaltsgeräten. Diese Anwendungen können mit dem Smart Metering und dem Smart Grid verknüpft sein, müssen es aber nicht. *Geschäftsmodelle* im Bereich des Smart Home werden sich daher häufig losgelöst vom Smart Grid und Smart Metering entwickeln.

Grundlagen

Bis 2025 wird mit einem Marktvolumen von 19 Mrd. EUR für den Bereich des Smart Homes in Deutschland gerechnet.[14] Dabei lassen sich verschiedene Anwendungsbereiche unterscheiden. Die wesentlichen davon sind:[15]

- **Energiemanagement**: z. B. Heizung und Licht stromsparend steuern,
- **Sicherheit**: z. B. Hausüberwachungsfunktionen, Steuerung von Anlagen bei Abwesenheit,
- **Komfort**: z. B. Heimapotheke, Wellness-Bereich steuern,
- **Ambient Assisted Living**: z. B. Assistenzsysteme zur Erinnerung, Steuerung und Kontrolle von alleinlebenden und unterstützungsbedürftigen Personen.

Energiemanagement[16]

Das größte Potenzial für ein *Energiemanagement* besteht im Bereich der Wärmeanwendungen, der unter Energieeffizienz- und Kosteneinspargesichtspunkten äußerst interes-

---

[13] Messsystemverordnung 2013, § 3 Abs. 1d MsysV-E.
[14] Vgl. VDE (2013).
[15] Vgl. hierzu und im Folgenden: Ernst & Young (2013, S. 132 ff.).
[16] Vgl. Strese et al. (2010).

sant ist. Denn durchschnittlich fallen etwa 77 % der Energiekosten in einem Haushalt für den Bezug von Wärmeenergie (Heizung und Warmwasser) an und nur 23 % für Strom.[17] Durch die Gesamtsteuerung von Heizsystemen lassen sich für Endkunden erhebliche Kosteneinsparungen realisieren. Dazu wird die Heizung bei Abwesenheit durch den Nutzer aus der Ferne geschaltet, Rollladen entsprechend der Lichteinstrahlung automatisch geöffnet oder geschlossen und das Heizsystem in Einzelräumen nach deren individueller Nutzung automatisch geregelt.

Darüber hinaus bestehen weitere Marktpotenziale für Energiemanagementsysteme, die weitere Elektrogeräte in die Steuerung mit einbeziehen. Automatische Lichtregelung entsprechend der Nutzung von Räumen oder die Fernkontrolle, -einschaltung und -ausschaltung von Waschmaschinen und anderen Elektrogeräten[18] sind nur zwei Beispiele für heute bereits verfügbare Anwendungen.

Sicherheit[19]

Ein weiteres Anwendungsfeld des Smart Home bieten *Sicherheitsanwendungen* in der Wohnung und im Haus. Mit Hilfe von Sensoren werden Einbruch oder Feuer erkannt. Die Alarmmeldung wird in der Wohnung bzw. im Haus angezeigt und/oder an eine externe Alarmzentrale weitergemeldet. Eine zeitabhängige Licht- und Rollladensteuerung wird dazu genutzt, um die Anwesenheit im Haus zu simulieren und somit vor Einbrüchen zu schützen. Weitere Funktionen sind eine Tür- und Fensterüberwachung. Im Falle von offenstehenden Fenstern, Türen und Tore werden beim Verlassen der Wohnungsumgebung oder vor dem Schlafengehen Alarm bzw. Signale gegeben.

Komfort[20]

Ein weiterer Ansatzpunkt für Smart Home-Lösungen stellt der damit erzielbare *Komfort* beim Endkunden dar. Intelligente Kühlschränke überprüfen beispielsweise die Haltbarkeit der im Kühlschrank gelagerten Lebensmittel und können gegebenenfalls bei Bedarf Produkte wie Milch, Butter etc. automatisch nachbestellen.

Neben Konsumelektronik- und Hausautomatisierungsangeboten führen auch barrierefreie Installationen, wie z. B. anpassungsfähige Hausgeräte und Möbel zu zusätzlichem Komfort. Diese Geräte dienen häufig bestimmten Zielgruppen, wie Älteren oder Behinderten, um das tägliche Leben zu erleichtern.

Ambient Assisted Living[21]

Die demografische Entwicklung in Deutschland führt zu einer *Alterung der Gesellschaft*. Gemäß dem statistischen Bundesamt wird die Altersgruppe der 65 Jährigen und Älteren

---

[17] Vgl. DESTATIS (2010).
[18] Vgl. RWE (2013).
[19] Vgl. BITKOM (2008).
[20] Vgl. Strese et al. (2010).
[21] Vgl. Becks et al. (2010, S. 7 ff.).

Tab. 27.2 Normung im Bereich des AAL. (Quellen: DKE/VDE/DIN)

Normung	Allgemein	Elektrotechnik	Telekommunikation
International	ISO	IEC	ITU
Regional (Europa)	CEN	CENELEC	ETSI
National (Deutschland)	DIN	DKE, VDE, DIN	

um rund ein Drittel (33 %) von 16,7 Mio. im Jahr 2008 auf 22,3 Mio. Personen im Jahr 2030 ansteigen.[22] Mit der Alterung der Gesellschaft geht das Bedürfnis nach neuen Orientierungs-, Assistenz- und Hilfsangeboten einher.

So wird der steigende Anteil an Rentnern in der Bevölkerung die gesetzlichen Krankenkassen vor finanzielle Probleme stellen. Diese Entwicklung erhöht den Bedarf an neuen technischen Systemen, mit deren Hilfe ein Teil der konventionellen Altenpflege ersetzt werden kann. Moderne technische Systeme, die in der Lage sind, die Alltagstätigkeiten beeinträchtigter Menschen zu erleichtern oder teilweise ganz zu übernehmen. Mit *Ambient Assisted Living* (AAL) werden technische Systeme angeboten, die z. B. personalisierte Erinnerungsfunktionen, wie z. B. die Einnahme von Medikamenten oder Unterstützungsmaßnahmen für die individuelle Mobilität enthalten.

Regulatorischer Rahmen

Bei Smart Home Anwendungen handelt es sich um einen auf den ersten Blick wettbewerblichen Markt. Allerdings sind zahlreiche Standards und Technik-Vorschriften zu beachten (s. Tab. 27.2). Sowohl auf internationaler, europäischer als auch nationaler Ebene sind bei der Entwicklung von Produkten/Geschäftsmodellen im Bereich des Smart Home allgemeine Normen (ISO, DIN), Elektrotechnische Normen (DKE), als auch Normen aus der Telekommunikation zu berücksichtigen.[23] Hinzu kommen zahlreiche spezifische gesetzliche Regelungen, die es zu beachten gilt, etwa im Bereich des Gesundheitswesens oder des Eichrechts.

27.1.3 Erwartungen und Bedürfnisse der Endkunden

Neben den gesetzlichen, regulatorischen und technischen Rahmenbedingungen bestimmen die Erwartungen und Bedürfnisse der Endkunden wesentlich die Ausgestaltung von Geschäftsmodellen in einem „Smart Market" und damit die Chancen etablierter und neuer Anbieter. In einer weltweiten Studie hat Ernst & Young weltweit EVU und Endkunden zu deren Erwartungen an einen Smart Market befragt.[24] Weltweit stimmen dabei die EVU in zwei wesentlichen Punkten überein: 1) Smart wird die Energieversorgung erheblich

---

[22] Vgl. DESTATIS (2011, S. 8).
[23] Vgl. dazu DKE im VDE/DIN (2012).
[24] Vgl. Ernst & Young (2011).

verändern, und 2) im Mittelpunkt der Veränderungen stehen die Beziehungen zwischen den EVU und deren Endkunden.[25]

Die große Bedeutung von Smart für das Verhältnis zwischen EVU und Kunden wird an den Zielen deutlich, die EVU mit der Einführung von smarten Produkten und Dienstleistungen verknüpfen: Weltweit werden die Verbesserung der Kundenbetreuung/CRM, die Verbesserung der kundenbezogenen Geschäftsprozesse sowie die Entwicklung neuer Geschäftsmodelle als die am bedeutendsten eingestuften strategischen Ziele für einen Smart Market genannt.

Deutsche EVU rücken vielfach die Erfüllung gesetzlicher und regulatorischer Anforderungen deutlich stärker in den Vordergrund als Energieversorger in anderen Ländern. Die EVU in Deutschland sehen daher neben der Verbesserung der Kundenbetreuung/CRM die Erfüllung gesetzlicher und regulatorischer Vorgaben an zweiter Stelle in der Wichtigkeit ihrer Ziele, die mit einem Smart Market verfolgt werden.

Zur Erfüllung der Erwartungen und Bedürfnisse der Kunden müssen EVU ihre Kunden besser verstehen und für sich gewinnen. Derzeit klaffen erhebliche Lücken zwischen den Vorstellungen, die sich EVU von den Kundenerwartungen in Bezug auf einen Smart Market machen und dem, was die Kunden denken und sich wünschen. Dadurch werden sich viele Investitionen der etablierten EVU in einen Smart Market als Fehlinvestitionen erweisen.

Die größte Herausforderung betrifft dabei die Beziehung zwischen den etablierten Anbietern, den EVU, und ihren Kunden. EVU gehen davon aus, dass ihre Kunden ihnen vertrauen. Gruppendiskussionen mit Privatkunden haben jedoch gezeigt, dass 75 % der Verbraucher das Verhältnis zwischen ihnen und ihrem EVU als negativ bezeichnen. Die übrigen Verbraucher äußern sich neutral. In keinem Land hat eine Verbrauchergruppe das Verhältnis positiv bewertet.

Dieses fehlende Grundvertrauen führt dazu, dass die Kunden ihrem Energieversorger keine „Erlaubnis" geben, ihnen smarte Produkte und Dienstleistungen zu verkaufen. Lediglich bei energienahen Produkten und Dienstleistungen sehen Kunden das EVU als potenziellen Anbieter. Produkt- und Dienstleistungsangebote von EVU basieren dabei vielfach auf der Annahme, dass Verbraucher lediglich passive Käufer sind, deren Interesse an Energiefragen sich darauf beschränkt, wie sie Geld sparen können. Die Untersuchungen über das Verbraucherverhalten zeigen jedoch, dass Kunden an einem Smart Market zwei Dinge ganz besonders schätzen: 1) Dass sie ihren Verbrauch einfacher nachvollziehen können und 2) dass sie eine bessere Kontrolle über ihren persönlichen Energieverbrauch haben.

Darüber hinaus planen viele EVU Produkte und Dienstleistungen anzubieten, an denen die Kunden überhaupt nicht interessiert sind oder keinen Bedarf dafür haben. Um zu ver-

---

[25] Bei diesem Kapitel handelt es sich um eine Zusammenfassung der Ergebnisse einer globalen Studie von Ernst & Young. Im Rahmen der Studie wurden in insgesamt 12 Ländern (Australien, Canada, China, Deutschland, Frankreich, Großbritannien, Indien, Italien, Norwegen, Schweden, Spanien, USA) Gruppendiskussionen mit privaten Endverbrauchern sowie Interviews mit Entscheidungsträgern führender Energieversorgungsunternehmen (EVU) durchgeführt; vgl. Edelmann 2011.

hindern, dass die EVU Ressourcen in die Entwicklung und Vermarktung von Produkten und Dienstleistungen vergeuden, mit denen sie nicht erfolgreich sein können, sind die derzeitigen Geschäftsmodelle grundlegend zu überdenken.

27.2 Geschäftsmodelle

Der Smart Market bietet eine Vielzahl an möglichen Geschäftsfeldern und -modellen, die im Folgenden dargestellt und auf ihre Chancen für etablierte und neue Anbieter hin untersucht werden.

27.2.1 Überblick Geschäftsfelder und -modelle

Der „Smart Market" bietet auf drei Ebenen Ansätze für Geschäftsmodelle:

- Informationstechnologien, Daten und Anwendungen,
- Kommunikationstechnologien und
- der Energieinfrastruktur und Energieversorgung i. e. S.

Die ersten beiden Ebenen werden häufig auch zusammengefasst und unter dem Begriff der IKT (Informations- und Kommunikationstechnologien) betrachtet. Wir differenzieren die beiden Ebenen, da sich die Geschäftsmodelle in beiden Bereichen zum Teil gravierend voneinander unterscheiden.

Informationstechnologien, Daten und Anwendungen
Vielfältige Möglichkeiten für (neue) Geschäftsfelder ergeben sich auf der Ebene der *Informationstechnologien, Daten und Anwendungen* (s. Abb. 27.2). Diese können mehrere oder die gesamte Wertschöpfungskette umfassen (z. B. Integration dezentraler Erzeugungseinrichtungen) oder sich auf einzelne Wertschöpfungsstufen konzentrieren (z. B. Workforce Management, Systeme für automatische Netzstabilität und Notfallprozeduren – „Selbstheilende Netze", Home Automation). Während im ersten Bereich überwiegend Systemintegratoren tätig sind, finden sich bei den Anwendungen in einzelnen Wertschöpfungsstufen eher Anlagenhersteller und spezialisierte Nischenanbieter.

Kommunikationstechnologien
Im Bereich der *Kommunikationstechnologien* sind in den verschiedenen Kommunikationsnetzen unterschiedliche Marktteilnehmer aktiv. Insbesondere im WAN und LAN konkurrieren etablierte TK-Anbieter aus den Bereich Festnetz und Mobilfunk miteinander. Dabei stellen für die TK-Anbieter Anwendungen aus dem Smart Market im Energieversorgungsbereich i. d. R. nur eine Ergänzung zum bestehenden, ausgereiften Geschäftsmodell dar.

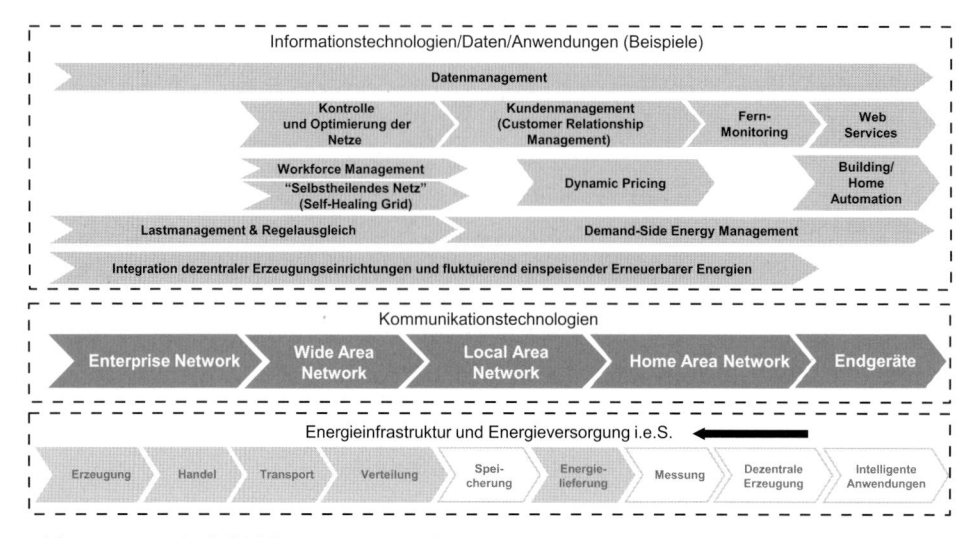

Abb. 27.2 Geschäftsfeldebenen Smart Market. (New Energy Finance, Ernst & Young)

Im Gegensatz dazu sind Geschäftsmodelle im Bereich des HAN und der Endgeräte relativ neu, in ihren Lebenszyklus noch nicht weit fortgeschritten und werden eher eigenständig von bestehenden Geschäftsmodellen der Energiewirtschaft entwickelt. Während im kommerziellen Bereich (Industrie und Gewerbe) dieser Markt bereits weiter voran geschritten ist, befindet er sich bei Haushalten noch weitestgehend in den Kinderschuhen.

PLC, ZigBee, W-LAN, Bluetooth sind einige Technologien die in diesen Bereichen zum Einsatz kommen und vielfach von Nischenanbietern angeboten werden. Da sich trotz verschiedener Standardisierungsanstrengungen noch keine Technologie in diesem Segment durchsetzen konnte, ist es noch weitgehend offen, welche Technologie sich hier letztendlich bewähren wird. Wahrscheinlich erscheint, dass über modulare Konzepte – ähnlich wie im Smart Metering – mehrere Technologien durch die Endgeräte und Anwendungen bedienen lassen müssen.

Energieinfrastruktur und Energieversorgung i. e. S.

In der *klassischen Energieversorgung* verändern sich zum einen die traditionellen Geschäftsmodelle auf den einzelnen Wertschöpfungsstufen (Erzeugung, Handel, Transport, Verteilung, Messung, Energielieferung). Zum anderen entstehen neue Geschäftsfelder – bzw. sind bereits entstanden. Beispiele hierfür sind die Stromspeicherung, die dezentrale Stromerzeugung und der Bereich der intelligenten (Energie-) Anwendungen.

Mit dem intensiven Einsatz und der Nutzung von IKT ist eine Vielzahl an neuen Geschäftsmodellen in der Energiewirtschaft verknüpft. Beispiele hierfür sind:

- Betrieb *virtueller Kraftwerke*,
- Aggregatoren-Modelle,

Abb. 27.3 Erforderliche Kompetenzen im Smart Market. (Ernst & Young)

- Lastabhängige Steuerung von Verbrauchseinrichtungen (Demand-Side Energy Management)
- U. v. a. m.

In diesem Bereich haben die etablierten Marktteilnehmer zweifelsohne eine gute Ausgangsbasis, da vielfach tiefes Detailwissen über energiewirtschaftliche Zusammenhänge und die regulatorischen und gesetzlichen Rahmenbedingungen erforderlich ist. Aufgrund einer stärker ausgeprägten Innovationskultur drängen jedoch viele neue Anbieter in diese Bereiche vor.

27.2.2 Erforderliche Kompetenzen für den zukünftigen Smart Market

Die Gewinner im zukünftigen „*Smart Market*" müssen über folgenden sieben Kompetenzen (s. Abb. 27.3) verfügen:[26]

- Eine klare „smarte" Vision, strategische Flexibilität,
- Effektives Management von Partnerschaften,
- Innovationsfähigkeit,
- Technologische Exzellenz,
- Markenstärke,
- Kundenfokussierung,
- Management und operative Exzellenz.

---

[26] Vgl. hierzu und den folgenden Ausführungen: Ernst & Young (2010).

Eine klare „smarte" Vision, strategische Flexibilität

Der Startpunkt für jeden etablierten und neuen Anbieter im Bereich des Smart Markets muss ein umfassendes Verständnis sein, welche Chancen „smart" innerhalb der einzelnen Wertschöpfungsstufen der Energieversorgungskette eröffnet. Für die etablierten Anbieter ist ein *wertschöpfungsübergreifendes Denken*[27] dabei entscheidend für den Erfolg vieler Geschäftsmodelle. Hierauf aufbauend kann das Unternehmen die Position formulieren, die in der zukünftigen intelligenten Wertschöpfungskette der Energiewirtschaft erreicht werden soll (*Smart Vision*). Aufgrund der Schnelligkeit der Änderungen in den Technologien und einem permanent wandelnden Rechts- und Regulierungsrahmen ist eine strategische Flexibilität unerlässlich. Permanente, teilweise auch gravierende Anpassungen in den IT-Systemen, Organisationsstrukturen und Geschäftsprozessen sind eine notwendige Voraussetzung, um im Smart Market die angestrebte Vision erreichen zu können.

Effektives Management von Partnerschaften

Im vergangenen Jahrhundert hat sich das Geschäftsmodell in der Energiewirtschaft kaum verändert. Erst mit der Liberalisierung der Energiemärkte kam eine Dynamisierung in die Geschäftsmodelle hinein – dennoch erfordert der Smart Market gänzlich andere Fähigkeiten, wie etwa die Speicherung und Verarbeitung riesiger Mengen an Echtzeit-Daten, die Schaffung wirklicher Kundenerlebnisse und die Integration von intelligenten Geräten in Smart Homes und letztendlich in das gesamte Energieversorgungssystem.

Das Eingehen von *Partnerschaften* mit neuen Anbietern ist eine Möglichkeit für die etablierten Anbieter, die EVU und Stadtwerke, schnell Fähigkeiten aufzubauen, die sie im Wettbewerb um smarte Märkte benötigen. Für das erfolgreiche und effektive Management von Partnerschaften sind traditionelle Verhaltensmuster, wie etwa der Wunsch „alles selber machen zu wollen", abzulegen. Denn die Verbraucher sind an vielen intelligenten Produkten und Dienstleistungen interessiert. Sie wollen jedoch von etablierten Anbietern aufgrund fehlenden Vertrauens nur Leistungen kaufen, die sehr eng mit dem Thema Energie verknüpft sind. EVU müssen daher Partner identifizieren, denen sie unter Umständen auch die Führung und Kontrolle – etwa ggü. dem Endkunden – anvertrauen.

Innovationsfähigkeit

Die Fähigkeit neue, innovative Produkte und Services bis zur Marktreife zu entwickeln und erfolgreich an den Markt zu bringen ist eine weitere wichtige Kompetenz für alle Anbieter, die im Smart Market benötigt wird. Dies setzt ein hohes Maß an *Innovationsfähigkeit* voraus, womit Eigenschaften wie das Vorhandensein einer Innovationskultur, die Unterstützung des Top-Managements sowie der brancheninterne und branchenübergreifende Austausch zählen. Den etablierten Anbietern mangelt es dabei häufig an der entsprechenden Innovationskultur, die sich u. a. darin äußert, „ob die Bereitschaft besteht, im Zusammenhang mit Innovationen auch größere Risiken einzugehen".[28]

---

[27] Natürlich unter Beachtung der einschlägigen Unbundlingvorschriften.
[28] Faure (2006).

Technologische Exzellenz

EVU erhalten Verbrauchsdaten von der Mehrheit der Endkunden lediglich einmal pro Jahr. Auf der Basis intelligenter Messsysteme wird sich dies fundamental ändern: Echtzeitdaten mit Viertelstundenwerten könnten die Regel werden. Diese Daten sind in Echtzeit auszuwerten und benötigten schnelle Reaktionen, um überhaupt sinnvoll eingesetzt werden zu können. Um das Potenzial dieser Daten heben zu können, sind neue IT-Kompetenzen notwendig. Hierzu zählen insbesondere *Data Mining*, also der Fähigkeit aus einem Berg an Daten sinnvolle Informationen heraus zu ziehen, und *Data Warehousing*, also die Integration und Auswertung von Daten aus einer Vielzahl an Ursprungsquellen.

Markenstärke

Die Leichtigkeit, mit der eine Marke den Eintritt in neue intelligente Produkte und Services unterstützt, hat einen erheblichen Einfluss auf die Effektivität der Eintrittsstrategie aller Anbieter in den Smart Market. Verglichen mit anderen Branchen ist die Markenstärke der etablierten Anbieter (EVU und Stadtwerke) nicht zuletzt auf ihren i. d. R. lokalen, nationalen und höchstens auf bestimmte Regionen bestimmten Aktionsradius gering.[29]

Die Herausforderung für die etablierten Anbieter besteht vor allem darin, dass sie in der Vergangenheit mit einer relativ konservativen „*Follower-Strategie*" relativ gut gefahren sind. EVU sind nicht für innovative Produkte, Services und Geschäftsmodelle bekannt. Der Smart Market wird dies ändern: Einige Anbieter werden sich als „*First Mover*" dem Wandel verschreiben müssen, um weiterhin erfolgreich sein zu können, da die bestehenden Geschäftsmodelle wegbrechen.

Gerade auch im Hinblick auf die Markenstärke müssen die etablierten Anbieter hinterfragen, inwieweit sie Partnerschaften eingehen, um ihre eigene Marke durch die Markenstärke neuer Anbieter positiv aufzuladen, um im Smart Market erfolgreich sein zu können.

Kundenfokussierung

Der Smart Market wird die Beziehung zwischen Energieversorger und Endkunden grundlegend verändern. Durch den *bidirektionalen Austausch* an Informationen in Echtzeit erhält der Endkunde die Möglichkeit sich in alle energierelevanten Fragestellungen stärker zu engagieren. Die hiermit verknüpfte stärkere Position des Kunden verlangt eine Änderung der Sichtweise der Anbieter. Die Wünsche und Bedürfnisse des Kunden sowie der damit verbundene Kundennutzen rücken stärker in den Fokus einer smarten Energiewelt im Vergleich zur Vergangenheit.

Operationale Exzellenz

Die Transformation der traditionellen Geschäftsmodelle in der Energiewirtschaft hin zum Smart Market erfordert eine weiter Reihe von Kompetenzen im Bereich des Management und des *Operational Excellence*. Als die wohl kritischste Kompetenz ist angesichts sich ständig wandelnder Märkte die Fähigkeit anzusehen, schnell auf Veränderungen zu reagieren und eine neue Strategie zu exekutieren.

---

[29] So befindet sich kein Energieversorgungsunternehmen unter den Top-100-Marken weltweit. Vgl. dazu Interbrand 2013.

Fokus der Strategie

① Erneuerbare Energien und dezentrale Erzeugung

② Optimierung des Handels rundum physikalische Assets

③ Kundenfokussierung

④ Fokussierung auf "smarte" Technologien

⑤ Fokussierung auf die gesamte "smarte" Wertschöpfungskette

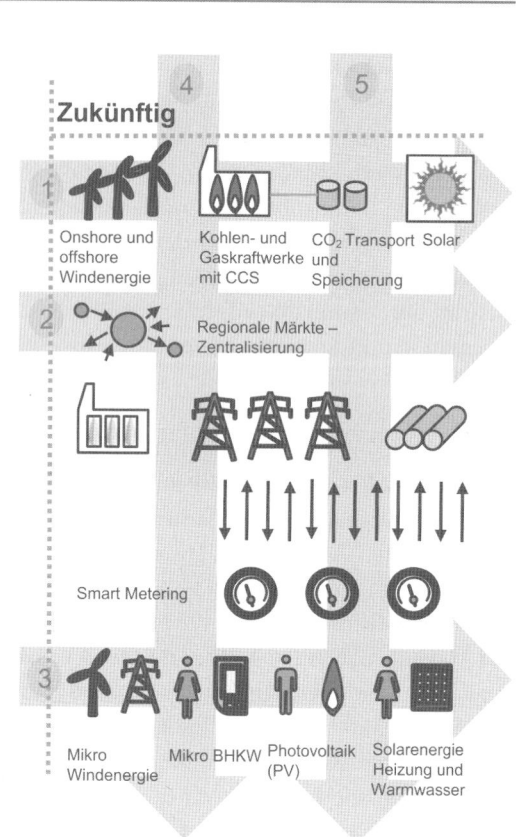

Abb. 27.4 Geschäftsmodelle für etablierte Player. (Ernst & Young)

27.2.3 Geschäftsmodelle für etablierte Anbieter

Die *etablierten Anbieter* stufen ihr eigenes Unternehmen hinsichtlich der technischen und strategischen Fähigkeiten für einen Smart Market hoch ein. Weniger gut dagegen werden die Fähigkeiten zum Branding, der Etablierung und nachhaltigen Umsetzung von Kooperationen sowie zur Innovation eingestuft.[30] All diese Fähigkeiten sind jedoch erforderlich, um in einem Smart Market erfolgreich agieren zu können.

Die etablierten Anbieter benötigen zudem eine bessere Abstimmung und Kooperation zwischen ihren Strategie-, Vertriebs- und Implementierungsteams. Nur über eine gemeinsame Vision, wie die neue Energiewelt aussehen wird und welche Positionierung das eigene Unternehmen in dieser neuen Welt anstrebt, wird es gelingen, smart erfolgreich für das eigene Unternehmen zu nutzen. Für etablierte Anbieter – d. h. die traditionelle EVU und Stadtwerke – sehen wir fünf grundsätzliche Positionierungen in der zukünftigen Energiewelt (s. Abb. 27.4):

---

[30] Vgl. dazu Edelmann (2011).

1. Fokussierung auf Erneuerbare Energien und dezentraler Erzeugung,
2. Fokussierung auf die Optimierung der Erzeugungskapazitäten (konventionell und Erneuerbare bzw. dezentrale Erzeugung),
3. Fokussierung auf den Endkunden und seine Bedürfnisse,
4. Fokussierung auf „smarte" Technologien im Bereich der Energieversorgung (z. B. Smart Grid),
5. Fokussierung auf die gesamte „smarte" Wertschöpfungskette mit einem Schwerpunkt auf Nutzung „smarter" Daten.

Im Folgenden werden ausgewählte Geschäftsmodelle der zukünftigen Energiewelt mit einem starken Bezug zum *„Smart Market"* vorgestellt.

27.2.3.1 Smarte Technologien

Eine Fokussierung auf neue, intelligente („smarte") Technologien setzt für die etablierten EVU in erster Linie im Netzbereich (Smart Grid) und der Messung (Smart Metering) an.

Smart Grid

Smart Grids stellen für Transport- und Verteilnetzbetreiber eine Weiterentwicklung des bestehenden Geschäftsmodells dar. Durch den zunehmenden Einsatz von IKT wird jedoch das bisherige Geschäftsmodell komplexer und erfordert neue Fähigkeiten von den Netzbetreibern. Dennoch bewegen wir uns weiterhin überwiegend im Monopol- und damit im regulierten Bereich.

Ursprünglich hatten die Netzbetreiber die Kernaufgabe, Energie von Großkraftwerken in einer Richtung „top-down" hin zu den Endkunden zu transportieren. Dies galt über etwa ein Jahrhundert und hat die Geschäftsmodelle der EVU stark geprägt. Aufgrund der zunehmenden dezentralen Einspeisungen fließt heutzutage Energie mehr und mehr in beide Richtungen (bidirektional). Dies lässt sich ohne entsprechende IKT nicht bewältigen.

Der Schwerpunkt dieses Geschäftsmodells liegt auf der technologischen Dimension. Mit den konventionellen Technologien lassen sich die erhöhten Anforderungen eines *bidirektionalen Energie- und Informationsflusses* weder prozessual noch wirtschaftlich bewerkstelligen. Neue Technologien wie etwa die intelligente Ortsnetzstation, Netzsensorik, OMS (Outage Management Systems) u. v. a. m. ergänzen und ersetzen zunehmend die alten, konventionellen Netztechnologien.

Durch die Einführung der *Anreizregulierung* hat sich das Prinzip der Kostenerstattung im Vergleich zum früheren System des „cost-plus" verändert: Der Netzbetreiber muss Investitionen und die damit verknüpften Kosten stärker rechtfertigen. Zudem unterliegt er einem permanenten Effizienzdruck. Durch die starke Fokussierung der Anreizregulierung auf Effizienzgewinne im Bereich der Betriebskosten besteht jedoch die Gefahr, dass sich Investitionen in intelligente Technologien für ihn wirtschaftlich nicht rechnen.

Damit sich Netzbetreiber verstärkt und konsequent dem Geschäftsmodell „Smart Grid" widmen, muss das Regulierungssystem daher auch die entsprechenden Anreize setzen. Das historische „cost-plus"-Regime führte dazu, dass die Kosten für Netzinvestitionen mehr oder weniger risikolos erstattet wurden. Das damit verbundene Geschäftsmodell hat sich teilweise noch heute im Denken traditioneller EVU verhaftet.

Smart Metering

Eine isoliertes Geschäftsmodell „*Smart Metering*" ist alleine aus der technologischen Perspektive für die etablierten Anbieter wenig tragfähig. Zum einen ist das Marktvolumen mit ca. 1,5 Mio. intelligenten Messsystemen p. a. in Deutschland[31] überschaubar, zum anderen ist der Markt aufgrund seiner Heterogenität, begrenzt erzielbarer Skaleneffekten sowie geringen Margen zurzeit nur mäßig attraktiv. Smart Metering bietet deutlich bessere Perspektiven, wenn es als Element umfassender Geschäftsmodelle angesehen wird, die wir an anderer Stelle betrachten. Dabei kann Smart Metering als Element eines Smart Grids betrachtet werden, als intelligente Kundenschnittstelle in einem kundenfokussierten Geschäftsmodell, die es ermöglicht neue Produkte und Services zu vertreiben, oder als Quelle für die Erhebung detaillierter Verbrauchs- und Netzdaten, die im Rahmen einer wertschöpfungskettenübergreifenden Betrachtung als „smarte Daten" zur Optimierung der Energieflüsse und des gesamten Energieversorgungssystems genutzt werden.

Im Bereich des Smart Metering haben daher etablierte Anbieter (Verteilnetzbetreiber als grundzuständiger Messstellenbetreiber) zunächst Startvorteile ggü. wettbewerblichen Messstellenbetreibern. Zum einen können intelligente Messsysteme als Element eines Smart Grids fungieren, zum anderen sind Verteilnetzbetreiber grundzuständiger Messstellenbetreiber in ihrem Netzgebiet.[32] Damit haben sie direkten Zugang zu allen Endkunden.

Bei einem, primär auf die Messtechnologie ausgerichteten Geschäftsmodell, besteht jedoch auch die Gefahr, die prozessualen und datentechnischen Anforderungen BSI-Schutzprofil-konformer intelligenter Messsysteme zu unterschätzen.

27.2.3.2 Smarte Daten

Neben der Schwerpunktsetzung auf die technologische Dimension besteht für etablierte Anbieter die Chance, einen stärkeren Fokus auf die von intelligenten Netztechnologien und Smart Metering-Systemen gewonnen *Daten* und deren Nutzung zu legen. Diese können – aus Netzbetreibersicht – vor allem zur Steuerung der Netze, zur Abwicklung von Markt- und Abrechnungsprozessen sowie zur Minimierung der Netzinvestitionen wirtschaftlich vorteilhaft eingesetzt werden.

Mit zunehmender dezentraler Erzeugung nimmt die *Komplexität* der Versorgungsausgabe zu: In Abhängigkeit des Netzgebietes und der Netzstruktur ist u. U. nicht mehr die Nachfrage- sondern die Einspeisemenge bestimmend für die Netzauslegung (*Kapazitätsproblem*). Der Netzbetrieb wird zudem aufgrund der fluktuierenden Einspeisemenge aus Wind- und Photovoltaikanlagen anspruchsvoller (Netzbetrieb bei fluktuierender Einspeisung, die asynchron zur Nachfrage auftreten kann). Neben der Sicherstellung des techni-

---

[31] Basierend auf den Empfehlungen zu einem Rollout in der KNA von Ernst & Young.
[32] Momentan werden rund 97 % aller Zählpunkte vom Verteilnetzbetreiber als Messstellenbetreiber betreut.

Tab. 27.3 Anforderungen an die Smart Meter Gateway Administration. (Quelle: Eigene Recherchen)

Anforderung	Nachweis und Zertifizierung
Aufbau eines Information Security Management System (ISMS)	Zertifizierung des ISMS nach ISO 27001 auf der Basis von IT-Grundschutz zwingend – Berücksichtigung von ISO/IEC TR 27019
Zertifikatsverwaltung für Smart Metering Public Key Infrastruktur	Dokumentation und Umsetzung der Prozesse zur Zertifikats- und Profilverwaltung
Profilverwaltung	
Betrieb eines eigenen Zeitservers	Sicherer Betrieb eines Zeitservers
Schwachstellenanalyse und Penetrationstests	Durchführung eines internen Audits und Penetrationstests

schen Betriebs unter den komplexeren Anforderungen sind in diesem Zusammenhang weitere Veränderungen zu bewältigen, insbesondere:

- Abwicklung von Marktprozessen (z. B. Lieferantenwechsel, Bilanzkreismanagement) und
- die Berücksichtigung von gesetzlichen Änderungen etwa bei der Abrechnung Erneuerbarer Energien in den Netzabrechnungsprozessen.

Eine möglichst wirtschaftlich effiziente Erbringung dieser Aufgaben erfordert den intensiven Einsatz von Informations- und Kommunikationstechnologien. Auch wenn sich das Kapazitätsproblem durch den (kostenintensiven) Ausbau der Netze lösen ließe, so bleiben die Herausforderungen, den Netzbetrieb sowie die Abwicklung von Markt- und Netzprozessen auch unter der zunehmenden fluktuierenden Einspeisung wirtschaftlich effizient zu betreiben – dies ist ohne Einsatz der IKT alleine von der prozessualen Abwicklung her nicht möglich.

Nicht alle 900 Netzbetreiber in Deutschland werden diese Aufgaben alleine bewältigen können. *Kooperationen* oder die *Inanspruchnahme von Dienstleistern* sind zwei wesentliche Möglichkeiten, sich den Herausforderungen eines Smart Grid zu stellen, ohne alle Aufgaben selber erbringen zu müssen. Hierdurch ergibt sich für (größere) etablierte Netzbetreiber die Chance, verstärkt als Dienstleister und/oder Kooperationspartner in diesen Bereichen tätig zu werden. Dies gilt insbesondere auch für die neu geschaffene Aufgabe der Smart Meter Gateway Administration.

Smart Meter Gateway Administration
Mit den neuen Anforderungen des BSI-Schutzprofils und der Technischen Richtlinie für intelligente Messsysteme verändern sich die Aufgaben des Messstellenbetriebs und der Messung grundsätzlich. Die Installation und der Betrieb der Smart Meter Gateways (*Smart Meter Gateway Administration*) ist mit erheblichen Anforderungen verknüpft (s. Tab. 27.3). Nur eine begrenzte Anzahl an EVU und Stadtwerken werden diese Aufgaben allein erbringen können. Gerade in diesem Bereich des Smart Markets bieten sich Koope-

rationsmodelle und die Erbringung von Dienstleistungen für Stadtwerke als zukünftige Geschäftsmodelle an.

27.2.3.3 Endkundenfokussierung

Für Energielieferanten ergeben sich im Smart Market viele Ansätze für neue Geschäftsmodelle, die auf einer starken *Endkundenfokussierung* fußen: Smart Metering, neue Tarifmodelle, Smart Home Anwendungen und die Erweiterung des Angebots um weitere Services für den Endkunden bieten den etablierten Anbietern zahlreiche Möglichkeiten für (neue) Geschäftsmodelle. Dies wird von vielen etablierten Anbietern bereits heute als Zukunftsmarkt angesehen und aktiv bearbeitet (z. B. RWE Smart Home).

Jedoch ist die Ausgangssituation für etablierte Anbieter bei Geschäftsmodellen, die auf einer ausgeprägten Endkundenfokussierung basieren, eher mäßig. Im jährlich erhobenen Kundenmonitor Deutschland nehmen Energieversorgungsunternehmen regelmäßig einen der letzten Plätze bei der Kundenzufriedenheit ein. Lediglich Fondsgesellschaften rangierten in der Erhebung 2013 hinter der Energiebranche.[33]

EVU und Stadtwerke müssen daher noch gezielter und konsequenter daran arbeiten, das Vertrauen ihrer Kunden zu gewinnen. Der Aufbau einer starken und emotionalen Beziehung zu ihren Kunden ist die Grundlage, um sich Zugang zur neuen smarten Welt zu schaffen. Dazu sind grundlegende Annahmen über das Kundenverhalten infrage zu stellen und mithilfe von aktuellen Daten über Kundenpräferenzen und -interessen permanent zu überdenken. Entscheidend für die etablierten Anbieter ist dabei, häufiger einen Perspektivenwechsel vorzunehmen, um traditionelle Denk- und Verhaltensmuster zu verändern.

EVU sollten sich daher fragen, ob ihr gegenwärtiges Geschäftsmodell langfristig tragfähig ist. Für das Vertriebsgeschäft im Privatkundenbereich bestehen drei grundsätzliche Optionen: *Business as usual*, eine umfassende und konsequente *Kundenfokussierung* sowie eine *Exit-Strategie*. Diejenigen Unternehmen, die eine umfassende und konsequente Kundenfokussierung anstreben, sollten hierbei einen unternehmensweiten Ansatz wählen und dürfen sich nicht nur auf den Vertriebsbereich beschränken. Der Kunde muss dabei in den Mittelpunkt aller Aktivitäten und Entscheidungen rücken. Es ist sicherzustellen, dass seine Meinungen und Wünsche wirklich zählen.

27.2.4 Geschäftsmodelle für neue Anbieter

Neue Anbieter im Bereich des Smart Markets kommen aus einer Vielzahl an Branchen. Wesentlich für ein erfolgreiches Geschäftsmodell ist die Erfüllung der in Abschn. 27.2.2 genannten Kompetenzen und Fähigkeiten, die in einem Smart Market benötigt werden. Prädestiniert sind Technologie- und Kommunikationsunternehmen sowie alle Branchen mit engem Kundenkontakt und einer starken Kundenbindung. Entlang der Wertschöp-

---

[33] ServiceBarometer (2013).

fungskette der Energiewirtschaft sind die generellen Chancen für neue Anbieter dabei unterschiedlich zu bewerten (s. Abb. 27.5).

Smart Home
Im Bereich des *Smart Home* bestehen vielfältige Geschäftsmöglichkeiten und ergeben sich große Chancen für neue Marktteilnehmer. Das Geschäftsmodell kann entweder als Alleinstellungsmerkmal (z. B. Somfy Smart Home, Gira) oder über eine Plattform für den Vertrieb etablierten Anbieter (z. B. Qivicon von der Deutschen Telekom) ausgestaltet sein.

Abrechnung und Kundenmanagement
Im Bereich der *Abrechnung* und des *Kundenmanagements* bestehen ebenfalls erhebliche Geschäftschancen für neue Anbieter. Dabei spielt in diesem Bereich häufig das Kostenargument eine wesentliche Rolle, da viele etablierten Anbieter – nicht zuletzt aufgrund ihrer geringen Kundenanzahl – keine Skaleneffekte erzielen können. Zahlreiche branchenzugehörige und branchenfremde Abrechnungsdienstleister (z. B. BAS Abrechnungsservices, Arvato) bewegen sich seit langem in diesem Marktsegment. Gleiches gilt für den Bereich des Kundenmanagements, wie z. B. Call-Center-Dienstleister.

Metering
Die ambivalente Stellung von intelligenten Messsystemen, die einerseits vom grundzuständigen Messstellenbetreiber, dem Verteilnetzbetreiber, ausgerollt, betrieben und zu netzdienlichen Zwecken eingesetzt werden, andererseits die Basis für vielfältige Anwendungen von Energielieferanten und Energiedienstleistern auf wettbewerblich organisierten Märkten bilden sollen, führt zu einer Vielzahl an sehr unterschiedlichen, möglichen Geschäftsmodellen in diesem Bereich.

Insbesondere die mit der verpflichtenden Einführung von Smart Meter Gateways verbundene *Smart Meter Gateway Administration* (SMGW-Admin) wird neue Anbieter auf den Plan bringen, da viele EVU und Stadtwerke mit dieser Aufgabe überfordert sein werden.

Zudem bietet die (mögliche) Erweiterung der Verbrauchsinformationen zahlreiche Ansatzpunkte für neue Geschäftsmodelle. *Energiemanagementsysteme* oder zeit- und lastabhängige Tarifmodelle werden durch intelligente Messsysteme erleichtert bzw. teilweise erst ermöglicht. Diese Dienstleistungen können sowohl von etablierten Energieversorgern als auch von neuen, unabhängigen Marktteilnehmern erbracht werden. Insbesondere Geschäftsmodelle, die auf Energieeinsparungen und die Erhöhung der Energieeffizienz setzen, werden häufig auf Seiten des Endkunden von neuen, unabhängigen Marktteilnehmern als glaubwürdiger empfunden.[34]

Kommunikation, IT und Datenmanagement
Ähnlich wie andere Branchen (Telekommunikation, Unterhaltungsindustrie, Bücherhandel etc.) wird „smart" die Energiewirtschaft fundamental verändern. Dies bietet insbeson-

---
[34] Vgl. dazu Edelmann (2011).

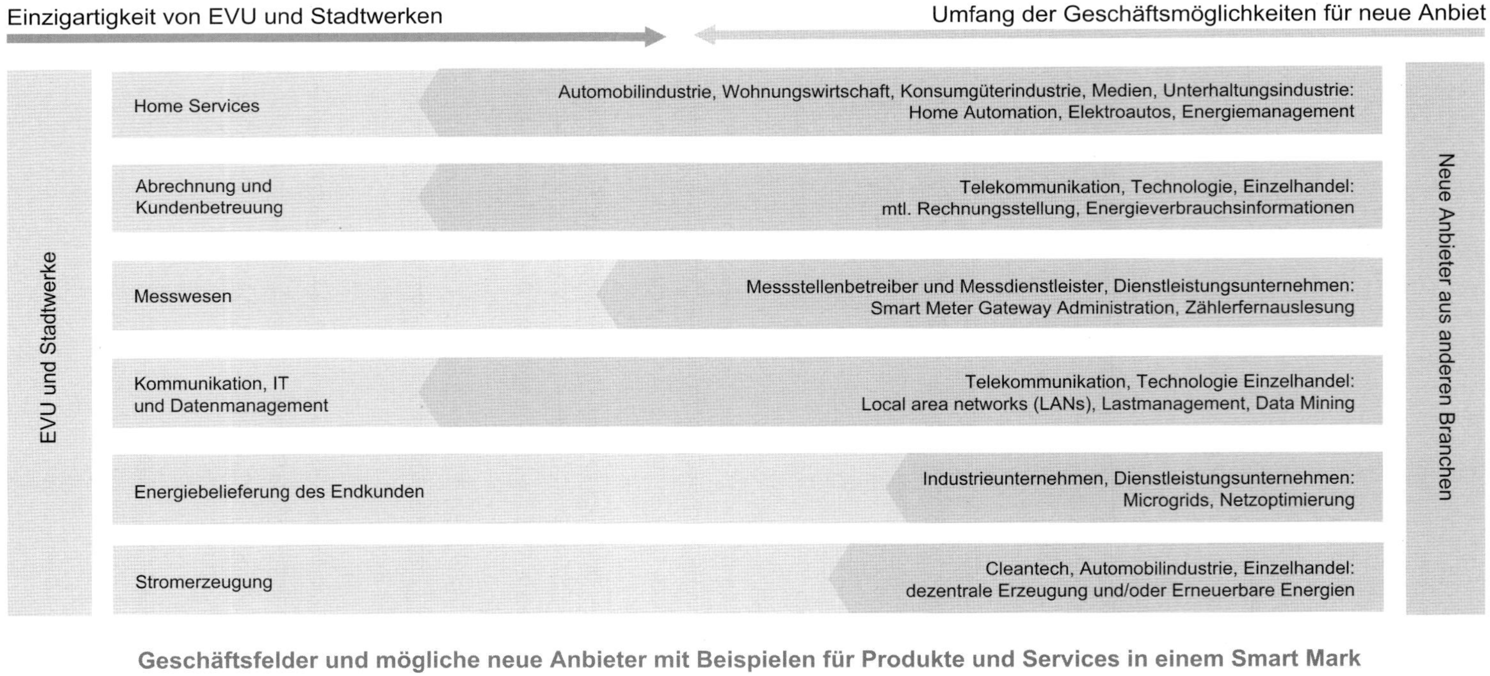

Einzigartigkeit von EVU und Stadtwerken → Umfang der Geschäftsmöglichkeiten für neue Anbieter

Neue Anbieter aus anderen Branchen

Geschäftsfeld	Beispiele
Home Services	Automobilindustrie, Wohnungswirtschaft, Konsumgüterindustrie, Medien, Unterhaltungsindustrie: Home Automation, Elektroautos, Energiemanagement
Abrechnung und Kundenbetreuung	Telekommunikation, Technologie, Einzelhandel: mtl. Rechnungsstellung, Energieverbrauchsinformationen
Messwesen	Messstellenbetreiber und Messdienstleister, Dienstleistungsunternehmen: Smart Meter Gateway Administration, Zählerfernauslesung
Kommunikation, IT und Datenmanagement	Telekommunikation, Technologie Einzelhandel: Local area networks (LANs), Lastmanagement, Data Mining
Energiebelieferung des Endkunden	Industrieunternehmen, Dienstleistungsunternehmen: Microgrids, Netzoptimierung
Stromerzeugung	Cleantech, Automobilindustrie, Einzelhandel: dezentrale Erzeugung und/oder Erneuerbare Energien

EVU und Stadtwerke

Abb. 27.5 Geschäftsfelder und mögliche neue Anbieter mit Beispielen für Produkte und Services in einem Smart Market. Geschäftsmöglichkeiten für neue Player. (Ernst & Young)

dere im Bereich der *Kommunikation, der IT und des Datenmanagements* neuen Anbieter eine Vielzahl an Geschäftsmöglichkeiten. Beispiele hierfür sind:

- Speicherung und Verarbeitung von Massendaten im Bereich der Energiewirtschaft,
- Data Mining,
- Data Warehousing,
- Smart Meter Gateway Administration,
- Aufbau und Betrieb von Kommunikationsnetzen im Bereich des Smart Grids, Smart Metering und Smart Home (WAN, HAN, LAN)
- U. v. a. m.

Belieferung der Endkunden
Im Bereich der *Belieferung von Endkunden* werden sich neue Player am ehesten als Dienstleister und Zulieferer im Bereich der IKT etablieren. In diesen Bereichen existieren bzw. entstehen zahlreiche Märkte, wie das Netzmonitoring, die Integration Erneuerbarer Energien in das Energieversorgungssystem (z. B. Steuereinrichtungen, Wechselrichter), oder der Aufbau und Betrieb einer Kommunikations- und Netzinfrastruktur für Elektroautos.

Ein weiterer Markt für neue Anbieter stellt der Betrieb von *Microgrids* dar, d. h. eigenständige Netze, die losgelöst von der allgemeinen Versorgung betrieben werden („Arealnetze"). Hierbei handelt es sich häufig um Unternehmen des Produzierenden Gewerbes, die ihre Energieversorgung kostengünstiger als aus dem allgemeinen Stromversorgungsnetz selber sicherstellen wollen und dabei neben dem Betrieb des Netzes i. d. R. auch über eigene Erzeugungsanlagen verfügen.

Energieerzeugung
Im Bereich der *Energieerzeugung* ist heute bereits eine Vielzahl unterschiedlicher neuer Marktteilnehmer aktiv. Neue, auf intelligente Technologien basierende Geschäftsmodelle bestehen insbesondere im Bereich der Bündelung und Vernetzung verschiedener kleinerer, dezentraler Erzeugungsanlagen (*virtueller Kraftwerke*) und in einer besseren Verzahnung von Erzeugung und Verbrauch (z. B. über *Demand Side Management*).

Die Chancen neuer Anbieter sind in diesem Bereich besonders hoch einzustufen, wenn sie

- nicht über konventionelle Großkraftwerke verfügen und um deren Auslastung – und damit Wirtschaftlichkeit – fürchten müssen und/oder
- mit der Bündelung der Erzeugungsanlagen die eigene Energieversorgung sicherstellen bzw. mit abdecken.

Bereits heute sind rd. 47 % der Unternehmen selbst im Bereich der Stromerzeugung tätig und ein weiteres Viertel plant ein entsprechendes Engagement für die kommenden drei bis fünf Jahre.[35] 86 % der befragten Unternehmen sind davon überzeugt, dass durch das Vordringen dezentraler Erzeugungsanlagen neue Marktteilnehmer zunehmend an Bedeutung gewinnen.

Schwerpunkt des Engagements der Unternehmen sind BHKWs (62 % der befragten Unternehmen), gefolgt von Photovoltaik und Mikro-BHKWs (jeweils 49 %) sowie Windkraftanlagen und Anlagen der Biomassenutzung (jeweils 39 %). Der größte Zuwachs in den kommenden Jahren ist bei Mikro-BHKWs, gefolgt von weiteren BHKW- und Biomasseanlagen zu erwarten.

27.2.5 Coopetition

Unabhängig von der Betrachtung der Wertschöpfungsstufe und der Perspektive – etablierter vs. neuer Anbieter – wird sich der Smart Market nur über gemeinsame Anstrengungen im Wege von *Kooperationen* entwickeln werden können. Denn zum einen lassen sich *Größendegressionseffekte* für die meisten Stadtwerke und EVU ebenso wie für die Unternehmen anderer Branchen nur durch umfassende *Partnerschaften* realisieren. Zum anderen hat sich bislang keine „Killer App" im Bereich des Smart Markets herausgebildet, mit der eine Eigendynamik im Markt entsteht, die zu einer wirklichen und schnellen Veränderung des Angebots- und Nachfrageverhaltens führt.

Insbesondere Unternehmen aus dem Bereich der IKT (Technologieunternehmen und Telekommunikationsanbieter), Anlagenhersteller, Zählerhersteller, Elektrogerätehersteller und Unternehmen der Konsumgüterindustrie kommen als mögliche Partner für Stadtwerke und EVU infrage (s. Abb. 27.6).

Dabei muss jeder Partner auch bereit sein, etwas von seinem vermeintlichen zukünftigen Erfolg abzugeben. „*Coopetition*" – was sich mit konkurrierender Zusammenarbeit übersetzen lässt – ist in diesem Kontext ein Schlüsselkonzept. Unternehmen arbeiten gemeinsam an der Entwicklung neuer Märkte zusammen, konkurrieren jedoch um einzelne Kunden und Abschlüsse. Durch dieses Konzept profitieren auch die Endkunden, indem ihnen ein Mehrwert durch gemeinsame Standards sowie preiswertere Produkte und Dienstleistungen geboten werden kann.

Der erfolgreiche Aufbau neuer Geschäftsmodelle, etwa für die Bereiche Energieeffizienz und „Internet der Energie", erfordert insbesondere ein Umdenken bei den etablierten Anbietern. Standardisierung, die Erzielung von Größendegressionseffekten und das Eingehen neuer Partnerschaften im Wege der „Coopetition" sind die entscheidenden Schlüsselbegriffe, um die sich bietenden Chancen zu nutzen. Ohne dieses Umdenken werden viele potenzielle neue Geschäftsfelder im Smart Market auch 2020 und darüber hinaus nur Nischenmärkte bleiben – es sei denn, sie werden staatlich verordnet.

---

[35] Vgl. hierzu und im Folgenden Edelmann (2013).

27 Die Chancen neuer und etablierter Anbieter im Smart Market

[Diagramm: Vier überlappende Kreise um ein zentrales Rechteck]

- Hersteller von Geräten und Anlagen für Energieversorgungsunternehmen, z.B. ABB, GE, SAG, Siemens
- IKT-Industrie, z.B. Athos, Cisco, DTAG, IBM, PPC, SAP, Vodafone
- Energieversorgungsunternehmen, z.B. EnBW, E.On, RWE, Vattenfall, Stadtwerke
- Zählerhersteller, z.B. EMH, Görlitz, Hager, Landis & Gyr
- Hersteller von Elektrogeräten, z.B. Bosch, LG, Miele Samsung

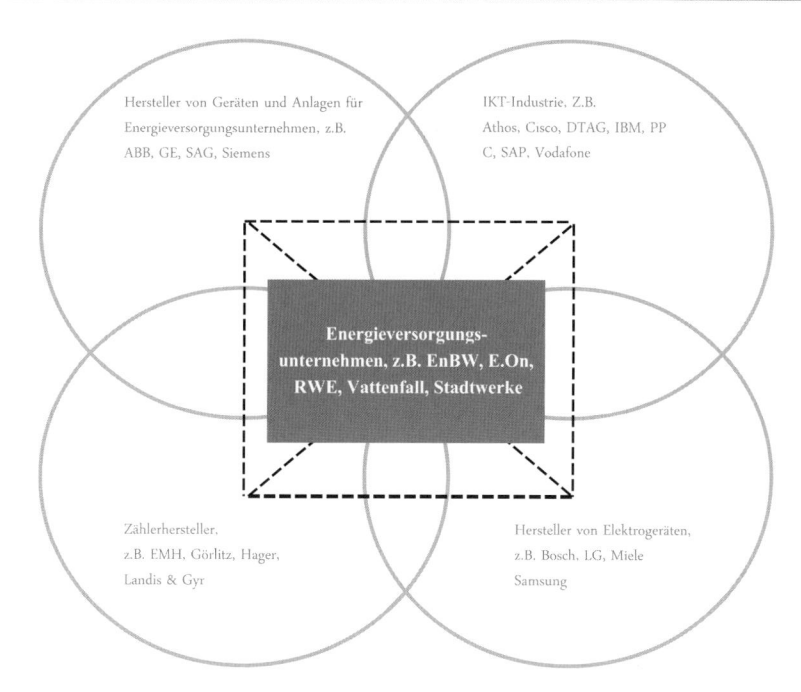

Abb. 27.6 Kooperationen im Bereich des Smart Markets. (Ernst & Young)

27.3 Fazit und Zusammenfassung

Innovationen sind eine notwendige Voraussetzung für Unternehmen und Volkswirtschaften um zu wachsen. Im Bereich der deutschen Energiewirtschaft eröffnet der Smart Market – sei es im Kontext von Smart Grid, Smart Metering oder Smart Home – eine Vielzahl denkbarer und vielversprechender innovativer Produktideen und neuer Geschäftsmodelle. Dies ist zugleich Segen wie auch Fluch. Segen, weil es zahlreiche Möglichkeiten zur Innovation bietet und sich Nischenanbieter in einzelnen Marktsegmenten starke Positionen aufbauen können. Fluch, weil hierdurch Kunden und Gesetzgeber an vielen Stellen überfordert zu sein scheinen.

Die starken und häufigen regulatorischen Eingriffe in den Energiemarkt – die zweifelsohne aufgrund der hohen Bedeutung der Energieversorgung für eine Volkswirtschaft, sei es aus Gründen der Versorgungssicherheit, der gesamtwirtschaftlichen Wettbewerbsfähigkeit, der Daseinsvorsorge oder der Vermeidung von Energiearmut – nicht unbegründet sind, haben dazu geführt, dass sich bislang kein „Leitmarkt" oder „Leitprodukt" im Bereich des Smart Markets entwickelt hat. Innovation benötigt einen stabilen Rechts- und Regulierungsrahmen, der Anreize setzt, damit Innovationen belohnt werden. Dies ist heute nicht der Fall. Daher ist es verständlich, dass sich sowohl Kunden – sei es Endverbraucher oder im B2B-Bereich – als auch Anbieter überwiegend in eine abwartende Position („Wait and see") zurückgezogen haben.

Für etablierte Anbieter (EVU und Stadtwerke) stellt sich die Frage, ob sie Teil des neuen „Smart Market" werden wollen, oder ob sie – wie in vielen Bereichen der dezentralen Erzeugung – von neuen Anbietern verdrängt werden wollen. Die Chancen im Bereich des Smart Grids sind dabei für die etablierten Anbieter naturgemäß am Größten. Aber auch im Bereich des Smart Metering bestehen erhebliche Chance für EVU und Stadtwerke, wenn Smart Metering als Möglichkeit für den Aufbau einer „Brückentechnologie" im Bereich der Energiewirtschaft verstanden wird und nicht nur als eine „neue" Zählergeneration. Smart Metering bietet sich für die etablierten Anbieter als Brückentechnologie zwischen Smart Grids und Smart Home Anwendungen an, die dazu dient, neue Märkte und Geschäftsmodelle zu erschließen.

Um die sich bietenden Chancen in einem Smart Market erfolgreich nutzen zu können, müssen etablierte Anbieter vor allem ihre Innovationskultur stärken. So erfordert die Entwicklung neuer Geschäftsmodelle eine klar formulierte Innovationsstrategie, das bewusste Eingehen und Akzeptieren von Risiken sowie eine intensive, branchenübergreifende Zusammenarbeit bei Innovationen auf der Basis gegenseitigem Vertrauens – Fähigkeiten, die momentan bei EVU im Vergleich zu anderen Branchen häufig nicht besonders stark ausgeprägt sind.

Für neue Anbieter bieten sich die größten Chancen im Bereich des Smart Home, da sie häufig bereits über einen guten Kundenzugang und eine hohe Kundenbindung verfügen, wohingegen die etablierten Anbieter aufgrund ihrer Historie häufig eine eher schwächere und damit angreifbare Position besitzen. Aber auch im Smart Grid und im Smart Metering bestehen für neue Anbieter signifikante Geschäftsmöglichkeiten. Neben der Positionierung als Dienstleister für die etablierten Marktteilnehmer sind neue Anbieter zunehmend auch in den Bereichen der dezentralen Erzeugung, des Betriebs von Microgrids oder als Akteure mit neuen innovativen Geschäftsmodellen bei Energiebeschaffung und lieferung (z. B. Energiemanagementsysteme, Demand Response Management etc.) unterwegs.

In einem Umfeld, in dem der Spielraum für Innovationen durch permanente Eingriffe in die Gesetzgebung und Regulierung limitiert werden, besteht für alle Marktteilnehmer die Chance, über konzertierte Aktionen gemeinsam neue Märkte zu entwickeln („*Coopetition*"). Eine konzertierte Aktion unter Einbindung und Bündelung vielfältiger Interessen aus verschiedenen Branchen, in denen von allen Beteiligten vermeintliche kurzfristige Nachteile zurückgestellt werden müssen. Den vermeintlichen kurzfristigen Nachteilen stehen langfristige größere Vorteile für alle Beteiligten entgegen – nämlich die Entwicklung neuer, dringend in der Energiewirtschaft benötigter Wachstumsmöglichkeiten in einem Smart Market.

Literatur

BDEW: BDEW-Roadmap – Realistische Schritte zur Umsetzung von Smart Grids in Deutschland, Berlin (Februar 2013)

Becks, T., et al.: Intelligente Heimvernetzung. Komfort – Sicherheit – Energieeffizienz – Selbstbestimmung, VDE-Positionspapier, Frankfurt a. M. (Januar 2010)

BITKOM: Studienreihe zur Heimvernetzung (2008)

Bundesministerium der Justiz: Anreizregulierungsverordnung vom 29. Oktober 2007 (BGBl. I S. 2529), die zuletzt durch Artikel 4 der Verordnung vom 14. August 2013 (BGBl. I S. 3250) geändert worden ist. Bonn (2013)

Bundesministerium der Justiz: Energiewirtschaftsgesetz vom 7. Juli 2005 (BGBl. I S. 1970, 3621), das durch Artikel 1 u. 2 des Gesetzes vom 20. Dezember 2012 (BGBl. I S. 2730) geändert worden ist (Energiewirtschaftsgesetz – EnWG), Berlin (2012)

Bundesnetzagentur: „Smart Grid" und „Smart Market". Eckpunktepapier der Bundesnetzagentur zu den Aspekten des sich verändernden Energieversorgungssystems, Bonn (Dezember 2011)

DESTATIS: Demografischer Wandel in Deutschland (2011)

DESTATIS: Durchschnittliche Energiekostenverteilung im Haushalt (2010)

Deutsche, Kommission Elektrotechnik Elektronik Informationstechnik im DIN und VDE (DKE im VDE/DIN): Die deutsche Normungs-Roadmap AAL (= Ambient Assisted Living), Januar 2012

Edelmann, H.: Stadtwerkestudie 3.0 2013 – Coopetition: Neue Geschäftsfelder in der Energiewende erfolgreich erschließen. Ernst & Young, Düsseldorf (2013)

Edelmann, H.: Smart – Was Kunden wollen. Düsseldorf (2011)

Ernst & Young: Kosten-Nutzen-Analyse für einen flächendeckenden Einsatz von intelligenten Zählern. Studie im Auftrag des Bundesministeriums für Wirtschaft und Technologie (2013)

Ernst & Young: The Rise of Smart Customers. How Consumer Power Will Change The Global Power and Utilities Business (2011)

Ernst & Young: Seeing Energy Differently (2010)

Faure, S.C.: Was macht Innovation erfolgreich? (2006)

Interbrand: Best Global Brands (2013)

Memoori Research: Global Smart Grid Market to Invest $2 Trillion by 2030, peaking at $155bn in 2018, 2012. http://www.businesswire.com/news/home/20120111005765/en/Global-Smart-Grid-Market-Invest-2-Trillion, http://www.businesswire.com/news/home/20120111005765/en/Global-Smart-Grid-Market-Invest-2-Trillion. Zugegriffen: 30. Dez. 2013

RWE: RWE SmartHome Miele Haushaltsgeräte Apps, 2013. http://www.rwe-smarthome.de/web/cms/de/2049406/smarthome/informieren/apps-und-services/miele-haushaltsgeraete-apps/. Zugegriffen: 16. Dez. 2013

ServiceBarometer: Kundenmonitor – Kennziffern zur Kundenorientierung, 2013. https://www.servicebarometer.net/kundenmonitor/de/rankings.html. Zugegriffen: 13. Dez. 2013

Strese, H., et al.: Smart Home in Deutschland – Untersuchung im Rahmen der wissenschaftlichen Begleitung zum Programm Next Generation Media (NGM) des Bundesministeriums für Wirtschaft und Technologie, Institut für Innovation und Technik (iit) in der VDI/VDE-IT. (Mai 2010)

Stronzik, M.: Zusammenhang zwischen Anreizregulierung und Eigenkapitalverzinsung – IRIN Working Paper im Rahmen des Arbeitspakets: Smart Grid-gerechte Weiterentwicklung der Anreizregulierung. WIK Wissenschaftliches Institut für Infrastruktur und Kommunikationsdienste GmbH, Bad Honnef (Juli 2011)

VDE: Das Smart Home wird 2025 Standard, März 2013. http://www.vde.com/de/Verband/Pressecenter/Pressemeldungen/Fach-und-Wirtschaftspresse/2013/Seiten/19-2013.aspx. Zugegriffen: 30. Dez. 2013

ZVEI/BDEW: Smart Grids in Deutschland – Handlungsfelder für Verteilnetzbetreiber auf dem Weg zu intelligenten Netzen. Berlin (März 2012)

Die Energiewirtschaft wird digital

Rolf Adam

Innovation im Geschäftsmodell durch digitale Kompetenz

Zusammenfassung

Die Energiewirtschaft als Industrie befindet sich im Wandel, wie auch die einzelnen Energieversorgungsunternehmen. Während mit Energiewende übergeordnet der Strukturwandel beschrieben wird, vollzieht sich in Unternehmen der Wandel von Betriebs- und Geschäftsmodellen durch neue Technologien, wie der zunehmenden Digitalisierung. Die Digitalisierung wird durch neue Technologien alltagstauglich sowie durch die nächste Generation der Mitarbeiter getrieben und eingefordert. Sie eröffnet Chancen, den Wandel der Geschäftsmodelle in der Stromwirtschaft erfolgreich zu bewältigen.

28.1 Smart Grid als Katalysator für Innovation

Seit mehr als zehn Jahren sind intelligente Stromnetze, die Smart Grids, ein dominierendes Thema in der Energiewirtschaft. Mehr aus der Notwendigkeit der Systemveränderung aufgrund der volatilen Erneuerbaren Energien heraus, sind Energieversorgungsunternehmen (EVU) Vorreiter einer Bewegung geworden, die heute mit *Industrie 4.0* tituliert wird.

R. Adam (✉)
Cisco Systems GmbH, Am Söldnermoos 17,
85399 Hallbergmoos, Deutschland

Dabei geht es um die Digitalisierung industrieller Prozesse und der damit verbundenen Anlagen.

In der Energiewirtschaft wird diese Digitalisierung notwendig, um mit den Folgen der *Energiewende* zurechtzukommen. Um die hohe Anzahl an hoch volatilen dezentralen Stromerzeugungsanlagen zu bewältigen, müssen die Stromverteilnetze einen Wandel von passiven zu aktiven Systemen erfahren. Hierfür werden Verteilnetze zur besseren Überwachung und Steuerung mit Informations- und Kommunikationstechnologie (IKT) ausgerüstet.

Über das in der Öffentlichkeit breit diskutierte Thema Smart Grid hinaus gibt es weitere Aspekte, die eine umfassende Digitalisierung des Geschäftsmodells erfordern: Globalisierung, Kostendruck und Überalterung der Mitarbeiter.

Infolge der Marktliberalisierung Ende der 90er Jahre haben die großen Energieversorger eine schnelle internationale Expansion begonnen, die noch immer anhält. Allein zwischen 2002 und 2010 hat E.ON beispielsweise den Anteil der Mitarbeiter außerhalb des Heimatmarktes um über 50 % auf insgesamt beinahe 60 % gesteigert. Die Tendenz ist weiter steigend. Für den Konzern stellt sich die Frage, wie in einem globalen Unternehmen Technologietransfers erfolgen, Standards eingehalten und Mitarbeiter im Sinne einer einheitlichen Unternehmenskultur geführt werden sollen.

Noch dringlicher sind die Folgen aus Kostendruck und Überalterung der Belegschaft. In den vergangenen zwanzig Jahren haben Unternehmen der Elektrizitätswirtschaft zirka 30 % ihrer Mitarbeiter verloren.[1] Galt diese Industrie zu Beginn der Marktliberalisierung als mit Ressourcen gut ausgestattet, sind die Betriebe heute personell am Limit. Eine Besserung ist nicht zu erwarten, zumal in den nächsten fünf Jahren die Konsequenzen aus der Überalterung der Belegschaft sichtbar werden. Der französische Stromanbieter Électricité de France (EDF) hat unlängst in seinem Nachhaltigkeitsbericht angeführt, zwischen 2010 und 2015 bis zu 50 % der technischen Mitarbeiter durch Pensionierung zu verlieren.[2] Das Ausscheiden dieser Mitarbeiter bedeutet nicht nur den Verlust der Kapazität. Personal lässt sich notfalls über Dienstleister ersetzen; der Wissensverlust für das Unternehmen wiegt jedoch deutlich schwerer.

Mitarbeiter eines Energieversorgers zeichnet heute noch eine hohe technische Kompetenz sowie das Wissen um die Betriebsmittel im Versorgungsgebiet aus. Dieses Know-how liegt primär unstrukturiert vor, d. h. in den Köpfen der Mitarbeiter. Unternehmen müssen neue Technologien nutzen, um dieses Wissen zu bewahren und neuen Mitarbeitern zur Verfügung zu stellen.

Diese, und vor allem ihre neuartigen Arbeitsweisen, sind in das Unternehmen zu integrieren und stellen die tendenziell konservativen EVU vor neue Herausforderungen. Die Mitarbeiter haben oftmals Teile ihrer Ausbildung im Internet gemacht, wie beispielsweise über Institutionen wie Open Universities. Sie haben auf online Plattformen gemeinsam mit

---

[1] Vgl. DESTATIS (2013), Tabelle Energie- und Wasserversorgung – Beschäftigte; Beschäftigte in der Elektrizitätsversorgung: 251.996 (1993), 177.660 (2012).

[2] Vgl. EDF Energy (2011, S. 70).

Experten auf der ganzen Welt Studienprobleme diskutiert und gelöst. Und sie verstehen hochwertige Kommunikationsendgeräte als tägliche Arbeitsmittel und bewegen sich ganz selbstverständlich in einer Welt, in der sich die Grenzen zwischen privater und beruflicher Sphäre verschieben. Während Schichtbetrieb und Bereitschaftsdienst in der Flächenorganisation auch zukünftig ihren festen Stellenwert haben, nehmen Arbeitsformen wie *Teleworking* Einzug in technische Funktionen. Ein Fachexperte, der inhaltliche Unterstützung und Beratung liefert, muss nicht zwangsweise in einem Büro des Arbeitgebers arbeiten.

Prozesse lassen sich durch Systeme unterstützen; die zugrunde liegenden Aufgaben müssen aber weiterhin bearbeitet werden. Bei sinkender Beschäftigtenzahl sind EVU zukünftig in erheblichem Umfang von externen Dienstleistern abhängig. Diese gilt es zu koordinieren und die Einhaltung technischer Standards und Prozessvorgaben zu kontrollieren. Die Öl- und Gasindustrie arbeitet schon lange mit einem hohen Anteil an Fremdleistungen. Die Industrie hat in den letzten Jahren bei den Katastrophen in Raffinerien und Offshore im Golf von Mexiko leidvoll erfahren, dass sie auch für Ereignisse verantwortlich gemacht wird, die von Dritten verursacht wurden. Sollte es zu einer massiven Beeinträchtigung der Versorgungssicherheit durch Drittfirmen kommen, werden die beauftragenden EVU zur Verantwortung gezogen.

Energieversorger sehen sich vordergründing mit größeren Problemen als die Funktionsweise des operativen Geschäfts konfrontiert. Die fehlende Rentabilität von Erzeugungsanlagen, hohe finanzielle und technische Anforderungen von Smart Meter-Programmen oder die oftmals bedrückende Schuldenlast sind Herausforderungen, die bewältigt werden müssen. Die oben angeführten Fragestellungen müssen jedoch ebenfalls zeitnah angegangen werden. Denn sie verändern nachhaltig die Funktionsweise des Geschäftsmodells der Energieversorger und bieten Chancen für innovative Unternehmen.

28.2 Wandel der Energieversorger durch Digitalisierung

Arbeitsplätze in der Industrie haben durch die Einführung von IT-Systemen einen erheblichen Wandel erfahren, dies gilt auch für die Energiewirtschaft. Diese Veränderung hat mit der Einführung leistungsfähiger ERP-Systeme wie SAP begonnen und sich durch moderne Arbeitsweisen wie der permanenten Erreichbarkeit durch Smartphones und Heimarbeitsplätzen mit moderner Videokommunikation deutlich weiterentwickelt. Büroangestellte können heute unabhängig von ihrem Arbeitsplatz auf Systeme und Ressourcen des Unternehmens zugreifen.

Während sich die Büroumgebung und der Arbeitsalltag der Angestellten durch moderne Technologie stark gewandelt haben, ist der Innovationsgrad in der technischen Flächenorganisation deutlich geringer. Selbstverständlich haben auch in diesem Bereich PC, Mobiltelefone und IT-Systeme wie beispielsweise Anlagen- und Workforce-Management-Systeme Einzug gehalten. Die Arbeitsweise hat sich jedoch durch sie nicht grundlegend verändert.

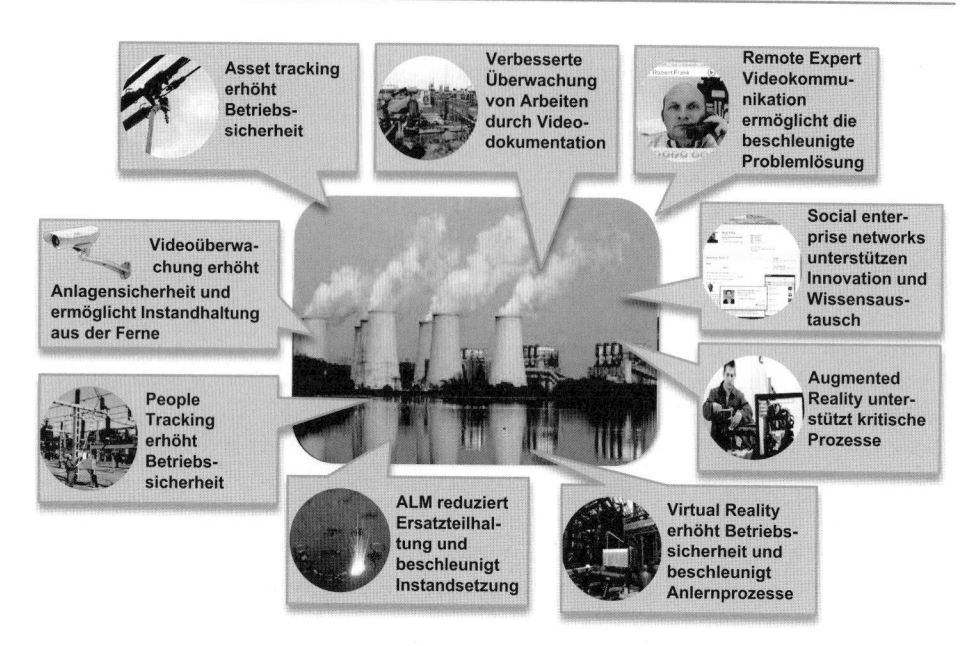

Abb. 28.1 Übersicht Lösungen

IKT bietet mit modernen Hilfsmitteln die Basis, um die beschriebenen Herausforderungen für die Energiewirtschaft zu adressieren. Dies wird am Beispiel eines Verteilnetzbetreibers beschrieben.

Bei dem hier aufgeführten Beispiel „Smart Working" für die Digitalisierung von Prozessen geht es um die Weiterentwicklung bereits bestehender Optimierungsansätze aus den Bereichen Workforce- und Asset-Management. In diesen Bereichen hat die Mehrheit der EVUs bereits umfassende Optimierungsaktivitäten gestartet, z. B. durch die Änderung der Arbeitsweise auf den „Start aus der Fläche", die Einführung von Laptops zur Datenerfassung vor Ort oder die Erweiterung der bestehenden GIS-Systeme um aktuelle Informationen über den Zustand von Betriebsmitteln. Die große Herausforderung für die weitere Optimierung ist es, die vorhandenen Informationen in den zahlreichen unabhängigen Systemen – und den Köpfen der Mitarbeiter – miteinander zu verknüpfen. Hierin liegt die echte Intelligenz der Automatisierung und Systemunterstützung (Abb. 28.1).

Zusammengefasst erfolgen bei Smart Working-Projekten Investitionen in zwei Bereiche. Zum einen erfolgen Infrastrukturinvestitionen in Betriebsstätten, z. B. in Umspannwerken. Diese werden mit IKT ausgestattet, um einerseits ihren Betrieb sicherer zu machen, andererseits um für die Mitarbeiter die Basis für eine bessere Anbindung an IT-Systeme in der Zentrale zu bieten. Zum anderen werden die Mitarbeiter durch Systeme unterstützt, die bisherige IKT-Applikationen und -Lösungen konsolidieren und den besseren Zugang zu Informationen und Experten im Unternehmen zu ermöglichen. Beide Aspekte werden in den nachfolgenden Abschnitten näher beschrieben. Die Lösungen sind bereits bei mehreren EVU erfolgreich im Einsatz.

28.2.1 Infrastrukturinvestitionen in Betriebsstätten

Verteilnetzbetreiber versorgen mit ihrer Flächenorganisation oftmals abgelegene Betriebsstätten wie etwa Umspannwerke. Im Rahmen der Smart Grid-Initiativen werden EVU in den nächsten Jahren in die IKT-Anbindung und -Ausstattung dieser Anlagen investieren. Eine zunehmende Herausforderung stellen in den Anlagen Kupferdiebstahl sowie der unbefugte Zutritt Dritter dar, bisweilen auch die mutwillige Beschädigung der Betriebsmittel. EVU können hier mit Lösungen zur Zugangskontrolle und einer entsprechenden Alarmgebung gegensteuern.

Zunehmend werden Anlagen mit leistungsfähiger Videoüberwachung ausgestattet. Findet ein unbefugter Zutritt statt, kann aus der Leitwarte heraus unmittelbar darauf reagiert werden, z. B. durch ein Alarmieren von Sicherheitskräften oder die Ansprache der unbefugten Dritten über Außenlautsprecher. In der Regel ist heute ein althergebrachtes Schlüsselsystem der einzige Schutz der Anlagen. Dabei ist in vielen Fällen unklar, wie viele Schlüssel in Umlauf sind und welche Personen einen solchen besitzen. Moderne Zugangskontrollen arbeiten mit elektronischen Verfahren wie Gesichts- und Kennzeichenerkennung von Mitarbeiter und Fahrzeug über die ohnehin vorhandenen Überwachungskameras oder mit PIN/TAN-Systemen mobiler Endgeräte. Darüber hinaus hat der Einsatz von Videoüberwachung im operativen Betrieb den Vorteil, dass einfache Sichtkontrollen des Außenbereichs aus zentralen Betriebsstätten heraus erfolgen und vor Ort-Besichtigungen reduziert werden können.

Neben einer besseren Überwachung der Anlage erhöhen solche Systeme auch die Arbeitssicherheit der Mitarbeiter. Videoanalyse-Systeme identifizieren ungewöhnliche Verhaltensweisen von Mitarbeitern. So wird beispielsweise erkannt, wenn ein Mitarbeiter nach einem Sturz im Außenbereich am Boden liegt und Hilfe benötigt. Die Praxis zeigt, dass die Akzeptanz bei den Mitarbeitern sehr hoch ist, weil Notfallsituationen frühzeitig erkannt und schneller behoben werden können. Dennoch sehen insbesondere Arbeitnehmervertretungen noch immer diese Funktionen oft als unerwünschte Überwachung der Mitarbeiter an.

Der Zugang zu den unternehmensinternen Systemen ist auch in der Fläche immer wichtiger. Dazu werden selbst entlegene Betriebsstätten mit drahtlosen Kommunikationsnetzwerken ausgestattet. Diese erfüllen gleich mehrere Aufgaben: Systemzugang, Anlagensicherheit und Arbeitssicherheit. Mitarbeiter können mit diesen Netzwerken so arbeiten, als seien sie an zentralen Betriebsstandorten in die Firmensysteme eingebunden und haben einen Echtzeitzugriff auf alle anlagenrelevanten Informationen. Die Anlagensicherheit wird über drahtlose Identifikationssysteme (RFID-Tags) erhöht, indem kritische Betriebsmittel identifiziert und lokalisiert werden können. Im Falle von Umspannwerken können dies beispielsweise Erdungsstangen sein. Eine Überwachung über drahtlose Identifikationssysteme bietet einen besseren Schutz vor Diebstahl und erhöht die Betriebssicherheit. Die Erdungsstangen können auf der Anlage verortet werden und deren Position mit entsprechenden Arbeitsaufträgen abgeglichen werden. Die Arbeitssicherheit wird über drahtlose Bewegungssensoren weiter erhöht, die direkt an der Person getragen werden. Sollte es zu einem Arbeitsunfall kommen, wird die Einsatzleitung z. B. über die Bewegungsunfähigkeit des Mitarbeiters informiert, und kann Hilfe organisieren. Zudem ist es schnell möglich, die Anlage gegen unbefugten Zutritt Dritter zu schützen. In Verbindung mit einer elektronischen Zugangskontrolle können solche Sensoren anzeigen, dass sich ein Mitarbeiter einer Anlage nähert und beispielsweise Schalthandlungen nur nach Rücksprache erfolgen dürfen. In der Praxis kommt es immer wieder zu Unfällen die z. B. zu einer Beeinträchtigung des Hörvermögens führen können, wenn sie unkoordiniert durchgeführt werden.

28.2.2 Investitionen in Prozesse und Systeme

EVU müssen auch weiterhin mit einer erheblichen Erosion der Mitarbeiter und damit der Wissensbasis umgehen. Letzteres stellt die weitaus größere Herausforderung dar. Insbesondere in Deutschland herrscht dank eines leistungsstarken Ausbildungssystems eine breite Basis an qualifizierten Fachkräften vor. Diese zeichnen sich durch hohe technische Kompetenz aus, die bei den EVU über die Jahre durch Erfahrungen im operativen Betrieb der Anlagen im Versorgungsgebiet erweitert wird. Neben den grundlegenden Informationen, die in einer Anlagendatenbank gespeichert sind, liegt ein Großteil des Wissens zu Historie und Besonderheiten der Anlagen als unstrukturiertes Wissen in den Köpfen der Mitarbeiter vor. Scheidet der Mitarbeiter aus, geht dieses Wissen verloren. Infolgedessen ist niemand mehr vorhanden, der die neuen Mitarbeiter mit den Besonderheiten vor Ort vertraut machen kann. Dieser drohende Wissensverlust stellt eine große Gefahr für die Kontinuität im Betrieb dar.

Neben dem Bewahren des vorhandenen Wissens müssen sich EVU damit auseinandersetzen, wie sie neues Wissen schnell einer breiten Basis an technischen Mitarbeitern vermitteln können. Gerade die neuen Anforderungen an IKT aus der Digitalisierung der Stromnetze heraus erfordern in vielen Unternehmen eine umfassende Qualifizierungsinitiative, wenn Prozess-IT unternehmensweit entweder erstmals eingeführt oder durch neue IT-Technologien weiterentwickelt wird.

Sowohl das Erfassen und Bewahren von Wissen als auch das Vermitteln von neuen Kompetenzen versuchen Unternehmen durch innovative Plattformen der Zusammenarbeit zu bewältigen. Hinter diesem unförmigen Begriff steckt das Konzept, eine Art *Facebook* für Unternehmen zu etablieren. Solche Lösungen dienen zum Erfassen, Speichern und Vermitteln von Wissen. Anders als bei den frühen Informations- und Dokumentenmanagementsystemen geht es hierbei jedoch nicht um den Versuch, das gesamte verfügbare Wissen im Unternehmen an einem Ort zu speichern und zentral zu verwalten. Die neuen Plattformen basieren auf dem Konzept, dass Informationen kontextual zu sehen sind und der Austausch zwischen Mitarbeitern im Vordergrund stehen muss. Mitarbeiter sind miteinander vernetzt, bilden unternehmensinterne Fachforen zu relevanten Fragestellungen, machen anderen Angestellten Informationen zugänglich und entwickeln so die Wissensbasis als lebendes System kontinuierlich weiter.

Setzen sich Unternehmen erstmals mit solchen Systemen auseinander, werden sie oftmals von dem vermuteten Zusatzaufwand für Informationserfassung und -austausch abgeschreckt. Dieser entsteht allerdings nur, wenn die neue Arbeitsweise parallel zu bestehenden Praktiken etabliert wird. Damit diese neue Arbeitsweise greift, müssen die Einarbeitung neuer Mitarbeiter und der Informationsaustausch neu strukturiert werden. Ein solches System hat erhebliche Auswirkungen auf die Sozialstruktur bzw. Hierarchie eines Unternehmens. In der Vergangenheit haben Mitarbeiter Wissen monopolisiert, um die eigene Position abzusichern. Zukünftig sind die Mitarbeiter relevant, die den größtmöglichen Wissensfundus zur Verfügung stellen und sich somit einen breiten Expertenstatus erarbeiten.

Insbesondere mittelgroße und kleinere EVU werden hier einwenden, solche Systeme seien nur für große Unternehmen mit hohen IT-Budgets von Bedeutung. Aber auch diese Firmen sind künftig auf Mitarbeiter angewiesen, die in der Ausbildung mit solchen Systemen gearbeitet haben und sich bei Arbeitseintritt nicht in die gefühlte informatorische Steinzeit zurückversetzt wissen wollen. Und gerade für die kleineren der über 800 Elektrizitätsversorger wird der Zugang zu Wissen und Kompetenzen auch über Unternehmensgrenzen hinaus in Zukunft immer wichtiger. Für die Bedeutung eines Mitarbeiters im Unternehmen sind zukünftig das im Unternehmen frei verfügbar gemachte Wissen und der Erfahrungsaustausch wichtig. In den organisatorischen Strukturen der Fachexperten wird der Status als Experte im Wissenssystem des Unternehmens zukünftig an Bedeutung gewinnen, gleichzeitig jedoch der des hierarchischen Status abnehmen. Was in dem traditionell gewachsenen Gefüge unserer deutschen Unternehmenskultur noch schwer vorstellbar ist, hat sich in der Arbeitswelt der IT-Industrie in den USA bereits vollzogen. Für die Rekrutierung und Bezahlung von Fachkräften ist hier bereits deren Expertenstatus, beispielsweise in Form der Anzahl der online „Follower" im Internet und die Querreferenzierung in den online Fachforen wichtiger als formale Ausbildung und Werdegang.

Artverwandt ist die Frage, wie Menschen zukünftig kommunizieren werden. In den vergangenen zehn Jahren hat die Mehrheit der technischen Flächenorganisationen Arbeitsweisen wie *Start aus der Fläche* eingeführt. Der Arbeitsbeginn ist vom Betriebshof in die Fläche verlagert worden mit der Konsequenz, dass der tägliche Austausch mit Kollegen und Vorgesetzten auf ein Minimum reduziert wird. Was in Effizienzsteigerungsprojekten gerne – und natürlich zurecht – als Reduktion von Rüstzeiten gewertet wird. Dabei entfällt jedoch die Möglichkeit zur informellen Wissensvermittlung. Auch hier können moderne Kommunikationsmedien helfen. Während der Großteil der Leserschaft dieses Fachbeitrags das persönliche Gespräch einem Telefonat vorziehen wird, ist es für die Generation der Berufsanfänger völlig natürlich, über kostenlose Videokommunikationsapplikationen mit Freunden und Kollegen zu kommunizieren sowie über diese Medien gemeinsam Probleme aus Ausbildung oder dem Tagesgeschäft zu lösen. Für Unternehmen und deren Mitarbeiter bietet die breite Einführung von Videokommunikationslösungen die Möglichkeit, wieder häufiger gemeinsam auf Probleme „schauen" zu können. Mit der Bildkommunikation können auch aus der Entfernung heraus schwierige Situationen vor Ort unmittelbar erfasst und Hilfe geleistet werden. Und analog dem Plattformgedanken wird es EVU schwer fallen, Mitarbeitern aus deren Sicht nur rudimentäre Kommunikationsinfrastruktur zur Verfügung zu stellen, wenn sie bereits aus Schule und Ausbildung mit diesen neuen Formen der Interaktion vertraut sind.

Die Verknüpfung von Videokommunikation und Wissensplattformen bietet ganz neue Möglichkeiten der Wissensvermittlung. Jeder Mitarbeiter wird in die Lage versetzt, spontan Sachverhalte zu dokumentieren, zu kommentieren (über Videokommunikationsmedien) und sie dem Unternehmen zur Verfügung zu stellen (über die Wissensplattform). Gleiches gilt für das Expertengespräch zwischen Mitarbeitern. Auch hier sei wieder auf die Arbeitsweise der jüngeren Generation verwiesen: Im privaten Bereich, z. B. in Sport und Freizeit, werden Kurse und Tutorien nicht mehr über Fachbücher konsumiert, sondern in Form privater Videobeiträge, z. B. über YouTube.

Die Anwendungsmöglichkeiten sind breit und ermöglichen grundlegende Veränderungen der Arbeitsweise. So hat Cisco gemeinsam mit einem Kunden eine neue Form des Mehrspartenmonteurs entwickelt. Kritiker werden einwenden, dass Versuche, das Konzept umfassend zu etablieren, in der Vergangenheit oftmals gescheitert sind. Ursächlich dafür ist die erforderliche Breite an Fachwissen und Qualifikationen. In unserem Beispiel steht nicht die eigenständige Bearbeitung technischer Probleme im Vordergrund, sondern die Überwachung der zunehmenden Anzahl an Drittfirmen. Der kompetente aber relativ unerfahrene Mitarbeiter in der Fläche koordiniert und kontrolliert diese Drittfirmen. Sachverhalte vor Ort können zu jedem Zeitpunkt per Bild oder Video aufgezeichnet und dem Anlagenregister zugeführt werden. Damit wird die Einhaltung von technischen Standards und Prozessanweisungen bei Drittfirmen rechtssicher dokumentiert. Entstehen Fragestellungen, die der weniger erfahrene Mitarbeiter nicht eigenständig entscheiden kann, bietet die Videokommunikation die Möglichkeit, kurzfristig Experten aus zentralen Betriebsstandorten hinzuzuziehen. Letztere arbeiten an hochwertigen Videokommunikationsarbeitsplätzen. Anstelle einen Experten zum Problem zu holen, wird das Problem auf diese Weise unmittelbar zum Experten gebracht.

28.2.3 Konsolidierung von Informationen und Systemen

Es soll in diesem Beitrag nicht der Eindruck entstehen, als fände die bestehende Systemunterstützung der operativen Einheiten keine Anerkennung. Selbstverständlich sind diesbezüglich in der Vergangenheit erhebliche Investitionen seitens der EVU getätigt worden. ERP-Systeme wie SAP unterstützen insbesondere die funktionalen Abläufe, GIS-Systeme werden von Anlagenerfassung bis hin zur Arbeitsdokumentation genutzt, Auftrags- und Workforce-Management-Systeme koordinieren Einsätze und bieten Zugriff auf Aufträge, Einsatzpläne sowie Systemdaten. EVU haben im technischen Betrieb dutzende Systeme im Einsatz mit oftmals nicht aufeinander abgestimmter und redundanter Datenhaltung. Gerade im technischen Betrieb besteht für EVU die Herausforderung, den beschriebenen Wandel in die bestehende Datenbasis und Systemlandschaft zu konsolidieren. Die Systeme, die heute im technischen Betrieb eingesetzt werden, sind nicht auf Basis einer langfristigen Planung zur IKT-Unterstützung entstanden. Vielmehr sind sukzessive Inhalte wie Anlagendaten in IKT-Systemen erfasst und durch solche zur Verfügung gestellt worden.

Für EVU bedeutet dies neben hohen Kosten für die Betreuung redundanter Systeme, dass sie einerseits den Wert der Daten nicht vollständig realisieren können, andererseits für die Einsatzkräfte eine nur schwer beherrschbare Systemkomplexität darstellen, beispielsweise welches der Systeme das datenführende ist oder wie mit Sicherheitsaspekten umgegangen wird, wie etwa dem Umgang der Mitarbeiter mit Passwörtern.

Für Mitarbeiter in der technischen Flächenorganisation bedeutet dies, dass sie für ihre Arbeit im Laufe eines Tages mehrere Systeme nutzen und bedienen müssen. Dabei werden sie dadurch gesteuert, welche Daten für welche Aufgaben in welchen Systemen geführt werden. In gemeinsamen Projekten mit Kunden ist ein gegenläufiger Ansatz entstanden. Umspannwerke und andere Großanlagen verfügen über Stationsbücher, in denen alle wesentlichen Sachverhalte dokumentiert werden. Das erfolgt heute in vielen Fällen noch papierbasiert und damit wiederum redundant zu den IT-Systemen. Das Konzept eines Stationsbuches lässt sich in die Systemwelt als elektronische Stations- bzw. Arbeitsmappe übertragen. Mitarbeiter erhalten alle für ihre Tätigkeit relevanten Informationen nach Stationen bzw. Standorten aggregiert bereitgestellt. Hierfür wird nicht ein neues datenführendes System aufgebaut, sondern eine Portallösung geschaffen. Diese stellt die Informationen aus den darunterliegenden Spezialanwendungen so bereit, wie sie ein Mitarbeiter benötigt. Aktualisierungen und Ergänzungen von Daten erfolgen ebenso über den Portalzugang in den darunter liegenden Systemen. Dieser Ansatz lässt sich gut mit dem oben beschriebenen Wissensportal verbinden und erfordert nicht zwangsweise eine Konsolidierung der Bestandssysteme. Die Portallösung bildet ein Metasystem und administriert Datenabruf und -speicherung.

Sind diese technischen Voraussetzungen vorhanden, lassen sich Systemunterstützung und Arbeitsweise zu einem Expertensystem erweitern. Hierbei geht es nicht um das Wissen im System, sondern um die Koordination des Zugangs zu Experten innerhalb und außerhalb des Unternehmens. Ein solches Expertensystem ist eine Ansammlung personenbezogener Informationen zu Kompetenz, Erfahrung und Verantwortungsbereich eines Mitarbeiters wie etwa, wer welche Entscheidungen treffen darf, welcher Mitarbeiter über welche Berechtigungen, Qualifikationen und Zertifizierungen verfügt, oder wer zuletzt eine bestimmte Betriebsanlage betreut hat. Mitarbeiter werden damit neben den Sachinformationen zum jeweiligen Arbeitsauftrag auch darüber informiert, wer zusätzliche Informationen bereitstellen und in kritischen Situationen Hilfe leisten oder im Falle von erforderlichen Freigaben Entscheidungen treffen kann. Auch bei dieser Lösung geht es darum, unstrukturierte Informationen in Form von persönlichen Netzwerken im Unternehmen durch Systeme zu ergänzen und nutzbar zu machen.

28.3 Der Wert der Daten

Gerade aus der Diskussion um Smart Grid heraus entsteht bei EVU große Unsicherheit hinsichtlich der Daten. Begriffe wie *Big Data* oder *Data Tsunami* sind elementarer Bestandteil der Diskussion. Dabei haben EVU in den vergangenen zehn Jahren erhebliche

Fortschritte im Umgang mit betriebsrelevanten Daten gemacht. Der Großteil der EVU hat zum Beispiel die Instandhaltung für Kraftwerke und Stromnetze von einem zeitbasierten auf einen zustandsorientierten Ansatz umgestellt. Hierfür musste die Datenbasis geschaffen werden, mit der die Anlagenbasis beschrieben und deren Zustand erfasst werden kann. Die Umstellung der Instandhaltungspraxis hat zu erheblichen Kosteneinsparungen bei EVU geführt.

Für EVU stellt sich einerseits die Frage, wo in ihrer Wertschöpfung schon heute eine Datenfülle vorliegt, aus deren erstmaliger oder besserer systematischer Auswertung ein Mehrwert geschaffen werden kann. Andererseits gilt es, Leistungsbereiche zu identifizieren, die heute abhängig sind von der persönlichen Erfahrung der Mitarbeiter, von dem bereits angeführten unstrukturierten Wissen. Im Weiteren werden drei Beispiele angeführt, wie aus Bestands- oder neuen Daten für EVU ein erheblicher Mehrwert geschaffen werden kann. In allen drei Bereichen entwickeln sich junge Unternehmen, die als Referenz für datenbasierte Geschäftsmodelle beschrieben werden.

Beispiel Erzeugung

Kraftwerke und ihre Aggregate wurden in der Vergangenheit zeitbasiert auf Basis der Herstellerangaben instandgehalten. Diese Vorgehensweise war getrieben durch die Garantiebedingungen der Hersteller. Auch nach Ablauf der Garantiefristen haben EVU diese Verfahrensweise weiter angewendet. In den letzten Jahren ist die Umstellung auf eine risiko- und zustandsorientierte Instandhaltung erfolgt. Durch die Einteilung der Aggregate eines Kraftwerks in Risikoklassen und die Erfassung des Aggregatzustands durch Sensorik sind EVU heute in der Lage, Komponenten in Abhängigkeit von ihrem tatsächlichen Zustand zu warten oder zu ersetzen. Die Entscheidung darüber basiert auf der Einschätzung der Mitarbeiter und deren Erfahrungswerten, die in Prozessanweisungen kodiert worden sind. Heute obliegt es dem Mitarbeiter, auf Basis seiner Erfahrung die Dringlichkeit einzuschätzen, was oft zu einer kurzfristigen ungeplanten Außerbetriebnahme führt. In Kraftwerken gibt es weniger als zehn solcher kritischer Aggregate (z. B. Kessel). In diesem Umfeld ist ein junges Unternehmen aktiv, das die Heuristik aus der Entscheidung nehmen und die *zustandsorientierte Instandhaltung* um Prognoseverfahren ergänzen möchte. Die *Cassantec AG* hat Algorithmen entwickelt, die über alle kritischen Komponenten eines Kraftwerks auf Basis aktueller und historischer Zustandsdaten Prognosen berechnen. Sie zeigen auf, mit welcher Wahrscheinlichkeit die Komponente noch mit welcher Restlaufzeit funktionsfähig betrieben werden kann. Aggregiert man das über alle kritischen Aggregate eines Kraftwerks, erhält man eine Aussage über den kostenoptimalen Zeitpunkt der planmäßigen Außerbetriebnahme zur Instandhaltung eines Kraftwerks. Das Unternehmen schätzt den Wert der Aussage mit über drei Millionen Euro je GW p. a. aus vermiedenen Kosten und erhöhten Umsätzen ein. In den meisten Anlagen liegen diese Daten bereits vor und müssen lediglich mit dem neuen Verfahren ausgewertet werden.[3]

---

[3] Cassantec AG; für mehr Informationen zum Unternehmen siehe www.cassantec.com.

Beispiel Stromverteilung

Auf absehbare Zeit wird die Stromverteilung auf oberirdische Leitungen und damit auch auf Strommasten angewiesen sein. Diese müssen in regelmäßigen Abständen auf ihre Standfestigkeit überprüft werden. Das heute dominierende Verfahren bei Holzmasten basiert auf der Methode „bohren, sehen, klopfen, hören". Auf Basis persönlicher Erfahrungswerte werden die Holzmasten dann in Klassen mit entsprechender Restlebenszeit eingeteilt. Das Verfahren bedingt durch den hohen Grad der Subjektivität in der Beurteilung einen entsprechend hohen Sicherheitspuffer in der Klassifizierung der Masten. Außerdem ist dieses Standardverfahren destruktiv, durch das Anbohren der Masten kommt es zu einer Schädigung des Betriebsmittels. Die Firma *mastap GmbH* hat ein Verfahren entwickelt, wie der individuelle Erfahrungswert der Mitarbeiter durch wissenschaftliche Methoden ersetzt werden kann. Durch Messung des Eigenresonanzverhaltens der Masten kann deren Zustand sowie die Qualität der Fundamente und Verbauung ermittelt werden. Das Verfahren ermöglicht eine replizierbare Zustandsermittlung und über den Zeitvergleich eine genaue Abbildung des Alterungsverhaltens der Infrastruktur. EVU haben auf der so gewonnenen Datenbasis die Möglichkeit, die Erneuerungszyklen bei Masten erheblich zu verlängern. In Abhängigkeit von Zustand und Risikoklassifizierung des Bestands lassen sich je geprüftem Holzmast bis zu 1.000 EUR einsparen.[4]

Beispiel Stromvertrieb

Seit einigen Jahren können Energieverbraucher ihren Anbieter selbst auswählen. EVU reagieren auf diesen Wettbewerb mit einer stärkeren Zielgruppenorientierung und schärfer kalkulierten Tarifen. Hier liegt Potenzial z. B. in Preisen, die sich je Versorgungsgebiet unterscheiden, in sehr häufigen Preisänderungen, mit denen bestimmte Rangpositionen in internetbasierten Vergleichsrechnern optimiert werden oder in innovativen Tarifmodellen. Bei Preisentscheidungen im Standardlastprofil-Segment (SLP) werden Auswirkungen auf Neukundenakquisition und Bestandskunden aber meist nur auf Tarifebene und nur anhand von Erfahrungswerten bestimmt. Das führt zu suboptimalen Preisen, sodass Kunden unnötig subventioniert oder Verluste durch Wechsler überschätzt werden. Die *Preisenergie GmbH* entwickelt eine Anwendung, mit der das Wechselverhalten von Neu- und Bestandskunden bei neuen Tarifen und Preisänderungen mithilfe alternativer Auswertungsmethoden prognostiziert werden kann. Dies ermöglicht es, Preise und Mengen zusammen zu optimieren, Anpassungen schneller vorzunehmen und Kunden für bestimmte Kampagnen individuell auszuwählen. Durch genauere Prognosen und Optimierung lassen sich Deckungsbeiträge in der Regel um zwei bis fünf Prozent steigern.[5]

Diese drei Unternehmen und ihre Ansätze, Daten in der Energiewirtschaft zur Umsatzsteigerung oder Kostensenkung zu nutzen, sind exemplarisch Beispiele für den hohen Innovationsgrad rund um das neudeutsche Schlagwort *Big Data*. Bei der Suche nach datenbasierter Innovation muss es sich nicht (immer) um Big Data im Sinne großer Daten-

---

[4] mastap GmbH; für mehr Informationen zum Unternehmen siehe www.mastap.eu.
[5] Preisenergie GmbH, für mehr Informationen zum Unternehmen siehe www.preisenergie.de.

mengen handeln. Ebenso erfolgversprechend ist es, wie insbesondere die ersten beiden Beispiele zeigen, nach Möglichkeiten zu suchen, erfahrungsbasierte Entscheidungen in wissensbasierte mathematische Systeme zu überführen.

28.4 Innovation 2020

Die bisher beschriebenen Ansätze zur Digitalisierung von Prozessen oder Geschäftsmodellen für die Energiewirtschaft basieren auf in der Praxis erprobten Technologien, die bereits von vielen Unternehmen erfolgreich im Tagesgeschäft eingesetzt werden. Die Innovation liegt in diesen Fällen nicht in der Einführung der Technologie als einzelnes Element, sondern in dem Ansatz, das Geschäftsmodell systematisch mit den Möglichkeiten der digitalen Welt zu optimieren.

Der Ausblick soll zeigen, welche weiteren Technologieinnovationen Chancen für die Energieversorger bringen werden. Beispielhaft werden hier drei Technologiebereiche angeführt, die großes Veränderungspotenzial in sich bergen: *Augmented* und *Virtual Reality* (AR und VR), Maschinensteuerung durch Gestensteuerung (MG) sowie additive Produktionsverfahren wie *Additive Layer Manufacturing* (ALM), das gemeinhin als 3D-Printing bezeichnet wird.

Augmented und Virtual Reality
Die Bereiche Erfahrungsaustausch und Ausbildung werden sich in den kommenden Jahren durch die Einführung von AR und VR erheblich verändern.

▶ Im „Realitäts-Virtualitäts-Kontinuum" (nach Paul Milgram et al. 1994) sind die erweiterte Realität (*Augmented Reality*, AR) und erweiterte Virtualität (*Augmented Virtuality*) Teil der sogenannten gemischten Realität (*Mixed Reality*). Während der Begriff Augmented Virtuality kaum von der Fachwelt benutzt wird, werden Augmented Reality und Mixed Reality, selten auch Enhanced Reality, meist synonym verwendet. Im Gegensatz zur virtuellen Realität, bei welcher der Benutzer komplett in eine virtuelle Welt eintaucht, steht bei der erweiterten Realität die Darstellung zusätzlicher Informationen im Vordergrund.[6]

Beide Technologien kommen bereits heute schon zum Einsatz. So betreibt etwa das US Department of Energy AR- und VR-Trainingscenter im National Energy Technology Laboratory zur Ausbildung von Kraftwerksleitern.[7] Sowohl AR als auch VR können in Ausbildung und Wirkbetrieb eingesetzt werden. Mit AR lässt sich beispielsweise die Prozess- und Arbeitssicherheit bei komplexen und unregelmäßig durchgeführten Arbeitsabläufen unterstützen. Während der Mitarbeiter heute auf seine Erinnerung und schriftlich dokumentierte Arbeitsanweisungen im Einsatz zurückgreifen muss, kann mit Hilfe von AR eine

---

[6] Wikipedia (2013a), Erweiterte Realität.
[7] Invensys (2012), U.S. Department of Energy Deploys Virtual Reality Training Solution.

visuelle Prozessunterstützung mit Schritt-für-Schritt-Anweisungen erfolgen. Während die Anwendung im Tagesgeschäft heute noch technisch anspruchsvoll ist, wird die Verbreitung durch Produktinnovationen wie Google Glass[8] rapide zunehmen. Im operativen Betrieb wird diese Technologie vermutlich zuerst Einzug in Bereiche halten, in denen aufgrund von z. B. Arbeitssicherheitsanforderungen mit Handschuhen gearbeitet wird und dadurch die Bedienung von Laptops heute nicht möglich ist. Das Potenzial von VR hingegen liegt im betrieblichen Test neuer Entwicklungen sowie im Training von Mitarbeitern. Zukünftig wird es möglich sein, vor Abnahme des Konzepts einer neuen Anlage diese auf ihre Eignung im Betrieb hin virtuell zu testen. Ist die Anlage dann gebaut und im Betrieb, können Mitarbeiter auf ihren Einsatz in der Anlage im Simulator vorbereitet werden. Heute geschieht dies durch Einarbeitung im Parallelbetrieb, immer verbunden mit der Gefahr, dass wesentliches Know-how dabei nicht vermittelt wird. Zukünftig ist sichergestellt, dass alle Mitarbeiter vor ihrem Einsatz den gleichen Kenntnisstand erlangen können.

Gestensteuerung
Gestensteuerung ist die Steuerung von Maschinen über Gesten oder Gesichtsfelderkennung. Diese Technologie kommt heute im Massenmarkt bereits zum Einsatz, wie beispielsweise bei der xbox Spielekonsole von Microsoft und findet sukzessive Eingang in das berufliche Umfeld. Neben der einfacheren und intuitiven Steuerung von Maschinen birgt diese Technologie erhebliches Potenzial für die Arbeitssicherheit. Ein Beispiel ist das einfache Bedienen von Geräten ohne das Abnehmen der Sicherheitshandschuhe. Der Nutzen ist unmittelbar ersichtlich. Denkt man die Möglichkeiten weiter, sind über die aktive Bedienung von Anlagen auch passive Sicherheitsmaßnahmen möglich: Ein Mitarbeiter arbeitet in einem sicherheitskritischen Umfeld. Grundsätzlich ist er aufgrund von Ausbildung und Erfahrungshintergrund der Aufgabe gewachsen, fühlt sich aber unsicher. Vielleicht liegt die technische Einweisung in der spezifischen Umgebung oder die Arbeit an Betriebsmitteln eines bestimmten Herstellers schon länger zurück. Es besteht die Gefahr, dass es zu einem schwerwiegenden Arbeitsunfall kommt, wenn der Mitarbeiter aus falsch verstandenem Pflichtbewusstsein oder Angst vor disziplinarischen Folgen im Zustand der Unsicherheit handelt. Mit Technologien zur Gesichtsfelderkennung könnte das im Hintergrund agierende IT-System einen Sicherheitsalarm auslösen. Das System würde diesen Zustand erkennen und in Verbindung mit dem zugrunde liegenden Arbeitsauftrag aus dem Workflow-Management-System die Gefahr für das Leben des Mitarbeiters oder einen möglichen schweren Schaden der Anlage diagnostizieren. Anstelle den Mitarbeiter im Feld alleine zu lassen, würde das System eine Videokonferenz mit einem erfahrenen Experten

---

[8] Wikipedia (2013b), Google Glass: „Google Glass ist der Markenname eines am Kopf getragenen Miniaturcomputers. Er ist auf einem Brillenrahmen montiert und blendet Informationen in das Sichtfeld ein (Head-Up-Display). Diese Informationen können kombiniert werden mit dem aufgenommenen Bild, das eine in Blickrichtung des Trägers integrierte Digitalkamera live liefert. Dazu können Daten aus dem Internet unmittelbar bezogen und versendet werden. Im medientheoretischen Zusammenhang gehört die Technik zur Erweiterten Realität (englisch *Augmented Reality*)."

aufbauen, den es über das Expertensystem identifiziert hat. Technisch sind solche Lösungen bereits heute möglich, scheitern in der Einführung aber oftmals an der Angst vor gefühlter weiterer Überwachung. Sie werden unseren Arbeitsalltag in den nächsten Jahren jedoch maßgeblich verändern.

Additive Layer Manufacturing (ALM)
Das Konzept von ALM ist auf die 70er Jahre des vorherigen Jahrhunderts zurückzuführen. Zielsetzung ist es, Werkstoffe aus ihren Materialien aufzubauen, anstatt sie zu gießen oder aus größeren Stücken herauszuarbeiten. Deutschland ist auf diesem Gebiet technologisch führend. Während es im Massenmarkt bereits eine breite Basis von Anwendern gibt, ist diese Technologie heute für den professionellen Einsatz nur selektiv geeignet. Für die Zukunft birgt sie aber ein erhebliches Potenzial für EVU, Instandhaltungsprozesse grundlegend zu verändern. Auf absehbare Zeit werden komplexe Aggregate auch weiterhin über traditionelle Fertigungsverfahren hergestellt. Einzelne Komponenten werden jedoch sukzessive auf diese Weise in Kleinserie gefertigt, vor allem für den Gebrauch als Ersatzteil bei sehr langlebigen Wirtschaftsgütern oder in Anwendungsfällen, wo das Vorhalten großer Stückzahlen aus Gewichtsgründen kostenintensiv ist.

Ein Beispiel für den ersten Anwendungsfall sind Ersatzteile in Kraftwerken oder Umspannwerken wie einfache Schalter oder Ventile. Wozu bevorraten, wenn sich die Teile zukünftig kurzfristig herstellen lassen, unabhängig vom Alter oder Standort der Anlage? Vorstellbar sind darüber hinaus Anwendungsfälle im Bereich von Ölplattformen oder gleichsam Offshore Wind Parks. Bei solchen Installationen ist die Lagerung vor Ort aufgrund der Gewichtsbeschränkungen mit hohen Kosten verbunden. Längerfristig werden auch komplexere Komponenten über ALM hergestellt werden können. Die Münchener Firma EOS GmbH ist in dieser Technologie als Systemlieferant führend. Schon heute produzieren und reparieren EOS-Kunden überwiegend statische Komponenten für Gasturbinen – über eine Weiterentwicklung der Materialien sind künftig auch schnelldrehende Turbinenschaufeln im heißen Bereich möglich(Abb. 28.2).[9]

In dem Thema ALM steckt erhebliches Potenzial zur Prozesskostensenkung. Während die ALM-Produktionsverfahren weiterentwickelt werden, sollten sich EVU bereits heute mit den Möglichkeiten dieser Technologie auseinandersetzen. Hierfür müssen die notwendige Datenbasis geschaffen (Produkte, Materialien, Hersteller etc.) und die richtigen Partnerschaften geschlossen werden. Dies erfordert einige Zeit an Vorbereitung. Als Referenz sollen die Herausforderungen bei der Einführung der zustandsorientierten Instandhaltung dienen. EVU haben seit den späten neunziger Jahren an diesem Thema gearbeitet, welches in vielen Unternehmen auch heute noch nicht vollständig umgesetzt ist. Das Konzept war zwar frühzeitig akzeptiert, leider die erforderliche Datenbasis aber nicht vorhanden. Für das Thema ALM wird der Aufbau dieser Datenbasis und des Know-hows über die neuen Produktionsverfahren eine ähnlich lange Vorlaufzeit erfordern.

---

[9] EOS GmbH; für mehr Informationen zum Unternehmen siehe http://www.eos.info.

Abb. 28.2 Turbinenschaufel. (EOS GmbH, München)

28.5 Fazit

Energieversorgungsunternehmen haben ein gespaltenes Verhältnis zu Technologieinnovation. Einerseits haben sie selbst umfassende Technologiekompetenz und ein großes inhaltliches Interesse an Innovation. Andererseits findet Innovation nur sehr langsam Einzug in EVU. Dies ist unter anderem der gesellschaftlichen Verantwortung für die Aufrechterhaltung der Stromversorgung geschuldet, die man nicht leichtfertig durch neue Technologien gefährden möchte. In der Zeit vor der Energiewende hat diese Herangehensweise gut funktioniert. Einerseits ist die Geschwindigkeit des Fortschritts in den Basistechnologien wie Gasturbinen oder Leistungselektronik auch heute noch moderat. Andererseits hat der Markt in der Vergangenheit von EVU kein hohes Maß an Innovation gefordert. Die Marktliberalisierung oder der Ausstieg aus der Atomenergie haben zwar zu strukturellen Anpassungen der Stromversorger geführt, das Geschäftsmodell aber nicht wesentlich verändert. Im Kontext der Energiewende nimmt jedoch die Bedeutung von Innovation erheblich zu. Insbesondere wird die Relevanz der Informations- und Kommunikationstechnologie immer größer. Dies manifestiert sich auch darin, dass die Politik vor mehreren Jahren einen nationalen IT-Gipfel für intelligente Netze ins Leben gerufen hat, in dem die Smart Grids ein wichtiger Bestandteil sind. Für EVU hat IKT jedoch nicht nur einen hohen Stellenwert im Bereich Smart Grids, sondern nimmt wie oben ausgeführt einen immer breiteren Umfang an möglichen Anwendungsbereichen im Tagesgeschäft ein. Anders als die Basistechnologien der Vergangenheit zeichnet sich IKT insbesondere durch eine hohe Veränderungsgeschwindigkeit aus(Abb. 28.3).

Die Solarzelle hat 30 Jahre für ihren Siegeszug in der Stromversorgung benötigt, und dennoch sehen sich die großen Energieversorger mit dem Vorwurf konfrontiert, sie agierten zu langsam im Kontext der Energiewende. Die IKT-Industrie hingegen folgt seit über einem halben Jahrhundert „Moore's Law" und verdoppelt ihre Leistungsfähigkeit im

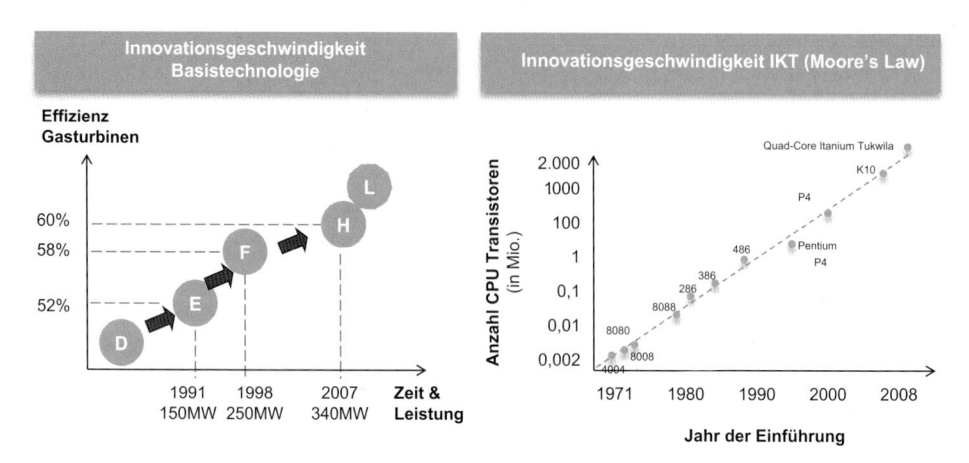

Abb. 28.3 Veränderungsgeschwindigkeit

Durchschnitt alle 18 Monate.[10] Es braucht nicht viel Vorstellungskraft, um sich auszumalen, wie einfach es für Unternehmen sein wird, sprichwörtlich den Anschluss an die digitale Welt zu verlieren.

Literatur

DESTATIS Statistisches Bundesamt: Tabelle Energie- u. Wasserversorgung – Beschäftigte (Anzahl). https://www.destatis.de/DE/ZahlenFakten/Wirtschaftsbereiche/Energie/BeschaeftigteUmsatzInvestitionen/Tabellen/Beschaeftigte.html. Zugegriffen: 11. Nov. 2013

EDF Energy: Leading the energy change – annual sustainability performance report 2010. London (2011). http://www.edfenergy.com/sustainability/performance-report/2010/report/#/1/. http://www.edfenergy.com/sustainability/performance-report/2010/report/. Zugegriffen: 12. Aug. 2013

Invensys: U.S. Department of Energy deploys virtual reality training solution from invensys operations management, Houston/Texas, October 2012. http://iom.invensys.com/EN/Pages/IOM_NewsDetail.aspx?NewsID=494. Zugegriffen: 14. Aug. 2013

Milgram, P., et al.: Augmented reality: a class of displays on the reality-virtuality continuum. In: Proceedings of SPIE 2351, Telemanipulator and Telepresence Technologies, 1994, S. 282–292

Wikipedia: Erweiterte Realität. http://de.wikipedia.org/wiki/Erweiterte_Realit%C3%A4t#Definition_und_Abgrenzung. http://de.wikipedia.org/wiki/Erweiterte_Realit%C3%A4t. Zugegriffen: 14. Aug. 2013

Wikipedia: Google Glass. http://de.wikipedia.org/wiki/Google_Glass. Zugegriffen: 20. Aug. 2013

Wikipedia: Transistor count. http://en.wikipedia.org/wiki/Transistor_count. Zugegriffen: 8. Okt. 2013

---

[10] Wikipedia (2013c), Transistor count: „The transistor count of a device is the number of transistors in the device. Transistor count is the most common measure of integrated circuit complexity. According to Moore's Law, the transistor count of the integrated circuits doubles every two years."

Multi-Utility – die Zukunft des Meterings?

Eric Kallmeyer

29

Zusammenfassung

Die Einführung von Messsystemen in Deutschland stellt Messstellenbetreiber vor erhebliche operative Herausforderungen. Fraglich ist, inwieweit die dadurch flächendeckend zu erwartende Kommunikationsinfrastruktur für weitere Dienstleistungen genutzt werden kann. Multi-Utility könnte eine solche Dienstleistung sein, die Messstellenbetreibern, Submetering-Dienstleistern sowie Unternehmen des Wohnungsbaus bzw. der Wohnungsverwaltung und vor allem auch Letztverbrauchern einen Mehrwert bietet. Unternehmen, die sich stärker mit dieser Option auseinandersetzen, müssen dabei verschiedene Bedingungen berücksichtigen. Das fängt bei den veränderten Normen des EnWG an und geht bis hin zum Datenschutz.

29.1 Rahmenbedingungen

Metering! Schon die derzeitige Bezeichnung für das, was einmal Zähldatenbereitstellung, Messwesen oder gar Zählerwesen hieß, verstehen nur diejenigen richtig, die sich inhaltlich damit auseinandersetzen. Der vom EnWG ins Leben gerufene Letztverbraucher weiß von diesem Thema wenig bis gar nichts. Dabei ist er der eigentliche Adressat der Bemühungen europäischer und nationaler Bestrebungen für mehr Energieeffizienz und eine Verringerung des Energieverbrauchs, um die als schädlich identifizierten CO_2-Emissionen zurückzufahren. Das Metering und hier insbesondere der sogenannte *Smart Meter* sowie noch unkonkrete neue zeit- bzw. lastabhängige Stromtarife sind die Hoffnungsträger, die erforderliche Sensibilität beim Letztverbraucher zu schaffen, die in eine Veränderung des

---

E. Kallmeyer (✉)
Vattenfall Europe Metering GmbH, Bramfelder Chaussee 130,
22177 Hamburg, Deutschland

C. Aichele, O. D. Doleski (Hrsg.), *Smart Market*,
DOI 10.1007/978-3-658-02778-0_29, © Springer Fachmedien Wiesbaden 2014

Verbrauchsverhaltens münden könnten. Neben diesen politischen Wunschvorstellungen stehen die Unternehmen, Messstellenbetreiber, vor der Herausforderung, die gesetzlichen Pflichten zum Einbau von Smart Metern operativ umzusetzen. Darüber hinaus steht die Frage im Raum, ob bei aller Skepsis, die in der Branche zu beobachten ist, nicht auch Chancen bestehen könnten. Chancen, die für Messstellenbetreiber aber auch für Letztverbraucher einen Mehrwert generieren könnten, der den Charakter des Selbstzwecks von Smart Metern verändert. *Mulity-Utility*[1] könnte eine solche Chance sein.

29.1.1 Vorgaben der EU und die nationale Gesetzgebung

Die Regulierung von *Messsystemen*[2] verändert die Marktbedingungen der etablierten Messstellenbetreiber wie nie zuvor. Wesentlicher Einflussfaktor ist hierbei das 3. EU-Binnenmarktpaket für Strom und Gas aus dem Jahr 2009. Die Umsetzung dieser europäischen Regelung wurde in Deutschland unter anderem durch eine Novellierung des Energiewirtschaftsgesetzes (EnWG) realisiert. Darüber hinaus hatte sich das BMWi dazu entschlossen, das Ziel der EU bis zum Jahr 2020 insgesamt 80 % der Letztverbraucher mit einem Smart Meter auszustatten, nicht pauschal umzusetzen, sondern den alternativen Weg zu gehen und eine Kosten-Nutzen-Analyse (KNA) erstellen zu lassen. Ziel der KNA war es, eine gesamtwirtschaftliche Betrachtung und Bewertung vorzunehmen und dabei die unterschiedlichen konträren Zielsetzungen der verschiedenen Interessengruppen zu berücksichtigen. Die Ergebnisse der KNA liegen nun seit dem 30. Juli 2013 der Öffentlichkeit vor.[3]

Zu den Kernergebnissen des vom Gutachter Ernst & Young empfohlenen Szenarios „Rollout-Plus" gehören:[4]

- kein Full-Rollout von Messsystemen für Deutschland,
- Einsatz von sogenannten intelligenten Zählern (iZ) und intelligenten Messsystemen (iMsys),
- Beachtung der Zumutbarkeit für den Kunden,
- Mischfinanzierung durch den Letztverbraucher.

Die genaue Umsetzung durch Rechtsverordnungen steht aus. Allerdings prüft das BMWi, inwieweit die Empfehlungen realisierbar sind und wird voraussichtlich abgeleitete ange-

---

[1] Unter Multi-Utility wird im Folgenden die Fernauslesung von gemessenen Verbrauchswerten verschiedener Medien (z. B. Gas, Warm-/Kaltwasser, Heizkostenverteiler, Wärmezähler) verstanden.

[2] Den Begriff des Smart Meters kennt das EnWG nicht. Vielmehr definiert das EnWG Messsysteme gem. § 21d Abs. 1 als eine in ein Kommunikationsnetz eingebundene Messeinrichtung zur Erfassung elektrischer Energie, das den tatsächlichen Energieverbrauch und die tatsächliche Nutzungszeit widerspiegelt. Ferner muss ein Messsystem die weiteren Anforderungen gem. § 21i EnWG erfüllen.

[3] Vgl. BMWi (2013), Pressemitteilung.

[4] Vgl. Ernst & Young (2013).

passte Regelungen implementieren. Das BMWi hat hierfür bereits ein Verordnungspaket[5] angekündigt, das im ersten Halbjahr 2014 zur Verfügung stehen soll. Darauf fußend könnten Messstellenbetreiber ihre Aktivitäten zum Rollout entfalten.

29.1.2 Multi-Utility?

Das Thema *Multi-Utility* findet sich in dem in Abschn. 29.1.1 genannten Kontext zunächst gar nicht wieder. Erst ein genauerer Blick in das EnWG[6] zeigt, dass neben dem Medium Strom auch weitere Medien über ein Messsystem fernausgelesen werden könnten. Aber auch schon der Multi Utility Communicator (MUC) als Vorläufer des durch die Behörde für Sicherheit in der Informationstechnik (BSI) definierten *Smart Meter Gateways* (SMGW)[7] war in der Lage, die Datensignale fernauslesbarer *Submeter*[8] zu empfangen, zu verarbeiten und fern zu übertragen. Verschiedene Pilotprojekte der Messstellenbetreiber[9] haben dies gezeigt. Zwangsläufig stellte sich anschließend die Frage danach, ob es nicht sinnvoll sein könnte, zukünftig die Verbrauchswerte der Submeter mit auszulesen, wenn ohnehin ein Pflichteinbaufall[10] für ein Messsystem vorliegt.

29.1.3 Zeitliche Verzögerungen

Die *Smart Meter-Pilotprojekte* fußten noch auf dem EnWG aus dem Jahre 2008, das einen marktorientierten Einsatz von Smart Metern vorsah. Die Überzeugung, hier einen lukrativen Markt entwickeln zu können, vertraten nur sehr wenige. Mangels positiven Business Case blieb es bei Pilotprojekten. Das Thema Multi Utility als logische Weiterentwicklung einer neuen Kommunikationsinfrastruktur im Bereich Strom musste daher zunächst

---

[5] Das Verordnungspaket soll folgende Verordnungen umfassen: Rollout-VO, Datenkommunikations-VO, Lastmanagement-VO, Variable Tarife-VO und Messsystems-VO. Die letztgenannte hat die EU-Notifikation am 23.09.2013 erfolgreich durchlaufen und ist in das parlamentarische Verfahren zur Inkraftsetzung einzubringen.

[6] Vgl. § 21i Abs. 2, lfd.-Nr. 7d EnWG.

[7] Die Kombination eines Basiszählers mit einem BSI-zertifizierten SMGW bildet ein intelligentes Messsystem. Messeinrichtungen, die über eine nicht BSI-zertifizierte Kommunikationseinheit ihre Daten fern übertragen, werden lediglich als Messsystem bezeichnet.

[8] Der Begriff Submeter umfasst die Zähler für andere Medien (z. B. Warm-/Kaltwasser, Wärme, Heizkostenverteiler).

[9] Hierzu gehören beispielsweise die Pilotprojekte der Stromnetz Berlin GmbH im Märkischen Viertel, Berlin, in 2010 und der Stromnetz Hamburg GmbH in der Hafen-City, Hamburg, in 2011.

[10] Vgl. § 21c EnWG.

ebenfalls hinten angestellt werden. Da also der erste Ansatz des EnWG zum Thema Smart Meter bis 2011 nicht den erhofften Erfolg erbrachte, wurde der Einsatz von Messsystemen mit der Novelle des EnWG 2011 in definierten Fällen zur Pflicht. Bis auf Einzelfälle, die ihren Ursprung in den Regelungen der EnWG-Novelle von 2008 fanden, ist in Deutschland kein Rollout von Messsystemen zu beobachten. Maßgeblich ist hierfür, dass das Gesetz den Einsatz von Messsystemen aktuell erst dann verpflichtend vorsieht, wenn die Bedingungen der technischen Möglichkeit und die der gleichzeitigen wirtschaftlichen Vertretbarkeit vorliegen.[11]

Die technische Möglichkeit ist erst dann gegeben, wenn Messsysteme, die den gesetzlichen Anforderungen genügen, am Markt verfügbar sind. Wirtschaftlich vertretbar ist der Einbau von Messsystemen, wenn dem Anschlussnutzer für Einbau und Betrieb keine Mehrkosten entstehen oder wenn eine Rechtsverordnung dies anordnet.[12] Ein solches Messsystem kann bis heute nicht am Markt erworben werden. Verschiedene Hersteller haben nach eigenen Angaben mit der Entwicklung der SMGW begonnen. Die ersten *Zertifizierungsverfahren* beim BSI sind bereits aufgenommen worden. Ein Abschluss dieser Verfahren erwarten die Hersteller für das Jahr 2015.

Die zusätzlichen gesetzlichen Regelungen und Anforderungen haben den Rollout von Smart Metern in Deutschland also eher verzögert. Und das obwohl die grundsätzlich erforderliche Technologie verfügbar ist. Allerdings hatte das BMWi im Jahre 2011 das BSI beauftragt, ein sogenanntes *Schutzprofil* für die Datenkommunikation von Messsystemen zu entwickeln. Es beschreibt die informationstechnischen Mindestanforderungen an die Fernübertragung der personenbezogenen Verbrauchsdaten, die von dem SMGW als die Kommunikationseinheit des Messsystems übertragen werden. Es handelt sich um ein System, das hohe Anforderungen an *Datenschutz* und *Datensicherheit* stellt, um den sicheren Betrieb der Stromversorgungsnetze gewährleisten zu können. Gefährdung durch höhere Gewalt, organisatorische Mängel, menschliche Fehlhandlung, technisches Versagen sowie vorsätzliche Handlungen sollen so gering wie möglich gehalten werden. Eine Neuentwicklung, die naturgemäß Zeit benötigt. Da dem BSI die Prozesse und Erfordernisse der Energiewirtschaft nicht bekannt sein konnten, war eine kooperative Unterstützung durch die Branche und insbesondere durch den FNN[13] erforderlich. Erst Anfang 2013 gelang es dem BSI, eine Version der technischen Richtlinie zum Schutzprofil[14] herauszugeben, auf dessen Basis nun die Hersteller ihre Entwicklungsarbeit hinsichtlich des sogenannten *Basiszählers* und des SMGW zu Ende führen können. Wie erwähnt, schließt sich an den Entwicklungsprozess noch der der Zertifizierung des SMGW beim BSI an. Darüber hinaus müssen sich die Hersteller selbst beim BSI zertifizieren lassen. In diesem Beitrag

---

[11] Vgl. § 21c Abs. 1 EnWG.
[12] Vgl. § 21c Abs. 2 EnWG.
[13] Forum Netztechnik und Netzbetrieb im Verband der Elektrotechnik Elektronik Informationstechnik e. V. (VDE).
[14] Vgl. BSI 2013a sowie BSI 2013b.

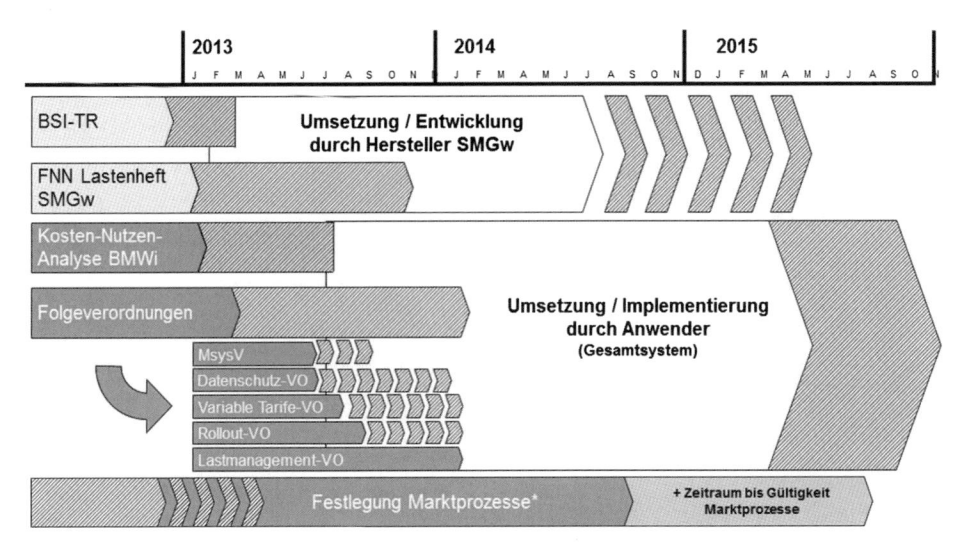

Abb. 29.1 Zeitliche Verzögerungen im Design des komplexen Rechtsrahmens

steht nicht genügend Raum zur Verfügung, um auf die Hindernisse, die sich den Herstellern erstmals zeigen, einzugehen. Es bleibt festzuhalten, dass der sogenannte Basiszähler[15] nach Angaben der Hersteller im Laufe des Jahres 2014 zur Verfügung stehen wird. SMGW werden aber erst in 2015 am Markt verfügbar sein. Mit einem Einsatz von intelligenten Messsystemen in größeren Stückzahlen kann demnach erst ab 2016 gerechnet werden.

Aber auch die derzeitigen Marktprozesse, die auf der derzeit gültigen Messzugangsverordnung (MessZV) fußenden Wechselprozesse im Messwesen, müssen überarbeitet werden, damit die Rollen und ihre damit verbunden Aufgaben für alle Marktpartner verbindlich definiert sind. Auch dieser Prozess wird sich in das Jahr 2016 hineinziehen. Aus der neuen Funktion „Gateway Administrator" des Messstellenbetreibers ergeben sich umfassende komplexe Anforderungen aus den Prozessen und deren IT-seitige Umsetzung.

Die Abb. 29.1 zeigt einen aggregierten Zeitstrahl für die nächsten Jahre. Die Aktivitäten des FNN bilden die Voraussetzung für die Hersteller, um ihre Entwicklung des SMGW zu finalisieren. Alle anderen, im Wesentlichen ausstehenden, Voraussetzungen bilden die Basis, auf deren Grundlage die Anwender, d. h. Messstellenbetreiber, die ihrerseits zu definierenden operativen Prozesse und Werkzeuge aufbauen müssen. Es zeigt sich eine Zeitlücke zwischen der Bereitstellung der SMGW und der Verfügbarkeit der operativ notwendigen Rahmenbedingungen. Die schraffierten Pfeile zeigen die aktuellen terminlichen Einschätzungen, aufbauend auf dem bisher erwarteten Zeitplan.

---

[15] Vgl. § 21c (5) EnWG.

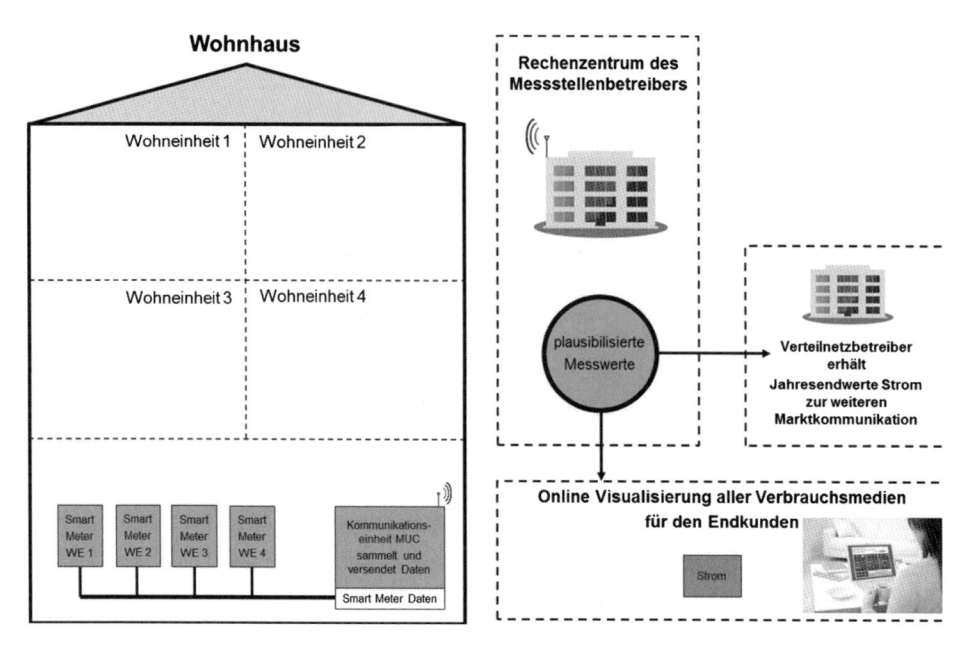

Abb. 29.2 Schematische Darstellung der Messwertübertragung – Strom

29.2 Einsatz der derzeitigen Messtechnik

Derzeitig am Markt verfügbare Messsysteme[16] sind nicht BSI-konform und werden daher ausschließlich in Pilotprojekten und auf besonderen Kundenwunsch eingesetzt. Die in den Pilotprojekten verwendete Technologie genießt aber auch nach Einführung des SMGW Bestandsschutz.

Der für das Übertragen der Messwerte erforderliche MUC wird in der Regel per GPRS ausgelesen. Es werden aber auch andere MUC am Markt angeboten, die aufgrund einer Ethernet-Schnittstelle für weitere Übertragungstechnologien geeignet sind (DSL, PLC etc.).

29.2.1 Messwertübertragung für den Stromverbrauch

Wie in Abb. 29.2 dargestellt, werden die *Messwerte* von einem Smart Meter zum MUC übertragen und abgelegt. Dieser übermittelt die Daten zu einem Rechenzentrum. Hier

---

[16] Dieser Beitrag bezieht sich dabei ausschließlich auf das Segment der Standardlastprofilkunden und nicht auf das Segment der Kunden mit registrierender Lastgangmessung. Bei Kunden mit registrierender Lastgangmessung ist eine andersartige Technologie im Einsatz, die ebenfalls einen Bestandsschutz genießt.

werden die Messwerte auf *Vollständigkeit* und *Plausibilität* überprüft. Für die Abrechnung relevant sind heute i.d. R nur die Jahreswerte der verbrauchten Kilowattstunden (kWh). Diese Werte werden für die Abrechnung der Netznutzungsentgelte des Verteilungsnetzbetreibers benötigt und darüber hinaus dem Stromversorger für dessen Abrechnung zur Verfügung gestellt. Der § 40 EnWG sieht die Option einer monatlichen Abrechnung vor. Diese Anforderung kann mit einem solchem System bereits heute erfüllt werden.

Darüber hinaus kann dem Letztverbraucher eine *Visualisierung* für Strom beispielsweise auf einer Webpage angeboten werden. Hierfür werden die Daten, die vom MUC in 15-Minuten-Intervallen zur Verfügung gestellt werden, aufbereitet und entsprechend grafisch dargestellt. Diese Messdatenübermittlung findet nur statt, wenn der Letztverbraucher eine entsprechende Datenschutzerklärung sowie den erforderlichen AGB zugestimmt hat. Der Zugang muss mit einem persönlichen Login geschützt sein.

29.2.2 Mehrspartige Erweiterung

Der derzeitige MUC sowie das zukünftige SMGW sind *mehrspartenfähig* ausgestaltet. Dies bedeutet, dass das Messsystem, welches die Stromverbrauchswerte erfasst und weiterleitet, in der Lage ist, auch weitere Messwerte anderer Verbrauchsmedien zu übertragen. Zu diesen gehören Wärme und Wasser. Die Sparte Wärme teilt sich, je nach Gegebenheit auf in Heizkostenverteiler, Wärmemengenzähler bzw. Gaszähler. Bei Wasser handelt es sich in der Regel um Kaltwasserzähler und Warmwasserzähler. Auch hier sind bereits seit mehreren Jahren fernauslesbare Modelle auf dem Markt erhältlich. Da deren Reichweite aufgrund der funktechnischen Vorschriften und des Batteriebetriebes begrenzt sind, wird sie über *Netzwerkknoten* erweitert. Diese Netzwerkknoten sammeln die Daten der Zähler aus ihrer unmittelbaren Umgebung und speichern diese zwischen. Netzwerknoten werden daher im auszulesenden Gebäude verteilt, um den Empfang aller Messwerte sicherzustellen. Die Netzwerkknoten kommunizieren miteinander und gleichen alle empfangenen Daten untereinander ab. Als Resultat können an jedem beliebigen Netzwerkknoten des Gebäudes sämtliche Daten ausgelesen werden.

Verbindet man nun einen dieser Netzwerkknoten mit dem MUC bzw. dem SMGW des Messsystems, dann können alle Verbrauchsdaten für Strom, Wärme und Wasser fern übertragen werden. Branchenüblich wird das Auslesen zusätzlicher fernauslesbaren Medien auch als „*Submetering*" bezeichnet, da diese dem eigentlichen Messsystem für Strom „untergeordnet" sind.

Die Abb. 29.3 zeigt die Erweiterung zur Abb. 29.2 um Multi-Utility.

Dieses theoretische Modell wird bereits in der Praxis umgesetzt. Im Vordergrund steht hierbei neben der Optimierung interner Prozesse vor allem die Überprüfung der Alltagstauglichkeit in Bezug auf die Technik. Bisher erweist sich die Technik als sehr zuverlässig.

Hervorzuheben sind Unterschiede bei ausgewählten Pilotobjekten. Ein Neubau ist leichter auszurüsten als ein Bestandsbau, bei dem es sich um eine Umrüstung handelt. Besonders deutlich wird dies bei der Installation der fernauslesbaren Wärmemengenzähler.

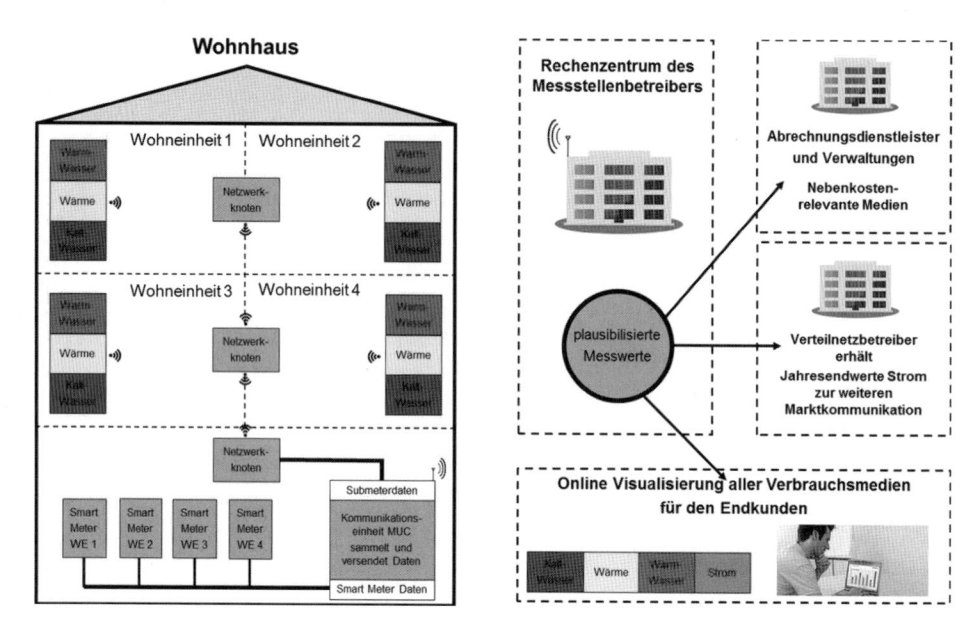

Abb. 29.3 Multi Utility = Smart Metering + Submetering

In einem Neubau kann hier ohne Terminvergabe und unabhängig von der Wärmeversorgung gearbeitet werden. Für einen Bestandsbau ist es sinnvoll, auch um die Belästigung für die Bewohner möglichst gering zu halten, pro Heizungsstrang außerhalb der Heizperiode eine *koordinierte Terminvergabe* durchzuführen. Bei der Installation ist des Weiteren mit Unzugänglichkeiten zu den Wärmemengenzählern zu rechnen. Weiterhin müssen Altgeräte dokumentiert deinstalliert werden. Als Schlussfolgerung ist festzuhalten, dass sich Neubauten bzw. größere Renovierungen eher zur Ausstattung mit Multi-Utility anbieten als Bestandsbauten. Eine Umrüstung im Rahmen eines Turnustausches ist sinnvoll, wenn die Prüfung der vorab genannten Gegebenheiten erfolgt ist.

29.2.3 Verfügbarkeit von Verbrauchsdaten und deren Visualisierung

Allein die Pflicht Messsysteme unter bestimmten Bedingungen einbauen zu müssen, generiert beim Letztverbraucher noch keinen spürbaren Mehrwert. Erst die Verfügbarkeit der Verbrauchsdaten und deren *Visualisierung* mittels einer geeigneten Software schafft beim Letztverbraucher einen spürbaren Vorteil. Hier schafft *Transparenz* und damit die Möglichkeit Kosten einzusparen eine optimale Voraussetzung, um einen Nutzen aus Messsystemen bzw. Multi-Utility zu erzielen.

Ein möglicher Funktionsumfang und die berücksichtigten Medien der Visualisierung werden in Abb. 29.4 beispielhaft dargestellt. Der Letztverbraucher kann je Verbrauchsme-

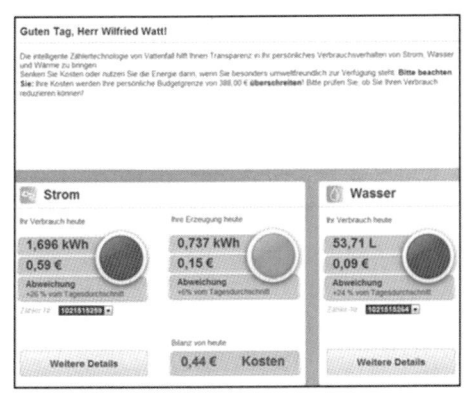

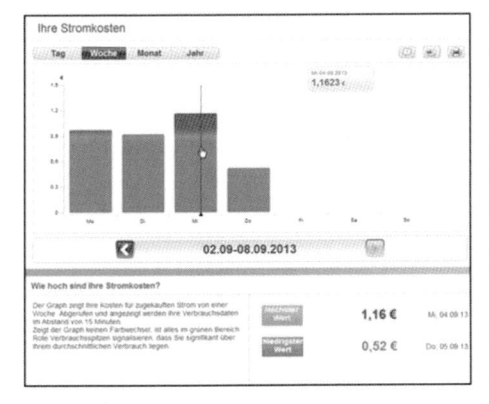

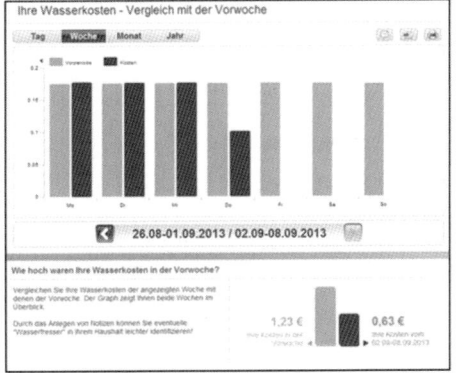

Abb. 29.4 Visualisierung – ein Mehrwert für den Letztverbrauchern

dium zwischen verschiedenen Ansichtsvarianten[17] wählen. Ferner kann ein angestrebtes Budget bzw. ein angestrebter Maximalverbrauch hinterlegt werden. Sollte der eingestellte Wert überschritten werden, wird ein Alarm via E-Mail ausgelöst. Dem Letztverbraucher steht so eine komfortable Feedbackfunktion zur Verfügung, die ihm auch dann hilft, wenn er seinen Verbrauch nicht unmittelbar selbst analysiert. Ebenfalls wird eine *Verbrauchsprognose* auf der Basis der bislang gespeicherten Messdaten generiert.

Um die Visualisierung ortsunabhängig zu nutzen, wird diese über das klassische Online-Ausgabemedium, dem Web-Portal, zur Verfügung gestellt. Darüber hinaus steht eine Smartphone-App für Android- und iOS-Betriebssysteme zur Verfügung.

29.2.4 Datenschutz und Datensicherheit

Datenschutz und Datensicherheit sind wesentliche Aspekte, die bei der Umsetzung von Pilotprojekten zu Messsystemen und Multi-Utility beachtet werden müssen. Hierfür steht

---

[17] Dies sind EUR und Verbrauchsmenge über verschiedene zeitliche Perioden (Tag, Woche, Monat, Jahr).

zum einen das umfangreiche Regelwerk des BSI-Schutzprofils zur Verfügung, um die technische Sicherheit zu gewährleisten.

Ferner sind die Regelungen des Bundesdatenschutzgesetzes (BDSG) zu beachten. Nur mittels Verträgen zwischen den Betroffenen kann dies sichergestellt werden:[18]

- Netzbetreiber: Zur Sicherstellung der Marktkommunikation zu den Versorgern (Rechnungslegung Strom)
- Wohnungsnutzer: Zur Regelung der Datenbereitstellung für eine medienübergreifenden Online-Visualisierung
- Wohnungsverwaltungen bzw. Messdienstleister: Auslesung und Verwendung der nebenkostenrelevanten Daten
- Dritte: Dies können insbesondere bei Pilotprojekten beispielsweise Universitäten sein. Hier ist wiederum eine Einverständniserklärung zwischen „Dritten" und dem Wohnungsnutzer zu zwingend notwendig, welche die Datenweitergabe genau beschreibt.
- Beauftragte Dienstleister zum Betrieb der Visualisierung: In dem Fall, dass für den Betrieb die Visualisierung von Verbrauchswerten ein Dienstleister beauftragt ist, sind auch hier entsprechende Regelungen zu vereinbaren, um den Datenschutz zu gewährleisten.

Diese Auflistung, die sicherlich nur als grobe Orientierung dienen kann und nicht jeden Einzelfall berücksichtigt, macht deutlich, wie komplex und aufwandsbehaftet dieses Thema ist. Die vertragliche Vereinbarung mit nur einem der in Frage kommenden Vertragspartner reicht nicht aus. Je nach Konstellation von Auftraggeber, Auftragnehmer, involvierten Dienstleistern des Auftragnehmers und Letztverbraucher sind meist mehrere *Datenschutzvereinbarungen* zwingend erforderlich. Auch ist beispielsweise zu prüfen, ob auch der Wohnungsverwalter bzw. Messdienstleister mit den Bewohnern eines Mehrfamilienhauses die Fernauslesung zur Rechnungserstellung vertraglich geregelt hat. Nur wenn erforderlichen Vereinbarungen gemäß BDSG vorliegen, ist die Fernauslesung rechtlich zulässig. Jeder Einzelfall ist individuell zu prüfen und zu entscheiden.

29.3 Erfahrungen in der Praxis

29.3.1 Die technische Sicht

Wenn die Verfügbarkeit der Verbrauchsdaten und deren Analyse den wesentlichen Mehrwert für den Letztverbraucher darstellen, dann müssen alle *Verbrauchswerte* in der passenden *Granularität* bereit stehen. Dieser Sachverhalt ist nach dem bislang Beschriebenen als selbstverständlich zu beurteilen. Hingegen ist die Absicht, auch die von Submetern gelieferten Messwerte grafisch darzustellen, noch jung. Die im Segment des *Submeterings* eingesetzte Technologie musste einem solchen Anspruch noch nicht genügen. Daher war

---

[18] Vgl. Bundesdatenschutzgesetz 2009.

29 Multi-Utility – die Zukunft des Meterings?

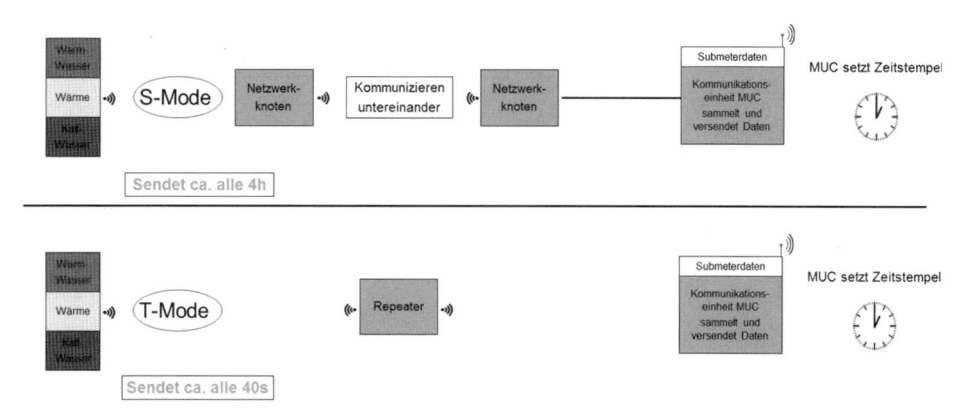

Abb. 29.5 Schematische Darstellung S- und T-Mode

zu prüfen, ob Submeter am Markt verfügbar sind, die Messwerte mit einer ähnlichen Granularität bereitstellen wie das beim Strom mittels MUC bzw. SMGW der Fall ist.

Die fernauslesbaren Submeter versenden ihre Messwerte per Funk in einem bestimmten Radius. Um die Kommunikation zu standardisieren, wurde ein sogenannter *Open Metering Standard* (OMS) definiert. Damit soll eine herstellerunabhängige und medienübergreifende Interoperabilität gewährleistet werden. OMS ist mit dem KNX-Standard kompatibel, der in der Gebäudeautomatisierung eine weite Verbreitung gefunden hat. Die erfassten Messwerte stünden demnach für weitere Dienstleistungen zur Verfügung. Gerade in der sich schnell entwickelnden Welt von fernauslesbaren Komponenten sind Standards zwingend erforderlich. Ein Warmwasserzähler beispielsweise wird nach fünf Jahren turnusmäßig getauscht. Hier ist es sinnvoll, eventuelle Weiterentwicklungen berücksichtigen zu können. Erst eine standardisierte Gesamtstruktur bietet die hierfür erforderliche Voraussetzung. Proprietäre Systeme werden in der Regel von reinen Submetering-Dienstleistern verwendet, um sich gegenüber etwaigen Konkurrenten abzugrenzen.

Die OMS-Spezifikation unterscheidet grundsätzlich zwei Modi (Abb. 29.5):

1. Der „Stationary Mode" (S-Mode) sendet in ca. vierstündigen Intervallen.
2. Der „Transmit frequently Mode" (T-Mode) sendet ca. dreimal in zwei Minuten.[19]

Für eine monatliche bzw. jährliche Übertragung von Messwerten für Zwecke der *Nebenkostenabrechnung* durch Wohnungsbaugesellschaften bzw. Submetering-Dienstleistern ist die Nutzung von Zählern, die den S-Mode verwenden, völlig ausreichend. Für eine Verbrauchsvisualisierung sind diese Werte dagegen unbrauchbar, da sie keine sinnvolle Analyse des Verbrauchsverhaltens zulassen. Vielmehr erfordert die Verbrauchsvisualisierung des Submeterings ebenfalls einen Tageslastgang. Hierfür sind mindestens Stundenwerte zur Verfügung zu stellen. Dies wiederum erfordert zwingend Geräte, die im T-Mode senden.

---

[19] Vgl. Open Metering System Specification 2011.

Der MUC ist mit dem OMS-Standard kompatibel und in der Lage S- und T-Mode-Signale auch via Funk zu empfangen. Der zu verwendende Modus hängt also davon ab, ob eine Visualisierung mit Tageslastgang angeboten werden soll, oder nicht. Um sich letztlich alle Optionen offen zu halten, spricht dies dafür, ausschließlich Geräte im T-Mode zu verwenden. Allerdings sind T-Mode Komponenten nicht in der gleichen Verbreitung zu finden wie S-Mode-Komponenten. Ein weiterer Ausbau der Produktpalette von T-Mode-Komponenten wäre daher sehr wünschenswert. Dies betrifft vor allem batteriebetriebene Repeater bzw. Netzwerkknoten, um auch komplexe Wohnobjekte ohne hohen Installationsaufwand ausstatten zu können. Insbesondere die Möglichkeit, ein Signal im T-Mode mehrmals repeaten zu können, ist im OMS noch nicht berücksichtigt.

29.3.2 Die betriebswirtschaftliche Sicht

29.3.2.1 Markt und Letztverbraucher

Die Pflicht zum Einsatz von Messsystemen in den gem. EnWG definierten Pflichteinbaufällen trifft den Messstellenbetreiber. Dabei ist zu beachten, dass das Gesetz an der *Liberalisierung* des Messwesens weiter festhält. Mit der Absicht, die Messwerte des Submeterings übertragen zu wollen, dringt der Messstellenbetreiber in einen Markt vor, auf dem er bislang nicht tätig war. Abseits des einzelnen Kunden/Letztverbrauchers, der ein Einfamilien- oder Reihenhaus bzw. eine Doppelhaushälfte bewohnt, sind die Marktakteure die Wohnungsbau- bzw. Wohnungsverwaltungsgesellschaften sowie deren Dienstleister, deren Kerngeschäft das Submetering und die Nebenkostenabrechnung ist. All diese Unternehmen könnten neue Kunden der Messstellenbetreiber bei Multi-Utility werden. Die Resonanz dieser Marktakteure fällt unterschiedlich aus. Häufig sind diese zunächst überrascht darüber, vom Messstellenbetreiber ein solch neues und innovatives Produkt angeboten zu bekommen. Um dieses wahrnehmen zu können, müssten gewachsene und meist lange bestehende Auftragnehmer-/ Auftraggeberkonstellationen geändert werden. Änderung der Prozesse, neue Ansprechpartner und das Erfordernis, mit den Bewohnern eines Mehrfamilienhauses in eine neue Kommunikation einzutreten, hindern die Unternehmen des Wohnungsbaus bzw. der Wohnungsverwaltung daran, einen neuen Weg zu beschreiten. Dabei überwiegen die Vorteile bei weitem:

- Erfüllung der rechtlichen Anforderungen bzw. Kundenanforderungen:
  Elektronische Auslesung von Wärmezählern und Heizkostenverteilern erlaubt stichtagsbezogene Heizkostenabrechnung[20]
- Realisierung von Prozess-Effizienzen:
  Beschleunigung und Effizienzsteigerung von Ablese- und Abrechnungsprozessen sowie zügige Amortisation des Zusatzaufwands für elektronische Zähler (insb. im Neubau)

---

[20] BGH VIII ZR 156/11.

- Nutzung von Größenvorteilen und Risikominimierung:
  Volumeneffekte beim Einkauf von Zählern und Netzwerktechnik. Skaleneffekte beim Systembetrieb. Verarbeitung von Messdaten in professionell geführten, zertifizierten Institutionen[21]
- Konzentration auf Kernkompetenzen:
  Fokussierung auf Verwaltungsaufgaben und Abrechnung möglich.
- Positionierung als innovatives Unternehmen:
  Vermarktung von Mehrwertleistungen wie Verbrauchsvisualisierung und -überwachung möglich. Erstmals monatsgenaue Transparenz über Nebenkostenzusammensetzung für Mieter erreichbar.

Die Dienstleister des Submeterings wollen sich eher abgrenzen und sehen in dem neuen Einsatz von Messsystemen einen unerwarteten Wettbewerb, dem sie sich stellen müssten. Aber auch hier liegen die Vorteile analog zu den bereits genannten auf der Hand. Bislang gibt es nur wenige Fälle, in denen solche Dienstleister die Chance erkannt haben, mit Hilfe einer Kooperation mit dem Messstellenbetreiber gemeinsam zu analysieren, wie die neue Technologie zum Vorteil aller eingesetzt werden könnte. Denn eines ist klar: Mit dem pflichtgemäßen Einsatz von Messsystemen gem. EnWG wird der Messstellenbetreiber eine Kommunikationsinfrastruktur in alle Mehrfamilienhäuser bringen, die mehrspartenfähig ist. Sie wird verfügbar sein und es gilt, diese dann auch richtig zu nutzen.

Trotz dieser anfänglichen Widrigkeiten ist davon auszugehen, dass vor allem die Ausstattung von Gebäuden attraktiv ist, bei denen größere Renovierungen oder eine Sanierung vorgesehen sind. Das gleiche gilt für den Neubau. Vor allem bei solchen Projekten ist eine steigende Nachfrage durch neue rechtliche Anforderungen, z. B. Erbringung von Nachweisen im Sinne der Energieeinsparverordnung, zu erwarten. Gleichzeitig ist vor allem für eine Senkung der Heizkosten der Bedarf nach zeitnahen Messwerten und deren Aufbereitung aktueller denn je.

Auch sollte die Sicht des Letztverbrauchers nicht vernachlässigt werden, da ja gerade er es ist, auf den durch die Einführung von Messsystemen höhere jährliche Kosten zukommen (s. hierzu Abschn. 29.3.2.2). Wie unter Abschn. 29.2.3 gezeigt, liegt ein Mehrwert eben in der Verfügbarkeit der Verbrauchsdaten. Darüber hinaus bräuchte der Letztverbraucher bei der Ablesung der verschiedenen Medien nicht mehr anwesend zu sein. Er würde keinen arbeitsfreien Tag mehr einbringen müssen, da alle Medien fern ausgelesen und den abrechnenden Unternehmen zur Erstellung der jeweilgen Rechnung termingerecht übergeben würden. Ob sich weitere Dienstleistungen am Markt etablieren werden, die einen weiteren Nutzen für den Letztverbraucher mittels Messsystemen stiften, bleibt allerdings abzuwarten. Es liegen die genannten zwei unmittelbaren Vorteile vor, die dem Letztverbraucher einen Gegenwert für die höheren jährlichen Kosten bieten. Ohne Multi-Utility verbliebe nur die Verfügbarkeit der Verbrauchsdaten und zwar ausschließlich für

---

[21] Aktuelle Anforderungen an den Gatewayadministrator gem. BSI TR-03109 ist die Zertifizierung gem. ISO27001 und BSI-Grundschutz.

die Sparte Strom. Der Letztverbraucher wird dann nur schwerlich eine *Kosten-Nutzen-Balance* erkennen.

29.3.2.2 Wirtschaftlichkeit

Für den Betrieb von Messsystemen muss der Messstellenbetreiber neue Prozesse definieren, seine Mitarbeiter umfangreich weiter qualifizieren und eine gänzlich neue IT-Landschaft aufbauen. Dies alles sind immense Aufgaben, die zu erheblich höheren Kosten im Metering führen werden als bisher. Der IT-Landschaft kommt insofern eine besondere Bedeutung zu, da ohne sie die neue Funktion des Gateway Administrators gar nicht erfüllt werden kann. Ferner muss sie in einem bislang nicht gekannten Maße massendatentauglich sein. Die Messstellenbetreiber stehen also nicht nur bei der Beschaffung von Messsystemen vor nicht gesehenen, viel größeren Investitionen, sondern auch bei der IT. Der KNA folgend, haben sich Letztverbraucher, unabhängig davon ob ihnen individuell ein Messsystem zur Verfügung gestellt wird oder nicht, auf höhere jährliche Kosten einzustellen. Ob das je Kundensegment die in der KNA genannten Höchstentgelte[22] sein werden, bleibt abzuwarten. Da der Gutachter Ernst & Young erkannt hat, dass dem Letztverbraucher nur begrenzt hohe Preise zumutbar sind, werden die Höchstentgelte demzufolge eher tief ausfallen. Die wesentliche Frage lautet dann, ob es dem jeweiligen Messstellenbetreiber gelingt, seine Kosten unter diesen Höchstentgelten zu halten. Vielleicht zeichnet sich schon aus den aktuell laufenden Konsultationen des BMWi das zukünftige Finanzierungsmodell ab. Hierbei sind auch die Verbraucherschutzverbände einbezogen, die insgesamt eine sehr kritische Haltung vertreten. Wie der Letztverbraucher auf tendenziell eher höhere Preise im Vergleich zum bisherigen Status quo reagieren wird, ist vorhersehbar. Die Einführung von intelligenten Messsystemen muss deshalb umfangreich kommunikativ begleitet werden.

Eine abschließende Klärung zum Finanzierungsmodell ist erst mit dem Verordnungspaket des BMWi (Abb. 29.2) zu erwarten. Der anstehende hohe Kostendruck auf die Messstellenbetreiber ist aber schon heute unbestritten. Die Messstellenbetreiber werden dagegen alle denkbaren Maßnahmen zur Kostensenkung in Betracht ziehen. Eine Maßnahme wird es sein, die ohnehin mächtige IT möglichst weitgehend mit weiterem Datenverkehr auszulasten und so die Fixkosten je Zählpunkt zu minimieren. Eine Option ist es, die Funktion des Gateway Administrator auch anderen Messstellenbetreibern als Service anzubieten, um so eine höhere Anzahl von SMGW zu administrieren. Die andere Option ist Multi-Utility.

Bei den angestrebten zusätzlichen Deckungsbeiträgen aus Multi-Utility ist grundsätzlich zwischen zwei denkbaren Modellen der Dienstleistung zu unterscheiden:

- Fernauslesung der Verbrauchsdaten sowie Bereitstellung an einer Schnittstelle, ohne die Submeter selbst anzubieten und diese zu betreiben
- Fernauslesung der Verbrauchsdaten sowie Bereitstellung an einer Schnittstelle inklusive des Angebots der Submeter und deren Installation bzw. Betrieb

---

[22] Vgl. Ernst & Young (2013, Seite 203 ff.).

Im erstgenannten Fall umfasst die Dienstleistung des Messstellenbetreibers ausschließlich die Fernauslesung aus den fernauslesbaren Submetern, die sich im Eigentum eines Dienstleisters im Submetering oder im Eigentum des Wohnungsbaus bzw. Wohnungsverwaltung befinden. Die fern ausgelesenen Daten werden dann anforderungsgerecht nach Zeit und Granularität an einer gemeinsam zu definierenden Schnittstelle bereitgestellt. Die nachgelagerten Prozesse der Nebenkostenabrechnung sind hierbei nicht Bestandteil der Dienstleistung durch den Messstellenbetreiber.

Der zweite Fall stellt eine deutliche Erweiterung zum ersten Fall dar. Der Messstellenbetreiber stellt hier die Submeter selbst zur Verfügung, installiert und betreibt sie. Im Gegensatz zum ersten Fall geht er finanziell in eine Vorleistung, die er erst im Laufe der Jahre bezahlt bekommt. Betriebswirtschaftlich wirkt sich das erheblich auf das zu erzielende Ergebnis aus.

Eine reine Dienstleistung wie im ersten Fall wird viel weniger rentierlich sein. Der Ergebnisbeitrag wird auch in absoluten Zahlen eher klein sein. Gleichzeitig ist aber auch das Risiko überschaubar, da kaum Investitionen zu tätigen sind. Es fallen fast ausschließlich Betriebskosten an.

Der zweite Fall verspricht also eine höhere Rendite als der erste. Der Hebel, mit dem gerechnet werden kann, ist größer, sodass der Ergebnisbeitrag signifikant sein könnte. Dieser Fall bedingt aber auch die Fähigkeit und Bereitschaft des Messstellenbetreibers, die erforderlichen Investitionen in die Submeter sowie die resultierenden *Risiken* zu tragen. Zu den Risiken zählt insbesondere der langfristige Betrachtungszeitraum, in dem die Rahmenbedingungen den getroffenen Annahmen entsprechen müssen. Hierzu gehören insbesondere der angenommene Aufwand für die Wartung und die Entstörung der Submeter sowie der Kommunikationsinfrastruktur. Die Notwendigkeit, eine größere Stückzahl an Geräten frühzeitig zu ersetzen, könnte den gesamten Business Case zum Negativen drehen lassen. Ferner ist das Ausfallrisiko des Submetering-Dienstleisters bzw. des Unternehmen im Wohnungsbau oder Wohnungsverwaltung von hoher Bedeutung. Eine Amortisation ist erst nach mehreren Jahren zu erwarten, ebenso ein positiver Cash Flow.

Bei der Überprüfung, ob Multi-Utility ein lohnenswertes neues Geschäftsfeld für den Messstellenbetreiber sein könnte, kommt es in erster Linie darauf an, wie viele Zählpunkte im Submetering akquirierbar erscheinen. Die Voraussetzungen dafür sind ganz unterschiedlich. Unter anderem wird entscheidend sein, wie der Verteilungsnetzbetreiber bzw. Messstellenbetreiber in der kommunalen Politik verankert ist, welche Interessen der Shareholder verfolgt und nicht zuletzt welches Image er bei den Bürgern in seinem Verteilungsnetz genießt. Kurz gesagt spielt das Vertrauen, dass dem Verteilnetzbetreiber/Messstellenbetreiber entgegengebracht wird, eine entscheidende Rolle.

Nicht zu vernachlässigen ist die Frage, ob der Messstellenbetreiber ausschließlich auf die Sparte Strom konzentriert ist. Wenn er schon heute die Messung und den Messstellenbetrieb von weiteren Medien verantwortet, dann könnte er in seinem originären Geschäftsfeld erhebliche prozessuale Synergien erzielen.

Um eine Entscheidung treffen zu können, muss also zunächst eine Annahme zur Anzahl der erreichbaren Zählpunkte getroffen werden, bevor weitere Überlegungen und Kalkulationen folgen können. Die Entscheidung für oder gegen Multi-Utility ist also immer unternehmensindividuell.

29.4 Fazit

Die KNA von Ernst & Young empfiehlt einen gemischten Rollout von „intelligenten Zählern" und „intelligenten Messsystemen". Jüngste Äußerungen durch Vertreter der BNetzA benennen das Vorhandensein der neuen Marktprozesse als Bedingung für den Einsatz von Messsystemen. Dies würde bedeuten, dass der Beginn des Rollouts erst nach dem Jahr 2016 liegen könnte. Unabhängig davon ist aber klar, dass die „intelligenten Messsysteme" und mit ihr eine neue Kommunikationsinfrastruktur kommen werden. Multi-Utility bietet allen Beteiligten einen sicht- und messbaren Mehrwert. Darüber hinaus sind weitere neue vertriebliche Dienstleistungen denkbar, die als Grundlage das „intelligente Messsystem" erfordern. Welche dies sind und welche sich davon durchsetzen werden, ist aus heutiger Sicht offen. Technische Szenarien und bereits realisierte Pilotprojekte zeigen, was zukünftig zu den Portfolien der verschiedenen Dienstleistungssegmente rund um die Energiebranche gehören könnte. Nicht jede derzeit bereits technisch umgesetzte Lösung wird wirtschaftlich sein oder den Letztverbraucher begeistern. Vor dem Hintergrund der noch immer nicht ganz klaren Rahmenbedingungen stellt sich als eine Handlungsalternative für viele Unternehmen der Energieversorgungsbranche das Abwarten dar, das sich in den letzten Jahren letztlich bewährt hat. Dies würde zwar bedeuten, heute Ressourcen zu sparen und nicht in eine ungewisse Zukunft zu investieren. Wenn die Umsetzung auf diesem Feld allerdings Fahrt aufnimmt, stehen solche Unternehmen vor einer operativen Herausforderung, die sie konzeptionell und zeitlich schwerlich beherrschen werden. Daher erscheint es ratsam, schon heute die notwendigen Kompetenzen, Prozesse und Werkzeuge zu entwickeln und erste Versuche zu den Mehrwertdiensten wie Multi-Utility anzugehen.

Literatur

BGH: BGH VIII ZR 156/11 Entscheidung des Bundesgerichtshofs (BGH) vom 01.02.2012
Bundesamt für Sicherheit in der Informationstechnik (BSI): Schutzprofil für ein Smart Meter Gateway (BSI-CC-PP-0073). https://www.bsi.bund.de/DE/Themen/SmartMeter/Schutzprofil_Gateway/schutzprofil_smart_meter_gateway_node.html (2013a). Zugegriffen: 03. Dez. 2013
Bundesamt für Sicherheit in der Informationstechnik (BSI): Technische Richtlinie BSI TR-03109, Version 1.0. https://www.bsi.bund.de/DE/Themen/SmartMeter/TechnRichtlinie/TR_node.html (2013b). Zugegriffen: 03. Dez. 2013
Bundesdatenschutzgesetz (BDSG): vom 27. Januar 1977, (BGBl. 1977 I S. 201). Letzte Änderung vom 1. September 2009 bzw. 1. April 2010 (Art. 5 G vom 14. August 2009)

Bundesministerium der Justiz: Energiewirtschaftsgesetz vom 7. Juli 2005 (BGBl. I S. 1970, 3621), das durch Artikel 2 Absatz 66 des Gesetzes vom 22. Dezember 2011 (BGBl. I S. 3044) geändert worden ist (Energiewirtschaftsgesetz – EnWG), Berlin (2011)

Bundesministerium für Wirtschaft und Technologie (BMWi): Ernst & Young legt Abschlussbericht zur Kosten-Nutzen-Analyse für einen flächendeckenden Einbau von intelligenten Messsystemen und Zählern vor, Pressemitteilung vom 30.07.2013. http://www.bmwi.de/DE/Presse/pressemitteilungen,did=586954.html. Zugegriffen: 30. Nov. 2013

Ernst & Young: Kosten-Nutzen-Analyse für einen flächendeckenden Einsatz intelligenter Zähler, Im Auftrag des Bundesministeriums für Wirtschaft und Technologie, Juli 2013. http://www.bmwi.de/DE/Mediathek/publikationen,did=586064.html. Zugegriffen: 01. Dez. 2013

Open Metering System Specification Vol. 1 – General Part. Erstellt durch die OMS Group am 31.01.2011

Please, in My Backyard – die Bedeutung von Energiegenossenschaften für die Energiewende

30

Eckhard Ott und Andreas Wieg

Zusammenfassung

In Deutschland gibt es derzeit etwa 800 Genossenschaften im Bereich der Erneuerbaren Energien. Mit diesen Unternehmen betreiben Privatpersonen, Kommunen oder Unternehmen gemeinsam insbesondere Photovoltaik- oder Windenergieanlagen und Nahwärmenetze. Energiegenossenschaften ermöglichen eine breite Beteiligung der Bevölkerung vor Ort. Sie fördern zudem die regionale Wirtschaft. In dem Praxisbeitrag werden Energiegenossenschaften beispielhaft vorgestellt. Es wird dabei insbesondere der Frage nachgegangen, welchen Einfluss diese Form der Bürgerbeteiligung auf die Akzeptanz der Energiewende hat.

30.1 Einleitung

In vielen Bürgergruppen, Kommunen oder lokalen Unternehmen haben sich in den letzten Jahrzehnten Menschen zusammengefunden, um Erneuerbare-Energien-Projekte gemeinschaftlich in ihrer Region umzusetzen. *Energiegenossenschaften* erfreuen sich hierbei seit einigen Jahren großer Beliebtheit. In Deutschland gibt es aktuell etwa 800 Genossenschaften im Bereich der Erneuerbaren Energien. Die meisten von ihnen wurden in den vergangenen fünf Jahren gegründet. Allein im Jahr 2013 sind unter dem Dach des *Deutschen Genossenschafts- und Raiffeisenverbandes (DGRV)* 128 neue Energiegenossenschaften registriert worden.

Erneuerbare-Energien-Genossenschaften ermöglichen Privatpersonen, Kommunen oder Unternehmen, sich mit überschaubaren finanziellen Beträgen an der Energiewende

---

E. Ott (✉) · A. Wieg
DGRV – Deutscher Genossenschafts- und Raiffeisenverband e.V.,
Pariser Platz 3, 10117 Berlin, Deutschland

in ihrer Region zu beteiligen. Sie kommen in der Genossenschaft mit Gleichgesinnten zusammen, um – häufig gemeinsam mit kommunalen Entscheidungsträgern, öffentlichen Einrichtungen und regionalen Banken – Kraftwerksprojekte im Bereich Sonnen- oder Windenergie zu initiieren. Investitionsrisiko und Betreiber-Know-how werden über die Genossenschaft gebündelt. Dadurch werden z. B. auch Dachflächen genutzt – beispielsweise von kommunalen Einrichtungen wie Kindergärten oder Schulen –, die von Einzelnen nicht erreicht werden können. Installation und Wartung übernehmen oft Handwerksbetriebe aus der Region, regionale Banken unterstützen bei der Finanzierung. Die Initiatoren von Energiegenossenschaften verfolgen vor allem zwei Ziele: die Umstellung der Energieversorgung auf erneuerbare Energieressourcen und die Förderung der regionalen Wertschöpfung. Neben der Energieproduktion durch Sonne oder Wind werden auch Nahwärme- und Stromnetze durch Energiegenossenschaften betrieben. Seit mehr als 100 Jahren sind in vielen Regionen Deutschlands Genossenschaften als etablierte regionale Energieversorgungsunternehmen tätig.

Für eine dezentrale Energiewende sind Energiegenossenschaften wichtige Treiber. Genossenschaften ermöglichen das gemeinsame Engagement verschiedener Akteure vor Ort und vereinigen gesellschaftliche, wirtschaftliche, kommunale und umweltpolitische Interessen. Sie steigern zudem die Akzeptanz für Erneuerbare-Energie-Projekte in den Regionen. In diesem Beitrag wird anhand von Praxisberichten verdeutlicht, welche Bedeutung Bürgerbeteiligung und Energiegenossenschaften für die Energiewende haben. Zunächst erfolgt ein kurzer statistischer Überblick.

30.2 Zahlen und Fakten

Genossenschaften im Bereich der Erneuerbaren Energien werden insbesondere seit dem Jahr 2009 vermehrt gegründet.[1] Seitdem werden jedes Jahr weit über 100 neue Genossenschaften registriert, allein im Jahr 2013 waren es 128 Unternehmen. Etwa 150.000 Mitglieder engagieren sich in Energiegenossenschaften. Auch deren Zahl nimmt stark zu. 2011 waren es noch rund 80.000 Personen. Der größte Teil der Energiegenossenschaften ist im Bereich Stromerzeugung aus erneuerbaren Ressourcen – hier vor allem im Bereich Photovoltaik – tätig. Daneben werden vor allem im ländlichen Raum *Wärmegenossenschaften* gegründet, die Heizwärme aus erneuerbaren Energien (Biomasse) produzieren und damit die über ein genossenschaftliches Wärmenetz angeschlossenen Haushalte versorgen. (Abb. 30.1)

Energiegenossenschaften werden mit durchschnittlich 42 Mitgliedern gegründet. Die Mitgliedszahlen steigen nach der Gründung sehr schnell an. Laut einer Befragung des DGRV sind im Durchschnitt etwa 200 Personen Mitglieder. Die größten Genossenschaften, die an dieser Befragung teilgenommen haben, vereinen fast 7000 Mitglieder. Energie-

---

[1] Siehe zum Folgenden http://www.genossenschaften.de/zahlen-und-fakten.

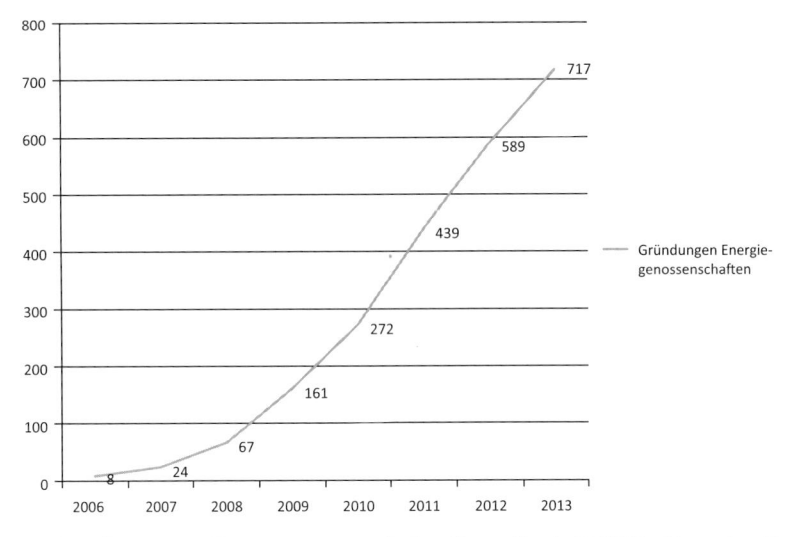

Abb. 30.1 Gründungen von Energiegenossenschaften (kumuliert). (DGRV – Deutscher Genossenschafts- und Raiffeisenverband e. V.)

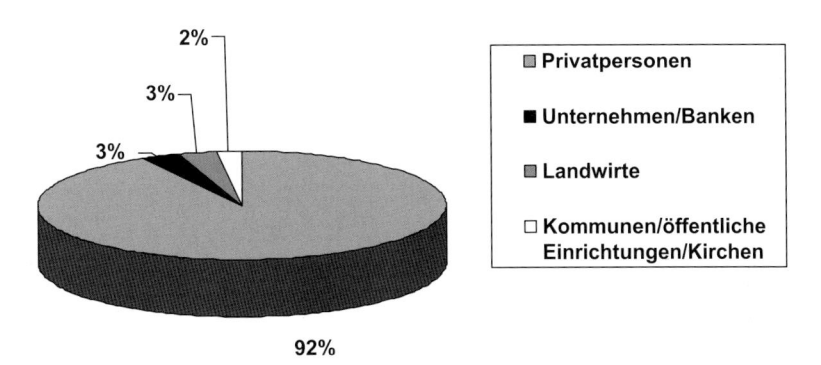

Abb. 30.2 Mitgliederstruktur der Energiegenossenschaften. (DGRV – Deutscher Genossenschafts- und Raiffeisenverband e. V.)

genossenschaften sind vor allem in der Hand der Bürger: Mehr als 90 % der Genossenschaftsmitglieder sind Privatpersonen. (Abb. 30.2)

Die Genossenschaft ermöglicht auch Personen mit geringen finanziellen Möglichkeiten und ohne eigene Dachflächen die *Beteiligung an der Energiewende*. In einigen Genossenschaften ist die Mitgliedschaft bereits mit einem Betrag ab 10 EUR möglich. Die durchschnittliche Mindestbeteiligung an einer Energiegenossenschaft beträgt 692 EUR. Betrachtet man die Verteilung insgesamt, dann ist bei mehr als zwei Dritteln der Genossenschaften bereits eine Beteiligung unter 500 EUR möglich. Im Durchschnitt sind die Genossenschaftsmitglieder mit etwa 3000 EUR engagiert. (Abb. 30.3)

40 % der Genossenschaften haben im vergangenen Jahr eine Dividende ausbezahlt. Die Höhe der Dividende lag bei durchschnittlich 3,99 %. Die Aussicht auf eine finanzielle *Rendite* spielt allerdings nur eine untergeordnete Rolle bei der Entscheidung, sich

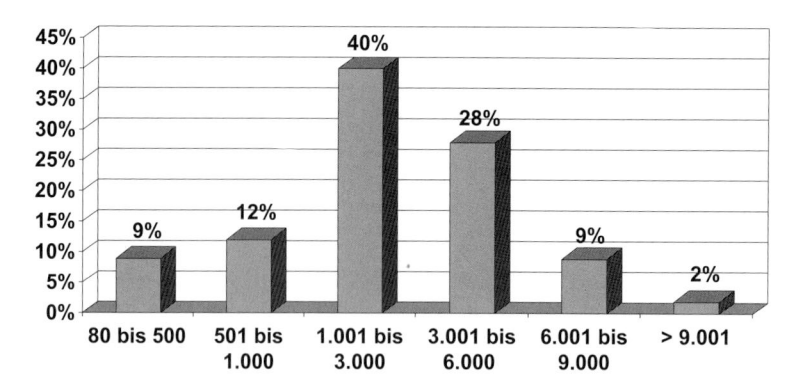

Abb. 30.3 Verteilung der Mindestbeteiligung pro Mitglied (in EUR). (DGRV – Deutscher Genossenschafts- und Raiffeisenverband e. V.)

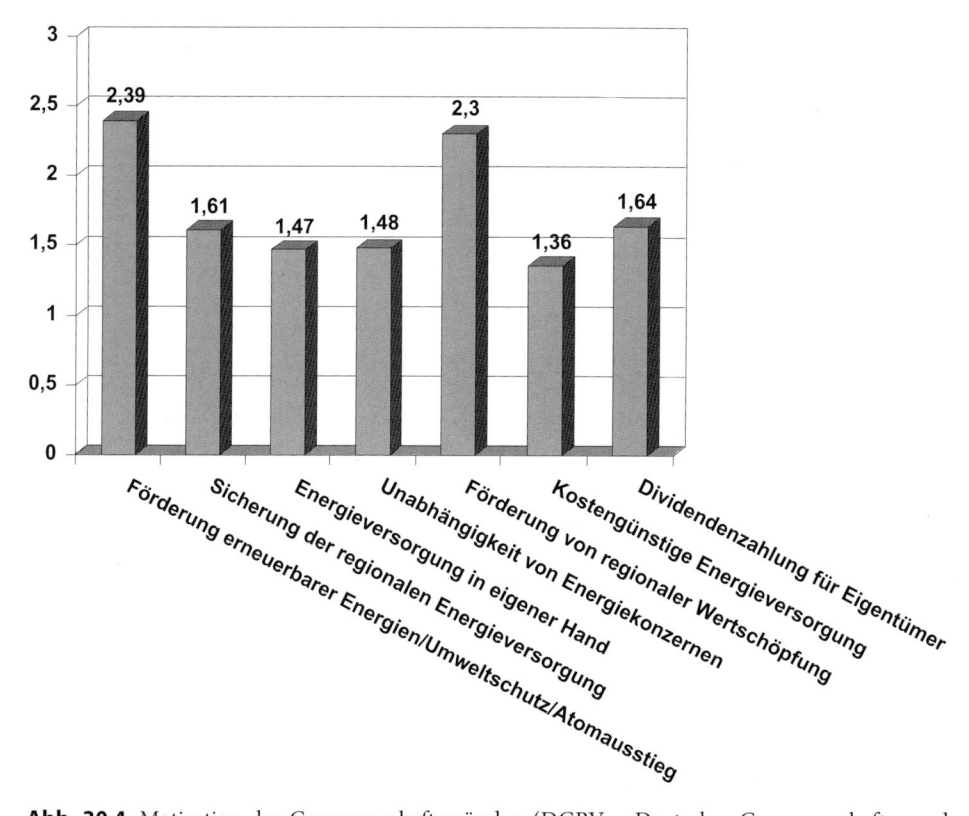

Abb. 30.4 Motivation der Genossenschaftsgründer. (DGRV – Deutscher Genossenschafts- und Raiffeisenverband e. V.)

in einer Energiegenossenschaft zu engagieren. Die Förderung Erneuerbarer Energien in der Region und die Unterstützung der lokalen Wirtschaft sind die wesentlichen Motive. (Abb. 30.4)

30 Please, in My Backyard – die Bedeutung von Energiegenossenschaften ...

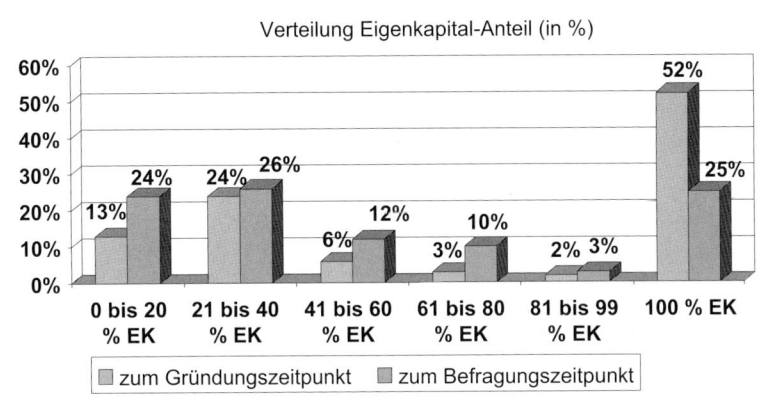

Abb. 30.5 Verteilung Eigenkapitalanteil (in Prozent). (DGRV – Deutscher Genossenschafts- und Raiffeisenverband e. V.)

Energiegenossenschaften zeichnen sich durch einen vergleichbar hohen Anteil an Eigenkapital aus. Zum Start beträgt dieser Anteil durchschnittlich rund 66 %. Rund die Hälfte der Genossenschaften startet sogar vollständig ohne Fremdkapital. Jede vierte Genossenschaft arbeitet ohne Fremdkapital. Rund die Hälfte des aufgenommenen Fremdkapitals stammt von Genossenschaftsbanken, ein weiteres Drittel stammt aus Förderdarlehen, insbesondere der KfW, die zumeist ebenfalls von regionalen Banken vergeben werden. (Abb. 30.5)

30.3 Vorteile der Genossenschaft als Betreibermodell

Die grundlegenden Prinzipien „Selbsthilfe", „Selbstverwaltung" und „Selbstverantwortung" prägen seit mehr als 150 Jahren die Genossenschaften in Deutschland. Sie überzeugen auch heute Menschen, die sich in Energiegenossenschaften engagieren möchten. Besonders schätzen die Gründer die demokratische Willensbildung. In einer Genossenschaft hat jedes Mitglied unabhängig von der Höhe seiner Beteiligung nur eine Stimme in der *Generalversammlung*. Die Beteiligungs- und Mitbestimmungsmöglichkeiten des Einzelnen fördern die Verantwortung für das gemeinsame Energieprojekt. Eine Genossenschaft kann nicht von einem externen Investor, beispielsweise einem Energieunternehmen, dominiert oder sogar gekauft werden. *„Feindliche Übernahmen"* sind folglich ausgeschlossen. Ein weiterer Vorteil der genossenschaftlichen Rechtsform wird im Energiebereich besonders deutlich: Die aktive Beteiligung und Organisation einer großen Mitgliederzahl ist problemlos möglich. Beitritt und Austritt sind wie bei einem Verein sehr einfach geregelt.

Ganz wichtig für die positiven Effekte einer Genossenschaft ist, dass sie ein regionales Unternehmen der Mitglieder ist und nicht einfach nur eine finanzielle Anlagemöglichkeit. Anders als zum Beispiel Fonds fördern Genossenschaften ihre Mitglieder und damit zumeist auch die *regionale Wertschöpfung*, indem etwa ortsansässige Handwerksbetriebe oder Banken eingebunden werden. Vielfach sind Genossenschaften zudem eine Keimzelle für weitere Projekte in der Region, nicht nur im Energiebereich sondern in vielen Bereichen der regionalen Entwicklung, von der Breitbandversorgung bis zur Biodiversität. Zudem wird durch die Einbeziehung des regionalen Genossenschaftsverbands das Vertrauen in die zumeist langfristig angelegten Investitionen gestärkt. Schließlich werden die Ersparnisse vieler Bürger zusammengetragen und die in der Verantwortung stehenden Mitglieder haben oftmals noch keine kaufmännischen Erfahrungen gesammelt. Die Unterstützung und regelmäßige Prüfung durch erfahrene Berater des Genossenschaftsverbands ist daher sehr hilfreich. Und das zahlt sich aus: Die Genossenschaft ist seit vielen Jahren die insolvenzsicherste Rechtsform in Deutschland.[2]

Die lokale Verwurzelung, der hohe Grad an Mitbestimmung und Transparenz sowie die Fokussierung auf die Mitgliederinteressen sind Hauptgründe, warum es bei genossenschaftlich organisierten Energieprojekten nur sehr *selten zu Akzeptanzproblemen* kommt. Die Menschen sind viel eher bereit, ein Windrad oder eine Biogasanlage im eigenen Heimatort zu akzeptieren, wenn sie selbst daran beteiligt sind und nicht nur ein anonymer Investor profitiert. Das sogenannte „*Not in My Backyard*"-Problem wird ganz erheblich abgemildert, wenn die Bürger vor Ort in die Energieprojekte eingebunden werden und, wenn die Region etwas von diesen Investitionen hat. Anhand von vier typischen Beispielen werden nachfolgend diese positiven Auswirkungen der Bürgerbeteiligung vorgestellt.[3]

30.4 Photovoltaikgenossenschaft: Regionale Wertschöpfung fördern

„Was dem Einzelnen nicht möglich ist, das vermögen viele." Dieser genossenschaftliche Leitsatz aus dem 19. Jahrhundert wird bei den Verantwortlichen der *Friedrich Wilhelm Raiffeisen Energie eG* (FWR) groß geschrieben. Im Juni 2008 wurde die Genossenschaft in Bad Neustadt an der Saale gegründet. Hier, im fränkischen Teil der Rhön, betreiben Bürger gemeinsam Anlagen zur Produktion regenerativer Energien. Privatpersonen, die sich für Erneuerbare Energien einsetzen und ihre Nutzung mit überschaubaren finanziellen Beiträgen unterstützen möchten, kommen über die Genossenschaft mit Gleichgesinnten zusammen. Dadurch lassen sich nicht nur finanzielle Mittel, sondern auch rechtliches und wirtschaftliches Know-how bündeln.

Eine Energiegenossenschaft vereint nicht nur Bürgerinteressen, sondern motiviert zum Beispiel die Eigentümer von geeigneten Dachflächen, hier eine Photovoltaikanlage installieren zu lassen. So mancher Landwirt liebäugelt zwar mit einer solchen Anlage auf dem eigenen Scheunendach. Aufwand und Risiko sind für ihn allein jedoch oft zu groß, wenn er dafür zusätzlich zu seiner landwirtschaftlichen Tätigkeit erhebliche Investitionen aufbringen muss. Das würde nicht nur den finanziellen Spielraum für sein Kerngeschäft erheblich reduzieren. Auch die Nebenkosten für Verwaltung und Versicherung sowie die

---

[2] Vgl. Creditreform (2013, S. 9).
[3] Siehe hierzu umfassend Wieg et al. (2013).

mit dem Investitionsprojekt verbundenen Risiken sollte man nicht unterschätzen. In einer genossenschaftlichen Kooperation lassen sich diese Aufgaben einfacher und besser lösen. Genossenschaften haben einen großen Vorteil: Sie können neue Standorte erschließen, an die Einzelne allein nicht herankommen würden. Es gibt nach Meinung der Initiatoren jede Menge ungenutzte Dächer in den Regionen. Viele Kirchen, Supermärkte, landwirtschaftliche oder kommunale Gebäude könnten mit Solaranlagen ausgestattet werden. Die Dachbesitzer können diese Flächen zur Verfügung stellen oder an die FWR vermieten, auch wenn sie selbst sich nicht finanziell beteiligen möchten.

Die erste Photovoltaikanlage der FWR wurde im November 2008 auf den Dächern des Stadtbauhofs von Bad Neustadt installiert. Sie hat eine Leistung von 270 Kilowatt-Peak und erzeugt pro Jahr etwa 235.000 kWh Strom. Eine Anlage dieser Größenordnung deckt damit etwa den durchschnittlichen jährlichen Strombedarf von 60 Privathaushalten. Bei einer Laufzeit von 20 Jahren werden etwa 4150 Tonnen Kohlendioxid (CO_2) eingespart. Wer sich mit 4000 EUR an der Anlage beteiligt, trägt selbst zur Produktion von Ökostrom bei, der in etwa dem jährlichen Strombedarf des eigenen Haushalts entspricht. Das Investitionsvolumen betrug insgesamt knapp 1,1 Mio. EUR. Es wurde zu zwei Dritteln über Fremdkapital und zu einem Drittel über Eigenkapital finanziert. Mit mindestens einem Anteil in Höhe von 2000 EUR konnte sich jeder Bürger von Bad Neustadt am Energieprojekt beteiligen. Pro Anteil gingen 100 EUR als Geschäftsanteil in die Genossenschaft, die restlichen 1900 EUR werden als Nachrangdarlehen mit einer Laufzeit von 20 Jahren in die Projektfinanzierung eingebracht. Jeder der 38 Teilhaber an der Bad Neustädter Solaranlage besitzt ein Energie-Sparbuch, das einem herkömmlichen Sparbuch nachempfunden ist. Die Mitglieder erhalten jährlich einen Kontoauszug, den sie in das Energie-Sparbuch einkleben können. Darauf werden für jedes Jahr Zinsen und CO_2-Einsparung festgehalten sowie Plan- und Ist-Größen gegenübergestellt. Eine pfiffige Idee, die zugleich die Geldanlage und den eigenen Beitrag zum Umweltschutz sichtbar macht.

Die Produktion Erneuerbarer Energien soll zugleich die Region unterstützen. Die Ressourcen vor Ort sollen genutzt werden und der Gewinn aus den Aktivitäten soll wieder den Bürgern und Kommunen vor Ort zugute kommen. Damit folge man dem alten Leitspruch der Darlehenskassenvereine „Das Geld des Dorfes dem Dorfe". Dementsprechend werden die technischen Anlagen von Handwerksunternehmen aus der Region montiert und gewartet. Die Finanzierung erfolgt über ein regionales Bankinstitut. Auch die finanzielle Beteiligung an der Solaranlage wurde zuerst den Bad Neustädtern, dann den Bewohnern des Landkreises und schließlich auswärtigen Interessenten angeboten. „Zwiebelschalenprinzip" nennen dies die Initiatoren. Dabei wird stets darauf geachtet, so viele Menschen wie möglich und zugleich so wenige wie nötig zu beteiligen. Die Gemeinde profitiert von zusätzlichen Gewerbesteuereinnahmen.

Um die Förderung der Region ging es auch bei einem anderen Projekt: Das dringend erforderliche Stadiondach des TSV Großbardorf wurde über eine Photovoltaikanlage finanziert. Das Tribünendach gehört zu den Auflagen, die der DFB den Vereinen in höheren Fußballligen erteilt. Das Dach wurde gebaut, von der Genossenschaft angemietet und es wird nun als Kraftwerksstandort genutzt. Der Mietpreis verringert zwar die Rendite für den Einzelnen, dafür kann der TSV Großbardorf jedoch wieder im heimischen Stadion spielen. Jeder, der mitmacht, erhält zudem eine Dauerkarte für alle Heimspiele. So profitieren alle: der Fußballfan, der Verein und die Umwelt.

30.5 Nahwärmenetz: Niedrige Energiekosten durch ehrenamtliches Engagement

Der Impuls für das bürgereigene Nahwärmenetz in der schleswig-holsteinischen Gemeinde Honigsee ging von zwei Landwirten aus. Sie hatten in eine Biogasanlage investiert und suchten nach einer Nutzungsmöglichkeit für die Abwärme, die aus der Verstromung des Biogas über die Blockheizkraftwerke anfällt. Gemeinsam mit einigen Einwohnern wurde diskutiert, ob man die Wärme nicht zum Beheizen von Wohnhäusern nutzen könnte. Das war der Startpunkt für die *Energieversorgung Honigsee eG*.

Einige engagierte Bürger organisierten einen Besuch des *Bioenergiedorfs Jühnde*, dem Pionierprojekt in Deutschland. Anfangs hatte man keine Vorstellung, was bei einem solch aufwändigen Projekt auf die Initiatoren zukommen würde. In Jühnde konnte man sich einen Eindruck verschaffen. Die Einwohner von Honigsee für das Projekt zu gewinnen war anschließend eine ganz andere Herausforderung. In einem ersten Schritt wurde der jährliche individuelle Verbrauch an Heizöl bzw. Gas ermittelt. Die Ergebnisse der Kalkulation wurden schließlich in einer umfassenden Machbarkeitsstudie aufbereitet. Erste Berechnungen ergaben eine Investitionssumme von mehr als einer Million Euro. Die Gemeinde selbst konnte den Betrag als alleiniger Investor nicht aufbringen. Auch regionale Stadtwerke und Energieversorger lehnten das Angebot ab, da es sich nicht rechnen würde und das Investitionsrisiko zu groß sei. Also mussten die Bürger die Sache selbst in die Hand nehmen. Mit Erfolg: Die Honigseer haben sich mit viel ehrenamtlicher Tätigkeit für das eigene Nahwärmenetz eingesetzt.

Die Initiatoren hatten im Vorfeld mehrere Informationsveranstaltungen abgehalten, um die Einwohner für das gemeinsame Nahwärmenetz zu gewinnen. Sie konfrontierten ihre Nachbarn offen und ehrlich mit der Devise „Ganz oder gar nicht". Damit sich die Anlage rechnen konnte, musste jeder freiwillig seine Ölheizung stilllegen und sich zur Wärmeabnahme über das neue Netz verpflichten. Das löste in vielen Köpfen die Befürchtung aus, in einem kalten Winter womöglich ganz ohne Heizung dazustehen. Doch diese Befürchtungen konnten ausgeräumt werden, schließlich gab es viele gute Argumente für das gemeinsame Netz: etwa die Unabhängigkeit von externen Energieversorgern und die immer weniger kalkulierbaren Preise für fossile Brennstoffe. Auch die Vorstellung, die alte, meist großvolumige Heizungsanlage im Keller gegen eine kleine Übergabestation zum Wärmenetz auszutauschen, kam gut an. Der zusätzliche Raumgewinn und ein verbesserter Wohnkomfort erleichterten die Investitionsentscheidung. Vielen war es zudem wichtig, sich für eine saubere und klimaschonende Energieerzeugung zu engagieren. Vor allem aber lockte die Aussicht auf niedrige und transparente Heizkosten.

Das Rohrnetz wurde im Spätsommer 2007 verlegt. Während der viermonatigen Bauzeit wurden die Bürger in wöchentlichen Informationsveranstaltungen über Baufortschritt und Beeinträchtigungen aufgeklärt. Die Anwohner wurden beispielsweise über bevorstehende Straßensperrungen oder Baulärm informiert. Letztendlich war die aktive und vorausschauende Information wesentlich für die Akzeptanz bei den betroffenen Mitbürgern – auch wenn es mal nicht planmäßig lief, ob das nun Findlinge unter der Straße oder nicht geplante Bohrungen durch Hauswände gewesen sind. Auch diese Verzögerungen und nicht einkalkulierte Kosten wurden offen und transparent dargelegt. Für die Akzeptanz des eigenen Nahwärmenetzes war schließlich auch die Rechtsform wichtig: Wenn man viele Bürger beteiligen möchte, bürgerschaftliches Engagement und Eigeninitiative groß geschrieben werden und eine gleichberechtigte Kooperation wichtig ist, dann ist die Genossenschaft ideal geeignet.

Die gesamte Investitionssumme konnte schließlich auf 630.000 EUR reduziert werden, vor allem weil die Bürger viele Arbeiten selbst durchführten. So hoben sie zum Beispiel die Hausanschlussgräben für die Rohrleitungen auf den eigenen Grundstücken selbst aus. Außerdem hatte die Gemeinde schon Jahre zuvor geplant, die Straßenbeleuchtung zu erneuern. Die Aushubarbeiten dafür konnten nun mitgenutzt werden. Gemeinde und Genossenschaft sparten dadurch jeweils 30.000 EUR. Ein Großteil des Rohrnetzes wurde zudem auf unbebauten Wiesengrundstücken und Randflächen verlegt. Die Finanzierung des Wärmenetzes wurde auf mehrere Schultern verteilt. Zum einen zeichneten die Mitglieder Geschäftsanteile der Genossenschaft – mindestens 15 Anteile zu 100 EUR. Auf diese Weise kamen etwa 65.000 EUR Eigenkapital zusammen. Zum anderen beteiligte sich die Kommune mit rund 100.000 EUR an der Genossenschaft. Aus der Gemeinderücklage wurden Genussscheine von der Genossenschaft gekauft, die mit drei Prozent über dem Basiszinssatz verzinst und spätestens nach 20 Jahren zurückgezahlt werden. Darüber hinaus wurde eine Förderung von 100.000 EUR – eine Investitionshilfe des Schleswig-Holstein-Fonds – bewilligt. Den restlichen Betrag stellte die örtliche Raiffeisenbank als Kredit zur Verfügung.

Am 1. Oktober 2007 war es dann soweit: Das Nahwärmenetz wurde mit 38 Häusern und 54 Wohneinheiten in Betrieb genommen. Die Mitglieder zahlen seither 3,8 Cent pro Kilowattstunde abgenommene Wärme und eine monatliche Grundgebühr von 12 EUR. Die Energiekosten sind so niedrig, dass am Ende sogar die Einwohner mitgemacht haben, die gerade erst vor einem dreiviertel Jahr ihre Ölheizung erneuert hatten. Der CO_2-Ausstoß der Gemeinde wird durch das Nahwärmenetz um etwa 30 % gesenkt.

30.6 Windenergie: Akzeptanz durch direkte Beteiligung

„Wer draufschaut, soll auch den Nutzen haben", so lautet das Credo der *Energiegenossenschaft Starkenburg eG*. Die Initiatoren der Genossenschaft hatten längere Zeit überlegt, wie auch für Windräder, die hinsichtlich Finanzierung, Planung und Bau wesentlich aufwändiger als Photovoltaikanlagen sind, die genossenschaftliche Unternehmensstruktur genutzt werden könnte. Beim ersten genossenschaftlichen Bürgerwindrad half ihnen schließlich der Zufall. Für eine bereits genehmigte Windkraftanlage auf dem Gebiet der hessischen

Gemeinde Seeheim-Jugenheim wurde noch eine Finanzierung gesucht. Auf der „Neutscher Höhe" waren seit längerer Zeit zwei Windräder geplant. Die öffentliche Meinung in der unmittelbaren Nachbarschaft und auch die lokale Presse waren zu dieser Zeit eindeutig gegen das Vorhaben. Doch als die Bürger der angrenzenden Gemeinden Seeheim-Jugenheim, Modautal und Mühltal die Möglichkeit angeboten bekamen, sich über eine Genossenschaft an der Windkraftanlage zu beteiligen, stieg die Akzeptanz für das Projekt erheblich. Schließlich haben 230 Menschen aus der Region in das Windrad investiert. Fast die Hälfte von ihnen sind Anwohner aus der unmittelbaren Umgebung.

Die Energiegenossenschaft wurde im Dezember 2010 in Heppenheim gegründet. Sie versteht sich als ein politisch neutraler Zusammenschluss von Menschen, die in der Region Starkenburg die regenerative Energieerzeugung voranbringen wollen. Dabei sollen zunächst immer die Menschen eingebunden werden, die in der Nähe zu den Projektorten wohnen. Vor allem sollen Mitbürger involviert werden, die über kein eigenes Hausdach oder das Kapital für ein eigenes Energieprojekt verfügen. Da von Anfang an die *Windenergie* mit ihrem vergleichsweise hohen Bedarf an Eigenkapital im Fokus stand, wählte man bewusst einen regionalen Ansatz. Dadurch sollten möglichst viele Menschen aus mehreren Kommunen erreicht werden. Schlussendlich wurde der Vorstand überrascht, wie viel privates Vermögen in der Region vorhanden ist und mit welcher Bereitschaft die Menschen in ihre eigene Genossenschaft investiert haben.

Windenergieprojekte sind für *Bürgerenergie-Unternehmen* eine große Herausforderung. Komplexes Planungsrecht, langwierige Genehmigungsverfahren, technischer und juristischer Sachverstand, aufwändige Wartung und Reparatur sowie Versicherungen und Betriebsführung machen Windkraft wesentlich anspruchsvoller als alle anderen regenerativen Energien. Etwa zwei Jahre muss man von der Planung bis zur Umsetzung rechnen. Aus dem Stand kann eine neue Genossenschaft dies in der Regel nicht leisten. Deswegen arbeiten die Starkenburger mit einem erfahrenen regionalen Projektentwickler aus Heppenheim zusammen. Ganz ohne Gegenwind ging es beim ersten Projekt „WindSTARK 1" allerdings auch trotz der genossenschaftlichen Beteiligung nicht. Nach einer abschließenden Klärung durch das Verwaltungsgericht Darmstadt war es dann aber soweit: Auf der Neutscher Höhe wurde am 30. Juli 2011 der erste Spatenstich für das Windrad gesetzt. Etwa fünf Millionen Kilowattstunden Strom werden hier jährlich erzeugt. Damit können rechnerisch 1250 Haushalte mit Strom versorgt werden. Jedes Jahr werden rund 2800 t CO_2 eingespart. Das Finanzierungsvolumen von WindSTARK1 beträgt rund 3,5 Mio. EUR. Zur Philosophie der Genossenschaft gehört es auch, dass vorsichtig kalkuliert wird und keine überzogenen Renditeversprechen abgegeben werden. Schließlich kommen alle Beteiligten aus derselben Gegend, man kennt sich also und muss dementsprechend vertrauensvoll handeln.

Genossenschaftsmitglied wird man durch den Erwerb von mindestens zwei Geschäftsanteilen à 100 EUR. Für ein bestimmtes Energieprojekt stellt das Mitglied der Genossenschaft zusätzlich ein nachrangiges Darlehen in Höhe von 1800 EUR zur Verfügung. Der Zinssatz der Darlehen – mit einer Laufzeit von 20 Jahren – wird für jedes Projekt gesondert kalkuliert. Dabei wird defensiv gerechnet. Sollten die Energieprojekte der Genossenschaft insgesamt mehr erwirtschaften, wird dieser Mehrertrag auf Basis der gezeichneten Geschäftsanteile an die Mitglieder verteilt. Über die Höhe dieser Zahlungen entscheiden die Mitglieder selbst auf der Generalversammlung. Auf der Internetseite www.energiestark.de werden die geplanten Energieprojekte mit einer Kurzinformation vorgestellt. Interessenten können eine Broschüre mit einer umfassenderen Projektbeschreibung bestellen. Wer ernsthaft mitmachen möchte, kann sich dann mit der gewünschten Beteiligungshöhe registrieren. Sind genügend Interessenten zusammengekommen, werden ihnen die Unterlagen – also Mitgliedschaftsantrag und Darlehensvertrag – für eine verbindliche Projektbeteiligung zugesandt. Mit dieser Vorgehensweise werden Interessenten schrittweise an die Projekte herangeführt.

30.7 Energieeffizient durch Mitgliedschaft

Neue Energiegenossenschaften gibt es nicht nur in Deutschland, sondern auch im *europäischen Ausland*. Ein besonderer Vertreter ist die *belgische Energiegenossenschaft Ecopower*.[4] Sie produziert nicht nur Strom, sondern versorgt ihre Mitglieder auch mit der selbst erzeugten Energie. Das hat unmittelbar positive Auswirkungen auf den Stromverbrauch bei den Endkunden.

Die Genossenschaftsgründer sanierten Mitte der 1980er Jahre eine Wassermühle, deren Geschichte bis ins Mittelalter zurückreicht. Was mittlerweile vor über 25 Jahren als Freizeitprojekt startete, zählt heute zu den größten neuen Energiegenossenschaften in Europa. Ecopower hat mehr als 43.000 Mitglieder und weist ein Eigenkapital von fast 47 Mio. EUR auf. Gegründet wurde die Genossenschaft 1991 von 30 Personen, die immerhin ein Startkapital von 50.000 EUR zusammenlegten. Heute arbeiten 23 Menschen fest angestellt in der Genossenschaft. Sie betreibt 13 Windräder mit etwa 23 MW, 320 PV-Anlagen mit etwa 2,25 MW und einige weitere Projekte wie drei Wassermühlen, die zusammen 0,1 MW leisten. Die Genossenschaft ist aber auch – anders als die meisten Genossenschaften für Erneuerbare Energien in Deutschland – ein Energieversorgungsunternehmen. Die Initiatoren nutzten die Liberalisierung des Energiemarkts in Europa und beliefern seit dem Jahr 2003 ihre Mitglieder mit Strom. Etwa 37.000 Haushalte sind Ecopower-Kunden. Das entspricht etwa 1,3 % der Haushalte in Flandern. Allein im Jahr 2012 kamen über 5000 neue Kunden hinzu. Ecopower liefert grüne Energie zu Selbstkosten. Die Strategie des Unternehmens lautet: „Unser Strompreis ist nicht billig, aber dafür fair kalkuliert". Vom flämischen Energieregulierer wurde Ecopower der beste Kundenservice attestiert. Man ist Stolz darauf, dass „echte Menschen" ans Telefon gehen, es gibt keine Telefonzentrale in Übersee oder Sprachautomaten. Nicht umsonst gibt es eine Warteliste für neue Mitglieder.

Viele Windenergieprojekte in Deutschland stoßen auf Ablehnung bei den Anwohnern, was man gemeinhin als *„Not in My Backyard"-Problem* bezeichnet. Auch wenn freie Flächen in Belgien noch knapper sind als in Deutschland, die Genossenschaft hat hier ganz

---

[4] Siehe hierzu Wieg (2013, S. 78 f.).

andere Erfahrungen gemacht. Wenn man einen echten partizipatorischen Weg einschlägt, mit den Bürgern, Kommunen und Organisationen vor Ort spricht und ihnen Beteiligungsmöglichkeiten einräumt, dann nimmt man auch alle mit. Wie etwa bei einem Projekt im Gebiet der Stadt Eeklo. Die Kommune hatte Windflächen ausgeschrieben und Ecopower erhielt im Bieterverfahren den Zuschlag, weil sie mit ihrem Konzept zu 100 % eine Beteiligung der Bürger vor Ort ermöglichte. Im Jahr 2001 erfolgte dann der erste Spatenstich. Nicht ohne Stolz verweist man darauf, dass dieser von einem Prinz des belgischen Königshauses durchgeführt wurde. Das Erfolgsgeheimnis von Ecopower: eine partnerschaftliche Zusammenarbeit von Stadt, Bürgern, Landeigentümern und Netzbetreiber.

Ecopower leistet aber auch einen enormen Beitrag zur *Energieeffizienz*. In den vergangenen sechs Jahren verringerten die Kunden ihren Stromverbrauch um 46 %. Etwa ein Drittel davon resultiert aus der Nutzung von Solarstrom vom eigenen Dach. Der überwiegende Teil basiert jedoch auf der Verhaltensänderung der Mitglieder, also der Endverbraucher. Die Kunden sind als Mitglieder enger Bestandteil des Unternehmens. Sie beschäftigten sich mit dem Thema Strom und überlegen, wie sie Energie einsparen können. Der Vorstandsvorsitzende der Genossenschaft beschreibt gerne in der Öffentlichkeit, wie er selbst im eigenen Haushalt aufmerksamer geworden ist. Früher habe er sich kaum darum gekümmert, was und wie viel seine Töchter in den unteren Schubläden des Gefrierschranks eingelagert haben. Heute sieht er dort regelmäßig nach. Wichtig für diese Motivation ist, dass die Genossenschaft nur einen Tarif anbietet. Es ist für die Mitglieder somit sehr einfach möglich, direkt den Zusammenhang zwischen Stromverbrauch und Kosten zu beurteilen. Es lässt sich beispielsweise sehr einfach ermitteln, ob der Kauf eines vergleichsweise teuren, aber energiesparenden Kühlschranks lohnt.

Das Beispiel Ecopower verdeutlicht, dass Energiegenossenschaften nicht nur für die Akzeptanz Erneuerbarer Energien wichtig sind, sondern sie können auch die Motivation zum energiesparenden Verhalten erhöhen. Das ist für die Energiewende insgesamt von großer Bedeutung. Man denke nur an das intelligente Verbraucherverhalten, das bei Smart Grid-Konzepten meist stillschweigend vorausgesetzt wird. Eine Verhaltensänderung aber wird nicht allein durch Kosteneinsparung erreicht. Der Community-Effekt einer Genossenschaft kann hier wesentlich unterstützen. Durch Beteiligung erhält Strom eine „Qualität" für die Menschen, man setzt sich individuell damit auseinander. Das ist eine Erfahrung, die man auch bei den neuen Energiegenossenschaften in Deutschland feststellen kann.

30.8 Resümee – welchen Wert hat Bürgerenergie?

In der aktuellen politischen Debatte um die *Energiewende* wird im Kern über zwei Grundsatzfragen diskutiert: Zum einen, wie die Kosten der Energiewende begrenzt werden können. Zum anderen, wie man die Energiewende besser organisieren kann, also die Frage der Dezentralität beim Ausbau der Erneuerbaren Energien. Ein wichtiger Aspekt wird hierbei aber nur am Rande thematisiert, nämlich die *Einbindung der Menschen*. Sie bestimmen aber durch ihr individuelles Verhalten maßgeblich den Erfolg der Energiewende.

Der Begriff „Bürgerenergie" und das Einbinden von Bürgern werden von vielen Akteuren thematisiert. Man wird kaum Stimmen in der Öffentlichkeit finden, die sich gegen Bürger richten. Entscheidend aber ist die Frage: Warum sollten Bürger aktiv in die Energiewende eingebunden werden und welche positiven Gestaltungseffekte erreicht man damit? Diese Antwort geben die neuen Genossenschaften im Bereich der Erneuerbaren Energien. Die vorgenannten Beispiele zeigen exemplarisch, weshalb echte Beteiligung der Menschen bei der Energiewende wichtig ist. Es besteht ein sehr großes Motiv bei den Bürgern, sich aktiv persönlich und finanziell an der gesellschaftlichen Herausforderung Energiewende zu beteiligen. Energiewende ist eben auch ein wichtiger Faktor für die regionale Entwicklung, für die persönliche Lebensumgebung. Für diese Motivation ist die Genossenschaft als ein regionales Unternehmen sehr gut geeignet.

Zudem müssen die Menschen für die Energiewende begeistert werden, für Investitionen, für neue Technik, für die Veränderung Ihres individuellen Verhaltens. Bürgerenergie ist nicht gleichzusetzen mit dem Erkaufen von Akzeptanz. Bürgerbeteiligung bedeutet nicht einfach nur finanzielle Entschädigung. Akzeptanzprobleme werden meist immer in den Situationen entstehen, wenn neben einer möglichen finanziellen Beteiligung keine echte Mitwirkungsmöglichkeit gegeben ist. Doch Bürgerbeteiligung kann mehr als nur Akzeptanzförderung. Sie kann motivieren. Menschen setzen sich mehr mit dem Thema Energie auseinander, wenn Sie an dem Projekt direkt mitarbeiten. Dieser Prozess ist ganz wesentlich, wenn man technische Lösungen wie beispielsweise Smart Grid umsetzen möchte. Intelligente Netze erfordern in der Anwendung nicht unbedingt technikaffine Menschen. Sie funktionieren aber nur mit intelligentem Verbraucherverhalten. Und die Steuerung dieses Verhaltens bzw. die erforderliche Verhaltensänderung wird man eher durch mitmachen bewirken, weniger allein durch Kostenentlastung.

Das Potenzial für genossenschaftliche Energieprojekte im Rahmen der Energiewende ist sehr groß und nicht nur auf die Erzeugung von Strom festgelegt. Ein ganz wichtiger Bereich ist die Wärmeversorgung. Nahwärmenetze und Bioenergiedörfer – die im Rahmen der Energiewendedebatte ebenfalls viel zu wenig diskutiert werden – sind ideale Projekte für Genossenschaften. Die Zukunft wird zeigen, ob technische Infrastrukturprojekte wie intelligente Netze, regionale Speichertechnologien oder der Finanzierungsbedarf bei der Sanierung von öffentlichen und privaten Gebäuden zu Geschäftsfeldern für Energiegenossenschaften werden.

Literatur

Creditreform Wirtschaftsforschung: Insolvenzen in Deutschland – Jahr 2013, Neuss, 2013
Wieg, A.: Vom Zufallsprojekt zum Energieversorger, BankInformation, Nr. 11, 2013
Wieg, et al.: Energiegenossenschaften – Bürger, Kommunen und lokale Wirtschaft und guter Gesellschaft, Agentur für Erneuerbare Energien/DGRV – Deutscher Genossenschafts- und Raiffeisenverband (Hrsg.), 2013

Sachverzeichnis

360°-Customer Analytics, 566, 571, 587, 591

A
Abrechnungsprozess, 545, 602, 614, 784, 785, 822
Abschaltplanung, 192
Abschaltverbot, 88
Abu Dhabi, 518
Additive Layer Manufacturing, 806, 808
Advanced Distribution Management System, 362
Advanced Metering
    Infrastructure, 372, 747, 748
    Management, 547
Aggregator, 40, 224, 289, 348, 372, 386, 404, 560, 720, 736
Ambient Assisted Living, 512, 768, 773, 775
Ampelkonzept, 17, 101, 103, 120, 217, 219, 353, 718, 730, 734, 751, 752
Angebotsspektrum, 30, 304, 658
Angebotstransparenz, 43, 44, 49
Angriffsvektor, 469
Anreizregulierung, 72, 105, 128, 137, 248, 380, 771, 772, 783
Anreizregulierungsverordnung, 61, 72, 106
Arealnetzbetreiber, 331
Asset Management, 490, 738, 739
    System, 731, 749
Asset-Management-System, 364
Asset Tracking, 373
Aufbruchzone, 399
Augmented Reality, 806
Augmented Virtuality, 806
Authentifizierung, 634, 636
Automated Meter Reading, 373
Automatisierung, 520, 565, 721, 798
Automatisierungsgrad, 110, 339, 604
Automatisierungstechnologie, 537
Automobilunternehmen, 292

B
Backloading, 138
Bank, 830
Basiszähler, 271, 549, 814
BDEW, 58, 98, 151, 248, 348, 349, 482, 626, 734
    Roadmap, 99, 769
Begrenzer, 16, 48
Benutzungsschnittstelle, 309
Beratungsunternehmen, 293
Betriebsprozess, 27, 444, 457, 492, 584, 656, 679, 699
Betriebssicherheit, 190, 194, 465, 628, 799
Bewegungsprofil, 636
Bezahlfunktion, 409
Big Data, 292, 340, 341, 361, 425, 564, 598, 803, 805
    Analytics, 616
    Management, 563, 573, 590
Bilanzgruppenverantwortliche, 196, 206
Bildungsanbieter, 293
Binnenmarkt, X, 113, 147, 426, 428, 717
    Elektrizitätsbinnenmarkt, 55, 60, 66
    Energie-Binnenmarktpaket, 56
Bioenergiedorf, 836
Blindlastmanagement, 204, 207
BNetzA, 8, 102, 245, 248, 288, 347, 400, 488, 557, 766
Breaker, 544, 549

Break Even Point, 326
BSI-Schutzprofil, 252, 339, 547, 772, 784, 785, 820
BTM², 706
Build-to-forget, 199
Bundesregierung, 4, 110, 138, 147, 313, 497, 509, 549, 561, 625, 710, 735, 772
Bürgerenergie-Unternehmen, 838
Bürgerstrom, 331, 332, 334
Business Intelligence, 570
    Lösung, 616
    Portal, 749
Business Model, 650, 687
    Canvas, 665
    Idee, 682
Business Service, 369, 370, 699, 743
Business Transformation Management Methodology, 706

C

Carbon Lock-In, 236
Car-Sharing, 236
    Anbieter, 416, 638
    Nutzer, 631
Churn-Affinität, 325
Cloud-Computing, 363, 412, 413, 499, 507, 524
    Anbieter, 481
    Anwendungen, 539
    Dienstleister, 508
    Private Cloud, 508
    Public Cloud, 507
    Technologie, 573
    Trusted Cloud, 509
Cloud Service Brokerage, 417
CO2-Emissionen, 258, 259, 438, 497, 624, 644, 811
CO2-Zertifikate, 154, 736, 745
Co-Innovationsrisiko, 711
Combined Charging System, 629
Common Grid Model, 191, 193
Consumer
    Gerät, 477
    Interface, 409
    Service, 414, 415
Coopetition, 790, 792
Customer Experience
    Design, 608
    Management, 608
Customizing, 338

Cyber-Kriminalität, 498
Cyber Security, 542

D

Data
    Mining, 781, 789
    Tsunami, 803
    Warehousing, 781, 789
Daten, 784
    aggregierte, 445
    Einspeiserohdaten, 444
    Hub, 404
    Kommunikation, 465, 503, 814
    Netzstatus, 444
    personenbezogene, 60, 74, 340, 498, 504, 507, 636, 814
    strukturierte, 340, 452, 506
    unstrukturierte, 452, 506, 616
    Verfügbarkeit, 363
    Verteilungsmodell, 431
Datendrehscheibe, 16, 27, 233, 292, 375, 379, 459, 721, 734, 753
Datenintegrität, 272, 280, 363, 548
Datenmanagement, 361, 363, 756, 757, 789
Datenschutz, 108, 244, 247, 259, 261, 269, 280, 307, 339, 373, 480, 483, 490, 515, 524, 542, 548, 645, 656, 716, 723, 741, 814, 819
    Anforderungen, 769, 772
Datenschutzbeauftragter, 247
Datenschutzkonzept, 636
Datenschutzvereinbarung, 820
Datensenke, 440
Datensicherheit, 244, 259, 261, 269, 277, 280, 307, 339, 480, 515, 542, 645, 656, 716, 723, 760, 814, 819
    Anforderungen, 769
Datenstrom, 426, 431, 452, 460, 504, 506, 507
Dekarbonisierung, 147
Demand Response, 28, 29, 44, 45, 118, 159, 170, 172, 187, 206, 226, 378, 530, 560, 647, 658, 699, 714, 752
    anreizbasiertes, 379
    Leistungen, 737
    Management, 749, 792
    Modell, 721
    preisbasiertes, 379
Demand Side Integration, 29, 118, 560, 561, 564, 565, 579, 590

Sachverzeichnis

Manager, 579, 580, 583, 584, 586, 587, 588, 590
Demand Side Management, 28, 29, 44, 45, 91, 118, 159, 170, 221, 226, 247, 267, 367, 378, 515, 534, 537, 561, 580, 597, 599, 601, 647, 699, 745, 752, 789
Deregulierung, 4, 6, 10, 37, 47, 49, 293, 297, 302, 559, 596
Design Thinking, 607, 608
Dezentralität, 16, 32, 115, 140, 310, 323, 384, 385, 390, 393, 565, 657, 696
Digital Enterprise, 566
Dogmatik, 346
Drehstrom
    Übertragungsnetz, 195
    Übertragungsspannung, 194

E
Ecometer, 531, 535
EEBus, 361, 503
    Initiative, 538
    Vernetzungsansatz, 538
E-Energy-Projekt, 361, 391, 401, 533, 706, 712, 771
Effektivität, 206, 431, 781
Effektorik, 309
Effizienz, 84, 113, 140, 192, 206, 219, 312, 389, 510, 585
    dynamische, 130
    Kosten, 73
    Verbesserung, 82
Eigenverbrauchsregelung, 169, 183, 540
Einspeiseleistung, 7, 107, 229, 440, 541, 542, 632
Einspeisemanagement, 102, 363, 714, 719
Einspeisevergütung, 86, 331
    feste, 152, 160, 542
Einspeisevorrang, 86, 160, 346, 385
Eintrittswahrscheinlichkeit, 405, 467
Einzelvertrag, 261
Elektrizitätsmarkt, 57, 143, 145, 146, 151, 152, 154, 156, 159, 184, 187, 386, 388
    integrierter, 181
    wettbewerbsorientiert, 170
Elektrizitätsversorgungsnetz, 56, 61, 72, 145, 146, 149, 150, 151, 154, 155, 158, 159, 161, 210
    Öffnung, 56
Elektrofahrzeugnutzer, 637

Elektromobilität, 6, 28, 29, 45, 71, 113, 114, 119, 227, 306, 310, 354, 366, 379, 398, 400, 404, 428, 524, 561, 598, 621, 625, 628, 638, 639, 647, 658, 711, 717, 754, 768
    Akzeptanz, 631
    Kommunikation, 628
    Konzept, 607
    Nationale Plattform Elektromobilität, 625
    Nutzer, 755
    Provider, 636, 637
Embedded System, 509
Emissionshandel, 88, 89
    europäischer, 138
    Treibhausgas-Emissionshandelsgesetz, 149
Emissionszertifikat, 135, 138, 154
Enabler, 15, 16, 48, 218, 221, 307, 417, 460, 597, 694, 699
    Schicht, 433, 435, 437, 438, 453
Endkunde, 44, 64, 127, 175, 204, 205, 221, 261, 283, 284, 286, 287, 289, 290, 294, 296, 297, 299, 301, 302, 304, 307, 310, 312, 315, 404, 429, 438, 454, 459, 584, 589, 637, 775, 781
    Abrechnung, 16
    Aktivierung, 206
    Bedürfnis, 403
    Belieferung, 789
    Beteiligung, 206
    Fokussierung, 786
    Portale, 442, 446
    Preis, 327
    Produkt, 133
Energie
    Betriebssystem, 330
    Dienstleistung, 16, 25, 176, 241, 244, 253, 380, 559, 646
    Einkauf, 231, 544, 753
    erneuerbare, 4
    Gleichgewicht, 7, 11, 17, 45, 49
    Handel, 14, 28, 111, 113, 267, 272, 367, 428, 589, 594, 611, 736
    Handelsplatz, 40, 369
    Informationsnetz, 99, 102, 355, 356, 364, 373, 483, 734
    Logistik, 111, 116
    Netzwerk, 58, 98, 113
    Speicherkapazität, 590
    Speicherung, 155, 648
    Transport, 14, 36, 38, 648

Vertrieb, 231, 266, 268, 275, 284, 285, 286, 289, 290, 296, 301, 315, 320, 323, 324, 325, 335, 341, 735
Energieaustausch, 187, 190
    lokaler, 206
Energiedichte, 622
Energieeffizienz, 7, 30, 623, 840
    Dienstleister, 12, 30, 430, 438, 440, 441, 453, 766
Energieeinspeisung, 369, 734
    dezentrale, 514
Energieerzeuger, 284, 287, 289, 291, 296, 313, 353, 469, 542, 729
Energieerzeugung, 6, 40, 116, 305, 596, 626, 731, 789
    allgemein, 648
    dezentrale, 110, 309, 329
Energiefluss, 305
    bidirektionaler, 111, 783
Energiehandelsmanagementsystem, 587
Energiekette, 624
Energiekonzept
    2010, 6, 126, 147
    2050, 313
Energiemanagement, 206, 286, 773
    Service, 696
    System, 116, 136, 696, 787
Energiemanager, 23, 224, 232, 233, 287, 378, 697, 698, 699, 734
Energiemarktdesign, integriertes, 129, 130, 139, 140
Energiemarktplatz, 484
    Betreiber, 370
    regionaler, 739
Energiemarktplatzbetreiber, 378
Energiemenge, 14, 557
    aggregierte, 226
Energiemengenbereitstellung
    virtuelle, 691
Energiemix, 6, 32, 126, 645, 646, 690
Energienetz, 65, 107, 108, 171, 252, 260, 309, 341, 357, 376, 403, 502, 723, 753, 754
Energienetzwerk, 769
Energiepolitik, 146
Energiesektor, 4, 6, 39, 186, 260, 464, 644, 706
    Akteur, 5, 649
Energiespeicher, 45, 108, 113, 114, 172, 292, 299, 524, 538, 561, 623, 627, 649, 745
    Technologie, 379
Energiespeicherlösung, 306

Energiespeichermanagement, 564
Energiesystem, 24, 25, 26, 41, 47, 108, 109, 111, 115, 127, 132, 139, 177, 220, 309, 313, 330, 351, 355, 420, 655, 690, 721, 741, 746
Energieversorgung, 8, 55, 82, 130, 216, 267, 306, 348, 388, 596, 732
    klassische, 778
Energieversorgungssystem, 12, 41, 159, 313
    intelligentes, 10
Energieversorgungsunternehmen, 6, 54, 189
    kommunalwirtschaftliche, 127
Energiewende, 5, 36, 82, 106, 258, 279, 313, 513, 830, 840
    Beteiligung an, 831
Energiewirtschaft, 4, 5, 6, 8, 9, 10, 15, 23, 32, 35, 37, 39, 40, 47, 54, 106, 120, 145, 156, 158, 161, 216, 279, 285, 293, 295, 298, 304, 310, 315, 327, 334, 346, 349, 351, 352, 398, 399, 407, 426, 428, 430, 433, 438, 556, 558, 562, 596, 597, 606, 607, 611, 617, 635, 645, 648, 653, 654, 655, 660, 696, 723, 734, 768, 778, 787, 791, 795, 806
Energiewirtschaftsgesetz, 67, 102, 149, 479
    Regelungen, 248
Energiewirtschaftsunternehmen, 288, 289, 292, 293, 296, 297, 302, 304
Energy Aggregator, 599
Energy Management
    Panel, 311
    System, 311
Energy-Only-Konzept, 132
Energy-Only-Markt, 92, 139
Engpassmanagement, 385
Entflechtungsvorschrift, 150
Entscheidungsgate, 610
Entscheidungsunterstützungssystem, 616
Erneuerbare Energien, 4, 87, 128, 186, 299, 349, 541, 697, 706, 834
    Zubaupfad, 107
Erneuerbare-Energien-Gesetz, 56, 82, 106, 150
Erzeugung, 594
    dezentrale, 41, 188, 646
    lastgeführte, 267
    verbrauchsferne, 384
    verbrauchsorientierte, 352, 646
Erzeugungsanlagen, 364
Erzeugungskapazität, Nutzungsgrad, 560
Ethernet, 531

Europäisches Normungsmandat, 250
Exekutive, 288

F
Facebook, 438, 800
Feedback-System, 537
Fernablesung, 544
Fernmanagement, 204
Ferraris-Zähler, 274, 515, 535
Flatrate, 120
Fonds, 833
Forschung und Entwicklung, 107
    F&E-Leuchtturm, 115
Fortschritt, technischer, 647
Forwarddarlehen, 324
Frequenzstabilität, 198
Futuresmarkt, 94

G
Genossenschaft
    Energiegenossenschaft, 829
    Energieversorgungsunternehmen, 839
    Erneuerbare-Energien-Genossenschaft, 829
    Generalversammlung, 833
    Rendite, 831
    Vorteil, 833
    Wärmegenossenschaft, 830
Genossenschaftsverband, 834
Gesamtkonzept, 661
    energiepolitisches, 89
Geschäftskonzept, 653
    Definition, 33, 653
    Entwicklung, 662, 683
Geschäftsmodell, 33, 101, 708
    Begriff, 650
    Definition, 33, 653
    Einführung, 686
    Entwicklung, 682
    Geschäft, 652
    Innovation, 558, 706, 712
    Modell, 652
    Umwandlung, 190
    Weiterentwicklung, 688
Geschäftsmodellkomponente
    Befähiger, 678
    Enabler, 678
    Erlös, 677
    Finanzen, 681
    Kunde, 675
    Markt, 676
    normativer Rahmen, 664, 671
    Nutzen, 664, 673
    Partner, 680
    Prozesse, 679
    Strategie, 674
Geschäftsprozess, 492
Gesetzgeber, 302
Gestensteuerung, 807
Gleichzeitigkeitsfaktor, 632
Graustrom, 625
Größendegressionseffekt, 790

H
HANA, 449, 570, 587
Handelsleitsystem, 367, 741
Handwerksbetrieb, 830
Head-End-System, 434, 546
Hedginginstrument, 190
Heizungsanlage, 576
Hochspannungs-Gleichstrom-Übertragung, 195, 514
Home-Appliances-Produzent, 290
Home Energy Management System, 538
Home Lifestyle, 312
Hub für Home Automation, 206
Hybridbereich, 15
Hybridnetz, 99, 116

I
IKT-Konnektivität, 753
Implementierung Point-to-Point, 573
Increasing Returns, 237
Industrie 4.0, 795
Informationsaustausch, bidirektionaler, 781
Informationsfluss, bidirektionaler, 783
Informationssicherheit, 465, 759
Informationssicherheitmanagementsystem, 480
Informations- und Kommunikationstechnologie, 656, 777
Infrastruktur
    intelligente, 136
    kritische, 472, 499
    technische, 434
    Verwundbarkeit, 499
Infrastrukturbetreiber, 637
Infrastruktureigentümer, 636

Inkompatibilität, 236
Innovation, induzierte, 237
Innovationsfähigkeit, 780
Innovationskette, 710
Innovationsradar, 607
Innovationszone, 399
Instandhaltung, zustandsorientierte, 804
Integration, 659
Integrationsaspekte, 89
Integrationstechnik, 754
Integriertes Geschäftsmodell
    Aktionsraum, 668
    allgemein, 35, 662
    Entscheidungsraum, 668
    Entwicklungspfad, 666
    Erfolg, 666
    Erfolgsfaktor, 670
    Handlungsbedarf, 670
    Handlungsoptionen, 670
    Idee, 662
    Interdependenz, 666
    iOcTen, 664
    Komponenten, 664
    Modellkern, 663
    Modul, 662
    Nutzen, 701
    Umfeld, 663
    Zustandsraum, 668
Intelligentes Netz, 98
Intelligenz, 464
Intermediär, 599
Internet
    der Dinge, 307, 639
    der Energie, 272, 279, 309, 401, 483
Internetprotokoll, 503
Interoperabilität, 244, 277
Intraday-Betrachtung, 191
Intradayhandel, 193
IP-Adresse, 503
IT-Ansätze, innovative, 411
IT-Komplexität, 605

K
Kaizen, 186
Kapazitätsbereitsteller, 637
Kapazitätsmechanismen, 129, 159
Kapazitätsproblem, 784
Klimaschutz, 149, 258, 314, 625
    20-20-20-Ziele, 496
    20–20-20-Ziele, 258

Klimawandel, 31, 306, 496
Komfortzone, 399
Komfortzonenfalle, 399
Kommunikationsinfrastruktur, 170
Kommunikationsmodul, 434
Kommunikationsstandard, 637
Kommunikationstechnologie, 777
Komplexität, 27, 100, 159, 183, 194, 261, 310,
    351, 478, 581, 602, 654, 655
    Komplexitätsfaktor, 655
    Komplexitätsfalle, 525, 658
    Komplexitätsreduzierung, 658
    technische, 469
    Varietät, 655
Kontingenz, 466
Konvergenz, 647, 768
    der Netze, 398
Konzessionsabgabenverordnung, 151
Konzessionsvertrag, 55
Kooperation, 657
Koordinationsaspekte, 89
Kostenbelastung, 277
Kosteneffizienz, 73
Kostenentwicklungsinformation, 266
Kostenermittlung, nutzungsbasierte, 411
Kosten-Nutzen
    Analyse, 109, 222, 270
    Balance, 824
    Bewertung, 109
Kostenstrukturanalyse, 681
Kraft-Wärme-Kopplung, 327
    Anlage, 327
Kraftwerk
    Blockheizkraftwerk, 41, 171, 327, 370, 476,
        548, 560
    Grundlastkraftwerk, 632
    konventionelles, 118
    Mittellastkraftwerk, 632
    Must-run, 194, 198
    Pumpspeicherkraftwerk, 173
    Spitzenlastkraftwerk, 632
    virtuelles, 28, 32, 117, 136, 267, 329, 332,
        353, 370, 542, 564, 565, 590, 691, 744,
        778, 789
    μ-Blockheizkraftwerk, 311
Kundenmanagement, 787
Kundenserviceprozess, 615
Kundenzugang, 417
Kyoto Protokoll, 158, 496

Sachverzeichnis

L

Ladeinfrastruktur, 598
Ladestation, 628
Ladestecker, 628
Lastfluss, bidirektionaler, 190
Lastgang-Modifikation, 535
Lastmanagement, 286, 534, 714
    Markt, 182
Lastprofil, synthetisches, 544
Lastschaltgerät, hybrides, 542
Laststeuerung, 537
    direkte, 752
Lastverschiebung, 44, 511
    Potenzial, 119, 536
Lebensqualität, 518
Leistung, fluktuierende, 155
Leistungsbilanzkreissystem, 133
Leistungsdichte, 623
Leistungskomponententyp
    Dienstleistungen, 601
    Information, 601
    Netz, 601
Leistungsmessung, registrierende, 269
Leistungspreis, 120
Leistungszertifikat, 131, 132
Lerneffekt, 238
Lernzone, 399
Letztverbraucher, 717
Liberalisierung, 4, 6, 38, 47, 84, 192, 260, 293, 297, 302, 391, 559, 645, 839
Lithium-Ionen-Akkumulator, 623
Logistik, 411, 430
Loyalität, 646

M

Management
    Dimensionen, 660
    integriertes, Konzept, 661
    intelligentes, 181
    normatives, 661, 663
    operatives, 661, 663
    strategisches, 661, 663
Margenmaximierung, 286
Market Clearing Price, 153
Marketplayer, 429
Markt
    Eintrittsbarriere, 721
    Gestaltung, 280
    Instrumente, 346
    Integration, 188
    Kommunikation, 247
    Koordination, 350
    Öffnung, 84
    Prämienmodell, 134
    Preisbildung, 350
    Rolle, 259
    Versorgung, 350
    Verteilung, 350
Marktanalyse, 685
Marktdesign, 346
Marktfreiheit, 180
Marktkommunikation, 598
    B2B, 567
Marktmodell
    dezentrales, 130
    klassisches, 402
Marktplatz
    lokaler, 26, 39
    regionaler, 38, 49
Marktrolle, 636
Marktwirtschaft, soziale, 145, 158
Masdar City, 518
Merit-Order-Effekt, 132, 153, 154
Messdienstleister, 268, 290
Messdienstleistung, 260
Messeinrichtung, 242
Messstelle, 74
    Betreiber, 73, 268, 289
Messsystem, 74, 242, 261, 812
    intelligentes, 266, 772
    Verordnung, 242, 480, 773
Messsystem, intelligentes, 109
Messwert, 816
Messzugangsverordnung, 61, 262
Meter Data Management, 543, 545
Metering Data Unification and Synchronisation, 546
Microgrids, 789
Mieterstrom, 331, 334
Mikroerzeugung, 205
Mindeststandard, 505
Minutenreserve, 370
Mixed Reality, 806
Mobilitätsabrechnung, 635
Mobilitätsanbieter, 635, 637
Monopol, 145
Multi-Utility, 813

N
Nachhaltigkeit, 708
Nebenkostenabrechnung, 821
Netz, 594
    Cluster, 112
    Clusterung, 112
    Entgeltsystematik, 104
    intelligentes, 98
    Sicherheitsrechnung, 191
Netzausbau, 136
    effizienter, 348
Netzbetreiber, 221, 285
Netzdienlichkeit, 109
Netzführung, 385
Netzindustrie, 598
Netzkapazität, 14, 181
    Bereitstellung, 557
Netzkunde, aktiver, 187
Netzleittechnik, 358, 364
Netzmanagement, 747
Netzstabilität, 286
Netzstatusdatenliste, 445
Netzwerkknoten, 817
New Economy, 650
Normadressat, 346
Not in My Backyard, 839

O
Open Metering Standard, 821
Operational Excellence, 781
Operational Security Network Code, 194, 198
Operational Technology, 563
Optionsmarkt, 93
Ordnungspolitik, 144, 156
Österreich
    Smart Metering, 204
    Verteilnetzbetreiber, 202
Over-the-counter trading, 153

P
Paradigmenwechsel, 45, 56, 647
    energiewirtschaftlicher, 556
Partikularinteressen, 22
Partnerrisiko, 712
Photovoltaik, 541, 632
Plattform, 636
Plattformbetreiber, 599, 722
Point-Of-Interest, 634

Pooling, 28, 31, 118, 177, 353
Poolkoordinator, 224
Portfolio-Management, 325
    System, 325
Predictive Analytics, 565
Preisbildungsmechanismus, 678
Preisermittlung, nutzungsbasierte, 411
Preismodell, 678
Preisregulierung, 88
Primärenergieverbrauch, 556
Primärregelung, 370
Prinzip, erwerbswirtschaftliches, 677
Produktbundle, 615
    individualisiertes, 600
Produktentwicklung, 614
Produktionssituation, 535
Produktkomplexität, 604
Produktmodell, 613
Profil
    allgemein, 443
    Auswertungsprofil, 443
    Erzeugungssteuerungsprofil, 444
    Kommunikationsprofil, 444
    Laststeuerungsprofil, 444
    Speichersteuerungsprofil, 444
    Statusdatenprofil, 444
    Zählerprofil, 443
Prognosesystem, 743
Prosumer, 265, 286, 294, 328, 348, 512, 540, 599
Prototyp, 31, 686
Prototyping, 608, 686
Provider
    Interface, 409
    Service, 414
Prozessautomation, 403
Prozesskomplexität, 605
Prozesslandschaft, rollenspezifische, 567
Prozessmodell, 613
Prozessoptimierung, 403
Prozessqualität, 600

Q
Quotenmodell, 161

R
Redispatch, 103, 191, 197
Regelenergiemarkt, 117, 560, 745
Regelleistung, 118, 314, 370, 542, 562

Sachverzeichnis

Regelleistungsmarkt, 103
Regelleistungsreserve, 133
Regelzonenführer, 196
Regime, technologisches, 238
Regulierung, 645
Rekommunalisierung, 336
Reservekapazitäten, 88
Residuallast, 117
Ressourcenmodell, 613
RFID, 502
    Lesegerät, 502
    System, 502
    Transponder, 502
Risiko, 467
Risikomodell, 467
Roaming-Abkommen, 634
Rollenverteilung, 269
Rollout-Verordnung, 270
Rundsteuerempfänger, 541

S

Schutzprofil, 814
Schutzziel, 466
Schwarmstrom, 329
Schweiz
    Energiestrategie 2050, 169
    Energiesystem, 169, 173
    Energiewende, 170
Sekundärregelung, 370
Sensor, 499
    Annäherungssensor, 500
    Bewegungssensor, 500
    Fallsensor, 501
    geomagnetischer, 501
    Gyroskop, 501
    Helligkeitssensor, 501
    Höhenmesser, 501
    Sensorknoten, 501
Sensorik, 267, 309
Sicherheit, 465
    Anwendungen, 774
Sicherheitsaspekte, 505
Sinus-Milieu, 266
Smart Appliance, 26, 376, 580, 750
Smart Building, 519, 580
Smart City, 28, 31, 335, 501, 518
    by Design, 518
Smart Energy, 8, 287, 656
    Geschäftsmodell, 657

Produkt, 601
    Regionen, 483
Smart Grid, 9, 99, 145, 172, 267, 347, 353, 398,
    716, 769, 783
    Definition, 58
    Kapazitäten, 766
    Netzspeicher, 26
    Transformation, 404
    Zukunftsmarkt, 769
Smart Home, 28, 32, 310, 511, 773, 787
    Appliance, 291
    Geschäftsmodell, 773
Smart Market, 10, 99, 146, 167, 172, 240, 285,
    320, 347, 386, 398, 400, 426, 433, 465,
    530, 557, 597, 648, 717, 766
    Adaptor, 453
    Akteur, 20, 22, 218, 430, 438
    Anbieter, 786
    Anwendungen, 20, 28
    Architektur, 420
    Begriff, 59, 349
    Definition, 12
    Energiemengen, 766
    Gesamtkonzept, 8, 19
    Geschäftsfeld, 564, 731, 777
    Geschäftsmodell, 20, 410
    Geschäftsprozess, 469
    Infrastruktur, 25, 407, 413
    Initiative, 20
    Innovator, 39
    Instrumente, 28
    Komponenten, 20, 24, 349, 350, 488, 732
    Konzept, 477
    Marktmodell, 401
    Marktspeicher, 26
    Merkmal, 559
    Nutzen, 35, 48
    Rechtsrahmen, 67
    Regelungen, 76
    Technologie, 477
    Teilnehmer, 717
    vs. Smart Grid, 13, 248
Smart Meter, 24, 63, 133, 172, 506, 515, 530,
    564, 811
    Einbaupflicht, 549
    Pilotprojekte, 813
    Rollout, 403, 406, 438, 515
    Technik, 478
Smart Meter Gateway, 242, 480, 505, 772, 813
    Administrator, 110, 271, 380, 476, 785, 789

Smart Metering, 72, 179, 204, 247, 270, 279, 310, 373, 456, 533, 546, 656, 772, 784
    Technologie, 187, 309, 750
Smartness, 187
Softwareimplementierung, 487
Softwareunternehmen, 292
Spannungsmanagement, 204
Spannungsregelung, 200
Spannungsstabilität, 198
Speicherdienstleistung, 353
Speicher, intelligenter, 353
Speichermedien, 434
Speichersysteme, 516
Sphäre, 13
Spitzenlastmanagement, 206
Spotmarkt, 94
Stage-Gate-Ansatz, 610
Stakeholder, 259, 478
Stammdaten, 388, 442, 547
Standardlastprofil, 269, 535
Start aus der Fläche, 801
St. Galler Management-Konzept, 35, 660, 662
Strategie
    Exit-Strategie, 786
    First Mover, 781
    Follower, 781
Strategieprozess, allgemeiner, 709
Strom
    Bürgerstrom, 331, 332, 334, 335
    Mieterstrom, 331, 334, 335
    Visualisierung, 817
Stromeinspeisung
    dezentrale, 171
    Gesetz, 56
Stromerzeugung, intelligente, 353
Strommarkt
    Modell, 92
    zentraler, 55
Stromnetz, 514, 534
    Entgeltverordnung, 72
    intelligentes, 170, 513
    Steuerung, 499
Stromproduzent, dezentraler, 265
Stromspeicher, 171
    energiebasierter, 30
Stromsteuer, 151
Stromsteuergesetz, 151
Stromversorgung, 631
Stromzähler, intelligente, 515
Stromzähler, intelligenter, 530

Submetering, 813, 817, 820
Supergrid, 194, 514
Supply Response, 530, 541
Synchrongeneratoren, 198
System
    cyber-physisches, 509
    Hilfssystem, 617
    operatives, 616
    produktdatenerzeugendes, 617
    produktdatenverwaltendes, 617
Systemkomplexität, 264
Systemlandschaft, rollenspezifische, 567
Systemstabilität, 45, 118, 267
Systemtheorie, 655
    System, 655
Systemverfügbarkeit, 363
Systemzellen, 112

T

Tank-to-Wheel, 624
Tarif
    dynamischer, 515
    Einheitstarif, 840
    lastvariabler, 105, 534
    tageszeitabhängiger, 105, 720
    variabler, 25, 28, 33, 44, 75, 117, 530, 534
    zeitvariabler, 534
Tarifsystem, 347, 366, 535
Telekommunikationsrecht, 250
Teleworking, 797
Thyristortechnologie, 195
Total Cost of Ownership, 568
Transformation, 4, 498, 557
Transformationsprozess, 258, 279, 645
Transparenz, 466
Trend, demografischer, 312

U

Übergangsbereich, 15
Übertragungsnetz
    Betreiber, 24, 89, 102, 133, 190, 196, 217, 356, 438, 514, 745
    Betrieb, 191
    Systemzellen, 112
Ubiquitous Computing, 308
Umsatzsteuergesetz, 151
Umweltbewusstsein, 312
Umweltverträglichkeit, 83

Unbundling, 68, 171, 221, 567
Upstream, 25
Urbanisierung, 497
Utility 4.0, 597

V
Value Net, 598
Verbrauch
  erzeugungsgeführter, 267
  erzeugungsorientierter, 352, 647
  Flexibilisierung, 44
  intelligenter, 353
  Verbraucherverhalten, 646
Verbraucher, mündiger, 42
Verbrauchs-Display, 271
Verbrauchsinformation, 266
  monatliche, 533
Verbrauchsprognose, 819
Verbrauchsreduktion, 280
Verbrauchssituation, 535
Verbrauchssteuerung, 348
Verbrauchstransparenz, 43, 49
Verbrauchsverlagerung, 280
Verbrauchsvisualisierung, 271
Verbrauchswert, 820
Verbundsystem, europäisches, 514
Verdrängungsentwicklungen, 22
Verein Smart Grid Schweiz, 168
Verfügbarkeit, fluktuierende, 267
Verhaltenswandel, 306
Vernetzung, digitale, 312
Versorgungsgebiete, geschlossene, 54
Versorgungsqualität, 718
Versorgungssicherheit, 7, 83, 132, 189
Verstaatlichung, 88
Verstädterung, 497
Verteilnetz, 128
  Betreiber, 24, 57, 70, 168, 217, 221, 245, 262, 323, 718, 753
  Systemzellen, 112
  Zellen, 112
Vertrieb, 594
Vertriebssicht, 614
Verweisung, dynamische, 244
Verzeichnisdienst, zentraler, 388
Virtualisierungstechnik, 507
Virtual Reality, 806

Visualisierung, 535
VKU, 128, 248, 378
  Modell, 140
Volatilität, 190, 194, 322, 384, 646, 696
Volatilitätsschub, 191
VOLL-Optionen, 93
Vollversorgungsvertrag, 261

W
Wachstumszone, 399
Wandel
  demografischer, 645
  struktureller, 305
Wärmeproduzent, dezentraler, 265
Wassermühle, 839
Webinterface, 470
Webservice, 546
Well-to-Tank, 624
Well-to-Wheel, 624
Weltklimarat, 496
Wertschöpfung, regionale, 833
Wertschöpfungskette, traditionelle, 175
Windenergie, 632, 838
Windkraftintegration, 188
Winkelstabilität, 198
Wirkungsgrad, 327, 583, 623, 624
Wirtschaftlichkeitsbetrachtung, 111
Wirtschaftsinformatik, 651
Wohnungsbauunternehmen, 331
Wohnungswirtschaft, 332
Workflow Deal Request, 325

Z
Zähler, intelligenter *Siehe* Smart Meter, 25
Zählerstandsgang, 436
Zählerstandsgangmessung, 269
Zentralregister, 404, 459
Zertifizierungsverfahren, 814
Zieldreieck
  energiepolitisches, 148, 157, 158, 427, 713
  energiewirtschaftliches, 83, 126
Zielsystem, 269
Zinn-Schwefel-Lithium-Zelle, 623
Zubaupflicht, 88
Zugriffsbeschränkung, 363
Zwei-Grad-Ziel, 496